国家电网公司
生产技能人员职业能力培训专用教材

变电运行（500kV）

国家电网公司人力资源部 组编
李宝兴 主编

中国电力出版社
CHINA ELECTRIC POWER PRESS

内容提要

《国家电网公司生产技能人员职业能力培训专用教材》是按照国家电网公司生产技能人员模块化培训课程体系的要求，依据《国家电网公司生产技能人员职业能力培训规范》(简称《培训规范》)，结合生产实际编写而成。

本套教材作为《培训规范》的配套教材，共72册。本册为专用教材部分的《变电运行（500kV）》，全书共8个部分45章140个模块。主要内容包括专业知识，电气试验，基本技能，监视、巡视与维护，倒闸操作，异常处理，事故处理，变电设备的状态检修。

本书可作为供电企业变电运行（500kV）工作人员的培训教学用书，也可作为电力职业院校教学参考书。

图书在版编目（CIP）数据

变电运行. 500kV/国家电网公司人力资源部组编. —北京：中国电力出版社，2010.12（2022.9重印）
国家电网公司生产技能人员职业能力培训专用教材
ISBN 978-7-5123-1070-4

Ⅰ. ①变… Ⅱ. ①国… Ⅲ. ①变电所-电力系统运行-技术培训-教材 Ⅳ. ①TM63

中国版本图书馆CIP数据核字（2010）第217148号

中国电力出版社出版、发行
（北京市东城区北京站西街19号 100005 http://www.cepp.sgcc.com.cn）
北京雁林吉兆印刷有限公司印刷
各地新华书店经售
*
2010年12月第一版 2022年9月北京第五次印刷
880毫米×1230毫米 16开本 35.5印张 1132千字
印数11001—12000册 定价 **178.00** 元

《国家电网公司生产技能人员职业能力培训专用教材》

编 委 会

前　　言

为大力实施"人才强企"战略，加快培养高素质技能人才队伍，国家电网公司按照"集团化运作、集约化发展、精益化管理、标准化建设"的工作要求，充分发挥集团化优势，组织公司系统一大批优秀管理、技术、技能和培训教学专家，历时两年多，按照统一标准，开发了覆盖电网企业输电、变电、配电、营销、调度等34个职业种类的生产技能人员系列培训教材，形成了国内首套面向供电企业一线生产人员的模块化培训教材体系。

本套培训教材以《国家电网公司生产技能人员职业能力培训规范》（Q/GDW 232—2008）为依据，在编写原则上，突出以岗位能力为核心；在内容定位上，遵循"知识够用、为技能服务"的原则，突出针对性和实用性，并涵盖了电力行业最新的政策、标准、规程、规定及新设备、新技术、新知识、新工艺；在写作方式上，做到深入浅出，避免烦琐的理论推导和验证；在编写模式上，采用模块化结构，便于灵活施教。

本套培训教材涵盖34个职业的通用教材和专用教材，共72个分册、5018个模块，每个培训模块均配有详细的模块描述，对该模块的培训目标、内容、方式及考核要求进行了说明。其中：通用教材涵盖了供电企业多个职业种类共同使用的基础、专业基础、基本技能及职业素养等知识，包括《电工基础》《电力安全生产及防护》等38个分册、1705个模块，主要作为供电企业员工全面系统学习基础理论和基本技能的自学教材；专用教材涵盖了单一职业种类专用的所有专业知识和专业技能，按照供电企业生产模式分职业单独成册，每个职业分为Ⅰ、Ⅱ、Ⅲ等3个级别，包括《变电检修》、《继电保护》等34个分册、3313个模块，可以分别作为供电企业生产一线辅助作业人员、熟练作业人员和高级作业人员的岗位技能培训教材，也可作为电力职业院校的教学参考书。

本套培训教材的出版是贯彻落实国家人才队伍建设总体战略，充分发挥企业培养高技能人才主体作用的重要举措，是加快推进国家电网公司发展方式和电网发展方式转变的迫切要求，也是有效开展电网企业教育培训和人才培养工作的重要基础，必将对改进生产技能人员培训模式，推进培训工作由理论灌输向能力培养转型，提高培训的针对性和有效性，全面提升员工队伍素质，保证电网安全稳定运行、支撑和促进国家电网公司可持续发展起到积极的推动作用。

本套教材共72个分册，本册为专用教材部分的《变电运行（500kV）》。

本书第一部分专业知识，由陕西省电力公司冯涛、东北电网有限公司刘宝忠编写；第二部分电气试验，由陕西省电力公司李满元、曹轩，甘肃省电力公司杨华编写；第三部分基本技能，由浙江省电力公司钱小莹、陈顺军，山西省电力公司黄晋华，四川省电力公司王立江，山东电力集团公司陶苏东，四川省电力公司杨帆编写；第四部分监视、巡视与维护，由浙江省电力公司李宝兴、蒋吉荪，西北电网有限公司颜永强编写；第五部分倒闸操作，由山西省电力公司黄晋华、浙江省电力公司李宝兴、青海省电力公司柏爱民编写；第六部分异常处理，由河南省电力公司张科、浙江省电力公司陈顺军、河北省电力公司卢国华编写；第七部分事故处理，由黑龙江省电力有限公司郭会成、浙江省电力公司蒋吉荪、江苏省电力公司朱宏杰编写；第八部分变电设备的状态检修，由宁夏电力公司康文军编写。全书由浙江省电力公司李宝兴担任主编。江苏省电力公司李朋波担任主审，国家电网公司生产技术部彭江和江苏省电力公司汪洪明、李茹参审。

由于编写时间仓促，本套教材难免存在疏漏之处，恳请各位专家和读者提出宝贵意见，使之不断完善。

目 录

第四部分　监视、巡视与维护

第五部分 倒 闸 操 作

第六部分 异 常 处 理

第七部分　事　故　处　理

第八部分　变电设备的状态检修

第一部分

专 业 知 识

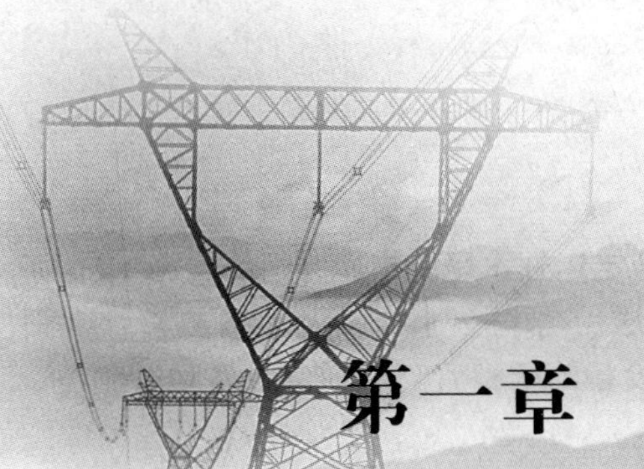

第一章　变电运行相关规程及制度

模块 1　电力系统调度规程（ZY2700601001）

【模块描述】本模块介绍典型调度规程的编写意义、约束对象、主要内容和调度规程实例。通过条文解释和案例学习，掌握《电力系统调度规程》内容，并能认真执行调度规程。

【正文】

一、调度规程的编写意义

电网的所有发电、供电（输电、变电、配电）、用电设施和为保证这些设施正常运行所需的保护和安全自动装置、计量装置、电力通信设施、电网自动化设施等是一个紧密联系的整体。电网调度系统包括各级电网调度机构和网内厂站的运行值班单位等。根据《中华人民共和国电力法》、《电网调度管理条例》，以及有关规程、规定，为了加强电网调度管理，保障电网安全、优质和经济运行，保护用户利益，按照统一调度、分级管理的原则，结合各级电网实际情况，制定所在调度机构的电力系统调度规程。

电网调度机构是电网运行的组织、指挥、指导和协调机构，国家电网公司的调度机构分为五级，依次为：国家电网调度机构（即国家电力调度通信中心，简称国调），跨省、自治区、直辖市电网调度机构（简称网调），省、自治区、直辖市级电网调度机构（简称省调），省辖市级电网调度机构（简称地调），县级电网调度机构（简称县调）。调度规程的编写，不仅确立了各级调度机构在电网调度业务活动中是上下级关系，下级调度机构必须服从上级调度机构的调度；也明确了调度规程适用于本电网及并入本电网的所有发电、供电、用电等单位，网内各发电、供电、用电单位的有关领导、调度系统运行值班人员，以及相关专业技术人员，均应熟悉并遵守网内规程，服从调度管辖范围内调度机构的调度。

全国互联电网调度管理规程，适用于全国互联电网的调度运行、电网操作、事故处理和调度业务联系等涉及调度运行相关的各专业的活动。各电力生产运行单位颁发的有关电网调度的规程、规定等，均不得与该规程相抵触。与全国互联电网运行有关的各电网调度机构和国调直调的发、输、变电等单位的运行、管理人员均须遵守该规程；非电网调度系统人员凡涉及全国互联电网调度运行的有关活动也均须遵守该规程。

二、调度规程的约束对象

调度规程是组织、指挥、指导和协调电网的运行，基本要求就是使电网安全运行和连续可靠供电（供热），电能质量符合国家规定的标准；按最大范围优化配置资源的原则，实现优化调度，充分发挥网内发电、供电设备能力，最大限度地满足社会和人民生活用电的需要；依据有关合同、协议或规定，保护发电、供电、用电等各方的合法权益。因此，调度规程的约束对象包括国调、网调、省调、地调和县调，各级调度除受本级调度规程的约束外，还受上级调度部门的约束，各级调度机构的主要职责如下。

1. 国调的主要职责

（1）对全国互联电网调度系统实施专业管理和技术监督。

（2）依据年度计划编制并下达管辖系统的月度发电及送受电计划和日电力电量计划。

（3）编制并执行管辖系统的年、月、日运行方式和特殊日、节日运行方式。

（4）负责跨大区电网间即期交易的组织实施和电力电量交换的考核结算。

（5）编制管辖设备的检修计划，受理并批复管辖及许可范围内设备的检修申请。

（6）负责指挥管辖范围内设备的运行、操作。

（7）指挥管辖系统事故处理，分析电网事故，制定提高电网安全稳定运行水平的措施并组织实施。

（8）指挥互联电网的频率调整、管辖电网电压调整及管辖联络线送受功率控制。

（9）负责管辖范围内的继电保护、安全自动装置、调度自动化设备的运行管理和通信设备运行协调。

（10）参与全国互联电网的远景规划、工程设计的审查。

（11）受理并批复新建或改建管辖设备投入运行申请，编制新设备启动调试调度方案并组织实施。

（12）参与签订管辖系统并网协议，负责编制、签订相应并网调度协议，并严格执行。

（13）编制管辖水电站水库发电调度方案，参与协调水电站发电与防洪、航运和供水等方面的关系。

（14）负责全国互联电网调度系统值班人员的考核工作。

2. 网调、独立省调的主要职责

（1）接受国调的调度指挥。

（2）负责对所辖电网实施专业管理和技术监督。

（3）负责指挥所辖电网的运行、操作和事故处理。

（4）负责本网电力市场即期交易的组织实施和电力电量的考核结算。

（5）负责指挥所辖电网调频、调峰及电压调整。

（6）负责组织编制和执行所辖电网年、月、日运行方式。核准下级电网与主网相联部分的电网运行方式，执行国调下达的跨大区电网联络线运行和检修方式。

（7）负责编制所辖电网月、日发供电调度计划，并下达执行；监督发、供电计划执行情况，并负责督促、调整、检查、考核；执行国调下达的跨大区联络线月、日送受电计划。

（8）负责所辖电网的安全稳定运行及管理，组织稳定计算，编制所辖电网安全稳定控制方案，参与事故分析，提出改善安全稳定的措施，并督促实施。

（9）负责电网经济调度管理及管辖范围内的网损管理，编制经济调度方案，提出降损措施，并督促实施。

（10）负责所辖电网的继电保护、安全自动装置、通信和自动化设备的运行管理。

（11）负责调度管辖的水电站水库发电调度工作，编制水库调度方案，及时提出调整发电计划的意见；参与协调主要水电站的发电与防洪、灌溉、航运和供水等方面的关系。

（12）受理并批复新建或改建管辖设备投入运行申请，编制新设备启动调试调度方案并组织实施。

（13）参与所辖电网的远景规划、工程设计的审查。

（14）参与签订所辖电网的并网协议，负责编制、签订相应并网调度协议，并严格执行。

（15）行使上级电网管理部门及国调授予的其他职责。

3. 省调的主要职责

（1）负责省网的安全、优质、经济运行及调度管理工作。

（2）组织编制和执行电网的年、月、日调度计划（运行方式）。

（3）指挥调度管辖范围内设备的操作。

（4）根据网调的指令调峰、调频或控制联络线潮流及负责所辖范围内无功电压的运行和管理。

（5）指挥省网事故处理，负责进行电网事故分析，制定并组织实施提高电网安全运行水平的措施。

（6）参与编制调度管辖范围内设备的年度检修计划，并根据年度检修计划安排月、日检修计划。

（7）负责对省网继电保护和安全自动装置、电网调度自动化和电力通信系统进行专业管理，并对下级调度机构管辖的上述设备和装置的配置进行技术指导。

（8）参与省网规划编制工作及电网工程项目的可行性研究和设计审查工作，批准新建、扩建和改建工程接入电网运行，参与工程项目的验收，负责制定新设备投运、试验方案。

（9）参与电力生产年度计划的编制，依据年度及年度分月计划并结合电网实际，组织编制和实施月、日调度生产计划，负责实时调度中相关指标的统计考核。

（10）负责指挥省网的经济运行及管辖范围内的高压网损管理。

（11）负责制定事故和超计划用电限电序位表，报省人民政府的有关部门批准后执行。

（12）组织调度系统有关人员的业务培训和召开有关调度会议。

（13）统一协调水电厂水库的合理运用。

（14）负责与有关单位签订并网调度协议。

（15）协调有关所辖电网运行的其他关系。

（16）行使本电网管理部门或者上级调度机构批准（或者授予）的其他职权。

4. 地调的主要职责

（1）负责本地区（市）电网的调度管理，执行上级调度机构发布的调度指令；执行上级调度机构及上级有关部门制定的有关标准和规定；负责制定本地区（市）电网运行的有关规章制度和对县调调度管理的考核办法，并报省调备案。

（2）参与制定本地区（市）电网运行技术措施、规定。

（3）维护本地区（市）电网的安全、优质、经济运行，按计划和合同规定发电、供电，并按省调要求上报电网运行信息。

（4）组织编制和执行本地区（市）电网的运行方式；运行方式中涉及上级调度管辖设备的要报该级调度核准。

（5）根据省调下达的日供电调度计划制定、下达和调整本地区（市）电网日发、供电调度计划；监督计划执行情况；批准调度管辖范围内设备的检修。

（6）根据省调的指令进行调峰、调频或控制联络线潮流；指挥实施并考核本地区（市）电网的调峰和调压。

（7）负责指挥调度管辖范围内的运行操作和事故处理。

（8）负责划分本地区（市）所辖县（市）级电网调度机构的调度管辖范围。

（9）负责制定本地区（市）电网超计划限电序位表和事故限电序位表，经本级人民政府批准后执行。

（10）参与本地区（市）电网规划编制工作，批准新建、扩建和改建工程接入电网运行，参与工程项目的验收，负责制定新设备投运、试验方案。

（11）负责本地区（市）和所辖县（市）电网继电保护及安全自动装置、电力通信、电网调度自动化系统规划的制定及运行管理和技术管理。

（12）负责与有关单位签订所辖范围内的并网调度协议。

（13）负责本地区（市）电网调度系统值班人员的业务培训；负责所辖县（市）电网调度值班人员的业务指导技术培训。

（14）行使上级电网管理部门或上级调度机构授予的其他职权。

5. 县调的主要职责

（1）负责本县（市）电网的调度管理，执行上级调度及有关部门制定的有关规定；负责制定本县（市）电网运行的有关规章制度。

（2）维护本县（市）电网的安全、优质、经济运行，按计划和合同规定发电、供电，并按上级调度要求上报电网运行信息。

（3）负责根据地调下达的日供电调度计划制定、下达和调整本县（市）电网日发、供电调度计划；监督计划执行情况；批准调度管辖范围内设备的检修；运行方式中涉及上级调度管辖设备的要报上级调度核准。

（4）根据上级调度的指令进行调峰、调频或控制联络线潮流；指挥实施并考核本县（市）电网的调峰和调压。

（5）负责指挥调度管辖范围内的运行操作和事故处理。

（6）参与本县（市）电网继电保护及安全自动装置、电力通信、电网调度自动化系统规划的制定并负责其运行管理和技术管理。

（7）负责本县（市）电网调度系统值班人员的业务指导和培训。

三、调度规程应包括的主要内容

调度规程是组织、指挥、指导和协调电网运行的规范性文件，由于各级调度机构的职能和所辖范围的不同，调度规程所涉及内容也不尽相同，但为确保电网安全、优质、经济运行，调度规程一般应包括以下主要内容。

（1）总则。包括调度规程的制定依据和目的，管理原则、机构设置、管理范围和约束对象等。

（2）调度管理。包括调度管理任务，所辖各级调度的主要职责和调度管辖范围划分原则；调度管理制度，电网运行方式的编制要求，电网稳定管理的主要任务和内容，检修管理方法，电能质量管理要求和方式方法，电网频率与无功调整的管理规定；负荷管理的任务与预测要求，电网经济运行管理原则和分工及主要工作，水库调度管理的原则和方法，同期并列装置管理；新设备投产的调度管理，并网管理要求，继电保护和安全自动装置的运行管理，调度通信的管理，电网调度自动化的管理规定等。

（3）调度操作。包括操作管理与基本操作制度，并解列操作，线路停送电操作，变压器运行及操作，母线操作规定；事故处理的基本原则，指出异常频率、异常电压、线路跳闸事故、变压器事故、联络线过负荷、开关异常、母线失压、发电机跳闸、电网解列、设备过负荷（过热）、系统振荡事故的处理方法，电网黑启动方法和失去通信时的规定等。

（4）附录。包括电力调度中心调度管辖设备，电网电压考核点，典型操作的原则步骤，违反调度指令考核与处罚细则，电力系统异常及事故汇报制度，新设备投产前应报送的相关资料清单，相关法律、法规、规定及行业标准，设备命名及编号规定，电网调度术语等。

四、调度规程实例［《全国互联电网调度管理规程（试行）》］

作为全国互联电网调度系统实施专业管理和技术监督规程，《全国互联电网调度管理规程（试行）》从总则、调度管辖范围及职责、调度管理制度、运行方式的编制和管理、新设备投运的管理等17个方面，对调度运行的各方面工作，都做出了翔实的规定和具体要求，认真学习该规程，对于保障电力系统的安全稳定运行，具有重要的指导意义。

（1）总则部分，指出了规程的制定依据、调度原则和适用范围。

（2）调度管辖范围及职责部分，规定了国调、网调的调度管辖范围和主要职责。

（3）调度管理制度部分，规定了上、下级调度和厂站运行值班员的调度业务要求，相关调度通报要求，以及对拒绝执行调度指令、破坏调度纪律的行为处理办法。

（4）运行方式的编制和管理部分，规定了年度、月度和次日运行方式的下达时间和内容。

（5）设备的检修管理部分，规定了电网设备的检修分类，明确了计划检修和临时检修的概念，着重强调了计划检修、临时检修的管理规定，以及检修申请应包括的内容。

（6）新设备投运的管理部分，规定了新建、扩建和改建的发、输、变电设备，启动前必须向国调提供的相关资料和投运申请要求，着重强调了新设备启动前必须具备的条件，以及对有关人员的技术要求等。

（7）电网频率调整及调度管理部分，规定了电网的频率标准，有关网、省调值班调度员在电网频率调整及调度方面的具体要求。

（8）电网电压调整和无功管理管理部分，规定了电网的无功补偿原则，着重强调了500kV电网的电压管理的内容，以及各厂、站电压调整的主要方法。

（9）电网稳定的管理部分，规定了电网稳定的分级负责原则，提出了有关网、省调和运行单位主网架结构变化，或大电源接入时的具体要求。

（10）调度操作规定部分，规定了电网倒闸操作的调度原则，明确了不用填写操作指令票的操作项目，对于操作指令票制度，操作前应考虑的问题，计划操作应尽量避免的时间，并列条件，解、合环操作，500kV线路停送电操作，断路器操作，隔离开关操作，变压器操作，零起升压操作，直流输电系统操作等，都提出了非常具体的规定，并指出了500kV串联补偿装置的投退原则。

（11）事故处理规定部分，规定了管辖系统事故处理的权限、责任和要求，着重强调了频率异常、电压异常、线路事故、发电机事故、变压器及高压电抗器事故、母线事故、开关故障、串联补偿装置故障、电网振荡事故、直流输电系统事故的处理方法。

（12）继电保护及安全自动装置的调度管理部分，规定了继电保护整定计算和运行操作所辖范围和管理、维护与检验要求。

（13）调度自动化设备的运行管理部分，规定了调度自动化设备包括的内容，以及相应的管理要求。

（14）电力通信运行管理部分，规定了联网通信电路管理部门的职责和管理原则，着重强调了正常检修与故障处理方法。

（15）水电站水库的调度管理部分，规定了水库的调度管理的总则，明确了水库运用参数和资料管理要求，着重强调了水文气象情报及预报、洪水调度、发电及经济调度和水库调度管理要求。

（16）电力市场运营调度管理部分，规定了国调、网调和独立省调，在电力市场运营调度管理的主要任务。

（17）电网运行情况汇报部分，给出了电力生产、运行情况汇报规定，重大事件汇报规定，以及其他有关电网调度运行工作汇报规定。

【思考与练习】

1．地调的主要职责是什么？

2．调度规程应包括哪些主要内容？

3．电网频率的标准是什么？

4．线路事故的处理方法是什么？

5．变压器事故的处理方法是什么？

第二章　数字化变电站的概念与应用

模块 1　数字化变电站介绍（GYBD00101001）

【模块描述】本模块主要介绍了数字化变电站的情况。通过要点归纳介绍，掌握数字化变电站发展的基本背景、基本概念和特征，了解数字化变电站的主要优势。

【正文】

一、数字化变电站产生的背景

20 世纪 90 年代以来，随着综合自动化系统的不断应用，变电站初步具备了数字化和自动化的特征，但人们也发现实施中的一些问题：① 各设备之间大多独立运行，不同厂家的设备之间受通信规约等的限制无法共享信息资源；② 通信标准缺乏一致性，导致设备之间不具备互操作性，系统的扩展受到限制；③ 二次回路电缆数量多、接线复杂，容易遭受电磁干扰、过电压等因素的影响，降低了系统运行的可靠性。

进入 21 世纪后，随着电子技术、网络通信技术的发展，各种数字化技术和装备逐步在电力系统中得到应用和实践，给变电站带来很大的变化。以光互感器为代表的电子式互感器利用数字化输出使二次系统技术逐步与一次系统技术融合。IEC 61850 的出台为变电站建立了完整的新一代变电站网络通信体系，可有效解决不同系统间的信息互通、互操作、自定义、可扩展性等问题。网络通信技术为变电站提供了信息数字化通信的手段，改变了变电站二次系统的结构，解决了系统中信息传输与共享的机制，使信息的集成化应用成为可能。随着这些技术的成熟和应用，变电站自动化的发展进入了一个新的阶段，数字化变电站和数字化电网逐步被提了出来，并在不断的应用实践中得到认可。全国各地的电网中各个电压等级的数字化变电站工程试点应用正在实施。

二、数字化变电站的基本概念及特征

数字化变电站是以变电站一、二次设备为数字化对象，依靠统一数据模型和高速网络通信平台，通过对数字化信息进行标准化，实现智能设备之间信息共享和互操作的现代化变电站。随着信息技术、网络通信技术的不断发展，数字化的内涵仍在不断丰富和扩充。

数字化变电站的特征可理解为以下几个方面：

（1）一次设备的数字化和智能化。数字化变电站的标志性特征为电子式互感器替代传统的电磁式互感器，实现了反映电网运行电气量的数字化输出，为变电站的网络化、信息化以及一次设备的数字化和智能化奠定了基础。

（2）二次设备的数字化和网络化。数字化变电站的二次设备除了具有传统数字式设备的特点外，其二次信号变为基于网络传输的数字化信息，功能配置、信息交换通过网络实现，网络通信成为二次系统的核心，设备成为整个系统中的一个通信节点。

（3）变电站通信网络和系统实现标准统一化。数字化变电站利用 IEC 61850 的完整性、系统性、开放性保证了设备间具备互操作性的特征，解决了传统变电站因信息描述和通信协议差异而导致的信号识别困难、互操作性差等问题，实现了变电站信息建模标准化。

三、数字化变电站的优势

由于数字化变电站采用了电子式互感器、网络化通信等主要技术，因此在建设、运行、维护和管理等方面有其独特的优势。主要表现在：

（1）实现一、二次系统的有效电气隔离，安全性得到提高。数字化变电站采用电子式互感器实现信号的测量，其绝缘结构简单，避免了传统互感器采用油绝缘而可能导致的漏油、易燃、易爆等危险。

电子式互感器的二次侧由光纤连接，可以实现与高压一次侧有效的电气隔离，且不存在传统互感器二次侧 TA 开路、TV 短路或者两点接地等危险。

（2）测量的精度和动态范围大为提高。数字化变电站采用电子式互感器，可根本性地避免传统电磁式互感器由于采用铁芯而导致的饱和与铁磁谐振等因素的影响，提高保护测量精度。电子式互感器频率响应宽、动态性能好，可进行暂态电流、高频大电流和直流的测量，为保护和自动装置提供更加准确的电气暂态特性。

（3）二次回路简单，信号传送的抗干扰能力强。电子式互感器输出的数字化电气量可通过光缆以数字量的形式传输，极大地增强了变电站信号传输环节的抗干扰能力，解决了传统变电站存在的二次回路复杂、信号传输环节较多、电缆损耗大、电磁干扰、施工工艺等问题。无须校验电流或电压互感器极性，不存在测试回路绝缘电阻、二次接线检查等问题，二次回路及安装、调试、试验工作都大为简化，提高了二次系统的安全性和可靠性。

（4）网络化通信提高了信号传输和共享效率。数字化变电站利用光纤和以太网实现设备连接，所有设备均能从网络获取所需信息，并向其他设备传输输出信息和控制命令，而且站内保护、测控、计量、监控、远动可共享一个网络信息平台，对于涉及多个间隔的功能不需配备专门物理设备，避免了设备重复设置，提高了信息传输和共享效率。

（5）容易实现设备间的互操作。数字化变电站采用 IEC 61850 对智能电子设备的信息描述与访问方法进行了全面的定义和规范，形成了统一的通信规约平台。由于设备采用统一的功能模型、数据模型和通信协议，解决了设备间的互操作问题。

（6）信息共享与集成提高了系统的可靠性与经济性。常规变电站不同类型的装置因交流采样精度差异、二次回路负荷等问题而造成了信息应用上的分离，存在多信息源的问题，而且二次回路负荷重、接线复杂、硬件重复配置，需通过冗余配置来满足系统的高可靠性要求。数字化变电站提供了数据和信息的集中采集、统一传送、不同功能共享的模式，而且采用面向对象技术将原来分散的二次系统进行了合理的功能集成，使系统更加简单、信息的共享容易实现，通过信息的集成可综合判断设备的状态，进行保护等功能的冗余配置，从而大大提高了整个系统的可靠性和经济性。

（7）提高了系统的可观性、可控性和自动化水平。数字化变电站内智能设备均具备或配备了相应的监测和自检功能，通过站内信息平台能够实时查看各设备的运行状况，实时自检，便于维护和监控，极大地提高了变电站运行的可观性、可控性。变电站通信可以实时、可靠地交换所有设备的完整信息，利用高级软件能自动生成报表、操作票和操作记录、系统拓扑图、设备检修通知、故障分析报告等，实现管理自动化与智能化决策。

（8）大大提高了变电站的经济性。电子式互感器取代电磁式互感器、光缆取代电缆以及网络通信等技术的采用，使得数字化变电站工程占地面积减少，电缆沟土建工程量减少；二次回路的简化、智能设备的使用又极大地减少了建设和调试的工作量，缩短了建设工期。由于设备的互操作性，在设备选型时可选择技术经济性最优的设备；基于逻辑的建模可以避免物理设备的重复设置，减少了设备采购量；在系统扩展或部分设备更换时，其他设备的软硬件基本不变，达到了保护投资的目的。

数字化变电站的这些优势和特点，将在技术、运行和管理水平上较传统变电站有一个全面的提升，对减少投运后运行成本、促进减员增效、提高自动化水平具有重大的技术意义和经济效益。

【思考与练习】

1. 什么是数字化变电站？

2. 数字化变电站的主要特征是什么？

3. 与常规变电站比较，数字化变电站具有哪些优势？

模块 2　数字化变电站的系统架构及技术特征（GYBD00101002）

【模块描述】本模块主要介绍了数字化变电站的基本结构和主要技术特征。通过对比讲解、图例展示，掌握数字化变电站的系统构成和主要技术特征。

【正文】

一、数字化变电站的系统架构

1. 数字化变电站的基本结构

数字化变电站的结构继承了传统变电站分层分布式的特点，依然由一次设备和二次设备分层构成，由于一次设备的智能化和二次设备的网络化，数字化变电站的一、二次设备之间的结合更加紧密。IEC 61850 按照变电站自动化系统所要完成的控制、监视、保护三大功能提出了变电站内按功能分层的概念，从逻辑上将变电站功能划分过程层、间隔层和变电站层，如图 GYBD00101002-1 所示。

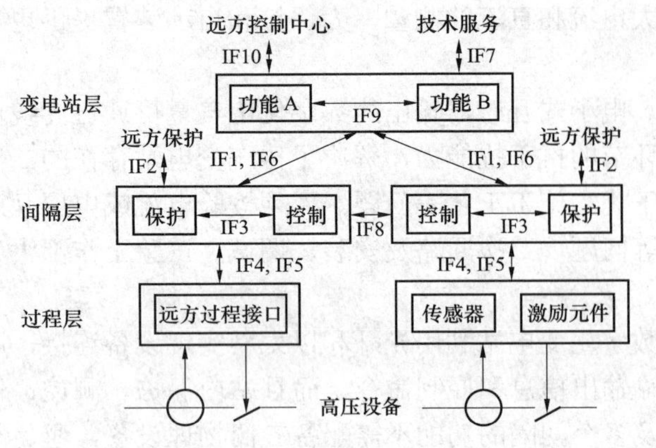

图 GYBD00101002-1 数字化变电站的基本结构及总线接口

（1）过程层。过程层是一次设备与二次设备的结合面，或者说是智能化一次设备的智能化部分。其主要实现所有与一次设备接口相关的功能，包括：实时电压、电流等电气量检测，进行运行设备的状态参数检测与统计，完成包括断路器、隔离开关的合分控制、变压器分接头调节、直流电源充放电控制操作等在内的控制执行与驱动。

（2）间隔层。间隔层的功能是利用本间隔的数据对本间隔的一次设备产生作用，如线路保护设备和间隔单元控制设备就属于这一层。其主要功能有：汇总本间隔过程层实时数据信息，实施对一次设备的保护控制，实施本间隔的操作闭锁，实施操作同期及其他控制功能，控制数据采集、统计计算及控制命令的优先级，同时高速完成与过程层及站控层的网络通信。

（3）变电站层。变电站层主要通过两级高速网络汇总全站的实时数据信息，不断刷新实时数据库，按时登录历史数据库，按既定规约将有关数据信息送向调度或控制中心，接收调度或控制中心有关控制命令并转间隔层、过程层执行。它应具有以下功能：在线可编程的全站操作闭锁控制功能；站内当地监控、人机联系功能，如显示、操作、打印、报警，图像、声音等多媒体功能；可对间隔层、过程层诸设备进行在线维护、在线组态、在线修改参数；同时，能完成变电站故障记录、故障分析和操作培训。

2. 数字化变电站的逻辑接口及总线

在数字化变电站的三层中有 10 类逻辑接口，分别接入两类总线：过程总线以及变电站总线。表 GYBD00101002-1 概括了它们之间的关系。

表 GYBD00101002-1 逻辑接口与总线之间的关系

逻辑接口	说　明	过程层	间隔层	变电站层	总　线
IF4	过程层和间隔层之间 TV 和 TA 暂态数据交换	√	√		过程总线
IF5	过程层和间隔层之间控制数据交换	√	√		
IF3	间隔层内数据交换		√		变电站总线
IF8	间隔层之间直接数据交换			√	
IF1	间隔层和变电站层之间保护数据交换			√	
IF6	间隔层和变电站层之间控制数据交换			√	
IF9	变电站层内数据交换			√	
IF7	变电站层与远方工程师数据交换			√	

注 “√”表示横向内容与纵向内容有关联。

3. 数字化变电站与传统变电站结构对比

从图 GYBD00101002-2 可以看出，传统变电站与数字化变电站的物理结构几乎没有差别，但两者的功能和接口结构以及系统运行则具有完全不同的特性。传统变电站功能完成和信息传递由连接和设备物理结构限定，而数字化变电站则完全通过网络来分配和交换信息，两者存在巨大差异。

模块2 GYBD00101002

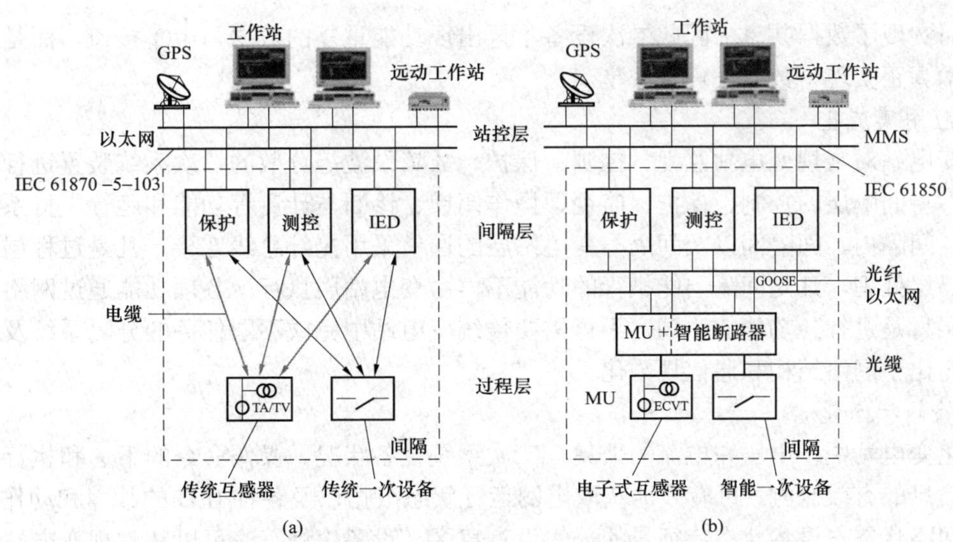

图 GYBD00101002-2　传统变电站与数字化变电站结构对比

（a）传统变电站；（b）数字化变电站

二、数字化变电站的主要技术特征

1. 数据采集数字化

数字化变电站采集和传输数字化电压、电流等电气量，不仅实现了一、二次有效的电气隔离，而且大大扩展了测量的动态范围与精度，使变电站的信息共享和集成应用成为可能。

2. 系统分层分布化

数字化变电站采用了 IEC 61850 提出的变电站过程层、间隔层、站控层的三层功能分层结构。过程层主要指站内的变压器、断路器、互感器等一次设备；间隔层一般按照断路器间隔划分，通常由各种不同的间隔装置组成，直接通过局域网络或串行总线与变电站层联系；变电站层包括监控主机、远动通信机等，设现场总线或局域网，实现变电站层以及与间隔层之间的信息交换。这种分层分布结构实现了按站内一次设备面向对象的分布式配置，不同的设备均单独安装具有测量、控制和保护功能的元件，任一元件故障不会影响整个系统正常运行。采用分层分布式结构大大降低了对处理器的要求，而且具有自诊断功能，可以灵活地进行扩充。

3. 系统结构紧凑化

紧凑型组合电器、智能化断路器等智能化一次设备集成了的更多的部件和功能，体积更小，这使得变电站的占地面积大幅减小，设备布置更加紧凑。各种体积小、重量轻、精度高、数字化的互感器、传感器的应用，不仅简化了一次设备的结构，而且通过数字化测量数据的网络传输和共享，实现了二次回路连接的简化，甚至可以取消信号电缆。由于智能化断路器的出现，实现了一、二次设备的集成，控制与保护等越来越靠近过程对象，并可有机地集成在间隔或小室并靠近一次设备布置。过程层的数字化和网络化以及 IEC 61850 的采用，使得整个变电站的功能和配置可以灵活地映射和分配到各个 IED（智能电子设备），许多功能的实现不再依赖独立的专用设备，这样系统的结构将更加简单紧凑，性能和可靠性越来越高。

4. 系统建模标准化

数字化变电站采用了 IEC 61850 对一、二次设备统一建模，定义了统一的建模语言、设备模型、信息模型和信息交换模型，采用全局统一规则命名资源，使变电站内及变电站与控制中心之间实现了无缝通信与信息共享。通过系统建模的标准化，消除了各种“信息孤岛”，实现了设备的互联开放，从而简化了系统维护、配置、扩展以及工程实施。

5. 信息交互网络化

数字化变电站各层、各设备间信息交换都依赖高速网络通信完成，网络成为系统内各种智能电子装置以及与其他系统之间实时信息交换的载体。在过程层与间隔层之间，数字化的各种智能传感器的采样数据通过网络传输到间隔层，利用多播技术将数据同时发送至测控、保护、故障录波及相角测量等单元，进而实现了数据共享。因此二次设备不再出现功能重复的数据与 I/O 接口，而是通过采用标准以太网技术真正实现了数据及资源共享。

6. 信息应用集成化

数字化变电站对常规变电站监视、控制、保护、故障录波等分散的二次系统装置进行了信息集成及功能优化。将间隔层的控制、保护、监视、操作闭锁、诊断与计量等功能和运行支持系统集成到统一的装置中，间隔内、间隔间以及间隔与变电站层的通信采用光纤总线连接。凡是过程层能完成的功能不再由间隔层处理，凡是间隔层能执行的功能不再由变电站层执行，各项功能通过网络组合在系统中，变电站层只是进行各功能的协调，不再需要传统变电站中完成不同任务的分隔系统及相应的通信网络，从而简化了网络结构和通信规约化。

7. 设备检修状态化

在数字化变电站中，电压和电流的采集、二次系统设备状况、操作命令的下达和执行完全可以通过网络实现信息的有效监测，可有效地获取电网运行状态数据以及各种 IED 的故障和动作信息，监测操作及信号回路状态，设备状态特征量的采集没有盲区，设备检修策略可以从常规变电站设备的定期检修变成状态检修，从而大大提高了系统的可用性。

8. 设备操作智能化

智能一次设备不仅可以获取整个系统及关联设备状态，而且可监测设备内部电、磁、温度、机械、机构动作状态，随着电子技术和控制技术的不断发展，采用新型传感器、电子控制、新控制方法构建参数确定、动作可靠迅速、状态可控可测可调的智能操作回路成为可能。

【思考与练习】

1. 数字化变电站的结构如何组成？有什么特点？
2. 数字化变电站中各层的作用是什么？分别有什么特征？
3. 数字化变电站的主要技术特征是什么？

模块 3 数字化变电站的基本应用（GYBD00101003）

【模块描述】本模块介绍数字化变电站的技术实现基础和常规设备接入方案。通过归纳讲解、方案介绍，了解建设数字化变电站应注意的问题和常规设备的接入方式。

【正文】

数字化变电站的发展是个长期的过程，技术成熟度、方案可行性均需逐步完善，因此通常采取分步走的策略：① 第一阶段结合 IEC 61850 标准先在测控部分实施，以积累网络通信协议的应用经验；② 第二阶段采用非常规互感器技术实现信息采集、处理、传输数字化应用；③ 第三阶段通过变电站总线与过程层总线的集成，实现数字化变电站集成型自动化的应用。

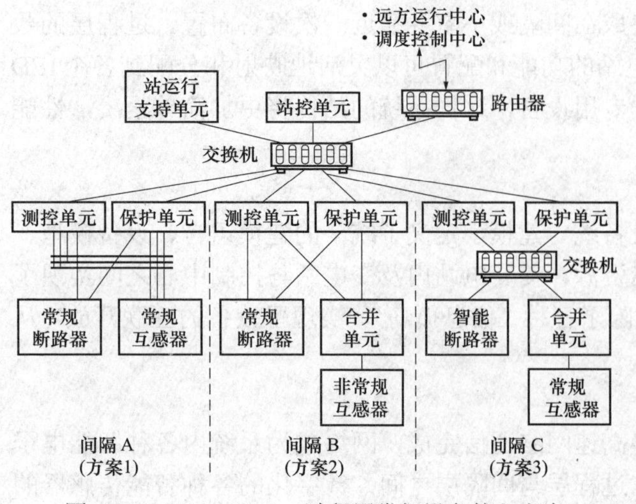

图 GYBD00101003-1 过程层常规设备接入方案

一、过程层常规设备的接入

常规设备主要指互感器和断路器设备，过程层常规设备的接入方式主要有 3 种基本模式：常规互感器和常规断路器，常规互感器和智能断路器（含智能断路器控制器），非常规互感器和常规断路器。过程层常规设备的接入方案见图 GYBD00101003-1。

（1）方案 1。间隔层采用常规互感器和常规断路器，只使用了变电站总线，采用传统的点对点硬接线方式接入常规互感器和常规断路器，实现保护装置和监控单元信息交互。

（2）方案 2。间隔层采用非常规互感器和常规断路器，没有过程总线，但使用了合并单元，模拟量采样基于 IEC 61850-9-1 的单向多路点对点串行通信连接方式。

（3）方案 3。间隔层采用常规互感器和智能断路器（或智能断路器控制器），采用了过程总线，通过合并单元将常规传感器模拟量以多播方式发布到过程总线。

二、间隔层常规 IED 的接入

间隔层常规 IED 的接入方案见图 GYBD00101003-2。

符合 IEC 61850 标准的 IED 将支持以太网方式的 GOOSE 信息交互机制，常规变电站间隔层还有大量非 IEC 61850 标准的 IED 设备，因此需要通过网关实现 IEC 61850 标准的转换，以实现接入变电站内部局域网 GOOSE 信息传输机制。图 GYBD00101003-2 说明了间隔层接入常规 IED（或系统）的方案，其中 Server IED 起到 IEC 61850 网关的作用。这样，非 IEC 61850 标准的 IED 也可被接入数字化变电站中，因此非 IEC 61850 标准的监控单元和保护单元需要通过网关接入变电站局域网。

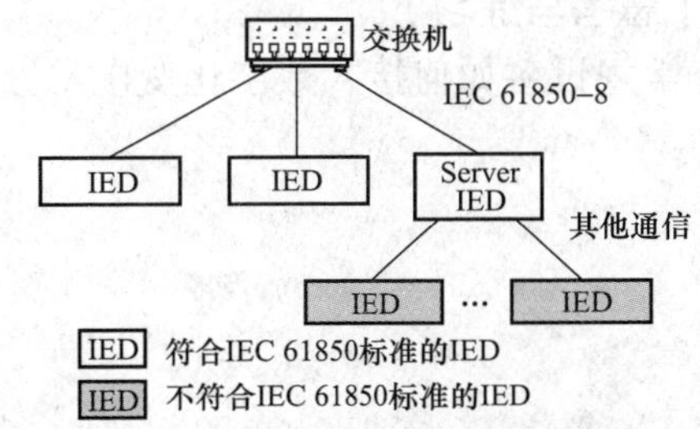

图 GYBD00101003-2　间隔层常规 IED 接入方案

数字化变电站技术发展过程中可以实现对常规变电站技术的兼容，这意味着可以实现应用上的平稳发展和逐步突破，使新技术的应用能有机地结合电网的发展，未来在数字化变电站应用技术成熟的基础上将促进新一代数字化电网的实现。

三、数字化变电站技术的应用基础

数字化变电站应用技术给变电站带来了巨大的变革，然而大量新技术和新标准的采用也带来一定的不确定性，在实际应用中应重点关注以下几个方面。

1. 数据采集的稳定性

非常规互感器因存在微信号测量、光学系统而容易出现温度对精度的影响、振动对精度的影响、长期稳定性、电磁兼容等问题，影响整个系统数据的准确性和稳定性。

2. 二次系统的冗余性

二次系统的冗余性主要体现在合并单元、网络拓扑结构性、控制系统的冗余性等方面。合并单元是系统的数据源，必须考虑合并单元或相关系统引起的系统可靠性降低甚至功能丧失的问题，对其进行冗余考虑。数字化变电站内的信息交互高度依赖以太网，须选择合适的网络通信的架构以保证信道和通信网络的冗余性。由于具备保护、测控一体化应用的条件，控制系统可实现测控单元的双重化，设备之间的联/闭锁可以实现冗余配置与应用。

3. 设备的互操作性

互操作性是实现变电站内无缝通信理念的重要保障机制。为保证互操作性，需要开展两类试验与测试：一致性测试和性能测试。

4. 网络通信的安全性

数字化变电站所采用的对等通信模式使数据的通信更加简便、有效，但也带来了信息的安全问题，安全攻击可能来自内部或外部，在实现数字化变电站时须考虑信息的安全性问题。

5. 试验方案的针对性

非常规互感器给继电保护现场试验、计量测量等方面带来根本性的变化。一些常规的极性测试、二次回路接线检查等都不再需要，而信息的网络化却带来了采样数据测试、变电站事件快速传输等方面测试的需要，应根据变化采取有效的方法进行测试和试验。

6. 建设目标的阶段性

数字化变电站涉及的新技术比较多，其稳定性需要经过一定的应用检验。同时，数字化变电站技术的发展体现了对常规变电站自动化技术的继承与突破，因此必须在兼顾技术成熟度的前提下实现目标设定的阶段性，根据具体情况设定不同目标值来推进工程化应用。

7. 技术管理的适应性

数字化变电站应用技术的发展对于电网运行的技术管理体制带来巨大的冲击，继电保护与自动化专业分工将不复存在；现有二次系统的设计、试验、运行标准规程将很难适用，需要重新制定；需要针对数字化变电站技术特征制订相应的二次系统检修策略，建立符合新技术特点的检修机制；由于网络化的功能配置以及一次设备的机电一体化，需针对新技术应用对安全考核、评估、保障机制进行必要的调整、补充或修订。

【思考与练习】

常规设备如何接入数字化变电站？

第三章 数字化变电站的组成与实现

模块 1 IEC 61850 标准综述（GYBD00102001）

【模块描述】本模块介绍 IEC 61850 标准的产生背景、标准的组成、主要术语及主要特点等内容。通过背景介绍、标准阐述、要点讲解，了解标准的概况，掌握标准的组成和特点。

【正文】

一、IEC 61850 标准的制定

1. 标准制定的背景

为适应变电站自动化系统发展的需要，实现控制和管理系统中所有设备之间的信息自由交换，IEC（国际电工委员会）先后制定了 IEC 60870-5-101、IEC 60870-5-102、IEC 60870-5-103、IEC 60870-5-104（基于以太网）等规约。随着技术发展和标准应用的不断扩展，人们发现这些标准存在许多问题，如：标准对二次设备缺乏统一的功能和接口规范，一致性测试又没有相应的标准，造成不同厂家设备之间无法实现互操作；整个标准的形成和完善持续了 10 年时间，规范产生滞后，许多厂家已通过其他总线协议或专有协议实现设备之间的互联，并形成一定的规模，因此新规范颁布后实施困难；IEC 60870-5-103 规约在制定的过程中基于 RS-485 串行通信，属问答式规约，无法满足网络通信对信息量和速度的要求；规约在制定的过程中对过程层设备间的通信问题未过多考虑，很难适应电子式互感器、智能化一次设备不断发展的需要。由于这些问题的存在，造成了变电站不同厂家的 IED 之间不能互操作和互联，系统扩展困难，用于解决协议转换和通信连接的工程造价越来越高，严重地制约了变电站自动系统的发展。

针对以上问题，IEC 开始制定关于变电站自动化系统的通信网络和系统的国际标准，旨在统一目前各成一体的变电站自动化通信系统，提高系统的维护性、开放性和扩展性，促进电力系统网络化、信息化的发展，解决技术更新和生命周期之间的矛盾。

2. 标准的发展过程

IEC 61850 系列标准的全称是《变电站通信网络和系统》。1995 年，IEC 第 57 委员会开始研究该标准的制定。期间吸纳了美国电力科学院研究制定的 UCA2.0 中关于数据模型和服务的成果。标准于 1999 年提出草案发布，目前已经全部通过为国际标准。我国的标准化委员会对 IEC 61850 系列标准进行了同步的跟踪和翻译工作，并等同采用为国家标准。

IEC 61850 标准目前是全世界唯一的变电站网络通信标准，也将成为从调度中心到变电站、变电站内、配电自动化无缝自动化标准，还有望成为通用网络通信平台的工业控制通信标准。当前，国外各大公司都在围绕 IEC 61850 开展工作，并提出 IEC 61850 的发展方向是实现“即插即用”，在工业控制通信上最终实现“一个世界、一种技术、一个标准”。

二、IEC 61850 标准简介

1. 标准制定的目的

变电站自动化标准化的目的是制定一套满足功能和性能要求的通信标准，确保不同设备间能够自由的交换信息，并支持将来技术的发展。

（1）互操作性。不同制造厂家的智能设备可交换信息和使用这些信息执行特定功能。

（2）可自由配置。可将功能自由灵活地分配到各装置中，满足变电站自动化系统功能和性能的要求，支持用户集中式系统（如 RTU）和分散式系统的各种要求。

（3）长期稳定性。支持未来的技术发展，并可伴随系统需求而发展。

2. IEC 61850 标准的组成

IEC 61850 共分为 10 部分，从内容上可以分为四大部分。

（1）系统部分。包括了标准的 1～5 部分。主要介绍了标准制定的出发点，从系统工程管理、质量保证、系统模型等方面进行叙述，使标准能更好地应用于电力系统。

（2）配置部分。定义了变电站系统和设备配置、功能信息及变电站配置描述语言。

（3）数据模型、通信服务和映射部分。从技术实现角度描述了 IEC 61850 的信息模型、通信服务接口模型以及信息模型与实际通信网络的映射方法，从而实现了系统信息模型的统一、通信服务的统一和传输过程的统一。

（4）测试部分。定义了验证互操作性的一致性测试方法、等级、环境和设备要求等。

3. IEC 61850 标准的特点

IEC 61850 引入了诸多先进的网络通信技术和信息处理技术，是一个开放的、面向未来的新一代变电站自动化系统通信协议。它具有以下的特点：

（1）开放性。由于电力市场的发展，实现电力过程控制的各种设备和系统必须集成为一个自动化系统，要求设备和系统必须是互操作的，接口、协议和数据模型必须是兼容的，并有足够的开放性。IEC 61850 就是为了实现这一个大目标而制定的。

（2）信息分层的变电站结构。标准将站内通信体系分为变电站层、间隔层、过程层，定义了信息分层概念和层与层之间的通信接口，使系统能在统一结构下进行信息的传输和利用。

（3）面向对象的数据对象统一建模。IEC 61850 采用面向对象技术，定义了基于客户机/服务器结构的数据模型。模型的构成不仅仅是数据集，而是数据与功能服务的聚合，模型中数据和功能服务相互对应，数据的交换必须通过对应的功能服务来实现。任何一个客户都可通过抽象服务接口和服务器通信来访问数据对象。数据与功能服务的紧密结合使模型具备了良好的稳定性、可重构性和易维护性。由于在信息源处进行建模，避免多余的中间数据模型转换，减少同一信息多处定义，限制多重数据管理，给投运、运行、维护、扩建带来了方便，调试容易可节约大量人力物力，为电力系统统一建模、实现无缝连接打下基础。

（4）采用面向对象、面向应用开发的自我描述的方法。以往的通信标准采用面向点的数据描述，数据收发方必须事先对数据库进行约定并一一对应，这样才能正确反映现场设备的状态，如需增、删某些信息，必须对协议进行修改，这就限制了新功能的应用和系统的扩充。IEC 61850 采用了面向对象的数据自描述，在数据源对数据本身进行自我描述，接收方收到的数据都带有自我说明，不需要再进行数据的工程物理量对应或标度转换。这种自描述数据是互操作的基础，并简化了数据的管理与维护工作。IEC 61850 提供了 80 多种逻辑节点名字代码和 350 多种数据对象代码、23 个公共数据类，涵盖了变电站所有功能核数据对象，提供了扩展新逻辑节点方法，规定了一套数据对象代码组成方法和一套面向对象服务，三者有机结合解决了面向对象自我描述的问题。

（5）采用抽象通信服务接口。IEC 61850 设计了独立于网络和应用层协议的抽象通信服务接口，定义了 14 类抽象通信服务接口模型，每类模型都由若干抽象通信服务组成，每个服务又都定义了服务的对象和方式。模型中通信服务通常分为两类：① 客户机/服务器结构主要应用在针对控制、读写数据值等服务中；② 发布者/订阅者模式主要应用在如采样值传输、通用变电站事件等快速和可靠的数据传输服务中。由于接口与所采用的通信技术、协议栈无关，用户可以应对和分享通信技术和网络技术迅猛发展带来的挑战与好处。

（6）定义了变电站配置语言。IEC 61850-6 定义和解释了基于 XML（可扩展标记语言）的变电站配置语言，标准化了变电站系统和装置配置的描述方法，可以描述变电站自动化系统内 IED 以及它们的相互关系，对变电站系统和装置的功能需求实现唯一表示。

【思考与练习】

1. IEC 组织制定 IEC 61850 的背景和目的是什么？与变电站自动化系统哪些问题和要求相关？
2. IEC 61850 由哪些部分组成？各自在标准中起什么作用？

模块1 GYBD00102001

模块2　数字化变电站的通信网络（GYBD00102002）

【模块描述】本模块介绍了数字化变电站内数据流及其特点、采用的主要网络技术以及组网方案。通过要点分析、图例说明、方案介绍，了解数字化变电站系统核心通信的概况。

【正文】

数字化变电站的功能完成依赖于通信，构建高速、可靠和开放的通信网络是数字化变电站的前提条件和核心技术之一。在数字化变电站中，由于过程网络的出现，数字化变电站通信网络在数据流、网络结构、功能和性能要求等方面与传统变电站存在较大差异。

一、变电站通信网络中的数据流

根据变电站的分层结构，需要传输的数据流有如下几种：过程层与间隔层之间的信息交换，过程层的各种智能传感器和执行器与间隔层的装置交换信息，间隔层内部的信息交换，间隔层之间的通信，间隔层与变电站层的通信，变电站层的内部通信。

在数字化变电站网络中，各种数据流在不同的运行方式下有不同的传输响应速度和优先级的要求。对于经常传输各种测量量，如母线电压、频率、有功电量累计值等监视信息以及断路器位置、继电保护的投入与退出等状态信息，变压器、避雷器等的状态监视信息，数据的传输要求并不是很高，要求达到毫秒至秒级，有时允许有一定的延时；对于突发事件产生的信息，又分为需要快速响应的事故时断路器的位置信号、正常操作所引起的状态变化信息和允许延时发送的继电保护动作的状态信号和事件顺序记录、事故录波数据等带时标的扰动数据；对于过程层设备与间隔层设备交换信息，如光电电流互感器及直接采集的数字量等采样数据需以微秒至毫秒级高速传输且保证传输可靠性，而温度、压力等状态量要求并不高。此外，还包括报警、视频等大容量的非实时信息。

二、变电站自动化系统通信网络的基本要求

1. 功能要求

通信网络是连接智能电子设备（IED）的纽带，因此须支持各种标准化通信接口，须有足够的带宽和速度来存储和传送事件、电量、操作、故障以及录波等数据。为改善电压运行质量，无人值班变电站要求通信网络具有电压无功自动调节功能、系统对时功能等。另外，自诊断、自恢复以及远方诊断、在线状态检测则是针对运行维护而提出的几项功能要求。

2. 性能要求

通信网络是变电站实时信息交换不可或缺的功能载体，对其要求是可靠、实时、开放。

（1）可靠性。由于电力生产的连续性和重要性，站内通信网络的可靠性是第一位的，应避免一个装置损坏导致站内通信中断的情况。

（2）开放性。站内通信网络除了保证站内IED设备互联、便于扩展外，还应服从调度自动化的总体设计，硬件接口应为国际标准，选用国际标准的通信协议，方便用户系统集成。

（3）实时性。因测控数据、保护信号、遥控命令等都要求实时传送，虽然正常工作时站内数据流不大，但出现故障时要传送大量的数据，要求信息能在站内通信网络上快速传送。

三、数字化变电站中的以太网技术

以太网是目前应用最广泛的互联网络，在商业领域得到广泛应用。近年来，以太网技术也广泛应用到电力系统中，变电站层和远动中心之间的网络就是基于以太网的，而数字化变电站的分层结构以及网络技术的发展也决定了以太网技术是数字化变电站中的主要网络技术。

1. 以太网技术概述

以太网是一种采用总线竞争式介质访问的设备互联局域网组网技术，自诞生以来一直在不断创新，带宽从10Mbit/s发展到1Gbit/s，传输介质由同轴电缆发展出双绞线、光纤和无线。其控制协采用载波侦听多路访问/冲突检测，具有发前先听、边发边听、碰撞后退避时延等特征，可有效减少网络冲突。以太网的网路拓扑结构主要有星型、环型、总线型三种。快速和交换式以太网的出现使以太网性能得到显著提升，并在工业现场得到应用与推广。

2. 对数字化变电站中以太网的特征要求

由于数字化变电站的特殊性，用于变电站的以太网与一般以太网存在较大区别，主要体现在网络规模、节点数目、安装环境、实时性要求、可靠性、故障自恢复以及安全性等方面。

（1）网络规模和环境要求。基于 IEC 61850 的变电站网络的规模由 IED 的数目及其分别位置，通常要求其支持的节点数目达到 100 或更多，需划分不同网段和子网。同时，覆盖范围也应能达到 5～1000m。IEC 61850 针对变电站网络环境的特殊性，制订了电磁干扰、温度变化范围、机械振动、污染和腐蚀、湿度和大气压等方面一系列的要求，并推荐解决方案。

（2）网络实时性要求。为了达到实时性的设计目标，提出了评估的量化指标，对报文类型进行了详细分类。将报文分为保护控制和计量与电能质量两类。在给定变电站内，并不需要全部通信连接支持同一性能类型，变电站总线和过程总线可独立选择，过程总线内可根据间隔内设备数量和通信速率选择不同性能类型。IEC 61850 还根据实现功能和对实时性要求的不同，将变电站自动化系统中的报文分为快速、中速、低速、原始数据、文件传输、时间同步以及存取控制命令 7 种类型，每类报文都规定了相应的传输时间要求。

（3）网络可靠性与信息安全要求。基于以太网的分层分布式网络可靠性应能实现故障预防、故障监测、故障允许、故障弱化与在线排除。IEC 61850 的开放性和标准性会带来安全性问题，应保证网络及二次系统信息保密性、完整性及确定性，需要采取报文加密与数字签名、调度专网、安装防火墙、划分功能子网、限定报文传输范围等信息安全防护措施。

3. 以太网实时性改进

以太网应用于变电站中最大的瓶颈是实时性问题，其载波侦听多路访问/冲突检测介质访问控制带来了时间不确定问题；而且节点采用事件驱动访问网络，造成了多点共享网络数据冲突问题；报文不支持优先级设定，节点冲突退避机制相同且时间随机。为了解决这些问题，一方面可通过合理分配或组合网络流量，减少数据冲突发生概率；另一方面可采取措施提高实时性或使其具有延时确定性。目前采用的技术主要有：具有微网段和全双工传输的特性交换式以太网技术，采用带优先级标签以太网数据帧解决实时和非实时数据竞争的 IEEE 802.1p 技术，按照逻辑关系划分成网段的虚拟局域网（VLAN）技术，解决广播数据包引起无限循环而导致的网络阻塞的快速生成树协议（IEEE 802.1w）。

四、数字化变电站通信网络组建

数字化变电站通信网络的组建是在实现自动化系统各项功能并满足传输时间要求的基础上，通过网络结构和节点分布的优化，提高网络实时性、可靠性、安全性和信息共享水平。IEC 61850 将变电站自动化系统划分为变电站层、间隔层和过程层，这种划分主要是用来在逻辑上表示变电站自动化功能的分类，实际上有些自动化设备涵盖了多层功能，因此，远动网络、变电站层与间隔层之间的站级网络、间隔层与过程层之间的过程网络的划分也只是用来在逻辑上表示网络承载的不同功能，实际网络的组建可不必拘泥于分层的划分，组网方法也无明确规定。

1. 网络拓扑结构

以太网有总线型、环型和星型三种基本拓扑结构。总线型具有较好扩展性，但缺乏可靠性；环型具有较好安全稳定性，但扩展性差、设备投资大；星型兼顾了网络的安全稳定性和可扩展性，且易于布线。通常可根据变电站的重要程度、网络节点数目、地理位置和建设资金，选择合理的结构。对于输电变电站的站级网络采用环型拓扑结构，单台交换机故障时只影响单个间隔；配电变电站的站级网络采用星型拓扑结构；过程层网络需根据不同间隔或功能划分成多个子网且子网的节点数目有限，通常采用星型拓扑结构。输电间隔要求保护装置双重化配置，因此间隔的过程层网络采用双星型拓扑结构；为了提高网络可靠性，避免出现单点故障，根据 IED 网络接口数目，站级网络和配电间隔的过程层网络也可采用双环或双星型拓扑结构。

2. 过程层总线的组网

过程层总线的组网与数据流要求、可靠性要求、安装时的实际情况密切相关，IEC 61850 中列举了过程层总线组网的 4 种基本方案，体现了不同的组网原则，可以满足不同的数据流要求及可靠性要求，并可应用于不同场合，如图 GYBD00102002-1 所示。

（1）方案①：面向间隔。每个间隔有其自身总线段，继电保护和控制设备可从多个段取得数据，同时还装设独立的全站统一总线连接各间隔的总线段，设备的互操作性、互换性既可在 IED 层面获得，也可在间隔层面获得。面向间隔的组网方案结构清晰、易于维护，但需较多的交换和路由设备，成本较高。该方案适用于 220kV 及以上系统以及重要间隔。

（2）方案②：面向位置。每个间隔总线段覆盖了多个间隔。当 IED 的安装位置处于多个传感器的安装位置的中心时，从高压端到 IED 的光纤传输距离最短。另外，220kV 双母线接线多采用母线电压互感器，该互感器可以为多个间隔所共用，从而减少了安装数量。

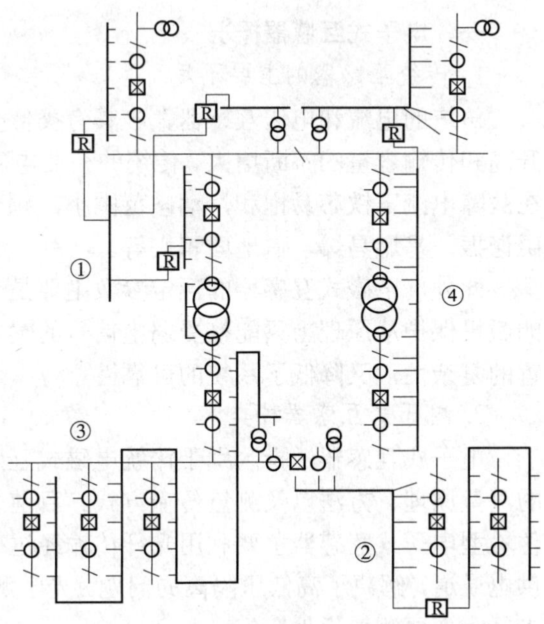

图 GYBD00102002-1　过程层总线组网的基本方案

（3）方案③：单一总线。所有设备都连接到全站单一总线，节省了交换机，成本较低，但可靠性差，需要较高的总线速率，适用于网络负荷较轻、对实时性要求不高的中低压系统。

（4）方案④：面向功能。总线段是按照保护区域来设置的，其突出优点是总线段之间的数据交换量最小。虽然需要路由器，但是段的安排能够减少段之间的传输的数据。

3. 变电站总线的组网

变电站总线的组网与变电站的类型相关。小型配电变电站只要求非常简单的连接间隔层和远方通信接口的通信总线，无间隔与间隔间的通信；中型的输、配电变电站，变电站层包括简单人机接口、远方控制网关，可能还包括电压自动控制功能等，要求变电站通信总线可以处理所有类型的报文，需要采用大的通信网络；大型输、配电变电站，变电站层包括全部人机联系功能，能够控制全部开关，可以传输全部单个的告警。变电站和控制中心之间通信可能由主链路和备用链路组成。变电站层总线要求由路由器或者桥连接的分段通信总线去处理所连接的设备的大量数据。为了限制每个段连接的节点数目，减少通过路由器传输快速报文，通信网络可能分成几段，甚至还需要双冗余的通信网络。

【思考与练习】

1. 支撑数字化变电站网络通信的核心技术有哪些？
2. 数字化变电站中传输的主要数据有哪些？特征是什么？
3. 数字化变电站网络通信组网的方案有哪些？各有什么特点？
4. 数字化变电站的以太网与其他网络有什么异同？

模块 3　电子式互感器基本原理及技术（GYBD00102003）

【模块描述】本模块介绍电子式互感器的基本原理、特点及构成等内容。通过结构分析、原理讲解、图片示意、应用举例，了解数字化变电站系统中一次设备的变化。

【正文】

互感器是为电力系统进行电能计量、测量、控制、保护等提供电流/电压信号的重要设备，其精度及可靠性与电力系统的安全、稳定和经济运行密切相关。随着电压等级的不断升高以及自动化技术的不断发展，传统的电磁式互感器已不能适应发展的需求。近年来，随着光电式、数字测量技术的发展和应用，各种光电式、纯光学电子互感器逐步走向成熟并得到应用，成为推动变电站过程层数字化的主要动力，为数字化变电站奠定了基础。

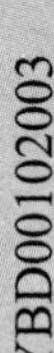

一、电子式互感器概况

1. 传统互感器的主要不足

传统的电流和电压互感器大多具有类似变压器的结构，属电磁感应式。随着电力系统电压等级的升高和传输容量的不断增大，传统的充油电磁式互感器暴露出一系列的缺点：绝缘结构复杂，造价高，在故障电流下铁芯易饱和，动态范围小，频带窄，受电磁干扰，二次侧开路会产生高电压，会产生铁磁谐振，易燃易爆，占地面积大等。

此外，电磁式互感器的额定参数主要是为了能为电磁式继电器提供足够的驱动，而目前广泛使用的微机保护从原理上只能接受弱电信号的输入，不得不在装置内增加电压、电流变换器，既增大了装置的复杂性，又降低了系统的可靠性。

2. 电子式互感器种类

电子式互感器泛指区别于传统电磁式互感器的电子化测量和数字化输出方式的互感器，涵盖不同的测量原理、方法以及测量传输方式。目前主要有利用光纤传输和采用光学方法测量两大类型。光纤传输型电子式互感器主要利用光纤传输经过电子测量回路转换的数字信号，并作为电子测量部分激光供电通道，解决了高低压隔离的问题。光学测量型电子式互感器采用磁光等原理直接测量电压、电流，光纤为主要测量元件。

目前，电子式互感器分类和对比的主要手段为量测量和测量原理。电子式电流互感器主要采用罗戈夫斯基线圈、光学装置或低功耗铁芯绕组等实现一次电流信号的转换。电子式电压互感器主要采用电阻分压器、电容分压器、串联感应分压器或光学原理等实现一次电压信号的转换。

此外，根据传感头部分是否提供电源，电子式互感器主要可分为有源式和无源式两类。根据安装方式，电子式互感器又可分为独立支撑型、GIS 型、套管型及独立悬挂型，其中前两种为主要应用方式，分别应用在敞开式变电站及 GIS 变电站。

3. 电子式互感器的主要优点

与常规互感器比较，电子式互感器主要有以下特点：

（1）高低压完全隔离，安全性高，具有优良的绝缘性能和优越的性价比。电子式互感器取消了铁芯，将高压侧信号通过绝缘性能很好的光纤传输到二次设备，这使得其绝缘结构大大简化，电压等级越高其性价比优势越明显。电子式互感器利用光缆而不是电缆作为信号传输工具，实现了高低压的彻底隔离，不存在电压互感器二次回路短路或电流互感器二次开路给设备和人身造成的危害，且光信号有电信号无法比拟的电磁兼容性能、安全性和可靠性。

（2）不含铁芯，消除了磁饱和和铁磁谐振等问题。电磁式互感器采用了包含铁芯的电磁感应原理，铁芯的存在不可避免地存在磁饱和及铁磁谐振等问题。电子式互感器在原理上与传统互感器有着本质的区别，一般不用铁芯做磁耦合，因此消除了磁饱和及铁磁谐振现象，从而使互感器运行暂态响应好，稳定性好，保证了系统运行的高可靠性。

（3）电磁式互感器需要提供较多绕组供不同的二次设备使用，而电子式互感器提供的是数字信号，二次设备可以共享电压、电流信号，减小了体积，节省了资源。

（4）动态范围大，测量精度高。电网正常运行时，电流互感器流过的电流并不大，但短路电流一般很大，而且随着电网容量的增加，短路电流越来越大。电磁式电流互感器因存在磁饱和问题，难以实现大范围测量，一台互感器很难同时满足高精度计量和继电保护的需要。电子式互感器有很宽的动态范围，一台电子式互感器可同时满足计量和继电保护的需要。

（5）频率响应范围宽。电子式互感器频率响应范围较宽，可以测出高压电力线上的谐波，还可进行电网电流暂态、高频大电流与直流的测量。

（6）没有因充油而存在易燃、易爆炸等潜在危险。电子式互感器的绝缘结构相对简单，一般不采用油作为绝缘介质，不会引起火灾和爆炸等危险。

（7）体积小、质量轻。电子式互感器质量与体积较电磁式互感器小很多，给运输和安装带来很大方便。

二、电子式互感器的基本原理

（一）有源式电子互感器

因测量电压、电流的传感器由电子电路构成，需要供电，因此称为有源式电子互感器。根据空芯绕组和低功率绕组原理测量电流，根据分压原理（电阻、电感、电容）测量电压。相对来说，有源式电子互感器原理成熟，已经在国内外有了一定的应用。

1. 罗戈夫斯基线圈电流互感器

罗戈夫斯基线圈是缠绕在环状非磁性骨架上的空芯线圈，图 GYBD00102003-1 所示为罗戈夫斯基线圈电流互感器系统示意图，它是一种空气环形线圈，从根本上解决了铁芯线圈电流互感器的磁路饱和问题。根据相关电磁关系，一次电流通过罗戈夫斯基线圈环内的一次导线时，线圈两端的电压 $e(t)$ 与一次电流 I 的关系为

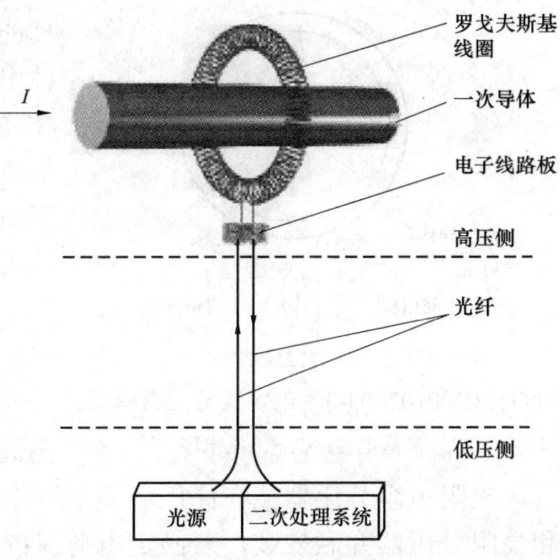

图 GYBD00102003-1　罗戈夫斯基线圈电流互感器系统示意图

$$e(t)=-\frac{\mathrm{d}\Phi}{\mathrm{d}t}=-\frac{\mu_0 Nh}{2\pi}\cdot\ln\frac{R_a}{R_j}\cdot\frac{\mathrm{d}I}{\mathrm{d}t} \quad (GYBD00102003\text{-}1)$$

式中　μ_0——真空磁导率；

N——线圈匝数；

h——非磁性骨架材料的高度；

R_a、R_j——非磁性骨架材料的内径、外径。

可见，罗戈夫斯基线圈的输出电压与电流变化率成正比关系，因此通过输出电压的积分即可获取一次电流大小。法拉第电磁感应原理是罗戈夫斯基线圈电流互感器的传感基础，它决定了罗戈夫斯基线圈电流互感器不能测量稳恒直流，对于变化比较缓慢的分量，比如非周期分量，也不能保证测量精度。很显然，罗戈夫斯基线圈电流互感器是存在测量频带问题的电流互感器。其优点是：动态范围广，线性度极好，无铁芯，不发生饱和且质量轻，仅用一路互感器即可完成计数和保护功能，可长时间保持精度稳定。其缺点是需在传感电压输出后加积分器重构电流信号。

为了减少测量信号的传输损耗，简化绝缘结构和降低绝缘费用，悬挂式罗戈夫斯基线圈电流互感器采用光纤信号传输方式，在高压端完成电光转换，然后通过光纤传输到低压端，传感头采用自供电和光纤有源供电方式。应用于 GIS 中的罗戈夫斯基线圈电流互感器，不需要高压端的电光转换，可直接在输出端进行数字变换，输出数字测量信号。

2. 带铁芯的低功率电流互感器（LPCT）

带铁芯的低功率电流互感器（LPCT）是常规感应式电流互感器的发展。由于现代电子设备要求的输入功率很低，因此不用像常规感应式电流互感器那样要考虑功率输出而设计出体积很小但测量范围却很广的变换器。常规电流互感器与 LPCT 应用系统示意图对比如图 GYBD00102003-2 所示。

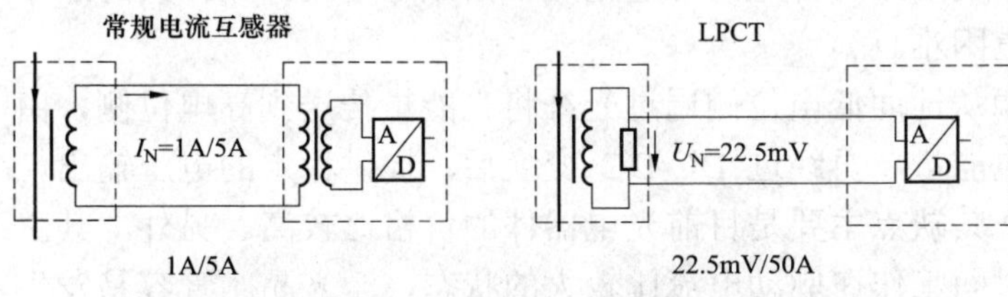

图 GYBD00102003-2　常规电流互感器系统示意图

LPCT 包含一次绕组、较小的铁芯和损耗极小的二次绕组，后者连接分流电阻，二次电流在分流电阻上产生的电压 U_s 在幅值和相位上正比于一次电流。分流电阻集成于 LPCT 中，所选分流电阻使其对互感器的功耗近于零，因而极大地扩大了测量范围，电流互感器在极高（或偏移）一次电流下会饱和的特性将得到极大改善，测量和保护也可能使用同一互感器。

3. 电阻电容分压式电压互感器

纯电阻分压器最大只能测量 132kV 的交流电（由于热效应和接地电阻的影响）。电容分压器精度高、线性好，且有很好的频率范围，因此被长期用于测试领域和 GIS 中的电压测量。基于电容分压原

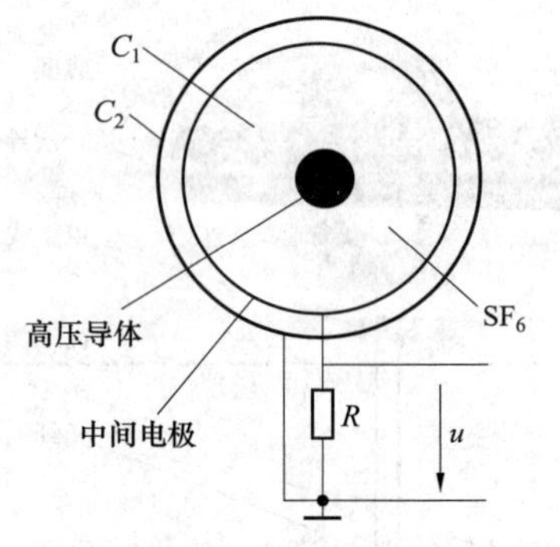

图 GYBD00102003-3 电容式分压器原理

C_1—高压电容；C_2—低压电容

理的电子式电压互感器主要应用于 GIS 和 PASS 等设备，它是将柱状电容环套在导电线路上以实现电压测量，原理如图 GYBD00102003-3 所示。为提高电压测量的精度，改善电压测量的暂态特性，在电容分压器的输出端并联一小电阻，它可降低积聚电荷及温度变化等因素对低压电容 C_2 的影响。电容分压器的输出信号 $u_o(t)$ 与被测电压 $u_i(t)$ 有如下关系

$$u_o(t)=RC_1\frac{du_i}{dt} \qquad \text{(GYBD00102003-2)}$$

根据式（GYBD00102003-2），利用电子电路对电压传感器的输出信号进行积分变换便可求得被测电压。

电阻电容分压器能在高压环境下运作且可直接充当电子仪器中的高输入阻抗。如果电容式分压器和高阻分压器并联安装，若固定电荷保持不变，可避免轻微相移和测量错误等问题。

4. 串联感应分压电压互感器

基于串联感应分压原理的电子式电压互感器主要应用于户外敞开式变电站中，原理如图 GYBD00102003-4 所示，N1 为分压主绕组，N2 为平衡绕组，N3 为耦合绕组。它参照了串级式电压互感器的原理，由多级不饱和电抗器串联而成，输出电压信号从串联在电路中的小电抗上取出，根据需要，信号可以在高压端取出，也可以在分压器接地端取出。平衡绕组和耦合绕组的作用是保证感应分压器在不同电压、不同负荷（允许范围内）时，它的各个电抗器单元的磁通势平衡，而使各个单元承受电压均衡。该串联感应分压器的外绝缘采用硅橡胶复合材料，有很强的抗环境变化能力。内绝缘为固体绝缘材料，整个装置中无油、无气，可靠性强、安全性高。

高压母线
输出信号
N1
N2
N3
带气隙的铁芯
输出信号

图 GYBD00102003-4 串联感应分压器原理

5. 高压侧电子电路供能

有源电子式互感器需要向高压侧的有源电子电路供电，而供电的稳定性及可靠性将直接影响整个系统的工作稳定和特性，因此高压侧的电子器件供电成为有源电子式互感器测量系统的一项关键技术。

常见的高电压侧电子电路供能方式有两种：

（1）利用电磁感应原理从母线取电的供能方式。由普通铁磁式互感器从高压母线上感应得到交流电电能，经过整流、滤波、稳压后为高压侧电路供电。该方式绕组处在高压端，绝缘要求低，能大大简化设计，造价较低。缺点是母线未供电时或电流很小时（<5%），这种供电方式失效。此外，电力系统负荷变化很大，母线电流随之变化很大，母线短路瞬时电流可超过几十倍额定电流。如此大的工作范围为电源变压器和稳压电路的工作带来严重困难。

（2）激光供能方式。采用激光或其他光源从地面低电位侧通过光纤将光能量传送到高电位侧，由光电转换器件（光电池）将光能量转换成为电能量，再经过 DC-DC 变换后，提供稳定的电压输出。这种供电方式在实际使用中的可靠性比较高。其缺点主要是目前光电器件的价格比较高。另外，其主要部件激光晶闸管的工作寿命有限，如果长时间工作在驱动电流比较大的状态，激光晶闸管容易发生退化等现象，导致工作寿命迅速降低。

因此实际应用中常将上述两种供能方式结合起来，即在高压侧供能模块内设计一个自动切换电路，在正常负荷时选择绕组取电供能，否则采用激光供能方式。除了上述两种供能方式外，还有高压电容分压器供电、蓄电池供能、太阳能供电等方式。

（二）无源式电子互感器

与有源式电子互感器相比，无源式电子互感器的传感模块利用光学原理，由纯光学器件构成，不再含有电子电路，其有着有源式无法比拟的电磁兼容性能。

1. 法拉第磁光效应电流互感器

基于法拉第磁光效应的电流互感器（OCT）一直是光学电流传感技术的主流。单色光透过晶体结构（玻璃）后发生极化，若此时有磁场穿过，则单色光的转角将随磁场的大小而变化。法拉第磁光效应原理如图 GYBD00102003-5 所示。它通过测量由被测电流 i 引起的磁场强度的线积分来间接测量 i。根据法拉第磁光效应，线偏振光在与其传播方向平行的外界磁场的作用下通过介质（晶体或光学玻璃）时，其偏振面将发生偏转，偏转角θ为

$$\theta = \mu V \int_L H \cdot \mathrm{d}L \qquad \text{(GYBD00102003-3)}$$

式中 μ——法拉第磁光材料的磁导率；

V——磁光材料的 Verdet 常数，与介质的特性、光源波长、外界温度等有关；

H——作用于磁光材料的磁场强度；

L——通过磁光材料的偏振光的光程长度。

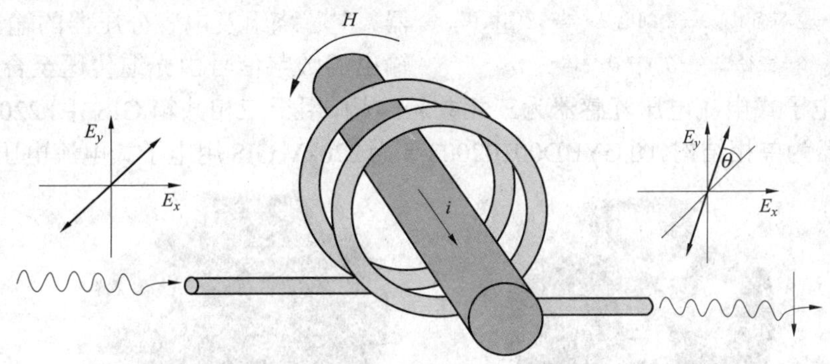

图 GYBD00102003-5 法拉第磁光效应原理

为求出上述积分而实现电流测量，可使线偏振光围绕 i 形成回路，根据安培环路定律可知

$$\theta = VNi \qquad \text{(GYBD00102003-4)}$$

式中 N——线偏振光围绕 i 的环路数。

法拉第磁光效应原理具有良好的测量线性度，不仅可以测量变化电流，而且可以测量稳恒电流。很明显，基于法拉第磁光效应原理的光学电流互感器在测量原理上不存在测量频带问题。它具有动态范围大、线性度好（50A 以下至 5kA，0.2 级）、无铁芯、不会发生饱和、可获得 0.1 级的高精度等特点，但容易受温度和机械因素的影响，还需要在使用期考核其精度的稳定性。

2. 普克尔电光效应电压互感器

这种互感器利用了普克尔效应原理，电压互感器的电压主要加在一种特殊的普克尔晶体的两侧，当偏振光穿过晶体时，光的极化偏振角度将随表面电压大小的变化而变化。这种电流的估算与通过法拉第磁光效应来测量电流的方法相类似。普克尔电光效应原理如图 GYBD00102003-6 所示。

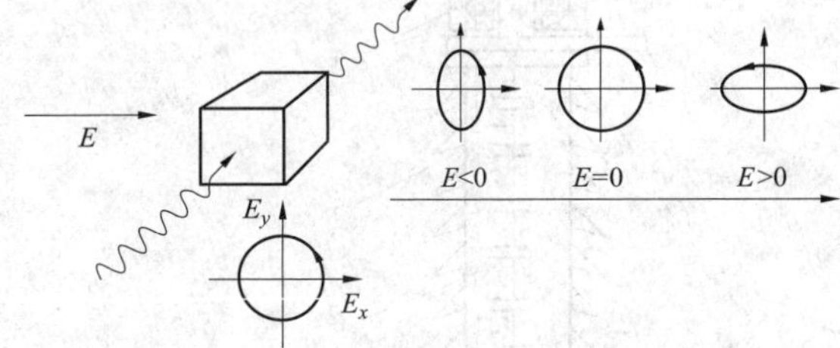

图 GYBD00102003-6 普克尔电光效应原理

三、电子式互感器的应用

电子式互感器以其优越的性能受到了普遍关注，国内外从 20 世纪 70 年代就开始了电子式互感器的研究与应用试验工作，ABB、西门子、阿海珐，NxtPhase 公司以及美国和日本的各大公司纷纷加入到研究的行列中并制造了相关产品。我国清华大学、中国电力科学院、南京南瑞继保电气有限公司（简称南瑞继保）、许继集团有限公司（简称许继）等单位也开始了这方面的研究工作。随着电子互感器的不断成熟，各种各样的电子互感器逐渐被应用到系统中，并在运行中得到了考验。

1. PCS-9250 电子式互感器

PCS-9250 电子式互感器是南瑞继保研发的电子互感器，包括 10～500kV 不同电压等级的独立型电子式电流电压互感器及 GIS 用电子式电流电压互感器。

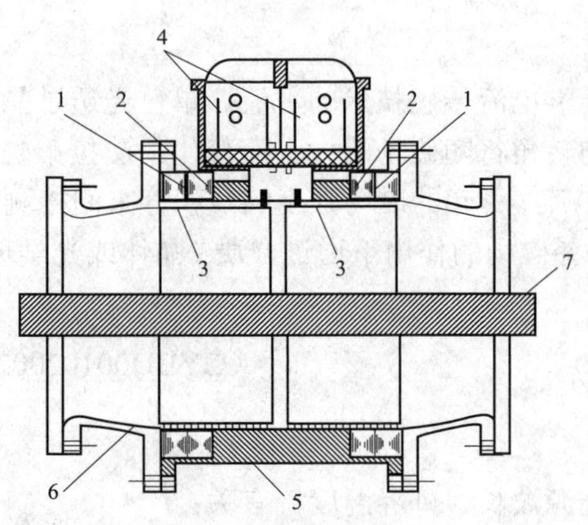

图 GYBD00102003-7 GIS 用电子式电流电压互感器结构示意图

1—低功率电流互感器；2—空芯绕组；3—中间电极；4—远端模块；5—一次罐体；6—变径法兰；7—一次导体

（1）GIS 用电子式电流电压互感器。GIS 用电子式电流电压互感器主要由一次结构主体、一次传感器、远端模块三部分组成。其结构示意如图 GYBD00102003-7 所示。一次结构主体包括互感器罐体、变径法兰、绝缘盆子、一次导体等，内装电流电压传感器等部件，一次导体与互感器罐体间充 SF_6 绝缘气体。一次传感器包括两套完全相同的传感元件，每套传感元件包括一个低功率电流互感器（LPCT）、一个空芯绕组、一个同轴电容分压器。低功率电流互感器用于传感测量用电流信号，空芯绕组用于传感保护用电流信号，电容分压器用于传感电压信号。远端模块接收并处理低功率电流互感器、空芯绕组及电容分压器的输出信号，远端模块输出的数字信号由光缆传送至合并单元。

110kV GIS 用电子式电流电压互感器为三相共箱结构，用于三相共箱 GIS 中，220、330kV 及 500kV GIS 用电子式互感器为单相结构。图 GYBD00102003-8 为 220kV GIS 用电子式电流电压互感器实物照片。

图 GYBD00102003-8 220kV GIS 用电子式电流电压互感器

（2）电流电压组合互感器。独立型电子式电流电压组合互感器由低功率电流互感器（LPCT）、空芯绕组、取能绕组、远端模块、电容分压器、光纤绝缘子及合并单元等部分构成，其结构示意和实物如图 GYBD00102003-9 所示。

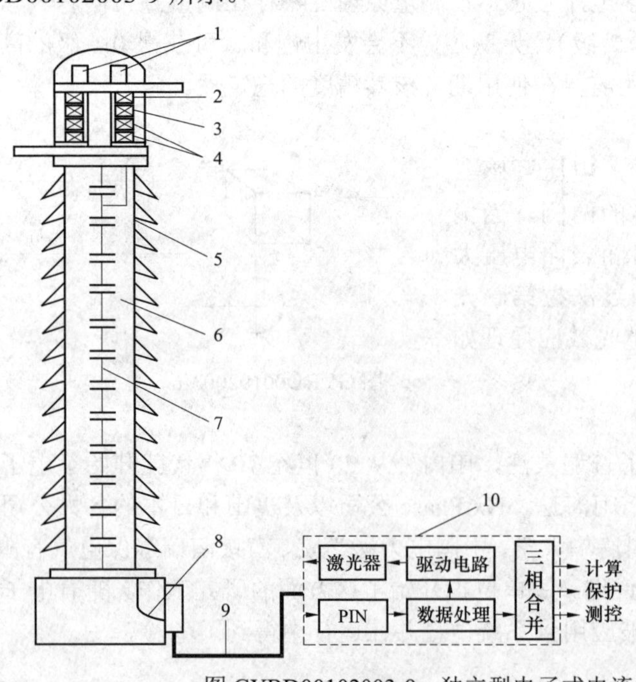

图 GYBD00102003-9 独立型电子式电流电压组合互感器

1—远端模块；2—取能绕组；3—LPCT；4—空芯绕组；5—光纤复合绝缘子；6—绝缘油；7—电容分压器；8—光纤；9—光缆；10—合并单元

2. LDGDZB 磁光电流互感器

西安同维集团公司研发的电流互感器采用磁光效应工作原理，其中所采用的磁光玻璃 TW863D 解决了灵敏度系数随温度变化的问题，将工作范围扩展到了–40～80℃。其结构示意和实物图如图 GYBD00102003-10 所示。

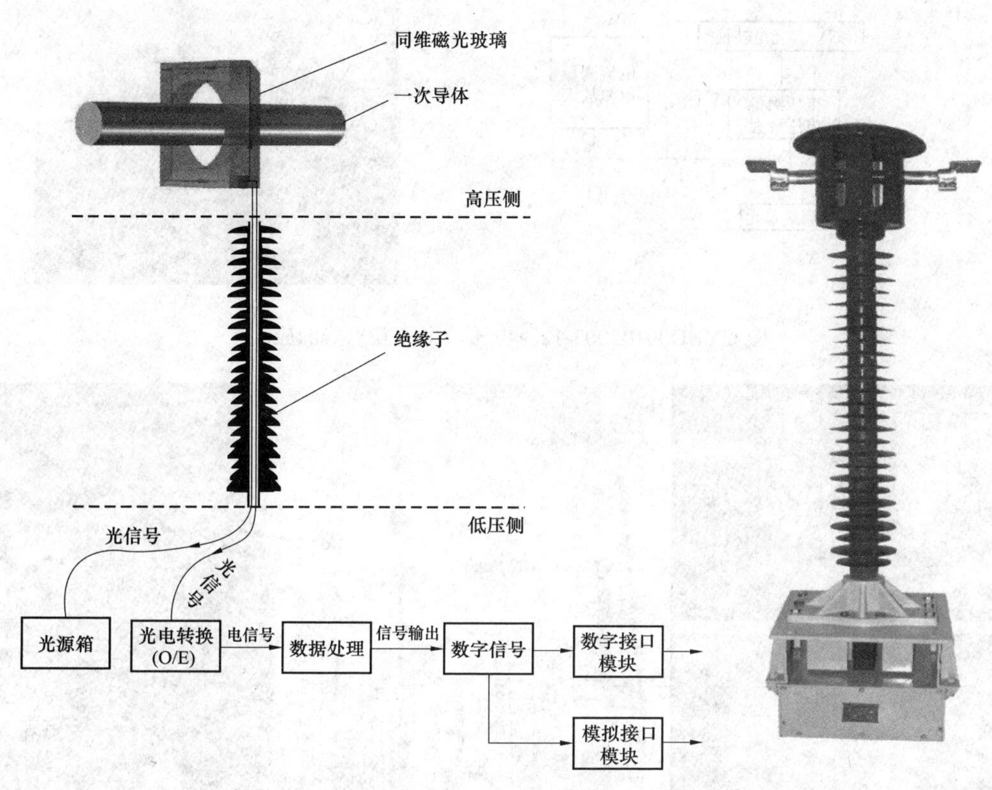

图 GYBD00102003-10　同维 LDGDZB 磁光电流互感器

3. NVXCT/NVXPT 电流电压互感器

NxtPhase 公司分别研发了光纤电流和电压互感器，并将两者组合在一起。图 GYBD00102003-11 所示是其电压、电流互感器的基本结构。图 GYBD00102003-12 所示是其在加拿大 DEMAND 应用的情况。

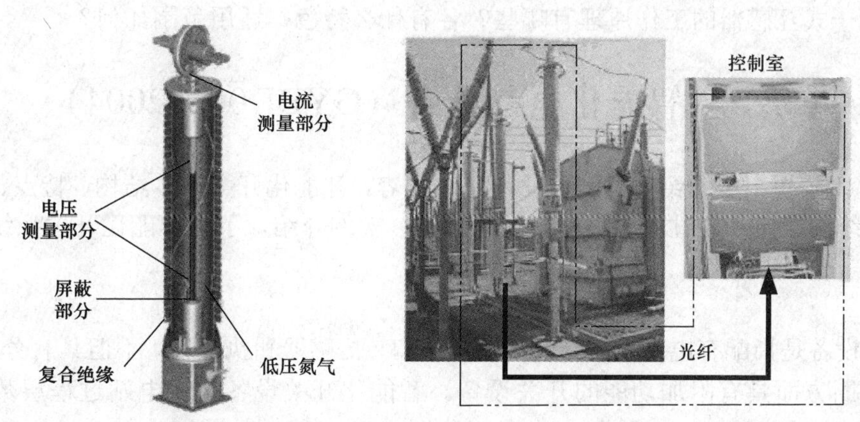

图 GYBD00102003-11　电压、电流互感器的基本结构

4. ABB 数字化光学仪器互感器

ABB 公司研制的数字化光学仪器互感器（DOIT）分为电压和电流两种。其中电流互感器采用罗戈夫斯基线圈方式测量，利用光纤传输和为测量部分供电；电压互感器采用电容电阻分压、光纤传输和供电方式。图 GYBD00102003-13 所示为其实物图及在实际中的应用情况。

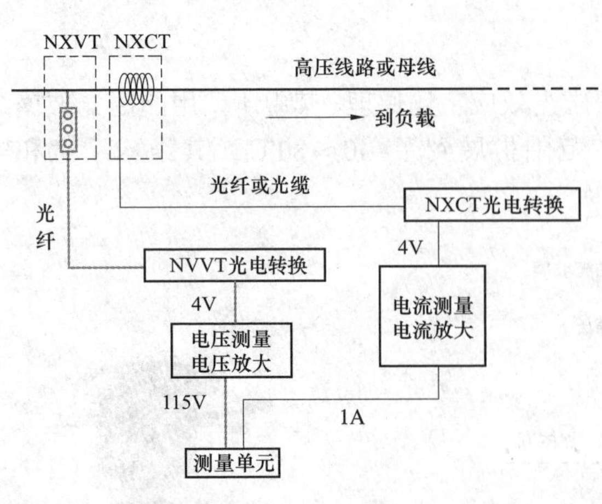

图 GYBD00102003-12 电压、电流互感器的应用

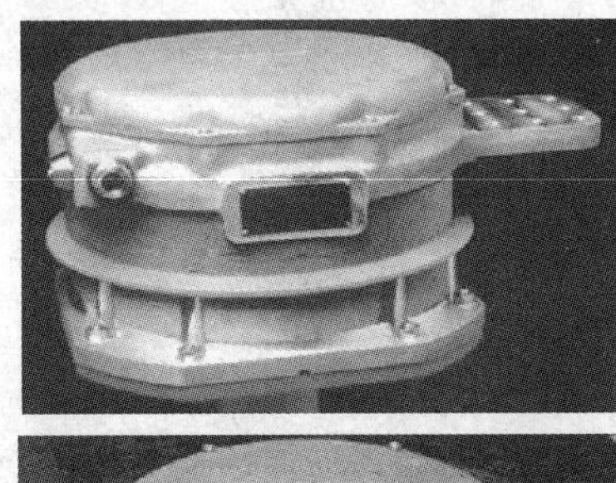

图 GYBD00102003-13 数字化光学仪器互感器

【思考与练习】

1. 电子式互感器的优缺点是什么？
2. 常见的电子式互感器的工作原理有哪些？各有什么特色？适用范围如何？

模块 4 智能化电气设备（GYBD00102004）

【模块描述】本模块主要介绍开关智能化的基本内容，智能化开关基本结构、特点、设备的应用模式以及和二次系统的连接。通过概念讲解、图片示意、实例介绍，了解智能化开关系统，掌握智能化开关控制的内容。

【正文】

智能化开关设备是指配有电子设备、数字通信接口、传感器和执行器，不但具有分合闸基本功能，而且在监测和诊断方面具有附加功能的开关设备。智能化开关设备是变电站过程层数字化的重要组成部分。

一、智能化开关设备的概念

近年来，随着电气技术、自动化技术、通信技术的不断发展，出现了将保护、监测、控制等功能集成为一体的开关设备，有些还能检测自身运行工况，进行运行状态自诊断和操作过程智能控制，实现智能操作。因此，把这些配有电子设备、传感器和执行器，不仅具有开关设备的基本功能，还在监测和诊断方面具有较高性能的开关设备和控制设备称为智能化电气设备或智能化开关设备。

一般来说，智能化电气设备除满足常规电气设备的原有功能外，其功能主要表现为：① 在线监视功能。监测电、磁、温度、开关机械、机构动作等状态并进行状态评估。② 智能控制功能。能够完成最佳开断、定相位合闸、定相位分闸、顺序控制等控制。③ 数字化的接口。能通过数字化接口传输位置信息、其他状态信息、分合闸命令。④ 电子操作。具有电子控制的可控操动机构，动作可靠性和寿命高。

二、智能化开关设备的现状

近年来，世界上先进的工业国家都看好在电力系统中高压领域智能化高压开关的发展前景和潜在的效益，加大了研究的投入和开发的力度，已有很多智能化开关面市。高压领域典型的有东芝公司的C-GIS和ABB公司的EXK型智能化GIS，它们的特点都是采用先进的传感器技术和微计算机处理技术，使整个组合电器的在线监测与二次系统在一个计算机控制平台上，采用光电式电流传感器和电压传感器替代传统的电磁式电流互感器和电压互感器。在中压领域较典型的有20世纪90年代初的富士公司的智能式真空断路器及VM1型真空断路器。富士公司的智能式真空断路器包括了自动保护功能、早期维护功能和信息传递功能；VM1型真空断路器除了新颖的一体化绝缘结构外，最显著的特色是采用了永磁操动机构和新型传感器。

三、智能化开关设备相关技术

1. 开关工作状态的监测与诊断

监测与诊断是智能化开关设备的重要环节，计算机技术、传感技术与微电子技术的进步，使智能化开关的监测与诊断的要求得以实现。它包含了以下具体功能：

（1）灭弧室电寿命的监测与诊断。通过监测累计开断电流和合分次数，根据每次开断电流计算不同开断电流下的磨损量，就可以预测和评估灭弧系统的电寿命。通常可采用记录合分次数、开断电流加权累计值，逾限报警的方法来监测电寿命。对于真空断路器来讲，灭弧室除了电寿命外，还有真空度的监测。

（2）机械故障的监测与诊断。大量统计资料表明，高压开关事故的70%～80%出在操动机构和控制回路。开关的机械部分比较复杂，且长期不动作，监测较为困难，常需要监测分合闸回路电特性、分合闸机械特性、关键部分的机械振动波形信号等状态，采用多种技术综合判断。

（3）绝缘状态的监测。监测气体压力、局部放电，用以预报绝缘等事故。

（4）载流导体及接触部位温度的监测。利用红外光辐射或感温元件测量温度信号，测量导体和母线连接处因接触电阻增大而导致的温度增加。

2. 开关的智能操作

开关的智能操作是智能化开关最典型的应用，它是将智能化技术引入开关的电气性能中，使开关能更好地完成开断任务和提高开断的可靠性，提高其综合技术性能，无论是对生产运行还是研究制造都具有十分重要的作用和价值。

（1）智能操作的内涵。目前认为，智能操作包括以下两方面：

1）要求开关的操作过程可根据电网或设备的不同工况自动选择和调整，使系统处于最理想的工作条件。如对于自能式开关的分断操作，小负荷时触头以较低的速度分断，既可保证所需的灭弧能量，又可减少机械损耗；而在接到短路信号时则以全速分断，获得电气和机械性能上的最佳开断效果。这种变速操作打破了传统开关单一分闸特性的概念，实际上是操作过程的智能化。

2）要求开关在零电压下关合，在零电流下分断，即开关的同步分断与选相合闸。同步分断可以大大提高开关的分断能力，一台低成本的小容量开关可分断10倍以上容量的电流；选相合闸可以避免系统的不稳定，克服容性负荷的合闸涌流与过电压。

总的来看，智能化开关的操作过程为：不断从电力系统采集特定信息，据此判别开关的工作状态并随时处于操作准备状态。当继电保护装置向开关发出分闸信号或正常操作命令后，控制单元根据一定的算法求得开关操动机构最佳过程，并驱动操动机构调整至该状态，从而实现最优操作。

（2）开关的同步分断与选相合闸。现代传感器可方便地取到交流电压或电流变化率的零点信号，从而控制操作信号发出时刻。选相合闸是指采用一定技术使开关在指定相角处合闸，同步开断是在电压或电流的指定相位完成电路的断开或闭合，它们都能大幅度降低合闸操作过程中的过电流和过电压，从而提高开关的寿命和整个电力系统的稳定性。

（3）程序控制操作。为了降低开关操作复杂程度，提高操作效率和可靠性，减少人为操作失误引起的电网事故，出现了一种对紧凑型开关设备实现程序化控制的应用。在紧凑型开关柜中，对开关柜的开关分合闸、开关手车的移进移出、接地开关开合等操作，可以实现电动式控制，其控制可以由计算机软件完成。即将所有操作步骤固化在程序中，并按照编排的程序和闭锁条件逐批逐模块执行。采用程序化控制可大大简化操作，自动判断约束条件，避免误操作。

（4）电子操作。电子操作是一种尽可能地用电子控制取代机械传动、联锁与脱扣的机构。它依赖电力电子器件，保证了执行指令的时间精度可达到微秒级，使机构的响应时间可控，能在所希望的相位上动作，解决了目前高压开关的操动机构因环节多、累计运动公差大而导致响应时间分散性大的问题。此外，电子操作能直接与数字电路接口，驱动电路简单，所需功率很小。目前，电子操动机构主要有电容励磁直流电磁机构、永磁操动机构。

实现电子操作首先要解决能量转换问题。中压开关使用储存于弹簧中的机械能作为动作能量，能量释放时间控制分散性大，而经典直流电磁机构的电磁铁励磁时间很短，仅几毫秒到十几毫秒，但对电源功率要求高，经济性和可控性都比较差。而在脉冲功率技术中的电容器放电条件下，直流电磁机构的要求很容易实现，且电容器的充电电源功率可以很小，交直流灵活。同时，电容器储存电能的效率及可控性均远优于力学储能形式，用电容器做励磁电源的改进型直流电磁机构可以用于开关的精确操作。

电子操作的反应速度和完善的功能还要求彻底改造传统机构的传动系统，应用新的机理减少环节。永磁操动机构就是利用永磁铁实现锁扣功能，大大减少了传动环节。永磁铁通过磁路的闭合提供了锁扣的力量，励磁绕组通电时可改变磁路中的合成磁通，并驱动铁芯运动形成另一闭合的磁路，使传统机构数以百计的传动零件减少到几个零件，大大提高了反应速度、精度以及整机可靠性。永磁操动机构出现的初衷正是以简化部件、提高可靠性为目的，但它更深远的意义是大大提高了机构的可控性，由原来毫秒级的机构控制时间分散性进步到微秒级的电信号控制，由机械储能、机械脱扣进步到电储能、电信号直接触发动作。

四、智能化开关设备

（一）PASS组合式智能化开关

1. 概述

PASS（Plug And Switch System）开关是一种组合式智能化电气设备，它由金属外壳封闭，把SF_6气体绝缘的断路器、隔离开关、接地开关、电流互感器及复合绝缘套管分相组合，并由传感器与传动结构处理接口进行数据采集、处理以及通过光纤与外部交互信息。PASS集成了GIS的优点，具有结构简单紧凑、占地面积小、可靠性高、安装方便、免维护等特点。图GYBD00102004-1为PASS智能化开关系统和组合开关结构图。

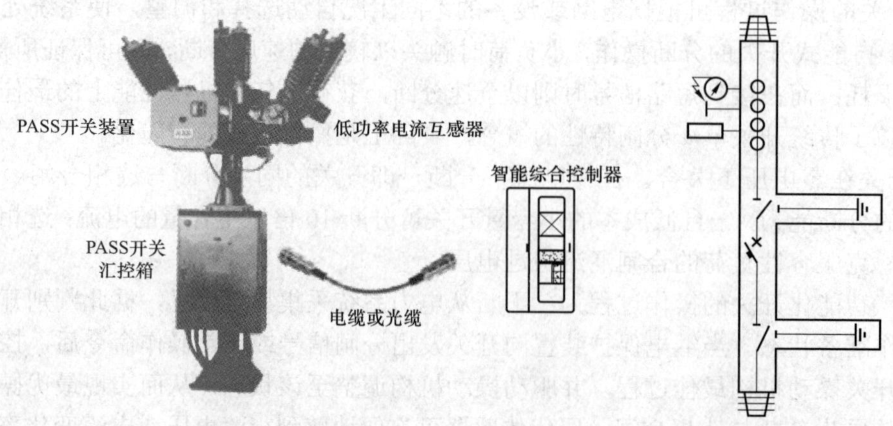

图GYBD00102004-1　PASS智能化开关系统图和组合开关结构图

从结构与性能上，它具有以下特点：

（1）所有一次部分均设计在同一 SF_6 气室中，取消出线隔离开关及接地开关等，继承了 GIS 的优点，同时简化了设备，价格比 GIS 便宜。所有操作功能都融合在一个操作箱内，可动元件少，布置紧凑。

（2）在一次设备中采用了智能化传感器技术和微处理技术，通过数字通信实现对设备的在线监测、诊断、过程监视和站内计算机监控。从 PASS 开关到继电保护、测量计量及监控系统均采用光缆连接，二次电缆少。

（3）用一次设备的在线监测、自动状态校核和缺陷报警等代替传统的定期检查试验和预防性试验，将定期检查改变为状态检修，运行人员可根据设备运行状况及趋势分析结果，安排检修和维护时间。这样既减少了设备停电检修的几率和时间，减少了运行成本，也减少了人为因素造成的设备损坏。

（4）检修时整体更换，无须拆装和调试，减少了停电时间。

2. PASS 的智能化设计

采用带铁芯的低功率电流互感器来代替常规的电流互感器，将常规的保护、测控单元直接就地安装，将 PASS 开关装置、采集开关状态物理量的传感器和智能综合控制器组合起来，采用屏蔽电缆或者光纤连接，实现 PASS 开关智能化。

（1）采用带铁芯的低功率电流互感器（LPCT）。PASS 开关上采用带铁芯的低功率电流互感器（LPCT），可以为此实现体积很小但测量范围却很广的设计。

（2）采用监控传感器。采用的传感器有：气体密度测量传感器，测量电压电流的传感器，用于监测断路器、隔离开关、接地开关的传感器，反映物理现象的传感器（如电弧放电、温度、湿度等）。这些传感器必须满足高可靠性和寿命要求。

（3）PASS 开关智能综合控制器。PASS 智能控制系统主要由以下几部分组成：PASS 开关运行状态和运行参数信息采集系统，PASS 开关就地控制和保护单元，PASS 开关运行状态分析系统，光纤通信系统，信息记录、故障分析和定位单元。各个功能部分由独立的智能模块各自完成，并通过通信有机连成一体，同时通过互为热备用的双光纤以太网接口，与变电站的上一级监控系统连接，完成数据交换和控制功能。它可以完成断路器、隔离开关的一切在线监测功能，本间隔内所有综合自动化要求的保护、测控、“五防”、通信功能，显示人机界面等功能。

（二）VM1 型永磁真空断路器

VM1 型永磁真空断路器是一种采用永磁操动机构的真空断路器，它将浇铸在环氧树脂中的免维护真空灭弧室、免维护电子控制器以及传感器结合起来，配以新的永磁操动机械，形成了一种智能化的新型断路器，其基本结构如图 GYBD00102004-2 所示。

1. 永磁机构的构成及动作原理

传统的操动机构有弹簧操动机构和电磁操动机构。弹簧操动机构由弹簧储能、合闸、保持合闸和分闸几个部分组成，优点是不需要大功率的电源，缺点是结构复杂、制造工艺复杂、成本高、可靠性较难保证。电磁操动机构结构较简单，但结构笨重，合闸线圈消耗功率很大。在借鉴了以上两种操动机构的优缺点的基础上，利用永磁机构进行了改进设计。VM1 型永磁真空断路器所配的永磁机构由永久磁铁、合闸线圈和分闸线圈组成。其内部结构如图 GYBD00102004-3 所示。

在 VM1 型永磁真空断路器中，永磁操动机构是其核心，通过永磁操动机构，可以实现断路器的分、合和保持，整个动作过程消耗的能量很小。

其分闸状态如图 GYBD00102004-4（a）所示，当断路器处于分闸位置时，动铁芯处于上部，动铁芯与上部的静铁芯之间间隙较小，相对应的磁阻也较小，而动铁芯与下部的静铁芯之间间隙较大，相对应的磁阻也较大，故永久磁铁所形成的磁力线大部分集中在上部，从而产生很大的向上吸引力，将动铁芯紧紧地吸附在上面。

其合闸过程如图 GYBD00102004-4（b）所示，当断路器要合闸时，合闸线圈通过合闸电流，产生感应磁场，该磁场对动铁芯产生向下的吸引力，随着合闸电流的增大，该向下的吸引力由小变大，当合闸电流到达某一临界值时，动铁芯受到的合力方向向下，开始向下运动。

其合闸状态如图 GYBD00102004-4（c）所示，当动铁芯到达下部时，永久磁铁和合闸线圈两者产生的磁场将动铁芯牢牢地吸附在下部。几秒钟以后，合闸电流消失，此时永久磁铁产生的磁场将动铁芯保持在下部位置。至此，断路器完成合闸操作。

基于同样的原理，当分闸线圈得电后，动铁芯向上运动，同样由永久磁铁将它保持在分闸位置。

由以上动作原理可知，永久磁铁与分合闸线圈相配合，较好地解决了合闸时需要大功率能量的问题，因为永久磁铁可以提供磁场能量，作为合闸之用，合闸线圈所需提供的能量便相对可以减少，这就可以减小合闸线圈的尺寸和工作电流。

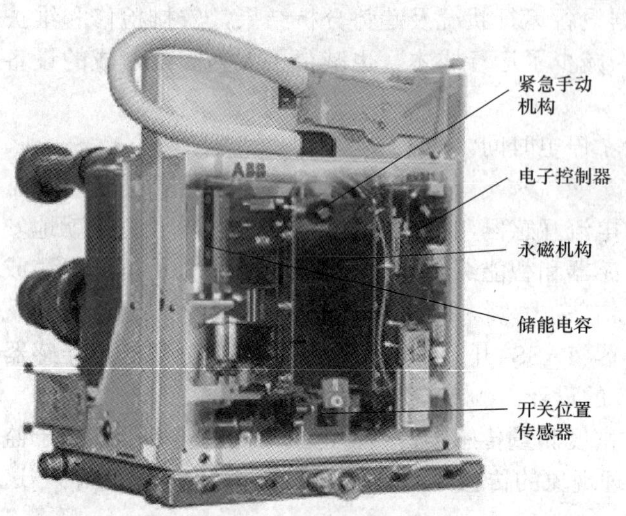

图 GYBD00102004-2　VM1 型永磁真空断路器的基本结构

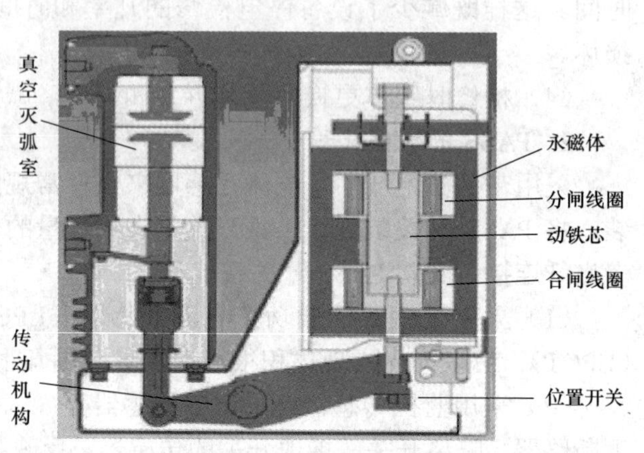

图 GYBD00102004-3　VM1 型永磁真空断路器单相剖面图

(a)

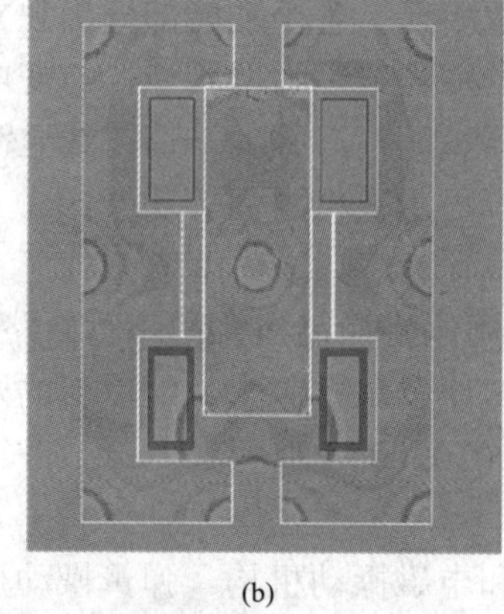

(b)

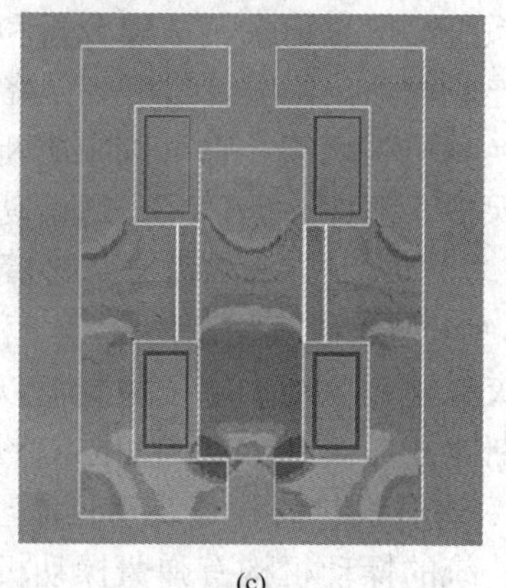

(c)

图 GYBD00102004-4　永磁机构磁场分布与位置图

（a）分闸位置；（b）临界位置；（c）合闸位置

2. 永磁机构的控制部分

永磁操动机构控制器是永磁机构真空断路器的核心控制单元，用以采集信号和执行控制命令，包括电源模块、驱动模块、保护测量模块及其他功能模块，采用按钮和遥控装置进行断路器的分、合闸。具有防跳跃、三次重合、欠电压保护、过电流和速断等功能，并且可以智能识别，有效躲避合闸涌流。图 GYBD00102004-5 为永磁机构控制器及罗戈夫斯基线圈电流互感器。

电源模块的输入电压允许一定波动范围，输出电压则稳定在 80V，这就避免了系统低电压或过电压时断路器无法正常工作的问题。储能电容器用于储存能量，当合分闸时，它向合闸线圈或分闸线圈提供高达 2600W 的脉冲电能，使断路器完成合分闸操作。每次放电后，它能在 10s 内被重新充电。晶体管和晶闸管等电力半导体用于分合闸电流的控制。当分合闸线圈突然失电时，由于分合闸线圈属电感性元件，电流不能突变，会产生过电压，这时采用续流二极管可以很好地解决这一问题。

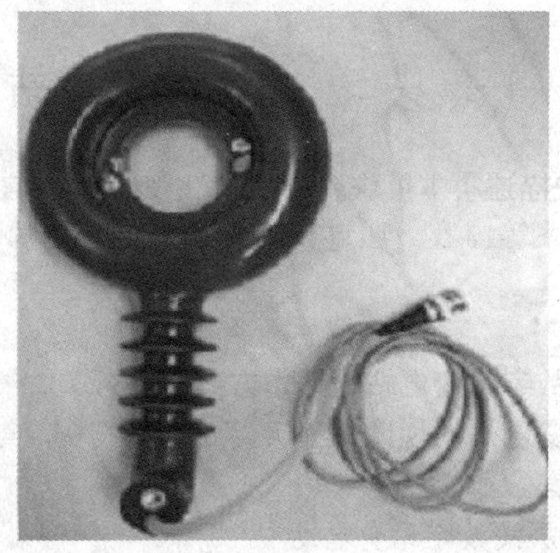

图 GYBD00102004-5　永磁机构控制器及罗戈夫斯基线圈电流互感器

控制器通过设定的预置程序，实现储能电容充电恒压，过充电截压保护，就地合分闸和远方合分闸，合分闸遥信输出，与电力系统自动综合保护联合实施各种保护合闸和重合闸操作等功能。

（三）智能一体化开关柜

智能一体化开关柜是将永磁真空断路器、电子式互感器、间隔智能化单元、数字化电表集成在一起的智能化一次设备。其中智能单元集成了保护、测量、控制、状态监测等功能，并具有网络通信接口，如支持 IEC 61850，则可以直接接入数字化变电站中。目前，国内已有多家企业研发了相关产品，图 GYBD00102004-6 所示为一种智能一体化开关柜的结构及原理图。

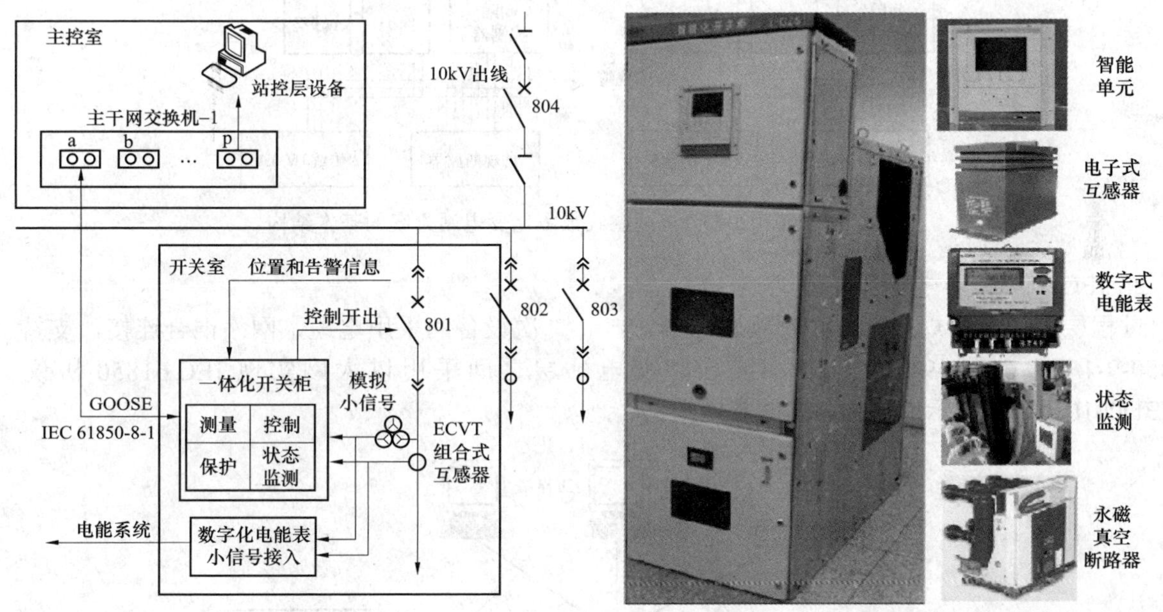

图 GYBD00102004-6　一种智能一体化开关柜结构及原理图

五、应用前景展望

智能化开关设备是将计算机、信息技术与传统开关设备组合，而具有智能功能的开关设备，是国际上最近才兴起的一种产品，由于有明显技术优势，发展速度比较快。目前国内在高档开关柜中（组装柜），智能化率已达到 50%以上，今后随着智能化技术更成熟，智能化单元、传感器等价格降低，会逐步在整个开关柜中普及。

【思考与练习】

1. 什么是智能化开关系统？
2. 开关智能化控制的内容有哪些？

模块 5 数字化变电站的实现（GYBD00102005）

【模块描述】本模块介绍数字化变电站的信息应用模式，实现数字化变电站的几个关键因素、几种技术方案等内容。通过要点归纳讲解、图片示意、方案介绍，掌握数字化变电站的实现方式和信息应用。

【正文】

一、数字化变电站的基本方案

根据变电站的规模、等级、要求和投资，可以选择不同数字化变电站实现方案。通常有 4 种形式的实现方案。

1. 两层式数字化变电站

过程层采用常规的一次设备，一、二次设备间用电缆连接，间隔层和变电站层之间采用以太网实现 IEC 61850 协议，对时采用 SNTP 协议或 IRG-B。图 GYBD00102005-1 所示为该方案的基本结构。

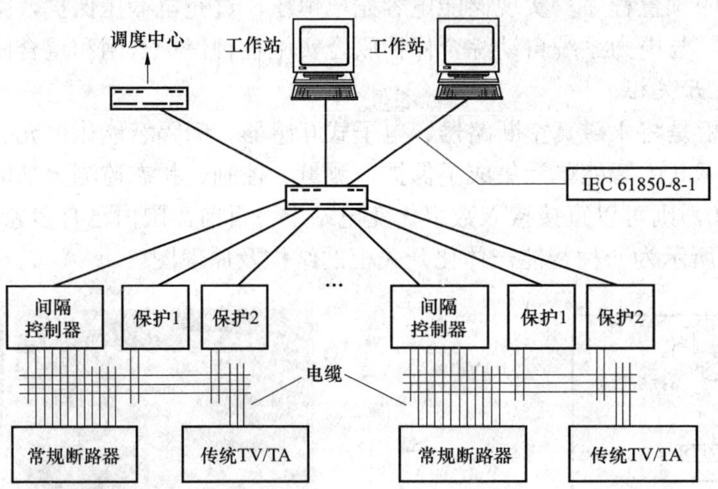

图 GYBD00102005-1 两层式数字化变电站方案的基本结构

2. IEC 61850+非常规互感器

过程层采用非常规互感器和常规断路器，一、二次设备间采用电缆、网络混合连接，支持 IEC 61850-9-1/IEC 61850-9-2 协议，间隔层和变电站层之间采用以太网实现 IEC 61850 协议。图 GYBD00102005-2 所示为这种方案的基本结构。

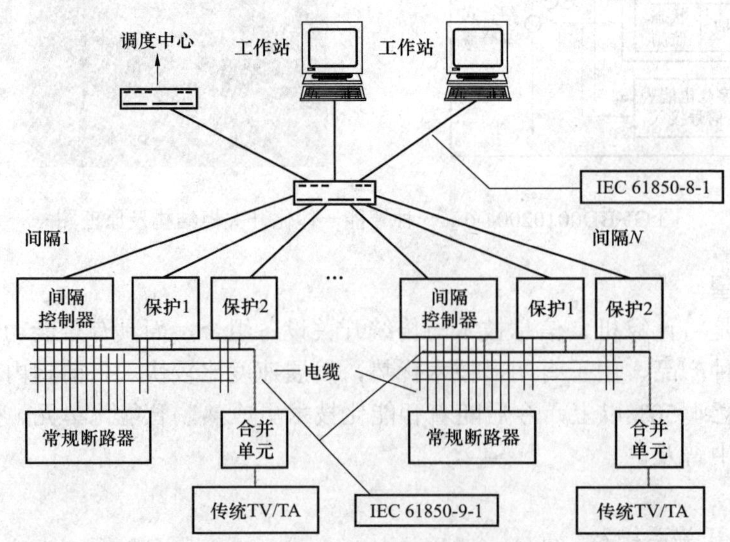

图 GYBD00102005-2 数字化变电站“IEC 61850+非常规互感器”方案的基本结构

3. IEC 61850+非常规互感器+智能接口+常规断路器

过程层采用非常规互感器+智能接口+常规断路器；一、二次设备间采用网络连接，支持 IEC 61850-9-1/IEC 61850-9-2 标准协议、IEC 61850 GOOSE 协议；间隔层和变电站层之间采用以太网实现 IEC 61850 标准协议。图 GYBD00102005-3 所示为这种方案的基本结构。

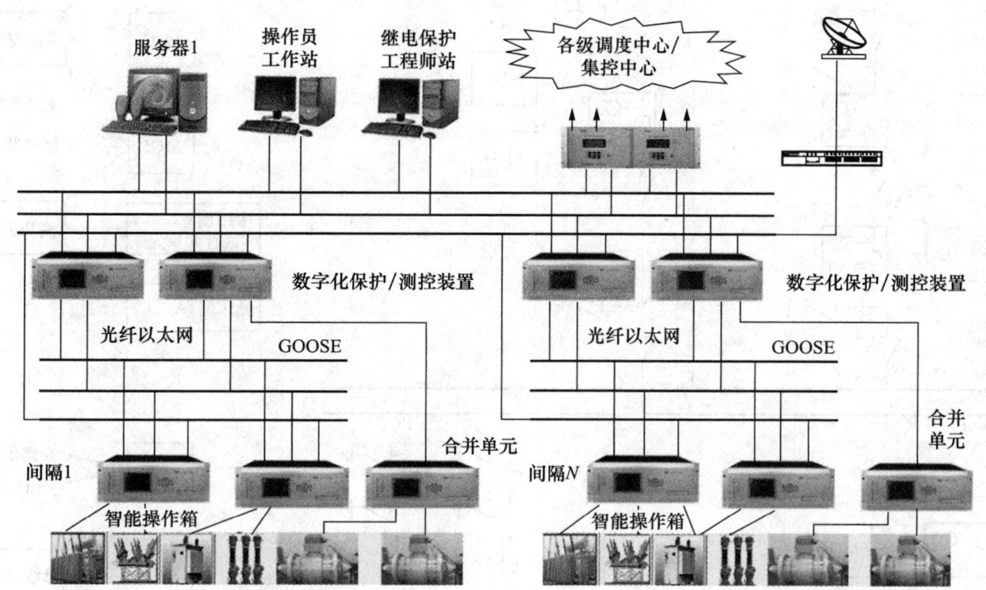

图 GYBD00102005-3 数字化变电站“IEC 61850+非常规互感器+智能接口+常规断路器”方案的基本结构

4. IEC 61850+非常规互感器+智能断路器

过程层采用非常规互感器、智能断路器；一、二次设备间采用网络连接，支持 IEC 61850-9 标准协议，IEC 61850 GOOSE 协议；间隔层和变电站层之间采用以太网实现 IEC 61850 标准协议。可参见图 GYBD00102005-3。这种方案唯一与方案 3 不同的是一次设备的智能接口由智能断路器本身完成。

二、过程层的实现

过程层设备主要包括电子式互感器和智能一次设备。可以选用电子式互感器或传统互感器加智能终端实现模拟量数字化。

1. 电子式互感器的配置

互感器配置原则是保证一套系统出问题不会导致保护误动，也不会导致保护拒动，基本按间隔配置，每个开关间隔配置一组电流互感器。每段母线配置一组电压互感器。通常可依精度要求引出计量、测量、保护抽头，也可将保护绕组和测量绕组分开。220kV 及以上电压等级，通常设保护双绕组，并设独立的数据采集电路，与双重化保护配置一一对应。110kV 电压等级通常配置保护单绕组。而 35/10kV 及以下电压等级则采用电子式电流电压组合式互感器（ECVT），并与间隔层保护测控装置、电能表采用弱电接口方式。

2. 合并单元及其配置

合并单元是对传感模块传来的三相电气量进行合并和同步处理，并将处理后的数字信号按特定的格式提供给间隔级设备的装置。它负责向过程层和间隔层相关设备发送采样数据，是过程层的电子式互感器数据源。通常数字传输是采用一台合并单元（MU）汇集多达 12 路的二次转换器数据通道的采样值并由以太网输出，一个数据通道传送一台电子式电流互感器或一台电子式电压互感器采样测量值的数据流。多相或组合式互感器，多个数据通道可以通过一个物理接口从二次转换器传输到合并单元。合并单元对二次设备提供一组同步的电流、电压采样值，二次转换器也可以从常规电流、电压互感器获取信号，并汇集到合并单元。

通常其配置与一次间隔单元相对应，并根据保护双配置选择双配置，确保整间隔数字化系统局部故障时不扩大故障范围。为保证可靠性，电子式互感器的远端模块和合并单元还需要冗余配置，远端模块中电流也需要冗余采样，经冗余配置的合并单元分别连接冗余的电子式互感器远端模块，合并单元可安装在断路器附近或保护小室。图 GYBD00102005-4 为一种变电站合并单元配置图。

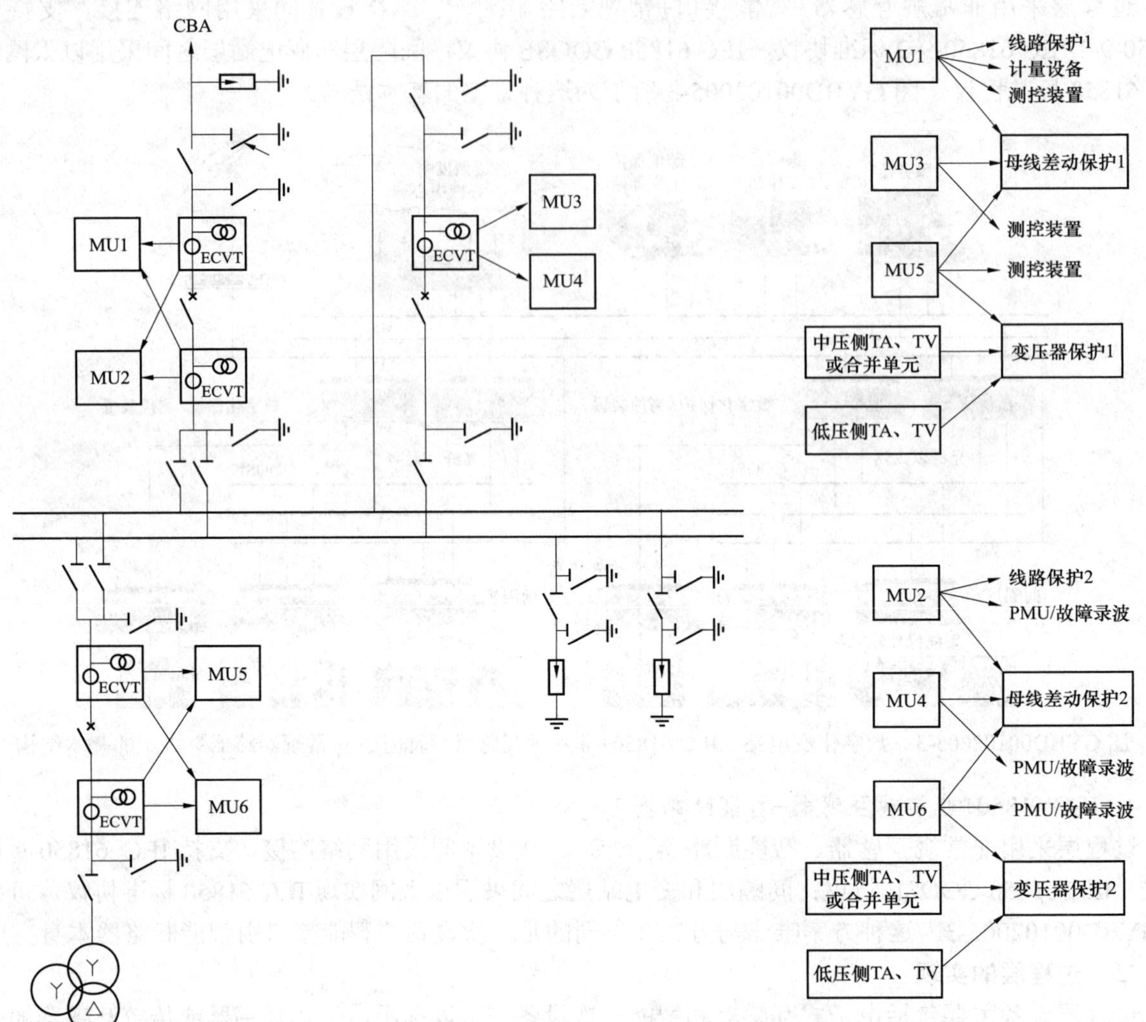

图 GYBD00102005-4 一种变电站合并单元配置图

MU—合并单元

3. 采样数据的传送与同步

目前，过程层数据的传送与分发中有两种传送的标准可供选择：① IEC 电子式电流互感器标准 IEC 60044-8，为串行数据格式，采用点对点光纤串行数据接口，具有传输延时确定，可以采用再采样技术实现同步采样，而且硬件和软件实现简单，较适合保护要求；② IEC 61850-9（网络数据接口），采用以太网数据格式，既可点对点，又可点对多的数据传输，但传输延时不确定，对交换机要求极高，不同间隔间数据到达时间不确定，不利于母线差动、变压器等保护的数据处理，较适合测控、电能仪表一类。

过程层采样数据还需考虑数据的同步。这是因为：常规互感器与电子式互感器会并存，如电压与电流之间、变压器不同的电压等级之间；三相电流、电压采样必须同步；变压器差动保护、母线差动保护从多个间隔或不同电压等获取数据存在同步问题；线路纵差保护线路两端数据采样也存在同步。解决同步采样有两种方案：一种是基于 GPS 秒脉冲同步的同步采样，另一种是二次设备通过再采样技术实现同步。

4. 开关设备智能化接入

完全满足数字化变电站需要的智能化开关设备还较少，为使开关设备适应过程层数字化的要求，目前多采用数字化智能终端装置＋传统断路器，完成智能断路器的功能，或在低压部分直接采用智能化开关柜。智能终端通过过程层网络，给间隔层设备提供一次设备信息，接受间隔层设备的控制命令。图 GYBD00102005-5 是一种实现智能化开关的控制方案。

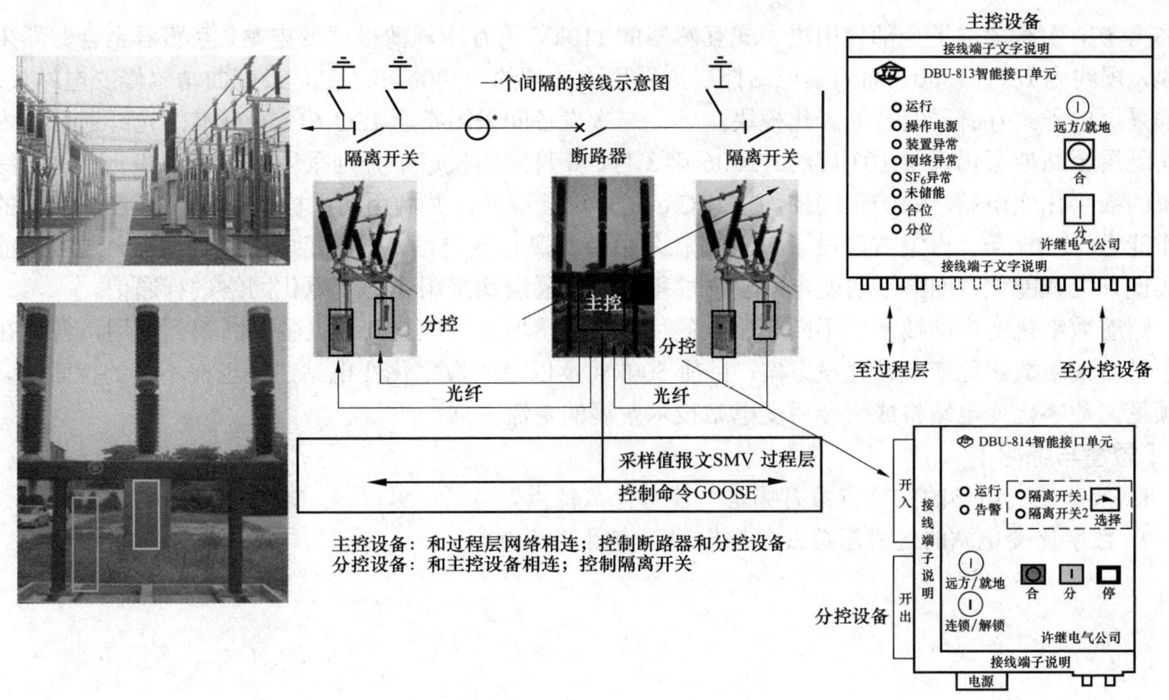

图 GYBD00102005-5　一种智能化断路器的控制方案

5. 过程层 GOOSE 机制

通用面向对象的变电站事件（GOOSE）提供了网络通信条件下快速信息传输和交换的手段。在过程层网络中，需要快速传输开关状态等信息，这种设备间状态信息和互锁信息的交换，属于异步对等以及点对多点通信，TCP/IP 协议无法有效实现，必须采用网络组播方式发送报文。为了提高报文传输的速度和性能，IEC 61850-7-2 提供的 GOOSE 服务采用发布者/订阅者模型及逻辑链路控制协议的单向无确认机制，具有信息按内容标识、能实现点对多点传输、采用事件驱动等特点，可用来实现站内快速、可靠地发送输入和输出信号量。

GOOSE 通信服务利用重传机制保证通信的可靠性。当 IEC 61850-7-2 中有定义过的事件发生后，GOOSE 服务器生成一个发送 GOOSE 命令的请求，该数据包将按照 GOOSE 的信息格式组包方式发送。为保证可靠性一般重传若干次，在顺序传送的每帧信息中包含存活时间参数，它提示接收端接收数据最大等待时间。如果在约定时间收不到相应的包，接收端可认为连接丢失。通过 GOOSE 服务，满足了过程层对速度和信息传输可靠性要求，对于一些重要的应用场合，可以单独设立 GOOSE 网络，或采用先进网络交换，保证信息传输的实时和可靠性。

三、间隔层与站控层实现

间隔层设备主要包括保护及测控装置、电能计量装置等。所有通信数据按照 IEC 61850 建模，与站控层之间采用以太网通信。保护测控装置完成变电站内所有一次设备的保护控制，可自由配置，保证了保护功能的选择性、快速性、可靠性。非电量保护由智能终端装置直接完成。

站控层设备包括远动工作站、监控主机、监控软件等。站控层设备基于 IEC 61850 模型，采用以太网通信，主要为变电站提供运行、管理界面，记录变电站内的运行信息，将站内信息转换成相应的远动规约，实现调度中心远程监视与控制。

四、数字化变电站的应用情况

自 IEC 61850 制定以来，ABB、西门子、阿海珐等公司在全球范围内就开展了数字化变电站的示范工程建设。2004 年 11 月，西门子在瑞士建成了世界上第一个应用 IEC 61850 的变电站。随后 ABB 也在全球完成了几十项基于 IEC 61850 的变电站。

国内自 2000 年开始进行相关的研究，2004 年开始也进行了数字化变电站建设的试验，国调中心先后组织了 9 家变电站自动化设备生产厂家进行了 4 次 IEC 61850 标准的互操作试验。2005～2007 年，先后有山东阳谷、云南翠峰、江苏园石、陕西少陵及曹里村、内蒙古杜尔伯特等数字化变电站投运。

2005 年初，山东建成了全部使用电子式互感器的 110kV 阳谷冷轧薄板厂变电站，互感器至合并器采用光缆，规约为 IEC 61850，而间隔至站控层则采用 103 规约。2006 年 3 月，云南曲靖翠峰变电站投运，全部采用电子式互感器及智能转化模块，一、二次设备间采用符合 IEC 61850 标准的光纤通信技术，但间隔层至站控层仍采用 103 规约。2006 年 3 月、6 月陕西投运了分别采用国电南自和北京四方综自系统的数字化变电站，保护、测控均按 IEC 61850 标准设计，并利用两站检验了各厂家 IED 之间的互操作能力。2007 年，内蒙古建设了 220kV 杜尔伯特数字化变电站，采用了电子式互感器，通过智能终端实现开关智能化，间隔层与变电站层、过程层与间隔层均采用光纤双重化网络进行通信。

随着数字化变电站技术的不断成熟，各种电子互感器、智能化开关设备不断得到应用，各地在建设中纷纷采用数字化变电站建设方案，目前 500kV 及以上的数字化变电站建设也在不断的探索中，可以预见，数字化变电站将成为今后变电站技术发展的主流方向。

【思考与练习】

1. 数字化变电站的实施方案有哪些？各有什么特点？
2. 数字化变电站的过程层总线怎样构建？有哪些特点？

第二部分

电气试验

第四章 电气设备试验周期、标准及方法

模块 1 电气试验标准（GYBD00701001）

【模块描述】本模块介绍电气设备交接试验和状态检修的意义和标准。通过概念解释、要点讲解和流程介绍，了解开展电气设备交接试验和状态检修重要性，熟悉电气设备交接试验的标准，状态检修的概念，开展状态检修的原则、指导思想，掌握进行状态检修的基本流程。

【正文】

一、电气设备交接试验的意义

电气试验可以掌握电气设备绝缘劣化情况，及早发现设备绝缘存在的缺陷，指导相应维护与检修的实施，以免运行中的设备绝缘在工作电压或过电压作用下击穿，造成事故及设备损坏。

电气装置由于制造部门设计不合理、工艺方面缺陷、运输过程中损坏、安装施工工艺不良等都会导致其绝缘等电气性能下降、电气参数不能满足运行条件等。当这些性能不良的装置投入运行后，往往难以保证电网的安全生产，可能导致装置本身、电力系统甚至人身事故的发生，给电力生产带来很大的损失，对人身安全造成很大的威胁。国内发电、输变电工程竣工投产过程中以及运行中，由于电气装置的缺陷造成的各类事故也屡见不鲜，为了避免这种事故的发生，必须在电气装置交接时对其各种性能进行检验。

二、电气设备交接试验标准

目前的电气设备交接试验标准适用于500kV及以下电压等级新安装的、按照国家相关出厂试验标准试验合格的电气设备交接试验。它不适用于安装在煤矿井下或其他有爆炸危险场所的电气设备。

不同的电气设备，其交接试验标准也不尽相同，电气设备交接试验标准中规定了同步发电机及调相机、直流电机、中频发电机、交流电动机、电力变压器、电抗器及消弧线圈、互感器、油断路器、空气及磁吹断路器、真空断路器、六氟化硫断路器、六氟化硫封闭式组合电器、隔离开关、负荷开关及高压熔断器、套管、悬式绝缘子和支柱绝缘子、电力电缆线路、电容器、绝缘油和 SF_6 气体、避雷器、电除尘器、二次回路、1kV及以下电压等级配电装置和馈电线路、1kV以上架空电力线路、接地装置、低压电器等25类设备交接试验标准，部分设备根据其型式不同，进行的交接试验项目也有差别，但均包含在电气设备交接试验标准中，且有明确规定。

三、状态检修的意义

设备检修是生产管理工作的重要组成部分，对提高设备健康水平，保证电网安全、可靠运行具有重要意义。

长期以来开展的定期检修模式有自身的科学依据和合理性，在多年的实践中有效减少了设备的突发事故。电气设备定期检修的项目、周期及标准值均执行DL/T 596—1996《电力设备预防性试验规程》的规定。随着电网的快速发展，电力设备品种、参数和技术性能都有了较大的发展，一些新的绝缘试验方法和诊断技术已经逐步得到应用和推广。随着用户对供电可靠性要求的逐步提高，传统的基于周期的设备检修模式已经不能适应电网发展的要求，迫切需要在充分考虑电网安全、环境、效益等多方面因素情况下，研究、探索提高设备运行可靠性和检修针对性的新的检修管理方式。状态检修是解决当前检修工作面临问题的重要手段。

目前，通过开展状态检修工作，能有效提高检修的针对性和有效性，检修质量得到提高，可以做到设备状态的全过程控制，提高设备的运行水平。在设备运行过程中，更好地落实设备管理责任制，在装备水平较好的情况下，提高了设备可用率，减少了检修工作量。

四、开展状态检修的基本原则

（一）状态检修的概念

状态检修是企业以安全、环境、效益等为基础，通过设备的状态评价、风险分析、检修决策等手段开展设备检修工作，达到设备运行安全可靠、检修成本合理的一种设备检修策略。其中：安全是指由于各种原因可能导致的人身伤害、设备损坏、运行可靠性下降、电网稳定破坏等危及电网安全、可靠运行的情况；环境是指电网运行对社会、国民经济、环境保护等产生的影响；效益是指企业成本、收益以及事故情况下可能造成的直接、间接经济损失等经济效益。

（二）状态检修开展的指导思想

状态检修开展的指导思想是：以科学发展观为指导，紧密围绕“一强三优”现代公司的发展目标，按照“集团化、集约化、精益化、标准化”的基本要求，在充分保证电网安全运行和可靠供电的条件下，以制度建设为基础，以安全水平提升为目标，以设备状态评价为核心，以加强基础管理为手段，规范设备管理流程，落实安全责任，强化设备运行监视和状态分析，提高设备检修、维护工作的针对性和有效性，推进状态检修工作规范、有序开展。

（三）状态检修开展的基本原则

开展状态检修必须坚持“安全第一”，以提高设备的可靠性和管理水平为目的，通过对设备状态的掌握和跟踪，及时发现设备缺陷，合理安排检修计划和项目，提高检修效率和运行可靠性。

必须坚持体系建设先行，对状态检修相关工作各环节进行规范。

必须以对设备的状态评价为基础，全面掌握设备真实健康水平。

必须坚持试点先行、循序渐进、持续完善、保证安全的基本方针。

五、状态检修的基本流程

状态检修的基本流程主要包括设备信息收集、设备状态评价、设备风险评估、检修策略、检修计划、检修实施及绩效评估等七个环节。

（1）设备信息收集是开展状态检修的基础，要在设备制造、投运、运行、维护、检修、试验等全过程中，通过对投运前基础信息、运行信息、试验检测数据、历次检修报告和记录、同类型设备的参考信息等特征参量进行收集、汇总，为设备状态的评价奠定基础。

（2）设备状态评价主要依据《国家电网公司输变电设备状态检修试验规程》、《输变电设备状态评价导则》等技术标准，依据收集到的各类设备信息，确定设备状态和发展趋势。设备状态评价是开展状态检修工作的基础，必须通过持续、规范的设备跟踪管理，综合离线、在线等各种分析结果，才能够准确掌握设备运行状态和健康水平，为开展状态检修下一阶段工作创造条件。

（3）设备风险评估是开展状态检修工作的重要环节。其目的就是要按照《国家电网公司输变电设备风险评价导则》的要求，利用设备状态评价结果，综合考虑安全、环境和效益等三个方面的风险，确定设备运行存在的风险程度，为检修策略和应急预案的制订提供依据。

（4）检修策略以设备状态评价结果为基础，参考风险评估结果，在充分考虑电网发展、技术进步等情况下，对设备检修的必要性和紧迫性进行排序，并依据《输变电设备状态检修导则》等技术标准确定检修方式、内容，并制定具体检修方案。

（5）检修计划依据设备检修策略制定。主要分为两个部分：覆盖整个设备寿命周期内的长期检修、维护计划，用于指导设备全寿命周期内的检修、维护工作；与公司资金计划相对应的年度检修计划和多年滚动计划、规划，用于指导年度检修工作的开展，以及未来一定时期内检修工作安排和资金需求。

（6）检修实施是依据检修计划开展，对电气设备全寿命周期内开展的检修和维护工作，确保设备运行于良好状态，并将运行趋势控制于良好范围内。

（7）绩效评估是在状态检修工作开展过程中，依据《国家电网公司输变电设备状态检修绩效评估标准》，对工作体系的有效性、检修策略的适应性、工作目标实现程度、工作绩效等进行评估，确定状态检修工作取得的成效，查找工作中存在的问题，提出持续改进的措施和建议。

六、设备试验项目及周期

《国家电网公司输变电设备状态检修试验规程》规定了110～750kV变压器、开关、线路等各类高压电气设备巡检、检查和试验的项目、周期和技术要求，以巡检、例行试验、诊断性试验替代了原有定期试验，明确了基于设备状态的试验周期和项目双向调整方法，提出了警示值和不良工况、家族缺陷等新概念以及显著性差异和纵横比分析的新方法。规程内容涵盖巡检、例行试验、诊断性试验、在线监测、带电检测、家族缺陷、不良工况等状态信息，吸收了最新的现场试验项目和分析方法，充分考虑了各单位设备状态、地域环境、电网结构等特点，是状态检修工作的基础性技术文件。

该试验规程把设备的试验项目分为巡检、例行试验和诊断试验三种类型。巡检周期较短，检查项目少。例行试验通常按基准周期定期进行，试验项目相对比较简单。若适宜轮试，应轮试。诊断性试验只在诊断设备状态时根据情况有选择地进行。这样，能根据不同设备状态开展维修，减少停电时间，有效提高设备可靠性。

【思考与练习】

1. 简述电气设备交接试验的意义。
2. 简述状态检修的意义。
3. 状态检修开展的基本原则是什么？
4. 状态检修的基本流程包含哪几个环节？

模块 2　常规电气试验（GYBD00701002）

【模块描述】本模块介绍变电主要设备常规电气的试验项目。通过要点讲解，了解绝缘电阻、泄漏电流、介质损耗、工频耐压和绝缘放电等常规项目的试验目的、内容和方法。

【正文】

变电设备常规试验项目包括绝缘电阻测试、泄漏电流测试、介质损耗测试、工频交流耐压试验等。

一、绝缘电阻测试

1. 试验目的

测量变电设备的绝缘电阻能有效地检查设备绝缘整体受潮、部件表面受潮或脏污以及贯穿性的集中性缺陷，如绝缘子破裂、引线靠壳、器身内部有金属接地、线圈绝缘严重老化、绝缘油严重受潮等缺陷。

2. 试验内容

（1）变压器绕组连同套管对地绝缘电阻的测试。

（2）变压器铁芯对地绝缘电阻的测试。

3. 试验方法

在现场普遍使用绝缘电阻表（俗称兆欧表）测量绝缘电阻。绝缘电阻表按其额定电压分为 500、1000、2500、5000V 等几种。应根据被试品的额定电压来选择绝缘电阻表，绝缘电阻表的额定电压过高，可能在测试中损坏被试品绝缘。

（1）测量变压器绕组连同套管对地绝缘电阻：

1）若变压器额定电压在 10kV 及以下，额定容量在 4000kVA 及以下者，宜采用 2500V/2500MΩ 的绝缘电阻表。

2）若额定电压在 35kV 及以上，额定容量在 4000kVA 及以下者，宜采用 2500V/5000MΩ的绝缘电阻表。

3）若额定电压在 35kV 以上，额定容量在 4000kVA 以上者，宜采用 5000V/10 000MΩ的绝缘电阻表。

（2）测量变压器铁芯对地绝缘电阻时，变压器进行预防性试验宜采用 1000V 的绝缘电阻表。交接或大修后试验宜采用 2500V 的绝缘电阻表。

（3）对用于测量变压器绝缘电阻、吸收比（极化指数）的绝缘电阻表，应选用最大输出电流为 3mA 及以上的绝缘电阻表，以得到较准确的测量结果。

二、泄漏电流测试

1. 试验目的

泄漏电流测试是通过测量绝缘的相应泄漏电流，根据电流的大小及电流与电压的关系曲线，分析和判断设备绝缘的性能。

2. 试验方法

（1）对于少油断路器，可以采用在三角箱加压、断口外侧接地来测量整个单元的泄漏电流。

（2）测量应在天气良好时进行，且空气相对湿度不高于 80%。若遇天气潮湿、套管表面脏污，则需要进行“屏蔽”测量。

（3）根据试验电压的大小、现有试验设备的条件，选择合适的试验设备及试验接线方式，并正确绘出试验接线图。

三、介质损耗测试

1. 试验目的

当电气设备的绝缘普遍受潮、脏污或老化以及绝缘中有气隙发生局部放电时，流过绝缘的有功电流分量 I_R 将增大，$\tan\delta$ 也增大。这样通过测量绝缘的 $\tan\delta$ 值，可以反映出整个绝缘的分布性缺陷。在绝缘预防性试验中，介质损耗试验是一种使用较多，而且是判断绝缘性能较为有效的方法。

2. 试验内容

对电机、电缆这类电气设备的绝缘，因为运行中的缺陷多为集中性的，加之整体绝缘体积较大，$\tan\delta$ 法反映缺陷的效果较差，所以在预防性试验中通常不作这项试验。而对于套管绝缘，因为整体体积小，$\tan\delta$ 不仅可以反映套管绝缘的全面情况，而且有时可以检查出其中的集中性缺陷，所以对于套管绝缘，$\tan\delta$ 法就是一项必不可少的有效试验。此外，测量 $\tan\delta$ 对于检查电力变压器、互感器、电力电容器等设备的绝缘缺陷也有一定的效果。

3. 试验方法

现场一般采用西林电桥法进行测试。

西林电桥正接线时，电桥处于低压端，操作比较安全方便，而且电桥内部不受强电场干扰，所以准确度较高。反接线时，被试品一端接电桥测量端，另一端接地。反接线在现场一般用于被试品无“末屏”的电气设备（如变压器、分级绝缘的电压互感器等）。但是这种接线的标准电容器外壳等均处于高压下，所以为了保证安全，操作者应站在绝缘垫上进行操作，且电桥外壳必须可靠接地。

四、工频交流耐压试验

1. 试验目的

交流耐压试验对绝缘的考验是相当严格的，通过这项试验，可以发现很多绝缘缺陷，尤其是对集中性绝缘缺陷的检查更为有效，可以鉴定电气设备的耐电强度，判断电气设备能否继续运行。交流耐压试验是保证电气设备绝缘水平、避免发生绝缘事故的重要手段。

2. 试验内容

工频交流耐压试验是对电气设备绝缘施加高出它的额定工作电压一定值的工频试验电压，并持续一定的时间（一般为 1min），观察绝缘是否发生击穿或其他异常情况。

3. 试验方法

被试物在交流耐压试验中，一般以不发生击穿为合格，反之为不合格。

【思考与练习】

1. 电气设备绝缘电阻测试的目的是什么？
2. 泄漏电流测试的方法有哪些？
3. 简述工频交流耐压试验的目的。

模块 3　特殊电气试验（GYBD00701003）

【模块描述】本模块介绍设备特殊电气的试验项目及其目的。通过要点讲解，了解电力变压器特殊性试验、电流互感器特殊性试验、电容式电压互感器特殊性试验、氧化锌避雷器特殊性试验、六氟化硫断路器特殊性试验的试验项目内容和试验目的要求。

【正文】

一、电力变压器特殊性试验

1. 试验项目

（1）绕组所有分接方式的电压比。

（2）低电压空载电流和空载损耗。

（3）绕组变形测试。

（4）绕组连同套管的局部放电测量。

（5）绕组连同套管的交流耐压试验。

2. 试验目的

（1）对核心部件或主体进行解体性检修之后，或怀疑绕组存在缺陷时，进行绕组所有分接方式的电压比测试。

（2）诊断铁芯结构缺陷、匝间绝缘损坏等可进行低电压空载电流和空载损耗试验。试验电压尽可能接近额定值。试验电压值和接线应与上次试验保持一致。测量结果与上次相比，不应有明显差异。对单相变压器相间或三相变压器两个边相，空载电流差异不应超过10%。分析时一并注意空载损耗的变化。

（3）诊断绕组是否发生变形时进行绕组变形测试。应在最大分接位置和相同电流下测量。试验电流可用额定电流，也可低于额定值，但应不小于5A。

（4）验证绝缘强度，或诊断是否存在局部放电缺陷时进行绕组连同套管的局部放电测量。

（5）需要诊断绕组连同套管的绝缘时要进行交流耐压试验。

二、电流互感器特殊性试验

1. 试验项目

（1）交流耐压试验。

（2）局部放电测量。

2. 试验目的

（1）需要确认设备绝缘介质强度时应进行交流耐压试验。一次绕组的试验电压为出厂试验值的80%，二次绕组之间及末屏对地的试验电压为2kV，时间为60s。

（2）需要检验是否存在严重局部放电时进行局部放电测量。

三、电容式电压互感器特殊性试验

1. 试验项目

（1）交流耐压试验。

（2）局部放电测量。

2. 试验目的

（1）诊断是否存在严重局部放电缺陷时进行局部放电测试。试验在完整的电容式电压互感器上进行。试验前把电磁单元与电容分压器分开，若因产品结构原因在现场无法拆开的可不进行耐压试验。试验电压为出厂试验值的80%，或按设备技术文件要求进行，时间为60s。

（2）需要验证绝缘强度时进行交流耐压试验。

四、氧化锌避雷器特殊性试验

1. 试验项目

（1）工频参考电流下的工频参考电压。

（2）均压电容的电容量。

2. 试验目的

（1）诊断内部电阻片是否存在老化、检查均压电容等缺陷时，进行工频参考电压测试。对于单相多节串联结构，试验应逐节进行。

（2）如果金属氧化物避雷器装备有均压电容，为诊断其缺陷，可进行均压电容的电容量测试。对于单相多节串联结构，试验应逐节进行。

五、六氟化硫断路器特殊性试验

1. 试验项目

（1）交流耐压试验。

（2）套管式电流互感器的试验。

2. 试验目的

对核心部件或主体进行解体性检修之后，或必要时，进行交流耐压试验。试验包括相对地（合闸状态）和断口间（罐式、瓷柱式定开距断路器，分闸状态）两种方式。试验在额定充气压力下进行，试验电压为出厂试验值的80%，频率不超过300Hz，耐压时间为60s。

【思考与练习】

1. 电力变压器特殊性试验项目有哪些？
2. 电流互感器特殊性试验项目有哪些？
3. 六氟化硫断路器特殊性试验项目有哪些？

第五章　数据采集及分析

模块 1　电气设备在线监测（GYBD00702001）

【模块描述】本模块介绍电气设备常用在线监测的原理和结构。通过要点讲解、分析，了解变压器油的在线监测、变压器局部放电在线监测、电力设备温度实时在线监测的内容、方法和装置原理，熟悉电气设备在线监测与预防性试验的关系。

【正文】

随着传感器技术、信号处理技术、计算机技术的发展与应用，集中型绝缘在线监测技术有了很大发展。目前，集中型绝缘在线监测装置不仅可以连续自动监测电容型设备的绝缘参数，还可以监测环境温度、湿度和系统谐波、频率、电压等非绝缘参数。监测所得的参数经相应的软硬件综合处理分析，可以对被监测设备绝缘状况进行定时监视或随时监视。当有设备出现“超标”等异常情况时，监测系统可立即自动报警，将绝缘监测从预防性阶段进入到预知性阶段，使测试的有效性、灵敏性都大大提高。集中连续自动的绝缘在线监测是高压电力设备绝缘监测的重要手段，也是输变电设备开展状态检修的重要支撑。

一、检测参数的分类和选择

1. 检测参数分类

检测参数根据被监测设备分类如下：

（1）变压器类。主要为充油式电力变压器或电抗器。主要的检测量有油中溶解气体（单一组分或多种组分）、铁芯接地电流、油中微水、油温、绕组温度、局部放电、漏抗等。

（2）电容性设备。包括电容式套管、电流互感器、电容式电压互感器、电容器等。主要的检测量有介质损耗、泄漏电流、等值电容等。

（3）金属氧化物避雷器。检测量有总电流、阻性电流。

（4）高压断路器。包括油断路器、SF_6断路器（含 GIS 内的断路器）、真空断路器。主要检测量有遮断电流，合、分闸线圈电流，机械特性相关参数、振动，动态回路电阻，SF_6气体的压力、泄漏、湿度监测等。

（5）GIS（气体绝缘金属封闭电器）。主要检测量有SF_6气体的压力、泄漏、湿度监测，SF_6断路器机械特性和局部放电检测等。

（6）输电线路。检测量有覆冰，微气象，导线弧垂，导线温度，导、地线振动等。

（7）绝缘子。检测量有泄漏电流等。

（8）电缆。检测量有温度、局部放电等。

2. 宜采用的检测参数

在线监测实施时宜选用成熟、可靠的检测参数。在决策是否选用时还需结合被监测设备的重要性、监测系统的可靠性、维护量及其投入成本等作综合考虑。

（1）油中溶解气体。典型变压器油中溶解气体成分与变压器状态之间的关系见表 GYBD00702001-1。

表 GYBD00702001-1　　典型的变压器油中溶解气体成分反映的变压器故障情况

被 测 气 体	诊　断
5%或更少的 O_2	密封变压器处于正常运行状态
多于 5%的 O_2	检查变压器密封状态

续表

被测气体	诊断
CO_2、CO，或 CO 和 CO_2 同时存在	变压器过载或过热，检查运行条件
H_2	电晕放电、水电解或铁锈
H_2、CO 和 CO_2	电晕放电涉及绝缘纸或变压器严重过负荷
H_2、CH_4 和少量的 C_2H_4、C_2H_6	火花放电或别的不严重故障，主要是由油中放电引起的
H_2、CH_4、CO 和 CO_2 及少量其他气体，通常不存在 C_2H_2	火花放电或别的不严重故障，但已涉及固体绝缘
大量的 H_2 及其他烃类气体（包括 C_2H_2）	内部存在高能量的电弧放电，引起油快速劣化
大量的 H_2、CH_4、C_2H_4 及少量的 C_2H_2	小区域的高温过热，通常由于接地不良引起，故障未涉及固体绝缘
大量的 H_2、CH_4、C_2H_4 及少量的 C_2H_2，另外还有 CO 和 CO_2	小区域的高温过热，通常由于接地不良引起，故障已涉及固体绝缘

目前，油中溶解气体在线监测系统基本上有两种类型：一种是单一组分型或简易型，主要测 H_2 或 C_2H_2 的含量及增长率，用于对变压器早期故障的报警或预警；另一种是多气体组分型，可监测氢气、甲烷、乙烷、乙烯、乙炔、一氧化碳、二氧化碳等多种气体，以便对变压器的故障进行在线分析。油中溶解气体在线监测可以实现对设备状态的连续监测，其检测周期可以短到数小时，利于及早发现故障征兆，并及早采取纠正措施，这样既可减少故障漏报的风险和损失，又可减少人工测量所需的工作量。将在线监测系统与人工测量相结合，可准确地分析变压器运行状况。

（2）变压器铁芯接地电流。由于变压器铁芯接地电流的大小随铁芯接地点多少和故障严重的程度而变化，因此，可把铁芯接地电流作为诊断大型变压器铁芯短路故障的特征量。规程规定，如发现铁芯的对地绝缘电阻与前次相比数据变化较大但不能判断原因时，应在运行中检测铁芯接地电流，如果超过 0.1A，应采取相应措施。对于铁芯和上夹件分别引出油箱外接地的变压器，可分别测出铁芯和夹件对地的电流，如果二者相等，且数值在数安以上时，往往是铁芯与夹件有连接点；如果前者远大于后者，且数值在数安以上时，往往是铁芯有多点接地；如果后者远大于前者，且数值在数安以上时，往往是夹件有多点接地。

铁芯或夹件接地电流数量级在几十毫安到几安甚至更大，检测量程比较宽，且主要是阻性电流，因此测量技术相对比较容易实现，一般都作为变压器状态监测的常选项之一。

（3）电容型设备的电容量与介质损耗。电容型设备主要是指油浸式电流互感器、电容式套管、耦合电容器等。

$\tan\delta$ 的测量对于整体性的绝缘劣化（如受潮、老化、杂质等）比较敏感，而电容量的测量对于套管、电容式电压互感器和电流互感器内部发生电容屏间短路的缺陷非常有效。

在设备运行额定电压下进行电容量与介质损耗因数的监测比低电压下的检测结果更加真实准确，该技术已相对比较成熟。如测变压器套管、电流互感器的 $\tan\delta$ 一般是通过末屏外接监测单元检测绝缘电流，并与就近的电压互感器等所测取的电压量进行比较，从而计算出绝缘介质的等值电容量与介质损耗因数。通过测量等值电容量与介质损耗因数能够较有效地反映其内部缺陷，多数的潜在故障都有可能通过它们检测出来。因此可将 $\tan\delta$ 和等值电容量作为电容型设备的常规在线监测参数，将绝缘电流作为辅助测量参数。

（4）金属氧化锌避雷器总电流和阻性电流。对金属氧化物避雷器在运行电压下监测其阀片总电流的阻性电流分量，可较灵敏地反映阀片的潜在故障。原因为：金属氧化物避雷器在运行中长期直接承受电力系统运行电压的作用，阀片将逐渐产生劣化；结构不良导致密封不严，使阀片在运行中容易受潮；无间隙的避雷器，当阀片受潮后阀片电流增大又会加剧劣化，从而进一步导致电流增大，电流中的阻性分量使阀片温度上升，产生有功损耗，形成热崩溃，严重时将导致避雷器损坏或爆炸。

可将总电流和阻性电流分量作为高压避雷器的常规在线监测项目。当测到的阻性电流受相别影响较大时，需注意与该相的历史数据相比较。如果阻性电流测量时包含瓷套表面污秽电流，也可将分开后的瓷裙表面污秽电流选作辅助监测参量。

（5）局部放电。对于很多绝缘材料，特别是有机绝缘材料，局部放电是衡量绝缘性能劣化的重要指标。局部放电水平的突然增长是某些突发绝缘故障的先兆，因此对局部放电实现在线监测非常必要。局部放电剧增会加速绝缘老化，但局部放电强度与绝缘的剩余寿命间明确的对应关系还难以确定。在内绝缘设计中，一般考虑在运行电压下应无有害的局部放电。

局部放电特性是衡量电力变压器绝缘系统质量的重要指标：110kV 以上的电力变压器，在出厂试验中每台都要作局部放电试验；220kV 以上的电力变压器在安装后的交接试验中，也需要通过现场局部放电试验的考核；在运行中发现油中含气量等超标时，一般也要作局部放电试验进行检查。变压器局部放电在线监测就是在设备运行时进行局部放电的连续监测，局部放电的在线监测的技术难点是现场情况下如何抑制或辨别干扰，从而有效提取信号。

局部放电特性也是衡量 GIS 绝缘系统质量的重要指标。研究表明，GIS 中的局部放电会在 GIS 内部空腔及外壳对地之间产生超高频电磁波，使接地线上有放电脉冲电流流过。局部放电还会使通道气体压力骤增，在 GIS 气体中产生声波，并传递到金属外壳上，在外壳上出现各种纵波、横波和表面波等。目前，现场已有通过测量超高频或超声局部放电信号来寻找放电部位，并在实践中进一步积累应用经验。

（6）断路器的累计开断电流和分合闸线圈电流。对于断路器，预防性试验规定的导电回路电阻测量、分合闸线圈直流电阻测量等试验目前较难实现在线测量，而行程和速度特性的在线测量由于传感器安装及可靠性问题往往也受到了一定限制。通过测量断路器的累计开断电流（据此计算触头累计磨损量）有助于实现判断触头状态和灭弧室绝缘状态的目的，这是一种较为可行的在线监测方法。通过监测和记录断路器操作时分合闸线圈的电流波形，进一步分析可判断操动机构的状态变化。

（7）绝缘子的泄漏电流（尚在积累经验，可试点采用）。绝缘子表面泄漏电流是电压、气候、污秽三要素的综合反映，绝缘泄漏电流在线监测的原理是通过特殊的引流装置卡采集沿绝缘子表面的泄漏电流，在线实时测量输电线路上绝缘子串的泄漏电流，经计算求得一段周期内泄漏电流的峰值平均值、峰值最大值及最大泄漏电流脉冲数等。

绝缘子泄漏电流在线监测系统能够对运行中绝缘子的泄漏电流和环境温度、湿度等进行在线实时监测，理论上可综合泄漏电流值、局部放电强度及气象条件等参数，得出等值附盐密度、零值电流、污秽发展趋势等的判断。该在线监测技术目前还没有大量运行经验证明监测系统运用在实际输电线路中的可靠性，主要问题有：① 检测数据分散性较大；② 对泄漏电流如何反映绝缘子的污秽程度尚没有明确的判据，仍在积累经验。

（8）其他参数。如变压器的油温、SF_6 密度、压力和微水检测装置等作为主设备的附件而引入的检测量。

（9）环境参数。变电站现场的环境参数（如温度、湿度等）可为诊断提供参考信息。

二、系统构成

在线监测系统的主要功能可实现对电力设备状态的参数的连续检测、传输、处理分析，并可实现越限报警，提示设备可能有潜在缺陷。根据设备状态综合诊断的需要，在线监测系统一般宜采取对多个状态量进行综合监测的方式，并可扩展到整个变电站。

根据实际需要，在线监测系统可以进行必要的简化配置，如仅由检测单元组成，有的就地显示监测数据（如避雷器泄漏电流表）或通过通信设备实时远传数据，或定期采集数据等。

（1）检测单元：实现被监测参数的采集、信号调理、模数转换和数据的预处理功能，由检测单元实现。

（2）数据传输单元：实现监测数据的传输，由通信和控制单元实现。

（3）数据的处理、分析和设备状态预警单元：实现监测数据的处理、计算、分析、存储、打印、显示及预警，由主站单元实现。主站计算机系统通用功能包含人工召唤数据、定时自动轮询数据、对监测装置进行对时、更新数据浏览、历史数据浏览、特征参数趋势图显示、特征参数越限告警、重要状态变位告警、运行报表浏览及打印输出等。

对于在线监测系统所获取的数据，应进行综合比较和分析，并结合被监测设备的运行工况、交接和预防性试验数据及其他信息，进行全面分析。

三、运行管理

1. 基本要求

（1）运行单位应根据国家电网公司《输变电设备在线监测系统技术导则》、在线监测装置使用手册等编写在线监测系统现场运行规程，并建立在线监测系统设备台账和运行履历。

（2）应注意监视在线监测系统的运行状况，及时发现并报告其存在的缺陷。

（3）应注意在线监测系统监测数据的采集、存储和备份，数据的变化趋势的初步判断，报警值的管理等。

（4）如果在线监测数据发现异常，应及时报告。

2. 运行巡视

（1）检查检测单元的外观应无锈蚀，密封良好，连接紧固。

（2）电（光）缆的连接无松动和断裂。

（3）管路接口应无渗漏。

（4）就地显示面板显示正常。

（5）数据通信情况正常。

（6）主站计算机运行正常。

（7）在电源电压超出监测系统规定的范围或进行电源切换时，应及时检查系统工作是否正常。

（8）检查监测数据是否在正常范围内，如有异常，及时汇报。

（9）在特殊情况下，如被监测系统遭受雷击、短路等大扰动后，或被监测设备监测数据异常，以及在大负荷、异常气候等情况时，应加强巡视。

3. 报警值管理

（1）根据相关标准规范或运行经验由运行单位制定各报警值。报警值不应随意修改。

（2）发生在线监测系统报警时由运行人员及时汇报。

（3）发生在线监测系统报警后应尽快安排检查和开展以下工作：

1）报警值的设置是否变化。

2）外部接线、网络通信是否出现异常中断。

3）是否有异常天气。

4）是否有强烈的电磁干扰源发生，如开关操作、外部短路故障等。

5）监测装置及系统是否异常。

6）进行在线监测数据变化的趋势和横向比较分析。

（4）如确认在线监测系统工作正常，报警后应视具体情况对主设备采取进一步的诊断和处理。

（5）如确认在线监测系统发生误报警，应及时退出报警功能，查明原因并处理后再投入运行。当不能完全确认系统发生误报警，不应将装置退出运行。

4. 日常维护

（1）不得随意更改主站系统监测软件的设置，任何改动应在系统管理员认可后方可进行。

（2）主站单元宜专机专用，其网络设置不应随意更改，不能安装无关应用软件。

（3）监测软件处于常运行状态，不应随意关闭。

（4）被测设备检修时，应对检测单元进行必要的检查和试验。

1）检查检测单元与被监测设备本体连接部位良好，无渗漏、锈蚀和受潮等异常现象。

2）检查电（光）缆连接正常，接地引线、屏蔽牢固。

3）按制造厂技术要求，对无法承受负压状态的油气分离薄膜式传感器，在变压器放油或油处理前，应首先关紧传感器的阀门；在变压器吊罩时，将监测装置拆除，妥善保存。

4）在套管、电流互感器、耦合电容器、避雷器等设备大修或更换时，应将监测装置拆除，妥善保存，拆、卸和安装应按制造厂技术要求进行。

（5）当检测单元工作异常或数据异常，应进行人工复位后再采集。

（6）如出现主站计算机异常或“死机”，需根据维护手册要求重新启动系统。

（7）当通信异常时，要检查与主站通信线插头是否松动，或通信母板是否故障。

（8）对该系统操作前，应熟悉使用手册、软件使用指南，出现问题应按照维护指南进行。

（9）出现硬件和软件故障，按维护指南无法解决时，应及时通知厂家派人维护。

（10）定期对在线监测系统的电源进行检查。

【思考与练习】

1. 变压器类设备检测参数主要有哪些？
2. 在线监测设备的主要构成部分有哪些？
3. 在线监测系统报警值管理有何要求？

模块2 相关电气试验数据分析（GYBD00702002）

【模块描述】本模块介绍电气试验和在线监测运行数据综合分析。通过要点讲解、综合分析和应用示例，熟悉试验数据的分析方法、掌握试验结论和处置原则及设备状态评价方法。

【正文】

状态量是指直接或间接表征设备状态的各类信息，如数据、声音、图像、现象等。检测是获取设备状态量的重要手段之一，主要包括测量、试验、化验、分析、探伤、检查等多种方法，例如变压器的电气试验、油中溶解气体的检测分析、红外检测等。检测又可根据设备所处的运行状态分为带电检测、离线检测和在线监测等多种。本模块主要介绍电气试验数据的分析判断。

一、试验数据的分析方法

利用不同的方法获得检测数据只是判断设备状态的第一步，如何利用检测结果中的有效信息进行设备状态的识别更为重要。通常对试验数据分析有计算机智能故障诊断和人工分析两类，其中人工分析是运行人员应掌握的基本技能。常用的试验数据分析有以下几种，但并不限于此。

1. 阈值判断法

所谓阈值可以简单理解为临界值，在此指有关规程规定的限制。阈值判断法是最常用的试验数据分析方法之一。通常情况下，有了试验结果后，首先对照规程的规定，分析比对有无超过规程规定值的数据，即有无“超标”数据，由此判断试验项目是否合格。

阈值判断虽然是最基本的方法，但并不是试验数据不超标的设备就一定是完好设备，有些数据并未超标，但劣化的速率极快，同样存在风险。因此，数据分析一般需要应用多种方法，综合分析判断数据的变化趋势，正确得出设备的状态结论。

2. 显著性差异分析法

当设备的状态量明显不同于其他设备时，可以通过显著性差异分析法找出与其他同类设备有明显差异的设备。根据数理统计理论，同一批设备，由于设计、工艺和材质都相同，各台设备的同一状态量应该视为源自同一母体的不同样本，如果被分析设备的状态量值与其他设备存在显著性差异，必然有其原因，且很可能是早期缺陷的信号。

3. 纵横比较分析法

（1）纵比是指设备的当前试验数据与上次试验数据进行比较，横比是指同台（组）设备不同相间数据进行比较，分析判断设备的当前试验值是否正常。一般不超过±30%可判为正常，否则应进一步分析判断原因。

（2）当利用相邻两次或更多次试验数据相比较，仍然难以给出定论时，需要用当前数据与该设备的试验数据初值比较，进一步分析判断，得出设备的试验结论。

（3）试验数据初值是指能够代表状态量原始值的试验值。初值可以是出厂值、交接试验值、早期试验值、设备核心部件或主体进行解体检修、更换之后的首次试验值等。对于易受安装环境影响的试验数据选择交接或首次预试值作为初值，不受安装环境影响的试验数据选出厂试验值作为初值，受大修影响的试验把大修后首次试验值作为初值。

4. 状态量的显著性差异分析

在相近的运行和检测条件下，同一家族设备的同一状态量不应有明显差异，否则应进一步分析判断原因。

家族设备是指同厂、同批次或属于同一设计、材质、工艺在不同工厂生产的设备。

5. 易受环境影响状态量的纵横比分析

本方法可作为辅助分析手段。如 U、V、W 三相设备的上次试验值和当前试验值分别为 U_1、V_1、W_1 和 U_2、V_2、W_2，在分析设备当前试验值 U_2 是否正常时，根据 $U_2/(V_2+W_2)$ 与 $U_1/(V_1+W_1)$ 相比有无明显差异进行判断，一般不超过±30%可判为正常。

二、试验结论和处置原则

每项试验工作结束，试验人员都应给出明确的试验结论。运行人员应能根据试验数据审核其结论的正确性。同样，运行人员也应具备根据试验数据独立给出试验结论的能力，并根据试验结论采取相应的处理措施。

1. 试验结论

设备试验的结论分为合格和不合格两种，但对单项试验数据又可分为正常值、注意值和警示值三种。

（1）正常值是指试验所获得数据量值大小、发展趋势以及相互平衡程度等均在规程规定的限值之内的数据。

（2）注意值是指当试验数据达到该数值时，设备可能存在或可能发展为缺陷。例如变压器绕组绝缘电阻应不小于 6000MΩ，吸收比应不低于 1.3，极化指数应不低于 1.5 等。

（3）警示值是指状态量达到该数值时，设备已存在缺陷并有可能发展为故障。例如变压器的直流电阻相间互差不大于 2%等。

2. 试验结果的处置原则

（1）各项试验数据为合格的设备为正常设备，执行正常的巡视、检修和试验周期。

（2）试验结果有注意值项目的设备，若当前试验值超过注意值或接近注意值的趋势明显，对于正在运行的设备，应加强跟踪监测；对于停电设备，如怀疑属于严重缺陷，不宜投入运行。

（3）试验结果有警示值项目的设备，若当前试验值超过警示值或接近警示值的趋势明显，对于运行设备应尽快安排停电试验。对于停电设备，消除此隐患之前，一般不应投入运行。

三、试验数据分析

设备的试验一般分为例行试验和诊断性试验两种。例行试验是为获取设备状态量，评估设备状态，及时发现事故隐患，定期进行的各种带电检测和停电试验。而诊断性试验是发现设备状态不良或经受了不良工况、受家族缺陷警示或连续运行了较长时间，为进一步评估设备状态进行的试验。例行试验通常按周期进行，诊断性试验只在诊断设备状态时根据情况有选择地进行。

下面以变压器有关试验为例，介绍试验数据的分析。

1. 变压器例行试验数据分析

油浸式电力变压器（电抗器）例行试验数据分析见表 GYBD00702002-1。

表 GYBD00702002-1　　油浸式电力变压器（电抗器）例行试验数据分析

例行试验项目	基准周期	规　定	要求和分析
红外热像检测	330kV 及以上：1 月 220kV：3 月 110kV/66kV：半年	无异常	红外热像图显示应无异常温升、温差和相对温差
油中溶解气体分析	330kV 及以上：3 月 220kV：半年 110kV/66kV：1 年	1. 乙炔：≤1（330kV 及以上）（μL/L），≤5（其他）（μL/L）（注意值） 2. 氢气：≤150μL/L（注意值） 3. 总烃：≤150μL/L（注意值） 4. 绝对产气速率：≤12mL/d（密封式，注意值）或≤6mL/d（开放式，注意值） 5. 相对产气速率≤10%/月（注意值）	若有增长趋势，即使小于注意值，也应缩短试验周期。烃类气体含量较高时，应计算总烃的产气速率。当怀疑有内部缺陷时，应进行额外的取样分析

续表

例行试验项目	基准周期	规　定	要求和分析
绕组电阻	3年	1. 相间互差不大于2%（警示值） 2. 同相初值差不超过±2%（警示值）	有中性点引出线时，应测量各相绕组的电阻；若无中性点引出线，可测量各线端的电阻，然后换算到相绕组电阻。要求在扣除原始差异之后，同一温度下差值不超过规定值
绝缘油例行试验	330kV及以上：1年 220kV及以下：3年	见表GYBD00702002-3	见表GYBD00702002-3
套管试验	3年	见表GYBD00702002-4	见表GYBD00702002-4
铁芯绝缘电阻	3年	≥100MΩ（新投运1000MΩ）（注意值）	除注意绝缘电阻的大小外，要特别注意绝缘电阻的变化趋势。夹件引出接地时，应分别测量铁芯对夹件及夹件对地绝缘电阻
绕组绝缘电阻	3年	1. 绝缘电阻无显著下降 2. 吸收比≥1.3或极化指数≥1.5，或绝缘电阻≥10 000MΩ（注意值）	不同温度下测量的绝缘电阻应进行温度修正。绝缘电阻下降显著时，应结合介质损耗因数及油质试验进行综合判断
绕组绝缘介质损耗因数（20℃）	3年	330kV及以上：≤0.005（注意值） 220kV及以下：≤0.008（注意值）	测量绕组绝缘介质损耗因数时，应同时测量电容值，若此电容值发生明显变化，应予以注意。分析时应注意温度对介质损耗因数的影响
有载分接开关检查（变压器）	每年1次	按有关规程和产品说明书规定	按有关规程和产品说明书规定

2. 变压器诊断性试验数据分析

油浸式电力变压器（电抗器）诊断性试验数据分析见表GYBD00702002-2。

表GYBD00702002-2　　油浸式电力变压器（电抗器）诊断性试验数据分析

诊断性试验项目	目　的	要求和分析
空载电流和空载损耗测量	诊断铁芯结构缺陷、匝间绝缘损坏等	试验电压值和接线应与上次试验保持一致。测量结果与上次相比，不应有明显差异。应注意同时分析空载损耗变化
短路阻抗测量	诊断绕组是否发生变形	应在最大分接位置和相同电流下测量。试验电流可用额定电流，也可低于额定值，但不应小于5A。初值差不超过±3%（注意值）
绕组频率响应分析		绕组频率响应曲线应与原始的各个波峰、波谷点所对应的幅值及频率基本一致
感应耐压和局部放电测量	验证绝缘强度，或诊断是否存在局部放电缺陷	感应耐压：出厂试验值的80% 局部放电：$1.3U_m/\sqrt{3}$下，≤300pC（注意值）
外施耐压试验		仅对中性点和低压绕组进行，耐受电压为出厂试验值的80%，时间为60s
绕组各分接位置电压比	验证核心部件或主体进行解体检修、更换后接线是否正确，或验证绕组是否存在缺陷	结果应与铭牌标识一致。初值差不超过±0.5%（额定分接位置）；其他分接不超过±1.0%（警示值）
直流偏磁水平检测	验证变压器声响、振动等异常是否由直流偏磁引起	符合有关规程规定
纸绝缘聚合度测量	诊断绝缘老化程度	聚合度≥250（注意值）
绝缘油诊断性试验	检验绝缘油质量	新油或例行试验后怀疑油质有问题时进行，应符合有关规程规定
整体密封性能检查	检验整体密封状况	采用储油柜油面加压法，在0.03MPa压力下持续24h，无油渗漏
铁芯及夹件接地电流测量	检查铁芯是否多点接地	≤100mA（注意值），当铁芯与夹件分别接地时应分别测量
声级及振动测定	检验噪声是否异常	符合设备技术文件要求，振动波主波峰的高度应不超过规定值，且与同型设备无明显差异
绕组直流泄漏电流测量	检验绝缘是否存在受潮等缺陷	泄漏电流与初值比应没有明显增加，与同型设备比没有明显差异

3. 绝缘油例行试验数据分析

变压器（电抗器）绝缘油例行试验数据分析见表GYBD00702002-3。

表GYBD00702002-3 变压器（电抗器）绝缘油例行试验数据分析

例行试验项目	规定值	要求和分析
视觉检查	透明，无杂质和悬浮物	淡黄色为好油，黄色为较好油，深黄色为轻度老化的油，棕褐色为老化的油
击穿电压	≥50kV（警示值），500kV及以上 ≥45kV（警示值），330kV ≥40kV（警示值），220kV ≥35kV（警示值），110kV/66kV	击穿电压值达不到规定要求时，应进行处理或更换新油
水分	≤15mg/L（注意值），330kV及以上 ≤25mg/L（注意值），220kV及以下	测量时应尽量在顶层油温高于60℃时取样。怀疑受潮时，应随时测量油中水分
介质损耗因数（90℃）	≤0.02（注意值），500kV及以上 ≤0.04（注意值），330kV及以下	按有关规程规定
酸值	≤0.1mg（KOH）/g（注意值）	0.03mg（KOH）/g为新油，0.1mg（KOH）/g为可继续运行，0.2mg（KOH）/g为下次维修时需进行再生处理，0.5mg（KOH）/g为油质较差。当酸值大于注意值时，应进行再生处理或更换新油
油中含气量（体积比）	330kV及以上变压器、电抗器：≤3%	当油中含气量接近或超过规定值时，应查明原因，并采取相应措施

4. 高压套管例行试验数据分析

高压油纸电容式套管例行试验数据分析见表GYBD00702002-4。

表GYBD00702002-4 高压油纸电容式套管例行试验数据分析

例行试验项目	基准周期	规定	要求和分析
红外热像检测	330kV及以上：1个月 220kV：3个月 110kV/66kV：半年	无异常	红外热像图显示应无异常温升、温差和相对温差
绝缘电阻	3年	1. 主绝缘：≥10 000MΩ（注意值） 2. 末屏对地：≥1000MΩ（注意值）	包括套管主绝缘和末屏对地绝缘的绝缘电阻
电容量和介质损耗因数（20℃）（电容型）	3年	1. 电容量初值差不超过±5%（警示值） 2. 介质损耗因数符合以下要求： （1）500kV及以上，≤0.006（注意值） （2）其他（注意值）： 油浸纸，≤0.007； 聚四氟乙烯缠绕绝缘，≤0.005； 树脂浸纸，≤0.007； 树脂黏纸（胶纸绝缘），≤0.015	如果测量值异常时，可测量介质损耗因数与测量电压之间的关系曲线。介质损耗因数的增量应不大于±0.003，且介质损耗因数不超过0.007（U_m≥550kV）、0.008（U_m为363kV/252kV）、0.01（U_m为126kV/72.5kV）。分析时应考虑测量温度影响

5. 高压套管诊断性试验数据分析

高压油纸电容式套管例行试验数据分析见表GYBD00702002-5。

表GYBD00702002-5 高压油纸电容式套管诊断性试验数据分析

诊断性试验项目	规定	要求和分析
油中溶解气体分析（充油）	乙炔：≤1（220kV及以上），≤2（其他）（μL/L）（注意值） 氢气≤500（μL/L）（注意值） 甲烷≤100（μL/L）（注意值）	当怀疑绝缘受潮、劣化，或者怀疑内部可能存在过热、局部放电等缺陷时进行本项目。取样时，应注意设备技术文件的特别提示（是否允许取油等），并检查油位应符合设备技术文件的要求
末屏（如有）介质损耗因数	≤0.015（注意值）	当套管末屏绝缘电阻不能满足要求时，可通过测量末屏介质损耗因数作进一步判断
交流耐压和局部放电测量	1. 交流耐压：出厂试验值的80% 2. 局部放电（$1.05U_m/\sqrt{3}$）： 油浸纸、复合绝缘、树脂浸渍、充气，≤10pC；树脂黏纸（胶纸绝缘），≤100pC（注意值）	需要验证绝缘强度，或诊断是否存在局部放电缺陷时进行本项目。如有条件，应同时测量局部放电。交流耐压为出厂试验值的80%，时间60s 对于变压器（电抗器）套管，应拆下并安装在专门的油箱中单独进行

续表

诊断性试验项目	规　定	要求和分析
气体密封性检测（充气）	≤1%/年或符合设备技术文件要求（注意值）	当气体密度表显示密度下降或定性检测发现气体泄漏时，进行本项试验
气体密度表（继电器）校验（充气）	符合设备技术文件要求	数据显示异常或达到制造商推荐的校验周期时，进行本项目。校验按设备技术文件要求进行
SF_6 气体成分分析（充气）	按有关规程规定	怀疑 SF_6 气体质量存在问题，或者配合事故分析时，可选择性地进行 SF_6 气体成分分析

6. 在线监测装置数据分析

在线监测装置是在设备正常运行的条件下，对设备的某些状态量数据进行连续监测的装置。它具有智能化程度高，可以自动记录、分析、报警、组网、信息远传等功能，是智能化设备和电网的重要组成部分。

随着技术的发展，在线监测装置的功能和种类越来越多，目前应用比较广泛的有油色谱、避雷器全电流或阻性电流、容性设备绝缘、局部放电、瓷绝缘泄漏电流、连接点温度测量以及断路器性能等在线监测装置。

在线监测装置的监测数据与离线检测数据分析方法相同，由于在线监测装置设有不同级别的越限报警，当监测数据达到设定值时会自动报警，具有很高的智能化水平。运行中应对在线监测数据与离线检测数据经常进行比对分析，掌握二者数据差异的程度和规律。当在线监测装置报警后，应及时查明原因，尽快利用其他检测方法对报警数据进行确认。

四、设备状态评价

设备状态评价是根据收集到的各类状态信息，依据相关标准，确定设备的状态和发展趋势。设备状态评价需要综合运行、检修、管理、检测、不良运行工况、家族缺陷等多方面的设备状态信息，在线和离线试验数据只是设备的部分状态信息。

设备状态评价一般通过状态检修辅助决策系统或其他智能化故障诊断系统按规定程序自动完成，也可以按照设备评价标准人工进行评价。设备状态一般分为正常状态、注意状态、异常状态和严重状态四种。

1. 正常状态

运行数据稳定，所有状态量符合标准，各种状态量处于稳定且在规程规定的标准限值以内，可以正常运行的设备状态。

2. 注意状态

单项或多项状态量变化趋势朝接近标准限值方向发展，但未超过标准限值，仍可以继续运行，但应加强运行监视的设备状态。

3. 异常状态

单项重要状态量变化较大，或几个状态量明显异常，已接近或略微超过标准限值，已影响设备的性能指标或可能发展成严重状态，设备仍能继续运行但应监视运行，并应适时安排停电检修的设备状态。

4. 严重状态

单项或几个重要状态量严重超过标准限值，需要尽快安排停电检修的设备状态。

【思考与练习】

1. 如何用阈值判断法分析设备试验数据？
2. 如何用纵横比较分析法分析设备试验数据？
3. 对于试验结果有警示值项目的设备应如何处置？
4. 举例说明什么是试验数据的注意值。

第三部分

基本技能

第六章 常用仪器、仪表、安全工器具的使用及维护

模块 1 常用仪器、仪表使用（GYBD00201001）

【模块描述】本模块介绍万用表、绝缘电阻表、接地电阻仪、钳形电流表、直流电桥的使用方法。通过使用方法介绍和注意事项讲解，掌握常用仪器和仪表的使用。

【正文】

常用仪器、仪表有万用表、绝缘电阻表、接地电阻仪、钳形电流表、直流电桥，其工作原理在基础知识中已介绍，这里仅介绍其使用。

一、万用表

万用表是一种具有多种用途和多个量程的携带式直读式仪表。一般的万用表可以用来测量电阻、直流电流、直流电压、交流电压，并可用来检验电路的通断情况，对半导体器件简单的测试，有的还可以测量电容、电感等。由于万用表具有用途广、量程多和使用方便等优点，得到广泛应用。

（一）万用表的结构

常用的万用表有指针式（模拟式）和数字式两种。指针式万用表是由一个磁电式测量机构（又称表头）、测量线路和转换开关三个基本部分组成的。

1. 表头

表头采用高灵敏度的磁电式测量机构组成，其满刻度偏转电流约为几微安到几百微安。满刻度偏转电流越小，表头的灵敏度就越高，测量电压时的电阻也就越大，特性就越好。

2. 测量线路

测量线路是万用表用来实现多种电量、多种量程测量的部分。它是由测量直流电流的线路、测量直流电压的线路、测量交流电压的线路、测量电阻的线路等几种线路组合而成。组成测量线路的主要元件是各种电阻（绕线电阻、碳膜电阻、金属膜电阻）。为了测量交流电压，在测量线路中还装有整流二极管。

3. 转换开关

以上各种测量线路，是经转换开关的切换来实现的。转换开关是由许多固定触头（又称作掷）和可动触头（又称作刀）组成，通常它是由多个刀和十几甚至几十个掷，如 MF30 型万用表就有三个刀，十八个掷。转动转换开关时，其刀跟着转动，在不同的挡位上与响应的固定触头相接触，从而接通对应的测量线路。

另外，在万能表的面板上还装有标度盘、转换开关的旋钮、指针机械零位调节器、零欧姆调节旋钮以及接线柱（或插孔）等。MF30 型万用表的外形如图 GYBD00201001-1 所示。

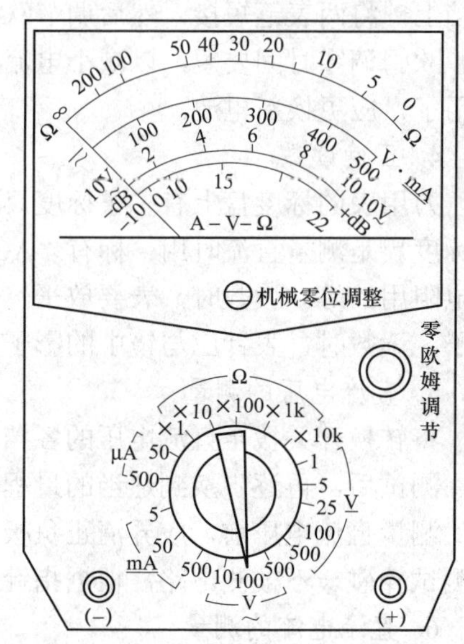

图 GYBD00201001-1 MF30 型万用表的外形

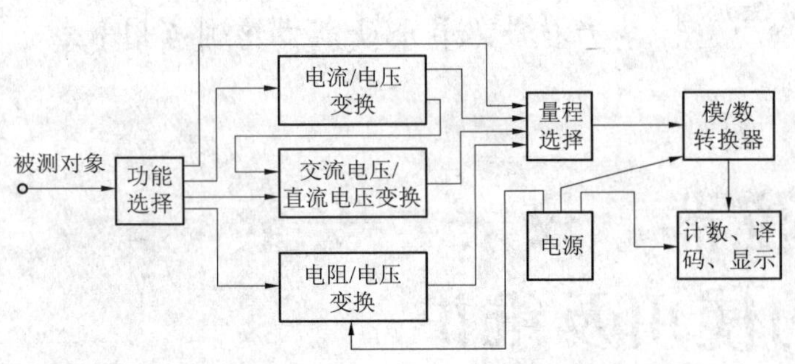

图 GYBD00201001-2 数字万用表原理框图

数字万用表是数显技术与新型大规模集成电路技术的结晶。数字万用表具有很高的灵敏度和准确度，显示清晰直观，功能齐全，性能稳定，过载能力强，便于携带。因此，在电子测量、电工检测及检修等工作领域中，得到迅速推广和普及，显示出强大的生命力，并在许多情况下正逐步取代模拟式万用表。数字万用表最基本的功能是对电流、电压和电阻的测量，其原理框图如图 GYBD00201001-2 所示。

（二）万用表使用方法

1. 正确使用接线柱（或插孔）

红色表笔的进线应接到万用表的红色接线柱上或标有“＋”号的插孔内，黑色表笔的进线应接到万用表的黑色接线柱上或标有“–”号的插孔内。测量直流时应用红色笔接正极、黑色笔接负极，这样可以避免因极性反而烧坏表头或打弯指针。使用欧姆挡测量电阻时，因使用表内的电池，其红表笔是接电池的负极、黑表笔接电池的正极。这一点在测试晶体二极管和三极管时更要注意。有的万能表还有专用的欧姆挡接线柱，或专用的交、直流 2500V 的接线柱或大电流接线柱等。它们的另一共有柱都用黑色接线柱。测电流时，表计应和电路串联，而测电压时，表计应和电路并联。

2. 正确选择挡位

万用表挡位包括测量种类的选择和量程的选择，挡位选择错了，就有可能烧坏万用表，例如测电压时，将挡位错放在欧姆挡或电流挡。有的万用表面板上有两个挡位旋钮，一个选择测量种类，另一个选择量程，使用时，应先选择测量种类，后选择量程。另外，为了使测量结果准确，量程的选择应使读数在标度尺的一定刻度范围之内。例如，在测量电流和电压时，应使指针的偏转在满刻度偏转的 1/2 以上；测量电阻时，应使被测电阻尽量接近标度尺的中心等。

若用万用表欧姆挡测试晶体管参数时，不要用 R×1 挡，此时电流过大：或 R×10k 挡，此挡电压过高，损坏晶体管。

万能表在使用完毕后，应把转换开关旋至“OFF”挡或交流电压的最高挡，这样，可以防止下次测量时，由于粗心而发生烧表事故。

3. 测量之前要调零

为了测量准确，在测量之前要看万能表的指针是否指在零位上，如不指零，应调整表盖上的机械零位调节器，使之指零。在测量电阻之前，还要进行欧姆调零。欧姆调零是将转换开关旋至相应的电阻挡上，将两表笔短接，然后调节欧姆调零旋钮，使指针指向零欧姆。每次换欧姆挡都要重复这一步骤。欧姆调零时间要短，以减小电流的消耗。如果调不到欧姆零位，则说明电池电压已经太低，不能再用了，应更换新电池。

4. 正确读数

万用表的标度盘上有多条标度尺，它们分别在测量不同对象时使用。例如，标有“DC”或“－”的标度尺是测量直流时用；标有“AC”或“～”的标度尺是测量交流时用；标有“Ω”的标度尺是测量电阻用的等。读数时，表要放平，目光应与表面垂直。有的万用表在表面的刻度线下还有一条弧形镜子，读数时，表针应与镜中的影子重合，读数才准确。

5. 直流电压的测量

将转换开关拨至直流电压的各挡范围内，若事先不知被测量的大致范围，应先选用最大的量程测量，测试后，再逐步换到适当的量程，尽可能使被测值达到量程的 1/2 或 2/3 范围内。

测量直流电压前，应弄清正负极，以免指针倒转伤表，如预先不知正负极，应置于较高量程挡，用测试棒碰一下被测电路，根据指针的动向确定正负极性。

6. 直流电流的测量

将转换开关拨至直流电流各挡范围内，测量时应将测试棒串接在被测电路之中，红棒接正端，黑棒接负端。量程的选择方法与测直流电压时相同。

7. 交流电压的测量

将转换开关拨至交流电压各挡范围内，测量方法与测直流电压相似，但不必分极性。测量 250V 及以上的电压时，应注意安全，最好养成一只手操作的习惯，另一只手不要摸被测设备。有的表能测 1000V 以上的高压，测量高电压时应使用专测高压的测试棒，并使用绝缘手套、绝缘垫等安全保护工具，确保人身安全。

8. 电阻的测量

将转换开关拨至电阻各挡范围内，并将两根测试棒短接，调整Ω旋钮，使指针指在电阻刻度的零位，然后进行测量。改变量程时，应重新调整零点。调不到零时应更换电池。

MF30 型万用表内的一节 1.5V 五号电池，是供Ω×1～Ω×1k 四个量程使用的；另有一个 15V 的层叠电池，是专供Ω×10k 一挡使用的。

测量电路中的电阻时，应先切断电源，切勿带电测量电阻。选择倍率时，应尽量使指针位于刻度中间位置附近。表头上的读数乘以所用电阻挡的倍率，才是所测的电阻值。

（三）使用万用表注意事项

（1）测试时不要用手触及表笔的金属部分，以保证安全和测量的准确度。

（2）测试高电压或大电流时，不能在测试时旋动转换开关，避免转换开关的触头产生电弧而损坏开关。

（3）使用Ω×1 挡时，调整零欧姆调整器的时间尽量要短，以延长电池寿命，因这时表内电池的电流很大，可达 100mA 左右。

（4）万用表测量完毕，应将转换开关拨到空挡或交流电压的最大量程挡，以防测电压时忘记拨转换开关，用电阻挡去测电压，将万用表烧坏。不用时不要把转换开关置于电阻各挡，以防测试棒短接时使电池放电。

（四）万用表的维护与保养

（1）保持清洁、干燥，不要放在高温和有强磁场的地方，以免永久磁钢退磁，降低测量精度。

（2）携带、使用时要轻拿轻放，避免振动，以免造成测量机构机械部分的损坏和退磁。

（3）转换开关易发生接触不良，印刷电路板制成的转换开关使用时间长后，易被磨下的金属屑短路，发现接触有问题时，可用脱脂棉蘸无水酒精清洗。

二、绝缘电阻表

绝缘电阻表是测量线路和电气设备绝缘电阻，判别其绝缘状况好坏的一种携带式仪表，测量读取的数据以兆欧（MΩ）为单位。绝缘电阻表俗称为摇表、兆欧表。

（一）绝缘电阻表的使用

1. 绝缘电阻表的选择

绝缘电阻表的额定电压，应根据被测电气设备的额定电压来选择。绝缘电阻表选择不当，如电压选得过低，则测得结果不准确；电压选得过高，有可能损坏设备的绝缘。此外，选择绝缘电阻表时，还应注意它的测量范围与被测的绝缘电阻数值相适应，以免引起过大的读数误差。绝缘电阻表电压的选择见表 GYBD00201001-1。

表 GYBD00201001-1　　绝缘电阻表电压的选择

被测绝缘电阻的设备	被测设备的额定电压（V）	选用绝缘电阻表的电压（V）
各种线圈	500 及以下	500
	500 以上	1000
电机、变压器绕组	380 及以下	1000
	500 以上	1000～2500
电气设备绝缘	500 及以下	500～1000
	500 以上	2500
绝缘子、母线、开关		2500～5000

2. 使用前的检查

在摇测前，对绝缘电阻表先做一次开路和短路检查试验。先将 E 和 L 端钮两根连线开路。摇动手柄达到发电机的额定转速（120r/min），观察指针是否指到“∞”处，再将两根连线短路，慢慢加速绝缘电阻表，观察指针是否指“0”处，如两次试验指针指示不对，则说明绝缘电阻表本体内有故障需调修后再使用。

3. 接线方法

绝缘电阻表有三个接线柱：线路（L）、接地（E）、屏蔽（或称保护环）（G）。根据不同的测量对象，应做相应的接线。

测量设备对地绝缘电阻时，E 端接于地线上，L 端接被测的线路上。

测量电动机或电气设备外壳绝缘电阻时，E 端接在被测设备的外壳上，L 端接在被测导线或绕组的一端。如果泄漏电流过大，则应将 G 端接于导线与外壳之间的绝缘介质上，以消除漏电流。

测量电动机、变压器及其他设备的绕组相间绝缘电阻时，将 E 与 L 端分别接于被测两相的导线或绕组上。

测量电缆芯线时，将 E 端接在电缆的外表皮（铅套）上，L 端接芯线，G 端接在芯线最外层的绝缘包扎层上，以消除表面泄漏电流而引起的读数误差。

测量绝缘电阻时的接线如图 GYBD00201001-3 所示。

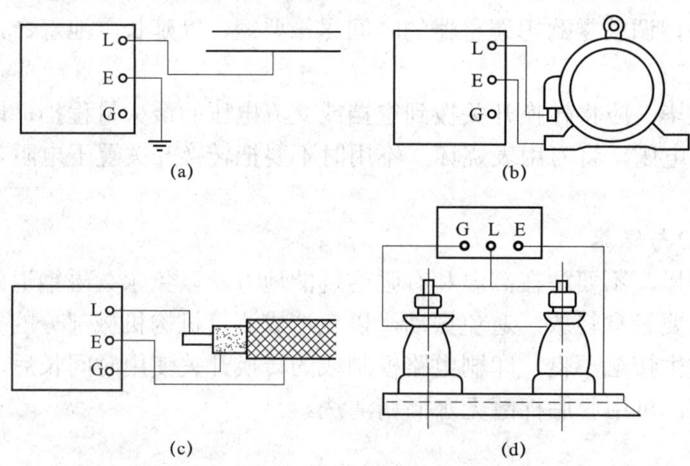

图 GYBD00201001-3 测量绝缘电阻时的接线

（a）测量线路对地绝缘电阻；（b）测量电动机绝缘电阻；（c）测量电缆的绝缘电阻；（d）测量变压器的绝缘电阻

（二）测量绝缘电阻时的注意事项

（1）应根据被测量对象选用不同电压的绝缘电阻表。

（2）测量时绝缘电阻表要放置平稳，与表计端钮相连接的导线不能用双股绝缘线或绞线，应当用单股线分开单独连接，以免双股线或绞线绝缘不良引起误差。

（3）摇柄的转速应由慢到快，至 120r/min 左右时发电机输出额定电压。此时摇转速度应均匀稳定，不要时快时慢。待指针稳定后，表针的指示就是所测得的绝缘电阻值。

（4）测量前应对绝缘电阻表进行必要的检查。先使表计端钮处于开路状态，转动摇柄观察指针是否在“∞”位，再将 E 端和 L 端连接起来，慢慢转动摇柄，观察指针是否在“0”位。

（5）为保证安全，测量之前应断开设备电源。对容性负载要进行放电，测量完后，也应当进行放电。放电时间一般不应少于 2～3min。对于高电压、大电容的电缆线路，放电时间还应适当延长。

（6）测量过程中，如果指针指向“0”位，表明被测物绝缘已经失效，应停止转动摇柄，以免损坏绝缘电阻表。

（7）测量要尽可能在被测设备刚停电时进行，目的是为了使测量时的温度尽可能接近于实际运行温度。

（三）绝缘电阻表使用中的常见问题

（1）使用绝缘电阻表测量高压设备绝缘时，应由两人担任。测量用导线，应选用绝缘导线，其端部还应有绝缘套；测量绝缘时，必须将被测设备从各方面断开，验明无电并确认设备上无人工作后方可进行。测量中禁止其他任何人接近设备。

在测量绝缘后，必须将被试设备对地放电。在有感应电压的线路上（同杆架设的双回线路或单回线路与另一线路有平行段）测量绝缘时，必须将另一线路同时停电方可进行；雷电时严禁测量线路绝缘。

在带电设备附近测量绝缘电阻时，测量人员和绝缘电阻表安放位置必须选择适当，保持安全距离，以免绝缘电阻表引线或引线支持物触碰带电部分；移动引线时，必须注意监护，防止工作人员触电。

（2）当使用绝缘电阻表进行测量时，开始它的指示值会逐渐增大。这是因为表计内为直流电源，而被测试物又大都均存在一定的电容。在摇测刚开始时，被试物呈现充电状态。此时充电电流较大，故表计的指示数值也就较小。随着摇测的时间增长，被测试物的充电逐步达到饱和状态。在这种情况下流过表计内的充电电流便不断减小，所以表针指示的绝缘电阻值便会逐步增大，然后稳定在某一数值。一般规定，以摇测时间约 1min 时的读数取为所测得的绝缘电阻值。

（3）用绝缘电阻表测量绝缘电阻时，被试物处于充电状态。当手柄停摇后，被试物即行放电，使通过表计的电流与前相反。此时，指针便会向无穷大方向偏转。

对于电压越高、容量越大的设备，指针便更易偏转过度（超过“∞”标记）。因此在测量完后，要先脱开线路端线头，再停止手柄转动，从而保证表计指针不因偏转过度而损坏。

（4）摇测线路绝缘接近于零值的测量结果可能是由多种因素引起的，要根据现场实际情况具体分析、判断，可能是：

1）线路接地。

2）供电线路在雷雨天气里，由于绝缘子潮湿而导致漏电严重。

3）供电线路过长，绝缘子很多，因多个绝缘子污秽而引起泄漏电流值很大。

4）供电线路相当长，线路对地电容大，测量时充电电流便较大，易使测得读数近于零。

5）绝缘电阻表使用方法不当，如采用较长的绞合线作为与测量端子相接的引线等，使测得的绝缘值下降很多或近于零。

三、接地电阻仪

1. 接地电阻的概念

为了保证电气设备的正常工作和安全，按照规定，电气设备的某些部分必须接地。例如变压器的中性点接地、仪用互感器的二次侧接地、避雷装置的接地等。实现接地的方法，是用接地线将电气设备需要接地的部分和埋在土壤中的接地体连接起来。接地线和接地体都用金属导体制成，统称为接地装置。因此，接地装置的接地电阻包括接地线电阻、接地体电阻、接地体和土壤的接触电阻以及接地散流电流途径的土壤电阻等。在这些电阻中，接地线和接地体的电阻很小，常可略去不计。

当接地体上有电压时，就有电流流入地中。接地电流 I 是从接地体向四周散射的，见图 GYBD00201001-4，因此，离开接地体越远，电流通过的截面就越大，电流密度就越小，到达一定的距离时，电流密度实际上可以认为等于零。由于地中电流通过的截面的变化，在电流途经单位长度上的电阻是不同的，在接地体附近电阻最大，离接地体越远则电阻越小。因此，电流途经单位长度上的电压降也是不同的，离接地体越远，单位长度上的电压降也越小。在距离接地体 15～20m 处，电压降已极小，实际上可认为电位为零，如图 GYBD00201001-4 所示。

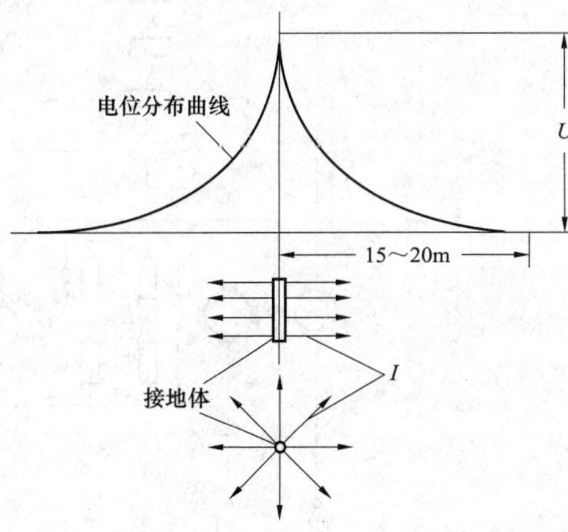

图 GYBD00201001-4　接地电流和电位分布

接地电阻主要是土壤对所通过的电流的散流电阻，也就是从接地体到零电位之间的土壤电阻，即接地电阻

$$R=\frac{U}{I} \qquad \text{(GYBD00201001-1)}$$

式中 U——接地体和零电位点之间的电压；

I——接地电流。

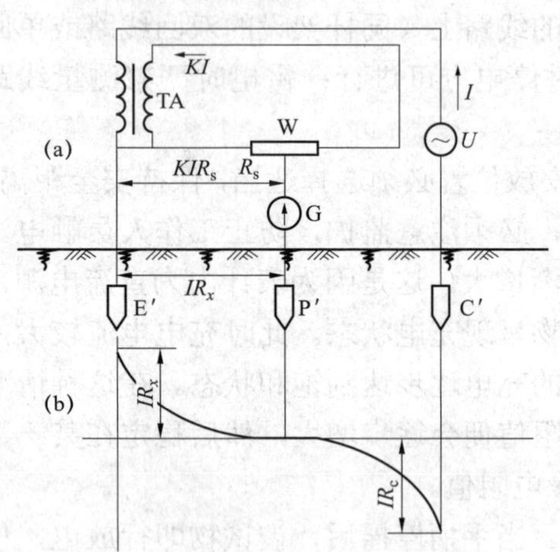

图 GYBD00201001-5 用补偿法测接地电阻的原理电路和电位分布图

（a）原理电路图；（b）电位分布图

在进行接地电阻的实际测量时，考虑到距离接地体15～20m 处的电位为零，所以只要测量从接地体起到 20m 远范围内的土壤电阻即可。

2. 用补偿法测接地电阻的原理

图 GYBD00201001-5（a）为用补偿法测接地电阻的原理电路。图中 E′为接地体，P′和 C′分别为电位辅助电极和电流辅助电极。它们分设在距离接地体不小于 20m 和 40m 处。交流电源 U 经电流互感器 TA 的一次线圈接到接地体 E′和电流辅助极 C′上，并经地构成闭合回路。接地电流在地中散流的结果，形成了如图 GYBD00201001-5（b）所示的电位分布。电位辅助极 P′的电位为零，因此 E′和 P′之间的电压为 IR_x。

电流互感器的二次侧经电位器 W 构成闭合回路，其电流为 KI（K 为电流互感器 TA 的变比）。电位器的滑动接点经检流计 G 和电位辅助极 P′相连。调节电位器使检流计指零，则

$$IR_x = KIR_s$$

所以

$$R_x = KR_s \qquad \text{(GYBD00201001-2)}$$

可见被测的接地电阻值，可通过变比 K 和电位器的电阻 R_s 来确定，而和辅助电极 C′的接地电阻 R_c 无关。

需要指出，第二个辅助电极 C′用来构成接地电流的通路是完全必要的。如果只有一个辅助电极，则测量结果将不可避免地将辅助电极的接地电阻包括在内，这显然是不正确的。还要指出，接地电阻的测量一般都采用交流进行。这是因为土壤的导电主要依靠地下电解质的作用，如果采用直流就会引起化学极化作用，以致严重地歪曲测量的结果。

3. ZC-8 型接地电阻测量仪

ZC-8 型接地电阻测量仪是按补偿法的原理做成的，内附手摇交流发电机作为电源，其原理电路和外形如图 GYBD00201001-6 所示。它的外形和绝缘电阻表相似，所以又称为接地绝缘电阻表。这种

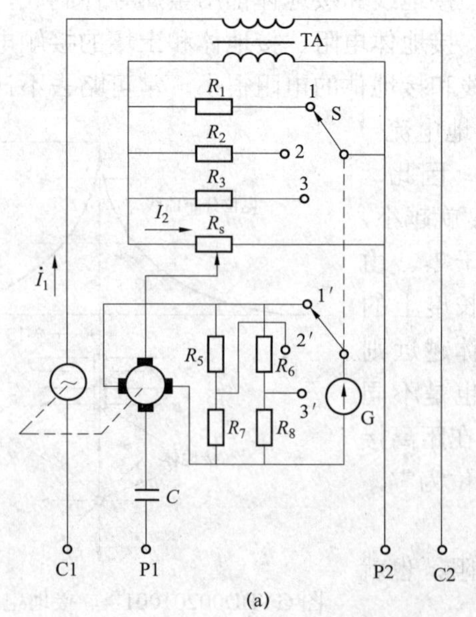

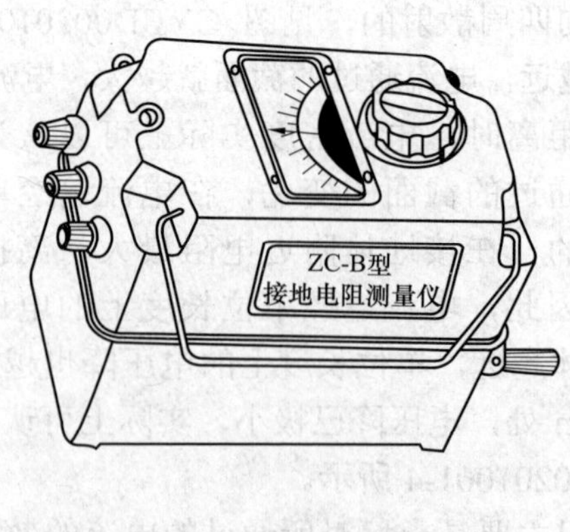

（a） （b）

图 GYBD00201001-6 ZC-8 型接地电阻测量仪

（a）原理电路图；（b）外形（三端钮式）

测量仪的端钮有三个和四个两种。有四个端钮时，应将 P2 和 C2 短接后再接至被测的接地体。三端钮式测量仪的 P2 和 C2 已在内部短接，故只引出一个端钮 E，测量时直接将 E 接至被测接地体即可。端钮 P1 和 C1 分别接上电位辅助探针和电流辅助探针，探针应按规定的距离插入地中，以构成电位和电流辅助电极。为了扩大仪表的量限，电路中接有三组不同的分流电阻 $R_1 \sim R_3$ 以及 $R_5 \sim R_8$，用以实现对电流互感器的二次电流以及检流计支路的分流。分流电阻的切换利用联动的转换开关 S 同时进行。对应于转换开关的三个挡位，可以得到 0～1Ω、0～10Ω和 0～100Ω三个量限：当转换开关置于“1”挡时，相当于 $I_2 = I_1$（即 $K=1$）；置于“2”挡时，$I_2 = I_1/10\left(即K=\dfrac{1}{10}\right)$；置于“3”挡时，$I_2 = I_1/100\left(即K=\dfrac{1}{100}\right)$。

由于采用磁电系检流计做指零仪，仪表备有机械整流器或相敏整流器，以便将交流发电机的 115Hz 交流转换为检流计所需的直流电流，并可消除地中工频杂散电流对测量的影响。此外，为了防止地中直流杂散电流的影响，在电位探针 P1 的回路中还串联了一个电容 C，以隔断直流。

ZC-8 型接地电阻测量仪的准确度：在额定值的 30%以下时，为额定值的±1.5%；在额定值的 30%至额定值时，为额定值的±5%。

4. 接地电阻测量仪的使用

（1）测量前将仪表放平，然后调零，使指针指在红线上。

（2）三端钮式测量仪的接线如图 GYBD00201001-7（a）所示，即将被测接地体 E′ 和端钮 E 连接，电位探针 P′ 和电流探针 C′ 分别与端钮 P、C 接后，沿直线相距 20m 插入地中。四端钮式测量仪的接线如图 GYBD00201001-7（b）所示。

（3）将倍率开关放在最大倍数上，缓慢摇动发电机的手柄，同时转动测量标度盘以调节 R_s，直至指针停在中心红线处。当检流计接近平衡时，即加快发电机的转速至其额定转速（120r/min），调节测量标度盘使指针稳定地指在红线位置，然后即可读数。则

$$接地电阻=倍率（K）×标度盘读数（R_s）$$

（4）如测量标度盘的读数小于 1，应将倍率开关放在较小的一挡，然后重新测量。

（5）被测接地电阻小于 1Ω时，为了消除接线电阻和接触电阻的影响，宜采用四端钮测量仪。测量时将端钮 C2 和 P2 的短接片打开，分别用导线接到接地体上，并使端钮 P2 接在靠近接地体的一侧，如图 GYBD00201001-7（c）所示。

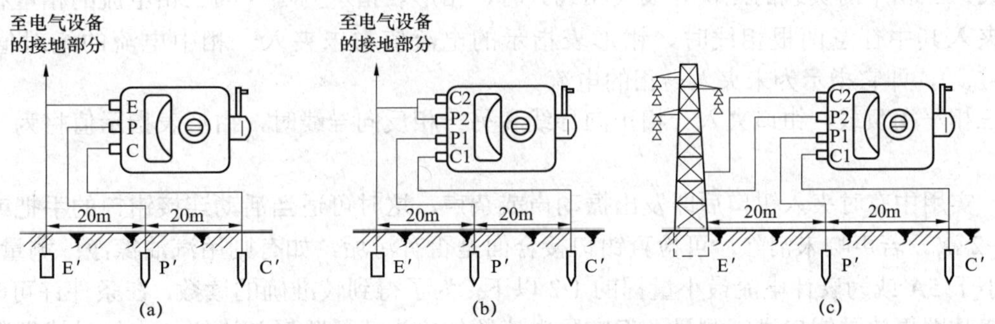

图 GYBD00201001-7　接地电阻测量仪的接线

（a）三端钮式测量仪的接线；（b）四端钮式测量仪的接线；（c）测量小接地电阻时的接线

四、钳形电流表

用一般电流表测量电路电流时，需要切断电路将仪表串入。钳形表则可在不切断电路的情况下进行测量，且使用和携带都很方便。它是线路及变压器等设备检修、运行监视中常用的一种携带式电工仪表。

1. 钳形表的结构原理

钳形表的外形与结构如图 GYBD00201001-8 所示。它实质上是电流表与电流互感器的组合，其钳

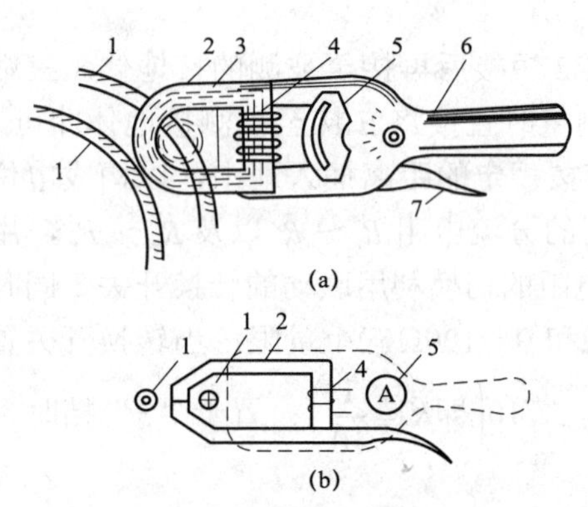

图 GYBD00201001-8 钳形表的外形与结构

（a）外形及使用图；（b）结构原理图

1—电线；2—铁芯；3—磁通；4—二次线圈；
5—电流表；6—量程旋钮；7—开钳口手柄

形铁芯可以开闭，当钳形电流表的钳口卡入带电导线时，就相当于有了一次线圈。此时，工作电流就会在钳形电流表的铁芯内产生磁通，该磁通匝链（穿透）二次绕组便感应出二次电势，同时二次负载中也就会存在一定的电流。这个二次电流的大小与一次实际工作电流成正比例，这样表头指示的数值便可间接地反映出一次工作电流的大小。所以，钳形电流表的最主要特点是可以在不需要断开电路的情况下测出交流电流的大小。

2. 使用时的注意事项

（1）用钳形表测量交流电流时，应事先将表计柄擦干净。电工手部要干燥或戴绝缘手套。钳口接合要保持良好。

（2）低压钳形电流表只应该用来测量低电压交流电流，而不能用于高压带电测量。

（3）测量时要选择合适的量程挡，以防止误用小量程挡测量大电流而损坏表计。具体可估计被测电流大小，将量程转换开关置于合适挡，或先置于最高挡，根据读数大小逐次向低挡切换。并尽可能使指针在全刻度的一半左右，以得到较准确的读数（测量前要先把电流零位调好）。

（4）测量过程中决不能切换电流量程挡。因为表内二次匝数很多，测量时又相当于短路状态（忽略表头内阻），一旦在测量中切换量程，就会造成二次瞬间开路，这时绕组中将会感应出高电压，导致绕组绝缘击穿。

（5）测量时应逐相进行，要尽量将导体置于钳口中央，同时不得触及任何接地的导线或其他带电导体，以防引起接地或短路。

（6）测量低压母线电流时，应先将邻近各相用绝缘板隔离，以防止钳口张开时可能引起相间短路。

（7）有些型号的钳形电流表还附有交流电压测量挡，测量电流与电压时应分别进行，切不能同时测量。

（8）在读取表计读数时要注意安全，切勿触及其他带电部分。测量后最好把转换开关放在最大电流量程位置，以免下次使用时未经选择量程而造成仪表损坏。

3. 测量结果的一般规律

（1）钳形表钳口夹入任何一相导线时，表计将指示该相电流的大小。

（2）夹入三相平衡负载的三根导线（相线）时，钳形表指示为零（因三相电流的相量和等于零）。

（3）夹入其中任意两根相线时，钳形表指示的电流值与未夹入一相中电流的绝对值相等（如 $\dot{I}_{U}+\dot{I}_{V}=-\dot{I}_{W}$），即它指示为未夹入一相的电流。

（4）三相平衡负载，钳口夹入一相正向导线和另一相反向导线时，钳形表指示值将为一相电流的 1.731 倍。

此外，实用中有时夹入钳口后即发出振动声或杂声，这时可适当活动连接钳口的手把或将钳口重新开合 1～2 次。若声响未消除，可检查钳口接合面是否有污垢，如有则用汽油擦净；测量小电流时，若电流值小于 5A 或为表计电流最小量程的 1/2 以下，为了得到较准确的读数，在条件许可时，可将被测导线多绕几圈再放进钳口进行测量，但实际电流数值应为读数除以放进钳口内的导线根数（圈数）。

由于钳形表测量时不串入线路，故其准确度不高，误差较大，实际工作中可作为一般性监测用。

五、直流电桥

直流电桥是一种比较仪表，能精确地测量电阻值。常用它测量电气设备的线圈电阻、绕组电阻、触头的接触电阻和电阻元件的阻值等。能精确测量电阻值的原因，一方面是由于测量时是将被测电阻和标准电阻直接比较来决定其数值的，标准电阻的准确度可以做得很高（达 10^{-4} 以上）；另一方面目前检流计的灵敏度也可制作得很高，这样就能更确切地保证平衡条件，以获得相当高的测量精度。

1. 单臂与双臂电桥的测量范围

直流电桥有单臂电桥（又称惠斯登电桥）与双臂电桥（又称凯尔文电桥或汤姆逊电桥）之分，通常简称为单桥和双桥。在需要测量 1Ω以下的小电阻时，连接导线的电阻及接头的接触电阻将给测量带来不允许的误差。因此，必须想办法消除或减小接线电阻及接触电阻对测量结果的影响。这一点单臂电桥是无法解决的，因用它测定时，被测电阻和接线电阻、接触电阻同接于电桥的一臂，故测量误差较大，必须用双臂电桥进行精确测量。通常单臂电桥可测 1～10^7Ω的电阻，而双臂电桥则可测 10^{-6}～10Ω的电阻。

2. 电桥的使用步骤及注意事项

应用电桥测量电阻值是相当精密的测量方法。若使用不当，非但不能获得应有的精确结果，还可能会损坏该测量设备。电桥正确使用的步骤及有关注意事项如下：

（1）应根据被测电阻的粗略范围和对测量准确度的要求，选择合适的电桥。电桥的准确度分为 0.02、0.05、0.1、0.2、1.0、1.5、2.0 和 5.0 八个等级。如准确度为 1.0 级，表明电桥在有效量限范围内，误差不超过 1%。所选电桥的误差应略小于被测电阻的允许误差。

（2）电桥一般具有内部电源（QJ23 型为 1.5V 电池三节），如需外接电源，可将电压符合说明书规定的直流电源接于外接电源的+、–接线柱上。

（3）将被测电阻连接到电桥上时，应尽量采用短而粗的导线，以减少引线电阻和接触电阻，并要接牢，以免碰掉时电桥严重不平衡，损坏检流计。

（4）将检流计锁扣轻轻打开（向下拨），若指针不在零点，可转动调零旋钮调至零位。

（5）估计被测电阻的大小，选择适当的比率，使比较臂的电阻各挡均被充分利用，以提高测量精度。

（6）测量时应先用左手中指按下电源按钮 B，再以食指按下检流计按钮 G，若检流计指针按正的方向偏转，则应加大电阻，反之应减小电阻，如此将检流计指针调到指零为止。

（7）测量后应先松开按钮 G，再松开按钮 B。以免测量具有电感性绕组的电阻时产生较大的自感电势，会冲击检流计，使检流计指针打弯甚至烧坏测量线圈。

（8）读数并计算被测电阻的数值。此时 R_x=比率×比较臂的读数。

（9）使用完毕后应将检流计的锁扣锁住（即向上拨）。

（10）在使用双臂电桥时，被测电阻与电流接头和电位接头的接法如图 GYBD00201001-9 所示。外接电源最好采用容量较大的蓄电池（电压为 2～4V）。

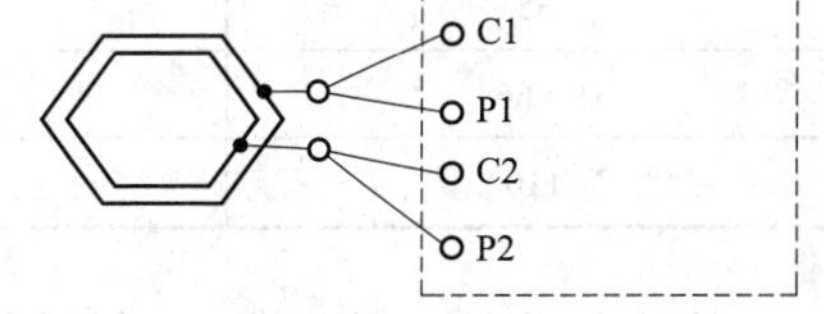

图 GYBD00201001-9 被测电阻与电流接头和电位接头的接法

【思考与练习】

1. 如何选用绝缘电阻表的电压？
2. 试述单臂电桥和双臂电桥的测量范围和使用步骤。
3. 绝缘电阻表测量绝缘电阻时的注意事项有哪些？

模块 2 安全工器具使用与维护（GYBD00201002）

【模块描述】本模块介绍电气安全用具分类、绝缘安全用具、一般防护用具、安全标识、安全用具等内容。通过结构描述、使用方法介绍和注意事项讲解，达到能正确使用电气安全工器具。

【正文】

一、电气安全用具分类

为了防止电气工作人员发生触电、灼伤、高处摔跌、煤气中毒等事故，必须正确使用相应的电气安全用具，这是保证人身安全的基本条件之一。电气安全用具分一般防护安全用具和绝缘安全用具两大类。

一般防护安全用具：安全带、安全帽、安全照明灯具、防毒面具、护目眼镜、标示牌和临时遮栏等。

绝缘安全用具：绝缘杆、绝缘夹钳、绝缘台、绝缘手套、绝缘靴（鞋）、绝缘垫、验电笔、携带型接地线等。绝缘安全用具又可分为如下两类：

（1）基本安全用具。它的绝缘强度大，能长时间承受电气设备的工作电压，并能在该电压等级产生内部过电压时保证工作人员的人身安全，如绝缘杆、绝缘夹钳及验电器等。

（2）辅助安全用具。它的绝缘强度小，不能承受电气设备的工作电压，只是用来加强基本安全用具的保安作用，能防止接触电压、跨步电压和电弧对操作人员的伤害，如绝缘台、绝缘手套、绝缘靴（鞋）及绝缘垫等。

二、绝缘安全用具

（一）绝缘杆的使用

绝缘杆也称绝缘棒、操作杆，主要用来闭合或断开高压隔离开关（俗称刀闸）、跌落式熔断器（俗称保险），安装和拆除携带型接地线，以及进行测量和试验等工作，要求具有良好的绝缘性能和机械强度。

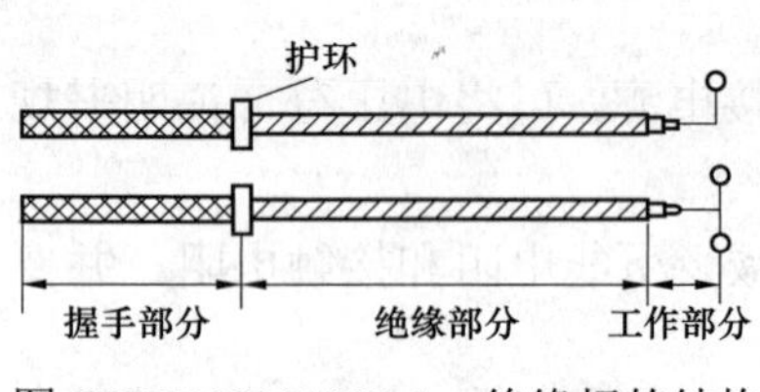

图 GYBD00201002-1 绝缘杆的结构

1. 主要结构

绝缘杆主要由工作部分、绝缘部分和握手部分构成，如图 GYBD00201002-1 所示。绝缘杆的工作部分一般用金属制成，用来直接接触带电设备，绝缘部分与握手部分以护环相隔开，它们用浸过绝缘漆的木材、硬塑料、胶木或玻璃钢制成。绝缘杆握手部分和绝缘部分的最小长度，可根据使用电压的高低及使用场所的不同而定。根据《国家电网公司电力安全工作规程（变电部分）》规定，绝缘杆有效绝缘不得小于表 GYBD00201002-1 的规定。

表 GYBD00201002-1 绝缘杆长度

电压等级（kV）	绝缘操作杆（m）	电压等级（kV）	绝缘操作杆（m）
10	0.7	220	2.1
35	0.9	330	3.1
63（66）	1.0	500	4.0
110	1.3		

绝缘部分的有效长度，不包括与金属工作部分镶接的一段长度。工作部分金属钩的长度，在满足工作需要的情况下，应该做得尽量短些，一般在 5～8cm，以免由于过长而在操作时引起相间短路或接地短路。

2. 使用和保管注意事项

（1）使用前，应先检查是否超过试验有效期，检查绝缘杆的表面是否完好，各部分的连接是否可靠。

（2）操作前，杆表面应用清洁的干布擦拭干净，使杆表面干燥、清洁。

（3）操作者的手握部位不得越过护环。

（4）绝缘杆的规格必须符合被操作设备的电压等级，切不可任意取用。

（5）为防止因绝缘杆受潮而产生较大的泄漏电流，危及操作人员的安全，在使用绝缘杆拉合隔离开关或经传动机构拉合隔离开关和断路器时，均应戴绝缘手套。

（6）雨天使用绝缘杆时，应在绝缘部分安装一定数量的防雨罩，以便阻断顺着绝缘杆流下的雨水，使其不致形成连续的水流柱而大大降低湿闪电压。同时可保持一定的干燥表面，保证湿闪电压合格。另外，雨天使用绝缘杆操作室外高压设备时，还应穿绝缘靴。

（7）当接地网接地电阻不符合要求时，晴天操作也应穿绝缘靴，以防止接触电压、跨步电压的伤害。

（8）绝缘杆应统一编号，存放在特制的木架上。

3. 检查与试验

（1）绝缘杆一般应每 3 个月检查 1 次。检查时要擦净表面，检查有无裂纹、机械损伤、绝缘层损坏。

（2）绝缘杆一般每年必须试验1次，根据《国家电网公司电力安全工作规程（变电部分）》规定，试验标准见表GYBD00201002-2。

表GYBD00201002-2　绝缘杆的试验标准

器具	额定电压（kV）	试验周期	试验长度（m）	工频耐压（kV）	时间（min）
绝缘杆	10	1年	0.7	45	1
	35		0.9	95	1
	63		1.0	175	1
	110		1.3	220	1
	220		2.1	440	1
	330		3.2	380	5
	500		4.1	580	5

（二）绝缘夹钳的使用

绝缘夹钳是用来安装和拆卸高压熔断器或执行其他类似工作的工具，主要用于35kV及以下电力系统。

1. 主要结构

绝缘夹钳由工作钳口、绝缘部分（钳身）和握手部分（钳把）组成。各部分所用材料与绝缘杆相同，只是它的工作部分是一个强固的夹钳，并有一个或两个管形的钳口，用以夹紧熔断器，如图GYBD00201002-2所示。

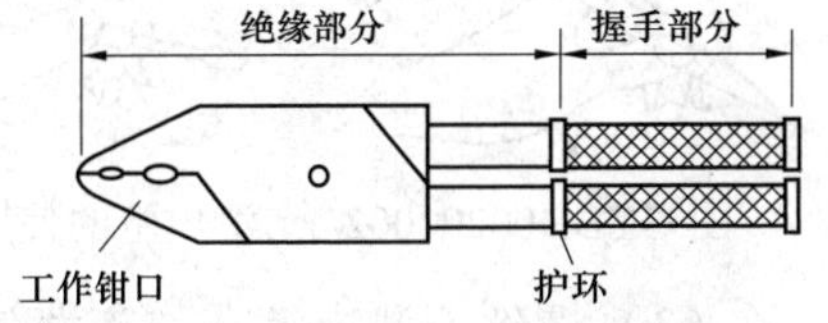

图GYBD00201002-2　绝缘夹钳的结构

它的绝缘部分和握手部分的最小长度不应小于表GYBD00201002-3的数值，主要依电压和使用场所而定。

表GYBD00201002-3　绝缘夹钳的最小长度　m

电压（kV）	户内设备用		户外设备用	
	绝缘部分	握手部分	绝缘部分	握手部分
10	0.45	0.15	0.75	0.20
35	0.75	0.20	1.2	0.20

2. 使用和保管注意事项

（1）绝缘夹钳必须按规定进行定期试验。

（2）绝缘夹钳上不允许装接地线，以免在操作时，由于接地线在空中游荡而造成接地短路和触电事故。

（3）在潮湿天气只能使用专用的防雨绝缘夹钳。

（4）作业人员工作时，应戴护目眼镜、绝缘手套和穿绝缘靴（鞋）或站在绝缘台（垫）上，手握绝缘夹钳要精力集中并保持平衡。

（5）绝缘夹钳要保存在专用的箱子里或匣子里，以防受潮和磨损。

3. 检查与试验

绝缘夹钳和绝缘杆一样，应每年试验1次，其耐压试验标准见表GYBD00201002-4。

表GYBD00201002-4　绝缘夹钳耐压试验标准

器具	试验名称	试验周期	额定电压（kV）	试验长度（m）	工频耐压（kV）	持续时间（min）
绝缘夹钳	工频耐压试验	1年	10	0.7	45	1
			35	0.9	95	1

（三）验电器的使用

验电器分为高压和低压两类，是检验电气设备、电器等是否有电的一种专用安全工具。

1. 低压验电器

低压验电器也称为测电笔，有钢笔式和螺丝刀式两种，如图 GYBD00201002-3 所示。

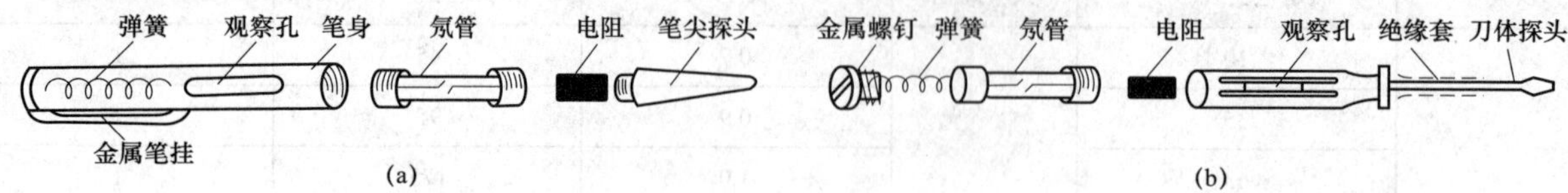

图 GYBD00201002-3 测电笔

（a）钢笔式；（b）螺丝刀式

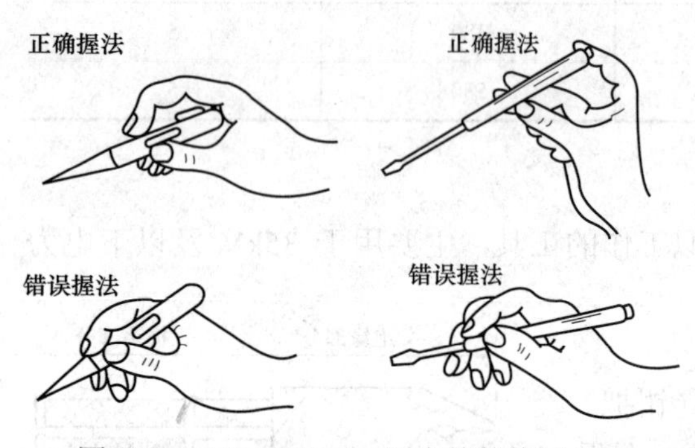

图 GYBD00201002-4 测电笔的使用方法

测电笔的使用方法如图 GYBD00201002-4 所示。

低压测电笔是用来在低压回路中测试用电器具及电气装置是否带电的工具，以确保维护检修工作的安全。

用测电笔验电时要注意下列几点：

（1）测试前需先在带电体上测试一下，以检验测电笔是否发光完好。

（2）测试时手指不要触及测试触头，防止发生触电。螺丝刀测电笔测试触头上部的金属管要套以绝缘管，以防触电和在测试时触及地线或其他相线而发生短路。

（3）螺丝刀测电笔在作旋凿使用时，不能过分用力，只能用以旋小螺钉，以防损坏。

（4）有些设备特别是测试仪表，其外壳常会因感应带电，验电时氖泡也发亮，但不一定构成触电危险。此时可用万用表测量等其他方法以判断是否真正带电。

2. 高压验电器

（1）验电器的结构。验电器由指示部分、绝缘部分和握柄三部分组成，高压验电器的结构如图 GYBD00201002-5 所示。指示部分包括金属接触电极和指示器。绝缘部分和握手部分（握柄）一般是用环氧玻璃布管制成，在两者之间标有明显的标志或装设保护环。目前常用的高压验电器主要有声光型和回转带声光型两种。

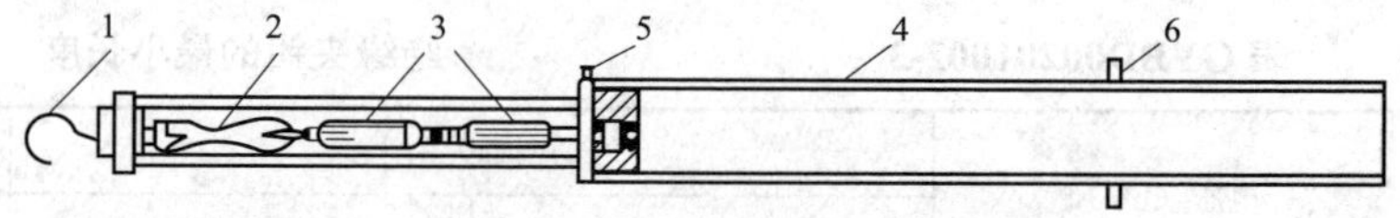

图 GYBD00201002-5 高压验电器的结构

1—工作触头；2—氖灯；3—电容器；4—支持器；5—接地螺钉；6—隔离护环

（2）高压验电器使用注意事项：

1）必须使用电压和被验设备电压等级相一致的合格验电器。验电操作顺序应按照验电“三步骤”进行，即在验电前，应将验电器在带电的设备上验电，以验证验电器是否良好，然后在装设接地线或合接地开关（装置）处对各相分别验电。

2）验电时，应戴绝缘手套，验电器应逐渐靠近带电部分，直到氖灯发亮为止，验电器不要立即直接触及带电部分。

3）验电时，验电器不应装接地线，除非在木梯、木杆上验电，不接地不能指示者，才可装接地线。

4）验电器用后应存放于匣内，置于干燥处，避免积灰和受潮。

（3）检查与试验。

1）每次使用前都必须认真检查，主要检查绝缘部分有无污垢、损伤、裂纹；检查指示氖泡是否损坏、失灵；检查声音是否正常等。

2）对高压验电器应每年试验 1 次，一般验电器的试验分发光电压试验和耐压试验两部分，试验标准见表 GYBD00201002-5。

表 GYBD00201002-5　　电容型验电器的试验标准

验电器额定电压（kV）	试验周期	启动电压试验	试验长度（m）	工频耐压（kV）	
				1min	5min
10	1年	启动电压不高于额定电压的 40%，不低于额定电压的 15%	0.7	45	
35			0.9	95	
63（66）			1.0	175	
110			1.3	220	
220			2.1	440	
330			3.2		380
500			4.1		580

（四）绝缘手套和绝缘靴（鞋）的使用

1. 绝缘手套

绝缘手套是在高压电气设备上进行操作时使用的辅助安全用具，也是低压带电设备上工作时的基本安全用具。绝缘手套可使人的两手与带电物绝缘，是防止工作人员同时触及不同极性带电体而导致触电的安全用具。

（1）使用及保管注意事项：

1）使用绝缘杆时，戴上绝缘手套，可提高绝缘性能，防止泄漏电流对人体的伤害。

2）使用绝缘手套前，应检查是否超过试验有效期。

3）使用前，应进行外部检查，查看橡胶是否完好，查看表面有无损伤、磨损或破漏、划痕等。如有粘胶破损或漏气现象，应禁止使用。具体方法为：将手套朝手指方向卷曲，当卷到一定程度时，内部空气因体积减小，压力增大，手指若鼓起，为不漏气者，即为良好，如图 GYBD00201002-6 所示。

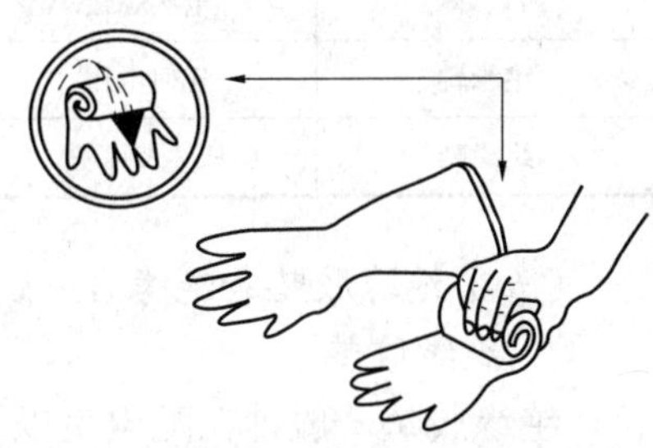

图 GYBD00201002-6　绝缘手套使用前的检查

4）使用绝缘手套时，操作人应将外衣袖口放入手套的伸长部分里。

5）因为对绝缘手套有电气的要求，所以不能用医疗或化学用的手套代替绝缘手套，同时也不应将绝缘手套用作其他用途。

6）绝缘手套使用后应擦净、晾干，最好洒上一些滑石粉，以免粘连。

7）绝缘手套应统一编号，现场使用的绝缘手套最少应保持两副。

8）绝缘手套应存放在干燥、阴凉、专用的柜内，与其他工具分开放置，其上不得堆压任何物件，以免刺破手套。

9）绝缘手套不允许放在过冷、过热、阳光直射和有酸、碱、药品的地方，以防胶质老化，降低绝缘性能。

（2）试验及标准。绝缘手套应每半年试验 1 次，其试验标准见表 GYBD00201002-6。

表 GYBD00201002-6　　绝缘手套的试验标准

名　称	电压等级（kV）	试验周期	试验电压（kV）	泄漏电流（mA）	持续时间（min）
绝缘手套	高压	半年	8	≤9	1
	低压		2.5	≤2.5	

2. 绝缘靴（鞋）

绝缘靴（鞋）的作用是使人体与地面绝缘。绝缘靴是高压操作时用来与地保持绝缘的辅助安全用具，绝缘鞋用于低压系统中，两者都可作为防护跨步电压的基本安全用具，如图 GYBD00201002-7 所示。

(a) (b)

图 GYBD00201002-7 绝缘靴（鞋）

（a）绝缘靴；（b）绝缘鞋

（1）使用及保管注意事项：

1）使用绝缘靴前，应检查绝缘靴是否完好，是否超过试验有效期。

2）绝缘靴应统一编号，现场使用的绝缘靴最少应保持两双。

3）绝缘靴不得当作雨鞋或作其他用，其他非绝缘靴也不能代替绝缘靴使用。

4）绝缘靴如试验不合格，则不能再穿用。

5）绝缘靴在每次使用前应进行外部检查，查看表面有无损伤、磨损或破漏、划痕等。如有砂眼漏气，应禁止使用。

6）绝缘靴应存放在干燥、阴凉、专用的柜内，要与其他工具分开放置，其上不得堆压任何物件。

7）绝缘靴不允许放在过冷、过热、阳光直射和有酸、碱、药品的地方，以防胶质老化，降低绝缘性能。

（2）试验及标准。绝缘靴、鞋的试验标准见表 GYBD00201002-7。

表 GYBD00201002-7　绝缘靴、鞋的试验标准

名 称	电压等级	试验周期	工频耐压（kV）	泄漏电流（mA）	持续时间（min）
绝缘靴	任何电压	半年	15	≤7.5	1
绝缘鞋	1kV 及以下		3.5	≤2	

（五）绝缘胶垫和绝缘台

1. 绝缘胶垫

绝缘胶垫一般铺在配电室以及控制屏、保护屏两侧的地面上，其作用与绝缘靴基本相同。当进行带电操作时，可增强操作人员的对地绝缘，避免或减轻发生单相接地或电气设备绝缘损坏时接触电压与跨步电压对人体的伤害。在低压配电室地面上铺绝缘胶垫，可代替绝缘鞋，起到绝缘作用，因此在 1kV 及以下时，绝缘胶垫可作为基本安全用具；而在 1kV 以上时，仅作辅助安全用具。

（1）使用及保管注意事项：

1）在使用过程中，应保持绝缘垫干燥、清洁，注意防止与酸、碱及各种油类物质接触，以免受腐蚀后老化、龟裂或变黏，从而降低其绝缘性能。

2）绝缘胶垫应避免阳光直射或锐利金属划刺，存放时应避免与热源（暖气等）距离太近，以防加剧老化变质，从而使绝缘性能下降。

3）使用过程中要经常检查绝缘胶垫有无裂纹、划痕等，发现有问题时要立即停止使用，并及时更换。

4）绝缘胶垫应每半年用低温肥皂水清洗 1 次。

（2）试验及标准。绝缘胶垫每年应试验 1 次，试验标准见表 GYBD00201002-8。

表 GYBD00201002-8　绝缘胶垫的试验标准

名 称	电压等级	试验周期	工频耐压（kV）	持续时间（min）
绝缘胶垫	高压	1 年	15	1
	低压		3.5	

2. 绝缘台

绝缘台用在各电压等级的电力装置中作为带电工作时的辅助安全用具。它的台面是干燥的、涂过绝缘漆的木板或木条做成，脚用绝缘瓷件作台脚。绝缘台其作用与绝缘胶垫、绝缘靴相同。

（1）使用及保管注意事项：

1）绝缘台多用于变电站和配电室内。如用于户外，应将其置于坚硬的地面，不应放在松软的地面或泥草中，以避免台脚陷入泥土中造成站台面触及地面而降低绝缘性能。

2）绝缘台的台脚绝缘瓷件应无裂纹、破损，木质台面要保持干燥清洁。

3）绝缘台使用后应妥善保管。

（2）试验及标准。绝缘台一般 3 年试验 1 次。不得随意登、踩或作板凳坐。绝缘台试验标准与使用电压等级无关，试验时加交流电压 40kV，持续时间为 2min。

三、一般防护用具

（一）携带型短路接地线

当高压设备停电检修或进行其他工作时，为了防止停电设备突然来电和邻近高压带电设备对停电设备所产生的感应电压对人体的危害，需要用携带型接地线将全部停电的电气设备上，向可能来电的各侧装设地线，同时设备上的残余电荷对地放掉。实践证明，接地线对保证人身安全十分重要。现场工作人员常称携带型接地线为“保命线”。

携带型接地线主要由短路各相的导线（即三相短路线）、接地用的导线（即接地线）及将上述两种导线接到设备停电部分和接地装置上的连接器（也称线卡或线夹）等三部分组成，如图 GYBD00201002-8 所示。短路各相用的导线采用多股软铜线，其截面积应能满足短路时热稳定的要求，即在较大短路电流通过时，导线不会因产生高热而熔化。为了保证有足够的机械强度，截面积应不小于 25mm^2。

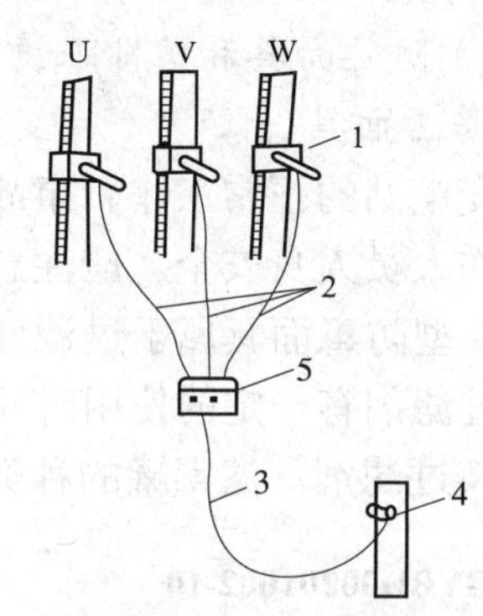

图 GYBD00201002-8　接地线的组成

1、4、5—专用线夹；2—三相短路线；3—接地线

为了保证接地线、各连接器与设备的导电部分均接触良好，一般在安装设备时，将设备的导电部分和接地装置的接地干线以及可能装设接地线的地方擦拭干净，并在表面镀锡，作为标志。

1. 携带型接地线的使用和保管注意事项

（1）接地线装拆顺序的正确与否很重要。装设接地线必须先接接地端，后接导体端，且必须接触良好；拆接地线的顺序与此相反。

（2）使用时，接地线的连接器（线卡或线夹）装上后接触应良好，并有足够的夹持力，以防短路电流幅值较大时，由于接触不良而熔断或因电动力的作用而脱落。

（3）应检查接地铜线和三根短接铜线的连接是否牢固，一般应由螺钉拴紧后，再加焊锡焊牢，以防因接触不良而熔断。

（4）装设接地线必须由两人进行，装、拆接地线均应使用绝缘杆和戴绝缘手套。

（5）接地线在每次装设以前应经过详细检查，损坏的接地线应及时修理或更换，禁止使用不符合规定的导线作接地线或短路线之用。

（6）接地线必须使用专用线夹固定在导线上，严禁用缠绕的方法进行接地或短路。

（7）每组接地线均应统一编号，并存放在固定的地点，存放位置亦应编号。接地线编号与存放位置编号必须一致，以免在较复杂的系统中进行部分停电检修时，发生误拆或忘拆接地线而造成事故。

（8）接地线和工作设备之间不允许连接隔离开关或熔断器，以防它们断开时，设备失去接地，使检修人员发生触电事故。

2. 试验及标准

携带型短路接地线操作棒工频耐压试验见表 GYBD00201002-9。

表 GYBD00201002-9　　携带型短路接地线操作棒工频耐压试验

器具	项目	周期	要　　求	说　明
携带型短路接地线	成组直流电阻试验	不超过 5 年	在各接线鼻之间测量直流电阻，对于 25、35、50、70、95、120mm^2 的各种截面，平均每米的电阻值应分别小于 0.79、0.56、0.40、0.28、0.21、0.16mΩ	同一批次抽测，不少于 2 条，接线鼻与软导线压接的应做该试验

续表

器具	项目	周期	要　求				说　明
			额定电压（kV）	试验长度（m）	工频耐压（kV）		
					1min	5min	
携带型短路接地线	操作棒的工频耐压试验	5年	10	—	45	—	试验电压加在护环与紧固头之间
			35	—	95	—	
			63（66）	—	175	—	
			110	—	220	—	
			220	—	440	—	
			330	—	—	380	
			500	—	—	580	

（二）防毒面具和护目眼镜

1. 防毒面具

在变电站的正常工作、事故抢修与灭火工作中，难免要接触有害气体时，必须使用防毒面具，以保障工作人员人身安全。应注意使用防毒面具时要有人监护。

MP 型防毒面具属于过滤性防毒面具，在滤毒罐内装入不同的过滤剂，分别可使多种毒气被过滤吸收。过滤剂有一定的使用时间，一般为 30～100min。当它失去作用时，面具内便会有特殊气味，此时应更换过滤剂。滤毒罐的种类、防护范围和使用时间见表 GYBD00201002-10。

表 GYBD00201002-10　　滤毒罐的种类、防护范围和使用时间

型号	颜色	防护范围	防护举例	使用时间（min）
MP-1	草绿+白道	氢氰酸及其衍生物、砷化物、毒烟、毒雾	氢氰酸、化氢、双光气、二氯甲砷、路易氏、溴甲烷、光气	＞50
MP-2	绿	氢氰酸及其砷化物、各种有机气体和蒸汽	氢氰酸、砷化氢、路易氏气、芥子气	＞90
MP-3	褐	各种有机气体和蒸汽	苯、氯、丙酮、醇类、苯胺类、二硫化碳、氯仿、四氯化碳、溴甲烷、硝基烷、氯甲烷	＞35～60
MP-4	灰	氨	氢、硫化氢	＞60～100
MP-5	白	一氧化碳	一氧化碳	＞70
MP-6	黑+黄条	汞	汞	
MP-7	黄	各种酸性气体	卤化氢、氢、光气、硫的氧化物	＞35

正压式消防空气呼吸器是一种专为个人配备的用于呼吸保护的装备。用在有浓烟、毒气、蒸汽或缺氧的各种环境中安全有效地进行灭火、抢险救灾、救护和维修等工作。配备有视野广阔、明亮、与人的面部贴合紧密且具有良好密封性能的全面罩；使用过程中，全面罩内的压力始终大于周围环境的大气压力，能有效地防止外界有毒有害气体的侵入，同时配备了气瓶余压报警器，用于提醒佩戴者安全及时的撤离作业现场。因此本产品具有使用安全可靠、佩戴舒适的特点。RHZKF 正压式消防空气呼吸器的技术参数和规格见表 GYBD00201002-11。

表 GYBD00201002-11　　RHZKF 正压式消防空气呼吸器的技术参数和规格

序号	技术参数	规格型号			
		RHZKF9.0/30（H2001-9.0）	RHZKF6.8/30（H2001-6.8）	RHZKF4.7/30（H2001-4.7）	RHZKF8×2/30（H2001-6.8×2）
1	整体质量（kg）	≤12	≤10	≤8.5	≤17
2	外形尺寸（长×宽×高，mm）	650×270×225	600×270×210	600×270×200	600×350×210
3	适用环境温度（℃）	-30～60			
4	气瓶额定工作压力（MPa）	30			

续表

序号	技术参数	规格型号			
		RHZKF9.0/30（H2001-9.0）	RHZKF6.8/30（H2001-6.8）	RHZKF4.7/30（H2001-4.7）	RHZKF8×2/30（H2001-6.8×2）
5	气瓶容积（水容积）（L）	9.0	6.8	4.7	6.8×2
6	气瓶最大储气量（L）	2700	2040	1410	4080
7	供气特点	正压式特点			
8	最大吸气阻力（Pa）	≤500			
9	最大呼气阻力（Pa）	≤1000			
10	余气报警压力（MPa）	5～6			
11	报警发声声级（dB）	≥90			
12	吸入气体中二氧化碳含量（%）	≤1			

2. 护目眼镜

在维护电气设备和进行检修工作时，为保护工作人员的眼睛不受电弧灼伤，以及防止灰尘、铁屑等脏杂物落入眼内，必须使用护目眼镜，如图 GYBD00201002-9 所示。

图 GYBD00201002-9　护目眼镜

护目眼镜应是封闭型的，镜片玻璃要能耐热、耐压（即能承一定的机械力作用）。

（三）隔离板和临时遮栏

为了限制工作人员作业中的活动范围以保证安全距离，防止工作人员误入带电间隔、误登带电设备发生触电伤害事故，在工作地点邻近带电设备处和工作地点周围安装隔离板、临时遮栏或其他隔离装置进行防护，同时也可防止非检修人员进入检修区受到伤害。

隔离板用干燥的木板做成，高度一般不小于 1.8m，下部边沿离地面不超过 10cm。板上有明显的警告标志“止步，高压危险”。隔离板要求轻便，制作牢固、稳定，不易倾倒。隔离板也可做成栅栏形状，既轻便又省料。

在室外进行高压设备部分停电作业时，用线网或绳子拉成遮栏，称为临时遮栏。这种遮栏要求对地距离不小于 1m。

（四）安全带和安全帽

1. 安全带

在变电站及电力线路上，登高类的工作较多，特别是电气设备安装和检修，常免不了要在高处工作。按照《国家电网公司电力安全工作规程》规定：在没有脚手架或在没有栏杆的脚手架上工作，高度超过 1.5m 时，必须使用安全带或采取其他可靠的安全措施。安全带是预防高空作业人员坠落伤亡最有效的防护用品，特别是对登杆作业的人员，只有在系好安全带后，两只手才能同时进行作业工作。

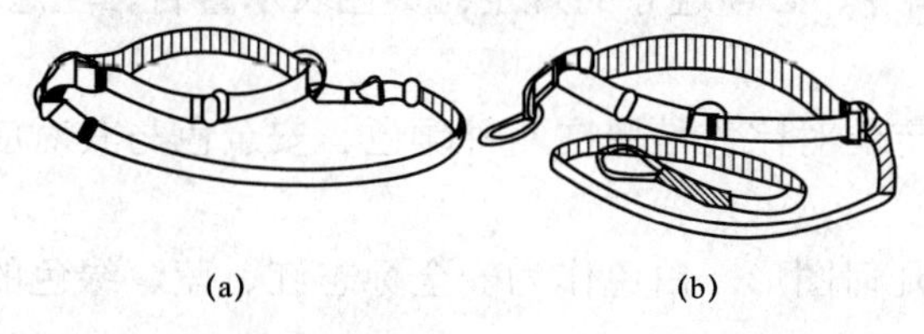

(a)　(b)

图 GYBD00201002-10　安全带类型

（a）围杆带；（b）悬挂带

安全带由带子、绳子和金属配件组成，如图 GYBD00201002-10 所示。根据 GB 6095—2009《安全带》生产的锦纶安全带，其优点是强度高、延伸率高、回缩率强以及耐腐、耐磨、耐蛀、耐碱和质量小。

（1）使用和保管注意事项：

1）安全带使用前，必须作 1 次外观检查，如发现破损、变质及金属配件有断裂者，应禁止使用，平时不用时也应 1 个月作 1 次外观检查。

2）安全带应高挂低用或水平拴挂。高挂低用就是将安全带的绳挂在高处，人在下面工作；水平拴挂就是使用单腰带时，将安全带系在腰部，绳的挂钩挂在和带同一水平的位置，人和挂钩保持差不多等于绳长的距离。使用时应将活梁卡子系紧，切忌低挂高用。

3）安全带使用和存放时，应避免接触高温、明火和酸类物质，以及有锐角的坚硬物体和化学药物。

4）安全带可放入低温水中，用肥皂轻轻擦洗，再用清水漂干净，然后晾干，不允许浸入热水中，以及在日光下曝晒或用火烤。

5）安全带上的各种部件不得任意拆掉，更换新绳时要注意加绳套，带子使用期为3～5年，发现异常应提前报废。

（2）试验及标准。安全带的试验周期为1年，试验标准见表GYBD00201002-12。

表GYBD00201002-12　安全带的试验标准

名称		试验静拉力（N）	载荷时间（min）	试验周期	说明
安全带	围杆带	2205	5	1年	牛皮带试验周期为半年
	围杆绳	2205	5		
	护腰带	1470	5		
	安全绳	2205	5		

2. 安全帽

安全帽是对人体头部受外力伤害起防护作用的安全用具，由帽壳、帽衬、下颏带、吸汗带、通气孔后箍等组成。电报警安全帽是我国近几年研制的一种新型产品，如接近带电设备至安全距离，安全帽会自动报警，从而起到提示作业人员，避免人身触电事故发生的作用。电报警安全帽在接近高压报警距离范围时，必须再按下帽内自检开关，若能发出自检声音，方可进入高压区域作业。当发现自检报警音调明显降低时，表明电池已快耗尽，应换新的电池。更换时应注意极性。当环境湿度大于90%时，报警距离的准确度要受影响，使用时请注意。

安全帽应放置在室内干燥、通风并远离电源线0.5m不漏电的地方。

安全帽的试验标准见表GYBD00201002-13。

表GYBD00201002-13　安全帽的试验标准

名称	项目	试验周期	要求	使用寿命
安全帽	冲击性能试验	按规定期限	受冲击力小于4900N	从制造之日起： 塑料帽小于或等于2.5年， 玻璃钢帽小于或等于3.5年
	耐穿刺性能试验	按规定期限	钢锥不接触头模表面	

四、安全标识

1. 安全色

安全色是表达安全信息含义的颜色，表示禁止、警告、指令、提示等。国家规定的安全色有红、蓝、黄、绿四种颜色。红色表示禁止、停止；蓝色表示指令、必须遵守的规定；黄色表示警告、注意；绿色表示指示、安全状态、通行。

为使安全色更加醒目的反衬色称为对比色，国家规定的对比色是黑白两种颜色。安全色与其对应的对比色是：红—白、黄—黑、蓝—白、绿—白。

黑色用于安全标志的文字、图形符号和警告标志的几何图形。白色作为安全标志红、蓝、绿色的背景色，也可用于安全标志的文字和图形符号。

在电气上涂成红色的电器外壳是表示其外壳有电；灰色的电器外壳是表示其外壳接地或接零；线路上黑色代表工作零线。明敷接地扁钢或圆钢涂黄绿双色。用黄绿双色绝缘导线代表保护零线：直流电中红色代表正极，蓝色代表负极，信号和警告回路用白色。

2. 安全标志

安全标志是提醒人员注意或按标志上注明的要求去执行，保障人身和设施安全的重要措施。安全标志一般设置在光线充足、醒目、稍高于视线的地方。

隐蔽工程（如埋地电缆）在地面上要有标志桩或依靠永久性建筑挂标志牌，注明工程位置。容易被人忽视的电气部位，如封闭的架线槽、设备上的电气盒，要用红漆画上电气箭头。

在电气工作中还常用标示牌，在电气设备上悬挂标示牌，用来警告作业人员不得接近设备的带电部分，提醒作业人员在工作地点采取的安全措施，指明应检修的工作地点，以及警示值班人员禁止向某设备合闸送电等。

标示牌根据其用途可分为警告类、允许类、提示类和禁止类等四类共六种，每种标示牌的式样及悬挂处如表 GYBD00201002-14 所示。标示牌类型如图 GYBD00201002-11 所示。

表 GYBD00201002-14　　　　标 示 牌 式 样

名　称	悬　挂　处	式　样		
		尺寸（长×宽，mm）	颜　色	字　样
禁止合闸，有人工作！	一经合闸即可送电到施工设备的断路器（开关）和隔离开关（刀闸）操作把手上	200×160 和 80×65	白底，红色圆形斜杠，黑色禁止标志符号	黑体黑字
禁止合闸，线路有人工作！	线路断路器（开关）和隔离开关（刀闸）把手上	200×160 和 80×65	白底，红色圆形斜杠，黑色禁止标志符号	黑体黑字
禁止分闸！	接地开关与检修设备之间的断路器（开关）操作把手上	200×160 和 80×65	白底，红色圆形斜杠，黑色禁止标志符号	黑体黑字
在此工作！	工作地点或检修设备上	250×250 和 80×80	衬底为绿色，中有直径 200mm 和 65mm 白圆圈	黑体黑字，写于白圆圈中
止步，高压危险！	施工地点临近带电设备的遮栏上、室外工作地点的围栏上、禁止通行的过道上、高压试验地点、室外构架上、工作地点临近带电设备的横梁上	300×240 和 200×160	白底，黑色正三角形及标志符号，衬底为黄色	黑体黑字
从此上下！	工作人员可以上下的铁架、爬梯上	250×250	衬底为绿色，中有直径 200mm 白圆圈	黑体黑字，写于白圆圈中
从此进出！	室外工作地点围栏的出入口处	250×250	衬底为绿色，中有直径 200mm 白圆圈	黑体黑字，写于白圆圈中
禁止攀登，高压危险！	高压配电装置构架的爬梯上，变压器、电抗器等设备的爬梯上	500×400 和 200×160	白底，红色圆形斜杠，黑色禁止标志符号	黑体黑字

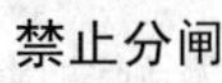

从此上下

图 GYBD00201002-11　标示牌类型

五、安全用具的检查与存放

1. 检查

电工安全用具是直接保护人身安全的，必须保持良好的性能。因此，使用前应对其进行以下外观检查：

（1）安全用具是否符合《国家电网公司电力安全工作规程（变电部分）》要求。

（2）安全用具是否完好，表面有无损坏和是否清洁；有灰尘的应擦拭干净；损坏的和有炭印的不得使用。

（3）安全用具中的橡胶制品，如橡胶制的绝缘手套、绝缘靴和绝缘垫不得有外伤、裂纹、漏洞、气泡、毛刺、划痕等缺陷，发现有缺陷的应停止使用并及时更换。

（4）安全用具的瓷元件，如绝缘台的支持绝缘子有裂纹或破损者不许使用。

（5）检查安全用具的电压等级与拟操作设备的电压等级是否相符（安全用具的电压等级等于或高于拟操作电气设备的电压等级）。

2. 存放

安全用具使用完毕后，应存放于干燥通风处，并符合下列要求：

（1）绝缘杆应悬挂或架在支架上，不应与墙接触。

（2）绝缘手套应存放在密闭的橱内，并与其他工具仪表分别存放。

（3）绝缘靴应放在橱内，不应代替一般套鞋使用。

（4）绝缘垫和绝缘台应经常保持清洁、无损伤。

（5）高压试电笔应存放在防潮的匣内，并放在干燥的地方。

（6）安全用具和防护用具不许当作其他工具使用。

【思考与练习】

1. 电气安全用具是如何分类的？

2. 安全用具的存放有哪些要求？

3. 携带型接地线的使用和保管注意事项有哪些？

4. 高压验电器使用注意事项有哪些？

模块3 红外热成像的测试与分析（ZY1800303001）

【模块描述】本模块介绍红外热成像的测试与分析。通过测试工作流程的介绍，掌握红外热成像的原理、测试前的准备工作和相关安全、技术措施、测试方法、技术要求及测试数据分析判断。

【正文】

一、红外热成像的原理及测试目的

（一）红外热成像的原理

红外热成像是利用红外探测器、光学成像物镜接收被测目标的红外辐射信号，经过光谱滤波、空间滤波使聚焦的红外辐射能量分布图形反映到红外探测器的光敏源上，对被测物的红外热像进行扫描并聚焦在单元或分光探测器上，由探测器将红外辐射能转换成电信号经放大处理转换成标准视频信号，通过电视屏或监视器显示红外热像图，并推断被测目标表面温度的一种技术。

（二）测试目的

红外热成像技术引入电力设备故障诊断后，为电力设备状态维护提供了有力的技术支持。它能在不影响电力设备正常运行的情况下，准确有效地检测运行设备的温度状况，从而判断设备运行是否正常。它有着高效、快捷、准确、不受外界干扰正常运行等诸多优点。

二、测试仪器、设备的选择

对红外热像仪主要参数选择如下：

（1）不受测量环境中高压电磁场的干扰，图像清晰、稳定，具有图像锁定、记录和必要的图像分析功能。

（2）具有较高的像素，一般不小于 240×340。

（3）测量时的响应波长，一般在 8～14μm。

（4）空间分辨率应满足实测距离的要求，一般对变电站内电气设备实测距离不小于 500m，对输电线路实测距离不小于 1000m。

（5）具有较高的测量精确度和合适的测温范围，一般精确度不小于 0.1℃，测温范围为–50～600℃。

三、危险点分析及控制措施

1. 防止人员误触电

应注意与带电设备的安全距离，移动测量时应小心行进，避免跌碰。红外检测人员在测量过程中不得随意进行任何电气设备操作或改变、移动、接触运行设备及其附属设施。当需要打开柜门或移开遮栏时，应在变电站站长（专责）监护下进行。

2. 防止仪器损坏

强光源会损伤红外成像仪，严禁用红外成像仪测量强光源物体（如太阳、探照灯等）。检测时应注意仪器的温度测量范围，不能把摄温探头随意长时间对准温度过高的物体。

四、测试前的准备工作

1. 了解测量现场情况及试验条件

搜集需监测变电站内设备或线路的负荷周期，选择高峰负荷时段进行红外监测，查阅相关技术资料、相关规程等，了解缺陷情况。

2. 测试仪器、设备准备

检查红外成像仪存储卡空间是否足够，电池电能是否足够，并查阅测试仪器检定证书的有效期。

3. 办理工作票并做好试验现场安全和技术措施

进入试验现场后，办理工作票并做好试验现场安全措施。并向其余试验人员交代工作内容、带电部位、现场安全措施、现场作业危险点，以及明确人员分工。

五、现场测试步骤及要求

（1）开机后设备自检正常，根据环境温度调整仪器背景温度（记录环境温度）。

（2）在仪器上调整受检目标发射率，按表 ZY1800303001-1 进行，并设置色标温度量程。

表 ZY1800303001-1 常用材料发射率的参考值

材　料	温度（℃）	发射率近似值	材　料	温度（℃）	发射率近似值
抛光铝或铝箔	100	0.09	棉纺织品（全颜色）	—	0.95
轻度氧化铝	25～600	0.10～0.20	丝绸	—	0.78
强氧化铝	25～600	0.30～0.40	羊毛	—	0.78
黄铜镜面	28	0.03	皮肤	—	0.98
氧化黄铜	200～600	0.59～0.61	木材	—	0.78
抛光铸铁	200	0.21	树皮	—	0.98
加工铸铁	20	0.44	石头	—	0.92
完全生锈轧铁板	20	0.69	混凝土	—	0.94
完全生锈氧化钢	22	0.66	石子	—	0.28～0.44
完全生锈铁板	25	0.80	墙粉	—	0.92
完全生锈铸铁	40～250	0.95	石棉板	25	0.96
镀锌亮铁板	28	0.23	大理石	23	0.93
黑亮漆（喷在粗糙铁上）	26	0.88	红砖	20	0.95
黑或白漆	38～90	0.80～0.95	白砖	100	0.90
平滑黑漆	38～90	0.96～0.98	白砖	1000	0.70
亮漆（所有颜色）	—	0.90	沥青	0～200	0.85
非亮漆	—	0.95	玻璃（面）	23	0.94
纸	0～100	0.80～0.95	碳片	—	0.85

模块 3

ZY1800303001

（3）再将仪器测量距离调至较远（根据变电站大小或线路远近调整），进行大范围的一般检测，寻找可疑的发热点。

（4）将背景温度和测量距离调整至适当值，对可疑发热点做精确检测，以区分是电压或电流引起的发热及综合致热。

（5）对可疑发热点进行拍摄时，应有设备整体成像、发热点的局部成像以及可供参考的同类正常设备的对比成像。

（6）成像后应记录成像设备的编号、相别以及发热点的方位，并与图像编号相对应。

（7）收集发热设备的实时负荷情况及最高负荷情况。

六、测试注意事项

（1）应尽量选择在阴天或夜间进行测量，晴天时应选择在背光面进行测量，强日照天气严禁测量。晴天测试时阳光在设备表面形成反射（尤其是绝缘子表面），红外成像仪会误测反射表面温度（通常会在 200℃以上）。室内检测宜闭灯进行，被测物应避免灯光直射。

（2）测量时环境的温度不宜低于 5℃，空气湿度不宜大于 85%。不应在有雷、雨、雾、雪及风速超过 5m/s 的环境下进行检测。

（3）针对不同的检测对象选择不同的环境温度参照体。

（4）测量设备发热点、正常相的对应点及环境温度参照体的温度值时，应使用同一仪器相继测量。

（5）应从不同方位进行检测，测出最热点的温度值。

（6）记录异常设备的实际负荷电流和发热相、正常相及环境温度参照体的温度值。

七、测试结果分析及测试报告编写

（一）测试结果分析

1. 测试标准及要求

根据 DL/T 664—2008《带电设备红外诊断技术应用导则》规定：

（1）对电流致热设备判断见 DL/T 664—2008 附录 A。

（2）对电压致热设备判断见 DL/T 664—2008 附录 B。

（3）高压开关设备和控制设备各种部件、材料和绝缘介质的温度和温升极限判断见 DL/T 664—2008 附录 C。

2. 测试结果分析

一般来说运行设备发热可分为：电流通过导体引起发热（如电气设备与金属部件的连接、金属部件与金属部件的连接的接头和线夹等）、运行设备在电压下绝缘受潮或劣化引起发热（如电流互感器、电压互感器、耦合电容器、移相电容器、高压套管、充油套管、氧化锌避雷器、绝缘子、电缆头等）、涡流引起设备金属表面发热（变压器、电抗器等）等三大类。

（1）表面温度及温升判断法：温升是指被测设备表面温度和环境温度参照体表面温度之差。一般用于电流或电磁效应引起的发热，根据测得的设备表面温度值，及环境气候条件、负荷大小结合 DL/T 664—2008 附录 C 进行分析判断。凡温度（或温升）超过标准者可根据设备温度超标的程度、设备负荷率的大小、设备的重要性及设备承受机械应力的大小来确定设备缺陷的性质。

（2）温差判断法：温差值是指不同被测设备或同一被测设备不同部位之间的温度差。对与电压致热的设备（如电压互感器、耦合电容器、避雷器等），根据同类设备的正常及异常状态的热成像图，结合 DL/T 664—2008 附录 B 进行分析判断。必要时可配合色谱及电气试验结果综合分析，确定缺陷的性质及处理意见。一旦温差值超过标准，视为危急缺陷。

（3）相对温差判断法：对电流致热型设备，若发现设备的导流部分热态异常，应按式（ZY1800303001-1）算出相对温差值，再按 DL/T 664—2008 附录 A，进行分析判断，即

$$\delta_t = \frac{\tau_1 - \tau_2}{\tau_1} \times 100\% = \frac{T_1 - T_2}{T_1 - T_0} \times 100\% \qquad \text{(ZY1800303001-1)}$$

式中 τ_1、T_1——发热点的温升和温度；

τ_2、T_2——正常相对应点的温升和温度；

T_0——环境参照体的温度。

（4）同类比较判断法：是根据同组三相设备、同相设备之间及同类设备之间对应的温差，结合温差判断法、相对温差判断法进行比较分析、判断。

（5）档案分析判断法：对同一设备不同时期的温度场进行分析，找出设备致热参数的变化，判断设备是否正常。

（6）实时分析判断法：在一段时间内连续检测被测设备，找出被测设备温度随负荷、时间等因素的变化。

（7）在现场测量时由于环境温度不断变化，当环境温度高于40℃时，DL/T 664—2008 附录C中所列“温升”作为参考值，以“温差”作为判断值。

（8）某些设计制造不合理的电气设备用导磁材料作外壳，而且没有采取限制磁通的措施，因涡流损耗大而发热。对涡流引起设备金属表面发热在分析时，可用表面温度判断法进行分析判断。

（9）在现场测量时，根据表 ZY1800303001-2 中所列的现象，判断风速的大小，以便进行一般检测和精确检测。

表 ZY1800303001-2 风级、风速与表象

风级	风速（m/s）	地面现象
0	0～0.2	静烟直上
1	0.3～1.5	烟能表示风向，树叶略有摇动
2	1.6～3.3	人脸感觉有风，树叶有微响，旗开始飘动
3	3.4～5.4	树叶和很细的树枝摇动不息，旗展开
4	5.5～7.9	能吹起地面的灰尘和纸张，小树枝摇动
5	8.0～10.7	有叶的小树摇摆，内陆水面有水波
6	10.8～13.8	大树枝摆动，电线有呼呼声，举伞困难
7	13.9～17.1	全树摆动，迎风步行不便

一般检测时环境温度一般不低于5℃，相对湿度一般不大于85%，天气以阴天、多云为宜，最好在夜间进行，在室内或晚上检测应避开灯光直射，宜闭灯检测。风速一般不大于5m/s，应尽量避开视线中的封闭遮挡物。检测电流致热设备，最好在高峰负荷下进行。否则，一般应在不低于30%的额定负荷下进行，同时应充分考虑小负荷电流对测试结果的影响。

精确检测时除了满足上述要求外，还应满足：风速一般不大于0.5m/s；设备通电时间不小于6h，最好在24h以上；检测期间天气为阴天、夜间或晴天日落2h后；被检测设备周围应具有均衡的背景辐射，应尽量避开附近热辐射源的干扰，在某些设备被检时还应避开人体热源等的红外辐射；避开强电磁场，防止强电磁场影响红外热像仪的正常工作。

（二）测试报告编写

测试结束后应对图片进行分析处理，形成报告。测试报告内应包含测量时环境条件（包括风速、环境温度、湿度）、日期、时间、发热设备整体热图、发热局部热图、可对比的成像热图，还应有热成像仪的编号、测试距离等，发热设备的编号、相别、发热位置的方位以及所在线路的实时负荷、最高负荷和额定负荷情况，试验人员等。

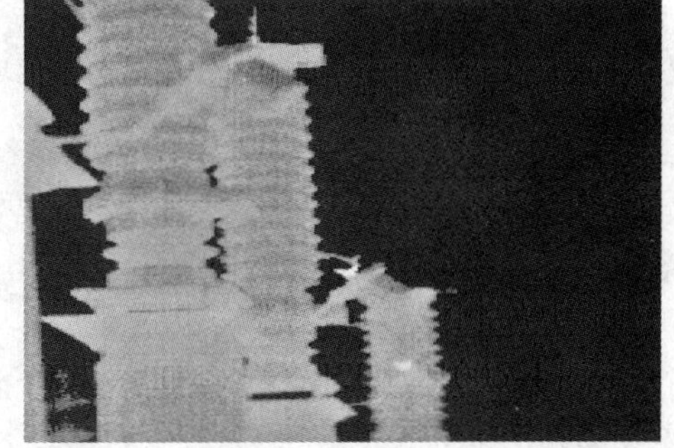

图 ZY1800303001-1 避雷器三相红外成像图

八、案例

某变电站2号主变压器110kV侧避雷器三相红外成像图如图 ZY1800303001-1 所示，其中从前至后分别为W、V、U相，U相26.5℃，V相25.6℃，W相25.5℃。

通过分析，其U相与V相“相间温差”是0.9℃，与W相“相间温差”是1.0℃，接近或等于 DL/T 664—2008 附录B

中的规定值 0.5～1.0℃，立即通过带电监测发现，V、W 相总泄漏电流及阻性分量均正常，U 相总泄漏电流略有增长，但阻性电流达 1700μA，严重超出避雷器阻性电流规定值，立即进行了更换。

【思考与练习】

1. 如何选择红外成像测试的时间？
2. 红外成像测试报告中应包含哪些信息？
3. 解释温差、温升的含义。

第七章　500kV 变电站一次部分

模块 1　500kV 变电站电气主接线和一次设备（ZY1200101001）

【模块描述】本模块介绍 500kV 变电站一次设备电气主接线的概述。通过图例说明和要点介绍，掌握 500kV 变电站电气主接线的形式和一次设备的结构、命名规则及典型布置方式。

【正文】

电气主接线是变电站电气部分的主体，它与电气设备的选择与运行、配电装置的布置、继电保护和自动装置的配置等都有着密切的关系。一次设备承担着生产和输送电能的任务，掌握电气设备结构和布置是运行人员做好工作的基础之一。

一、500kV 变电站电气主接线概述

电气主接线是指一次设备按生产流程所连成的电路。主接线表明电能的生产、汇集、转换、分配关系和运行方式，是运行操作、切换电路的依据，又称一次接线、一次电路。用规定的图形和文字符号表示主接线的各元件，并依次连接起来的接线图，称电气主接线图。对电气主接线的要求为：

（1）保证必要的供电可靠性和电能质量。

（2）具有一定的灵活性和方便性。

（3）具有经济性。

（4）具有发展和扩建的可能性。

（一）500kV 电气主接线形式

500kV 变电站在电网中的地位相当重要，它的安全可靠运行将直接影响到大电网主网的安全稳定运行，因此，对 500kV 变电站供电可靠性要求较高。

1. 典型 500kV 电气主接线形式

目前，我国 500kV 变电站的 500kV 电压等级接线一般采用 3/2 断路器接线方式，如图 ZY1200101001-1 所示。

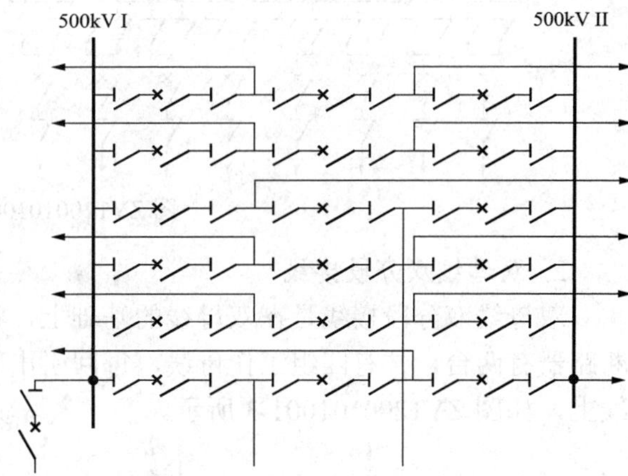

图 ZY1200101001-1　500kV 3/2 断路器接线

2. 3/2 断路器接线串内组合方式

（1）线路—线路组合。一串中两回出线均为线路，这种组合方式在变电站中是比较常见的方式之一，因变电站中的变压器台数一般不会超过 4 台，而出线回路数较多。线路—线路组合最好是将电源和负荷线路组合在同一串内，这样在两条母线同时故障时，可以使线路继续运行。同名回路尽量交叉布置，即接入不同的母线，以减少同时停电概率。交叉布置的不足之处是架构和引线复杂。

（2）变压器—变压器组合。一串中两回出线均为变压器，这种组合方式在变电站中是比较少见的。如果两台变压器同时退出运行，将严重影响变电站的送电。

（3）变压器—线路组合。将变压器和电源线路组合在同一串中是最理想的，当发生中间断路器故障或出线故障且中间断路器拒动时，对整个变电站的影响最小。

（4）主变压器经隔离开关（或断路器）接入母线。当 500kV 变电站规模较大后，为节省投资，将主变压器经隔离开关（或断路器）直接接入母线，这种接线方式在母线停电时会影响变压器的送电，降低了可靠性。目前主变压器和母线之间有两种连接方式，一种是只有一组隔离开关，另一种是断路器和

隔离开关串联。前者经济性更好，但主变压器操作和故障会影响母线正常工作；后者对母线则无影响。

（5）不完整串接线。不完整串是指一串中出线数少于两回、断路器少于三台的组合。这种接线在两种情况下会出现：

1）变电站建设初期，出现回路数少，用不完整串来增加总串数，使得闭合回路增加，从而提高接线的可靠性。这时不完整串可以由两台断路器送一回出线，也可以由两组隔离开关不接任何线路组成，设两组隔离开关的目的是为了避免一组隔离开关检修时两组母线同时停电。

2）变电站出线较多，但剩下一回无法组成完整串，此时不完整串通常由两台断路器送一回出线。

3. 3/2 断路器接线的特点

（1）3/2 断路器接线的优点有：供电可靠性高，特别是断路器故障和母线故障时停电范围小；检修灵活性高，设备停役方便，带负荷拉隔离开关的概率低。

（2）3/2 断路器接线的缺点有：限制短路电流比较困难；二次接线复杂；当出现回路数多时所用的断路器数量多。

（二）220kV 电气主接线形式

500kV 变电站中 220kV 出线回路数通常较多，采用的接线方式主要有双母线单分段接线、双母线双分段接线。在早期的接线中，往往考虑设置旁路母线，随着断路器可靠性的提高，新的变电站中已不再设置旁路母线。

1. 双母线单分段接线

双母线单分段接线是在双母线的基础上，将一组工作母线分成两段。分段通常用断路器实现，母联断路器有两台，共有三组工作母线，每回引出线通过一台断路器、两组母线隔离开关分别接到工作母线上，如图 ZY1200101001-2 所示。

双母线单分段接线通常适用于变电站建设初期、变压器台数在三台及以内的情况。

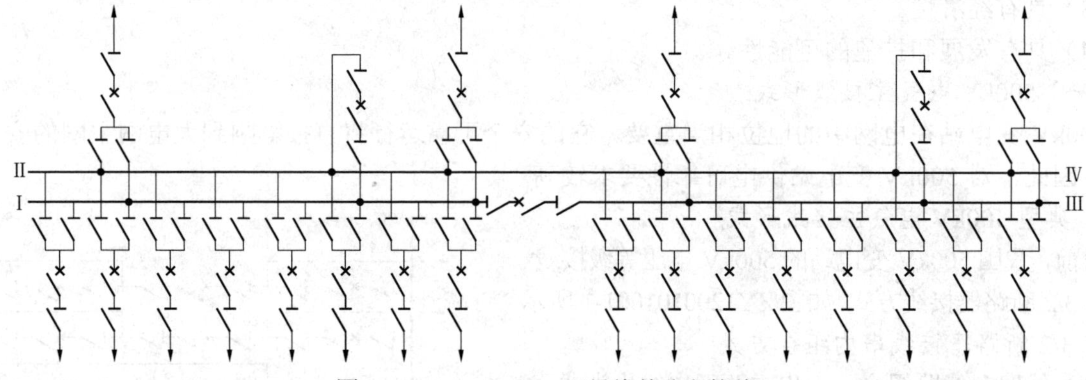

图 ZY1200101001-2 双母线单分段接线

2. 双母线双分段接线

双母线双分段接线是在双母线的基础上，将每组工作母线各分成两段，分段用断路器实现，母联断路器有两台，共有四组工作母线，每回引出线通过一台断路器、两组母线隔离开关分别接到工作母线上，如图 ZY1200101001-3 所示。

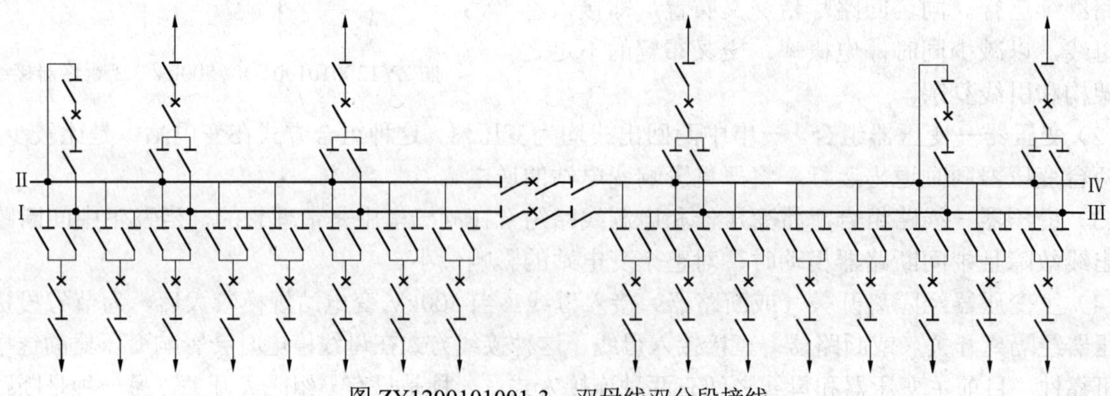

图 ZY1200101001-3 双母线双分段接线

双母线双分段接线通常适用于变电站规模较大的情况。

3. 带旁路接线

为了在线路断路器检修时避免线路停电，设置了旁路母线。在双母线双分段接线中一般设置双旁路断路器，旁路母线可以用隔离开关分段，以便同时带不同段上的出线断路器，分段隔离开关正常情况下断开运行。

（三）66kV 及以下电压等级电气主接线形式

500kV 变电站低压侧采用的电压等级以 35kV 为主，也有少量变电站采用 15.75kV 或 66kV。低压侧主要连接无功补偿装置和提供站用电源，其接线方式是单母线接线，每台变压器各接一段母线，为了限制短路电流，各母线段之间没有联络，接线如图 ZY1200101001-4 所示。

2号主变压器
35kVⅡ母线
35kVⅡ母线电压互感器
2号低压电抗器
1号低压电抗器

图 ZY1200101001-4 单母线接线

单母线接线的优点：接线简单、操作方便、所用设备少。

单母线接线的缺点：可靠性低，母线故障将导致全停；灵活性不高，运行方式少。

二、500kV 变电站电气一次设备

（一）主变压器

1. 500kV 主变压器的特点

500kV 变电站中主变压器一般采用自耦变压器，这是由于自耦变压器与相同容量的双绕组变压器相比，具有损耗低、体积小、运输方便、节省材料等特点。

自耦变压器的结构与普通变压器的结构基本相同，也是由变压器本体（包括绕组、铁芯和绝缘部分）、油箱、冷却装置、调压装置、出线套管及保护装置组成。

自耦变压器与普通变压器不同的地方，主要是其一、二次绕组之间不仅有磁的联系，还有电的联系，而普通变压器的一次绕组和二次绕组只有磁的联系，在电路上是完全分开的。

自耦变压器可以看成是双绕组变压器变过来的，图 ZY1200101001-5 所示为双绕组变压器到自耦变压器的演变过程。

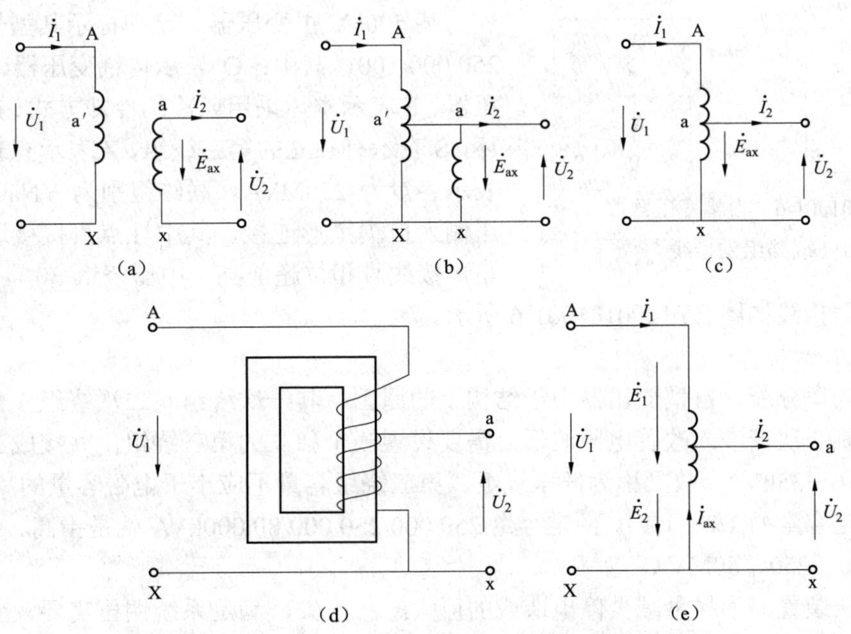

图 ZY1200101001-5 双绕组变压器到自耦变压器的演变过程

（a）双绕组变压器；（b）一、二次侧等电位连接；（c）并成一个绕组；（d）自耦变压器工作原理示意图；（e）自耦变压器工作原理接线图

图 ZY1200101001-5（a）是双绕组变压器的原理图。图中，一次绕组和二次绕组共同装在一个铁芯柱上且绕向相同。它们将被同一个主磁通Φ所匝链，在一次绕组和二次绕组中，每一匝的感应电动势大小和方向都相同。由于一次绕组的匝数 N_1 大于二次绕组的匝数 N_2，所以在一次绕组上总能找到一点 a′，使得其匝数等于二次绕组的匝数，于是 a′的电动势与二次绕组上的 a 点电动势相等。如果把 a′和 a 以及 X 和 x 连接起来，不会影响变压器的工作。

如图 ZY1200101001-5（b）所示，二次绕组已与一次绕组的一部分并联起来，便可进一步将它们合并成为一个绕组，如图 ZY1200101001-5（c）所示，这样就构成了与图 ZY1200101001-5（e）所示相同的自耦变压器工作原理接线图。

自耦变压器与同容量的双绕组变压器比较，其优点主要有：

（1）节省材料。自耦变压器的二次绕组是一次绕组的一部分，这就等于省去了一个二次绕组。由于铁磁容量的减小，因此铁芯尺寸也可缩小，节省了硅钢片，使得变压器体积减小，还可以节省部分钢材。由此可以看出，自耦变压器节省材料的优点是非常显著的。

（2）降低损耗。由于自耦变压器省去了绕组的一部分，铁芯尺寸比同容量的双绕组变压器小，励磁电流也相应减小，这就降低了自耦变压器的铁损。

（3）便于制造和使用。变压器的最大容量一般均受到运输条件的限制，同体积同重量的自耦变压器，容量比双绕组变压器大。反过来说，同容量的自耦变压器比双绕组变压器的体积较小，重量较轻，对运输、安装及检修都十分有利。

缺点主要有：

（1）自耦变压器的中性点必须接地或经小电抗接地。当自耦变压器高压侧网络发生单相接地故障时，若中性点不接地，则在其中压绕组上将出现很高的过电压，自耦变压器变比 K 越大，中压绕组的过电压倍数也越高。为了防止这种情况发生，其中性点必须接地。中性点接地后，高压侧发生单相接地时，中压绕组的过电压便不会升高到危险的程度。

（2）引起系统短路电流增加。因为自耦变压器电压变动小而短路电流较同容量双绕组变压器大。这就是自耦变压器使系统短路电流显著增加的原因。

（3）两侧过电压的相互影响。自耦变压器因其绕组有电的连接，当某一侧出现大气过电压或操作过电压时，另一侧的过电压可能超出其绝缘水平。因此，自耦变压器两侧出线端必须装设避雷器。

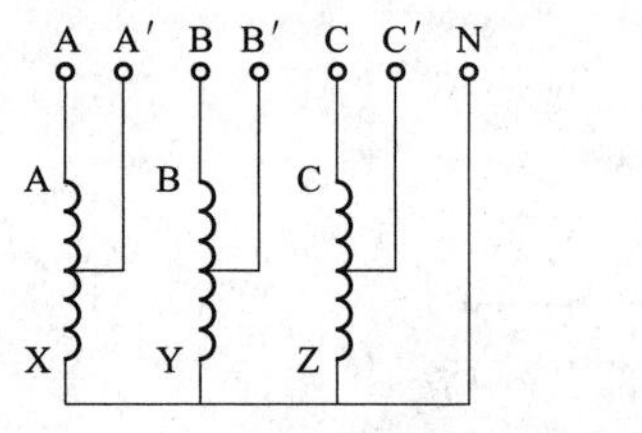

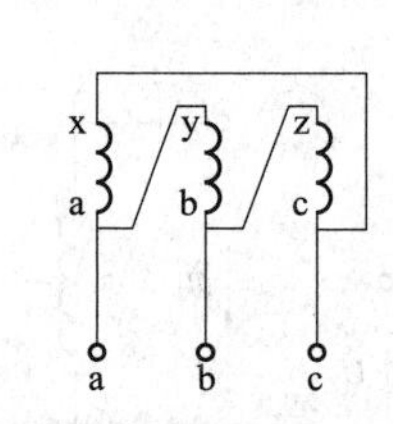

图 ZY1200101001-6 自耦变压器按 YNa0d11 联结组别接线

2. 主变压器的铭牌含义

某 500kV 主变压器，铭牌标示其型号为 ODFPSZ—250 000/500，其中：O 表示自耦变压器、D 表示单相变压器、F 表示本体采用风冷的冷却方式、P 表示强迫油循环、S 表示有独立的第三绕组、Z 表示有载调压、250 000 表示容量为 250MVA。联结组别为 YNa0d11，说明高中压侧为自耦星形连接，其中性点直接接地，低压侧为三角形接线且相位超前高、中压绕组 30°。YNa0d11 联结组别的自耦变压器接线如图 ZY1200101001-6 所示。

3. 运行的基本要求

（1）绕组间功率分配。自耦变压器由于结构上的原因，其一次绕组与二次绕组（公共绕组）电压同相位。为了抑制 3 次谐波，改善电压波形，需要设置一个独立的第三绕组，并接成三角形。第三绕组电压较低（为 6～35kV），故又称为低压绕组。第三绕组容量不应小于电磁容量的 35%（一般第三绕组的容量为额定容量的 1/2～1/3）。额定容量 250 000/250 000/80 000kVA 就是指高、中、低三个绕组的容量分别为 250、250、80MVA。

（2）有载调压装置。为尽量减少停电造成的巨大经济损失，满足系统调压需要，变压器装有有载调压装置。有载调压装置能保证在不切断负载电流、不停电的情况下进行电压的调节，即由一个分接头切换到另一个分接头。有载调压装置由选择开关、切换开关及油室、驱动装置和操作装置等部分组成。

需要说明的是，有载调压装置有独立油箱，设置有油位盘式指示器，储油柜、油箱设有压力释放装置，在与储油柜连接管道上装有瓦斯保护，有载调压开关在运行时，其分接头远方、就地挡位指示应正确一致。

另外，有载调压装置油箱中的油是绝对不允许进入变压器本体的，这是因为切换开关动作时会产生一定的电弧，致使油室中的油质变差，这种油只能在切换开关油室中使用。为了防止当切换开关油室密封不良发生渗漏时变压器本体油受到污染，设计时往往把本体的储油柜设计得高于有载调压装置油箱的储油柜，以防止万一密封破坏时坏油直接向本体油箱渗漏。但这决非长久之计，一旦发生渗漏，必须迅速消除。

若某 500kV 主变压器，铭牌标示其型号为 ODFPSZ，其中：Z 表示装有载调压装置；其额定电压为 $\frac{510}{\sqrt{3}}/\frac{230\pm9\times1.33\%}{\sqrt{3}}/36\,\text{kV}$，就表示采用 220kV 侧调压，有载调压分接头包括额定挡共有 19 挡，中间挡为额定挡。

当然，有载调压装置设有远方控制（主控继电保护室屏上）和本地控制（现场）的切换，自动和手动的切换，以及分接头“上升”和“下降”的操作按钮等。

（二）高压断路器

1. 分类

500kV 及以上电压等级的 SF_6 断路器可以分成三类：支柱式 SF_6 断路器，落地罐式 SF_6 断路器，SF_6 全封闭组合电器（简称 GIS）用 SF_6 断路器。

（1）支柱式 SF_6 断路器，其带电部分与接地部分的绝缘是由支持瓷套承担的，灭弧室安装在支持瓷套的上部，装在灭弧瓷套内，一般每个灭弧瓷套内装一个断口。随着额定电压的提高，支持瓷套的高度及串联灭弧室的个数也增加。支持瓷套的下端与操动机构相连，通过支持瓷套内的绝缘拉杆带动触头完成断路器的分、合闸操作。支柱式 SF_6 断路器结构示意图如图 ZY1200101001-7 所示。

为了限制长线路合闸及重合闸的操作过电压，500kV SF_6 断路器主要采取在断口间并联合闸电阻的方法。在 500kV SF_6 断路器的灭弧室上并联均压电容的作用是使断口电压在故障时（特别是近距离故障时）均等，以改善断口间的电压分布。

（2）落地罐式 SF_6 断路器又称为落地箱式 SF_6 断路器，其灭弧室安装在金属箱体内。箱体是接地的，带电部分与箱体之间的绝缘由 SF_6 气体承担。落地罐式 SF_6 断路器主要由断路器罐体、液压储能筒、液压操动机构、灭弧单元、均压电容、套管 TA、控制单元等主要部分组成，如图 ZY1200101001-8 所示。

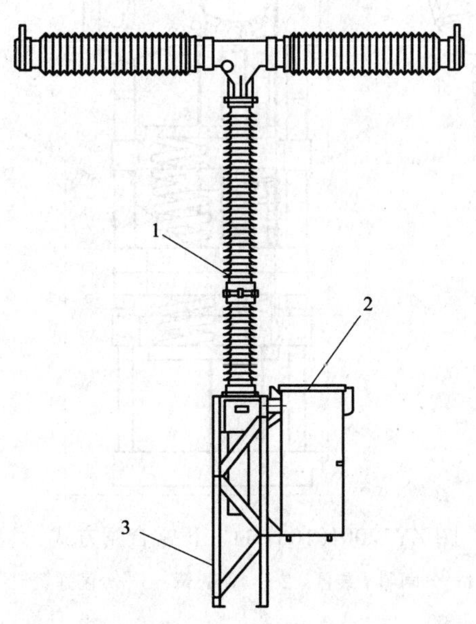

图 ZY1200101001-7 500kV 支柱式 SF_6 断路器结构示意图

1—本体；2—机构箱；3—支架

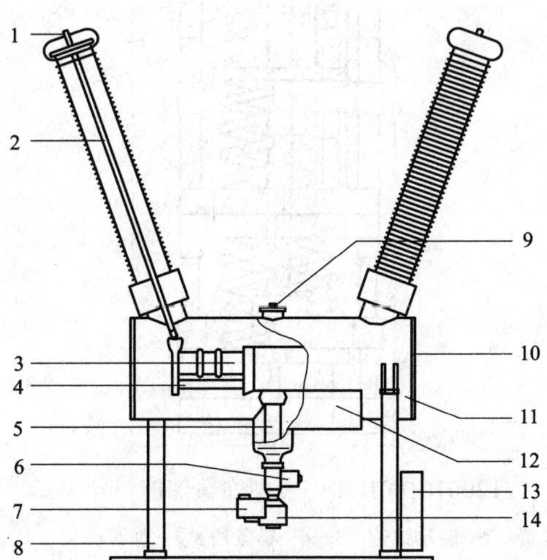

图 ZY1200101001-8 500kV 落地罐式 SF_6 断路器结构示意图

1—终端盘；2—套管 TA；3—灭弧单元；4—均压电容；5—支柱绝缘子；6—辅助开关箱和 ON/OFF 指示器；7—操动机构箱；8—断路器基座；9—盖（带有断裂膜和气体喷嘴）；10—密封盖；11—断路器罐体；12—液压储能筒；13—控制单元；14—液压操动机构

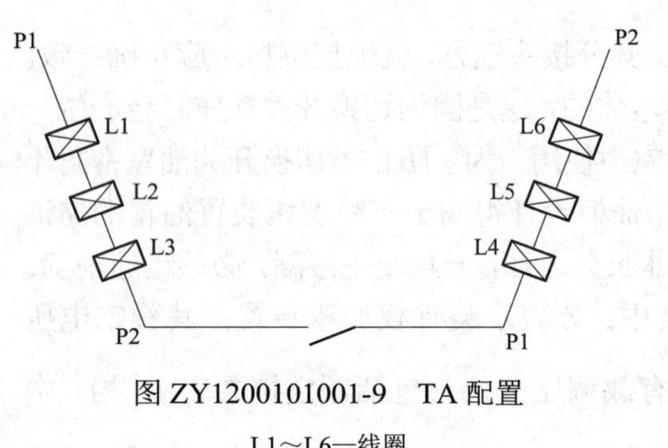

图 ZY1200101001-9 TA 配置

L1～L6—线圈

套管 TA 一次侧线圈只有一匝，即套管导体，二次侧线圈有 6 个，直接套装在套管外面，如图 ZY1200101001-9 所示。

2. 操动机构

目前，在 500kV SF_6 断路器中采用的操动机构主要有液压操动机构和弹簧操动机构。

（1）液压操动机构。液压操动机构主要由储能元件、控制元件、操作执行元件、辅助元件和电气元件五部分构成。液压操动机构是利用氮气（有的机构也采用弹簧）作为储能元件，能量传递通过液压油。工作缸内的活塞两侧分别与分闸腔和合闸腔相连，分闸腔和蓄能器直接连通，因此处于常高压。活塞合闸腔则通过阀来控制。主要工作原理是：合闸时蓄能器中的高压油进入合闸腔，由于合闸腔承压面积大于分闸腔承压面积，使活塞快速向分闸腔运动，实现合闸。分闸时，合闸腔中高压油泄至低压油箱，在分闸腔高压油作用下，活塞向合闸腔运动，实现快速分闸。

液压机构是用油作为传递介质的，主要优点有：输出功率大，操作平滑，缓冲特性好，反应快，时延小，噪声小，检修简便。主要缺点是：加工工艺要求高，容易渗漏油；操作特性易受环境温度的影响。

（2）弹簧操动机构。弹簧操动机构是利用弹簧作为储能元件，其能量传递是通过机械传动实现的。下面以某断路器为例介绍弹簧操动机构基本结构和动作过程。

1）合闸弹簧储能。断路器合闸前电动机启动为合闸弹簧储能。驱动链轮逆时针转动并拉起链条段，这样弹簧轭架被提起并给合闸弹簧储能，如图 ZY1200101001-10 所示。

2）正常运行。正常运行期间，断路器在合闸位置。断路器上的分闸弹簧和操动机构的合闸弹簧均储能。断路器由操动机构的分闸掣子装置保持在合闸位置，如图 ZY1200101001-11 所示。

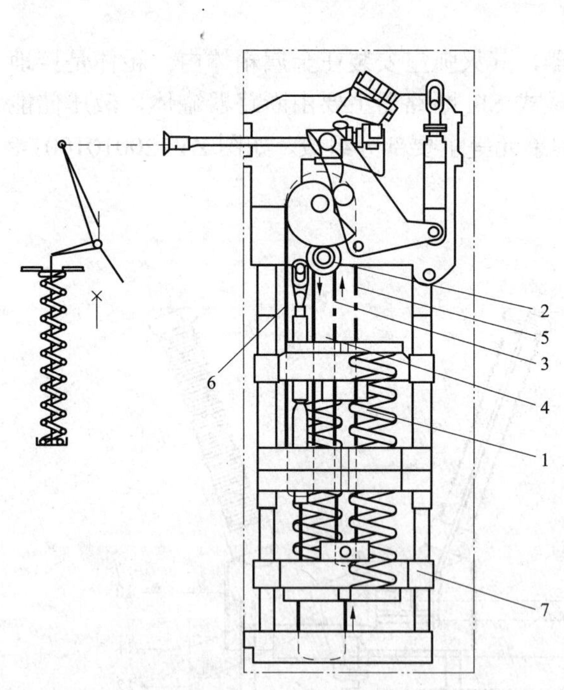

图 ZY1200101001-10 合闸弹簧储能

1—合闸弹簧；2—驱动链轮；3～6—链条段；7—弹簧轭架

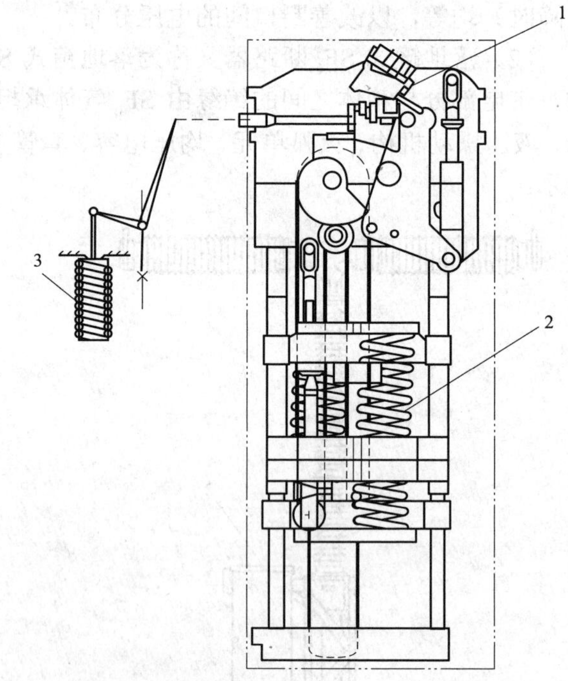

图 ZY1200101001-11 正常合闸方式

1—分闸掣子装置；2—合闸弹簧；3—分闸弹簧

3）分闸操作。当断路器分闸时，分闸掣子装置的掣子爪被释放。分闸弹簧经拉杆向左推操作拐臂。在操作拐臂靠在凸轮盘以前的运动的终端位置，运动被分闸缓冲器阻尼，如图 ZY1200101001-12 所示。

4）合闸操作。当断路器合闸时，合闸掣子装置的掣子爪被释放。链条段释放并把合闸弹簧的能量传输到凸轮盘。凸轮盘顺时针旋转 360° 并把操作拐臂推向右直到分闸掣子装置啮合。运动在终端位置由合闸缓冲器阻尼。分闸弹簧经拉杆储能。链条段上行的路径与链条段下行的路径相同，如图

ZY1200101001-13 所示。

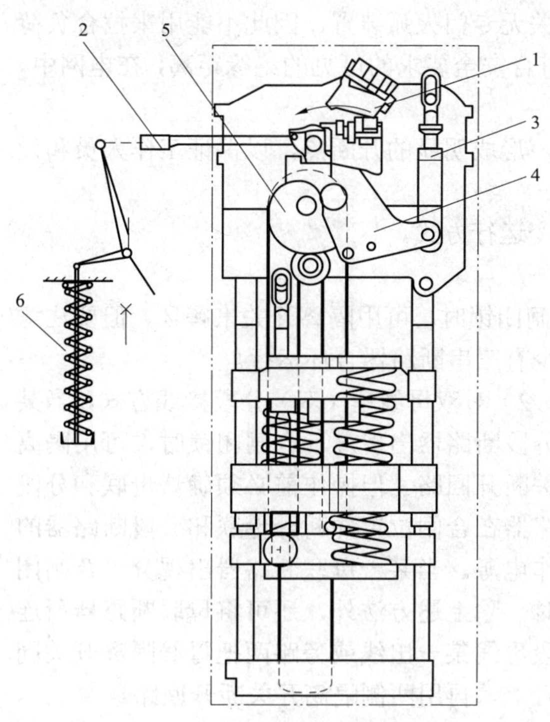

图 ZY1200101001-12　分闸操作

1—分闸掣子装置；2—拉杆；3—分闸缓冲器；4—操作拐臂；5—凸轮盘；6—分闸弹簧

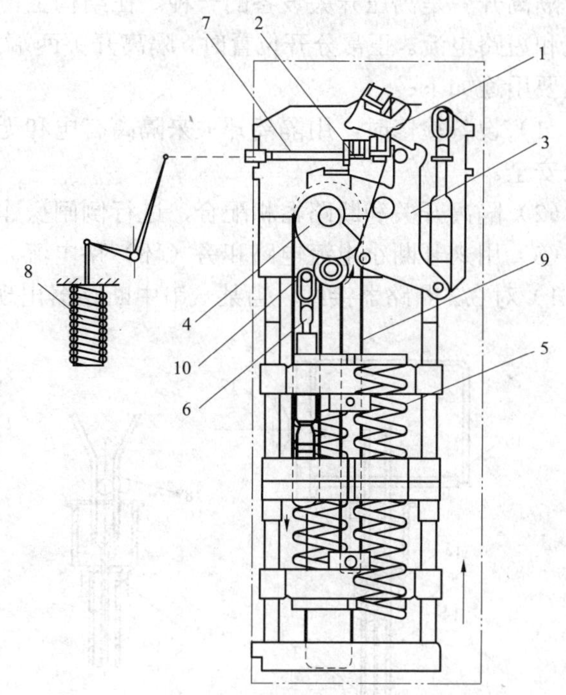

图 ZY1200101001-13　合闸操作

1—分闸掣子装置；2—合闸掣子装置；3—操作拐臂；4—凸轮盘；5—合闸弹簧；6—合闸缓冲器；7—拉杆；8—分闸弹簧；9、10—链条段

弹簧操动机构的优点是：结构简单，重量轻；实现了无油化，不存在渗漏油，维护工作量少。

弹簧操动机构的主要缺点是：操作时延长，所能提供的操作功较小，对弹簧的特性要求高。

3. 灭弧室

SF_6 断路器灭弧室按电弧是否被拉长可分为定开距和变开距两种。定开距是指断路器在灭弧过程中弧触指位置始终不变；而变开距的弧触指是移动的，电弧随触指的运动改变长度。在 500kV SF_6 断路器灭弧室中，两者共同的特点是都要通过压气缸预压缩，在电弧形成后对电弧进行吹弧。变开距的特点：气吹时间长，气体利用率较高，可利用弧柱对弧道的堵塞效应，加强电弧过零前后的气流量，开距较长，弧压高、弧能大，不易提高开断容量。定开距的特点是：开距较短，电弧长度短，能量小易熄灭，开断电流大，电场的分布比较均匀，气流状态好，喷口可以用耐弧的合金做成，烧损轻微，压气室的气体利用率较低，行程大，动作时间长。

定开距灭弧室结构如图 ZY1200101001-14 所示，变开距灭弧室结构如图 ZY1200101001-15 所示。

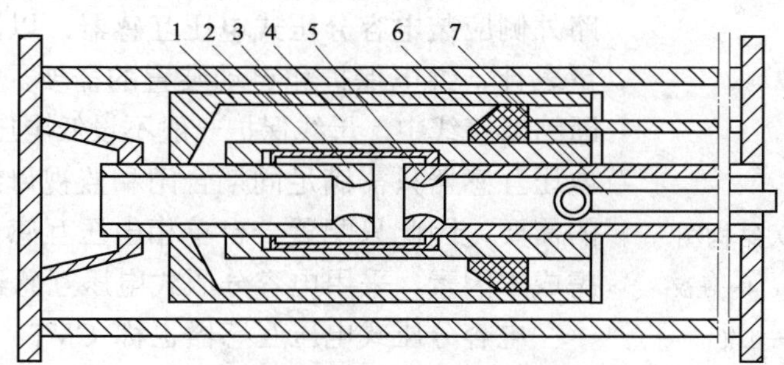

图 ZY1200101001-14　定开距灭弧室结构示意图

1—压气罩；2—动触头；3、5—静触头；4—压气室；6—固定活塞；7—拉杆

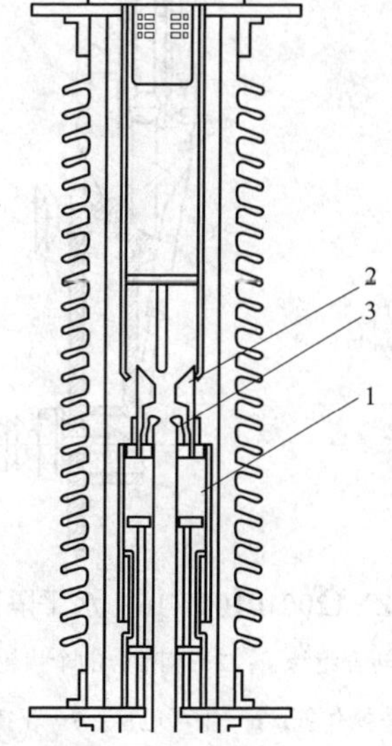

图 ZY1200101001-15　变开距灭弧室结构示意图

1—压气缸；2—动弧触指；3—导电触指

（三）隔离开关

隔离开关是高压开关设备的一种。在结构上，隔离开关无专门灭弧装置，因此不能用来拉合负荷电流和短路电流。正常分开位置时，隔离开关两端之间有符合安全要求的可见的绝缘距离，在电网中，其主要用途如下：

（1）设备检修时，用隔离开关来隔离有电和无电部分，形成明显的开断点，以保证工作人员和设备的安全。

（2）隔离开关和断路器相配合，进行倒闸操作，以改变运行方式。

（3）用来开断小电流电路和旁（环）路电流。

1）对3/2断路器接线，当某一串中断路器出现分、合闸闭锁时，可用隔离开关来解环，但要注意至少有三串断路器合环运行。

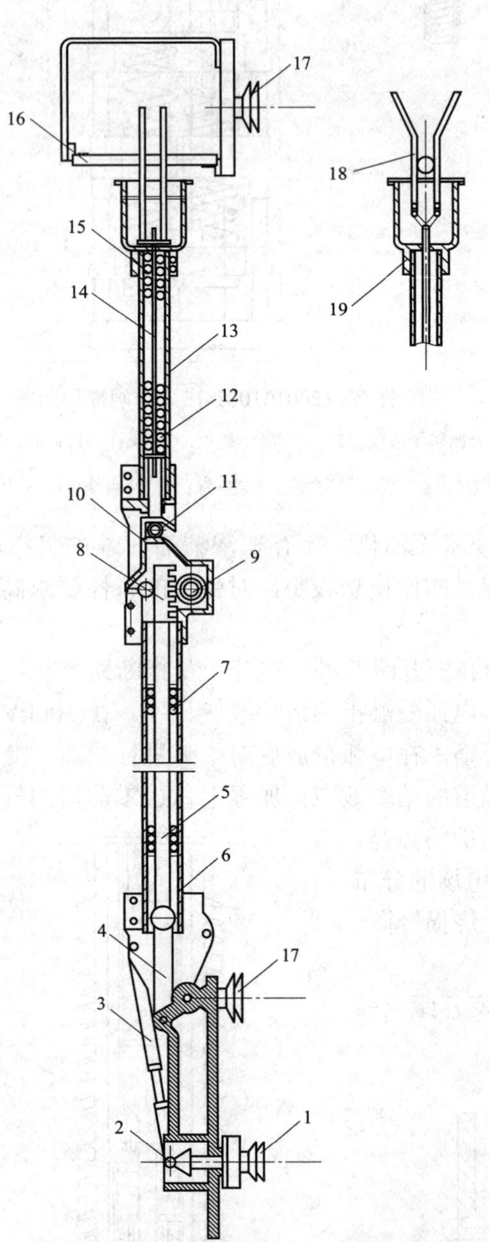

图 ZY1200101001-16 水平隔离断口式隔离开关结构图

1—旋转瓷绝缘子；2—相啮合的伞齿轮；3—平面双四连杆；4—连板；5—操作杆；6—下导电管；7—平衡弹簧；8—齿条；9—齿轮；10—齿轮箱；11—滚轮；12—夹紧弹簧；13—上导电管；14—顶杆；15—复位弹簧；16—静触杆；17—支持瓷绝缘子；18—触指；19—动触头座

2）对双母线单（双）分段接线方式，当某一分段断路器出现分、合闸闭锁时，可用隔离开关断开回路。但操作前必须确认母联和分段断路器在合闸位置并断开母联和分段断路器的操作电源。当某一母联断路器出现分、合闸闭锁时，除上述方法外，还可将母联断路器所连两段母线某一出线或旁路两把母线隔离开关同时合上，再用两侧隔离开关断开回路。

用隔离开关进行500kV小电流电路和旁（环）路电流的操作，须经计算符合隔离开关技术条件和有关调度规程后方能进行。

500kV隔离开关在结构上主要有两种类型，垂直隔离断口和水平隔离断口。这两种隔离开关在结构上的主要区别是伸缩方向，其基本工作原理是相同的。水平隔离断口隔离开关又有双柱单断口和三柱双断口两种，后者实际上是两组双柱单断口隔离开关的组合，使用公共的静触头，并节省了一个绝缘支柱。

水平隔离断口式隔离开关结构图如图ZY1200101001-16所示。

（四）互感器

1. 电压互感器

从原则上来说，电压互感器可分为电容分压式和电磁式两种。在500kV系统中，由于绝缘裕度比较小，为避免谐振、降低成本，在线路外侧应装电容分压式电压互感器，以满足测量表计、继电保护和自动装置的需要。在3/2断路器接线中，母线保护一般不设低电压闭锁，电压互感器只需满足同期合闸和监视母线电压的需要，因此只配置一台单相电压互感器，考虑成本因素，采用电容分压式电压互感器。

电容分压式电压互感器也称CVT。500kV CVT为单相单柱式结构，它由电容分压器和电磁单元两部分组成，其主要结构如图ZY1200101001-17所示。电磁单元又包括中间变压器、补偿电抗器以及抑制铁磁谐振的阻尼器。补偿电抗器的电抗值与电容分压器的等值电容在额定频率下的容抗相等，以便在不同的二次负荷下使一次电压和二次电压之间能获得正确的相位和变比。

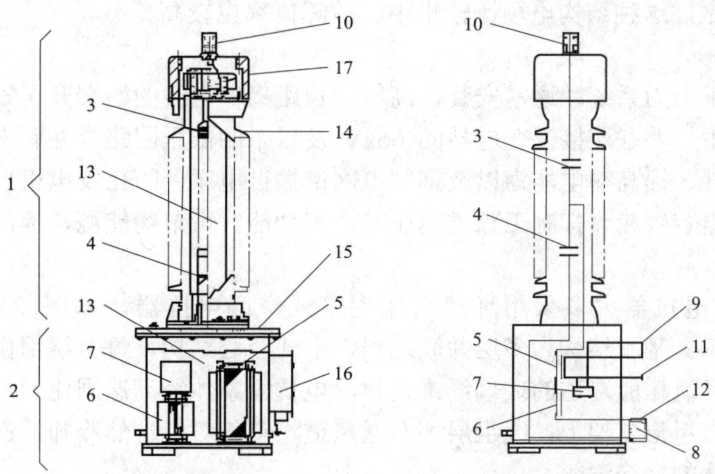

图 ZY1200101001-17　CVT 典型结构图

1—电容分压器；2—电磁单元；3—高压电容；4—中压电容；5—中间变压器；6—补偿电抗器；7—阻尼器；8—电容分压器低压端对地保护间隙；9—阻尼器连接片；10—一次接线端；11—二次输出端；12—接地端；13—绝缘油；14—电容分压器套管；15—电磁单元箱体；16—端子箱；17—外置式金属膨胀器

电容器组由 1～3 节套管式耦合电容器及电容分压器重叠而成，每节耦合电容器或电容分压器单元装有数十只串联而成的膜纸复合介质组成的电容元件，并充以十二烷基苯绝缘油密封，高压电容的全部电容元件和中压电容被装在 1～3 节瓷套内，由于它们保持相同的温度，所以由温度引起的分压比的变化可被忽略。电容元件置于瓷套内经真空处理、热处理后已彻底脱水、脱气，注以已脱水、脱气的绝缘油并密封于瓷套内。每节电容器单元顶部有一个可调节油量的金属膨胀器，以便在运行温度范围内使油压总是保持稍大于大气压力。

瓷套管有普通型和防污型两种，应具有足够的机械强度，能承受标准的风负荷、线路电动力和重力等。

中间变压器、补偿电抗器和抑制铁磁谐振的阻尼器被密封于钢箱中，电容器组置于钢箱的顶部，箱内充以变压器油并被密封起来。油的容积及内部压力由油箱顶层的空气来调节，中间变压器的一次绕组具有可调变比的调节线圈，补偿电抗器的线圈具有调整电压相位的调节线圈。

补偿电抗器两端接有 ZnO 避雷器或保护球隙，防止由于二次侧短路造成的电压升高而击穿电抗器线圈。

在油箱的一侧有一端子箱，内有各个二次绕组端子、接地端子、电容分压器低压端子及其保护间隙、氧化锌避雷器或电抗保护球隙等，并装有二次接线板以供用户进行二次接线。

保护用 CVT（WVP 型）的中压端子由电磁单元的上盖板引出，以便于电容量及介质损耗测量。

2. 电流互感器

500kV 电流互感器主要特点如下：

（1）二次额定电流采用 1A。由于 500kV 变电站一般占地面积大，二次电缆长，阻抗大，电流互感器容量不变时，二次额定电流采用 1A 与采用 5A 相比，前者允许接的负载阻抗是后者的 25 倍，因此额定电流一般采用 1A。

（2）保护用电流互感器铁芯采用暂态型。500kV 系统非周期分量衰减时间常数可以达到几百毫秒，在短路发生后，非周期分量衰减时间长，短路电流又大，很容易引起电流互感器铁芯饱和，特别是重合闸时，铁芯更容易饱和。如果饱和严重，将引起保护误动或拒动。暂态型铁芯有 TPX、TPY、TPZ 三种：TPX 铁芯不带气隙，相对容易饱和，一般不采用；而 TPZ 铁芯气隙大，虽然不易饱和，但误差大，一般也不采用；TPY 铁芯带小气隙，既不容易饱和，误差又较小，比较适合用于 500kV 线路保护、变压器保护等。但断路器失灵保护不宜采用 TPY 铁芯，而比较适合采用 5P 等电流可较快衰减的互感器。

（3）较多采用倒置式结构。由于倒置式结构中铁芯和二次绕组在电流互感器顶端，成本可比箱式结构节省约 30%。但是，这种结构电场比较集中，故障概率也较高。

（五）并联电抗器

并联电抗器应用于电力系统，通常安装在高压、长距离输电线的始端升压站、中间联络站以及高压直流输电的换流站中，并联连接于变电站的 66kV 及以下的低压回路。并联电抗器具有补偿电网无功功率、降低电网损耗、提高输电能力以及抑制电网谐振过电压、防止发电机自励磁、消除空载长线电容效应和高压电缆电容效应、抑制工频过电压等众多功能，可节约能源，提高电力系统的运行稳定性和可靠性。

目前 35kV 低压电抗器大多采用环氧树脂型干式空心电抗器，如图 ZY1200101001-18 和图 ZY1200101001-19 所示。基本结构为多层并联绕组、干式空心结构，每个绕组由小截面铝导线多股平行绕制。绕组导线由环氧树脂浸透的玻璃纤维包封，电抗器整体经高温固化，每层绕组的导线引出端均焊接在上、下铝合金星形支架上。绕组层间有通风道，空气对流自然冷却。产品外表经喷砂处理后喷涂抗老化、抗紫外线的绝缘漆。

图 ZY1200101001-18 并联电抗器结构图

图 ZY1200101001-19 并联电抗器仰视图

（六）并联电容器

并联电容器的主要功能是通过补偿无功来调节系统电压及提高电网的功率因数。电容器组是由多个电容器串、并联组成，通过串联提高耐压，通过并联提高容量。

单台电容器的主要部件由箱壳和芯子（电容元件）构成，芯子由若干个元件和绝缘件组合而成，元件是由两张铝箔及放在其间的数层电容器纸和数层聚丙烯薄膜绕卷压扁而成，或者是由两张铝箔及放在其间的数层聚丙烯薄膜绕卷压扁而成。芯子中的元件按一定的串、并联方式连接，以满足不同电压和容量的要求。具有内熔丝的电容器内部每个元件均串有一个熔丝，当元件击穿时，与其并联的完好元件即对其放电，使熔丝在毫秒级时间内熔断，使击穿的元件切除，电容变动不大，电容器仍可继续运行。电容器箱壳用薄钢板密封焊接制成，箱盖上有出线套管，在箱壁两侧焊有供搬运和安装用的吊攀，在一侧吊攀上装有接地螺栓。（有的在底部两端还有地脚，供安装之用。）

三、500kV 变电站设备命名规则

1. 变压器

变压器按顺序分别为×号变压器（如：1 号主变压器）。

2. 母线

母线分别用 1、2、3、4、5 数字表示，例如：

单母线，称 1 号母线（Ⅰ母）。

单母线分段，分别称 1 号、3 号母线（Ⅰ母、Ⅲ母）。

双母线，分别称 1 号、2 号母线（Ⅰ母、Ⅱ母）。

双母线分段，分别称 1 号、2 号母线，3 号、4 号母线（Ⅰ、Ⅱ母，Ⅲ、Ⅳ母）。

旁路母线，称 5 号母线（Ⅴ母）（若旁路母线为两段，则称为Ⅴ母 1、Ⅴ母 2）。

3. 断路器

断路器编号采用名称加代码双重编号形式。前两位数码“50”代表 500kV 电压等级，后两位数码依接线方式编号：

（1）完全 3/2 断路器接线断路器编号：完全 3/2 断路器接线设备按矩阵排列编号，如第一串的三个断路器，分别为 5011（靠Ⅰ母）、5012（中间）、5013（靠Ⅱ母），第二串为 5021（靠Ⅰ母）、5022（中间）、5023（靠Ⅱ母），如图 ZY1200101001-20 所示。串序自固定端向扩建端依序排列。

（2）不完全 3/2 断路器接线断路器编号：不完整串当一完整串处理，按照完全 3/2 断路器接线的编号法编号。

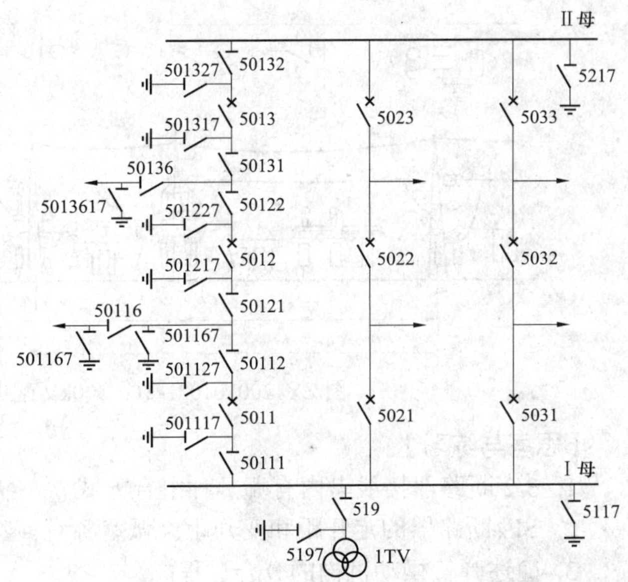

图 ZY1200101001-20 500kV 命名图例

4. 隔离开关

隔离开关编号如图 ZY1200101001-20 所示。

（1）母线隔离开关编号：3/2 断路器接线隔离开关编号用断路器号和所向母线号五位数字组成。

（2）电压互感器隔离开关编号：由表示电压等级的“5”、母线号和“9”三位数字组成，如：1 号母线的电压互感器隔离开关为 519。

（3）避雷器隔离开关编号：以“8”作为避雷器的标志，编号原则同上。如：1 号母线的避雷器隔离开关为 518。

（4）线路侧电抗器、串联补偿器隔离开关按元件单元式编号，靠线路侧隔离开关为“1”，另侧为“2”。

（5）接地开关编号：接地开关，除以下各款特殊规定外，均按隶属关系，由“隔离开关号+7”组成。如：5011 断路器与 50112 隔离开关间的接地开关编号为 501127。

1）线路出线上线路侧的接地开关由“隔离开关号+隔离开关组别+7”组成。如：出线 5011 断路器，出线隔离开关为 50116，其线路侧第一组接地开关为 5011617，隔离开关侧接地开关则为 501167。

2）母线上的接地开关，由“电压级 5+母线编号+组别+7”四位数组成。如：1 号母线上有两组接地开关从固定端向扩建端依次编号为 5117 和 5127。

3）电压互感器等元件的接地开关，分别在该元件隔离开关编号之后加“7”表示。如：1 号母线的电压互感器隔离开关 519 与互感器间的接地开关为 5197。

4）主变压器中性点接地隔离开关以“电压级 5+主变压器号+0”组成。

四、500kV 变电站设备的典型布置方式

装配式 500kV 配电装置典型布置断面图如图 ZY1200101001-21 所示。由于 500kV 电气设备本身高度较高，通常在母线下方不会布置母线和断路器，为节省占地，在母线下方可装设垂直伸缩式隔离开关，因此分相中型是最常见的布置方式。

220kV 配电装置通常也采用分相中型布置，进线侧母线隔离开关一般采用垂直伸缩式隔离开关以减少占地，而另一组母线隔离开关既可以是水平伸缩式的也可以是垂直伸缩式的。为便于与电流互感器的连接，线路隔离开关一般采用水平伸缩式结构。

35kV 电容器和电抗器一般布置在室外，电抗器布置时应特别注意避免附近钢构的发热以及对监控机、保护等设备的干扰。

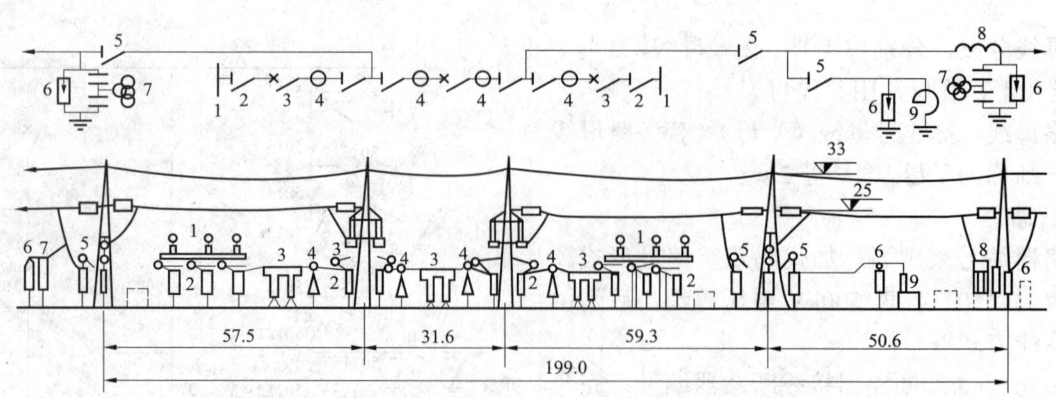

图 ZY1200101001-21 500kV 配电装置布置断面图（单位：m）

【思考与练习】

1. 3/2 断路器接线串内有哪几种组合方式？
2. SF_6 断路器的定开距和变开距灭弧室各有何特点？
3. 简述弹簧操动机构的分合过程。
4. 简述隔离开关、接地开关和断路器的命名规则。

模块 2 500kV 变电站电气主接线的特点（ZY1200101002）

【模块描述】本模块介绍 500kV 变电站电气主接线的特点。通过要点介绍和分析，掌握 3/2 断路器接线、双母线分段接线、单母线接线的特点及设备运行工况。

【正文】

掌握电气主接线的特点，目的是为理解电气主接线的各种操作、找出主接线的薄弱环节、提出防范措施打下良好基础。

500kV 变电站中，500kV 电压等级一般采用 3/2 断路器接线，220kV 电压等级一般采用双母线分段（单分段或双分段）接线（早期变电站还有带旁路的），35kV（也有 15.75 kV 的）电压等级一般采用单母线接线。

一、3/2 断路器接线的特点

1. 3/2 断路器接线的优点

（1）供电可靠性高。每一回路有两台断路器供电，合环运行时发生母线故障或单个断路器跳闸都不会导致出线停电。

（2）检修灵活性高。正常运行时两组母线和所有断路器都投入工作，从而形成多环路供电方式，某一设备退出运行对供电影响小。

（3）倒闸操作方便。隔离开关一般仅作为检修时用于隔离带电部分，避免了将隔离开关作为操作电器引起的误操作。检修断路器时，不需带旁路所需的倒闸操作。检修母线时，不需要倒母线。

（4）对于完整串，任一断路器非短路性故障、任一母线检修或故障均不影响出线运行，即使双母都故障，也可保证与系统最低限度连接。

2. 3/2 断路器接线的缺点

（1）3/2 断路器接线的二次接线复杂。由于 3 个断路器连接着两个回路，故使继电保护和二次回路较为复杂。

（2）限制短路电流比较困难。

二、双母线分段接线的特点

1. 双母线分段接线的优点

（1）供电可靠性较高，任一母线故障，停电范围小，停电时间短，经冷倒后可以恢复供电。母线检修时不中断对用户供电。

（2）调度灵活性高。运行方式多，限制短路电流方便、简单。

2. 双母线分段接线的缺点

（1）母线（含母线隔离开关）故障或线路故障而对应断路器拒动时该母线上的所有出线停电，母联断路器故障、一组母线检修且一组母线故障（双电源）、一组母线检修、分段或母联故障等情况下停电范围都很大。

（2）倒母线用隔离开关易引起误操作。

三、单母线接线的特点

1. 单母线接线的优点

接线简单清晰，设备少，投资小。运行操作方便，有利于扩建和采用成套配电装置。

2. 单母线接线的缺点

可靠性和灵活性差。

【思考与练习】

1. 简述 3/2 断路器接线的特点。
2. 简述双母线分段接线的特点。

模块 3　500kV 变电站运行方式（ZY1200101003）

【模块描述】本模块介绍 500kV 变电站运行方式的基本知识。通过要点介绍，掌握 500kV 变电站正常运行和特殊运行两种方式下的运行特点。

【正文】

变电站电气主接线的运行方式，是指电气主接线中各电气元件实际所处的工作状态（运行、备用、检修）及其相连接的方式。运行方式分为正常运行方式和特殊运行方式，了解运行方式是运行的基础。

一、正常运行方式

正常运行时，3/2 断路器接线中两组母线同时运行，所有断路器和隔离开关均合上。双母线分段接线中所有断路器（含分段和母联断路器）和隔离开关均合上。单母线接线中母线带电，电抗器和电容器断路器是否闭合应根据电压曲线或调度指令决定，电抗器断路器一般装在中性点侧，如果断路器断开运行，电抗器处于充电状态。

在正常运行方式下，供电可靠性最高，供电电压波动最小，系统静稳定性能最好。但是在正常运行方式下也会有一些负面影响，如发生短路时，短路电流大，造成系统暂态稳定性能下降，甚至超出断路器的开断能力。正常运行时如果母联断路器或分段断路器的电流过大还会给保护整定带来麻烦。

二、特殊运行方式

由于检修、短路电流、自动装置、系统需要等原因，变电站在运行过程中会出现各种特殊运行方式。特殊运行方式种类较多，常见特殊运行方式有：

1. 500kV 与 220kV 单主变压器联络运行

500kV 与 220kV 单主变压器联络运行方式是指 500kV 变电站安装两台或两台以上变压器只剩下一台联络运行或变电站只安装一台变压器联络运行时的运行方式。该方式下，变电站 500kV 系统与 220kV 系统之间只通过一台变压器联络运行，系统可靠性低。

2. 500kV 单母线运行

500kV 3/2 断路器接线中的一组母线检修或故障时，或者变压器经隔离开关接入母线的接线中变压器跳闸后都有可能出现单母线运行。500kV 单母线运行，站内所有线路或主变压器靠一组母线联络运行，运行可靠性低。

3. 500kV 一串全停

一串中三组断路器全部跳开，形成一串全停的方式，这种方式对串数少的变电站影响更为严重。

4. 500kV 线路或主变压器单断路器运行

由于某一断路器退出运行导致线路或主变压器单断路器运行，此时该线路或主变压器供电可靠性下降。

5. 500kV 线路或主变压器停役断路器合环运行

在带线路隔离开关的接线中，为提高供电可靠性，在线路或主变压器停役后将其断路器合上，增加 3/2 断路器接线的网孔数。

6. 220kV 一段母线停役

一段母线因检修或故障退出运行。

7. 220kV 两段母线停役

两段母线因检修或故障退出运行。

8. 单台站用变压器运行

整个变电站仅剩一台站用变压器工作，其余退出运行。

【思考与练习】

1. 500kV 正常运行方式有何特点？

2. 500kV 电压等级有哪些特殊运行方式？

模块 4 500kV 变电站电气运行方式转换（ZY1200101004）

【模块描述】本模块介绍 500kV 变电站电气运行方式转换方法。通过注意事项介绍，掌握 3/2 断路器接线（或称 3/2 接线）电气运行方式转换和双母线分段接线电气运行方式转换的方法。

【正文】

电气运行方式转换是为运行人员进行正常操作和异常情况时提供操作思路。

一、3/2 断路器接线电气运行方式转换

（1）断路器检修。正常时可以先拉开断路器，后拉开其两侧隔离开关。断路器不能操作时，可将故障断路器两侧隔离开关拉开，即用隔离开关解环流的方法实现；也有的地区采用将与故障断路器直接相连的断路器均拉开，再将故障断路器两侧隔离开关拉开，最后合上其他被拉开断路器的方法。两种方法各有利弊，操作时采用哪种方法应征得调度同意。

（2）线路停电断路器合环。将两台线路断路器改成热备用，拉开线路隔离开关，再将线路断路器合上，此时的短线保护应投入。

（3）母线检修。断开母线断路器及两侧隔离开关。验电后合上母线接地开关。

二、双母线分段接线电气运行方式转换

（1）母线检修。正常运行方式下通过倒母线方式可将一条母线腾空检修，在母线故障后改作检修状态时应通过冷倒方式，即故障母线隔离开关先拉开，后合正常母线隔离开关，最后合上线路断路器。

（2）正常情况下的断路器检修。线路断路器检修时，先拉开断路器，后拉开线路隔离开关，再拉开母线隔离开关。

（3）异常情况下的断路器检修。线路断路器检修时，在断路器不能操作时，可以先把其他出线倒到另外母线，再利用该断路器所接母线的母联断路器和分段断路器都拉开的方法。母联检修而母联又不能操作可以有两种方法：

1）将所有母联和分段断路器改成非自动，拉开要停役母联两侧隔离开关，再恢复非自动断路器。

2）该母联断路器所接的两段母线中某出线的两组母线隔离开关均闭合，拉开要停役母联两侧隔离开关。

【思考与练习】

1. 在正常运行方式下，3/2 断路器接线中的断路器、母线停电如何操作？

2. 在正常运行方式下，双母线分段接线中的断路器、母线停电如何操作？

模块 5　500kV 变电站特殊运行方式（ZY1200101005）

【模块描述】本模块介绍 500kV 变电站各种特殊运行方式的特点。通过图例介绍和案例分析，掌握各种特殊运行方式的优缺点，以及各种特殊运行方式的应急预案。

【正文】

特殊运行方式下，运行可靠性下降，系统更易发生重大事故，如何认识特殊运行方式的特点，以及采取怎样的防范措施是本模块讨论的重点。

一、500kV 变电站特殊运行方式

1. 500kV 系统与 220kV 系统单主变压器联络运行

500kV 变电站安装两台或两台以上变压器，但只有一台联络变压器运行，或变电站只安装一台变压器联络运行时，即 500kV 系统与 220kV 系统单主变压器联络运行，其运行方式界面如图 ZY1200101005-1 所示。该方式下，变电站 500kV 系统与 220kV 系统之间只通过一台变压器联络运行，系统可靠性低，应做好运行变压器的负荷监视及运行变压器事故跳闸的应急预案，变压器检修应尽量安排在系统负荷较低时（如节假日）进行，并尽快恢复运行，不得同时安排两台变压器停电检修。

该运行方式的缺点如下：

（1）系统可靠性低，变压器无法满足 *N*–1 规范要求。

（2）当运行变压器发生事故跳闸时，将造成 500kV 系统、220kV 系统独立运行，因此应事先做好相关潮流变化计算，确定变压器稳定限额。

（3）运行变压器事故跳闸后恢复运行时，如果主变压器 220kV 侧无同期合闸装置，从 220kV 侧充电，500kV 侧合环，则 220kV 侧充电，将引起变压器励磁涌流增大。

2. 500kV 单母线运行

500kV 3/2 断路器接线的一组母线检修，断开该母线侧所有断路器及其两侧隔离开关时，即 500kV 单母线运行方式界面如图 ZY1200101005-2 所示。该方式下，500kV 单母线运行，站内所有线路或主变压器靠一组母线联络运行，运行可靠性低，实际工作中应尽量缩短单母线运行时间。

该运行方式的缺点如下：

（1）对于完整串，任一中间断路器事故跳闸时（或不完整串的另一断路器事故跳闸），将造成一条线路或主变压器停役。

（2）对于完整串，任一母线断路器事故跳闸时，将形成一条线路与主变压器或两条线路之间最低限度的连接；运行母线事故跳闸时，500kV 侧所有完整串形成一条线路与主变压器或两条线路之间最低限度的连接，不满足系统可靠性要求。

（3）任一断路器发生分闸闭锁时，将拉停相关线路、主变压器或母线，造成事故范围的扩大。

3. 500kV 一串全停

500kV 3/2 断路器接线其中一串全停时的运行方式界面如图 ZY1200101005-3 所示。当 500kV 串数在 3 串以上时，该方式下不会对系统运行造成影响；当 500kV 串数在 3 串及以下时，相当于三角形接线，系统可靠性降低。

该运行方式的缺点如下：

（1）任一运行断路器零压闭锁时，不得采用将该串断路器改非自动后拉两侧隔离开关的方法隔离，而应将所有断路器改非自动后拉两侧隔离开关，防止带负荷拉闸或拉合空充母线。

（2）任一运行断路器跳闸或停役，500kV 侧形成开环运行。

4. 500kV 线路或主变压器单断路器运行

500kV 3/2 断路器接线线路或主变压器均由两组断路器供电，当一组断路器故障时，可将故障断路器两侧隔离开关拉开，即 500kV 线路或主变压器单断路器的运行方式界面如图 ZY1200101005-4 所示。

该运行方式的缺点如下：

（1）另一运行断路器故障停役，造成一条出线或主变压器停役。

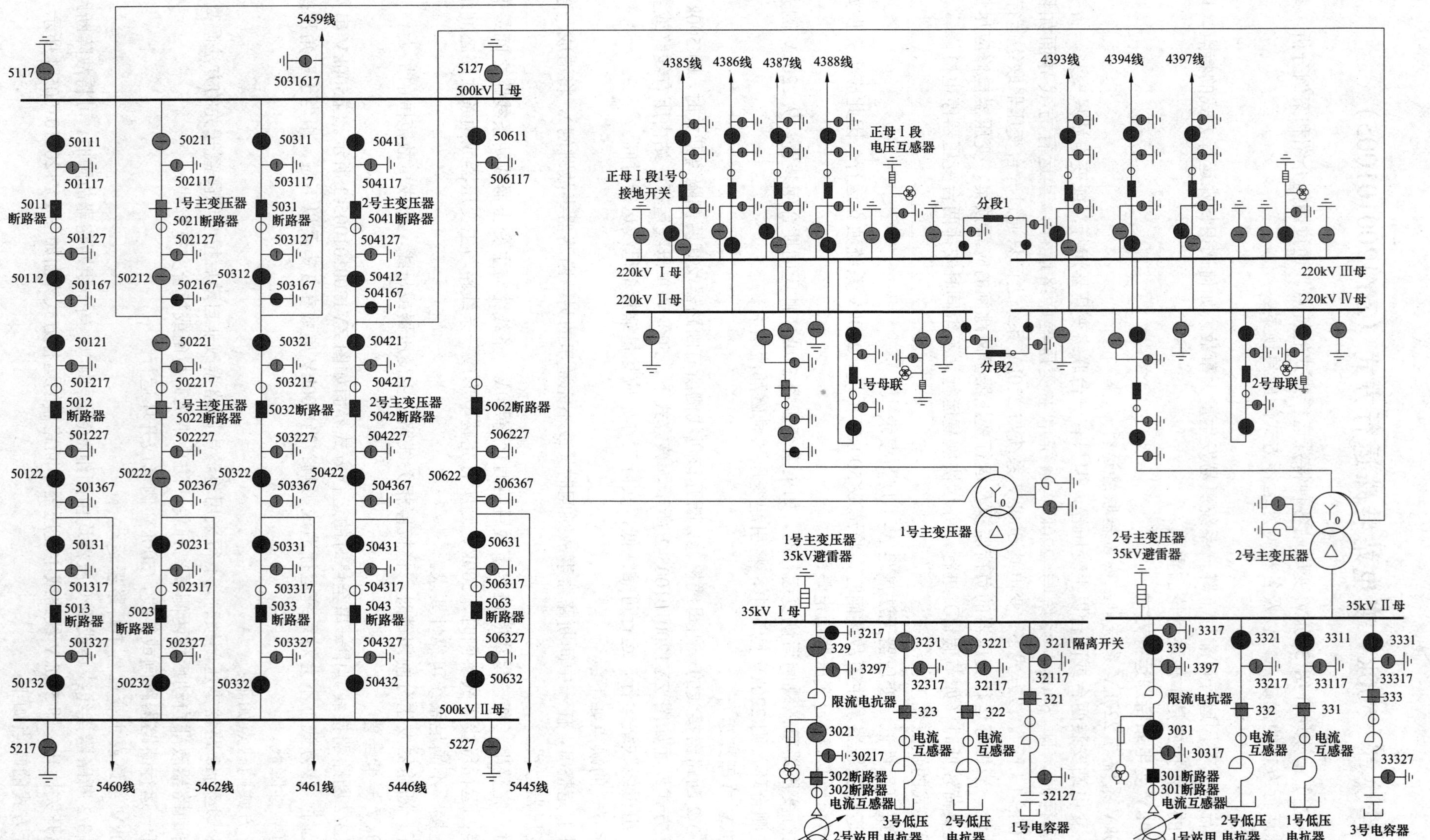

图 ZY1200101005-1　500kV系统与220kV系统单主变压器联络运行方式界面图

◐—隔离开关（断开）；●—隔离开关（闭合）；■—断路器（闭合）；▣—断路器（断开）；▥—避雷器

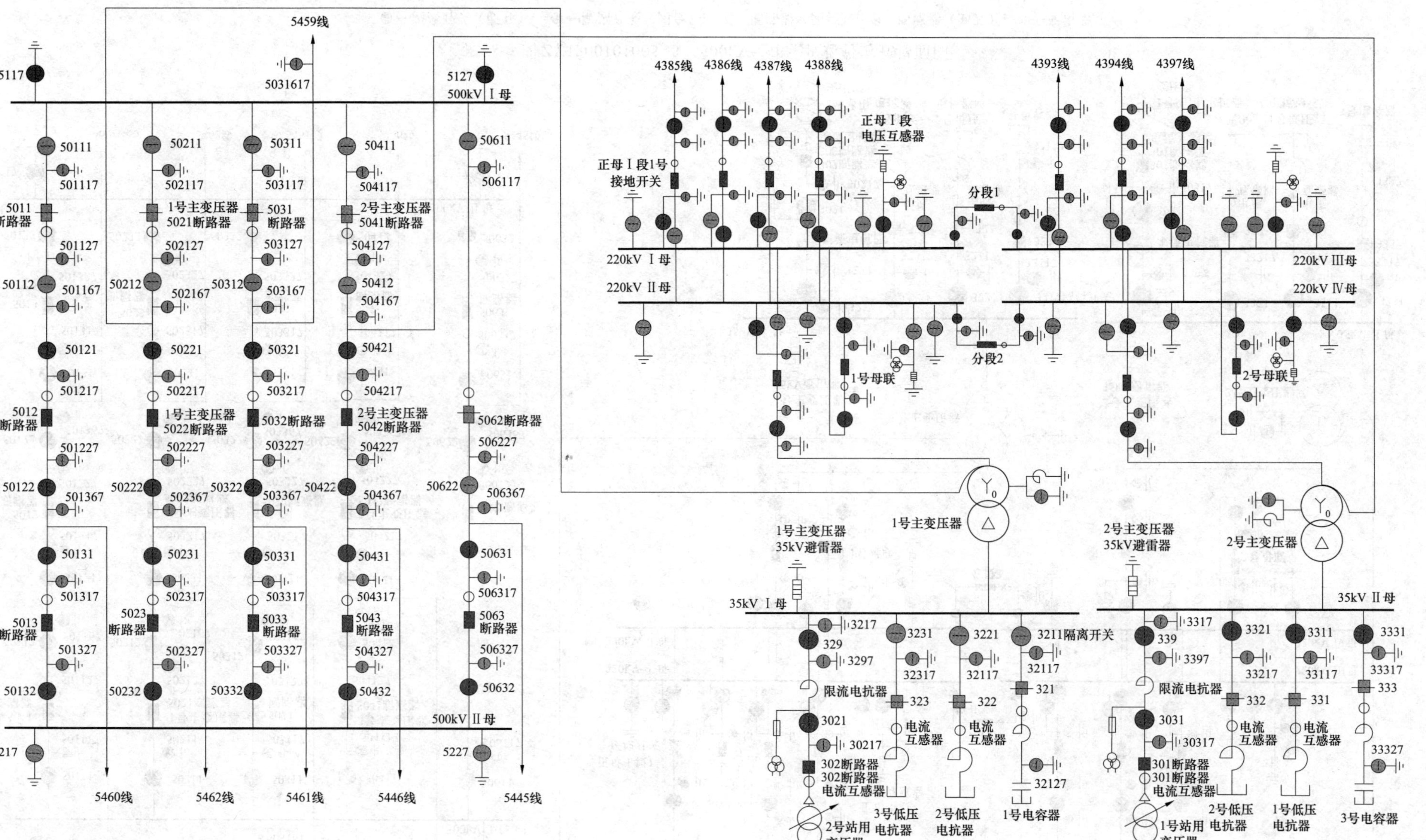

图 ZY1200101005-2　500kV单母线运行方式界面图

●—隔离开关（断开）；●—隔离开关（闭合）；■—断路器（闭合）；■—断路器（断开）；▭—避雷器

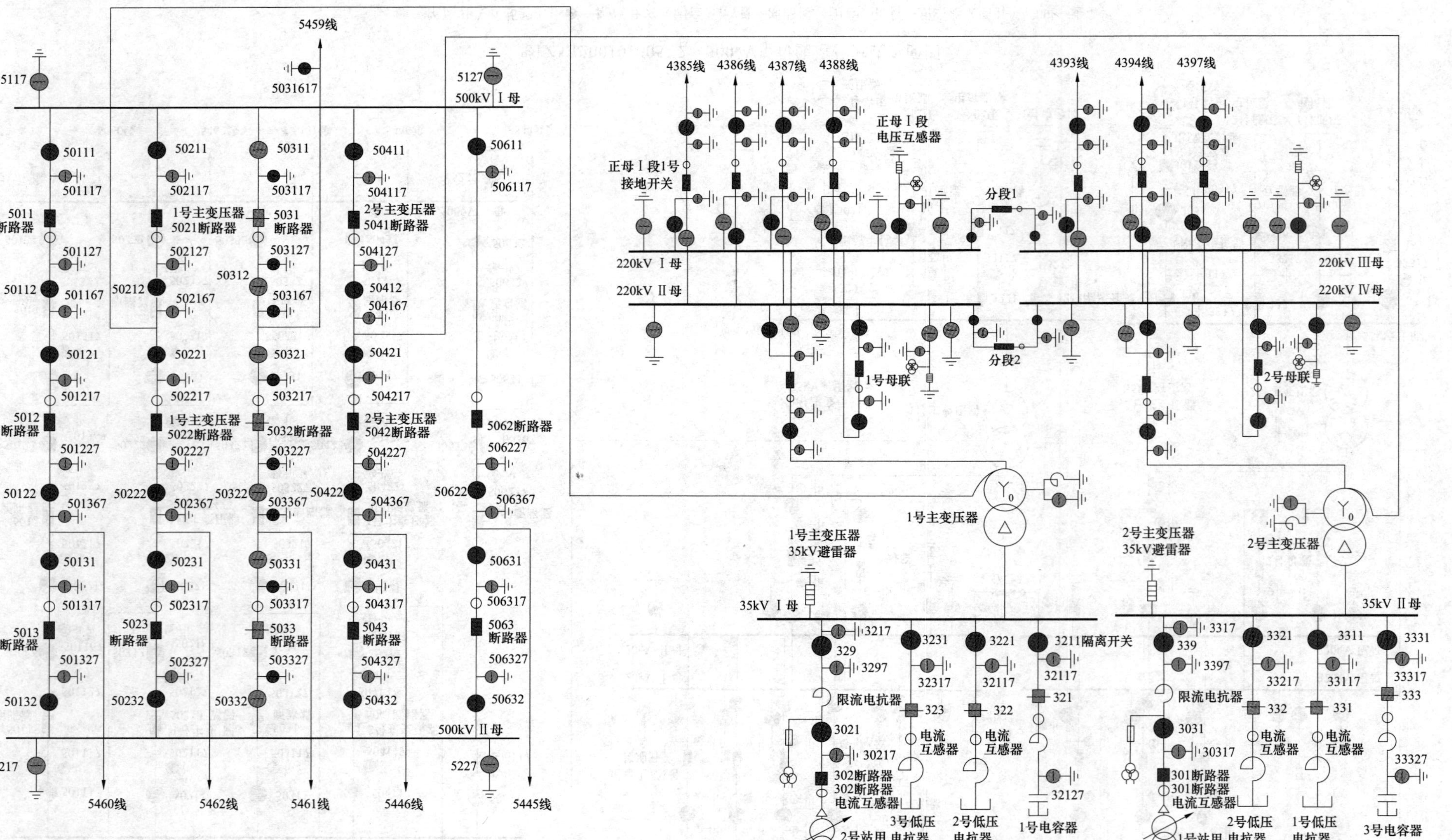

图ZY1200101005-3 500kV一串全停运行方式界面图

⊖—隔离开关（断开）；●—隔离开关（闭合）；■—断路器（闭合）；▣—断路器（断开）；▥—避雷器

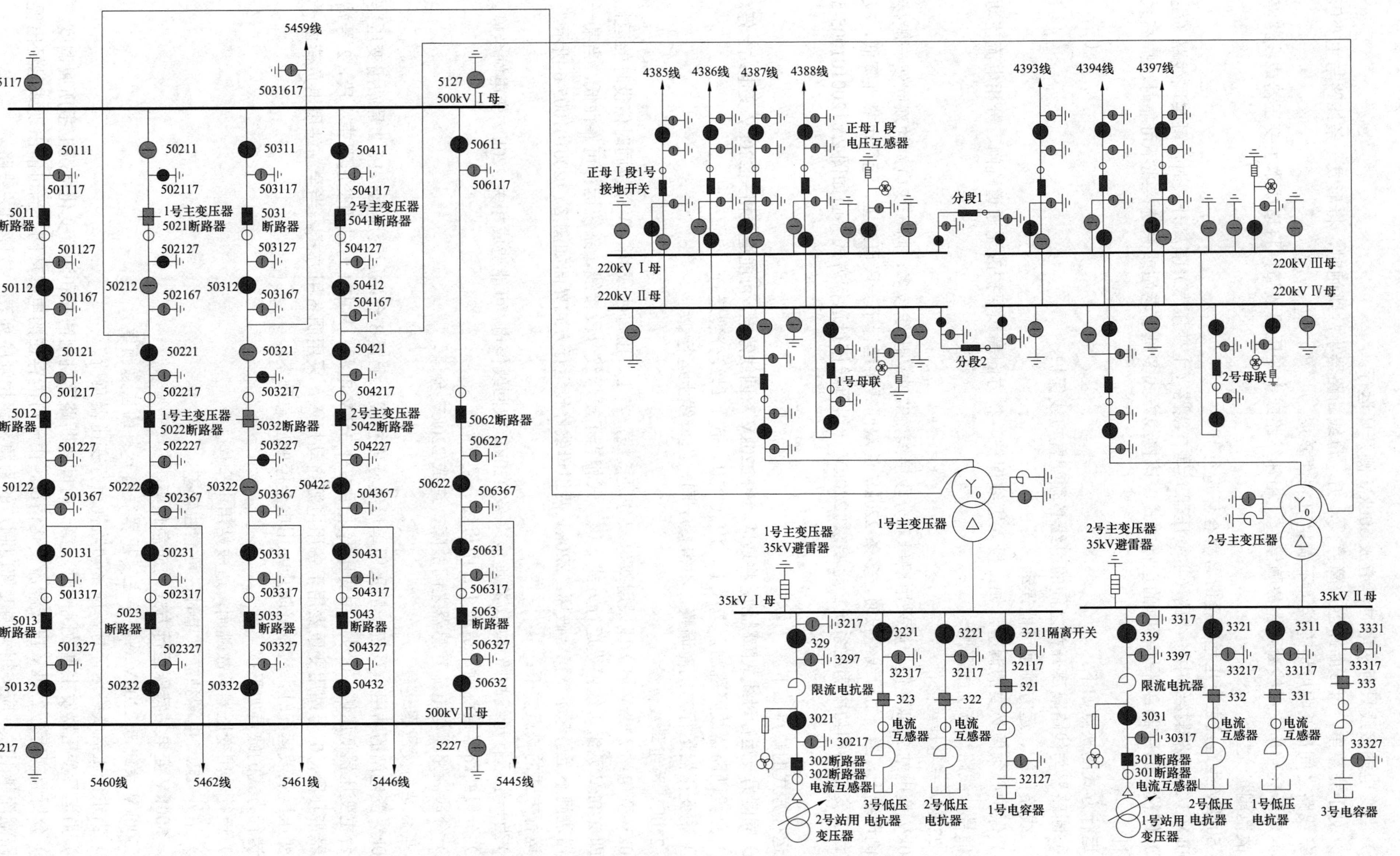

图 ZY1200101005 - 4 500kV线路或主变压器单断路器运行方式界面图

⊖—隔离开关（断开）；●—隔离开关（闭合）；■—断路器（闭合）；▣—断路器（断开）；▥—避雷器

（2）当变电站接线只有两串时，造成 500kV 侧开环运行。

（3）对于完整串，母线断路器故障停役，另一母线断路器事故跳闸时，将形成一条线路与主变压器或两条线路之间最低限度地连接，不满足可靠性要求。

（4）对于完整串，母线断路器故障停役，相邻线路或主变压器故障，将造成本主变压器或线路停电，事故范围扩大。

5. 500kV 线路或主变压器停役断路器合环运行

500kV 3/2 断路器接线中的线路（主变压器）具有线路（主变压器）隔离开关时，可实现线路（主变压器）停役、断路器合环运行时的运行方式。该接线方式多见于老站或系统接线不可靠时，提高系统可靠性。

该运行方式的缺点如下：

（1）断路器与线路隔离开关之间的引线必须配置短线保护。

（2）线路保护、远方跳闸可能误动。

（3）保护必须做必要的调整，如：投入短线保护，将方向高频保护改无通道跳闸、分相电流差动保护改信号，线路远方跳闸停用。

6. 220kV 一组母线停役

500kV 变电站 220kV 侧一般采用双母双分段接线，220kV 出线较多，同一变电站的双回线一般接于同一侧母线上，当一组母线停役时，多条 220kV 的双回线将运行于一段母线上，运行可靠性降低，应控制多台主变压器和功率满足系统稳定要求。220kV 一组母线停役运行方式界面如图 ZY1200101005-5 所示。

该运行方式的缺点如下：

（1）同侧另一运行母线故障跳闸，将造成多条 220kV 双回线停电，可能造成相关 220kV 变电站全停。

（2）分段断路器故障跳闸，造成Ⅰ、Ⅲ（或Ⅱ、Ⅳ）母线分裂运行。

（3）主变压器运行方式需调整，不得接于同一组母线上运行。

7. 220kV 两组母线停役

500kV 变电站 220kV 侧一般采用双母双分段接线，当Ⅰ、Ⅲ母线或Ⅱ、Ⅳ母线同时停役时的运行方式，即 220kV 两组母线停役运行方式。该方式相当于单母线分段接线，系统运行可靠性低，当某一主变压器跳闸不至引起系统稳定破坏。220kV 两组母线停役运行方式界面如图 ZY1200101005-6 所示。

该运行方式的缺点如下：

（1）当一组运行母线故障跳闸，将造成多条 220kV 双回线停电，可能造成相关 220kV 变电站全停。

（2）分段断路器误跳闸，造成Ⅰ、Ⅲ母线分裂运行。

（3）分段断路器与电流互感器之间故障，造成 220kV 全停。

8. 单台站用变压器运行

500kV 变电站的站用电系统一般采用单母线分段接线，配置 3 台站用变压器，1、2 号站用变压器接于两台主变压器低压侧，0 号站用变压器采用站外 35kV 电源。其中 1 号站用变压器带Ⅰ段，2 号站用变压器带Ⅱ段，0 号站用变压器用于备用电源自动投入，采用明备用方式。当全站站用电负荷由一台站用变压器负载运行时，应做好防止站用电全停的应急预案。

该运行方式的缺点如下：

（1）运行站用变压器事故跳闸，造成站用电全停。

（2）站外 35kV 电源独立供电时，可靠性较差。

二、500kV 变电站特殊运行方式的应急预案

1. 500kV 系统与 220kV 系统单主变压器联络运行的应急预案

（1）当主变压器联络运行时，应密切监视运行变压器负荷。

（2）当运行变压器发生事故跳闸时，第一时间将断路器跳闸情况和潮流变化情况汇报所属调度。

（3）分析监视所有 220kV 出线潮流变化情况，由于可能存在的电磁环网，当可能出现或已经出现某一线路潮流越限时，应按相关调度部门制定的紧急线路拉闸序列表，拉停相关线路。

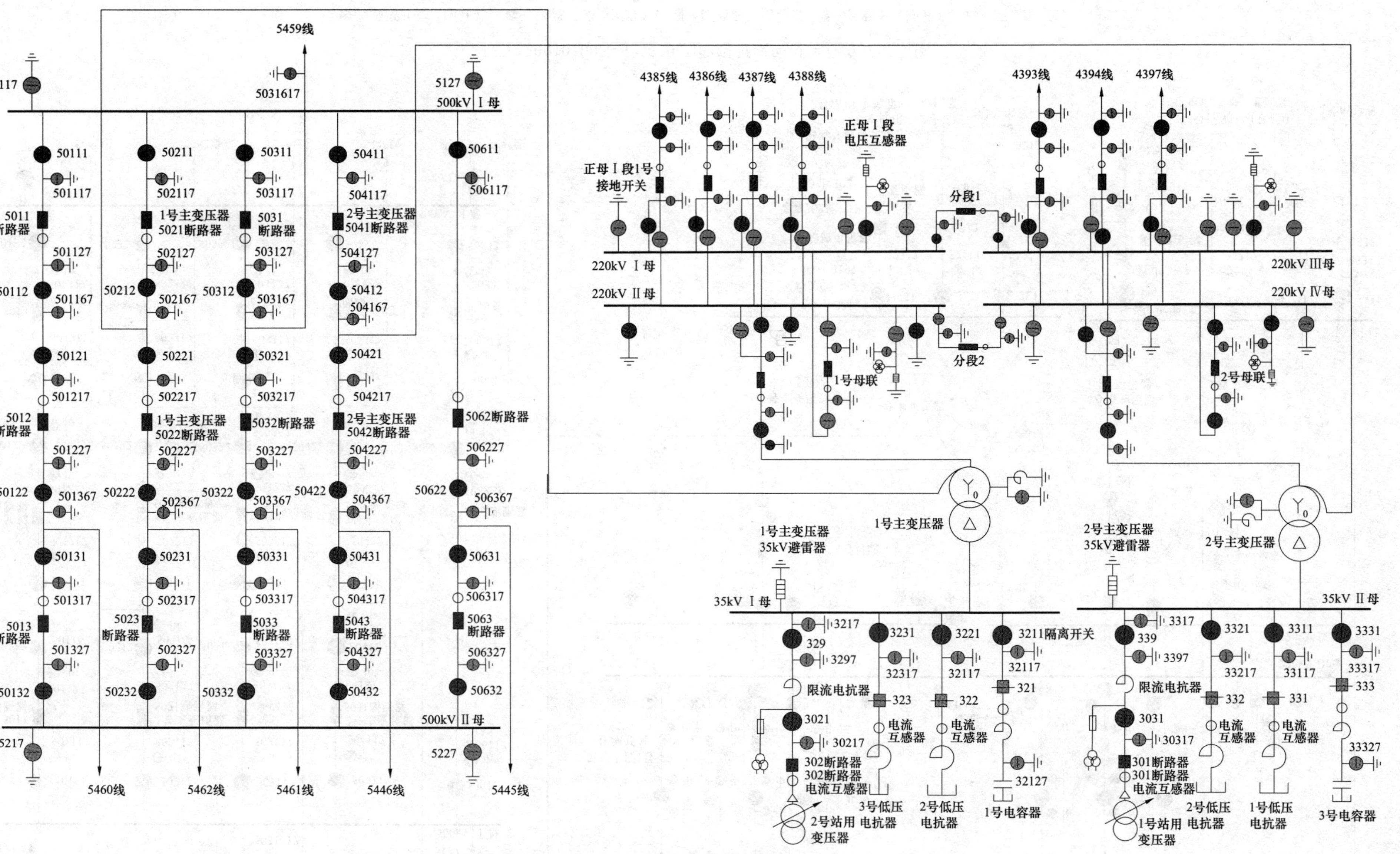

图 ZY1200101005-5 220kV一组母线停役运行方式界面图

●—隔离开关（断开）；●—隔离开关（闭合）；■—断路器（闭合）；■—断路器（断开）；▭—避雷器

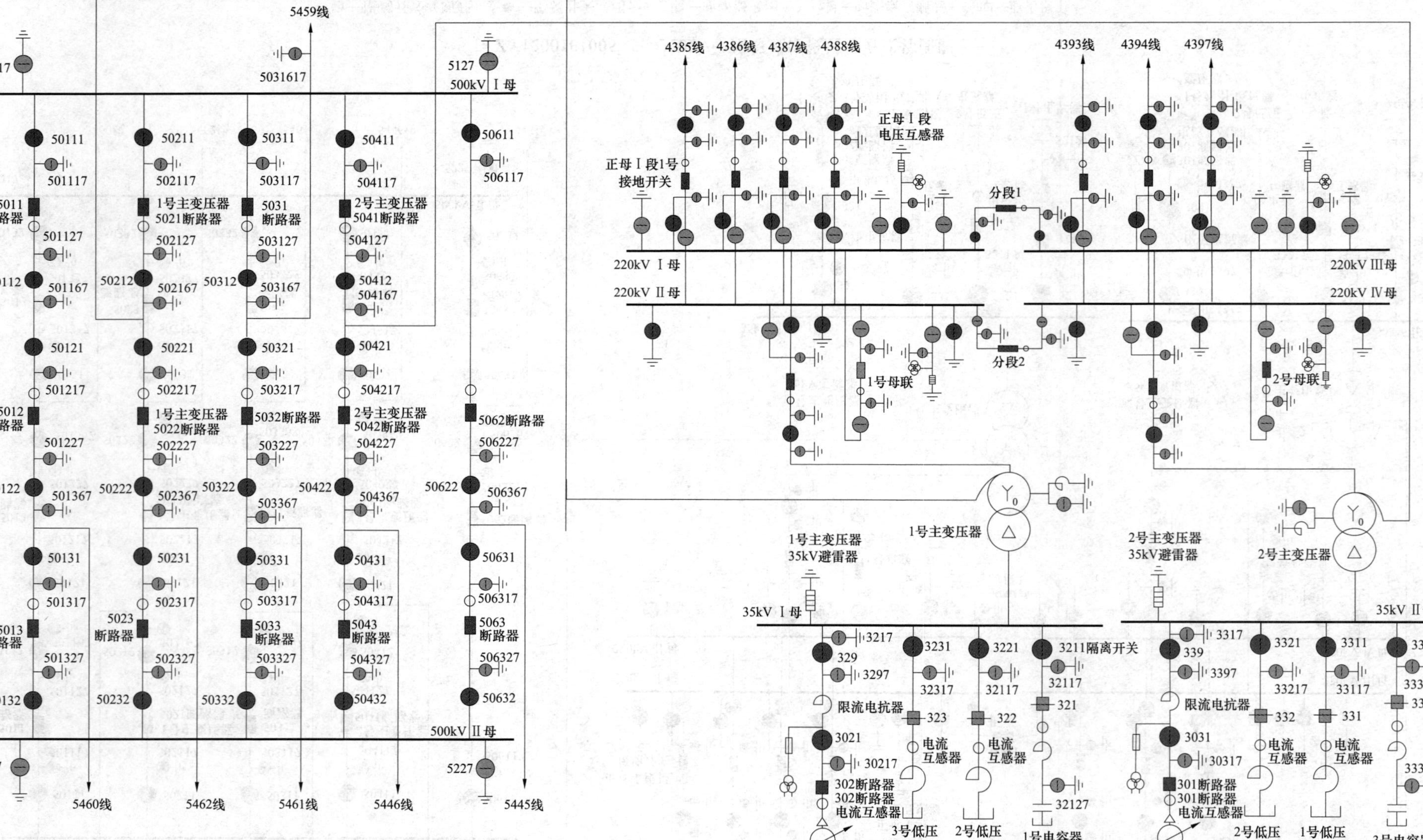

图 ZY1200101005-6 220kV两组母线停役运行方式界面图

◉—隔离开关（断开）；●—隔离开关（闭合）；■—断路器（闭合）；■—断路器（断开）；▥—避雷器

（4）确保站内交、直流系统运行情况正常，并要求相关县（市）调度确保站外站用电源供电。

（5）现场迅速查明变压器事故跳闸原因，若属于外部故障或保护误动引起，应尽快恢复主变压器运行，若属于内部故障引起，则尽快恢复另一台主变压器运行。

（6）主变压器恢复运行充电时，应采用 220kV 侧断路器充电，500kV 侧断路器合环，防止 500kV 系统与 220kV 系统非同期并列。

（7）变电站有条件时，应在站内设置应急电源发电车，并提供应急电源接入点。

2. 500kV 单母线运行时的应急预案

（1）站内所有 500kV 断路器运行情况正常，无影响断路器运行的缺陷。

（2）站内任一组断路器分闸闭锁时，不得直接拉开两侧隔离开关隔离故障断路器，应拉停相邻的另一台断路器，并将故障断路器停电后拉两侧隔离开关隔离。

（3）断路器故障或偷跳造成一条线路或主变压器停役时，经调度同意后可将故障断路器试合一次，若不成功，应尽快恢复检修母线的供电。

（4）运行母线失电形成系统最低限度连接时，现场应迅速查明母线故障跳闸的原因，建议调度拉停空充电的 500kV 线路。

（5）若确由母线设备故障引起运行母线失电，应汇报调度及现场检修负责人，尽快恢复检修母线的供电。若母线失电是由于区外故障或保护误动引起，应立即隔离故障，恢复失电母线运行。

（6）系统最低限度连接时，现场应密切监视各出线和主变压器的潮流变化，严格控制系统稳定限额。相关线路潮流越限时，应按调度部门制定的紧急线路拉闸序列表，拉停相关线路。

3. 500kV 一串全停及单断路器停役检修的应急预案

（1）当系统接线在三串以内时，站内任一运行断路器故障停役，均造成 500kV 系统开环运行。500kV 开环运行时应严格监视控制运行主变压器输送限额。

（2）500kV 开环运行时应做好线路或主变压器跳闸的事故预想。

（3）尽快恢复故障断路器的运行。当由于线路故障断路器跳闸造成 500kV 系统开环运行，应及时对 500kV 线路进行强送，强送不成，有线路隔离开关的可将线路改检修后断路器合环运行。

（4）尽可能恢复另一串断路器的运行。

（5）系统接线正常时，单断路器停役检修。如由于相邻另一线路故障造成主变压器单元停电时，系统急需，应尽快结束停役断路器检修工作，恢复主变压器运行。

4. 220kV 一组或两组母线停役的应急预案

（1）220kV 一组母线停役时，一般应执行新的多台主变压器的功率限额，并应调整运行方式，使多台主变压器 220kV 侧分别运行于另三组母线上。

（2）220kV 两组母线停役时，应注意两组运行的母线潮流分配情况是否合理，监视分段断路器电流情况，避免Ⅰ、Ⅲ（或Ⅱ、Ⅳ）母线之间大量传送有功功率。

（3）220kV 一组母线停役发生同一侧另一组母线事故跳闸时，应第一时间将断路器跳闸情况和潮流变化情况汇报所属调度。当可能出现或已经出现某一线路潮流越限时，应按相关调度部门制定的紧急线路拉闸序列表，拉停相关线路。

（4）迅速查明母线事故跳闸原因。如找到故障点并可隔离时，应迅速隔离故障点恢复母线运行；如找到故障点并不可隔离时，应汇报调度，尽快恢复另一组母线的供电；如找不到故障点，则可用分段断路器试送一次，试送成功恢复供电。

（5）如另一侧母线故障造成母线分段运行，则应严格监视各运行元件潮流变化情况，按（4）的原则处理，尽速恢复合环运行。

5. 单台站用变压器运行的应急预案

（1）0 号站用变压器与 1 号/2 号站用变压器间一般存在 30°相位差，误并列将造成站用变压器失电。

（2）单台站用变压器供电运行方式下，站用变压器故障或上一级电源故障均造成站用电失电。

（3）站用电失电或主变压器冷却器交流电源回路故障，造成主变压器冷却器全停动作跳闸。

（4）站内不配备应急电源发电车的，应在站内设置站用电应急电源接入系统，在站用电由于某种原因全停时，紧急调应急电源发电车至现场，启动应急电源。

（5）检查站用电失电原因，如交直流系统正常，应尽快恢复停役站用变压器运行。

【思考与练习】

1. 简述 500kV 系统与 220kV 系统单主变压器联络运行的特点及应急预案。
2. 简述 500kV 单母线运行时的特点及应急预案。
3. 简述单台站用变压器运行的特点及应急预案。

国家电网公司
生产技能人员职业能力培训专用教材

第八章　500kV 变电站二次部分

模块 1　500kV 变电站继电保护配置及二次设备（ZY1200102001）

【模块描述】本模块介绍 500kV 变电站继电保护配置及二次设备。通过要点归纳和分析，掌握 500kV 变电站继电保护的配置、保护功能、保护范围和自动装置的功能。

【正文】

电力系统设备异常和故障通常通过二次设备、继电保护及自动装置反映，掌握二次设备、继电保护及自动装置的配置、功能与范围，对变电运行工作至关重要。

一、500kV 变电站二次设备概述

变电站二次设备是用于对电力系统及一次设备工况进行监测、控制、调节和保护的低压电气设备，包括测量仪表、控制及信号器或自动化监控系统、继电保护和安全自动装置、通信设备等。二次设备及其相互连接的回路称为二次回路，它是确保电力系统安全生产、经济运行和可靠供电不可缺少的重要组成部分。

二次回路通常包括用以采集一次系统电压、电流信号的交流电压回路、交流电流回路，用以对断路器及隔离开关等设备进行操作的控制回路，用以对主变压器分接头进行控制的调节回路，用以反映一、二次设备运行状态、异常及故障情况的保护和信号回路，以及用以供二次设备工作的电源回路等。

随着计算机、通信技术的发展，电力系统的自动化水平越来越高，自动化设备的种类越来越多，变电站综合自动化系统使测量、保护及控制等功能得到集成，二次回路大大简化。

二、500kV 变电站继电保护的配置及保护范围

500kV 变电站根据电气主接线的情况，配置的继电保护主要有 500kV 母线保护、500kV 主变压器保护、500kV 线路保护、220kV 母线保护、220kV 线路保护、35kV 电容器保护、35kV 电抗器保护、35kV 电容器/电抗器自动投切装置。

（一）主变压器保护

为了保证变压器的安全运行，防止损坏设备，按照变压器可能发生的故障，装设灵敏、快速、可靠和选择性好的保护装置。

1. 主变压器可能发生的故障和异常情况

主变压器可能发生的故障情况有：各相绕组之间的相间短路；单相绕组部分线匝之间匝间短路，单相绕组和铁芯绝缘损坏引起的接地短路；引出线的相间短路；引出线通过外壳发生的单相接地短路以及油箱和套管漏油。

变压器可能发生的异常情况有：外部短路或过负荷引起的过电流；变压器中性点电压升高或由于外加电压过高引起的过励磁等。

2. 主变压器保护配置

（1）根据继电保护和安全自动装置技术规程规定，变压器一般配置以下保护：

1）变压器油箱内部短路故障和油面降低的瓦斯保护、压力释放、油温过高、冷却器全停等非电量保护。

2）变压器绕组和引出线多相短路、大电流接地系统侧绕组和引出线的单相接地短路以及绕组匝间短路的纵联差动保护或电流速断保护。

3）变压器外部相间短路并作为瓦斯保护和差动保护（电流速动保护）后备的低电压启动过电流保护（或复合电压启动的过电流保护或负序过电流保护）。

4）500、220kV 距离保护。

5）反应大电流接地系统中变压器外部接地短路的零序电流保护。

6）变压器对称过负荷的过负荷保护。

7）变压器过励磁的过励磁保护。

（2）不同电压等级和容量的变压器配置有所区别，电压等级越高、容量越大的变压器配置越复杂。对 500kV 变压器除非电量保护外，按照双重化配置。

3. 主变压器保护范围

（1）电气量保护。

1）500kV 变压器为提高切除自耦变压器内部单相接地故障的可靠性，应配置分侧差动保护。该保护只接入高/中压侧独立电流互感器和公共绕组套管电流互感器电流，其保护范围为高、中压侧绕组和引线的接地和相间故障，但不保护绕组的匝间故障。同时配置高/中压侧独立电流互感器与低压侧三角内套管电流互感器（低压侧有独立电流互感器则接独立电流互感器）构成的分相电流差动保护，其保护范围为变压器内部绕组所有故障和高、中压侧引线故障（低压侧接独立电流互感器，包括低压侧引线的相间故障）。

2）高压侧后备保护针对相间故障可配置带偏移特性的相间阻抗保护或复合电压过电流保护。阻抗保护指向变压器的阻抗不伸出中压侧母线，作为变压器部分绕组相间故障的后备保护；指向 500kV 母线的阻抗仅作为本侧母线相间故障的后备保护。针对单相接地故障需要配置零序电流保护，方向指向 500kV 母线的零序保护作为本侧母线接地故障的后备保护，不带方向的接地保护主要作为变压器内部绕组单相接地故障的后备保护。为防止系统故障时 500kV 断路器失灵，从变压器其他侧提供短路电流，高压侧后备保护还需要配置变压器高压侧断路器失灵保护联跳各侧断路器的功能。

3）中压侧后备保护针对变压器内部的相间故障配置带偏移特性的相间阻抗保护或复合电压过电流保护。指向变压器的阻抗不伸出高压侧母线，作为变压器部分绕组相间故障的后备保护；指向母线的阻抗仅作为本侧母线相间故障的后备保护。针对单相接地故障配置零序电流保护，方向指向 220kV 母线的零序保护作为本侧母线接地故障的后备保护，不带方向的零序保护作为变压器内部接地故障的后备保护。为防止母线或主变压器故障 220kV 断路器失灵，中压侧后备还配置变压器中压侧断路器失灵联跳各侧断路器的功能。

4）低压侧后备保护配置过电流保护，作为变压器内部相间故障的后备保护。配置复合电压闭锁过电流保护，作为低压侧母线相间故障的主保护。

5）公共绕组配置零序过电流保护，作为公共绕组内部和系统接地故障的总后备。

6）低压侧配置中性点偏移保护，用于反应 35kV 系统的单相接地故障。

7）高压侧、公共绕组都配置过负荷保护，动作于发信。

8）为防止系统过电压或低频运行，设置过励磁保护，有定时限告警和反时限特性跳闸功能。

（2）非电气量保护。

1）本体重瓦斯保护：反应变压器油箱内部的短路故障。

2）有载调压重瓦斯保护：反应变压器有载调压油箱内部的短路故障。

3）本体压力释放：变压器本体油箱内部因短路故障而使油箱内部压力达到压力释放定值时动作。

4）有载调压压力释放：变压器有载调压油箱内部因短路故障而使油箱内部压力达到压力释放定值时动作。

5）本体轻瓦斯：本体轻瓦斯动作告警。

6）本体油温高：本体油温高跳闸或告警。

7）绕组超温：绕组超温跳闸或告警。

8）本体油位告警：本体油位过高告警和过低告警。

9）调压油位告警：有载调压油位异常告警。

10）调压轻瓦斯：有载调压轻瓦斯动作告警。

11）冷却器全停：冷却器全停跳闸或告警。

（二）电抗器保护

500kV 变电站中，电抗器主要分为 500kV 并联电抗器和 35kV 并联电抗器，两者用途不同，保护的配置也不同。500kV 并联电抗器（俗称高压电抗器）一般并联于 500kV 超高压长线路，用来防止超高压长线路轻载运行或充电出现的过电压；35kV 电抗器（俗称低压电抗器）用于系统无功电压调节，安装在 500kV 变压器的 35kV 母线侧。

1. 500kV 并联电抗器保护配置

500kV 并联电抗器一般采用油浸式电抗器。非电量保护包括跳闸的重瓦斯和压力释放，保护电抗器油箱内部的短路故障，还包括发信的轻瓦斯、油温高和线圈温度高。电气量保护应双重化配置，高压电抗器主保护配置差动保护和零序差动保护、匝间保护，主要保护电抗器内部的接地故障、引线相间故障和匝间短路故障；后备保护配置过电流保护、零序过电流保护，作为电抗器内部接地故障和引线相间故障的后备保护；并联电抗器保护动作后跳本侧断路器，同时经远方跳闸跳对侧断路器。此外电抗器还配置过负荷保护，反应电压升高导致的电抗器过负荷，延时发信。

2. 35kV 电抗器保护配置

35kV 并联电抗器一般采用干式电抗器，一个 500kV 变电站可能配置多组 35kV 电抗器。保护配置相对简单，主要有过电流保护、零序过电流、欠电流保护、低电压保护等后备保护。往往几组低压电抗器保护组在一面屏中，甚至电抗器保护和电容器保护组在同一面屏中。

（三）母线保护

母线是变电站的重要组成元件，与其他电气设备一样，母线及其绝缘子也存在着由于绝缘老化、污秽和雷击等引起的短路故障，此外还可能发生由值班人员误操作而引起的故障。母线故障造成的后果十分严重，不仅使连接在故障母线上的所有元件被迫停电，甚至还会导致系统稳定破坏。因此，高压系统的母线都要求配置专用的母线保护。

1. 500kV 变电站母线保护配置

对 220～500kV 母线，应装设快速有选择地切除故障的母线保护：

（1）对 3/2 断路器接线，每组母线应装设两套母线保护。

（2）对双母线、双母线分段等接线，为防止母线保护因检修退出失去保护，母线发生故障会危及系统稳定和使事故扩大时，一般装设两套母线保护。

2. 500kV 变电站母线保护范围

母差保护反应母线范围内的各种短路故障。在 500kV 线路或变压器故障而 500kV 边断路器失灵时，需要边断路器失灵保护启动母线保护跳开母线上的其他间隔。

在线路或变压器故障而 220kV 断路器失灵时，需要启动母线失灵保护跳开母线上其他断路器。母联（分段）失灵保护在一组母线故障而母联断路器失灵时延时跳开另外一组母线的断路器。当故障点发生在电流互感器和断路器之间时，母差保护动作跳开母联断路器，但故障电流并没有消除，且另外一组母线的母差保护属区外，不会动作。母联（分段）死区保护此时用来跳开另外一组母线的断路器。为防止 220kV 母线保护误动，差动保护和失灵保护都要经过复合电压元件闭锁，但母联间隔不需要经过复合电压元件闭锁。

（四）线路保护

220、500kV 输电线路在整个电网中分布最广，自然环境也比较恶劣，因此输电线路故障概率较高。线路的故障类型主要有单相、相间短路故障。输电线路的故障大多数是瞬时性的，因此，线路设置自动重合闸以提高供电可靠性。

不同电压等级的输电线路保护配置不同。220kV 及以上线路保护采用近后备的原则，配置两套不同原理的纵联保护和完整的后备保护。

1. 500kV 线路保护配置

500kV 线路保护一般按 2 面屏组屏：

（1）线路保护 1 屏（柜）：主保护、后备保护 1+（过电压及远方跳闸就地判别保护 1）。

（2）线路保护 2 屏（柜）：主保护、后备保护 2+（过电压及远方跳闸就地判别保护 2）。

主保护指全线速动保护，保护线路内部发生相间或接地故障。主保护的种类有高频距离、高频零序、高频突变量和分相电流差动保护等。后备保护包括相间和接地距离、零序方向过电流保护和反时限过电流保护等。当本侧工频过电压保护动作时可选择是否跳本侧断路器，同时发远方跳闸信号。远方跳闸就地判别装置就地判据应能反应一次系统的故障、异常运行状态，主要用来防止系统干扰而引发的误动。

3/2 断路器接线的变电站断路器保护按断路器配置，主要包含失灵保护、重合闸等功能，往往组在同一面组屏中。当 500kV 线路或变压器故障线路保护或变压器保护动作但断路器拒动时，或断路器与电流互感器之间故障时，失灵保护动作跳开相邻运行断路器或启动母差、远跳出口。

3/2 断路器接线，安装有线路或主变压器闸刀，当线路或主变压器检修而断路器需合环运行时，在该间隔两组断路器之间发生故障能有选择地切除故障，还需要配置短引线保护，按双重化配置。每套保护应包含过电流保护功能。短引线保护可与边断路器保护组在同一面屏中，也可独立组屏。

2. 220kV 线路保护配置

与 3/2 断路器接线不同，220kV 线路一般为双母线接线，断路器失灵保护和重合闸与线路保护组在同一面屏中，一般按 2 面屏组屏：

（1）线路保护 1 屏（柜）：线路保护、重合闸（失灵）1+操作箱。

（2）线路保护 2 屏（柜）：线路保护、重合闸（失灵）2+操作箱。

220kV 线路保护含主保护、后备保护。主保护主要指高频距离保护、高频零序保护、高频突变量方向保护和光纤差动保护。后备保护包括三段相间和接地距离、四段零序方向过电流保护。线路保护屏中的失灵保护实际上是失灵电流判别元件，该功能也可以在母线保护中实现。

500kV 线路和 220kV 线路的三相不一致保护可以在断路器机构本体实现。

（五）断路器失灵保护

断路器失灵保护是当线路或元件故障，相关保护已动作出口跳相应断路器，而断路器由于某种原因未能跳开，故障点不能被隔离的情况下设置的保护。

1. 断路器保护的配置

在 220～500kV 电力网中，一般按下列原则装设一套断路器失灵保护：

（1）线路或电力设备的后备保护采用近后备方式。

（2）如断路器与电流互感器之间发生故障不能由该回路主保护切除形成保护死区，而其他线路或变压器后备保护切除又扩大停电范围，并引起严重后果时（必要时，可为该保护死区增设保护，以快速切除该故障）。

（3）对 220～500kV 分相操作的断路器，可仅考虑断路器单相拒动的情况。

2. 断路器失灵保护的范围与功能

若某个断路器失灵，则由失灵保护动作跳开其相邻的断路器以隔离故障。对于双母线接线，相邻断路器就是其所在母线上其他所有断路器以及本断路器相连接的出线对侧的断路器；对于 3/2 断路器接线，还有其相邻的中间断路器，若是中间断路器失灵，则相邻断路器是两个边断路器和线路对侧的断路器。

（六）电容器保护

35kV 电容器安装在 500kV 变电站的 35kV 母线侧，用于无功电压调节。对 35kV 电容器组保护应能反应下列故障及异常情况：

（1）电容器组和断路器之间连接线短路。

（2）电容器内部故障及其引出线短路。

（3）电容器组中，某一故障电容器切除后所引起剩余电容器的过电压。

（4）电容器组的单相接地故障。

（5）电容器组过电压。

（6）所连接的母线失压。

（7）中性点不接地的电容器组，各组对中性点的单相短路。

多组电容器的保护往往组在同一面屏中。电容器保护中配置过电流保护和零序保护，保护电容器组和断路器之间连接线的相间和接地故障。设置电压、电流不平衡保护，当电容器组中的故障电容器被切除到一定数量后，引起剩余电容器端电压超过 110%额定电压时，保护应将整组电容器断开。

（1）中性点不接地单星形接线电容器组，可装设中性点电压不平衡保护。

（2）中性点接地单星形接线电容器组，可装设中性点电流不平衡保护。

（3）中性点不接地双星形接线电容器组，可装设中性点间电流或电压不平衡保护。

（4）中性点接地双星形接线电容器组，可装设反应中性点回路电流差的不平衡保护。

（5）电压差动保护。

（6）单星形接线的电容器组，可采用开口三角电压保护。

对电容器组，电容器保护中应装设过电压保护，带时限动作于信号或跳闸。应配置低电压保护，当母线失压时，带时限切除所有接在母线上的电容器。

三、500kV 变电站自动装置的配置及功能

变电站自动装置是在电力网中发生故障或出现异常运行时，为确保电网安全与稳定运行，起控制作用的自动装置，如自动重合闸、备用电源或备用设备自动投入、低频和低压自动减载、自动解列、故障记录等装置。

（一）按频率自动减负荷装置

电力系统在各种可能的扰动下失去部分电源（如切除发电机、系统解列等）而引起频率降低时，将频率降低限制在短时允许范围内，并使频率在允许时间内恢复至长时间允许值。应设置限制频率降低的控制装置，就是低频减载装置。低频减载是限制频率降低的基本措施，电力系统低频减载装置的配置及其所断开负荷的容量，应根据系统最不利运行方式下发生事故时，整个系统或其各部分实际可能发生的最大功率缺额来确定。自动低频减载装置的类型和性能如下：

（1）快速动作的基本段，应按频率分为若干级，动作延时不宜超过 0.2s。装置的频率整定值应根据系统的具体条件、大型火电机组的安全运行要求以及装置本身的特性等因素确定。提高最高一级的动作频率值，有利于抑制频率下降幅度，但一般不宜超过 49.2Hz。

（2）延时较长的后备段，可按时间分为若干级，启动频率不宜低于基本的最高动作频率。装置最小动作时间可为 10～15s，级差不宜小于 10s。

（二）无功电压自动投切装置

500kV 变电站的 35kV 母线侧都会根据系统电压调节需要配置多组电容器和电抗器，用于无功补偿。电抗器、电容器应有自动投切功能，通过无功补偿设备的投切以及变压器分接头的调整来协调上级调度完成电压无功的分层分区控制，在满足安全运行条件的前提下，提高电压质量，降低网损，提高电网运行的经济性。

为了实现电容器和电抗器自动投切的功能，500kV 变电站中配置电抗器自动投切装置和电容器自动投切装置。装置采集 500kV 侧电压、电流、功率因数等信息，根据既定的策略进行判断给出相应的决策，投切相应的电容器和电抗器。每台 500kV 变压器配置一台电容器（电抗器）投切装置。

低压无功自动投切功能宜由监控系统实现，如不满足系统要求，可装设一套低压无功自动投切装置。

电压自动控制的控制策略有优先满足 500kV 母线运行电压要求的自动控制策略和优先满足 220kV 母线运行电压要求的两种自动控制策略。一般采用优先满足 500kV 母线运行电压要求的自动控制策略，见表 ZY1200102001-1。

表 ZY1200102001-1　优先满足 500kV 母线运行电压要求的自动控制策略

500kV 侧 / 220kV 侧	490～515kV	＞515kV	＜490kV	＞520kV	＜485kV
225～236kV	不调整	切电容 投电抗	切电抗 投电容	切电容 投电抗 （上调主变压器分接开关）	切电抗 投电容 （下调主变压器分接开关）
＞236kV	切电容 投电抗 （高峰时，$U_{500}<U_{5m}$，则不投电抗）	切电容 投电抗	（下调主变压器分接开关）	切电容 投电抗	（下调主变压器分接开关）

续表

220kV 侧 \ 500kV 侧	490～515kV	>515kV	<490kV	>520kV	<485kV
<225kV	切电抗 投电容 （低谷时，$U_{500}>U_{5m}$，则不投电容）	（上调主变压器分接开关）	切电抗 投电容	（上调主变压器分接开关）	切电抗 投电容
>242kV	切电容 投电抗 （下调分接开关）	切电容 投电抗	（下调主变压器分接开关）	切电容 投电抗	（下调主变压器分接开关）
<220kV	切电抗 投电容 （上调分接开关）	（上调主变压器分接开关）	切电抗 投电容	（上调主变压器分接开关）	切电抗 投电容

注 U_{500} 是指 500kV 母线电压，U_{5m} 是指 500kV 电压目标上、下限值的均值。

（三）同期装置

当两个系统并网时，首先要判断两个系统的频率、相序、电压是否一致，否则并网后会出现很大的冲击电流，对系统造成危害。因此在系统并网时需要经过同期判别，同步检测断路器两侧电压的幅值、相位和频率，并发出同期合闸启动或闭锁信号。在非综合自动化变电站中，同期是个独立的自动装置。500kV 综合自动化变电站中，同期功能由测控单元实现。目前 500、220kV 各断路器测控单元均具有同期功能，不需要同期的断路器可以通过控制字及压板退出同期功能。

（四）故障录波装置

电力系统故障录波器主要指 500、220kV 变电站及一些枢纽变电站中用作记录和分析电网故障的设备。其记录的电网参数除对一般参数，即电流、电压、开关量的记录外，还对有关元件的有功、无功、非周期分量的初值电流及其衰减时间常数、系统频率变化及各种参数变化的准确时间进行记录。其作用除了用于检测继电保护及安全自动装置的动作行为外，还用于分析动作过程中各电气量的变化规律、校核电力系统计算程序和模型参数的正确性。微机故障录波器设有串行通信接口，可以通过拨号和数据网两种方式传输给远方调度作进一步数据分析。

传统的微机故障录波器由前置机和后台机组成，前置机负责数据采集和判别启动，将故障信息快速及时传到后台机。前置机是个智能数据采集系统，其插件中存储容量不大，数据存储采用循环刷新的方式。后台机部分由工控机组成，后台机接受前置机送来的故障录波信息，通过数据处理和管理，完成测距计算，统计各种数据表格，绘图打印输出。传统的微机故障录波器前置机和后台机存在通信瓶颈，在遇到短时间内有大量故障数据时，由于通信中断导致部分故障数据丢失，工控机缺乏有效的自检手段，在死机后不能及时告警。随着 Flash 存储技术的发展，嵌入式微机故障录波器成为今后故障录波器的发展方向。嵌入式微机故障录波器的基本原理和微机继电保护一样，不再采用工控机的模式，而是通过单片机系统来接收和管理录波数据。单片机系统采用专用的嵌入式操作系统，硬件出现故障能够及时告警。单片机系统拥有庞大的数据存储空间，可以解决与外界通信中断的情况下存储大量的数据文件。

即使数字式保护装置带有故障录波、事件记录功能，500kV 系统仍需配置独立专用的故障录波器。500kV 变压器的高、中、低压侧电流、电压量及保护动作信号应接入同一台故障录波器。500kV 高压电抗器的交流量及相关保护动作信号也应接入故障录波器。500kV 3/2 断路器接线方式的母线应配置故障录波器。

故障录波器应具有事件记录功能，其分辨率不低于 1ms，保护装置与通道设备的输入、输出联系，分相和三相跳闸、启动失灵、启动重合、合闸、远方跳闸、开关位置等均应接入事件记录。故障录波器应具有远传功能，配置相应的设备及通信和分析软件，同时应能提供标准的 Comtrade 格式的录波数据文件。故障录波器应能接收 GPS 的 IRIG-B 时钟同步信号。

（五）备用电源自动投入装置（380V 站用电备自投）

备用电源自动投入装置（简称备自投）是保证供电可靠性的重要设备。当站用变压器 380V 侧电压消失，而站用备用变压器高压侧有压时，自动投入站用备用变压器高压侧断路器和 380V 站用备用分支断路器。

如图 ZY1200102001-1 所示为备用变压器自动投入装置的典型一次接线。正常运行时，3QF、4QF、5QF

在断开状态，变压器 T0 作 T1、T2 的备用。电源备自投装置采集断路器位置、电压、电流等信息，如判断出已失去主电源将自动合上备用电源。例如，工作变压器 T1 退出运行时，3QF、4QF 收到备自投装置的合闸命令后动作，将变压器 T0 投入。有的变电站中，Ⅰ、Ⅱ段间还装设一组分段断路器，正常运行时，分段断路器断开，3QF 闭合，这样运行中可以实时监视备用变压器 T0 是否正常，且操作比较方便。

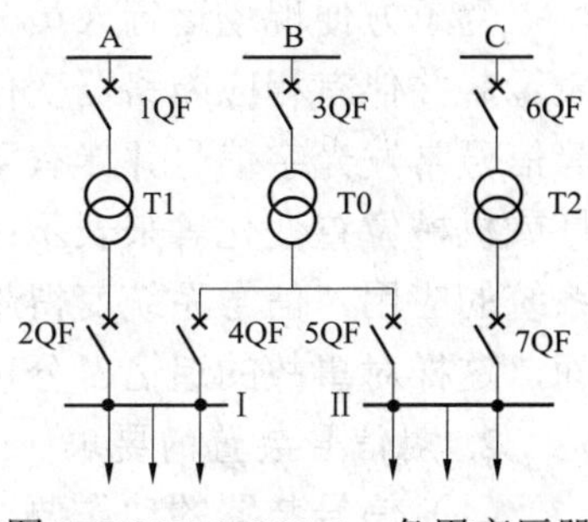

图 ZY1200102001-1　备用变压器自动投入装置的一次接线

四、500kV 变电站控制和信号装置

（一）断路器的控制装置（遥控、遥信装置）

1. 监控系统断路器的控制回路

监控系统断路器控制回路的主要特点有：

（1）控制回路在保留就地控制功能的基础上增加了远方控制功能。远方与就地控制的切换开关正常运行时放远方操作位置，通过远方分合闸触点可以进行远方分合闸操作。当现场检修等情况下不允许远方控制该断路器时，可以将控制开关置于就地操作位置，这时即使有远方控制信号来也无法操作断路器，确保了现场工作的安全。

（2）在远方操作时，由于没有就地操作时控制开关的变位来判断是正常分、合闸，还是故障时保护装置的分、合闸，为正确驱动事故信号及提供给重合闸等自动装置正确的变位信息，加装了双位置继电器。其中一个线圈得电后即使该动作电压消失，继电器也保持在原来状态，直到另外一个线圈得到动作电压才能使继电器转换到另外一种状态。对该位置继电器的动作要求是：当正常的远方或就地分、合闸时，应相应变位，当保护跳闸及自动重合闸时该继电器不变位。

（3）由于监控系统发出的分、合闸信号都是一个短时接通信号，一般的接通时间在 0.2～0.8s 之间，为保证合闸的可靠性，增加了合闸保持继电器。当有合闸信号来时，合闸保持继电器动作并自保持，直到合闸成功后由断路器辅助触点切断合闸电流，合闸保持继电器才返回。

2. 分相操作断路器的控制回路

在 500kV 变电站中，线路断路器一般使用可以按相分、合闸的断路器。分相操动机构每相都有一个分、合闸回路，断路器具有两组跳闸线圈，各接一套保护装置，每个跳闸回路都有一套三相不一致保护。

3. 断路器控制回路的闭锁

为保证断路器工作的安全及电网的安全，断路器控制回路往往采取多种闭锁措施。断路器的闭锁回路主要有：

（1）断路器操作系统异常时分、合闸闭锁，如机构储能不足或过高、SF_6 压力低等。

（2）同期闭锁回路。500kV 变电站一般通过监控系统合闸，如果需要进行同期检测，只要将监控系统采集到的并列双方的电压进行比较，如果满足同期的条件，则测控单元发出合闸命令，不满足同期条件，则对合闸命令进行闭锁。这一切都通过监控系统软件实现。

4. 断路器的位置信号

断路器的位置信号只是反映其工作状态，有时也作为判断控制电源直流消失或控制回路断线的辅助判据。

（二）信号装置

1. 信号回路的分类

在变电站中，正常的操作和事故处理，由变电站的运行人员根据调度指令及对设备动作情况的分析判断来进行控制操作。其中信号装置的作用是把电气设备和电力系统的运行状况变换为运行人员可以察觉的声光信号。虽然与控制装置相比信号装置不直接作用并改变设备的运行状态，但对变电站的安全运行同样重要。这些信号装置按其告警的性质一般可以分为以下几种：

（1）事故信号：表示设备或系统发生故障，造成断路器事故跳闸的信号。

（2）预告信号：表示系统或一、二次设备偏离正常运行状态的信号。

（3）位置信号：表示断路器、隔离开关、变压器的有载调压开关等开关设备触头位置的信号。

（4）继电保护及自动装置的启动、动作、呼唤等信号。

为了方便现场运行人员分析判断，不同的信号一般有不同的表示方式，如事故信号一般用电笛声表示，并伴有相应断路器变位的绿灯闪光信号；预告信号、继电保护及自动装置的启动、动作、呼唤等信号常发光字信号并伴有警铃声；断路器位置常以红绿、隔离开关位置常以自动、手动变位的十字灯或机械位置变化等来表示；主变压器的有载调压开关位置则常以相应的数字显示。随着计算机监控系统的应用，信号系统变得越来越完善，它的分类更细，信息量更全，可以语言报警，并记录报警时间，这样对事故的追忆、分析更为方便。

2. 对信号装置的要求

（1）信号装置的动作要准确、可靠。只有信号装置准确、可靠动作，变电站值班员才能及时、准确了解电气设备和电力系统的各种运行状态。

（2）声光信号要便于运行人员注意。运行人员感受各种信号主要靠视觉和听觉，光线的不同颜色、亮度，声音的不同频率及强度被人感受的灵敏度不同。信号装置采用的声光信号必须适应人的要求，且明显、清晰，最有利于人的感官接收与判别，有利于对发生事件的判断。

（3）信号装置对事件的反应要及时。当电气设备或系统发生事故或出现异常运行状态时，运行人员必须及时知道，并尽快进行处理，减少事故造成设备损坏的程度及对电网的影响，这样就要求信号装置有较高的反应速度。

3. 事故信号

事故信号的级别高于预告信号，它只有当系统或变电站内设备发生故障引起断路器跳闸时才动作。断路器跳闸具体可以由以下原因引起：

（1）线路或电气设备发生事故，由继电保护装置动作跳闸、二次回路故障误跳闸。

（2）无功电压自动投切装置、备自投等自动装置动作。

4. 预告信号

预告信号是系统或变电站中电气设备运行状态发生变化或不正常的信号，在一般变电站中，预告信号应包括以下内容：

（1）系统中发生各种参数的越限，如系统过电压、欠电压，系统频率异常，各种电力设备的过负荷等。

（2）系统出现异常运行方式，如交流小电流接地系统的接地故障。

（3）设备损坏但还不致造成故障跳闸，如电压互感器一次熔丝熔断造成二次电压异常，轻瓦斯动作告警等。

（4）各种设备的运行参数超过报警值还不至于造成故障时，如带油设备的油温升高超过极限，各种液压或气压机构的压力异常等，如 SF_6 气体绝缘设备的 SF_6 气体密度或压力异常。

（5）各种设备的回路状态与运行要求不符，可能存在缺陷会危及设备安全运行时，如三相断路器的三相位置不一致，有载调压变压器的三相分接头位置不一致，断路器的控制回路断线等。

（6）继电保护装置或回路发生异常，可能影响其正常运行的；继电保护和自动装置的交、直流电源消失；装置故障信号等。

（7）电流或电压互感器的二次回路断线、失压，产生差流、零流、差压、低压等越限告警或闭锁保护的。

（8）变电站中有继电保护或其他信号继电器动作没有复归的。

（9）变电站公用设备发生故障或异常，如直流系统接地或电压异常，站用电等缺相或失压等。

（10）动作于信号的继电保护和自动装置动作。

（11）一些设备的切换或动作，如断路器油泵启动、变压器辅助冷却器启动等。

当预告信号动作时，即发生了电气设备或系统运行状态异常，这时运行人员应立即通过预告信号装置掌握异常情况，及时进行处理并做好记录，防止事故发生。

【思考与练习】

1. 简述变压器保护配置及动作范围。
2. 简述线路保护配置及动作范围。
3. 简述变电站二次系统包含哪些设备。

模块 2　500kV 变电站继电保护动作分析（ZY1200102002）

【模块描述】本模块介绍 500kV 变电站不同接线方式的继电保护动作分析。通过案例介绍和要点归纳，掌握变压器保护、母线保护、线路保护等各种继电保护和自动装置动作情况，以及进行故障分析判断的方法。

【正文】

保护动作反映出设备有异常或事故，变电站保护的配置、动作范围及如何调取保护信息和各信息的含义是保护分析的基础，保护动作报告和录波图是深入分析保护动作的有效手段。

1. 线路保护

输电线路是所有一次设备中故障率最高的元件，每年台风、雷（暴）雨天气都会有大量的线路故障跳闸。因此运行人员非常有必要熟悉线路保护的动作情况并进行分析。线路保护动作后，运行人员需要根据装置信号灯和保护动作报告确认故障类型和相别，为故障巡线提供参考，并且还需要从保护动作报告和录波图中初步分析故障的位置。

【例 **ZY1200102002-1**】某 500kV 线路发生单相永久性故障，保护动作，重合不成功。

某年 01 月 28 日 20 时 34 分 06 秒，某 500kV 变电站的 5477 线发生 A 相故障，A 相跳闸，重合闸动作，重合失败三相跳闸。

（1）运行方式。当时 500kV 一次系统接线按正常接线。5477 线连接于第 3 串 5032 断路器和 5033 断路器，5477 线故障前母线电压为：500kV I 母为 516kV、500kV II 母为 516kV。5477 线 20 时的潮流为：P=–87.3MW、Q=–98.5Mvar、I=151A、系统频率为 50.0Hz。

（2）保护配置情况。5477 线分相电流差动保护 P546，5477 线后备距离保护 LFZR111，5032 断路器和 5033 断路器保护 P442。

（3）继电保护与自动装置的动作和指示情况。

1）5477 线第一套分相电流差动保护，A、B、C 相动作指示灯亮，Trip 跳闸灯亮。液晶屏幕显示：Started Phase AN（A 相接地元件启动）、Trip Phase AN（跳 A 相）、Current Diff Start（启动元件为差动元件）、Current Diff Trip InterTrip（差动联跳）、Fault Duration 79.0ms（故障持续时间）、CB Operate Time 74.0ms（断路器动作时间）、Relay Trip Time 0.00ms（继电器动作时间）、Fault Location 101.7%（故障定位在线路全长的 101.7%处、IA/IB/IC=3.177A/226.7mA/302.1mA（故障电流）、IA/IB/IC Local=1.623A/123.5mA/139.7mA（本侧故障二次电流值）、IA/IB/IC Remote=4.587A/102.5mA/87.89mA（对侧 A 相故障二次电流值）、IA/IB/IC Differential 5.953A/23.14mA/52.86mA（A 相差流二次值）。

2）5477 线第二套分相电流差动保护，A、B、C 相动作指示灯亮、Trip 跳闸灯亮。液晶屏幕显示：Started Phase AN（A 相接地元件启动）、Trip Phase AN（跳 A 相）、Current Diff Start（启动元件为差动元件）、Current Diff Trip InterTrip（差动联跳）、Fault Duration 67.0ms（故障持续时间）、CB Operate Time 62.0ms（断路器动作时间）、Relay Trip Time 0.00ms（继电器动作时间）、Fault Location 101.6%（故障定位在线路全长的 101.6%处）、IA/IB/IC=3.201A/239.2mA/311.5mA（故障电流）、IA/IB/IC Local=2.023/154.0mA/188.0mA（本侧故障二次电流值）、IA/IB/IC Remote=4.505A/131.8mA/122.1mA（对侧 A 相故障二次电流值）、IA/IB/IC Differential 6.219A/44.61mA/68.63mA（A 相差流二次值）。

3）后备距离保护第一套上 ALARM（告警灯）亮，液晶显示为：

时间：Jan28 2008：20：34：402ZONE23：DET：IDMT（反时限方向零流）；

Phase：AN（故障相别）Fault Location 101%（故障定位在线路全长的 101%处）；

Fault Duration 68.9ms（故障持续时间）System Frequency：50Hz。

4）后备距离保护第二套上 ALARM（告警灯）亮，液晶显示为：

时间：Jan28 2008：20：34：402 ZONE23：DET：IDMT（反时限方向零流）；

Phase：AN（故障相别）Fault Location 101%（故障定位在线路全长的 101%处）；

Fault Duration 68.3ms（故障持续时间）System Frequency：50Hz。

（4）线路重合闸分析。本次故障重合闸动作行为正确，5033 重合闸在故障后 690ms 正确启动，由于重合于故障，重合闸被闭锁，保护沟通三跳动作跳开 5033 断路器、5032 断路器。

（5）5477 线故障录波图如图 ZY1200102002-1 所示。

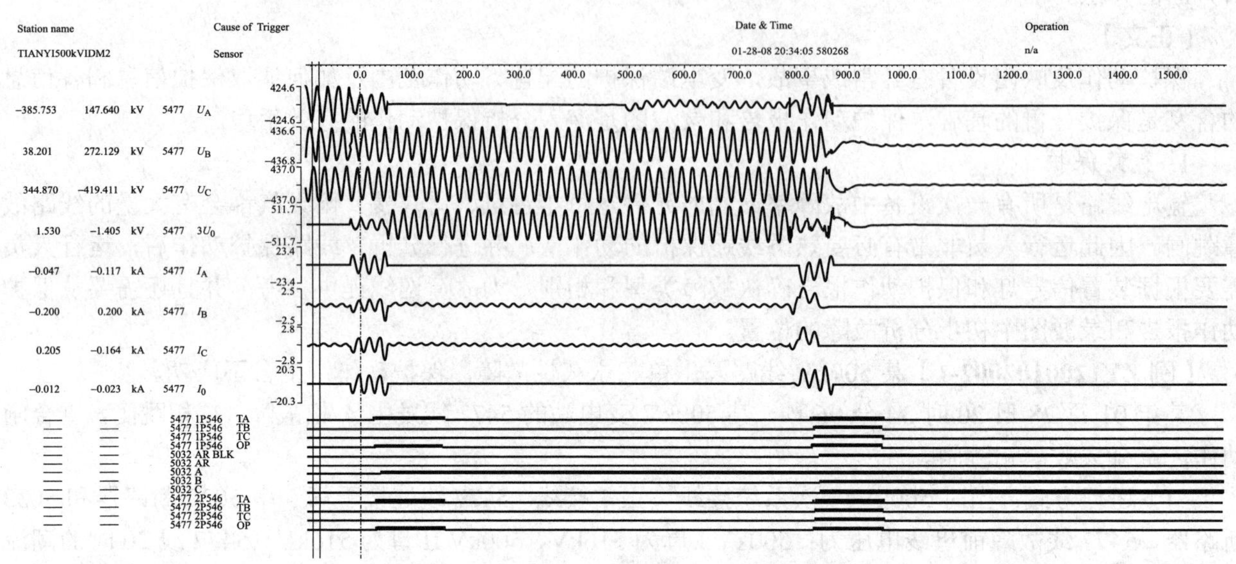

图 ZY1200102002-1 5477 线故障录波图

【例 ZY1200102002-2】500kV M、N 变电站间有一条 220kV 线路（2201 线），如图 ZY1200102002-2 所示。2201 线路配置闭锁式纵联保护及完整的距离、零序后备保护和综合重合闸装置（单相方式）。（注：N 侧为母线 TV，两侧纵联保护不接单跳位置停信，投单相重合闸。纵联保护通道接在 C 相上，后备保护Ⅱ段时间 t_2=0.5s。）

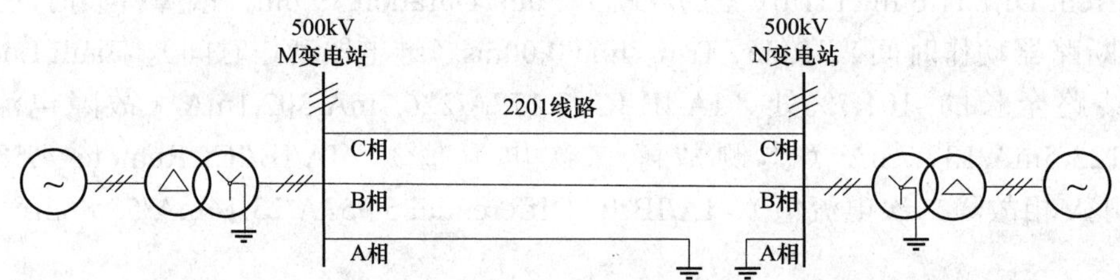

图 ZY1200102002-2 500kV M、N 变电站间 220kV 线路接线图

某年 6 月 18 日 8 时 10 分，2201 线路发生故障并跳闸。经检查：2201 线路 N 侧出口处 A 相断线，并在线路 A 相断口处的两侧相继接地。N 侧保护距离Ⅰ段动作跳 A 相，经单相重合闸时间重合不成后加速跳三相。M 侧保护纵联零序方向动作跳 A 相，经单相重合闸时间重合不成后加速跳三相。N 侧故障录波在线路断线时启动，故障录波图如图 ZY1200102002-3 所示。

故障录波图情况分析：

（1）录波图 N 侧 0s 启动，由于没有故障表现，就此推断大约 300ms 前只发生了断线故障。

（2）录波图 N 侧大约 300ms，2201 线路 N 侧出口处的 A 相断线处（靠 N 侧）先发生接地故障，2201 线路 N 侧保护由于感受到出口接地故障，所以距离Ⅰ段动作跳 A 相。由于在 2201 线路 M 侧，因线路 N 侧出口处的 A 相断线处（靠 M 侧）尚未发生接地，这时感受不到故障，所以在收到 N 侧高频信号后，远方启动发信，保护不停信，N 侧纵联保护被闭锁不动作。

（3）在 N 侧录波图大约 1070ms 时，对于 2201 线路 M 侧保护动作情况（M 侧故障录波图略），因 2201 线路 N 侧出口处的 A 相断线处（靠 M 侧）此时发生接地故障，M 侧保护启动发信并停信，N 侧保护远方启动发信保护不停信，所以 M 侧保护被闭锁。2201 线路 M 侧距离Ⅱ段动作跳 A 相。

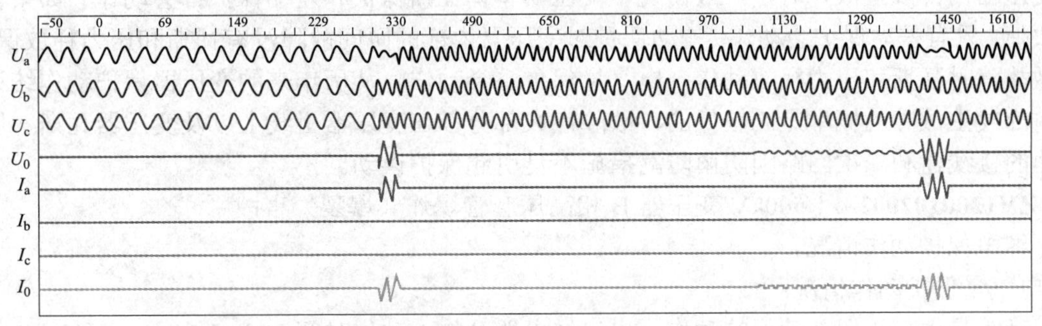

图 ZY1200102002-3　500kV N 变电站故障录波图

（4）录波图 N 侧大约经 1010ms，2201 线路 N 侧重合于 A 相永久性故障，后加速三相跳闸。此时 N 侧保护启信并停信，所以 M 侧零序纵联保护（大约 1440ms）动作，跳 A 相，经单重时间重合不成后加速跳三相。

2. 母线保护

母线保护动作的机会比较少。母线保护动作有两种情况，一种是母线确实发生内部故障，另外一种情况是断路器失灵保护动作。近年来，由于 220kV 线路故障而断路器失灵或者故障切除后断路器重燃引起母差失灵保护动作的情况屡有发生。

【例 ZY1200102002-3】某 500kV 变电站 220kV 侧 2471 线正母隔离开关 B 相支持绝缘子靠母线侧闪络接地，母线保护动作跳闸。

某年 2 月 9 日 18 时 30 分 21 秒，2471 线正母隔离开关 B 相支持绝缘子靠母线侧闪络接地，引起正母母线保护动作，跳开与正母线相连接的 2471 断路器和 220kV 母联断路器（注：当时正母线只有一条 2471 线路，220kV 母联断路器运行）。

故障录波图如图 ZY1200102002-4 所示。

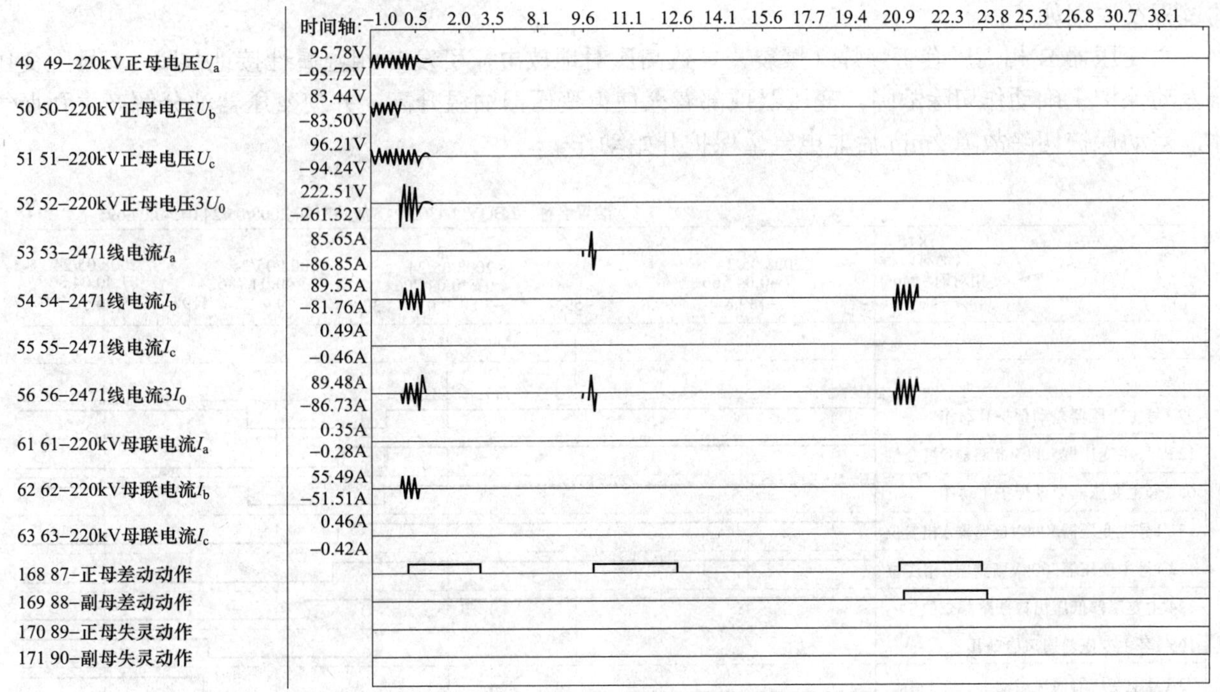

图 ZY1200102002-4　2471 线正母隔离开关 B 相绝缘子闪络接地引起母线保护动作录波图

3. 变压器保护

当变压器内部发生故障时，一般情况下变压器本体瓦斯保护和差动保护都会动作。如果变压器引线发生故障，只有差动保护会动作。差动保护对变压器内部的匝间故障没有瓦斯和压力释放保护灵敏，内部轻微故障时瓦斯和压力释放动作，电气量保护不会动作。从历年来的变压器保护动作统计来看，变压器内部发生故障的概率是比较低的，故障点大部分都在变压器引线上以及变压器瓦斯、压力释放保护本体的接线盒和二次回路因防雨防潮措施不良引起保护误动。

【例 ZY1200102002-4】500kV 变压器 B 相高压套管爆炸（爆裂）事故。

（1）继电保护动作情况。

1）电气量保护动作情况：

第一套 1 号主变压器差动保护动作，出口继电器动作，动作时间 2008.5.24 07：40：04.734 ；

第二套 1 号主变压器差动保护动作，出口继电器动作，动作时间 2008.5.24 07：40：04.735；

500kV 断路器 2008.5.24 07：40：04.757 跳开，主变压器低压断路器 2008.5.24 07：40：04.772 跳开。

2）非电量保护动作情况：

07：42：04.311 1 号主变压器 B 相油温高保护动作；

07：42：10.507 1 号主变压器 B 相重瓦斯保护动作，

07：42：32.002 1 号发变压器组非电量保护出口动作；

07：43：36.764 1 号主变压器 B 相绕组温度高保护动作；1 号主变压器 B 相压力释放保护动作。

从故障录波器图分析，1 号主变压器发生完全金属性对地故障，故障开始到保护动作历时 28ms，500kV 断路器故障后 50ms 断开，主变压器低压断路器在故障后 65.5ms 断开。

（2）主变压器现场状况。主变压器 B 相高压套管爆炸，瓷套粉碎性解体，仅剩法兰及导杆，爆炸碎片飞至 60m 以外，高压中性点套管爆裂露出内部导杆，低压封闭母线熔穿，本体油箱右端（面向高压侧）三面加强筋处变形突起，高压套管周围受热变色，左侧无变形及变色。主变压器 B 相顶部着火。

（3）原因初步分析。变压器保护动作录波图如图 ZY1200102002-5 所示，变压器电气量录波图如图 ZY1200102002-6 所示。从现场套管及油箱损坏情况和非电气量保护动作情况可以看出，事故可能的过程及原因如下：

主变压器 B 相高压套管爆炸（爆裂）导致高压对地放电，引发 B 相金属性接地故障，1 号主变压器差动保护正确动作切除故障。变压器顶部着火使得变压器油温升高，并使变压器油分解产生瓦斯气体，差动保护切除故障 2min 后非电气量保护开始动作。

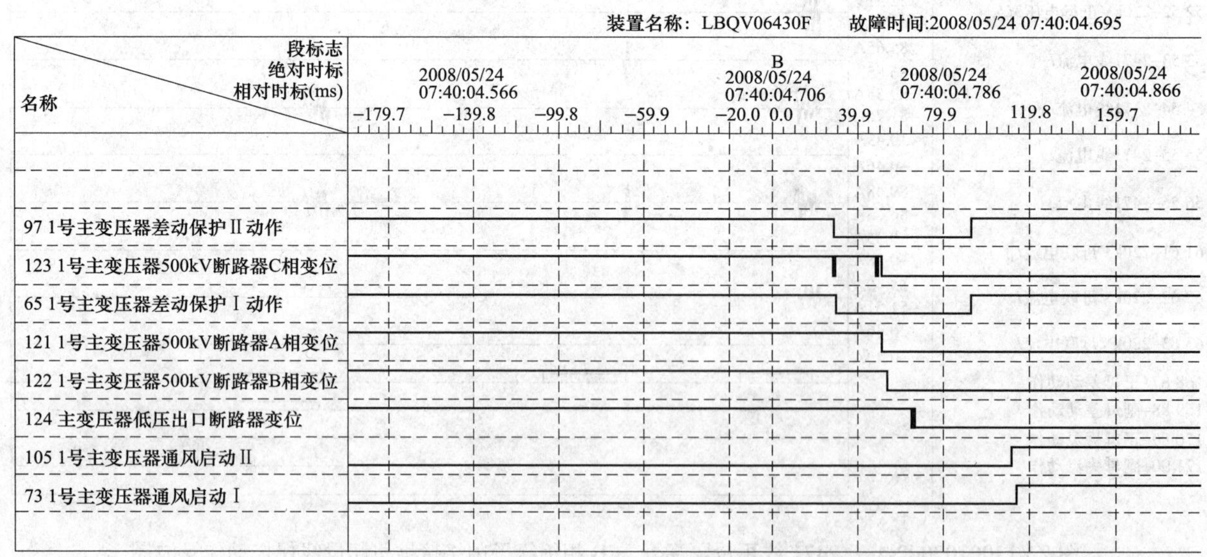

图 ZY1200102002-5 变压器保护动作录波图

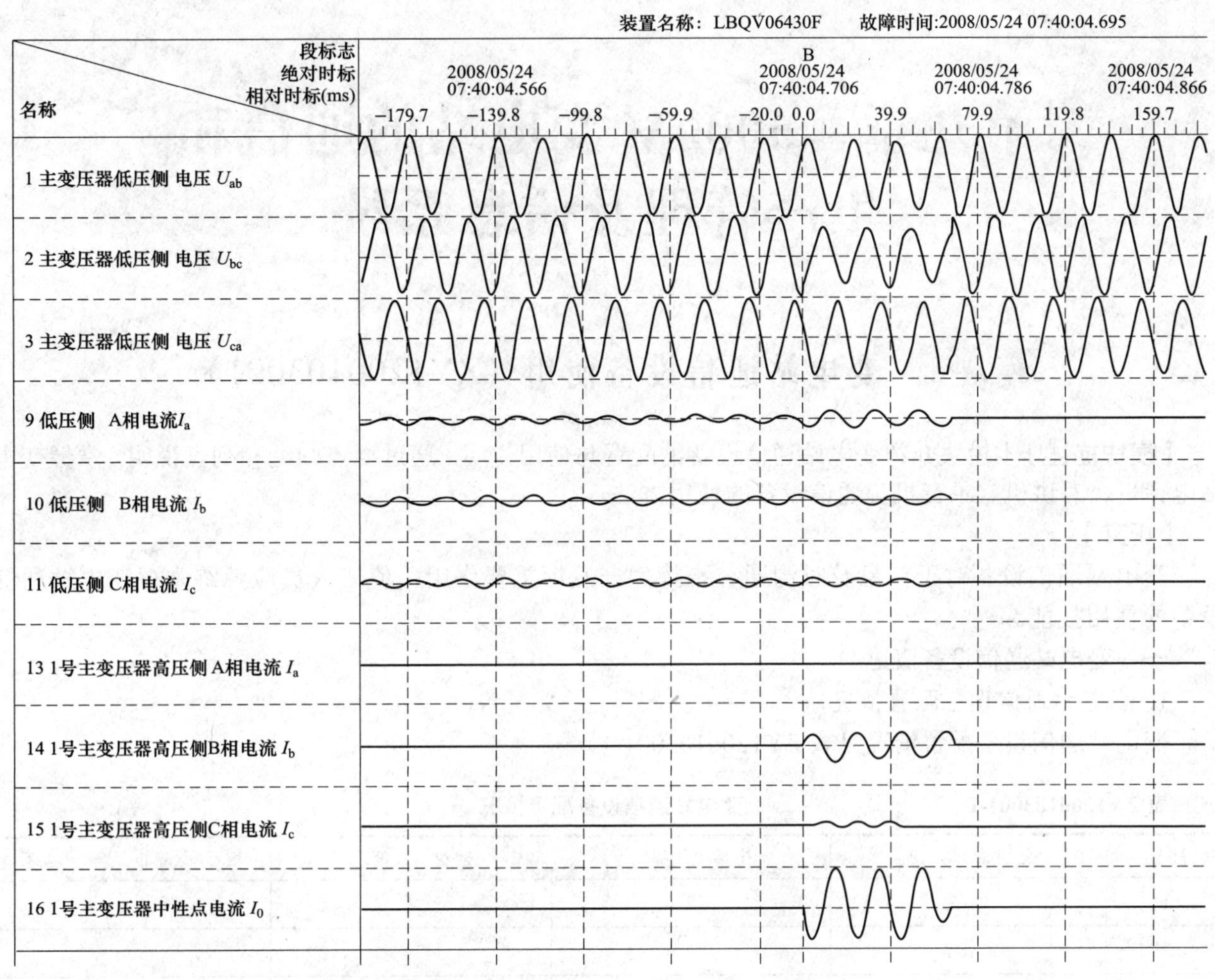

图 ZY1200102002-6　变压器电气量录波图

注：二次电压量标度每格为 146.4V（最大值），二次电流量标度每格为 44.4A（最大值）。

【思考与练习】

1. 变压器内部发生相间短路时，如果保护正确动作，哪些断路器会跳闸？从保护装置中可以提取到哪些信息？

2. 简述 500kV 线路故障时，线路两侧保护和自动装置动作状况。

第九章 500kV 变电站的通信和生产管理及信息系统

模块 1 变电站通信设备使用（ZY1200103001）

【模块描述】本模块介绍变电站通信设备的配置与使用说明。通过要点归纳和列表说明，掌握变电站电话机、对讲机、录音机等通信设备的使用方法。

【正文】

变电站通信设备对于信息及时沟通、指挥生产发挥重要作用，值班人员应熟练掌握变电站通信设备的使用技能。

一、变电站通信设备概述

1. 变电站通信设备配置情况

变电站通信设备配置情况见表 ZY1200103001-1。

表 ZY1200103001-1 变电站通信设备配置情况

序号	配 置 场 所	电话机（部）	对讲机（部）	录音机（套）
1	控制室	2	3	1
2	办公室	1		
3	继电保护小室	1		
4	设备现场	1		

2. 变电站通信设备配置要求

（1）控制室。变电站控制室内应至少配置 1 部外部电话（电信）和 1 部系统内部电话、3 部对讲机，1 套调度录音系统。

（2）办公室。办公室包括资料室、检修间等各配置 1 部行政电话。

（3）设备场地。1 个继电保护小室配置 1 部行政电话，一次设备场地按电压等级划分，各个电压等级至少配置 1 部行政电话，设置专用箱，并具备防雨功能。

二、变电站通信设备使用

1. 电话机

（1）变电站控制室行政电话供正常情况下除调度业务外的其他业务联系使用。

（2）当电力系统内部通信网络开断时，可使用电信电话进行业务联系，电信电话应具备长途通话及录音功能。

（3）当电力系统内部通信网络开断时，站内通信靠对讲机实现。

2. 对讲机

（1）设置专门的充电电源柜，正常情况下对讲机应充满电。

（2）三部对讲机设置相同的频率，将音量调至最大，使用前应测试正常。

（3）在倒闸操作或设备巡视时，主控室与现场采用对讲机联系，但继电保护小室内禁止使用对讲机等无线电通信设备。

3. 录音机

（1）调度录音系统（调度台）应具备自动录音功能，采用手动录音时，与相关调度联系前，应事先启动录音功能。

（2）调度录音系统（调度台）应具备扩音功能，供接受调度任务时运行人员监听。

（3）调度录音系统（调度台）应具备一定的存储容量，应能满足一年录音通话要求，并按通话时间分段存储记录。

（4）调度录音系统（调度台）上设置相关调度及关联变电所、站内各办公室、继电保护小室等电话快捷拨号功能。

【思考与练习】

1. 对讲机在变电站的什么场所不能使用？

2. 变电站使用的录音机应具备什么功能？

模块 2　500kV 变电站生产管理及信息系统使用（ZY1200103002）

【模块描述】本模块介绍 500kV 变电站生产管理及信息系统的概述，通过案例介绍和图例说明，掌握 500kV 变电站生产管理及信息系统使用方法并能录入各类生产运行数据。

【正文】

通过建立统一的生产管理系统，全面覆盖公司生产作业与管理过程的关键业务，从而使班组层面实现班组业务管理规范化、作业标准化，基层作业单位引入全程可控的精细化管理的闭环流程；各级管理层形成可观测、可掌管、可监控的局面，从而实现智能化决策和可视化管理。

一、生产管理及信息系统的概述

ERP（Enterprise Resource Planning，企业资源计划）是指建立在信息技术基础上，以系统化的管理思想，为企业决策层及员工提供决策运行手段的管理平台。

SAP（Systems，Application and Products in Data processing）是一个 ERP 管理软件。

MIS（Management Information System，管理信息系统）是一个由人、计算机及其他外围设备等组成的能进行信息的收集、传递、存储、加工、维护和使用的系统，其主要任务是最大限度地利用现代计算机及网络通信技术加强企业的信息管理，通过对企业拥有的人力、物力、财力、设备、技术等资源的调查了解，建立正确的数据库，加工处理并编制成各种信息资料及时提供给管理人员，以便进行正确决策，不断提高企业的管理水平和经济效益。MIS 按组织职能可以划分为办公系统、决策系统、生产管理和信息系统。

企业通过计算机网络获得信息必将为企业带来巨大的经济效益和社会效益，企业的办公及管理都将朝着高效、快速、无纸化的方向发展。MIS 通常用于系统决策，例如，可以利用 MIS 找出目前迫切需要解决的问题，并将信息及时反馈给上层管理人员，使他们了解当前工作发展的进展或不足。换句话说，MIS 的最终目的是使管理人员及时了解公司现状，把握将来的发展路径。

电力生产管理系统也可称 Power Production Management System（简称 PMS）。

二、变电站生产管理及信息系统的使用

变电站值班人员经过技术和安全知识的培训，经考试考核合格方可上岗。变电站值班人员采取轮换值班的工作方式，值班期间除了要进行倒闸操作、设备巡视、维护和异常、事故处理外，还要填写各种报表记录。

目前，企业管理层通过计算机网络获得信息，生产管理及信息系统按照国家电网公司的变电站管理规范和各相关规程要求设计。值班员应按照变电站生产管理及信息系统的内容及要求录入各种数据，应熟悉变电站生产管理及信息系统的内容。

下面以国家电网公司的电力生产管理系统运行日志填写为例，简单说明变电站生产管理及信息系统使用方法及录入各类生产运行数据的步骤。

1. 变电运行日志

变电运行日志模块提供的功能包括：

（1）运行日志管理：可对当前班次的运行日志实现新增、修改、删除功能；可查看非当前班次的运行日志；可根据当前日志生成小结；可进行交接班操作。

（2）未执行调令管理：查看当前登录人员所在班组未执行的调令，并提供对未执行的调令进行受令、执行汇报和作废操作。

（3）未终结工作票管理：查看当前登录人员所在班组未终结的工作票，并根据工作票的状态，提供查看或处理工作票的界面。

（4）未消除缺陷管理：查看当前登录人员所在班组未消除的缺陷，可直接查看或修改缺陷记录。对于未启动流程的缺陷记录，可在修改界面中启动缺陷流程；对于已启动流程的缺陷记录，只能查看。

（5）例行工作管理：查看当前登录人员所在班组管辖变电站内即将到期的例行工作，可直接根据例行工作登记相关的运行记录，系统将在登记运行记录后自动更新例行工作的上次工作时间和到期时间。

（6）待验收修试记录管理：查看当前登录人员所在班组管辖变电站内待验收的修试记录，并可执行查询、验收工作。

（7）当前任务管理：查看流程系统中需要当前登录人员处理的所有流程，用户可处理流程、查看流程图或查看日志。

（8）历史任务管理：查看流程系统中当前登录人员已经处理的所有流程，用户可执行追回、查看流程图或查看日志操作。

2. 变电运行日志操作说明

在浏览器菜单栏里选择“运行工作中心”→“运行值班管理”→“变电运行日志”，进入运行日志界面，如图 ZY1200103002-1 所示。

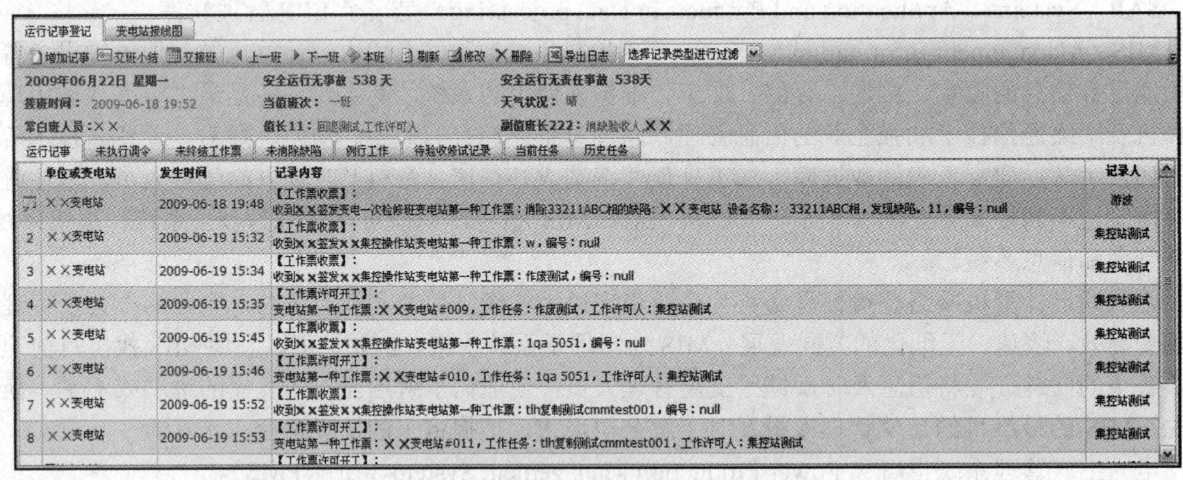

图 ZY1200103002-1　变电运行日志界面图

注意：在系统刚上线时，由于没有交接班记录，在首次打开主界面时，需要进行首次交班操作，交班后，可登记运行记录。变电站交接班记录界面如图 ZY1200103002-2 所示。

变电运行初始化内容在“运行工作中心”→“基础维护”中，包括变电站例行工作维护、运行班组岗位及安全天数配置、运行值班班次配置、变电运行方式维护、变电巡视内容配置、避雷器动作检查项目维护。

新建变电站在发电当日，运行人员完成变电站运行初始化工作（“运行工作中心”→“基础维护”）。当变电站运行基础数据发生变化时，运行人员应在当日内完成变电站运行基础数据的维护。

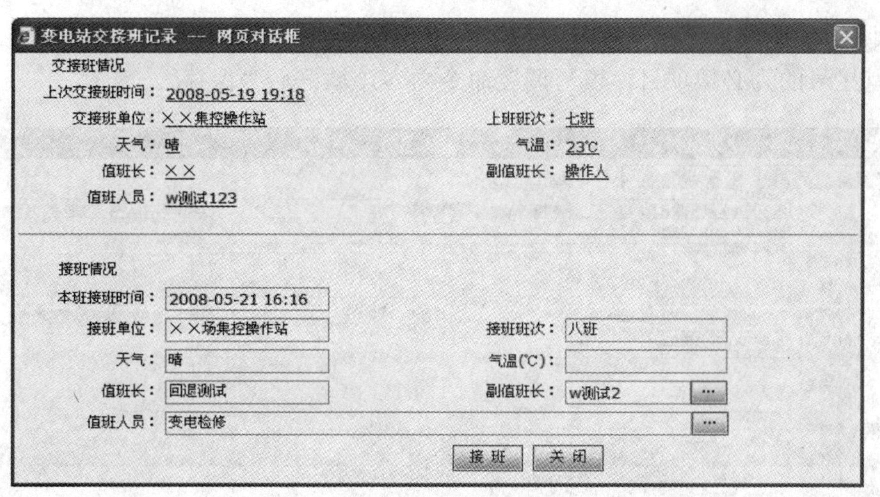

图 ZY1200103002-2 “变电站交接班记录”界面

3. 运行日志管理

运行日志管理包括操作管理、事故障碍管理、缺陷记录管理、日常维护管理等管理内容。各管理项下都有一些子项，例如在操作管理项下就有调度令记录管理、保护及自动装置动作记录、设备非运行状态开始记录和设备非运行状态结束记录。

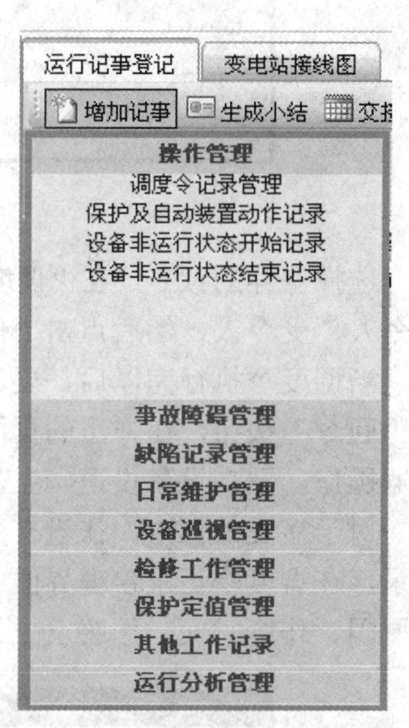

图 ZY1200103002-3　运行日志管理界面图

在运行日志页面，选择“增加记事”，再选择具体管理项目，进行日志登记，选择“操作管理”项目的情况如图 ZY1200103002-3 所示。下面即以该项目下的调度令记录管理为例进行日志填写操作练习。

4. 日志填写操作练习

“调度令记录管理”功能包括：提供管理当前登录用户所管辖变电站的调度令管理功能，可以接受预令、接受调度令、接受接转调度令，并可根据调度令类型和状态，执行受令、回令、接转、作废、中止和修改等操作。

打开变电运行日志主界面，选择“增加记事”→“调度令记录管理”，进入“调度令记录管理”界面，如图 ZY1200103002-4 所示，这里可以接受预令、接受调度令和接受接转调度令。

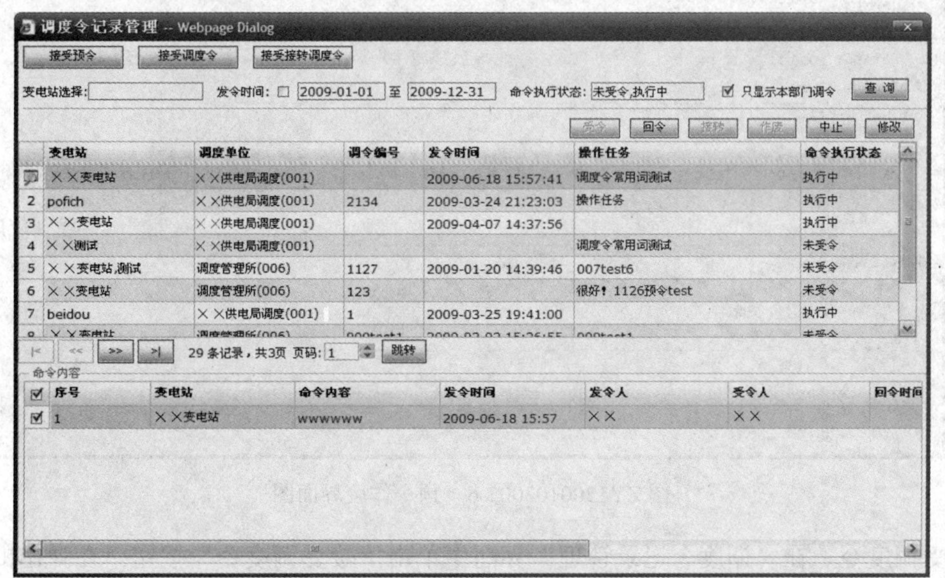

图 ZY1200103002-4 “调度令记录管理”界面

（1）接受预令：点击“接受预令”按钮，打开“接受预令”界面，将信息填写完整，如图 ZY1200103002-5 所示，其中带有星号的为必填项目，填写调度命令内容，填好后“保存”。

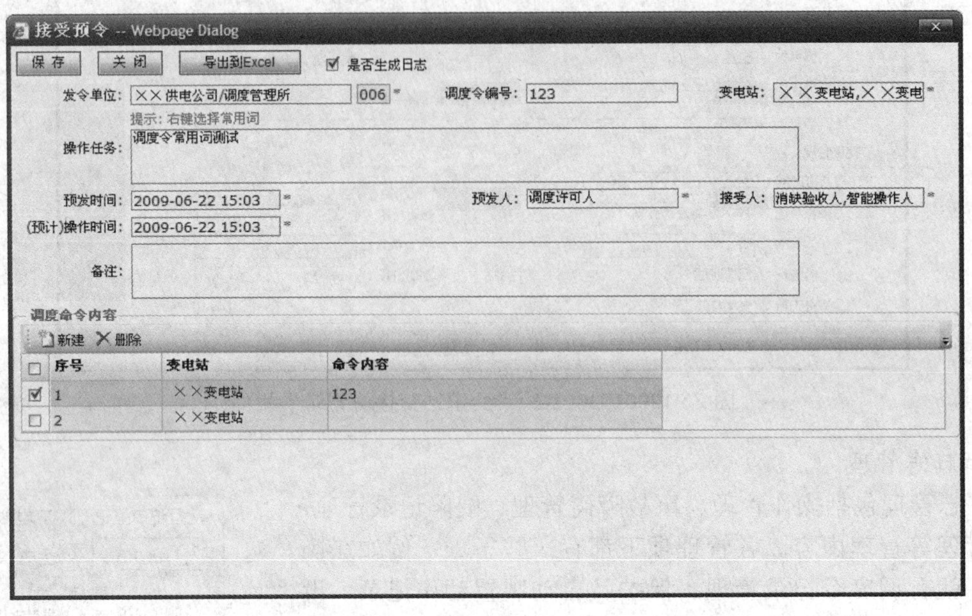

图 ZY1200103002-5 “接受预令”界面

选择保存的预令，在“调度令记录管理”界面中点击“受令”按钮，在弹出界面，填写发令时间、发令人、受令人，然后点击“保存”按钮保存，如图 ZY1200103002-4 所示。

当调度令执行完以后，要进行回令，在“调度令记录管理”界面中选择需要回令的命令内容，点击“回令”按钮，在弹出的页面中，填写回令时间、回令人、调度受理人、备注以及具体的操作项断路器操作，无功设备投退，主变压器分接头调整，其他单一操作。

对于接受的预令，在没有受令之前，可以执行作废操作。选择调度令状态为“未受令”的调度令记录，在调度令记录管理界面中点击“作废”按钮，如图 ZY1200103002-6 所示，在对话框中填写作废原因、作废时间、作废发令人、作废受令人，然后单击“保存”按钮。

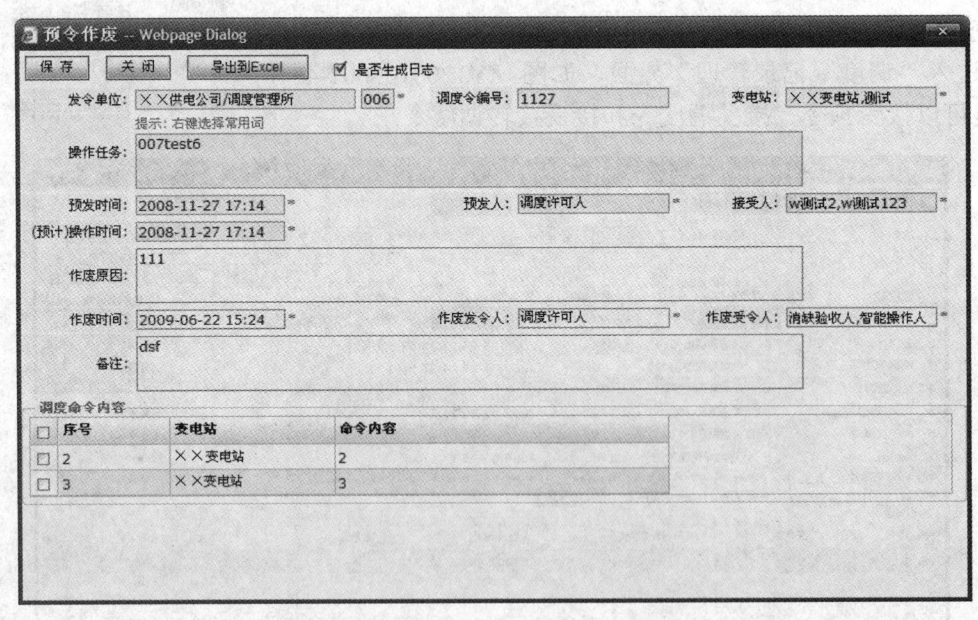

图 ZY1200103002-6 预令作废界面图

（2）接受调度令。在“调度令记录管理”界面中单击“接受调度令”按钮。在弹出的界面（如图 ZY1200103002-7 所示）填写调度令信息，带星号的为必填项，填好后点击“保存”按钮。

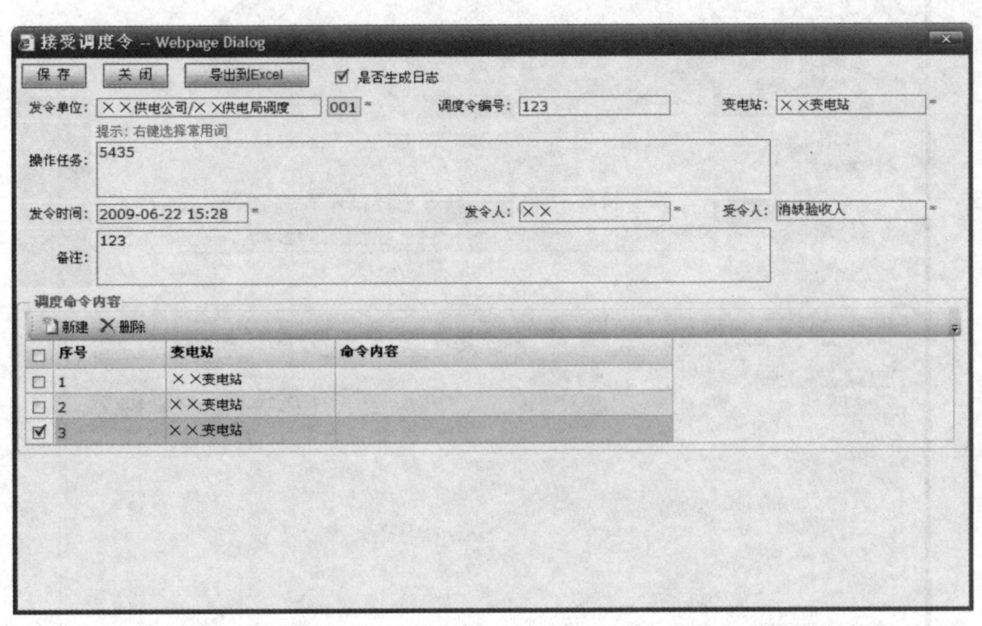

图 ZY1200103002-7 “接受调度令”界面

在“调度令记录管理”界面中点击“回令”按钮，如图 ZY1200103002-8 所示，填写回令时间、回令人、调度受理人，然后点击“保存”按钮。

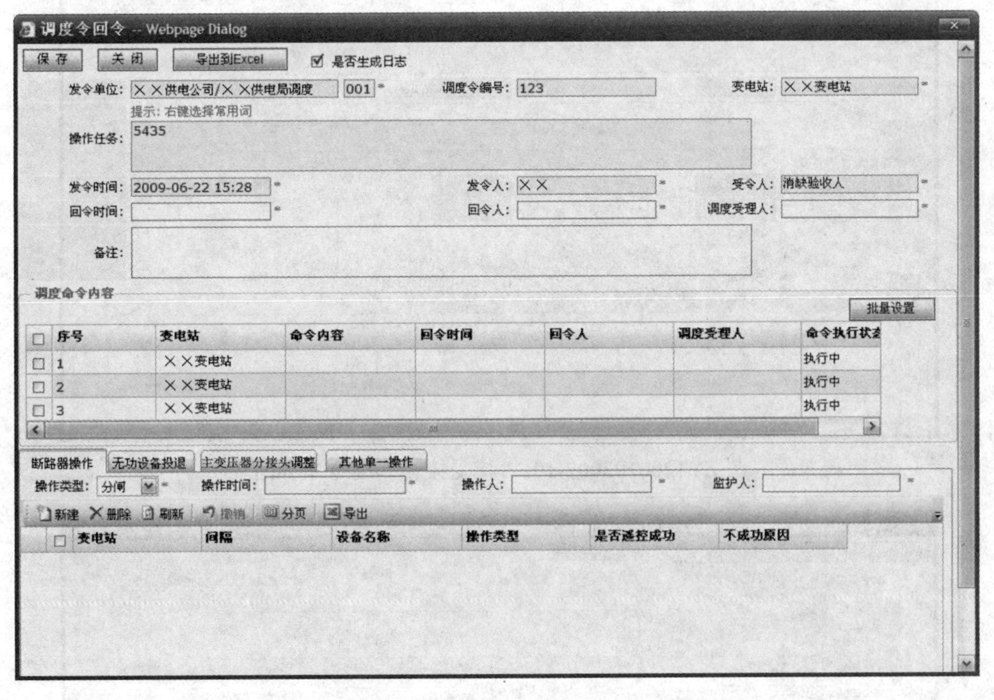

图 ZY1200103002-8 调度令回令界面图

在弹出的界面中，填写汇报的信息以及具体的操作设备：断路器操作，无功设备投退，主变压器分接头调整，以及其他单一操作，如图 ZY1200103002-9 所示。

（3）接受接转调度令。在“调度令记录管理”界面中选择“接受接转调度令”按钮，在弹出的窗口中（如图 ZY1200103002-10 所示）填写接转调度令信息，然后点击“保存”按钮保存，在界面中就可以看见新增的接转调度令。

选择要接转的调度令，单击“接转”按钮，在弹出的界面中，填写转令时间、转令人、现场接令人、转令监护人、现场交令人、监控回令人信息，如图 ZY1200103002-11 所示。

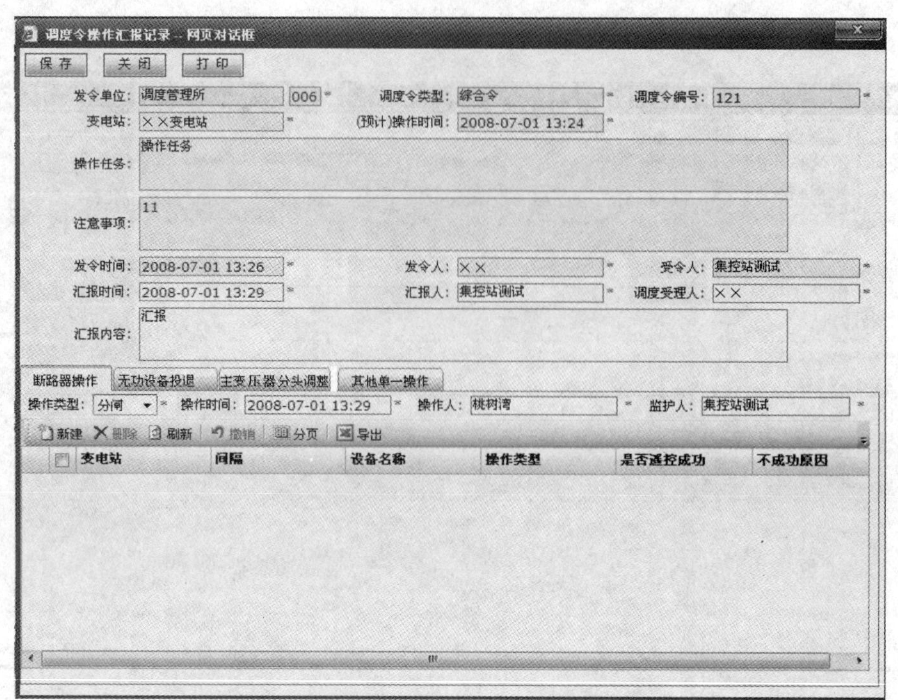

图 ZY1200103002-9 “调度令操作汇报记录”界面

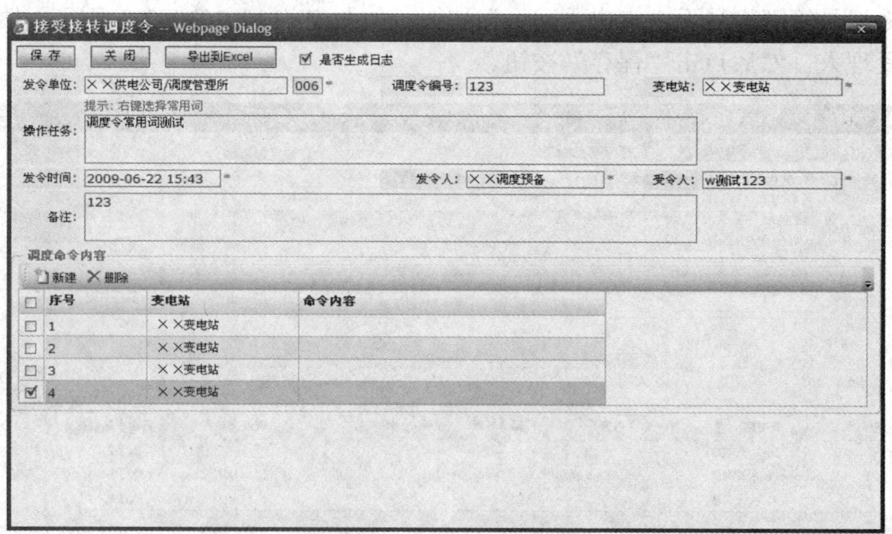

图 ZY1200103002-10 “接受接转调度令”界面

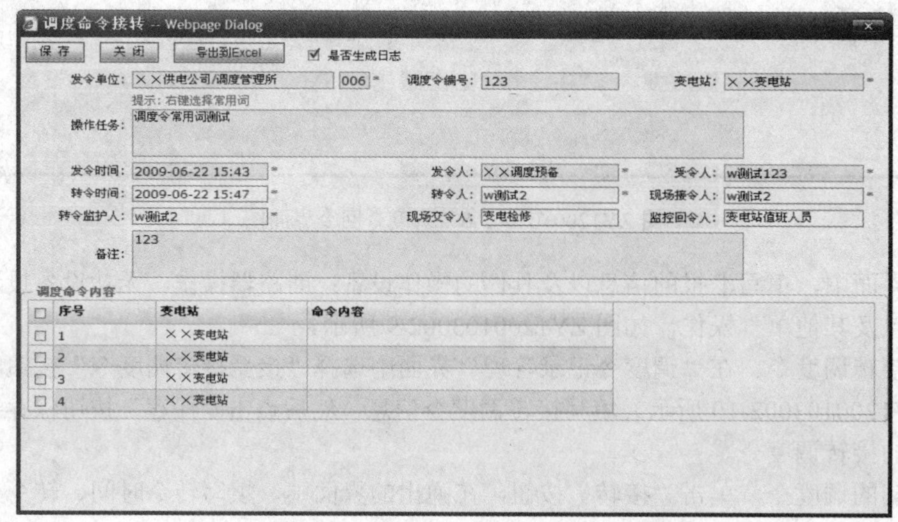

图 ZY1200103002-11 “调度命令接转”界面

点击“保存”按钮，调度令状态将由“未接转”转变为“执行中”，则可以执行回令操作，步骤和其他调度令类型的回令操作一致。

【思考与练习】

1. 按生产管理及信息系统中变电运行管理部分的要求录入值班日志和运行记录。
2. 何谓 MIS？何谓 PMS？何谓 SAP？

模块 3 500kV 变电站生产管理及信息系统的报表审核（ZY1200103003）

【模块描述】本模块介绍 500kV 变电站生产管理及信息系统的信息处理。通过要点归纳和图例说明，掌握 500kV 变电站生产管理方式、信息系统中各类信息处理方式，以及各种报表数据信息的审核流程。

【正文】

SG186（State Grid—国家电网；一体化企业级信息系统；八大业务应用；六个信息化保障体系）工程是国家电网公司 “十一五”信息化工作的战略部署。电力生产管理系统（Power Production Management System，PMS）是 SG186 工程八大业务应用中最为复杂的应用之一，它采用先进管理理念和现代化计算机技术、网络技术与通信技术，建立技术先进、功能完善、信息整合、安全可靠的省级公司生产技术支持平台，及时、准确掌握公司全面的电网运行情况、生产业务工作效率等信息，对实现国家电网生产集约化、精细化、标准化管理，提高国家电网资产管理水平具有十分重要的意义。

一、变电站生产管理信息系统的功能描述

国家电网公司电力生产管理系统（Power Production Management System，PMS）中的变电部分有设备中心、运行工作中心和计划任务中心等中心模块。其中的运行工作中心是与变电站值班员关联最深的中心模块，该中心模块包含了基础维护、周期性工作管理、运行值班、生产运行记录管理、缺陷管理、检修试验管理、主网工作票管理、主网操作票管理和两票权限设置这 9 个大的模块。每个大模块又包含一些子模块和分支模块。

（1）基础维护模块包含的子模块：① 变电站例行工作维护；② 变电运行班组岗位及安全天数配置；③ 变电值班班次配置；④ 避雷器动作检查项目维护；⑤ 变电运行方式维护；⑥ 保护定值单台账维护；⑦ 变电巡视内容配置；⑧ 工作票、操作票权限配置；⑨ 压力测试记录配置。

（2）周期性工作管理模块包含的子模块：① 变电设备周期工作设置；② 变电超期未检修设备查询统计。

（3）运行值班模块包含的子模块：① 变电运行日志；② 运行日志管理；③ 变电运行日志修改；④ 变电运行日志查询。其中的运行日志管理子模块还包含以下分支模块：操作管理、事故障碍管理、缺陷记录管理、日常维护管理、检修工作管理、保护定值单管理、其他工作记录、运行分析管理、未执行调令管理、未终结工作票管理、未消除缺陷管理、例行工作管理、交接班小结和导出运行日志。

（4）生产运行记录管理模块包含的子模块：① 变电运行记录查询；② 避雷器动作次数查询；③ 故障信息查询统计；④ 保护定值单台账查询；⑤ 变电故障记录信息补录。

（5）缺陷管理模块包含的子模块：① 变电缺陷流程管理；② 变电缺陷查询统计；③ 变电缺陷两率统计；④ 变电缺陷统计分析。其中变电缺陷流程管理子模块还包含有 7 个分支模块：变电缺陷登记、运行专职审核、检修专责审核、生技检修专责缺陷审核、消缺安排、消缺登记和消缺验收。

（6）检修试验管理模块包含的子模块：① 变电修试记录登记；② 变电修试记录查询统计；③ 变电修试记录验收；④ 变电修试记录统计分析；⑤ 试验报告查询统计；⑥ 试验数据分析。

（7）主网工作票管理模块包含的子模块：① 工作票管理；② 工作票查询；③ 工作票统计；④ 工作票日志。其中的工作票管理子模块还包含有 5 个分支模块：工作票新建、工作票待签发、工作票待接票、工作票待许可和工作票待终结存档。

（8）主网操作票管理模块包含的子模块：① 操作票管理；② 操作票查询；③ 操作票统计；④ 操作票日志。其中操作票管理子模块还包含有5个分支模块：操作票新建、操作票填写、操作票打印、操作票回填和操作票终结。

（9）两票权限设置模块包含的子模块：① 开票权限配置（按角色）；② 开票权限配置（按人员）；③ 管理员权限配置；④ 业务权限配置。

二、变电站生产管理信息系统应用举例

下面以运行工作中心中主网操作票管理模块为例说明在该系统下的工作处理方式。

主网操作票管理模块包含的子模块为操作票管理、操作票查询、操作票统计、操作票日志。

（一）操作票管理

1. 操作票新建

（1）功能说明：该模块提供变电站值班人员起草操作票功能，并提供使用典型票、历史票和图形开票功能。

（2）功能菜单："运行工作中心"→"主网操作票管理"→"操作票管理"。

（3）操作说明：在主页菜单栏中，进入操作票管理界面，如图ZY1200103003-1所示。点击"新建"按钮，选择票类型和站名称，然后点击"确定"按钮，系统新生成一张空白操作票，并打开变电站的一次接线图，将接线图和票面同时显示。用户可以根据所用显示器大小设置接线图和票面为"上下"或"左右"的显示方式。

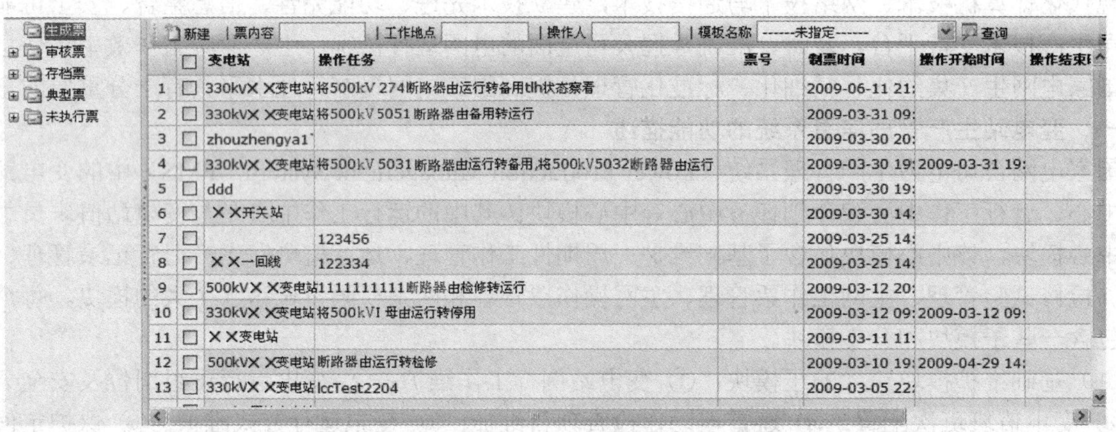

图 ZY1200103003-1 操作票管理界面图

建新操作票除了一栏一栏进行填写外，还可以利用典型票和历史票来开票。

1）从操作票的分类树中选择"典型票"节点，系统将典型票显示在右侧列表中。选中想要利用的典型票后，点击"复制"按钮，系统复制一张典型票放到当前登录用户的"生成票"箱中。

2）从操作票的分类树中选择"存档票"节点，系统将存档的操作票显示在右侧列表中。选中想要利用的存档票后，点击"复制"按钮，系统复制一张操作票放到当前登录用户的"生成票"箱中。系统复制存档票时，只复制历史票中的操作任务和操作步骤。

2. 操作票填写

（1）功能说明：该模块用于对新建的操作票进行填写。

（2）功能菜单："运行工作中心"→"主网操作票管理"→"操作票管理"。

（3）操作说明：系统新建一张空白操作票后，默认为"生成任务"模式。在该模式下，用户通过点击接线图中的设备，系统将该设备相关的操作任务以菜单的方式显示；选择某个菜单项，系统便将相应的任务术语生成到操作票中的"操作任务"栏目。当填写完操作任务后，点击工具条中的"生成步骤"按钮，系统便切换到"生成步骤"模式下，此时用户点击接线图中的设备，系统将该设备的相关操作内容以菜单的方式显示；选择一个菜单项后，系统便将相应的操作步骤术语生成到操作票中的"操作步骤"栏目。当需要填写二次设备的操作步骤时，通过点击一次接线图中的二次屏链接进入二次保护屏，然后与在一次图中生成操作步骤一样，通过点击相应的二次包含设备便可生成二次设备的操作步骤术语。

上面介绍的是通过接线图模拟生成操作任务和操作步骤，当然也可以手工填写这些内容。填写时只需双击操作任务和操作步骤栏目，便可以手工输入或者修改通过图形生成的内容。

当操作任务、操作步骤、操作时间、发令人、受令人等栏目填写完整后，便可在票面中“操作人”处密码签名，签名后审核人对该票进行审核。当审核人发现票内容填写有误时，可以让操作人修改票内容后重新签名，审核人再审核签名；或者审核人修改票内容后签名（此时系统将操作人签名清除），然后操作人再重新审核签名。

在操作中要注意：① 在通过图形生成操作步骤的时候，系统具有“五防”闭锁判断，对于不符合“五防”闭锁要求的操作，系统给出提示后，取消该种类型的操作；② 系统禁止操作人和审核人为同一个人。

3. 操作票打印

（1）功能说明：该模块提供操作票打印并生成页号。

（2）功能菜单：“运行工作中心”→“主网操作票管理”→“操作票管理”。

（3）操作说明：操作票填写、审核完毕后即可打印。打印时，系统根据设定的规则自动生成票号。

（4）注意事项：试打印时，系统不生成票号。

4. 操作票回填

（1）功能说明：该模块提供变电站值班人员回填操作票功能。

（2）功能菜单：“运行工作中心”→“主网操作票管理”→“操作票管理”。

（3）操作说明：在主页菜单栏中，进入操作票管理页面，打开已经执行的操作票，将操作票中的执行情况和实际执行时间回填录入到系统中。

（4）注意事项：操作票回填时，系统默认所有的操作项都已执行，所以回填时只需勾选未执行的操作项。

5. 操作票终结

（1）功能说明：该模块提供变电站值班人员终结操作票功能。

（2）功能菜单：“运行工作中心”→“主网操作票管理”→“操作票管理”。

（3）操作说明：操作票回填完整后，点击工具栏中的“终结”按钮将操作终结存档。

（二）操作票查询

（1）功能说明：根据查询条件对操作票进行查询。

（2）功能菜单：“运行工作中心”→“主网操作票管理”→“操作票查询”。

（3）操作说明：

1）操作票查询。在主页菜单栏中，进入操作票查询界面，如图 ZY1200103003-2 所示。

图 ZY1200103003-2　操作票查询界面图

通过条件区选择查询条件（票状态、制票单位、操作人、变电站名称、监护人、操作开始时间、操作终了时间）。对于查询结果，用户可以双击打开后进行浏览；如果当前登录人具有修改票的权限，在查询结果中打开票后还可以修改票内容。

2）自定义查询。点击“自定义查询”，在界面中选择条件，然后点击“确定”按钮。也可以将经常使用的查询条件保存为查询方案，在以后的查询中直接点击“选择查询方案”选择具体方案进行查询即可。保存的查询方案为私有，每个用户只能使用自己保存的查询方案。

（三）操作票统计

（1）功能说明：根据时间对操作票进行统计。

（2）功能菜单：“运行工作中心”→“主网操作票管理”→“操作票统计”。

（3）操作说明：在主页菜单栏中，进入操作票统计界面，如选择统计时间、统计方式，对操作票进行统计。

（四）操作票日志

（1）功能说明：对于操作票的一些重要操作，系统都以日志的方式记录下来。通过该模块，用户可以查询对于一张操作票的所有重要操作。

（2）功能菜单：“运行工作中心”→“主网操作票管理”→“操作票日志”。

（3）操作说明：在主页菜单栏中，进入操作票日志界面，可进行操作票日志查询。操作票查询条件有用户名称、票类型、操作类型、票名称、工作地点、班组、票号。在条件区选择条件，然后点击“查询”按钮，对记录进行过滤查询。

（4）注意事项：该模块查询出的操作日志只能浏览，不能修改。

三、工作任务的处理和审核流程

PMS 中存在大量的流程化应用，如缺陷流程、图纸审批流程等。这些流程化应用通常需要经历启动流程、接收流程、处理流程、终结流程等几个典型步骤，其中的很多操作在不同应用中是极其相似的。

1. 启动流程

如果想要启动一个流程（需要拥有这个流程的启动权），可以在 PMS 首页的主菜单区按图 ZY1200103003-3 所示选择“启动流程”菜单。

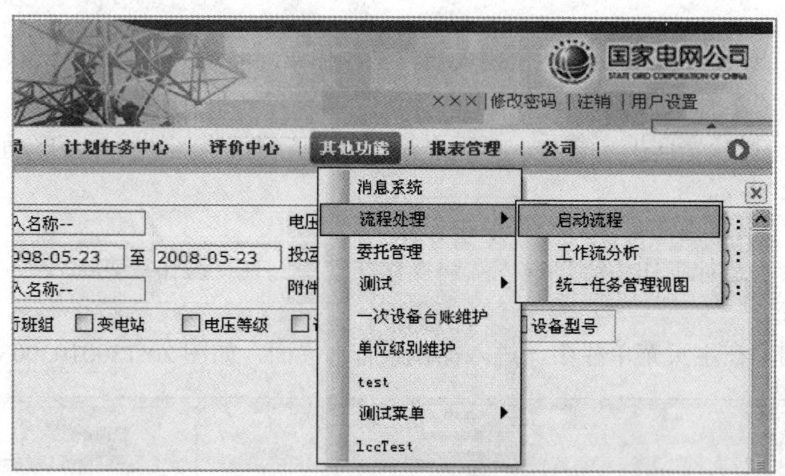

图 ZY1200103003-3 启动流程界面图

系统将弹出对话框，选择希望启动的具体流程，然后点击“确定”按钮，继续流程的后续操作。

2. 查看当前任务

在 PMS 相同页面主工作区的“欢迎页”分页（在刚登录进入时没有该分页显示），有一个汇集需要处理的所有流程的提醒区域，如图 ZY1200103003-4 所示。

其中的“当前任务”分页中有需要处理的所有流程任务（简称任务）提醒列表，列表缺省按任务的优先级和发送时间排序。可以对“当前任务”分页中部分需要优先处理的任务，包括超时任务、委托任务和重要任务。对列表中的任一任务执行以下操作：

（1）进入流程处理界面：点击操作栏中的按钮打开该任务对应的工作流程处理视图（打开视图时系统会对是否具备流程处理权限进行判定，如无权处理则不打开视图，并从当前任务列表中移除该

当前任务 | 历史任务 | 任务统计

☐	工作流程	任务名称	流转单名称	发送者	发送时间	操作
☑	超时测试流程(V3)	超时等待活动	071206-101		2007-12-06 17:35:12	
☐	故障处理申请流程(签	自动签收任务	071206-201	系统管理员	2007-12-06 17:35:22	
☐	故障处理申请流程(匠	水调处提意见	071204-101	系统管理员	2007-12-05 10:26:56	
☐	故障处理申请流程(匠	调度处提意见	071204-101	系统管理员	2007-12-05 10:26:56	
☐	故障处理申请流程(匠	保护处提意见	071204-101	系统管理员	2007-12-05 10:26:56	
☐	故障处理申请流程(签	自动签收任务	新流程	系统管理员	2007-11-30 08:37:10	
☐	故障处理申请流程(匠	水调处提意见	071129-1	系统管理员	2007-11-29 15:11:52	
☐	故障处理申请流程(匠	调度处提意见	071129-1	系统管理员	2007-11-29 15:11:52	

|< | << | >> | >| 　18 条记录，共3 页

图 ZY1200103003-4　汇集需要处理所有流程

任务，这是一种极端情况，不会经常遇到）。

（2）查看流程图：点击操作栏中的按钮可以查看该任务当前的流程图状态。

（3）查看流程日志：点击操作栏中的按钮可以查看该任务的流程日志。

（4）筛选当前任务：如果觉得当前任务列表中的任务种类太多，看不清楚，可以点击当前任务列表下部的按钮，系统将弹出流程筛选界面，列出当前任务中的所有流程模板和相应的任务数统计，如图 ZY1200103003-5 所示。点击流程模板，当前任务列表就只显示属于该类流程的任务，并且系统自动在按钮的右边增加按钮。点击按钮会取消筛选，显示全部任务。

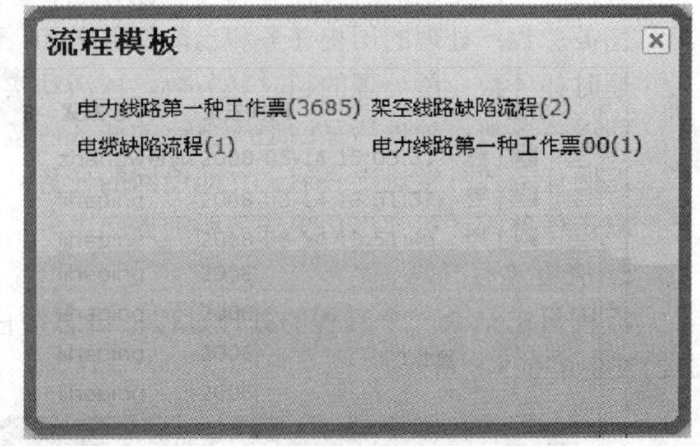

图 ZY1200103003-5　流程模板和相应任务数统计界面图

（5）发送任务：选中一个任务后点击当前任务列表下部的按钮就可以发送该任务给下一个处理人。系统支持任务的复选，可以通过当前任务列表最左侧的勾选框选取多个任务后点击按钮批量发送。

（6）刷新当前任务列表：当前任务列表支持自动刷新和任务提醒，刷新间隔缺省为 5min。也可以通过点击当前任务列表下部的按钮立即刷新当前任务列表。

（7）新任务达到提醒：在有新任务到达时，系统会弹出新任务提示框，点击新任务提示框中的任务名即可进入工作流处理视图。

3. 查看历史任务

在汇集需要处理的所有流程提醒的区域中位于“当前任务”分页右侧的是“历史任务”分页，其中包含了处理过的历史任务列表。历史任务列表按任务处理时间排序，如图 ZY1200103003-6 所示。

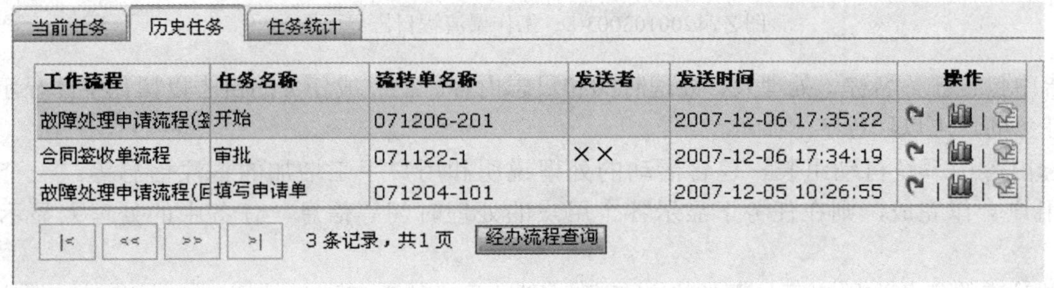

当前任务 | 历史任务 | 任务统计

工作流程	任务名称	流转单名称	发送者	发送时间	操作
故障处理申请流程(签	开始	071206-201		2007-12-06 17:35:22	
合同签收单流程	审批	071122-1	××	2007-12-06 17:34:19	
故障处理申请流程(匠	填写申请单	071204-101		2007-12-05 10:26:55	

|< | << | >> | >| 　3 条记录，共1 页　经办流程查询

图 ZY1200103003-6　历史任务列表界面图

历史任务按流程实例显示，如果在流程中处理了一个流程中的多个任务环节，则“任务名称”显示的是最后处理的那个流程环节的名称。

点击按钮打开查看流程图界面。

点击按钮打开查看工作流日志界面。

点击按钮追回任务，只有在后续用户没有处理流程的情况下才可以追回。

点击“经办流程查询”按钮，弹出历史任务明细查询界面。

4. 任务统计

在汇集需要处理的所有流程提醒的区域中位于“历史任务”分页右侧的是“任务统计”分页，该分页显示可处理和已处理的任务数统计信息，默认对 3 个月以来的任务进行统计，如图 ZY1200103003-7 所示。

当前任务 | 历史任务 | 任务统计

流程总数	任务总数	超时任务数	回退任务数	追回任务数
16	16	0	0	0

图 ZY1200103003-7 “任务统计”界面

任务统计包含的条目为：

流程总数：处理的历史任务和当前任务之和，按流程实例统计，即处理了多少流程。

任务总数：处理的历史任务和当前任务之和，按工作项统计，即进行了多少次任务处理。

超时任务数：所处理的超时任务数，按活动实例统计。

回退任务数：处理后又回退给自己的任务，按工作项统计。

追回任务数：发送出去后又立即追回的任务，按工作项统计。

双击任务统计可弹出历史任务明细界面。

5. 查看流程日志

流程日志记录一个流程的处理过程，日志按任务处理时间排序，自动以最大化方式显示，如图 ZY1200103003-8 所示。

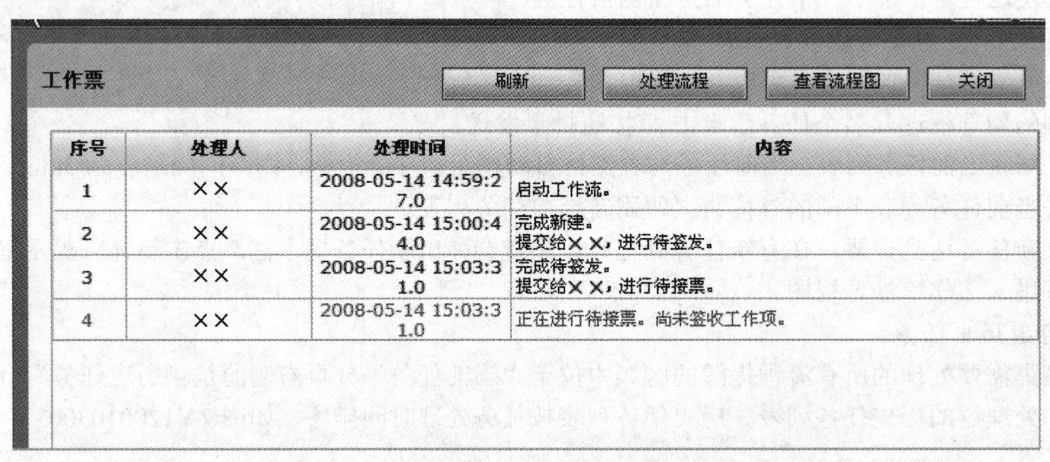
工作票 刷新 处理流程 查看流程图 关闭

序号	处理人	处理时间	内容
1	××	2008-05-14 14:59:27.0	启动工作流。
2	××	2008-05-14 15:00:44.0	完成新建。 提交给××，进行待签发。
3	××	2008-05-14 15:03:31.0	完成待签发。 提交给××，进行待接票。
4	××	2008-05-14 15:03:31.0	正在进行待接票。尚未签收工作项。

图 ZY1200103003-8 工作票流程日志界面图

日志中包含任务名称、处理人、处理时间和日志内容。已完成任务的日志以黑色字体显示，正在处理的任务的日志以红色字体显示。

日志内容由系统自动组装，包含活动的处理说明和用户手工增加的备注信息等。一个任务如果由多用户合作完成，则在任务下显示各个用户的处理时间等信息，任务中的处理人显示为“会签”。

如果对应的任务为用户可处理的当前任务，则显示“处理流程”按钮，点击进入工作流处理视图；如果对应的任务为用户已处理的历史任务，则显示“查看流转单”按钮，点击进入只读的对象视图。

点击“查看流程图”，进入流程图界面。

6. 查看流程图

流程图用图形表示一个流程的处理过程，已完成的活动加绿色边框，正在处理的活动加红色边框，未处理的活动不加边框，所经过的迁移用绿色加粗显示，如图 ZY1200103003-9 所示。

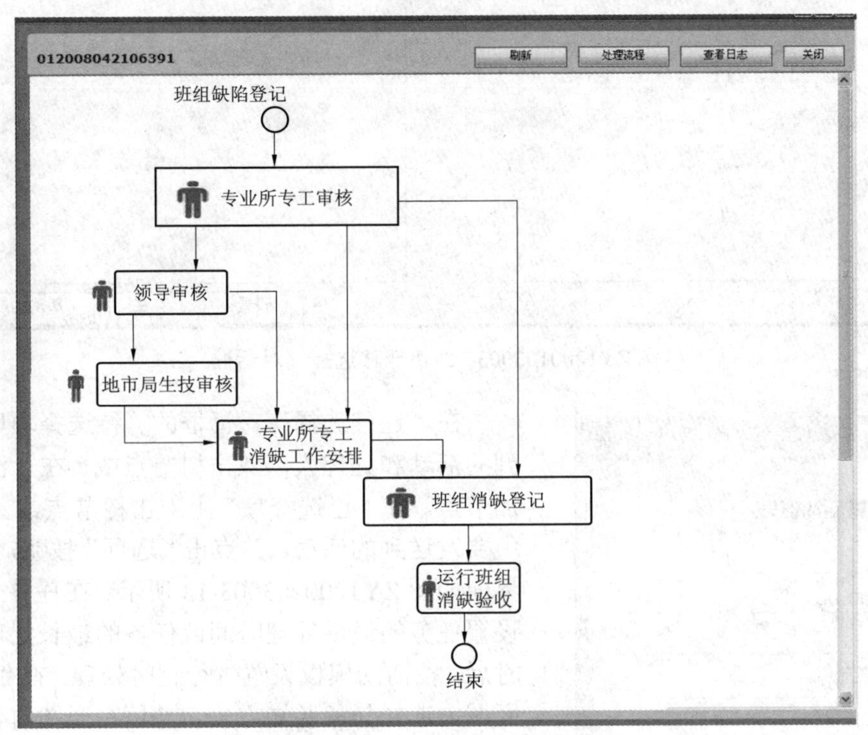

图 ZY1200103003-9 流程图

当鼠标移动到活动模板上时，以提示方式显示对应活动实例的工作流日志。

如果对应的任务为用户可处理的当前任务，则显示“处理流程”按钮，点击进入工作流处理视图；如果对应的任务为用户已处理的历史任务，则显示“查看流转单”按钮，点击进入只读的对象视图。

点击“查看日志”，进入工作流日志界面。

可以在建模工具中配置流程图是否能自动刷新及刷新时间间隔。

在流程图上点击“活动”，弹出菜单如图 ZY1200103003-10 所示。

选择“刷新”菜单，刷新流程图。

设置时限
重构后续活动
重构后续活动执行者
刷新

图 ZY1200103003-10 流程图设置界面图

选择“设置时限”菜单，在任务上设置时限，可设置任务的最后处理时间或任务的最长处理时限，任务超时后，按活动模板设置进行超时处理。

工作流处理视图由对象处理视图和工作流处理菜单组成。在打开视图时，对当前用户是否具备流程处理权限进行判定，如无权处理则显示空白页面。工作流处理视图如图 ZY1200103003-11 所示。

图 ZY1200103003-11 工作流处理界面图

点击“发送”菜单发送任务，可在建模工具中配置发送选择界面的显示方式，缺省的发送选择界面——“迁移选择”对话框如图 ZY1200103003-12 所示。

模块3 ZY1200103003

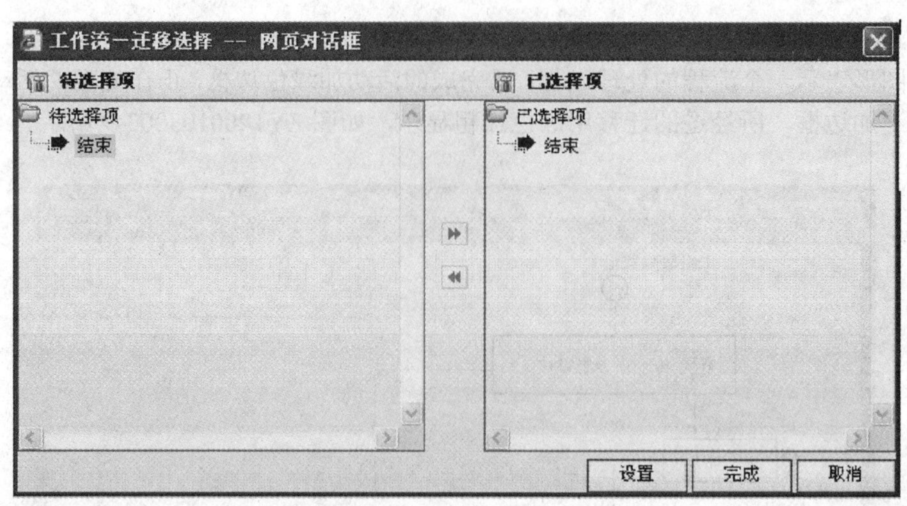

图 ZY1200103003-12 “迁移选择”对话框

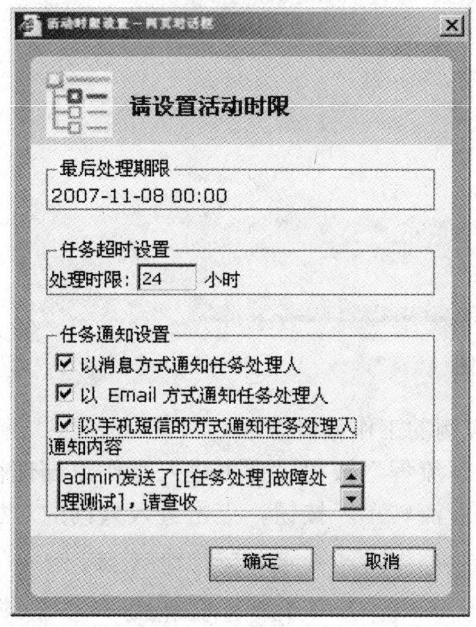

图 ZY1200103003-13 活动时限设置界面图

在“迁移选择”对话框的“待选择项”上选择要发送到的活动和处理人，双击树节点或»在“已选择项”上增加节点。在“已选择项”上双击树节点或«移除节点。选中要发送到的活动，并点击“选项”按钮，设置活动实例，界面如图 ZY1200103003-13 所示。在任务上设置时限，可设置任务的最后处理时间或任务的最长处理时限，任务超时后，按活动模板设置进行超时处理。在“任务通知设置”区域，选择任务通知方式，并填写通知内容。

点击“回退”菜单回退任务，弹出迁移选择对话框，其功能和发送任务类似，但只显示回退迁移模板。如活动没有后续的迁移模板，则不显示“回退”菜单。

点击“签收”菜单签收任务，如已配置了自动签收，则“签收”菜单在“其他操作”菜单中以下拉方式显示。

点击“打印”菜单，进入 Web 报表界面。

点击“查看流程图”菜单，进入流程图界面。

点击“查看日志”菜单，进入工作流日志界面。

点击“其他操作”菜单，显示下拉菜单，如图 ZY1200103003-14 所示。

点击“取消签收”菜单，取消对任务的签收操作。

点击“备注”菜单，打开备注对话框填写备注，或查看已填写的备注，如图 ZY1200103003-15 所示。

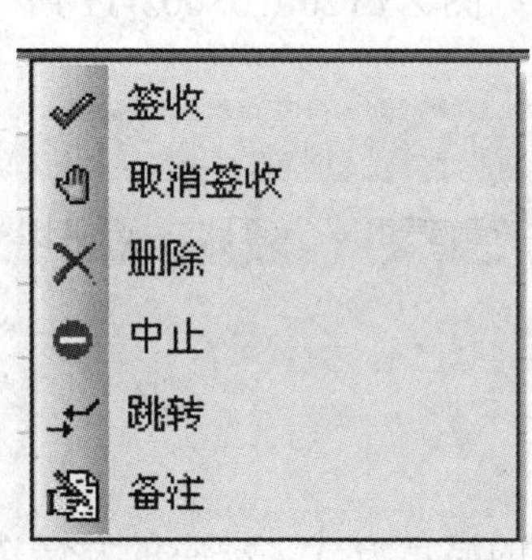

图 ZY1200103003-14 “其他操作”界面图

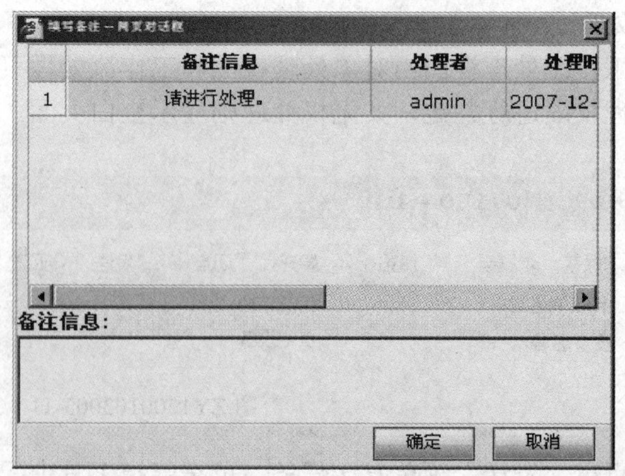

图 ZY1200103003-15 填写备注界面图

点击“跳转”菜单，弹出活动模板选择对话框，选择活动模板进行跳转。

点击“中止”菜单，中止任务和对应的流程。

点击“删除”菜单，删除流程实例和对应的信封对象。

“备注”“跳转”“中止”“删除”菜单都需要在建模工具中配置对应的权限才显示。

【思考与练习】

1. 运行工作中心包含哪九大模块？

2. 变电站基础维护模块包含哪些子模块？

3. 运行值班模块包含哪些子模块？其中哪个子模块还包含有分支模块？分别是哪些分支模块？

模块 4　500kV 变电站生产管理及信息系统的分析完善（ZY1200103004）

【模块描述】本模块介绍 500kV 变电站生产管理及信息系统的应用分析。通过要点归纳和流程说明，掌握 500kV 变电站生产管理及信息系统的内容和结构，并提出改进意见。

【正文】

SG186（State Grid—国家电网；一体化企业级信息系统；八大业务应用；六个信息化保障体系）工程是国家电网公司“十一五”信息化工作的战略部署，也是各省级电力公司确定的近年工作中一项重点工程，电力生产管理系统（Power Production Management System，PMS）是 SG186 工程八大业务应用中最重要、最为复杂的应用之一。建立纵向贯通、横向集成、覆盖电网生产全过程的标准化生产管理系统对实现国家电网生产集约化、精细化、标准化管理，提高国家电网资产管理水平具有十分重要的意义。

要建立国家电网公司统一的生产管理系统，覆盖全公司生产作业与管理过程的关键业务。班组层面必须实现班组业务管理规范化、作业标准化；基层作业单位引入全程可控的闭环流程，实现精细化管理的目标；各级管理层形成可观测、可掌管、可监控的局面，从而实现智能化决策和可视化管理。具体目标为：

（1）以统一生产设备命名为基础，规范缺陷处理、计划检修等生产流程，全面实现生产管理的流程化、标准化管理。

（2）以电网设备运行历史及台账为基础，以工作单流转体现输、变、调、试电网运行生产全过程，实时反映电网运行状态、实现生产设备的全生命周期管理。

（3）以标准化作业和定额管理为基础，降低维护成本，结合公司企业经营管理系统，与库存管理、人员绩效管理、成本管理相集成，达到账、卡、物相符，初步实现设备管理向资产管理的转变。

一、电力生产管理系统概述

国家电网 SG186 工程的 PMS 被设计成一个由五大中心及围绕五大中心分布的众多外围应用组成的有机体，分别是：设备中心、计划任务中心、运行工作中心、评价中心和标准中心。五大中心以设备中心为核心，通过“工作任务、运行信息、评价结果”三股主要信息流实现五大中心的闭环。这五大中心之间的主要关系如图 ZY1200103004-1 所示。

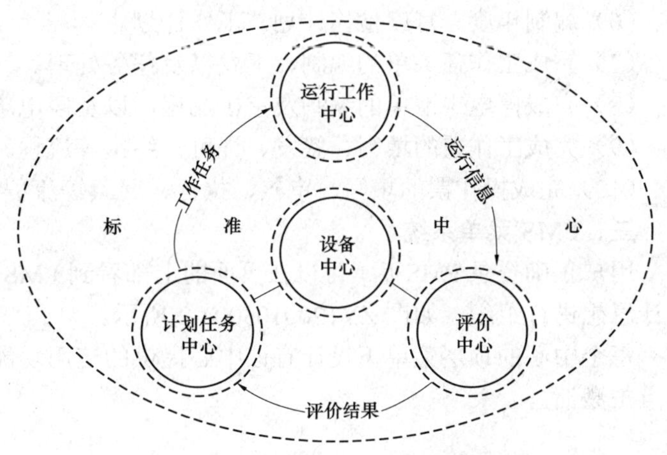

图 ZY1200103004-1　五大中心关系图

五大中心中，设备中心代表了整个电网生产管理的核心对象、基本出发点和最终目标；计划任务中心代表了整个电网生产管理的工作方式和组织策划；运行工作中心代表了整个电网生产管理的执行过程、工作内容及工作结果；评价中心代表了整个电网生产管理的评估监督和价值取向；标准中心代表了整个电网生产管理的规范化和标准化力度和水平。

SG186 工程整个应用系统的设计均是围绕这五大中心展开，各中心既相互独立又密切联系。

（1）设备中心是整个 PMS 的核心，是其他各中心实现自身业务功能的关键依赖对象。设备中心的核心内容是各类输、变、配的一、二次设备的台账，以各类设备及其相关基础信息的准确、完整和一致为主要目标。

（2）计划任务中心提炼和抽象了电力生产业务的主线，其核心思想是中心内由任务（Task）、计划（Schedule）和任务单（Form）组成的所谓 TaSF 结构和由此结构而延展开的所谓 TaSF 循环。其核心内容是任务的完整收集、计划的合理制订和任务单的准确派发。

（3）运行工作中心依据计划任务中心提供的任务单进行工作任务的具体执行及执行信息的反馈，同时包含了电网生产日常运行工作。运行工作中心的主要功能包括工作票、停电申请、操作票、作业指导书、修试记录、修试报告、各种运行值班记录等。运行工作中心是电网生产基层人员的主要工作平台，其核心内容是各类运行工作任务执行的流程化、标准化、精细化和闭环化管理，以提高电网运行工作的规范化和精细化水平、提高工作任务完成合格率为主要目标。

（4）评价中心依据运行工作中心提供的各种运行信息，结合计划任务中心和设备中心的相关信息，从多个角度对电网生产运行情况实施评价，其评价结果作为电网生产业务决策的依据。评价中心是电网生产管理决策人员的主要工作平台。

（5）标准中心为设备中心和运行工作中心提供标准依据，总体上包括设备管理标准和作业标准两大部分。标准中心的核心内容是电网生产管理标准体系的建立、维护和应用，以不断提升电网生产管理的标准化程度为主要目标。

二、电力生产管理系统变电管理相关部分业务分析

电力生产管理系统变电管理相关部分业务包括设备管理、运行值班管理、缺陷管理、周期性工作管理、检修试验管理、工作票管理、操作票管理等。

通过 PMS 可以完成以下任务：

（1）建立变电设备标准库，便于规范变电各类设备的管理。

（2）建立和维护所辖电网内的变电站以及变电站内各类设备台账，如一次设备、继电保护及安全自动控制装置、直流电源、防误装置、固定电测仪表、自动化设备台账等。

（3）登记运行值班过程中的各种运行记录，并根据一定格式自动生成运行日志。

（4）登记电网运行、检修过程中发现的各种缺陷，完成发现缺陷→上报缺陷→审核缺陷→消缺任务安排→缺陷工作登记→缺陷验收等缺陷流程各环节的闭环管理。

（5）维护设备各类周期性工作，完成周期工作提示→加入任务池→检修计划编制→工作任务单编制→任务单分配→任务处理→修试记录登记→修试记录验收等一系列检修相关的工作。

（6）编制年度、月度检修计划、工作计划。

（7）完成工作任务单的编制、下发以及任务处理。

（8）完成停电申请单的编制及审核流程，以及停电申请单和工作任务单的关联。

（9）完成工作票的填写、签发、许可、终结等流程。

（10）完成操作票的填写、审核、执行、回填等流程。

三、PMS 菜单系统

用户正确登录 PMS 后，可以在页面的上部看到 PMS 的各项菜单。PMS 菜单系统依据“五大中心”设计思想进行组织，如图 ZY1200103004-2 所示。

每个中心的顶层菜单下设计有该中心提供的应用功能菜单集，采用分层方式进行排列，供用户鼠标点击激活。

图 ZY1200103004-2　PMS 系统菜单界面图

【思考与练习】

1. 何谓 SG186 工程？
2. 何谓 TaSF 结构？
3. PMS 系统由哪五大中心组成？

第十章　工作票、操作票执行

模块 1　工作票接收与操作票的执行（ZY1200104001）

【模块描述】本模块介绍工作票的接收、操作票的执行方法与要求。通过要点归纳和举例说明，掌握正确审核接收工作票和规范地执行倒闸操作票的方法和流程。

【正文】

操作票和工作票制度是确保变电站安全生产工作的组织措施和技术措施。在操作票和工作票的执行过程中，要做到严格要求、严格执行与严格考核，不断提高“两票”执行标准和管理水平。

一、工作票的种类与基本要求

1. 变电站执行工作票的种类

变电站执行的工作票包括变电站第一种工作票、变电站第二种工作票、电力电缆第一种工作票、电力电缆第二种工作票、带电作业工作票、事故应急抢修单。

2. 工作票应符合的要求

（1）工作票使用前必须统一格式、按顺序编号，一个年度之内不能有重复编号。

（2）工作票应使用钢笔或圆珠笔填写与签发，一式两份，内容应正确，字迹工整、清楚，不得任意涂改。

（3）用计算机生成或打印的工作票应使用统一的票面格式，必须由工作票签发人审核无误，手工或电子签名后方可执行。

3. 需要填写工作票的工作

（1）填用第一种工作票的工作。

1）高压设备上工作需要全部停电或部分停电者。

2）二次系统和照明等回路上的工作，需要将高压设备停电者或做安全措施者。

3）高压电力电缆需停电的工作。

4）其他工作需要将高压设备停电或要做安全措施者。

（2）填用第二种工作票的工作。

1）控制盘和低压配电盘、配电箱、电源干线上的工作。

2）二次系统和照明等回路上的工作，无需将高压设备停电者或做安全措施者。

3）转动中的发电机、同期调相机的励磁回路或高压电动机转子电阻回路上的工作。

4）非运行人员用绝缘棒和电压互感器定相或用钳形电流表测量高压回路的电流。

5）大于设备不停电时的安全距离的相关场所和带电设备外壳上的工作以及无可能触及带电设备导电部分的工作。

6）高压电力电缆不需停电的工作。

（3）填用带电作业工作票的工作。带电作业或与邻近带电设备距离小于设备不停电时的安全距离规定的工作。

（4）填用事故应急抢修单的工作。事故应急抢修可不用工作票，但应使用事故应急抢修单。

4. 工作票的填写规定

（1）工作票应使用钢笔或圆珠笔填写与签发，一式两份，内容应正确、清楚，不得任意涂改。如有个别错、漏字需要修改，应使用规范的符号，字迹应清楚。

（2）用计算机生成或打印的工作票应使用统一的票面格式，由工作票签发人审核无误，手工或电子签名后方可执行。

5. 工作票接收应审核的内容

变电站运行人员接到工作票后，应根据工作任务和现场设备实际运行情况，认真审核工作票上所填安全措施是否正确、完善并符合现场条件，如不合格，应返回工作负责人，不受理该工作票。

二、工作票的填写与接收

1. 变电站（发电厂）第一种工作票的填写内容

（1）工作票左上角：填写签发人所属单位的名称。

（2）“工作负责人（监护人）”：是组织人员安全地完成工作票上所列工作任务的总负责人。不同单位的多个班组工作时，工作总负责人由申请检修工作的单位指派人员担任。

（3）“班组名称”栏：填写参加本工作票上所列工作的所有班组名称，不必填工区等名称。不同单位多班组工作时，必须在班组前面加上单位名称。

（4）“工作班人员或班组负责人”栏：一个班组进行工作，填写本班组参加此项工作的全体人员姓名，工作负责人不再填入该栏；多个班组工作的，只填写参加此项工作的班组工作负责人姓名，如果工作总负责人兼任一个班组工作负责人时，此栏内仍填写该工作总负责人的姓名。说明：工作中使用的临时工和民工必须注明。

（5）“共____人”栏：包括工作负责人、工作班人员及临时工和民工在内的所有工作人员总数。

（6）“工作地点”栏：填写实际工作地点。如在变电站工作填写“××kV ××变电站”，在集控站所属的变电站工作，可只填写变电站名称。

说明：工作地点一般以一个电气连接部分为限（所谓一个电气连接部分，是指配电装置系统中，可以用隔离开关和其他电气装置截然分开的部分）。

（7）“工作内容及工作范围”栏：

1）可填写总的项目，设备有双重名称时，应填写双重名称。断路器、母线、架构上工作要注明电压等级。

2）工作时间不超过原工作计划时间且不需要变更安全措施的工作，由工作负责人征得工作票签发人、工作许可人和调度同意，在工作票上可增填工作项目，并在备注栏中说明原因，即可开始工作。若需变更或增设安全措施时，应填用新的工作票，并重新履行工作票许可手续。

3）工作人员完成工作任务必须接触的设备和可能达到的地方，要非常明确具体，防止工作人员误判工作范围。

（8）“计划工作时间”栏：是指工作开始至工作终结交付验收合格为止的时间，不包括停、送电操作时间。但申请计划停电的时间则包括停送电操作时间。时和分使用24时制和双位数字，如2006年01月12日16时05分。

（9）“安全措施”栏（必要时可附图说明）：是指需要工作许可人员完成的四个部分的安全措施内容。每项内容的左侧空格栏，由工作票签发人或工作负责人填写。

1）每项内容的右侧空格栏：是由工作许可人完成相应的安全措施后，在许可工作前工作许可人和工作负责人共同逐项检查无误后分别打“√”。

2）“应拉断路器和隔离开关”栏：应明确各方面有一个明显的断开点（对于有些设备无法观察到明显断开点的除外）。与停电设备有关的变压器（包括站用变压器）和电压互感器，应将设备各侧断开，防止向停电检修设备反送电。填写内容如下：

a. 应填写包括已拉开的断路器和隔离开关。

b. 对于手车开关，必须按操作术语写明其准确位置或状态，例如“××手车拉出柜外”、“××手车拉至试验位置”等。

c. 对于三位置隔离开关（合、分、地三位置联动隔离开关），如果该隔离开关已经接地，仍应在此栏填写。

d. 与检修设备间没有明显断开点的设备，填应断开的熔断器、二次开关或拆除的引线，如“拆除××开关至×母间引线”。

e. 有可能反送电的二次开关、低压熔断器均应填写在“应拉断路器和隔离开关栏。”

f. 需要拉开的合闸、控制电源或其他电源等应填为“×××开关控制电源”等。

3)“应装接地线、应合接地开关”栏：

a. 填写包括携带型接地线、接地开关，应注明装设处的准确位置和在各处装设的接地线、接地开关的组数。接地开关只填编号，不必填写地点。

b. 对于三位置隔离开关需要接地时，应填写“将××（三位置隔离开关编号）合于接地位置”。

c. 接地线、绝缘隔板的编号由许可人填写。

d. 对金属全封闭开关柜，若母线装设接地线困难时，可将接地线装设在某一出线断路器与母线隔离开关之间，并合上此隔离开关，在操作把手上挂“禁止分闸”标示牌。

e. 变电站如有电缆出线，对于电缆头在变电站围墙内部的，安全措施全部由运行人员完成；个别站的电缆头在围墙外部的，因工作需要要求在0号杆处装设接地线时，其安全措施的完成执行如下规定：① 该接地线必须体现在工作票的票面上；② 由运行人员提供验电器和接地线并负责监护；③ 接地线由检修人员装设并事先在适当位置焊好接地端。

4)“应设遮栏，应挂标示牌及防止二次回路误碰等措施”栏：

a. 分类填写标示牌、遮栏（或围栏）所设的位置及防止二次回路误碰等措施。

b. 应按照《国家电网公司电力安全工作规程（变电部分）》要求进行悬挂和装设，填写时应写明具体地点；标示牌的类型应符合《国家电网公司电力安全工作规程（变电部分）》附录I的要求。

c. 安全遮栏不得利用带电设备的架构作遮栏支柱，安全遮栏设置一般设置到临近道路，只设置一个出入口。

d. 对停电设备装设安全遮栏，指采用临时网状遮栏设置封闭的工作范围，网状遮栏上“止步、高压危险！”标示牌应面向遮栏内悬挂，同时，进出工作现场的出入口应放置“从此进出！”标示牌，提示工作人员只能从此“出入口”进出和在遮栏内进行工作。

e. 对带电设备装设全封闭围栏，指采用临时网状遮栏在带电设备四周装设全封闭遮栏，网状遮栏上“止步、高压危险！”标示牌应面向遮栏外悬挂。

f. 电气试验时，应由试验人员设遮栏并向外挂“止步、高压危险！”标示牌。

说明：对停电设备装设安全遮栏一般用于各种电压等级的单回路停电检修或停电检修范围小的工作现场；全封闭安全遮栏一般用于室外电气设备大部分停电，只有个别地点保留带电设备。防止二次回路误碰等措施应按《国家电网公司电力安全工作规程（变电部分）》有关二次系统上工作的安全措施填写。

5)“安全注意事项（补充措施）”栏：工作票签发人填写，提出对其他安全措施的补充要求或对工作负责人提醒的安全注意事项。

6)“工作地点保留带电部分和补充安全措施”栏：由工作许可人根据工作任务和现场情况，注明工作地点四面和上下临近带电部分，施工设备的同一电气连接部分断开后的带电部分，工作地点的低压交、直流电源也应注明和交代清楚，提出和完善安全措施。

说明：母线设备工作或全站整体停电等，若以上栏目填写不下时，可以增加工作票附页填写，工作票编号与此工作票编号一致。

(10)“危险因素控制措施”栏：体现危险点确认和告知手续。该栏内容设在工作票的背面，由工作负责人填写。工作前，负责人要根据检修工作中可能造成人身伤害的因素组织分析研究，并制定具体可行的危险点控制措施。

1）单班组工作时，应由工作负责人组织工作班成员，根据具体工作中存在的危险因素，分析、制定有针对性、可操作性强的控制措施，填写在工作票背后“危险因素控制措施”栏内。

2）多班组工作时，由各专业班组负责人组织本专业成员，分析、制定出危险因素控制措施，填写在“多班组工作开、竣工票”背后的“多班组危险因素控制措施”栏内。继电保护专业除执行“危险因素控制措施”外，根据工作需要还应执行二次工作安全措施票。

3）危险点控制措施应由检修工作人员在开始工作前完成，不含运行人员布置的安全措施。

2. 接收工作票

（1）第一种工作票应在工作前一日预先送达运行人员，可直接送达或通过传真、局域网传送，但传真传送的工作票许可应待正式工作票到达后履行。临时工作可在工作开始前直接交给工作许可人。

（2）变电站值长、正值收到工作票后，应对工作票全部内容仔细审查，特别应对安全措施是否符合工作范围和工作内容的要求以及现场实际情况是否正确、完备认真核对，确认无问题，在"收到工作票时间"栏填写收到时间并签名。

（3）若在审查中仍有疑问时应向工作票签发人询问清楚。如工作票确有问题，需要重新填写时，值班员应拒收工作票。

（4）值班人员接收工作票后，应在运行记录上进行登记，并将工作票放在专用夹内。

3. 变电站第二种工作票

（1）变电站第二种工作票的填写、签发、许可开工、监护、终结均与变电站第一种工作票相同。

（2）在几个电气连接部分上依次进行不停电的同一类型工作，可发给一张变电站第二种工作票，但工作任务中应详细写明在哪些设备上进行何种工作。

说明：变电站内新建、扩建工程，未形成运用中的电气设备上工作，当没有设备双重编号时，可以使用基建名称。

变电站（开关站、配电站）内无调度运行编号的设备（如蓄电池、直流屏等），填写时应叙述清楚，如"主控室1号直流屏"。

（3）变电站第二种工作票可以在当日开工前送到值班现场。

（4）变电站（发电厂）第二种工作票中"工作条件（停电或不停电）"栏应详细注明工作设备对应的一次设备的停电与不停电情况，不得含糊地写上"停电""不停电"字样，如：××断路器取油样写明"××断路器不停电"。

（5）"注意事项（安全措施）"栏内填写的主要项目为：

1）带电工作时重合闸的投、退情况。

2）保护定校、检查工作时，该套保护及母线有关保护压板的投、退情况。工作设备挂"在此工作"标示牌以及其他相邻保护盘应装设的遮栏等情况。

3）直流回路、低压照明回路或低压干线工作时，电源开关、隔离开关及熔断器退出情况，低压工作需要装设的接地线或挡板情况及挂标示牌情况。

4）邻近带电设备工作时应注明设备运行情况，安全距离应以数字表示。

5）蓄电池室内工作，应提醒工作人员注意"禁止烟火"。控制室、直流室或蓄电池室顶部工作时，下面应设遮栏布及其他注意事项。

6）高处作业时，应注明下层设备及其设备运行情况。

7）工作时防止事故发生的具体措施，不要笼统地写"注意"、"防止"等字样，如"防振动、防误跳、防走错间隔"等，而应写明具体措施，如装设遮拦、挂安全标示牌、挂"运行"标志、加锁、退出压板等。

8）带电测温、核相等工作，应注明设备的运行情况。

9）在变电站内地面挖掘时，应注明地下电缆及接地装置情况。

10）若二次工作时，注明防止TA二次开路、防止TV二次短路等措施。

（6）"确认工作负责人布置的任务和本施工项目安全措施"栏：工作人员确认无问题后，分别在工作票下联"工作人员签名"栏内确认签名。

（7）第二种工作票班组成员变动由工作负责人确认，并在工作票下联"备注"栏内注明签名。

（8）第二种工作票的工作结束时间即是工作票终结时间。

（9）工作票的有效时间以批准的检修期为限，不宜跨月度使用。当工作票破损不能继续使用时，应补填新的工作票。

4. 事故应急抢修单

（1）事故抢修时，应填用“事故应急抢修单”（变电、线路），并遵守以下规定：

1）事故抢修是指：电气设备或线路在运行中发生故障，有扩大事故的可能，如不立即处理将危及人身安全，造成设备严重损坏、火灾事故者；需要紧急抢修而工作量不大，能在4h内修复者。

2）在开始工作前必须按规程、规定做好安全措施（停电、验电、挂地线、线路工作使用个人保安线、装设遮栏和悬挂标示牌），履行工作许可手续，并由工作负责人监护工作，方能开工。

3）事故抢修工作应记入运行记录中。

4）如设备损坏情况严重，在短时间内不能修复，需转入事故检修时，应填写工作票，并履行工作许可手续，然后才能进行检修工作。

（2）事故应急抢修单应由抢修任务布置人（本单位的工作票签发人）或工作负责人根据抢修任务布置人的命令填写。

（3）填写要求：

1）事故应急抢修单左上角填写抢修任务布置人所在单位的名称。

2）“抢修工作负责人（监护人）”、“班组、工作班人员或班组负责人”、“人数”、“抢修任务（抢修地点和抢修内容）”栏的填写同“变电站第一种工作票”。

3）“安全措施”栏：变电站抢修时同变电站电气第一种工作票。

4）“抢修地点保留带电部分或注意事项”栏：变电站抢修时同变电站第一种工作票。

5）“抢修任务布置人”栏：事故应急抢修单上“抢修任务布置人”栏，如“抢修任务布置人”不能亲自签名，可经同意由许可人代签。

6）“经现场勘察需补充下列安全措施”栏：由抢修负责人和现场工作许可人共同到现场勘察后，认为应补充的安全措施。本栏由工作负责人填写，许可人实施，并签名填注时间。

（4）工作许可、工作开工、工作监护、工作间断、转移与“变电站电气第一种工作票”相同。

（5）“抢修结束汇报”栏：

1）抢修工作结束后，由工作负责人填注结束时间，并详细填写现场设备状况及保留安全措施，如设备能否投运、与故障前有何异常等，然后清理工作现场，将抢修班人员全部撤离，并汇报工作许可人。

2）许可人负责验收并核对现场设备状况并保留安全措施，认为无问题后，分别在“抢修工作负责人”、“许可人”处签名，并由许可人填写时间，并作好记录。

三、操作票的填写内容与基本要求

1. 操作票的填写内容

下列项目应填入操作票内：

（1）应拉合的设备［断路器（开关）、隔离开关（刀闸）、接地开关（装置）等］，验电，装拆接地线，合上（安装）或断开（拆除）控制回路或电压互感器回路的空气开关、熔断器，切换保护回路和自动化装置及检验是否确无电压等。

（2）拉合设备［断路器（开关）、隔离开关（刀闸）、接地开关（装置）等］后检查设备的位置。

（3）进行停、送电操作时，在拉、合隔离开关（刀闸）和手车式开关拉出、推入前，检查断路器（开关）确在分闸位置。

（4）在进行倒负荷或解、并列操作前后，检查相关电源运行及负荷分配情况。

（5）设备检修后合闸送电前，检查送电范围内接地开关（装置）已拉开，接地线已拆除。

（6）填入操作票中的检查项目（填写操作票时要单列一项）：

1）拉、合隔离开关前，检查相关断路器在分闸位置。

2）在操作中拉、合断路器后检查开关的实际分合位置。

3）拉、合隔离开关或拆地线后的检查项目。

4）并、解列操作（包括变压器并、解列，旁路断路器代路操作时并、解列等），检查负荷分配（检查三相电流平衡），并记录实际电流值；母线电压互感器送电后，检查母线电压表指示正确（有表计时)。

5) 设备检修后合闸送电前，检查待送电范围内的接地开关确已拉开或接地线确已拆除。

2. 操作票的基本要求

(1) 变电站倒闸操作票使用前应统一编号，每个变电站在一个年度内不得使用重复号，操作票应按编号顺序使用。

(2) 手工填写的操作票应统一印刷，未填写的操作票应预先统一编号。

(3) 对使用计算机生成操作票，应制订相应的管理制度并严格执行。

(4) 倒闸操作由操作人员填写操作票。

(5) 操作票应用黑色或蓝色的钢(水)笔或圆珠笔逐项填写。用计算机开出的操作票应与手写票面统一。操作票票面应清楚整洁，不得任意涂改。操作人和监护人应根据模拟图或接线图核对所填写的操作项目，并分别手工或电子签名，然后经运行值班负责人(检修人员操作时由工作负责人)审核签名。每张操作票只能填写一个操作任务。

(6) 操作票应填写设备的双重名称，即设备名称和编号。

(7) 若一个操作任务连续使用几页操作票，则在前一页“备注”栏内写“接下页”，在后一页的“操作任务”栏内写“接上页”，也可以写页的编号。

(8)“操作任务”栏写满后，继续在“操作项目”栏内填写，任务写完后，空一行再写操作步骤。

(9) 断路器、隔离开关、接地开关、接地线、压板、切换把手、保护直流、操作直流、信号直流、电流回路切换连接片(每组连接片)等均应视为独立的操作对象，填写操作票时不允许并项，应列单独的操作项。

(10) 填写操作票严禁并项、添项及用勾划的方法颠倒操作顺序。

(11) 操作票填写要字迹工整、清楚，不得任意涂改。

四、倒闸操作的执行程序

1. 发布和接受操作任务

(1) 在发布和接受操作任务时，双方应互报单位、岗位，互通姓名，使用规范的调度术语，对有双重称号的设备，在下达操作任务时，应使用双重称号。受令人接受任务时，将操作任务记入运行记录簿中，并按记录复诵，双方核对无误。发布命令和接受命令的全过程必须录音。

(2) 按管辖范围，调度员向变电站的值班长或主值布置操作任务，并说明操作目的和有关注意事项。

(3) 值班长或主值接受操作任务后，根据操作任务的要求，指派合格的监护人和操作人；并根据当时的运行方式和设备状态，全面详细地向他们布置操作任务，交代安全注意事项和危险因素。

(4) 非调度管辖的设备，若需要进行倒闸操作时，站长(值班长)布置操作任务，应指派合格的监护人和操作人，下令时使用调度术语及设备双重称号，讲清操作目的和设备系统运用状态，同时通知填写操作票。

2. 填写操作票

(1) 操作票应由操作人根据操作任务、设备系统的运行方式和运用状态手工填写或应用计算机填写。

(2) 填写操作任务时，应简明扼要地反映倒闸操作任务，并使用设备双重称号。填写设备双重称号的顺序：按设备的电压等级—设备名称—设备编号的顺序填写。

(3) 在操作任务的下方，还应填写设备运行状态转换的情况，如“由××状态转换为××状态”。

(4) 一份操作票只能填写一个操作任务。

(5) 在下列情况下，允许不填写操作票进行倒闸操作，但必须明确指定监护人和操作人：

1) 事故应急处理时，可以不填写操作票。

2) 以下单项操作可以不填写操作票：

a. 拉开或拆除全站(厂)唯一的一组接地开关或接地线。

b. 投入或退出一套保护的一个压板。

c. 使用隔离开关拉、合一组避雷器，拉、合一组电压互感器（不包括取下、给上熔断器的操作）。

d. 拉、合一台消弧线圈（不包括调整分接头的操作）。

e. 选择直流接地故障或寻找线路接地故障的操作。

f. 拉、合断路器的单一操作。

以上操作，值班人员在接受命令时，应立即作好记录，经复诵无误后，根据记录进行操作。

3. 审查与核对操作票

（1）操作人填写完操作票后，应先审查一遍，然后交监护人审查。复杂、重要的操作票再由值班负责人审查。如因故使该操作任务取消，该票按未执行票执行，加盖“未执行”章，在备注栏内注明原因。

（2）为了保证操作项目和顺序的正确，操作人和监护人应在符合现场实际的模拟图板（或微机防误装置、微机监控装置）上进行核对模拟预演。由监护人按操作票项目的顺序唱票，操作人改变模拟图板（或微机防误装置、微机监控装置）设备指示位置。模拟预演后，如很快就要进行操作，模拟图板可以不恢复，如操作有变动或撤销操作任务时，应立即恢复模拟图板的原状，同时，该票按“未执行”票处理。

（3）经模拟预演确认操作票正确无误后，由监护人在操作项目下面的空白格处加盖“以下空白”章，操作人、监护人签名后，交值班负责人审查并签名（只在操作票的最后一页签名）。

（4）操作票经审核无误签名盖章后，监护人应将该操作票放在专用的操作票夹板上，做好操作前的各项准备工作，等候值班调度员或值班负责人下达执行操作的命令。

操作前的各项准备工作包括：

1）准备有关合格的安全工器具，如绝缘手套、绝缘靴（鞋）、安全帽、操作棒、防误装置的电脑钥匙等。

2）与设备电压等级相同的合格验电器、携带型接地线，安全标示牌及围栏、遮栏设施。

3）装拆熔断器用的工具、护目镜、绝缘垫。

4）操作人员的着装要符合安全工作的要求。

5）若按照有关规定，需与值班调度员核对操作票时，则应由监护人或值班负责人在操作前负责完成核对工作。

4. 操作执行命令的发布和接受

（1）值班调度员或值班负责人应根据需要和操作准备情况，及时下达操作执行命令。该命令分为逐项命令和综合命令两种方式。在实际操作中凡不需要其他单位直接配合进行的操作，可采取综合命令方式。一个操作任务涉及两个及以上厂、站时，应采取逐项命令，命令一项，执行一项，汇报执行情况后方能继续下令操作。该种命令方式在操作前值班调度员与监护人必须核对操作票。

（2）监护人接受值班调度员或值班负责人下达的操作执行命令时，必须复诵命令。在得到发令人的许可后，将接令时间记入操作票“命令时间”栏内。监护人还应将发令人、受令人的姓名填写在操作票的发令人、受令人处。

5. 进行倒闸操作

（1）倒闸操作可以通过就地操作、遥控操作、程序操作完成。遥控操作、程序操作的设备应满足有关技术条件。

（2）倒闸操作的分类：

1）监护操作：由两人进行同一项的操作。

2）单人操作：由一人完成的操作。

（3）监护操作的执行程序：

1）监护操作必须由两人执行，其中一人监护，一人操作。

2）特别重要和复杂的倒闸操作，应由熟练的值班员操作，由值班负责人监护。

3）临近交接班的前 1h，一般不应安排倒闸操作（紧急情况和事故处理除外）。一个操作任务未完成之前，不得交接班。

4）在倒闸操作中，一组操作人员一次只能持有一个操作任务的操作票，不允许同时携带两个任务及以上操作票。

5）操作中必须按操作票所列项目顺序依次进行操作。禁止跳票、跳项、倒项、添项和漏项以及做与操作任务无关的工作。

6）前往操作现场时，监护人手持操作票走在操作人的后面，注意监护操作人正确地走向操作设备的位置。到达操作位置，监护人和操作人应首先共同核对设备的名称、编号和运行状态。经核对无误后，操作人站好位置，准备操作。

7）进行每项操作时，先由监护人按操作项目内容高声唱票，操作人接令后应再次核对设备名称、编号无误后，手指被操作设备高声复诵，监护人确认复诵无误并最后核对设备名称、编号和位置正确，发出“对，执行！”的命令，操作人经 3s 思考无误后方可进行操作。操作过程宜全过程录音。

8）每一项操作后，操作人必须在监护下认真检查操作质量。例如：隔离开关的三相是否确实合好；隔离开关拉开的角度够不够；断路器的指示器是否正确；表计指示是否正常；闭锁销子是否插牢；防误闭锁是否正常等。经检查良好后，应加锁的立即加锁，同时监护人应立即在该操作项目左侧打“√”。无法看到设备实际位置时，可通过设备机械位置指示、电气指示、仪表及各种遥测、遥信信号的变化进行确认，且至少应有两个及以上不同性质的指示已同时发生对应变化，才能确认该设备已操作到位。

9）对第一项、最后一项和中间需要汇报及停顿的重要项目，应在该项右侧“操作时间”栏内填写实际操作时间，中间一般项目可以不填写操作时间。

10）在操作过程中，监护人或操作人对操作发生疑问或发现异常时，应立即停止操作，不准擅自更改操作票，不准随意解除防误闭锁装置，必须立即向值班负责人或值班调度员报告，待将疑问或异常查清消除后，根据情况按下列办法进行：

a. 如果疑问或异常并非操作票上或操作中的问题，也不影响系统或其他工作的安全，经值班负责人许可后，可以继续操作。

b. 如果操作票上没有差错，但可能发生其他不安全的问题时，应立即停止操作。

c. 如果操作票本身有错误，原票停止执行，已执行一项或多项，则在已执行项下面、未执行项上面的中间横线右边用红笔注明停止操作的原因，并盖“已执行”章，按已执行的操作票执行；未执行的项目按“作废”处理，未执行项应按照现场实际情况重新填写操作票，经履行规定的程序后进行操作。

d. 如果因操作不当或错误而发生异常时，应等候值班负责人或值班调度员的命令。

11）倒母线操作在拉开母联断路器前，监护人和操作人要对此项前已操作的隔离开关位置进行一次复查。

12）全部操作项目进行完毕后，监护人和操作人还应共同进行一次复查，以防漏项、错项。

13）监护操作时，操作人在操作过程中不得有任何未经监护人同意的操作行为。

14）有关验电的补充规定：

a.“五防”密封式开关柜、GIS 组合电器等全封闭的设备，电缆出线或全封闭母线的设备，在合接地开关前，无法进行直接验电的，可以进行间接验电，通过检查断路器、隔离开关分闸位置、电气指示、表计及带电显示器装置指示的变化，且至少应有两个及以上不同性质的指示同时发生对应变化，作为无电的依据填入操作票内；架空出线的，可在套管外侧验电。

b. 若进行遥控操作，则必须同时检查隔离开关的状态指示和遥测、遥信信号及带电显示装置的指示，进行间接验电。

c. 管式母线位置高，验电困难时，有接地开关的，可在接地开关引下线处验电；接地开关无引下线的，可将检查母线上所有的隔离开关确在全部断开位置，作为无电的依据；或者合上 TV 隔离开关验电后再拉开。

15）倒闸操作全过程必须进行录音。

6. 汇报、盖章与记录

（1）操作全部结束，监护人应立即向发令人汇报操作开始和终了时间，并在操作票上填上汇报时间，加盖“已执行”章。

（2）监护人或值班负责人（单人操作人）应将操作任务及其起止时间、操作中发现的问题记入运行记录簿中。

【思考与练习】

1. 变电站执行工作票的种类有哪些？
2. 哪些工作需要填用第一种工作票？
3. 如何办理工作票接收手续？
4. 倒闸操作票的执行程序有哪些？
5. 需要填入操作票的项目有哪些？

模块2 工作票的许可、终结（ZY1200104002）

【模块描述】本模块介绍工作票许可、工作票终结的有关规定和要求。通过要点归纳，掌握工作票的许可及工作票终结的要求和规范执行工作票的过程。

【正文】

工作票制度是在变电站电气设备上工作保证安全的组织措施。为规范运行人员执行工作票的行为，保证人身、电网和设备的安全，下面根据《国家电网公司电力安全工作规程（变电部分》要求，介绍工作票的许可、终结等工作的有关规定要求。

一、工作票的许可

运行人员审核工作票合格后，根据工作票安全措施栏内填写的应拉开断路器和隔离开关，应装设地线、应合接地开关等，与实际所做的现场措施核实后，在相应的已执行栏内打“√”，并在“补充工作地点保留带电部分和安全措施”栏内填写相应内容，经核对无误后，方能办理工作许可手续。

工作许可人在完成施工现场的安全措施后，还应完成以下手续，工作班方可开始工作：

（1）会同工作负责人到现场再次检查所做的安全措施，对具体的设备指明实际的隔离措施，证明检修设备确无电压。

（2）对工作负责人指明带电设备的位置和工作过程中的注意事项。

（3）和工作负责人在工作票上分别确认、签名。

在原工作票的停电范围内增加工作任务时，应由工作负责人征得工作票签发人和工作许可人同意，并在工作票上增填工作项目。若需变更或增设安全措施，必须填用新的工作票，并重新履行工作许可手续。

二、工作票的终结

全部工作完毕后，工作班应清扫、整理现场。工作负责人应先周密地检查，待全体工作人员撤离工作地点后，再向运行人员交代所修项目、发现的问题、试验结果和存在问题等，并与运行人员共同检查设备状况、状态，有无遗留物件，是否清洁等，然后在工作票上填明工作结束时间。经双方签名后，表示工作终结。

待工作票上的临时遮栏已拆除，标示牌已取下，已恢复常设遮栏，未拉开的接地线、接地开关已汇报调度，工作票方告终结。

三、工作票的保存规定

已终结的工作票、事故应急抢修单应保存一年。

四、工作票的执行过程

1. 工作许可

（1）工作负责人在开工前到值班现场联系办理工作许可手续。工作人员在未履行工作许可手续之前，禁止进入检修施工现场。

（2）工作许可人和工作负责人持工作票共同到工作现场，检查安全措施。许可人每指一项，双方共同检查一项，检查无误后，分别在该项右侧已执行栏内逐项打“√”。许可人应确切指明邻近的带电部位，并交代“工作地点保留带电部分和补充安全措施”栏中填写的内容。检查项目主要是：

1）已拉开的断路器和隔离开关；已拉开的控制、合闸回路电源（熔断器），TV 二次 L（或 A）端，TV 二次并联电容器及 TV 二次同期、计量、保护等回路；已拉开的主变压器风机电源、有载调压电源及电动隔离开关机构电源等。

2）装设的接地线、绝缘隔板的实际地点、编号与组数。

3）应合接地开关的位置和接地情况。

4）遮栏、围栏或标示牌装设是否正确，数量是否满足。

5）当检修、施工现场邻近有带电设备时，工作许可人应向工作负责人详细交代四周所有带电部位以及值班人员补充的安全措施和注意事项。

（3）工作负责人认为现场安全措施满足工作要求时，双方确认后，工作许可人填上许可工作时间，双方在工作票上签名。

（4）签名后，工作许可人将一份工作票交给工作负责人，另一份工作票自存，并记入运行记录中。

（5）对于线路测参数的工作，按如下程序执行：

1）如新建（改建）线路已与站内设备连接，但该设备间隔未接入母线，需要测参数时，试验单位持变电站第二种工作票进站工作。该工作不需要向调度申请，但必须由工程管理部门协调，并征得运行单位生产领导同意，由其通知运行值班员许可后方可工作。

2）如线路已接入站内设备，并且该设备间隔与母线连接，需要测参数时，由试验单位向调度提出测参数申请，经批准后，试验单位持变电站第一种工作票进站工作，履行变电站第一种工作票的工作许可手续。

2. 布置安全措施

（1）运行值班员倒闸操作完，根据工作票上的要求，布置安全措施后，还必须完成下列工作：

1）将携带型接地线和绝缘隔板的编号对应填写在“应装接地线”栏内空格处。

2）在“工作地点保留带电部分和补充安全措施”栏内，应注明靠近工作地点的带电部位及运行值班人员已完成的补充安全措施。填写时必须注明检修设备间隔上、下、左、右、前、后保留带电部位的具体位置和具体设备的名称编号。

3）当工作票填写为合接地开关，但现场接地开关不能操作或因其他原因改为装设接地线时，工作许可人应在空余的右侧填写清楚相应的接地位置和已装设的接地线编号，在工作票工作许可人“补充措施”栏说明。例如：“注 1：×××接地开关合不上，在同一位置变更为×号接地线”。

（2）若变电站运行值班员布置安全措施确有困难时，可以请检修人员协助进行配合安装，值班运行人员负责监护。但应使用倒闸操作票，运行值班人员对此操作正确性负责。

3. 工作间断与转移

（1）当日内工作，工作间断时，工作班组所有成员必须从工作现场撤出。所有安全措施保持不动，工作票仍由工作负责人执存，工作间断后继续工作，无需通过许可人。

（2）多日工作，每日收工时，应清扫工作地点，并将工作票交回值班负责人，次日复工时从值班负责人处取回工作票，工作负责人应重新认真检查安全措施，符合工作票的要求后方可工作。

（3）在同一电气连接部分用同一工作票依次在几个工作地点转移工作时，全部安全措施应由工作许可人在开工前一次做完，不需再办理转移手续。但工作负责人在转移工作地点时，工作负责人应向工作人员交代带电范围、安全措施和注意事项。

4. 工作延期

（1）由于某些原因，工作负责人对所担任的工作任务确认不能按批准期限完成时，当日工作应在批准期限前 2h 由工作负责人向值班负责人申明理由，办理延期手续。

说明：若至预定时间，一部分工作尚未完成，需继续工作而不妨碍送电者，在送电前，应按照送电后现场设备带电情况，办理新的工作票，布置好安全措施后，方可继续工作。

（2）多日工作应在批准期限前一日办理申请延期手续。

（3）延期手续必须经过批准工作任务的部门批准后才能生效，不经批准延期或不办理延期手续，强行工作，视为无票作业。

（4）批准后，工作许可人填上许可延期的期限，双方签名。

（5）延期手续只能办理一次。如需要再次办理延期时，须将原票结束，重新填写工作票。

5. 工作终结

（1）全部工作完毕后，工作负责人根据项目要求，安排工作班成员清扫、整理现场，并周密检查。自检并经验收无问题后，工作班成员在“确认安全措施保证书”收工栏内分别签名，并标注时间。

（2）单班组工作时，工作负责人进行全面自检，无问题后，带领工作班人员撤离工作地点，提出验收申请。工作许可人会同工作负责人到工作现场检查验收。如发现问题，进行处理。无问题后，工作班成员在“确认安全措施保证书”收工栏内分别签名，并标注时间。

（3）多班组工作时，班组负责人进行全面自检，无问题后，带领工作班人员撤离工作地点，汇报总工作负责人，由总工作负责人向工作许可人提出验收申请。工作许可人会同工作总负责人、班组负责人到工作现场检查验收。如发现问题，进行处理。无问题后，工作班成员在“多班组工作开、竣工票”收工栏内分别签名，班组负责人与工作总负责人在两联“多班组工作开、竣工票”内填写“班组收工时间”，两联“多班组工作开、竣工票”由工作总负责人收存。

（4）验收无问题后，工作负责人或班组负责人将检修、试验等情况记录在专用记录内，并签名。

（5）工作许可人在一式两联工作票上填写工作终结时间，双方签名。工作许可人在工作负责人所持下联工作票右上角加盖“已执行”章，并交工作负责人收存。

（6）一般情况下，工作负责人及工作班成员应在设备恢复送电无问题后再离站。

（7）在未办理工作票终结手续以前，值班员不准将施工设备合闸送电。

（8）在检修工作结束前，若有紧急需要，如需将其中某一检修设备进行合闸送电时，首先应通知工作负责人，在得到工作班全体人员已经离开工作地点、可以送电的答复后，经过调度部门批准，方可执行，并应采取下列措施：

1）全体工作人员撤离工作地点。

2）将该系统的所有工作票收回，拆除接地线（或拉开接地开关）和临时遮栏、标示牌，恢复常设遮栏，换挂“止步，高压危险！”标示牌。

3）必须在所有通道派专人守候，以便告诉工作班人员“设备已经合闸送电，不得继续工作”。

4）将送电情况记入运行记录中。

（9）工作班如需继续工作时，应重新履行工作许可手续。

6. 工作票结束

（1）工作许可人（值班人员）将工作终结情况汇报值班调度员，按调度命令拆除接地线（拉开接地开关）后，在工作票“工作票终结”栏内填写已拆除接地线（已拉开接地开关）编号、组数和标示牌、遮栏。将上述内容汇报值班调度员后，按下列情况分别执行：

1）所有接地线（接地开关、隔板）全部拆除，在工作票右上角加盖“已执行”章并签名，工作票方告结束。然后按规定进行登记并收存工作票，等候命令。

2）如因线路或其他工作未结束而保留接地线（接地开关、隔板），其编号及组数由工作许可人（值班人员）填写在第12项，待线路或其他工作结束，按调度命令拆除保留的接地线（接地开关、隔板），填写第13项后，在工作票右上角加盖“已执行”章并签名，工作票方告结束。

（2）工作票结束后，工作许可人（值班人员）按规定进行登记并收存，等候调度命令。

【思考与练习】

1. 如何办理工作许可手续？
2. 如何办理工作票延期手续？
3. 如何办理工作票终结手续？

模块3 事故应急抢修单的执行（ZY1000104002）

【模块描述】本模块包含事故应急抢修单的填写和执行。通过要点和流程讲解，以及典型案例分析，能够正确执行事故应急抢修单。

【正文】

事故应急抢修（指电气设备发生故障被迫紧急停止运行，需短时间内恢复的抢修和排除故障的工作）可不用工作票，但应使用事故应急抢修单。

在抢修前必须得到值班调度的许可，并做好安全措施，履行工作许可手续后才能进行工作。事故后非连续进行的事故修复工作，如设备损坏比较严重或是等待备品、备件等原因，短时间不能恢复，需转入事故检修的，应使用工作票，并履行正常的工作许可手续。

一、事故应急抢修单各栏的填写注意事项

1. 单位、编号

填写检修单位名称，如“××电业局修试所”、“××电业局电测仪表局”、“××电业局送变电工程处”等。编号栏的编号不得重复。

2. 抢修工作负责人（监护人）

一个班组进行抢修，工作负责人栏填该班组工作负责人姓名；几个班组进行抢修，工作负责人栏填总工作负责人姓名。

3. 班组

应填写参加抢修工作的具体生产班组名称，如继保一班、变电班、金工班、直流班。当填写不完全部班组时，应尽量填写主要班组至满格，最后用“等”字结束。

4. 抢修班人员（不包括抢修工作负责人）

一个班组进行抢修，应填写每个工作人员的姓名；几个班组进行抢修，当工作班人员填不完时，应填写各班组负责人姓名及其人数，如张××等8人。若有民工、临时工配合工作，则应尽量填写完民工姓名，如张××等8人，民工和临时工：李××、高××、赵××、刘××。

5. 共_____人

总人数应和实际参加工作的人数相符，总人数是指工作人员总数（包括工作负责人和专责监护人)。

6. 抢修任务（抢修地点和抢修内容）

抢修地点和抢修内容应具体明确，抢修任务前应有变电站名称，如220kV××变电站110kV断路器××乙线143断路器A相套管故障处理。

7. 安全措施

填写应拉开的设备名称、应装设绝缘挡板、应合接地开关、应装接地线、应设遮栏、应挂标示牌等。

8. 抢修地点保留带电部分或注意事项

抢修地点保留带电部分应明确。如110kV Ⅰ母线、Ⅱ母线及旁路母线带电；相邻××间隔设备带电；与110kV带电设备保持大于1.5m的安全距离。

9. 经现场勘察需补充的安全措施

二次部分的安全措施需要补充或抢修设备与相邻带电设备的安全距离不够需要停电时，应在此栏填写，运行人员执行后签字确认。如退出110kV母线差动保护跳××线143断路器出口压板；拉开110kV××线143断路器操作电源空气开关。

10. 许可抢修时间

工作许可人向抢修工作负责人交代现场安全措施后，若无异议即可由许可人填写许可抢修时间。

11. 抢修结束汇报

在抢修工作结束后，由抢修工作负责人向工作许可人报完工，并填明抢修工作结束时间，抢修工作负责人和工作许可人分别签名，表示工作终结。

现场设备状况及保留安全措施栏填写抢修设备开工前的运行状态。如110kV××线143断路器及

143-1、143-2、143-5 隔离开关拉开，143-1KD、143-5KD 接地开关未拉开。

二、事故应急抢修单的执行流程

事故应急抢修单执行流程如图 ZY1000104002-1 所示。

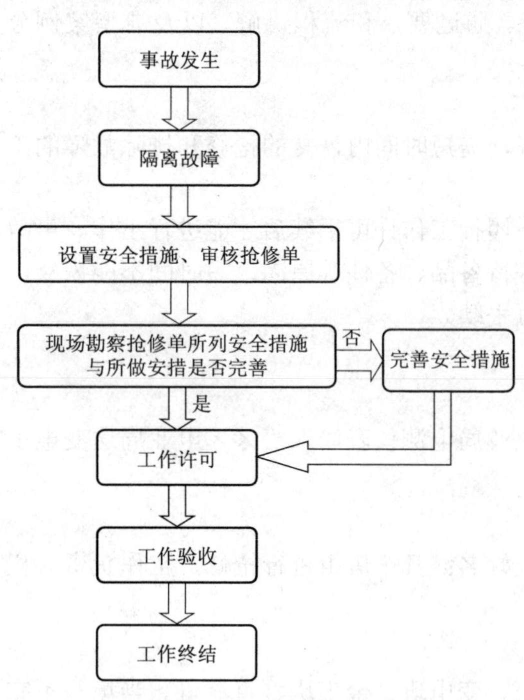

图 ZY1000104002-1 事故应急抢修单执行流程

1. 事故应急抢修单的送交和接收

（1）事故发生后，运行人员应按照相关规程将故障点隔离，可通过电话联系，按抢修任务布置人的布置做好安全措施，再接收事故抢修单。

（2）事故应急抢修单可在工作开始前直接交给工作许可人。

（3）对于送交的事故应急抢修单，变电站运行值班人员应立即审查事故应急抢修单的全部内容，特别是安全措施是否与抢修工作任务相符合，是否符合现场实际条件和《电力安全工作规程》的规定，经审查不合格，应告知错误的原因，并通知抢修工作负责人重新填写。

2. 工作的许可

（1）在布置好安全措施后，由工作许可人会同抢修工作负责人，按事故应急抢修单所列各项安全措施逐项检查确认已布置完善，经现场勘察需补充的安全措施应明确地填入事故应急抢修单内，在办理工作许可手续时，应准确地向抢修工作负责人交代清楚；严禁不到现场交代安全措施而进行许可。在抢修工作负责人没有异议后，由工作许可人签名，办理事故应急抢修单许可开始工作手续。

（2）办理工作许可手续前，未经过工作许可人的同意，工作班成员不应进入工作现场。只有抢修工作负责人办理许可工作的手续后，才能进入生产现场开始工作。

3. 抢修工作的终结

抢修工作完毕后，工作班应清扫、整理现场。工作负责人应先周密地检查，待全体工作人员撤离工作地点后，再向运行人员交代抢修结果和存在问题等，并与运行人员共同检查设备状况、状态、有无遗留物件、是否清洁等，然后在事故应急抢修单上填明抢修工作结束时间。经双方签名后，表示工作终结。

三、典型案例

A 相套管爆炸事故处理。220kV××Ⅱ线 242 断断器一次接线示意图如图 ZY1000104002-2 所示。

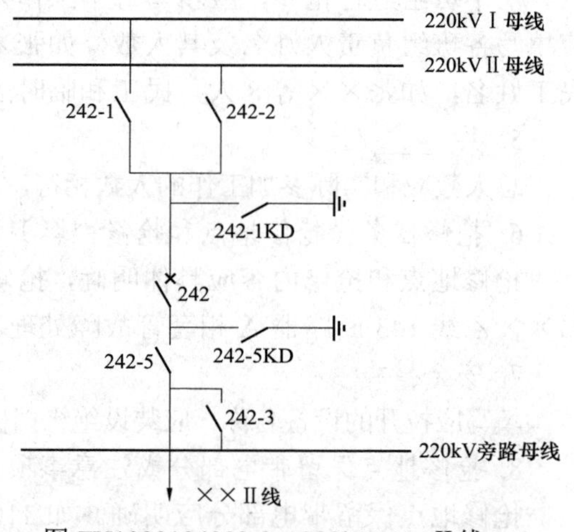

图 ZY1000104002-2 220kV××Ⅱ线 242 开关一次接线示意图

（一）票面

变电站（发电厂）事故应急抢修单

单位 ××电业局修试所　　编号 0811001

1. 抢修工作负责人（监护人） 李××　　班组 高压班，金工班，变电检修班，继保一班

2. 抢修班人员（不包括抢修工作负责人）

王××等 3 人，李××等 3 人，马××等 4 人，王××等 2 人，民工：刘××，民工：袁××

共 15 人。

模块3 ZY1000104002

3. 抢修任务（抢修地点和抢修内容）

（1）220kV××变电站220kV开关场：××Ⅱ线242断路器A相套管爆炸事故抢修。（2）220kV ××Ⅱ线242断路器1、2号保护屏及242断路器端子箱：二次回路检查。

4. 安全措施

（1）拉开242断路器，拉开242-1、242-2、242-5隔离开关。（2）合上242-1KD、242-5KD接地开关。（3）在242-1、242-2、242-5隔离开关把手上悬挂“禁止合闸，有人工作！”标示牌。（4）在242断路器及242断路器端子箱处放“在此工作！”标示牌，并在与其相邻带电设备244断路器、××Ⅰ线241断路器间隔之间设围栏，围栏上挂“止步，高压危险！”标示牌8块，围栏入口处放“从此进出！”标示牌1块。（5）在××Ⅱ线242断路器1、2号保护屏前后放“在此工作！”标示牌，在相邻的241断路器2号保护屏前后挂红布帘。（6）在244、241断路器、242-1隔离开关构架上悬挂“禁止攀登，高压危险！”标示牌。

5. 抢修地点保留带电部分或注意事项

（1）220kVⅠ、Ⅱ母线带电，相邻的241、244断路器间隔带电。（2）工作中与220kV带电设备的安全距离不小于3.0m。

6. 上述1～5项由抢修工作负责人 李×× 根据抢修任务布置人 马×× 的布置填写。

7. 经现场勘察需补充下列安全措施

（1）退出242断路器1、2号保护a、b、c相跳闸出口压板及失灵启动压板。（2）拉开242断路器控制电源空气开关。（3）拉开242断路器机构储能电源隔离开关。

经许可人（调度/运行人员）张××/余××同意（ 11 月 14 日 16 时 00 分）后，已执行。

8. 许可抢修时间

2008 年 11 月 14 日 16 时 20 分

许可人（调度/运行人员） 张××/余××

9. 抢修结束汇报

本抢修工作于 2008 年 11 月 14 日 21 时 50 分结束。

现场设备状况及保留安全措施 220kV××Ⅱ线242断路器及242-1、242-2、242-5隔离开关停电，242-1KD、242-5KD接地开关未拉开。

抢修班人员已全部撤离，材料工具已清理完毕，事故应急抢修单已终结。

抢修工作负责人 李××　　许可人（调度/运行人员） 张××/余××

填写时间 2008 年 11 月 14 日 21 时 55 分

（二）安全措施布置

1. 安全工器具的准备

围栏网不少于20m，围栏网标杆不少于10根，围栏网标杆座不少于8个，“在此工作！”标示牌6块，“禁止合闸，有人工作！”标示牌3块，“从此进出！”标示牌1块，“止步，高压危险！”标示牌不少于8块，“禁止攀登，高压危险！”标示牌3块，红布帘2块。

2. 场地准备

事故发生后，应将故障点隔离，并组织人员进行现场查勘，对安全措施的设置位置和注意事项进行部署，如围栏网的设置、标示牌的悬挂等。对于运行人员需要补充的安全措施进行分析、统计，指定施工中需要搭接工作电源的位置。

3. 安全措施示意图

一次设备安全措施示意图如图ZY1000104002-3所示。

二次设备安全措施示意图如图ZY1000104002-4所示。

（三）危险点分析及预控措施

（1）未审查事故应急抢修单或审查不仔细。预控措施：审查事故应急抢修单人员必须具备相应资格；根据抢修任务逐一审查事故应急抢修单所填内容的正确性，尤其是安全措施和抢修地点保留带电

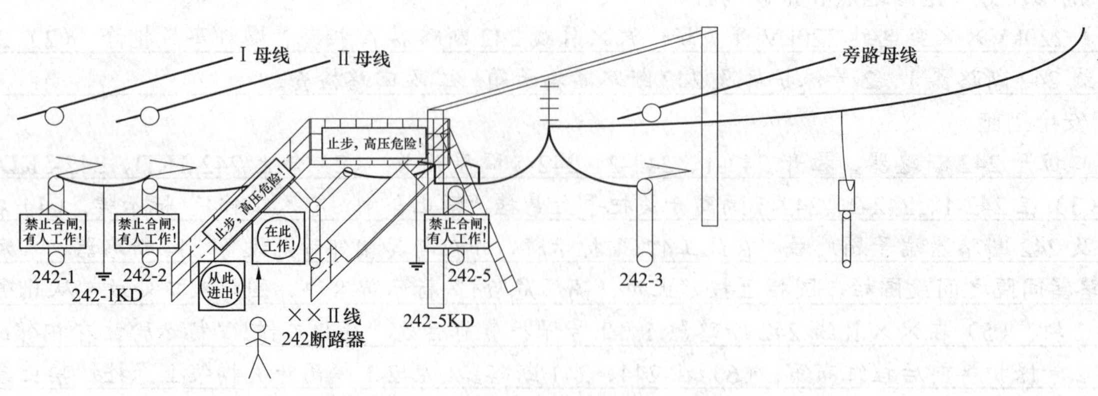

图 ZY1000104002-3 一次设备安全措施示意图

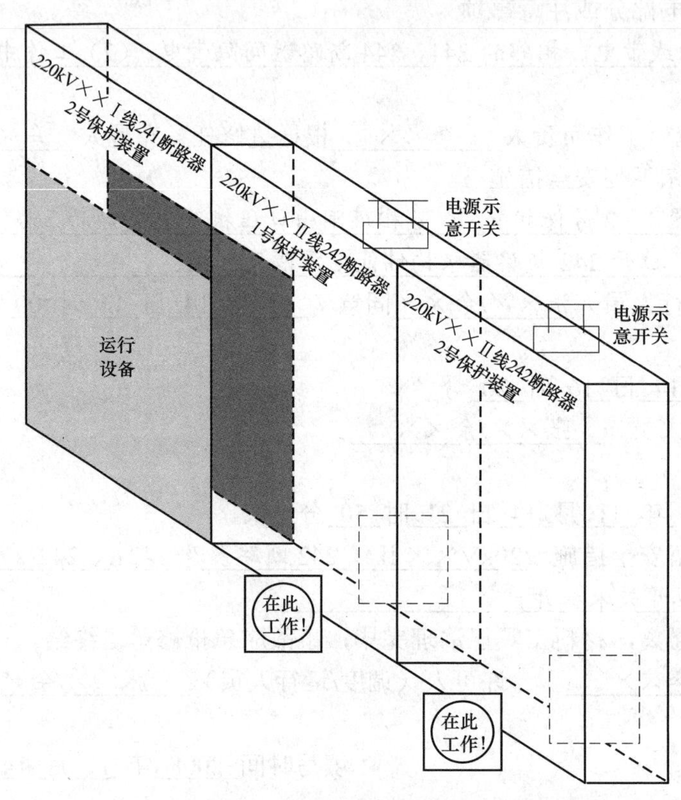

图 ZY1000104002-4 二次设备安全措施示意图

部分内容；存在疑问的向抢修工作任务布置人询问清楚。

（2）现场安全措施布置人员安排不当，安全措施邻近带电设备，安全措施布置错误。预控措施：现场安全措施布置必须两人进行；人员必须与带电设备保持足够的安全距离；安全措施布置时应根据事故应急抢修任务布置人的布置进行，不得遗漏；标示牌、围栏的悬挂、装设地点应正确。

针对断路器检修时，应切断该断路器控制和合闸电源，并在控制和合闸电源开关上悬挂“禁止合闸，有人工作！”标示牌；工作地点相邻带电设备构架上悬挂“禁止攀登，高压危险！”标示牌。二次设备的工作屏盘相邻屏应用红布帘隔离，避免工作人员走错位置；应退出母线差动、失灵启动压板及开关本屏保护出口压板，为抢修人员在抢修完爆炸断路器后进行传动试验时做好准备工作。

（3）不严格履行许可手续。预控措施：事故应急抢修单许可人必须会同抢修工作负责人到现场逐一检查安全措施，确认已布置完善，经现场勘察需补充的安全措施确已实施后方可开工。

（4）对现场状态不清楚即办理终结手续。预控措施：因设备损坏比较严重短时间不能恢复运行，抢修工作结束后将转入事故检修，此时工作许可人必须清楚现场设备状况和安全措施情况，对设备抢修结果和存在问题弄清楚后，方可终结事故应急抢修单。

【思考与练习】

1. 哪些工作需要填写事故应急抢修单？

2. 事故应急抢修单的执行流程具体有哪些内容？

模块 4 带电作业工作票的执行（ZY1000104006）

【模块描述】本模块包含带电作业工作票的填写和执行。通过条文解释，注意事项介绍，以及应用举例，能够正确执行带电作业工作票。

【正文】

一、填用带电作业工作票的工作

带电作业或与邻近带电设备安全距离小于表 ZY1000104006-1 的规定，应填写带电作业工作票。

表 ZY1000104006-1 设备不停电时的安全距离

电压等级（kV）	10 及以下（13.8）	20、35	66、110	220	330	500
安全距离（m）	0.70	1.00	1.50	3.00	4.00	5.00

二、带电作业工作票各栏的填写注意事项

1. 单位、编号

填写检修单位名称，如“××电业局修试所”、“××电业局电测仪表局”、“××电业局送变电工程处”等。编号栏的编号不得重复，并按序使用。

2. 工作负责人（监护人）

一个班组进行检修，工作负责人栏填班组工作负责人姓名；几个班组进行综合检修，工作负责人栏填总工作负责人姓名。

3. 班组

应填写参加该工作的具体生产班组名称，如继保一班、变电班、金工班、直流班。

4. 工作班人员（不包括工作负责人）

在票上填写每个工作人员的姓名。

5. 共____人

总人数应和实际参加工作的人数相符，总人数是指工作人员总数（包括工作负责人和专责监护人）。

6. 工作的变、配电站名称及设备双重名称

填写工作的变、配电站名称及设备双重名称，站名前应有电压等级。对主体设备（变压器只填写调度编号及设备名称）应填写电压等级、调度名称、编号和设备名称。同一电压等级、调度名称和设备名称可以归类填写，其他不会发生歧义的设备可以只填写调度编号和设备名称（尚未正式命名的新建设备按设计名称填写）。如 220kV××A 变电站 10kV××线 543 断路器间隔；2 号主变压器 212-1 隔离开关。

7. 工作任务

工作地点及地段和工作内容应清楚、确切。工作任务栏举例如表 ZY1000104006-2 所示。

表 ZY1000104006-2 工作任务栏举例

序号	工作地点及地段	工 作 内 容
1	220kV 开关场 2 号主变压器 212-1 隔离开关	带电拆除 2 号主变压器 212-1 隔离开关与 220kV Ⅰ母线的连接线
2	220kV 开关场 2 号主变压器 212-1 隔离开关	带电清扫 2 号主变压器 212-1 隔离开关绝缘子

8. 计划工作时间

根据调度批准时间填写。

9. 工作条件（等电位、中间电位或地电位作业，或邻近带电设备名称）

（1）在带电设备上工作时，带电体的电位与人体的电位相等的带电作业，在此栏中填“等电位”；作业人员通过两部分绝缘体，分别与接地体和带电体隔开的带电作业，在此栏中填“中间电位”；作业人员处于地电位上使用绝缘工具间接接触带电设备的作业，在此栏中填“地电位”。

（2）在不带电设备上工作，与邻近带电设备距离不满足要求时填写相邻带电设备的名称。

10. 注意事项（安全措施）

（1）工作中是否需要停用重合闸。

（2）进行地电位带电作业时，人身与带电体间的安全距离不得小于表 ZY1000104006-3 的规定。35kV 及以下的带电设备，不能满足表 ZY1000104006-3 规定的最小安全距离时，应采取可靠的绝缘隔离措施。

表 ZY1000104006-3　　带电作业时人身与带电体的安全距离

电压等级（kV）	10	35	66	110	220
距离（m）	0.4	0.6	0.7	1.0	1.8（1.6）*

* 因受设备限制达不到 1.8m 时，经单位主管生产领导（总工程师）批准，并采取必要的措施后，可采用括号内 1.6m 的数值。

（3）绝缘操作杆、绝缘承力工具和绝缘绳索的有效绝缘长度不得小于表 ZY1000104006-4 的规定。

表 ZY1000104006-4　　绝缘工具最小有效绝缘长度

电压等级（kV）	有效绝缘长度（m）	
	绝缘操作杆	绝缘承力工具、绝缘绳索
10	0.7	0.4
35	0.9	0.6
66	1.0	0.7
110	1.3	1.0
220	2.1	1.8
330	3.1	2.8
500	4.0	3.7

（4）带电更换绝缘子或在绝缘子串上作业，应保证作业中良好绝缘子片数不得少于表 ZY1000104006-5 的规定。

表 ZY1000104006-5　　带电作业中良好绝缘子最少片数

电压等级（kV）	35	66	110	220	330	500
片数	2	3	5	9	16	23

（5）更换直线绝缘子串或移动导线的作业，当采用单吊线装置时，应采取防止导线脱落时的后备保护措施。

（6）在绝缘子串未脱离导线前，拆、装靠近横担的第一片绝缘子时，应采用专用短接线或穿屏蔽服方可直接进行操作。

（7）在市区或人口稠密的地区进行带电作业时，工作现场应设置围栏，派专人监护，严禁非工作人员人内。

（8）等电位作业。

1）等电位作业人员应在衣服外面穿合格的全套屏蔽服（包括帽、衣裤、手套、袜和鞋），且各部分应连接良好。屏蔽服内还应穿阻燃内衣。

严禁通过屏蔽服断、接接地电流及空载线路和耦合电容器的电容电流。

2）等电位作业人员对地距离应不小于表 ZY1000104006-3 的规定，对相邻导线的距离应不小于表 ZY1000104006-6 的规定。

表 ZY1000104006-6　　等电位作业人员对相邻导线的最小距离

电压等级（kV）	63（66）	110	220	330	500
距离（m）	0.9	1.4	2.5	3.5	5.0

3）等电位作业人员在绝缘梯上作业或者沿绝缘梯进入强电场时，其与接地体和带电体两部分间隙所组成的组合间隙不得小于表 ZY1000104006-7 的规定。

表 ZY1000104006-7　　等电位作业中的最小组合间隙

电压等级（kV）	63（66）	110	220	330	500
距离（m）	0.8	1.2	2.1	3.1	4.0

4）等电位作业人员沿绝缘子串进入强电场的作业，一般在 220kV 及以上电压等级的绝缘子串上进行，其组合间隙不得小于表 ZY1000104006-7 的规定。若不满足表 ZY1000104006-7 的规定，应加装保护间隙。扣除人体短接的和零值的绝缘子片数后，良好绝缘子片数不得小于表 ZY1000104006-5 的规定。

5）等电位作业人员在电位转移前，应得到工作负责人的许可。转移电位时，人体裸露部分与带电体的距离不应小于表 ZY1000104006-8 的规定。

表 ZY1000104006-8　　等电位作业转移电位时人体裸露部分与带电体的最小距离

电压等级（kV）	35、63（66）	110、220	330、500
距离（m）	0.2	0.3	0.4

6）等电位作业人员与地电位作业人员传递工具和材料时，应使用绝缘工具或绝缘绳索进行，其有效长度不得小于表 ZY1000104006-4 的规定。

11. 工作负责人签名

工作负责人核实工作票 1～7 项内容无误后签名确认。

12. 指定专责监护人及专责监护人签名

确认无误后，专责监护人签名。

13. 补充安全措施（由工作许可人填写）

对前面内容进行现场补充，如工作中需要上下的爬梯、楼层通道悬挂标示牌等。

14. 许可工作时间

工作许可人向工作负责人交代现场安全措施后，若无异议即可由许可人填写许可工作时间。

15. 确认工作负责人布置的工作任务和安全措施，工作班组人员签名

每位工作班成员确认现场安全措施满足工作负责人布置的任务后，只在工作负责人收执的工作票上签名。几个班组同时进行工作，工作班人员姓名填不下时，可由各班组负责人或小组负责人在工作票上填写姓名及其人数，如苏××等 8 人、李××等 5 人。

16. 工作票终结

工作许可人会同工作负责人进行验收无误后，由工作负责人向工作许可人报完工，工作负责人在工作票上填明工作结束时间，工作负责人和工作许可人分别签名，表示工作票终结。

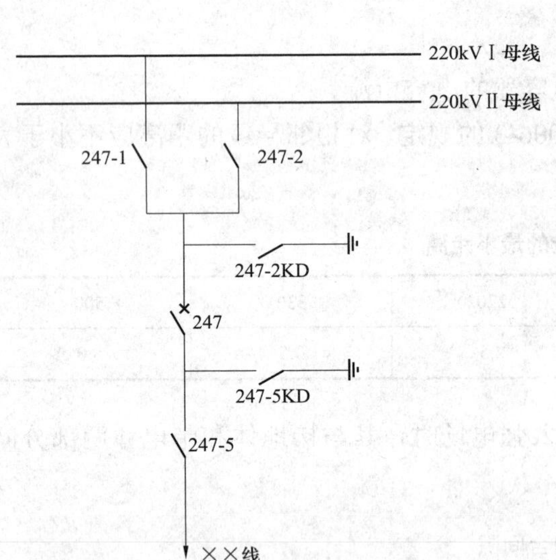

图 ZY1000104006-1 220kV××线 247 断路器一次接线示意图

17. 备注

工作票签发人、工作负责人、工作许可人在办理工作票过程中需要双方交代的工作或注意事项等。

三、带电作业工作票的执行流程

带电作业工作票的送交和接收、许可、监护、终结与模块“ZY1000104003 执行工作票的规定”流程相同。

四、典型案例

运行方式：220kVⅡ母线及 220kV××线 247-2 隔离开关带电，仿北线 247-1 隔离开关处于拉开状态，220kVⅠ母线停电检修。

带电作业目的：检修仿北线 247-1 隔离开关。

220kV××线 247-1 隔离开关与 247 断路器靠断路器侧带电断引线。220kV××线 247 断路器一次接线示意图如图 ZY1000104006-1 所示。

（一）票面

变电站（发电厂）带电作业工作票

单位 ××电业局送电工程处 编号 0801002

1. 工作负责人（监护人） 王×× 班组 带电班

2. 工作班人员（不包括工作负责人）

潘××、张××、李××

共 4 人。

3. 工作的变、配电站名称及设备双重名称

220kV 仿真 A 站 220kV××线 247-1 隔离开关

4. 工作任务

工作地点或地段	工 作 内 容
220kV 开关场：220kV××线 247-1 隔离开关	220kV××线 247-1 隔离开关与 247 断路器靠断路器侧带电断引线

5. 计划工作时间

自 2008 年 1 月 10 日 15 时 20 分

至 2008 年 1 月 10 日 18 时 00 分

6. 工作条件（等电位、中间电位或地电位作业，或邻近带电设备名称）

等电位作业，拉开 220kV××线 247-1 隔离开关，220kVⅡ母线及 220kV××线 247-2 隔离开关带电。

7. 注意事项（安全措施）

（1）220kV 带电作业中，人员对地保持 1.8m 以上的安全距离，对相邻导线保持 2.5m 以上的距离。（2）220kV 带电作业人员在绝缘梯上作业或者沿绝缘梯进入强电场时，其与接地体和带电体两部分间隙所组成的组合间隙不得小于 2.1m，传递工具和固定拆除的引线头使用的绝缘绳索，其有效绝缘长度大于 1.8m，防止引线摆动。（3）作业人员应穿戴合格的全套屏蔽服、护目镜。（4）在 220kV××线 247-1 隔离开关与 247 断路器靠断路器侧处放置“在此工作！”标示牌 1 块。（5）在 220kV××线 247-1 隔离开关周围装设围栏，围栏上悬挂“止步，高压危险！”标示牌 8 块，字面向外。（6）在 201-1 隔离开关

构架上悬挂“禁止攀登，高压危险!”标示牌1块。

工作票签发人签名 张×× 签发日期 2008 年 1 月 10 日

8. 确认本工作票1～7项

工作负责人签名 王××

9. 指定 潘×× 为专责监护人

专责监护人签名 潘××

10. 补充安全措施（工作许可人填写）

已拉开220kV××线247-1隔离开关操作电源开关，并挂“禁止合闸，有人工作!”标示牌1块。

11. 许可工作时间

2008 年 1 月 10 日 15 时 40 分

工作许可人签名 陈×× 工作负责人签名 王××

12. 确认工作负责人布置的工作任务和安全措施

工作班组人员签名______________________________

____

13. 工作票终结

全部工作于 2008 年 1 月 10 日 17 时 50 分结束，工作人员已全部撤离，材料工具已清理完毕。

工作负责人签名 王×× 工作许可人签名 陈××

14. 备注

____

____

（二）安全措施布置

1. 安全工器具的准备

“在此工作!”、“禁止攀登，高压危险!”、“禁止合闸，有人工作!”标示牌各1块；“止步，高压危险!”标示牌10块；围栏网20m。

2. 场地准备

收到工作票后，应组织人员进行现场查勘，对安全措施的设置位置和注意事项进行部署。对于运行人员需要补充的安全措施进行分析、统计，指定施工中需要搭接工作电源的位置。

3. 安全措施示意图

一次设备安全措施示意图如图ZY1000104006-2所示。

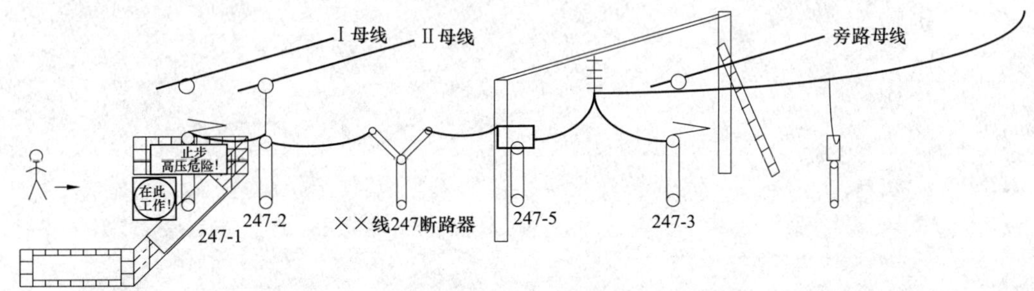

图ZY1000104006-2　一次设备安全措施示意图

（三）危险点分析及预控措施

（1）未审查工作票或审查不仔细。预控措施：审查工作票人员必须具备相应资格；根据工作任务逐一审查工作票的正确性；对存在疑问的工作票及时告知工作票签发人。

（2）现场安全措施布置人员安排不当；安全措施邻近带电设备；安全措施布置错误。预控措施：现场安全措施布置人员必须两人进行；人员必须与带电设备保持足够的安全距离；安全措施布置时应根据工作票逐项布置检查，不得遗漏；标示牌、围栏的悬挂、装设地点应正确。

针对××线 247-1 隔离开关带电断引线的工作，应将 220kV××线 247-1 隔离开关“五防”锁锁好，防止人员操作该隔离开关。二次方面应将 220kV××线 247-1 隔离开关的操作电源开关拉开，并悬挂“禁止合闸，有人工作！”标示牌 1 块。

（3）不严格履行许可手续。预控措施：工作票许可人必须会同工作负责人到现场逐一检查安全措施；工作必须经调度同意后方能办理工作许可手续。

（4）验收不仔细即办理工作票终结手续。预控措施：验收时仔细检查隔离开关、接地开关状态与开工前一致，隔离开关及支柱绝缘子外观完好，上面无杂物。

【思考与练习】

1. 哪些情况下需要填写带电作业工作票？

2. 带电作业工作票的执行流程具体有哪些内容？

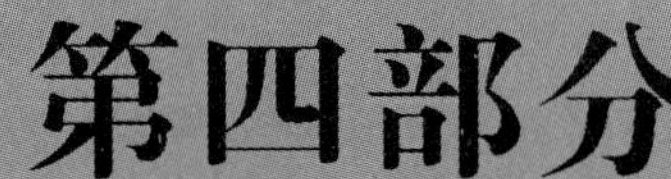

第四部分

监视、巡视与维护

第十一章 运行监视

模块1 运行工况监视（ZY1200201001）

【模块描述】本模块介绍运行工况监视内容与方法。通过要点归纳，掌握电压、电流、频率、有功、无功等运行工况的监视内容及要求。

【正文】

对电压、电流、频率等参数的监视是运行的基础工作，运行中相关参数必须控制在一定范围内。

一、电压、电流、频率的正常监视

1. 电流、电压、频率的正常指示

（1）电流。监控后台或表计指示的断路器、线路、主变压器三相相电流之间、线电流之间基本一致，随线路或主变压器潮流而变化。当线路有功潮流为零时，三相电流表计指示为零或很小，3/2 断路器接线由于潮流分布等原因，可能产生串内某一台断路器电流指示为零的现象，则另一台断路器与线路电流应相等。任一节点应满足基尔霍夫电流定律。

（2）电压。各段母线电压应满足逆调压原则，线路或主变压器电压一般较母线电压高，但均应满足相关调度部门下发的电压曲线要求。电网一般电压监视、控制点电压曲线为：500kV：495～515kV；220kV：225～235kV。

（3）频率：变电站各段母线频率显示均为系统频率，国家电网的频率标准是50Hz，频率偏差不得超过（50±0.2）Hz。在正常情况下，系统频率应保持在（50±0.1）Hz 之内，同时应保持时钟与 GPS 偏差的误差在任何时候不大于 30s。

2. 系统解、并列操作对电压、电流、频率的要求

（1）两个系统进行同期并列，必须“相序相同、频率相等、电压相等或电压差尽量小”。若调整困难，允许频率差不超过 0.5Hz，允许电压角差最大不超过 20°，允许 500kV 电压差不超过 10%，220kV 电压差不超过 20%。

（2）解列操作时，应先将解列点有功潮流调至接近零，无功潮流调至尽量小，使解列后的两个系统频率、电压均在允许范围内。特别注意操作过程中 500、220kV 电压波动不大于 10%。

3. 系统解、合环操作对电压、电流、频率的要求

（1）合环操作必须确保合环后各环节潮流的变化不超过继电保护、系统稳定和设备容量等方面的限额。要求合环断路器两端电压相位一致，电压相角差最大不超过 20°；电压差调至最小，正常操作时最大一般不超过 10%，事故处理时最大不超过 20%。

（2）解环操作，应先检查解环点的有功、无功潮流，确保解环后系统各部分电压在规定的范围内，各环节潮流的变化不超过继电保护、系统稳定和设备容量等方面的限额。

二、有功、无功的正常监视

1. 线路、主变压器有功功率的监视

（1）变电站监控后台应设置各线路、主变压器有功功率越限报警功能。

（2）根据系统稳定、设备限额等因素的要求，变电站各线路、主变压器均有上级调度部门下发的设备稳定限额。

（3）运行中应监视各线路、主变压器有功功率不超过设备稳定限额规定。

（4）系统运行方式发生改变或变电站接线发生变化时，应及时设置或取消新的相关设备稳定限额规定。

2. 变电站无功补偿及监视原则

（1）变电站无功补偿应满足各种方式下分层分区就地平衡的原则，配置足够的备用容量，满足电

压调整要求。

（2）运行中应避免经长距离输电线路或经多级变压器传送无功功率。

（3）变电站各段母线电压异常时，应优先考虑采用站内无功调节手段进行调整，站内无调节手段时汇报相关调度。

（4）正常运行时，监视各线路、主变压器无功功率不应太大，如传输较大无功功率造成功率因数较低时，应及时汇报相关调度。

3. 根据有功、无功功率表计指示分析本站潮流基本情况

（1）变电站各段母线负荷分配应当均衡，避免通过母联或分段断路器传输较大有功功率，多台主变压器的220kV侧应运行于不同母线。

（2）变压器虽具有一定的过负荷能力，但应控制负荷不超过额定容量的90%。

（3）统计分析本站内高峰时刻的负荷与低谷时刻的负荷时段，熟悉本站最高负荷以及存在哪几条重载线路。

三、电能计量装置正常巡视

1. 看懂电能表计指示，抄录电能表计各段读数

（1）变电站电量统计按线路或主变压器分正向有功、反向有功、正向无功、反向无功四类，每类又按时间段分尖、峰、平、谷四段数值。

（2）变电站电量计量表计一般采用分表或四合一表，运行值班人员应熟悉各类表计的读取方法及具体数据含义，准确地记录电能表读数。

2. 分析计算本站电量并统计不平衡率

（1）变电站每月1日根据上月相关电能表读数的差值（月初0时至月末24时）计算统计输入、输出本站有功电量。

（2）不平衡率按全站有功合计、500kV母线合计、220kV母线合计分别计算不平衡率

$$不平衡率=(输入有功合计-输出有功合计)/输入有功合计\times 100\%$$

【思考与练习】

1. 电压、电流、频率在运行中应控制在什么范围？

2. 如何计算本站电量和不平衡率？

模块2 运行工况分析（ZY1200201002）

【模块描述】本模块介绍运行工况中对电压、电流、频率、有功、无功及电能计量装置分析判断内容与方法。通过要点归纳，掌握通过分析判断发现设备或相关回路异常和缺陷的方法。

【正文】

对电气量进行计算和分析，可以初步判断变电站和系统总体运行是否正常，也是变电站运行人员日常工作内容之一。

一、电压、电流、频率分析判断

1. 变电站各段母线电压的分析判断

（1）变电站电压监视、控制点电压曲线一般为：500kV，495～515kV；220kV，225～235kV。采用逆调压原则，系统电压过高时，应退出电容器，投入电抗器；系统电压过低时，应退出电抗器，投入电容器。

（2）主变压器低压侧单相接地时，主变压器“中性点偏移”信号将动作，同时35kV母线电压指示一相降低，另两相升高接近线电压。

（3）系统正常运行未发生故障，而遥测线路、主变压器、母线等元件某相电压明显偏低或等于零时，则可能为一次电压互感器本体或二次回路开路引起。若由于一次电压互感器本体故障引起，应汇报有关调度后立即停役。

2. 电压互感器二次回路电压异常处理

（1）现象：

1）轻度异常：轻度异常是指二次电压回路异常但不至于使保护告警动作的故障，此时有关遥测表计或保护装置实时采样显示三相电压异常。

2）严重异常：有关保护交流电压回路断线闭锁动作，故障电压互感器低压空气开关跳开或熔丝熔断，有关遥测一览表、保护实时采样显示电压严重异常。

（2）处理：检查电压互感器低压空气开关是否跳开或熔丝是否熔断。

1）若空气开关跳开（熔丝熔断），可用空气开关试合一次（试放同容量的熔丝），如试合（试放）不成，则应汇报调度，将异常电压互感器所接母线上的出线非自动倒至另一组母线，将该电压互感器停役。严禁将故障电压互感器二次回路与正常电压互感器二次回路并列。

2）若空气开关在合位（熔丝正常），则用万用表交流电压相应挡测量空气开关（熔丝）上（电压互感器侧）、下（负荷侧）的电压进行比较。

若测得电压上端头正常、下端头不正常，则可判断为空气开关（熔丝）接触不良或接头松动引起，可拉开空气开关试合一次（更换同容量的熔丝），将松动接头拧紧，如情况依旧，则应汇报调度，将相应电压互感器二次回路进行并列，停用该电压互感器。

若测得上下端头电压均不正常，应在汇报调度后，将空气开关拉开（熔丝取下），对上下端头电压再测量。若上端头电压正常，则判断故障在二次回路；若上端头电压异常，则可能故障在电压互感器本体。对上述情况均将故障电压互感器所在母线上出线非自动倒至另一组母线运行，将故障电压互感器停役。

3. 变电站各出线、主变压器等电流的分析判断

正常运行时，各出线、主变压器电流不得超过相关设备稳定限额规定。在系统故障情况下电压、电流将发生变化：

（1）单相接地故障，故障相电流突变增大，有零序电流出现。

（2）相间故障，无零序电流、电压产生，故障两相电流相位相反或接近于相反，但数值相等，故障两相线电压等于零。

（3）两相接地故障，故障两相电流突变增大，有零序电流出现。

（4）三相短路故障。三相电流均增大，电压等于零。

4. 电流互感器（TA）二次开路异常处理

（1）现象：

1）开路处有放电火花，开路的电流互感器内部有“嗡嗡”声。

2）相应的电流表、有功、无功表计指示降低或为零。

3）相应的TA二次回路发出断线信号。

（2）处理：

1）TA开路时，根据整定单将TA断线无闭锁功能的相应保护退出运行。

2）TA二次开路会产生高电压，查找故障点时不得用手触及二次线，并做好相应安全措施，查到故障点后立即汇报调度停役相应断路器。

3）如二次开路处设备已着火，应立即断开电源，进行灭火。

5. 系统频率的异常及汇报

（1）系统频率超过（50±0.2）Hz为事故频率。事故频率允许的持续时间为：超过（50±0.2）Hz，持续时间不超过30min；超过（50±0.5）Hz，持续时间不超过15min。在任何情况下，系统频率不允许超过（50±3）Hz。

（2）在系统频率超过上述标准时，应立即向网调、省调等相关调度汇报，进入频率异常处理程序。

二、有功、无功分析判断

1. 系统潮流的变化分析

（1）双回线的一回线事故跳闸时，将造成另一回线潮流增大。

（2）两台主变压器的一台主变压器事故跳闸时，可能造成另一台主变压器过负荷，且220kV母联、分段传输功率增大。

（3）500、220kV 系统一台主变压器联络运行时，变压器事故跳闸，将造成 220kV 线路自环供电，部分 220kV 电源线路将过载。

（4）电磁环网的 500kV 线路事故跳闸时，将造成相关 220kV 线路过载。

2. 变压器的过负荷运行及过负荷倍数

（1）变压器的过负荷能力受生产厂家、环境温度、起始负荷、过负荷倍数影响，如某 1000kVA 变压器在 35℃的环境温度、80%起始负荷的条件下，1.5 倍过负荷时变压器继续运行时间为 90min。当环境温度发生变化时，变压器过负荷继续运行时间发生变化。

（2）主变压器在正常情况下一般不允许过负荷，事故过负荷和正常过负荷必须在主变压器无异常现象的情况下运行。如果主变压器存在冷却器损坏、严重渗漏油、本体保护有严重缺陷等情况下，则不允许过负荷运行。

（3）变压器的过负荷分允许过负荷、限制过负荷、禁止过负荷。

（4）变压器的过负荷倍数由相关调度颁发的过负荷倍数表确定。

3. 系统有功、无功的异常及汇报

（1）电网输电断面有功功率超过稳定限额 1h，定为一般电网事故。各线路或主变压器传送有功功率超过稳定限额时，应及时汇报相关调度。

（2）正常情况下，如系统通过长距离输电线路或多级变压器大容量传送无功功率，应立即汇报相关调度。

（3）正常情况下，500、220kV 双回线路输送的有功、无功功率基本相等，站内有多台相同型号和容量的变压器并列运行时，负荷分配应均等。

三、电能计量装置分析判断

1. 有功电量不平衡率不符合要求

（1）变电站各电压等级母线及全站有功不平衡率应小于 1.5%。

（2）不平衡率过大，则可能由于某条线路或主变压器计量变比设置错误或表计计量不准确引起。

2. 电能表的异常运行及汇报

（1）当电能表计数据长时间不变动或变动较小时，而实际有明显相应电流通过时，可能为电压、电流输入端子松动引起或表计损坏引起。

（2）电能表计的相关回路异常，应及时汇报相关调度，安排处理。

【思考与练习】

1. 如何处理电压互感器二次回路电压异常？

2. 如何处理电流互感器二次开路？

模块 3 运行工况异常处理（ZY1200201003）

【模块描述】本模块介绍运行工况异常处理的方法。通过要点归纳和案例介绍，掌握电流、电压、无功、有功、电能计量装置等产生异常的原因和处理方法，并能提出改进措施。

【正文】

运行工况发生异常时，要求运行人员及时、准确地进行相应处理，不同工况下处理方法会有很大区别，运行人员应熟悉各种异常工况的处理方法，并能提出改进措施。

一、电压、电流、频率异常处理

1. 电压异常的原因及相应处理

（1）当系统无功不足或区域严重过负荷时，将造成系统电压降低；当系统无功过剩或区域负荷过轻或空载时，将造成系统电压升高。超高压长距离输电线路空载运行时，系统电压升高明显。

（2）变电站 500、220kV 母线（电压监视点）电压偏差不得超过规定的电压曲线值的±5%，且延续时间不超过 2h；或偏差不超过±10%，且延续时间不超过 1h。否则，定为一般电网事故。

（3）电压降低时，现场运行人员应先自行利用站内相关无功补偿装置进行调节。现场无调节手段时，则应汇报相关调度，由相关调度进行系统调整，如增加发电机无功出力等，但一般不能用降低有功增加无功的方法来提高电压。必要时，可使用发电机的过负荷能力。当发电机严重过负荷时，现场值班人员应汇报有关调度后按“紧急拉路序位表”进行拉路，以提高电压。

（4）电压升高时，现场运行人员应先自行利用站内相关无功补偿装置进行调节。现场无调节手段时，则应汇报相关调度，由有关调度调整系统无功或减少发电机无功出力，直至进相运行。当系统监控点电压高于额定电压的10%时，相关调度可下令拉停相关轻载或空载线路。

2. 电流异常的原因及相应处理

（1）输电线路或主变压器电流异常一般由于系统输送功率过大引起。电网输电断面超稳定限额运行时间超过1h为一般电网事故，超过0.5h为电网一类障碍。

（2）当500kV线路故障，造成电磁环网中的220kV联络线超过稳定限额时，有关省（市）调负责处理，并汇报网调。

（3）现场值班人员发现线路潮流越限时，应立即汇报相关网省调度，并做好潮流越限记录，要求记录越限时段及最高潮流；如主变压器潮流越限，则应立即汇报网调，并启动变压器过负荷运行处理程序。

（4）潮流越限的处理方法一般有以下几种：

1）增加该联络线受端发电厂出力。

2）降低该联络线送端发电厂出力。

3）改变系统接线，使潮流强迫分配。

4）在该联络线受端进行限电或拉电。

3. 频率异常的原因及相应处理

对频率事故的处理，属系统事故处理性质，由相关调度负责。系统内应留有足够的旋转备用容量，一般旋转备用容量不低于系统预测最高负荷的2%。

（1）系统频率降低或升高是由于系统有功不足或大负荷失去、系统严重故障、局部电网解列等原因引起。现场值班人员在发现系统频率异常时，应立即汇报相关调度。

（2）当系统频率低于49.8Hz时，相关网、省调度应立即增加系统备用出力，主动采取恢复系统频率的措施。当系统频率低于49.5Hz且有继续下降的趋势，或者低于49.8Hz连续时间15min以上，网、省、市调度可按“紧急拉路序位表”进行拉路。

（3）当系统频率低于49Hz及以下时，各网、省、市调度应立即自行在规定范围内按“紧急拉路序位表”进行拉路；当系统频率低于48.5Hz及以下时，变电站运行人员在接到调度指令后，立即进行拉路，使系统频率在15min内回升至49Hz以上。

（4）当系统频率低于48Hz及以下时，各级调度员及发电厂、变电站运行人员可不受“紧急拉路序位表”的限制，自行拉停负载线路或变压器，使系统频率在15min内回升至49Hz以上。现场运行人员应熟悉本站内拉路序位表。

（5）当系统频率高于50.2Hz及以上时，相关调度应立即下令减小发电机出力，直至紧急停机。

（6）当系统频率降低至低频自动减负荷装置动作整定值，若发现应跳闸而未跳闸的线路时，如果此时系统频率仍低于整定值，则现场值班人员应立即自行拉开线路断路器，同时汇报相关调度。

（7）低频自动减负荷装置动作后，现场运行人员应将动作情况汇报相关调度。由于系统低频率而引起低频自动减负荷跳闸的线路或在低频事故处理中被紧急拉停的设备，必须得到相关调度指令后方可送电。由现场运行人员自行紧急拉路的，应得到相关调度许可后方可送电。

4. 三相电压、电流不平衡的原因及处理意见

（1）三相电压、电流在系统正常运行时，应基本保持一致或相等，由于三相负荷的不平衡或计量等误差，可能造成三相电压、电流略有偏差。如某相电压或电流较其他相明显偏低或为零，则可能由以下原因引起：

1）电压互感器、电流互感器内部元件故障，CVT还可能由于外部小接地开关在合位。

2）线路非全相运行或断线。

3）二次回路端子松动或二次回路过负荷。

4）TA 二次开路或 TV 二次短路。

5）监控后台或表计计量显示不正确。

（2）现场发现三相电压或电流不平衡时，应立即查明原因，汇报相关调度，并决定相关设备是否需要停役。如电压、电流不平衡是由于 TA 二次开路或 TV 二次短路引起，现场检查时，应使用必要的安全工器具，并注意人身安全。

5. 电压回路断线对保护的影响及处理意见

（1）电压回路断线时，对所有需要接入电压的保护均有影响，如距离保护、高频保护等，可能造成相应保护误动。目前电网内的大部分保护都具有电压回路断线闭锁功能。

（2）电压回路断线的处理原则：

1）如由于二次空气开关跳开或熔丝熔断引起，汇报相关调度后，可试合一次或更换同容量的熔丝试送一次，试合、试送不成功，不得再次试送。

2）测量相关保护或装置的电压输入情况是否正常。

3）停用可能误动或已受影响的保护。

4）如有双母线，可改变运行方式，将线路倒至另一条母线运行。

二、电能计量装置的异常处理

1. 电能计量装置异常情况

（1）计量不准确。

（2）表计无指示。

（3）二次端子松动等。

2. 电能计量装置异常情况分析处理

（1）计量表计误差应满足规定，误差过大的表计应予以更换，监控后台应能采集各段电量数据。

（2）通过每月的电量平衡报表，分析各表计计量是否准确，判断某一电能表可能计量不准确时，可与线路对侧比较确定。

（3）计量表计无指示或指示不准确，应及时上报缺陷，汇报修试部门处理或更换表计。

（4）计量表计发生 TA 开路或 TV 断线时，也可能造成计量不准确，现场应及时将 TA 二次短接，防止人身和设备的伤害。

（5）计量表计的按键损坏、遥控失灵等应汇总上报一般缺陷。

三、220kV 交流电压切换回路及异常处理（案例分析）

220kV 线路保护用交流电压经电压切换继电器 KC 切换选择接入，以实现保护交流电压的取用与一次运方相对应。某变电站 KC 有双位置继电器和普通型继电器。其中双位置型的 KC 用于交流电压回路的切换和启动失灵、母差保护，由于启动失灵和母差保护的隔离开关辅助触点应用母差内的继电器，故只用于交流电压回路的切换。普通型 K 用于发“切换继电器同时动作”、“TV 失压”信号及隔离开关位置遥信。

1. 母线 TV 二次回路分析

某变电站 220kV 母线 TV 二次电压引接至线路保护示意图如图 ZY1200201003-1 所示（以 A 相说明）。

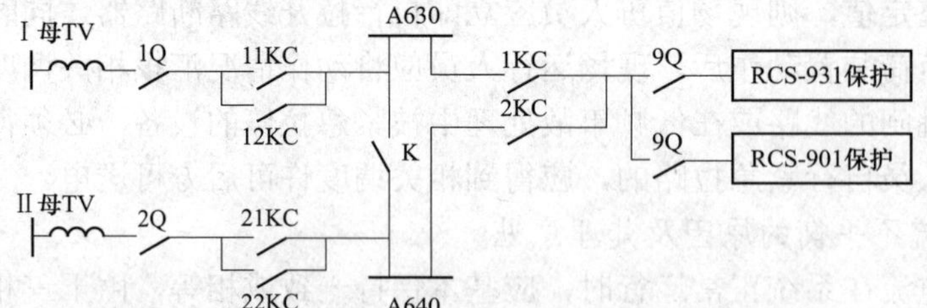

图 ZY1200201003-1 220kV 母线 TV 二次电压引接至线路保护示意图

1Q—Ⅰ母 TV 低压空气开关；2Q—Ⅱ母 TV 低压空气开关；11KC、12 KC—Ⅰ母 TV 隔离开关位置继电器（双位置继电器）；21KC、22KC—Ⅱ母 TV 隔离开关位置继电器（双位置继电器）；K—二次电压并列继电器；9Q—线路保护屏后交流电压空气开关；1KC—某线路Ⅰ母隔离开关电压切换继电器；2KC—某线路Ⅱ母隔离开关电压切换继电器其中 1KC 和 2KC 励磁回路如图 ZY1200201003-2 所示。

电压切换继电器工作电源一般与断路器控制电源Ⅰ共用。

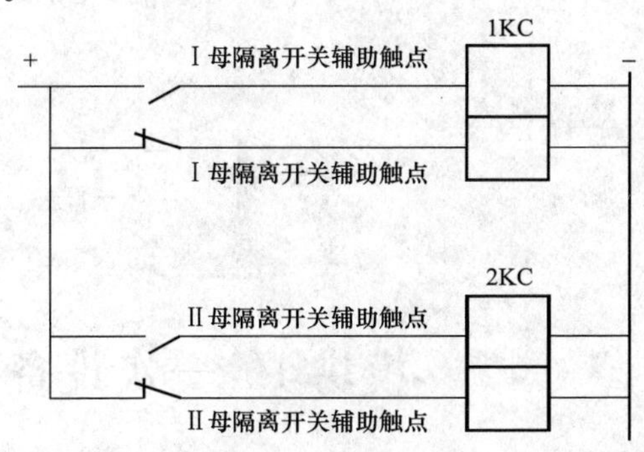

图 ZY1200201003-2　1KC 和 2KC 励磁回路图

由图 ZY1200201003-2 可知，由于出线Ⅰ、Ⅱ母隔离开关同时合上时，1KC 和 2KC 同时动作，将会使 A630 和 A640 小母线相连。这对当 TV 二次发生短路故障的处理方法产生影响。

2. 处理方法（以Ⅰ母二次电压小母线 A630 短路说明）

当母线 TV 二次回路发生短路故障时，不得采用经切换开关进行二次电压并列操作，否则将造成另一正常运行的母线 TV 二次低压空气开关跳开。可采用倒排方式，将故障 TV 所在母线空出。

【思考与练习】

1. 简要分析电压异常的原因及相应处理方法。
2. 简要分析电流异常的原因及相应处理方法。
3. 简要分析频率异常的原因及相应处理方法。
4. 电能计量装置有哪些异常？应如何处理？

第十二章 一次设备巡视

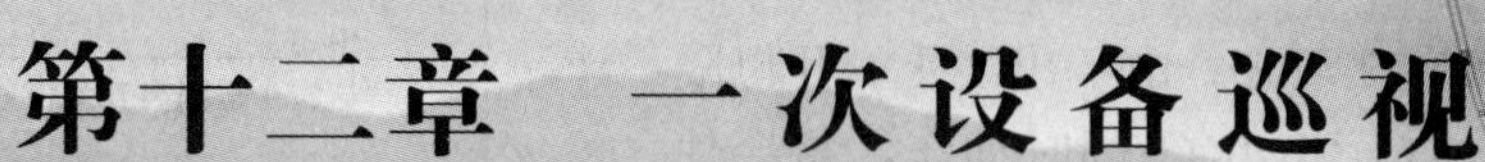

模块 1 一次设备正常巡视（ZY1200202001）

【**模块描述**】本模块介绍一次设备巡视一般要求及规定、各类电气设备巡视内容及要求。通过要点归纳和图表列举说明，掌握变压器、高压断路器、隔离开关、互感器、防雷设备、补偿装置、母线、高频通道设备、线路等设备的巡视内容、要求、项目和方法。

【**正文**】

在掌握一次设备的原理、结构的基础上，运行人员应按规定对一次设备进行巡视，通过巡视发现设备的缺陷和隐患。

一、巡视一般要求及规定

（一）设备巡视的种类

为了监视设备的运行情况，以便及时发现和消除设备缺陷，预防事故的发生，确保设备安全运行，应对变电设备进行巡视检查。运行人员必须严格按照规程要求，认真负责、一丝不苟地做好设备检查工作。及时发现异常和缺陷，及时汇报调度和上级，杜绝事故发生。

变电站设备的巡视检查，一般分为正常巡视、全面巡视、熄灯巡视及特殊巡视四种。

（二）变电站设备巡视周期

1. 有人值班变电站设备巡视周期

（1）每次交接班时。

（2）每班高峰负荷时和夜间熄灯时。

（3）变电站负责人每周巡视一次。

（4）根据特殊情况进行不定期巡视时，应增加巡视次数。

2. 无人值班变电站设备巡视周期

（1）定期巡视、夜间巡视：对所辖的变电设备，按各省市规定周期进行巡视。

（2）根据特殊情况进行不定期巡视时，应增加巡视次数。

3. 应增加巡视次数的情况

（1）设备过负荷或负荷有显著增加时。

（2）设备经过检修、改造或长期停用后重新投入运行。

（3）新安装的设备加入系统运行时。

（4）设备缺陷近期有发展、变化时。

（5）恶劣气候、事故跳闸和设备运行中有可疑现象时。

（6）法定节、假日及有重要供电任务期间。

（三）设备巡视检查应遵守的规定

（1）变电站设备巡视，由值守人员或巡操人员按照规程规定进行定期性巡视检查和特殊性巡视检查。

（2）有权单独巡视检查高压配电装置的人员在巡视检查高压设备时，应遵守《国家电网公司电力安全工作规程》关于高压设备的巡视的规定。

1）经企业领导批准，允许单独巡视高压设备的值班员和非本值的值班员，单独巡视高压设备时，不得进行其他工作，不得移开或越过遮栏。

2）雷雨天气需要巡视室外高压设备时，应穿绝缘靴，并不得靠近避雷器和避雷针。

3）高压设备发生接地时，室内不得接近故障点 4m 以内，室外不得接近故障点 8m 以内。进入上述范围以内人员必须穿绝缘靴，接触设备外壳和构架时应戴绝缘手套。

4）巡视配电装置时，进出高压室必须随手将门关好。

5）新进人员和实习生不可单独巡视检查。

6）检修班（巡操队）进行红外线测温、继电保护巡视等，必须执行工作票制度。

（3）值班人员进行巡视检查时应做到如下几点：

1）必须随身携带巡视记录簿，按照站内规定的巡视检查路线进行巡视检查，防止漏查设备。

2）巡视前应了解设备负荷分配及健康情况，以便有重点地进行仔细检查。

3）进入生产区应戴好安全帽。

4）在设备检查中，要作到“四细”，即细看、细听、细嗅、细摸（指不带电的外壳），严格按照设备运行规程中的检查项目逐项检查，防止漏查缺陷。

5）对查出的缺陷和异常情况，应及时汇报值班长，进行分类、认定后详细记在相应的记录簿上；对严重缺陷及紧急异常情况，巡操队应立即进行复查分析，并向主管部门和有关调度汇报。

6）巡视时遇有严重威胁人身和设备安全的情况，应按事故处理有关规定进行处理。

7）检查巡视人员要做到：不准做与巡视无关的工作；不准观望巡视范围以外的外景；不准交谈与巡视无关的内容；不准嬉笑、打闹；不准移开或越过遮栏。

（四）设备巡视检查的基本方法

（1）巡视设备时，要精力集中，认真、仔细，充分发挥眼、鼻、耳、手的作用，并分析设备运行是否正常。

（2）高温、高峰大负荷时，应使用红外线测温仪进行测试，并分析测试的结果。

（3）可在毛毛雨天和小雪天检查户外设备是否发热。

（4）利用日光检查户外绝缘子是否有裂纹。

（5）雨后检查户外绝缘子是否有水波纹。

（6）设备经过操作后要作重点检查，特别是断路器跳闸后的检查。

（7）气候骤然变化时，应重点检查注油设备油位、压力是否正常，有无渗漏。

（8）根据历次的设备事故进行重点检查。

（9）新设备投入运行后（特别是主变压器等大型设备），有人值班变电站应增加一次巡视，无人值班变电站应派人留守 24h。

（10）运行设备存在缺陷但尚未处理，应检查缺陷是否发展、变化。

（五）特殊情况下的巡视

（1）严寒季节：检查充油设备油面是否过低、导线是否过紧、接头是否开裂发热、绝缘子有无积雪冰凌、管道有无冻裂等现象。

（2）高温季节：重点检查充油设备油面是否过高，油温是否超过规定。检查变压器有无油温过高（以厂家说明书、规程规定为准）、接头发热、蜡片熔化等现象。

（3）大风时：重点检查户外设备区域有无杂物、漂浮物等以及一次设备引线接头及导线舞荡等情况。

（4）大雨时：检查门窗是否关好，屋顶、墙壁有无渗水现象。

（5）雷雨后：检查绝缘子、套管有无闪络痕迹，避雷器动作记录器是否动作，并将动作情况填入专用记录中。

（6）大雾霜冻季节和污秽地区：重点检查设备瓷质绝缘部分的污秽程度，检查设备的瓷质绝缘有无放电电晕等异常情况，必要时关灯检查。

（7）事故后：重点检查信号、继电保护动作情况；检查事故范围内的设备情况，如导线有无烧伤、断股，设备的油位、油色、油压等是否正常，有无喷油异常情况等；绝缘子有无污闪、破损情况。

（8）高峰大负荷期间：重点检查主变压器、TA、线路（含电力电缆）等承载负荷是否超过额定值，检查过负荷设备有无过热现象；主变压器严重过负荷时，应加强对主变压器油温变化的监视，必要时联系、申请调度转移负荷，并采取临时降温措施。

（9）新设备投入运行后：应每小时巡视 1 次，4h 后转为正常巡视（对主变压器投入后的正常巡视要延长到24h后）；新设备投入后重点检查有无异声，触点是否发热，有无漏油、渗油现象等。

（10）加强防小动物措施的检查。

（六）巡视前准备

1. 人员要求（见表ZY1200202001-1）

表ZY1200202001-1 人 员 要 求

√	序号	内 容	备 注
	1	作业人员经年度《电业安全工作规程》考试合格，并经批准上岗	
	2	人员精神状态正常，无妨碍工作的病症，着装符合要求	
	3	具备必要电气知识，熟悉本站一、二次电气设备，年度定岗考试考核合格	

2. 危险点分析（见表ZY1200202001-2）

表ZY1200202001-2 危 险 点 分 析

√	序号	内 容
	1	误碰、误动、误登运行设备
	2	擅自打开设备网门，擅自移动临时安全围栏，擅自跨越设备固定围栏
	3	发现缺陷及异常单人进行处理
	4	发现缺陷及异常时，未及时汇报，造成处理不及时
	5	擅自改变检修设备状态，变更工作地点安全措施
	6	登高检查设备，如登上开关机构平台检查设备时，感应电使人员失去平衡，造成人员碰伤、摔伤
	7	检查设备机构气泵、油泵等部件时，电动机突然启动，转动装置伤人
	8	高压设备发生接地时，保持距离不够，造成人员伤害
	9	夜间巡视，造成人员碰伤、摔伤
	10	开、关设备门，振动过大，造成设备误动作
	11	随意动用设备闭锁万用钥匙
	12	在继电保护室使用移动通信工具，造成保护误动
	13	特殊天气未按安全规定佩戴安全防护用具
	14	雷雨天气，靠近避雷器和避雷针，造成人员伤亡
	15	进出高压室，未随手关门，造成小动物进入
	16	不戴安全帽、不按规定着装，在突发事件时失去保护
	17	未按照巡视路线巡视，造成巡视不到位、漏巡视
	18	使用不合格的安全工器具
	19	生产现场安全措施不规范，如警告标识不齐全、孔洞封闭不良、带电设备隔离不符合要求等原因，易造成人身伤害
	20	人员身体状况不适，思想波动，造成巡视质量不高或发生人身伤害

3. 安全措施（见表ZY1200202001-3）

表ZY1200202001-3 安 全 措 施

√	序号	内 容
	1	巡视检查时应与带电设备保持足够的安全距离：500kV不小于5.00m，220kV不小于3.00m，20～35kV不小于1.00m，10kV不小于0.70m
	2	巡视检查时，不得进行其他工作（严禁进行电气工作），不得移开或越过遮栏
	3	高压设备发生接地时，室内不得接近故障点4m以内，室外不得接近故障点8m以内。进入上述范围人员必须穿绝缘靴，接触设备的外壳和架构时，必须戴绝缘手套
	4	夜间巡视，应及时开启设备区照明（夜巡应带照明工具）
	5	开、关设备门应小心谨慎，防止过大振动
	6	在继电保护室禁止使用各类移动通信工具
	7	雷雨天气需要巡视高压设备时，应穿绝缘靴，并不得靠近避雷器和避雷针
	8	进出高压室，必须随手将门锁好
	9	进入设备区，必须戴安全帽

续表

√	序号	内　容
	10	发现缺陷及异常时，应按局部缺陷管理制度规定执行，不得擅自处理
	11	巡视设备禁止变更检修现场安全措施，禁止改变检修设备状态
	12	巡视前，检查所使用的安全工器具完好
	13	严禁不符合巡视人员要求者进行巡视
	14	严格按照巡视路线巡视

4. 巡视工器具（见表 ZY1200202001-4）

表 ZY1200202001-4　　巡 视 工 器 具

√	序　号	名　称	规　格	单　位	数　量	备　注
	1	安全帽		顶	2	
	2	绝缘靴		双	2	根据需要
	3	望远镜		只	1	
	4	护目镜		个	2	根据需要
	5	测温仪		台	1	
	6	应急灯		盏	1	夜晚
	7	钥匙		套	1	
	8	对讲机		个	1	

注　工器具根据现场实际情况选用。

二、变压器的巡视项目及要求

（一）变压器正常巡视

（1）所带负荷电流符合规定，变压器的油温和温度计应正常，储油柜的油位应与温度对应，各部位无渗油、漏油。

（2）瓷套管外部无破损裂纹、无严重油污、无放电痕迹及其他异常现象。

（3）变压器运行声响正常。

（4）冷却器投入运行方式是否满足变压器冷却的对称性要求。

（5）冷控箱内电源和切换开关位置正确，冷却器手感温度应相近，风扇、油泵运转正常，油流继电器指示在正常位置。

（6）呼吸器完好，吸附剂颜色正常；无放电、爆裂及零件松动声。

（7）引线接头无过热、散股。

（8）压力释放器应完好，无喷油痕迹。

（9）有载分接开关检查：

1）高、中、低压母线电压应在规定电压偏差范围内。

2）机构箱内电源指示灯显示正确，挡位显示与操动机构箱内指示一致。

3）机构箱内电源空气开关在接通位置，位置指示停在绿色区域内。

4）分接开关储油柜的油位、油色、吸湿器及其干燥剂均应正常，分接开关油位不得高于本体油位。

5）分接开关及其附件各部位应无渗漏油。

6）计数器动作正常，及时记录分接变换次数。

7）电动机构箱内部应清洁，润滑良好，机构箱门关闭严密，防潮、防尘、防小动物，密封良好。

（10）气体继电器玻璃窗清洁、不渗油，内部无积气、无积水。

（11）各控制箱和二次端子箱应关严，无受潮现象，防湿加热器投、退正常。

（12）各接地装置应良好，可靠。

（13）中性点放电间隙光滑无烧伤痕迹、无异物，棒间隙距离无明显变化、中心应一致。

（14）消防设施齐全、完好。

（二）特殊巡视检查项目

（1）大负荷：监视负荷、油温、油位变化是否正常。

（2）大风天气时：检查引线摆动情况及引线上有无异物。

（3）雷电后：重点检查绝缘子有无放电痕迹，各引线连接处有无水气。

（4）大雾天气时：检查绝缘子有无放电及电晕现象，并重点监视污秽瓷质部分有无异常。

（5）大雪天气时：检查绝缘子上有无冰凌，引线是否结冰，各连接处有无积雪融化。

（6）气温剧烈变化时：检查储油柜的油位、温度及温升值变化是否突然，绝缘子有无裂纹、破损，导线弛度是否适当。

（7）短路故障后：检查油温、油色、声响及各连接部位有无变形烧伤，绝缘子有无放电痕迹。

（8）夜巡时：重点检查接线端子有无过热发红、发亮等现象。

三、高压断路器巡视项目及要求

（一）高压断路器的正常巡视检查

1. 六氟化硫断路器检查项目

（1）分、合闸状态符合当时运行方式，负荷电流未超过额定值。

（2）瓷套管清洁，无破损、裂纹，无放电闪络痕迹。

（3）各连接线夹接触良好，无松动、过热。

（4）SF_6压力正常，巡视时无异音、异嗅和异刺激气味，且接地良好。

（5）所配操动机构运行正常。

2. 真空断路器运行检查项目

（1）分、合闸状态符合当时运行方式，负荷电流未超过额定值。

（2）运行中的真空断路器有无放电弧光及异常放电声。

（3）检查真空断路器有无机械损伤、柜内有无异物。

（4）接头有无松动、过热、异味。

（5）观察真空泡玻璃罩内有无金属氧化物，玻璃外壳上有无灰白色雾气。

3. 弹簧机构的运行检查项目

（1）机构箱门平整、开启灵活、关闭紧密。

（2）储能电动机储能电源完好，电源空气开关（隔离开关、熔丝）在正常投入位置。

（3）储能电动机、行程开关触点无卡住、无变形，分、合闸线圈无冒烟、无异味。

（4）断路器在分闸备用状态时，分闸连杆应复归，分闸锁扣倒拉，合闸弹簧应储能。

（5）防凝露加热器良好。

4. 液压机构的运行检查项目

（1）机构内各连接部位和与断路器连接的管道应无渗油、漏气异常现象。

（2）油压力表根据温度变化应与铭牌参数相符。

（3）机构箱内二次接线接触良好。

（4）各微动开关切换正常，接触器、热继电器完好。

（5）油泵电源正常，油泵运转正常，每天启、停次数正常时应不超过 2 次。

（6）加热装置完好，保温加热器电源投入、恒温控制器完好、防潮加热器根据气温选择投运。

（7）常压油箱油位、油色正常，油位应在油标中心位置，油色淡黄透明无混浊。

（8）机构箱门平整，开启灵活，关闭紧密。

（二）断路器的特殊巡视

（1）新设备投运的巡视检查周期应相对缩短，投运 72h 后转入正常巡视。

（2）在事故跳闸后，应对断路器进行下列检查：

1）各引线连接点有无发热或熔化，分、合闸线圈有无焦味。

2）本体各部件有无位移、变形、松动和损坏现象。

3）断路器位置及保护动作信息是否正确。

4）瓷件有无破损、裂缝及放电闪络痕迹。

（3）高峰负载时，检查断路器各连接部位是否发热、变色、打火，并增加巡视次数。

（4）大风过后，应检查引线有无松动、断股。
（5）雾天或雷雨后应检查瓷套管有无闪络痕迹。
（6）雪天应检查各接头处积雪是否融化。

四、隔离开关巡视内容及要求

（1）绝缘子是否清洁，有无裂纹、破损及放电痕迹。
（2）在合闸位置时，刀口接触应良好，三相应同期，定位销钉定位可靠。
（3）在分闸位置时，检查张角正确、定位销钉定位可靠。
（4）接头、引线有无松动、断股及烧伤现象；操动机构是否灵活，连动拉杆机构部分无损伤、损坏、变形现象。
（5）机构联锁完好、无松动，防误闭锁装置齐全、完好。隔离开关辅助触点切换、接触时，外罩封闭完好。
（6）转轴、齿轮、框架、连杆、拐臂、十字头、销子等零部件应无开焊、变形、锈蚀、位置不正确、歪斜、卡涩等不正常现象。
（7）操作箱密封完好，基础无损伤、下沉和倾斜。

五、互感器巡视项目及要求

（1）套管绝缘子清洁，无裂纹、破损及放电现象。
（2）检查波纹膨胀器运行状况，油位窥视窗口红色导油油位指示器一般情况下应在+20℃刻度上下。
（3）一次接头各部连接牢固，无松动、过热现象；基础牢固，接地良好。
（4）对电流互感器还应进行下列检查：
1）干式（树脂）电流互感器外壳无裂纹，无炭化脆皮，无发热、熔化现象。
2）无异常声响：
a.“嗡嗡”声较大，可能是铁芯穿芯螺钉夹得不紧、硅钢片松弛，也可能是因一次负载突然增大或过载等。
b.“嗡嗡”声很大，可能是二次回路开路。
c. 内部有“噼啪”放电声，可能是线圈故障。
3）二次回路一点接地良好，各连接端子排紧固，二次线和电缆无腐蚀、损伤。
4）检查电流互感器二次有无以下异常现象：
a. 内部有“吱吱”放电声，交流互感声变大并有振动感。
b. 二次回路接线端子排有无打火、烧伤或烧焦现象。
c. 电流表或功率表指示为零，电能表不转而伴有“嗡嗡”声。
（5）对电压互感器还应进行下列检查：
1）油位、油色正常无渗、漏，渗油时应及时汇报。
2）有无不正常声音，运行无异味、无异常声音，导电部位不变色。
3）各连接处连接是否紧密，端子箱密封良好。
4）检查电压互感器高、低压熔断器及二次空气开关运行良好。
5）内部应无放电声和其他异声、异味。
6）接地良好，各部分连接应牢固、无松动过热现象。表计指示（或遥测）正常。

六、防雷设备巡视项目及要求

（一）避雷器巡视

1. 避雷器正常巡视

（1）巡视项目及内容：
1）瓷套表面积污程度及是否出现放电现象，瓷套、法兰是否出现裂纹、破损。
2）避雷器内部是否存在异常声响。
3）与避雷器、计数器连接的导线及接地引下线有无烧伤痕迹或断股现象。
4）避雷器放电计数器指示数是否有变化，计数器内部是否有积水。

5）带有泄漏电流在线监测装置的避雷器泄漏电流有无明显变化。

6）避雷器均压环是否发生歪斜。

7）带串联间隙的金属氧化物避雷器或串联间隙是否与原来位置发生偏移。

8）低式布置的避雷器，遮栏内有无杂草。

（2）巡视要求：

1）避雷器设备的巡视工作应由运行人员在设备的日常巡视工作中进行并作好巡视记录。巡视中发现避雷器设备存在异常现象时应在设备的异常与缺陷记录中进行详细记载，同时向上级汇报后按缺陷的处置原则进行处置。

2）对带有泄漏电流在线监测装置的避雷器，泄漏电流应按规定周期进行检查记录。

3）雷雨时，严禁巡视人员接近避雷器设备及其他防雷装置。

2. 避雷器特殊巡视

（1）当出现下列情况时，需对避雷器设备进行特殊巡视：

1）按规定需经特殊巡视的设备。

2）阴雨天及雨后。

3）大风及沙尘天气。

4）每次雷电活动后或系统发生过电压等异常情况后。

5）运行15年及以上的避雷器。

（2）特殊巡视的要求：

1）对于符合特殊巡视条件的避雷器，视缺陷程度增加巡视频次，着重观察异常现象或缺陷的发展变化情况。如缺陷为泄漏电流异常升高时，应缩短无串联间隙金属氧化物避雷器的带电测试周期，对磁吹碳化硅阀式避雷器应进行交流泄漏电流的带电测试，对于安装有泄漏电流在线监测装置的避雷器缩短记录周期。

2）阴雨天及雨后的特殊巡视主要应观察避雷器外套是否存在放电现象，对于安装有泄漏电流在线监测装置的避雷器，观察泄漏电流变化情况。

3）大风及沙尘天气的特殊巡视主要应观察引流线与避雷器间连接是否良好，是否存在放电声音，垂直安装的避雷器是否存在严重晃动。对于悬挂式安装的避雷器还应观察风偏情况。沙尘天气中还应观察避雷器外套是否存在放电现象，对于安装有泄漏电流在线监测装置的避雷器观察泄漏电流变化情况。

4）每次雷电活动后或系统发生过电压等异常情况后，应尽快进行特殊巡视工作，观察避雷器放电计数器的动作情况，观察瓷套与计数器外壳是否有裂纹或破损，与避雷器连接的导线及接地引下线有无烧伤痕迹，对于安装有泄漏电流在线监测装置的避雷器观察泄漏电流变化情况等。

5）对于运行15年及以上的避雷器应重点跟踪泄漏电流的变化，停运后应重点检查压力释放板是否有锈蚀或破损。

6）对于符合特殊巡视条件中2）、3）的避雷器，巡视时应注意与避雷器设备保持足够的安全距离，避雷器外套或引流线与避雷器间出现严重放电时应远离避雷器进行观察。

7）特殊巡视的结果应进行记录，对于符合特殊巡视条件中1）的避雷器和在其他特殊巡视项目中发现的异常情况应记入设备的异常与缺陷记录中。

8）特殊巡视中出现紧急状况时应立即向上级汇报并按照缺陷的处置原则进行处理。

（二）避雷针正常巡视检查项目

（1）检查避雷针以及接地引下线有无锈蚀。

（2）检查导电部分的连接处，如焊点、螺栓连接点等连接是否牢固（检查过程中可用小锤轻敲检查）。

（3）检查避雷针本体是否有裂纹、歪斜。

（三）接地装置的正常巡视检查项目

（1）检查接地线与设备的金属外壳以及同接地网的连接处接触是否良好，有无松动脱落等现象。

（2）检查接地线有无损伤、碰撞及腐蚀现象。

七、补偿装置巡视项目及要求

（一）低压电抗器的正常巡视

（1）主要监视各电气连接点及整体有无发热、发黑现象，必要时应进行红外线测温，运行时不得进入低压电抗器磁场区域内。

（2）支持绝缘子安装牢固，无损坏、裂纹，声响正常，无异常振动、放电声。

（3）各电气连接点无导线断股、损伤。

（4）本体外观清洁。

（5）运行中电抗器通风应良好，其周围不得堆放杂物或放置易燃、易爆物品。

（二）低压电抗器应进行特殊巡视的情况

（1）每次故障跳闸后。

（2）运行电压已接近 38kV 时。

（3）恶劣天气时，如雷雨、大风、冰雹、高温等。

（三）电容器正常巡视检查

（1）电容器、放电 TV 无渗油。

（2）电容器箱体无破裂、鼓肚、喷油、渗漏油现象。

（3）套管清洁，应无裂纹和放电痕迹。

（4）无异味，异声。

（5）各连接搭头无松动过热现象。

（6）辅助设备（电抗器、放电 TV、断路器）运行良好。

八、母线巡视项目及要求

（一）正常巡视检查

（1）表面光滑整洁无断股、裂纹、麻面、毛刺、灯笼花，颜色正常，无发热、变色、变红、锈蚀、磨损、变形、腐蚀、损伤或闪络烧伤。运行中应无严重放电响声和成串的荧光，导线上无搭挂的杂物。

（2）母线的连接部位接触应紧固，无松动、锈蚀、断裂、过热现象，发红放电不严重，无悬挂物。耐张绝缘子串连接金具完整良好，无锈蚀、磨损、断裂。

（3）导线无过松、过紧及剧振现象。

（二）特殊巡视检查

（1）大风时：母线的摆动情况是否符合安全距离要求，有无异常飘落物。

（2）雷雨后：绝缘子有无放电闪络痕迹。

（3）气温突变：母线弛度是否有过大或收缩过紧现象。

（4）雾天：绝缘子有无闪络。

九、高频通道设备巡视项目及要求

（一）阻波器正常巡视检查项目

（1）检查导线有无断股，接头有无发热现象，阻波器有无异常响声。

（2）阻波器安装是否牢固。

（3）阻波器上有无杂物，构架有无变形。

（4）阻波器上部与导线间悬挂的绝缘子是否良好。

（5）悬式绝缘子应清洁，无裂纹、闪络痕迹及破损。

（二）耦合电容器正常巡视检查项目

（1）耦合电容器绝缘子有无破损、渗漏油现象。

（2）引线有无松动、过热，经结合滤波器接地是否良好，有无放电现象；接地开关绝缘子有无破损。

（3）耦合电容器有无渗油，内部有无异常声音。

（三）结合滤波器正常巡视检查项目

（1）引线连接牢固，接地线接触良好。

（2）绝缘子无裂纹和破损。

（3）外壳密封严实，无锈蚀。

（4）接地开关位置正确，高频电缆连接牢固、可靠。

十、巡视路线

运行人员必须按规定的设备巡视路线巡视本岗位所分工负责的设备，规定巡视路线的目的是防止漏巡设备，同时节省运行人员的体力。某变电站室内、外设备巡视路线示意图如图 ZY1200202001-1 所示，以供参考。

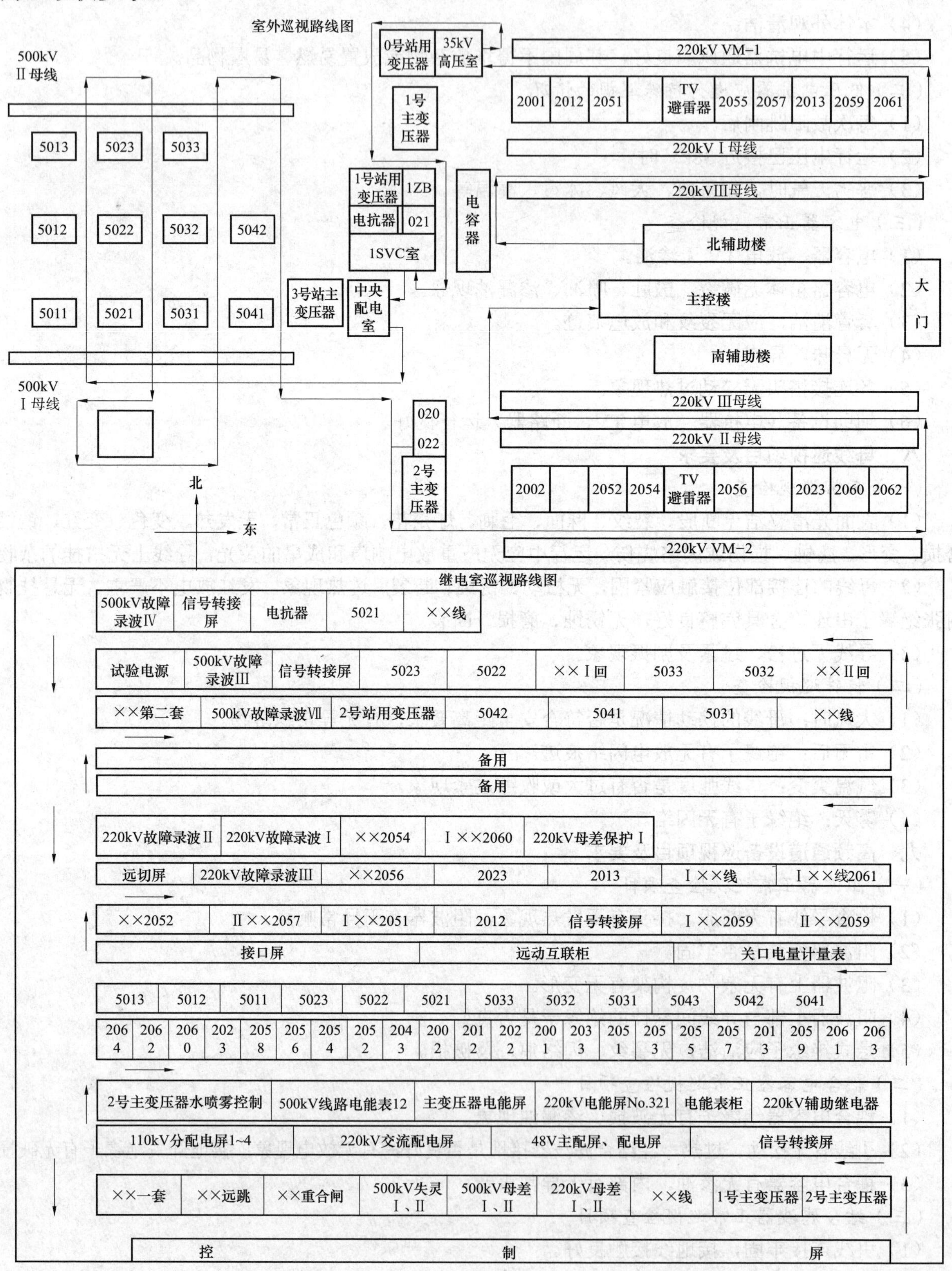

图 ZY1200202001-1 某变电站室内、外设备巡视线路示意图

【思考与练习】

1. 设备巡视检查的基本方法有哪些？
2. 变压器巡视有哪些项目和要求？
3. 高压断路器巡视有哪些项目和要求？
4. 检查本变电站巡视路线是否合理？为什么？

模块 2　一次设备定性（ZY1200202002）

【模块描述】本模块介绍一次设备缺陷的分类原则、一次设备缺陷的分析与定性。通过列表说明、要点归纳和案例介绍，掌握一次设备缺陷的分类与定性方法。

【正文】

根据国家电网公司的《变电站管理规范》和国家电网生技〔2005〕172 号文确定缺陷的分类原则以及具体的设备定性。

一、缺陷分类的原则

危急缺陷：设备或建筑物发生了直接威胁安全运行并需立即处理的缺陷，否则随时可能造成设备损坏、人身伤亡、大面积停电和火灾等事故。

严重缺陷：对人身或设备有严重威胁，暂时尚能坚持运行但需尽快处理的缺陷。

一般缺陷：上述危急、严重缺陷以外的设备缺陷，指性质一般、情况较轻、对安全运行影响不大的缺陷。

二、一次设备缺陷定性

（一）断路器、隔离开关缺陷定性（见表 ZY1200202002-1）

表 ZY1200202002-1　　断路器、隔离开关缺陷定性

设备（部位）名称		危 急 缺 陷	严 重 缺 陷
1. 危急缺陷、严重缺陷			
1.1 短路电流		安装地点的短路电流超过断路器的额定短路开断电流	安装地点的短路电流接近断路器的额定短路开断电流
		断路器的累计故障开断电流超过额定允许的累计故障开断电流	断路器的累计故障开断电流接近额定允许的累计故障开断电流
1.2 操作次数和开断次数			操作次数接近断路器的机械寿命次数
1.3 导电回路		导电回路部件有严重过热或打火现象	导电回路部件温度超过设备允许的最高运行温度
		电气设备与金属部件连接时三相温差大于 95%或者热点温度大于等于 110℃	电气设备与金属部件连接时三相温差大于 80%或者热点温度大于等于 80℃
		金属部件与金属部件连接时三相温差大于 95%或者热点温度大于等于 130℃	金属部件与金属部件连接时三相温差大于 80%或者热点温度大于等于 90℃
1.4 瓷套或绝缘子		瓷套或绝缘子有开裂、放电声或严重电晕	瓷套或绝缘子严重积污
1.5 断口电容		断口电容有严重漏油现象，电容量或介质损耗严重超标	断口电容有明显的渗油现象、电容量或介质损耗超标
1.6 操动机构	（1）液压或气动机构	液压或气动机构失压到零、频繁打压	液压或气动机构打压不停泵
	（2）控制回路	控制回路断线、辅助开关接触不良或切换不到位、电阻和电容等零件损坏	
	（3）分合闸线圈	分合闸线圈引线断线或线圈烧坏	分合闸线圈最低动作电压超出标准和规程要求
1.7 接地线		接地引下线断开	接地引下线松动
1.8 断路器的分合闸		断路器分、合闸位置不正确，与当时的实际运行工况不相符，断路器拒分、拒合	
2. SF_6 断路器设备			
2.1 SF_6 气体		SF_6 气室严重漏气，发出闭锁信号	SF_6 气体湿度严重超标，气室严重漏气，发出报警信号

续表

设备（部位）名称	危急缺陷	严重缺陷
2.2 设备本体	内部及管道有异常声音（漏气声、振动声、放电声等），落地罐式断路器或GIS防爆膜变形或损坏	
2.3 操动机构	气动机构加热装置损坏，管路或阀体结冰	气动机构自动排污装置失灵
	气动机构压缩机故障	气动机构压缩机打压超时
	（1）液压机构油压异常。 （2）液压机构严重漏油、漏氮。 （3）液压机构压缩机损坏。 （4）弹簧机构弹簧断裂或出现裂纹。 （5）弹簧机构储能电动机损坏。 （6）绝缘拉杆松脱、断裂	液压机构压缩机打压超时
3. 油断路器设备		
3.1 绝缘油	严重漏油，油位不可见	断路器油绝缘试验不合格或严重炭化
3.2 设备本体	（1）多油断路器内部有爆裂声。 （2）少油断路器开断过程中喷油严重。 （3）少油断路器灭弧室冒烟或内部有异常声响	
3.3 操动机构	（1）液压机构油压异常。 （2）液压机构严重漏油、漏氮。 （3）液压机构压缩机损坏。 （4）绝缘拉杆松脱、断裂	（1）液压机构压缩机打压超时。 （2）渗油引起压力下降
4. 高压断路器柜和真空断路器		
4.1 真空断路器	真空灭弧室有裂纹、室内有放电声或因放电而发光、灭弧室耐压或真空度检测不合格	真空灭弧室外表面积污严重
4.2 开关柜及元部件	元部件表面严重积污或凝露 母线桥内有异常声音	母线室柜与柜间封堵不严 电缆孔封堵不严
5. 高压隔离开关	（1）绝缘子有裂纹，法兰开裂。 （2）发生自动误分合。 （3）动、静触头严重接触不良。 （4）由于电动机、辅助开关、按钮、切换开关等自身元器件失灵，导致电动不能分合闸操作，手动仍不能操作。 （5）辅助开关切换与母差回路配合异常。 （6）由于底轴座锈蚀、连杆松动、脱落、断裂等将直接导致不能分合闸操作。 （7）合闸不到位，角度偏差大于15°	（1）传动或转动部件严重腐蚀。 （2）导体严重腐蚀。 （3）合闸不到位，设备可以经另一把隔离开关复役

（1）高压开关设备发生下列情形之一者，应定为一般缺陷，应汇报调度，并记录在缺陷记录本内进行缺陷传递，在规定时间内安排处理。

1）编号牌脱落。

2）相色标志不全。

3）金属部位锈蚀。

4）机构箱密封不严等。

（2）高压隔离开关设备发生下列情形之一者，应定为一般缺陷，应汇报调度，并记录在缺陷记录本内进行缺陷传递，在规定时间内安排处理。

1）发生由于电动机、辅助开关、按钮、切换开关等自身元器件失灵，导致电动不能分、合闸操作，但手动可以正常操作。

2）操作卡涩，但操作尚可继续完成。

3）地刀缓冲弹簧断裂、严重锈蚀、辅助开关失灵等。

4）触头防雨罩、均压环等辅助零部件脱落破损，不影响主导电回路及正常分合闸操作。

5）合闸不到位，但可以经人为顶杆到位。

6）隔离开关合闸不到位，角度偏差小于15°时，且设备红外测温正常。

（二）互感器缺陷定性

1. 危急缺陷

（1）设备漏油，从油位指示器中看不到油位。

（2）设备内部有放电声响。

（3）主导流部分接触不良，引起发热变色。

（4）设备严重放电或瓷质部分有明显裂纹。

（5）绝缘污秽严重，有污闪可能。

（6）电压互感器二次电压异常波动。

（7）设备的试验、油化验等主要指标超过规定不能继续运行。

（8）电流互感器内连接螺杆接触不良、热点温度大于 80℃或者温升大于等于 95%。

（9）二次短路、电流互感器二次开路。

（10）金属膨胀器顶部异常顶起。

2. 严重缺陷

（1）设备漏油。

（2）红外测量设备内部异常发热。

（3）工作、保护接地失效。

（4）瓷质部分有掉瓷现象，不影响继续运行。

（5）充油设备油中有微量水分，呈淡黑色。

（6）二次回路绝缘下降，但下降不超过 30%。

（7）电流互感器内连接螺杆接触不良热点温度大于 55℃或者温升大于等于 80%。

3. 一般缺陷

（1）储油柜轻微渗油。

（2）设备上缺少不重要的部件。

（3）设备不清洁，有锈蚀现象。

（4）非重要表计指示不准者。

（5）其他不属于危急、严重的设备缺陷。

（6）电流互感器内连接螺杆接触不良温升大于等于 20%。

（三）干式电抗器缺陷定性

1. 危急缺陷

（1）干式电抗器出现突发性声音异常或振动。

（2）接头及包封表面异常过热、冒烟。

（3）干式电抗器出现沿面放电。

（4）绝缘子有明显裂纹。

（5）并联电抗器包封表面有严重开裂现象。

（6）设备的试验主要指标超过规定不能继续运行。

（7）电抗器包封表面有严重开裂现象。

（8）试验主要指标超过规定不能继续运行。

2. 严重缺陷

（1）设备有过热点，接地体发热，围网等异常发热。

（2）包封表面存在爬电痕迹以及裂纹现象。

（3）支持绝缘子有倾斜变形（或位移），暂不影响继续运行。

3. 一般缺陷

（1）设备上缺少不重要的部件。

（2）次要试验项目漏试或结果不合格。

（3）包封表面不明显变色或轻微振动。

（4）绝缘支柱绝缘子或包封不清洁，金属部分有锈蚀现象。

（5）干式电抗器内有鸟窝或有异物，影响通风散热。

（6）引线散股。

（7）其他不属于危急、严重的设备缺陷。

（四）避雷器缺陷定性

1. 危急缺陷

（1）避雷器试验结果严重异常，泄漏电流在线监测装置指示泄漏电流严重增长，泄漏电流读数超原始值 1.4 倍。

（2）红外检测发现温度分布明显异常。

（3）瓷外套或硅橡胶复合绝缘外套在潮湿条件下出现明显的爬电或桥络。

（4）均压环严重歪斜，引流线即将脱落，与避雷器连接处出现严重的放电现象。

（5）接地引下线严重腐蚀或与地网完全脱开。

（6）绝缘基座出现贯穿性裂纹。

（7）密封结构金属件破裂等。

（8）充气并带压力表的避雷器，压力严重低于告警值等。

2. 严重缺陷

（1）避雷器试验结果异常，红外检测发现温度分布异常，泄漏电流在线监测装置指示泄漏电流出现异常，泄漏电流读数超原始值 1.2 倍。

（2）在线监测仪泄漏电流读数为零。

（3）瓷外套积污严重并在潮湿条件下有明显放电的现象。

（4）瓷外套或基座出现裂纹。

（5）均压环歪斜，引流线或接地引下线严重断股或散股，一般金属件严重腐蚀。

（6）连接螺栓松动，引流线与避雷器连接处出现轻度放电现象。

（7）避雷器的引线及接地端子上以及密封结构金属件上出现不正常变色和熔孔等。

（8）本体红外测温图谱有明显异常偏差。

3. 一般缺陷

（1）避雷器放电计数器破损或不能正常动作。

（2）基座绝缘下降。

（3）瓷外套积污并在潮湿条件下引起表面轻度放电，伞裙破损。

（4）硅橡胶复合绝缘外套憎水性下降。

（5）引流线或接地引下线轻度断股，一般金属件或接地引下线腐蚀。

（6）充气并带压力表的避雷器，压力低于正常运行值等。

（7）在线监测仪泄漏电流读数低于原始值 0.8 倍。

（五）变压器缺陷定性

1. 危急缺陷

（1）大量漏油，从油位指示器上已看不到油位。

（2）强迫油循环变压器运行中的冷却器全停。

（3）温度不正常上升，坚持运行有危险或温升超过允许值者。

（4）设备内部有明显的放电声或异声。

（5）泄漏电流、绝缘强度等检测数据严重不合格，判断为存在明显故障不能继续运行。

（6）设备外绝缘损坏，产生强烈放电，有可能造成短路事故。

（7）失火或其他意外事故危及运行设备。

（8）设备的运行状态出现运行规程或说明书所规定必须立即停运者。

（9）有载开关运行中出现故障，造成电动、手动均不能操作。

（10）呼吸器堵塞。

2. 严重缺陷

（1）冷却器故障使强迫油循环风冷主变压器失去备用冷却器。

（2）强迫油循环风冷主变压器的冷备用、辅助冷却器不能按要求投入或备用电源失去备用。

（3）带电设备之间或对地间隙距离小于规程规定但未采取措施。

（4）试验超周期且无批准手续。

（5）铁芯多点接地，接地环流超过300mA，或造成色谱异常。

（6）密封法兰有裂纹。

（7）出现一组冷却器（含风扇、油泵）全停或不能投运。

（8）控制箱内元件温度超过100℃。

（9）有载开关远方电动操作发生拒动。

（10）远方挡位显示不正确，无人值班变电站报重要缺陷、其他报一般缺陷。

（11）呼吸器上部硅胶先变色。

3. 一般缺陷

（1）漏油（5min内有油珠垂滴）或轻微渗油（不滴油）。

（2）变压器温度升高，但未超过许可值。

（3）设备外壳、架构局部不影响强度的锈蚀。

（4）有载开关计数器损坏。

（5）油色谱等在线监测装置本身的缺陷，不影响主设备安全运行。

（6）呼吸器下部硅胶变色且超过总量2/3。

三、设备缺陷案例分析

隔离开关的绝对温差和相对温差分析。对隔离开关的三相温度用红外测温仪测量时，测出实际温度A、B、C三相分别为79、32、70℃，根据DL/T 664—2008《带电设备红外诊断应用规范》，热点绝对温度大于90℃定为严重缺陷，则所测最高温度为79℃，还没达到严重缺陷程度，但是三相之间的相对温差一比较就可发现，最高温度79℃和最低温度32℃之间的相对温差已达到100%以上，已属于危急缺陷。所以在缺陷定性时要从各方面去考虑，综合分析。

【思考与练习】

1. 简述缺陷分类的原则。
2. 断路器的哪些缺陷属于危急缺陷？

模块3 一次设备运行分析（ZY1200202003）

【模块描述】本模块介绍一次设备运行中巡视与分析。通过案例介绍和要点归纳，掌握一次设备运行情况并能进行分析判断，发现隐蔽缺陷并能及时进行处理。

【正文】

通过对一次设备的巡视，可能发现缺陷和异常，此时应进行分析，对各种原因进行排查，找到真实原因，并进行有针对性地处理。

一、断路器“漏氮动作”及“打压超时”分析与处理

1. 现象

断路器液压操动机构的油泵的启动次数会比以前增加，机构严重漏氮时，每次的启泵压力会急剧升高，当达到35.5MPa左右时，发出漏氮信号，同时立即停泵，并延时3h后闭锁断路器的分合闸回路。

2. 分析与处理方法

“漏氮动作”光字牌出现，首先检查现场断路器液压机构的压力表计以及相关继电器动作情况。漏氮继电器动作、闭锁合闸继电器失磁，说明漏氮回路已动作。否则，应查明信号回路是否误报。

若现场检查断路器液压机构的压力表计为较高漏氮压力350bar（1bar=100kPa）左右，判定为油泵长启动引起，现场复归漏氮信号，此时漏氮继电器触点返回，油泵可能再次动作，则可以考虑为油压

等触点粘连，造成油泵回路长期动作，使压力不断上升，到达漏氮压力355bar时使漏氮监视回路动作。此时应迅速将电动机电源断开，使油泵停止动作，由于油泵回路仍处于启动状态，因此到3min后会发“打压超时”信号。应及时向调度汇报，同时加强监视，必要复归超时，断路器可继续运行。如无超时回路的，应加强监视，由手动通断操动机构的电源，使压力处于正常。

若现场检查液压机构的压力为启泵压力320bar或略高，则可以考虑为真正的氮气泄漏。由于氮气泄漏，造成打压时压力迅速上升至355bar，漏氮继电器动作，使油泵回路断开，油泵停止后压力迅速下降至320bar附近，此时断路器只能保证一次分闸。禁止直接进行复归，应先停用重合闸后，再进行复归，确认漏氮。如重复出现上述现象，应停用该断路器。

液压机构频繁打压主要是由于氮气筒内微量泄漏（在氮气储能筒泄漏的标准范围之内：小于1bar/年）的气体经过分合闸操作后进入储能的油泵泵腔内导致的结果。根据经验，带电排气由于无法排尽，要求一年至少需安排一次带电排气，时间放在气温变化较大的季节，注意“打压超时”光字需经调度同意断开两组断路器控制电源才能返回（有的只需断开一组控制电源即可），若调度需要停役断路器进行处理，则必须请示上级领导，经生技部门同意后才能进行。

二、隔离开关发热的分析与处理

隔离开关的动、静触头及其附属的接触部分是安全运行的关键。在运行中，经常进行分、合闸操作，触头氧化锈蚀、合闸位置不到位等均会导致接触不良，使隔离开关的导流接触部位发热。在平时巡视设备或倒闸操作中要检查到位。当对隔离开关导流接触部位是否发热有疑问时，应采用红外线测量实际温度。发现隔离开关的触点温度超过规定时，汇报调度减负荷或转移负荷，根据实际接线方式，分别采取相应的措施。

（1）线路隔离开关或变压器隔离开关发热，应该汇报调度，要求减负荷，并按照发热程度填报相应级别的缺陷，在维持运行期间，监视负荷和隔离开关触头温度的变化。

（2）对于双母接线方式下，如果某一母线的隔离开关发热，可将该线路或主变压器倒换至另一条母线上运行，倒母线后应进行红外线测温工作。发热的母线隔离开关在以后的母线停役（双母接线的还必须该间隔停役）时进行处理。

（3）若有专用旁路接线方式，如果某一母线隔离开关发热，可用旁路代该出线运行，完毕后进行测温。

（4）在正常运行中发现隔离开关自动分闸，立即汇报调度，拉开所属断路器予以隔离故障（紧急情况下也可先自行拉开所属断路器隔离故障后，再汇报调度）。

三、500kV电容式电压互感器局部电容击穿引起二次电压异常升高分析与处理

电容式电压互感器（CVT）是由一个电容分压器与一个电磁式变压器组成的可供继电保护和测量用的设备，其电容部分同时也作为传送高频信号的耦合设备。

1. 现象

500kV两条母线电压差别很大（一般相差十几千伏左右）。运行人员可在CVT端子箱二次电压输出和另一段母线的二次电压进行测量比较，一般会发现故障电压互感器的二次输出会比正常的电压互感器二次输出电压高，$3U_0$也会大于1V。

电容式电压互感器二次电压异常现象及引起的主要原因如下：

（1）二次电压波动。引起的主要原因可能为：二次连接松动；分压器低压端子未接地或未接载波线圈；电容单元可能被间断击穿；铁磁谐振。

（2）二次电压低。引起的主要原因可能为：二次连接不良；电磁单元故障或电容单元C2损坏。

（3）二次电压高。引起的主要原因可能为：电容单元C1损坏；分压电容接地端未接地。

（4）开口三角形电压异常升高。引起的主要原因可能为某相互感器的电容单元故障。

2. 处理方法

（1）比较三相电压是否一致。

（2）用万用表检查二次回路是否有问题，查看所有接线是否短路或松动。

（3）检查电压互感器本体的外观情况，或用红外线测量电压互感器的温度分布情况并进行分析。

根据上述检查分析电压互感器的缺陷的严重程度，确定电压互感器是否停役检修（500kV 线路、主变压器的电压互感器停役参照线路、主变压器停役）。

四、变压器的过热

过热对变压器是极其有害的，对变压器的使用寿命影响较大。国际电工委员会（IEC）认为在 80～140℃的温度范围内，温度每增加 6℃，变压器绝缘有效使用寿命降低的速度会增加 1 倍，这就是变压器运行的 6℃法则。规定为：油浸变压器绕组平均温升值是 65℃，顶部油温升是 55℃，铁芯和油箱是 80℃。IEC 还规定绕组热点温度任何时候不得超过 140℃，一般取 130℃作为设计值。

1. 变压器温度异常升高的原因

（1）变压器过负荷。

（2）变压器冷却装置故障（或冷却装置未完全投入）。

（3）变压器内部故障。如内部各接头发热、线圈有匝间短路、铁芯存在短路或涡流不正常现象。

（4）温度表计误指示。

（5）变压器大修后油路阀门未打开，或已经打开，但开启不够。

2. 处理方法

（1）若监盘发现主变压器已经过负荷，变压器组的三相各温度指示基本一致，变压器及冷却装置无故障迹象，则表示温度升高是由过负荷引起的，应按主变压器过负荷处理方法执行。

（2）若远方测温装置发出温度告警信号，且指示值很高，而现场温度指示正常并不高，变压器又没有其他故障的现象，可能是远方测温误告警。

（3）若冷却装置未完全投入或有故障，立即排除故障，不能排除故障的，则必须汇报调度对变压器减负荷处理。

（4）如果三相变压器组的某一相油温升高，明显高于该相在过去同一负荷、同样冷却条件下的运行油温，而冷却器、温度指示表计正常，则过热可能是变压器内部的某种故障引起的，应通知专业人员进行油样分析，进一步查明故障。或者变压器在负荷及冷却条件不变的情况下，油温不断上升，按现场规程规定将变压器退出运行。

（5）若主变压器在高峰负荷时段引起过热时，由于积垢原因引起散热不良，可以对主变压器的散热器进行水冲洗和清理来进行降温。

【思考与练习】

1. 简述引起变压器过热的原因和处理方法。

2. 简述 500kV 电容式电压互感器二次电压异常降低的原因和处理方法。

第十三章　二次设备巡视

模块 1　二次设备正常巡视（ZY1200203001）

【模块描述】本模块介绍二次设备巡视要求与巡视项目。通过要点归纳，掌握保护及自动装置、监控系统等设备的巡视内容、要求、项目和方法，能通过巡视发现一般缺陷，并能规范填报。

【正文】

二次设备是对一次设备进行监视、控制、测量以及起到保护作用的设备，对二次设备进行必要的巡视，目的是发现存在的缺陷，并加以消除，确保二次设备处于完好状态。

一、二次设备巡视的一般要求

（1）巡视人员应熟悉二次设备的配置、基本操作和故障判断处理，了解其基本工作原理、逻辑接线，掌握现场运行规程有关二次设备运行的正常监视、巡视、操作和检测技能。

（2）进行二次设备巡视时，必须严格遵守《电力安全工作规程》和企业管理标准有关规定，防止误碰、误动运行设备。

（3）在进行二次设备巡视时，应严格遵守设备巡视管理有关规定，不得改变设备运行状态。需要调看运行人员有权查阅的装置信息时，必须有监护人在场监护。

（4）在巡视二次设备时应严禁烟火。

（5）进出继电保护、通信机房等二次设备室应随手将门关好。

（6）在进行二次设备巡视时，应严格遵守二次设备防电磁干扰有关管理规定。使用手机等无线电通信工具应执行现场运行规程有关规定。

（7）运行人员不得打开运行中的继电保护装置、自动化装置、电能计量装置等设备封条进行任何作业。

（8）二次设备的巡视周期与一次设备巡视周期相同，在巡视一次设备的同时进行二次设备巡视。

（9）运行人员应对二次设备巡视中发现的异常和缺陷认真分析，正确处理，作记录并按信息汇报程序及时进行汇报。

（10）运行中严禁拉合继电保护回路电源、交流电压回路断路器，防止装置出现异常。

（11）继电保护装置正常运行时，运行人员可根据需要操作屏内的“信号复归”按钮。不允许随意操作面板上的其他按键及“运行/检修”切换把手。

二、保护装置及自动装置巡视项目

（1）室外接线盒密封完好，无积水、无放电现象。

（2）二次回路各熔断器、空气开关完好，标示完整，无熔断及跳闸。

（3）装置的信号灯、监视灯显示是否正确；继电器有无异常声音、振动和触点抖动现象；微机保护循环显示的日期、时间、电压、电流、定值区号、保护投入情况等信息是否与实际相符。检查打印机电源正常，纸张充足。

（4）屏（柜）、箱内清洁，无杂物、无潮气，接地良好，取暖、驱潮装置设施完好，能保证正常工作。正面及背面清洁，编号牌字迹清晰，柜门密封完好；孔洞封堵完好，有照明设施的应检查照明设施完好，端子排应清洁，无损坏、无锈蚀、无接线松动脱落现象。

（5）端子箱、机构箱的加热、防潮装置是否完好，是否按规定投退。

（6）二次设备室门窗关闭是否严密，防小动物措施是否完善。

（7）二次设备运行环境是否符合要求，温度、湿度是否在允许范围。

（8）原有的二次设备缺陷有无发展和变化。
（9）二次设备元器件、导线有无过热、变色及焦糊味等。
（10）二次设备接地是否符合规定，接触是否良好。
（11）二次设备屏柜、装置、操作元器件、二次线端子及电缆等标识是否清晰、齐全。
（12）二次电缆无破损、无受潮，每季对电缆沟二次电缆进行一次检查。
（13）遥信、遥测量正常，本地机与工作站主机接收数据正常，指示正确，数据刷新正常。
（14）TA 二次切换连接片位置正确。

三、监控系统巡视项目

监控系统专业巡视检查工作应定期进行，500kV 变电站每月一次。运行值班人员巡视工作按变电站设备巡视制度执行。

1. 监控系统的运行环境检查

检查站级层设备、间隔层设备及安装在开关柜上的测控保护一体化装置运行环境是否满足要求。

2. 站级层计算机设备（包括前置机和公共信息管理机）检查

（1）机箱风机及设备积尘状况。
（2）计算机设备的工作环境温度以及计算机设备外壳的温度。
（3）设备机械转动部件的声音是否正常，如机箱风扇、硬盘、CPU 风扇等。
（4）计算机电源有无异常声音。
（5）检查计算机软件各进程的运行状况、运行速度、画面刷新、数据变化状况。
（6）检查计算机 CPU 负荷率、内存占有率、硬盘容量、通信缓冲区是否存在经常堵塞的现象等。
（7）键盘鼠标等设备工作是否正常。
（8）计算机防病毒程序的更新情况是否及时。

3. 网络设备检查

（1）机箱风机及设备积尘状况。
（2）网络设备的工作环境温度、网络设备外壳的温度及电源工作是否正常。
（3）观察网络设备的指示灯、网络设备每个端口的工作状态是否正常。

4. 远动设备检查

（1）远动工作站和 Modem 等设备冷却风机及设备积尘状况。
（2）远动设备的工作环境温度、设备外壳的温度及电源工作是否正常。
（3）测量模拟通道的电平是否正常。
（4）配合各调度中心，作必要的通道和远动工作站的切换试验。
（5）和各级调度及集控中心核对调度所辖范围内的遥测、遥信信息，并作记录。
（6）设备指示灯是否正常。

5. 通信网络检查

（1）查看记录，检查通信网络是否存在经常通信中断的情况。如存在，则重点检查通信中断的物理链路的各个环节，如光电转换器及其辅助电源等运行状况。

（2）对采用电缆通信方式的，要检查通信电缆的屏蔽层是否完好，同时测量通信电平是否正常。

（3）对光缆通信方式的，需检查光缆的曲率是否满足标准要求、光缆是否存在老化和受损的情况。

（4）有条件可以对各光电转换器的输出光功率进行测量，或对光缆的衰耗率进行测量。

6. UPS/逆变电源设备检查

（1）检查 UPS/逆变电源本身的工作状态，同时查询 UPS 的故障记录。
（2）检查独立带有电池的 UPS 的电池维护情况。
（3）检查 UPS/逆变电源的负荷是否超出标准要求。
（4）检查 UPS/逆变电源的交直流输入是否正常。

7. GPS 对时装置检查

（1）GPS 装置是否工作正常。

（2）站级层系统和间隔层系统的对时是否正常。
（3）设备指示灯是否正常。
8. 总控单元装置检查
（1）总控单元装置各模板是否工作正常。
（2）通信中断情况是否正常。
（3）设备指示灯是否正常。

【思考与练习】

1. 继电保护及自动装置的巡视项目有哪些？
2. UPS/逆变电源设备应检查哪些项目？

模块2 二次设备定性（ZY1200203002）

【模块描述】本模块介绍二次设备缺陷的分类与定性。通过要点归纳，掌握二次设备缺陷的类别与缺陷等级。

【正文】

二次设备存在缺陷时应进行分析，明确二次设备缺陷性质，以便采取相应措施。

一、危急缺陷

（1）设备失去继电保护，断路器不能正确动作跳闸。
（2）保护装置故障闭锁、运行指示灯灭或闪烁，直流消失，不能复归。
（3）电压互感器二次回路失压、短路，电流互感器二次回路开路。
（4）全站直流电源消失或接地。
（5）操作（控制）、保护、合闸电源消失。
（6）110kV及以上输变电设备主保护全部退出运行。
（7）中央信号装置不能正确动作。
（8）无人值班变电站或接有保护的通信设备故障、中断。
（9）重要的遥测、遥信量不正确，遥控、遥调失灵且无其他手段可以监测或操作者。
（10）保护的电压回路异常，失去电压或断线。
（11）二次回路异常，不能有效控制断路器的分合，如跳闸出口中间继电器断线、控制回路断线等。
（12）结合滤波器接地引下线断裂。
（13）远动设备故障，一时无法恢复。
（14）远动及通信装置电源故障。
（15）变电站通信全部中断。
（16）保护通道设备故障，造成保护无通道运行，如两套光端机全停、光纤接口或载波机故障等。
（17）保护设备出现异味、异常声响。

二、严重缺陷

（1）防误闭锁装置损坏、功能失灵无法使用。
（2）设备两套主保护中的一套异常不能投运。
（3）故障录波器或其他安全自动装置不能按规定投运。
（4）无人值班变电站或接有保护的通信设备异常。
（5）重要的遥测、遥信量不正确，遥控、遥调不稳定。
（6）喇叭测试不响。
（7）联络线及主变压器的断路器、隔离开关信号回路、电能测量回路故障。
（8）列入考核的遥测单元、遥信单元、I/O接口单元故障，影响信息量监视。
（9）自动化信号回路故障，引起信号无法监视并影响控制操作。
（10）综合自动化系统能继续运行，但无法执行操作。

（11）前置机主备切换功能故障。
（12）自动化系统 GPS 时钟故障。
（13）自动化系统 UPS 设备故障，可切至旁路继续运行。
（14）微机保护装置异常告警，开入异常不能复归，人机接口无响应。
（15）微机保护装置液晶面板模糊或无显示，影响运行监视。
（16）差动保护差流异常（母差保护差流大于 200mA）或差流发现明显变化。
（17）高频通道异常，收发信机通道测试无信号，3dB 告警。
（18）保护光纤通道设备运行灯灭，装置异常，光纤通道中断。
（19）继电器指示灯异常，线圈烧坏，出现异味，常励磁继电器触点抖动剧烈、发热熔化。
（20）故障录波器装置告警，试录不成功，故障录波器无法正常录波。
（21）电磁型线路保护重合闸试验中间继电器未动作。
（22）后备保护功能投退压板松脱，端子排接线松动。
（23）其他影响保护正常运行但不致立即造成保护误动或拒动的缺陷。

三、一般缺陷

（1）保护装置及自动装置的信号灯、指示灯指示不正常但不影响正确动作。
（2）重合闸装置因故退出运行。
（3）二次设备中的蛇皮管、端子排少量锈蚀，合闸电缆头少量渗油，个别电缆牌标号不清。
（4）综自站偶尔一次的拒控，个别信息误发或丢失现象。
（5）部分自动化设备遥测精度不够。
（6）二次回路绝缘有所下降。
（7）继电器外壳有裂纹，尚不影响继电器运行。
（8）电能表数据传至自动化系统的遥测量错误。
（9）遥测单元、遥信单元、I/O 接口单元发生单一性故障，影响个别点监测。
（10）自动化测量回路变送器故障，温度、频率测量发生故障。
（11）接入自动化系统的单一信号回路故障，不影响运行控制操作。
（12）变电站内事故总信号动作不正确，继电保护信号频发。
（13）自动化机房的照明、空调故障。
（14）其他不影响保护性能的缺陷。

【思考与练习】

1. 二次设备危急缺陷有哪些？
2. 二次设备严重缺陷有哪些？

模块 3　二次设备运行分析（ZY1200203003）

【模块描述】本模块介绍二次设备运行中巡视与分析。通过案例介绍和要点归纳，掌握通过二次设备运行情况进行分析判断，发现隐蔽缺陷并能及时处理的能力。

【正文】

二次设备的缺陷将严重影响变电站的运行，二次设备的缺陷应引起重视，并应进行认真分析。高压设备发生故障时，通过保护装置、故障录波装置等二次设备可以准确分析故障的时间、部位、过程、跳闸情况。以下是对一些常用的保护和监控装置的运行状态进行的分析。

一、RCS 931A 分相电流差动线路保护

运行过程中装置直流电源消失或异常，应及时停用本保护装置。

装置如自检出“存储出错”、“程序出错”、“定值出错”、“采样数据异常”、“跳合出口异常”、“DSP 定值出错”、“光耦电源异常”之一的异常情况，应停用保护；自检出“通道异常”，应停用装置的差动保护。

电压回路断线或失压，检查电压二次回路，若电压小开关跳开可试送一次。

（1）“运行”灯灭：

装置正常运行时亮“运行”灯；直流电源失去或者RCS 931A保护屏直流电源小开关断开时，“运行”灯灭，应及时停用本保护装置。

（2）“TV断线”灯亮：

正常时，“TV断线”灯灭；当发生电压回路断线时，灯亮。保护交流电压小开关断开时灯会亮，装置触点不牢、线路检修状态、线路压变空开跳开时等，都会亮。电压回路断线或失压，检查电压二次回路，若电压小开关跳开可试送一次。

（3）“充电”灯灭：

重合闸充电完成时，“充电”灯亮。重合闸充电在正常运行时进行。“充电”灯灭，表明重合闸没有充电完成，不能进行重合。

（4）“通道异常”灯亮：

正常时“通道异常”灯灭。通道故障时，“通道异常”灯亮，应停用本装置的差动保护。

（5）“跳A、跳B、跳C”灯亮：

“跳A、跳B、跳C”灯：正常灭，保护动作出口A、B、C相跳闸时亮，对应灯亮信号复归后熄灭。

（6）“重合闸”灯亮：

保护动作出口跳闸，重合闸动作后“重合闸”灯亮，出现故障时候灯才会相应亮，此时按照正常事故处理流程进行处理。灯单独亮，没事故出现，则是装置问题。

二、REB-103母差保护

装置面板信号指示作用及说明见表ZY1200203003-1。

表ZY1200203003-1 装置面板信号指示作用及说明

信号名称	作用	说明
Diff L1	A相差动元件动作	6只指示发光二极管均为黄色，正常运行时不应亮，动作后不自保持
Diff L2	B相差动元件动作	
Diff L3	C相差动元件动作	
Start L1	A相启动元件动作	
Start L2	B相启动元件动作	
Start L3	C相启动元件动作	
Trip L1	A相差动出口跳闸	3只指示发光二极管均为红色，动作后均自保持，需用装置面板上“Reset”按钮复归
Trip L2	B相差动出口跳闸	
Trip L3	C相差动出口跳闸	
OPEN CT（TA）Alarm L1	A相TA回路开路	3只指示发光二极管均为黄色，动作后均自保持，闭锁保护，应停用保护后用装置面板上“Reset”按钮复归
OPEN CT（TA）Alarm L2	B相TA回路开路	
OPEN CT（TA）Alarm L3	C相TA回路开路	
Block	装置被闭锁	指示发光二极管为黄色，TA开路或按下“Block”按钮时，Block灯亮并闭锁保护，可用装置面板上“Reset”按钮复归
In Service	运行监视灯	平光：装置正常运行；每秒闪1次：装置微处理器发现较小的异常，但异常已经消失装置仍正常运行；每秒闪3次：说明装置微处理器发现严重异常，保护被闭锁；灯灭：装置退出运行，直流消失或电源故障

REB-103母差保护运行过程中，交流电源和直流电源均投入，母差电源、电流切换电源、失灵电源小开关均合上，保护面板上In Service指示灯亮，无其他信号和掉牌。差动元件跳闸试验部件中，闭锁插把、闭锁插头均拔出，低电压试验部件、负序电压试验部件中闭锁插把、闭锁插头均拔出。

（1）运行中若出现 TA 开路告警信号，应先将母差保护停用，对 TA 二次回路和保护装置进行检查处理，未经处理不得擅自复归。复归后待保护运行 10s 以上无闭锁信号，才可将保护投入。

（2）当正常运行中出现“低电压告警”信号，应检查相应屏内交流电压空气小开关是否跳开，如跳开，可试合一次。试合不成，应汇报调度，以决定母差保护的投、停。如母线电压互感器空气开关跳开，则应与其他保护一起考虑进行处理。当区外故障时，“低电压告警”信号也可能发出，应予复归。

三、主变压器保护

1. RET521 保护

指示灯显示：

Ready（绿）灯：亮平光，指示保护正常运行；闪光，指示保护内部故障；灭，即保护无工作电源。

Start（黄）灯：亮平光，指示保护有启动记录；闪光，指示保护在试验状态。

Trip（红）灯：亮平光，指示保护跳闸；闪光，指示保护跳闸被闭锁，保护功能全部退出。

当主变压器过励磁交流电压小开关跳开时，该装置中的过励磁信号和显示屏上的过励磁跳闸均失压，同时本装置的 Start 黄灯闪亮。

本装置正常运行时，保护定值正确，无内部故障告警信号（INTERNAL FAIL），绿灯（Ready）亮平光，黄灯（Start）不亮或亮平光能复归，红灯（Trip）灭，否则应停用 RET521 保护。

2. 500kV 距离保护（REL511）

指示灯显示：

Ready（绿）灯：亮平光，指示保护正常运行；闪光，指示保护内部故障；灭，即保护无工作电源。

Start（黄）灯：亮平光，指示保护有启动记录；闪光，指示保护在试验状态。

Trip（红）灯：亮平光，指示保护跳闸；闪光，指示保护跳闸被闭锁，保护功能全部退出。

本保护运行过程中，交流电流电压回路应按运行要求投入，逆变电源小开关在合上位置，保护定值正确，无内部故障告警信息（INTERNAL FAIL），无 TV 二次断线告警信息（FUSE FAIL），绿色（Ready）灯亮平光，黄色（Start）灯不亮或亮平光能复归，红色（Trip）灯灭，否则应停用本保护。

3. 过励磁跳闸（RALK）保护

本保护过励磁继电器上有 4 只指示灯：

In Serv.（绿）灯亮平光指示继电器运行正常，闪光则说明继电器内部有故障。

Start 1（黄）灯过励磁启动时亮。

Trip 1（红）灯过励磁反时限动作时亮。

Trip 2（红）灯过励磁定时限动作时亮。

红灯可通过过励磁继电器上的复归按钮复归。复归按钮按下时如继电器正常则 In Serv.（绿）灯变平光。

本保护运行过程中，交流电压、直流电源应正常接入，逆变电源指示灯亮，绿色（In Serv）灯亮平光，红色（Trip）灯灭；否则应停用本保护。

黄色（Start 1）灯点亮，过励磁跳闸启动，进入反时限特性，此时应及时检查系统电压，若为误启动应停用本保护，否则应及时与调度联系，降低系统电压直至保护返回。

4. 高阻抗差动保护（RADHA）

本保护运行过程中，各侧的电流回路应按运行状态正常接入，不得开路、短路及接地，操作电流回路时应特别注意，以防保护出现差流而误动。

本保护正常运行时，直流电源应正常接入，保护定值正确，无异常告警和掉牌信号，能复归；否则应停用本保护。

5. 220kV 距离保护（REL511）

指示灯显示：

Ready（绿）灯：亮平光，指示保护正常运行；闪光，指示保护内部故障；灯灭，即保护无工作电源。

Start（黄）灯：亮平光，指示保护有启动记录；闪光，指示保护在试验状态。

Trip（红）灯：亮平光，指示保护跳闸；闪光，指示保护跳闸被闭锁，保护功能全部退出。

本保护运行过程中，交流电流电压回路应按运行要求投入，逆变电源小开关在合上位置，保护定值正确，无内部故障告警信息（INTERNAL FAIL），无 TV 二次断线告警信息（FUSE FAIL），绿色（Ready）灯亮平光，黄色（Start）灯不亮或亮平光能复归，红色（Trip）灯灭；否则应停用本保护。

当发生交流电压回路断线或失压时，本保护将被闭锁，此时应停用本保护。

电压切换回路直流消失或继电器位置与 220kV 运行方式不对应时，应停用本保护。

220kV 两母线隔离开关拉开后，会出现 TV 失压告警信号。在其一合闸时，一旦电压回路建立，TV 失压告警信号应可复归，若该信号无法复归，应检查相关的二次回路和保护装置。

装置上电或更改定值区时，自检需 4～5min，如 5min 后仍未正常，应视为装置异常，不得投入运行。

6. 中性点零流（RAISB）保护

本保护运行过程时，直流电源应正常接入，逆变电源指示灯亮，保护定值正确，无异常声响，无启动和动作信号。否则应停用本保护。

本保护三相电流过电流延时动作继电器上有 3 只指示灯：

In Serv.（绿）灯：亮平光指示继电器运行正常，闪光则说明继电器内部有故障。

Start（黄）灯：电流达到启动值时亮。

Trip（红）灯：过电流动作时亮。

7. 公共线圈过负荷保护（RAVK）

本保护过负荷延时动作继电器上有 4 只指示灯：

In Serv.（绿）灯：亮平光时指示继电器运行正常，闪光则说明继电器内部故障。

θ＞95%（黄）灯：过负荷达到 95%启动时亮。

θ Trip（红）灯：过负荷动作时亮。

I＞Trip（红）灯：过电流动作时亮。

红灯可通过本继电器上的复归按钮复归。复归按钮按下时如继电器正常则 In Serv.（绿）灯变平光。

本保护正常运行时，直流电源应正常接入，逆变电源指示灯亮，三相电流过电流延时动作继电器上的 In Serv.（绿）灯亮平光，保护定值正确，无异常声响，无启动和动作信号。

8. 低压侧电压偏移保护（RAEDK）

本保护过电压延时动作继电器上有 4 只指示灯：

In Serv.（绿）灯：亮平光指示继电器在正常运行中，闪光则说明继电器内部有故障。

U1 Start（黄）灯：电压达到启动值时亮。

U1 Trip（红）灯：过电压Ⅰ值动作（用于告警）时亮。

U2 Trip（红）灯：过电压Ⅱ动作（用于告警）时亮。

红灯可通过继电器上的复归按钮复归。复归按钮按下时如继电器正常则 In Serv.（绿）灯变平光。

本保护运行过程中，交直流电源应正常接入，逆变电源指示灯亮，过电压延时动作继电器上的 In Serv.（绿）灯亮平光，保护定值正确，无异常声响，无启动和动作信号。

四、监控系统站级控制层操作异常

1. 同期合闸不成功

处理方法：

（1）断路器两侧无电压，或一侧有电压、一侧无电压，再一次确认断路器为同期合闸。

（2）同期电压空气开关跳开，再合一次空气开关，若仍然跳开，检查电压回路，将上述情况汇报工区和领导。

（3）两侧有电压，但同期条件不满足，压差、频差、角差不满足同期条件的情况下，使用断路器强制合闸方式，必须由当值值长向调度汇报，在征得调度同意在试合一次的情况下，再同期合闸一次，但必须派人到对应的 I/O 单元监视同期画面，确定原因，再不成功，汇报调度工区和站领导。

2. 隔离开关分合闸不成功

处理方法：

（1）检查确认隔离开关分合闸的闭锁条件，隔离开关的操作是“允许”还是“禁止”。

（2）检查顺控程序，包括人机操作站和I/O单元，若是顺控的问题，以紧急缺陷汇报调度和工区。

（3）闭锁满足和顺控正确，但隔离开关拒分合，检查 I/O 的“远方”或“就地”状态，分合闸压板是否接通。上述情况若正常，排除与监控系统无关后，需检查其他的原因，参照一次设备的异常处理。

3. 主机与某以太网通信中断

异常现象：简报信息报小室的主单元与对应的通信中断；主主机、人机工作站 1、人机工作站 2、工程师站均显示与对应以太网的通信全部中断；备用主机只显示主主机与对应的以太网通信中断。

处理方法：

（1）对主机进行手动主备切换，将通信中断的主主机切换为备主机。切换好后，主主机、备主机、人机工作站 1、人机工作站 2、工程师站均显示备主机与对应的以太网通信中断，其余均正常。此时主主机可从另外一个网上取数据，也能正常工作，故不会自动切换主机。

（2）检查从网络设备屏所对应的交换机上与此主机相连的口是否正常，再检查与此主机相连的光电转换器是否正常。若光电转换器故障，则更换。不能处理的上报缺陷。

五、监控系统 6MB5515 主单元装置

1. 6MB5515 主单元 LFⅡ模件（控制系统主处理插件）异常

6MB5515 主单元 LFⅡ模件如图 ZY1200203003-1 所示。

（1）现象：

1）红色 LED 灯 H1 亮：说明装置内部异常或准备信号延时。

2）绿色 LED 灯 H2 灯灭：表明看门狗电路超时。

3）通信通道 1～6 工作指示 LED 灯红灯亮：说明该通道故障或信息接收错误。

（2）处理方法：加强对 6MB5515 主单元的监视，并通过监控系统图和模件监视图基本判定各设备之间通信的通断问题。

2. 标准通信插件 SC 插件异常

标准通信插件 SC 插件如图 ZY1200203003-2 所示。

（1）现象。

1）H1 红灯亮、黄灯和绿灯灭，出现这种情况，可能为 SC 模件已损坏或装置故障，应报缺陷，请专业人员处理。

2）SC 模件上的 LED 灯都无显示。

（2）处理方法：检查 SV 模件（电源模件）的 LED 灯是否亮，若不亮，则可能：

1）5515 装置直流电源小开关断开，试合一次，再跳开，请专业人员进行处理。

2）若电源小开关没有跳开，则可能是直流电源Ⅰ失电，可将直流电源切换到电源Ⅱ，仍不正常，检查直流电源。

3）如果是 SC 模件故障，则汇报工区、变电站及调度，上报缺陷，请专业人员进行更换模件。

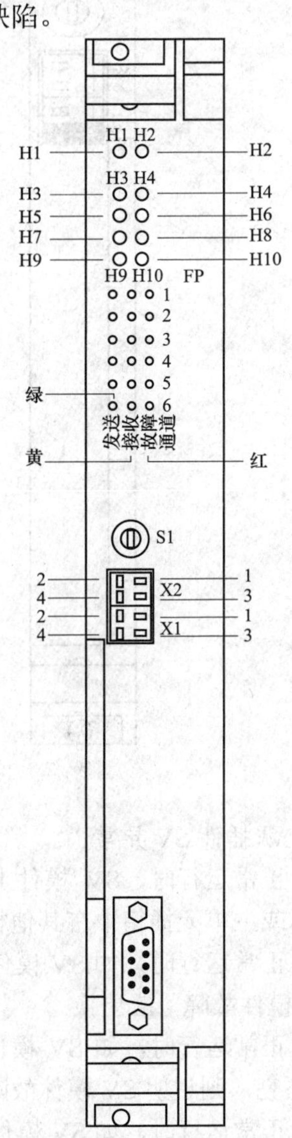

图 ZY1200203003-1　6MB5515 主单元 LFⅡ模件

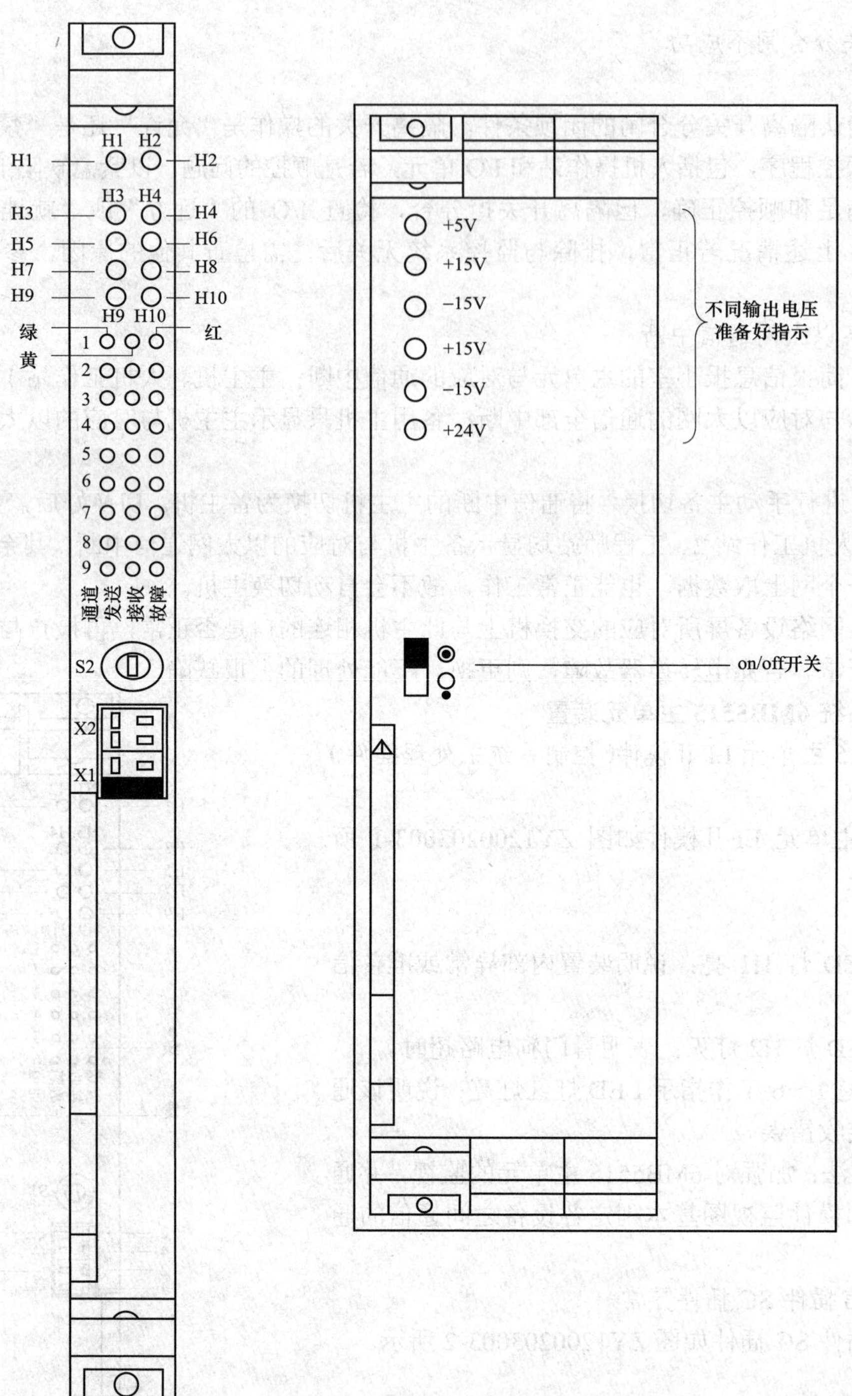

图 ZY1200203003-2 标准通信插件 SC 插件

3. 电源插件 SV 异常

（1）正常运行时，SV 模件上的全部 LED 灯均应亮，如都不亮，其原因有：直流电源断开、SV 模件损坏或主单元插箱中有其他模件损坏。

（2）正常运行时，如 SV 模件上的 5V 指示灯不亮，且主单元插箱中其他模件的 LED 灯变暗，则说明 SV 模件故障，应更换。

（3）正常运行时，如 SV 模件上的 15V LED 灯均不亮，或其中 1 只不亮，且数据传送模件中的 LED 灯不亮，则说明 SV 模件故障。

（4）正常运行时，如 SV 模件中的 24V LED 灯不亮，其原因有 LED 损坏或 SV 模件故障。

4. 命令许可模件 BF 异常

（1）现象 1：H1～H8 灯灭，而 SV 插件正常。

处理：BF 模件损坏，应专业人员进行更换。

（2）现象 2：上述情况下，SV 插件 LED 灯也不亮，则 5515 装置直流电源开关断开，试合一次，再跳开，请专业人员进行处理；直流电源开关不跳开，则可能是直流电源 I 失电，可将直流电源切换开关切换到电源Ⅱ，仍不正常，检查直流电源。

六、监控系统站控级层瘫痪

当监控系统站级层瘫痪时，运行人员应合理分配人员到现场监视全站一、二次设备的运行情况，以及主变压器、各出线的潮流和母线电压情况，并应对主变压器的负荷及冷却器系统的运行情况作重点检查，同时汇报各级调度和主管部门。具体检查的部位有：

（1）在保护小室内控制面板或测控单元上监视设备状态和获取事故跳闸信息。

（2）在测控单元上监视系统潮流，也可通过 LED 灯监视设备状态。

（3）在主变压器保护屏或远方控制屏监视主变压器附件的运行情况以及主变压器绕组温度、油温和气体含量，掌握主变压器的工况。

（4）在站用电源保护屏、控制屏监视站用电源三相电压和三相电流，及时发现站用电源的运行情况。

（5）对其他设备（继电保护、直流系统、自动装置等）和一次设备按一定时间间隔进行巡视检查。

七、监控系统主单元或 I/O 装置、测控单元异常

1. 现象

监控系统主单元或 I/O 装置、测控单元工作站处于停机状态。

2. 判断处理

画面中的光字牌亮时，直接点击对应光字牌即可进入主单元和 I/O 装置的实时运行状态监视图，检查是哪个主单元或 I/O 异常，或者进入相应的模件状态图，查看模件状态是否运行正常，汇报相应调度部门，并请专业修试人员来处理。根据现场现象，检查现场主单元和 I/O 装置，确认设备异常。

【思考与练习】

1. 监控系统站控层瘫痪应如何检查和处理？

2. 简述监控系统主单元或 I/O 装置、测控单元异常处理方法。

第十四章 站用电源系统巡视

模块1 站用交、直流系统巡视与维护（ZY1200204001）

【模块描述】本模块介绍站用交、直流系统巡视与维护项目。通过要点归纳，掌握柴油发电机、直流系统、蓄电池、充电机等设备的巡视内容、要求、项目和方法。

【正文】

站用交、直流系统是站用电源运行的重点，站用交、直流系统巡视与维护是站用电源运行的日常基础工作。通过巡视，可以确定站用电源系统是否正常，如有缺陷可以及时处理。

一、站用交流系统巡视项目及要求

（一）站用变压器的运行巡视检查项目及要求

（1）本体储油柜及有载调压箱内的油色、油位正常，各连接部位有无渗漏油现象。

（2）检查变压器声音是否正常。

（3）检查变压器套管是否清洁，有无破损裂纹、放电痕迹及其他不正常现象。

（4）检查气体继电器内是否充满油，连接阀门是否打开。

（5）检查防爆管隔膜是否完整，有无漏油现象。

（6）检查各导体连接部位有无发热现象（变压器、进出线、电缆头）。

（7）检查变压器有无倾斜，接地是否良好。

（8）呼吸器内干燥剂是否变色，呼吸器内的干燥剂2/3变色受潮时，需更换。

（二）站用变压器的瓦斯保护检查项目及要求

（1）瓦斯保护是站用变压器内部故障的保护，按整定，重瓦斯应投入跳闸位置，轻瓦斯投信号位置。

（2）气体继电器连接管道上阀门应在打开位置。

（3）气体继电器有无渗漏油现象。

（4）当带电进行下列工作时，应考虑将瓦斯保护改至停用：

1）变压器带电注油或滤油时。

2）变压器除取油样和气体继电器上部放气阀门放气外，在其他所有地方打开放气、放油和进油阀门时。

3）关、开气体继电器连接管上的阀门时。

4）在瓦斯保护及二次回路上进行工作时。

5）在变压器注油等工作完毕，经2h运行后，方可将瓦斯保护投入信号。

（三）站用电源屏室的巡视检查项目及要求

（1）运行中的各种仪表指示应正常，继电器无异常声音。

（2）各闸刀、母线连接处等的示温片无熔化现象。

（3）站用电源室内应保持清洁，不得堆放杂物。

（4）门、窗应关闭严密，室内无通向外部的孔洞，应有防小动物的措施，严防小动物进入站用电源室。

（5）定期打扫站用电源室。在清扫时，应注意安全距离，使用绝缘材料进行清扫，严防造成短路，同时应穿好绝缘鞋、戴好手套。

二、柴油发电机巡视项目及要求

柴油发电机作为应急电源，在一次主系统失电造成站用电源系统全部失电或站用电源Ⅰ、Ⅱ段母线故障均不能运行时可为充电机、主变压器冷却器、配电装置操作电源提供电源。运行维护要求如下：

（1）正常运行中，站用电源屏内“应急系统Ⅰ段电源开关”和“应急系统Ⅱ段电源开关”必须断开并拉至柜外，同时挂“禁止合闸，有人工作”牌；站用电源应急配电柜内的“站用电源Ⅰ段接入隔离开关”和“站用电源Ⅱ段接入隔离开关”也同时拉开，并挂“禁止合闸，有人工作”牌。

（2）正常运行中，应急系统中所有隔离开关和空气开关均在断开位置。

（3）所有应急备用电缆均应实行定置管理，并标注适用地点，定期维护，以确保电缆随时完好可用。负载侧空气开关接线端应有明显的相色标识。

（4）应定期测量盘表指示灯熔丝电阻以确保完好。

三、直流系统、蓄电池、充电机巡视项目及要求

（一）直流系统、蓄电池巡视检查项目

1. 正常巡视检查项目

（1）蓄电池室通风、照明及消防设备完好，温度符合要求，无易燃、易爆物品。

（2）蓄电池组外观清洁，无短路、接地。

（3）各连接片连接牢靠无松动，端子无氧化并涂有中性凡士林。

（4）蓄电池外壳无裂纹、漏液，呼吸器无堵塞，密封良好，电解液液面高度在合格范围。

（5）蓄电池极板无龟裂、弯曲、变形、硫化和短路，极板颜色正常，无欠充电、过充电，电解液温度不超过 35℃。

（6）典型蓄电池电压、密度在合格范围内。

（7）充电装置交流输入电压和直流输出电压、电流正常，表计指示正确，保护的声、光信号正常，运行声音无异常。

（8）直流控制母线、动力母线电压值在规定范围内，浮充电流值符合规定。

（9）直流系统的绝缘状况良好。

（10）各支路的运行监视信号完好、指示正常，熔断器无熔断，自动空气开关位置正确。

2. 特殊巡视检查项目

（1）新安装、检修、改造后的直流系统投运后，应进行特殊巡视。

（2）蓄电池核对性充放电期间应进行特殊巡视。

（3）直流系统出现交、直流失压，直流接地，熔断器熔断等异常现象处理后，应进行特殊巡视。

（4）出现自动空气开关脱扣、熔断器熔断等异常现象后，应巡视保护范围内各直流回路元件有无过热、损坏和明显故障现象。

（二）充电装置的运行监视

（1）应定期对充电装置进行如下检查：交流输入电压、直流输出电压、直流输出电流等各表计显示是否正确，运行噪声有无异常，各保护信号是否正常，绝缘状态是否良好。

（2）交流电源中断，蓄电池组将不间断地向直流母线供电，应及时调整控制母线电压，确保控制母线电压值的稳定。当蓄电池组放出容量超过其额定容量的 20%及以上时，恢复交流电源供电后，应立即手动启动或自动启动充电装置，按照制造厂规定的正确充电方法对蓄电池组进行补充充电，或按恒流限压充电—恒压充电—浮充电方式对蓄电池组进行充电。

【思考与练习】

1. 简述直流系统、蓄电池巡视检查项目。
2. 简述充电装置的运行监视的要求。

模块 2　站用交、直流系统定性（ZY1200204002）

【模块描述】本模块介绍站用交、直流系统的巡视分析与缺陷定性，通过案例介绍和要点归纳，掌握站用交、直流系统缺陷定性方法和处理原则，并能准确定性缺陷类别。

【正文】

应对巡视过程中发现的站用交、直流系统缺陷应进行定性，为处理缺陷奠定基础。

一、交流回路缺陷

（1）电压监视继电器烧坏或短路。

（2）熔丝熔断、放不上。

（3）空气开关合不上。

（4）端子松动、老化。

（5）继电器不能复归、误掉牌、运行指示灯闪烁、运行指示灯熄灭、电源指示灯熄灭、动作指示灯亮、触点异常。

（6）继电器外壳破损。

（7）站用变压器低压开关不能实现正常分合闸、失压脱扣装置故障、自带过电流等保护装置报警。

（8）馈线分支开关发热。

（9）交流切换装置失灵。

（10）站用变压器引线接头、电缆等各连接处发热变色和熔化。

（11）站用电源系统馈电屏指示灯、表计故障。

二、直流回路缺陷

（1）直流回路接地。

（2）熔丝熔断、放不上。

（3）空气开关合不上。

（4）端子松动、老化。

（5）直流母线电压异常。

（6）高频开关模块电流、电压输出异常。

（7）高频开关 2 个及以上故障。

（8）直流绝缘在线检测仪故障。

（9）蓄电池单体电池电压偏差达 0.2V。

（10）蓄电池渗液。

（11）蓄电池本体温度超过正常值（一般为 5～30℃）。

（12）蓄电池壳体变形、极柱结盐、安全阀动作失灵。

（13）蓄电池整组容量降至 80%以下。

（14）电池巡检仪故障。

（15）高频开关单个模块故障。

（16）直流屏内指示灯故障。

（17）直流屏内表计故障。

三、危急缺陷

出现以下情况作为危急缺陷处理：

（1）全站（厂）直流电源消失或接地。

（2）操作（控制）、保护、合闸电源或操作电源消失。

（3）设备的运行状态出现运行规程或说明书所规定必须立即停运者。

（4）直流系统充电机无输出。

（5）高频开关模块故障，造成全站直流输出电流小于正常负荷电流。

（6）硅链故障失去降压功能。

（7）充电机监控装置故障。

（8）控制母线或合闸母线接地故障。

（9）直流馈线空气开关跳闸，试送失败。

（10）熔断器熔断更换后再次熔断。

（11）蓄电池整组容量小于 70%。

（12）蓄电池漏液。

（13）低压系统全部失电并在 2h 内无法恢复。

四、案例分析

某 500kV 变电站正常运行时，监控后台“1 号充电机通信中断”告警，现场检查发现直流Ⅰ段绝缘检测装置电源失去，面板黑屏。经进一步检查，直流Ⅰ段绝缘检测装置电源模块故障造成与 1 号充电机通信中断，1 号充电机本身无故障，定性为紧急缺陷，经厂家技术人员更换电源模块后恢复正常。

此案例表明，在交、直流系统中，大多数设备异常或缺陷是简洁明了的，缺陷判断比较直观，但特殊方式或接线下，当发出某设备故障时，而问题却在相关的另一个设备，现场运行人员在判断设备缺陷时，一定要结合现场实际情况综合进行判断，切忌判断错误。

【思考与练习】

1. 站用交、直流系统中哪些缺陷属于危急缺陷？
2. 直流回路主要有哪些缺陷？

模块 3　站用交、直流系统运行分析（ZY1200204003）

【模块描述】本模块介绍站用交、直流系统运行中巡视与分析。通过案例介绍和要点归纳，掌握通过站用交、直流系统运行情况进行分析判断，发现隐蔽缺陷并能及时处理的能力。

【正文】

保证站用交、直流系统的供电是变电站安全、可靠运行的基础之一，站用交、直流系统有缺陷时，应进行分析判断，提出合理解决方案。

一、站用交流系统的运行分析

1. 站用电源系统运行方式及调整

（1）典型运行方式：1 号站用变压器接一台主变压器 35kV 母线运行，带站用电源Ⅰ段母线；2 号站用变压器接另一台主变压器 35kV 母线运行，带站用电源Ⅱ段母线；0 号站用变压器接站外 35kV 线路，其低压Ⅰ、Ⅱ段空气开关对站用电源Ⅰ/Ⅱ段备自投，站用电源母线分段空气开关热备用。0 号站用变压器与 1、2 号站用变压器由于系统原因一般具有 30° 角差，二次侧不可并列运行。站用交流电源系统配置如图 ZY1200204003-1 所示。

（2）1 号站用变压器或 2 号站用变压器检修时运行方式：可以采用合上 0 号站用变压器对应低压Ⅰ（Ⅱ）段空气开关，站用电母线分段空气开关改冷备用，并退出 0 号站用变压器Ⅰ（Ⅱ）段自投回路；也可以采用通过运行站用变压器带全站负荷，合上站用电源母线分段空气开关，退出 0 号站用变压器对停役站用变压器的自投回路，保留运行站用变压器自投回路。

（3）站用电源系统的操作注意事项：站用变压器停役操作前，先将站用电源倒至另一台站用变压器运行，后拉开高压侧断路器；站用变压器改检修时，必须将所属的低压空气开关改至冷备用状态，并挂锁防止误合。

（4）正常时可用站用变压器高压断路器或高压熔断器投、切空载站用变压器，禁止用站用变压器高压侧隔离开关投、切空载站用变压器。

2. 站用电系统事故及异常情况处理

（1）站用电失压处理时，应尽一切可能尽快恢复供电。

（2）当站用电失压而 0 号站用变压器未自投时，应初步检查判明是否由于站用电系统故障引起。

（3）如为站用电系统故障引起，应立即查找故障点并可靠隔离，若无法查到明显故障点，可采用分段送电查找的办法，即先切除所连母线上的所有负荷开关，再试送母线，然后逐个送各路负载的办法查找，发现故障支路后，应设法隔离，再行恢复站用电源母线运行。

（4）站用变压器运行中发生温度不正常升高、声音异常、调压开关及其本体发出瓦斯信号、发热、大量漏油等异常情况，运行人员应根据故障性质及时进行处理。

（5）站外 35kV 线路停役检修后恢复送电，应将 0 号站用变压器低压Ⅰ、Ⅱ段空气开关失压信号进行复归，以保证自投装置可靠动作。

二、站用直流系统的运行分析

1. 直流系统运行方式如图 ZY1200204003-2 所示

（1）典型运行方式：500kV 变电站一般设 3 台充电机，其中 1 号充电机带直流 A 段负荷，2 号充

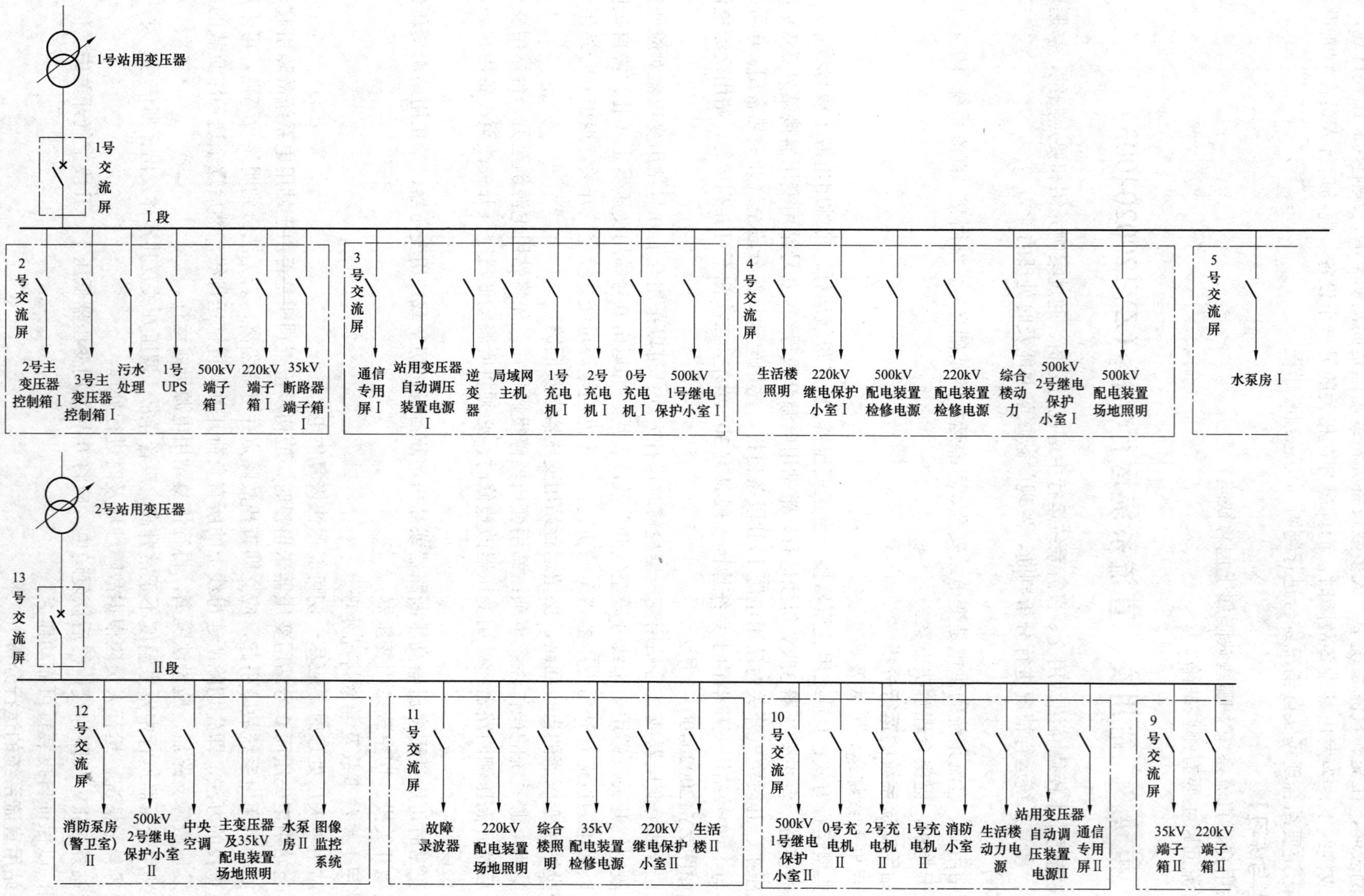

图ZY1200204003-1 站用交流电源系统配置图

模块3 ZY1200204003

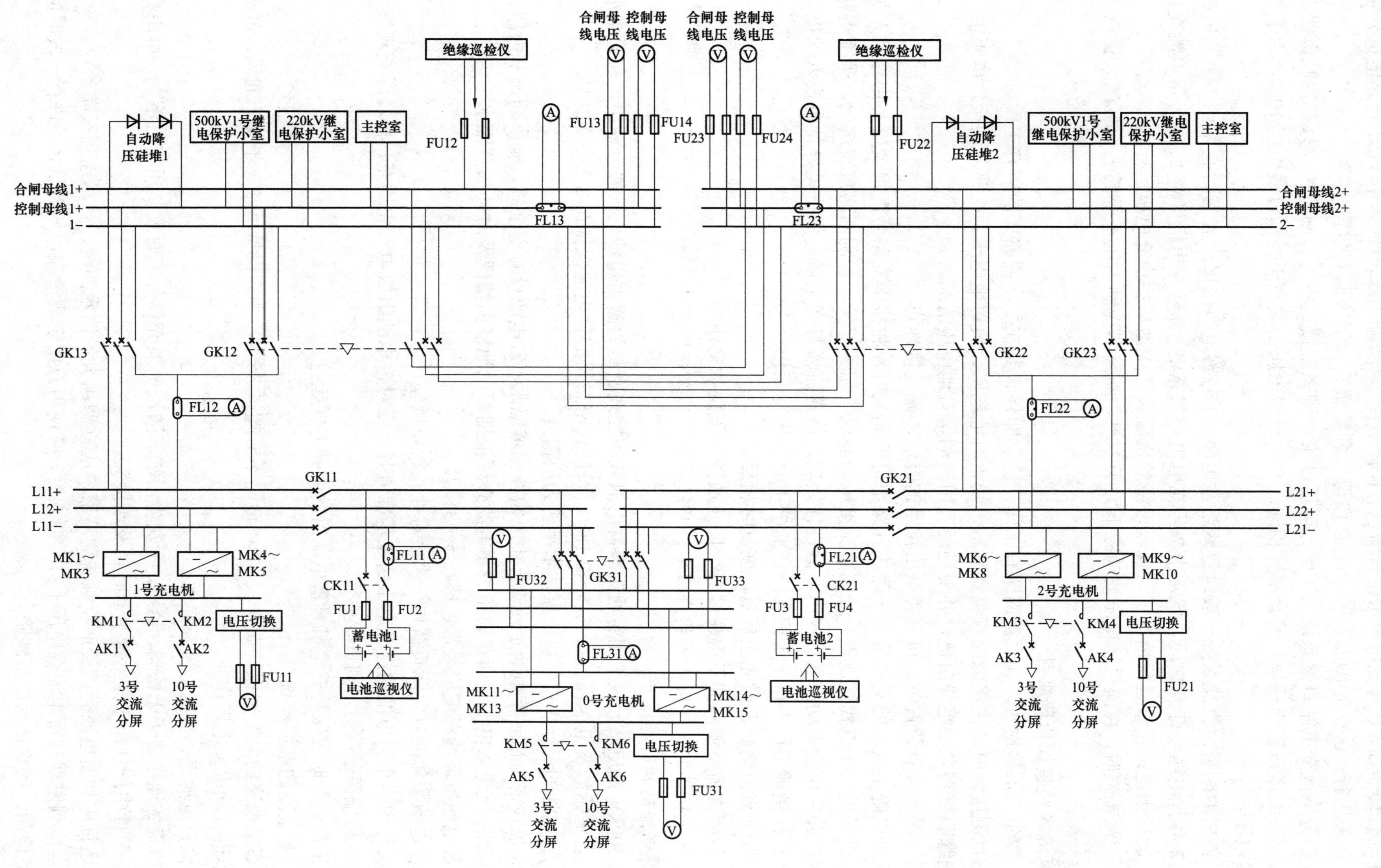

图ZY1200204003-2　直流系统配置图

电机带直流B段负荷，0号充电机可带直流A、B段负荷运行。正常运行时，由1、2号充电机分别带直流A、B段运行，0号充电机备用。A、B段母线各配置一套绝缘监测装置。

（2）部分地区变电站直流系统设计中无降压硅堆，则系统接线中无合闸母线，只有控制母线，充电机无合闸母线电压输出模块，其余部分相同。合闸母线电压一般高于控制母线电压10%，用于稳定控制母线电压。

（3）蓄电池配置：直流系统一般设置两组蓄电池，1号蓄电池接直流A段，正常由1号充电机对其充电；2号蓄电池接直流B段，正常由2号充电机对其充电；0号充电机可对1、2号蓄电池充电。

（4）运行规定：正常运行情况下，直流母线禁止脱离蓄电池单独由充电机运行。

（5）交流全失时，直流母线电压波动应不大于10%，断路器控制电压不得低于65%U_N，保护不得低于80%U_N。

2. 直流系统接地处理原则

（1）发生直流接地时，如直流回路有工作，应立即停止其在二次回路上的所有工作。

（2）直流接地时，由绝缘检查装置显示母线正对地电压、负对地电压、支路号的接地电阻值，以及正极绝缘阻值和负极绝缘阻值，并现场用万用表测量对地电压情况。

（3）无绝缘检查装置时，可直接采用拉路的方法，确定接地点。

（4）可以确定接地的支路号（一路或几路都可检测）时，将接地支路号汇报调度，由修试人员根据支路号进行进一步查找接地点。处理直流接地如需取下相关保护、控制回路直流熔丝，须征得相关调度同意，并将可能误动的保护停用，再进行处理，待直流恢复送电后，保护无异常再投入保护。

（5）查找接地工作不得少于两人，在监护下有序进行工作。

（6）取下直流熔断器时先正后负，恢复时相反。

（7）拉断直流电源时间不得超过3s，防止故障时无保护动作。

（8）发生接地时，一般不得将直流Ⅰ、Ⅱ段并列，以防故障扩大。

3. 蓄电池的运行与维护

（1）500kV变电站一般采用普通铅酸蓄电池或阀控式密封铅酸蓄电池，一般分两组，每只电池的电压为：普通铅酸蓄电池保持在2.15～2.18V，阀控式密封铅酸蓄电池保持在2.23～2.28V。

（2）蓄电池的运行规定（以厂家技术手册为依据）：

1）阀控式密封铅酸蓄电池正常运行中无需补加蒸馏水，蓄电池设有安全阀，能自动调节内压，有效防止外部空气进入电池。而普通铅酸蓄电池必须根据蓄电池液面情况及时补加蒸馏水。

2）蓄电池室环境温度应经常保持在5～35℃。

3）蓄电池每年应以实际负荷作一次核对性充放电试验。

4）运行中当单只电池的浮充电压超过基准值时，应对蓄电池组放电后先均充，再转浮充观察1～2个月，若仍偏离基准值，则进行更换。

5）正常运行时应保持充电机对蓄电池组的浮充方式运行。

（3）蓄电池的维护检查：

1）蓄电池室的温度宜保持在5～30℃，最高不应超过35℃，并应保持清洁、干燥、通风，蓄电池室内严禁进行动火或电焊作业。

2）检查电池壳、盖无漏液及损伤。

3）检查各连接端子无松动、锈迹，无灰尘污渍。清洗电池壳体外表时严禁用有机溶剂，可用布蘸水擦洗。运行中严禁在未戴绝缘手套时触及连接头。

4）运行中如蓄电池壳破裂而接触硫酸溶液，应立即用大量清水冲洗，并尽速到医院治疗。

5）当检测发现有蓄电池端电压不符合要求时，应使用万用表测量端电压确认，并进行一段时间的持续跟踪检测，待确认后汇报缺陷。

三、站用电源全停应急电源

1. 站用电源应急电源接线

站用电源应急系统接线如图ZY1200204003-3所示。

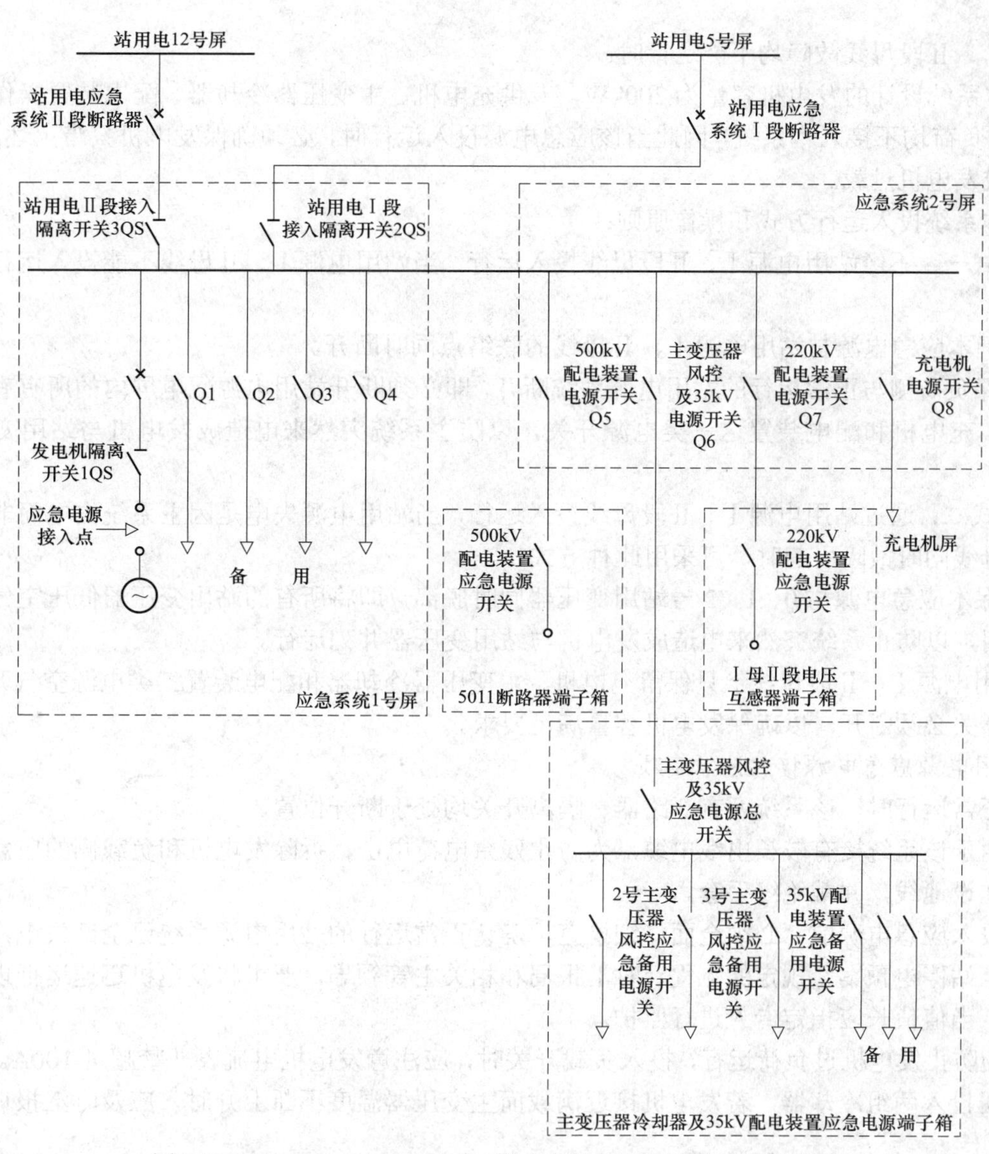

图 ZY1200204003-3 500kV××变电站站用电源应急系统接线图

2. 站用电源应急电源接入方式

（1）正常运行时本应急电源在负载侧断开，不得与正常运行的站用电源系统并列运行，并通过接入应急备用电缆投入运行。500kV 配电装置操作电源从 5011 断路器端子箱内 500kV 配电装置应急电源开关处接入；220kV 配电装置操作电源从Ⅰ母线Ⅱ段电压互感器端子箱内 220kV 配电装置应急电源开关处接入；主变压器冷却器电源从主变压器冷却器及 35kV 配电装置应急电源端子箱内标注的空气开关处接入；35kV 配电装置操作电源从 35kV 配电装置应急电源开关处接入；充电机电源从应急电源总屏“充电机电源开关 Q8”接入。

（2）应急电源预设电缆 3 处，分别接入 5011 断路器端子箱内、Ⅰ母Ⅱ段电压互感器端子箱和主变压器冷却器及 35kV 配电装置应急电源端子箱。其中 500kV 配电装置操作电源、220kV 配电装置操作电源应急电缆在站用电源应急电源屏处接入相关空气开关，而在上述对应端子箱处电缆未接入对应空气开关；主变压器冷却器及 35kV 配电装置应急电源箱内对应的主变压器和 35kV 配电装置操作电源下端空接，当站用电源应急电源需要时可经应急电缆接入。

（3）应急电源预留备用电缆 6 根，分别使用于 500kV 配电装置操作电源、220kV 配电装置操作电源、35kV 配电装置操作电源、充电机电源、2 号主变压器风控应急电源、3 号主变压器风控应急电源。现备用电缆定置于 500kV 2 号小室电缆层内。

3. 站用电源应急电源运行注意事项

本系统可在以下两种情况下投入运行：① 当一次主系统失电造成站用电源系统全部失电；② 当

站用电源Ⅰ、Ⅱ段母线故障均不能运行时。

（1）本系统设计的发电机容量为200kW，专供充电机、主变压器冷却器、配电装置操作电源三类负载，其他负荷均不接入本系统，因此当该应急电源投入运行时，必须确保发电机只带上述三类负载，否则将造成发电机过载。

（2）本系统投入运行方式和操作原则：

1）方式一：不经站用电源Ⅰ、Ⅱ段母线投入运行，当站用电源Ⅰ、Ⅱ母线不能投入运行时采用此方式。

a. 确保本应急电源与站用电源Ⅰ、Ⅱ母线的联络点同时断开。

b. 确保负荷侧与正常运行的站用电源系统断开，即必须断开站用电源配电屏内的所有有关主变压器冷却器、充电机和配电装置这三类电源开关，以防主系统突然来电造成发电机与站用变压器并列运行。

2）方式二：通过站用电源Ⅰ、Ⅱ段母线投入运行，当站用电源失电是因主系统失电而非站用电源Ⅰ、Ⅱ段母线同时故障引起时，可采用此种方式。

a. 确保本应急电源与0、1、2号站用变压器同时脱离，即将所有的站用变压器低压空气开关断开并改冷备用，以防止系统突然来电造成发电机与站用变压器并列运行。

b. 站用电源Ⅰ、Ⅱ段母线上只保留充电机、主变压器冷却器和配电装置三类电源空气开关，其他出线空气开关必须断开，以确保发电机容量满足要求。

4. 站用电源应急电源接入注意事项

（1）正常运行时，该系统所有断路器、隔离开关均处于断开位置。

（2）由于该系统接有较长出线电缆，为防止残余电荷电击，拆除发电机和负载侧的应急备用电缆前，必须挂设地线，并戴绝缘手套。

（3）投入应急电源前，必须全面仔细检查，确认正常运行的站用电源系统已全部失电，并按“防止变电站全站停电预案”规定的流程及时汇报局和相关主管领导，要求将发电机迅速运抵现场。发电机投入时，当值值长应指定专人进行监护。

（4）为防止发电机过负荷运行，投入负载开关时，应注意发电机电流表严禁超过100A。原则上每台主变压器投入两组冷却器，若发电机接近满载而主变压器温度不断上升时，应及时汇报调度进行减负荷。

（5）本应急电源只考虑供一台充电机，否则将可能造成过载，因此直流系统应采用单台充电机带两组蓄电池并列运行的方式。

（6）接入应急备用电缆必须两人进行，严禁单人操作，接入前必须确认相位正确，严防错相接入。

四、案例分析

1. 运行方式

站用电源系统由单台站用变压器带（其他站用变压器在检修状态，不能恢复运行）。

2. 事故经过

站用变压器发生故障跳闸，造成站用交流系统失电。变电站全站照明失去，监控后台会出现：① 1、2、3号主变压器冷却器交流电源故障光字牌亮；② 0、1、2号充电机故障光字牌亮；③ 全站断路器加热器故障光字牌亮。当班值长应立即派人检查站用电源和直流系统，确认站用变压器保护动作跳闸。

3. 处理过程

（1）值长立即将站用电源失电告知地调、站长，发电机已运抵变电站现场。

（2）变电站现场立即按“发电机接入站用电源系统操作卡”步骤将发电机接入。

（3）停用主变压器冷却器全停保护，并派人监视主变压器温度，如主变压器负荷较高，温度持续上升，立即汇报网调要求减负荷。

（4）执行调度命令，隔离故障站用变压器，联系检修人员，尽快恢复检修站用变压器运行。

4. 案例小结

变电站站用电源系统出现单台站用变压器运行的方式还是经常出现的，一但发生站用电源全失而不能及时恢复时，将对主设备的运行带来很大安全威胁。在该运行方式下，应及时启动站用电源应急预案，要求临时发电机至现场待命，避免站用电源系统长时间断电。

【思考与练习】

1. 简述直流系统接地的处理方法。
2. 站用电源系统有哪些常见事故和异常？应如何处理？

第十五章　辅助设施的巡视与维护

模块 1　辅助设施的正常监视与维护（ZY1200205001）

【模块描述】本模块介绍辅助设施系统监视与维护内容。通过要点归纳，掌握建筑物、设备构支架、电缆沟（隧）道、给排水设施、采暖与制冷设备、通风设备等设备的巡视内容、要求、项目和方法。

【正文】

辅助设施包括建筑物（主控制楼、继电保护室、配电装置室、电缆室、生活楼、传达室、消防室、供水系统建筑等）、设备构支架、电缆沟（隧）道、给排水设施、通风设备和采暖、制冷设备。辅助设施的正常运行为变电站的正常运行提供基础。

一、建筑物的巡视和维护

（一）建筑物的巡视范围

变电站建筑物的巡视范围包括主控制楼、继电保护室、配电装置室、电缆室、生活楼、传达室、消防室、供水系统建筑等。

（二）建筑物的巡视检查项目

（1）屋顶清洁，无易飘浮物，无渗、漏水现象。

（2）外墙面清洁，无脱层，无裂纹，无空鼓，无渗、漏水现象。

（3）内墙面无渗漏、裂缝，表面光滑、洁净，颜色均匀。

（4）室内地面表面平整、清洁，无裂纹、无脱皮、无变形等现象。

（5）基础和主体结构无沉降、无裂纹、无腐蚀等现象。

（6）房屋四周无杂物堆放，房门开合自如，锁具正常无锈蚀卡涩。

（7）门窗关闭严密，玻璃完整、清洁。

（8）室内卫生、清洁，物品定置摆放且整洁。

（9）照明完好，亮灯率符合要求，电源开关和插座等设施完好。

（10）防小动物设施完好，电缆孔洞封堵完好。

（11）室内消防设施完好，火灾报警装置完好，摄像设施完好。

（12）室内给排水、雨水及热水管道等设施完好，卫生设施完好。

（13）室内通风设施、空调设备等运行良好。

（14）室内外固定遮栏完整，标识正确齐全，室内外场地无凹陷。

（三）建筑物的维护项目

（1）定期对屋顶、屋面进行清洁和保养，及时处理渗漏处，防止出现屋体渗漏水情况。

（2）定期对室内地面进行清洁和保养，及时更换破损地板。

（3）定期检查电缆孔洞的封堵情况，防止小动物进入室内。

（4）定期维护室内照明设施、电源开关和插座等，及时更换已损坏的设施。

（5）保持室内卫生整洁，门窗玻璃完整、清洁，及时更换破损门窗玻璃。

（6）定期维护室内给排水设施，及时处理积、堵水情况。

（7）定期维护室内通风和空调设施，保持室内空气质量和温、湿度符合要求。

（8）楼梯、平台、通道、栏杆应保持完整，铁板须铺设牢固，铁板表面应有纹路以防滑跌。

（9）应及时清理楼梯、平台、通道、栏杆等处的杂物，以免阻碍通行。

二、设备构支架的巡视检查和维护

（一）设备构支架的巡视检查项目

（1）构支架的焊接、螺栓连接牢固，镀锌均匀美观，厚度符合设计要求。

（2）构支架无倾斜、基础下沉等现象。

（3）构支架的铁件应无锈蚀、露筋、裂纹、损伤等现象。

（4）构支架应接地完好。

（二）设备构支架的维护项目

（1）定期对构支架的焊接、螺栓连接处进行检查和紧固。

（2）及时处理构支架的锈蚀、露筋、裂纹、损伤部位。

三、电缆沟（隧）道的巡视与维护

（一）电缆沟（隧）道的巡视项目

（1）电缆沟（隧）道应完整、顺直、清洁，无积水现象。

（2）电缆沟（隧）道盖板铺设齐全、平整，盖板表面美观，无破损。

（3）电缆沟无凹陷现象。

（二）电缆沟的维护项目

（1）定期清理电缆沟，保持电缆沟内清洁，无积水、无杂物等。

（2）及时更换破损的电缆盖板，保持盖板齐全完整。

四、给排水设施的巡视与维护

（一）给排水设施的巡视检查项目

（1）检查水泵及电动机的运行正常，各部位的振动是否过大，有无异常声音，有无焦味等。

（2）检查相关电源回路和电气控制回路正常。

（3）检查水泵出水压力值，当出水压力异常时，应停止水泵运行，进行相应检查和处理。

（4）给排水管道无破损漏水现象，管道畅通、无堵塞现象。

（5）水系统阀门完好，无泄漏，法兰螺栓无松动。

（6）水塔、蓄水池内的水位是否正常。

（二）给排水设施的维护项目

（1）经常检查水塔、水池内的水位，其水位应保持在正常水位。

（2）经常检查各种电动机和水泵的运行情况，可以手动启动水泵检查其电动机电流是否正常。

（3）定期做好水泵和电动机的保养维护。

（4）冬季做好防寒工作，以防水管破裂。

（5）定期清洗水塔、水池，并进行必要的杀菌消毒。

（6）定期检查相关电气回路各元件的工作状况，及时更换故障元件。

五、采暖、制冷设备的巡视与维护

（一）采暖、制冷设备的巡视检查项目

（1）检查采暖、制冷设备的运行情况，如发现异常声音、焦味、冒烟等，应立即停止运转。

（2）检查压缩机、鼓风机的运转情况，如发现异常现象，应立即停止运行。

（3）检查冷凝器的冷却水排放是否畅通，穿墙孔是否密封。

（4）检查压缩机的压力值，应在规定的范围内。

（5）检查组合机、柜机各功能段连接严密，机组与供回水管连接正确。

（6）检查室外机的钢支、吊架安装牢固，无锈蚀。

（二）采暖、制冷设备的维护项目

（1）每半年应取下进气口空气过滤网用水清洗，除去灰尘后再装回。当排气不足、温度调节效果不好时，清洗过滤网，可恢复正常运行。

（2）定期清扫室外冷凝器。

（3）定期对鼓风机轴承加高级润滑油。

（4）定期检查清洗排水管。

（5）长期停机时应清扫各部件，洗净过滤网和排水管，关好栅门防止灰尘进入，关掉电源。

六、通风设备的巡视与维护

（一）通风设备的巡视检查项目

（1）过滤器与风管、风管与设备的连接处可靠密封。

（2）风管表面应平整、无损坏，接管合理，风管的连接以及风管与设备或调节装置的连接无明显缺陷。

（3）风口表面平整，风口可调节部件能正常动作。

（4）各类调节装置调节灵活，操作方便。

（5）防火及排烟阀等关闭严密，动作可靠。

（6）风管、管道的软性接管牢固、自然，无强扭。

（7）通风机工作正确，无异常声音、焦味、冒烟等现象。

（8）除尘器、积尘室接口严密。

（9）消声器表面应平整，无损坏。

（10）风管、部件、管道及支架的油漆完好。

（二）通风设备的维护项目

（1）定期检查和维护通风设备的电气回路，及时更换损坏部件。

（2）定期对风机轴承加高级润滑油。

（3）定期检查和维护通风管及其连接处的密封情况，及时处理密封不严情况。

（4）定期检查和维护各类调节装置，保证操作方便灵活。

（5）定期对风机进行检查和维护，保证风机的正常运转。

【思考与练习】

1. 简述建筑物的巡视检查项目。

2. 简述电缆沟（隧）道的巡视与维护项目。

模块2 辅助设施定性（ZY1200205002）

【模块描述】本模块介绍辅助设施的缺陷定性方法。通过要点归纳，掌握辅助设施缺陷的现象。

【正文】

对辅助设施存在的缺陷应进行分析，判断缺陷的性质，从而为缺陷处理提供依据。

一、建筑物的缺陷定性

1. 地面

水泥地面起砂、空鼓、不规则裂缝、带地漏的地面泛水；现制水磨石地面分格条显露不清、分格条压弯（指铜条和铝条）或压碎（玻璃条）、分格条两边或分格条十字交叉处石皮筏子显露不清或不匀、面层有明显的水泥斑痕及地面裂缝、表面光亮度差，细洞眼多、彩色水磨石地面颜色深浅不一。成品砖石铺设面层空鼓、接缝不平，缝子不匀。

2. 墙面

墙体裂缝，墙面起壳、反碱、掉粉、渗水；贴面板板缝开裂、贴面层空鼓脱落；墙面不平整，贴面砖接缝不平直，抹灰墙面厚度不一致或过厚，阴阳角不垂直、不方正等。

3. 屋面

屋面开裂渗漏、天沟檐沟漏水、防水层起壳起砂、防水卷材破损粘结不牢。

4. 门窗

胶合板门扇“露筋”，镶板门门芯板开裂、变形，门窗框翘曲变形，框与扇接触面不平，框与墙体密封不严，门窗洞口过大或过小，门窗扇开启不灵，门窗扇下坠，弹簧门地弹簧运转不灵，门窗锁扣不灵，拉手位置高低不一等。

5. 电气设施

组合式日光灯具排列不整齐、金属或塑料间隔片扭曲，距地面高度小于 2.4m 的金属灯具外壳没接地（PE 端），室外壁灯无泄水孔、底座与墙面无防水措施，开关和插座安装不整齐、不牢固或表面弯翘，成排安装的开关和插座高低不平整，配电箱箱体不方正、面板和门扇变形、接地位置不明显，剩余电流动作保护器和熔断器整定配置不对。

6. 卫生器具

坐便器与排水管道漏水，蹲坑上水进口处漏水，卫生器具安装不牢固，地漏汇集水效果不好，水池排水栓和地漏周围漏水。

二、设备构支架的缺陷定性

（1）设备构支架定位偏差。

（2）构支架裂缝。

（3）设备构支架及焊接点生锈。

（4）铁制的紧固件未采用热浸镀锌工艺。

（5）钢构件焊接不牢固，有虚焊。

三、电缆沟（隧）道的缺陷定性

（1）电缆沟体沉降不匀，有裂缝。

（2）沟底积水，未按要求分段设置积水井。

（3）电缆沟内有杂物。

（4）电缆沟不平直，盖板不平整。

（5）电缆沟未设防火墙。

四、给排水设施的缺陷定性

（1）地下埋设管道漏水。

（2）阀门开启不灵且有渗漏现象。

（3）镀锌钢管焊接不良。

（4）管道焊接面有裂纹，未熔合、未焊透，有夹渣、弧坑和气孔。

（5）管道螺纹螺扣未进行防腐处理。

（6）PPR 给水管熔接处渗漏水。

（7）排水管道堵塞。

（8）管道各类支架、吊架固定不牢。

五、采暖、制冷设备的缺陷定性

（1）采暖管道未设坡度。

（2）管道变径错误。

（3）散热器安装不平整，未安装放风阀或安装位置不正确，散热器连接管位置不正确。

（4）固定支架和导向支架安装不正确。

（5）采暖系统出现局部不热。

（6）空调制冷系统不制冷。

（7）空调漏水。

（8）噪声大。

（9）制冷效果差。

（10）室外机不工作。

六、通风设备的缺陷定性

（1）送风时风管内有噪声。

（2）风管安装不直，咬缝不严密，焊缝有烧穿、漏焊和裂纹。

（3）清洁风管系统漏风。

（4）百页送风口转向不灵。

（5）除尘器除尘效率低。

（6）消声器内消声材料粘接不平不牢。

七、案例

某变电站建于20世纪90年代初，高型布置，运行人员在巡视检查中逐步发现220kV及110kV部分构架柱开裂严重，并呈发展趋势，该变电站设备构支架采用钢筋混凝土结构，裂缝发展严重，2000年进行粘钢加固，投资40万元。

此案例表明，在电网内，部分20世纪八九十年代初建设的变电站，且设备为500kV构支架多采用钢管杆或薄壁离心钢管混凝土杆，220kV构支架均采用钢筋混凝土环形杆，经过多年运行后均不同程度地将出现开裂情况，给变电站的安全运行带来很大的隐患，必须按计划进行加固或改造。新建变电站应优先采用钢管结构设备构支架。

【思考与练习】

1. 电缆沟（隧）道可能存在哪些缺陷？

2. 设备构支架可能存在哪些缺陷？

模块3 辅助设施的运行分析（ZY1200205003）

【模块描述】本模块介绍辅助设施巡视与分析。通过要点归纳，掌握通过辅助设施运行情况进行分析判断，发现隐蔽缺陷并能及时处理的能力。

【正文】

明确辅助设施缺陷的性质后，还需要分析引起辅助设施缺陷的原因，为消除缺陷提出意见。

一、建筑物的缺陷分析判断

（1）地面起砂：砂浆稠度太大；工序安排不适当，地面压光时间过早或过迟；养护不适当；材料不符合要求。

（2）空鼓：基层表面清理不干净，有浮灰或贴面材料背面浮灰没清理干净及无水湿润、浆膜或其他污物以及表面过于干燥或有积水。

（3）地面有裂缝；水泥安定性差或混用不同编号的水泥，面层养护不及时或不养护，水泥砂浆过稀或搅拌不匀，首层地面垫层不实、结构变形以及面积较大的楼地面未留伸缩缝。

（4）地面材料铺设接缝不平：材料本身有厚薄、宽窄、窜角、翘曲等缺陷，各房间水平标高线不统一，地面铺设后成品保护不好。

（5）墙体空鼓开裂：基层清理不干净或处理不当，浇水不透，配制砂浆和原材料质量不好，一次抹灰太厚或各层抹灰太紧，粘贴面砖的砂浆厚薄不匀、砂浆不饱满及操作过程中方法不对，面砖粘贴前准备工作未做好或嵌缝不密实。

（6）墙面不平整、贴面砖接缝不平直：抹灰前挂线、做灰饼和冲筋不认真，贴面砖质量不好，规格尺寸偏差较大，施工操作不当。

（7）屋面开裂：

1）卷材屋面：天气变化使屋面板胀缩引起板端角变，卷材质量差、搭接太小使卷材收缩后开裂、翘起等。

2）钢性屋面：混凝土配比不当，施工时振捣不密实，收光、压光不好，早期干燥脱水和养护不当。

（8）屋面渗漏：基层发生变形和裂缝，选用材料不当、防水层构造不合理，屋面基层不平、防水层表面积水使卷材发生腐烂，卷材铺贴方法不对、两幅卷材之间接缝宽度不够，施工时损伤卷材或突遇下雨、雨水从卷材破损处和接缝间渗漏。

二、设备构支架缺陷的分析判断

（1）设备构支架定位偏差：浇筑混凝土时模板、钢筋、芯管、底脚螺栓或钢套管及预埋铁件固定不牢固，二次浇灌前未将基础混凝土凿毛和清理，灌孔内有积水，钢柱底部预留孔与预埋螺栓不对中。

（2）构支架裂缝、设备构支架及焊接点生锈：钢构支架的材质不符合要求，钢构架镀锌工艺有问题以及焊接处未进行防腐处理。

三、电缆沟（隧）道的缺陷分析判断

（1）电缆沟体沉降不匀、有裂缝：地基不实、混凝土配比和施工方法不对，浇筑混凝土时基坑有积水。

（2）电缆沟不平直、盖板平整：基层处理不好，有不规则沉降和变形，水泥砂浆抹面层不平整，盖板安装前沟道的搁置面未修理平整和使用的垫料不对。

（3）电缆沟有积水：在抹防水砂浆前基层不平整、未清理、不干燥以及防水材料质量不好和施工工序安排不当，防水层的各层粘贴不牢有气泡、裂缝和脱层现象，粘贴卷材时搭接长度和宽度不够。

四、给排水设施的缺陷分析判断

（1）水泵进出水压力过低时，应对下列项目进行检查、分析和处理：

1）检查水泵工作状态是否正常，如水泵故障，应立即停止运行。

2）检查电动机运行是否正常，其电源回路是否正常；电动机异常运行时，应立即停止电动机运行，待异常消除后，才能恢复电动机运行。

3）检查水管是否破裂。

4）检查进水管道是否堵塞。

5）检查进水阀门是否堵塞或未完全开启。

（2）水泵进出水压力过高时，应对下列项目进行检查、分析和处理：

1）检查出水管是否堵塞。

2）检查出水阀门是否未开启或堵塞。

（3）电动机不能启动时，应对下列项目进行检查、分析和处理：

1）检查工作电源是否正常。

2）检查热偶继电器是否动作，可进行复归，如不能复归，应检查相关电气回路。

3）检查启动回路是否完好。

4）检查电动机有无故障情况。

五、采暖、制冷设备的缺陷分析判断

本部分主要介绍空调器的缺陷分析和判断，空调器的故障可分为两类：一类是空调器本身故障；另一类是机器外部原因，如电源回路故障等。在分析和处理故障时，需先排除机器外部故障后，再对机器本身进行故障分析和判断。

（一）空调器制冷系统故障的原因

（1）电源不正常，电压下降幅度过大。

（2）室外风机转速过低或不运转。

（3）制冷系统内出现脏堵、冰堵、油堵或角阀未全开。

（4）散热器过脏或室外温度过高。

（5）制冷系统制冷剂缺少。

（6）室内风机转速过低或不运转。

（7）压缩机排气效率过低。

（8）制冷系统堵塞。

（二）空调器制热系统故障的原因

（1）电源不正常。

（2）室外机不除霜或除霜不净。

（3）室外环境温度过低。

（4）室外机散热器过脏。

（5）压缩机排气效率过低。

（6）室外风机转速过低或不运转。

六、通风设备的缺陷分析判断

（1）送风时风管内有噪声：风管没有采取加固措施，风管的钢板厚度与风管断面尺寸不对。

（2）风管安装不直、咬缝不严密，焊缝有烧穿、漏焊和裂纹：各风管支架、吊架位置标高不一致，间距不相等、受力不均，法兰平整度差、螺栓间距大、螺栓松紧度不一致，风管咬口开裂。

（3）除尘器除尘效率低：喷水口堵塞、水量不足，集尘箱连接不严密，法兰不平、连接不密漏风。

（4）消声器内消声材料粘接不平、不牢：风管表面潮湿，粘接脱落，粘接胶涂刷不均匀，风干时间短。

七、案例分析

某500kV变电站运行人员在巡视检查中发现某断路器附近电缆沟两侧表面有裂纹，掀开电缆沟盖板检查发现地基明显沉降引起电缆沟底部开裂。此次电缆沟地基沉降发生的部位有了变化，由此前发现的电缆沟上部发展至电缆沟底部，比较隐蔽，同时因地基沉降造成的电缆沟墙体开裂贯穿性更强。

此案例表明，在发现变电站辅助设备发生缺陷时，应及时跟踪缺陷有无可能发展，有无影响变电站主设备运行的可能，准确判断影响的范围、性质，及时安排处理。

【思考与练习】

1. 应如何分析和处理给排水设施存在的缺陷？

2. 应如何分析和处理采暖、制冷设备的缺陷？

第十六章　防误装置巡视

模块1　电气防误装置运行监视与维护（ZY1200206001）

【模块描述】本模块介绍电气防误装置的基本原理、管理和技术原则、巡视与运行要求、日常维护的内容与方法。通过要点归纳，掌握电气防误装置设备的巡视内容、要求、项目和方法。

【正文】

为避免电气设备误操作事故，变电站采取一系列技术措施和管理措施，电气防误装置是避免电气误操作的重要技术手段。

一、防误装置的基本原理

变电站常见的防误装置类型包括机械闭锁、电磁闭锁、电气闭锁、机械程序锁、微机防误闭锁、计算机监控系统防误闭锁等。非计算机监控系统的500kV变电站一般以微机防误装置为主，以电气防误、机械防误为辅。计算机监控系统的500kV变电站一般以计算机监控系统防误为主，以电气防误、机械防误、电磁防误、微机防误为辅。

（1）机械闭锁是在户外闸刀或高压开关柜的操作部位之间用互相制约和联动的机械机构来达到先后动作的闭锁要求。机械闭锁在操作过程中无需使用钥匙等辅助操作工具，在发生误操作时，可以实现自动闭锁，阻止误操作的进行。机械闭锁可以实现正向和反向的闭锁要求，具有直观、不易损坏、维护工作量小、操作方便、运行可靠等优点，因此在户外闸刀或高压开关柜的操作部位之间应用较多。但是，机械闭锁对两柜之间或开关柜与柜外配电设备之间及户外隔离开关与断路器（其他隔离开关）之间的防误闭锁不能实现，需要辅以其他闭锁方法，才能达到“五防”要求。

（2）机械程序锁是用钥匙随操作程序传递或置换而实现先后开锁操作的要求，只有按照正确的操作规则才能进行操作，一般应用于高压开关柜的断路器、隔离开关、接地开关、柜门之间的防误。该类型防误装置性能可靠、故障率低，钥匙传递不受距离的限制，有强制性防误操作功能，易于维护和管理，能起到较好的防误操作作用。缺点是只能在较简单的接线方式下采用，程序锁使用时，必须从头开始，中间不能间断。由于安装不规范、生产工艺及材料差等问题，使程序锁易被氧化锈蚀、发生卡涩。目前，机械程序锁在500kV变电站应用较少。

（3）电气闭锁是将断路器、隔离开关、接地开关等设备的辅助触点接入电气操作电源回路构成的闭锁。当操作条件满足时，操作电源回路接通，当操作条件不满足时，操作电源回路断开，从而起到防误操作的目的，主要适用于电动操动机构的闸刀和接地开关的防误。电气闭锁的优点是操作方便，无需辅助操作工具，能适用于较复杂的接线方式，满足复杂操作的防误。其缺点是需要敷设电缆，二次接线复杂，增加了维护工作量，辅助触点容易产生接触不良而影响电气闭锁回路的可靠性，因此对辅助触点的要求较高。

（4）电磁闭锁装置是将断路器、隔离开关、隔离网门等设备的辅助触点接入电磁锁电源回路构成的闭锁。当操作条件满足时，电磁锁电源回路接通，锁具可以打开，当操作条件不满足时，电磁锁电源回路断开，锁具不能打开，从而起到防误操作的目的，主要适用于手动操动机构的闸刀和接地开关的防误。其优点是操作方便，无需辅助操作工具。缺点是需要敷设电缆，二次接线复杂，辅助触点容易产生接触不良而影响回路的可靠性。

（5）微机“五防”是采用计算机技术，通过微机“五防”系统规则库和现场锁具实现防误目的。适用于户外高压断路器、隔离开关、接地开关、高压开关柜、接地线、网（柜）门等的防误操作。微机“五防”主要由“五防”主机、模拟屏、电脑钥匙、机械编码锁、电气编码锁等功能元件组成。微机“五防”预先将变电站电气接线图和所有断路器、隔离开关、网门等设备的正确操作规则保存在规则库中，通过信息采集将变电站内设备的状态信息传入“五防”主机，运行人员根据操作任务在“五防”主机的电气接线图上进行模拟操作，经系统确认，形成操作票，再进行现场操作，从而实现防误操作功能。微机“五防”的优点是不需直接采用现场设备的辅助触点，接线简单，可以实现其他防误装置无法实现的功能，如接地线、网（柜门）的防误操作功能。缺点在于：随一次设备的改变（包括编号、名称、设备增减、接线方式改变等），必须及时修改数据库，系统软件、电脑钥匙、编码锁等有时会异常，系统维护工作量大；操作预演的正确性取决于微机“五防”能否正确反映一次设备的实际位置，由于早期变电站防误系统无法实时反映一次设备运行状态，须进行人工对位，影响到防误功能；对于遥控变电站，微机“五防”不能起到有效的防误作用。另外，微机“五防”系统还存在“走空程”（操作过程中漏项）导致误操作的问题。

（6）计算机监控系统防误，由变电站计算机监控系统来实现，计算机监控系统可以实现对电动操动机构的隔离开关和接地开关的远方控制和防误闭锁。可以说，控制和防误闭锁是当今500kV变电站计算机监控系统的一项主要功能。500kV变电站计算机监控系统一般采用分层分布式结构，站级层和间隔层均有完善的防误闭锁功能，冗余度高。其优点是共享了监控系统采集的变电站设备状态信息，不需另外的二次接线，操作方便快捷。缺点是仅适用于电动操动机构的隔离开关和接地开关，对开关设备的辅助触点要求较高，变电站扩建时，防误闭锁逻辑的验证较困难等。

目前，国内大部分500kV变电站都采用了计算机监控系统，控制和防误闭锁技术有了明显的提高和完善。由于500kV变电站内大部分一次设备都采用了电动操动机构，因此，其防误主要由计算机监控系统的站级层和间隔层软件防误来实现。为使防误装置安装率达到100%，在计算机监控系统防误基础上，需在现场间隔内采用简单的电气闭锁回路，对于手动操作的设备，采用电磁锁或微机“五防”，对于接地线和网门等则采用微机“五防”。

二、防误装置管理和技术原则

（一）防误装置管理原则

（1）防误装置的选用应遵循简单、可靠、操作和维护方便的原则。

（2）防误装置应实现“五防”功能：

1）防止误分、误合断路器。

2）防止带负荷拉、合隔离开关或手车触头。

3）防止带电挂（合）接地线（接地开关）。

4）防止带接地线（接地开关）合断路器（隔离开关）。

5）防止误入带电间隔。

（3）“五防”功能除防止误分、误合断路器可采取提示性措施外，其余“四防”功能必须采取强制性防止电气误操作措施。强制性防止电气误操作措施指：在设备的电动操作控制回路中串联以闭锁回路控制的触点或锁具，在设备的手动操控部件上加装受闭锁回路控制的锁具。

（4）防误装置宜采用单元电气闭锁回路与微机“五防”相结合的方案，采用计算机监控系统远方遥控操作的设备，应在计算机监控系统中实现强制性防误闭锁。

（5）高压电气设备应安装完善的防止电气误操作闭锁装置，装置的性能、质量、检修周期和维护等应符合防误装置技术标准规定。

（二）防误装置的技术原则

（1）防误装置的结构应满足防尘、防蚀、不卡涩、防干扰、防异物开启和户外防水、耐低温要求。

（2）防误装置不得影响电气设备的操作要求，并与电气设备的操作位置相对应。防误装置应不影响断路器、隔离开关等设备的主要技术性能（如合闸时间、分闸时间、分合闸速度特性、操作传动方向角度等），尽可能不增加正常操作和事故处理的复杂性。微机防误装置应不影响或不干扰继电保护、自动装置和通信设备的正常工作。

（3）高压电气设备的防误装置应有专用的解锁工具（钥匙）。

（4）防误装置使用的直流电源应与继电保护、控制回路的电源分开，交流电源采用不间断供电电源。

（5）电磁锁应采用间隙式原理，锁栓能自动复位。

（6）微机防误装置的机械挂锁应采用防锈和防腐材料制作，远方操作中使用的微机防误装置电编码锁必须具有远方遥控开锁和就地电脑钥匙开锁的双重属性。

（7）通过对电气设备位置信号的采集，实现防误装置主机与现场设备状态的一致性，远方遥控操作、就地操作实现“五防”强制闭锁功能。

（8）满足多个设备同时操作的要求，可实现多任务并行操作的方式。

（9）对使用常规闭锁技术无法满足防止电气误操作要求的设备（如联络线、封闭式电气设备等），宜采取加装带电显示装置等技术措施达到防止电气误操作要求。对采用间接验电的带电显示装置，在技术条件具备时应与防误装置连接，以实现接地操作时的强制性闭锁功能。

（10）断路器和隔离开关电气闭锁回路应直接使用断路器和隔离开关的辅助触点，严禁使用重动继电器。

（11）计算机监控系统防误联闭锁的技术要求：

1）计算机监控系统应实现对电气设备位置信号的实时采集，实现防误装置主机与现场设备状态的一致性。当这些功能发生故障时应发出告警信息。

2）计算机监控系统的防误联、闭锁功能除判别本电气回路的联、闭锁条件外，还必须对其他相关回路的闸刀位置、线路电压以及逻辑量等进行判别。

3）计算机监控系统操作控制功能可按远方操作和站控层、间隔层、设备级的分层操作原则考虑。无论设备处在哪一层操作控制，都应具备防误闭锁功能。

4）计算机监控系统应具有操作监护功能，以允许监护人员在操作员工作站上对操作实施监护。

5）站控层应设有全站性电气操作闭锁逻辑条件，现场就地电动操作应有设备层电气联、闭锁。

6）联、闭锁功能应能在间隔层选择投入或退出。

7）对不满足联、闭锁条件的操作，计算机监控系统应可靠闭锁操作，并给出相应报警提示信息。

8）计算机监控系统联、闭锁功能应考虑虚拟检修挂牌操作时的联、闭锁，并把虚拟检修挂牌作为相关闸刀操作的联、闭锁条件。应能考虑各电压等级线路接地开关检无压判别联锁功能。对任何手动操作的接地开关采用电磁锁电源闭锁。

9）人工挂接地线在站控层参与站级层闭锁。

三、防误装置的巡视内容及运行要求

（一）防误装置的巡视内容

（1）户外闸刀与接地开关、高压开关柜的操作部位之间互相制约和联动的机械机构应无变形。

（2）防误锁具包括电磁锁、编码锁等及其附件完好，无锈蚀、无破损。

（3）微机“五防”系统硬、软件运行正常，“五防”系统中的设备状态与现场实际设备状态一致。

（4）微机“五防”系统的电脑钥匙充电情况正常，与主机通信正常。

（5）计算机监控系统站级层遥控及联、闭锁功能正常，无异常报警信息。

（6）计算机监控系统间隔层测控装置运行正常，无异常信号指示，装置上各切换操作开关位置按规定投入。

（7）防误装置的紧急解锁钥匙按规定存放完好，相关使用记录完整。

（二）防误装置的运行要求

（1）生产管理部门负责防误装置的设计审查、装置选型、技术改造、投产验收和运行管理；安监部门负责监督防误装置的使用、维护和管理；运行、检修部门负责防误装置的项目实施和运行、维护，参加防误装置的设计审查、装置选型、投产验收。

（2）防误装置应与主设备同时设计、同时安装、同时验收投运，对于未安装防误装置或防误装置验收不合格的设备，运行单位或有关部门有权拒绝该设备投入运行。

（3）运行人员及检修维护人员应熟悉防误装置的管理规定和实施细则，做到“三懂二会”（懂防误装置的原理、性能、结构，会操作、维护）。新上岗的运行人员应进行使用防误装置的培训。

（4）防误装置日常运行时应保持良好的状态，运行巡视及缺陷管理应同主设备同等对待，检修维护工作应有明确分工和由专门单位负责，检修项目与主设备检修项目协调配合。

（5）防误装置投运前，应制定现场运行规程及检修维护制度，明确技术要求，定期检查、维护和巡视内容等。运行和检修单位（部门）应做好防误装置的基础管理工作，建立健全防误装置的基础资料、台账和图纸。

（6）微机防误装置应满足国家经贸委第 30 号令《电网和电厂计算机监控系统及调度数据网络安全防护规定》和 DL/T 687—1999《微机型防止电气误操作装置通用技术条件》的要求，并应采取防“走空程”的措施。

（7）微机型防误装置，现场操作通过电脑钥匙实现，操作完毕后，应及时将电脑钥匙中当前状态信息返回给防误装置主机进行状态更新，确保防误装置主机与现场设备状态的一致性。

（8）在微机型防误装置的模拟操作时，严禁对微机型防误装置通过人工置位的方式改变设备位置。

（9）微机型防误装置要制定防误装置主机数据库和口令权限的管理办法，防误装置主机不得与办公自动化系统合用，严禁与因特网互联，对防误装置主机中一次电气设备的有关信息应做好备份，当信息变更时，要及时更新备份，满足当防误装置主机发生故障时的恢复要求。

（10）防误装置在正常情况下严禁解锁或退出运行。防误装置的解锁钥匙或备用钥匙必须有专门的使用和保管制度。

（11）防误装置整体停用，应经本单位总工程师批准并采取相应的防止电气误操作的有效措施，如遇有操作，应加强监护。

（12）防误装置是电气设备的一个组成部分，应按所属关系列入年度检修计划，保证装置的健康水平，防误装置的完好程度应与电气一、二次设备一并定级。

（13）防误装置大修、维护和技术改造项目纳入反事故技术措施。

四、防误装置的日常维护

变电站防误装置应按下列要求做好日常维护工作，以保证防误装置可靠运行：

（1）防误装置的大修应随同该开关设备检修进行，内容主要包括：对电气回路、机械传动、操作程序进行试验，对机械传动部分进行检查处理，对润滑活动部分作动作灵活试验，对高压带电显示装置传感器作工频耐压试验，检修后应验收合格才能投运。

（2）微机“五防”锁应每月检查一次，并记录，应无受潮、卡涩和锈蚀情况。

（3）户内机械程序锁每半年进行一次检查，户外挂锁每月进行一次加油工作。户外机械程序锁必须有防雨罩，每半年检查一次防雨情况，应无锈蚀、卡涩，每年进行防雨罩的防锈处理。

（4）按规定的周期做好微机防误装置一次电气设备的有关信息备份，当信息变更时应及时更新备份，以满足防误装置发生故障时的恢复要求。

（5）每月定期对微机防误装置进行检查，按厂家要求进相应的维护工作。

（6）按规定的周期做好计算机监控系统遥控与联、闭锁功能的检验工作，做好计算机监控系统间隔层测控装置的检验工作。

【思考与练习】

1. 简述防误装置的巡视内容。
2. 简述计算机监控系统防误闭锁的技术要求。
3. 防误装置的日常维护工作有哪些？

模块 2 电气防误装置定性（ZY1200206002）

【模块描述】本模块介绍电气防误装置逻辑原理与缺陷的定性方法。通过案例介绍和要点归纳，掌握电气防误装置防误的逻辑原理、缺陷定性方法和处理原则并能准确定性缺陷类别，能对防误装置提出改进意见。

【正文】

防误逻辑反映了断路器、隔离开关、接地开关之间的闭锁关系，为运行人员避免误操作提供保障，为编程人员提供依据。

一、防误装置闭锁逻辑

（一）500kV 设备的防误闭锁逻辑

某变电站500kV系统一次接线界面如图ZY1200206002-1所示，以500kV第一串（完整串，且500kV出线不设线路隔离开关）为例进行说明闭锁逻辑（见表ZY1200206002-1）。

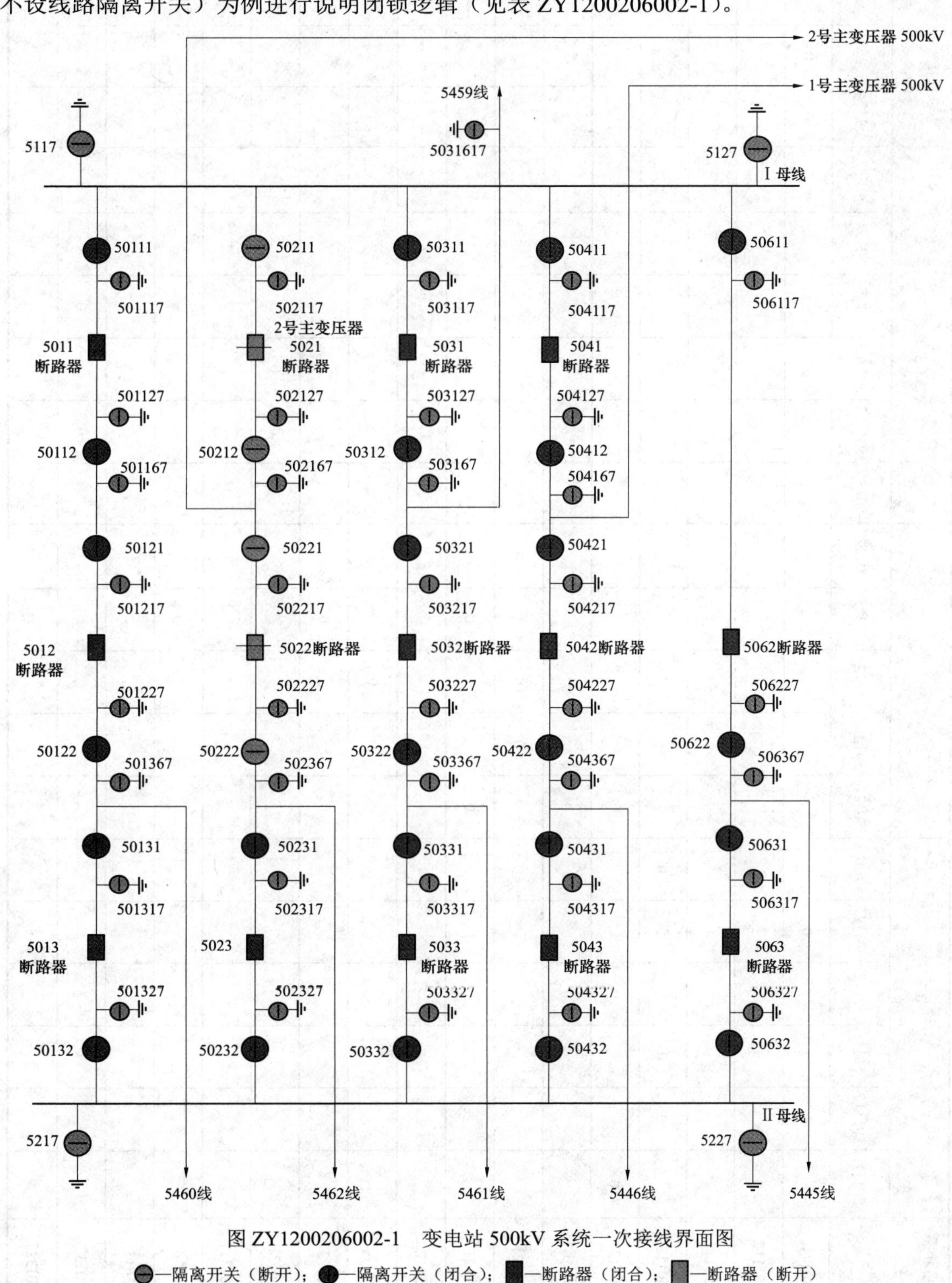

图ZY1200206002-1　变电站500kV系统一次接线界面图

—隔离开关（断开）；—隔离开关（闭合）；—断路器（闭合）；—断路器（断开）

根据“五防”要求，50111隔离开关允许操作的逻辑条件：5011断路器、501117接地开关、501127接地开关、5117母线接地开关、5127母线接地开关在断开位置。

表 ZY1200206002-1　　500kV 第一串闭锁逻辑

操作设备 \ 设备状态		5011 电气单元						5012 电气单元					5013 电气单元						Ⅰ母线接地开关		Ⅱ母线接地开关		线路TV的MCB正常	线路TV的开关
		50111	501117	5011	50112	501127	501167	50121	501217	5012	50122	501227	50131	501317	501367	5013	50132	501327	5117	5127	5217	5227		
5011电气单元	50111		0	0		0													0	0				
	501117	0			0																			
	5011																							
	50112		0	0		0	0																	
	501127	0			0																			
	501167				0			0															$<U_1$	1
5012电气单元	50121						0		0	0		0												
	501217							0			0													
	5012																							
	50122								0	0		0			0									
	501227							0			0													
5013电气单元	50131													0	0	0		0						
	501317												0				0							
	501367										0		0										$<U_1$	1
	5013																							
	50132													0		0		0			0	0		
	501327												0				0							

注　0 表示分闸状态，1 表示合闸状态。

50112 隔离开关允许操作的逻辑条件：5011 断路器、501117 接地开关、501127 接地开关、501167 接地开关在断开位置。

501117 接地开关允许操作的逻辑条件：50111 隔离开关、50112 隔离开关在断开位置。

501127 接地开关允许操作的逻辑条件：50111 隔离开关、50112 隔离开关在断开位置。

501167 线路接地开关允许操作的逻辑条件：50112 隔离开关、50121 隔离开关、线路无压、线路电压互感器低压空气开关在合位。

其余类同，不再一一进行说明。

（二）220kV 某一出线间隔的防误闭锁逻辑

变电站 220kV 系统一次接线如图 ZY1200206002-2 所示。

以图 ZY1200206002-2 为例，220kV 正母Ⅰ段运行的某一出线间隔防误闭锁逻辑进行说明（见表 ZY1200206002-2），该 220kV 正母Ⅰ段、副母Ⅰ段上分别有三组接地开关（分别为正母Ⅰ段 1、2、3 号接地开关和副母Ⅰ段 1、2、3 号接地开关）。

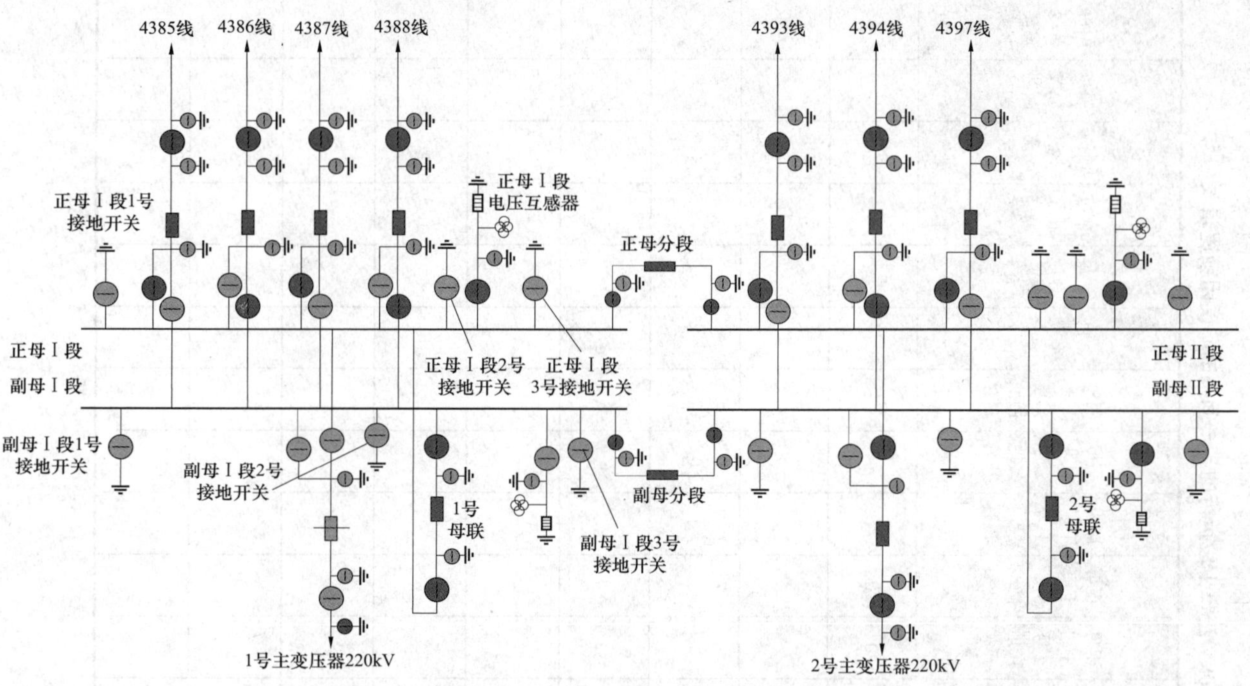

图 ZY1200206002-2　变电站 220kV 系统一次接线界面图

—隔离开关（断开）；—隔离开关（闭合）；—断路器（闭合）；—断路器（断开）；—避雷器

为达到“五防”要求，正母隔离开关允许操作的逻辑条件有两个：

（1）副母隔离开关在断开位置时，断路器、断路器母线侧接地开关、断路器线路侧接地开关、正母Ⅰ段 1 号接地开关、正母Ⅰ段 2 号接地开关、正母Ⅰ段 3 号接地开关均在断开位置。

（2）副母隔离开关在合闸位置时，主要满足“热倒”操作要求，此时，其允许操作的逻辑条件是：220kV 1 号母联断路器及其两侧隔离开关在合闸位置。

断路器母线侧接地开关、断路器线路侧接地开关允许操作的逻辑条件：本断路器及其两侧隔离开关在断开位置。

线路隔离开关允许操作的逻辑条件：本断路器、断路器母线侧接地开关、断路器线路侧接地开关、线路接地开关在断开位置。

线路接地开关允许操作的逻辑条件：本线路隔离开关在断开位置，本线路无压、本线路电压互感器低压空气开关合上。

（三）处于 220kV 正母Ⅱ段运行的主变压器 220kV 侧闭锁逻辑

表 ZY1200206002-3 为处于 220kV 正母Ⅱ段运行的主变压器 220kV 侧闭锁逻辑表，并考虑了接地线的防误。

表 ZY1200206002-2

220kV 正母Ⅰ段运行的某一间隔的防误闭锁逻辑表

操作设备	设备状态	本间隔设备							正母Ⅰ段1号接地开关	正母Ⅰ段2号接地开关	正母Ⅰ段3号接地开关	副母Ⅰ段1号接地开关	副母Ⅰ段2号接地开关	副母Ⅰ段3号接地开关	正母Ⅰ段隔离开关	正母分段断路器	正母Ⅱ段隔离开关	副母Ⅰ段隔离开关	副母分段断路器	副母Ⅱ段隔离开关	1号母联断路器正母隔离开关	1号母联断路器	1号母联断路器副母隔离开关	2号母联断路器正母隔离开关	2号母联断路器	2号母联断路器副母隔离开关	线路TV电压U_a	线路TV空气开关
		正母隔离开关	副母隔离开关	母线侧接地开关	断路器	线路侧接地开关	线路隔离开关	线路接地开关																				
本间隔设备	正母隔离开关		0	0	0	0			0	0	0																	
			1																		1	1	1					
	副母隔离开关	0		0	0	0						0	0	0														
		1																			1	1	1					
	母线侧接地开关	0	0				0																					
	断路器																											
	线路侧接地开关	0	0				0																					
	线路隔离开关			0	0	0		0																				
	线路接地开关						0																				$<U_1$	1

注 0 表示分闸状态，1 表示合闸状态。

表 ZY1200206002-3 处于 220kV 正母Ⅱ段运行的主变压器 220kV 侧闭锁逻辑

操作设备 \ 设备状态	主变压器220kV正母隔离开关	主变压器220kV副母隔离开关	主变压器220kV开关母线侧接地开关	主变压器220kV侧断路器	主变压器220kV断路器主变压器侧接地开关	主变压器220kV主变压器隔离开关	主变压器220kV主变压器接地开关	正母Ⅱ段1号接地开关	正母Ⅱ段2号接地开关	正母Ⅱ段3号接地开关	副母Ⅱ段1号接地开关	副母Ⅱ段2号接地开关	副母Ⅱ段3号接地开关	2号母联断路器正母隔离开关	2号母联断路器	2号母联断路器副母隔离开关	主变压器220kV断路器母线侧虚地	主变压器220kV断路器主变压器侧虚地	主变压器220kV侧虚地	正母Ⅱ段1号虚拟地线	正母Ⅱ段2号虚拟地线	副母Ⅱ段1号虚拟地线	副母Ⅱ段2号虚拟地线	其他	主变压器35kV侧母线接地开关
主变压器 220kV 正母隔离开关		0	0	0	0			0	0	0							0	0	0	0	0				
		1												1	1	1									
主变压器 220kV 副母隔离开关	0		0	0	0						0	0	0				0	0	0			0	0		
	1													1	1	1									
主变压器 220kV 断路器母线侧接地开关	0	0				0																			
主变压器 220kV 侧断路器																									
主变压器 220kV 断路器主变压器侧接地开关	0	0				0																			
主变压器 220kV 主变压器隔离开关			0	0	0		0										0	0	0					①	0
主变压器 220kV 主变压器接地开关						0																		②	

① 主变压器 500kV 侧接地开关在断开位置。

② 主变压器 500kV 侧两组隔离开关和主变压器低压侧总隔离开关或各支路母线隔离开关在断开位置。

注 0 表示分闸状态，1 表示合闸状态。

二、防误装置缺陷定性

（一）防误装置的构成及使用要求

1. 微机防误装置

（1）微机防误装置应满足国家经贸委第30号令《电网和电厂计算机监控系统及调度数据网络安全防护规定》和DL/T 687—1999《微机型防止电气误操作装置通用技术条件》的要求。

（2）应做好微机防误装置一次电气设备的有关信息备份。当信息变更时应及时更新备份，以满足防误装置发生故障时的恢复要求。

（3）应制定微机防误装置主机数据库和口令权限管理办法。

（4）现场操作通过电脑钥匙实现，操作完毕后应将电脑钥匙中当前状态信息返回给防误装置主机进行状态更新，以确保防误装置主机与现场设备状态对应。

2. 电气闭锁

电气闭锁是将断路器、隔离开关、接地开关等设备的辅助触点接入电气操作电源回路构成的闭锁。接入回路中的辅助触点应满足可靠通断的要求，辅助开关应满足响应一次设备状态转换的要求，电气接线应满足防止电气误操作的要求。

3. 电磁闭锁装置

电磁闭锁装置是将断路器、隔离开关、隔离网门等设备的辅助触点接入电磁闭锁电源回路构成的闭锁。接入回路中的辅助触点应满足可靠通断的要求，辅助开关应满足响应一次设备状态转换的要求，电气接线应满足防止电气误操作的要求。

4. 机械闭锁装置

机械闭锁装置是利用电气设备的机械联动部件对相应电气设备操作构成的闭锁。机械闭锁装置应满足操作灵活、牢固和耐环境条件等使用要求。

（二）防误装置缺陷定性

防误装置缺陷管理应与主设备相同，缺陷定性一般定义为重要缺陷：

（1）程序由于方式改变不能及时完善。

（2）主机不能正常工作。

（3）钥匙故障。

（4）锁具故障，不能正常打开。

（5）电气闭锁回路故障。

三、案例分析

（一）微机“五防”系统异常的案例分析

某厂家生产的微机“五防”系统在实际使用过程中发现严重威胁正常操作的情况多次，经对相关变电站模拟试验，确有共性问题存在。

1. 某220kV变电站发现的问题

某年，某220kV变电站先后进行以下操作：12月12日，操作“220kV 1002线由正母运行改为副母运行”时，模拟预演时先合副母隔离开关，后拉正母隔离开关，系统提示传票步骤正确，但现场使用时电脑钥匙显示：第一步为拉开1002正母隔离开关，第二步为合上1002副母隔离开关。12月14日，操作“220kV 1006线由断路器及线路检修改为冷备用”时，模拟预演时先拉线路接地开关，后拉开关母线侧接地开关，系统提示传票步骤正确，但现场使用时电脑钥匙显示：第一步为拉开1006断路器母线侧接地开关，第二步为拉开1006线路接地开关。经上报缺陷后，对上述情况无法查明具体原因。

次年1月9日，有关技术人员至变电站现场仔细核查可能存在的原因，在多次预演、传输过程中，发现两只电脑钥匙均不同程度存在接收操作步骤丢失现象，其中一只电脑钥匙最多只能接收8步，另一只电脑钥匙出现只能接收6步的情况。怀疑电脑钥匙可能存在问题，于当日要求采取以下措施：

（1）更换电脑钥匙。

（2）要求值班员在今后有操作时，模拟预演传送至电脑钥匙后，先浏览电脑钥匙中操作步骤是否齐全、正确后再进行实际操作，以防患于未然。

因厂家原因，电脑钥匙至次年 7 月 30 日才更换。更换前次年 6 月 6 日，为配合 2 号主变压器 110kV 正母隔离开关缺陷处理操作 110kV 母线，在预演传输后浏览时发现有前后换步现象，后重新预演、传送后正常进行实际操作。再次通知厂家尽快更换电脑钥匙，至次年 7 月 30 日更换新电解钥匙。

次年 9 月 5 日操作"220kV 正母由检修改为运行"。模拟预演操作顺序为：① 拉开 220kV 正母 1 号接地开关；② 拉开 220kV 正母 3 号接地开关；③ 合上 220kV 正母电压互感器隔离开关；④ 合上 220kV 母联断路器副母隔离开关；⑤ 合上 220kV 母联断路器正母隔离开关（其余步骤正常预演完毕需待母联断路器合上后传入更换后的电脑钥匙）。系统提示传票步骤正确，但现场使用时电脑钥匙显示：① 拉开 220kV 正母 1 号接地开关；② 合上 220kV 母联断路器副母隔离开关；③ 合上 220kV 正母电压互感器隔离开关；④ 拉开 220kV 正母 3 号接地开关；⑤ 合上 220kV 母联断路器正母隔离开关。即第②步与第④步操作顺序对换。

同日，将该情况再次告知厂家，次年 9 月 14 日，厂家认为造成上述情况的原因如下：当"五防"预演完成后，在传票到电脑钥匙前，钥匙未按提示插入充电座，若待简报窗提示与电脑钥匙通信中断后再插入钥匙，就会引起传送的顺序不一致。错误的操作步骤是：点击"'五防' 预演"→进行预演→点击"预演结束"→简报窗提示"插入电脑钥匙"→点击"开始操作"→插入电脑钥匙→写电脑钥匙开始及完成→按照画面提示进行操作。上述操作步骤会引起顺序错误的情况。

正确的操作步骤是："'五防' 预演"→进行预演→点击"预演结束"→简报窗提示"插入电脑钥匙"→插入电脑钥匙→点击"开始操作"→写电脑钥匙开始及完成→按照画面提示进行操作。简单地说，电脑钥匙需要在点击开始操作前打开并插入充电座，为解决运行人员未按正确操作步骤插入电脑钥匙，厂家对程序进行了优化。

接到厂家传真说明后，相关变电站严格按厂家要求流程执行，同时为防患于未然，再次强调"传输操作票结束后，必须浏览电脑钥匙中操作步骤是否齐全、正确"。

2. 另一个 220kV 变电站发现的问题

某年 8 月 21 日操作"某 220kV 线路由运行改线路检修"，按要求检查写入电脑钥匙的步骤时，发现传输步骤有颠倒，变为先拉开母线隔离开关，后拉开线路隔离开关。次日，有关技术人员至变电站现场仔细核查，确有"步骤颠倒"、"少操作步骤"的情况存在。

8 月 23 日，在多个变电站试验"模拟倒母操作"，具体为：① 合上××正母隔离开关；② 拉开××副母隔离开关；③ 合上××副母隔离开关；④ 拉开××正母隔离开关（第一次循环）；⑤ 合上××正母隔离开关；⑥ 拉开××副母隔离开关；⑦ 合上××副母隔离开关；⑧ 拉开××正母隔离开关（第二次循环）。发现虽系统提示传票步骤正确，但浏览电脑钥匙均只显示第一次循环的 4 个操作步骤。经咨询有关专业人员，告知该系统在与电脑钥匙通信处理中，确实无法避免该情况的发生。

同日，对采用其他 3 个厂家微机"五防"系统的变电站进行同样循环操作试验，情况正常，未发现丢步现象。

3. 综述

根据上述情况及现场实际使用中发现的其他问题，汇总如下：

（1）重复循环操作步骤丢失。经多个变电站试验检查，对重复循环操作电脑钥匙只接受第一个循环其余步骤丢失的现象，应属共性问题。

（2）不按预演步骤传票。与预演步骤不符，颠倒操作步骤。

（3）电脑钥匙电池的问题。多次多个变电站发现电脑钥匙显示电池充满电但实际因电脑钥匙电池电量不足，致使通信不良、无法接票的情况发生，现只能定期（暂定为一年）强行更换电池。

（二）计算机监控系统遥控及联闭锁异常案例分析

1. 遥控命令发出后未执行

监控后台命令下发后没有达到预期的命令结果，可进行如下处理：

（1）如有操作超时报警，则说明系统通信和程序运行正常。应检查输出模块及外围接线是否正常、设备操作回路及操动机构是否正常以及测控单元开出回路是否正常。

（2）如没有操动超时报警，则检查相应单元状态和模块状态画面，检查监控系统是否正常。如有故障，可结合模块指示灯定位故障点，同时也可到测控屏检查就地操作是否正常。

（3）检查监控后台事件记录中有无与总控单元的通信失败或对应测控单元的通信失败。如有通信失败，则检查通信连接定位故障设备，如间隔层一切正常，则应是站控层设备故障。

（4）发生上述现象时，应及时汇报调度，记录相关信息，并按缺陷处理流程处理。

2. 案例分析

某变电站计算机监控系统组网方式为：监控系统后台采用 BSJ-200 系统，采用双光纤以太网，现场间隔层采用 LSA-678 结构组网方式（即采用 6MB 系统系列主单元和采集装置，7VK 同期检测装置，8TK 联、闭锁装置）。

某年 1 月，该变电站在进行遥控操作时发现，当现场设备操作完毕后，监控系统上该设备未进行变位，致使倒闸操作因逻辑闭锁关系无法继续，只能改为现场电动操作完成，约 15min 后相关操作的设备均在监控操作员站上正确变位。经检修单位检查，设备辅助触点正常，间隔层与站级层通信正常，监控主机也运行正常。从外观上检查设备并无异常，但是发现各类数据刷新较慢，判断网络传输异常，通过对网络设备的检查，发现正在运行的主网 A 网 HUB 故障，而监控主机正好运行在 A 网上，由于监控主机并无异常，所以没有进行主从机切换，故造成数据反馈缓慢。经检修单位更换异常 HUB 后，网络传输恢复正常。

【思考与练习】

简述 500kV 一完整串设备的防误闭锁逻辑。

模块 3　电气防误装置评价（ZY1200206003）

【模块描述】本模块介绍防误装置异常的原因，异常状况下的防误操作措施，防误装置使用的统计、汇总、评价方法。通过要点归纳和案例介绍，掌握提高电气防误装置性能的能力。

【正文】

防误装置出现异常，应及时进行分析和处理。为使防误装置性能不断提高，对防误装置的缺陷应进行及时统计、汇总和评价。

一、防误装置异常原因

（1）对于电气闭锁，常见的异常主要由于断路器或隔离开关的辅助触点不能正确反映一次设备状态引起，如辅助触点不能正确转换或接触不良等。辅助触点异常直接引起电气闭锁回路故障，造成运行中电动操作失灵，增加强行解锁事件，对操作安全构成严重威胁。因此，除了选用质量可靠的辅助触点外，在断路器和隔离开关设备检修时应对辅助触点进行检查和维护。

（2）对于电磁锁防误装置，常见异常包括：断路器或隔离开关的辅助触点不能正确转换或接触不良；电磁锁电源回路异常，如电源熔丝断等；电磁锁锁具异常，如生锈卡涩、锁具内部故障等。因此，需定期做好电磁锁的维护、电磁锁电源回路的维护（包括电源熔丝检查与更换）、断路器和隔离开关辅助触点的维护工作。

（3）对于微机“五防”装置，常见异常包括：系统主机软、硬件运行异常；与监控系统通信中断；电脑钥匙充电异常；电脑钥匙不能正确回传操作信息；编码锁生锈卡涩或编码条异常等。因此，需对微机防误系统进行定期维护。

（4）对于计算机监控系统，其控制与防误的常见异常包括：计算机监控系统网络通信异常；测控装置异常；测控屏上控制输出端子松动；断路器或隔离开关的辅助触点不能正确转换或接触不良等。因此，需对控制与防误回路中的相关设备如测控装置、辅助触点、通信网络等做定期的维护工作。

二、防误装置异常状况下的防误操作措施

以任何形式部分或全部解除防误装置功能的电气倒闸操作，均视作解锁操作。变电站防误装置解锁工具（钥匙）、备用工具（钥匙）、微机防误装置授权密码等应由值长（或值班负责人）统一保

管，并不得把解锁钥匙留在检修现场或借给检修人员擅自解锁。变电站值班人员在倒闸操作过程中若遇特殊情况需解锁操作，应经运行管理部门防误操作装置专责人到现场核实无误并签字后，由运行人员报告当值调度员，方能使用解锁工具（钥匙）。单人操作、检修人员在倒闸操作过程中禁止解锁。如需解锁，应待增派运行人员到现场，履行上述手续后处理。解锁工具（钥匙）使用后应及时封存。

变电站应根据上级部门的相关规定制定解锁钥匙的使用规定，明确使用解锁批准人，起用解锁的程序，明确解锁操作的监护人员等。

变电站应根据集中检修方式制定检修解锁的使用管理规定，一般情况下，应同正常操作解锁相同管理，但在使用的范围上应根据检修的范围情况具体制定，同时指定必要的保证措施，由运行人员进行最终状态的验收和确认。

防误装置整体停用，应经本单位总工程师批准，并采取相应的防止电气误操作的有效措施，如在防误装置整体停用情况下遇有倒闸操作，应加强监护。

三、对防误装置的统计、汇总、评价

变电站防误装置的统计包括变电站防误装置点数的统计、变电站防误装置汇总统计、变电站防误装置紧急解锁钥匙使用情况统计等。

变电站防误装置点数统计报表每半年统计一次（见表 ZY1200206003-1），变电站防误点数按被操作设备的点数统计，即按一组隔离开关、一组接地开关、一台（或一组）断路器、一组地线、一只机构箱或柜门等要求进行统计，并分析每个操作点位是否具备完整的防误。

变电站防误装置汇总表（见表 ZY1200206003-2 和表 ZY1200206003-3）每年统计一次，变电站防误装置按套统计。表 ZY1200206003-2 统计变电站防误装置的类型、应装点数、已装点数、安装率、投运日期等；表 ZY1200206003-3 统计变电站防误装置分类型号、数量等，防误装置按微机防误、机械联锁、电气联锁、电磁闭锁、机械程序闭锁、其他等进行分类统计，并对防误装置的运行使用情况进行评价。

防误装置紧急解锁钥匙使用情况统计报表每季进行汇总（见表 ZY1200206003-4）一次，统计防误装置的解锁操作次数，分析防误装置的解锁原因。解锁记录包含解锁时间、解锁操作人、批准人、解锁对象（点）、解锁原因等内容，一次（条）解锁记录只能填写一个解锁对象（点）。

每年应对防误装置的运行维护和使用情况进行分析，分析存在的问题，如防误装置的安装率达不到要求、防误装置运行中出现的缺陷、防误装置运行管理中存在的问题等，并提出相应的整改措施。

表 ZY1200206003-1　　变电站防误闭锁点数统计表

序　号	间 隔 名 称	点 位 名 称	是否具备完整防误	备　注
合计	具备完整防误点数			
	不具备或不完整点数			

表 ZY1200206003-2　　变电站防误闭锁装置汇总统计表（一）

单位：　　　　统计人：　　　　审核人：　　　　填报日期：

序号	变电站	电压等级	类型	型号	应装点数	已装点数	安装率	生产厂家	投运日期	备注
1										
2										

续表

序号	变电站	电压等级	类型	型号	应装点数	已装点数	安装率	生产厂家	投运日期	备注
3										
4										
5										
6										
7										
8										
合计										

表 ZY1200206003-3 变电站防误闭锁装置汇总表（二）

单位： 统计人： 审核人： 填报日期：

统计项目	电压等级（kV）	变电站数	闭锁装置套数	闭锁装置分类套数						制造厂在装套数				
				电气联锁	机械联锁	电磁闭锁	机械程序	微机	其他					
供电	35													
	110													
	220													
	500													
发电														
总计														
基本评价														

表 ZY1200206003-4 变电站防误闭锁装置紧急解锁钥匙使用记录表

序号	变电站	使用时间/编号	操作（工作）任务和过程	解锁对象	解锁原因	申请使用人	批准人	重新封存时间/编号	封存人

四、案例分析

某 500kV 变电站进行 500kV 线路改检修操作，当操作至合上 503167 接地开关时，监控后台显示操作不成功，后台检查相应断路器、隔离开关均在合位，线路显示无压，现场检查发现该线路低压继电器 A、C 相触点未转换，造成 503167 接地开关合操作闭锁条件不满足。现场汇报调度暂停操作，通知修试人员处理辅助触点后操作正常。

此案例表明，在目前电网变电站实际运行中，一般均设计三重闭锁，上位层软件闭锁、间隔层闭锁以及现场电气闭锁，几乎所有线路接地开关均串入线路电压互感器低压继电器辅助触点以判断线路无压，而该类型继电器多为电磁式继电器，容易发生触点转换不到位现象，造成闭锁条件不满足。变电站运行人员发现该类型故障时，可通过比较低压继电器三副辅助触点位置进行判断，确定异常后通知修试人员处理。

【思考与练习】

1. 防误装置运行中可能有哪些异常？应如何处理？
2. 简述变电站防误装置的统计方法。

国家电网公司
生产技能人员职业能力培训专用教材

第十七章　变电站设备的定期试验与轮换

模块 1　变电站设备的定期试验与轮换（GYBD00301001）

【模块描述】本模块介绍变电站设备的定期试验与轮换制度的要求及内容等。通过要点归纳讲解、试验方法详细介绍，掌握变电站设备的定期试验与轮换的要求及内容。

【正文】

一、变电站设备定期试验与轮换的主要目的

变电站设备的定期试验与轮换是“两票三制”的重要内容，本节主要涉及变电站运行人员职责范围内的试验与轮换内容。变电站设备除按照有关规程由专业人员开展电气试验外，运行人员还应对有关设备进行定期的测试和试验，以确保设备的正常运行。

设备定期试验的主要目的是检验设备或某个部件的功能是否完好，检验设备是否正常运行，检验自动投入装置能否正确动作。变电站需要进行定期试验的设备主要包括中央信号系统、高频保护通道、直流充电机及蓄电池、事故照明系统、变压器冷却装置、电气设备取暖防潮装置、防误装置等。

设备定期轮换的主要目的是将长期备用的装置经倒换操作投入运行，长期运行的设备转为备用，通过轮换，减少磨损、发热等缺陷的发生，从而提高设备的健康状况。变电站需要进行定期轮换的设备主要包括备用变压器、备用无功补偿装置、变压器备用冷却器、备用直流充电机等。

设备定期试验主要突出对其自动投切或动作功能的确认，其基本原则是通过模拟故障或异常，检验自动动作功能的完好与否，检查的内容主要包括继电保护装置（或接触器）是否正确动作，信号是否正确反映等。试验的周期视具体情况而定，一般在自动投切装置新安装或维修后进行一次全面的功能验证，正常运行时以季度或半年为宜。变电站设备试验工作应由多人配合进行，持标准化作业指导书作业。

设备的轮换主要突出设备运行状态的轮换，基本原则是将长期备用的设备或部件转入运行，长期运行的设备或部件转入备用。轮换的内容主要包括转入运行的设备（部件）运行是否正常，信号反映是否正确等。轮换的周期一般为半年，轮换应至少由两人进行，持操作票作业。

二、变电站设备定期试验的内容及要求

变电站设备定期试验的内容及要求应根据各站的设备情况和实际运行环境分别制定，试验方法应写入变电站现场运行规程，试验周期按照国家电网公司《变电站管理规范》执行，详见表GYBD00301001-1。

表 GYBD00301001-1　变电站设备定期试验的内容及周期

序号	试 验 设 备	试 验 内 容	周期	备　注
1	中央信号系统	预告、事故音响及光字牌	每天	综合自动化后台机直流逆变 UPS 电源每月试验 1 次
2	高频保护通道	收发信机电压、电流	每天	
3	直流充电机及蓄电池	密度、电压	每月、每周	备用充电机每半年投入 1 次，每月全部检测，每周检测代表蓄电池
4	事故照明系统	事故照明灯亮	每月	

续表

序号	试验设备	试验内容	周期	备注
5	变压器冷却装置	交流电源切换试验，辅助、备用冷却器投入试验	每季	
6	变电站辅助降温、加热除潮装置	辅助降温、加热除潮装置功能是否良好	夏、冬、雨季来临前	
7	防误装置	锁具及闭锁逻辑	每半年	
8	长期备用的变电设备	投入运行	每半年	备用电源自投切每年进行一次试验
9	备用交流发电机	投入运行	每月	
10	剩余电流动作保护器	检查功能	每月	
11	火灾报警系统	投入运行	每年	变压器火灾报警系统随停电试验检查

1. 中央信号系统

有人值班变电站应每日对变电站内中央信号系统进行试验，试验内容包括预告、事故音响及光字牌。集控站也应每日对监控系统的音响报警进行试验。

综合自动化变电站的试验内容和要求与非综合自动化变电站稍有不同。综合自动化变电站中央信号系统试验内容除预告、事故音响外，还应定期检查直流逆变UPS电源是否能在断电时及时切换，确保综合自动化后台机可靠供电。

2. 高频保护通道

高频保护通道是输电线路高频继电保护装置的重要组成部分，通道是否良好直接影响高频保护动作的正确性。高频保护通道包括输电线路和两端的调制解调装置，引起通道衰耗增大的可能因素有输电线路气候环境的变化、两端调制解调装置或收发信机元件的老化故障等。

由于闭锁式高频保护正常运行时通道无高频电流，高频保护通道衰耗增大也不宜发现，因此需要运行人员每天或气候异常时手动启动高频收发信机测试，检查通道是否完好。

3. 直流充电机及蓄电池

220kV及以上变电站直流电源系统通常采用“两电三充”，对于正常方式下处于备用状态的充电机应定期投入一定时间进行运行试验，周期为半年一次。运行充电机的交流输入电源应结合轮换每季开展一次自投切试验。

蓄电池是变电站直流电源系统中重要的组成部分。为确保在充电机交流电源消失后蓄电池能可靠供电，需要定期对蓄电池进行相关试验和测量，内容包括蓄电池的比重和电压，每月进行蓄电池普测，每周进行代表电池的测量。选测的代表电池应相对固定，便于比较。

4. 事故照明系统

事故照明系统是在变电站正常照明失去时，方便进行事故处理的照明电源系统。事故照明一般采用直流供电。早期设计的事故照明系统采用交流消失后接触器自动切换至蓄电池供电的方式，由于回路复杂，近期设计采用蓄电池直接供电或墙壁上安装应急灯的方式实现。无论哪种方式，均要定期进行试验，确保事故照明可靠，通常每月检查一次。

5. 变压器冷却装置

冷却装置是风冷却变压器的重要部件。强迫油循环风冷变压器（ODAF）和油浸风冷（ONAF）变压器冷却装置均设两路交流电源，通过交流接触器进行切换，需要定期检查自动投切回路是否正常。此外，还要定期试验辅助、备用冷却器在条件满足时能够投入。一般每季进行一次，夏季高温季节来临之前全面进行一次检查。

6. 变电站辅助降温、加热除潮装置

继电保护及自动装置、断路器操动机构等设备对环境温度要求较高，需要在高温或低温时保证其环境温度相对恒定；端子箱、机构箱等户外二次回路端子排对湿度要求高，需要除潮。这些辅助设备能否可靠运行对电气设备的安全运行至关重要，需要在夏、冬季来临前进行一次全面检查。

7. 防误装置

防误装置可靠运行是防止电气误操作事故重要的技术措施。防误装置的试验主要是检查户外锁具是否卡涩生锈，抽查微机闭锁逻辑是否正确，通常以半年检查一次为宜。

8. 长期备用的变电设备

长期处于备用状态的变电设备，应每半年带电运行一段时间。长期未调压的有载调压分接开关应结合停电在最高和最低分接头间操作几个循环，试验后将分接头调整到原运行位置；长期未投入的并联补偿装置每半年应带电运行一次；备用变电站用变压器（一次不带电）每年应进行一次启动试验，检查备用电源自投切装置是否正确投入。

9. 备用交流发电机

开关站、重要变电站或换流站交流电源不可靠时，通常安装大功率发电机作为备用电源，发电机应每月进行一次带负荷运行试验。

10. 剩余电流动作保护器

变电站一般在检修电源箱安装剩余电流动作保护器，它的主要作用是当外接作业回路发生漏电或触电时切断电源，保护人身安全。剩余电流动作保护器每月进行一次检查试验，使用前也应进行有关试验检查。

11. 火灾报警系统

变电站的火灾报警系统一般有两个独立的系统，一个是变压器火灾报警自动灭火系统，一个是室内感烟火灾自动报警系统，这两个系统的报警启动条件各不相同。变压器火灾报警自动灭火系统有三个启动条件，同时满足时发火灾报警，并启动自动灭火系统，只有一个条件满足时，火灾报警系统发告警信息，提醒运行人员及时处理。变压器火灾报警自动灭火系统结合停电进行试验，与室内感烟火灾自动报警探头试验一样，每年进行一次试验。

三、变电设备定期轮换的内容及要求

变电设备的定期轮换主要是完成设备或部件运行状态的转换，一般应使用操作票或作业指导书进行，内容及周期详见表 GYBD00301001-2。

表 GYBD00301001-2　　变电站设备定期轮换的内容及周期

序号	试验设备	轮换内容	周期
1	备用变压器	投入运行	每半年
2	备用并联补偿装置	投入运行	每季
3	变压器冷却装置	进行状态切换	
4	直流充电机交流电源	接触器在Ⅰ、Ⅱ段电源间切换	
5	集中充气或通风设备	进行状态切换	

1. 备用变压器

110kV 及以上变电站安装两台及以上变压器，当负荷较小时，为保证经济运行，将一组变压器备用。当备用长达半年时，应将其和运行变压器进行一次倒换。

2. 备用并联补偿装置

因系统原因长期不投入运行的无功补偿装置，每季应在保证电压合格的情况下投入一定时间，对设备状况进行试验。电容器应在负荷高峰时间段进行；电抗器应在负荷低谷时间段进行。

3. 变压器冷却装置

冷却装置的切换分为交流电源切换和状态切换。交流电源切换主要是为了减少运行的接触器长期运行发热造成老化，每季在Ⅰ、Ⅱ段电源间进行切换；状态切换主要是减少长期运行的冷却器电动机长期磨损，每季在保证变压器两侧冷却器分布均匀的情况下，在工作、备用、辅助三个状态下进行切换。

4. 直流充电机交流电源

变电站直流充电机一般采用Ⅰ、Ⅱ段交流电源供电，为了减少运行的接触器长期运行发热造成老化，每季在两段电源间进行切换。

5. 集中充气或通风设备

对 GIS 设备操动机构集中供气站的工作气泵和备用气泵，应每季切换运行一次。对变电站集中通风系统的备用风机与工作风机，应每季切换运行一次。

总之，变电站设备的定期试验与轮换还应根据各站设备实际进行。例如：未装设气水分离装置的气动机构应每周进行运转放水试验；500kV 及以上大型变压器每半年应对铁芯接地电流进行测试试验等。

【思考与练习】

1. 变电站设备定期试验与轮换的主要目的是什么？
2. 直流充电机及蓄电池试验与轮换的周期和主要内容有哪些？
3. 变压器冷却装置定期试验有哪些内容和要求？

模块 2 变电站设备的定期试验与轮换分析（GYBD00301002）

【模块描述】本模块介绍变电站设备的定期试验与轮换的程序和方法。通过要点讲解、试验方法介绍，掌握变电站设备的定期试验与轮换及注意事项。

【正文】

一、蓄电池测试的基本方法

（一）蓄电池充电的几种方式

1. 恒流限压充电

采用恒定电流进行充电，当蓄电池组端电压上升到额定限压值时，自动或手动转为恒压充电。

2. 恒压充电

在额定充电电压下，充电电流逐渐减少。当充电电流减少至0.1倍时，充电装置的倒计时开始启动。当整定的倒计时结束时，充电装置将自动或手动转为正常的浮充电方式运行。

3. 补充充电

为了弥补运行中因浮充电流调整不当造成的欠充，根据需要可以进行补充充电，使蓄电池组处于满容量。其程序为：恒流限压充电→恒压充电→浮充电。补充充电应合理掌握，在必要时进行，防止频繁充电影响蓄电池质量和寿命。

（二）蓄电池的基本测试方法

1. 每只单体蓄电池的电压的测量

一般采用万用表的直流电压挡进行测量，为了确保测量结果的准确性，测量时直流电压挡的量程应选与被测电池的电压相近的挡位，但是量程必须大于被测电池的电压。

2. 阀控蓄电池的核对性放电

长期处于限压限流的浮充电运行方式或只限压不限流的运行方式，无法判断蓄电池的现有容量、内部是否失水或干枯。通过核对性放电，可以发现蓄电池容量缺陷。

（1）一组阀控蓄电池组的核对性放电。全站仅有一组蓄电池时，不应退出运行，也不应进行全核对性放电，只允许用额定电流放出其额定容量的 50%。在放电过程中，蓄电池组的端电压不应低于 2V×*N*，*N* 为蓄电池组电池的个数。放电后，应立即用额定充电电流进行限压充电→恒压充电→浮充电。反复放充 2～3 次，蓄电池容量可以得到恢复。

若有备用蓄电池组替换时，该组蓄电池可进行全核对性放电。

（2）两组阀控蓄电池组的核对性放电。全站若有两组蓄电池时，则一组运行，另一组退出运行进行全核对性放电。放电用额定充电电流恒流放电，当蓄电池组电压下降到 1.8V×*N* 时停止放电。隔 1～

2h 后，再用额定充电电流进行恒流限压充电→恒压充电→浮充电。反复放充 2～3 次，蓄电池容量可以得到恢复。若经过三次全核对性放充电，蓄电池组容量均达不到其额定容量的 80%以上，则应安排更换。

（三）测试值异常的处理方法

阀控蓄电池组正常应以浮充电方式运行，浮充电压值应控制为（2.23～2.28）V×N，一般宜控制在 2.25V×N（25℃时），均衡充电电压宜控制为（2.30～2.35）V×N。阀控蓄电池在运行中电压偏差值及放电终止电压值应符合表 GYBD00301002-1 要求，如果不符合应及时上报处理。

表 GYBD00301002-1　阀控蓄电池在运行中电压偏差值及放电终止电压值　V

阀控密封铅酸蓄电池	标称电压		
	2	6	12
运行中的电压偏差值	±0.05	±0.15	±0.3
开路电压最大与最小电压差值	0.03	0.04	0.06
放电终止电压值	1.80	5.40（1.80×3）	10.80（1.80×6）

二、变压器冷却装置定期试验的基本方法及步骤

（一）变压器冷却装置试验的主要内容和方法

切换试验的主要内容：冷却电源的切换试验，工作冷却器组与备用冷却器组（潜油泵、风扇）和辅助冷却器组的切换和自启动试验。

1. 冷却电源的切换试验

冷却电源切换试验的目的是检验工作电源消失后，备用电源能否正确投入。大型变压器的冷却电源一般都有两个独立的电源供电，在冷却器控制箱内有两个电源指示灯和控制把手，正常时两个电源指示灯都应当亮（表示两个电源都正常），两个把手的位置分别在“工作”和“备用”位置。电源切换时，一般是在冷却器控制箱内将工作电源的把手切换至“停用”位置，检验备用电源能否自动投入，冷却器能否继续正常运行。试验正常后可恢复原来的运行方式，也可将原备用电源切换为工作电源，工作电源切为备用电源，是否切换应根据变电站现场运行规程执行。

2. 工作冷却器、备用冷却器、辅助冷却器切换

为保证主变压器各组冷却器能随时投入工作，工作冷却器、备用冷却器、辅助冷却器应按照现场运行规程要求定期切换。切换周期应保证每组冷却器分机运行时间大致平衡，规定每周对冷却器运行方式进行切换，并做好记录。冷却器切换流程如图 GYBD00301002-1 所示。

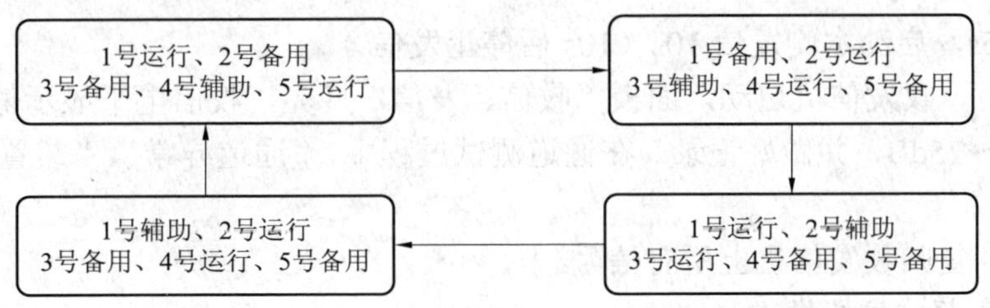

图 GYBD00301002-1　冷却器切换流程

3. 备用冷却器组和辅助冷却器组的自启动试验

大型变压器有很多组冷却器，750kV 变压器单台有 8 组冷却器，根据需要，可将冷却器的运行设置成运行、辅助、备用三种状态。运行状态下的冷却器，在变压器运行时正常运行；辅助状态下的冷却器，在变压器负荷或温度超过设定值时自动启动；备用状态下的冷却器是在运行和辅助自动投入运行后的冷却器故障后自动投入运行。

备用冷却器组和辅助冷却器组的自启动试验，一般采用短接或拆除冷却器控制箱内相应继电器的触点或线头来完成。短接或拆除冷却器控制箱内相应继电器的触点或线头时，一定要看清图纸和设备的实际位置，并做好安全措施，短接触点时应采用专用短接线，拆除线头时应注意所使用的工具，并

对拆除的线头做好标记，防止回路短路、接地造成冷却器全停，防止人身触电等事故发生。

（二）冷却装置试验异常的处理

（1）冷却电源不能正确切换的处理。冷却电源不能正确切换时，首先应检查备用电源是否正常，切换继电器或接触器是否动作。如果是电源故障应及时查明原因，并恢复备用电源；如果是切换继电器和接触器不动作，应仔细检查继电器回路是否完整，线圈有无发热、烧伤痕迹，查明原因并及时更换。

（2）备用冷却器组和辅助冷却器组在满足启动条件时不能正确启动，可能有以下几个方面的原因：

1）潜油泵或风扇的电动机电源消失；

2）电动机故障；

3）备用冷却器组和辅助冷却器组启动控制回路故障；

4）给定的启动条件不满足自启动要求。

不能正确启动时，应对以上 4 个方面进行认真检查，做出正确的分析和判断，并进行处理。

三、高频通道定期试验的方法

（一）高频通道定期试验的方法

高频通道的试验一般采用交换信号的方法进行。高频收发信机的型号不同，交换信号的特征也不相同，750kV 变电站采用的高频收发信机主要有 PSF-631、LFX-912 两大类型，每日通道试验检查主要通过手动启动收发信机，检查收发信电平正常与否，装置有无告警。通常高频通道收发信电平应不低于 8.68dB。下面结合常用的收发信机型号来介绍高频通道的试验方法。

1. PSF-631 型高频收发信机试验

高频通道两侧发信过程如图 GYBD00301002-2 所示。

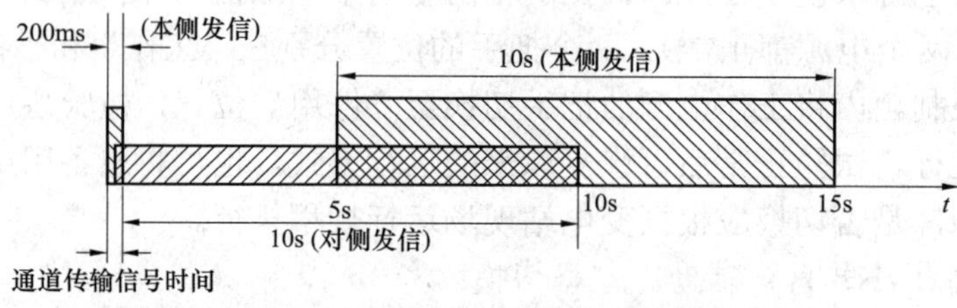

图 GYBD00301002-2 高频通道两侧发信过程

（1）按下“通道试验”按钮，本侧启动发信，200ms 后停止；此时远方启动对侧发信 10s（10s 后停止发信）。

（2）对侧发信 5s，启动本侧发信 10s（10s 后停止发信）。

（3）本侧发信时，收发信机启动，面板“收信、发信”灯亮，收信电平显示值为 36.5～41dB，发信电平显示值为 18～25dB，并做好记录。在通道测试过程中，“通道异常”、“装置告警”灯不能点亮，否则通道不正常。

（4）测试完毕，复归收发信机上所有信号。

2. LFX-912 型高频收发信机

（1）按下“通道试验”按钮，本侧启动发信，200ms 后停止；此时远方启动对侧发信 10s（10s 后停止发信）。

（2）对侧发信 5s，启动本侧发信 10s（10s 后停止发信）。

（3）本侧发信时，发信灯亮，6～18dB 灯亮，表头指针在 40%～60%之间，收发信结束后指针回零，收信灯亮。9 号插件检测过程中还需要检查高频电压和高频电流（正常检测值，表头指示为 36.5～41V 与 490～550mA），并做好记录。在通道测试过程中，“裕度报警”、“过载指示”、“通道异常”灯均不能点亮，否则通道不正常。

（4）测试完毕，复归收发信机上所有信号。

（二）高频通道测试的异常判断及处理方法

1. PSF-631 型高频收发信机在交换信号时的异常及处理

（1）在交换信号时，如发现在 0～5s 内“接收信号”灯亮，而“电平正常”灯不亮，则说明能收到对侧的高频信号，但通道衰耗已增加了 3dB。应再交换一次信号，在 0～5s 内按收信高滤插件上的“8dB 衰耗”按钮，若“接收信号”灯仍然亮，则说明通道余量仍大于 8dB。这时不必停用高频保护，但应立即报告调度并通知继电保护人员处理，运行人员应记录信号。

（2）有下述情况之一，必须立即报告调度，由调度下令将本线路两侧高频保护同时停用，并通知继电保护人员处理，运行人员应记录信号。

1）在交换信号时，如发现在 0～5s 内，“电平正常”灯和“接受信号”灯均不亮。

2）在交换信号时，如发现在 0～5s 内，“接受信号”灯亮，但“电平正常”灯不亮，此时应再交换一次信号，在 0～5s 内按收信高滤插件上的“8dB 衰耗”按钮，若“接收信号”灯不亮时。

2. GSF-6 型高频收发信机在交换信号时的异常及处理

在通道交换信号时，触发器插件上的电平 3dB“告警”灯亮，同时测量盘插件上表头的指针落在 –3dB 红色告警范围内时，应记录信号，必须立即报告调度，由调度下令将本线路两侧高频保护同时停用，并通知继电保护人员处理，运行人员应记录信号。

3. SF-500 型高频收发信机在交换信号时的异常及处理

（1）在交换信号时，发现控制电路 I 插件上的“通道异常”灯亮，说明通道衰耗已增加了 3dB，如此时解调输出插件上的“收信指示”灯亮，并且“裕度告警”灯不亮，则说明能收到对侧的高频信号。这时不必停用高频保护，但应立即报告调度并通知继电保护人员处理，运行人员应记录信号。

（2）有下述情况之一，必须立即报告调度，由调度下令将本线路两侧高频保护同时停用，并通知继电保护人员处理，运行人员应记录信号。

1）在交换信号时，功率放大插件上“过载指示”灯亮。

2）在交换信号时，解调输出插件上的“收信指示”灯不亮或“裕度告警”灯亮。

4. SF-600 型高频收发信机在交换信号时的异常及处理

（1）在交换信号时，解调输出插件上的“通道异常”灯亮，说明通道衰耗已增加了 3dB，如“裕度告警”灯不亮，则说明能收到对侧的高频信号。这时不必停用高频保护，但应立即报告调度并通知继电保护人员处理。

（2）有下述情况之一，必须立即报告调度，由调度下令将本线路两侧高频保护同时停用，并通知继电保护人员处理，运行人员应记录信号。

1）在交换信号时，前置放大插件上“过载指示”灯亮。

2）在交换信号时，解调输出插件上的“收信指示”灯不亮或“裕度告警”灯亮。

四、断路器气动机构运转试验的基本方法及步骤

（一）断路器气动机构运转试验的基本方法

基本方法是降低气压法，具体操作步骤如下：

（1）手动打开储气罐的放气阀门，一边放气，一边观察压力表，接近额定补气压力时，减小放气速度，观察到额定补气压力时能否报警（空气操作压力低），并自动启动储能电动机建压。如果不报警也不启动储能电动机，可以继续缓慢放气，放气至（不低于额定补气压力 0.1MPa）储能电动机启动时停止放气，并记录压力表的压力值和启动建压开始时间。如果继续放气（气压不能低于闭锁重合闸压力）仍然不能启动储能电动机，也应停止放气，说明自动启动补气回路或继电器有故障，应及时查找原因并处理。

（2）建压期间注意观察压力表的变化，看压力表的指针指到额定停止压力时，储能电动机能否自动停机。如果没有停止，可以继续建压，但是要注意观察压力的变化。当超过停止建压压力 0.1MPa 还未停下时，说明自动启动停止建压回路或继电器有故障，应手动断开电动机电源，停止建压，并及时查找原因并处理。

正常情况下，放气至额定补气压力时，能自动启动储能电动机建压，并发送“空气操作压力低”、

“交流电动机运转”信息。当建压至额定停止压力时，启动储能电动机自动停止，“空气操作压力低”、“交流电动机运转”信息返回。

（二）气动机构运转试验异常的处理

气动机构运转试验时发现异常，应及时查明异常原因。电气控制回路故障应尽快排除，压力继电器故障应及时上报主管部门安排检修或更换。

五、事故照明定期试验的基本方法

通过站用直流系统提供事故照明电源的事故照明系统，根据事故照明控制回路的不同，有两种启动方式：一种是正常照明电源消失后，需要运行值班人员手动给上事故照明电源开关，点亮事故照明灯；另一种是将事故照明电源开关设置在相应位置，正常情况下事故照明灯不亮，而在正常照明电源消失后，不需要运行值班人员操作事故照明电源开关，就能点亮事故照明灯。

第一种事故照明的试验方法很简单，只需要手动合上事故照明开关，检查事故照明灯能否点亮；第二种事故照明的试验可通过断开正常照明交流电源开关的方式试验，检查事故照明能否点亮。

带蓄电池的应急照明设施也需要定期检查和试验，检查电池电量是否充足，灯泡是否完好，控制开关切换是否灵活、正确等。

六、中央信号系统试验的方法

（一）中央信号系统的分类

中央信号装置是监视变电站电气设备运行中是否发生事故及异常的自动报警装置，按其用途可分为：事故信号装置、预告信号装置和位置信号装置。事故信号装置包括灯光和音响信号，当断路器事故跳闸时，蜂鸣器及时发出音响，通知值班人员有事故发生，同时跳闸的断路器位置指示灯闪光，光字牌亮，显示保护动作情况和故障范围和性质；预告信号装置包括警铃和光字牌，当运行中的电气设备发生危及安全运行的故障或异常时，预告警铃响起，同时标明故障内容的一组光字牌亮，便于值班人员处理；位置信号装置用于监视断路器、隔离开关的分合情况。按照其发展历程可分为常规站和综合自动化变电站两种类型，两种型式的中央信号试验方法有所不同，但主要目的都是为了验证中央信号可用，在异常或事故情况下能可靠提醒值班人员引起注意。

1. 常规站中央信号的试验方法

常规站中央信号的试验应每日进行一次，由两人进行，其中一人将光字和声音控制切至试验位置，一人核对信号和音响是否正确。当发现有光字不亮或没有声音时应及时进行处理，断路器位置信号在运行中无法进行试验，只能在位置信号灯不亮时进行处理。

2. 综合自动化变电站中央信号的试验方法

综合自动化变电站的中央信号系统是变电站监控系统（SCADA）的一部分，一般由工作站和服务器及局域网组成。声音信号一般由工作站驱动声卡至音箱发出声响。断路器、隔离开关位置信号用遥信量表示，当发生变位时，断路器及隔离开关符号闪动。试验中央音响信号时，用鼠标单击监控画面，出现“音响测试”对话框，单击后发出音响信号。查看监控后台 SOE 事件、保护信息等是否能上传。

（二）中央信号系统试验的注意事项

（1）试验时间不宜太长，以全部看清光字信息的为准，对不亮的光字牌应做好记录，并及时处理。

（2）中央信号屏上的按钮很多，试验时一定要看清按钮的位置，防止压错。

（3）综合自动化系统试验音响信号不响，查看保护信息或 SOE 事件不完整，应查明原因。

七、其他设备的定期试验方法及试验注意事项

（一）变压器有载调压开关停电后的调整试验方法及注意事项

调整试验的方法：先用手动试验，对所有挡位进行一个完整的循环操作，即从变压器的当前挡位逐级升至最高挡位，再从最高挡位逐级降至最低挡位，再从最低挡位逐级升至原运行挡位；试验正确后再改用电动遥控或就地电动进行一个完整的循环操作，试验完后，应将挡位放至原运行挡位。

试验注意事项：

（1）手动调压试验时，一定要闭锁就地电动或遥控电动操作，防止电动和手动试验同时进行。

（2）调整挡位要逐级进行，每调整到一个挡位后，一定要检查后台监控机上显示的挡位与调压控制箱上指示的挡位是否一致。

（3）遥控电动或就地电动试验，可以在调压过程中操作紧急停止按钮，试验紧急停止按钮是否起作用，能否立即停止调压操作。操作紧急停止按钮，调压控制回路的有关继电器动作，将有载调压开关电动机的电源断掉，使电动机停止工作，终止遥控电动或就地电动调压。要恢复遥控电动或就地电动调压，必须使用手动操作，将有载开关调整至某一挡位之后，才能合上电动机的电源开关，否则电源开关合不上，合上电源开关后，就可恢复电动调压功能。

（二）直流备用充电机定期试验

直流备用充电机定期试验时应持作业卡，防止直流失电压。高频电源开关电源1、2、3号充电机切换流程如图GYBD00301002-3所示。

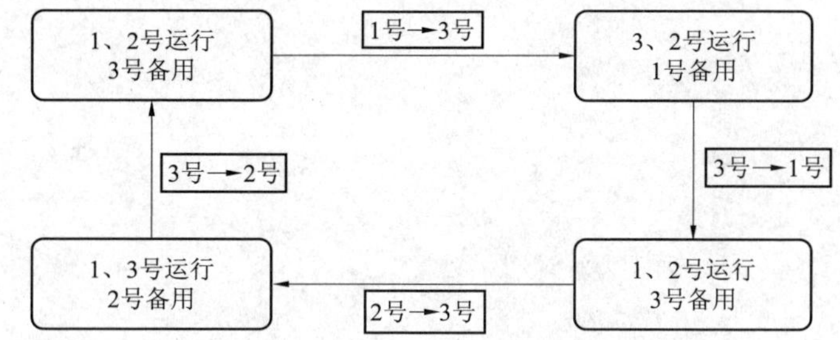

图GYBD00301002-3 高频电源开关电源1、2、3号充电机切换流程

试验方法：试验时可将任意一台工作充电机退出运行后，操作备用充电机的对应开关，将备用充电机接入蓄电池组和直流母线，检查接入正确后投入备用充电机。备用充电机投入后应检查各充电模块的工作电压和输出电流是否正常，直流母线电压和蓄电池充电方式是否正常。

试验注意事项：

（1）停用工作充电机时，要防止拉错开关，造成直流母线失电压。

（2）启动备用充电机时，要按照说明书或有关规程进行，防止造成部分高频电源模块过负荷烧坏。

（3）备用充电机投入后，一定要检查直流系统的工作状况。

（4）试验正常后，恢复原来的工作方式。

（三）变压器铁芯接地电流的定期测试方法

（1）采用高精度的钳形电流表测试。

（2）通过变压器铁芯电流在线监测装置进行监测和记录。

（四）火灾报警定期试验的方法

1. 室内感烟火灾自动报警系统的试验方法

试验时，可用一根点燃的香烟或专用烟感发生设备靠近感烟（感光和感温）火灾探测器，约20s左右，完好的火灾探测器和火灾自动报警系统就会报警。若火灾探测器或火灾自动报警系统故障，则不报警，应及时更换或维修。

2. 变压器火灾报警自动灭火系统的定期检查试验方法

变压器火灾报警自动灭火系统的定期检查与试验按照公安消防部门的规定或有关标准进行。变压器停电后，打开主出口阀门，打开其旁路阀或回流阀，启动火灾报警和联动装置，检验系统在满足启动条件时能否自动启动相应的联动装置。在变压器停电状态下进行一次系统试验和维护保养，以保证系统密封、电气可靠、操动机构灵活。

【思考与练习】

1. 直流蓄电池核对性充放电的主要步骤是什么？

2. 变压器工作冷却器、备用冷却器、辅助冷却器的切换是如何规定的？

3. SF-600型高频收发信机在交换信号时出现“通道异常”灯不亮现象，可能发生什么故障？如何处理？

4. 断路器气动机构定期试验主要步骤是什么？

第五部分

倒闸操作

国家电网公司
生产技能人员职业能力培训专用教材

第十八章 倒闸操作基础知识

模块1 倒闸操作基本概念及操作原则（GYBD00401001）

【模块描述】本模块介绍倒闸操作的基本概念、操作原则和注意事项。通过归纳讲解一般典型操作程序，掌握倒闸操作的基本方法。

【正文】

电气设备倒闸操作，其实质是进行电气设备状态间的转换。因此，本模块首先介绍变电站电气设备的状态及其状态间转换的概念，进而对变电站电气设备倒闸操作的基本概念、基本内容、基本类型、操作任务、操作指令、操作原则和倒闸操作的一般规定进行阐述；通过倒闸操作基本程序来说明倒闸操作的基本步骤、方法及要点。

一、电气设备倒闸操作基本概念

1. 电气设备的状态

变电站电气设备有四种稳定的状态，即运行状态、热备用状态、冷备用状态和检修状态。

（1）电气设备运行状态。电气设备运行状态是指电气设备的隔离开关和断路器都在合上的位置，并且电源至受电端之间的电路连通（包括辅助设备，如电压互感器、避雷器等）。

（2）电气设备热备用状态。电气设备热备用状态是指设备仅仅靠断路器断开，而隔离开关都在合上的位置，即没有明显的断开点，其特点是断路器一经合闸即可将设备投入运行。

（3）电气设备冷备用状态。电气设备冷备用状态是指设备的断路器和隔离开关均在断开位置。

（4）电气设备检修状态。电气设备检修状态是指设备的所有断路器、隔离开关均在断开位置，装设接地线或合上接地开关。“检修状态”根据设备不同又可以分为以下几种情况：

1）断路器检修：是指断路器及两侧隔离开关均在断开位置，断路器控制回路熔断器取下或断开空气断路器，两侧装设接地线或合上接地开关，断路器连接到母差保护的电流互感器回路应拆开并短接。

2）线路检修：是指线路断路器及两侧隔离开关均断开位置，如果线路有电压互感器且装有隔离开关时，应将该电压互感器的隔离开关拉开，并取下低压侧熔断器或断开空气断路器，在线路侧装设接地线或合上接地开关。

3）主变压器检修：是指变压器的各侧断路器及隔离开关均在断开位置，并在变压器各侧装设接地线或合上接地开关，断开变压器的相关辅助设备电源。

4）母线检修：是指连接该母线上的所有断路器（包括母联、分段）及隔离开关均在断开位置，该母线上的电压互感器及避雷器改为冷备用状态或检修状态，并在该母线上装设接地线或合上接地开关。

2. 倒闸操作的概念

将电气设备由一种状态转变到另一种状态所进行的一系列操作总称为电气设备倒闸操作。

3. 倒闸操作的基本类型

（1）正常计划停电检修和试验的操作。

（2）调整负荷及改变运行方式的操作。

（3）异常及事故处理的操作。

（4）设备投运的操作。

4. 变电站倒闸操作的基本内容

（1）线路的停、送电操作。

（2）变压器的停、送电操作。

（3）倒母线及母线停送电操作。

（4）装设和拆除接地线的操作（合上和拉开接地开关）。

（5）电网的并列与解列操作。

（6）变压器的调压操作。

（7）站用电源的切换操作。

（8）继电保护及自动装置的投、退操作，改变继电保护及自动装置的定值的操作。

（9）其他特殊操作。

5. 倒闸操作的任务

（1）倒闸操作任务。倒闸操作任务是由电网值班调度员下达的将一个电气设备单元由一种状态连续地转变为另一种状态的特定的操作内容。电气设备单元由一种状态转换为另一种状态有时只需要一个操作任务就可以完成，有时却需要经过多个操作任务来完成。

（2）调度指令。一个调度指令是电网值班调度员向变电站值班人员下达一个倒闸操作任务的命令形式。调度操作指令分为逐项指令、综合指令、口头指令三种。

1）逐项指令。值班调度员下达的涉及两个及以上变电站共同完成的操作。值班调度员按操作规定分别对不同单位逐项下达操作指令，接受令单位应严格按照指令的顺序逐个进行操作。

2）综合指令。值班调度员下达的只涉及一个变电站的调度指令。该指令具体的操作步骤和内容以及安全措施，均由接受令单位运行值班员按现场规程自行拟定。

3）口头指令。值班调度员口头下达的调度指令。变电站的继电保护和自动装置的投、退等，可以下达口头指令。在事故处理的情况下，为加快事故处理的速度，也可以下达口头指令。

二、倒闸操作的基本原则及一般规定

1. 停送电操作原则

倒闸操作的基本原则是严禁带负荷拉、合隔离开关，不能带电合接地开关或带电装设接地线。因此，制定的基本原则如下：

（1）停电操作原则。先断开断路器，然后拉开负荷侧隔离开关，再拉开电源侧隔离开关。

（2）送电操作原则。先合上电源侧隔离开关，然后合上负荷侧隔离开关，最后合上断路器。

2. 倒闸操作一般规定

为了保证倒闸操作的安全顺利进行，倒闸操作技术管理规定如下：

（1）正常倒闸操作必须根据调度值班人员的指令进行操作。

（2）正常倒闸操作必须填写操作票。

（3）倒闸操作必须两人进行。

（4）正常倒闸操作尽量避免在下列情况下操作：

1）变电站交接班时间内。

2）负荷处于高峰时段。

3）系统稳定性薄弱期间。

4）雷雨、大风等天气。

5）系统发生事故时。

6）有特殊供电要求。

（5）电气设备操作后必须检查确认实际位置。

（6）下列情况下，变电站值班人员不经调度许可能自行操作，操作后须汇报调度：

1）将直接对人员生命有威胁的设备停电。

2）确定在无来电可能的情况下，将已损坏的设备停电。

3）确认母线失电，拉开连接在失电母线上的所有断路器。

（7）设备送电前必须检其有关保护装置已投入。

（8）操作中发现疑问时，应立即停止操作，并汇报调度，查明问题后再进行操作。操作中具体问题处理规定如下：

1）操作中如发现闭锁装置失灵时，不得擅自解锁。应按现场有关规定履行解锁操作程序进行解锁操作。

2）操作中出现影响操作安全的设备缺陷，应立即汇报值班调度员，并初步检查缺陷情况，由调度决定是否停止操作。

3）操作中发现系统异常，应立即汇报值班调度员，得到值班调度员同意后，才能继续操作。

4）操作中发现操作票有错误，应立即停止操作，将操作票改正后才能继续操作。

5）操作中发生误操作事故，应立即汇报调度，采取有效措施，将事故控制在最小范围内，严禁隐瞒事故。

（9）事故处理时可不用操作票。

（10）倒闸操作必须具备下列条件才能进行操作：

1）变电站值班人员须经过安全教育培训、技术培训、熟悉工作业务和有关规程制度，经上岗考试合格，有关主管领导批准后，方能接受调度指令，进行操作或监护工作。

2）要有与现场设备和运行方式一致的一次系统模拟图，要有与实际相符的现场运行规程，继电保护自动装置的二次回路图纸及定值整定计算书。

3）设备应达到防误操作的要求，不能达到的须经上级部门批准。

4）倒闸操作必须使用统一的电网调度术语及操作术语。

5）要有合格的安全工器具、操作工具、接地线等设施，并设有专门的存放地点。

6）现场一、二次设备应有正确、清晰的标示牌，设备的名称、编号、分合位指示、运动方向指示、切换位置指示以及相别标识齐全。

三、倒闸操作的程序

倒闸操作的程序总体上是一个设备状态转换的程序，也就是一个倒闸操作任务完成的主要过程。

1. 电气设备状态转换的程序

（1）设备停电检修：运行→热备用→冷备用→检修。

（2）设备检修后投入运行：检修→冷备用→热备用→运行。

2. 倒闸操作一般程序

变电站倒闸操作的一般流程如图 GYBD00401001-1 所示。

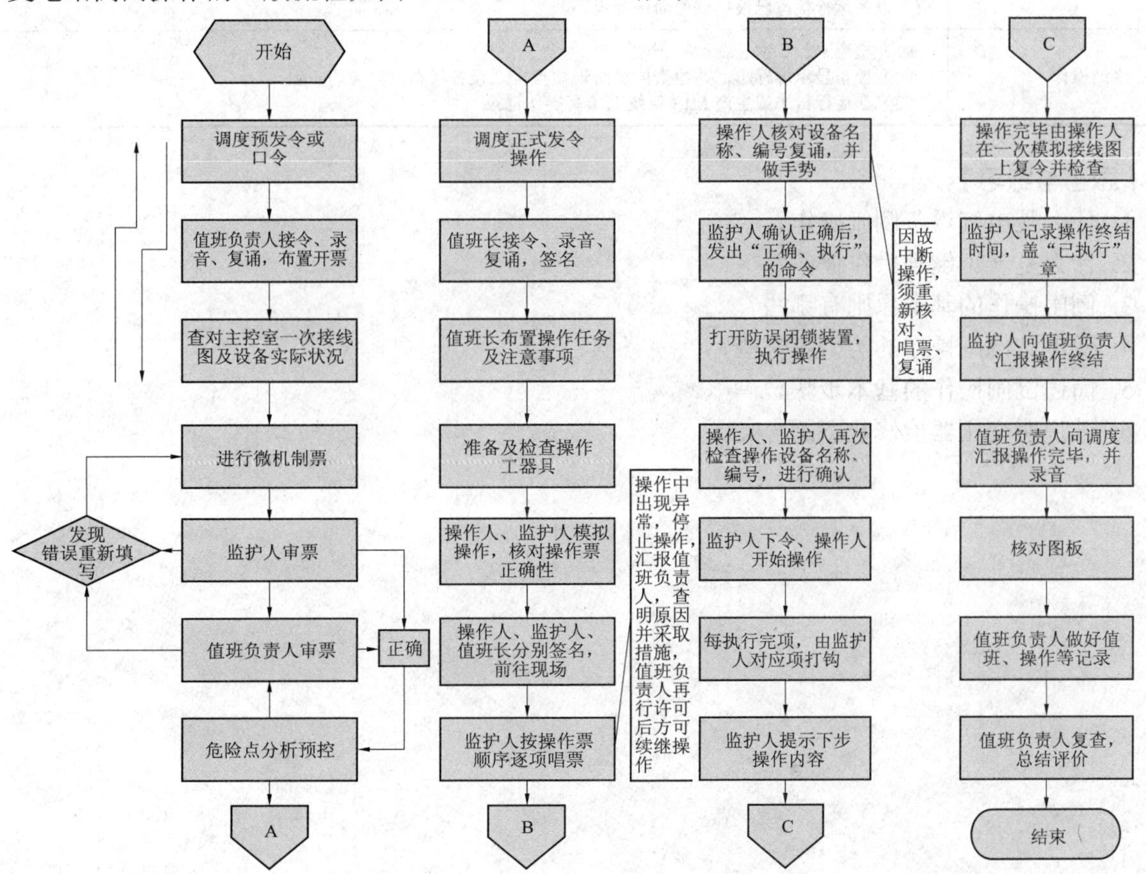

图 GYBD00401001-1　变电站倒闸操作的一般流程

3. 倒闸操作的关键步骤及工作要点

倒闸操作执行中的关键步骤及工作要点如表 GYBD00401001-1 所示。

表 GYBD00401001-1　　倒闸操作执行中的关键步骤及工作要点

操作步骤	工 作 要 点
1. 接受操作任务，拟订操作方案（填操作票）	（1）熟悉操作任务，明确操作目标，结合现场实际运行方式、设备运行状态和性能，确认操作任务正确、安全可行。 （2）根据操作任务，核对运行方式后，参照典型操作票，正确规范填写操作票。 （3）对于复杂操作任务，应认真拟定操作方案后，再填写操作票
2. 审核、打印操作票	（1）按照操作人、监护人、值班长进行逐级审核。审查操作票的正确性、安全性及合理性，重点审查一次设备操作相应的二次设备操作。 （2）经审查无误后，打印操作票，审票人分别在操作票指定地点签名
3. 操作准备	（1）正式操作前，操作人监护人进行模拟操作，再次对操作票的正确性进行核对，并进一步明确操作目的。 （2）值班长组织操作人员对整个操作过程中危险点进行分析和控制，做到有备无患。 （3）准备操作中要使用的工器具。检查工器具的完好性，并由辅助操作人员负责做好使用准备
4. 接受操作指令	（1）调度员发布正式操作命令时，应由当值值班负责人或正值班员接令，并录音和复诵，经双方复核无误后，由接令人将发令时间、发令人姓名填入操作票，然后交由监护人、操作人操作。 （2）通过复诵和录音使得调度及变电站双方对操作任务再次核对正确性并留下依据
5. 核对操作设备	（1）操作人应站位正确，核对设备名称和编号，监护人检查并核对操作人所站位置及操作设备名称编号应正确无误，安全防护用具使用正确，然后高声唱票。 （2）核对设备的名称编号是防误操作的第一道关卡，可防止误入间隔。核对设备的状态是否与操作内容相符，如有疑问应立即停止操作，并向调度或相关管理人员询问
6. 唱票、复诵、监护、操作，检查确认	（1）监护人高声唱票，操作人手指需操作的设备名称及编号，高声复诵。 （2）在二人一致明确无误后，监护人发出“对，执行”命令，操作人方可操作。 （3）每项操作完毕，操作人员应仔细检查一次设备是否操作到位，并与变电站控制室联系，检查相关二次部分如切换信号指示灯或遥信信息是否变位正确等。 （4）确认无误后应由监护人在操作票对应项上打钩
7. 汇报调度	（1）全部操作结束，监护人应检查票面上所有项目均已正确打钩，无遗漏项，在操作票上填写操作终了时间，加盖“已执行”章，并汇报值班负责人。 （2）由值班负责人或正值班员向调度汇报操作任务执行完毕。汇报时要汇报操作结束时间，表明操作正式结束，设备运行状态已根据调度命令变更
8. 终结操作	（1）检查一、二次设备运行正常。 （2）校正显示屏标志，并检查微机防误模拟屏上设备状态已与现场一致。 （3）在运行日志或生产 MIS 系统上填写操作记录

【思考与练习】

1. 什么是电气设备倒闸操作？
2. 什么是一个倒闸操作任务？
3. 倒闸操作的基本原则有哪些？
4. 变电站倒闸操作的类型有哪些？
5. 简述倒闸操作的基本步骤。
6. 试说明变压器检修状态的含义。

第十九章　高压开关类设备、线路停送电

模块 1　高压开关类设备、线路一般停送电（ZY1200301001）

【模块描述】本模块介绍高压开关类设备、线路一般停送电的操作原则及注意事项，以及发现异常的处理原则和相关规定等内容。通过要点归纳和案例介绍，掌握高压断路器、组合电器、隔离开关、线路停送电操作及要求，能对操作中发现异常进行简单处理。

【正文】

高压断路器是电力系统中改变运行方式，接通和断开正常运行的电路，开断和关合负荷电流、空载长线路或电容器组等容性负荷电流，以及开断空载变压器电感性小负荷电流的重要电气主设备之一。与继电保护装置配合，在电网发生故障时，能快速将故障从电网上切除；与自动重合闸配合能多次关合和断开故障设备，以保证电网设备瞬时故障时，及时切除故障和恢复供电，提高电网供电的可靠性。

高压隔离开关在结构上没有专门的灭弧装置，不能用来接通和切断负荷电流或短路电流。回路断路器拉开后，可以拉开隔离开关使停电设备与高压电网有一个明显的断开点，保证检修设备与带电设备进行可靠隔离，可缩小停电范围并保证人身安全。带接地开关的隔离开关，与隔离开关在机械上互相闭锁，可有效地杜绝在检修工作中发生带电合接地开关或带接地开关合闸的恶性事故。

SF_6组合电器全称为六氟化硫气体绝缘金属全封闭组合电器（英文缩写为 GIS，简称 GIS），它集断路器、电流互感器、电压互感器、接地开关、隔离开关等设备于一体。由于它采用 SF_6 气体作为绝缘和灭弧介质，具有开断性能好、机械强度高、维护工作量小、机械寿命长的优点。与其他电器相比，还有占地面积小、可在室内安装、运行中不用考虑设备外绝缘等优势，是较理想的高压输配电系统的控制和保护设备。组合电器的操作顺序可参考断路器和隔离开关。

一、高压断路器的操作原则及注意事项

1. 高压断路器操作要求

常规变电站用控制开关拉合断路器时，不要用力过猛，以免损坏控制开关。操作时不要返回太快，以免断路器合不上或拉不开。在操作过程中，应同时监视有关电压、电流、功率等表计指示，以及断路器分合闸指示灯的变化。

综合自动化变电站在进行断路器操作时，操作人用鼠标单击操作设备图标，在操作密码确认对话框上，操作人、监护人分别输入操作密码。此时，将弹出遥控操作设备确认对话框，操作人应输入该设备的调度编号，并选择对设备进行的操作是分或合，最后按“确认”按钮将远方遥控操作命令发出。操作完毕后，应在监控系统上认真检查操作质量和正确性，并监视有关电流、电压、功率的指示。

2. 高压断路器操作的一般原则

（1）断路器经检修恢复运行，操作前应认真检查所有安全措施是否全部拆除，防误装置是否正常。

（2）操作前应检查控制、信号、辅助、控制电源及液压机构回路均正常、储能机构已储能，即具备运行操作条件。

（3）合闸操作中应同时监视有关电压、电流、功率等表计的指示及监控屏红绿灯的变化。

（4）站内所有的断路器严禁就地操作。

（5）线路停、送电时，对装有重合闸的线路断路器，重合闸一般不操作。当需要重合闸停用或投入时，调度员应发布操作命令。与重合闸有关的保护需要改为经重合闸或直接跳闸，由现场根据正常方式要求自行调整，非正常方式由调度发令。

（6）设备送电，在断路器合闸前，必须检查继电保护已按规定投入，有重合闸的线路如需要投入重合闸时，调度员应另发布操作任务或操作指令。

（7）当断路器检修（或断路器及线路检修）且其母差保护二次电流回路有工作，在断路器投入运行前，应征得调度同意先停用母差保护，再合上断路器，测量母差不平衡电流合格后，才能投入母差保护。如果母差电流回路未动过，在断路器恢复送电时，母差保护不应退出，以免合闸于故障线路或设备，断路器拒动，造成失灵保护拒动，而扩大事故。

（8）操作主变压器断路器，停电时应先拉开负荷侧，后拉开电源侧，送电时顺序相反。拉合主变压器电源侧断路器前，主变压器中性点必须直接接地。

（9）断路器操作后的位置检查，应通过断路器电气指示或遥信信号变化、仪表（电流表、电压表、功率表）或遥测指示变化、断路器（三相）机械指示位置变化等方面判断。设遥控操作的断路器，至少应有两个及以上元件指示位置已发生对应变化，才能确认该断路器已操作到位。装有三相表计的断路器应检查三相表计。

3. 高压断路器停电操作注意事项

（1）终端线应检查负荷是否为零，如有疑问应问清调度后再操作，以免引起停电。

（2）电源线应考虑是否满足本变电站电源 N–1 方案。

（3）联络线应考虑拉开后是否会引起本站电源线过负荷。

（4）并列运行的线路，在一条线路停电前，应考虑有关保护定值的调整。注意在该线路拉开后另一条线路是否会过负荷，如有疑问应问清楚调度后再操作。

（5）断路器检修时必须拉开断路器交、直流操作电源（空气开关或刀开关或熔丝），弹簧机构应释放弹簧储能，以免检修时引起人员伤亡。检修后的断路器必须放在分开位置上，以免送电时造成带负荷合隔离开关的误操作事故。

（6）断路器检修时，应停用相应的母差跳闸及断路器失灵跳闸，在断路器改为冷备用后，投入相应的母差和失灵跳闸。

4. 高压断路器送电操作注意事项

（1）送电操作前应检查控制回路、辅助回路控制电源、液（气）压操动机构压力正常，储能机构已储能，即具备运行操作条件。对油断路器还应检查油色、油位应正常，SF_6 断路器检查 SF_6 气体压力在规定范围之内。

（2）长期停运的断路器在正式执行操作前，应向调度申请通过远方控制方式进行试操作 2～3 次，无异常后方能开始进行正常操作。

（3）送电端如发现合闸电流明显超过正常值，可以判断为断路器合闸于故障线路或设备，继电保护应动作跳闸，如未跳闸应立即手动拉开该断路器。

（4）当断路器合闸于联络线、电源线，一般有一定数值的电流是正常的。

（5）对主变压器进行充电合闸时，电流表会瞬间数值较大后马上又回落，这是变压器励磁涌流的正常现象。

5. 高压断路器异常时操作注意事项

（1）当用 500kV 或 220kV 断路器进行并列或解列操作，因机构失灵造成两相断路器断开、一相断路器合上的情况时，不允许将断开的两相断路器合上，而应迅速将合上的一相断路器拉开。若断路器合上两相，应将断开的一相再合一次，若不成功即拉开合上的两相断路器。

（2）断路器操作时，若分闸遥控操作失灵，如经检查断路器本身无异常，则可根据现场运行规程规定允许对断路器进行近控操作时，必须进行三相同步（联动）操作，不得进行分相操作。如合闸遥控操作失灵，则禁止进行现场近控合闸操作。

（3）接入系统中的断路器由于某种原因造成 SF_6 压力下降，断路器操作压力异常并低于规定值时，严禁对断路器进行停、送电操作。运行中的断路器如发现有严重缺陷而不能跳闸的（如断路器已处于闭锁分闸状态）应立即改为非自动（装设非自动连接片的断路器停用非自动连接片，无非自动连接片的断路器拉开断路器的直流操作电源），并迅速报告值班调度员后继续处理。

（4）断路器出现非全相分闸时，应立即设法将未分闸相拉开，如拉不开应利用上一级断路器切除，之后通过隔离开关将故障断路器隔离。

（5）断路器累计分闸或切断故障电流次数（或规定切断故障电流累计值）达到规定时，应停电检修。当断路器允许跳闸次数只剩一次时，应停用重合闸，以免故障重合时造成断路器跳闸引起断路器损坏。

（6）断路器的实际短路开断容量低于或接近运行地点的短路容量时，应停用自动重合闸，短路故障后禁止强送电。

二、隔离开关操作相关规定

1. 隔离开关操作的一般原则

（1）操作隔离开关时，应先检查相应的断路器确在断开位置（倒母线时除外），严禁带负荷操作隔离开关。

（2）操作电动机构隔离开关（包括接地开关）时，应先合上隔离开关操动机构电动机电源小开关，操作完毕后立即断开隔离开关操动机构电动机电源小开关。

（3）停电操作隔离开关时，应先拉线路侧隔离开关，后拉母线侧隔离开关。送电操作隔离开关时，应先合母线侧隔离开关，后合线路侧隔离开关。

（4）电动隔离开关一般应在后台机上进行操作，当远控失灵时，可在就地测控单元（保护小室）上就地操作，或在现场就地操作，但必须满足“五防”闭锁条件，并采取相应技术措施，且征得上级有关部门的许可。220kV 隔离开关可在就地操作，但必须严格核实电气闭锁条件和采取相应的技术措施；500kV 隔离开关不得在现场进行带电状态下的手动操作，若需手动操作时，必须征得调度和本单位总工程师的同意后方可进行，并有站领导或技术人员在现场监督。

（5）隔离开关（包括接地开关）操作时，运行人员应在现场逐相检查实际位置的分、合是否到位，触头插入深度是否适当和接触良好，确保隔离开关动作正常，位置正确。

（6）隔离开关、接地开关和断路器等之间安装和设置有防误操作的闭锁装置，在倒闸操作时，必须严格按操作顺序进行。如果闭锁装置失灵或隔离开关不能正常操作时，必须按闭锁要求的条件逐一检查相应的断路器、隔离开关和接地开关的位置状态，待条件满足，履行审批许可手续后，方能解除闭锁进行操作。

（7）电动隔离开关手动操作时，应断开其动力电源，将专用手柄插入转动轴，逆时针摇动为合闸，顺时针摇动为分闸。500kV 隔离开关不得带电进行手动操作。对于所有隔离开关和接地开关手动操作完毕后，应将箱门关好，以防电动操作被闭锁。

（8）500kV 隔离开关机构箱中的方式选择把手正常时必须在“三相”位置。

（9）装有接地开关的隔离开关，必须在隔离开关完全分闸后方可合上接地开关；反之当接地开关完全分闸后，方可进行隔离开关的合闸操作，操作必须到位。

（10）用绝缘棒拉合隔离开关或经传动机构拉合隔离开关，均应戴绝缘手套。雨天操作室外高压设备时，绝缘棒应有防雨罩，还应穿绝缘靴。

（11）手动合上隔离开关时，必须迅速果断。在隔离开关快合到底时，不能用力过猛，以免损坏支持绝缘子。当合到底时发现有弧光或为误合时，不准再将隔离开关拉开，以免由于误操作而发生带负荷拉隔离开关，扩大事故。手动拉开隔离开关时，应慢而谨慎。如触头刚分离时发生弧光应迅速合上并停止操作，立即进行检查是否为误操作而引起电弧。

（12）分相操动机构隔离开关在失去操作电源或电动失灵需手动操作时，除按解锁规定履行必要手续外，在合闸操作时应先合 A、C 相，最后合 B 相，在分闸操作时应先拉开 B 相，再拉开其他两相。

2. 隔离开关操作的注意事项

（1）操作隔离开关前，应检查相应断路器分、合闸位置是否正确，以防止带负荷拉合隔离开关。

（2）操作中，如果发现隔离开关支持绝缘子严重破损、隔离开关传动杆严重损坏等严重缺陷时，不准对其进行操作。

（3）操作中，如果隔离开关被闭锁不能操作时，应查明原因，不得随意解除闭锁。

（4）拉合隔离开关后，应到现场检查其实际位置，以免因控制回路或传动机构故障，出现拒分、拒合现象；同时应检查隔离开关触头位置是否符合规定要求，以防止出现不到位现象。

（5）操作隔离开关后，要将防误装置锁好，以防止下次操作时，隔离开关失去闭锁。

（6）操作中，如果隔离开关有振动现象，应查明原因，不要硬拉、硬合。

3. 隔离开关操作异常情况处理

（1）如发生带负荷拉错隔离开关，在隔离开关动、静触头刚分离时，发现弧光应立即将隔离开关合上。已拉开时，不准再合上，防止造成带负荷合隔离开关，并将情况及时汇报上级；发现带负荷错合隔离开关，无论是否造成事故均不准将错合的隔离开关再拉开，应迅速报告所属调度听候处理并报告上级。

（2）拉合隔离开关发现异常时，应停止操作，已拉开的不许合上，已合上的不许再拉开。接地前应验明确无电压，如断路器一相未拉开，已拉开的断路器一侧隔离开关不许立即接地，必须将另一侧隔离开关同时拉开后，方可接地。对于已合上的隔离开关，应用相应的断路器断开，而不能直接拉开该隔离开关。

（3）若隔离开关合不到位、三相不同期时，应拉开重合，如果无法合到位，应停电处理，同时汇报上级领导。

三、线路停、送电操作的一般规定

1. 一般线路停、送电操作

线路停电操作应先断开线路断路器，然后拉开线路侧隔离开关，最后拉开母线侧隔离开关。线路送电操作与此相反。

在正常情况下，线路断路器在断开位置时，先拉合线路侧隔离开关或母线侧隔离开关都没多大影响。之所以要求遵循一定操作顺序，是为了防止万一发生带负荷拉、合隔离开关时，可把事故缩小在最小范围之内。

断路器未断开，若先拉线路侧隔离开关时，发生带负荷拉隔离开关故障，线路保护动作，使断路器分闸，仅停本线路；若先拉母线侧隔离开关，发生带负荷拉隔离开关故障，母线保护动作，将使整条母线上所有连接元件停电，扩大了事故范围。

2. 3/2 断路器接线线路停、送电操作

线路停电操作时，先断开中间断路器，后断开母线侧断路器；拉开隔离开关时，由负荷侧逐步拉向电源侧。送电操作顺序与此相反。

在正常情况下，先断开（合上）还是后断开（合上）中间断路器都没有关系，之所以要遵循一定顺序，主要是为了防止停、送电时发生故障，导致同串的线路或变压器停电。

停电操作时，先断开中间断路器，切断很小负荷电流；断开边断路器，切除全部负荷电流，这时若发生故障，则 1 号母线保护动作，跳开 1 号母线直接相连的断路器，切除母线故障，其他线路可继续运行。若断开中间断路器，发生故障时，将导致本串另一条线路停电。

3. 线路并联电抗器的停、送电操作

在超高压电网中，为了降低线路电容效应引起的工频电压升高，在线路上并联电抗器，电抗器未装断路器。停、送电操作，应在线路无电压时，才能拉开或合上隔离开关。线路运行时，电抗器一般不退出运行，当需要退出电抗器时，应经过计算，电抗器退出后，线路运行时的工频电压升高不能超过允许值。

4. 线路的合环操作

有多电源或双电源供电的变电站，线路合环时，要经过同期装置检定，并列点电压相序一致，相位差不超过容许值，电压差不得超过下面数值：220kV 线路一般不超过额定电压的 20%，500kV 线路一般不超过额定电压的 10%，最大不超过 20%；频率误差不大于 0.5Hz。

新投入或线路检修后可能改变相位的，在合环前要进行相位校对。

5. 线路的倒母线操作

双母线运行方式接线，运行线路由一条母线切换至另一条母线运行时，母联断路器必须在合闸位置，并取下母联断路器的操作电源。根据现场要求切换母差回路保护压板，合上备用母线隔离开关，拉开运行母线隔离开关。最后给上母联断路器的操作电源，恢复母差保护压板。

6. 旁路代线路操作

（1）旁路母线启用前应先对旁路母线充电，充电前旁路保护投入，重合闸停用（旁路充电状态）。

（2）旁路代线路操作时，应在旁路断路器热备用状态时将旁路保护定值改为被代线路定值，按整定书的要求投入重合闸。

（3）旁路代出线一般应在同一母线时才进行旁路代操作，如旁路所处母线与被代回路不在同一母线时，可将旁路冷倒到被代线路相对应的母线上，且旁路母差 TA 二次与跳闸出口也应切至相对应的位置。

（4）对于装有双套主保护的线路，一套保护停用，一套保护切至旁路。

（5）旁路代线路操作过程中，高频保护出口跳闸应在切换前停用，待切换完成，通道测试正常后再投入高频保护出口跳闸。

7. 双回线路的停、送电操作

双回线停、送电时要考虑对线路零序保护和横差保护的影响。

在双回线路变单回线路或单回线路变双回线路时，线路零序保护定值应更改，以免引起零序保护不正确动作。

双回线路改单回线路时，装有横差保护的线路，其横差保护要停用。由于横差保护是靠比较两平行线路的电流来反应故障，因此当其中一条线路停电时，就破坏了差动保护动作原理。

线路停电前，特别是超高压线路，要考虑线路停电后对其他设备的影响。

8. 对空载线路充电的操作

（1）充电时要求充电线路的断路器必须有完备的继电保护。正常情况下线路停运时，线路保护不一定停运，所以在对线路送电前一定要检查线路的保护情况。

（2）要考虑线路充电功率对系统及线路末端电压的影响，防止线路末端设备过电压。充电端必须有变压器的中性点接地。

（3）新建线路或检修后相位有可能变动的线路要进行核相。

（4）在线路送电时，对馈电线路一般先合上送电端断路器，再合上受电端断路器。

四、高压开关设备、线路停、送电中发现异常的处理原则

（1）断路器运行中，由于某种原因造成 SF_6 断路器气体压力异常（如突然降至零等），严禁对断路器进行停、送电操作，应立即断开故障断路器的控制电源，及时采取措施，将故障断路器退出运行。

（2）断路器的实际短路开断容量接近于运行地点的短路容量时，在短路故障开断后禁止强送，并应停用自动重合闸。

（3）分相操作的断路器操作时，发生非全相合闸，当造成两相断路器断开、一相断路器合上的情况时，不允许将断开的两相断路器合上，而应迅速将合上的一相断路器拉开。若断路器合上两相应将断开的一相再合一次，若不成功即拉开合上的两相断路器并切断该断路器的控制电源，查明原因。

（4）运行中断路器发生非全相单相跳闸，应不待调度命令立即合上已断开相。

五、调度规程对高压开关设备、线路停、送电操作的相关规定

1. 500kV 线路停送电操作规定

（1）互联电网 500kV 联络线停送电操作，如一侧发电厂、一侧变电站，一般在变电站侧停送电，发电厂侧解合环；如两侧均为变电站或发电厂，一般在短路容量大的一侧停送电，短路容量小的一侧解合环；有特殊规定的除外。

（2）应考虑电压和潮流转移，特别注意使非停电线路不过负荷，使线路输送功率不超过稳定限额，应防止发电机自励磁及线路末端电压超过允许值。

（3）任何情况下严禁“约时”停电和送电。

（4）500kV 线路高压电抗器（无专用断路器）投停操作必须在线路冷备用或检修状态下进行。

2. 断路器（开关）操作规定

（1）断路器合闸前，厂站必须检查继电保护已按规定投入。断路器合闸后，厂站必须检查确认三相均已接通。

（2）断路器操作时，若远方操作失灵，厂站规定允许进行就地操作时，必须进行三相同时操作，不得进行分相操作。

（3）3/2 断路器接线方式，设备送电时，应先合母线侧断路器，后合中间断路器；停电时应先拉开中间断路器，后拉开母线侧断路器。

3. 隔离开关（刀闸）操作规定

（1）未经试验不允许使用隔离开关向 500 kV 母线充电。

（2）不允许使用隔离开关切、合空载线路、并联电抗器和空载变压器。

（3）用隔离开关进行经试验许可的拉开母线环流或 T 接短线操作时，须远方操作。

（4）其他隔离开关操作按厂站规程执行。

1）500kV 线路停送电前，要充分考虑操作后系统潮流转移给系统带来的影响，避免各通流元件过负荷、超稳定极限等情况的发生，必要时可事先降低有关线路的潮流。

2）操作 500kV 线路前，应充分考虑充电功率对系统电压的影响，操作过程中应注意保持 500kV 电压在正常范围内，防止线路末端电压超出规定值。线路末端最高电压不得超过 550kV。

3）为防止发生自励磁，未经批准不允许用发电机单带空线路零起升压。

六、配合二次操作注意事项

（1）断路器由运行状态转换热备用状态时，相应的控制电源、保护电源、信号电源均不能退出。

（2）断路器停电，线路转为检修状态时，线路 TV 二次侧退出运行，相应的控制电源、保护电源、信号电源均不需退出。

（3）断路器转检修，相应的控制电源应退出运行，相应的 TA 回路应退出差动电流回路及和电流回路。

（4）220kV 母线充电时投入充电保护，充电完毕后停用充电保护。

（5）3/2 断路器接线和角形接线方式中，线路停电断路器合环运行时，应将本侧分相电流差动及方向高频保护和远方跳闸装置停用，投入两断路器之间的短引线保护。

（6）线路两端的高频保护应同时投入或退出，不能只投一侧高频保护，以免造成保护误动作。高频保护投运前要检测高频通道是否正常。

（7）装有横差保护的平行线路，当平行线路中某一线路停电、处于充电状态、由旁路断路器代用或两条母线分裂运行时，应停用横差保护。

七、操作案例

一次接线图如图 ZY1200301001-1 所示。

（一）高压断路器停电操作

1. 操作任务

将 500kV SXⅡ线 5033 断路器由运行转为检修，操作见表 ZY1200301001-1。

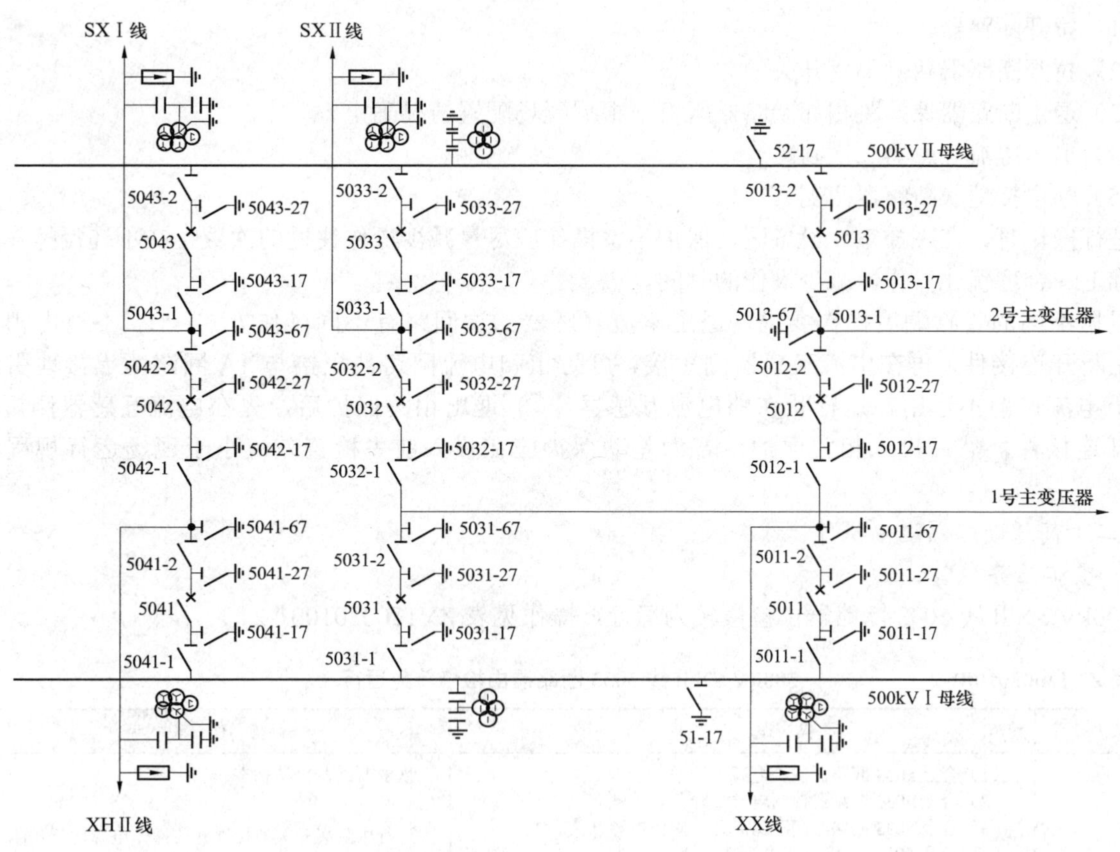

图 ZY1200301001-1 一次接线图

表 ZY1200301001-1 500kV SXⅡ线 5033 断路器由运行转为检修

操作状态	操作步骤	操作说明
运行转热备用	（1）拉开 5033 断路器。 （2）检查 5033 断路器三相确在分闸位置	断路器操作后，查仪表或遥测变化指示为零，电气指示或遥信信号变化确认拉开；查机械指示和外观正常确认分闸位置
热备用转冷备用	（1）检查 5033 断路器三相确在分闸位置。 （2）合上 5033 断路器间隔隔离开关操作电源开关。 （3）拉开 5033-1 隔离开关。 （4）检查 5033-1 隔离开关三相确已拉开。 （5）拉开 5033-2 隔离开关。 （6）检查 5033-2 隔离开关三相确已拉开。 （7）断开 5033 断路器间隔隔离开关操作电源开关。 （8）退出 5033 断路器保护跳相邻断路器压板。 （9）500kV SXⅡ线路保护的 5033 断路器位置信号开入量强制置分位	查断路器相关仪表或遥测指示为零，电气指示或遥信信号在分闸状态确认分闸位置；运行中隔离开关或接地开关操作电源均断开，防止控制回路故障而误动；隔离开关操作后经查电气指示或遥信信号变化后确认拉开；查隔离开关实际位置确认已拉开。 防止二次回路工作误跳运行断路器。 断路器试合或二次回路工作对其保护功能、灵敏度和跳闸方式有影响
冷备用转检修	（1）退出 5033 电流互感器二次回路。 （2）合上 5033 断路器间隔隔离开关操作电源开关。 （3）在 5033 断路器与 5033-1 隔离开关之间验明三相确无电压。 （4）合上 5033-17 接地开关。 （5）检查 5033-17 接地开关三相确已合上。 （6）在 5033 断路器与 5033-2 隔离开关断路器之间验明三相确无电压。 （7）合上 5033-27 接地开关。 （8）检查 5033-27 接地开关三相确已合上。 （9）断开 5033 断路器间隔隔离开关操作电源开关。 （10）断开 5033 断路器控制电源 1 开关。 （11）断开 5033 断路器控制电源 2 开关	检修设备与运行设备隔离，防止干扰源串入运行的差动电流回路及和电流回路造成保护不正确动作。 运行中隔离开关或接地开关操作电源均断开，防止控制回路故障而误动；检查 5033-1 隔离开关和 5033-2 隔离开关两明显断开点确已断开，确认无电压；接地开关操作后经查电气指示或遥信信号变化后确认合上；查接地开关实际位置确认已合上。 防止工作中断路器自动分合闸，威胁人身安全

2. 案例分析

高压断路器停电，断路器由运行转检修的操作顺序是：

（1）拉开断路器。

（2）拉开断路器两侧隔离开关。

（3）退出断路器保护跳相邻断路器压板（根据现场配置情况确定）。

（4）退出电流互感器二次回路。

（5）验电接地（断路器两侧）。

进行操作时，在主控室、设备区、保护小室操作应尽量减少操作往返的次数，在不违反操作规定的基础上，合理优化操作，减少操作的时间。

根据不同的管辖调度操作要求，退出电流互感器二次回路有不同操作方式：① 不退出相关保护，先断开连接件，再在电流互感器侧短接，可防止和电流回路被短接与TA回路两点接地引起的不平衡电流，但不适用在运行状态的电流互感器。② 退出相关保护后，先在电流互感器侧短接，再断开连接件，然后投入相关保护，若为差动保护应在投入前先检查差流小于现场运行规程的规定值。

（二）高压断路器送电操作

1. 操作任务

500kV SXⅡ线5033断路器由检修转为运行，操作见表ZY1200301001-2。

表 ZY1200301001-2 500kV SXⅡ线5033断路器由检修转为运行

操作状态	操作步骤	操作说明
检修转冷备用	（1）合上5033断路器控制电源1开关。 （2）合上5033断路器控制电源2开关。 （3）合上5033断路器间隔隔离开关操作电源开关。 （4）拉开5033-17接地开关。 （5）检查5033-17接地开关三相确已拉开。 （6）拉开5033-27接地开关。 （7）检查5033-27接地开关三相确已拉开。 （8）断开5033断路器间隔隔离开关操作电源开关。 （9）投入5033电流互感器二次回路	恢复断路器自动状态。 运行中隔离开关或接地开关操作电源均断开，防止控制回路故障而误动；接地开关操作后经查电气指示或遥信信号变化后确认拉开；查接地开关实际位置确认已拉开。 恢复电流互感器运行状态
具备送电条件	检查待送电范围内接地开关确已拉开，接地线确已拆除	查5033断路器间隔无接地点，防止带接地线（或接地开关）合闸
冷备用转热备用	（1）投入5033断路器保护跳相邻断路器压板。 （2）500kV SXⅡ线路保护的断路器位置信号开入量置正常位置。 （3）合上5033断路器间隔隔离开关操作电源开关。 （4）检查5033断路器三相确在分闸位置。 （5）合上5033-1隔离开关。 （6）检查5033-1隔离开关三相确已合上。 （7）合上5033-2隔离开关。 （8）检查5033-2隔离开关三相确已合上。 （9）断开5033断路器间隔隔离开关操作电源开关	恢复断路器保护正常方式。 强制分位转断路器位置触点控制。 运行中隔离开关或接地开关操作电源均断开，防止控制回路故障而误动；查断路器相关的仪表或遥测指示为零，电气指示或遥信信号及断路器机械指示在分闸状态，确认断路器分闸位置，防止带负荷合隔离开关；隔离开关操作后经查电气指示或遥信变化后确认合上；查隔离开关实际位置确认已合上
热备用转冷备用	（1）合上5033断路器。 （2）检查5033断路器三相确在合闸位置	断路器操作后经查仪表或遥测变化和电气指示或遥信信号变化后确认合上；查机械指示和外观正常确认合闸位置

2. 案例分析

高压断路器送电，断路器由检修转运行的操作顺序是：

（1）拆除接地线（或拉开接地开关）。

（2）投入与断路器有关的二次电源。

（3）投入有关保护（根据现场配置情况确定）。

（4）检查送电设备具备送电条件（接地线全部拆除）。

（5）检查断路器三相确在分闸位置。

（6）合上隔离开关（先电源侧后负荷侧）。

（7）合上断路器。

进行操作时，在主控室、设备区、保护小室操作应尽量减少操作往返的次数，在不违反操作规定的基础上，合理优化操作，减少操作的时间。

根据不同的管辖调度操作要求，投入电流互感器二次回路有不同操作方式：① 不退出相关保护，先断开电流互感器侧短接件，再接通连接件，可防止和电流回路被短接和 TA 回路两点接地引起的不平衡电流，但不适用在运行状态的电流互感器。② 退出相关保护后，先接通连接件，再断开电流互感器侧短接件，然后投入相关保护，若为差动保护应在投入前先检查差流小于现场运行规程的规定值。

（三）高压断路器、线路停电操作

1. 操作任务

500kV SXⅠ线、5042 断路器、5043 断路器由运行转为检修，操作见表 ZY1200301001-3。

表 ZY1200301001-3　500kV SXⅠ线、5042 断路器、5043 断路器由运行转为检修

操作目的	操作步骤	操作说明
两断路器由运行转热备用	（1）拉开 5042 断路器。 （2）检查 5042 断路器三相确在分闸位置。 （3）拉开 5043 断路器。 （4）检查 5043 断路器三相确在分闸位置	断路器操作后经查仪表或遥测变化并指示为零，电气指示或遥信信号变化后确认拉开，查机械指示和外观正常确认分闸位置；根据现场实际情况，操作顺序可调整为拉开两断路器，再检查两断路器确在分闸位置
中间断路器由热备用转冷备用	（1）检查 5042 断路器三相确在分闸位置。 （2）合上 5042 断路器间隔隔离开关操作电源开关。 （3）拉开 5042-2 隔离开关。 （4）检查 5042-2 隔离开关三相确已拉开。 （5）拉开 5042-1 隔离开关。 （6）检查 5042-1 隔离开关三相确已拉开。 （7）断开 5042 断路器间隔隔离开关操作电源开关。 （8）退出 5042 断路器保护跳相邻断路器压板。 （9）500kVSXⅠ线路保护的 5042 断路器位置信号开入量强制置分位。 （10）500kVXHⅡ线路保护的 5042 断路器位置信号开入量强制置分位	查断路器相关仪表或遥测指示为零，电气指示或遥信信号在分闸状态确认分闸位置；运行中隔离开关或接地开关操作电源均断开，防止控制回路故障而误动；隔离开关操作后经查电气指示或遥信信号变化后确认拉开；查隔离开关实际位置确认已拉开。 防止二次回路工作误跳运行断路器。 断路器试合或二次回路工作对其保护功能、灵敏度和跳闸方式有影响。 断路器试合或二次回路工作对其保护功能、灵敏度和跳闸方式有影响
边断路器由热备用转冷备用	（1）检查 5043 断路器三相确在分闸位置。 （2）合上 5043 断路器间隔隔离开关操作电源开关。 （3）拉开 5043-1 隔离开关。 （4）检查 5043-1 隔离开关三相确已拉开。 （5）拉开 5043-2 隔离开关。 （6）检查 5043-2 隔离开关三相确已拉开。 （7）断开 5043 断路器间隔隔离开关操作电源开关。 （8）退出 5043 断路器保护跳相邻断路器压板。 （9）500kVSXⅠ线路保护的 5043 断路器位置信号开入量强制置分位	查断路器相关仪表或遥测指示为零和电气指示或遥信信号在分闸状态确认分闸位置；运行中隔离开关或接地开关操作电源均断开，防止控制回路故障而误动；隔离开关操作后经查电气指示或遥信信号变化后确认拉开；查隔离开关实际位置确认已拉开。 防止二次回路工作误跳运行断路器。 断路器试合或二次回路工作对其保护功能、灵敏度和跳闸方式有影响
中间断路器由冷备用转检修	（1）退出 5042 电流互感器二次回路。 （2）合上 5042 断路器间隔隔离开关操作电源开关。 （3）在 5042 断路器与 5042-1 隔离开关之间验明三相确无电压。 （4）合上 5042-17 接地开关。 （5）检查 5042-17 接地开关三相确已合上。 （6）在 5042 断路器与 5042-2 隔离开关断路器之间验明三相确无电压。 （7）合上 5042-27 接地开关。 （8）检查 5042-27 接地开关三相确已合上。 （9）断开 5042 断路器间隔隔离开关操作电源开关。 （10）断开 5042 断路器控制电源 1 开关。 （11）断开 5042 断路器控制电源 2 开关	检修设备与运行设备隔离，防止干扰源串入运行的差动电流回路及和电流回路，造成保护不正确动作。 运行中隔离开关或接地开关操作电源均断开，防止控制回路故障而误动；检查 5042-1 隔离开关和 5042-2 隔离开关两明显断开点确已断开确认无电压；接地开关操作后经查电气指示或遥信信号变化后确认合上；查接地开关实际位置确认已合上。 防止工作中断路器自动分合闸，威胁人身安全
边断路器由冷备用转检修	（1）退出 5043 电流互感器二次回路。 （2）合上 5043 断路器间隔隔离开关操作电源开关。 （3）在 5043 断路器与 5043-1 隔离开关之间验明三相确无电压。 （4）合上 5043-17 接地开关。 （5）检查 5043-17 接地开关三相确已合上。 （6）在 5032 断路器与 5043-2 隔离开关断路器之间验明三相确无电压。 （7）合上 5043-27 接地开关。 （8）检查 5043-27 接地开关三相确已合上。 （9）断开 5043 断路器间隔隔离开关操作电源开关。 （10）断开 5043 断路器控制电源 1 开关。 （11）断开 5043 断路器控制电源 2 开关	检修设备与运行设备隔离，防止干扰源串入运行的差动电流回路及和电流回路，造成保护不正确动作。 运行中隔离开关或接地开关操作电源均断开，防止控制回路故障而误动；检查 5043-1 隔离开关和 5043-2 隔离开关两明显断开点确已断开确认无电压；接地开关操作后经查电气指示或遥信信号变化后确认合上；查接地开关实际位置确认已合上。 防止工作中断路器自动分合闸，威胁人身安全

续表

操作目的	操 作 步 骤	操 作 说 明
线路由冷备用转检修	（1）合上 5043-67 接地开关操动机构电动机电源开关。 （2）在 5043-1 隔离开关与 5042-2 隔离开关之间验明三相确无电压。 （3）合上 5043-67 接地开关。 （4）检查 5043-67 接地开关三相确已合上。 （5）断开 5043-67 接地开关操动机构电动机电源开关。 （6）断开 500kV SX Ⅰ线路电压互感器二次空气开关	运行中隔离开关或接地开关操作电源均断开，防止控制回路故障而误动；查 500kV SX Ⅰ线避雷器三相泄漏电流表指示为零和 500kV SX Ⅰ线电压互感器二次三相电压指示为零，确认三相确无电压；接地开关操作后经查电气指示或遥信信号变化后确认合上；查接地开关实际位置确认已合上。 防止电压互感器向一次反充电

2. 案例分析

3/2 断路器接线方式，单一线路停电，由运行转为检修的操作顺序是：

（1）线路两断路器由运行转热备用。

（2）线路两断路器由热备用转冷备用。

（3）线路两断路器由冷备用转检修（根据现场实际工作情况决定）。

（4）在本线路侧验明三相无电压（采用间接验电方式进行验电）。

（5）合上本线路的线路侧接地开关。

（6）断开本线路的电压互感器二次空气开关。

3/2 断路器接线方式，单一线路停电，需要停用边断路器与中间断路器。而单母线、单母线分段及双母线、双母线分段等其他接线的单一线路停电，只需停用单一线路断路器即可。在线路上装接有并联电抗器的，因电抗器未装断路器，在进行停电操作时，应在线路无电压时（冷备用或检修），才能拉开电抗器隔离开关。

进行操作时，在主控室、设备区、保护小室操作应尽量减少操作往返的次数，在不违反操作规定的基础上，合理优化操作，减少操作的时间，两断路器的二次配合操作可调整成集中操作。

（四）高压断路器、线路送电操作

1. 操作任务

500kV SX Ⅰ线、5042 断路器、5043 断路器由检修转为运行，操作见表 ZY1200301001-4。

表 ZY1200301001-4　　500kV SX Ⅰ线、5042 断路器、5043 断路器由检修转为运行

操作状态	操 作 步 骤	操 作 说 明
中间断路器由检修转冷备用	（1）合上 5042 断路器控制电源 1 开关。 （2）合上 5042 断路器控制电源 2 开关。 （3）合上 5042 断路器间隔隔离开关操作电源开关。 （4）拉开 5042-17 接地开关。 （5）检查 5042-17 接地开关三相确已拉开。 （6）拉开 5042-27 接地开关。 （7）检查 5042-27 接地开关三相确已拉开。 （8）断开 5042 断路器间隔隔离开关操作电源开关。 （9）投入 5042 电流互感器二次回路	恢复断路器自动状态。 运行中隔离开关或接地开关操作电源均断开，防止控制回路故障而误动；接地开关操作后经查电气指示或遥信信号变化后确认拉开；查接地开关实际位置确认已拉开。 恢复电流互感器运行状态
边断路器由检修转冷备用	（1）合上 5043 断路器控制电源 1 开关。 （2）合上 5043 断路器控制电源 2 开关。 （3）合上 5043 断路器间隔隔离开关操作电源开关。 （4）拉开 5043-17 接地开关。 （5）检查 5043-17 接地开关三相确已拉开。 （6）拉开 5043-27 接地开关。 （7）检查 5043-27 接地开关三相确已拉开。 （8）断开 5043 断路器间隔隔离开关操作电源开关。 （9）投入 5043 电流互感器二次回路	恢复断路器自动状态。 运行中隔离开关或接地开关操作电源均断开，防止控制回路故障而误动；接地开关操作后经查电气指示或遥信信号变化后确认拉开；查接地开关实际位置确认已拉开。 恢复电流互感器运行状态
线路由检修转冷备用	（1）合上 5043-67 接地开关操作电源开关。 （2）拉开 5043-67 接地开关。 （3）检查 5043-67 接地开关三相确已拉开。 （4）断开 5043-67 接地开关操作电源开关。 （5）合上 500kV SX Ⅰ线线路电压互感器二次空气开关	运行中隔离开关或接地开关操作电源均断开，防止控制回路故障而误动；接地开关操作后经查电气指示或遥信信号变化后确认拉开；查接地开关实际位置确认已拉开。 恢复电压互感器运行状态
具备送电条件	检查待送电范围内接地开关确已拉开，接地线确已拆除	查 5042 断路器、5043 断路器、500kV SX Ⅰ线路间隔无接地点，防止带接地线（或接地开关）合闸

模块1 ZY1200301001

续表

操作状态	操作步骤	操作说明
中间断路器由冷备用转热备用	（1）投入5042断路器保护跳相邻断路器压板。 （2）500kVSX Ⅰ线路保护的5042断路器位置信号开入量置正常位置。 （3）500kV XH Ⅱ线路保护的5042断路器位置信号开入量置正常位置。 （4）合上5042断路器间隔隔离开关操作电源开关。 （5）检查5042断路器三相确在分闸位置。 （6）合上5042-1隔离开关。 （7）检查5042-1隔离开关三相确已合上。 （8）合上5042-2隔离开关。 （9）检查5042-2隔离开关三相确已合上。 （10）断开5042断路器间隔隔离开关操作电源开关	恢复断路器保护正常方式。 强制分位转断路器位置触点控制。 强制分位转断路器位置触点控制。 运行中隔离开关或接地开关操作电源均断开，防止控制回路故障而误动；查断路器相关的仪表或遥测指示为零和电气指示或遥信信号及断路器机械指示在分闸状态，确认断路器分闸位置，防止带负荷合隔离开关；隔离开关操作后经查电气指示或遥信变化后确认合上；查隔离开关实际位置确认已合上
边断路器由冷备用转热备用	（1）投入5043断路器保护跳相邻断路器压板。 （2）500kV SX Ⅰ线路保护的5043断路器位置信号开入量置正常位置。 （3）合上5043断路器间隔隔离开关操作电源开关。 （4）检查5043断路器三相确在分闸位置。 （5）合上5043-1隔离开关。 （6）检查5043-1隔离开关三相确已合上。 （7）合上5043-2隔离开关。 （8）检查5043-2隔离开关三相确已合上。 （9）断开5043断路器间隔隔离开关操作电源开关	恢复断路器保护正常方式。 强制分位转断路器位置触点控制。 运行中隔离开关或接地开关操作电源均断开，防止控制回路故障而误动；查断路器相关的仪表或遥测指示为零，电气指示或遥信信号及断路器机械指示在分闸状态，确认断路器分闸位置，防止带负荷合隔离开关；隔离开关操作后经查电气指示或遥信变化后确认合上；查隔离开关实际位置确认已合上
边断路器由热备用转运行	（1）合上5043断路器。 （2）检查5043断路器三相确在合闸位置	系统合环或并列，断路器应经同期操作；断路器操作后经查仪表或遥测变化和电气指示或遥信信号变化后确认合上；查机械指示和外观正常确认合闸位置
中间断路器由热备用转运行	（1）合上5042断路器。 （2）检查5042断路器三相确在合闸位置	断路器操作后经查仪表或遥测变化和电气指示或遥信信号变化后确认合上；查机械指示和外观正常确认合闸位置

2. 案例分析

3/2断路器接线方式，单一线路送电，由检修转为运行的操作顺序是：

（1）线路两断路器由检修转冷备用。

（2）投入本线路纵联保护和远方跳闸装置（根据调度指令决定）。

（3）拉开本线路的线路侧接地开关。

（4）合上本线路的电压互感器二次空气开关。

（5）线路两断路器由冷备用转热备用。

（6）线路两断路器由热备用转运行（一般情况由边断路器对线路充电）。

3/2 断路器接线方式，单一线路送电，需要投入两断路器或其一断路器。在线路上装接并联电抗器的，因电抗器未装断路器，在进行送电操作时，应在线路无电压时（冷备用或检修）才能合上电抗器隔离开关。

进行操作时，在主控室、设备区、保护小室操作应尽量减少操作往返的次数，在不违反操作规定的基础上，合理优化操作，减少操作的时间，两断路器的二次配合操作可调整成集中操作。

【思考与练习】

1. 高压断路器操作的一般原则是什么？

2. 3/2断路器接线线路停、送电操作有何规定？

3. 双回线路的停、送电操作有何要求？

模块2　高压开关类设备、线路停送电操作危险点源分析（ZY1200301002）

【模块描述】本模块介绍高压开关类设备、线路停送电操作危险点源。通过要点归纳和列表说明，掌握高压开关设备、线路停送电操作可能出现的危险点源，并能制定危险点源预控措施。

【正文】

进行高压开关类设备、线路停送电操作，必须正确、规范、有效地填写和执行操作票。同时在操作前应根据操作任务，结合一、二次设备具体情况，认真进行危险点源分析，制定有效的控制措施，杜绝误操作事故的发生，确保电网、设备、人身的安全。

一、断路器操作危险点源

（1）操作任务接受不认真，操作票错误。

（2）误拉、合断路器。

（3）误入带电间隔。

（4）断路器停电，失灵跳相邻断路器压板未退出（包括启动母差压板和远方跳闸压板）。

（5）重合闸装置未切换。

（6）保护压板错投退或误投退。

（7）无保护设备投入运行。

（8）远方不能遥控操作。

（9）断路器转检修，未断开断路器操作电源。

二、隔离开关操作危险点源

（1）误拉合隔离开关。

（2）拉合隔离开关前未检查断路器位置，带负荷拉合隔离开关。

（3）带地线（或接地开关）合闸。

（4）拉合隔离开关时绝缘子断裂，跌落伤人。

（5）隔离开关合不到位，触头接触不良。

（6）远方不能遥控操作。

（7）电动隔离开关操作后未断开操作电源。

三、GIS组合电器操作的危险点源

（1）误拉合断路器、隔离开关。

（2）带负荷操作隔离开关。

（3）SF_6气体泄漏，人员不撤离现场。

（4）液压压力降低强行操作。

（5）SF_6压力降压进行操作。

（6）误投退保护压板。

（7）远方不能遥控操作。

四、500kV GIS设备接地开关操作的危险点源

（1）运用二元法间接验电，二元采自同一个单元。

（2）带电合接地开关。

五、线路停、送电操作的危险点源

（1）误走间隔造成误停线路。

（2）线路未停电前停用线路并联电抗器。

（3）3/2断路器接线线路停电，只停边断路器或中断路器。

（4）3/2断路器接线线路停电，保护压板未做相应的投停。

（5）未检查实际接地位置，造成误合接地开关。

（6）带电合接地开关或挂接地线。

（7）旁路代线路时，旁路断路器与所代线路断路器保护定值不符。

（8）旁路代主变压器断路器时，主变压器差动电流回路端子未切换或相应的保护未切换。

（9）带接地开关或接地线送电。

（10）多电源线路非同期合闸。

（11）未按规定程序装设接地线。

高压开关类设备、线路停送电操作危险点源与控制措施见表 ZY1200301002-1。

表 ZY1200301002-1　　高压开关类设备、线路停送电操作危险点源与控制措施

序号	危险点源	预控措施	备注
1	不具备操作条件进行倒闸操作，造成触电。如：设备未接地或接地不可靠，防误装置功能不全、雷电时进行室外倒闸操作、安全工器具不合格等	1. 操作前，检查使用的安全工器具应合格，不得使用金属梯子。 2. 操作前，检查设备外壳应接地可靠，设备名称、编号应齐全、正确。 3. 操作前，检查现场设备防误装置功能应齐全、完备。 4. 雷电时，不宜进行倒闸操作，禁止在室外进行倒闸操作；雨、雪天气需要操作室外设备时，操作工具应采取安全防护措施	
2	无调度指令或调度指令错误，造成误操作。如：无调度指令操作，操作任务不清、漏项、错项等	1. 严禁无调度指令操作。 2. 值班人员接受操作指令时，应核对指令的正确性	
3	无操作票或操作票错误，造成误操作	1. 严禁无票操作。 2. 根据调度命令及操作技术顺序认真填写操作票。 3. 严格执行操作票审核制度，严禁同一人填写和审核操作票。 4. 操作票应经过模拟预演正确	
4	操作任务不明确、调度术语不标准、联系过程不规范，造成误操作	操作时使用统一的、确切的调度术语和操作术语。联系过程应互通姓名、履行复诵制度，使用普通话并录音	
5	操作时走错间隔，造成误分、合断路器，误分、合隔离开关或接地隔离开关，误带电挂地线	1. 应正确核对操作设备名称编号。 2. 在每步操作结束后，应由监护人在原位向操作人提示下一步操作内容。 3. 中断操作重新就位开始操作前，应重新核对设备名称、编号。 4. 执行一个操作任务中途严禁换人	
6	验电器选择使用不当，造成误操作。如：验电器电压等级与实际不符、验电器损坏等	1. 选择使用电压等级合适且合格的验电器。 2. 定期检查、试验，发现损坏及时更换	
7	无法验电的设备、联络线设备的电气闭锁装置不可靠，造成误操作	1. 对无法验电的设备应采取间接验电。 2. 间接验电必须通过对设备状态、信号、计量等信息采取两种以上状态的改变来判别	
8	不验电，带电合接地开关	1. 检查确认被检修的设备两侧有明显断开点。 2. 在指定装设接地线的部位验明设备确无电压	
9	装设接地线未按程序进行，造成带电挂地线	1. 装设接地线前应停电、验电，验电前确认验电器合格。 2. 验电后，立即按装设地线的技术顺序挂接地线	
10	带负荷拉、合隔离开关	1. 确认停送电断路器在分闸位置，唱票复诵。 2. 检查相应电流、有功指示、红绿灯及后台遥信变位指示。 3. 操作高压隔离开关必须戴绝缘手套；操作过程中应穿长袖工作服，并戴好安全帽。 4. 进行解锁操作的，应确认被操作设备、操作步骤正确无误后，方可进行并加强监护	
11	带接地线或接地开关合断路器、隔离开关	1. 认真检查送电范围设备的运行状态。 2. 恢复送电前应检查相应的接地线全部收回，检查现场确无遗留接地	
12	隔离开关远方、就地操作失灵	操作前对远方控制回路进行检查	
13	拉隔离开关时支柱绝缘子断裂	1. 在操作隔离开关前检查设备支柱绝缘子无裂纹。 2. 操作前，应检查隔离开关一次部分无明显缺陷，如有，应立即停止操作。 3. 操作时，操作人、监护人应注意选择合适的操作站立位置，操作电动隔离开关时，应做好随时紧急停止操作的准备。 4. 发生断裂接地现象时，人员应注意防止跨步电压伤害。 5. 操作完隔离开关后将电动机电源拉开	
14	保护、重合闸压板误操作	1. 测量压板时应注意表计挡位。 2. 保护投停操作应由两人进行。 3. 投入压板前，应测量出口压板两端确无电压。 4. 应对设备二次压板名称进行核对并确认无误。 5. 应认真掌握二次压板、切换开关的作用。 6. 对于二次回路的切换，应根据原理图和现场规程的有关要求确定操作顺序。 7. 应考虑相关的二次切换及相应的联跳回路。 8. 防止误碰运行中的二次设备	

续表

序号	危险点源	预控措施	备注
15	变更定值前未退保护出口压板或定值变更后未投保护出口压板	1. 改定值前，应到现场检查相关保护压板确已退出。 2. 查阅图纸确认应操作的相应压板。 3. 改定值后，应到现场检查相关保护压板确已投入	
16	保护定值调整错误	1. 保护定值区调整应按现场规程要求进行操作。 2. 定值调整结束后，应打印确认并与定值单核对无误	
17	旁路代线路时，旁代断路器与所代线路断路器保护定值不符	旁路代前应核对保护定值	
18	旁路代主变压器断路器时，主变压器差动电流回路端子未切换或电流回路开路，相应的保护未切换	按照规程要求，切换有关的保护或电流端子。切换过程中应防止电流回路开路	

【思考与练习】

1. 试进行 500kV 线路停电检修操作危险点源分析。
2. GIS 设备操作有何危险点源？制定危险点源控制措施。

国家电网公司
生产技能人员职业能力培训专用教材

第二十章　变压器停送电

模块 1　变压器一般停送电（ZY1200302001）

【模块描述】本模块介绍变压器（高压电抗器）一般停送电的操作原则和注意事项，以及调度规程中对变压器（高压电抗器）操作的相关规定。通过要点归纳和案例介绍，掌握变压器（高压电抗器）一般停送电的操作及要求，能对操作中发现异常进行简单处理。

【正文】

电力变压器是变电站各类电气设备中最重要的设备之一。变压器的操作包括变压器的停送电操作、调压操作以及主变压器断路器旁路代操作。主变压器的停送电操作一般不涉及相邻变电站的配合操作，而仅仅是各级调度部门在停运主变压器之前要充分考虑好邻近地区的负荷转移情况。

一、变压器操作原则及注意事项

1. 变压器并列运行条件

（1）联结组别相同。

（2）电压比相同（允许误差±0.5%）。

（3）短路电压相等（允许误差±10%）。

在任何一台变压器都不会过负荷时，必须事先经过计算，才可允许电压以及短路电压不等的变压器并列运行。

2. 中性点接地开关的操作原则

变压器在充电状态下及停送电操作时，必须将其中性点接地开关合上。中性点接地开关合上的主要目的是防止单相接地产生过电压和避免产生某些操作过电压，危及变压器绝缘。

3. 变压器停、送电的操作顺序

变压器送电时，先合电源侧断路器，即应先从高压侧充电，再送低压侧，当两侧或三侧均有电源时，应先从高压侧充电，再送低压侧（500kV 变电站根据站内实际情况另定）。停电时先断开负荷侧断路器，后停电源侧断路器；当两侧或三侧均有电源时，应先停低压侧，后停高压侧。500kV 联络变压器，一般在 220kV 侧停（送）电后，在 500kV 侧解（合）环。

4. 变压器的充电操作原则

对空载变压器充电时，有以下要求：

（1）充电变压器应有完备的继电保护。

（2）变压器充电前，应检查充电侧母线电压及变压器分接头位置，保证充电后各侧电压不超过其相应分接头电压的 5%。

（3）拉合空载主变压器前，应先将主变压器 110kV 及以上系统侧的中性点接地开关合上，以防止出现操作过电压，危及变压器绝缘。

5. 变压器在正常合闸、分闸操作中的注意事项

（1）变压器充电时应投入全部继电保护。

（2）为保证系统稳定，充电前先降低相关线路的有功功率。

（3）变压器在充电状态下及停送电操作时，必须将其中性点接地开关合上。

（4）两台变压器并列运行，在倒换中性点接地开关时，应先将原来接地的中性点接地开关合上，再拉开另一台变压器中性点接地开关，并考虑零序电流保护的切换。

（5）500kV 联络变压器，应根据调度规程的有关规定进行操作。

（6）变压器并联运行必须满足并列运行条件。

（7）新投入或大修后变压器有可能改变相位，合环前都要进行相位校核。

6. 变压器新投入或大修后投入操作前后的注意事项

（1）按规定，对变压器本体及绝缘油进行全面试验，合格后方具备通电条件。

（2）对变压器外部进行检查：气体继电器外壳上的箭头应指向储油柜；所有阀门应置于正确位置；变压器上各带电体对地的距离以及相间距离应符合要求；分接开关位置符合有关规定，且三相一致；变压器上导线、母线以及连接线牢固可靠；密封垫的所有螺栓要足够紧固，密封处不渗油。

（3）对变压器冷却系统进行检查：风扇、潜油泵的旋转方向符合规定，运行是否正常，自动启动冷却设备的控制系统动作正常，启动整定值正确，投入适当数量冷却设备；冷却设备备用电源切换试验正常；对于水冷变压器，水压不得大于最低油压，以免水渗入油中。

（4）对监视、保护装置进行检查：所有指示元件要正确，如压力释放阀、油流指示器、油位指示器、温度指示器等；变压器油箱上及其升高部位的积气、油气分离室积气要放净，以免气泡进入高电场引起电晕放电或进入气体继电器发生错误告警；各种指示、计量仪表配置齐全；继电保护配置齐全，并按规定投入，接线正确，整定无误。

（5）新投入或大修后的变压器、电抗器投入运行后，一般将其重瓦斯保护投入信号 48～72h 后，再投跳闸。

7. 变压器调压操作

无载调压变压器分接头的调整，应根据调度命令进行。分接头操作后应在分接头操作记录簿及值班操作记录簿中作记录，还应记入变压器专档内。变压器分接头的位置应与模拟图相符。

无载调压的操作，必须在变压器停电状态下进行。调整分接头应严格按制造厂规定的方法进行，防止将分接头调整错位。为消除触头上的氧化膜及油污，调压操作时必须在使用挡的前后挡切换两次，以保证接触良好。分接头调整好后，应检查和核对三相分接头位置一致，并应测量绕组的直流电阻。各相绕组直流电阻的相间差别不应大于三相平均值的 2%，并与历史记录比较，相对变化也不应大于 2%。测得的数值应记入现场试验记录簿和变压器专档内。

有载调压变压器调整分接头，运行人员应根据调度颁发的电压曲线进行。分接头调压操作可以在变压器运行状态下进行，调整分接头后不必测量直流电阻，但调整分接头时应无异声，每调整一挡运行人员应检查相应三相电压表指示情况，电流和电压平衡。在分接头切换过程中，有载调压的气体继电器有规律地发出信号是正常的，可将继电器中聚集的气体放掉。如分接头切换次数很少即发出信号，应查明原因。调压装置操作 5000 次后，应进行检修。

两台有载调压变压器并联运行时，允许在 85%变压器额定负荷电流及以下的情况下进行分接变换操作，不得在单台变压器上连续进行两个分接变换操作，必须在一台变压器的分接变换完成后再进行另一台变压器的分接变换操作。每进行一次变换后，都要检查电压和电流的变化情况，防止误操作和过负荷。升压操作，应先操作负荷电流相对较少的一台，再操作负荷电流相对较大的一台，防止过大的环流；降压操作时与此相反。操作完毕，应再次检查并联的两台变压器的电流大小与分配情况。当有载调压变压器过载 1.2 倍运行时，禁止分接开关变换操作并闭锁。

8. 中性点运行方式变换的操作

当主变压器中性点由经间隙接地改为直接接地时，零序过流Ⅰ段在接地开关合上前退出。当主变压器中性点由直接接地改为由间隙接地时，零序过流Ⅰ段在接地开关拉开后投入。不论中性点经间隙接地或直接接地时，零序过流Ⅱ段均正常投入。

9. 二次回路的调整

（1）500kV 3/2 断路器接线方式（出线配置隔离开关），主变压器检修而其 500kV 断路器作联络方式运行时，因主变压器检修需停用相关的本体保护（如本体瓦斯保护、有载调压瓦斯保护、压力释放保护、温度保护等），其投、停不需调度发令，按现场运行规程的规定执行，特别应注意检修后必须检查本体保护的相关继电器不动作并复归。

（2）主变压器运行，其一侧断路器改为检修时，该断路器的主变压器差动电流互感器端子应退出并短接。由和电流组成的回路，其一侧断路器改为检修时，该断路器的电流互感器端子也应退出并短接。断路器送电时恢复正常，此项由现场自行操作。

（3）新投入或大修后的变压器、电抗器投入运行后，一般将其重瓦斯保护投入信号 48～72h 后，再投跳闸。

（4）在变压器保护预试校验时，对设有联跳回路的变压器后备保护，应注意解除联跳回路的压板。

（5）若后备过电流的复合电压闭锁回路采用各侧并联的接线方式，当一侧电压互感器停运时，应退出该侧复合电压闭锁元件的闭锁作用。

（6）主变压器间隙零序保护在主变压器中性点隔离开关合上时退出，断开时投入。主变压器零序过电流保护，在主变压器中性点隔离开关合上时投入，断开时退出。

（7）主变压器高、中、低复合电压保护，在高、中、低压侧有电压时投入，失压时退出。

10. 旁路代主变压器的操作及注意事项

（1）母联或旁路断路器代主变压器断路器时，则应至少使主变压器的纵差、瓦斯和放电间隙过电流保护维持运行并改跳代路断路器，同时，若所代变压器为中性点接地变压器，则须倒为另一台变压器中性点接地。

（2）旁路代主变压器时，重合闸应停用，差动保护和母差保护用电流互感器二次切换至一次方式对应，主变压器保护跳旁路连接片应放上。

（3）旁路代主变压器时，主变压器差动保护在切换前必须停用跳闸出口，切换完成后检查差动继电器不动作或差动保护正常后才能投跳闸。

（4）对于装有双套主保护的主变压器，在旁路代前，将接断路器 TV（电压互感器）的主变压器差动保护停用，投入接套管 TV 的主变压器差动保护。

二、调度规程对变压器操作的相关规定

（1）500kV 变压器充电前，应检查调整充电侧母线电压及变压器分接头位置，保证充电后各侧电压不超过规定值。

（2）不允许用空载线路给变压器充电或带空载变压器运行。

三、变压器操作案例

一次接线图如图 ZY1200302001-1 所示。

（一）主变压器停电操作

1. 操作任务

1 号主变压器由运行转为检修状态，操作见表 ZY1200302001-1。

2. 操作案例分析

500kV 变压器停电，变压器由运行转为检修的操作顺序是：

（1）主变压器停电前，连接在该主变压器低压侧电容器、电抗器退出运行，站用变压器倒空负荷。

（2）主变压器三侧断路器由运行转热备用（操作顺序按调度规程规定执行）。

（3）主变压器三侧断路器由热备用转冷备用（三侧断路器转检修由调度指令决定）。

（4）在变压器三侧分别验明三相无电压。

（5）在变压器三侧装设接地线（或合上接地开关）。

（6）断开变压器各侧电压互感器二次空气开关。

（7）断开变压器的冷却器电源、有载调压电源开关等附属电源开关。

主变压器停电前，应检查主变压器总负荷满足停役后运行主变压器额定容量或稳定限额要求；若有低压电抗器、电容器自投切回路的应先将其停用，再将低压侧的电容器或电抗器由运行转热备用（按管辖调度规程的规定执行）；然后将主变压器低压侧的站用变压器负荷倒空。主变压器停电时，先停中压侧断路器还是先停高压侧断路器，应根据所属管辖调度规程的规定进行。在无特殊规定时，应按照先停中压侧（220kV）断路器、再停低压侧断路器、最后停高压侧（500kV）断路器的顺序进行，送电顺序与此相反。

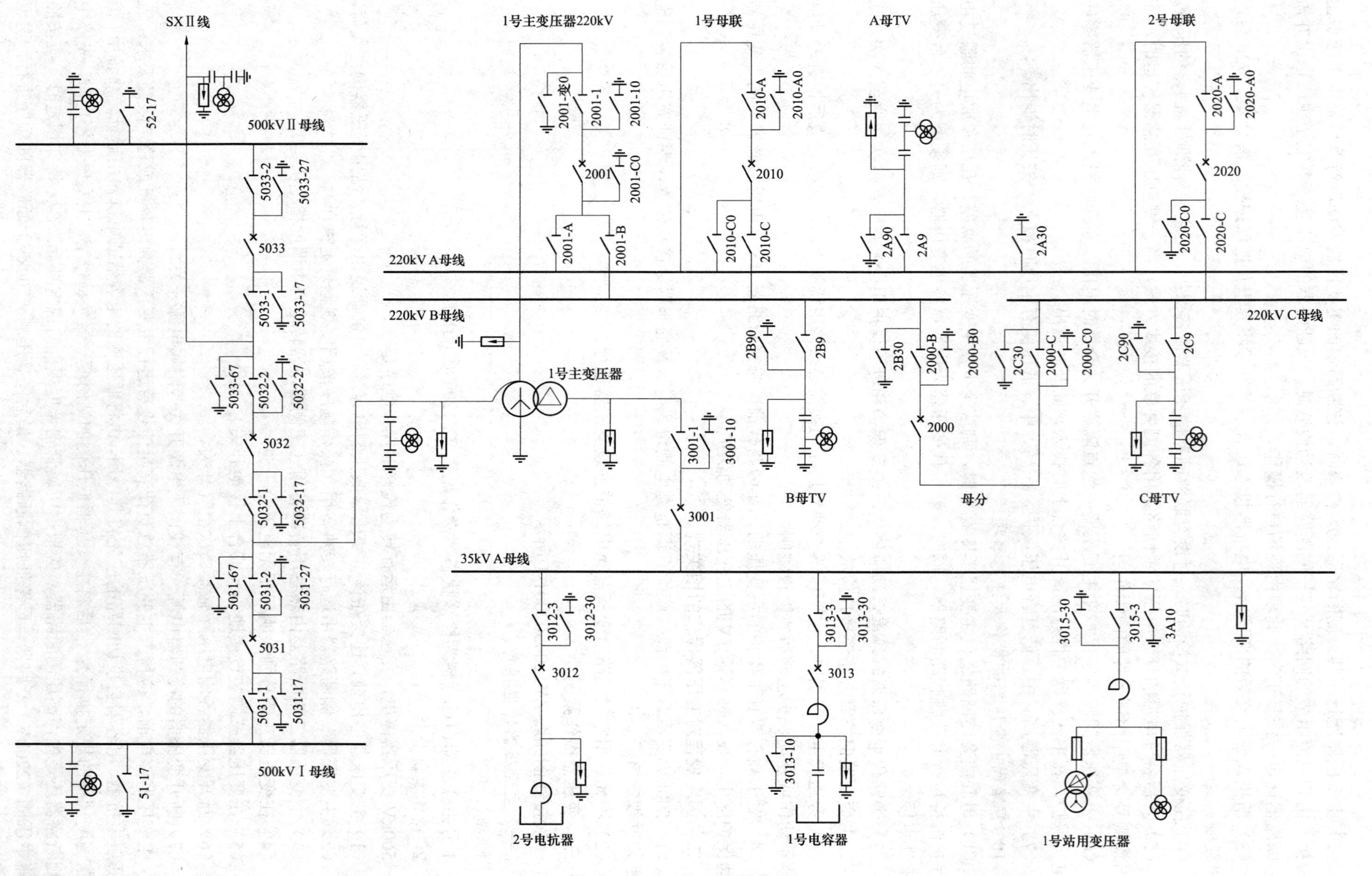

图ZY1200302001-1 接线图

表 ZY1200302001-1　　1 号主变压器由运行转为检修

操作状态	操 作 步 骤	操 作 说 明
操作前检查	（1）检查两台主变压器所带负荷不大于 2 号主变压器额定容量。 （2）检查 1 号主变压器 1 号电容器热备用。 （3）检查 1 号主变压器 2 号电抗器热备用。 （4）检查 1 号站用变压器负荷已倒出	停电前主变压器总负荷不大于停电后运行主变压器的额定总容量或调度规定的稳定限额；避免电容器、电抗器保护动作跳闸及站用电源部分失电，造成值班员紧张心理
主变压器三侧断路器由运行转热备用	（1）拉开 2001 断路器。 （2）检查 2001 断路器三相确在分闸位置。 （3）拉开 3001 断路器。 （4）检查 3001 断路器三相确在分闸位置。 （5）拉开 5032 断路器。 （6）检查 5032 断路器三相确在分闸位置。 （7）拉开 5031 断路器。 （8）检查 5031 断路器三相确在分闸位置	断路器操作后经查仪表或遥测变化并指示为零，电气指示或遥信信号变化后确认拉开；查断路器机械指示和外观正常确认分闸位置；根据现场实际情况，操作顺序可调整为连续拉开断路器，再检查断路器确在分闸位置
低压侧断路器由热备用转冷备用	（1）检查 3001 断路器三相确在分闸位置。 （2）合上 3001 断路器间隔隔离开关操作电源开关。 （3）拉开 3001-1 隔离开关。 （4）检查 3001-1 隔离开关确已拉开。 （5）断开 3001 断路器间隔隔离开关操作电源开关	查断路器相关仪表或遥测指示为零，电气指示或遥信信号和机械指示分闸状态确认分闸位置；运行中隔离开关或接地开关操作电源均断开，防止控制回路故障而误动；隔离开关操作后经查电气指示或遥信信号变化后确认拉开；查隔离开关实际位置确认已拉开
中压侧断路器由热备用转冷备用	（1）合上 2001 断路器间隔隔离开关操作电源开关。 （2）检查 2001 断路器三相确在分闸位置。 （3）拉开 2001-1 隔离开关。 （4）检查 2001-1 隔离开关确已拉开。 （5）检查 2001-B 隔离开关确已拉开。 （6）拉开 2001-A 隔离开关。 （7）检查 2001-A 隔离开关确已拉开。 （8）断开 2001 断路器间隔隔离开关操作电源开关。 （9）退出 1 号主变压器保护启动 220kV 母差失灵压板。 （10）退出 1 号主变压器保护跳 220kV 母联、分段断路器压板	运行中隔离开关或接地开关操作电源均断开，防止控制回路故障误动；查断路器的相关仪表或遥测指示为零，电气指示或遥信信号和机械指示分闸状态确认分闸位置；隔离开关操作后经查电气指示或遥信信号变化后确认拉开；查隔离开关操实际位置确认已拉开。 防止二次回路工作误跳运行断路器
高压侧中间断路器由热备用转冷备用	（1）合上 5032 断路器间隔隔离开关操作电源开关。 （2）检查 5032 断路器三相确在分闸位置。 （3）拉开 5032-1 隔离开关。 （4）检查 5032-1 隔离开关三相确已拉开。 （5）拉开 5032-2 隔离开关。 （6）检查 5032-2 隔离开关三相确已拉开。 （7）断开 5032 断路器间隔隔离开关操作电源开关。 （8）退出 5032 断路器保护跳相邻断路器压板。 （9）500kV SXⅡ线路保护的 5032 断路器位置信号开入量强制置分位	运行中隔离开关或接地开关操作电源均断开，防止控制回路故障而误动；查断路器相关仪表或遥测指示为零，电气指示或遥信信号和机械指示分闸状态确认分闸位置；隔离开关操作后经查电气指示或遥信信号变化后确认拉开；查隔离开关实际位置确认已拉开。 防止二次回路工作误跳相邻行断路器。 断路器试合和二次回路工作对其保护功能、灵敏度和跳闸方式有影响
高压侧边断路器由热备用转冷备用	（1）合上 5031 断路器隔离开关操作电源开关。 （2）检查 5031 断路器三相确在分闸位置。 （3）拉开 5031-2 隔离开关。 （4）检查 5031-2 隔离开关三相确已拉开。 （5）拉开 5031-1 隔离开关。 （6）检查 5031-1 隔离开关三相确已拉开。 （7）断开 5031 断路器隔离开关操作电源开关。 （8）退出 5031 断路器保护跳相邻断路器压板	查断路器相关仪表或遥测指示为零，电气指示或遥信信号和机械指示分闸状态确认分闸位置；运行中隔离开关或接地开关操作电源均断开，防止控制回路故障误动；隔离开关操作后经查电气指示或遥信信号变化后确认拉开；查隔离开关实际位置确认已拉开。 防止二次回路工作误跳相邻行断路器
变压器由冷备用转检修	（1）合上 5031-67 接地开关操作电源开关。 （2）在 5031-2 隔离开关与 5032-1 隔离开关之间验明三相确无电压。 （3）合上 5031-67 接地开关。 （4）检查 5031-67 接地开关三相确已合上。 （5）断开 5031-67 接地开关操作电源开关。 （6）合上 2001-变 0 接地开关操作电源开关。 （7）在 2001-1 隔离开关变压器侧验明三相确无电压。 （8）合上 2001-变 0 接地开关。 （9）检查 2001-变 0 接地开关三相确已合上。 （10）断开 2001-变 0 接地开关操作电源开关。 （11）在 3001-1 隔离开关变压器侧验明三相确无电压后，在 3001-1 隔离开关变压器侧挂××号接地线。 （12）断开 1 号主变压器 500kV 侧电压互感器二次空气开关。 （13）断开 1 号主变压器交流电源 1 开关。 （14）断开 1 号主变压器交流电源 2 开关	查 1 号主变压器 500kV 侧避雷器三相泄漏电流表指示为零，1 号主变压器 500kV 电压互感器二次三相电压指示为零，确认三相确无电压；运行中隔离开关或接地开关操作电源均断开，防止控制回路故障而误动；接地开关操作后经查电气指示或遥信信号变化后确认合上；查接地开关实际位置确认已合上；当验明确无电压后，立即挂三相短路接地线（装设接地线先接接地端，后接导体端，应接触良好，连接可靠）。 防止电压互感器向一次反充电。 避免停电变压器冷却器油泵运转

（二）主变压器送电操作

1. 操作任务

1号主变压器由检修转为运行，操作见表ZY1200302001-2。

表 ZY1200302001-2 1号主变压器由检修转为运行操作

操作状态	操作步骤	操作说明
变压器由检修转冷备用	（1）合上1号主变压器交流电源1开关。 （2）合上1号主变压器交流电源2开关。 （3）合上5031-67接地开关操作电源开关。 （4）拉开5031-67接地开关。 （5）检查5031-67接地开关三相确已拉开。 （6）断开5031-67接地开关操作电源开关。 （7）合上2001-变0接地开关操作电源开关。 （8）拉开2001-变0接地开关。 （9）检查2001-变0接地开关三相确已拉开。 （10）断开2001-变0接地开关操作电源开关。 （11）拆除3001-1隔离开关变压器侧××号接地线。 （12）合上1号主变压器500kV侧电压互感器二次空气开关	恢复断路器自动状态。 运行中隔离开关或接地开关操作电源均断开，防止控制回路故障而误动；接地开关操作后经查电气指示或遥信信号变化后确认拉开；查实际位置确认已拉开；拆除接地线先拆导体端，后拆接地端。 恢复电压互感器运行状态
具备送电条件	（1）检查1号主变压器三相调压装置分头位置正确。 （2）检查待送电范围内接地开关确已拉开，接地线确已拆除	查送电主变压器调压装置分接头位置与停电前相同或与待并运行主变压器相同；查主变压器和主变压器三侧断路器及低压侧母线间隔无接地点，防止带接地线（或接地开关）合闸
中压侧断路器由冷备用转热备用	（1）投入1号主变压器保护启动220kV母差失灵压板。 （2）投入1号主变压器保护跳220kV母联/分段断路器压板。 （3）合上2001断路器间隔隔离开关操作电源开关。 （4）检查2001断路器三相确在分闸位置。 （5）合上2001-A隔离开关。 （6）检查2001-A隔离开关确已合上。 （7）合上2001-1隔离开关。 （8）检查2001-1隔离开关确已合上。 （9）断开2001断路器间隔隔离开关操作电源开关	恢复主变压器保护正常方式。 运行中隔离开关或接地开关操作电源均断开，防止控制回路故障而误动；查断路器相关仪表或遥测指示为零，电气指示或遥信信号和机械指示分闸状态，确认分闸位置；隔离开关操作后经查电气指示或遥信信号变化后确认合上；查隔离开关实际位置确认已合上
低压侧断路器由冷备用转热备用	（1）合上3001断路器间隔隔离开关操作电源开关。 （2）检查3001断路器三相确在分闸位置。 （3）合上3001-1隔离开关。 （4）检查3001-1隔离开关确已合上	运行中隔离开关或接地开关操作电源均断开，防止控制回路故障而误动；查断路器相关仪表或遥测指示为零，电气指示或遥信信号和机械指示分闸状态，确认分闸位置；隔离开关操作后经查电气指示或遥信信号变化后确认合上；查隔离开关实际位置确认已合上
高压侧中间断路器由冷备用转热备用	（1）投入5032断路器保护跳相邻断路器压板。 （2）500kV SXⅡ线路保护的5032断路器位置信号开入量置正常位置。 （3）合上5032断路器间隔隔离开关操作电源开关。 （4）检查5032断路器三相确在分闸位置。 （5）合上5032-2隔离开关。 （6）检查5032-2隔离开关三相确已合上。 （7）合上5032-1隔离开关。 （8）检查5032-1隔离开关三相确已合上。 （9）合上5032断路器间隔隔离开关操作电源开关	恢复断路器保护正常方式。 强制分位转断路器位置触点控制。 运行中隔离开关或接地开关操作电源均断开，防止控制回路故障而误动；查断路器相关仪表或遥测指示为零，电气指示或遥信信号和机械指示分闸状态，确认分闸位置；隔离开关操作后经查电气指示或遥信信号变化后确认合上；查隔离开关实际位置确认已合上
高压侧边断路器由冷备用转热备用	（1）投入5031断路器保护跳相邻断路器压板。 （2）合上5031断路器间隔隔离开关操作电源开关。 （3）检查5031断路器三相确在分闸位置。 （4）合上5031-1隔离开关。 （5）检查5031-1隔离开关三相确已合上。 （6）合上5031-2隔离开关。 （7）检查5031-2隔离开关三相确已合上。 （8）断开5031断路器间隔隔离开关操作电源开关	恢复断路器保护正常方式。 运行中隔离开关或接地开关操作电源均断开，防止控制回路故障而误动；查断路器相关仪表或遥测指示为零，电气指示或遥信信号和机械指示分闸状态确认分闸位置；隔离开关操作后经查电气指示或遥信信号变化后确认合上；查隔离开关实际位置确认已合上
主变压器三侧断路器由热备用转运行	（1）合上5031断路器。 （2）检查5031断路器三相确在合闸位置。 （3）合上5032断路器。 （4）检查5032断路器三相确在合闸位置。 （5）合上2001断路器。 （6）检查2001断路器三相确在合闸位置。 （7）合上3001断路器。 （8）检查3001断路器三相确在合闸位置	断路器操作后经查仪表或遥测变化和电气指示或遥信信号变化后确认合上；查机械指示和外观正常，确认合闸位置；充电断路器操作后，还应查主变压器充电正常；合环断路器操作后，还应检查主变压器负荷分配正常；充电侧由所辖调度决定

2. 操作案例分析

500kV 变压器送电，变压器由检修转为运行的操作顺序是：

（1）主变压器由检修转冷备用。

（2）主变压器三侧断路器由冷备用转热备用。

（3）充电侧断路器由热备用转运行（充电侧由所辖调度决定）。

（4）检查主变压器充电正常。

（5）合环侧断路由热备用转运行。

（6）检查主变压器负荷分配正常。

（7）低压侧断路器由热备用转运行。

主变压器送电正常后，启用低压电抗器、电容器自投切回路，再将低压侧的电容器和电抗器恢复正常方式，应及时将站用电系统恢复正常方式运行。

【思考与练习】

1. 变压器并列运行的条件是什么？
2. 变压器的充电操作原则是什么？
3. 变压器新投入或大修后投入操作前后的注意事项有哪些？

模块 2　变压器操作危险点源分析（ZY1200302002）

【模块描述】本模块介绍变压器（高压电抗器）操作中危险点源。通过要点归纳和列表说明，掌握变压器（高压电抗器）操作中可能出现的危险点源，并能制定危险点源预控措施。

【正文】

电力变压器是变电站各类电气设备中最重要的设备，它的安全直接影响系统的安全运行。变压器一旦事故损坏，需要检查分析和处理的时间长，损失和影响也较大。因此，在进行变压器停送电操作时，要提前进行操作危险点源分析，并制定出相应的危险点源预控措施，确保操作安全。

一、变压器停送电操作中的危险点源

（1）停运一台变压器时，未考虑另一台变压器是否会过负荷，造成另一台变压器过负荷。

（2）停变压器时，负荷侧母联断路器未投入运行，造成运行在停电变压器母线的线路失电。

（3）停电后立即将主变压器冷却器停止运行，造成变压器过热减少使用寿命。

（4）误拉、合断路器及隔离开关。

（5）误入带电间隔。

（6）主变压器高压侧断路器停电，失灵启动相邻开关压板未退出。

（7）送电前变压器保护未投，造成主变压器无保护运行。

（8）送电前冷却器装置未投入，危及变压器安全运行。

（9）不能远方进行遥控操作。

（10）3/2 断路器接线，主变压器检修而 500kV 断路器做联络方式运行时，未停用相关的本体保护。

二、变压器停送电操作危险点源及预控措施

变压器停送电操作危险点源及预控措施见表 ZY1200302002-1。

表 ZY1200302002-1　　变压器停送电操作危险点源及预控措施

序号	危险点源	预控措施	备注
1	停运一台变压器时，未考虑另一台变压器是否会过负荷，造成另一台变压器过负荷	操作前，检查负荷情况	
2	停变压器时，负荷侧母联断路器未投入运行，造成运行在停电变压器母线的线路失电	1. 根据调度命令及操作技术顺序认真填写操作票。 2. 严格执行操作票审核制度，严禁同一人填写和审核操作票	
3	停电后立即将主变压器冷却器停止运行，造成变压器过热减少使用寿命	变压器停电后应将冷却器切至试验位置运转 30min，待变压器冷却后停运	

续表

序号	危险点源	预控措施	备注
4	误拉、合断路器及隔离开关	1. 应正确核对操作设备名称编号。 2. 在每步操作结束后，应由监护人在原位向操作人提示下一步操作内容。 3. 中断操作重新就位开始操作前，应重新核对设备名称、编号。 4. 执行一个操作任务中途严禁换人	
5	误入带电间隔	1. 应正确核对操作设备名称编号。 2. 在每步操作结束后，应由监护人在原位向操作人提示下一步操作内容。 3. 中断操作重新就位开始操作前，应重新核对设备名称、编号。 4. 执行一个操作任务中途严禁换人	
6	主变压器高压侧断路器停电，失灵启动相邻断路器压板未退出，相邻断路器失灵启动该断路器的压板未退出	操作前，根据操作任务检查有关保护，停电时按照规程要求停用有关保护的相应压板	
7	送电前变压器保护未投造成主变压器无保护运行	送电前按照定值单要求投入主变压器所有保护	
8	送电前冷却器装置未投入，危及变压器安全运行	送电前应按要求将冷却器投入提前运行 15min	
9	不能远方进行遥控操作	操作前对远方控制回路进行检查	
10	3/2 断路器接线，主变压器检修而 500kV 断路器做联络方式运行时，未停用相关的本体保护	3/2 断路器接线，主变压器检修而 500kV 断路器做联络方式运行时，应停用相关的本体保护	

【思考与练习】

1. 试进行变压器停送电操作中的危险点源分析。
2. 简述变压器停送电操作危险点源控制措施。

第二十一章　母线停送电

模块1　母线一般停送电（ZY1200303001）

【模块描述】本模块介绍倒母线操作、母线一般停送电操作、母线充电操作原则及注意事项。通过要点归纳和案例介绍，掌握母线停送电的操作及要求，能对操作中发现异常进行简单处理。

【正文】

母线的作用是汇集、分配和交换电能。根据母线接线方式的不同，其操作也各有异。母线的操作是指母线的送电、停电操作以及母线上的电气设备单元在两条母线间的倒换等。

一、倒母线操作

1. 运行设备倒母线的操作

设备运行中倒母线操作时，应先合上母联（或分段）断路器，对母差保护压板根据现场规程要求作出相应的切换，然后取下母联断路器的操作电源，进行倒母线的操作。操作结束后自行恢复母差运行方式，给上母联断路器的操作电源。

倒母线操作时，母联断路器应合上，并取下母联断路器的操作电源，然后合上备用的母线隔离开关，拉开工作的母线隔离开关。这是因为在倒母线过程中，由于某种原因使母联断路器分闸，此时母线隔离开关的拉、合操作实质上就是对两条母线进行带负荷解列、并列操作，在这种情况下，因解、并列电流较大，隔离开关灭弧能力有限，会造成弧光短路。母联断路器在合闸位置并取下其控制熔断器，可保证倒母线操作过程中母线隔离开关等电位。

倒母线操作中，母线隔离开关的操作方法有两种：其一是合上一组备用的母线隔离开关之后，立即拉开相应的一组工作母线隔离开关；其二是先合上所要操作的全部备用的母线隔离开关后，再拉开全部的工作母线隔离开关。

双母线分段接线方式倒母线操作时，应逐段进行。一段操作完毕，再进行另一段的倒母线操作。不得将与操作要求无关的母联、分段断路器改非自动。

倒母线时，应注意线路的继电保护、自动装置（如按频率减负荷）及电能表所用的电压互感器电源的相应切换。

倒母线操作电动隔离开关前，应先将母线隔离开关操作闭锁电源小开关合上，然后操作隔离开关。运行回路倒母线（热倒），隔离开关操作应遵循先合后拉的原则。

无论是回路的倒母线还是母线停电的倒母线操作，在拉开母联断路器之前，应再次检查需倒回路是否均已倒至另一组运行母线上，并检查母联断路器电流表指示、检查电压切换箱对应母线的灯亮等。对电动操作隔离开关而言，倒母线操作结束，要拉开母线隔离开关操作闭锁电源小开关。

2. 热备用设备倒母线的操作（冷倒）

热备用设备冷倒母线的操作，在检查本线断路器在断开位置后，母线隔离开关的操作应遵循先拉后合的原则，以免发生通过正、副母线隔离开关合环或解环的误操作事故。

3. 倒母线时的注意事项

倒母线操作时，母联断路器应合上，并取下母联断路器的操作电源，防止母联断路器误跳闸，造成带负荷拉隔离开关事故。所有负荷倒完后，断开母联断路器前，应再次检查要停电母线上所有设备是否均倒至运行母线上，并检查母联断路器电流表指示是否为零。

倒母线时，要考虑倒闸过程中对母线差动保护的影响，并注意有关二次切换开关的通断以及保护压板的切换。要根据母差保护运行规程作相应的变更。在倒母线操作过程中无特殊情况下，母差保护应投入运行。

由于设备倒换至另一母线或母线上电压互感器停电。继电保护和自动装置的电压回路需要转换由另一电压互感器供电时，应注意勿使继电保护及自动装置因失去电压而误动。避免电压回路接触不良以及通过电压互感器二次向不带电母线反充电而引起的电压回路熔断器熔断，造成继电保护误动等情况出现。

二、母线一般停送电操作

1. 变电站 3/2 断路器接线系统的母线操作原则

停电操作时，先将母线上所有运行断路器由运行状态转换成冷备用状态，即母线冷备用状态，再将母线由冷备用转检修状态；送电操作时，先将母线由检修状态转成冷备用状态，再选择一个断路器对母线进行充电操作，母线充电正常后，然后将母线上所有运行断路器由冷备用状态转换成运行状态。

2. 双母线接线方式的母线停送电操作原则

停电操作，先将要停电母线上所有运行设备倒至另一条母线上运行，母联及分段断路器由运行改为冷备用，即母线冷备用状态，停电母线由冷备用改为检修；送电操作时，停电母线由检修改为冷备用，母联及分段断路器由冷备用改为运行，原在该母运行的设备由运行母线倒回原母线运行。

3. 母线操作中的注意事项

（1）500kV 母线停役时，一般按断路器编号从小到大进行操作。复役时根据系统情况一般选择线路断路器对母线进行充电，不得用主变压器断路器进行充电，正常后再按断路器编号从大到小将其他开关恢复运行。

（2）220kV 母线充电时，应用母联（分段）断路器进行，其充电保护必须用上，充电完毕后退出充电保护。220kV 母线停送电操作中，必须避免电压互感器二次侧反充电。

（3）当重合闸有优先回路时，边断路器停电前应先退出该断路器的重合闸，并根据现场运行规程及保护运行规程的要求改变相应中间断路器的重合闸配合方式。如果此项操作需要断开边断路器的操作电源，则在断开操作电源前应投入相应断路器的位置停信压板或切换保护装置上的断路器状态开关。

（4）母线停电检修时，应拉开该母线上所连接的所有断路器及两侧隔离开关（可以先拉开所有断路器后再依次拉开各断路器两侧隔离开关），将母线电压互感器从低压侧断开，防止反送电，并合上母线接地开关。对于母线电压互感器可以二次并列的，应根据现场运行规程的要求，在母线电压互感器停电前，先将二次并列后再退出要停电母线的电压互感器二次空气开关（熔断器），方可进行其他操作。

（5）边断路器停电检修操作应只断开该断路器控制、信号电源，不允许断开相关线路或变压器的保护电源。母线保护工作时，应退出“母差启动失灵”保护压板和母差保护所有出口压板。

（6）对不能直接验电的母线（如 GIS 母线），在合接地开关前，必须要确认连接在该母线上的全部隔离开关确已全部拉开，连接在该母线上的电压互感器的二次空气开关（熔断器）已全部断开。

三、母线充电操作

1. 备用母线充电

有母联断路器时，应使用母联断路器向母线充电。母联断路器的充电保护应在投入状态，必要时要将保护整定时间调整至零。这样，如果备用母线存在故障，可由母联断路器切除，防止扩大事故。

2. 母线充电操作的注意事项

（1）用母联断路器进行母线充电操作。母联断路器正常运行时，充电过电流保护投入压板和跳闸出口软压板应取下。当用母联断路器向 220kV 母线充电时，放上充电过电流保护投入压板及跳闸出口压板，时间采用 0s。当与相邻元件串接作为相邻元件后备保护或 220kV 母差保护全部停用需投入母联或分段断路器充电过电流保护时，放上充电过电流保护投入压板及跳闸出口压板，时间采用 0.3s。

（2）用主变压器断路器对母线进行充电。充电时应确保变压器保护确在投入位置，并且后备保护的方向应有指向母线的。

（3）用线路断路器或旁路断路器对母线充电。充电时确保线路断路器充电保护及线路保护在投入状态。

（4）母线充电操作后应检查母线及母线上的设备情况，包括检查母线上所连电压互感器、避雷器应无异常响声，无放电、冒烟，支持绝缘子无放电，检查充电断路器正常等，同时应检查母线电压指示正常。对 GIS 母线在充电后还应检查母线及母线上连接各设备的气室压力正常。

四、母线操作案例

一次接线图如图 ZY1200303001-1 所示。

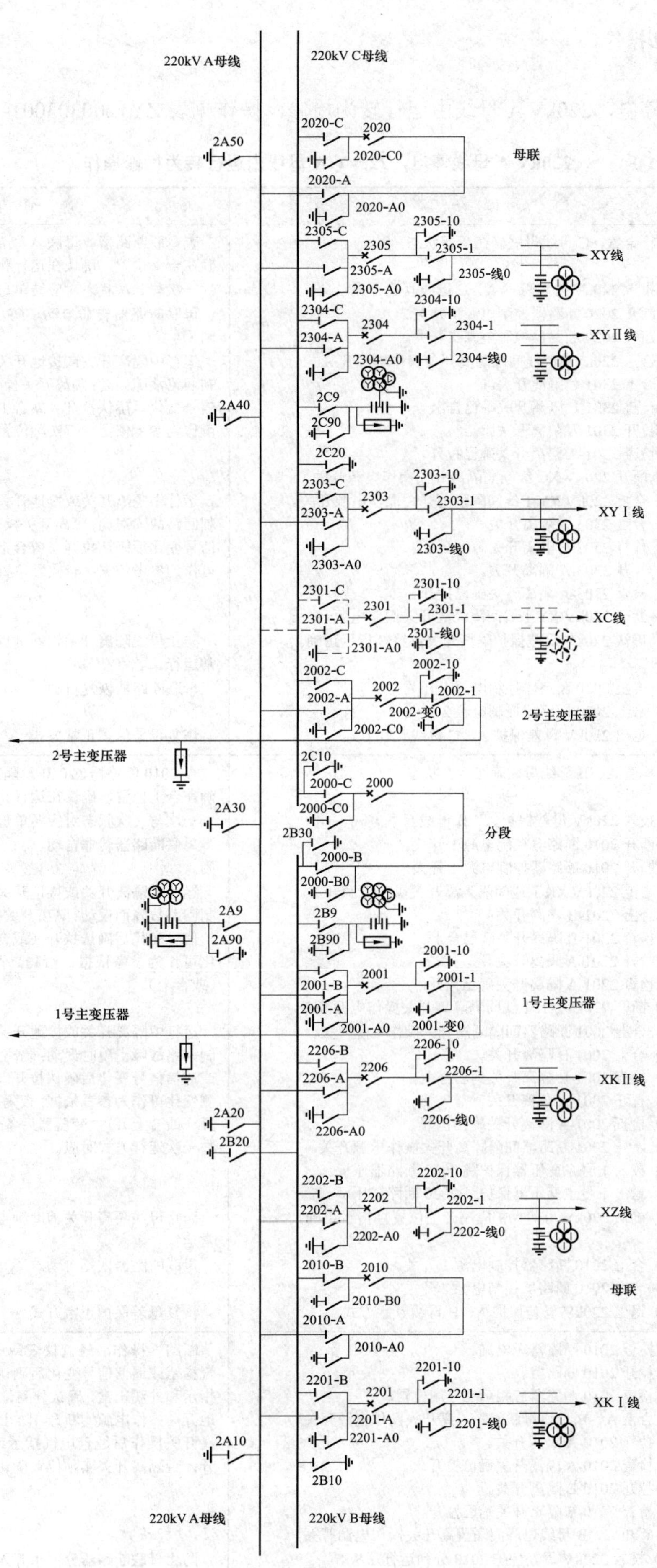

图 ZY1200303001-1　一次接线图

（一）母线停电操作

1. 操作任务

220kV A 母线停电，220kV A 母线由运行转为检修，操作见表 ZY1200303001-1。

表 ZY1200303001-1 220kV A 母线停电，220kV A 母线由运行转为检修操作

操作状态	操 作 步 骤	操 作 说 明
C 段侧 A 母线上运行出线由 A 母线倒至 C 母线运行	（1）检查 A、C 母线母联确在运行状态。 （2）投入 220kV 母差保护 A、C 母线互连方式。 （3）断开 2020 断路器控制电源 1 开关。 （4）断开 2020 断路器控制电源 2 开关。 （5）合上 220kV XC 线间隔隔离开关操作电源开关。 （6）合上 2301-C 隔离开关。 （7）检查 2301-C 隔离开关确已合上。 （8）拉开 2301-A 隔离开关。 （9）检查 2301-A 隔离开关确已拉开。 （10）断开 220kV XC 线间隔隔离开关操作电源开关。 （11）合上 220kV XYⅠ线间隔隔离开关操作电源开关。 （12）合上 2303-C 隔离开关。 （13）检查 2303-C 隔离开关确已合上。 （14）拉开 2303-A 隔离开关。 （15）检查 2303-A 隔离开关确已拉开。 （16）断开 220kV XYⅠ线间隔隔离开关操作电源开关。 （17）确认 220kV 母差保护隔离开关位置灯指示正确。 （18）合上 2020 断路器控制电源 1 开关。 （19）合上 2020 断路器控制电源 2 开关。 （20）退出 220kV 母差保护 A、C 母线互联方式	查母联断路器、母联 A 隔离开关、母联 C 隔离开关确在合上位置，确认在运行状态。 一次与二次状态对应转单母线方式 母联断路器转非自动，防止倒母操作时带负荷拉合闸。 运行中隔离开关或接地开关操作电源均断开，防止控制回路故障误动；隔离开关操作后经查电气指示或遥信信号变化后确认拉开（或合上），母联仪表或遥测变化可作为参考依据；查实际位置确认已拉开（或合上）。 运行中隔离开关或接地开关操作电源均断开，防止控制回路故障误动；隔离开关操作后经查电气指示或遥信信号变化后确认拉开（或合上），母联仪表或遥测变化可作为参考依据；查实际位置确认已拉开（或合上）。 防止母线隔离开关辅助触点故障，引起母差保护不正常运行。 母联断路器恢复自动。 恢复母差保护正常方式
B 段侧 A 母线上运行出线由 A 母线倒至 B 母线运行	（1）检查 A、B 母线母联确在运行状态。 （2）投入 220kV 母差保护 A、B 母线互联方式。 （3）断开 2010 断路器控制电源 1 开关。 （4）断开 2010 断路器控制电源 2 开关。 （5）合上 220kV XKⅠ线间隔隔离开关操作电源开关。 （6）合上 2201-B 隔离开关。 （7）检查 2201-B 隔离开关确已合上。 （8）拉开 2201-A 隔离开关。 （9）检查 2201-A 隔离开关确已拉开。 （10）断开 220kV XKⅠ线间隔隔离开关操作电源开关。 （11）合上 2001 断路器间隔隔离开关操作电源开关。 （12）合上 2001-B 隔离开关。 （13）检查 2001-B 隔离开关确已合上。 （14）拉开 2001-A 隔离开关。 （15）检查 2001-A 隔离开关确已拉开。 （16）断开 2001 断路器间隔隔离开关操作电源开关。 （17）投入 1 号主变压器保护跳 2010 断路器压板。 （18）退出 1 号主变压器保护跳 2020 断路器压板。 （19）确认 220kV 母差保护隔离开关位置灯指示正确。 （20）合上 2010 断路器控制电源 1 开关。 （21）合上 2010 断路器控制电源 2 开关。 （22）退出 220kV 母差保护 A、B 母线互联方式	查 2010 断路器、2010-A 隔离开关、2010-C 隔离开关确在合上位置，确认在运行状态。 一次与二次状态对应转单母线方式。 母联断路器转非自动，防止倒母线操作时带负荷拉合闸。 运行中隔离开关或接地开关操作电源均断开，防止控制回路故障而误动；隔离开关操作后经查电气指示或遥信信号变化后确认拉开（或合上），母联仪表或遥测变化可作为参考依据；查隔离开关实际位置确认已拉开（或合上）。 运行中隔离开关或接地开关操作电源均断开，防止控制回路故障出现时误动；隔离开关操作后经查电气指示或遥信信号变化后确认拉开（或合上），母联仪表或遥测变化可作为参考依据；查隔离开关实际位置确认已拉开（或合上）；主变压器后备保护跳母联、分段断路器与一次运行方式对应。 防止母线隔离开关辅助触点故障，引起母差保护不正常运行。 母联断路器恢复自动。 恢复母差保护正常方式
母联 2010 断路器由运行转冷备用	（1）检查 2010 断路器无电流。 （2）拉开 2010 断路器。 （3）检查 2010 断路器三相确在分闸位置。 （4）合上 A、B 母线母联间隔隔离开关操作电源开关。 （5）拉开 2010-A 隔离开关。 （6）检查 2010-A 隔离开关确已拉开。 （7）拉开 2010-B 隔离开关。 （8）检查 2010-B 隔离开关确已拉开。 （9）断开 A、B 母线母联间隔隔离开关操作电源开关。 （10）投入 220kV 母差保护 2010 分列运行压板	断路器操作后经查仪表或遥测变化并指示为零和电气指示或遥信信号变化后确认分闸位置；查断路器机械指示和外观正常，确认分闸位置；运行中隔离开关或接地开关操作电源均断开，防止控制回路故障而误动；隔离开关操作后经查电气指示或遥信信号变化后确认拉开；查隔离开关实际位置确认已拉开。 防止母联断路器分位未开入母差保护，造成母差保护灵敏度降低

续表

操作状态	操作步骤	操作说明
母联 2020 断路器由运行转冷备用	（1）检查 2020 断路器确无电流。 （2）拉开 2020 断路器。 （3）检查 2020 断路器三相确在分闸位置。 （4）合上 A、C 母线母联间隔隔离开关操作电源开关。 （5）拉开 2020-A 隔离开关。 （6）检查 2020-A 隔离开关确已拉开。 （7）拉开 2020-C 隔离开关。 （8）检查 2020-C 隔离开关确已拉开。 （9）断开 A、C 母线母联间隔隔离开关操作电源开关。 （10）投入 220kV 母差保护 2020 分列运行压板	断路器操作前检查电流无指示，确认停电母线上无运行出线；断路器操作后经查仪表或遥测变化并指示为零和电气指示或遥信信号变化后确认拉开；查断路器机械指示和外观正常确认分闸位置；运行中隔离开关或接地开关操作电源均断开，防止控制回路故障而误动；隔离开关操作后经查电气指示或遥信信号变化后确认拉开；查隔离开关实际位置确认已拉开。 防止母联断路器分位未开入母差保护，造成母差保护灵敏度降低
A 母线由冷备用转检修	（1）断开 220kV A 母线电压互感器二次空气开关。 （2）合上 220kV A 母线电压互感器间隔隔离开关操作电源开关。 （3）拉开 2A9 隔离开关。 （4）检查 2A9 隔离开关确已拉开。 （5）断开 220kV A 母电压互感器间隔隔离开关操作电源开关。 （6）在 2A9 隔离开关母线侧验明三相确无电压。 （7）合上 2A90 接地开关。 （8）合上 220kV A 母间隔接地开关操作电源开关。 （9）合上 2A10 接地开关。 （10）检查 2A10 接地开关确已合上。 （11）合上 2A20 接地开关。 （12）检查 2A20 接地开关确已合上。 （13）合上 2A30 接地开关。 （14）检查 2A30 接地开关确已合上。 （15）合上 2A40 接地开关。 （16）检查 2A40 接地开关确已合上。 （17）合上 2A50 接地开关。 （18）检查 2A50 接地开关确已合上。 （19）断开 220kV A 母线间隔接地开关操作电源开关	电压互感器停电操作按照先断两次、再断一次的顺序进行，送电操作按上述相反的顺序进行，防止向一次反充电；运行中隔离开关或接地开关操作电源均断开，防止控制回路故障而误动；隔离开关操作后经查电气指示或遥信信号变化后确认拉开；查隔离开关实际位置确认已拉开。 使用相应电压等级且合格的接触式验电器，在母线上可验电处对三相分别验电；运行中隔离开关或接地开关操作电源均断开，防止控制回路故障而误动；接地开关操作后经查电气指示或遥信信号变化后确认合上；查接地开关实际位置确认已合上

2. 案例分析

双母线并列运行，一条母线停电，由运行转为检修的操作顺序是：

（1）倒空停电母线上运行（或热备用）的线路（或主变压器）。

（2）母联和分段转冷备用。

（3）母线电压互感器转冷备用。

（4）在母线上验明确无电压，装设接地线（或合上接地开关）。

操作中其他有关保护压板的投停应根据现场运行规程的规定进行，电压互感器、母联（或分段）断路器转检修由管辖调度指令决定。3/2 断路器接线方式母线的停电，不需要倒母线，直接将连接在母线上的断路器转冷备用（或检修）即可。在进行倒母线操作时，在不违反操作原则的基础上，可根据现场设备的安装顺序，合理安排各断路器的操作顺序。

（二）母线送电操作

1. 操作任务

220kV A 母线送电，220kV A 母线由检修转为运行的操作见表 ZY1200303001-2。

表 ZY1200303001-2　　220kV A 母线送电，220kV A 母线由检修转为运行操作

操作目的	操作步骤	备注
A 母线由检修转冷备用	（1）合上 220kV A 母线间隔接地开关操作电源开关。 （2）拉开 2A10 接地开关。 （3）检查 2A10 接地开关确已拉开。 （4）拉开 2A20 接地开关。 （5）检查 2A20 接地开关确已拉开。 （6）拉开 2A30 接地开关。 （7）检查 2A30 接地开关确已拉开。 （8）拉开 2A40 接地开关。 （9）检查 2A40 接地开关确已拉开。 （10）拉开 2A50 接地开关。 （11）检查 2A50 接地开关确已拉开。 （12）断开 220kV A 母线间隔接地开关操作电源开关。 （13）检查待送电范围内接地开关确已拉开接地线确已拆除。	运行中隔离开关或接地开关操作电源均断开，防止控制回路故障而误动；接地开关操作后经查电气指示或遥信信号变化后确认拉开；查接地开关实际位置确认已拉开。

续表

操作目的	操 作 步 骤	备 注
A 母线由检修转冷备用	（14）拉开 2A90 接地开关。 （15）合上 220kV A 母线电压互感器间隔隔离开关操作电源开关。 （16）合上 2A9 隔离开关。 （17）检查 2A9 隔离开关确已合上。 （18）断开 220kV A 母线电压互感器间隔隔离开关操作电源开关。 （19）合上 220kV A 母线电压互感器二次空气开关	运行中隔离开关或接地开关操作电源均断开，防止控制回路故障而误动；隔离开关操作后经查电气指示或遥信信号变化后确认合上；查隔离开关实际位置确认已合上；电压互感器送电操作按照先合一次、再合两次的顺序进行，停电操作按上述相反的顺序进行，防止向一次反充电
母联 2010 断路器由冷备用转运行（对 A 母线充电）	（1）退出 220kV 母差保护 2010 分列运行压板。 （2）投入 A、B 母线母联充电保护（过电流、零序）压板。 （3）投入 A、B 母线母联保护跳 2010 断路器压板。 （4）检查 2010 断路器三相确在分闸位置。 （5）合上 A、B 母线母联间隔离开关操作电源开关。 （6）合上 2010-B 隔离开关。 （7）检查 2010-B 隔离开关确已合上。 （8）合上 2010-A 隔离开关。 （9）检查 2010-A 隔离开关确已合上。 （10）断开 A、B 母线母联间隔离开关操作电源开关。 （11）合上 2010 断路器。 （12）检查 2010 断路器三相确在合闸位。 （13）退出 A、B 母线母联充电保护（过电流、零序）压板。 （14）退出 A、B 母线母联保护跳 2010 断路器压板	退出强制分列状态，恢复由母联断路器位置触点控制；保证合于故障母线时，可靠切除。 查断路器相关仪表或遥测指示为零，电气指示或遥信信号和机械指示分闸状态确认分闸位置；运行中隔离开关或接地开关操作电源均断开，防止控制回路故障而误动；隔离开关操作后经查电气指示或遥信信号变化后确认拉开；查隔离开关实际位置确认已拉开；断路器操作后经查仪表或遥测变化和电气指示或遥信信号变化后确认合上；查断路器机械指示和外观正常确认合闸位置，充电断路器操作后，还应查母线充电正常。 母联或分段充电保护，仅在该断路器对空母线充电时投入，充电正常后退出
母联 2020 断路器由冷备用转运行	（1）退出 220kV 母差保护 2020 分列运行压板。 （2）检查 2020 断路器三相确在分闸位置。 （3）合上 A、C 母线母联间隔离开关操作电源开关。 （4）合上 2020-C 隔离开关。 （5）检查 2020-C 隔离开关确已合上。 （6）合上 2020-A 隔离开关。 （7）检查 2020-A 隔离开关确已合上。 （8）断开 A、C 母线母联间隔离开关操作电源开关。 （9）合上 2020 断路器。 （10）检查 2020 断路器三相确在合闸位置	退出强制分列状态，恢复由母联断路器位置触点控制。 查断路器相关仪表或遥测指示为零，电气指示或遥信信号和机械指示分闸状态确认分闸位置；运行中隔离开关或接地开关操作电源均断开，防止控制回路故障而误动；隔离开关操作后经查电气指示或遥信信号变化后确认拉开；查隔离开关实际位置确认已拉开；断路器操作后经查仪表或遥测变化和电气指示或遥信信号变化后确认合上；查断路器操作机械指示和外观正常，确认合闸位置
正常方式运行于 C 段的出线由 C 母线倒至 A 母线运行	（1）检查 A、C 母线母联确在运行状态。 （2）投入 220kV 母差保护 A、C 母线互联方式。 （3）断开 2020 断路器控制电源 1 开关。 （4）断开 2020 断路器控制电源 2 开关。 （5）合上 220kV XC 线间隔隔离开关操作电源开关。 （6）合上 2301-A 隔离开关。 （7）检查 2301-A 隔离开关确已合上。 （8）拉开 2301-C 隔离开关。 （9）检查 2301-C 隔离开关确已拉开。 （10）断开 220kV XC 线间隔隔离开关操作电源开关。 （11）合上 220kV XYⅠ线间隔隔离开关操作电源开关。 （12）合上 2303-A 隔离开关。 （13）检查 2303-A 隔离开关确已合上。 （14）拉开 2303-C 隔离开关。 （15）检查 2303-C 隔离开关确已拉开。 （16）断开 220kV XYⅠ线间隔隔离开关操作电源开关。 （17）确认 220kV 母差保护隔离开关位置灯指示正确。 （18）合上 2020 断路器控制电源 1 开关。 （19）合上 2020 断路器控制电源 2 开关。 （20）退出 220kV 母差保护 A、C 母线互联方式	查 2020 断路器、2020-A 隔离开关、2020-C 隔离开关确在合上位置确认在运行状态。 一次与二次状态对应转单母线方式。 母联断路器转非自动，防止倒母线操作时带负荷拉合闸。 运行中隔离开关或接地开关操作电源均断开，防止控制回路故障而误动；隔离开关操作后经查电气指示或遥信信号变化后确认拉开（或合上），母联仪表或遥测变化可作为参考依据；查隔离开关实际位置确认已拉开（或合上）。 运行中隔离开关或接地开关操作电源均断开，防止控制回路故障而误动；隔离开关操作后经查电气指示或遥信信号变化后确认拉开（或合上），母联仪表或遥测变化可作为参考依据；查隔离开关实际位置确认已拉开（或合上）。 防止母线隔离开关辅助触点故障，引起母差保护不正常运行。 恢复母联断路器自动状态。 恢复母差保护正常方式
正常方式运行于 B 段的出线由 B 母线倒至 A 母线运行	（1）检查 A、B 母线母联确在运行状态。 （2）投入 220kV 母差保护 A、B 母线互联方式。 （3）断开 2010 断路器控制电源 1 开关。 （4）断开 2010 断路器控制电源 2 开关。 （5）合上 220kV XKⅠ线间隔隔离开关操作电源开关。 （6）合上 2201-A 隔离开关。 （7）检查 2201-A 隔离开关确已合上。 （8）拉开 2201-B 隔离开关。 （9）检查 2201-B 隔离开关确已拉开。 （10）断开 220kV XKⅠ线间隔隔离开关操作电源开关。	查 2010 断路器、2010-A 隔离开关、2010-B 隔离开关确在合上位置确认在运行状态。 一次与二次状态对应转单母线方式。 母联断路器转非自动，防止倒母操作时带负荷拉合闸。 运行中隔离开关或接地开关操作电源均断开，防止控制回路故障而误动；隔离开关操作后经查电气指示或遥信信号变化后确认拉开（或合上），母联仪表或遥测变化可作为参考依据；查隔离开关实际位置确认已拉开（或合上）。

续表

操作目的	操作步骤	备注
正常方式运行于B段的出线由B母线倒至A母线运行	（11）合上2001断路器间隔隔离开关操作电源开关。 （12）合上2001-A隔离开关。 （13）检查2001-A隔离开关确已合上。 （14）拉开2001-B隔离开关。 （15）检查2001-B隔离开关确已拉开。 （16）断开2001断路器间隔隔离开关操作电源开关。 （17）退出1号主变压器保护跳2010断路器压板。 （18）投入1号主变压器保护跳2020断路器压板。	运行中隔离开关或接地开关操作电源均断开，防止控制回路故障而误动；隔离开关操作后经查电气指示或遥信信号变化后确认拉开（或合上），母联仪表或遥测变化可作为参考依据；查隔离开关实际位置确认已拉开（或合上）；主变压器后备保护跳母联、分段断路器与一次运行方式对应。
	（19）确认220kV母差保护隔离开关位置灯指示正确。	防止母线隔离开关辅助触点故障，引起母差保护不正常运行。
	（20）合上2010断路器控制电源1开关。 （21）合上2010断路器控制电源2开关。	恢复母联断路器自动状态。
	（22）退出220kV母差保护A、B母线互联方式	恢复母差保护正常方式

2. 案例分析

双母线并列运行，一条母线送电，由检修转为运行的操作顺序是：

（1）拆除母线接地线（或拉开接地开关）。

（2）母线电压互感器转运行。

（3）母联（分段）转运行（充电断路器投入充电保护，充电正常后退出）。

（4）出线倒母线至正常运行方式。

操作中其他有关保护压板的投停应根据现场运行规程的规定进行。无特殊要求，母线送电，母线电压互感器、母联、分段均转运行，出线运行方式恢复正常运行方式。3/2断路器接线方式母线送电，将连接在母线上的断路器全部转运行。在不违反操作原则的基础上，可根据现场设备的安装顺序，合理安排各断路器的操作顺序。

【思考与练习】

1. 母线充电操作的注意事项有哪些？

2. 倒母线时的注意事项有哪些？

3. 如何进行倒母线操作？

模块2　母线操作危险点源分析（ZY1200303002）

【模块描述】本模块介绍母线操作危险点源。通过要点归纳和列表说明，掌握母线操作可能出现的危险点源，能制定危险点源预控措施。

【正文】

母线是变电站最重要的电气设备之一。由于母线起着汇集、分配和交换电能的作用，一旦发生事故，将引起大面积停电。因此，在进行有关母线的操作过程中，要做好危险点源分析，防止各种事故的发生。

一、母线操作中的危险点源分析

（1）母线充电未按要求投、退母线充电保护。

（2）设备由一条母线倒至另一条母线运行，未切换电压回路，造成保护和自动装置失压。

（3）倒母线操作未对母差保护回路压板进行切换，造成操作中母线故障时保护拒动。

（4）在母线倒闸操作中，母联断路器的操作电源未拉开，母联断路器误跳闸，造成带负荷拉、合隔离开关。

（5）在母线倒闸操作中，所有负荷倒完后，断开母联断路器前，未再次检查要停电母线上所有设备是否均倒至运行母线上，造成失电事故。

（6）热备用设备冷倒母线的操作，先合后拉，造成通过正、副母线隔离开关合环或解环的误操作事故。

（7）3/2 断路器接线母线停电，误投、退压板，造成中间断路器运行中跳闸后不重合。

（8）母线停电，未断开停电母线电压互感器二次电源，造成二次反充电。

（9）母差保护有工作，未停用母差有关压板，造成运行中断路器误跳闸。

二、母线停、送电操作危险点源及预控措施

母线停、送电操作危险点源及预控措施见表 ZY1200303002-1。

表 ZY1200303002-1　　母线停、送电操作危险点源及预控措施

序号	危险点源	预控措施	备注
1	母线充电未按要求投、退母线充电保护	在母线充电前投入母线充电保护，充电正常后退出充电保护压板	
2	设备由一条母线倒至另一条母线运行，未切换电压回路，造成保护和自动装置失压	倒母线前根据本站电压二次接线的具体情况进行电压二次切换，对没有电压自动或手动切换并可能造成误动、拒动的保护自动装置申请退出运行，记录电能表失压的时间	
3	倒母线操作未对母差保护回路压板进行切换，造成操作中母线故障时保护拒动	倒母线前应将母差保护的方式改为非选择方式，倒母线结束后再恢复原运行方式	
4	在母线倒闸操作中，母联断路器的操作电源未拉开，母联断路器误跳闸，造成带负荷拉隔离开关	倒母线前必须检查母联断路器及其两侧隔离开关在合闸位置，断开母联断路器的操作电源；双母分段接线方式倒母线时不得将与操作无关的母联或分段的操作电源断开	
5	在母线倒闸操作中，所有负荷倒完后，断开母联断路器前，未再次检查要停电母线上所有设备是否均倒至运行母线上，造成断路器失电	断开母联断路器前检查母联断路器电流指示为零，将停运母线上所有设备均已倒至另一段母线运行；断开母联断路器后应检查停电母线的电压指示为零	
6	热备用设备冷倒母线的操作，先合后拉，造成通过正、副母线隔离开关合环或解环的误操作事故	热备用设备冷倒母线的操作，在检查本断路器在断开位置后，母线隔离开关的操作应遵循先拉后合的原则	
7	3/2 断路器接线母线停电，误投、退压板，造成中间断路器运行中跳闸后不重合	母线停电将边断路器重合闸出口压板退出，重合闸方式开关切至“停用”位置，将中间断路器的重合闸压板投入，并确认	
8	母线停电，未断开停电母线电压互感器二次电源，造成二次反送电	在退出电压互感器前应检查母线电压指示为零；停电母线的电压互感器必须从一、二次侧完全断开	
9	母差保护有工作，未停用母差有关压板，造成运行中断路器误跳闸	若母线停运后同时有母差保护或母差 TA、二次回路、边断路器保护柜的工作，应将母差保护和边断路器保护退出运行，包括边断路器启动失灵保护压板	

【思考与练习】

1. 倒母线操作有何危险点源？
2. 进行 3/2 断路器接线母线停电检修的危险点源分析。
3. 制定倒母线操作危险点源预控措施。

第二十二章　电压互感器停送电

模块 1　电压互感器一般停送电（ZY1200304001）

【模块描述】本模块介绍电压互感器的一般停送电操作原则及注意事项、发现异常的处理原则、调度规程对电压互感器停电的相关规定等内容。通过要点归纳和案例说明，掌握电压互感器停送电的操作及要求，能对操作中发现异常进行简单处理。

【正文】

根据电压互感器接入一次系统的方式不同，有互感器一次侧通过隔离开关与主设备连接和互感器通过引线直接与主设备连接两种方式。对于互感器通过引线直接与一次系统连接的接线方式，其互感器的停送电应随同所在母线或线路一起进行。对于通过隔离开关接入的电压互感器，根据其操作的目的和任务的不同进行不同的操作。操作前应重点考虑操作对电压互感器所带保护及自动装置的影响及操作引起的谐振问题、电压互感器的反充电问题。本模块主要介绍通过隔离开关接入的电压互感器的操作。

一、电压互感器的一般停送电

1. 电压互感器的停送电操作顺序

停电时先停低压（二次）侧，再停高压（一次）侧；送电时顺序与此相反。两台电压互感器中一台停电备用，必须将停电的电压互感器高、低压两侧断开，以防止反充电。

高压侧装有熔断器的电压互感器，其高压熔断器必须在停电并采取安全措施后才能取下、放上。在有隔离开关和熔断器的低压回路，停电时应先拉开隔离开关，后取下熔断器，送电时相反。

为防止反充电，母线电压互感器由运行改为冷备用时，必须先拉开电压互感器的所有二次电压小开关、熔断器，停用 $3U_0$ 连接片；然后才能拉开高压隔离开关或熔断器。反之，电压互感器由冷备用改为运行时，必须先合上高压隔离开关或放上高压熔断器，再合上该电压互感器的电压小开关、熔断器、$3U_0$ 连接片。

2. 电压互感器二次并列的操作

二次电压回路并列时，对电压并列回路是经母联或分段回路运行启动的，母联或分段断路器不得改为非自动（倒母线除外）。

对电压并列回路是经母联或分段回路运行启动的，一组母线电压互感器停用，母线仍为双母线运行时，此时可将两条母线 TV 二次侧联络。

3. 电压互感器停电时，有关二次保护的操作及注意事项

停用 TV（电压互感器）时，为防止误动，应首先考虑停用该 TV 所带保护及自动装置；如 TV 装有自动切换装置或手动切换装置，其所带保护和自动装置可不停用；当 TV 停用时，根据需要可将其二次小开关断开（熔断器取下），防止反充电。

二、电压互感器操作中异常处理

电压互感器二次回路不能切换时，为防止误动，可申请将有关保护和自动装置停用。对于通过电压闭锁、电压启动等原理进行工作的保护及自动装置，在电压互感器停电操作时，对相应装置的压板或切换开关应根据现场运行规程的规定和保护装置的要求进行切换和投退操作，退出装置对停运电压互感器的电压判别功能。

三、调度规程对电压互感器操作的规定

（1）允许用隔离开关拉、合无故障的空载电压互感器。

（2）对于互感器有异常，但高压侧绝缘未损坏的情况（如漏油看不到油面、内部发热等故障），可以用隔离开关将其退出运行。

（3）当发现电压互感器高压侧绝缘有损伤的征象，如喷油、冒烟，应用断路器将其电源切断，严禁用隔离开关或取下熔断器的方法拉开有故障的电压互感器，防止造成操作中短路引起带负荷拉隔离开关及人员伤亡、设备损害事故。

（4）在发现电压互感器有明显异常时，对于双母线接线方式，不得将该电压互感器与正常运行电压互感器二次侧并列，可在倒母线后用母联断路器断开电压互感器使其退出，然后再并列；对于 3/2 断路器接线方式，可断开全部母线侧断路器后将故障电压互感器退出运行；对于主变压器低压侧单母接线方式的应断开主变压器低压侧总断路器使故障互感器退出运行。

四、电压互感器操作案例

一次接线图见图 ZY1200304001-1。

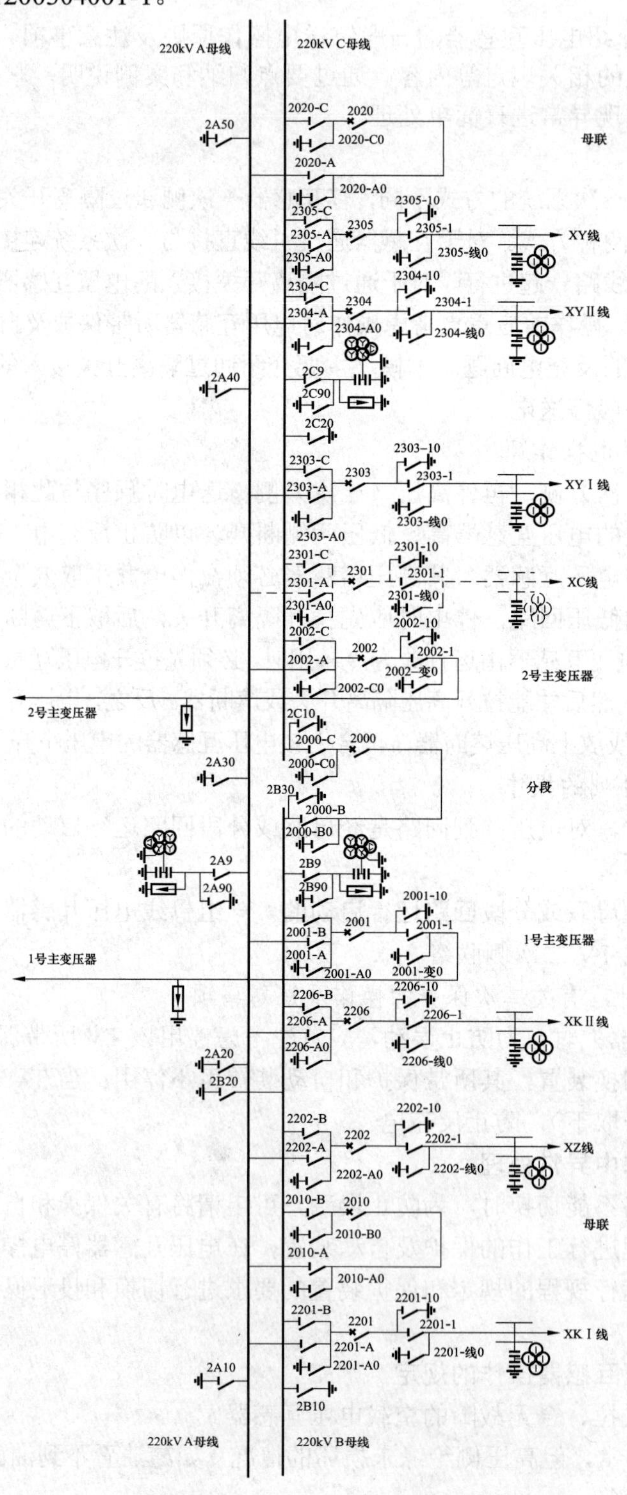

图 ZY1200304001-1 一次接线图

（一）电压互感器停电操作

1. 操作任务

220kV A 母线电压互感器停电、220kV A 母线电压互感器由运行转为检修操作见表 ZY1200304001-1。

表 ZY1200304001-1 220kV A 母线电压互感器停电、220kV A 母线电压互感器由运行转为检修操作

操作状态	操作步骤	操作说明
电压互感器运行转冷备用	（1）检查 A、B 母线母联确在运行状态。 （2）投入 220kV A、B 母线二次电压并列开关。 （3）检查 220kV A、B 母线二次并列正常。 （4）断开 220kV A 母线电压互感器二次空气开关。 （5）合上 220kV A 母线电压互感器间隔隔离开关操作电源开关。 （6）拉开 2A9 隔离开关。 （7）检查 2A9 隔离开关确已拉开。 （8）断开 220kV A 母线电压互感器间隔隔离开关操作电源开关。	查母联断路器及两侧隔离开关确在合上位置确认在运行状态，具备并列条件。 查并列装置信号确认并列正常，防止停电互感器的母线二次失电。 电压互感器停电操作按照先断二次、再断一次的顺序进行，送电操作按上述相反的顺序进行，防止向一次反充电；运行中隔离开关或接地开关操作电源均断开，防止控制回路故障误动；隔离开关操作后经查电气指示或遥信信号变化后确认拉开；查隔离开关实际位置确认已拉开
电压互感器冷备用转检修	（1）合上 220kV A 母线电压互感器间隔接地开关操作电源开关。 （2）在 2A9 隔离开关与电压互感器之间验明三相确无电压。 （3）合上 2A90 接地开关。 （4）检查 2A90 接地开关三相确已合上。 （5）断开 220kV A 母线电压互感器间隔接地开关操作电源开关	运行中隔离开关或接地开关操作电源均断开，防止控制回路故障误动。 使用相应电压等级且合格的接触式验电器，在电压互感器三相上分别验电；接地开关操作后经查电气指示或遥信信号变化后确认合上；查接地开关实际位置确认已合上

2. 案例分析

双母线运行，一台电压互感器停电，由运行转为检修的操作顺序是：

（1）检查母联断路器及两侧隔离开关在合上位置。

（2）合上母线电压并列开关，将电压互感器二次并列。

（3）断开电压互感器的二次所有空气开关（或二次熔断器）。

（4）拉开电压互感器的一次隔离开关。

（5）在电压互感器隔离开关与电压互感器间三相验明无电压，在电压互感器一次隔离开关与电压互感器间装设接地线（或合上接地开关）。

一般情况，母线电压互感器二次并列运行，母联断路器不改运行非自动，当母联断路器跳闸后，停电互感器的母线二次失电。在母联停电，两母线一次侧连接（一间隔母线隔离开关均在合上位置）时，应先解除母联状态闭锁并列装置回路，电压互感器二次方可并列。

（二）电压互感器送电操作

1. 操作任务

220kV A 母线电压互感器由检修转为运行状态操作见表 ZY1200304001-2。

表 ZY1200304001-2 220kV A 母线电压互感器由检修转为运行状态操作

操作状态	操作步骤	操作说明
电压互感器检修转冷备用	（1）合上 220kV A 母线电压互感器间隔接地开关操作电源开关。 （2）断开 2A90 接地开关。 （3）检查 2A90 接地开关三相确已拉开。 （4）断开 220kV A 母线电压互感器间隔接地开关操作电源开关	运行中隔离开关或接地开关操作电源均断开，防止控制回路故障误动。 接地开关操作后经查电气指示或遥信信号变化后确认拉开；查接地开关实际位置确认已拉开
电压互感器冷备用转运行	（1）检查待送电范围内接地开关确已拉开，接地线确已拆除。 （2）合上 220kV A 母线电压互感器间隔隔离开关操作电源开关。 （3）合上 2A9 隔离开关。 （4）检查 2A9 隔离开关确已合上。 （5）断开 220kV A 母线电压互感器间隔隔离开关操作电源开关。 （6）合上 220kV A 母线电压互感器二次电压开关。 （7）退出 220kV A、B 母线二次电压并列开关。 （8）检查 220kV A、B 母线二次电压解列正常	查母线电压互感器间隔无接地点，防止带接地线（或接地开关）合闸。 运行中隔离开关或接地开关操作电源均断开，防止控制回路故障误动。 隔离操作后经查电气指示或遥信信号变化后确认合上；查隔离开关实际位置确认已合上；电压互感器停电操作按照先合一次、再合二次的顺序进行，防止向一次反充电；查并列装置信号确认解列，防止母线二次长期并列，一侧故障影响两段母线

2. 案例分析

双母线运行，一台电压互感器送电，由检修状态转为运行状态的操作顺序是：

（1）拉开（或拆除）电压互感器一次接地开关（或接地线）。

（2）合上电压互感器一次隔离开关。

（3）合上电压互感器二次所有空气开关（二次熔断器）。

（4）断开母线二次电压并列开关，将电压互感器二次解列。

【思考与练习】

1. 电压互感器的停送电操作顺序是什么？

2. 电压互感器停电时，有关二次保护的操作及注意事项有哪些？

模块 2 电压互感器操作危险点源分析（ZY1200304002）

【模块描述】本模块介绍电压互感器停送电操作危险点源。通过要点归纳和列表说明，掌握电压互感器停送电操作可能出现的危险点源，能制定危险点源预控措施。

【正文】

电压互感器作为测量仪表、继电保护和自动装置的交流电源，又是实现仪表测量、继电保护和自动装置必不可少的设备。互感器异常将影响保护、自动装置的正确动作。因此，在进行电压互感器倒闸操作过程中，要进行操作危险点源分析，防止各种事故的发生。

一、电压互感器操作危险点源

（1）停、送电压互感器操作顺序错误，造成二次向一次反送电。

（2）停电的电压互感器低压侧未断开，造成反送电。

（3）电压互感器停电，有关的保护和自动装置电压回路未作切换，造成失压。

（4）用隔离开关拉合有故障的电压互感器，造成事故。

（5）电压互感器二次故障，未停用故障互感器前二次并列。

（6）互感器一次未并列就进行二次并列，造成非同期并列。

（7）互感器停电检修，接地线装设在母线侧而不是互感器侧，造成带电挂地线。

（8）操作中产生谐振过电压。

二、电压互感器操作中的危险点源及预控措施

电压互感器操作中的危险点源及预控措施见表 ZY1200304002-1。

表 ZY1200304002-1 电压互感器操作中的危险点源及预控措施

序号	危险点源	预控措施	备注
1	停、送电压互感器操作顺序错误，造成二次向一次反送电	停电时先停低压（二次），再停高压（一次）；送电时顺序与此相反	
2	停电的电压互感器低压侧未断开，造成反送电	停电母线的电压互感器必须从一、二次侧完全断开	
3	电压互感器停电，有关的保护和自动装置电压回路未作切换，造成失压	停用 TV 时，为防止误动，应首先考虑停用该 TV 所带保护及自动装置，或作相应电压回路的切换	
4	用隔离开关拉合有故障的电压互感器，造成事故	禁止用隔离开关拉合有故障的电压互感器	
5	电压互感器二次故障，未停用故障互感器前二次并列	互感器二次回路有问题时严禁进行二次并列。故障电压互感器一、二次全部断开后方允许进行二次并列	
6	互感器一次未并列就进行二次并列，造成非同期并列	二次并列前必须检查确保一次在并列状态；对新投或接线变动的互感器，操作前二次必须要经过核相正确方可投运	
7	互感器停电检修，接地线装设在母线侧而不是互感器侧，造成带电挂地线	操作前应认真核对设备名称、编号、位置，并加强监护	

续表

序号	危险点源	预控措施	备注
8	操作中产生谐振过电压	1. 对电磁式电压互感器应注意操作顺序，不宜使用带断口电容器的断路器投切带电磁式电压互感器的空母线，空母线不宜带电压互感器充电。 2. 电容式电压互感器电磁单元的外接阻尼器必须接入，否则不得投入运行	

【思考与练习】

1. 简述电压互感器操作危险点源。
2. 简述电压互感器操作中的危险点源控制措施。

第二十三章 站用交、直流系统停送电

模块1 站用交、直流系统一般停送电（ZY1200305001）

【模块描述】本模块包含站用交流系统停送电、站用直流系统停送电操作原则及注意事项。通过要点归纳和案例说明，掌握站用交、直流系统的操作及要求，能对操作中发现的异常进行简单处理。

【正文】

变电站的站用交流系统是保证变电站安全可靠运行的重要环节。站用交流系统为主变压器提供冷却电源、消防水喷淋电源，为断路器提供储能电源，为隔离开关提供操作电源，为站用直流系统充电装置提供充电电源，另外站用电还提供站内的照明、生活用电以及检修等电源。如果站用电失去，将严重影响变电站设备的正常运行，甚至引起系统停电和设备损坏事故。因此，运行人员必须十分重视站用交流系统的安全运行，熟悉站用电系统及其运行操作。

变电站内的直流系统是独立的操作电源，为变电站内的控制信号系统、继电保护和自动装置提供电源；同时能供给事故照明用电。直流系统一般由蓄电池、充电设备、直流负荷三部分组成。

一、站用交流系统停送电

（一）站用交流系统操作有关规定

（1）站用交流系统的一般规定：

1）站用交流系统必须具备站外电源。

2）站用变压器电源电压等级不同或联结组别不一致存在相角差时，严禁并列运行。

3）站用变压器在额定电压下运行，其二次电压变化范围应不超过+10%～−5%。

4）站用电低压系统的操作由当值值长发令。站用变压器停电时，应先切断负荷侧，后切断电源侧；送电时则先合电源侧，后合负荷侧。合电源侧隔离开关时，应检查站用变压器高压熔断器是否完好。

5）站用变压器停电后，应检查相应站用电屏上的电压表无指示，才能合上另一台站用变压器的低压隔离开关和断路器，避免两台站用变压器并列运行。在站用变压器改为检修后，应做好防止倒送电的安全措施。

6）操作跌落式高压熔断器时，要戴好绝缘手套和护目眼镜，停电时应先拉中间相，后拉两边相。送电时则应先合两边相，后合中间相。遇到大风时应先拉中间相，再拉背风相，最后拉迎风相。

（2）站用变压器停送电操作顺序：

1）停电时先停低压（二次）侧、再停高压（一次）侧，送电时顺序与此相反。

2）高压侧装有熔断器的站用变压器，其高压熔断器必须在停电且采取安全措施后才能取下、放上。熔断器停电时应先拉中间相、后拉两边相，送电时则应先合两边相、后合中间相。遇到大风时应先拉中间相，再拉背风相，最后拉迎风相。在只有隔离开关和熔断器的低压回路，停电时应先拉开隔离开关，后取下熔断器，送电时相反。

（二）典型站用交流系统的运行操作

典型站用交流系统图见图ZY1200305001-1。

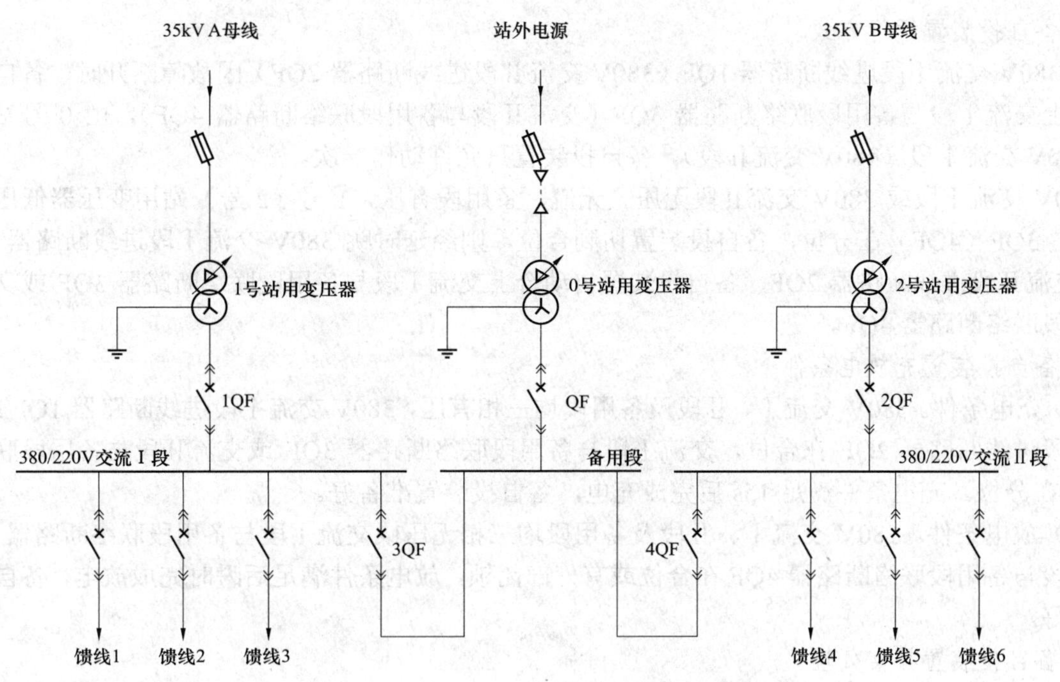

图 ZY1200305001-1 典型站用交流系统

1. 站用交流系统简介

（1）站用电电源。

1）1 号站用变压器接 35kV A 母线运行，其低压侧母线为交流Ⅰ段，配备有备用段电源自动投入装置（简称备自投装置）1AAT。

2）2 号站用变压器接 35kV B 母线运行，其低压侧母线为交流Ⅱ段，配备有备自投装置 2AAT。

3）0 号站用变压器由站外 35kV 电源供电，其低压侧母线为备用段。

（2）正常运行方式。正常运行时，380V 交流Ⅰ段进线断路器 1QF、380V 交流Ⅱ段进线断路器 2QF 在合闸位置，0 号站用变压器断路器 QF 在合闸位置，交流Ⅰ段与备用段联络断路器 3QF、交流Ⅱ段与备用段联络断路器 4QF 在分闸位置；备自投装置 1AAT、2AAT 在“投入”位置，交流Ⅰ、Ⅱ段分列运行。若 380V 交流Ⅰ、Ⅱ段间装有分段断路器，正常运行时断开。380V 交流Ⅰ段、380V 交流Ⅱ段所有馈线开关均可正常投入。

（3）异常运行方式。

1）当 1 号站用变压器失压、缺相或停电时，1QF 在分闸位置，合上交流Ⅰ段与备用段联络断路器 3QF，0 号站用变压器带交流Ⅰ段负荷。

2）当 2 号站用变压器失压、缺相或停电时，2QF 在分闸位置，合上交流Ⅱ段与备用段联络断路器 4QF，0 号站用变压器带交流Ⅱ段负荷。

3）当 0 号站用变压器失压、缺相或停电时，1、2 号站用变压器备自投装置 1AAT、2AAT 在“退出”位置。

（4）1 号（2 号）站用变压器投、停操作。

1）1 号（2 号）站用变压器投运时，首先确保 1 号（2 号）站用变压器无异常，合上 1 号（2 号）站用变压器高压熔断器，断开交流Ⅰ段与备用段联络断路器 3QF（交流Ⅱ段与备用段联络断路器 4QF），然后合上 380V 交流Ⅰ段进线断路器 1QF（380V 交流Ⅱ段进线断路器 2QF），最后检查所带负荷运行正常，备自投装置运行正常、投入正确。

2）1 号（2 号）站用变压器停运时，首先确保 0 号站用变压器运行正常，备自投装置运行正常、投入正确，然后断开 380V 交流Ⅰ段进线断路器 1QF（380V 交流Ⅱ段进线断路器 2QF），备自投装置动作合上交流Ⅰ段与备用段联络断路器 3QF（交流Ⅱ段与备用段联络断路器 4QF），检查所带负荷运行正常，取下 1 号（2 号）站用变压器高压熔断器。

2. 备自投装置运行方式

当380V交流Ⅰ段进线断路器1QF（380V交流Ⅱ段进线断路器2QF）因故障断开时，备自投装置动作合上交流Ⅰ段与备用段联络断路器3QF（交流Ⅱ段与备用段联络断路器4QF），由0号站用变压器带380V交流Ⅰ段（380V交流Ⅱ段）。备自投装置只允许动作一次。

380V交流Ⅰ段或380V交流Ⅱ段无压、无流，备用段有压，1号（2号）站用变压器低压侧断路器断开，3QF（4QF）在分位，备自投装置切到合位，则经延时跳380V交流Ⅰ段进线断路器1QF或380V交流Ⅱ段进线断路器2QF，备自投装置自动合上交流Ⅰ段与备用段联络断路器3QF或交流Ⅱ段与备用段联络断路器4QF。

3. 备自投装置充放电条件

（1）充电条件。380V交流Ⅰ、Ⅱ段及备用段均三相有压，380V交流Ⅰ段进线断路器1QF或380V交流Ⅱ段进线断路器2QF在合位，交流Ⅰ段与备用段联络断路器3QF或交流Ⅱ段与备用段联络断路器4QF在分位。充电条件满足15s后完成充电，备自投装置准备好。

（2）放电条件。380V交流Ⅰ、Ⅱ段及备用段均三相无压或交流Ⅰ段与备用段联络断路器3QF或交流Ⅱ段与备用段联络断路器4QF在合位或有外部闭锁，放电条件满足后瞬时完成放电，备自投装置未准备好。

4. 备自投装置异常处理

如果站用变压器低压侧1QF（2QF）事故跳闸，因备自投装置等原因3QF（4QF）未能合上，运行人员应检查1QF（2QF）确实在断开位置，然后手动将3QF（4QF）手动合上。

备自投装置未充电，或有外部闭锁时，应停用备自投装置。

二、站用直流系统停送电

（一）站用直流系统装置的操作规定

500kV变电站中每个直流电压等级都装有两组蓄电池，并且直流母线的接线方式以及直流馈电网络的结构也相应按双重化的原则考虑，采用直流分屏，直流负荷采用辐射状供电方式。直流馈线、蓄电池组及充电、浮充电设备可以任意接到其中一段母线上。在正常运行情况下，两段母线间的联络隔离开关打开，整个直流系统分成两个没有电气联系的部分，在每段母线上各接一组蓄电池和一台浮充电装置，两组蓄电池共用一台备用充电装置，主充电装置经两把隔离开关分别接到两组蓄电池的出口，可分别对其进行充放电。当其中一组蓄电池因检修或充放电需要脱离母线时，分段隔离开关合上，两段母线的直流负荷由另一组蓄电池供电。

站用直流系统的一般规定：

（1）对直流设备的各种表计应加强监视，保证蓄电池不过充和欠充电。

（2）正常情况下带控制负荷的直流母线电压变动范围不允许超过额定电压的±5%，设有合闸母线的母线电压，应按蓄电池整组电池的电压进行调整。

（3）直流系统各级熔断器的配置应正确，每年应至少校核一次全站的直流熔断器的配置。

（4）直流系统的环式供电回路应设有开环点，正常情况下开环运行。

（5）蓄电池浮充电流的大小应根据现场规程规定及时进行调整。

（6）蓄电池应定期充放电并做好记录，长期保存。

（7）铅酸蓄电池运行环境温度应保持在5～35℃，阀控蓄电池为10～30℃。

（8）站内必须具备与现场实际相符的直流系统图，蓄电池、充电装置、小开关、刀开关、电缆、熔断器等设备的额定参数应标注齐全，蓄电池室内禁止烟火。

（9）微机型直流电源装置一旦投入运行，只能通过显示按钮来检查各项参数，不得随意修改、整定参数。直流系统应安装微机型直流接地选检装置。

（二）典型站用直流系统运行操作

1. 站用直流系统简介

典型站用直流系统如图ZY1200305001-2所示。

（1）站用直流系统组成。直流系统由蓄电池、充电装置、直流回路和直流负载、交流不间断电源组成。

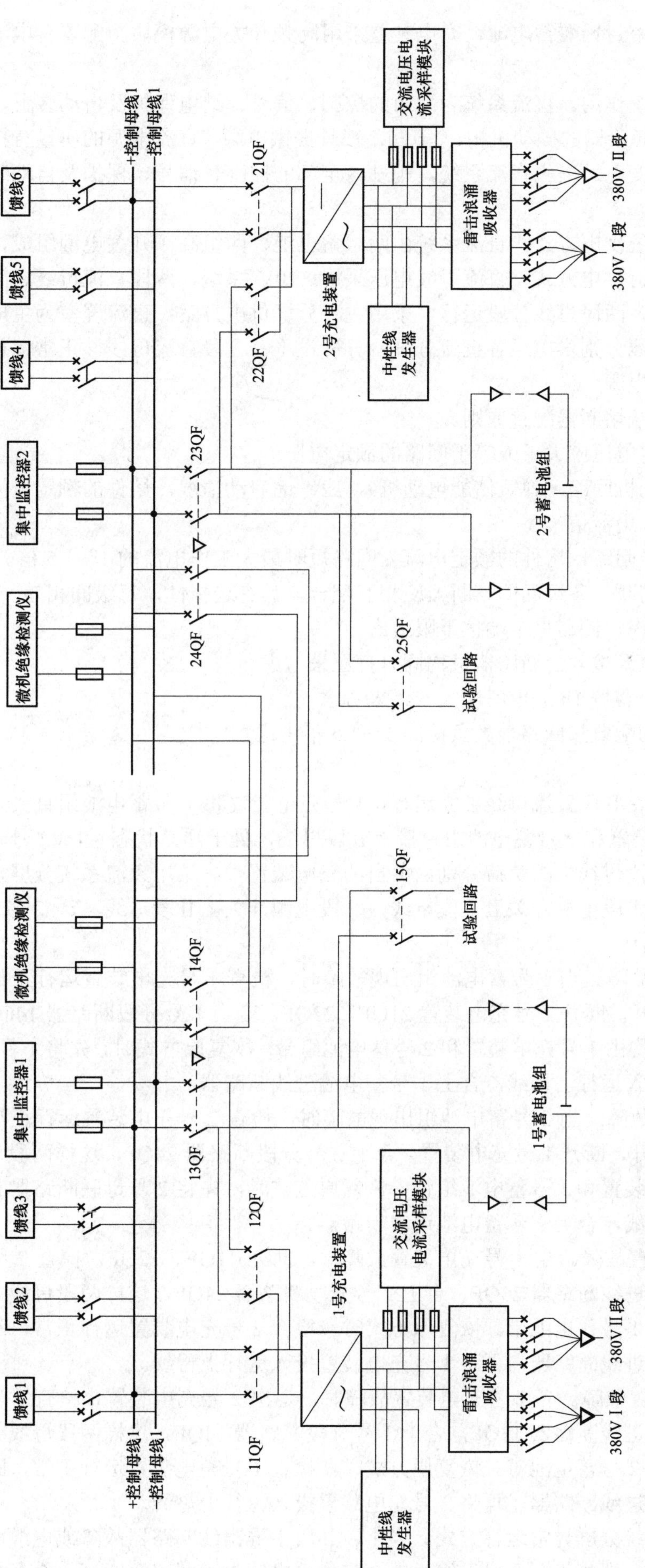

图ZY1200305001-2　典型站用直流系统

蓄电池采用阀控密封铅酸蓄电池，充电装置采用高频开关电源模块。配置有电池巡检仪、微机绝缘监测仪等设备。

（2）站用直流系统作用。直流系统为站内的控制、信号、继电保护及自动装置、事故照明提供可靠的电源，同时还为断路器的操动机构、“五防”锁具提供电源。直流电源的质量直接关系到上述装置能否可靠运行。假设变电站失去直流系统，则站内全部的控制、信号、保护及自动装置全部失灵，变电站将处于失控状态。

（3）站用直流系统供电方式。直流系统由两组蓄电池、两组高频开关电源组成，采用合闸和控制母线合一的双直流辐射供电方式，直流母线电压采用 110V 系统，两段直流母线之间装有两组母线联络开关。正常运行时，两段母线分段运行，采用主、分屏供电方案。直流屏室为主屏，全站直流负荷均由Ⅰ、Ⅱ段直流母线分别供电至各直流分屏；分屏设Ⅰ、Ⅱ段直流母线，正常运行时两段母线分段运行，供各馈线直流电源。

（4）站用直流系统熔断器配置原则。

1）熔断器的额定电压应大于或等于回路的额定电压。

2）对于直流电动机回路（弹簧储能电动机），应考虑启动情况，熔件的额定电流为电动机启动电流的 1/3，一般选额定电流值。

3）对于控制信号回路，熔件的额定电流为回路短时最大工作电流的 1～1.5 倍。

4）为防止越级熔断，各级间的熔断器应相互配合，具有选择性，每级间相差一般为 2～4 级，靠近母线部分按上限考虑，回路最末端按下限考虑。

5）弹簧储能总电源按 4 台断路器机构同时打压来考虑。

6）蓄电池总熔断器按 1h 放电率增大一级来考虑。

7）交流熔断器的配置按回路最大负荷的 1～1.5 倍考虑。

2. 正常运行方式

正常运行时，Ⅰ、Ⅱ段直流母线独立运行，1 号充电装置和 1 号蓄电池组直接上Ⅰ段母线，处于浮充状态。2 号充电装置和 2 号蓄电池组直接上Ⅱ段母线，处于浮充状态。1、2 号充电装置工作在恒压限流状态，Ⅰ、Ⅱ段母线上的负荷分别由各自的充电装置带。站用直流系统分屏正常运行时，Ⅰ、Ⅱ段母线独立运行，Ⅰ段电源开关上Ⅰ段母线，Ⅱ段电源开关上Ⅱ段母线，1、2 号母联断路器断开。

3. 异常运行方式

（1）1 号蓄电池故障。当 1 号蓄电池组出现故障时，检查 1 号充电装置运行正常，将 1 号蓄电池进线断路器 13QF 断开，断开 2 号充电装置 21QF、22QF，合上 1 号分段断路器 14QF，这样两段母线并列运行，直流负荷均由 1 号充电装置和 2 号蓄电池组带。恢复原方式时，先将 1 号分段断路器断开，再将 2 号充电装置投入运行上母线，合上 1 号蓄电池进线断路器。

（2）2 号蓄电池故障。当 2 号蓄电池组出现故障时，检查 2 号充电装置运行正常，将 2 号蓄电池进线断路器 23QF 断开，断开 1 号充电装置，合上 2 号分段断路器 24QF，这样两段母线并列运行，直流负荷均由 2 号充电装置和 1 号蓄电池组带。恢复原方式时，先将 2 号母联断路器断开，再将 1 号充电装置投入运行上母线，合上 2 号蓄电池进线断路器。

（3）1 号充电装置故障。当 1 号充电装置故障时，断开 11QF、12QF，检查 2 号充电装置运行正常，断开 2 号蓄电池进线断路器 23QF，合上 2 号分段断路器 24QF，这样两段母线并列运行，直流负荷由 2 号充电装置和 1 号蓄电池带。恢复原方式时，检查 2 号充电装置运行正常，断开 2 号母联断路器，合上 2 号蓄电池进线断路器，再将 1 号充电装置投入运行上母线。

（4）2 号充电装置故障。当 2 号充电装置故障时，退出 2 号充电装置，检查 1 号充电装置运行正常，断开 1 号蓄电池进线断路器 13QF，合上 1 号分段断路器 14QF，这样两段母线并列运行，直流负荷由 1 号充电装置和 2 号蓄电池带。恢复原方式时，检查 1 号充电装置运行正常，断开 1 号分段断路器，合上 1 号蓄电池进线断路器，再将 2 号充电装置投入运行上母线。

（5）站用直流系统分屏异常运行方式。当Ⅰ、Ⅱ段主屏出线断路器故障或电缆故障，或分屏Ⅰ、Ⅱ段进线断路器故障，造成Ⅰ、Ⅱ段母线失电，应将失电侧电源断路器断开，合上分段断路器，Ⅰ、

Ⅱ段母线并列运行。

4. 运行中的规定

（1）更换直流系统熔断器时应认真核对容量，并确保熔体本身与熔断器接触良好。

（2）两套直流系统独立运行时，严禁将两台充电机并列运行，严禁两组蓄电池长期并列运行。

（3）当蓄电池脱离母线后，退出带有电磁机构断路器的重合闸。

（4）取直流电源熔断器时，应将正、负极熔断器都取下。操作顺序应为：先取正极，后取负极；装设顺序相反。装、取直流操作熔断器时，应考虑对保护的影响，防止误动，必要时征得所属调度同意。

5. 异常及事故处理

（1）直流母线电压过高或过低时将有相应的“直流电压过高”、“直流电压过低”光字信号发出，运行人员可检查母线电压表，查明原因并进行处理。

1）检查充电装置运行情况是否正常。

2）直流系统内有无短路现象。

3）是否有带电磁机构的断路器跳闸后重合闸动作现象或断路器检修作跳合闸传动试验。

4）降压硅堆运行是否正常，是否开路。

5）在查明故障并消除后，应及时调整直流母线电压，恢复正常后，再恢复信号。

（2）直流回路短路引起熔断器或断路器跳闸的现象及处理。

1）控制回路故障，将有相应的“直流电压消失”光字牌和控制信号灯熄灭；信号回路故障，将使所有音响、光字信号消失。

2）在未查明短路原因之前，不能投入解合环装置。

3）直流母线任一段发生短路时，应拉开该母线上所有进出线，转移负荷，故障处理完毕再恢复正常运行方式。

（3）直流接地时的故障处理原则。通过绝缘监察装置判断是正极还是负极接地以及接地范围和接地程度，然后根据有无工作、气候情况等判断接地的原因，针对不同原因分别处理。如不能判断出接地范围，可用瞬间拉合的办法查找接地点。瞬间拉合的顺序：

1）事故照明、通信、闭锁电源。

2）合闸电源。

3）中央信号、浮充装置电源。

4）保护电源、控制回路、蓄电池。

分别拉开Ⅰ、Ⅱ段直流母线，拉路寻找后故障仍未消失，按多点接地去分析。如选择出接地回路后，应本着先查室外后查室内的原则，运行人员只允许查至保护屏端子排处。

若现场有工作遇到直流接地时，不论与本身工作是否有关，应立即通知有关人员停止工作，待找出原因，处理后方可继续工作。

查找直流接地与保护有关时，应取得所属调度同意后进行，停用保护时间应尽量短。

直流回路接地，值班人员无法处理时，应尽快汇报由专业人员处理。

（4）蓄电池在运行中出现下列异常、应汇报由专业人员处理：

1）极板瘤状鼓泡严重。

2）连接部位接触不良。

3）隔板损坏，发生极板短路。

4）容器破损，电解液漏出。

5）蓄电池组绝缘能力降低、造成直流接地，清扫后仍不能消除时。

6）个别电池电压、密度低于规定值。

（5）直流系统降压硅堆故障处理。降压硅堆开路，发“直流电压过低”信号，控制母线电压消失，在确认硅堆开路后，可立即通过调节硅堆把手短接硅堆，恢复控制母线电压，然后调整充电装置输出电压，降低母线电压。

（6）运行中交流电源中断故障处理。运行中交流电源中断，蓄电池组将不间断地供出直流负荷，若无自动调压装置，应进行手动调压，确保母线电压的稳定。交流电源恢复送电，应立即启动充电装置，对蓄电池组进行恒流限压充电→恒压充电→浮充电。若充电装置内部故障跳闸，应及时启动备用充电装置。

（7）充电模块故障处理。开关电源为冗余配置，运行中注意监视模块运行温度及负荷均流度。模块故障退出运行后，应及时进行处理。

（8）蓄电池故障处理。如蓄电池充电电流表指示为“0”，调节充电机电压，充电电流表指示仍为“0”，则蓄电池发生开路，应退出故障蓄电池，将两段直流母线并列运行。

三、站用交流系统操作案例

（一）站用交流系统停电操作

1 号站用变压器由运行转为检修操作见表 ZY1200305001-1。

表 ZY1200305001-1　　1 号站用变压器由运行转为检修操作

操作状态	操 作 步 骤	操 作 说 明
操作前检查	（1）检查 0 号站用变压器运行正常。 （2）检查 1 号备自投装置确在投入位置	停电前查备用段母线电压正常，确认 0 号站用变压器运行正常；确保 1QF 断开时 3QF 自动合闸，缩短Ⅰ段母线停电时间
3QF 由热备用转运行	（1）检查 380V 交流Ⅰ段与备用段联络断路器 3QF 开关确在合闸位置。 （2）退出 1 号备自投装置	断路器自动合闸，查仪表或遥测变化、电气指示或遥信信号变化和机械指示，确认合闸位置；退出不具备条件的备自投装置
1QF 由运行转热备用	（1）拉开 380V 交流Ⅰ段进线断路器 1QF。 （2）检查 380V 交流Ⅰ段进线断路器 1QF 确在分闸位置	断路器操作后经查仪表或遥测变化并指示为零和电气指示或遥信信号变化后，确认拉开；查断路器机械指示确认分闸位置
1QF 由热备用转冷备用	（1）检查 380V 交流Ⅰ段进线断路器 1QF 确在分闸位置。 （2）将 380V 交流Ⅰ段进线断路器 1QF 操作至试验位置	查断路器机械指示确认分闸位置；查断路器机械指示确认试验位置
1 号站用变压器由充电转检修	（1）拉开 1 号站用变压器高压跌落式熔断器。 （2）在 1 号站用变压器低压套管引线侧验明三相确无电压。 （3）在 1 号站用变压器低压套管引线侧挂×号接地线。 （4）在 1 号站用变压器高压跌落式熔断器与变压器之间验明三相确无电压。 （5）在 1 号站用变压器高压跌落式熔断器与变压器之间挂×号接地线	跌落式熔断器应先拉中间相，后拉两边相；使用相应电压等级且合格的接触式验电器，在指定处对三相分别验电；当验明确无电压后，立即挂三相短路接地线（装设接地线先接接地端，后接导体端，应接触良好，连接可靠）

（二）站用交流系统送电操作

1 号站用变压器由检修转为运行操作见表 ZY1200305001-2。

表 ZY1200305001-2　　1 号站用变压器由检修转为运行操作

操作状态	操 作 步 骤	操 作 说 明
1 号站用变压器由检修转冷备用	（1）拆除 1 号站用变压器高压跌落式熔断器与变压器之间×号接地线。 （2）拆除 1 号站用变压器低压套管引线侧×号接地线	拆除接地线先拆导体端，后拆接地端
检查具备送电条件	检查待送电范围内接地线确已拆除	查站用变压器间隔无接地点，防止带接地线（或接地开关）合闸
1 号站用变压器由冷备用转充电	（1）检查 380V 交流Ⅰ段进线断路器 1QF 确在分闸位置。 （2）合上 1 号站用变压器高压跌落式熔断器。 （3）检查 1 号站用变压器充电正常	确保站用变压器不带负荷，防止带负荷合闸；跌落式熔断器一般先合两边相，后合中间相
1QF 由冷备用转热备用	（1）检查 380V 交流Ⅰ段进线断路器 1QF 确在分闸位置。 （2）将 380V 交流Ⅰ段进线断路器 1QF 操作至工作位置	查断路器机械指示确认分闸位置，防止带负荷合闸；查断路器机械指示确认工作位置
1QF 由热备用转运行	（1）合上 380V 交流Ⅰ段进线断路器 1QF。 （2）检查 380V 交流Ⅰ段进线断路器 1QF 确在合闸位置。 （3）投入 1 号备自投装置	断路器操作后查仪表或遥测变化、电气指示或遥信信号变化和机械指示确认合闸位置；备自投条件具备
3QF 由运行转热备用	（1）拉开 380V 交流Ⅰ段与备用段联络断路器 3QF。 （2）检查 380V 交流Ⅰ段与备用段联络断路器 3QF 确在分闸位置	断路器操作后经查仪表或遥测变化并指示为零和电气指示或遥信信号变化后确认拉开；查断路器机械指示确认分闸位置

四、直流系统操作案例

停用 1 号充电装置，站用直流系统 A、B 段并列运行的操作见表 ZY1200305001-3。

表 ZY1200305001-3　　直流 A、B 段联络操作

操作状态	操 作 步 骤	操 作 说 明
直流并列前检查	检查直流 A、B 段电压差小于 11V	直流 A、B 段并列前电压差不应过大，应满足规程要求
A、B 段并列运行	合上直流系统 AB 段分段断路器	利用直流母线分段断路器直流 A、B 段进行并列
直流并列后检查	（1）检查 2 号充电装置运行情况正常。 （2）检查直流 A、B 段母线电压情况正常	并列后检查运行充电装置运行正常，直流 A、B 段母线电压正常
停用一台充电机	（1）拉开 1 号充电装置交流Ⅰ段电源输入开关。 （2）拉开 1 号充电装置交流Ⅱ段电源输入开关。 （3）拉开 1 号充电装置合闸模块电源开关。 （4）拉开 1 号充电装置控制模块电源开关。 （5）取下 1 号充电装置合闸模块直流输出熔断器。 （6）取下 1 号充电装置控制模块直流输出熔断器	将待停用充电机交流输入、直流输出回路均停用

【思考与练习】

1. 简述站用变压器停送电的操作顺序。
2. 如何进行站用变压器的投、切操作？
3. 蓄电池异常应如何进行操作？

模块 2　站用交、直流系统操作危险点源分析（ZY1200305002）

【模块描述】本模块包含站用交、直流系统停送电操作危险点源。通过要点归纳和列表说明，掌握站用交、直流系统停送电操作可能出现的危险点源，能制定危险点源预控措施。

【正文】

站用交流系统与站用直流系统是保证整个变电站运行的基础，它承担着供应变电站所有操作电源、保护及自动装置电源、主变压器冷却电源、照明电源、检修维护电源、不间断电源的供电等。因此，在进行站用交、直流系统的操作过程中，要进行操作危险点源分析，防止各种事故的发生。

一、交、直流系统操作危险点源

（1）两台联结组别不同的站用变压器并列。

（2）站用变压器停送电顺序错误。

（3）操作跌落式熔断器时，未戴绝缘手套和护目眼镜，操作顺序错误。

（4）工作变压器停电时，未检查备用变压器是否运行正常，备自投装置是否运行正常、投入正确，造成交流失电。

（5）站用变压器停电检修，未退出备自投装置。

（6）站用变压器停电检修，未在低压侧做安全措施，造成二次反送电。

（7）站用电切换不当，引起主变压器冷却器全停。

（8）操作不当，造成直流母线失压。

（9）操作不当，造成两台充电机并列运行，两组蓄电池长期并列运行。

（10）装、取直流操作熔断器顺序错误。

（11）查找直流接地时，造成另一点直流接地，保护误动或拒动。

二、交、直流系统操作危险点源及预控措施

交、直流系统操作危险点源及预控措施见表 ZY1200305002-1。

表 ZY1200305002-1 交、直流系统操作危险点源及预控措施

序号	危险点源	预控措施	备注
1	两台联结组别不同的站用变压器并列	站用变压器电源电压等级不同或联结组别不一致存在相角差时，严禁并列运行	
2	站用变压器停送电顺序错误	1. 停电时先停低压（二次）、再停高压（一次），送电时顺序与此相反。 2. 高压侧装有熔断器的站用变压器，其高压熔断器必须在停电采取安全措施后才能取下、给上。 3. 在只有隔离开关和熔断器的低压回路，停电时应先拉开隔离开关、后取下熔断器，送电时相反	
3	操作跌落式熔断器时，未戴绝缘手套和护目眼镜，操作顺序错误	1. 操作跌落式熔断器时，要戴好绝缘手套和护目眼镜。 2. 停电时应先拉中间相，后拉两边相；送电时则应先合两边相，后合中间相。 3. 遇到大风时应先拉中间相，再拉背风相，最后拉迎风相	
4	工作变停电时，未检查备用变压器是否运行正常，备自投装置是否运行正常、投入正确，造成交流失电	站用变压器停运时，首先确保备用站用变压器运行正常，备自投装置运行正常、投入正确	
5	站用变压器停电检修，未退出备自投装置	站用变压器停电检修，应退出备自投装置	
6	站用变停电检修，未在低压侧做安全措施，造成二次反送电	站用变压器停电检修，应在高、低压侧做安全措施	
7	站用电切换不当，引起主变压器冷却器全停	1. 操作前要考虑站用变压器切换对主变压器冷却器和直流系统的影响。 2. 一台站用变压器停用后，另一台站变压器容量是否满足要求。 3. 主变压器强油循环冷却器自投切功能要检查	
8	操作不当，造成直流母线失压	1. 更换直流系统熔断器时应认真核对容量，并确保熔体本身与熔断器接触良好。 2. 严格执行站用直流系统停送电操作有关规定	
9	操作不当，造成两台充电机并列运行，两组蓄电池长期并列运行	两套直流系统独立运行时，严禁将两台充电机并列运行，严禁两组蓄电池长期并列运行	
10	装、取直流操作熔断器顺序错误	取直流电源熔断器时，应将正、负极熔断器都取下。操作顺序应为先取正极，后取负极，装熔断器时顺序相反	
11	查找直流接地时，造成另一点直流接地，保护误动或拒动	查找直流接地时，应做好监护，防止造成另一点直流接地	

【思考与练习】

1. 进行站用变压器停送电危险电源分析。
2. 一组蓄电池退出运行，操作中有何危险点源？制定相应预控措施。
3. 查找直流系统接地有何危险点源？制定相应预控措施。

第二十四章　补偿装置停送电

模块1　电容器、电抗器一般停送电（GYBD00402001）

【模块描述】本模块介绍电容器、电抗器的一般停送电的操作原则和注意事项，电容器和电抗器一般停送电操作中的异常，调度规程中对电容器和电抗器操作的相关规定。通过要点讲解和案例介绍，掌握电容器、电抗器一般停送电的操作规定和操作方法，能发现操作中的异常。

【正文】

变电站补偿装置包括低压电容器、电抗器和高压电抗器。电网通过补偿装置的投、退来进行电网电压的调整（控制）和改善电网的无功功率。

补偿装置的一般停送电操作是指低压电容器、低压电抗器及高压电抗器正常情况下的停送电操作。

一、低压电容器、电抗器的操作原则

（1）停电时，先断开断路器，后拉开元件侧隔离开关，再拉开母线侧隔离开关。

（2）送电时，先合上母线侧隔离开关，后合上元件侧隔离开关，最后合上断路器。

（3）严禁空母线带电容器运行。

二、电容器、电抗器操作中的注意事项

（1）电容器送电操作过程中，如果断路器没合好，应立即断开断路器，间隔 3min 后，再将电容器投入运行，以防止出现操作过电压。

（2）电容器的投退操作，必须根据调度指令，并结合电网的电压及无功功率情况进行操作。

（3）有电容器组运行的母线停电操作时，应先停运电容器组，再停运母线上的其他元件；母线投运时，先投运母线上的其他元件，最后投运电容器组。

（4）无失压保护的电容器组，母线失压后，应立即断开电容器组的断路器。

（5）电容器停用时应经放电线圈充分放电后才可合接地开关，其放电时间不得少于 5min。

三、电网调度对低压电容、电抗器操作的规定

（1）各变电站内的低压电容器、电抗器的操作由其调管的电网调度进行下令或许可进行操作。

（2）电网调度利用投切电容器、电抗器来进行系统电压调整时，由电网调度下达综合指令进行操作。变电站现场运行值班人员可根据本站电压曲线向网调提出电容器、电抗器的操作申请，经许可后进行操作，操作结束后应向电网调度汇报。

（3）投、切低压电容器、电抗器必须用断路器进行操作。

（4）低压电容器、电抗器的操作只涉及本变电站，所以，调度对低压补偿装置的操作指令是以综合命令下达。

四、补偿装置操作的异常

（1）电容器组送电中出现过电压。

（2）停电操作时电容组母线隔离开关（或断路器）不能操作。

（3）电抗器停电操作线路接地隔离开关不能接地。

五、案例

某 110kV 变电站，10kV 侧单母线分段接线，中置式小车断路器柜，如图 GYBD00402001-1 所示，1、2 号电容器运行，监控机操作断路器。

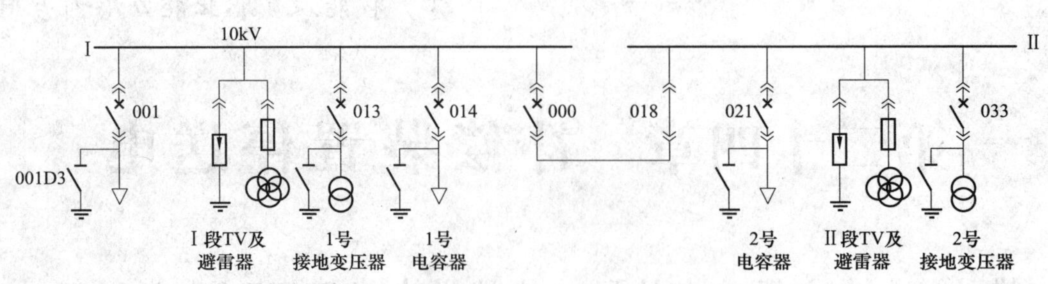

图 GYBD00402001-1 单母线分段接线

10kV 1 号电容器 014 断路器由运行转断路器、电容器检修见表 GYBD00402001-1。

表 GYBD00402001-1 10kV 1 号电容器 014 断路器由运行转断路器、电容器检修

操作目的	操作步骤	操作注意事项
运行转热备用	（1）拉开 1 号电容器 014 断路器。 （2）检查 1 号电容器表计读数正确。 （3）检查 1 号电容器 014 断路器确已拉开	正确选择断路器分闸
热备用转冷备用	（4）将 1 号电容器 014 小车断路器拉至试验位置。 （5）检查 1 号电容器 014 小车断路器确已拉至试验位置	正确判断小车断路器的位置
冷备用转检修	（6）取下 1 号电容器 014 小车断路器二次插头。 （7）将 1 号电容器 014 小车断路器拉至检修位置。 （8）检查 1 号电容器 014 间隔线路侧带电显示灯灭（或在 1 号电容器侧验明确无电压）。 （9）合上 1 号电容器 014D3 接地开关。 （10）检查 1 号电容器 014D3 接地开关确已合好。 （11）取下（或拉开）1 号电容器 014 断路器的操作和信号熔断器（二次开关）	1 号电容器 014 间隔线路侧正确验电

【思考与练习】

1. 补偿装置投退的原则有哪些？
2. 电容器操作中的注意事项有哪些？

模块 2 电容器、电抗器操作异常分析处理及危险点源分析（GYBD00402002）

【模块描述】本模块介绍电容器、并联电抗器操作中的异常处理，操作中的危险点源分析与控制。通过要点讲解和列表对照分析，能正确处理和判断异常，掌握补偿装置停送电的危险点源分析控制方法。

【正文】

一、电容器操作中的异常处理

（1）电容器组送电中出现母线电压变动超过 2.5%以上时：① 如果电压稳定值超过 2.5%以上，说明电容器组投入容量过大，应及时汇报调度，根据母线电压情况进行调压处理，保证母线电压在正常范围内运行。② 电容器投运前未能进行充分放电，引起操作过电压。检查母线电压稳定值是否超限，检查电容设备单元其他单元设备有无异常。

（2）停电操作时电容器组母线隔离开关（或断路器）不能操作时，电容器单元不能单独进行停电。根据运行及操作规定，在此情况下，同母线上的其他馈线单元也不能进行停电，否则，形成空母线带电容器组运行的不利方式。为此，处理办法为：母线停电，隔离母线后，做母线及电容组断路器和隔离开关的检修措施。

（3）操作中综自系统闭锁操作异常，应采取应对措施，严禁解锁操作。检查线路电压互感器空开二次熔断器是否合上。

二、电容器操作中的危险点源分析与控制措施

电容器操作中的危险点源分析与控制措施如表 GYBD00402002-1 所示。

表 GYBD00402002-1　　电容器操作中的危险点源分析与控制措施

<table>
<tr><th>序号</th><th>类型</th><th>危险点源</th><th>预控措施</th></tr>
<tr><td rowspan="14">1</td><td rowspan="14">误操作</td><td rowspan="2">误拉其他断路器</td><td>(1) 正确核对操作断路器名称编号，核对命名应有一个明显的确认过程，唱票复诵</td></tr>
<tr><td>(2) 后台机（监控机）上拉断路器操作，由操作人、监护人分别输入密码无误后，才能进行操作</td></tr>
<tr><td rowspan="3">走错间隔，误入带电间隔</td><td>(1) 监护人、操作人应走到设备标识牌前进行核对；在每步操作结束后，应由监护人在原位向操作人提示下一步操作内容</td></tr>
<tr><td>(2) 中断操作重新开始操作前，应重新核对设备命名</td></tr>
<tr><td>(3) 执行一个操作任务中途严禁换人</td></tr>
<tr><td rowspan="4">电容器断路器未拉开，造成带负荷拉隔离开关</td><td>(1) 正、副值两人应同时到现场详细检查断路器实际位置</td></tr>
<tr><td>(2) 检查相应电流表、红绿灯及后台遥信变位指示</td></tr>
<tr><td>(3) 操作隔离开关必须戴绝缘手套；操作过程中应穿长袖棉工作服，并戴好有防护面罩的安全帽</td></tr>
<tr><td>(4) 拉隔离开关时，操作人的身体应该躲开隔离开关的操作把手的活动范围</td></tr>
<tr><td rowspan="3">解锁操作，造成带负荷拉电容器隔离开关</td><td>(1) 在操作过程中遇有锁打不开等问题时，严禁擅自解锁或更改操作票</td></tr>
<tr><td>(2) 若确实需要进行解锁操作的，必须经本单位有权许可解锁操作的领导或技术人员同意后方能进行</td></tr>
<tr><td>(3) 在使用解锁钥匙进行操作前，再次检查“四核对”内容，确认被操作设备、操作步骤正确无误后，方可解锁操作，并加强监护</td></tr>
<tr><td>断开断路器后，3min 内再次合上断路器</td><td>间隔 3min 后再进行送电操作，并且操作前对电容器进行放电</td></tr>
<tr><td rowspan="2">2</td><td rowspan="2">人身触电</td><td rowspan="2">电容器停用时，未对其逐个放电，造成人身触电</td><td>(1) 进入电容器仓前，必须合上电容器接地隔离开关及中性点隔离开关</td></tr>
<tr><td>(2) 对电容器进行逐个放电后，才能允许工作人员进入</td></tr>
<tr><td rowspan="2">3</td><td rowspan="2">其他</td><td>就地操作电容器断路器</td><td>严格执行电容断路器在远方进行操作规定</td></tr>
<tr><td>送电前后不检查电容器单元的设备</td><td>严格按运行规定进行操作前的检查，否则不能进行送电操作。完成操作项目后，认真检查无误后，再进行下一项的操作，检查工作两人进行，并共同确认检查结果</td></tr>
</table>

【思考与练习】

1. 电容器组送电中出现母线电压变动超过 2.5%以上时应怎样处理？
2. 低压补偿装置停电操作时主要的危险点源有哪些？

第二十五章　二次设备操作

模块 1　二次设备一般操作（ZY1200306001）

【模块描述】本模块介绍二次设备操作的一般原则及注意事项。通过要点归纳和案例介绍，掌握二次系统的操作及有关要求，能对操作中发现异常进行简单处理。

【正文】

变电站二次设备操作是指对变压器、线路、母线、断路器等一次设备的继电保护、自动装置、控制信号以及测量等设备的投退、切换、改变定值等。二次设备操作关系到一次设备操作及运行的安全，并较一次设备操作更具复杂性。

一、二次设备操作的一般原则

1. 一般原则

（1）带有电压的电气设备或线路，不允许在无保护状态下运行。

（2）系统运行中，保护定值一般以整定单为准，如有特殊情况需对定值进行调整，参照继电保护的临时整定单或特殊说明。

（3）需要在线路保护复用通道设备上工作，必须履行申请手续，严格按有关规定执行。

（4）对继电保护运行设备，严格按现场运行规程进行具体操作。

（5）保护装置的投退：先投装置电源，最后投出口压板；退出时与投相反。

2. 线路保护

（1）全线速动保护（4 种状态：跳闸、无通道跳闸、信号、停用）。

1）跳闸：保护装置交、直流回路正常运行；保护通道正常运行；保护出口回路（跳闸、启动失灵和重合闸等）正常运行。

2）无通道跳闸：保护装置交、直流回路正常运行；保护出口回路（跳闸、启动失灵和重合闸等）正常运行；保护装置的分相电流差动功能停用或通道停用。

3）信号：保护装置交、直流回路正常运行；保护通道正常运行；保护出口回路（跳闸、启动失灵和重合闸等）停用。

4）停用：保护装置交、直流回路停用；保护出口回路（跳闸、启动失灵和重合闸等）停用。

（2）后备保护（3 种状态：跳闸、信号、停用）。

1）跳闸：保护装置交、直流回路正常运行；保护出口回路（跳闸、启动失灵和重合闸等）正常运行。

2）信号：保护装置交、直流回路正常运行；保护出口回路（跳闸、启动失灵和重合闸等）停用。

3）停用：保护装置交、直流回路停用；保护出口回路（跳闸、启动失灵和重合闸等）停用。

（3）远方跳闸慢速通道（两种状态：跳闸和停用）。

（4）重合闸（3 种状态：用上、信号和停用）。

1）用上：保护装置交、直流回路正常运行；重合闸出口回路正常运行；重合闸方式切换开关置“单重”位置，线路保护的跳闸方式置“单跳”位置。

2）信号：保护装置交、直流回路正常运行；重合闸方式开关置停用位置或出口回路停用。

3）停用：保护装置交、直流回路停用；重合闸方式开关置停用位置或出口回路停用。

一般情况，调度发令停用××××线路重合闸，此时若设有线路保护跳闸方式切换开关，则线路保护跳闸方式置“三跳”位置，同时，相关断路器重合闸改信号状态。

若没有装设线路保护跳闸方式切换开关，可将线路保护启动重合闸的压板断开，重合闸沟通“三跳”压板放上，同时，相关断路器重合闸改信号状态。

3. 母差保护

母差保护一般有三种运行状态：跳闸、信号、停用。

（1）跳闸：保护装置的交、直流回路正常运行；跳闸等出口回路正常运行。

（2）信号：保护装置的交、直流回路正常运行；跳闸等出口回路停用。

（3）停用：保护装置的交、直流回路停用；跳闸等出口回路停用。

4. 保护出口压板投入前检查要求

断路器在合位或经重动跳闸的保护跳闸压板固定端（压板上端）带负电（数值是控制电源电压的一半左右），压板活动端（压板下端）不带电，两端无电压。

若压板下端测的数值是控制电源电压值的50%左右，或两端电压的数值是控制电源电压值，说明出口继电器处于动作状态，此时不能投入压板，否则会造成误跳闸。

5. 继电保护的定值整定和修改

继电保护的定值整定和修改，必须由继电保护专业人员根据调度部门下达的继电保护定值通知单进行整定。需办理第一种或第二种工作票，根据调度员命令执行。同时应按照整定好的保护定值，进行设备传动正确无误。

继电保护专业人员在执行继电保护整定后，按规定填写有关的运行记录，并将调度部门下达的通知单一份交变电站保存备查，变电站应建立继电保护整定通知单专用记录夹。

更改继电保护定值时，必须停用相应保护装置的出口压板（包括相应的启动失灵、远方跳闸远切回路等）。

继电保护及安全自动装置整定值的改动，应由继电保护专业人员进行，并按所辖调度指令更改预先整定的整定区号，更改整定区号时应按现场运行规程的规定投退保护。

二、二次设备操作注意事项

1. 继电保护压板操作注意事项

（1）认真核对保护盘面、压板名称，操作时要动作灵巧，压板连接要可靠，不要使压板与压板、压板与盘体、压板与人体相碰。

（2）停电前要专人登记压板投停位置，送电后根据原运行方式再核对一遍。

（3）对于随着运行方式的改变需倒换二次回路时，一定要先接入一种方式，再退出原方式，或者先短接二次回路，连接新方式后，再退出原方式及短接回路。目的是防止电流互感器二次回路开路。

2. 继电保护运行注意事项

（1）线路保护：

1）高频保护或差动保护一侧改信号，线路对侧的相应保护也要求同时改信号。

2）线路高频或差动保护全停时，若线路仍需运行，须经调度相关领导批准。保护应采取如下措施：① 本线距离Ⅱ段时间按整定单要求调整；② 所有相邻线全线速动保护不能全停；③ 停用本线路重合闸。

3）线路停役，一侧断路器合环运行：① 停用线路两侧远方跳闸；② 方向高频改无通道跳闸；③ 分相电流差动保护改信号。

4）当线路主保护改为信号时，其对应的后备保护也改为信号状态，后备保护调度不单独发令。仅当后备保护发生装置故障或其他特殊情况，需单独处理时，在现场和调度确认后备保护可单独停役后，由调度发令将后备保护改至信号状态。

5）线路发生CVT断线，应将相关的线路保护停用后再处理。

6）断路器一般不允许无失灵保护运行，如出现此情况，需经调度总工批准后对一次方式进行必要的调整。

（2）母差保护：

1）对于3/2断路器接线的母线，当母线上的两套母差全停时，要求母线停用。

2）220kV母线充电时投入充电保护，充电完毕后停用充电保护。

3）220kV 母线母差保护全停时，需采取如下措施：① 将 220kV 所有线路对侧距离、零序灵敏段时限改 0.5s；② 投入母联或分段断路器过电流解列保护；③ 将所有主变压器 220kV 距离保护时限改 1s。

（3）主变压器保护：

1）500kV 变压器正常运行时，不允许两套差动保护全停。如主变压器大差动停用，则除高阻抗差动投运外，低压侧过电流至少应有一套在运行状态。

2）主变压器 500kV 和 220kV 后备距离方向均指向变压器，并带一定的反向偏移。这两套保护均可作为 500kV 或 220kV 母线的后备保护。当母差保护停用时，原则上调整同侧后备距离保护时间，利用反向偏移段作后备。

3）主变压器 500kV 侧和 220kV 侧距离保护整定不伸到主变压器低压侧，一般不能作为主变压器低压侧的后备保护。

4）过励磁保护动作曲线须与变压器的过励磁特性曲线相配合。

5）新投入或大修后的变压器、电抗器投入运行后，一般将其重瓦斯保护投入信号 48～72h 后，再投跳闸。

三、二次设备操作案例

某系统 500kV 接线如图 ZY1200306001-1 所示，其××Ⅱ线 RCS-931 纵联差动保护停用操作见表 ZY1200306001-1。

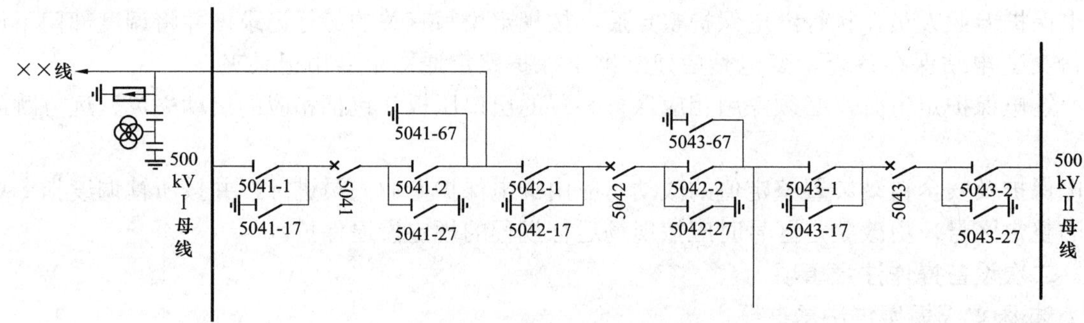

图 ZY1200306001-1 500kV 系统接线图

表 ZY1200306001-1 ××Ⅱ线 RCS-931 纵联差动保护停用操作

操作状态	操 作 步 骤	操 作 说 明
跳闸转信号	（1）退出 500kV ××Ⅱ线 RCS-931 纵联差动保护屏 1XB9 A 相跳闸启动 5041 失灵压板。 （2）退出 500kV ××Ⅱ线 RCS-931 纵联差动保护屏 1XB10 B 相跳闸启动 5041 失灵压板。 （3）退出 500kV ××Ⅱ线 RCS-931 纵联差动保护屏 1XB11 C 相跳闸启动 5041 失灵压板。 （4）退出 500kV ××Ⅱ线 RCS-931 纵联差动保护屏 1XB1 5041A 相跳闸Ⅱ压板。 （5）退出 500kV ××Ⅱ线 RCS-931 纵联差动保护屏 1XB2 5041 B 相跳闸Ⅱ压板。 （6）退出 500kV ××Ⅱ线 RCS-931 纵联差动保护屏 1XB3 5041C 相跳闸Ⅱ压板。 （7）退出 500kV ××Ⅱ线 RCS-931 纵联差动保护屏 1XB15 闭锁 5041 重合闸压板。	保护压板退出操作按照先退出失灵压板、再退出跳闸压板，先退出启动重合闸压板、再退出闭锁重合闸压板的顺序进行，投入顺序相反，防止操作过程中保护误动作扩大事故。按照压板顺序操作，操作人容易养成不核对命名的不良操作习惯。
	（8）退出 500kV ××Ⅱ线 RCS-931 纵联差动保护屏 1XB12 A 相跳闸启动 5042 失灵压板。 （9）退出 500kV ××Ⅱ线 RCS-931 纵联差动保护屏 1XB13 B 相跳闸启动 5042 失灵压板。 （10）退出 500kV ××Ⅱ线 RCS-931 纵联差动保护屏 1XB14 C 相跳闸启动 5042 失灵压板。 （11）退出 500kV ××Ⅱ线 RCS-931 纵联差动保护屏 1XB5 5042A 相跳闸Ⅱ压板。 （12）退出 500kV ××Ⅱ线 RCS-931 纵联差动保护屏 1XB6 5042B 相跳闸Ⅱ压板。 （13）退出 500kV ××Ⅱ线 RCS-931 纵联差动保护屏 1XB7 5042C 相跳闸Ⅱ压板。 （14）退出 500kV ××Ⅱ线 RCS-931 纵联差动保护屏 1XB16 闭锁 5042 重合闸压板。	保护压板退出操作按照先退出失灵压板、再退出跳闸压板，先退出启动重合闸压板，再退出闭锁重合闸压板的顺序进行，投入顺序相反，防止操作过程中保护误动作扩大事故。按照压板顺序操作，操作人容易养成不核对命名的不良操作习惯。
	（15）退出 500kV ××Ⅱ线 RCS-931 纵联差动保护屏 9XB3 远跳及过电压三跳 5041Ⅱ压板。 （16）退出 500kV ××Ⅱ线 RCS-931 纵联差动保护屏 9XB4 远跳及过电压三跳 5042Ⅱ压板。 （17）退出 500kV ××Ⅱ线 RCS-931 纵联差动保护屏 9XB7 过电压经 RCS-931 通道远跳压板	当分相电流差动保护有异常或退出运行时，其对应的远方跳闸功能也将丧失，属陪停
信号转停用	（1）退出 500kV ××Ⅱ线 RCS-931 纵联差动保护屏 1XB17 零序压板。 （2）退出 500kV ××Ⅱ线 RCS-931 纵联差动保护屏 1XB18 纵联差动压板。 （3）退出 500kV ××Ⅱ线 RCS-931 纵联差动保护屏 1XB19 距离压板。 （4）退出 500kV ××Ⅱ线 RCS-931 纵联差动保护屏 9XB2 过电压压板	保护功能压板退出，保护不进行系统故障监测，不输出保护动作信号

模块1 ZY1200306001

保护状态变更，所辖调度不同，保护状态定义不同，操作方式不同，按所辖调度规程的规定进行。

【思考与练习】

1. 保护操作的一般原则是什么？
2. 继电保护及自动装置的跳闸状态操作步骤是什么？
3. 保护操作有何注意事项？

模块 2 二次设备操作危险点源分析（ZY1200306002）

【模块描述】本模块介绍二次操作危险点源。通过要点归纳和列表说明，掌握二次操作可能出现的危险点源，能制定危险点源预控措施。

【正文】

二次设备操作关系到一次设备操作及运行的安全，做好二次操作前的危险点源分析，制定有效的预控措施才能保证设备的安全稳定运行。

一、二次操作危险点源

（1）切换保护压板未考虑保护和自动装置联跳回路影响，造成误操作，如母差保护回路、失灵联跳回路、负荷联切回路、备自投装置、跳闸压板切换等误（漏）投、退等。

（2）交直流电压小开关误投、误退，造成误操作。

（3）电流互感器二次端子接线与一次设备方式不对应造成误操作。

（4）定值切换未按要求进行或定值整定错误，造成保护或自动装置误动、拒动，如定值切换顺序错误、计算错误、未核对定值等。

（5）两个系统并列操作时，未能同期合闸，造成误操作，如同期装置故障、非同期并列等。

（6）二次回路短路。

（7）保护投、停顺序错误。

（8）主变压器、高压电抗器、电容器保护误动。

（9）主变压器或电抗器差动保护误动。

（10）母差保护误动。

（11）远跳或过电压保护误动。

（12）失灵保护误动。

（13）重合闸误动、拒动、非同期合闸。

（14）备自投误动、拒动。

（15）运行人员操作保护压板后未旋紧端钮，造成接触不良。

（16）操作短接、连接电流端子顺序错误，造成事故。

二、二次设备操作危险点源及预控措施

二次设备操作危险点源及预控措施见表 ZY1200306002-1。

表 ZY1200306002-1　　二次设备操作危险点及预控措施

序号	危 险 点 源	预 控 措 施	备注
1	切换保护压板未考虑保护和自动装置联跳回路影响，造成误操作，如母差保护回路、失灵联跳回路、负荷联切回路、备自投装置、跳闸压板切换等误（漏）投、退等	1. 应根据调度指令，详细布置操作任务和填写操作票的注意事项。 2. 根据操作任务、内容和注意事项，核对变电站现场一次、二次运行方式，参照典型操作票，依照实际设备情况逐项正确填写操作票。 3. 对于差动回路的切换，应根据原理图和调度规程的有关要求来确定操作顺序	
2	交直流电压小开关误投、误退，造成误操作	1. 正确填写操作票，操作中逐项操作打勾。 2. 操作结束后全面检查，确认无遗漏项目	

续表

序号	危险点源	预控措施	备注
3	电流互感器二次端子接线与一次设备方式不对应造成误操作	操作电流互感器二次端子后，在投退有关保护装置前，要检查差动保护电流	
4	定值切换未按要求进行或定值整定错误，造成保护或自动装置误动、拒动。如定值切换顺序错误、计算错误、未核对定值等	1. 操作时，核对调度指令中定值单号与现场定值单号一致，并与调度进行核对。 2. 正确进行一、二次定值的换算	
5	两个系统并列操作时，未能同期合闸，如同期装置故障、非同期并列等	1. 定期进行同期装置的维护。 2. 系统并列断路器合闸前，检查同期装置正常。 3. 系统并列操作应由有经验的值班人员进行	
6	二次回路短路	使用专用工具，操作中注意保持与其他设备间的距离	
7	保护投、停顺序错误	1. 严格按二次操作的顺序和原则对设备进行操作。 2. 取直流控制熔断器时，应先取正极，后取负极。装上直流控制熔断器时，应先装负极，后装正极。这样做的目的是防止产生寄生回路，避免保护装置误动作。 3. 运行中的保护装置要停用直流电源时，应先停用保护出口压板，再停用直流回路。恢复时顺序相反。 4. 母线差动保护、失灵保护停用直流电源时，应先停用出口压板	
8	主变压器、高压电抗器、电容器保护误动	1. 对双母线分段接线，主变压器后备保护传动或作业时，应退出后备保护联跳母联及分段断路器的压板。 2. 核对定值正确，压板按定值要求投入	
9	主变压器或电抗器差动保护误动	1. 二次线变动后必须经带负荷试验确定接线正确。 2. 投入差动保护前检查差流在正常范围，装置无异常告警信息	
10	母差保护误动	1. 二次线变动后必须经带负荷试验确定接线正确。 2. 投入差动保护前检查差流在正常范围，装置无异常告警信息。 3. 对双母线接线在倒母线操作中应将母差改为非选方式，操作后改回。 4. 母线电压互感器退出运行后及时退出经电压闭锁的保护	
11	远跳或过电压保护误动	对于没有专用通道的线路远跳和过电压保护在主保护退出时，相应的远跳保护也应退出运行	
12	失灵保护误动	1. 断路器停用时应退出该断路器失灵启动压板。 2. 失灵保护有工作时应退出相关所有保护屏启动压板和失灵出口压板，并将二次线解开，做好充分的隔离措施。 3. 保护传动时应确认投入的压板正确	
13	重合闸误动、拒动、非同期合闸	1. 根据一次设备运行方式的变化及时调整重合闸的配合方式。 2. 投入重合闸前检查装置无异常告警信息	
14	备自投误动、拒动	1. 停用备自投时先停直流后停交流，投入时按相反顺序。 2. 备自投传动时应退出相应的压板。 3. 备自投检验时确认投退的压板正确	
15	运行人员操作保护压板后未旋紧端钮，造成接触不良	运行人员操作保护压板后应旋紧端钮，防止接触不良。监护人员应复核连接片是否连接可靠	
16	操作短接、连接电流端子顺序错误，造成事故	短接电流端子应先拆除各相电流端子再短接。拆接电流端子应先拆除全部短接连接片，再逐相接通电流端子	

【思考与练习】

1. 保护投停操作有何危险点源？
2. 母差保护操作过程中有何危险点源？应制定哪些相关的预控措施？

第二十六章 大型复杂操作

模块 1 大型复杂综合操作（ZY1200307001）

【模块描述】本模块介绍大型倒母线操作、新投变压器的操作、新投线路操作的步骤和注意事项。通过要点归纳和案例说明，掌握大型复杂操作有关要求和注意事项，能对操作中发现异常进行简单处理。

【正文】

一、500kV 3/2 断路器接线母线停电操作

500kV 3/2 断路器接线母线停电，应拉开该母线上所连接的所有断路器及两侧隔离开关，将母线电压互感器从低压侧断开，防止反送电，并合上母线接地隔离开关。

（1）在后台机上依次断开连接在该母线上所有的边断路器。后台机上检查所操作断路器的负荷遥测值指示为零。

（2）按照现场设备实际位置，从近到远依次分别拉开停电断路器两侧的隔离开关（对于电动操动机构的隔离开关，首先给上隔离开关电动操动机构电动机电源，拉开隔离开关后，退出隔离开关电动操动机构电动机电源），断开断路器操动机构储能电动机电源开关。

（3）取下停电断路器的操作电源，断开停电母线电压互感器的二次空气开关。

（4）按照检修任务的要求，在检修地点停电母线侧验电，合上母线接地开关。

二、新投变压器的操作

（一）新投变压器送电前的注意事项

（1）按规定对变压器本体及绝缘油进行全面试验，合格后方具备通电条件。

（2）对变压器外部进行检查：气体继电器外壳上的箭头应指向储油柜；所有阀门应置于正确位置；变压器上各带电体对地的距离以及相间距离应符合要求；分接开关位置符合有关规定，且三相一致；变压器上导线、母线以及连接线牢固可靠；密封垫的所有螺栓要足够紧固，密封处不渗油。

（3）对变压器冷却系统进行检查：风扇、潜油泵的旋转方向符合规定，运行是否正常，自动启动冷却设备的控制系统动作正常，启动整定值正确，投入适当数量冷却设备；冷却设备备用电源切换试验正常；对于水冷变压器，水压不得大于最低油压，以免水渗入油中。

（4）对监视、保护装置进行检查：所有指示元件要正确，如压力释放阀、油流指示器、油位指示器、温度指示器等；变压器油箱上部的积气、油气分离室积气要放净，以免气泡进入高电场引起电晕放电或进入气体继电器发生错误告警；各种指示、计量仪表配置齐全；继电保护配置齐全，并按规定投入，接线正确，整定无误。

（二）变压器初充电方法

变压器初充电方法有两种，零起升压操作和全压冲击操作。

（三）变压器新投操作步骤

1. 变压器零起升压试验

对大型设备，如变压器、电抗器等，为了防止初充电加压时设备存在缺陷而损坏，一般先采用零起升压试验，证明设备绝缘正常，然后采取全压冲击试验。

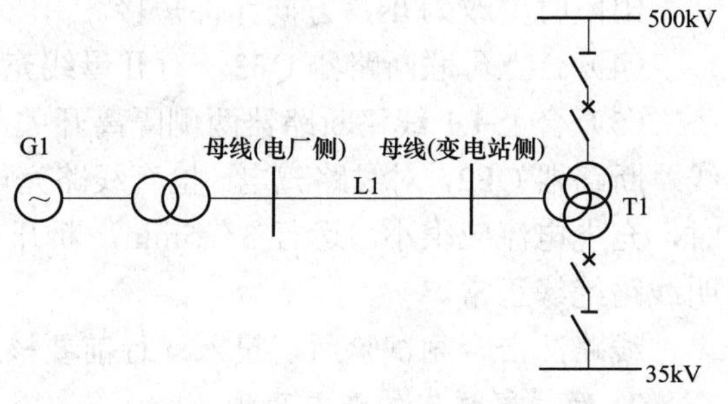

图 ZY1200307001-1 变压器 T1 零起升压试验

如图 ZY1200307001-1 所示，以变压器 T1 初充电为例来说明零起升压试验的方法和步骤。

进行一系列倒闸操作，使电厂和变电站两侧母线上无其他连接元件，变压器 T1 高、低压侧断路器、隔离开关断开，形成如图 ZY1200307001-1 所示的独立系统。

投入变压器 T1 所有保护，将 L1 线路距离零序Ⅱ、Ⅲ段时位改为 0s 并投入。

启动发电机 G1，使之达到或接近额定转速，缓慢增加励磁，严密监视发电机励磁电流及电压、定子电流及电压。发电机励磁电流加上后，定子三相电流应无指示。

将发电机电压升至额定电压的 1.05 倍，经 5～10min 运行，检查被试设备，如无故障、无异常，则零起升压试验结束。

若升压过程中发电机或线路电流表有指示，三相电流相等，但电压升不起来或升不高，则设备可能发生三相短路；如三相电流不等，有的相电流上升，而电压不起来，说明设备可能存在不对称短路故障，这时应立即停止试验进行检查。

2. 变压器全电压冲击合闸试验

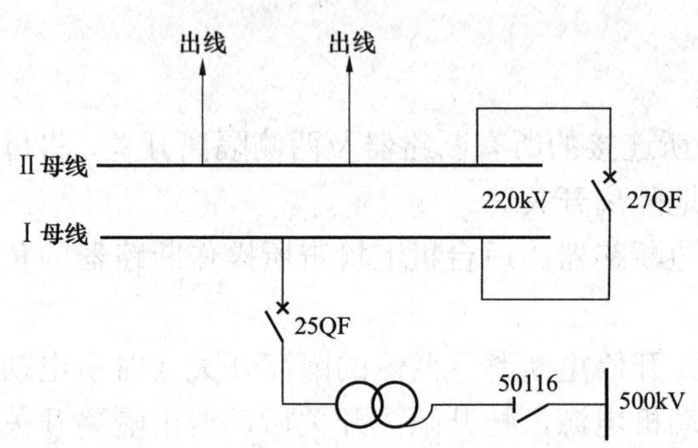

图 ZY1200307001-2 全电压冲击合闸试验

如图 ZY1200307001-2 所示，以某变电站 500kV 变压器初充电为例，说明变压器全电压冲击合闸试验的方法和步骤。

试验前，220kV 出线倒闸到Ⅱ母线运行，25QF、27QF 断路器断开，50116 隔离开关拉开，变压器中性点可靠接地；投入变压器全套保护，对变压器有关保护定值临时更改，如保护范围扩大、延时改短等，并投入 27QF 的充电保护；合上 27QF，对Ⅰ母线充电。退出Ⅰ母线母差保护。合上 25QF，检查变压器充电是否正常。变压器经过初充电试验合格后，还应经过 3～5 次全电压冲击试验，以检查绝缘薄弱地点。

变压器等设备经全电压冲击试验后，投入运行时，还应核定相序、相位是否与系统相符。

三、新投线路的操作

1. 线路初充电的方法和步骤

线路初次带电一般采用全电压合闸试验来检查线路的绝缘，而当线路上装有并联电抗器时，可采用零起升压试验。

如图 ZY1200307001-3 所示，用线路 L1 初充电的全电压冲击合闸试验来说明线路初次带电的方法和步骤。

（1）将双母线倒成单母线运行，Ⅱ母线停电作备用，母联断路器 QF3 断开。

（2）投入母联断路器的充电过电流保护，并将时间整定为 0s。

（3）投入线路 L1 的保护，并将零序电流保护Ⅱ、Ⅲ段时位改为 0s，方向元件短接。

（4）合上母联断路器 QF3，对Ⅱ母线充电。

（5）合上 L1 线路断路器两侧隔离开关，合上线路断路器 QF2，对线路充电。检查线路充电正常时，充电电流应很小。运行 3～5min，断开 QF3，再次合上 QF3，如此冲击 3 次，线路无故障，则说明线路绝缘正常。

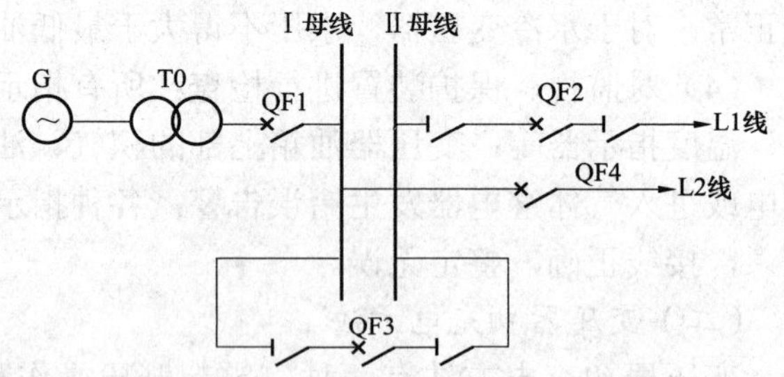

图 ZY1200307001-3 线路 L1 初充电

线路冲击合闸试验后，投入运行前要核对相位，保证线路相位与系统一致。

2. 新线路送电的注意事项

（1）线路初次充电前的注意事项：

1）按规定对线路及保护进行检查、试验，如对线路断路器、隔离开关、电流互感器、电压互感器进行全面试验并合格，断路器、隔离开关分、合试验正常。

2）检查导线连接是否牢固、可靠。

3）检查断路器、隔离开关、电流互感器、电压互感器等设备及其连接导线的导电部分对地距离、相间距离符合要求。

4）充油设备，如少油断路器、电流互感器、电压互感器等无渗油，油位正常，油试验合格。

5）线路保护整定正确，并投入。

（2）新线路送电还应注意：

1）双电源线路或双回线，在并列或合环前应定相。

2）分别来自两段母线电压互感器的二次电压回路（经母线隔离开关辅助触点接入），在并列前应定相。

3）线路第一次送电应进行全电压冲击合闸，其目的是利用操作过电压来检验线路的绝缘。

3. 有关保护的配合

初充电时的保护配合：电气设备初次充电时，由于其保护电流、电压极限和相序未进行带电检查，保护正确动作可靠性有待证实，因此设备初充电时，保护配合要充分考虑。

初充电的保护配合原则是被充电设备上级保护Ⅱ、Ⅲ段作为本级主保护，保护范围应无死区。当变压器全电压初充电时，母联断路器的充电保护整定要考虑变压器任何地方故障时，保护能瞬时动作跳闸。

零起升压试验时，因升压系统自成一个独立系统，被试设备断路器失灵保护不得接跳其他运行设备；全压冲击合闸试验时，失灵保护要投入。

四、旁路代操作

在双母线带旁路主接线的变电站中，为了保证在相关线路或主变压器断路器停用时不停电，旁路代操作是比较常见的。但是，旁路一般只配置一套主保护，旁路代操作时必须进行线路保护或主变压器差动电流回路的切换，且必须按照规定的顺序进行，操作比较复杂，安全风险较高。

1. 旁路断路器代线路断路器的操作

（1）正常运行时，投入旁路断路器微机保护，利用旁路断路器给旁路母线充电。

（2）旁路断路器代线路断路器时，首先拉开旁路断路器，合上线路旁路隔离开关。

（3）旁路保护定值区修改（改为被代线路），重合闸投入。

（4）旁路断路器合闸，进行两断路器并列。

（5）进行切换，线路切换保护屏停用相应保护、线路非切换保护屏停用相应保护、线路切换保护屏线路电流切换至旁路端子、线路电压切换至旁路电压。

（6）投入或切换线路、旁路的相应保护和二次回路。

（7）拉开线路断路器，两断路器解环，旁路断路器代线路断路器运行。

2. 旁路断路器代主变压器断路器的操作

（1）正常运行时，投入旁路断路器微机保护，利用旁路断路器给旁路母线充电。

（2）旁路断路器代主变压器断路器时，首先拉开旁路断路器，合上主变压器旁路隔离开关。

（3）将主变压器断路器差动电流回路切至旁路。

（4）合上旁路断路器，检查负荷分配。

（5）拉开主变压器断路器。

（6）退出主变压器断路器母差出口回路。

五、案例

一次接线如图 ZY1200307001-4 所示。

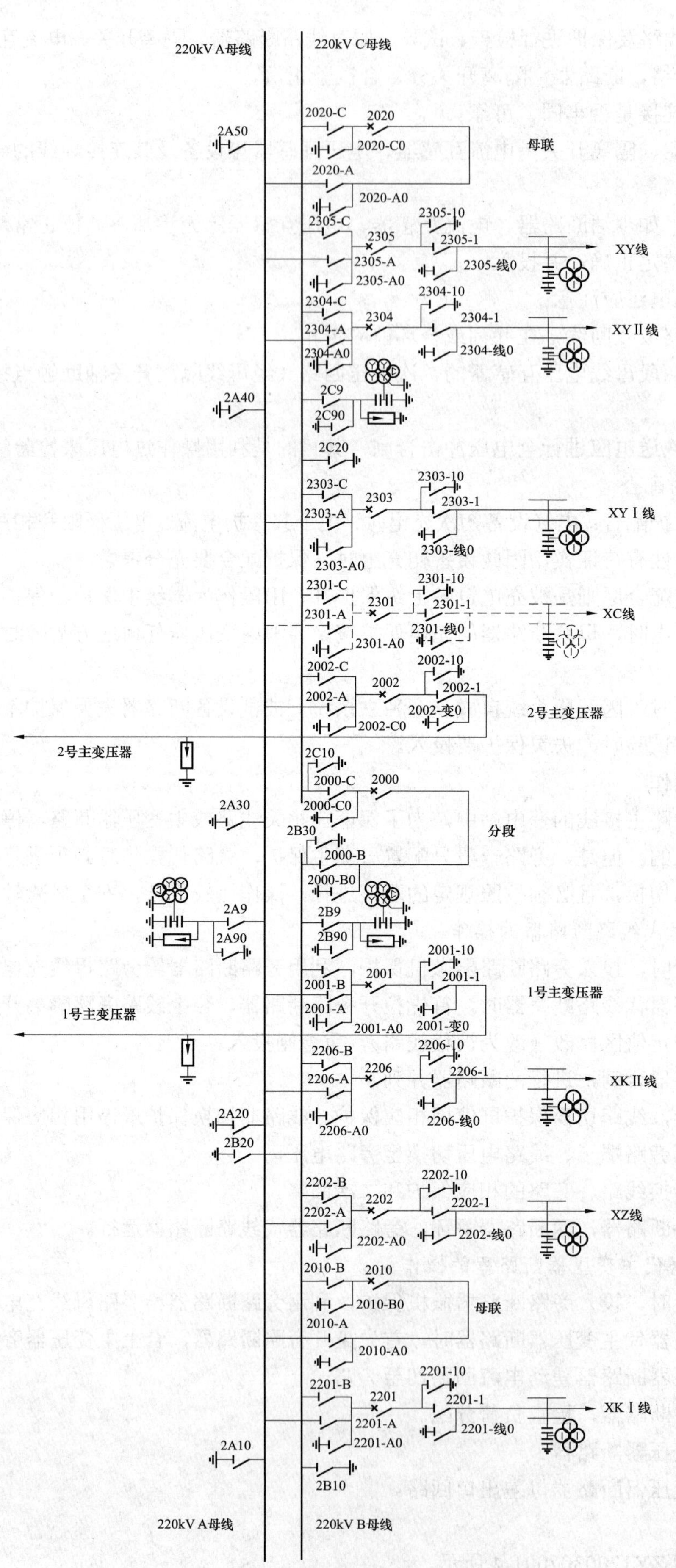

图 ZY1200307001-4 220kV 系统一次接线图

模块 1

ZY1200307001

1. 线路启动方案

220kV XZ 线启动方案如下：

（1）启动前运行方式：

本站 220kV：A、C 母线运行，B 母线及 2000、2010 断路器冷备用。

对侧变电站 220kV 母线为正常标准运行方式。

（2）核对保护：

核对有关保护的定值。

投入 2010 断路器母联充电保护。

对侧 XZ 线断路器保护改为临时定值。

投入 XZ 线两侧线路保护，重合闸停用。

（3）启动步骤：

用对侧 XZ 线断路器对 XZ 线路充电 3 次。

合上 2202-B、2202-1 隔离开关。

停用 220kV 母线保护。

合上 2202 断路器对 220kV B 母线及 B 母线 TV 充电。

用 220kV A、B 母线 TV 核相。

（4）2010 断路器合环测保护向量：

核相正确后，测 220kV XZ 线的线路保护向量及 220kV 母线保护向量。

220kV XZ 线两侧纵联保护联调复核。

向量正确后，投入 220kV 母线保护，投入 220kV XZ 线两侧重合闸，停用 2010 断路器充电保护，停用对侧 XZ 线断路器保护临时定值。

2. 变压器启动方案

一次接线图如图 ZY1200307001-5 所示。

2 号主变压器从 220kV 系统启动方案如下：

（1）启动前电网运行方式：

220kV：A、B 母线运行，C 母线及 2000、2020 断路器热备用；5012、5013 断路器及 1 号主变压器处冷备用状态。

（2）核对保护：

投 2020 断路器母联充电保护。

投 2 号主变压器保护。

核对 5012、5013 断路器保护临时定值并投入。

（3）启动步骤：

1）用 2002 断路器给 2 号主变压器充电：合 2002-C、2002-1 隔离开关，5012、5013 断路器转热备用；3002 断路器、35kV B 母线 TV 及 3、4 号电容器转热备用；合 2020 断路器对 220kV C 母线充电；停用 220kV 母线保护；合 2002 断路器对 2 号主变压器充电，观察无异常后，拉合 2002 断路器对 2 号主变压器冲击 3 次，每次间隔 3min，最后一次 2002 断路器在合位；检查 2 号主变压器高压侧 TV 二次接线正确。

2）2 号主变压器带 35kV 3、4 号电容器测保护向量：合 3002 断路器对 35kV B 母线、B 母线 TV 充电；先后合 3023、3024 断路器，给 3、4 号并联电容器充电，并拉合 3023、3024 断路器各 3 次，最后一次在合位；测 3、4 号并联电容器保护向量；向量正确后，3、4 号电容器正常送电；测 220kV 母线保护向量，测 2 号主变压器保护向量；向量正确后，投 220kV 母线保护；合上 5012 断路器（合环），3、4 号电容器转热备用，拉开 3002 断路器；测 2 号主变压器保护向量；向量正确后，合 5013 断路器，拉开 5012 断路器测 2 号主变压器保护向量；向量正确后，合 5012 断路器；合 3002 断路器，复测 2 号主变压器保护向量；向量正确后，退 5012、5013 断路器保护临时定值，退 2020 断路器母联充电保护，2 号主变压器运行，3、4 号电容器和 3、4 号电抗器可视电压情况投切。

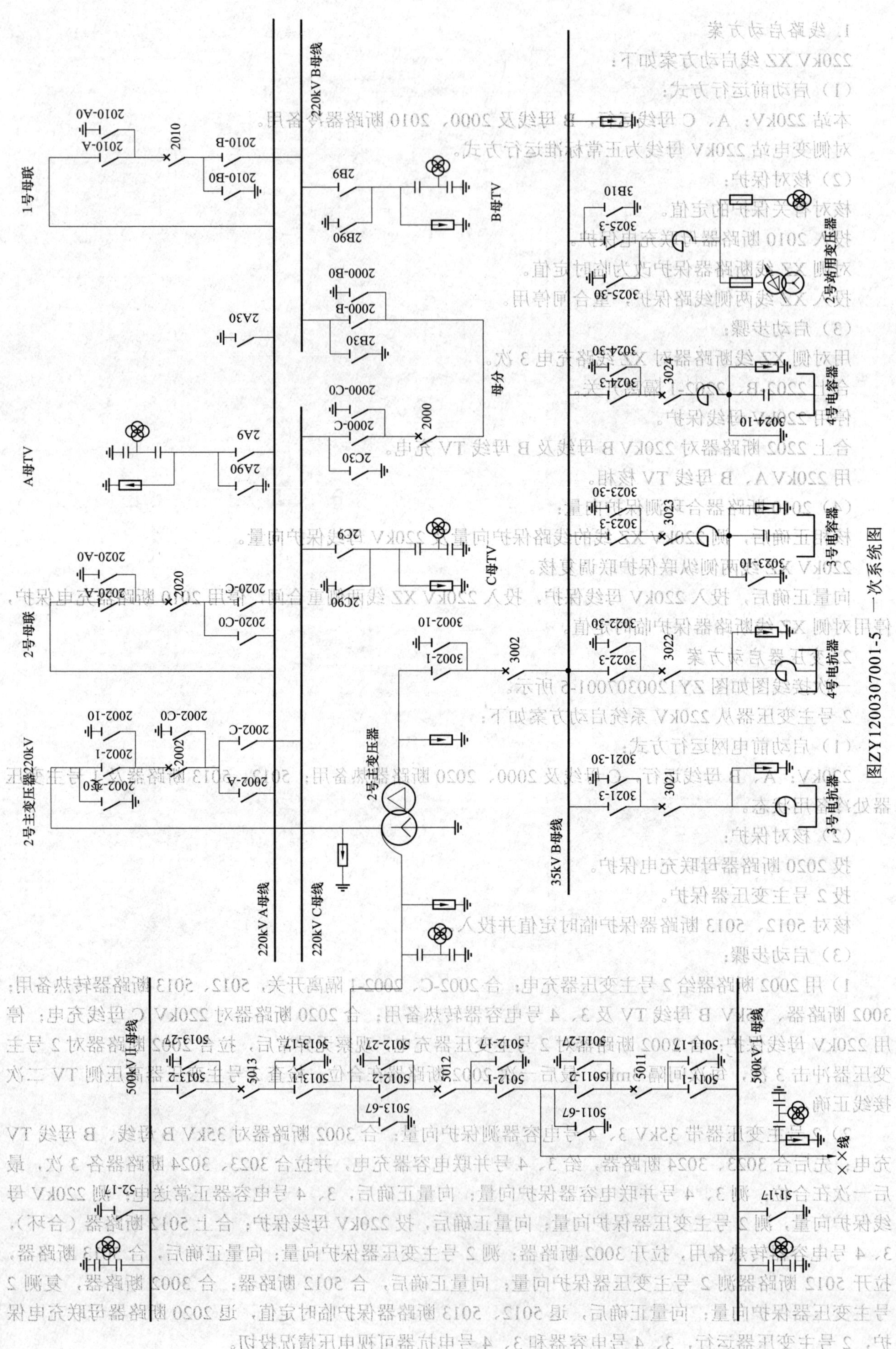

图ZY1200307001-5 一次系统图

【思考与练习】

1. 新投入的变压器在送电前有何注意事项？
2. 试述变压器全电压冲击合闸试验过程。
3. 编制220kV新线路启动送电方案。

模块2 大型复杂操作危险点源分析（ZY1200307002）

【模块描述】本模块介绍大型复杂操作及新变电站启动操作危险点源。通过要点归纳和列表说明，掌握大型复杂操作及新变电站启动操作危险点源，能制定危险点源预控措施。

【正文】

变电站的大型复杂操作，由于操作项目多，技术复杂，一、二次操作配合要求高，极易引起误操作。因此，在进行大型复杂操作时，对操作人、监护人都有一定的要求，并要求有关技术人员现场把关。同时，在操作前应做好危险点源分析，制定切实可行的预控措施，防止事故的发生。

一、大型复杂操作危险点源

（1）旁路代线路操作，旁路母线启用前未对旁路母线充电，充电前未投入旁路充电保护。充电后未及时退出充电保护。

（2）旁路代主变压器时，主变压器差动保护在TA二次切换前没有停用跳闸出口压板，造成保护误动。

（3）双母线双母联带分段断路器接线方式倒母线操作，将与操作无关的母联、分段断路器改非自动。

（4）零起升压试验时，被试设备断路器失灵保护接跳其他运行设备；全压冲击合闸试验时，失灵保护未投入。

（5）当变压器全电压初充电时，母联断路器的充电保护未投入。

（6）新投变压器、线路初充电，未将双母线倒成单母线运行，无备用母线，母联断路器未断开，没有退出母线保护。

（7）启动送电前，未与调度核对保护定值单。

（8）未进行核相、未测向量是否正确即投入母线差动保护，造成保护误动作。

（9）新投变压器、线路初充电，未投入主变压器保护、线路保护，造成设备无保护运行。

二、大型复杂操作危险点源及预控措施

大型复杂操作危险点源及预控措施见表ZY1200307002-1。

表ZY1200307002-1　　大型复杂操作危险点源及预控措施

序号	危险点源	预控措施	备注
1	旁路代线路操作，旁路母线启用前未对旁路母线充电，充电前未投入旁路充电保护。充电后未及时退出充电保护	（1）旁代线路操作，旁路母线启用前应对旁路母线充电。 （2）充电前应投入旁路充电保护。 （3）充电后应及时退出充电保护	
2	旁路代主变压器时，主变压器差动保护在TA二次切换前没有停用跳闸出口压板，造成保护误动	旁路代主变压器时，主变压器差动保护在TA二次切换前应停用跳闸出口压板	
3	双母线双母联带分段断路器接线方式倒母线操作，将与操作无关的母联、分段断路器改非自动	双母线双母联带分段断路器接线方式倒母线操作，应逐段进行。一段操作完毕，再进行另一段的倒母线操作。不得将与操作无关的母联、分段断路器改非自动	
4	零起升压试验时，被试设备断路器失灵保护接跳其他运行设备；全压冲击合闸试验时，失灵保护未投入	零起升压试验时，因升压系统自成一个独立系统，被试设备断路器失灵保护不得接跳其他运行设备；全压冲击合闸试验时，失灵保护要投入	
5	当变压器全电压初充电时，母联断路器的充电保护未投入	当变压器全电压初充电时，母联断路器的充电保护应投入	

续表

序号	危险点源	预控措施	备注
6	新投变压器、线路初充电，未将双母线倒成单母线运行，无备用母线，母联断路器未断开。没有退出母线保护	新投变压器、线路初充电，应将双母线倒成单母线运行，停电母线备用，母联断路器断开。退出母线保护	
7	启动送电前，未与调度核对保护定值单	启动送电前，应与所辖调度核对保护定值单	
8	未进行核相、未测向量是否正确即投入母线差动保护，造成保护误动作	新投线路充电核相无异常，测向量正确后方可投入母线差动保护	
9	新投变压器、线路初充电，未投入主变压器保护、线路保护，造成设备无保护运行	新投变压器、线路初充电前，应投入主变压器保护、线路保护	

三、案例分析

某局甲变电站运行人员在新设备启动操作中，当操作“××断路器由热备用改运行，220kV旁路断路器由代××断路器运行改冷备用”命令时，发生误拉断路器并造成全站停电的误操作事故。

（一）事故前运行方式

甲变电站220kV接线为单母线带旁路，共有220kV出线2回。事故前，两回线路断路器处在热备用状态，220kV旁路断路器代××断路器运行，1、2号主变压器并列运行。××线通过220kV旁路断路器向甲变电站供电，是全站唯一的电源输入点。

（二）事故简要经过

甲变电站××断路器及220kV旁路断路器更换后投产启动。为此，调度员根据启动方案向××变电站值班员下达“××断路器由热备用改运行，220kV旁路断路器由代××断路器运行改冷备用”等三十八项操作预令。由××变电站值班员拟写操作票，其中“××断路器由热备用改运行，220kV旁路断路器由代××断路器运行改冷备用”操作票存在原则性错误（先拉旁路断路器，再合线路断路器）。

××时××分，220kV旁路断路器代××线保护带负荷试验结束，调度员向××变电站值班员下达正令：“××断路器由热备用改运行，220kV旁路断路器由代××断路器运行改冷备用”，监护人和操作人做好准备后，××时××分开始操作此令，2min后，当操作到第二步“拉开220kV旁路断路器”时，发生全站失压。此时值班员才意识到操作错误，发现操作票操作步骤顺序反了，马上将情况汇报调度，经调度同意重新合上220kV旁路断路器”，恢复供电。事故造成切除负荷16.3MW，甲变电站全站停电3min，损失电量0.1万kWh。

（三）事故原因

（1）现场值班人员安全意识和工作责任心极差，执行“六要八步”流程流于形式，操作前未认真审核操作票的正确性、操作中未认真核对设备状态进行操作是导致这一事故发生的主要原因。

（2）现场值班人员业务水平低下、缺乏工作责任心，拟票过程中，严重违规，发生拟开启动操作票错误，现场安全管理制度形同虚设，特别是最后的审票把关不严，是导致这一事故发生的重要原因。

（3）现场值班人员对变电站的运行方式不清楚，对操作目的理解不清，在操作过程中完全忽视了××线通过220kV旁路断路器向甲变电站供电是全所唯一的电源断路器这一重要而又关键性的问题是导致这一事故发生的直接原因。

（4）事故还反映了该单位的变电运行管理工作还存在对现场安全管理重视程度不够、工作不细、不实的问题，在现场有重大操作任务时未抓好工作重点和危险点源的控制，对关键的操作票未能进行严格审核把关是导致这一事故发生的另一重要原因。

【思考与练习】

1. 对新主变压器充电操作中进行危险点源分析，并制定相应预控措施。
2. 对新线路送电操作进行危险点源分析，并制定相应预控措施。

模块3 大型复杂操作优化（ZY1200307003）

【模块描述】本模块介绍大型复杂操作优化原则和优化方法。通过案例比较说明，掌握大型复杂操作方案编制方法及优化原则。

【正文】

正确熟练地进行倒闸操作是变电站运行人员的基本技能要求，也是保证安全、经济供电的关键环节。倒闸操作是一项技术含量较高的工作，一项操作任务可能对应几种操作方法。运行人员需要熟悉运行方式及一、二次设备性能及相关规程，才能从中选择出最佳的操作方法，安全快捷地进行操作。

一、3/2 断路器接线母线停电操作

3/2 断路器接线母线停电，应拉开该母线上所连接的所有断路器及两侧隔离开关，将母线电压互感器从低压侧断开，防止反送电，并合上母线接地隔离开关。下面用两个操作方案进行比较以选择出较佳方案。

1. 操作方案一：全部单元操作方法

（1）在后台机上依次断开连接在该母线上的所有边断路器，后台机上检查所操作断路器负荷遥测值指示为零。

（2）按照现场设备实际位置，从近到远依次分别拉开停电断路器的两侧隔离开关（对于电动操动机构的隔离开关，首先给上隔离开关电动操动机构电动机电源，拉开隔离开关后，退出隔离开关电动操动机构电动机电源）。断开断路器操动机构储能电动机电源开关，断开断路器加热器电源开关。

（3）停用停电断路器的重合闸，切换中间断路器的重合闸压板位置。停用停电断路器保护屏失灵跳中间断路器压板。退出断路器保护屏失灵经线路保护远跳压板。投断路器保护屏边断路器检修位置压板。进行操作时要考虑保护小室位置和保护屏的位置，做到少跑路。

（4）取下停电断路器的操作电源。断开停电母线电压互感器的二次空气开关。

（5）按照检修任务的要求，在停电母线检修地点侧验电，合上母线接地开关。

2. 操作方案二：逐一单元操作方法

（1）连接在母线上的边断路器，以每个断路器为单元，逐一将单元断路器由运行转冷备用。

（2）断开停电母线电压互感器的二次空气开关，母线由冷备用转检修。

分析以上两个操作方案，从节省操作时间、人员少跑路等方面考虑，操作方案一为较佳方案。

二、倒母线操作中，母线侧隔离开关的操作

倒母线操作过程中，母线侧隔离开关的操作有两种倒换方法：

（1）逐一单元倒换方法。即合上一组备用母线的母线侧隔离开关后，就立即拉开相应工作母线的母线侧隔离开关。

（2）全部单元倒换方法。即先把全部备用母线的母线侧隔离开关合上后，再拉开全部工作母线的母线侧隔离开关。

第一种操作方法对高层布置方式的 2 组隔离开关一上一下，不宜采用。

具体采用哪种倒换方法，应根据现场实际接线方式和设备具体位置，本着操作方便、经济省时、安全可靠的原则确定。

三、500kV 主变压器停电操作

主变压器停电操作方案有两种：

（1）按照低、中、高电压等级，逐一按电压等级进行有关断路器的停电操作，最后进行主变压器由冷备用转检修的操作。

（2）主变压器三侧断路器进行统一操作。

1）首先在后台机上按照先负荷侧、后电源侧的操作顺序将三侧断路器由运行转热备用，后台机上检查所操作断路器负荷遥测值指示为零。

2）依次分别拉开停电断路器两侧的隔离开关（对于电动操动机构的隔离开关，首先给上隔离开关电动操动机构电动机电源，拉开隔离开关后，退出隔离开关电动操动机构电动机电源）。断开断路器操动机构储能电动机电源开关，断开断路器操作机构加热器电源开关。

3）在不同的保护小室依次进行有关停电断路器的保护、自动装置及主变压器保护压板切换。

4）取下停电断路器的操作电源。

5）对停电主变压器冷却器回路进行切换操作。

6）按照检修任务的要求，验电、装设接地线或合接地开关。

分析以上两种操作方法，虽然都不违背技术原则，方法（2）无论操作时间还是操作方便方面都比较合理，因此，一般操作都选择方法（2）。

综上所述，在进行倒闸操作过程中，在不违背技术原则的条件下，首先要考虑安全，其次要合理安排操作顺序，做到省时，少走重复路，尽量减少操作的步骤。

【思考与练习】

1. 根据本站实际，编写母线停电的典型操作票。
2. 编制主变压器停电的优化方案。

第二十七章　设备运行验收与投运

模块1　设备验收项目及要求（GYBD00403001）

【**模块描述**】本模块包含变电站设备验收项目及要求。通过变电站设备验收项目及要求的介绍，掌握变电站设备验收项目，能参与设备验收。

【**正文**】

变电站设备验收是坚持设备技术质量标准的重要措施，也是保证安全可靠经济运行的重要环节。因此，运行人员必须认真严格把好“质量”关。

设备交接验收的标准是新安装工程或项目应符合工程设计的要求，电气设备安装质量、调试验收项目及其结果应符合规定，并且具备相关的技术资料和文件。

设备验收项目包括一、二次设备的安装交接、大修、小修、预试和调试。按照有关规程和国家电网公司技术标准经验收合格、验收手续齐备、符合运行条件后，才能投入运行。运行值班人员根据具体的一、二次设备的检修、调试大纲和细则，重点核对、检查验收项目，把好设备投运的质量关，以保证电网设备的安全运行。

一、变压器验收的项目及要求

（一）大修（包括更换线圈和更换内部引线等）验收的项目和要求

1. 变压器绕组

（1）清洁无破损，绑扎紧固完整，分接引线出口处封闭良好，围屏无变形、发热和树枝状放电痕迹。

（2）围屏的起头应放在绕组的垫块上，接头处搭接应错开不堵塞油道。

（3）支撑围屏的长垫块无爬电痕迹。

（4）相间隔板完整固定牢固。

（5）绕组应清洁，表面无油垢、变形。

（6）整个绕组无倾斜，位移，导线辐向无弹出现象。

（7）各垫块排列整齐，辐向间距相等，轴向成一垂直线，支撑牢固有适当压紧力，垫块外露出绕组的长度至少应超过绕组导线的厚度。

（8）绕组油道畅通，无油垢及其他杂物积存。

（9）外观整齐清洁，绝缘及导线无破损。

（10）绕组无局部过热和放电痕迹。

2. 引线及绝缘支架

（1）引线绝缘包扎完好，无变形、变脆，引线无断股、卡伤。

（2）穿缆引线已用白布带半叠包绕一层。

（3）接头表面应平整、清洁、光滑无毛刺及其他杂质。

（4）引线长短适宜，无扭曲。

（5）引线绝缘的厚度应足够。

（6）绝缘支架应无破损、裂纹、弯曲、变形及烧伤。

（7）绝缘支架与铁夹件的固定可用钢螺栓，绝缘件与绝缘支架的固定应用绝缘螺栓；两种固定螺栓均应有防松措施。

（8）绝缘夹件固定引线处已垫附加绝缘。

（9）引线固定用绝缘夹件的间距，应考虑在电动力的作用下，不致发生引线短路；线与各部位之间的绝缘距离应足够。

（10）大电流引线（铜排或铝排）与箱壁间距，一般应大于 100mm，铜（铝）排表面进行绝缘包扎处理。

3. 铁芯

（1）铁芯平整，绝缘漆膜无损伤，叠片紧密，边侧的硅钢片无翘起或成波浪状。铁芯各部表面无油垢和杂质，片间无短路，搭接现象，接缝间隙符合要求。

（2）铁芯与上、下夹件，方铁，压板，底脚板间绝缘良好。

（3）钢压板与铁芯间有明显的均匀间隙；绝缘压板应保持完整，无破损和裂纹，并有适当紧固度。

（4）钢压板不得构成闭合回路，并一点接地。

（5）压钉螺栓紧固，夹件上的正、反压钉和锁紧螺母无松动，与绝缘垫圈接触良好，无放电烧伤痕迹，反压钉与上夹件有足够距离。

（6）穿芯螺栓紧固，绝缘良好。

（7）铁芯间、铁芯与夹件间的油道畅通，油道垫块无脱落和堵塞，且排列整齐。

（8）铁芯只允许一点接地，接地片应用厚度 0.5mm，宽度不小于 30mm 的紫铜片，插入 3～4 级铁芯间，对大型变压器插入深度不小于 80mm，其外露部分已包扎白布带或绝缘。

（9）铁芯段间、组间、铁芯对地绝缘电阻良好。

（10）铁芯的拉板和钢带应紧固并有足够的机械强度，绝缘良好，不构成环路，不与铁芯相接触。

（11）铁芯与电场屏蔽金属板（箔）间绝缘良好，接地可靠。

4. 有载分接开关

（1）切换开关所有紧固件无松动。

（2）储能机构的主弹簧、复位弹簧、爪卡无变形或断裂。动作部分无严重磨损、擦毛、损伤、卡滞，动作正常无卡滞。

（3）各触头编织线完整无损。

（4）切换开关连接主通触头无过热及电弧烧伤痕迹。

（5）切换开关弧触头及过渡触头烧损情况符合制造厂要求。

（6）过渡电阻无断裂，其阻值与铭牌值比较，偏差不大于±10%。

（7）转换器和选择开关触头及导线连接正确，绝缘件无损伤，紧固件紧固，并有防松螺母，分接开关无受力变形。

（8）对带正、反调的分接开关，检查连接 K 端分接引线在“+”或“−”位置上与转换选择器的动触头支架（绝缘杆）的间隙不应小于 10mm。

（9）选择开关和转换器动静触头无烧伤痕迹与变形。

（10）切换开关油室底部放油螺栓紧固，且无渗油。

5. 油箱

（1）油箱内部洁净，无锈蚀，漆膜完整，渗漏点已补焊。

（2）强油循环管路内部清洁，导向管连接牢固，绝缘管表面光滑，漆膜完整、无破损、无放电痕迹。

（3）钟罩和油箱法兰结合面清洁平整。

（4）磁（电）屏蔽装置固定牢固，无异常，可靠接地。

（二）小修验收的项目和要求

变压器本体和附件小修验收的项目和要求如下：

（1）变压器本体和组部件等各部位均无渗漏。

（2）储油柜油位合适，油位表指示正确。

（3）套管。

1）瓷套表面清洁无裂缝、损伤。

2）套管固定可靠，各螺栓受力均匀。

3）油位指示正常，油位表朝向应便于运行巡视。

4）电容套管末屏接地可靠。

5）引线连接可靠、对地和相间距离符合要求，各导电接触面应涂有电力复合脂。引线松紧适当，无明显过紧过松现象。

（4）升高座和套管型电流互感器。

1）放气塞位置应在升高座最高处。

2）套管型电流互感器二次接线板及端子密封完好，无渗漏，清洁无氧化。

3）套管型电流互感器二次引线连接螺栓紧固、接线可靠、二次引线裸露部分不大于 5mm。

4）套管型电流互感器二次备用绕组经短接后接地，检查二次极性的正确性，电压比与实际相符。

（5）气体继电器。

1）检查气体继电器是否已解除运输用的固定，继电器应水平安装，其顶盖上标志的箭头应指向储油柜，其与连通管的连接应密封良好，连通管应有 1%～1.5%的升高坡度。

2）集气盒内应充满变压器油，且密封良好。

3）气体继电器应具备防潮和防进水的功能，如不具备应加装防雨罩。

4）轻、重瓦斯触点动作正确，气体继电器按 DL/T 540 校验合格，动作值符合整定要求。

5）气体继电器的电缆应采用耐油屏蔽电缆，电缆引线在继电器侧应有滴水弯，电缆孔应封堵完好。

6）观察窗的挡板应处于打开位置。

（6）压力释放阀。

1）压力释放阀及导向装置的安装方向应正确，阀盖和升高座内应清洁、密封良好。

2）压力释放阀的接点动作可靠，信号正确，接点和回路绝缘良好。

3）压力释放阀的电缆引线在继电器侧应有滴水弯，电缆孔应封堵完好。

4）压力释放阀应具备防潮和防进水的功能，如不具备应加装防雨罩。

（7）无励磁分接开关。

1）挡位指示器清晰，操作灵活、切换正确，内部实际挡位与外部挡位指示正确、一致。

2）机械操作闭锁装置的止钉螺栓固定到位。

3）机械操作装置应无锈蚀并涂有润滑脂。

（8）有载分接开关。

1）传动机构应固定牢靠，连接位置正确，且操作灵活，无卡涩现象；传动机构的摩擦部分涂有适合当地气候条件的润滑脂。

2）电气控制回路接线正确、螺栓紧固、绝缘良好，接触器动作正确、接触可靠。

3）远方操作、就地操作、紧急停止按钮、电气闭锁和机械闭锁正确可靠。

4）电机保护、步进保护、连动保护、相序保护、手动操作保护正确可靠。

5）切换装置的工作顺序应符合制造厂规定；正、反两个方向操作至分接开关动作时的圈数误差应符合制造厂规定。

6）在极限位置时，其机械闭锁与极限开关的电气联锁动作应正确。

7）操动机构挡位指示、分接开关本体分接位置指示、监控系统上分接开关分接位置指示应一致。

8）压力释放阀（防爆膜）完好无损。如采用防爆膜，防爆膜上面应用明显的防护警示标示；如采用压力释放阀，应按变压器本体压力释放阀的相关要求。

9）油道畅通，油位指示正常，外部密封无渗油，进出油管标志明显。

10）单相有载调压变压器组进行分接变换操作时应采用三相同步远方或就地电气操作并有失步保护。

11）带电滤油装置控制回路接线正确可靠。

12）带电滤油装置运行时应无异常的振动和噪声，压力符合制造厂规定。

13）带电滤油装置各管道连接处密封良好。

14）带电滤油装置各部位应均无残余气体（制造厂有特殊规定除外）。

（9）吸湿器。

1）吸湿器与储油柜间的连接管的密封应良好，呼吸应畅通。

2）吸湿剂应干燥，油封油位应在油面线上或满足产品的技术要求。

（10）测温装置。

1）温度计动作接点整定正确、动作可靠。

2）就地和远方温度计指示值应一致。

3）顶盖上的温度计座内应注满变压器油，密封良好；闲置的温度计座也应注满变压器油密封，不得进水。

4）膨胀式信号温度计的细金属软管（毛细管）不得有压扁或急剧扭曲，其弯曲半径不得小于50mm。

5）记忆最高温度的指针应与指示实际温度的指针重叠。

（11）净油器。

1）上、下阀门均应在开启位置。

2）滤网材质和安装正确。

3）硅胶规格和装载量符合要求。

（12）本体、中性点和铁芯接地。

1）变压器本体油箱应在不同位置分别有两根引向不同地点的水平接地体。每根接地线的截面应满足设计的要求。

2）变压器本体油箱接地引线螺栓紧固，接触良好。

3）110kV（66kV）及以上绕组的每根中性点接地引下线的截面应满足设计的要求，并有两根分别引向不同地点的水平接地体。

4）铁芯接地引出线（包括铁轭有单独引出的接地引线）的规格和与油箱间的绝缘应满足设计的要求，接地引出线可靠接地。引出线的设置位置有利于监测接地电流。

（13）控制箱（包括有载分接开关、冷却系统控制箱）。

1）控制箱及内部电器的铭牌、型号、规格应符合设计要求，外壳、漆层、手柄、瓷件、胶木电器应无损伤、裂纹或变形。

2）控制回路接线应排列整齐、清晰、美观，绝缘良好无损伤。接线应采用铜质或有电镀金属防锈层的螺栓紧固，且应有防松装置，引线裸露部分不大于5mm；连接导线截面符合设计要求、标志清晰。

3）控制箱及内部元件外壳、框架的接零或接地应符合设计要求，连接可靠。

4）内部断路器、接触器动作灵活无卡涩，触头接触紧密、可靠，无异常声音。

5）保护电动机用的热继电器或断路器的整定值应是电动机额定电流的0.95～1.05倍。

6）内部元件及转换开关各位置的命名应正确无误并符合设计要求。

7）控制箱密封良好，内外清洁无锈蚀，端子排清洁无异物，驱潮装置工作正常。

8）交、直流应使用独立的电缆，回路分开。

（14）冷却装置。

1）风扇电动机及叶片应安装牢固，并应转动灵活，无卡阻；试转时应无振动、过热；叶片应无扭曲变形或与风筒碰擦等情况，转向正确；电动机保护不误动，电源线应采用具有耐油性能的绝缘导线。

2）散热片表面油漆完好，无渗油现象。

3）管路中阀门操作灵活、开闭位置正确；阀门及法兰连接处密封良好无渗油现象。

4）油泵转向正确，转动时应无异常噪声、振动或过热现象，油泵保护不误动；密封良好，无渗油或进气现象（负压区严禁渗漏）。油流继电器指示正确，无抖动现象。

5）备用、辅助冷却器应按规定投入。

6）电源应按规定投入和自动切换，信号正确。

（15）其他。

1）所有导气管外表无异常，各连接处密封良好。

2）变压器各部位均无残余气体。

3）二次电缆排列应整齐，绝缘良好。

4）储油柜、冷却装置、净油器等油系统上的油阀门应开闭正确，且开、关位置标色清晰，指示正确。

5）感温电缆应避开检修通道，安装牢固（安装固定电缆夹具应具有长期户外使用的性能），位置正确。

6）变压器整体油漆均匀完好，相色正确。

7）进出油管标识清晰、正确。

二、高压开关的验收项目及要求

（一）高压开关的验收要求

（1）新装和检修后的高压开关设备，在竣工投运前，运行人员应参加验收工作。

（2）交接验收应按国家、电力行业和国家电网公司有关标准、规程和国家电网公司《预防高压开关设备事故措施》的要求进行。

（3）运行单位应对开关设备检修过程中的主要环节进行验收，并在检修完成后按照相关规定对检修现场、检修质量和检修记录、检修报告进行验收。

（4）验收时发现的问题，应及时处理。暂时无法处理，且不影响安全运行的，经本单位主管领导批准后方能投入运行。

（二）高压开关的验收项目

1. SF_6断路器验收项目

（1）断路器应固定牢靠，外表清洁完整，动作性能符合规定。

（2）电气连接可靠且接触良好。

（3）断路器及其操动机构的联动应正常，无卡阻现象，分、合闸指示正确，辅助开关动作正确可靠。

（4）密度继电器的报警、闭锁定值应符合规定，电气回路传动正确。

（5）SF_6气体压力、泄漏率和含水量应符合规定。

（6）操动机构灵活可靠。

（7）断路器传动良好。

（8）油漆完整，相色标志正确，接地良好。

2. SF_6封闭式组合电器的验收检查项目

（1）组合电器应安装牢靠，外壳应清洁完整，动作性能符合产品的技术规定。

（2）电气连接应可靠且接触良好。

（3）组合电器及其操动机构的联动应正常，无卡阻现象，分、合闸指示正确，辅助开关及电气闭锁应动作准确可靠。

（4）支架及接地引线应无锈蚀和损伤，接地良好。

（5）密度继电器的报警、闭锁定值应符合规定，电气回路应传动正确。

（6）SF_6气体压力正常，漏气率和含水量应符合规定。

（7）油漆应完整，相色标志正确。

3. 110kV GIS断路器的检查验收

（1）SF_6气体压力表指示压力正常，低气压报警及闭锁操作功能正常（一般情况下，SF_6气体压力正常为0.49MPa左右，当SF_6气体压力低于0.45MPa时气压报警并应补气，当SF_6气体压力低于0.4MPa闭锁操作回路并告警）。

（2）空气气体压力表指示压力正常，低气压启动空气压缩机及闭锁操作功能正常（一般情况下，空气气体压力正常为1.47MPa左右，当空气压力低于1.45MPa时，空气压缩机启动补气，压力达到1.52MPa时停机，当空气压力低于1.20MPa时，断路器闭锁操作回路）。

（3）气动操动机构的合闸闭锁销子及分闸闭锁销子均应拔出。

（4）直流电源正常，机构箱内的控制开关合闸。

（5）位置指示器的指示位置、SF_6气压和空气阀门的位置都应正确。

（6）GIS 未充入 SF_6气体不得进行断路器操作。

4. 空气断路器的验收检查项目

（1）空气断路器各部分应完整，外壳应清洁，动作性能符合规定。

（2）基础及支架应稳固，气动操作时，空气断路器不应有剧烈振动。

（3）油漆完整，相色标志正确，接地良好。

5. 真空断路器的验收检查项目

（1）真空断路器应安装牢靠，外壳应清洁完整。动作性能符合产品的技术规定。

（2）电气连接可靠且接触良好。

（3）真空断路器及其操动机构的联动应正常，无卡阻现象，分、合闸指示正确，辅助开关动作应准确可靠，触点无电弧烧损。

（4）灭弧室的真空度应符合产品的技术规定。

（5）并联电阻、电容值应符合产品的技术规定。

（6）绝缘部件、瓷件应完整无损。

（7）油漆完整，相色标志正确，接地良好。

三、高压开关操动机构的验收

操动机构是用来接通或断开断路器，并保持其在合闸或断开位置的机械传动机构。在正常运行情况下，断路器的操动机构应处于良好状态，动作灵活，下面分述各种操动机构的检查验收项目。

1. 断路器操动机构的检查验收项目

（1）操动机构固定应牢靠，底座或支架与基础间的垫片不宜超过三片，总厚度不应超过 20mm，并与断路器底座标高相配合，各片间应焊牢。

（2）操动机构的零部件应齐全，各转动部分应涂上适合当地气候条件的润滑油。

（3）电动机转向应正确。

（4）各种接触器、继电器、微动开关、压力开关和辅助开关的动作应准确可靠，触点接触良好，无烧损或锈蚀。

（5）分、合闸线圈的铁芯应动作灵活，无卡阻。

（6）液压与气动机构应有加热装置和恒温控制措施，绝缘应良好。

（7）电气连接应可靠且接触良好。

（8）操动机构与断路器的联动应正常，无卡阻现象，分、合闸指示正确，压力开关、辅助开关动作应准确可靠，接点无电弧烧损。

（9）操动机构箱应具有防尘、防潮、防小动物进入及通风措施，密封垫应完整，电缆管口、洞口应封堵。

（10）油漆完整，接地良好。

（11）控制、信号回路正确，操动机构脱扣线圈的端子动作电压应满足：低于额定电压的 30%时应不动作，高于额定电压的 65%时应可靠动作。

2. 气动机构的检查验收项目

（1）空气压缩机的空气过滤器应清洁无堵塞，吸气阀和排气阀完好，阀片方向不得装反，阀片与阀座面的密封应严密。

（2）曲轴与轴瓦应固定良好，销子的位置恰当，冷却器、风扇叶片和电动机、皮带轮等所有附件应清洁并安装牢固，运转时不因振动而松脱。

（3）气缸内油面应在标线位置，自动排污装置应动作正确，污物应引到室外，不应排在电缆沟内。

（4）压力表应检验合格，压力表的电接点动作正确可靠。

（5）储气罐、气水分离器及截止阀、逆止阀、安全阀和排污阀等应清洁无锈蚀，应检验减压阀、安全阀阀门动作灵。

3. 弹簧操动机构的检查验收项目

（1）合闸弹簧储能完毕后，辅助开关应将电动机电源切除；合闸完毕，辅助开关应将电动机电源接通。

（2）合闸弹簧储能后，牵引杆的下端或凸轮应与合闸锁扣可靠地锁住。

（3）分、合闸闭锁装置动作灵活，复位准确而迅速，并应扣合可靠。

（4）机构合闸后，应能可靠的保持在合闸位置。

（5）弹簧机构缓冲器的行程应符合产品的技术规定。

4. 液压机构的检查验收项目

（1）机构箱内部应洁净，液压油的标号符合产品的技术规定，液压油应洁净无杂质，油位指示正常。

（2）连接管部分应清洁，连接处应密封良好，且牢固可靠。

（3）补充的氮气及其预充压力应符合产品的技术规定。

（4）液压回路在额定油压时，外观检查应无渗油。

（5）机构在慢分、合时，工作缸活塞杆的运动应无卡阻和跳动现象，其行程应符合产品的技术规定。

（6）微动开关、接触器的动作应准确可靠，接触良好；电触点压力表、安全阀应校验合格，压力释放阀动作应可靠，关闭严密，联动闭锁压力值应按产品的技术规定予以整定。

（7）防失压慢分装置应可靠，并配有防“失压慢分”的机构卡具。

四、隔离开关的验收

（1）检查隔离开关的触头与触片接触紧密，动静触头间隙符合要求。

（2）检查隔离开关与接地隔离开关是否联锁可靠；检查所有操动机构、转动、连接、传动装置、辅助开关及闭锁装置安装牢固，动作灵活可靠，位置指示正确。

（3）检查相对运动部位是否润滑，所有轴锁、螺栓等是否紧固可靠。

（4）支柱绝缘子、操作绝缘子表面清洁完整、无闪络、无裂纹及折断破损现象。

（5）隔离开关合闸时三相触头同期性能、接触应良好。

（6）三相不同期值及分闸时触头打开角度和距离应符合产品的技术规定。

（7）电动操作隔离开关还要检查电动机机构操作是否正常，在电动机额定电压下操作 5 次，在 85%和 110%额定电压下分别电动操作 3～5 次，手动操作 3～5 次，均应能正常工作。

（8）引线连接应牢固，螺栓无松动接地引线应连接良好。

（9）隔离开关的防误闭锁装置应良好。

五、电容器及电抗器的验收

1. 电容器的验收

电容器是电力系统无功电源设备之一，对于电网的稳定，功率因数的提高，电能损耗的降低起到了不可替代的作用，所以电容器的验收也是不可忽视的。

（1）电容器室内的通风装置应良好；电容器的各附件及电缆试验合格。

（2）外壳应无凹凸或渗油现象，引出端子连接牢固，垫圈、螺母齐全。

（3）电容器组的布置与接线应正确，电容器组的保护回路与监视回路完整并全部投入。

（4）各部分的连接应严密可靠，电容器外壳和架构应有可靠的接地，且油漆完整。

（5）检查放电变压器或放电电压互感器的接线和容量是否符合设计要求，各部件是否完好，操作灵活。

2. 电抗器的验收

（1）检查水泥电抗器的支柱完整、无裂纹，绕组应无变形，各部油漆应完整。

（2）绕组外部的绝缘漆和支柱绝缘子的接地均应良好。

（3）混凝土支柱的螺栓应拧紧。

（4）混凝土电抗器的风道应清洁无杂物。

（5）油浸电抗器的验收比照变压器的验收项目及要求。

六、互感器的验收项目及要求

1. 新安装的互感器的验收

（1）产品的技术文件应齐全。

（2）互感器器身外观应整洁，无锈蚀或损伤。

（3）包装及密封应良好。

（4）油浸式互感器油位正常，密封良好，无渗油现象。

（5）电容式电压互感器的电磁装置和谐振阻尼器的封铅应完好。

（6）气体绝缘互感器的压力表指示正常。

（7）本体附件齐全无损伤。

（8）备品备件和专用工具齐全。

2. 互感器安装、试验完毕后的验收

（1）一、二次接线端子应连接牢固，接触良好，标志清晰。

（2）互感器器身外观应整洁，无锈蚀或损伤。

（3）互感器基础安装面应水平。

（4）建筑工程质量符合国家现行的建筑工程施工及验收规范中的有关规定。

（5）设备应排列整齐，同一组互感器的极性方向应一致。

（6）油绝缘互感器油位指示器、瓷套法兰连接处、放油阀均应无渗油现象。

（7）金属膨胀器应完整无损，顶盖螺栓紧固。

（8）具有吸湿器的互感器，其吸湿剂应干燥，油封油位正常。

（9）互感器的呼吸孔的塞子带有垫片时，应将垫片取下。

（10）电容式电压互感器必须根据产品成套供应的组件编号进行安装，不得互换。各组件连接处的接触面，应除去氧化层，并涂以电力复合脂。

（11）具有均压环的互感器，均压环应安装牢固、水平，且方向正确。具有保护间隙的，应按制造厂规定调好距离。

（12）设备安装用的紧固件，除地脚螺栓外应采用镀锌制品并符合相关要求。

（13）互感器的变比、分接头的位置和极性应符合规定。

（14）气体绝缘互感器的压力表压力值正常。

（15）互感器的下列各部位应接地良好。

1）电压互感器的一次绕组的接地引出端子应接地良好。电容式电压互感器 C2 的低压端（δ ）接地（或接载波设备）良好。

2）电容型绝缘的电流互感器，其一次绕组末屏的引出端子、铁芯接地端子、互感器的外壳接地良好。

3）备用的电流互感器的二次绕组端子应先短路后接地。

3. 检修后设备的验收项目及要求

（1）所有缺陷已消除并验收合格。

（2）一、二次接线端子应连接牢固，接触良好。

（3）油浸式互感器无渗漏油，油标指示正常。

（4）气体绝缘互感器无漏气，压力指示与规定相符。

（5）极性关系正确，电流比换接位置符合运行要求。

（6）三相相序标志正确，接线端子标志清晰，运行编号完备。

（7）互感器的需要接地各部位应接地良好。

（8）金属部件油漆完整，整体擦洗干净。

（9）预防事故措施符合相关要求。

七、母线的验收

母线在发电厂、变电站中起着汇集电能和分配电能的重要作用，在进行母线的验收时应注意三相相序颜色标志正确，油漆完整；金属构件的加工、配制、焊接应符合规定；连接处的螺栓、垫圈、开口销等零件应齐全并按规定安装可靠；瓷件、铁件及胶合处应完整；母线配制及安装架设应符合有关规定，且连接正确，接触可靠，相间及对地电气距离符合要求。

八、电缆的验收

（1）电缆规格、敷设应符合规定，排列应整齐，无机械损伤，电缆头外壳接地应正确良好。编号、标志应该装设齐全、正确、清晰，且规格统一，挂装牢固。

（2）电缆的固定、曲率半径、有关距离及单芯电力电缆的金属护层的接线等应符合设计和安装的要求；电缆支架应安装牢固，横平竖直，无松动和锈蚀现象，各架的同层横挡应在同一水平面上，托架按设计要求安装；接地应良好，充油电缆及护层保护器的接地电阻应符合设计要求。

（3）电缆沟及隧道内应无杂物，盖板齐全；照明、通风、排水及防火措施等应符合设计要求，且施工质量合格；电缆终端头、电缆接头应安装牢固；电缆支架等金属部件应油漆完好、三相相序颜色正确，并有电缆的试验合格记录。

九、避雷器的验收检查项目

（1）现场制作件应符合设计和安全的要求。

（2）避雷器应安装牢固，其垂直度应符合要求。

（3）阀式避雷器拉紧绝缘子应紧固可靠，受力均匀。

（4）避雷器外部应完整无损，阀型避雷器封口处密封良好。

（5）放电计数器密封良好，绝缘垫及接地良好牢靠。

（6）法兰连接处无缝隙，排气式避雷器的倾斜角和隔离间隙应符合要求。

（7）油漆应完整，三相相序颜色标志正确。

十、接地装置的验收检查项目

（1）整个接地网外露部分和埋入部分的连接均应可靠，地线规格正确，油漆完好，标志齐全明显。

（2）避雷针的安装位置及高度符合设计要求。

（3）有完整且符合实际的设计资料图纸，供连接临时接地线用的连接板的数量和位置符合设计要求。

（4）接地电阻值符合有关规程的规定。

十一、蓄电池的验收

蓄电池室及通风、采暖、照明等装置应符合设计的要求；布线应排列整齐，极性标志清晰正确；电池编号应正确，外壳清洁，液面正常；极板应无严重弯曲、变形及活性物质剥落；初充电、放电容量及倍率校验的结果应符合要求；蓄电池组的绝缘应良好，绝缘电阻不小于0.5MΩ。

十二、二次回路的验收

二次设备主要是对一次设备进行控制、监视、测量和保护，二次回路的正确接线、元件的正确调整和验收对整个变电站的安全运行有着极为重要的作用。

1. 保护校验等二次回路上工作完毕后，应做检查验收工作

（1）工作中所接的临时短接线是否全部拆除，拆开的线头是否全部恢复。

（2）继电保护压板的名称，投、撤位置是否正确，接触是否良好，各相关指示灯指示是否正确，定值与定值单是否相符。

（3）接线螺栓是否紧固。

（4）变动的接线是否有书面文字说明。

（5）继电保护装置、继电保护定值的变更情况及运行中的注意事项，应记入相应的记录簿内。

（6）距离保护、差动保护变动二次接线、电流互感器更换等工作完工后，必须由继电保护人员在带上负荷后实测“六角图”，确认二次接线无误后，方可正式加入运行。

（7）微机保护的操作键盘，运行人员不得操作，必要时须在保护人员指导下进行操作。

（8）微机保护二次回路各部位的耐压水平应符合要求。

以上检查完毕后，值班员应协同保护人员带断路器做联动试验。断路器传动时，由值班人员进行。值班人员应认真核对传动的断路器位置、信号、动作是否可靠正确。值班人员负责将保护装置、保护定值变更情况与调度核对无误后，双方在保护记录上分别签字，才可以结束工作票。

2. 盘柜的验收检查项目

（1）盘柜的固定接地应可靠，盘柜体应漆层完好，清洁整齐。

（2）盘柜内所装电器元件应完好，安装位置正确、牢靠。

（3）手车式配电柜的手车在推入或拉出时应灵活，机械或电气等闭锁装置符合规定要求，照明装置齐全。

（4）柜内一次设备的安装质量验收要求符合《电气装置安装工程施工及验收》的有关规定。

（5）操作及联动试验动作正确，符合设计要求。

（6）所有二次接线应正确，连接应可靠，标志应齐全清晰。

（7）保护盘、控制盘、直流盘、所用盘等，盘前盘后必须标明名称。一块保护盘或控制盘有两个以上装置时，在不同装置间要有明显的分界线。出口中间继电器和正在运行中的设备，盘面应有明显的运行标志。

十三、绝缘子套管的验收

绝缘子套管的金属构架加工、配制、螺栓连接、焊接等应符合国家现行标准的有关规定；油漆应完好，三相相序颜色正确，接地良好；所有螺栓、垫圈、闭口销、锁紧销、弹簧垫圈、锁紧螺母等应齐全；瓷件应完整、清洁，铁件和瓷件的胶合处均应完整无损，充油套管应无渗油，油位应正常；母线配置及安装架设应符合设计规定，连接正确，螺栓紧固，接触可靠，相间及对地电气距离符合要求。

十四、新建、改建和扩建工程投运启动的验收

新建、改建和扩建工程及设备项目，在投入前3个月由建设单位向各有关调度部门提出投入系统申请书，包括内容如下：

（1）新建、改建工程的名称、范围。

（2）预定的启动试运行日期及试运行计划。

（3）启动试运行的联系人和主要运行人员名单。

（4）启动试运行过程对系统运行的要求。

应向有关调度部门报送以下资料：

（1）平面布置图、一次电气接线图、线路走径图及相序图、二次继电保护原理图等。

（2）主要设备的规范和参数。

（3）设备运行操作规程及事故处理规程。

（4）通信的联络方式。

变电站内所有新设备或改建后的设备投入运行时，应在启动调试前三天向有关调度提出申请，调度于启动试运行前一日批复。批复内容应包括设备的命名、编号、设备管理的范围。所有新设备投入运行应得到调度的指令后，方能操作。启动前一日，有关运行人员要提前准备好操作票，做好事故预想与有关工作计划及安排。启动当日，当值值班员应向有关调度联系工作事宜，核对设备定值，在启动计划方案及调度指令下进行操作。

新设备投入运行后，运行人员应加强监护，发现问题及时记录、汇报、处理、消缺。调管设备试运行24h后，向调度汇报设备运行情况，并正式加入调度管理。

【思考与练习】

1. 新建、改建和扩建工程投运启动的验收的主要事项有哪些？

2. 保护校验等二次回路上工作完毕后，应做哪些检查验收工作？

3. 主变压器大修后验收的项目有哪些？

模块2　新设备投运与操作（GYBD00403002）

【模块描述】本模块介绍新设备投运必须具备的条件和调度操作规定与注意事项。通过对新设备投运条件和操作注意事项的介绍，能熟练组织、监护、指挥新设备改、扩、建设备投运启动操作。

【正文】

新设备投运操作是变电站改扩建工程及新投运变电站的一项特殊操作，与已运行的设备的送电操作有所不同。对新设备投运条件的确认以及操作中的检查、核对、试验等是新设备操作中的特殊项目。本模块培训目标：① 熟悉新设备投运与操作规定的要求和注意事项；② 掌握变电站新设备投运操作的操作方法及步骤。

一、新投运设备的基本规定

1. 新设备投运必须具备的条件

（1）操作人员已熟悉新设备的说明书。

（2）新设备的各种试验已合格。

（3）新设备接地设施已拆除。

（4）永久性安全设施已装设。

（5）新设备已由调度部门命名、编号，并且与现场设备的名称和编号一致。

（6）新设备的技术资料和施工记录已完成。

（7）具备相关部门批准的现场运行规程、典型操作票、事故处理预案及细则。

（8）具备调度部门下达制定的新设备投运启动方案。

（9）人员远离新加压的设备。

2. 电网调度对新投运设备的操作规定

新设备投入或运行设备检修后可能引起相序变化时，在并列或合环前必须定相或核相。

3. 省调对新投运设备的操作规定

（1）新设备投运时，启动验收委员会应指定现场联系工作的负责人，并将姓名提前通知调度。

（2）新设备投运时应做以下工作：

1）全电压冲击合闸，合闸时有条件应使用双重开关和双重保护。

2）对于线路须全电压冲击合闸3次，对于变压器须全电压冲击合闸5次。

3）相位及相序要核对正确。

4）相应的继电保护、安全自动装置、自动化设备同步调试并按方案要求投入运行。

5）新设备进行试运行，系统相关保护定值的变更应根据运行方式变化本着保护失去配合时间尽可能短、影响尽可能小的原则来安排更改。

（3）新设备投产的操作要考虑到设备本身故障，开关拒动，保护失灵的情况，必须有可靠的快速保护和后备跳闸开关，以防故障扩大危及电网安全。

4. 新投运设备操作中的注意事项

（1）检查新投运设备投运条件具备。

（2）新设备的充电必须由带保护的断路器进行。

（3）新设备的充电应由远离电源一侧的断路器进行。

（4）新设备的充电一般分段进行，以便在发生故障时，能够尽快查找故障点。

（5）新投运的一次设备的初次充电一般为3次，变压器为5次。

（6）充电时应严格监视被充电设备的情况，及时发现不正常现象，以便进行处理。

二、新线路启运操作

1. 线路充电注意事项

（1）对线路、断路器、隔离开关、电压互感器、电流互感器、避雷器全面验收，各项试验数据合格。设备状态符合投运方案要求，若不符合应做调整。

（2）检查导线连接牢固、可靠。

（3）检查断路器、隔离开关、电压互感器、电流互感器、避雷器等设备及其连接导线的导电部分对地距离、相间距离符合要求。

（4）充油设备无渗油，油位、油色正常；SF_6 设备无泄漏、压力值正常，气动回路无泄漏、压力值正常，液压回路正常、压力值正常。

（5）保护定值正确，装置运行正常，空气断路器、压板在退出位置。

（6）综自系统就地与远方信息核对正确，遥合、遥分正常。

（7）通信系统正常，联系畅通。

（8）新投线路充电 3 次，每次 5min，间隔 5min。充电时应监视设备充电状况，异常时退出。

2. 线路充电

线路采用全电压冲击试验，检查线路绝缘状况和耐受过电压能力，检验投、切时的操作过电压和电流冲击，考核 GIS 断路器投切空线路能力；考核继电保护装置在投、切空线路时的运行状况。

3. 线路充电方法及操作步骤

（1）隔离小系统，使 I 母上无其他连接元件。

（2）线路保护应根据试验项目要求进行整定值作调整。

（3）线路保护投入运行，线路零序保护改为 0s，退出方向元件，关闭高频收发信机电源，投入线路充电保护或过电流保护。

（4）投入线路零序保护方向元件，开启高频收发信机电源，退出过电流保护，对保护定值做相应修改。

三、母线启运操作

1. 母线充电注意事项

（1）母线充电，有母联断路器时应使用母联断路器向母线充电。母联断路器的充电保护应在投入状态。严禁用 330kV 隔离开关对 330kV 母线充电。

（2）带有电磁式电压互感器的空母线充电时，为避免断路器断口间的并联电容与电压互感器感抗形成串联谐振，应在母线停送电操作前，将电压互感器隔离开关断开或在电压互感器的二次回路采取阻尼措施，或者采取线路和母线一起充电。

2. 充电方法及步骤

隔离小系统，用独立的线路对母线进行充电，充电前应按要求投入线路所有保护及充电保护，按要求对保护定值进行调整，投入母线所有保护，投入母线充电保护，有条件应采用零起升压对母线充电，当升压过程中母线出现跳闸，电压异常，电流不平衡，说明母线存在短路或接地现象，应停止升压并降到零，查明原因。零起升压正常后采用全电压冲击试验。

四、新设备投运对保护配合操作要求

1. 继电保护和自动装置的投运

（1）新设备投运时，充电断路器保护应全部投入，充电保护投入，保护方向元件投入。

（2）新设备投运时，充电断路器带时限的保护动作时限可根据需要改小，部分定值按要求修改，功率方向元件退出，防止因极性接反误动。

（3）充电断路器重合闸装置退出运行，防止充电时故障跳闸线路再次合闸。

（4）充电时故障录波装置应投入运行。

（5）对可能受到影响不能正常供电的设备应退出运行，或可能引起误动不能正常供电的设备退出运行。

（6）变压器、电抗器、母线差动保护在设备投运后，带负荷前应退出进行差压差流测试，待正常后投入运行。

（7）新设备充电正常后，保护装置定值应修改为设备正常运行时定值。

2. 主变压器充电保护操作

（1）系统保护定值、时限作修改。

（2）变压器保护定值部分作修改。

（3）变压器保护全部投入运行。

（4）投入充电侧断路器充电保护。

3. 线路、线路带高抗充电保护操作

（1）线路过电流保护定值调整。

（2）退出零序电流Ⅱ、Ⅲ段方向元件。

（3）投入线路过电流保护。

（4）投入线路充电保护。

4. 母线充电保护操作

（1）投入母线充电保护。

（2）投入母线全部保护。

五、新设备核相、极性测试

1. 核定相位

检查电源并列点的相位、相序是否相同，电压差是否在允许范围，检查并列点是否可以并列。新投变压器、高压电抗器、电压互感器、线路都必须核定相序，当相序不同的两个电源系统、变压器（电抗器、线路、电压互感器）并列运行时，将会造成短路事故。因此，严禁将相序不同的电源系统和设备并列运行。

核相是指通过电压互感器二次电压或其他方法核实需要合环（或并列）的两个电源系统（或变压器、电压互感器）的相序是否一致。核相是通过测量（直接或间接）待并系统（变压器和电压互感器也可以看作电源）同名相电压差值和非同名相电压差值的方法来进行的。同名相电压差值为零，非同名相电压差值应为对应的线电压值。

2. 核定相位的规定

（1）变压器核相。新安装或大修后的变压器、内外接线变动或接线组别变动的变压器、更换绕组的变压器、电源线路接线变动可能引起相序变化的变压器均应进行核相或定相；

（2）线路核相。新建线路或线路改线、接线有变动可能引起相序变化，母线、电缆和线路均应进行核相或定相；

（3）电压互感器核相。新安装或内外部接线有变动、电压互感器应进行核相或定相。

3. 极性测试

接于电流回路的零序方向、负序方向、距离、高频、差动等继电保护均对电压和电流的极性有严格要求，否则将无法保证继电保护装置的正确动作。因此，在以上保护正式投入运行前应带负荷测量方向。

4. 极性测试方法

用减极性法进行电流互感器极性测试是常用方法之一。在一次侧通一定数量变化的电流，二次侧用指针式电压表监测表计指针的摆动方向，由此可以判断电流互感器绕组的极性。测量继电保护、自动化、电能计量等装置的电压、电流极性和相序、相位则使用专用的仪器测试。

六、新设备投运操作案例

1. 变压器投运操作

（1）核对保护定值。

（2）合上保护装置电源，投入保护压板。

（3）合上隔离开关，用110kV侧断路器进行主变压器充电，充电五次，第五次不断开。

（4）变压器充电结束后退出差动保护。

（5）带负荷测试差动保护电流回路接线的正确性，确认接线无误后投入差动保护，变压器正式运行。

2. 线路投运操作

（1）核对保护定值。

（2）合上保护装置电源，投入保护压板。

（3）合上隔离开关，用断路器对线路进行充电。

（4）充电结束后带负荷测试保护电压、电流回路的正确性，确认接线无误后，线路正式运行。

3. 母线投运操作

（1）核对保护定值。

（2）合上保护装置电源，投入母线充电保护压板。

（3）合上隔离开关，用断路器对母线进行充电。

（4）充电结束后带负荷测试母线差动保护电流回路的正确性，确认接线无误后，母线正式运行。

【思考与练习】

1. 新设备投运必须具备的条件是什么？

2. 新设备核相、极性测试的内容有哪些？

3. 新设备投运对保护配合操作要求是什么？

模块3 新设备投运方案编制与投运操作危险点源控制（GYBD00403003）

【模块描述】本模块介绍新设备投运方案的编制与投运操作危险点源控制。通过对新设备投运方案编制原则和投运操作危险点源控制的介绍，熟悉新设备投运方案的编制原则，掌握新设备投运操作危险点源控制方法，能制订相应的控制措施。

【正文】

在变电站新设备投运工作中，新设备投运方案是指导和协调各生产部进行投运行操作的重要技术文件。新设备投运方案（变电站部分）的编制是变电站值班负责人的一项重要技术工作。充分认识和分析新设备投运操作中危险点以及做好相应的控制措施是新设备投运的重要安全措施。

一、新设备投运方案的编制

1. 新设备投运方案编制的主要内容

（1）投运方案（调度编制）。

（2）投运操作安排（变电站编制）。

（3）投运危险点分析及预控措施（变电站编制）。

（4）投运工作期间事故预案（变电站编制）。

（5）投运前期准备工作（变电站编制）。

（6）投运工作安排（变电站编制）。

2. 新设备投运方案的构成及编写要点

（1）投运范围。投运范围的编制主要说明新设备投运地点、投运设备单元、相应的一、二次设备及主设备的型号。

（2）投运前完成的工作。投运前完成的工作，其编制时应主要说明投运设备应具备的条件。

（3）联系调度。联系调度的编制主要说明新设备所属的调度及向调度提交投运申请；投运变电站向调度汇报的内容；调度与变电站进行设备核对的内容。

（4）投运步骤。投运步骤的编制主要说明各调度下令步骤及内容、各相关变电站操作的投运操作步骤（操作任务的时间序列）。

（5）正常运行方式。正常运行方式的编制说明各相关变电站投运操作前的运行方式。

（6）注意事项。注意事项的编制主要说明重合闸的投入要求、操作中异常及处理等。

（7）附件。附件的编制主要有相关变电站的主接线图。

3. 投运操作安排编制及要点

（1）倒闸操作安排及职责。

1）变电站总负责。
2）安全负责人。
3）值班负责人。
4）操作监护人。
5）操作人。
6）辅助操作人。
7）监控值班记录人。
（2）变电站投运前需完成的工作。
1）一次设备应完成的工作。
2）二次设备应完成的工作。
（3）变电站投运操作工作安排。
1）调度指令名称。
2）操作监护人。
3）操作人。
4）值班负责人。
4. 投运事故预案的编制及要点
（1）系统运行方式说明。
（2）事故情况说明。
（3）处理原则及办法。
5. 投运前期准备工作的编制及要点
（1）设备验收工作。设备验收工作的编制主要有完成时间和工作内容。
（2）操作准备工作。操作准备工作编制主要有现场清理、一、二次设备的检查、核对定值等工作的安排。

二、投运操作中危险点源的控制

110kV 新线路投运操作危险点分析及预控措施如表 GYBD00403003-1 所示。

表 GYBD00403003-1　　110kV 新线路投运操作危险点分析及预控措施

序号	危险点	预控措施
1	未认真学习投运方案，投运方案不熟悉、操作步骤及任务不清楚	值班负责人组织相关人员认真学习投运方案，要求参加投运工作的人员熟知投运设备、程序及步骤
2	投运前未检查设备及设备现场情况，设备不具备投运条件	当值值班负责人安排人员认真、详细检查线路断路器、隔离开关及接地隔离开关均在断开位置，二次回路开关均在断开位置、断路器机构箱隔离开关操作箱及端子箱已完全闭锁，现场施工人员全部撤离现场
3	断路器及隔离开关的操作方式未切至远控方式	值班负责人安排人员认真核对二次设备的工作状态
4	操作前未检查开关的操动机构的工作情况	值班负责安排人员认真检查断路器的操作油压、气压正常，弹簧机构已储能，机构的工作电源正常
5	投运前设备现场清理不彻底，留有遗留物	值班负责安排人员认真检查投运设备现场，确保无任何影响设备正常运行的遗留物品
6	保护装置电源开关漏投	值班负责安排人员认真检查，检查保护装置电源开关正常投入，装置工作正常，无异常信号，必要时检查保护失电指示信号正常
7	保护压板投入、退出状态与一次设备运行方式不符	会同保护施工人员认真核对保护定值单，确保保护投入正确
8	没有与调度核对投运设备的名称、编号、保护定值及设备参数	当值值班负责人与调度认真核对设备名称、编号、保护定值及设备参数，并与相关的文件进行核对
9	设备状态与模拟屏、监控后台机、五防机的状态不一致	操作前认真核对设备状态与模拟屏、监控后台机、五防机，确保各处设备状态一致
10	监控后台通信不正常	认真检查监控后台机的网络通信畅通

续表

序号	危 险 点	预 控 措 施
11	操作人员不熟悉设备、操作票不正确	操作及监护人员操作前认真熟悉投运设备的性能、运行方式、操作原则及注意事项，严格进行三级操作审核，确保操作正确无误
12	与调度的通信不正常	认真检查通信设施，保证通信畅通
13	操作走错间隔，或后台操作对象错误	认真核对设备的名称编号，认真执行“一指、二比、三对、四操作”流程，严禁擅自解锁操作
14	投运后不对设备进行检查	投运后对设备进行全面详细检查，加强对设备监视，发现异常及时汇报调度进行处理

【思考与练习】

1. 新设备投运方案主要由哪些内容构成？
2. 变电站投运前需完成的工作有哪些？
3. 举例说明变电站新投主变压器操作中的危险点源。

异常处理

第二十八章　高压开关类设备异常处理

模块1　高压开关类设备异常（ZY1200401001）

【模块描述】本模块介绍隔离开关、断路器、组合电器常见异常情况。通过要点归纳，掌握典型高压开关设备的常见异常现象和产生异常的原因。

【正文】

高压开关类设备主要包括隔离开关、高压断路器和组合电器（GIS）。在运行过程中，由于运行维护不当，制造质量不良，检修工艺不到位，可导致设备异常运行。如果这些异常情况不能及时发现和处理，就会发展成事故，造成巨大经济损失，因此，运行人员要根据设备存在的缺陷、气候的变化、运行方式的改变，做好预先处理方案。由于开关类设备在电网安全运行中占有重要地位，为使断路器能处于良好状态，应加强巡视，及时发现异常，并根据异常的类型、性质及原因，迅速而准确地判断异常的位置及原因，消除隐患，以防扩大为事故。

一、隔离开关常见异常情况

（1）隔离开关导电部分或隔离开关接触部分发热。运行中，经常地分合操作、触头的氧化锈蚀、合闸位置不正等各种原因均会导致接触不良，使隔离开关的导流接触部位发热。在巡视检查中，运行人员应根据接触部分的漆色或示温蜡片的变形熔化程度来判别高压隔离开关是否处于异常的运行状态，也可以通过红外热像仪进行检测。

（2）隔离开关绝缘子有裂纹、破损现象，表面有严重放电。隔离开关支柱绝缘子主要有裂纹以及裙边有轻微外伤和损坏，严重的表现为表面有明显放电现象。

（3）隔离开关拒合、拒分，操动机构失灵。分合操作中途停止情况存在于电动隔离开关的操作过程中。隔离开关分合操作中途停止的原因主要是机构传动、转动及隔离开关转动部分因锈蚀或卡涩等情况而造成操作回路断开，此时隔离开关的触头间可能会拉弧放电。

（4）隔离开关辅助开关切换不良。在合闸时，如果发生隔离开关触头三相到位但辅助开关触点翻转不到位的情况，则该回路的控制或保护屏会有相应的光示牌或信号产生。

二、高压断路器常见异常

1. 断路器本体常见异常

（1）油断路器常见故障及原因见表ZY1200401001-1。

表ZY1200401001-1　油断路器常见故障及原因

序号	常见故障	可能原因
1	渗漏油	（1）固定密封处渗漏油，支柱绝缘子、手孔盖等处的橡皮垫老化、安装工艺差和固定螺栓的不均匀等原因。 （2）轴转动密封处渗漏油，主要是衬垫老化或划伤、漏装弹簧、衬套内孔没有处理干净或有纵向伤痕，以及轴表面粗糙或轴表面有纵向伤痕等原因
2	本体受潮	（1）帽盖处密封性能差。 （2）其他密封处密封性能差
3	导电回路发热	（1）接头表面粗糙。 （2）静触头的触指表面磨损严重，压缩弹簧受热失去弹性或断裂。 （3）导电杆表面镀银层磨损严重。 （4）中间触指表面磨损严重，压缩弹簧受热失去弹性或断裂
4	断路器本体内部卡滞	（1）导电杆不对中。灭弧单元装配不当、传动部件及焊接尺寸不合格，灭弧单元与传动部件装配时间隙不均匀。 （2）运动机构卡死。拉杆装配时接头与杆不在一条直线上，各柱外拐臂上下方向不在一条直线上
5	断口并联电容故障	（1）并联电容器渗漏油。 （2）并联电容器试验不合格

（2）六氟化硫断路器本体常见故障及原因见表 ZY1200401001-2。

表 ZY1200401001-2　　六氟化硫断路器本体常见故障及原因

序号	常见故障	可能原因
1	SF_6漏气	（1）密封面表面粗糙、安装工艺差及密封圈老化。 （2）传动轴及轴套表面有纵向伤痕磨损严重，轴与轴套间密封圈老化。 （3）浇铸件质量差，有砂眼。 （4）瓷套质量差，有裂纹或砂眼。 （5）SF_6连接管道安装工艺不良。 （6）SF_6充放气接头密封性能差或关闭不严。 （7）SF_6压力表或密度继电器等接头处密封不良
2	SF_6气体湿度即含水量超标	（1）SF_6存在漏气现象。 （2）补充的SF_6气体含水量不合格。 （3）运输和安装过程中，本体内部的绝缘件受潮。 （4）本体内部的干燥剂含水量偏高
3	主回路接触电阻超标	（1）连杆松动。 （2）运行时间长和操作次数多后，动触头表面磨损严重，或动静触头、中间触头表面不干净。 （3）导电回路连接表面粗糙或紧固螺栓松动
4	合闸电阻不合格	（1）合闸电阻阻值超标。 （2）合闸电阻的电阻片老化使介损超标，超标严重将影响正常运行
5	断口并联电容故障	（1）并联电容器试验不合格。 （2）并联电容器渗漏油
6	重燃	定开距设计的灭弧室断路器在开断空载线路时发生重燃的几率较高，也有可能是装配灭弧室时残留在灭弧室内的金属微粒在操作振动和气流作用下，金属微粒悬浮在断口间，造成重燃
7	喷口及均压罩松动	（1）运行时间长及操作次数多。 （2）均压罩公差偏大、固定不可靠

2. 断路器操动机构常见异常

（1）弹簧操动机构常见故障及原因见表 ZY1200401001-3。

表 ZY1200401001-3　　弹簧操动机构常见故障及原因

序号	常见故障	可能原因
1	合闸锁扣锁不住而自行分闸	（1）扣入距离太多或太少造成无法保持储能。 （2）合闸四连杆在未受力时，锁扣复位弹簧变形或连杆有卡死，过死点距离太少。 （3）牵引杆储能完毕扣合时冲击过大。 （4）合闸锁扣基座下部的顶紧螺栓未顶紧，使锁扣扣不住或扣合不稳定。 （5）合闸锁扣轴销弯曲变形，使锁扣位置发生变化而锁不住
2	合闸四连杆返回不足	合闸四连杆有卡阻现象，返回不灵活
3	拒合	（1）四连杆过死点太多或铁芯冲程调整不当。 （2）辅助开关触点接触不良。 （3）储能状态，斧状连板与牵引杆滚轮无间隙，造成四连杆无法返回。 （4）空合，分闸四连杆无法返回或返回不足。 （5）四连杆过死点太少，受力后或振动后自行分闸，合闸保持不住。 （6）斧状连板与顶块扣入距离不足或顶块弹簧变形拉力不足造成合闸保持不住。 （7）操作回路接触不良，断线或熔断器的熔丝熔断
4	拒分	（1）分闸电磁铁铁芯有卡住点。 （2）分闸电磁铁芯行程和冲程调整不当或分闸动作电压调得太高。 （3）分闸四连杆过死点太多。 （4）分闸四连杆冲过死点的距离太小，使断路器分不开。 （5）辅助开关触点接触不良，使分闸电磁铁不动作而不能分闸。 （6）操作回路接触不良，断线或熔断器的熔丝熔断
5	离合器故障	（1）离合器打不开，八字脚太低。 （2）离合器不闭合，蜗轮蜗杆中心未调整好，使蜗杆前后窜动不灵活，有卡阻现象
6	电源回路故障	（1）控制电动机电源的辅助开关顶杆弯曲。 （2）电源回路不通，接触不良，断线或熔断器的熔丝熔断
7	储能电动机拒绝启动	（1）电源回路不通，接触不良，断线或熔断器的熔丝熔断。 （2）电动机本身断线或内部短路

（2）液压操动机构常见故障及原因见表 ZY1200401001-4。

表 ZY1200401001-4　　液压操动机构常见故障及原因

序号	常见故障	可能原因
1	外部漏油造成油泵频繁启动	（1）油箱油位降低，工作缸活塞组合油封漏油。 （2）蓄压器活塞组合油封漏油。 （3）油管道接头、压力表、压力开关等接头处漏油
2	内部漏油造成油泵频繁启动	（1）阀口有污秽，使阀口不能正确复位，油泵频繁启动有突发性，往往未经处理就自行恢复或几次分合操作后，油泵频繁启动就消失。 （2）合闸位置时油泵频繁启动，合闸二级阀阀口关闭不良或二级阀活塞密封垫损坏；分闸一级阀关闭不良；分闸阀阀座密封垫损坏；合闸一级阀或合闸保持止回阀关闭不良；合闸一级阀阀座密封垫损坏；油箱内部分管道接头漏油等原因均可能造成断路器在合闸位置时油泵频繁启动。 （3）分闸位置时油泵频繁启动，二级阀阀口关闭不良，致使高压油经泄油孔泄油；工作缸活塞密封垫损坏；油箱内部分管道接头漏油等原因造成断路器在分闸位置时油泵频繁启动。 （4）分合闸位置时油泵均频繁启动，高压放油阀阀门关闭不良或放油阀活塞顶杆未回足，致使高压放油阀向油箱内泄油；合闸一级阀关闭不良，致使高压油经泄油孔漏出；油泵止回阀阀门关闭不良等造成断路器在分合闸位置时油泵均频繁启动
3	蓄压器故障	（1）氮气泄漏，氮气筒体有泄漏点；止回阀阀门关闭不良，活塞密封圈或活塞杆密封圈损坏造成氮气向外或油中泄漏。 （2）蓄压筒内有金属屑，致使蓄压筒缸体内壁与活塞组合密封垫划伤拉毛，造成高压油泄漏到氮气内，氮气压力异常升高
4	油泵故障	（1）油泵不启动，电源回路故障，微动开关触点接触不良及油泵电动机损坏造成油泵不启动。 （2）微动开关触点接触不良或中间继电器触点断不开电源，可能造成油泵不能正常停止而压力异常升高
5	液压系统建压慢或不能建压	（1）液压系统严重泄漏（见油泵频繁启动）。 （2）液压系统及油泵内部有空气没有排尽。 （3）油泵滤网堵塞。 （4）油泵吸油阀钢球、止回阀钢球密封不良。 （5）油泵止回阀及柱塞的密封不良。 （6）柱塞或复位弹簧卡死
6	断路器拒动	（1）分合闸电磁线圈损坏。 （2）分合闸铁芯与电磁铁上磁轭盖间有卡涩现象，铁芯动作不灵活。 （3）分合闸阀杆头部顶杆弯曲。 （4）辅助开关未能正常切换或触点接触不良、触点不通。 （5）分合闸一级球阀未打开或打开距离太小
7	断路器拒合	（1）合闸一级阀杆的顶针弯曲造成卡涩，使合闸一级阀未打开或打开距离太小。 （2）合闸控制管和止回阀有堵塞点。 （3）由于分闸一级球阀严重泄漏造成自保持回路无法自保，合闸二级球阀打不开或打开距离不足。 （4）合闸电磁铁芯行程未调节好，影响合闸一级阀打开。 （5）阀系统严重泄漏，控制系统闭锁合闸功能
8	断路器拒分	（1）分闸一级阀杆的顶针弯曲造成卡涩，使合、分闸一级阀未打开或打开距离太小。 （2）合闸一级阀未复位，高压油严重泄漏。 （3）分闸电磁铁芯行程未调节好，致使分闸一级阀打不开或打开太小。 （4）阀系统严重泄漏，控制系统闭锁分闸功能
9	断路器合而又分	（1）节流孔堵塞，合闸保持腔内无高压油补充。 （2）止回阀、分闸一级阀严重泄漏
10	断路器误动	（1）液压系统和控制管道内存在大量气体。 （2）阀系统严重漏油。 （3）分合闸电磁线圈启动电压太低，又发生直流回路绝缘不良

（3）气动操动机构常见故障及原因见表 ZY1200401001-5。

表 ZY1200401001-5　　气动操动机构常见故障及原因

序号	常见故障	可能原因
1	合闸位置时电磁阀严重漏气	（1）电磁阀合闸冲击密封垫存在严重变形或密封处积污严重，造成密封处密封不良，严重时压缩机频繁启动。 （2）电磁阀分合闸保持器的密封不良
2	合闸过程中，压缩空气大排气，断路器闭锁	电磁阀活塞的密封垫老化，造成活塞的密封不良，在合闸时，电磁阀活塞的推力变小，活塞动作不到位，无法关闭合闸密封，造成高压力气体通过电磁阀排气口向外大量排气

续表

序号	常见故障	可能原因
3	压缩空气系统故障	（1）压缩空气系统漏气，各管道的接头密封不良；压力开关、压力表、安全阀等附件连接处漏气，严重时会造成压缩机频繁启动或压缩空气系统不能正常建压。 （2）操动机构工作缸及其他密封处的密封垫严重变形或老化，造成压缩空气系统漏气。 （3）一级阀或二级阀的密封面积污严重或有异物，造成阀片关闭不严，严重时会造成压缩机频繁启动或压缩空气系统不能正常建压。 （4）压缩机打压时间过长，压缩机的活塞环磨损严重，造成压缩机效率下降；压缩机的阀片断裂也会造成压缩机打压时间过长或压缩空气系统不能正常建压。 （5）止回阀内积污严重或止回阀密封处有异物会造成止回阀漏气，严重时会造成压缩机频繁启动或压缩空气系统不能正常建压。 （6）压缩机电源故障
4	断路器拒动	（1）辅助开关的触点接触不良或辅助开关的触点不能正常复位。 （2）控制回路断线。 （3）分合闸线圈烧坏

三、GIS 常见异常

（1）压力表（SF_6 气体或压缩空气）的指示异常。压力表指示可能偏高或偏低，偏高一般是由于气温升高或压力表异常引起的，偏低一般是气温下降或 SF_6 气体漏气引起的。若气体压力降到一定值时，将发出信号；若漏气严重，则红、绿灯熄灭，此时，自动闭锁分合闸回路。

对有 SF_6 密度继电器监视气体压力的，则该方式监视压力不受环境温度的影响。当 SF_6 密度继电器报警时，说明有压力异常现象。

（2）SF_6 气体水分含量增高异常。GIS 运行时，SF_6 气体水分含量应定期检测，断路器气室含水量体积比不应超过 300×10^{-6}，其他气室含水量体积比不应超过 500×10^{-6}，大大低于空气中的含水量。密封不良时，水分可以透过密封件渗入气室，导致 SF_6 气体的绝缘和灭弧性能下降。

（3）内部放电异常。GIS 内部不清洁、运输中的意外碰撞和绝缘件质量不合格等，都可能引起内部放电。当内部放电时，产生冲击振动及声音，传向 GIS 外壳，通过认真巡视，有些放电现象可以发现。

（4）内部元件异常。GIS 内部元件包括母线、断路器、隔离开关、接地开关、避雷器、电压互感器、电流互感器、电缆终端、绝缘件等元件。GIS 内部元件异常现象与普通一次设备异常现象基本相同。常见的异常有绝缘子和支持绝缘子爆裂损坏，接头处过热甚至变色，断路器操动机构异常。

【思考与练习】

1. 隔离开关常见异常包括哪些？
2. 高压断路器常见异常包括哪些？
3. GIS 常见的异常主要有哪些现象？

模块 2 高压开关类设备异常分析处理（ZY1200401002）

【模块描述】本模块介绍典型隔离开关、断路器、组合电器异常处理有关规定，以及异常情况下的危险点预控。通过要点归纳、列表说明和案例介绍，掌握典型高压开关设备异常现象和处理原则。

【正文】

一、隔离开关异常分析及处理

1. 隔离开关发热处理

高压隔离开关的动静触头及其附属的接触部分是其安全运行的关键部分。因为在运行中，经常的分合操作、触头的氧化锈蚀、合闸位置不正等各种原因均会导致接触不良，使隔离开关的导流接触部位发热。在巡视检查中，运行人员应根据接触部分的漆色或示温蜡片的变形熔化程度来判别高压隔离开关是否处于异常的运行状态。当对隔离开关的导流接触部位是否发热有疑问时，可用绝缘棒配用示温蜡片测试或用红外测温仪测量实际温度。当发现隔离开关的触点温度超过规定时，应汇报调度减少或转移负荷；根据具体设备和实际接线方式，分别采取相应的措施，同时运行人员应采取降温措施并加强监视。

（1）单母接线方式回路中的隔离开关或双母和旁路接线方式中回路的线路（负荷侧）隔离开关发热，应尽快安排停电检修。维持运行期间，应减小负荷，加强运行监视和通风冷却。

（2）双母接线中，如某一母线隔离开关发热，可将该线路倒换至另一条母线运行。发热的母线隔离开关在以后的母线停役（双母接线的该回路还必须同时停役）时进行处理。

2. 合闸三相不到位或三相不同期处理

对隔离开关在合闸操作中发生的三相不到位或三相不同期的情况，运行人员必须高度重视。运行人员在操作合隔离开关后，如发现三相不能完全合到位或三相不同期时应拉开重新再合。如重复操作后隔离开关的上述情况依然存在，则应汇报调度及上级部门安排停电检修。

3. 合闸时触头三相到位但辅助开关触点翻转不到位

在合闸时，如果发生隔离开关触头三相到位但辅助开关触点翻转不到位的情况，则该回路的控制或保护屏会有相应的光示牌或信号发生。对于连杆传动型的隔离开关辅助开关，可采用推合连杆使之辅助触点翻转到位的方法，其他形式传动的隔离开关辅助开关触点翻转不到位，可将隔离开关拉开后再进行一次合闸，如辅助开关触点翻转仍不到位，则应将隔离开关拉开并停止操作，将情况汇报给调度和上级部门。

4. 分合操作中途停止的异常处理

分合操作中途停止情况存在于电动隔离开关的操作中。隔离开关分合操作中途停止的原因主要是机构传动、转动及隔离开关转动部分因锈蚀或卡涩、操作电源熔丝老化等情况而造成操作回路断开，此时隔离开关的触头间可能会拉弧放电。

在隔离开关的分合闸操作过程中出现中途停止时，应立即检查隔离开关操作电源，在排除操作电源引起的停止后，可手动将隔离开关拉开或合上。事后应汇报上级主管部门，在停电检修时处理。

5. 隔离开关拒合拒分异常处理

当隔离开关发生拒合拒分时应停止操作，首先核对所操作的对象是否正确，与之相关回路的断路器、隔离开关和接地开关的实际位置是否符合操作条件，然后区分故障范围。在未查明原因前不得操作，严禁通过按动接触器来操作隔离开关，否则可能造成设备损坏或者母线隔离开关绝缘子断裂倒地而造成的电网事故。

若隔离开关拒动，运行人员应检查操作顺序是否正确，是否为防误装置（如电磁锁、机械闭锁、电气回路闭锁、程序闭锁等）失灵所致。若检查操作程序正确，拒动是由防误装置失灵造成的，运行人员应停止操作，汇报站领导。在确认是防误装置失灵后，方可解除闭锁进行操作，避免误判断导致误操作。在检查过程中，要特别注意机械闭锁的接地开关是否确已拉开。

在操作正确时，隔离开关拒合拒分的原因主要是机械和电气两个方面的故障。机械方面的故障有机械转动、传动部位的卡死，相关轴销的脱销，也有转动、传动连杆焊接脱裂，甚至是隔离开关触头烧熔的情况；电气方面的故障有操作电源失去，接触器损坏或卡涩，电动机损坏，闭锁失灵等。

（1）因电气方面的故障而使隔离开关发生拒合拒分的，在排除故障后可继续操作，不能排除时则可进行手动操作，应根据“五防”装设情况执行相关的解锁操作规定。

（2）若是机械方面的原因，运行人员大多不能排除，此时应向调度及上级部门汇报，进行停电处理。

6. 绝缘子外伤、硬伤异常情况处理

隔离开关支柱绝缘子有裂纹以及裙边有轻微外伤和损坏，如对触头没有影响，且还能保持绝缘，隔离开关还可继续运行，但应加强监视，尽快申请进行修复。

隔离开关支柱绝缘子有裂纹，该隔离开关应禁止操作，与母线连接的隔离开关的支柱绝缘子有裂纹的应尽可能采取母线与回路同时停电的处理方法。

二、断路器异常分析及处理

1. 操动机构异常分析及处理

（1）液压操动机构压力异常分析及处理。液压操动机构上都装有压力表。当操动机构频繁启泵时，若又看不出什么地方渗漏，说明为油内渗，即高压油渗漏到低压油内。值班人员应加强监视，若启泵时间间隔延长，说明安全释放阀返回值偏低。否则这种情况的处理方法一是断路器停电进行处理，二是采取措施后带电处理。巡视检查时要看压力表的指示值，再折算到当时的环境温度下核对是否在标准范围内，如果压力低，则说明漏氮气；如果压力高，则是高压油窜入氮气中。

运行中液压操动机构压力表指示值上升，说明高压油窜入到氮气中。由于电动机停泵是靠活塞杆位置带动微动开关控制的。运行中微动开关不会变动位置，但当油进入氮气中时，会使原氮气空间的位置被油占据，从而引起压力升高。当压力升高时，特别是机构运行时间越长，则窜入到氮气中的油越多（因氮气与油的密封圈损坏，运行中高压油侧的压强大于氮气侧的压强），这种压力升高会使断路器的动作速度增加，不仅对灭弧不利，更重要的是，断路器机械部件承受不了，很可能导致断路器动作时损坏，因此发现这种现象时应及时处理。

液压操动机构（如 CY–4 型）运行中不会出现压力升高，因为在这种结构中将油和气隔开的活塞中间有一通向大气的孔，如密封圈有损坏，油和气会流动到机构箱内。凡发现储压筒活塞杆下部的孔向下流油或漏气时，应及时检修处理。

（2）气动操动机构压力异常分析及处理。气动操动机构一般也有表计监视，机构正常时指示值应在正常范围，过高过低均会影响断路器动作性能。

引起气动操动机构常起泵的原因主要有气动操动机构管道连接处漏气、压缩机止回阀被灰尘堵住、工作缸活塞环磨损等。可采取听声音的方法确定渗漏部位。对于管道连接处漏气及活塞环磨损而造成的机构常启泵，该断路器应及时申请停役检修，防止发生在运行中排气的情况。

断路器复役，在合闸操作后，如果听到压缩机有漏气声，则压缩机止回阀被灰尘堵住的可能性较大，可汇报调度对该断路器进行几次分合操作，一般能够消除这种异常现象。

（3）弹簧操动机构压力异常分析及处理。弹簧储能操动机构的断路器在运行中，发出弹簧机构未储能信号（光字牌及音响）时，值班人员应迅速去现场，检查交流回路及电动机是否有故障，电动机有故障时，应用手动将弹簧储能，交流电动机无故障而且弹簧已储能，应检查二次回路是否误发信号，如果是由于弹簧有故障不能恢复时，应向调度申请停电处理。

2. SF_6 气体压力异常分析及处理

SF_6 断路器的气压是非常重要的，如果压力过低，将对断路器性能有直接影响。若气体压力降到一定值时，将发出信号；若漏气严重，自动闭锁分合闸回路（一对一强电控制断路器红、绿指示灯熄灭）。

对于 SF_6 断路器，应定时记录 SF_6 气体压力及温度，将压力表指示数值在当时的环境温度下折算到标准温度下的数值（折算可按照温度—压力曲线查找），看其是否在规定范围内，如压力降低，则说明有漏气现象。有时虽然数值在正常范围内，但与上次检查时相同环境温度下比较，压力明显降低，亦说明有漏气现象，应及时检查处理。

用 SF_6 密度继电器监视气体压力时，监视压力不受环境温度的影响。当 SF_6 密度继电器报警时，说明有压力异常现象。

在相同的环境温度下，气压表的指示值在逐步下降时，说明断路器漏气。若 SF_6 气压突然降至零，应立即将该断路器改为非自动，断开其控制电源，并与调度和有关部门联系，及时采取措施，断开上一级断路器（或旁路代，但必须注意：旁路与被代回路并列运行时，因被代回路断路器非自动，在拉开被代回路断路器的线路或变压器隔离开关前，旁路断路器必须改非自动，以防在拉开被代回路的隔离开关时，因旁路跳闸而发生带负荷拉闸的事故），将该故障断路器停用检修。

如运行中 SF_6 气室泄漏，发出补气信号，但红、绿灯未熄灭时，表示 SF_6 还未降到闭锁压力值。如果由于系统的原因不能停电时，可在保证安全的情况（如开启排风扇等）下，用合格的 SF_6 气体作补气处理。造成漏气的主要原因有以下几方面：

（1）瓷套与法兰胶合处胶合不良。

（2）瓷套的胶垫连接处，胶垫老化或位置未放正。

（3）滑动密封处密封圈损伤，或滑动杆表面粗糙度不够。

（4）管接头处及自封阀处固定不紧或有杂物。

（5）压力表特别是接头处密封垫损伤。

纯净的 SF_6 气体无毒，但经过电弧分解后的 SF_6 气体含有毒性。为此，当室内的 SF_6 断路器有气体外泄时要注意通风，工作人员应有防毒保护。

3. 断路器过热异常分析及处理

油断路器运行中若发现油箱外部颜色异常，且可嗅到焦臭气味，则应判为出现过热现象。断路器过热会使油位升高，迫使断路器内部缓冲空间缩小，同时由于过热还会使绝缘油劣化、绝缘材料老化、弹簧退火等。

对少油断路器，可注意观察油位、油色和引线接头示温片有无熔化等过热特征。必要时可用红外线测温仪测试。

造成断路器过热的原因有以下几方面：

（1）过负荷。

（2）触头接触不良，接触电阻超过标准值。

（3）导电杆与设备接线卡连接松动。

（4）导电回路内各电流过渡部件、紧固件松动或氧化，导致过热。

4. 分合闸线圈冒烟异常分析及处理

合闸操作或继电保护自动装置动作后，出现分合闸线圈严重过热或冒烟，可能是分合闸线圈长时间带电所造成的。发生此现象时，应立即断开直流电源，以防分、合闸线圈烧坏。

（1）合闸线圈烧毁的原因有以下几方面：

1）合闸接触器本身卡涩或触点粘连。

2）操作把手的合闸触点断不开。

3）重合闸装置辅助触点粘连。

4）防跳跃闭锁继电器失灵。

5）断路器辅助触点打不开。

（2）跳闸线圈烧毁的原因主要有以下几方面：

1）跳闸线圈内部匝间短路。

2）断路器跳闸后，机械辅助触点打不开，使跳闸线圈长时间带电。

5. 断路器空气压力低异常分析及处理

（1）根据空气压力低禁止重合闸信号到现场进行检查，若气压确实低，应检查储压电动机是否打压。

（2）若打压但压力未上升则检查储压回路是否严重漏气或电机传动轴脱落，汇报调度，用旁路进行带路。停运处理。

（3）若不打压应检查储压电动机不打压的原因。检查电机的电源空气开关是否断开，检查电动机的电源是否熔断器熔断，总电源是否消失，若电源消失，应检查该交流网络是否有熔断器熔断，检查电机的接触器是否接触不良或损坏，检查电动机是否损坏。

（4）检查空气储压缸放气阀是否拧紧，机构箱内外空气连接管是否有漏气现象。

（5）如压力不能恢复，可申请调度将该断路器停止运行。

6. 断路器拒绝合闸异常分析及处理

（1）断路器拒合原因。发生“拒合”的情况基本上是在合闸操作和重合闸过程中。拒合的原因主要有两方面：一是电气方面故障，二是机械方面原因。判断断路器“拒合”的原因及处理方法一般可分为以下三步：

1）将拒动断路器再合闸一次，确认操作正确。

2）检查电气回路各部位情况，以确定电气回路有无故障。其方法是：

a. 检查合闸控制电源是否正常。

b. 检查合闸控制回路熔丝和合闸熔断器是否良好。

c. 检查合闸接触器的触点是否正常，如电磁操动机构。

d. 将控制开关扳至“合闸时”位置，看合闸铁芯是否动作（液压操动机构、气动操动机构、弹簧操动机构的检查类同）。若合闸铁芯动作正常，则说明电气回路正常。

3）如果电气回路正常，断路器仍不能合闸，则说明为机械方面故障，应联系调度停用断路器，汇报上级部门安排检修处理。

经以上初步检查，可判定是电气方面的故障，还是机械方面的故障。常见的电气回路故障和机械方面的故障分别叙述如下。

（2）电气方面常见问题。

1）控制回路断线。断路器控制回路断线由跳闸位置继电器和合闸位置继电器来判断。当断路器合位时，跳闸回路接通；断路器分位时，合闸回路接通；若出现合闸回路和跳闸回路都不通时，判断为断路器控制回路断线。

断路器控制回路断线的原因可能有：分合闸总闭锁，“远方/就地切换开关”切至“就地”，操作电源消失等。若查明操作电源消失引起，则汇报调度后可以试合一次。若是其他原因引起，则立即汇报缺陷，必要时将断路器退出运行，若两套断路器控制回路均断线，则采取相应措施将故障断路器隔离。

2）辅助开关触点接触不良。断路器辅助开关的触点接触不良或辅助开关的触点不能正常复位引起断路器拒绝合闸时，应立即汇报缺陷，并将断路器退出运行，通知检修人员处理。

3）断路器油压或 SF_6 压力、气体压力降低。当断路器发生油压或 SF_6 压力、气体压力降低等原因造成断路器拒绝合闸时，应按具体的原因分别进行处理，处理时一般将断路器退出运行，并汇报相应缺陷。

（3）机械方面常见问题。

1）传动机构连杆松动脱落。

2）合闸铁芯卡涩。

3）断路器分闸后机构未复归到预合位置。

4）跳闸机构脱扣。

5）合闸电磁铁动作电压太高，使一级合闸阀打不开。

6）弹簧操动机构合闸弹簧未储能。

7）分闸连杆未复归。

8）分闸锁钩未钩住或分闸四连杆机构调整未越过死点，因而不能保持合闸。

9）操动机构卡死，连接部分轴销脱落，使操动机构空合。

10）有时断路器合闸时多次连续做合分动作，此时是断路器的辅助动断触点打开过早。

7. 断路器拒绝分闸异常分析及处理

断路器的拒分对系统安全运行威胁很大，一旦某一单元发生故障时，断路器拒分，将会造成上一级断路器跳闸，称为“越级跳闸”。这将扩大事故停电范围，甚至有时会导致系统解列，造成大面积停电的恶性事故。因此，拒分比拒合带来的危害性更大。拒分的特征和处理方法如下：

（1）拒分的特征为：回路光字牌亮，信号掉牌显示保护动作，但该断路器仍在合闸位置；上一级的后备保护如主变压器阻抗保护、断路器失灵保护等动作。在个别情况下，后备保护不能及时动作，元件会有短时电流表指示值剧增，电压表指示值降低，功率表指针晃动，主变压器发出沉重嗡嗡异常响声等现象，而相应断路器仍处在合闸位置。

（2）确定断路器拒分后，应立即手动拉闸。

1）当尚未判明拒分原因之前而主变压器电源总断路器电流表指示值甩足，异常声响强烈，应先拉开电源总断路器，以防烧坏主变压器（必须明确主变压器是送故障电流）。

2）当上级后备保护动作造成停电时，若查明有分路保护动作，但断路器未跳闸，应断开或隔离拒动的断路器，恢复上级电源断路器；若查明各分路保护均未动作（也可能为保护拒掉牌），则应检查停电范围内设备有无故障，若无故障，应拉开所有分路断路器，合上电源断路器后，逐一试送各分路断路器。当送到某一分路时，电源断路器又再次跳闸，则可判明该断路器或保护拒绝动作。这时应隔离该支路断路器，同时恢复其他回路供电。

3）对拒分的断路器，除了可迅速排除的一般电气异常（如控制电源电压过低、控制回路熔断器接触不良、熔丝熔断等）外，对不能及时处理的电气性或机械性异常，均应联系调度和汇报上级部门，进行停役检修处理。

（3）对拒分断路器的电气及机械方面异常的分析判断方法。应判断是电气回路异常还是机械方面异常：检查是否为跳闸电源的电压过低所致；检查跳闸回路是否完好，如跳闸铁芯动作良好断路器拒分，则说明是机械故障；如果电源良好，若铁芯动作无力、铁芯卡涩或线圈故障造成拒跳，往往可能是电气和机械方面同时存在异常；如果操作电压正常，操作后铁芯不动，则多半是电气原因引起拒分。

1）电气方面原因有：控制回路熔断器熔断或跳闸回路各元件接触不良，如控制开关触点、断路器操动机构辅助触点、防跳继电器和继电保护跳闸回路等接触不良；液压（气动）操动机构压力降低导致跳闸回路被闭锁，或分闸控制阀未动作；SF_6 断路器气体压力过低，密度继电器闭锁操作回路；跳闸线圈异常。

2）机械方面原因有：跳闸铁芯动作冲击力不足，说明铁芯可能卡涩或跳闸铁芯脱落，分闸弹簧失灵，分闸阀卡死，大量漏气等；触头发生焊接或机械卡涩，传动部分异常（如销子脱落等）。

8. 断路器“偷跳”异常分析及处理

断路器“偷跳”即断路器误跳闸，是指一次系统中未发生故障，因人为因素或保护装置、操动机构异常导致的断路器误跳闸。

（1）断路器“偷跳”的现象。断路器“偷跳”的现象较为复杂，要准确判断，必须抓住“偷跳”的特征，即一次系统中并未发生故障，才能正确区分“偷跳”与断路器正常保护动作跳闸。

一般说来，若断路器跳闸伴随系统冲击、表计的冲击摆动、照明突然变暗、电压突然下降、设备的异常运行声音等现象，均不属于“偷跳”性质；若仅为某断路器的跳闸，无保护的动作信号，或即便有保护出口动作但保护动作不正常，录波器未启动，无一次系统故障的特征，则可能为“偷跳”。

（2）断路器“偷跳”的可能原因。

1）人为误动、误碰有关二次元件，误碰设备某些部位等。

2）在保护或二次回路上工作，防误安全措施不完善、不可靠导致断路器误跳闸。

3）操动机构自行脱扣或机构故障导致断路器误跳闸。

4）直流两点或多点接地、二次回路元件损坏、短路等造成断路器误跳闸。

5）继电保护装置误动或保护出口继电器触点误接通等短路造成断路器误跳闸。

（3）断路器“偷跳”的处理。

1）若属人为误动、误碰造成断路器非全相运行的，可立即合上该断路器恢复正常运行；如果三相跳闸，则应投入同期装置，实现检同期合闸，若无同期装置，确认无非同期并列的可能时，方可合闸；若属二次回路上有人工作造成的，应立即停止二次回路上的工作，恢复送电，并认真检查防误安全措施，在确认做好安全措施后，才能继续二次回路上的工作。

2）若属操动机构自动脱扣或机构其他异常所致，应检查保护是否动作（此时保护应无动作），重合闸是否启动重合，若重合闸动作成功，运行人员应作好记录，检查断路器本体及机构无异常，继续保持断路器的运行，汇报调度及上级有关部门，待停电后再检查处理。若重合闸不成功，检查确认为机构故障，应汇报调度，根据调度命令，将负荷倒至备用电源，或用旁路断路器代本断路器运行，申请停电并做好安全处理措施。

3）若属二次回路故障，如直流两点接地、二次回路短路、元件损坏等原因引起断路器误跳，应汇报调度，将负荷倒换，或用旁路断路器代故障断路器运行，将故障断路器两侧隔离开关断开，停电进行检修处理，在查找到明显的故障点并处理完毕后，才能恢复正常运行。

4）若属保护装置误动跳闸，应区别系统故障时保护动作不正常与系统无故障仅由保护误动致使断路器跳闸，要与故障录波图对照加以区分；保护误动后应检查保护装置有无明显的异常现象并汇报调度；若是保护整定值不匹配或是由于保护装置元件损坏、内部短路等原因引起，均应将负荷倒至备用线路，或用旁路断路器代本断路器运行后，隔离故障断路器停电检修，对多套保护配置的断路器，应严格按照现场规程或规定处理；若因保护回路上有人工作，安全措施不全面而导致断路器误跳闸，应立即停止保护回路上的工作，做好安全措施后在恢复送电；若是电压互感器二次断线，闭锁失灵导致断路器误跳，应迅速将电压互感器二次电压恢复，汇报调度，恢复送电或申请调度退出可能误动的保护。

（4）注意事项。

1）由各种因素导致的断路器“偷跳”，在实际工作中较难判断，运行人员应准确记录所出现的信号和现象，严格区分一次系统故障与二次回路故障导致断路器误跳闸。

2）无论何种原因导致断路器“偷跳”，若重合闸动作成功，不允许再对该断路器的操动机构、保护装置、二次回路进行缺陷检查，只能观察情况，记录信号和现象，以免查找过程中再次导致断路器误跳，并汇报调度，保持断路器运行。

3）若断路器“偷跳”，无法判明故障原因，运行人员按调度要求做好断路器停电处理措施，由上级有关部门处理。

三、GIS 异常的分析及处理

GIS 组合电器异常时，应在认真分析引起异常原因的基础上，针对具体情况采取不同的处理方法。

1. 压力表（SF_6气体或压缩空气）的指示异常及处理

SF_6 气体的压力表指示异常如果是由于气温变化引起的，通常不需要进行处理；如果是压力表计引起时，则应通知检修部门处理。最常见的压力表指示异常是由 SF_6 气体泄漏引起的。规程规定气室年漏气率应低于 1%。漏气轻者，需要对 GIS 补气；严重者，会使 GIS 被迫停运。如运行中 SF_6 气室泄漏发出补气信号，但 SF_6 气体还未降到闭锁压力值，而系统不能停电时，可在保证安全的情况（如开启排风扇等）下，用合格的 SF_6 气体作补气处理。

2. SF_6 气体水分含量增高异常及处理

SF_6 气体水分含量增高通常与 SF_6 气体泄漏有关。因为泄漏的同时，外部水气也向 GIS 气室内渗透，致使气室内 SF_6 气体水分含量增高。SF_6 气体水分含量增高是引起绝缘子或其他绝缘件闪络的主要原因。当发生 SF_6 气体水分含量增高时，及时上报调度。

3. 内部放电异常及处理

当发现内部有放电缺陷时，应通知检修部门及时进行检测，上报调度，当影响运行时，应停电处理。

4. 内部元件异常及处理

内部元件发生异常应结合具体元件的异常情况进行综合分析。其处理方法与普通一次设备异常处理方法基本相同，比较特殊的是内部过热。内部过热严重时，会使 GIS 外部的局部温度升高，可以通过红外热像仪对断路器进行检测，当温度超过 DL/T 664—2008《带电设备红外诊断应用规范》中的要求时，可认为内部有过热现象，应及时上报调度。

四、危险点源分析

（1）隔离开关的危险点源分析见表 ZY1200401002-1。

表 ZY1200401002-1 隔离开关的危险点源分析

异常情况	危险点源	控制措施
隔离开关或隔离开关接触部分发热	造成隔离开关接触部位熔焊或变形。操作时造成拉合不成功或接触不良，引起故障	定期开展红外检测，对发热温度超过规程规定值的隔离开关，应将其隔离并上报，及时处理
隔离开关绝缘子有裂纹、破损现象，表面有严重放电	造成接地故障，危及设备和人身安全	定期巡视、检查，发现隔离开关绝缘子有裂纹、破损现象，表面有严重放电时，及时更换

续表

异常情况	危险点源	控制措施
隔离开关拒合、拒分，操动机构失灵	对操作人员造成伤害	及时汇报上级部门，定期检修
隔离开关辅助开关切换不良	造成操作人员误判断，影响设备运行	及时汇报上级部门，定期检修

（2）断路器的危险点源分析见表 ZY1200401002-2。

表 ZY1200401002-2　　断路器的危险点源分析

异常情况	危险点源	控制措施
SF_6断路器漏气	有毒、有害气体外漏，人员中毒。导致断路器开断时不能灭弧发生爆炸，危及设备及人身安全	定期检查、巡视，一旦发现有压力降低或报警信号，应及时检查汇报
SF_6气体压力异常	导致断路器开断时不能灭弧发生爆炸，危及设备及人身安全	定期检查、巡视，发现有压力降低或报警信号，应及时上报处理
SF_6气体水分含量增高	导致断路器发生闪络、接地故障，危及设备及人身安全	定期开展 SF_6 气体水分检查、试验，并作好记录。对于试验不合格的设备应停止操作，应及时上报处理
断路器拒绝分闸异常	导致故障扩大	及时上报处理
操动机构的异常	检查、处理时造成人员触电	按规程要求执行
分合闸线圈冒烟异常	检查、处理时造成人员触电	发生此现象时，应立即断开直流电源，以防分、合闸线圈烧坏
断路器部分发热	操作时造成拉合不成功或接触不良，引起故障	定期检查，开展红外检测等试验

（3）GIS 的危险点源分析见表 ZY1200401002-3。

表 ZY1200401002-3　　GIS 的危险点源分析

异常情况	危险点源	控制措施
SF_6断路器漏气	有毒、有害气体外漏，人员中毒。导致断路器开断时不能灭弧发生爆炸，危及设备和人身安全	定期检查、巡视，一旦发现有压力降低或报警信号，应及时检查汇报
SF_6气体压力异常	导致断路器开断时不能灭弧发生爆炸，危及设备和人身安全	定期检查、巡视，发现有压力降低或报警信号，应及时上报处理
SF_6气体水分含量增高	引起绝缘子或其他绝缘件闪络，发生故障，危及设备和人身安全	定期开展 SF_6 气体水分检查、试验，并作好记录。对于试验不合格的设备应停止操作，应及时上报处理

五、案例分析

【例 ZY1200401002-1】500kV 变电站 HPL 型断路器异常跳闸分析及处理。

某变电站 HPL–500 型断路器投运前继电传动时出现远方三相合闸后接着瞬时三相分闸，然后又拒合的异常现象。

现场检查发现，汇控柜内主跳回路的非全相保护的中间继电器处于励磁状态（并非其动合触点粘连）。在调看该站实时监测系统记录时发现，该断路器合闸后无延时瞬间分闸，而且其三相接入遥信的位置接点是串联的。由此可判断，并非因断路器辅助触点转换不到位启动了非全相保护继电器，而是中间继电器在此次合闸前，不正常励磁串接在跳闸回路的动合触点闭合，造成断路器远方合闸时串入跳 1J 回路辅助动合触点，同步闭合正电源，使断路器瞬间分闸。据此，断开非全相保护的中间继电器的正电源，退出主跳回路的非全相保护，按图纸复查及紧固了二次接线，再次传动无异常，断路器投入运行正常。

此案例说明，当发生异常情况时，不能只靠经验判断，应结合相关的记录数据和现场情况进行仔细分析，查找异常原因。

【思考与练习】

1. 隔离开关发热异常如何处理？
2. 断路器拒绝合闸的异常如何处理？
3. SF_6气体泄漏异常如何处理？

模块3 高压开关类设备异常处理的优化处理方案（ZY1200401003）

【模块描述】本模块介绍高压开关设备异常处理的原则与方法，以及优化处理方案编制流程和要求。通过要点归纳和案例说明，掌握针对高压开关设备异常进行深入分析的方法和编制优化处理方案的流程。

【正文】

一、异常处理的基本原则与要求

（1）高压开关类设备的异常处理，必须严格遵守《国家电网公司电力安全工作规程》、调度规程、现场运行规程、现场异常运行处理规程，以及各级技术管理部门有关规章制度、安全措施的规定。

（2）异常处理过程中，运行人员应沉着果断，认真监视表计、信号指示，并作好记录，对设备的检查要认真、仔细，正确判断异常设备的范围及性质，汇报术语准确、简明。

（3）运行人员应密切关注设备异常状况，防止异常设备情况继续发展，并按有关调度、运行规程规定执行。

二、异常处理优化方案流程图

异常处理优化方案流程图如图ZY1200401003-1所示。

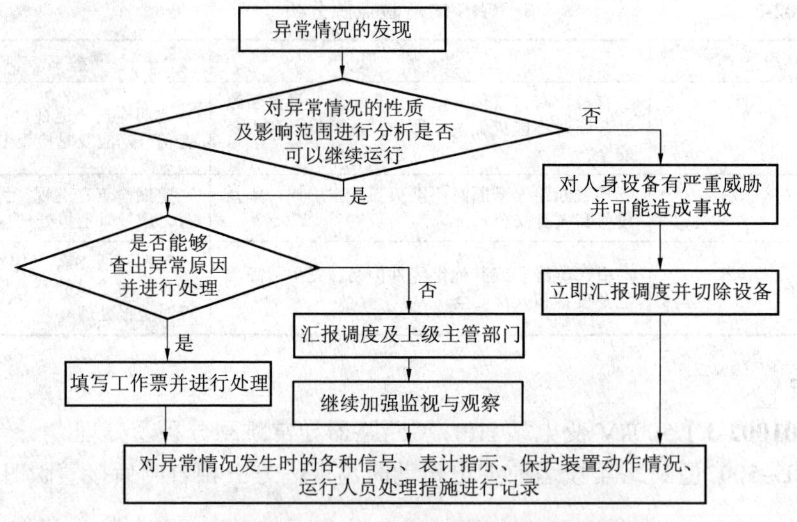

图ZY1200401003-1 异常处理优化方案流程图

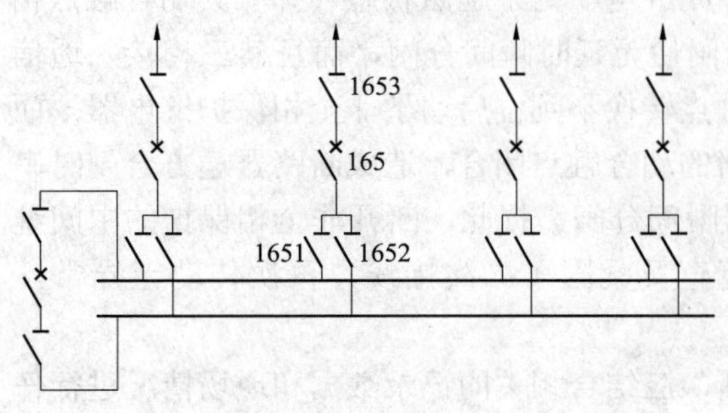

图ZY1200401003-2 某变电站110kV接线

三、异常处理案例分析

【例 ZY1200401003-1】变电站隔离开关支柱绝缘子局部发热。

1. 异常现象

某110kV变电站（见图ZY1200401003-2）进行定期红外检测时，发现110kV某线路间隔II母线侧隔离开关1652 C相靠母线侧绝缘子存在局部发热，温度高出其他部位和正常相绝缘子约20℃。

2. 异常现象原因分析

初步判断该相隔离开关绝缘子存在发热缺陷。进一步检测发现 C 相绝缘子从底座数起第 4、5 裙间存在局部发热，温度高出正常相绝缘子约 25℃，同时经过仔细对比分析，发现该支绝缘子发热部位的上部温度比正常相绝缘子同部位约低 1.5℃，而发热部位温度比正常相绝缘子同部位则约高 2℃。经初步分析认为，该隔离开关支柱绝缘子可能存在绝缘劣化缺陷。在现场进一步确认该支绝缘子的缺陷情况时，发现 C 相绝缘子有放电声，因此怀疑绝缘子存在裂纹引起的局部放电，但在带电状态下从外表观察又未能发现绝缘子的裂纹。

3. 异常处理方案及方案比较或优化

根据上述异常情况分析，决定立即申请停电，进行检查处理。

考虑到 C 相绝缘子存在绝缘劣化缺陷，操作时可能会发生断裂跌落而造成 110kV 母线短路事故。因此决定在不操作隔离开关 1652 的前提下，先将运行在 110kVⅡ母线上的所有设备转为冷备用，然后将 110 kVⅡ母线转检修状态对缺陷绝缘子进行更换。在操作隔离开关 1652 前，先制订安全措施，由检修人员对隔离开关绝缘子进行全面检查。检查发现 C 相靠Ⅱ母线侧绝缘子存在贯穿性的纵向裂纹，其他相绝缘子外观检查未发现异常。

由于检查确定 C 相绝缘子存在严重的裂纹，操作时绝缘子断裂掉落的可能性大，故按照隔离开关绝缘子断裂操作进行了事故预想和危险点分析，以防止操作时发生设备和人身事故。在制订了相应安全措施并确定操作安全的情况下，电动操作隔离开关 1652，在隔离开关拉开过程中，C 相绝缘子断裂坠落地。由于现场工作人员已充分考虑了绝缘子断裂的危险并作好了相应的安全准备，故没有发生人员受伤和设备损坏情况，操作顺利完成。

该案例表明，在进行异常情况的处理中，一定要进行危险点的分析，并进行事故预想，制订安全措施，优化处理方案，保证异常处理的顺利完成。

【例 ZY1200401003-2】断路器操动机构漏油。

1. 异常现象

甲变电站接线图如图 ZY1200401003-3 所示。5011 断路器 A 相机构压力表接头处大量漏油，引起压力急骤下降一段时间后降为 0。刚开始出现“1QF 油泵运转”信号，1min 后出现“1QF 压力降低”信号，3min 后闭锁分合闸。

2. 异常处理方案及方案比较或优化

方案一：用隔离开关解环流。将断路器 5012、5013、5022、5023 控制电源断开（即该为非自动），解除断路器 5011 与两侧隔离开关之间的闭锁，拉开断路器两侧隔离开关 50121 和 50122，断路器 5011 即被隔离。采用这种方法可以避免线路和变压器停电，但如果在操作过程中发生线路、变压器或母线故障，将导致 500kV 系统全停，线路对侧断路器跳开。

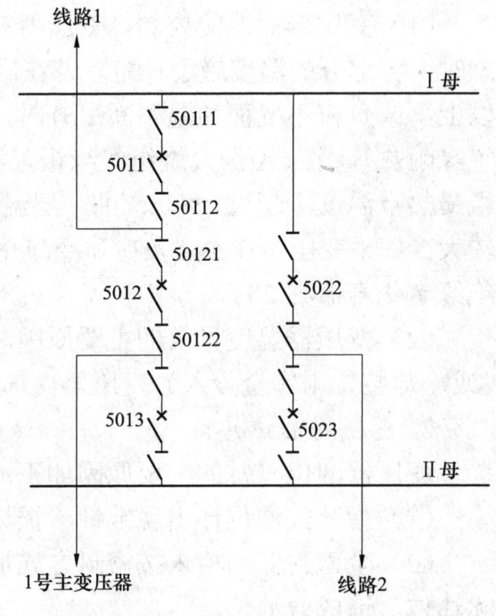

图 ZY1200401003-3　甲变电站接线图

方案二：用断路器切负荷电流。拉开断路器 5012 和 5022，如果调度允许用隔离开关拉空载母线则直接用断路器两侧隔离开关 50111、50112 隔离断路器 5011，否则通过调度将线路 1 对侧断路器拉开，然后再用断路器两侧隔离开关 50111、50112 隔离断路器 5011。这种方案避免了在操作过程中因线路 1 和Ⅰ母发生故障时导致全停的可能，但操作过程中线路 1 会停电。

上述两种处理方案各有利弊，运行人员可根据调度要求、系统运行状况、本站负荷重要程度等选择最优的处理方案。

【思考与练习】

1.［例 ZY1200401003-2］中，如果 5012 发生机构压力位零，应如何选择处理方案？

2. 试画出［例 ZY1200401003-2］处理流程。

第二十九章　变压器异常处理

模块1　变压器一般异常（ZY1200402001）

【模块描述】本模块介绍变压器（高压电抗器）常见异常情况。通过要点归纳，掌握变压器（高压电抗器）设备常见异常现象以及造成设备异常的原因。

【正文】

变压器在运行过程中，由于运行维护不当、制造质量不良、检修工艺不到位等原因，将会导致变压器异常运行。变压器异常运行是指变压器仍保持运行，断路器未动作跳闸，但变压器出现异常情况，这是将要发生事故的先兆。如果这些异常情况不能及时发现和处理，就会发展成事故，造成巨大经济损失，因此，运行人员要根据设备存在的缺陷、气候的变化、运行方式的改变，做好预先处理方案。一旦发生异常，能尽快判断异常的类型、性质及原因，并能迅速而准确地处理，以防扩大为事故。

一、变压器常见异常

变压器常见异常包括：变压器油温异常，变压器油位不正常升降，变压器声音异常，变压器冷却系统异常，变压器油色异常，变压器呼吸器硅胶变色，变压器压力释放器异常等。

1. 变压器温度异常

（1）变压器油温的控制。变压器在运行中温度变化是有规律的。当发热与散热相等并达到平衡状态时，各部分的温度趋于稳定。若在同样条件（冷却条件、负荷大小）下，上层油温比平时高出10℃以上，或负荷不变而油温不断上升时，若冷却装置良好，则可认为是变压器内部原因引起。变压器的绝缘耐热等级为A级，绕组绝缘极限温度为105℃，对于冷却方式为强油循环的变压器，为了保证绕组最热点温度不超过98℃，油上层温升则不应超过55℃。变压器的过热，对变压器的使用寿命影响较大，如果变压器在额定负荷和冷却介质温度为20℃条件下连续运行，则绕组最热点温度为98℃，其绝缘老化寿命为20年。

（2）变压器温度异常的主要原因。变压器温度异常的主要原因有：变压器过负荷，冷却装置故障（或冷却装置未完全投入）变压器内部故障，变压器温度指示装置误指示。

2. 变压器油位异常

变压器油位异常的主要原因如下：

（1）指针式油位计出现卡针、损坏、失灵、油位堵塞。

（2）全密封储油柜未按密封方式加油，在隔膜或胶囊袋与油面之间有气体，使隔膜或胶囊高于实际油位，造成假油位。

（3）主变压器呼吸器堵塞，使油位下降时空气不能进入，可造成油位指示的大幅度变化，主要现象是呼吸器的油封杯中没有气泡产生。

（4）变压器严重渗漏油或长期渗漏油引起油位下降。

（5）胶囊或隔膜破裂，使油进入胶囊或隔膜以上的空间，油位计指示可能偏低。

（6）变压器套管渗漏油造成油位下降，变压器套管注油不当造成套管油位过高或过低。

另外，对于有载调压的主变压器如发现有载调压的储油柜油位异常升高，在排除有载分接开关内部无故障及注油过高的因素后，可判定为内部渗漏（主变压器本体的油渗漏到有载调压分接开关体内部）。

3. 变压器声音异常

正常运行的变压器会发出持续的、均匀的“嗡嗡”声，如果声音不均匀或有其他异常声音出现，均属于变压器声音异常。变压器常见的异常声音异常有：

（1）变压器发出均匀、沉重的“嗡嗡”声，且不断增大，可能是变压器过负荷。

（2）变压器声音中夹杂有连续的、有规律的撞击声或摩擦声，可能是外部某一部件不平衡引起的振动。

（3）变压器发出“吱吱”的尖锐声或“叭叭”声，可能是外部或内部有电弧放电。

（4）变压器有“咕嘟咕嘟”水沸腾声。

（5）变压器有爆裂声。

4. 变压器冷却器系统异常

冷却装置是通过变压器油帮助绕组和铁芯散热。冷却装置正常与否，是变压器正常运行的重要条件。在冷却设备存在故障或冷却效率达不到设计要求时，变压器是不宜满负荷运行的，更不宜过负荷运行。

在冷却装置存在异常时，不仅要观察油温，还应注意变压器运行的其他变化，综合判断变压器的运行状况，按照 DL/T 572—2010《电力变压器运行规程》执行。

冷却装置常见的异常有：

（1）冷却装置电源异常。当冷却装置电源异常时，主控盘会发出“主变冷却器电源故障”等信号。由于故障时的具体原因不同，所发的信号有所不同。

（2）冷却装置机械异常。

（3）冷却控制回路异常。

5. 轻瓦斯保护动作

轻瓦斯保护动作时，会出现以下现象：

（1）警铃响，主控屏或后台监控机上发出“变压器轻瓦斯保护动作”信号。

（2）气体继电器内有气体。

（3）内部故障时伴有异常声响、温度升高。

（4）油位异常信号发出。

6. 变压器其他异常

变压器运行当中，还存在着以下异常情况：变压器油色异常，变压器呼吸器硅胶异常，变压器套管接头处、线卡处过热，压力释放器异常，变压器超额定电流、容量运行即过负荷运行，变压器过励磁运行。

二、高压电抗器的异常运行

高压电抗器在外形和结构上与变压器有某些相似，它在运行中有些异常现象，如气体继电器动作或告警、油位异常、音响异常等，处理方法与变压器基本相同。

在主要结构上，高压电抗器与变压器有两点不同：

（1）高压电抗器只有一组主线圈，而变压器有一次、二次以至多组主绕组。

（2）高压电抗器采用有间隙的铁芯，而变压器采用硅钢片叠成整体的铁芯。

高压电抗器在运行中虽然不带有功负荷，但却带很重的无功负荷。高压电抗器在运行上的特点是，它长期在相对稳定的高负荷条件下运行。高压电抗器是一个固定的电感线圈，它的无功负载是由加在电抗器端子上的系统电压所决定的。当加在电抗器上的电压等于其额定电压且频率等于其额定频率时，通过电抗器的电流就等于它的额定电流，系统电压过高，会造成其过负荷。由于系统电压相对稳定，所以高压电抗器的负载一般总是长期保持在其额定值的 90%以上，变动很小。因此，高压电抗器运行中的温度较高。同时由于间隙铁芯漏磁较大等原因，运行中往往有较大震动，或出现局部过热等情况。

根据高压电抗器运行条件的特点，运行人员需要对其进行认真的监视和维护，认真作好日常巡视检查，定期取油样进行色谱分析。

高压电抗器一般采取油浸自冷方式，当发现油温过高时，除检查电抗器外观等外，应检查散热器是否清洁，阀门是否正常打开。若装有风冷装置，应检查风扇运行是否正常。

【思考与练习】

1. 变压器常见异常包括哪些？
2. 变压器温度异常的主要原因有哪些？
3. 轻瓦斯保护动作时会出现哪些现象？

模块2 变压器异常分析处理（ZY1200402002）

【模块描述】本模块介绍变压器（高压电抗器）异常的原因及处理办法，以及异常处理有关规定。通过要点归纳和案例说明，掌握变压器（高压电抗器）的典型设备异常现象和处理原则，以及设备异常的危险点源。

【正文】

一、变压器油温异常的分析及处理

1. 变压器油温异常的主要原因

发现变压器油温异常升高，应对以下可能的原因逐一进行检查，作出准确判断，检查和处理要点如下：

（1）若运行仪表指示变压器已过负荷，单相变压器组三相各温度计指示基本一致（可能有几度偏差），变压器及冷却装置无故障迹象，则油温升高由过负荷引起，应加强对变压器的监视（负荷、温度、运行状态），并尽量争取降低过负荷倍数和缩短过负荷时间。

（2）若冷却装置未完全投入或有故障，应立即处理，排除故障。若故障不能立即排除，则必须降低变压器运行负荷，按相应冷却装置冷却性能与负荷的对应值运行。

（3）若远方测温装置发出温度告警信号，且指示温度值很高，而现场温度计指示并不高，变压器又没有其他故障现象，可能是远方测温回路故障误告警，这类故障可在适宜的时候予以排除。

（4）如果三相变压器组中某一相油温升高，明显高于该相在过去同一负荷、同样冷却条件下的运行油温，而冷却装置、温度计均正常，则过热可能是由变压器内部的某种故障引起的，应通知专业人员立即取油样作色谱分析。若有在线色谱分析仪，应查看数据或将数据上传，分析有无异常；若色谱分析表明变压器存在内部故障，或变压器在负荷及冷却条件不变的情况下，油温不断上升，则可判断为内部故障，应按现场规程规定将变压器退出运行。

2. 变压器油温异常的处理原则

当发现主变压器油温异常升高时，运行人员应立即判明原因并设法降低油温，具体内容如下：

（1）检查各个温度计的工作情况，判明温度是否确实升高。

（2）检查各组冷却器工作是否正常。

（3）检查变压器的负荷情况和环境温度，并与以往同等温度情况相比较。

（4）检查冷却器各部位阀门开、闭是否正确。

（5）当判明温度升高的原因后，应立即采取措施降低温度或申请减负荷运行，如果未查出原因，则怀疑内部故障，应马上汇报调度，申请将变压器退出运行，进行检查。

二、变压器油位异常的分析处理

（1）巡视中，发现充油设备油位异常时应及时处理。油位过高的要放油，油位过低的则要进行补油。

（2）运行中，由于油的热胀冷缩会造成油位的变化，其变化应与油温变化一致。若油位过低，看不到油位，运行人员应检查有无漏油情况。同时根据油温、漏油等情况判断油位的可能位置。

（3）若油位低且未发现漏油现象，运行人员应汇报调度及上级有关部门，尽快安排补油。若油位低且有漏油现象，应立即处理。变压器设备发现漏油情况，应汇报调度，申请转移负荷，将变压器停电退出运行并进行检修。

（4）当发现变压器油位比当时温度所对应的油位显著降低时，应立即汇报调度。如果大量漏油而使油位迅速下降时，禁止将重瓦斯保护改投信号运行，必须采取制止漏油的措施。

三、变压器声音异常分析处理

（1）变压器发出均匀、沉重的“嗡嗡”声，且不断增大，可能是变压器过负荷。应检查负荷情况，一旦确认，应立即申请减负荷运行。

（2）若变压器的声音中夹杂有连续的、有规律的撞击声或摩擦声，则可能是变压器外部某一部件（如冷却器附件、风扇等）不平衡引起的振动。应对变压器外部部件进行投退试验，找出具体异常的部件，并退出运行。

（3）变压器发出“吱吱”的尖锐声或“叭叭”声，可能是外部或内部有电弧放电。若变压器内部或表面发生局部放电，声音中就会夹杂“劈啪”放电声。发生这种情况时，若在夜间或阴雨天气下，可看到变压器套管附近有蓝色的电晕或火花，这说明瓷件污秽严重或设备线卡接触不良。若是变压器内部放电，则可能是不接地部件发生静电放电，或是分接开关接触不良放电，这时应将变压器停用检查。

（4）若变压器的声音夹杂水沸腾声且温度急剧变化，油位升高，则应判断为变压器绕组发生短路故障。应立即申请停用，检查处理。

（5）若变压器声音中夹杂不均匀的爆裂声，则是变压器内部或表面绝缘击穿，此时应立即将变压器停用检查。

（6）当系统发生短路或接地时，变压器会发出很大的噪声。应立即汇报调度，并将变压器退出运行。

四、变压器冷却器系统异常分析和处理

1. 冷却装置电源异常分析和处理

（1）主变压器两组动力电源消失将造成冷却器全停，变压器温度将逐步升高。

（2）如果站用变压器故障引起冷却器全停，应先恢复站用变压器的供电，再逐步进行处理。

（3）如果站用电源屏电源熔断器熔断引起冷却器全停，应先检查冷却器控制箱内电源进线部分是否存在故障，及时排除故障。故障排除后，将各冷却器选择开关置于“停止”位置，再强送动力电源。若成功，再逐路恢复各组冷却器的运行；若不成功，应仔细检查站用电电源是否正常，以及站用电至冷却器控制箱的电缆是否完好。

（4）如果由于冷却器控制箱电源自动切换回路造成全停，应及时手动投入备用电源，尽快恢复冷却器的运行。

（5）若工作、备用电源均故障，短时难以处理，应立即汇报调度，申请调度转移负荷或作其他处理。

（6）运行人员应加强对变压器油温的监视，防止油温过高烧损变压器或缩短使用寿命。

2. 冷却装置机械异常分析和处理

冷却装置的机械故障包括电动机轴承损坏、电动机绕组损坏、风扇扇叶变形及潜油泵轴承损坏等。这时需尽快更换或检修。

3. 冷却装置控制回路异常分析和处理

冷却装置控制回路异常主要包括各元件损坏、引线接触不良或断线、接点接触不良等，应查明原因，迅速处理。

五、变压器其他异常的分析处理

1. 变压器套管接头处、线卡处过热引起异常

套管接线端部紧固部分松动、引线头线鼻子滑牙等，接触面氧化严重，使接触处过热，颜色变暗失去光泽，表面镀层也会遭到破坏。连接处接头部分温度一般不宜超过 70℃，可用示温腊片检查，一般熔化温度黄色为 60℃，绿色为 70℃，红色为 80℃。也可用红外热像仪进行测量。温度很高时，会产生焦臭味。

2. 呼吸器硅胶变色

呼吸器硅胶的作用为吸收进入储油柜胶袋和隔膜中空气的潮气，以免变压器绝缘油受潮。当硅胶颜色改变时，表明硅胶已受潮而且失效。一般已变色的硅胶达 2/3 时，运行人员应通知检修人员更

换。硅胶变色过快的原因主要有以下几点：

（1）长时期天气阴雨，空气湿度较大，因吸湿量大而过快变色。

（2）呼吸器容量过小，如有载分接开关采用 0.5kg 的呼吸器时，变色过快是常见现象，应更换较大容量的呼吸器。

（3）硅胶玻璃罩罐有裂纹、破损。

（4）呼吸器下部油封罩内无油或油位太低，起不到良好的油封作用，使湿空气未经油滤而直接进入硅胶罐内。

（5）呼吸器安装不良，如胶垫龟裂不合格，螺钉松动，安装不密封而受潮。

3. 变压器压力释放器异常

当变压器油压超过一定标准时，变压器压力释放器便开始动作，进行溢油或喷油，从而降低油压保护油箱。变压器备有相应的信号报警装置，在溢喷油时，运行人员能发现报警信号，可迅速对异常进行处理。但也有的因制造上的质量问题或试验数据不准确使变压器误动或拒动。应结合变压器其他情况（如温度、声音）等进行综合判断。

4. 变压器过负荷的原因分析及处理

（1）变压器过负荷的一般原因有：

1）两台变压器并列运行，一台变压器检修或因故障退出运行，负载全部转至另一台变压器运行，造成另一台变压器超额定负载。

2）系统事故状态下，变压器的短期急救负载而超额定负载运行。

3）长期急救周期性负载运行。

（2）变压器发生过负荷后，值班员应作如下处理：

1）记录过负荷起始时间、负荷值及当时环境温度。

2）将过负荷情况向调度汇报，采取措施压降负荷。查对相应型号变压器过负荷限值表，并按表内所列数据对正常过负荷和事故过负荷的幅度和时间进行监视和控制。

3）手动投入全部冷却器。

4）对过负荷主变压器特殊巡视，检查风冷系统运转情况及各连接点有无发热情况。

5）指派专人严密监视过载主变压器的负荷及温度，若过负荷运行时间已超过允许值，应立即汇报调度将主变压器停运。

6）对带有载调压装置的变压器，在超额定负载运行程度较大时，应尽量避免使用有载调压装置调节分接头。

5. 变压器过励磁原因分析及处理

（1）变压器产生过励磁的原因有：

1）电力系统因事故解列后，部分系统的甩负荷过电压。

2）铁磁谐振过电压。

3）变压器分接头调整不当。

4）长线路末端带空载变压器或其他误操作。

5）发电机频率未到额定值，过早增加励磁电流，频率低。

6）发电机自励磁。

（2）变压器产生过励磁后值班员应作如下处理：变压器过励磁运行时，过励磁保护将会动作发信或跳闸，运行人员必须及时向调度报告，记录发生时间和过励磁倍数，并按现场运行规程中的有关限值与允许时间规定进行严密监控，应及时向调度汇报，提请调度采取降低系统电压的措施或按调度指令进行处理。与此同时，严密监视变压器的油温、线圈温度的升高情况和变化速率，当发现其变化速率很高时，即使未达到变压器的温度限值，也必须提请调度立即采取降低系统电压的措施。

六、高压电抗器的异常运行

高压电抗器在外形和结构上与变压器有某些相似，它在运行中有些异常现象，如气体继电器动作或告警，油位异常，音响异常等，处理方法与变压器基本相同。

七、危险点源分析

变压器危险点源分析见表 ZY1200402002-1。

表 ZY1200402002-1　　变压器危险点源分析

异常情况	危险点源	控制措施
变压器温度异常	造成变压器喷油，设备损坏	应立即采取措施降低温度或申请减负荷运行，如果未查出原因，则怀疑内部故障，应马上汇报调度，申请将变压器退出运行
变压器油位异常	油位偏高造成设备喷油，油位偏低造成绝缘下降，进而造成内部短路故障	当发现变压器油面比当时油温应有的油位显著降低时，应查明原因，并采取措施。当油位计油面异常升高或呼吸系统有异常，需打开放气或放油阀时，应将重瓦斯改接信号。变压器油位因温度上升有可能高出油位指示极限，经查明不是假油位所致，应进行放油，使油位降至与当时油温相对应的高度，以免溢油
变压器声音异常	可能是内部短路、放电，造成变压器喷油和着火	应汇报调度，将变压器退出运行
	用手或工具进行临时处理时，防止麻电和碰伤变压器其他部位	使用符合电压等级并且良好的绝缘工具，注意安全距离
冷却装置异常	造成变压器油温升高喷油，损坏设备	应汇报调度，对冷却装置进行处理
	异常处理时防止突然来电，做好防止触电和机械伤人措施	应将交流电源回路断开，送电时应逐级送电
进行二次回路检查	应防止直流回路接地和二次短路，防止保护误动	使用符合电压等级并且良好的绝缘工具，注意安全距离

八、案例分析

【例 ZY1200402002-1】500kV 某变电站 1 号主变压器、2 号主变压器由某公司制造，2 号主变压器 A 相、1 号主变压器 C 相自 2004 年 10 月发现油箱局部位置的振动值增大以来，变电站运行人员分别对 2 组变压器固定的 2 个点振动值进行跟踪测试。2 月 5 日，发现 2 号主变压器 A 相、B 相的振动值有较大幅度的增长，其中，B 相从不到 30μm 的振动值上升到 200μm 以上，最大值达 260μm，A 相达到 238μm，但三相油色谱跟踪正常。

初步分析认为，主变压器振动异常原因是由直流偏磁引起的，不会对主变压器运行构成威胁，只要在油色谱分析正常的情况下，主变压器可以继续运行。

现场作如下处理：加强 1、2 号主变压器的油色谱跟踪工作，在未得到有效处理前，每周进行 1 次油色谱试验；加强 1、2 号主变压器振动值的跟踪测试，跟踪周期原则上每天 1 次，时间尽可能在早上 8:00，在负荷较高或负荷变化较大时应增加跟踪次数；任何运行条件下，振动值超过 300μm 时，应及时上报上级主管部门。

此案例表明，在判断运行设备异常情况时，应特别注意异常情况是否会发展，是否对运行构成威胁，根据具体情况进行优化处理，并及时上报。

【思考与练习】

1. 变压器油温异常的如何处理？
2. 变压器油位异常的如何处理？
3. 变压器声音异常危险点源有哪些？应采取什么措施？

模块 3　变压器异常处理的优化处理方案（ZY1200402003）

【模块描述】本模块介绍变压器（高压电抗器）异常处理的原则与方法，以及优化处理方案编制流程和要求。通过要点归纳和案例说明，掌握针对变压器（高压电抗器）异常进行深入分析的方法和编制优化处理方案的流程。

【正文】

明确变压器（电抗器）异常现象和处理原则，进一步了解和分析异常产生的原因，有利于运行人员及时发现和防止异常的产生，对进行异常处理有重要的指导意义，同时有助于制定更优化的处理方案。

一、异常处理的基本原则与要求

（1）变压器设备的异常处理，必须严格遵守《国家电网公司电力安全工作规程》、调度规程、现场运行规程、现场异常运行处理规程，以及各级技术管理部门有关规章制度、安全措施的规定。

（2）异常处理过程中，运行人员应沉着果断，认真监视表计、信号指示并作好记录，对设备的检查要认真、仔细，正确判断异常设备的范围及性质，汇报术语准确、简明。

（3）运行人员应密切关注设备异常状况，防止异常设备情况继续发展，并按有关调度、运行规程规定执行。

二、异常处理优化方案流程图

异常处理优化方案流程图如图 ZY1200402003-1 所示。

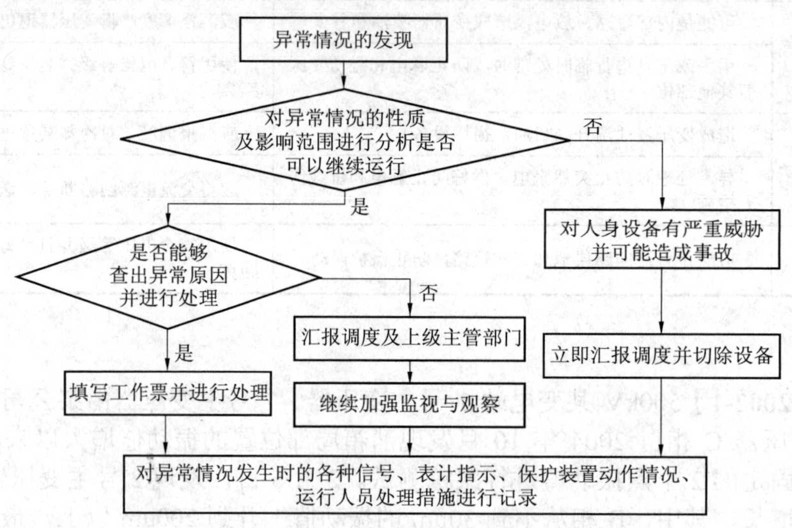

图 ZY1200402003-1 异常处理优化方案流程图

三、异常处理案例分析

【例 ZY1200402003-1】某变电站 1 号主变压器冷却器全停。

1. 异常现象

某变电站中央信号发出“1 号主变压器工作电源 1 故障”、1 号主变压器工作电源 2 故障”、“冷控失电”、“冷却器全停”光字信号。

2. 异常现象可能原因分析

运行人员现场检查情况发现：1 号主变压器的冷却器全停，其冷却器控箱内的工作电源交流接触器 KMS1 下桩头电源引线有烧糊现象，工作电源 1、2 的交流接触器 KMS1、KMS2 未吸合，站用配电室检查 1 号主变压器冷却器工作电源 1 和工作电源 2 空开已跳开，随即分别合上两电源空开，测量工作电源 1 和工作电源 2 的三相电压均正常；将电源方式选择开关由“电源 1”切换至“电源 2”时。交流接触器 KMS2 未动作，其他各冷却器电源空气开关、接触器、熔断器、热继电器等外观检查未发现异常。

根据上述现象和检查情况初步判断为：1 号主变压器冷却器控制装置的工作电源控制回路或接触器本身有故障，1 号主变压器冷却器因失去工作电源而导致冷却器全停。随即将 1 号主变压器冷却器全停及故障检查情况向调度进行了报告，申请并退出“1 号主变压器冷控失电启动跳闸连接片”。

3. 异常处理方案及方案比较或优化

根据上述处理冷却器故障的方式和处理过程，并结合相关规程，对变压器冷却器异常可根据天气情况、负荷情况和运行情况制定优化处理方案并组织实施。

运行人员发现变压器冷却器异常应及时、准确、扼要地向值班调度员报告，并按照调度指令进行处理。

当发出“主变压器工作电源故障”、“冷控失电”、“冷却器全停”光字信号时，运行人员应立即到现场进行检查，首先应根据冷却器控箱内的灯光信号进行判断。如工作电源指示灯熄灭，可立即判断该工作电源已消失。若只是一组电源消失，应立即将电源方式开关切换至另一工作电源侧，同时还应检查工作电源是否缺相。当两工作电源均消失时，应立即到站用配电室恢复工作电源。

若冷却控制箱内工作电源已不正常，则应检查站用配电屏的负荷开关、接触器、熔断器，检查站用变压器高压熔断器等情况，对发现的问题作相应处理。

检查冷却器控制箱各负荷开关、接触器、熔断器、热继电器等工作状态是否正常，若有问题，立即处理或手动复归。

运行人员应密切监视冷却器全停故障变压器的负荷情况，注意变压器绕组温度、上层油温情况。为防保护误动，值班人员可向调度申请停用故障主变压器的“冷控失电启动跳闸连接片”或根据调度指令进行。

运行人员应及时将异常变压器的运行情况及缺陷消除情况向调度汇报，调度应根据情况合理安排运行方式，必要时转移或切除部分负荷，以降低故障变压器的温升，同时，作好退出该变压器运行的准备。

综合上述分析可制定变压器冷却装置异常处理方案流程。

（1）主变压器冷却器“冷却装置主电源消失”时应作如下处理：

1）首先检查冷却器备用电源是否投入，如果未投入，检查备用电源空气开关在合上位置时，将冷却器电源切换开关投向“备用电源”位置，启用备用电源，恢复冷却器的运行。

2）检查工作电源故障的原因，待故障消除后，再恢复冷却器系统的正常运行方式。

（2）主变压器冷却器电源全部消失，此时“冷却装置Ⅰ工作电源故障”、“冷却装置Ⅱ工作电源故障”、“冷却装置全停故障”等信号告警时应作如下处理：

1）检查交流是否失电，如失电按事故预案交流全停处理。如交流电源正常，则检查交流屏上冷却装置电源空气开关是否跳开，如未跳开，则有可能是冷却装置回路上故障跳开空气开关所致。如跳开，则可能是交流屏到总控柜上回路上故障所致。

2）结合检查情况进行故障查找，并尽快消除故障，应在 20min 内恢复冷却器的运行，同时还要密切监视主变压器的油温、线温以及油位，若短时间内无法恢复，在油温或线温超出允许范围时向调度申请停用主变压器。

（3）主变压器发“分控柜冷却器风扇故障”信号时应作如下处理：

1）检查分控柜内总电源空气开关是否跳开，如跳开，则往上级电源进行查找。

2）检查分控柜内风扇和油泵运行指示灯是否正常。

3）检查风扇或油泵的电源空气开关是否跳开，电动机保护空气开关是否跳开等。结合检查情况进行故障查找，并尽快消除故障。如故障前两组冷却器都已投入，则一组组试送，找出有故障的冷却器组，并进一步找出故障冷却器风扇。最后隔离故障冷却器，恢复正常冷却器的运行。

【例 ZY1200402003-2】某变电站线路电抗器外壳局部过热。

1. 异常现象

某变电站一组进口的 500kV 线路并联电抗器，外壳为平顶式，铁芯结构为壳式。该电抗器投运不久，检测发现油箱与升高座连接处螺栓严重发热，有些高达 200℃以上，螺栓周围的油漆已经变色。

2. 异常现象可能原因分析

首先对异常情况的性质及影响范围要进行分析，看是否可以继续运行，还能运行多久，对人身、对设备是否有严重威胁并可能造成事故。

对异常的原因分析发现：

该电抗器外壳上漏磁产生的涡流在由外壳流向升高座时，由于升高座与箱壳之间垫有绝缘密封圈，只能靠螺栓导流。一部分螺栓氧化或被油漆绝缘，涡流只能通过其他螺栓流通，电流的热效应使得螺栓温度升高。若不及时进行处理，对设备会有严重威胁，必须立即汇报调度及上级主管部门。

3. 异常处理方案及方案比较或优化

方案一：将全部螺栓去掉氧化层及油漆，使升高座与箱壳通过 30 个螺栓金属连接良好，各螺栓均达到分流效果。

方案二：将外壳与升高座绝缘起来，切断电流回路，不产生过热。

处理方案优化，要根据本单位本部门现有人力物力、场地因素、设备停电时间限制及组织实施的难易程度来确定。

【思考与练习】

1. 变压器冷却器“冷却装置主电源消失”时应如何处理？

2. 变压器风冷系统异常应如何处理？

3. 若变压器异常情况发生时你正在现场，是否会根据具体情况确定最有效的处理方案？

第三十章 母线异常处理

模块1 母线一般异常（ZY1200403001）

【模块描述】本模块介绍母线设备常见异常情况。通过要点归纳，掌握母线的常见异常现象以及造成设备异常的原因。

【正文】

一、母线作用及分类

母线具有汇集、分配和交换电能的作用，一旦发生问题，将引起大面积停电，因此母线是变电站最重要的电气设备之一。

变电站常见的母线有软母线和硬母线两种类型，有绞线、矩形和管形等多种形式，此外，还有GIS全封闭组合式电器内的封闭母线。

二、母线常见异常

1. 母线过热异常

母线在运行中，严重过负荷，以及母线间或母线与引线间接触不良，都会引起母线过热。此外，母线上所连接的隔离开关接触不良严重过热时，也会引起母线局部发热。

2. 母线支柱绝缘子异常

母线在运行中，支柱绝缘子可能存在裂纹、裙边有外伤或破损、放电、拉弧现象。造成绝缘子损坏原因的主要原因有：厂家制造质量不良，运输与安装过程中造成损伤，运行中受外力作用（结冰、风力、振动等）引起损伤，温度骤变引起瓷质裂纹，瓷质老化等。

3. 母线异常响声

当与母线连接的金具发生松动或铜铝搭接处氧化时，母线接头处会出现异常响声。

4. 母线电压异常

巡视时发现母线电压随时间变化不断减小，可能是母线TV内部有缺陷，应加强监视并上报。

【思考与练习】

1. 母线过热异常情况有哪些？

2. 造成母线支柱绝缘子损坏的主要原因有哪些？

模块2 母线异常分析处理（ZY1200403002）

【模块描述】本模块介绍母线异常的原因及处理办法，以及异常处理有关规定。通过要点归纳和案例说明，掌握母线异常现象和处理原则，以及设备异常的危险点源。

【正文】

一、母线异常分析处理

1. 母线过热异常的分析及处理

母线是否过热，可用变色漆或示温蜡片来判别，若变色漆变黄、变黑，则说明母线过热已很严重，有条件的地方可用红外线测温仪来测量母线的温度，如通过目测或红外线测温仪扫描发现母线过热发红时（尤其是高峰负荷期，极易出现母线接头温升超标过热），运行人员应立即向调度报告，采取倒换备用母线，转移负荷，直至用停电检修等方法处理。

2. 母线支柱或悬式绝缘子异常的分析及处理

母线所配支柱或悬式绝缘子一旦破损，会造成母线接地或相间短路，严重的可能由于绝缘子击穿放电而造成母线烧坏、烧断。此外，母线绝缘子因绝缘不良或零值击穿等故障影响，会出现明显放电现象，尤其在大雾或雪雨天气。因此，应定期停电检测支柱绝缘子外观有无破损裂纹等情况和对悬式绝缘子的零值检测，一旦发现母线绝缘子破损、放电，值班人员应尽快报告调度，停电处理，在停电更换绝缘子前，应加强对破损绝缘子的监视，增加巡回检查次数。

3. 母线异常响声的分析及处理

母线接头处出现异常声响，可能是与母线连接的金具松动或铜铝搭接处氧化引起的，此时应通过倒换母线、停用故障母线进行处理。

4. 母线电压异常的分析及处理

（1）若母线电压异常是由母线 TV 内部有缺陷引起，应汇报调度，将 TV 退出运行，并作进一步检查。

（2）检查母线 TV 的端子箱内二次快速空气开关是否跳闸和二次熔断器是否熔断，若跳闸或熔断可试送一次。若不成功，则说明二次回路有问题，应立即通知有关部门处理。可根据调度令将故障 TV 所在母线上所有运行元件倒至另一段母线运行。

（3）检查中控屏 TV 直流熔断器是否熔断。若熔断应更换，更换后再次熔断，则说明该直流回路有短路现象，应汇报调度及有关部门。值班人员应迅速检查该回路中的各元件有无损坏或回路中有断线现象。

（4）若检查 TV 一次隔离开关辅助触点接触不良，可进行短接处理。

二、危险点源分析

母线危险点源分析见表 ZY1200403002-1。

表 ZY1200403002-1　　母线危险点源分析

异常情况	危险点源	控制措施
母线支柱绝缘子异常	可能造成母线断裂或引起接地故障	定期巡视、检查，发现绝缘子有裂纹、破损现象，表面有严重放电时，应尽快报告调度，停电处理
母线电压异常	可能是母线 TV 内部绝缘下降，造成 TV 短路或爆炸	应进行分析判断，确定是否是 TV 内部缺陷，并尽快报告调度，停电处理
母线过热异常	造成母线局部变形	进行倒母线
母线异常响声	可能引起闪络故障	应判断响声位置，及时处理

【思考与练习】

1. 简述母线电压异常的分析及处理方法。
2. 简述母线过热异常的分析及处理方法。

模块 3　母线设备异常处理的优化处理方案（ZY1200403003）

【模块描述】本模块介绍母线异常处理的原则与方法，以及优化处理方案编制流程和要求。通过要点归纳和案例说明，掌握针对母线异常进行深入分析的方法和编制优化处理方案的流程。

【正文】

一、故障现象

甲 500kV 变电站高压侧采用 3/2 断路器接线，运行方式为合环运行，控制方式采用常规控制方式。1999 年 2 月 13 日 0:00 左右，值班人员发现 500 kV 1、2 号母线电压指示值出现差异，分别为 511、516kV。后来这种差异已扩大至 512 kV 和 531 kV，值班人员对该电容或电压互感器（CVT）进行了外观检查，未发现问题。

二、优化前处理方案及流程

运行人员对该异常处理流程如图 ZY1200403003-1 所示。为排除测量装置误指示，用万用表对输入表计电压进行测量，并与 500kV 线路 CVT 二次电压进行比较，确认表计正常。接着值班人员在电压偏高 CVT 的二次端子箱内再次测量 CVT 输出电压，电压仍然偏高，确认故障在 CVT 内部，同时进一步检查发现该 CVT 第 2 节上部有少量绝缘油渗出，判断 CVT 内部局部电容击穿。

三、流程分析及优化

导致母线电压异常升高的原因有：测量表计故障，CVT 内部故障，二次回路有高电压串入。按照未优化的流程最终能找到异常原因，但表计结构比较简单，二次回路串入高电压的概率比较低，而 CVT 结构比较复杂，故障概率相对较高，因此先判断 CVT 是否故障，通常可以节省时间。优化后处理流程如图 ZY1200403003-2 所示。

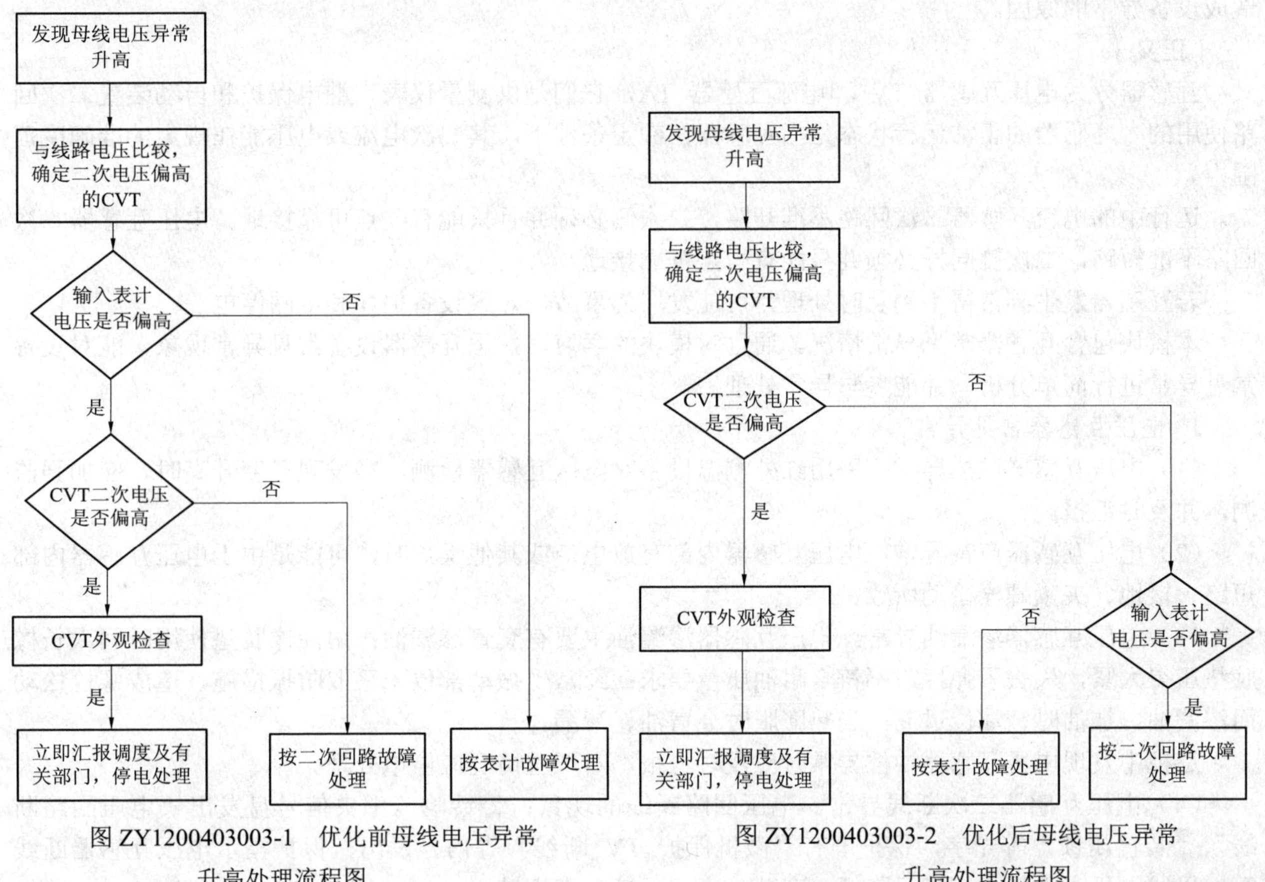

图 ZY1200403003-1　优化前母线电压异常升高处理流程图

图 ZY1200403003-2　优化后母线电压异常升高处理流程图

此案例说明，对异常处理流程进行优化可以更及时、准确查找异常原因，为异常处理赢得宝贵时间。

【思考与练习】

1. 母线设备电压异常时应如何检查、判断？
2. 母线电压异常下降优化处理流程应如何编制？

第三十一章　互感器异常处理

模块1　互感器一般异常（ZY1200404001）

【模块描述】本模块介绍互感器常见异常情况。通过要点归纳，掌握互感器的常见异常现象以及造成设备异常的原因。

【正文】

互感器分为电压互感器 TV 和电流互感器 TA，它们是供测量仪表、继电保护和自动装置二次回路使用的。互感器的正常运行状态是指互感器在额定条件下，其二次电流或电压能在规定的准确度范围内。

运行中的电流互感器二次回路不准开路，二次侧必须并且只能有一点可靠接地。电压互感器二次回路不准短路，二次侧同样必须并只能有一点可靠接地。

若互感器发生异常得不到及时处理，可能发展为事故，导致设备损坏和电网停电。

本模块包含互感器常见异常情况。通过对模块的学习，熟悉互感器设备常见异常现象，能对设备常见异常进行简单分析，并能参与异常处理。

1. 电压互感器常见异常

（1）电压互感器过热异常。采用红外测温设备对电压互感器检测，当发现温度升高时，应加强监测，并及时汇报。

（2）电压互感器声音异常。电压互感器内部有放电声或其他噪声时，可能是由于电压互感器内部短路、接地、夹紧螺栓松动所致。

（3）电压互感器渗漏油异常。电压互感器渗漏油主要有套管渗漏油；耐油橡胶垫使用时间太长橡胶垫压得太紧，失去了弹性或不符合耐油质量要求；经常受振动部位未采取防振措施，造成螺栓松动而渗漏油。加油时，油位过高，当热膨胀时会冒油、渗漏。

巡视中发现电压互感器油位异常时应及时汇报，对严重情况应停电处理。

（4）电压互感器二次断线异常。电压回路断线的现象：警铃响，中央信号盘发出“电压回路断线”、“装置闭锁”等光字，保护屏有“微机保护 TV 断线”等信号发出，保护指示电压互感器断线等。母线电压表无指示或指示降低，有功功率、无功功率表转慢。

2. 电流互感器常见异常

（1）电流互感器过热异常。电流互感器过热可分为缺油而导致一次接线部分发热，由于接线板接触不良而导致外部发热，电气元件由于内部连接件接触不良而导致发热。当温度大于表 ZY1200404001-1 中的值时，应加强分析并汇报调度。

表 ZY1200404001-1　　电流互感器允许的最大温度和相间温差值

电压等级（kV）	表面最大温升（K）	相间温差（K）
35～66	4.0	1.2
110	4.0	1.2
220～500	4.5	1.4

（2）电流互感器有异常响声。电流互感器的二次阻抗很小，正常工作在近乎短路状态，一般应无声音。电流互感器产生异常声音的可能原因有：铁芯松动；某些离开叠层的硅钢片，在空负荷或轻负

荷时会有一定的“嗡嗡”声；二次开路使硅钢片振荡且振荡不均匀，发出较大的噪声。

（3）电流互感器有渗漏油异常（同电压互感器）。

（4）SF_6 电流互感器压力表异常。对 SF_6 电流互感器有 SF_6 密度继电器监视气体压力的，当 SF_6 密度继电器报警时，也说明有压力异常现象。

（5）电流互感器过负荷。电流互感器过负荷可能造成铁芯和二次绕组过热、绝缘老化加快，甚至出现损坏现象。

（6）电流互感器二次开路。

1）电流回路断线的危害。电流互感器是将大电流变换为一定量标准电流（1A 或 5A）的设备，正常运行时是接近于短路的变压器。其二次电流的大小决定于一次电流，若二次回路开路，阻抗无限大，二次电流等于零，一次回路所产生的磁通势将全部作用于励磁，二次线圈上将感应很高的电压，峰值可达几千上万伏，严重威胁人身和二次设备的安全。同时，由于磁饱和，铁损增大，发热严重，易烧损设备，也易导致保护的误动和拒动。因此，电流回路断线开路是非常危险的。

2）电流回路断线的现象。

① 回路仪表无指示或表计指示降低。

② 回路有放电、冒火现象，严重时击穿绝缘。

③ 电流互感器本体严重发热、冒烟、变色、有异味，严重时烧损设备。

④ 电流互感器运行声音异常，振动大。

⑤ 保护发生误动或拒动。

⑥ 二次设备出现冒烟、烧坏、放电等现象。

⑦ 保护装置发出“电流回路断线”、“装置异常”等光字信号。

【思考与练习】

1. 电压互感器常见异常包括哪些？
2. 电流互感器常见异常包括哪些？
3. 电压互感器二次断线异常主要有哪些现象？
4. 电流回路断线的危害有哪些？

模块 2　互感器异常分析处理（ZY1200404002）

【模块描述】本模块介绍互感器异常的原因及处理办法，以及异常处理有关规定。通过要点归纳和案例说明，掌握互感器异常现象和处理原则，以及设备异常的危险点源。

【正文】

一、互感器异常的分析及处理

（一）电压互感器异常的分析及处理

电压互感器发生异常情况，若随时可能发展成故障，则不得近控操作该电压互感器的高压隔离开关；不得将该电压互感器的二次侧与正常运行的电压互感器二次侧进行并列；不得将该电压互感器所在母线的母差保护停用或将母差改为破坏固定接线的操作。发现电压互感器有异常情况时，应采用下列方法尽快地将该电压互感器进行隔离：

（1）电压互感器高压隔离开关可遥控时，可遥控拉开高压隔离开关进行隔离。

（2）用断路器切断该电压互感器所在母线的电源或所在线路两侧的电源，然后隔离故障的电压互感器。

1. 电压互感器过热异常分析及处理

电磁型电压互感器的储油柜表面温升及相间温差不得超过表 ZY1200404002-1 中的规定，必要时可配合电气试验结果综合分析，确定缺陷性质及处理意见。

若是外部过热，可不立即停电，应转移负荷，并加强监视。若是严重缺油和内部原因导致发热，应汇报调度和上级主管部门，安排停电处理，在停电前应加强监视。

表 ZY1200404002-1　　电磁型电压互感器允许的最大温升和温差参考值

电压等级（kV）	正常热像特征	异常热像特征	允许温升（K）	同类温差（K）
110～220	瓷套表面有一定发热	整体或局部有明显发热	膜纸 1.5 油纸 3.0	0.5 1.0
330			膜纸 2.0 油纸 4.0	0.6 1.2
500			膜纸 2.0 油纸 5.0	0.6 1.5

2. 电压互感器声音异常分析及处理

在运行中，若发现电压互感器有异常声音，可从二次负载变化情况判断是否是二次过载，从运行方式判断是否是电磁式电压互感器的谐振，如不属于两者，可能是本体故障，应转移负荷停电处理，停电前人员不得靠近互感器。

3. 电压互感器渗漏油异常分析及处理

（1）巡视中发现充油设备油位异常时应及时处理。油位过高的要放油，油位过低的要补油。

（2）补油时应使用合格的同号绝缘油。

（3）运行中由于油的热胀冷缩会造成油位的变化，其变化应与油温变化一致。若油位过低，看不到油位，值班人员应检查有无漏油情况。同时根据油温、漏油等情况判断油位的可能位置。

（4）若油位低且未发现漏油现象，值班人员应汇报调度及上级有关部门，尽快安排补油。若油位低且有漏油现象，应立即处理。互感器漏油时，应汇报调度，转移负荷后停电补油。

4. 电压互感器二次断线异常分析及处理

（1）电压回路断线的可能原因。

1）短路造成熔丝熔断或二次空气开关跳开，熔丝熔断时应更换相同型号、相同容量的熔丝。

2）电压回路端子排松动，功率表线圈断线，重动继电器卡涩或断线，回路隔离开关转换触点接触不良。

（2）电压回路断线的处理。

1）出现电压回路断线时，应首先检查回路中是否出现熔断器熔断、二次空气开关跳开情况，若有此情况，应汇报调度，停用受到影响的保护，并迅速查找短路点，予以排除。

2）如经检查未发现明显的故障点，在有关受影响的保护停用情况下，可将熔断器或二次空气开关试合一次。如试合成功，且断线信号消失，则可恢复运行；若试合不成功，说明短路点仍存在，应进一步查找。

3）若异常点可能在保护装置内部，在汇报调度停用受影响的保护后，通知继电保护人员查找。

4）若异常点在测量回路中，并发现电压表无指示，功率表转慢，应记录起止时间，同时可用万用表测量，检查表计内部线圈是否熔断或有其他异常，若有其他异常，应更换或排除。

5）若检查电压回路二次无熔丝熔断或二次空气开关跳开现象，应进一步检查相应回路端子排是否有松动、脱落。隔离开关转换触点是否可靠接触，若发现异常，应进行调整处理。

（二）电流互感器异常分析及处理

1. 电流互感器过热异常分析及处理

对于用红外热像仪检查的电流互感器发热，若是由于互感器缺油而导致一次接线部分发热，则在油面分界面以上部分应均为发热部分。若是电气元件由于接线板接触不良而导致发热时，热谱图则应该是一个以发热点为中心的热谱图。若是电气元件由于内部连接件接触不良而导致发热时，热像特征是以接触不良部位为中心形成的热谱图，在热谱图中，最高温度在出线头或顶部油面处。

若是外部过热，可不立即停电，应转移负荷，并加强监视。若是严重缺油和内部原因导致发热，应汇报调度和上级主管部门，安排停电处理，在停电前应加强监视。

2. 电流互感器有异常响声分析及处理

电流互感器产生异常声音的原因可能有以下几方面：

（1）铁芯松动，发出不随一次变化的“嗡嗡”声。此外，半导体漆涂刷得不均匀形成内部电晕以及夹铁螺栓松动等也会使电流互感器产生较大声响。

（2）某些离开叠层的硅钢片在空负荷或轻负荷时会有一定的“嗡嗡”声。

（3）二次开路，因磁饱和和磁通的非正弦性，使硅钢片振荡且振荡不均匀，发出较大的噪声。

在运行中，若电流互感器有异常声音，可从声响、表计指示及保护异常信号等情况判断是否是二次回路开路故障。如不属于二次回路开路故障，而是本体故障，应转移负荷停电处理；若声音异常较轻，可不立即停电，汇报调度和上级主管部门，安排停电处理，在停电前应加强监视。

3. 电流互感器渗漏油异常分析及处理

电流互感器渗漏油异常分析及处理与电压互感器相同。

4. SF_6电流互感器压力表异常分析及处理

造成 SF_6 电流互感器气体泄漏的原因主要有密封结构设计不合理，密封件材质不良，装配工艺或质量不良等。

对压力表的运行工况进行巡视时，若压力表偏出正常压力区时，应引起注意，并及时按厂家要求补气，汇报调度。

5. 电流互感器过负荷分析及处理

电流互感器不允许长时间过负荷运行，电流互感器过负荷一方面可使铁芯磁通密度达到饱和或过饱和，使电流互感器误差增大，表计指示不正确，不容易掌握实际负荷；另一方面由于磁通密度增大，使铁芯和二次绕组过热、绝缘老化快，甚至出现损坏等情况。

值班人员发现电流互感器过负荷时，应立即汇报调度设法转移或减负荷。

6. 电流互感器二次开路分析及处理

（1）电流回路二次开路的原因。

1）电流回路端子松脱造成开路。

2）二次设备内部损坏造成开路。

3）电流互感器内部线圈开路。

4）电流连接片不紧导致开路。

5）接线盒、端子箱受潮进水锈蚀或接触不良、发热烧断造成开路。

（2）电流回路二次开路的处理。

1）查找或发现电流回路断线情况，应按要求穿好绝缘鞋，戴好绝缘手套，并配好绝缘封线。

2）分清故障回路，汇报调度，停用可能受影响的保护，防止保护误动。

3）查找电流回路断线可以从电流互感器本体开始，按回路逐个环节进行检查，若是本体有明显异常，应汇报调度，申请转移负荷，停电进行检修。

4）若本体无明显异常，应对端子、元件逐个检查，发现有松动可用螺丝刀紧固。若出现火花或发现开路点，应在开路点前将二次回路短接，再对开路点进行处理。

5）若短接时出现火花，说明短接有效，开路点在电源到封点以外回路中；若短接时无火花，则可能短接无效，开路点在封点与电源之间的回路中。

6）若开路点在保护屏内，应对保护屏上的电流端子进行查找并紧固；若在保护屏内，应汇报上级部门，由专业人员处理。

7）若为值班人员能自行处理的开路故障，如端子松脱、接触不良等，消除回路断线现象后，可将封线拆掉，投入退出的保护，恢复正常运行；不能自行处理的，应汇报调度及时派专业人员处理。

二、危险点源分析

互感器危险点源分析见表 ZY1200404002-2。

表 ZY1200404002-2 互感器危险点源分析

异常情况	危险点源	控制措施
互感器温度异常	互感器喷油或绝缘下降引起设备短路故障	进行红外检测，加强巡视，当温度超过规程规定时，应马上汇报调度，申请将互感器退出运行
互感器油位异常	油位偏高造成设备喷油，油位偏低造成绝缘下降，进而造成内部短路故障	将互感器停役，油位过高的要放油，油位过低的要补油
互感器声音异常	可能是内部短路、放电	应汇报调度，将互感器退出运行
SF_6电流互感器压力异常	SF_6气体泄漏，产生有毒、有害气体	不应靠近设备，应汇报调度，将互感器退出运行
电流互感器二次开路	产生高电压，威胁人身和设备安全，可能引起继电保护误动。电流互感器二次开路时，开路处有放电火花，开路点电压可能高达 2kV。开路电流互感器内部有嗡嗡声，相应的电流表、有功表、无功表计指示降低或至零，相应的 TA 二次回路发出断线信号	（1）现场检查电流互感器，若发现电流互感器本体有较大异常声响，确认 TA 断线，立即汇报调度，根据情况拉停断路器。 （2）电流互感器二次开路会产生高电压，查找故障点时不得用手触及二次线，并做好相应安全措施，查到故障点后立即汇报调度停役相应断路器。 （3）如二次开路处设备已着火，应立即断开电源，进行灭火

三、案例分析（电压互感器红外检测异常分析处理）

【例 ZY1200404002-1】某大型电厂，运行中发现一台 500kV 电容式电压互感器的二次电压差过大，达 10%以上，其中 V 相二次电压为 66V，而 U、W 两相电压正常，为 59V 左右，致使距离保护退出。在其他手段无法确诊该设备何处故障的情况下，决定采用红外热像检测，检测结果如表 ZY1200404002-3 所示。

表 ZY1200404002-3 红外热像检测结果 ℃

相别 \ 检测单元	第一节电容器	第二节电容器	第三节电容器	第四节电容器	中间变压器
U	8.6	8.6	7.0	7.0	8.6
V	11.8	8.6	8.6	7.0	8.6
W	8.6	9.4	7.8	7.0	8.6

依据该设备三相共 12 节电容温度场的比较，处于正常状态的最高温度均在 7～8.6℃，而 V 相第一节电容的最高温度已达 11.8℃，超出正常值 3K 以上。若以温升相比，超出的相对比率更大，考虑该相二次电压变化大的情况，说明该相一次电容值变化较大，存在内部缺陷，应尽早退出运行并更换第一节电容，并要求对 W 相的第二节电容注意监测其发展趋势。根据诊断结果，该相电容返回制造厂进行解体检修，解体检修后发现其电容值因内部故障已发生了大于 10%的变化。

此案例说明，红外测温技术对检测发热缺陷是非常有效的，运行中应结合相关红外检测导则进行认真的分析判断，及时发现缺陷，保证设备正常运行。

【思考与练习】

1. 电压互感器渗漏油异常分析及处理方法是什么？
2. SF_6 电流互感器压力表异常分析及处理方法是什么？
3. 电流互感器二次开路分析及处理方法是什么？

模块 3 互感器设备异常处理的优化处理方案（ZY1200404003）

【模块描述】本模块介绍互感器异常处理的原则与方法，以及优化处理方案编制流程和要求。通过要点归纳和案例说明，掌握针对互感器异常进行深入分析的方法和编制优化处理方案的流程。

【正文】

一、异常处理的基本原则与要求

（1）互感器设备的异常处理，必须严格遵守《国家电网公司电力安全工作规程》、调度规程、现场运行规程、现场异常运行处理规程，以及各级技术管理部门有关规章制度、安全措施的规定。

（2）异常处理过程中，运行人员应沉着果断，认真监视表计、信号指示，并作好记录，对设备的检查要认真、仔细，正确判断异常设备的范围及性质，汇报术语准确、简明。

（3）运行人员应密切关注设备异常状况，防止异常设备情况继续恶化，并按有关调度、运行规程规定执行。

二、异常处理优化方案流程图

异常处理优化方案流程图如图 ZY1200404003-1 所示。

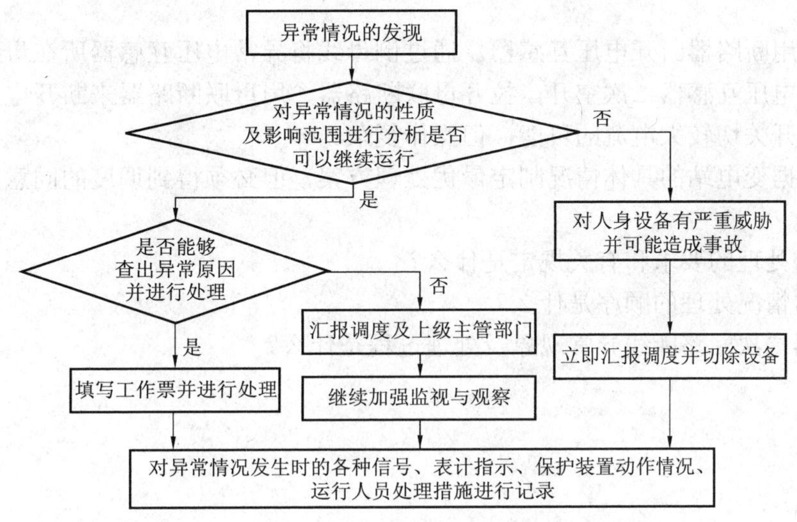

图 ZY1200404003-1　异常处理优化方案流程图

三、异常处理案例分析

【例 ZY1200404003-1】 某变电站 220kV 母线差动保护电流互感器回路开路。

1. 异常现象

（1）主控室警铃响，母联断路器乔 05 控制屏“交流电流回路断线”及“直流电源消失”光字牌亮。

（2）220kV 母线差动保护屏上用于监视交流电流回路的零序电流继电器 KA0 动作不复归。

2. 处理过程

（1）值长安排一人记录异常现象并严格监盘，自己至 220kV 母差屏上检查 KA0 的动作状态并检查差流表。

（2）征得调度同意后，值长安排正值值班员和副值值班员将 220kV 母线差动保护出口连接片断开，并在断开后检查差流表（检查有电流）。

（3）值长要求副值值班员加强监盘，自己向上级部门汇报，然后和正值值班员一起用钳形电流表进行查找。

（4）检查 220kV 母线差动保护屏端子排上 A320、B320、C320 回路的电流值，发现 A320 为 0，B320 为 0，C320 有电流。

（5）到 220kV 母线差动端子箱处检查乔 01、乔 05、乔 06、乔 08 断路器的 C320 回路电流值，发现乔 05 断路器 C320 电流值为 0，其他各断路器的 C320 均有一定的电流指示。

（6）再到乔 05 断路器端子箱处，用短接线将 C320 与 N320 短接，短接后再用钳形电流表检查一下短接线中是否有电流，如有电流，应判定为开路点在该端子箱至 220kV 母线差动端子箱之间的电缆上或两端的端子处。工作中值班人员穿绝缘靴，戴绝缘手套。

（7）将检查情况向调度及上级部门汇报，等待专业人员处理（检查发现乔 05 断路器端子箱至 220kV 母线差动端子箱的乔 05 母差动保护电流互感器电缆断线、C 相断线）。

（8）做好有关运行记录。

【例 ZY1200404003-2】 220kV 母线电容分压式电压互感器漏油。

1. 异常现象

某 220kV 电压等级接线方式采用双母线，电压互感器为电容分压式结构，巡视时发现设备漏油，从油位指示器中看不到油位。

2. 两种异常处理方案及方案比较或优化

处理方案一：用隔离开关隔离电压互感器。断开电压互感器二次空开，拉开电压互感器隔离开关，Ⅰ母、Ⅱ母电压互感器二次侧并列。这种处理方案的优点是操作方便，如果失压闭锁可靠，保护不会引起误动。但由于电压互感器严重漏油，拉开隔离开关时电弧可能会较大，甚至可能引起相间短路。

处理方案二：用断路器断开电压互感器。通过倒母线将异常电压互感器所在母线上的负荷倒到另一组母线上，断开电压互感器二次空开，拉开母联断路器，用母联断路器来断开电压互感器。这种处理方法避免了隔离开关切较大电流的可能，但操作复杂。

运行人员可根据变电站的具体情况制定最优处理方案，但必须得到调度的同意后才能实施。

【思考与练习】

1. 互感器异常处理的要求和有关规定是什么？
2. 互感器异常情况处理的顺序是什么？
3. 电压互感器二次回路断线异常现象及处理过程是什么？

第三十二章　防雷设备异常处理

模块 1　防雷设备一般异常（ZY1200405001）

【模块描述】本模块介绍防雷设备常见异常情况。通过要点归纳，掌握避雷器、避雷针、接地装置等设备的常见异常现象以及造成设备异常的原因。

【正文】

一、防雷设备的组成

变电站的防雷设备主要包括避雷针、避雷器和接地装置。

常用的防直击雷装置是避雷针，其主要作用是将雷吸引到自己身上并安全导入地中，从而保护了附近比它矮的设备和建（构）筑物不受雷击。

常用的防入侵波过电压的装置是避雷器。避雷器与被保护设备并联，其作用是释放过电压能量，将过电压限制在一定水平，从而保护设备的绝缘。

变电站接地装置的好坏直接关系到设备和人身的安全。接地网不但要满足工频短路电流的要求，还要满足雷电冲击电流的要求。由于接地网的缺陷，曾发生了不少事故，事故的原因既有地网接地电阻方面的问题，又有地网均压方面的问题。随着电网的发展，特别是变电站内微机保护、综合自动化装置的大量应用，弱电元件对接地网的要求更高，地电位的干扰对监控和自动化装置的影响不得不引起人们的重视。为了保证发电厂、变电站内的一次设备、二次设备和微机自控装置的安全稳定运行，对发电厂和变电站的接地装置必须着重解决以下问题：

（1）接地网的接地电阻问题。因为它直接关系到工频接地短路和雷电流入地时地电位的升高。

（2）地网均压问题。若地网电位不均匀，可能造成局部接地网向电缆沟内的电缆反击，造成控制保护设备的损坏。

（3）设备接地问题。如避雷线、避雷器的接地不好，会产生很高的残压和反击过电压。

（4）接地线的热稳定问题。如果接地线的热稳定达不到要求，在接地短路电流流过时，就会把接地线烧断，造成设备外壳带电，还容易发生高压向保护和控制线反击。

（5）接地网的腐蚀问题。由于接地装置在地下运行，故运行条件恶劣，特别是在一些潮湿和有害气体存在的地方，或土壤呈酸性的地方最容易发生腐蚀。腐蚀接地网的电气参数发生变化，甚至会使电气设备的接地与地网之间、地网各部分之间形成电气上的开路。

二、避雷器常见异常情况

（1）避雷器在线泄漏电流表读数异常。避雷器的在线泄漏电流表读数异常增大，且有渐增趋势，则可初步判断避雷器内部受潮或阀片老化。

避雷器的在线泄漏电流表读数降低甚至为零，可能是避雷器底座的 4 个绝缘管进水，带槽垫片堵塞或绝缘不良使泄漏电流直接经支架入地，而不经泄漏电流表造成的。

（2）避雷器瓷套有裂纹。

（3）避雷器温度异常。当用红外热像仪进行红外检测时，发现避雷器在运行电压出现的最高温升超过 DL/T 664—2008《带电设备红外诊断应用规范》规定的要求，则表明避雷器内部存在缺陷。

（4）避雷器内部有异常响声。避雷器内部有异常声音，可认为避雷器、阀片间隙损坏失去了防过电压的作用，而且可能引发单相接地故障。

三、避雷针常见异常情况

（1）针体有弯斜。

（2）构架有锈蚀。

（3）基础下沉。

（4）接地不良，接地电阻值应小于规定值。

四、接地装置常见异常情况

变电站接地装置异常情况主要指变电站地网腐蚀、接地引下线腐蚀，以及变电站接地电阻偏高等。

【思考与练习】

1. 避雷器常见异常情况有哪些？

2. 避雷针常见异常情况有哪些？

模块2 防雷设备异常分析处理（ZY1200405002）

【模块描述】本模块介绍防雷设备异常的原因及处理办法，以及异常处理有关规定。通过要点归纳和案例说明，掌握防雷设备异常现象和处理原则，以及设备异常的危险点源。

【正文】

一、避雷器、避雷针、接地装置异常分析及处理

（一）避雷器异常分析及处理

1. 避雷器在线泄漏电流表读数异常分析处理

目前，变电站内的氧化锌避雷器均装设了在线泄漏电流表，以此来监视避雷器的运行状况。从使用效果来看，通过对在线泄漏电流表读数变化的分析，及时发现了好几起避雷器内部受潮的事件。避雷器内部受潮主要是密封不良引起的，因此潮气的来源有以下几方面：在避雷器生产过程中，安装环境湿度超标；阀片及内部零部件烘干不彻底，有部分潮气滞留；装配时将密封圈漏放、放偏，或在密封圈与瓷套密封封面之间夹有杂物，运行一段时期后，密封部件损坏造成进潮。

环境湿热是造成并加速避雷器老化的主要原因。对于高压氧化锌避雷器来说，其受环境条件的影响较大。在潮湿和高温的双重作用下，避雷器的电位分布极不均匀，在靠近上法兰处，温度很高且电流也大，说明此处的荷电率高，可能会达到阀片的耐受极限，从而使局部阀片老化加速，引起整个避雷器伏安特性曲线的变化。巡视时，若发现泄漏电流监视表的数据增大，应尽快汇报调度，若三相数据差别很大，应汇报调度，并将该组避雷器退出运行。根据需要，在线泄漏电流表可以反映通过瓷套外绝缘和避雷器阀片的电流，也可以只反映通过避雷器阀片的电流。目前，避雷器的在线泄漏电流表所反映的是以上两者数据。

（1）避雷器的在线泄漏电流表读数异常增大。当运行中避雷器的在线泄漏电流表读数异常增大时，应综合气候、环境及历史数据进行分析。如有天气潮湿、瓷套污秽等情况，则泄漏电流表读数会增大，在天气晴朗后，泄漏电流表读数会回复正常数值。户外避雷器如发现所有避雷器的泄漏电流表读数普遍增大，则可能是变电站所处的环境比较污秽、天气潮湿引起的；户内避雷器如发现所有避雷器的泄漏电流表读数普遍增大，则可能是避雷器的外瓷套结露造成的。

当发现运行中避雷器的在线泄漏电流表读数大于正常值时，应加强监视（可用望远镜观察）。如有渐增趋势，则避雷器内部受潮可能性较大，但也有阀片老化的可能。若泄漏电流表读数超过投运时原始值的10%，则应作为紧急缺陷汇报调度部门。

（2）避雷器的在线泄漏电流表读数降低，甚至为零。这种情况主要发生在雨时或雨后的几天内，主要是因为避雷器底座的4个绝缘管进水，带槽垫片堵塞或绝缘不良使泄漏电流直接经支架入地，而不经泄漏电流表。一般在天晴后，泄漏电流表读数会恢复正常值。如泄漏电流表读数不恢复，则可能为表计卡死或损坏，应汇报主管部门安排更换。

2. 避雷器瓷套有裂纹

应立即汇报调度，将避雷器退出运行，更换合格的避雷器。

3. 避雷器温度异常

正常状态下，金属氧化物避雷器MOA有一定阻性电流分量，因此，热像特征表现为整体轻微发热，较热点一般靠近上部且不均匀，多节组合从上到下各节温度递减，引起整体发热或局部发热异常。应依据 DL/T 664—2008《带电设备红外诊断应用规范》的有关规定进行分析诊断。

4. 避雷器内部有异常响声

正常运行于工频电压下的避雷器呈现高阻值，只有很小的泄漏电流流过，因此不应该有任何声音。避雷器内部有异常声音，可认为避雷器、阀片间隙损坏失去了防过电压的作用，而且可能引发单相接地故障。在运行中，若发现避雷器有这种现象，则应汇报上级主管部门，并及时停用更换异常的避雷器。

（二）避雷针异常分析及处理

避雷针正常运行时，应直立安装牢固，针体不弯斜，构架无锈蚀，基础不下沉，接地应良好，接地电阻值应小于规定值。运行中一旦发现上述情况，应汇报调度安排处理。

（三）接地装置异常情况分析及处理

变电站接地装置异常情况主要指变电站地网腐蚀、接地引下线腐蚀，以及变电站接地电阻偏高等。当发生接地短路故障时，由于短路电流很大，造成地网烧断，地电位抬高，高压窜入二次回路，造成事故扩大。

由于接地装置主要是腐蚀问题，因此，对于运行人员，可以通过巡视来检查，一般接地引下线在空气与土壤接触面部位腐蚀较快，应重点检查刚出地面的引下线腐蚀情况。另外，应检查引下线内侧锈蚀情况。

二、危险点源分析

（1）避雷针异常的危险点源分析见表 ZY1200405002-1。

表 ZY1200405002-1　　避雷针异常的危险点源分析

异常情况	危险点源	控制措施
直立安装不牢固，针体弯斜，构架锈蚀，基础下沉	避雷针可能倾斜，倒塌。造成设备和人员伤害	应通知上级主管部门及时处理
接地不好，接地电阻值偏大	雷击时造成电位抬高。对设备反击，跨步电压升高伤害巡视人员	对接地引下线及接地网进行改造

（2）避雷器异常的危险点源分析见表 ZY1200405002-2。

表 ZY1200405002-2　　避雷器异常的危险点源分析

异常情况	危险点源	控制措施
避雷器内部受潮	可能引发单相接地故障，造成避雷器爆炸。危及附近设备和巡视人员安全	及时上报，对避雷器采取隔离措施，退出运行
避雷器温度异常		
避雷器内部有异常响声		

（3）接地装置异常的危险点源分析见表 ZY1200405002-3。

表 ZY1200405002-3　　接地装置异常的危险点源分析

异常情况	危险点源	控制措施
接地引下线锈蚀	发生单相接地故障时，可能造成引下线烧断，引起电位抬高。危及附近设备和巡视人员安全	及时上报，对接地引下线进行处理
接地网锈蚀、断裂	雷击或发生单相接地故障时，造成电位抬高和电位分布不均匀。对设备反击，跨步电压、接触电压升高伤害巡视和操作人员	及时上报，对接地网进行处理

三、案例分析

【例 ZY1200405002-1】避雷器泄漏电流增大的异常分析。

1. 现象

在 7 月 29 日 10:00 左右，运行人员在巡视中发现某变电站 500kV 线 V 相避雷器泄漏电流达 3.7mA。

2. 原因分析及处理

V 相避雷器泄漏电流值虽未达到生技部门下达的 5mA 的监视值，但通过与邻相的横向比较和核对历史数据的纵向比较，认为该数值明显偏高，便果断起动异常处理程序，对该避雷器与其泄漏电流表进行时间间隔为 20min 的连续观测，进一步发现泄漏电流表有瞬间晃动的新情况，于是当天就将该线停役。后经检查发现，该避雷器顶盖压板断裂，内部受潮积水约 2000mL。与其他 500kV 变电站避雷器泄漏电流达 5mA 以上才发现问题相比，明显加大了故障发现的提前度，为调度员从容安排系统运行方式争取了时间。

此案例说明，巡视过程中应注意设备微小的变化，并通过对比分析，特别是同类设备的在线监测数据的比较分析，同时还应加强异常设备的监视，保证在事故初期发现问题。

【思考与练习】

1. 如何对避雷器在线泄漏电流表读数异常进行分析处理？
2. 如何对接地装置异常情况进行分析及处理？

模块 3 防雷设备异常处理的优化处理方案（ZY1200405003）

【模块描述】本模块介绍防雷设备异常处理的原则与方法，以及优化处理方案编制流程和要求。通过要点归纳和案例说明，掌握针对防雷设备异常进行深入分析的方法和编制优化处理方案的流程。

【正文】

一、异常处理的基本原则与要求

（1）防雷设备的异常处理，必须严格遵守《国家电网公司电力安全工作规程》、调度规程、现场运行规程、现场异常运行处理规程，以及各级技术管理部门有关规章制度、安全措施的规定。

（2）异常处理过程中，运行人员应沉着果断，认真监视表计、信号指示，并作好记录，对设备的检查要认真、仔细，正确判断异常设备的范围及性质，汇报术语准确、简明。

（3）运行人员应密切关注设备异常状况，防止异常设备情况继续发展，并按有关调度、运行规程规定执行。

二、异常处理优化方案流程图

异常处理优化方案流程图如图 ZY1200405003-1 所示。

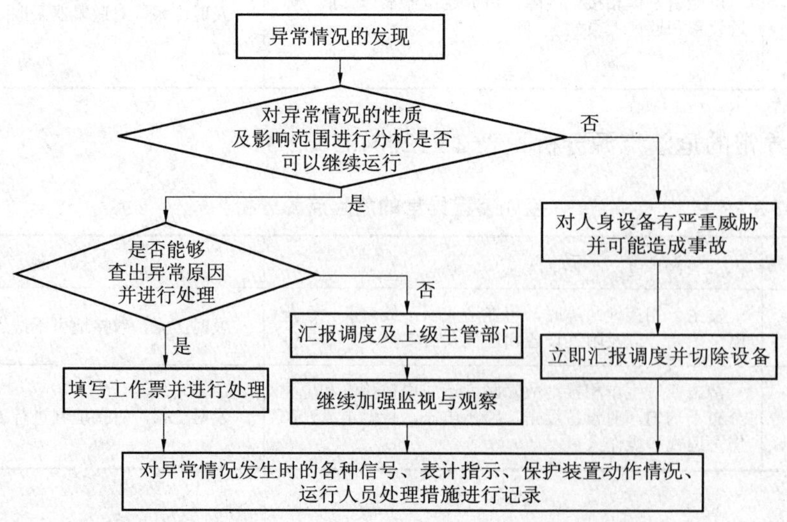

图 ZY1200405003-1 异常处理优化方案流程图

三、异常处理案例分析

【例 ZY1200405003-1】金属氧化物避雷器内部受潮异常诊断及处理。

1. 异常现象

某 500kV 变电站，运行人员在巡视设备时发现 2 号主变压器 500kV 侧 U 相氧化锌避雷器泄漏电流偏大，达到 6.1mA，而 V、W 相及其他避雷器泄漏电流值正常在 3.0mA 左右，U 相泄漏电流明显大于其他相。次日早上 9 时巡视时听到上节有放电声，且泄漏电流值增大到 9.8mA。

2. 异常现象可能原因分析

对异常现象的分析，首先对 U 相避雷器泄漏电流值与正常运行值进行比较，确证异常情况的性质、幅度，分析可能影响的范围，以及对人身、设备是否有严重威胁并可能造成事故。

对异常可能原因的分析：结合天气、设备运行情况，分析可能引起的原因，如连续阴雨，可能导致进水；或大雾天气，可能造成泄漏电流局部增大；或无迹象突然增大，可能内部绝缘有损坏等。

3. 两种异常处理方案及方案比较或优化

第一种方案：现场运行人员在比较后，如确证泄漏电流为不正常增大，汇报调度及上级主管部门后，直接将 2 号主变压器停役进行检查。

第二种方案：现场运行人员在比较后，如确证泄漏电流为不正常增大，汇报调度及上级主管部门，进一步观察后再行处理，如本案例现象所示，如第二天异常情况趋于明显，则第二天当情况变化严重后，应即刻停役 2 号主变压器，对避雷器进行检查；如后续情况未趋向严重，则可进一步观察后决定下一步处理方案。

比较两种方案，从异常发生的最后结果考虑，第一种方案似乎更直接，但一般应从现场气候情况、环境情况、具体设备运行情况等多方面考虑异常发生的可能原因，因此第二种方案在大部分情况下适用。

本案例的异常检查结果：检查发现避雷器上节顶盖压板断裂，内部金属严重锈蚀，已进水受潮。由于上节严重受潮，使得绝缘下降，因此运行电压主要加在其他两节上，导致泄漏电流增大。

本案例的示范效果：巡视过程中应注意设备微小的变化，并通过对比分析，判断设备是否存在隐患，同时应加强异常设备的监视，及时发现缺陷，保证设备安全运行。

【思考与练习】

1. 防雷设备异常处理的要求和有关规定是什么？
2. 防雷设备异常情况发生时的主要表现有哪些？

第三十三章　站用交、直流系统和二次设备异常处理

模块1　站用交、直流系统异常分析（ZY1200406001）

【模块描述】本模块介绍简单的站用交、直流系统的系统配置、典型运行方式和运行注意事项。通过要点归纳和图例说明，掌握交、直流系统异常现象。

【正文】

一、站用交流系统运行方式及运行注意事项

（一）站用交流系统的接线及运行方式

站用交流系统是变电站保证安全可靠运行的基础环节，是为主变压器提供冷却电源、消防喷淋电源，为断路器提供储能电源，为隔离开关提供操作电源，为直流硅整流装置提供输入电源，以及为站内提供照明、生活用电和检修临时电源。若失去交流系统，则会影响变电站设备的正常运行，甚至引起系统全停和设备损坏事故。

1. 站用电源的配置

为保证站用交流系统的不间断供电，一般要求站用交流系统配置两路及以上电源。一路站用电源失去时，另一路电源能快速投入运行。

在 110kV 变电站通常配置两台站用变压器，并将两台站用变压器分别取至由两台不同主变压器低压侧分别供电的母线。而在 220kV 及以上变电站一般配置三台站用变压器，其中两台接至主变压器的低压侧母线上，第三台站用变压器电源则从站外 10～35kV 低压网络中独立引接，该路电源应尽量专线专供，以保证在变电站内发生重大事故时能可靠地持续供电。

为保证 500kV 枢纽变电站交流系统的安全可靠，根据国家电网公司防止变电站全站停电事故的反措要求，在原有站用电源系统的配置基础上，增设一套防止全站停电的应急交流系统。应急交流系统由固定式发电机或移动式发电车作为电源，并在现场设置发电机的相关接入回路。

2. 典型交流系统接线方式

（1）站用变压器高压侧接线。站用变压器高压侧因室内外安装地点的不同和站用变压器容量的不同分别配置不同的保护措施。一般分为高压侧安装断路器和安装高压熔断器两种保护措施来切除站用变压器高压侧的短路电流。若是短路电流核算后过大，可采取装设限流电阻器、串接限流电抗器来限制短路电流。

（2）站用变压器低压侧接线。站用电源低压侧母线一般采用断路器或者隔离开关分段运行，两台正常工作站用变压器分别接入两段不同的母线，独立供电。备用变压器则通过两路低压断路器分别与两路工作母线相连，正常运行时备用变压器处于充电状态，两路低压断路器分别处于热备用状态。当工作站用变压器失电时，自动或手动方式投入运行。站用电源低压侧接线图如图 ZY1200406001-1 所示。

通常在 500kV 变电站交流系统中，备用站用变压器低压侧装设有备用电源自投装置，当工作站用变压器失去时，备用电源自投装置动作将备用站用变压器投入运行。

3. 交流系统的负荷分类

站用电源负荷分为三类：Ⅰ类负荷、Ⅱ类负荷、Ⅲ类负荷。

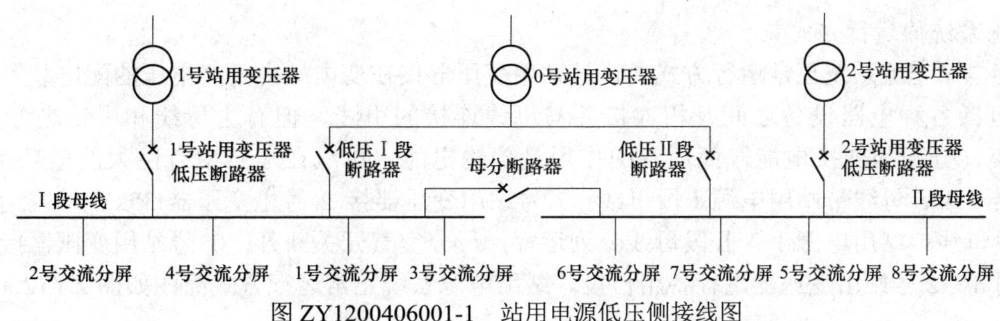

图 ZY1200406001-1　站用电源低压侧接线图

（1）Ⅰ类负荷。指短时停电可能影响人身或设备安全，使生产运行停顿或主变压器减载的负荷。如变压器强油风（水）冷却装置、通信电源、微机保护装置电源、计算机监控系统、消防水泵、变压器水喷雾装置。

（2）Ⅱ类负荷。指允许短时停电，但停电时间过长，有可能影响正常生产运行的负荷。如浮充电装置、变压器有载调压装置、生活水泵等。

（3）Ⅲ类负荷。指长时间停电不会直接影响生产运行的负荷。如配电检修电源、通风照明。

4. 防止站用电源系统全停应急交流系统接线方式

根据变电站交流系统的配置不同以及负荷的分配情况，应急系统的接线方式会有变化，应急系统的组成部分包括应急系统发电机、应急系统配电房及重要负荷电缆。

应急系统发电机作为防全停的应急备用电源，可以固定安装于变电站内，也可备用于指定地点，当需要使用时快速就位发电。

应急系统配电房则是安装于变电站离现场设备区较为接近的空地上，但需要独立于设备区，避免受到影响。配电房内配置相应的接口，可以方便、快捷地连接发电机和重要交流负载，同时要求便于运行人员操作。

应急重要负荷回路一般为主变压器的冷却系统、直流系统、消防系统以及断路器、隔离开关的操作电源。防止站用电源系统全停应急交流系统接线图如图 ZY1200406001-2 所示。

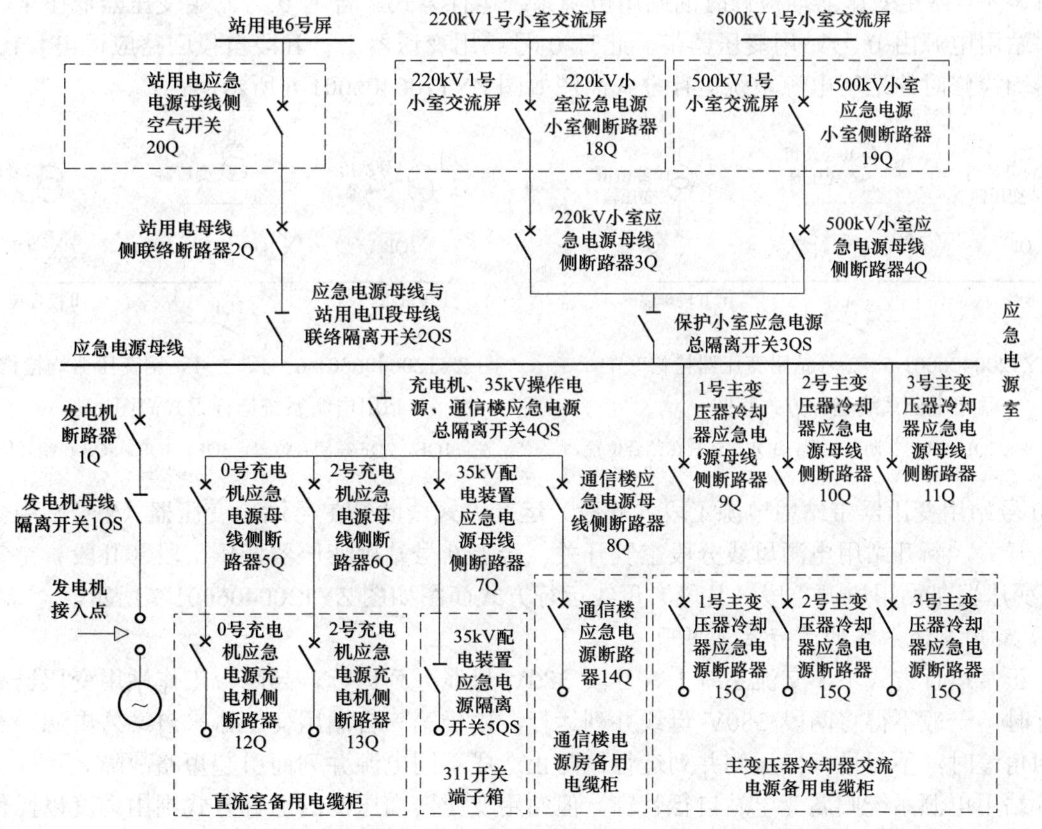

图 ZY1200406001-2　防止站用电源系统全停应急交流系统接线图

5. 交流系统的运行方式

（1）变电站交流系统正常运行方式。1 号站用变压器接在变电站内各级电压的配电装置均配置母线，其中包括各种电器设备之间互相连接并与母线连接的引线，但有主母线和引线之分，前者的作用是汇集、分配和交换电能，而后者的作用是传输电能。母线在运行中有巨大的电功率通过。1 号主变压器 35kV 母线带站用电源Ⅰ段母线；2 号站用变压器接 2 号主变压器 35kV 母线运行，带站用电源Ⅱ段母线；站用电源Ⅰ、Ⅱ段母线分列运行，母分空气开关断开；0 号站用变压器接于外来电源线路，对 1、2 号站用变压器进行备用自投。站用电源系统正常运行方式简图如图 ZY1200406001-3 所示。

（2）变电站交流系统其他非正常运行方式。

1）1 号站用变压器检修时的站用电源系统运行方式。合上站用电源母线分段空气开关，由 2 号站用变压器带站用电源Ⅰ、Ⅱ段母线运行。1 号站用变压器检修时的站用电源系统运行方式简图如图 ZY1200406001-4 所示。

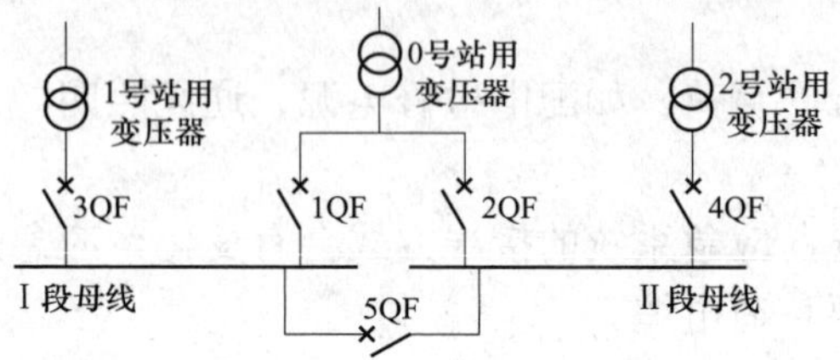

图 ZY1200406001-3 站用电源系统正常运行方式简图

注：1QF、2QF、5QF 在断开位置，3QF、4QF 在闭合位置。

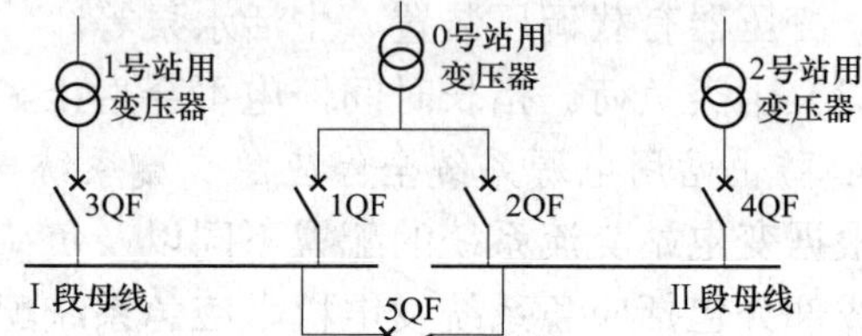

图 ZY1200406001-4 1 号站用变压器检修时的站用电源系统运行方式简图

注：1QF、2QF、3QF 在断开位置，4QF、5QF 在闭合位置。

2）2 号站用变压器检修时的站用电源系统运行方式。合上站用电源母线分段空气开关，由 1 号站用变压器带站用电源Ⅰ、Ⅱ段母线运行。2 号站用变压器检修时的站用电源系统运行方式简图如图 ZY1200406001-5 所示。

3）1、2 号站用变压器均检修时的站用电源系统运行方式。合上 0 号站用变压器低压Ⅰ、Ⅱ段空气开关，站用电源由 0 号站用变压器带，此时 0 号站用变压器Ⅰ、Ⅱ段自投回路应退出。1、2 号站用变压器均检修时的站用电源系统运行方式简图如图 ZY1200406001-6 所示。

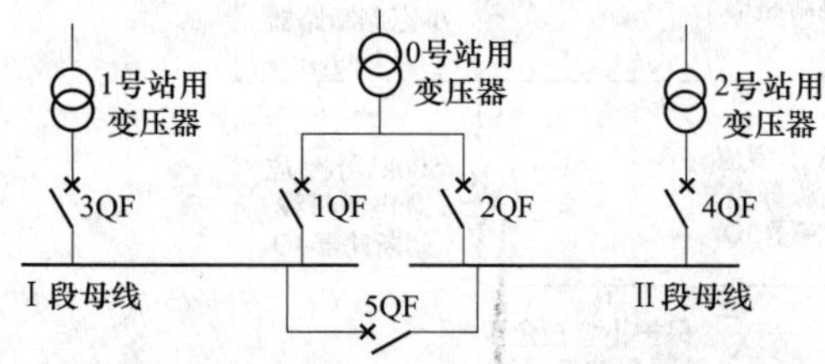

图 ZY1200406001-5 2 号站用变压器检修时的站用电源系统运行方式简图

注：1QF、2QF、4QF 在断开位置，3QF、5QF 在闭合位置。

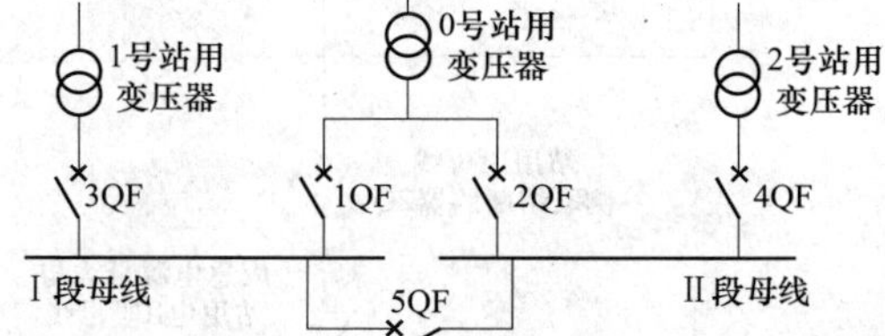

图 ZY1200406001-6 1、2 号站用变压器均检修时的站用电源系统运行方式简图

注：1QF、2QF 在闭合位置，3QF、4QF、5QF 在断开位置。

4）0 号站用变压器带站用电源Ⅰ段（Ⅱ段）运行方式。断开 1 号站用变压器（2 号站用变压器）低压空气开关，断开站用电源母线分段空气开关，合上 0 号站用变压器低压Ⅰ段（Ⅱ段）空气开关。0 号站用变压器带站用电源Ⅰ段（Ⅱ段）母线运行方式简图如图 ZY1200406001-7 所示。

（二）站用交流系统的运行注意事项

（1）正常运行方式下，交流系统Ⅰ、Ⅱ段 380V 母线分列运行，当两台工作站用变压器高压侧未并列运行时，一般不得将两段 380V 母线并列运行。由于第三台站用变压器来自站外电源，在未经试验核算相角差时，不得进行低压侧并列运行，防止造成不同电源并列而引起短路故障。

（2）站用电源系统归属变电站自行管辖，但站用变压器高压侧的运行方式则由调度以操作指令或是操作许可的方式确定。

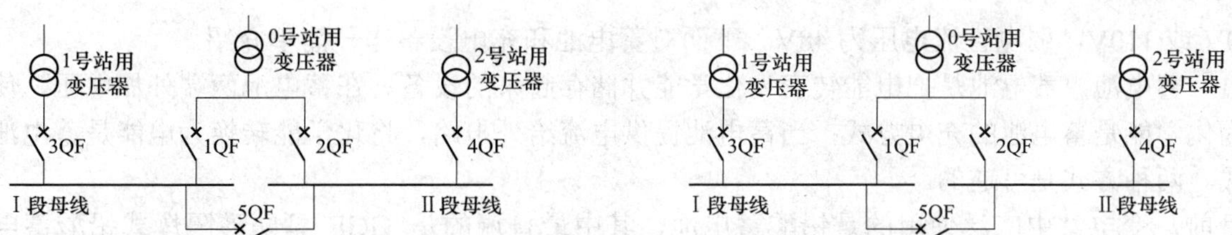

图 ZY1200406001-7　0 号站用变压器带站用电源Ⅰ段（Ⅱ段）母线运行方式简图

注：左图中 1QF、4QF、5QF 在断开位置，2QF、3QF 在闭合位置；右图中 1QF、4QF 在闭合位置，2QF、3QF、5QF 在断开位置。

（3）正常站用变压器停复役操作，一般分为负荷不停电和负荷短时停电两种操作方法。负荷不停电的操作方法主要是在两台工作站用变压器高压侧并列运行时，先将站用变压器 380V 母线分段空气开关（隔离开关）联络上，然后再退出其中一台站用变压器。负荷短时停电的操作方法是直接将需要操作的站用变压器对应的 380V 电源进线断路器拉开，再拉开相应隔离开关改冷备用使所在母线的负荷短时停电，然后将 380V 母线分段开关合上，恢复负荷供电。无论采用哪种方式操作，在站用变压器 380V 侧配有备用电源自投装置的交流系统中，都必须在操作前将备用电源自投装置退出，防止备用电源自投装置误动造成不同电源的非同期并列。

（4）高压侧配置跌落式高压熔丝保护的站用变压器操作时，要佩戴好绝缘手套和护目镜；停电操作时，应先拉中间相，再拉两个边相；送电时，则应先合两边相，后合中间相。遇有大风操作时，应先操作背风相，后操作迎风相。

（5）站用变压器改为检修后，要做好防止倒送电的安全措施。特别是低压侧通过电力电缆连接的站用变压器改检修，必须对电缆进行多次放电，并可靠接地。

（6）站用变压器备用电源自动投装置应满足下列要求：

1）保证工作电源的断路器断开后，工作母线无电压，且备用电源电压正常的情况下，才投入备用电源。

2）自投装置应延时动作，并只动作一次。

3）当工作母线故障时，自投装置不应启动。

4）手动断开工作电源时，不启动自投装置。

5）工作电源恢复供电后，切换回路应由人工复归。

6）自投装置动作后，应发出提示信号。

（7）防全停应急交流系统的运行。

1）防全停应急交流系统一般在发生下列三种情况时投入运行：

① 当一次主系统失电造成交流系统全部失电。

② 当站用电源各段 380V 母线均因故障不能运行时。

③ 部分交流重要负荷因故无法通过站用电源低压并列等方式恢复送电时。

2）防全停应急交流系统投入运行时遵循如下操作原则：

① 正常运行时，主交流系统负责全所交流负荷，应急交流系统作备用，两者各自独立运行，不得相互影响。

② 当主交流系统失电无法恢复时，必须先将主交流系统与各负荷的连接点明确断开，在验明负荷确无电压后，方可将应急系统接入运行。

③ 当主交流系统与应急系统需要同时运行时，两者之间不得通过任何方式并列。

二、直流系统运行方式及运行注意事项

变电站直流系统为控制系统、继电保护、信号装置、自动装置提供电源。同时作为独立的电源，在站用电源失去后，直流电源还可作为应急的备用电源，即使在全站交流系统停电的情况下，仍能保证继电保护装置、自动装置、控制及信号装置和断路器等的可靠工作，同时提供事故照明电源。

1. 直流系统的组成

变电站直流系统一般由蓄电池、充电设备、直流负荷三部分组成。变电站直流系统工作电压通常

为 220V 或 110V，弱电直流电压为 48V。下面对蓄电池和充电设备作一简单介绍。

（1）蓄电池。蓄电池是把电能转变为化学能并储存起来的设备。在蓄电池两端外加电压，使电能转换为化学能是蓄电池的充电方式；当蓄电池提供电流给外电路，将化学能转换为电能是蓄电池的放电方式。两种方式是可逆的。

目前，变电站中广泛使用的是铅酸蓄电池，其中最普遍的是 GGF 型防酸隔爆式铅酸蓄电池和 GFM 型阀控式密封铅酸蓄电池两种类型。

GGF 型防酸隔爆式铅酸蓄电池有两个主要缺点：① 在过充电时，水分解为氢气和氧气析出并携带酸雾，在使用过程中，需经常给电池补加蒸馏水；② 电解液多，有可能漏液。

GFM 型阀控式密封铅酸蓄电池克服了传统铅酸蓄电池的缺点，其正极板上析出的氧气在负极直接重新化合成水，具有可任意放置，使用中不用加蒸馏水，不溢酸，酸雾极少，不需专门的通风装置，高倍率放电容量大等优点，目前阀控式密封铅酸蓄电池已在变电站中得到广泛运用。

（2）充电设备。蓄电池组的充电和浮充电设备较普遍使用的是硅整流装置与高频开关电源装置两种。一种是单蓄电池组单母分段接线方式（见图 ZY1200406001-8），直流系统配置有两台充电装置，一台作主浮充，一台作备充。另一种是双蓄电池组单母分段接线方式（见图 ZY1200406001-9），直流系统配置有三台充电装置，两台作浮充，一台作备充，500kV 变电站一般采用这种配置方式。

近几年来，新建或直流系统改造的变电站普遍采用高频开关电源设备。高频开关电源设备一般包括高频开关整流模块、测量监控模块两大部分。

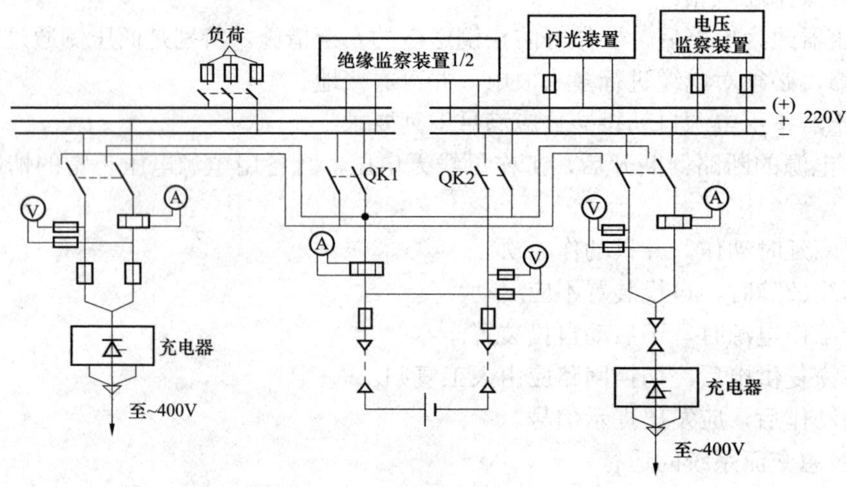

图 ZY1200406001-8　单蓄电池组单母分段接线方式

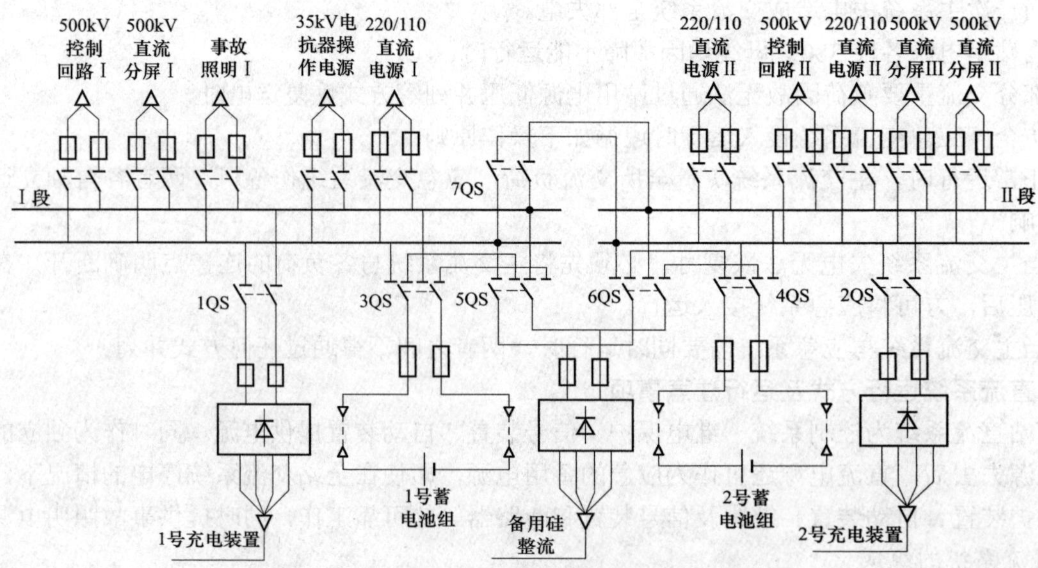

图 ZY1200406001-9　双蓄电池组单母分段接线方式

1）高频开关整流模块。采用功率半导体器件作为高频变换开关，经高频变压器隔离，组成将交流转变成直流的主电路，且采用输出自动反馈控制，并设有保护环节的开关变换器，用于电力工程时称为电力用高频开关整流器。

2）测量监控模块。用于监控、管理直流系统各设备的运行参数及工作状态的测量控制装置，一般具有信息采集处理和人机对话管理功能、显示电压电流及充电方式功能、保护和故障管理功能、与自动化系统通信功能、调节充电装置和蓄电池运行方式的功能。

高频开关电源具有稳压、稳流精度高，体积小，效率高，输出纹波及谐波失真小，自动化程度高等优点，同时满足遥信、遥控、遥测的“三遥”功能，是综合自动化和无人值班变电站监控的重要模块，同时还满足对充电的一般要求：

1）整流装置能满足蓄电池的初充电、事故放电后的充电、核对性放电之后的充电以及正常浮充电及均衡充电的要求。

2）整流装置的输出电压调节范围满足蓄电池组在充电、浮充电、均衡充电等运行状态下的要求，满足蓄电池在充电时所需的最高和最低电压的要求。

3）整流装置输出电流能承担直流母线的最大负荷电流和蓄电池自放电电流。

4）整流器具有定电流恒电压性能，能以自动浮充电、自动均衡充电、手动充电三种方式运行。

5）整流器内设置必要的短路保护、缺相保护、过电压保护和故障信号。

2. 直流系统接线方式

直流母线的接线方式和蓄电池的组数、直流负荷的供电方式以及充电、浮充电设备的配置情况等因素有关。直流母线通常采用单母分段接线方式，其优点如下：

（1）接线简单、清晰。

（2）容易分割成两个互不联系的直流系统，有利于提高直流系统的可靠性。

（3）查找直流系统接地方便。

（4）两段母线之间有隔离开关或熔断器联络，当一组蓄电池因故退出运行时，合上分段联络隔离开关或熔断器，由另一组蓄电池供两段母线负荷。

在 500kV（包括 220kV 枢纽变电站）变电站的直流系统则因考虑了双重化的问题。一般装设两组蓄电池和三组高频开关设备（即两主一备），直流母线分段运行。

在 500kV 变电站中，线路和变压器保护都采用双重化配置方式，从保护配置、直流操作电源，直到断路器的跳闸线圈，都按双重化原则配置，这就要求直流电源也必须是双重化的。因此，在 500kV 变电站中一般装设两组蓄电池，并且直流母线的接线方式以及直流馈电网络的结构等也相应按双重化的原则考虑，采用直流分屏、直流负荷辐射状供电方式。实际运行中，直流馈线、蓄电池组及充电、浮充电设备可以任意接到其中一段母线上。

3. 直流系统的运行方式

（1）在正常运行情况下，两段母线间的联络隔离开关打开，整个直流系统分成两个没有电气联系的部分，在每段母线上都接有一组蓄电池和一台浮充电整流器，另一组备用整流器可以充母线带负荷，也可以单独对某组蓄电池进行充放电，如图 ZY1200406001-9 所示。

（2）每段母线设有单独的电压监视和绝缘监察装置。

（3）对配有双重化保护的重要负荷，可分别从每段母线上取得直流电源。

（4）对于没有双重化要求的负荷，可任意接在某一段母线上，但应注意使正常情况下两段母线的直流负荷接近。

（5）当其中一组蓄电池因检修或充放电需要脱离母线时，分段隔离开关合上，两段直流母线的直流负荷正常时由充电机供电。

4. 直流系统的运行注意事项

（1）正常运行时，直流两段母线应分列运行，避免两段母线长时间并列运行而降低系统运行可靠性。

（2）正常运行时，直流系统的电压监视装置、绝缘监察装置均应投入运行。

（3）正常运行时，直流母线电压应保持在额定电压的±5%。

（4）在Ⅰ、Ⅱ段直流母线运行中，如因直流系统工作，需要转移负荷时，允许用Ⅰ、Ⅱ段母线联络隔离开关进行短时间并列。但必须注意的是，两段电压一致且绝缘良好，无接地现象。工作完毕后应及时恢复，以免降低直流系统可靠性。

（5）直流系统在正常运行方式下，Ⅰ、Ⅱ段直流母线不允许通过负荷回路并列，以免因合环电流过大而熔断负荷回路熔丝，造成负荷回路断电而引起异常或事故。

（6）充电机在正常浮充运行时，其调节方式均应为自动浮充方式，尽可能避免手动调节方式，以减少交流电压的变化，自动稳流一般在对蓄电池均衡充电时使用。

（7）蓄电池应采用“浮充电”方式运行。所谓“浮充电”运行，即蓄电池与充电设备并联运行，负荷由硅整流充电设备供电，同时以很小的浮充电流向蓄电池充电，以补偿蓄电池的自放电损耗，使蓄电池处于充足电状态。正常浮充电流一般为 0.3～0.5A，可监视直流母线电压来控制浮充电流。浮充电流必须经常保持稳定，当不具备自动稳压、稳流条件时，浮充电流要加强监视，并且随时调整到正常值。

（8）对于浮充电运行的蓄电池，虽然整组蓄电池都处在同样条件下运行，但由于某种原因，有可能造成整组蓄电池不平衡。在这种情况下，应采用均衡充电的方法来消除电池之间的差别，以达到整组蓄电池的均衡。

（9）全站仅有一组蓄电池组，不得退出运行，也不得对该组蓄电池进行核对性充放电试验，只能采用恒流放出一定容量后，转而使用恒压、恒流快速充电到额定状态。若有双组蓄电池组的，可轮换进行核对性充放电试验，但需将两段直流母线并列运行。

5. 交流不停电电源 UPS

（1）交流不停电电源 UPS 电源介绍。UPS 是交流不停电电源的简称。主要为变电站计算机监控系统、联络线关口电能计量、调度数据远动传输系统、站用级 GPS 系统等不能中断供电的重要负荷提供电源。它的主要功能是：在正常、异常和供电中断事故情况下，均能向重要用电设备及系统提供安全、可靠、稳定、不间断、不受倒闸操作影响的交流电源。

UPS 装置一般为在线式的工作方式，即正常交流输入经整流及逆变后输出交流，交流输入失电或整流部分故障时，原处于浮充运行的蓄电池组立即无切换地经逆变器输出交流。计算机监控系统应选用在线式，以保证当正常交流电源消失后无须切换，并在一定时间内仍能维持计算机的工作。

国家标准规定 UPS 可在 100%额定电流连续运行，并规定有一定的短时过载能力，即 125%额定电流 1min。为保证负载的稳定运行，特别是当负载突变时，例如冲击电流很大的多台设备同时启动时，输出电压下降仍能保持在许可的范围内，故在选择 UPS 的容量时应留有一定的裕度。实践证明，对绝大多数 UPS 电源，将其负载控制在 30%～60% UPS 装置额定输出功率范围内，为最佳工作方式。

UPS 不间断电源的蓄电池配置方式有两种：一种是 UPS 装置自配专用蓄电池，特点是容量较小，多组 UPS 间蓄电池不能共用，且需定期作试验且寿命不长；另一种是使用变电站直流系统蓄电池组，特点是容量大，结合直流系统年检维护方便，且可共用多组蓄电池组。

UPS 装置由整流器、逆变器、隔离变压器、静态开关、手动旁路开关等设备组成，其系统原理接线图如图 ZY1200406001-10 所示。

一般 UPS 的工作原理是正常交流输入、交流输出，当交流失去时转为直流输入、交流输出，当 UPS 中的整流逆变模块失去作用时，转而由旁路直接供电。下面根据图 ZY1200406001-10 介绍 UPS 工作原理。

正常工作状态下，由站用电源向其输入交流，经整流器整流滤波为直流后，再送入逆变器，变为稳频稳压的工频交流，经静态开关向负荷供电。

当 UPS 的站用输入交流电源因故中断或整流器发生故障时，逆变器由蓄电池组供电，直流电源经过逆变转为交流电源，再通过静态开关和滤波输出稳压稳频的交流。

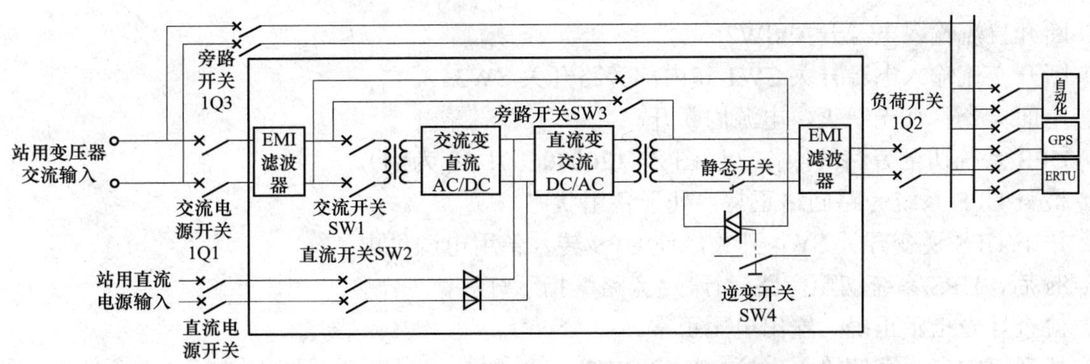

图 ZY1200406001-10 UPS 装置系统原理接线图

当 UPS 装置内的逆变故障时，UPS 逆变模块自动退出回路，同时启动静态开关自动切到旁路输入方式，则站用交流电源直接经过静态开关到滤波电路输出交流。

（2）交流不停电电源 UPS 的运行方式。

1）正常运行方式。站用交流电源输入、直流电源备用，静态开关切在非旁路位置，旁路输入回路处于备用状态。

2）非正常运行方式。

① 电网三相交流电源消失或整流器故障时，由直流电源供电。由于直流电源回路采用二极管切换，或逆变器输入回路采用逻辑二极管，由二极管控制直流电源的投入或停用。当整流器自动退出运行后，二极管能自动将 UPS 的电源切换至 220V 直流电源供电。经逆变器转换后，保持 UPS 母线供电不中断。当电网三相交流电源及整流器恢复正常时，则又自动恢复到 UPS 的正常运行方式。

② 当 UPS 装置需要检修而退出运行时，由旁路电源经静态开关直接向 UPS 配电屏供电，或静态开关故障，旁路电源用手动旁路开关向 UPS 配电屏供电。UPS 检修完毕，或静态开关故障处理完毕，退出旁路电源供电，恢复 UPS 正常运行方式。

（3）交流不停电电源 UPS 的运行监视与维护。

1）监视 UPS 装置运行参数正常。输入交流电压为 220V（380V），50Hz；输入直流为 110V（220V）；输出单相交流 220V，50Hz，运行温度为 0～40℃。正常运行时，监视运行参数应在铭牌规定的范围内。

2）检查 UPS 系统各切换开关位置正确，运行良好。

3）保持 UPS 装置及母线室温度正常，清洁，通风良好。

4）检查 UPS 装置内各部分无过热、无松动现象，各灯光指示正确。

（4）交流不停电电源 UPS 的操作。

1）UPS 系统投入运行前的检查。

① 收回有关工作票，拆除与检修有关的临时安全措施，检查盘内应清洁、无杂物，检测绝缘应符合要求。对新投入和大修后的 UPS 整流器，在投运前还应核对相序和极性。

② 检查系统接线正确，接头无松动。

③ 检查系统各开关应均在“断开”位置。

④ 检查 UPS 柜内整流器电源输入电压应正常。

⑤ 检查 UPS 各元件完好，符合投运条件。

2）UPS 系统投入运行的操作（以图 ZY1200406001-10 为例）。

① 合上 UPS 交流输入开关 SW1、直流输入电源开关 SW2、内部旁路开关 SW3。

② 按下 UPS 逆变开关 SW4 启动 UPS 装置，进行自检。

③ 逆变器运行灯亮，大约 10s 后向负荷供电，检查输出电流电压正常。

3）UPS 系统退出运行的操作（以图 ZY1200406001-10 为例）。

① 合上 UPS 外部旁路回路电源开关 1Q3。

② 按下 UPS 逆变开关 SW4 按钮，使逆变器停止，全部报警器复位。

③ 断开直流输入电源开关 SW2。

④ 断开交流输入电源开关 SW1 和内部旁路开关 SW3。

⑤ 全面检查，灯光熄灭，电源均断开。

4）UPS 系统切至旁路的操作（以图 ZY1200406001-10 为例）。

① 检查 UPS 系统旁路回路正常，处于备用状态。

② 按下 UPS 逆变开关 SW4 开关，使 UPS 转入备用电源供电。

③ 8s 后，UPS 系统切至旁路运行，“旁路”指示灯亮。

④ 检查灯光指示正确，输出电压正常。

⑤ 拉开正常交、直流输入电源 SW1、SW2。

【思考与练习】

1. 简述交流系统典型运行方式。

2. 简述直流系统典型运行方式。

3. 简述交流不停电电源 UPS 的运行方式。

模块 2 站用交、直流系统异常处理（ZY1200406002）

【模块描述】本模块介绍站用交、直流系统发生异常原因及处理办法，以及异常处理有关规定。通过要点归纳和图例说明，掌握站用交、直流系统异常现象和处理原则，以及设备异常的危险点源。

【正文】

一、交流系统的异常分析、处理

1. 站用变压器过负荷

站用变压器过负荷运行时应查找原因，设法转移负荷或停用不重要的负荷。

2. 站用电源系统电压过高或过低

站用电源系统电压过高或过低，对装设有载调压装置的站用变压器，可进行有载调压，以保证负荷的电压质量。

3. 站用变压器故障

站用变压器发生喷油、冒烟、着火或内部有炸裂声等故障时，应立即转移负荷，隔离故障站用变压器。对严重故障的站用变压器，严禁用隔离开关进行隔离。

4. 站用电源故障跳闸

站用变压器低压侧回路断路器跳开，应先查明原因并设法消除，再进行试送，如不成功则停电检修。站用电源故障跳闸，无法找到明显故障点时，可采用逐路送电查找的办法，即先切除所连接母线上的所有负荷空气开关，再送母线，正常后逐个送各路负荷的办法查找，但禁止用不带熔丝的小刀开关送电的方式查找，发现故障支路后，应隔离并尽早修复。

站用变压器高压侧断路器跳开时，应立即将低压侧负荷倒换到另一段母线，再对站用电源系统进行检查。

5. 支路空气开关跳开或熔丝熔断

支路空气开关跳开或熔丝熔断，允许强送一次，如不成功，则应检查原因并设法消除故障后再送。更换熔丝不允许增大熔丝规格，更不允许用铜丝代替。对由两路供电的负荷在强送不成时，可倒向另一段站用电源母线供电。

6. 站用变压器高压侧熔断器熔断处理

站用变压器禁止两相运行，站用变压器高压侧熔断器熔断一相发生两相运行时，应立即将该站用变压器退出运行，并查明原因。站用变压器高压侧熔断器熔断两相或三相在未查明故障点前，禁止将该站用变压器投入运行。

（1）站用变压器高压侧熔断器熔丝熔断后，应检查站用变压器有无故障现象。更换熔丝时，应做好相应安全措施。

（2）巡视中，如发现站用变压器高压熔丝内部发出异常放电响声时，运行人员应立即汇报调度，要求停用站用变压器并寻找原因。

7. 站用电源失电

（1）现象。站用电源三相电压指示为零，电流指示为零，硅整流跳闸，通信逆变器启动，直流电压稍有下降，主变压器冷却电源相应段失电及预告示警光字牌亮。

（2）处理。

1）查明站用变压器是否同时失电。若发生站用电源某一段失电，应拉开失电站用变压器低压进线断路器和隔离开关，合上站用电源 380V 母线的分段断路器；检查主变压器冷却电源及油泵风扇等是否恢复正常，恢复硅整流充电装置运行。失电的站用变压器进线断路器和隔离开关操作按钮手柄设置“禁止合闸，有人工作”警告牌，然后检查失电站用变压器有无异常或故障现象，如有，则应汇报调度后隔离失电站用变压器，并进行进一步检查。在合上站用电源 380V 母线的分段断路器前，必须注意的是许多变电站 380V 母线的分段断路器在两侧低压母线有电的情况下是被闭锁的；而在站用电源一侧母线失电的情况下，要合上站用电源分段断路器，分段合闸选择空气开关投向有电侧后才能合闸。

2）如果站用电源全部失电，立即查明失电原因，并设法使其中一台站用变压器在 20min 内恢复送电。在处理过程中需密切监视蓄电池的放电情况，关闭非必要的事故照明。考虑用备用站用变压器送电，操作前应拉开失电的两台工作站用变压器低压断路器和隔离开关，然后用备用站用变压器恢复送电，待正常后再查明失电原因。

3）如果所内三台站用变压器均不能恢复送电，则应启用应急电源系统，保证所内的重要负荷正常运行。

二、直流系统接地现象的分析、处理

1. 直流系统接地危害

直流系统发生一点接地是直流系统常见的异常运行状态，虽不立即产生后果，但潜在危险性很大。直流系统中如发生一点接地后，在同一极的另一点再发生接地时，即构成两点接地短路，此时虽然一次系统并没有故障，但由于直流系统某两点接地短接了有关元件，就会造成继电保护的误动作，甚至造成断路器误跳、拒跳和直流熔丝熔断等严重情况。因此，当直流系统中有一极接地时，运行人员应尽快找出接地点，隔离故障点并消除故障，防止发展成两点接地故障。

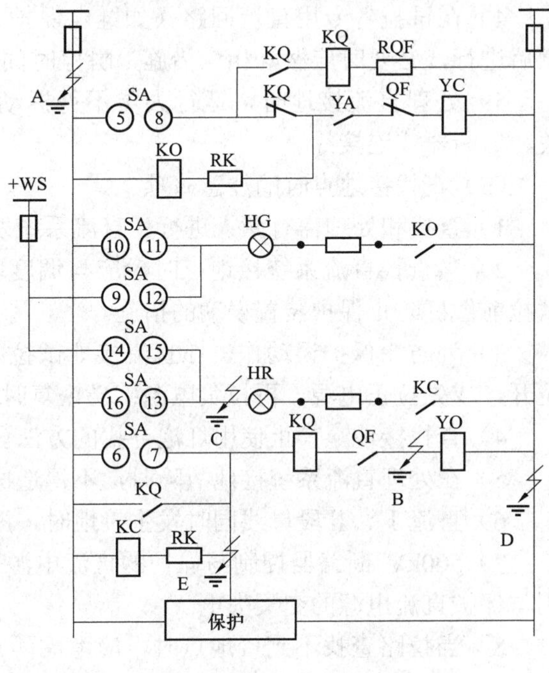

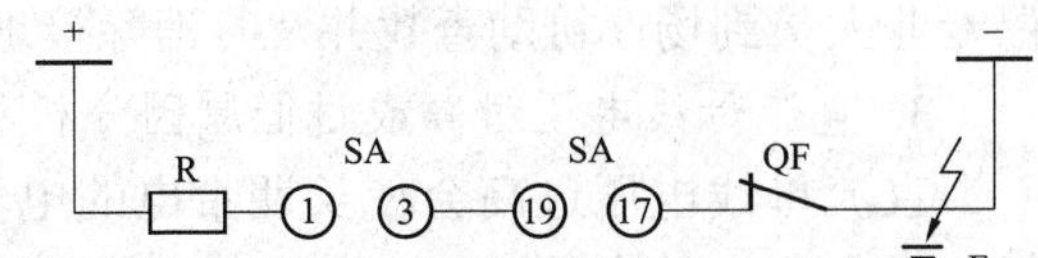

图 ZY1200406002-1　直流系统两点接地简图

现以图 ZY1200406002-1 为例分析直流系统两点接地的危害性。

（1）两点接地可造成断路器误动。当直流接地点同时发生在 A、B 两点时，断路器控制开关 SA 的 6–7 触点、KQ 线圈、QF 触点被短接，跳闸线圈励磁，使断路器跳闸。此时，一次系统并未发生故障，所以称为断路器误跳。

当 B、C 两点及 A、E 两点接地时，都能使断路器误跳闸。

（2）两点接地可造成断路器拒动。当直流接地点同时发生在 D、E 两点或 B、D 两点时，跳闸线圈回路被短接，此时若一次系统发生故障，保护动作，不能使跳闸线圈励磁，将造成断路器拒动。

（3）两点接地可造成直流熔丝熔断。当接地点发生在 A、D 两点时，会引起熔断器熔断，当接地点发生在 D、E 两点，保护动作时，不但断路器拒跳，而且熔断器熔断，同时有烧坏继电器的可能。

（4）两点接地可造成误发信号。在正常运行中，断路器控制开关触点 SA 的 1–3、19–17 触点是接通的，而断路器的辅助触点 QF 是断开的，中央事故信号回路不通，不发信号。但当发生 A、F 两点接地时，QF 被短接，中央事故信号回路误发断路器跳闸信号。

2. 直流系统接地处理

（1）原因分析。直流系统接地的原因包括直流系统绝缘受损、单极或两极接地、二次回路工作误接地等。

（2）直流系统接地处理的一般原则。

1）对于双母线的直流系统，应先判明哪一母线发生接地。单极接地在双母线时可以采用倒换并列方式判断区域，双极接地则不允许并列母线，然后应按当天的运行方式、操作情况、气候影响、施工范围等进行判断，找出可能会造成接地的因素。

2）装有微机接地检测装置的，可用该检测装置查找接地点。在尚未安装微机接地检测装置的变电站内，可采取分段处理、按路寻找的方法。按先拉不重要电源，后拉重要电源；先室外，后室内；先对有缺陷的分路，后正常分路；先对新投运设备，后对投运已久设备的原则进行查找。

3）按先次要负荷后重要负荷、先室外后室内顺序检查各直流馈线，然后检查蓄电池、充电设备、直流母线。对次要的直流馈线（如事故照明、信号装置、合闸电源），采用瞬停法寻找；对不允许短时停电的重要馈线（如跳闸电源），应先将其负荷转移，然后再用瞬停法寻找接地点。

4）在试拉各专用直流回路（如继电保护、操作电源、自动装置电源等）时，应事先取得调度同意后进行，必要时应做好相应措施，瞬停时间不得超过 3s。

5）处理直流接地时，运行人员不得拆动任何直流回路或继保二次小线，只能操作电源空气开关、熔断器或连接片。

（3）查找接地点时的注意事项。

1）查找和处理需有两人进行。直流系统发生接地时，应立即停止在二次回路上的工作。

2）当查找直流系统接地点时，应与调度取得联系。对保护回路的试拉，应在调度同意后、进行试拉前做好防止保护装置误动的措施。

3）为防止保护误动作，在直流接地试拉中，当拉信号、闪光或控制开关、熔丝时，应正负同时拉开，或先拉正电源，再拉负电源；当恢复时，顺序相反。

4）查找接地，禁止使用灯泡寻找的方法。

5）在处理直流系统接地故障时，不得造成直流短路和新的接地点。

6）直流Ⅰ、Ⅱ段母线同时发生接地时，严禁并列操作。

7）500kV 断路器控制与保护的直流电源采用双重化配置，在直流接地试拉中不得造成断路器控制与保护直流电源的交叉失电。

8）当拉路查找不到接地点时，应考虑两点接地或绝缘下降而出现的虚接地，在必要时应通知继保专业人员到场，协助查找并及时消除接地现象，以保证直流系统的正常工作。

3. 直流母线电压过高或过低原因分析和处理

直流母线电压过高会使长期带电的电气设备过热损坏，或继电保护、自动装置可能误动；若过低，又会造成断路器保护动作及自动装置动作不可靠等现象。直流系统运行中，若出现母线电压过低的信号时，运行人员应检查浮充电流是否正常并行调节，使母线电压保持在正常规定值。当出现母线电压过高的信号时，应降低浮充电流，使母线电压恢复正常。

（1）故障原因分析。

1）直流充电机直流输出电压不稳。

2）高频开关整流模块故障。

3）直流系统绝缘异常（受潮、接地）。

4）电压监视装置或继电器误动作（整定值偏高或偏低）。

（2）故障处理。

1）实测直流系统各极对地电压情况。

2）检查电压监察装置的电压继电器动作情况。

3）观察充电器装置输出电压和直流母线绝缘监视仪表显示，或用万用表测量母线电压，综合判断直流母线电压是否异常。

4）调整充电器的输出，使直流母线电压和浮充电流恢复正常。

5）若直流母线电压异常，系充电器装置故障引起，则应停用该充电器，倒换为备用充电器运行。

三、硅整流及充电机异常分析、处理

1. 硅整流及充电机异常的原因

（1）装置输出过电压、过电流。

（2）交流输入故障。

（3）单一模块内部故障。

（4）负荷分配不均造成单一模块过载。

（5）保护熔断器熔断或空气开关断开。

2. 硅整流及充电机异常的分析和处理

（1）检查交流电源熔丝是否熔断或电源是否缺相，空气开关是否断开；交流接触器是否失电、损坏；热元件是否动作；控制开关触点是否良好，应及时停机处理，并调节直流输出。初步处理后可试送一次，如不成功，则应停机作进一步检查。

（2）检查直流母线电压是否过高，若过高，可在降低后试送。

（3）如故障时电流表指示为零而电压表有指示时，为过电流保护动作，可按复归按钮解除告警，将电流调节旋钮逆时针回零。再缓缓恢复正常值。如故障重复，则停机安排检修。

（4）当主充电机故障退出时，应改用备用充电机代替其运行。

四、蓄电池异常及缺陷的分析、处理

1. 防酸蓄电池故障及处理

（1）防酸蓄电池内部极板短路或断路，应更换蓄电池。

（2）长期浮充电运行中的防酸蓄电池，极板表面逐渐产生白色的硫酸铅结晶体，通常称为“硫化”。

处理方法：将蓄电池组退出运行，先用 I_{10} 电流进行恒流充电，当单体电压上升为 2.5V 时，停充 0.5h，再用 $0.5I_{10}$ 电流充电至冒大气后，又停 0.5h 后再继续充电，直到电解液沸腾，单体电压上升到 2.7～2.8V 停止充电 1～2h 后，用 I_{10} 电流进行恒流放电，当单体蓄电池电压下降至 1.8V 时终止放电，并静置 1～2h，再用上述充电程序进行充电和放电，反复几次，极板白斑状的硫酸铅结晶体将消失，蓄电池容量将得到恢复。

（3）防酸蓄电池底部沉淀物过多，用吸管清除沉淀物，并补充配制的标准电解液。

（4）防酸蓄电池极板弯曲、龟裂或肿胀，若容量达不到 80%以上，此蓄电池应更换。在运行中防止电解液的温度超过 35℃。

（5）防酸蓄电池绝缘能力降低，当绝缘电阻值低于现场规定值时，将会发出接地信号，正对地或负对地均能测到泄漏电压。

处理方法：对蓄电池外壳和支架采用酒精清擦，改善蓄电池室外的通风条件，降低湿度，绝缘将会提高。

（6）防酸蓄电池容量下降，更换电解液，用反复充电法，可使蓄电池的容量得到恢复。若进行了三次充电放电，其容量均达不到额定容量的 80%以上，此组蓄电池应更换。

（7）防酸蓄电池在日常维护时还应做到注意电解液面高度，不能让极板和隔板露出液面，导线的连接必须安全可靠。

2. 阀控蓄电池的故障及处理

（1）阀控蓄电池壳体异常。造成的原因有：充电电流过大，充电电压超过了 2.4V×n（蓄电池个数），内部有短路或局部放电、温升超标、阀控失灵。

处理方法：减小充电电流，降低充电电压，检查安全阀体是否堵死。

（2）运行中浮充电压正常，但一放电，电压很快下降到终止电压值。原因是蓄电池内部失水干涸，电解物质变质。处理方法是更换蓄电池。

五、不停电电源UPS异常及缺陷的分析、处理

1. 逆变器故障

（1）故障现象。"逆变"绿灯转红灯且闪光，"旁路"灯亮；静态开关动作，系统切换至旁路电源供电。

（2）故障原因。逆变器输入电压超限，逆变器输出电压超限，逆变器负荷过载，逆变器晶闸管温度过高。

（3）故障处理。

1）按下"复归"按钮，复位各信号灯。

2）按下"逆变"开关，UPS切向旁路电源供电。

3）待交流电源正常或逆变器冷却后恢复。

2. 静态开关闭锁

（1）故障现象。UPS装置"故障"灯亮，"旁路"灯灭，相应的部分负荷失电报异常。

（2）故障原因。系统切至旁路电源后，静态开关多次（4min内连续8次）切向逆变器供电均未成功，静态开关闭锁在旁路侧，不能实现从旁路向逆变器供电的转换。

（3）故障处理。

1）按下"复归"按钮，复归信号灯亮。

2）按下"逆变"开关，将UPS退出系统，手动合上外部"旁路"开关1Q3。

3）检查是否由过载引起，如是过载，则应减载。

4）如非过载所致，应查出原因并排除故障。

3. 其他异常及故障

（1）由于充电器停止运行，转由蓄电池直流电源供电。

（2）三相交流输入、直流输入电源均失去，静态开关自动将系统切至旁路电源供电。

（3）逆变器输出过电流，当过电流倍数为额定电流的1.2倍时，静态开关自动将系统切至旁路备用电源供电。

（4）输入直流电压低于210V，整流器输出电压低于240V，旁路电源故障及冷却风机故障等均发报警信号。

六、交、直流系统危险点源分析

（一）交流系统危险点源分析

变电站交流系统全停时，将直接导致变电站直流系统、主变压器冷却系统、断路器机构储能系统、隔离开关电动操动机构、计算机监控系统UPS电源、消防和照明系统等失去电源，威胁到变电站的安全运行。通过对可能引起交流系统全部停电的危险点源分析，采取相应防范措施，可以有效提高交流系统的安全运行水平，同时提高值班人员对站用电源系统故障处理的能力。下面对可能引起交流系统全部停电的危险点源进行分析。

1. 交流系统仅由一台站用变压器提供电源

当变电站一台主变压器或站用变压器停电检修，遇另一台站用变压器故障或站外电源失去时，全站仅由一台站用变压器提供交流电源。当唯一运行中的站用变压器再意外故障时，全站交流电源失去。

2. 交流系统低压Ⅰ、Ⅱ段并列点

500kV变电站交流系统低压侧分为Ⅰ、Ⅱ段，分别由不同的站用变压器供电。在变电站的各电压等级配电装置区域、交流电源分屏等部位，存在着若干交流系统低压侧Ⅰ、Ⅱ段的并列点。当交流系统低压侧Ⅰ、Ⅱ段站用变压器存在相位差时，误将并列点合上，将造成交流系统低压侧短路，引起变电站交流系统全部失去。

3. 交流系统低压侧Ⅰ、Ⅱ段母线

交流系统低压侧Ⅰ、Ⅱ段母线发生相间短路故障时，将造成变电站交流系统全部失去。

4. 交流室

当变电站交流室发生火灾时，如火势得不到控制和及时扑灭，将造成变电站交流系统全部失去。

5. 站用变压器低压电缆

当站用变压器低压电缆发生着火时，很可能烧毁其他站用变压器低压电缆，造成变电站交流系统全部失去，也有可能烧毁其他保护、控制、通信电缆，引起主设备被迫停电。

6. 主变压器冷却器电源交流电缆

当某一主变压器冷却器交流电源电缆着火时，很可能烧毁位于同一电缆沟内的其他主变压器冷却器交流电源电缆，以及烧毁位于同一电缆沟内的主变压器保护和控制电缆，导致变电站内所有主变压器被迫停电。针对上述交流系统危险点源，运行中需采取以下防范措施：

（1）当一台站用变压器停役时，在交流室交流电源配电屏、控制屏和继电屏上进行工作时，应做好严防误碰事故发生的措施，加强对另一台站用变压器及其回路的巡视检查与接头的红外测温工作。

（2）主变压器 35kV 低抗保护校验等工作时，应严防低抗保护误跳主变压器或主变压器低压侧总断路器，引起所接站用变压器失电，影响站用电源系统的安全运行。

（3）加强防小动物管理，严防小动物进入变电站交流室等重要场所，引起站用电源系统发生短路故障。

（4）加强对交流系统并列点的管理，运行中应将并列点的空气开关或隔离开关等断开，现场应设置明显的警告标示，挂设“禁止合闸，有人工作”标示牌。

（5）定期做好交流应急电源系统的维护和试验工作，确保应急电源系统可以随时投入运行。

（6）定期做好站用变压器低压电缆和主变压器冷却器交流电源电缆的检查和红外测温工作，特别是转弯处电缆的检查和红外测温工作，保证站用变压器低压电缆的安全运行。

（7）交流系统配电室应采取防止火灾的相应措施，配置必要的消防设施。对交流配电室内的设备如配电屏、屏内电气回路、空气开关或隔离开关等应经常进行检查与红外测温，以防接头松动过热，导致火灾事故发生。

（二）直流系统危险点源分析

500kV 变电站直流系统全部或局部失去时，将使继电保护、自动装置、断路器的控制回路和计算机监控系统等失去工作电源，如此时系统发生故障，极可能造成全站停电，危险电网安全运行。通过对可能引起直流系统全部或局部停电的危险点源分析，采取相应防范措施，可以有效提高直流系统的安全运行水平，同时提高值班人员对直流系统故障处理的能力。下面对可能引起直流系统全部停电的危险点源进行分析。

1. 充电机

当变电站内所有充电机故障不能运行时，蓄电池将单独承担全站所有直流负荷。如果蓄电池放电时间过长，直流系统电压下降过低，将引起继电保护或断路器拒动，此时系统发生短路故障，将造成变电站全站停电。

2. 蓄电池

当变电站两组蓄电池都不能正常运行时，有可能引起继电保护或断路器拒动，此时系统发生短路故障，将造成变电站全站停电。

3. 直流小母线

直流小母线发生极间金属性短路，引起上级直流熔丝熔断，该直流屏上所有直流负荷将失去直流电源，有可能引起继电保护或断路器拒动，此时系统发生短路故障，将造成变电站全站停电。

4. 500kV 线路主保护直流电源

500kV 线路一套主保护停用，该线路另一套主保护直流电源失去，此时如该线路发生短路故障，可能造成变电站全站停电。

5. 500kV 断路器失灵保护直流电源

500kV 断路器失灵保护按断路器配置，且仅装设一套，如系统发生故障，相关断路器拒动，而失灵保护因直流电源失去不动作时，故障只能由其他线路对侧Ⅱ段和主变压器后备保护来切除，将使变电站全停。

6. 直流室

如直流室发生火灾时，有可能造成变电站直流系统全部失电，此时如系统发生短路故障，继电保护因失电无法动作，将造成变电站全站停电。

7. 蓄电池室

如蓄电池室发生火灾时，有可能造成变电站直流系统全部失电，此时如系统发生短路故障，继电保护因失电无法动作，将造成变电站全站停电。

8. 直流系统一点接地

直流系统发生一点接地，如不能及时消除，或又引起直流系统另一点接地，有可能引起继电保护拒动，此时系统发生短路故障，可能扩大事故范围。

针对上述直流系统危险点源，需采取以下防范措施：

（1）加强直流系统、充电装置和蓄电池的运行维护，加强直流系统的巡视检查，定期对蓄电池进行电压和比重的测量，如防酸蓄电池投产第一年内每半年对蓄电池进行一次核对性充放电，一年以后每1～2年一次；阀控蓄电池每2～3年进行一次核对性充放电，6年后每年一次。

（2）定期核对直流系统所有熔丝的规格、级差，检查熔丝和空气开关的运行状况，确保直流熔丝和空气开关的合理配置和正常运行。

（3）发生直流接地时，应及时汇报地调和有关领导，参考直流系统绝缘监察装置的信息，积极查找接地点，尽快消除接地隐患，防止两点接地情况的发生。

（4）由于直流配电屏上直流小母线间的距离较小，容易发生极间短路，特别要加强防小动物管理，严防小动物引起直流系统停电事故的发生。

（5）做好直流室、蓄电池室的消防工作，配置必要的消防设施。对室内的设备如配电屏、屏内电气回路、空气开关或隔离开关等应经常进行检查与红外测温，以防接头松动过热，导致火灾事故发生。

（6）直流接地处理时，不得造成直流正负极短路接地。尽量避免长时间出现无蓄电池支撑的直流系统运行方式。

【思考与练习】

1. 针对直流一点接地应采取哪些防范措施？
2. 简述不停电电源 UPS 异常分析和处理方法。

模块3 站用交、直流系统异常的优化处理方案（ZY1200406003）

【模块描述】本模块介绍站用交、直流系统发生异常时编制优化处理方案的方法。通过要点归纳和案例说明，掌握优化复杂处理方案的办法。

【正文】

一、异常处理的基本原则与要求

（1）站用交、直流系统异常处理，必须严格遵守《国家电网公司电力安全工作规程》、调度规程、现场运行规程、现场异常运行处理规程，以及各级技术管理部门有关规章制度、安全措施的规定。

（2）异常处理过程中，运行人员应沉着果断，认真监视表计、信号指示，并作好记录，对设备的检查要认真、仔细，正确判断异常设备的范围及性质，汇报术语准确、简明。

（3）运行人员应密切关注设备异常状况，防止异常设备情况继续发展，并按有关调度、运行规程规定在尽可能保证重要交、直流负荷的连续供电的基础上，进行异常的处理。

二、异常处理优化方案流程图

异常处理优化方案流程图如图 ZY1200406003-1 所示。

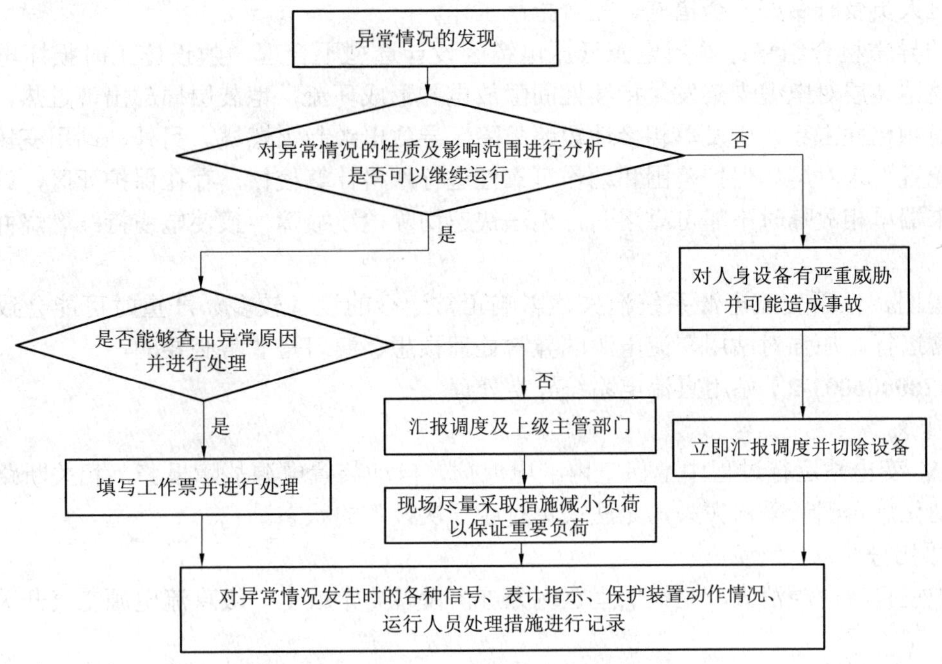

图 ZY1200406003-1　异常处理优化方案流程图

三、异常处理案例分析

【例 ZY1200406003-1】站用交流电系统异常处理。

1. 异常现象

某 500kV 变电站，运行过程中该 500kV 变电站计算机监控系统发出主变压器冷却系统电源故障报警、站用电源系统各段失压信号、直流系统交流电源消失及其他交流供电（如断路器储能电源消失、加热器电源消失）等信号，全站照明电源消失且事故照明开启。现场检查发现站用电源室及北面电缆沟冒烟起火。

2. 异常原因分析

从发生的异常情况分析，初步可判断为站用电源交流系统全停引起相关交流供电设备停电。

3. 异常处理优化方案

处理总则：首先想办法控制火势，并尽可能减少火势对其他设备的影响，同时请求外界帮助灭火（如 119 等）；然后在现场已无相应措施自行恢复站用交流电源的情况下，运行人员应设法保证主变压器的安全运行，一方面可通过调度限制主变压器负荷来控制温度，另一方面可加强主变压器温度的监视；再考虑设法减小直流系统的负荷，采取停用一些次要负荷的办法，尽量保证重要直流供电设备的可靠运行；最后考虑如何快速恢复站用交流电源。

优化处理过程如下：

（1）通过计算机监控系统或中央信号系统发出的信号，迅速判断出变电站交流系统全部停电。

（2）当值值长迅速、合理安排人员到现场检查交流系统失电原因。

（3）现场发现着火情况，值长应立即组织人员进行灭火，并拨打火警“119”。

（4）及时向相关调度和上级领导汇报现场事故情况。

（5）加强主变压器油温的监视，必要时配合调度采取限制主变压器负荷措施；安排人员减少直流系统一些次要负荷，尽量保证重要直流负荷的供电并加强对蓄电池放电情况、直流系统电压的监视。

（6）严格按调度指令，调整系统运行方式。

（7）在站用变压器不能恢复对交流系统供电时，应安排人员快速启用应急电源系统，以保证站内重要负荷的供电，如主变压器冷却器交流电源、直流系统充电电源、断路器操动机构交流电源等，恢复直流系统和主变压器冷却器的正常运行。

（8）值班人员及时做好安全措施，配合抢修工作。

本案例的异常检查结果：站用电源低压电缆因设计选型不合理，敷设施工时损坏电缆外护套层等，造成电缆铠装层对电缆支架发生持续性间隙放电并形成环流，铠装层局部出现过热，最终使电缆主绝缘层逐渐融化并击穿，引发单相接地短路故障，导致电缆起火燃烧。另外，站用变压器高压熔断器熔体设计配置上未对熔体保护范围和动作可靠性进行严格计算校核，存在保护死区，站用变压器低压出线电缆末端单相故障时不能可靠熔断，无法快速切除电缆故障，致使电缆持续燃烧并波及同沟其他电缆。

本案例说明，站用交流电源系统消失，影响正常运行的设备较多，严重时可能会致全站设备瘫痪，无法正常运行。加强对站用交流电源的异常处理预想、演习是非常必要的。

【例 ZY1200406003-2】站用直流电系统异常处理。

1. 异常现象

某 500kV 变电站运行过程中继保室内继电保护、自动装置电源故障报警，相关断路器报控制回路断线，自动化后台测量采样失去，无法采集对应一次设备的状态。

2. 异常原因分析

继电保护室直流电源消失，是继保室直流分屏内设备异常或上一级直流电源空气开关异常，待现场检查确定。

3. 异常处理优化方案

检查失电直流分屏进线总空气开关及直流室直流馈线屏上所供的直流空气开关是否跳开，检查该屏上有无出线空气开关跳开，未经调度许可严禁试合所跳的空气开关。

（1）检查该直流分屏母线等部位有无明显的短路现象。

（2）将检查情况迅速汇报相关调度。

（3）经调度许可后拉开屏内所有出线空气开关，试合该屏进线总空气开关。如试合不成，不得再送，汇报调度时具体说明哪些元件失去保护功能和失去操作控制电源。

（4）如该直流分屏进线总空气开关试合成功，逐路进行出线空气开关试送，若合某路空气开关时进线电源空气开关跳开，则拉开该路空气开关后继续试送其他路空气开关。

（5）故障点明确后，进行消缺处理。

（6）作好异常的相关记录。

本案例的异常检查结果：分屏内回路极间短路导致直流输入总空气开关跳开引起分屏失电。

本案例说明站用直流电源系统消失的严重后果，了解和分析预案的处理流程，可以进一步优化站用直流系统异常处理的方案，有效提高站用直流系统异常的处理水平。

【思考与练习】

1. 你所在变电站有哪些处理方案可以进行进一步优化？

2. 异常处理方案如何优化？

模块 4　二次回路异常及缺陷分析（ZY1200406004）

【模块描述】本模块介绍简单的二次回路发生异常及缺陷时的现象。通过要点归纳，掌握二次回路、通信系统和自动化设备常见异常及缺陷的现象。

【正文】

二次回路及设备发生异常后，直接影响变电站的监视、控制、测量以及保护功能。因此对二次异常应及时进行准确分析，找出异常部位和原因。

一、简单的继电保护二次回路异常及缺陷分析

保护正常运行时，其直流电源应投入，“运行”灯正常点亮，其余指示灯一般在熄灭状态，否则就应判定为保护装置异常并采取相应的处理措施或停用保护。

继电保护异常包括保护电源故障、高频通道故障、保护装置本身故障。保护常见异常及故障的现象主要有：

（1）保护及自动装置正常运行时“运行”、“充电”指示灯熄灭，“TV 断线”、“通道异常”、“跳 A、跳 B、跳 C”指示灯点亮等。

（2）保护屏继电器故障、冒烟、声音异常等。

（3）微机保护装置自检报警。

（4）主控屏发出“保护装置异常或故障”、“保护电源消失”、“交流电压回路断线”、“电流回路断线”、“直流断线闭锁”、“直流消失”等光字信号，且不能复归。

（5）保护高频通道异常，测试中收不到对端信号，通道异常告警。

（6）收发信机收信电平比正常低，收发信机“保护故障”或收发信电压较以往的值有较大的变化。

二、简单的自动装置二次回路异常及缺陷分析

自动装置常见异常及故障的现象主要有：

（1）对时不准。

（2）前置机无法调取报告，不能录波。

（3）主机死机，自动重启，频繁启动录波，录波报告出错。

（4）插件损坏。

（5）交、直流回路电压异常或断线。

（6）控制屏中央信号发“故障录波呼唤”、“故障录波器异常或故障”、“装置异常”信号。

三、简单的系统通信和自动化设备异常及缺陷分析

（1）系统通信故障。

（2）系统程序错误。

（3）“看门狗”告警。

（4）硬盘空间告警。

（5）工作站死机，屏幕信息不变化或屏幕显示紊乱。

（6）其他异常现象且无法消除。

（7）交换机电源指示异常。

（8）端口的 LED 指示灯异常点亮或熄灭。

（9）监控系统 UPS 主机屏 UPS 故障停机。

（10）监控系统站级控制层操作异常。

（11）监控系统站控级层瘫痪。

（12）监控系统主单元或 I/O 装置、测控单元异常。

【思考与练习】

1. 继电保护异常和故障时可能有哪些现象？
2. 通信和综合自动化系统异常和故障时可能有哪些现象？

模块 5　二次回路异常处理（ZY1200406005）

【模块描述】本模块介绍二次设备异常原因和处理方法，以及二次设备异常处理时的危险点源。通过要点归纳，掌握二次回路异常处理的方法。

【正文】

变电站二次设备发生异常后，进行必要的分析，查找故障点，作必要的处理可以避免事故扩大，减少损失，保持电网安全、可靠运行。

一、二次设备异常分析和处理

（一）继电保护二次回路异常分析和处理

1. 电压互感器二次回路断线分析与处理

（1）电压互感器二次断线的原因可能是接线端子松动，接触不良，回路断线，断路器、隔离开关辅助触点转换不良，熔断器熔断，二次空气开关断开或接触不良等。

（2）电压互感器二次断线会影响到所有接入电压量的保护装置，低电压启动元件将误动，有过电压启动元件的保护拒动，有断线闭锁的保护被闭锁。

（3）处理方法：判断断线回路，如果是保护回路断线，立即申请停用受到影响的保护装置，如果是表计回路断线，注意对电能计量的影响。查出故障点，予以消除。

2. 电流互感器二次回路断线分析与处理

（1）异常现象。

1）电流表指示降为零，有功、无功表的指示降低或不稳定，电能表转慢或停转。

2）差动异常光字牌告警。

3）电流互感器发出异常响声或发热、冒烟或二次端子线头放电、打火等。

4）继电保护装置拒动或误动。

（2）异常处理。

1）立即将故障现象报告所属调度。

2）根据现象判断是属于测量回路还是保护回路的电流互感器开路。处理前应考虑停用可能引起误动的保护。

3）凡检查电流互感器二次回路的工作，须站在绝缘垫上，注意人身安全，使用合格的绝缘工具进行。

4）电流互感器二次回路开路引起着火时，应先切断电源后，可用干燥石棉布或干式灭火器进行灭火。

5）由于电流互感器的停役按照断路器的停役办法执行，所以在电流互感器的二次回路停役操作时，必须先将电流互感器的二次回路同一编号的连接螺栓全部取下后，才能在电流互感器侧放上短接螺栓。复役操作时，应先取下同一编号的全部短接螺栓后，再放上连接螺栓，全部的连接螺栓必须连接牢固，不得有松动的现象。

3. 保护装置异常分析和处理

保护装置故障是指保护装置内部元件损坏或运行不正常，当“保护装置故障”信号告警时，运行人员应立即对保护装置进行外观检查，根据仪表指示、屏幕显示或打印内容、其他现象判断故障性质。

保护装置故障告警信号不能复归时，应申请停用保护装置，通知检修人员处理。停用保护装置，除断开其出口跳闸连接片外，还必须同时停用该保护装置启动断路器失灵保护的回路，启动远方切机切负荷回路，启动远跳回路及高频闭锁装置的独立出口回路，线路闭锁式高频保护和相差高频保护停用时，应将线路对方同时停用。

（二）自动装置异常分析和处理

以下以220kV 1号故障录波器为例介绍异常和分析方法。

（1）有“220kV 1号故障录波器启动”信号发出，则有三种可能：系统故障、输入开关量变位、电压回路故障或电压消失。若是前两种情况，则等故障消失后进行复归；若是第三种情况，则停用该故障录波器，汇报主管领导。值班员应将故障录波器动作情况记录在专用的记录簿中。

（2）当发生系统事故后，值班人员应将故障录波器动作情况报告调度，并从速通知继保人员调阅故障报告作为事故处理的依据。

（3）当故障录波器装置异常时，将发出“220kV 故障录波器1号柜故障”、“220kV 故障录波器1号柜告警”信号，值班员应到现场检查故障录波器柜上各信号灯状态，判断其确在故障状态，则汇报主管领导并停用该故障录波器。

（4）若有“220kV 1 号故障录波器直流消失”信号发出，应检查装置直流电源空气开关是否完好，允许试送直流电源空气开关一次，若试送不上，说明回路有故障，停用该故障录波器，查明原因并汇报主管领导。

（5）若有“220kV 1 号故障录波器缺纸”信号发出，应立即到故障录波器柜上添加打印纸，若无备用纸，应关掉打印机。

当发生系统事故后，值班人员应将故障录波器动作情况报告调度，并从速通知继保人员调阅故障报告作为事故处理的依据。

（三）通信系统和自动化设备异常分析和处理

（1）操作员工作站或主机出现死机，不能自启动，应立即汇报调度，作为紧急缺陷处理。

（2）发现自动化系统遥测量及遥信量与现场设备的实际状态或 I/O 指示不相符合，或系统误发信息时，应及时汇报调度，作为重要缺陷处理。

（3）当 AVC 程序出现运行混乱、电压乱调情况时，应立即退出该程序，并汇报调度，作为紧急缺陷处理。

（4）间隔层中总控单元、间隔层测控单元各模块出现故障时，均应作为紧急缺陷处理，是否需对一次设备停电，应由维护人员现场检查后决定。GPS 发生故障时，应作为重要缺陷处理。

（5）当发生 AM 故障时，当值运行人员应判明异常的影响范围，迅速拉停 AM 装置电源空开，确保 AM 主 CPU 不受损，AK 通信监视回路不受损，然后按设备异常处理流程进行处理。

计算机监控系统出现异常或故障时，以及计算机监控系统维护、消缺或检修工作后，均应作好详细记录。

二、二次设备异常处理危险点源分析

（1）二次发生异常时，运行人员对装置及外部接线检查时，未经特别允许并采取可靠安全措施，不得打开继电器盖子。

（2）必须有专业人员监护。

（3）严防误碰有关继电器，严防二次端子短路或接地。在有误跳闸危险的回路或设备工作，应事先申请停用有关保护装置。

（4）严防电流互感器二次开路及不正常短路，严防电压互感器二次短路和断路。

（5）不得任意变更二次接线。如发现有错误接线必须立即变更时，应得到专业部门同意，上级批准并作好记录。

【思考与练习】

1. 继电保护异常和故障时应如何处理？
2. 通信和综合自动化系统异常和故障时应如何处理？

模块 6 二次回路异常的优化处理方案（ZY1200406006）

【模块描述】本模块介绍二次设备异常处理方案的优化方法。通过案例介绍，掌握优化复杂二次回路异常处理方案的方法。

【正文】

一、异常处理的基本原则与要求

（1）二次设备的异常处理，必须严格遵守《国家电网公司电力安全工作规程》、调度规程、现场运行规程、现场异常运行处理规程，以及各级技术管理部门有关规章制度、安全措施的规定。

（2）异常处理过程中，运行人员应沉着果断，认真监视表计、信号指示，并作好记录，对设备的检查要认真、仔细，正确判断异常设备的范围及性质，汇报术语准确、简明。

（3）运行人员应密切关注设备异常状况，防止异常设备情况继续发展，并按有关调度、运行规程规定执行。

二、异常处理优化方案流程图

异常处理优化方案流程图如图 ZY1200406006-1 所示。

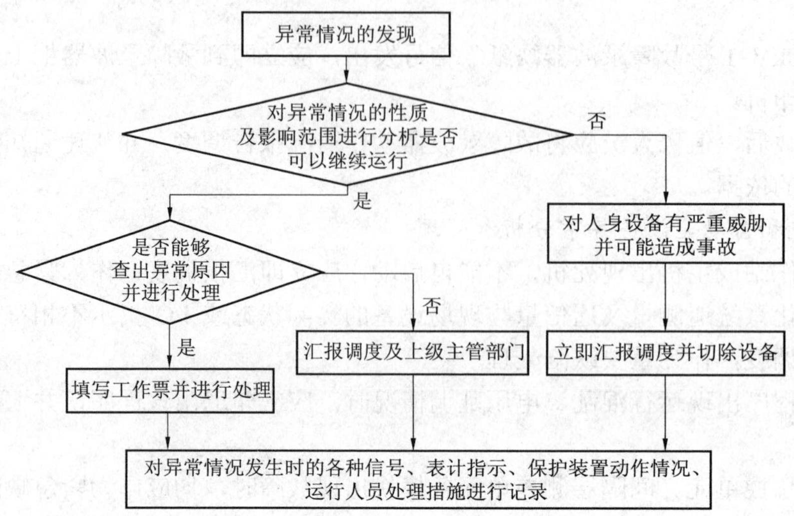

图 ZY1200406006-1 异常处理优化方案流程图

三、异常处理案例分析

【例 ZY1200406006-1】交流电串入直流，使变电站所有断路器跳闸发生全停。

案例涉及变电站概况如图 ZY1200406006-2 变电站电气主接线图和图 ZY1200406006-3 直流系统图所示，当第二组蓄电池核对性充放电时，110V 直流Ⅰ、Ⅱ母线并列运行，4Q46 线间隔发生交流电串入直流，使变电站所有断路器跳闸发生全停。

模块6 ZY1200406006

1. 异常基本概况

某 500kV 变电站，正常运行过程中，监控系统人机工作站 1、2 画面显示黑屏停机，监控系统主机 1、主机 2、工程师工作站显示黑屏停机。监控系统的电源两台 UPS 显示停机。4Q46 线间隔测控装置中断路器、隔离开关显示不定态。所有 500kV 断路器、220kV 断路器跳闸。

就地保护室主变压器"RET521 大差动保护动作"，500kV 线路"第一套分相电流差动动作"，"第二套分相电流差动动作"，220kV 母线"正、副母Ⅰ段第二套母差保护差动动作Ⅱ"，"正、副母Ⅱ段第二套母差保护差动动作"。

2. 异常现象及可能原因分析

从异常现象分析，本次情况发生不是因系统有故障引起，引起异常的原因极有可能在所内，应重点检查所内各设备，特别是各间隔二次回路。

3. 异常处理优化方案

（1）立即简要汇报相关调度、上级主管部门开关跳闸情况和监控系统后台出现全部停机及 UPS 停机的情况。

（2）重启两台 UPS 后，对主机 1、主机 2、人机工作站 1 和 2 分别进行重启。

（3）检查站用电源、直流系统运行情况正常。

（4）检查保护装置及监控系统设备情况和现场一次设备情况。（检查 20 小室发现 4Q46 线监控单元信号电源空气开关跳开）

（5）根据跳闸断路器，现场检查和保护动作情况，进行事故分析，确认故障。

将现场跳闸断路器及变电站内其余一次设备无明显故障情况、二次设备保护动作情况及 4Q46 线监控单元信号电源空气开关跳开情况，汇总汇报调度。

（6）在跳开的 4Q46 线监控屏信号直流电源空气开关上下两端分别测量电压。

确认跳开的 4Q46 线监控屏信号直流电源空气开关下端有交流电压时，严禁试合该空气开关。

（7）根据调度命令先恢复 500kV 线路及主变压器运行，将 4Q46 线改冷备用后逐步恢复 220kV 母线及线路运行。

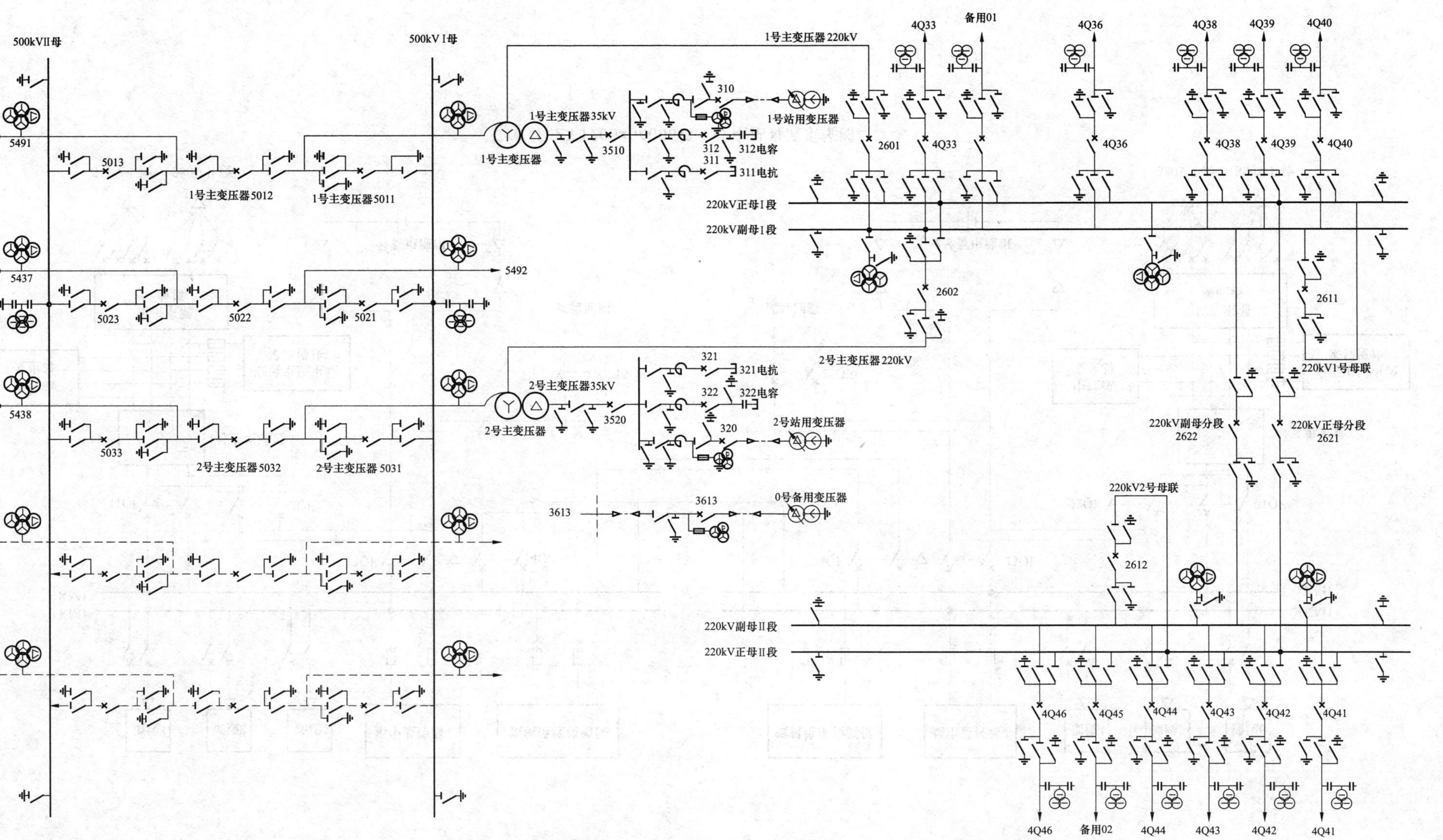

图ZY1200406006-2　某500kV变电站电气主接线图

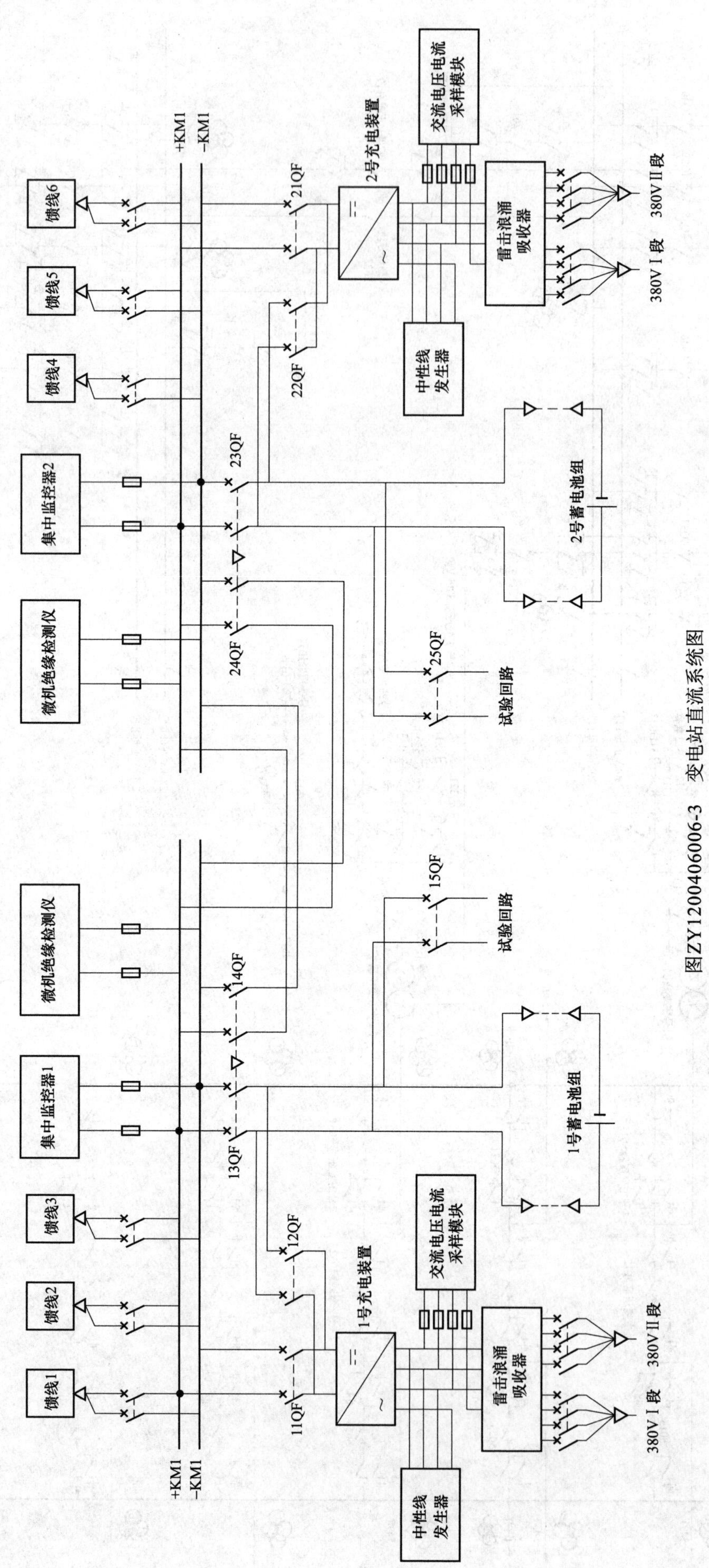

图ZY1200406006-3 变电站直流系统图

（8）恢复站用电源正常方式运行，检查、恢复直流系统正常方式运行。

（9）将处理情况汇报汇报相关调度、上级主管部门，并作好各类记录。

此案例说明，复杂二次回路的异常处理优化方案，可以有效提高二次回路异常的处理水平。

【思考与练习】

1. 你所在变电站中哪些二次事故处理可以进一步优化？

2. 画出上述事故处理流程图。

第三十四章　补偿装置异常及缺陷处理

模块1　补偿装置异常现象及分析（GYBD00501001）

【模块描述】本模块介绍了补偿装置的常见异常。通过原理讲解、要点归纳，了解电容器、电抗器常见异常现象和产生的原因。

【正文】

补偿装置主要有并联电容器组、电抗器、接地变压器、消弧线圈及静止无功补偿器等。补偿装置在变电站中主要起着补偿系统的无功功率，维持系统电压的作用。消弧线圈和接地变压器可以补偿小电流接地系统接地电流。

一、并联电容器组常见异常现象及原因分析

（1）渗漏油。电容器在运行中如外壳或下部有油渍则可能是发生了渗漏油，渗漏油会使电容器中的浸渍剂减少，内部元件易受潮从而导致局部击穿。造成电容器渗漏油的原因有：

1）搬运、安装、检修时造成法兰或焊接处损伤，使法兰焊接出现裂缝。

2）接线时拧螺钉过紧、瓷套焊接出现损伤。

3）产品制造缺陷。

4）温度急剧变化，由于热胀冷缩使外壳开裂。

5）在长期运行中漆层脱落，外壳严重锈蚀。

6）设计不合理，如使用硬排连接，由于热胀冷缩，极易拉断电容器套管。

（2）外壳膨胀变形。运行中电容器的外壳可能发生鼓肚等变形现象。外壳膨胀变形的原因有：

1）介质内产生局部放电，使介质分解而析出气体。

2）部分元件击穿或极对外壳击穿，使介质析出气体。

3）运行电压过高或拉开断路器时重燃引起的操作过电压作用。

4）运行温度过高，内部介质膨胀过大。

（3）单台电容器熔丝熔断。单台电容器熔丝熔断的现象可通过巡视发现，有时也会反映为电容器组三相电流不平衡。单台电容器熔丝熔断的原因有：

1）过电流。

2）电容器内部短路。

3）外壳绝缘故障。

（4）温升过高，接头过热或熔化。通过红外测温、试温蜡片或雨雪天观察能够发现电容器或接头温度过高的现象。造成电容器组温度过高的原因有：

1）电容器组冷却条件变差，如室内布置的电容器通风不良，环境温度过高，电容器布置过密等。

2）系统中的高次谐波电流影响。

3）频繁切合电容器，使电容器反复承受过电压的作用。

4）电容器内部元件故障，介质老化、介质损耗增大。

5）电容器组过电压或过电流运行。

（5）声音异常。电容器发出异常音响的原因有：

1）内部故障击穿放电。

2）外绝缘放电闪络。

3）固定螺钉或支架等松动。

(6) 过电流运行。运行中的电容器可能发生过电流运行的现象。造成电容器过电流的原因有：

1) 过电压。

2) 高次谐波影响。

3) 运行中的电容器容量发生变化，容量增大。

(7) 过电压运行。电容器组运行电压过高的主要原因有：

1) 电网电压过高。

2) 电容器未根据无功负荷的变化及时退出，造成补偿容量过大。

3) 系统中发生谐振过电压。

(8) 套管破裂或放电，瓷绝缘子表面闪络。电容器套管表面脏污或环境污染，再遇上恶劣天气（如雨、雪）和遇有过电压时，可能产生表面闪络放电，引起电容器损坏或跳闸。电容器套管破裂会使套管绝缘性能降低，在雨雪天气，裂缝处进水造成闪络接地，冬天融雪水进入套管裂缝处结冰会造成套管破裂。

(9) 三相电流不平衡。电容器组在运行中容量发生变化或者分散布置电容器组某一相有单只电容器熔丝熔断造成三相容量不平衡，会引起电容器三相电流不平衡。

二、电抗器常见异常现象及原因分析

变电站中的电抗器分为串联电抗器和并联电抗器两种。串联在电容器组内的电抗器，用以减小电容器组涌流倍数及抑制谐波电压。并联电抗器接在主变压器低压侧，用于补偿输电线路的容性无功功率，维持系统电压稳定。下面介绍电抗器常见的异常现象及产生原因。

(1) 声音异常。电抗器正常运行时，发出均匀的“嗡嗡”声，如果声音比平时增大或有其他声音都属于声音异常。

1) 响声均匀，但比平时增大，可能是电网电压较高，发生单相过电压或产生谐振过电压等，可结合电压表计的指示进行综合判断。

2) 有杂音，可能是零部件松动或内部原因造成的。

3) 有放电声，外表放电多半是污秽严重或接头接触不良造成的；内部放电声多半是不接地部件静电放电、线圈匝间放电等。

4) 对于干式空芯电抗器，在运行中或拉开后经常会听到“咔咔”声，这是电抗器由于热胀冷缩而发出的正常声音，如有其他异声，可能是紧固件、螺钉等松动或是内部放电造成的。

(2) 温度异常。温度异常一般表现为油浸电抗器温度计指示偏高或已经发出超温报警，干式电抗器接头及包封表面过热、冒烟。电抗器过热的主要原因有：

1) 过电压运行。

2) 温升的设计裕度取得过小，使设计值与国标规定的温升限值很接近。

3) 制造的原因，如绕制绕组时，线轴的配重不够、绕制速度过快和停机均可造成绕组松紧度不好和绕组电阻的变化。

4) 附近有铁磁性材料形成铁磁环路，造成电抗器漏磁损耗过大。

5) 接线端子与绕组焊接处的焊接电阻由于焊接质量的问题产生附加电阻，该焊接电阻产生附加损耗使接线端子处温升过高；另外，在焊接时由于接头设计不当、焊缝深宽比太大，焊道太小，热脆性等原因产生的焊缝金属裂纹都将降低焊接质量，增大焊接电阻，也会造成焊接处温度升高。

(3) 套管闪络放电。套管闪络放电会导致发热老化，绝缘下降引发爆炸。常见原因如下：

1) 表面粉尘污秽过多，阴雨雾天气因电场不均匀发生放电。

2) 系统出现过电压，套管内存在隐患而放电闪络击穿。

3) 高压套管制造质量不良，末屏出线焊接不良或小绝缘子芯轴与接地螺套不同心，接触不良以及末屏不接地，导致电位提高而逐步损坏形成放电闪络。

(4) 引线断股或散股。

(5) 油浸式电抗器常见异常及原因分析。

1) 油位异常。现象和原因有：

a. 油位过低。主要原因是电抗器严重渗漏油、气温过低、油枕储量不足、气囊漏气等。

b. 油位过高。当环境温度很高，高压电抗器油枕储油较多时，可能出现油位高信号。

2）油浸高压电抗器渗漏油。常见部位和原因如下：

a. 阀门系统。蝶阀胶垫材质安装不良，放油阀精度不高，螺纹处渗漏。

b. 胶垫、接线螺钉、高压套管基座、TA 出线接线螺钉胶垫密封不良无弹性，小绝缘子破裂渗漏。

c. 胶垫因材质不良龟裂失去弹性，不密封而渗漏。

d. 高压套管升高座法兰、油箱外表、油箱法兰等焊接处因材质薄加工粗糙形成渗漏等。

3）呼吸器硅胶变色过快。可能是由于硅胶罐有裂纹破损，呼吸管道密封不严，油封罩内无油或油位太低，胶垫龟裂不合格，螺钉松动或安装不良等使湿空气未经油过滤而直接进入硅胶罐中。

（6）干式电抗器常见异常现象及原因分析。

1）干式电抗器包封表面有爬电痕迹、裂纹或沿面放电。电抗器在户外的大气条件下运行一段时间后，其表面会有污物沉积，同时表面喷涂的绝缘材料也会出现粉化现象，形成污层。在大雾或雨天，表面污层会受潮，导致表面泄漏电流增大，产生热量。这使得表面电场集中区域的水分蒸发较快，造成表面部分区域出现干区，引起局部表面电阻改变。电流在该中断处形成很小的局部电弧。随着时间的增长，电弧将发展合并，在表面形成树枝状放电烧痕，引起沿面树枝状放电，绝大多数树枝状放电产生于电抗器端部表面与星状板相接触的区域。而匝间短路是树枝状放电的进一步发展，即短路线匝中电流剧增，温度升高到使线匝绝缘损坏，高温下导线熔化。

2）支持绝缘子有倾斜变形或位移、绝缘子裂纹。电抗器安装时支持绝缘子受力不均匀、基础沉陷或地震等都会造成支持绝缘子倾斜变形或绝缘子破裂。变电站中常见的是由于电抗器基础沉陷造成支持绝缘子倾斜变形或破裂。另外，绝缘子受到冰雹或大风刮起的杂物碰撞也会造成破损裂纹。

3）接地体、围网、围栏等异常发热。在电抗器轴向位置有接地网，径向位置有设备、遮栏、构架等，都可能因金属体构成闭环造成较严重的漏磁问题，对周围环境造成严重影响。若有闭环回路，如地网、构架、金属遮栏等，其漏磁感应环流达数百安培。这不仅增大损耗，更因其建立的反向磁场同电抗器的部分绕组耦合而产生严重问题，如是径向位置有闭环，将使电抗器绕组过热或局部过热，相当于电抗器二次侧短路；如是轴向位置存在闭环，将使电抗器电流增大和电位分布改变，故漏磁问题并不能简单地认为只是发热或增加损耗。

4）有撑条松动或脱落情况。造成这种现象的原因主要有安装质量不良或长期运行振动导致紧固螺钉松动等。

5）绝缘支柱绝缘子或包封不清洁，金属部分有锈蚀现象。

6）干式电抗器内有鸟窝或有异物，影响通风散热。

三、接地变压器和消弧线圈的常见异常现象及原因分析

接地变压器和消弧线圈出现故障和系统中的故障及异常运行情况有很密切的关系。接地变压器和消弧线圈一般只有在系统有接地、断线及三相电流严重不对称时，才有较大的电流通过，内部故障的现象才会显现出来。

（1）渗漏油。接地变压器和消弧线圈发生渗漏油时能在其外壳或下部看到油渍或油滴，渗漏油会造成油面降低，使绝缘暴露在空气中，使绝缘材料老化加剧，绝缘性能降低。渗漏油还会使绝缘油中进入空气，造成绝缘油劣化。渗漏油的原因有：

1）外壳密封不良。

2）油标管与外壳间有缝隙。

3）放油或加油后阀门关闭不严密。

4）油位过高，温度升高时有油从上部溢出。

（2）内部有放电声。巡视时如听到接地变压器和消弧线圈内部有“噼啪”声或“吱吱”声，则可能是内部发生了放电现象，内部放电会造成绝缘过热烧损，甚至击穿造成事故。引起内部放电的原因有：

1）绕组绝缘损坏，对外壳或铁芯放电。

2）铁芯接地不良，在感应电压作用下对外壳放电。

（3）套管污秽严重、破裂、放电或接地。

1）接地变压器和消弧线圈安装地点空气污染较重、长期得不到清扫等会造成套管污秽严重。在雨、雪、大雾等潮湿天气，套管上的污秽与水相结合会形成导电带，造成套管放电或接地。

2）套管安装质量不良，受力不均匀或者受到恶劣天气（如冰雹等）影响会使套管破损裂纹，套管破裂后潮气侵入套管内部使套管绝缘性能下降，严重时也会造成套管放电或接地。

（4）本体温度（或温升）超过极限值、冒烟甚至着火。接地变压器和消弧线圈内部放电、分接开关接触不良、主变压器中性点电压位移过大或者长时间通过接地电流时都会产生温升过高现象，严重时会造成接地变压器和消弧线圈内部绝缘材料烧坏、冒烟甚至起火。

（5）分接开关接触不良。消弧线圈分接位置调整不到位、分接头接触部分生锈或有油膜会造成分接开关接触不良。分接开关接触不良会造成在通过接地补偿电流时发生过热现象，严重时会使设备烧损。

（6）接地变压器和消弧线圈外壳鼓包或开裂。接地变压器和消弧线圈外壳膨胀、开裂缺陷常会伴随发生渗漏油现象。外壳膨胀或开裂的原因有：

1）内部过热使绝缘油膨胀或气化，外壳承受过高的压力造成膨胀或开裂。

2）地震等外力破坏使外壳承受过高的应力作用发生开裂。

3）外壳焊接质量不良造成开裂。

（7）中性点位移电压大于15%相电压。系统中性点位移电压过大的原因有：

1）系统中有接地故障。

2）系统负荷严重不平衡。

3）系统电源非全相运行。

4）谐振过电压。

（8）一次导流部分发热变色。由于导流部分接触不良，引起过热。

（9）设备的试验、油化验等主要指标超过相关规定。

【思考与练习】

1. 并联电容器组有哪些常见异常现象？
2. 消弧线圈有哪些常见异常现象？
3. 电容器外壳膨胀变形的原因有哪些？
4. 电抗器有哪些常见异常现象？
5. 为什么有些电抗器周围的围栏会发热？

模块2 补偿装置异常处理（GYBD00501002）

【模块描述】本模块介绍了补偿装置常见异常的处理。通过案例介绍，掌握电容器、电抗器异常的处理方法。

【正文】

补偿装置发生异常，会影响变电站无功补偿能力，造成系统电压质量降低，所以发现补偿装置异常应及时进行处理。

一、电容器组异常处理

1. 电容器组立即停运的情况

遇有下列异常情况之一时电容器应立即退出运行：

（1）电容器发生爆炸。

（2）触头严重发热或电容器外壳测温蜡片熔化。

（3）电容器外壳温度超过55℃或室温超过40℃，采取降温措施无效时。

（4）电容器套管发生破裂并有闪络放电。

（5）电容器严重喷油或起火。

（6）电容器外壳明显膨胀或有油质流出。

（7）三相电流不平衡超过5%以上。

（8）由于内部放电或外部放电造成声音异常。

（9）密集型并联电容器压力释放阀动作。

2. 电容器组应加强监视的情况

电容器组有以下异常现象时应查找原因、采取措施尽快停电处理：

（1）电容器组渗油时，如渗油不严重，可不申请停电处理，只需要按照缺陷管理制度上报缺陷，但必须随时监视；若渗油严重，必须申请停电进行处理。

（2）电容器温度过高，必须严密监视和控制环境温度，如室温过高，应改善通风条件或采取冷却措施控制温度在允许范围内，如控制不住则应停电处理。在高温、长时间运行的情况下，应定时对电容器进行温度检测。如系电容器本身的问题或触点温度过高则应停电处理。

（3）由于外部固定螺钉或支架松动等外部原因造成声音异常。

（4）电容器单台熔断器熔断后的处理：

1）严格控制运行电压。

2）将电容器组停电并充分放电后更换熔断器，投入后继续熔断，应退出该组电容器。

3）报缺陷由检修人员测量绝缘，对于双极对地绝缘电阻不合格或交流耐压不合格的应及时更换。

4）因熔断器熔断引起相间电流不平衡接近2.5%时，应更换故障电容器或拆除其他相电容器进行调整。

（5）发现电容器三相电流不平衡度不超过5%时，应立即检查系统电压是否平衡、单台电容器熔丝是否熔断，查出原因后报调度或检修单位处理。如无上述现象，可能是电容器组容量发生变化，应尽快将该组电容器退出运行，报检修单位处理。

（6）母线电压超过电容器额定电压后，过电压倍数及运行持续时间按表GYBD00501002-1规定执行。

（7）电容器运行电流超过额定电流，但不到1.3倍时。

表GYBD00501002-1　　电力电容器过电压倍数及运行持续时间表

过电压倍数（U_g/U_n）	持续时间	说明
1.05	连续	—
1.10	每24h中8h	—
1.15	每24h中30min	系统电压调整与波动
1.20	5min	轻荷载时电压升高
1.30	1min	

二、高压电抗器异常处理

1. 干式电抗器异常处理

（1）干式电抗器有以下异常应立即停电处理：

1）接头及包封表面异常过热、冒烟。

2）干式电抗器出现沿面放电。

3）绝缘子有明显裂纹或倾斜变形。

4）并联电抗器包封表面有严重开裂现象。

（2）电抗器有以下异常时应加强监视并尽快退出运行：

1）设备有过热点，接地体发热，围网、围栏等异常发热。若发现电抗器有局部发热现象，则应减少该电抗器的负荷，并加强通风。必要时可采用临时措施，采用轴流风扇冷却（户内设备），待有机会停电时，再进行处理。

2）包封表面存在爬电痕迹以及裂纹现象。

3）支持绝缘子有倾斜变形（或位移），暂不影响继续运行。

模块2 GYBD00501002

4）有撑条松动或脱落情况。

（3）电抗器有以下异常时应报缺陷按检修计划处理：

1）包封表面不明显变色或轻微振动。

2）绝缘支柱绝缘子或包封不清洁，金属部分有锈蚀现象。

3）干式电抗器内有鸟窝或有异物，影响通风散热。

4）引线散股。

2. 油浸高压电抗器异常处理

（1）温度异常。检查油位、油色有无异常，并结合无功负荷、电压高低、环境温度分析对照，初步判明高压电抗器内部有无问题。将检查分析结果汇报调度和工区，听候处理。

（2）声响异常。

1）高压电抗器响声均匀，但比平时增大，应加强监视。

2）高压电抗器有杂音，首先检查有无零部件松动，查看电流表、电压表指示是否正常。以上检查未见异常时，有可能是内部原因造成的，应报告调度和工区。

3）高压电抗器有放电声。应仔细检查判明放电声是来自表面还是由内部发出，外表放电多半是污秽严重或接头接触不良造成的，应停电处理；内部放电声多半是不接地部件静电放电、线圈匝间放电等。这时应严密监视，及时上报调度和工区。

（3）油位异常。

1）油位偏低或偏高时，应加强监视，报缺陷处理。

2）由于渗漏油造成油位过低，应汇报调度申请停电处理。

（4）渗漏油。

1）轻微漏油或渗油属于一般缺陷，可加强监视，报调度和工区，安排计划处理。

2）严重漏油应申请停电处理，在停电前加强监视，做好事故预想和应急处理准备。

（5）呼吸器硅胶变色过快，应查找变色过快的原因，报缺陷处理。

三、接地变压器和消弧线圈异常处理

消弧线圈动作或发生异常现象时，应记录好动作时间、中性点位移电压、电流及三相对地电压，并及时向调度汇报。

1. 接地变压器和消弧线圈立即停运的情况

接地变压器或消弧线圈有以下异常时应立即退出运行：

（1）设备漏油，从油位指示器中看不到油位。

（2）设备内部有放电声响。

（3）一次导流部分接触不良，引起发热变色。

（4）设备严重放电或瓷质部分有明显裂纹。

（5）绝缘污秽严重，存在污闪可能。

（6）阻尼电阻发热、烧毁或接地变压器温度异常升高。

（7）设备的试验、油化验等主要指标超过相关规定，由试验人员判定不能继续运行。

（8）消弧线圈本体或接地变压器外壳鼓包或开裂。

2. 接地变压器和消弧线圈应加强监视的情况

接地变压器或消弧线圈有以下异常时，应查找原因、采取措施并尽快退出运行：

（1）设备渗漏油，还能够看到油位。

（2）红外测量设备内部异常发热。

（3）工作、保护接地失效。

（4）瓷质部分有掉瓷现象，不影响继续运行。

（5）绝缘油中有微量水分，游离碳呈淡黑色。

（6）二次回路绝缘下降，但不超过30%。

（7）中性点位移电压大于15%相电压。

（8）设备不清洁、有锈蚀现象。

3. 隔离故障设备的方法

将故障接地变压器或消弧线圈退出运行的方法如下：

（1）在系统存在接地故障的情况下，不得停用消弧线圈，且应严格对其上层油温加强监视，其值最高不得超过 95℃，并迅速查找和处理单相接地故障，应注意允许带单相接地故障运行时间不得超过 2h，否则应将故障线路断开，停用消弧线圈。

（2）若接地故障已查明，将接地故障切除以后，检查接地信号已消失，中性点位移电压很小时，方可用隔离开关将消弧线圈拉开。

（3）若接地故障点未查明，或中性点位移电压超过相电压的 15%时，接地信号未消失，不准用隔离开关拉开消弧线圈。可作如下处理：

1）投入备用变压器或备用电源。

2）将接有消弧线圈的变压器各侧断路器断开。

3）拉开消弧线圈的隔离开关，隔离故障。

4）恢复原运行方式。

四、补偿装置异常处理举例

某变电站电容器组频繁发生单台熔丝熔断现象，经检修单位测试检查电容器有轻微容量变化，但尚在允许范围内。运行一段时间后，电容器组事故跳闸，检查发现多台电容器熔丝发生熔断，电容器本体及围栏有烧损现象。测试发现该组电容器均发生容量增大现象。经事故调查分析，原因为电容器组断路器分闸速度不够，在操作中拉开电容器时发生电弧重燃。电容器组在电弧重燃过电压的作用下内部绝缘介质局部击穿，造成电流增大，损坏严重的电容器熔丝熔断。同时，由于电容器熔丝安装时角度调整不够，使熔丝熔断时分断速度过小，电弧不能断开，造成弧光短路，引起整组电容器跳闸。事后该变电站更换了所有电容器组断路器，并对全部电容器熔丝进行了调整，消除了电容器组缺陷。

【思考与练习】

1. 电容器有哪些异常现象时应停电处理？
2. 电抗器有哪些异常现象时应停电处理？
3. 接地变压器或消弧线圈有哪些异常现象时应停电处理？

模块 3 补偿装置异常处理危险点源分析（GYBD00501003）

【模块描述】本模块对补偿装置异常处理中的危险点源进行了分析。通过要点讲解，能够制定相应的预控措施。

【正文】

一、补偿电容器组异常处理危险点分析

1. 检查处理电容器组异常现象时人身触电

控制措施：检查处理电容器组异常现象时，不得触及电容器外壳或引线，以防止电容器内部绝缘损坏造成外壳带电；若有必要接触电容器，应先拉开断路器及隔离开关，然后验电装设接地线，并对电容器进行充分放电。

2. 更换单只电容器熔断器时人身触电

控制措施：在接触电容器前，应戴绝缘手套，用短路线将电容器的两极短接，方可动手拆卸；对双星形接线电容器的中性线及多个电容器的串接线，还应单独放电。

3. 摇测电容器两极对外壳和两极间绝缘电阻时人身触电

控制措施：由两人进行，测量前用导线将电容器放电；测试完毕后，将电容器上的电荷放尽。

4. 处理电容器着火时人身触电

控制措施：先将电容器停电后再进行灭火，由于电容器可能有部分电荷未释放，所以应使用绝缘介质的灭火器，并不得接触电容器外壳和引线。

5. 检查处理电容器组异常现象时电容器爆炸伤人

控制措施：发现电容器内部有异常音响或外壳严重膨胀等异常现象，应立即将电容器停电，停电前不得再接近发生异常的电容器组。

6. 电容器组投切操作时电容器爆炸伤人

控制措施：应先检查无人在电容器组附近后再进行操作。

7. 由于处理不当造成电容器爆炸

控制措施：

（1）电容器组断路器跳闸后，在未查明原因并处理前不得试送电容器。

（2）电容器组切除后再次投入运行，应间隔 5min 后进行。

（3）发现电容器有需要立即退出运行的异常现象时，应立即将电容器停电处理。

二、电抗器异常处理危险点分析

1. 由于处理不当造成设备损坏

控制措施：按照电抗器异常处理方法将需立即停电的电抗器退出运行。

2. 处理电抗器异常时人身被烧、烫伤

控制措施：

（1）发现电抗器或周围围栏等设备过热时，不得触及设备过热部分。

（2）电抗器冒烟或着火，灭火时应做好个人防护措施，必要时报火警。

3. 检查处理电抗器异常时人身受到伤害

控制措施：发现干式电抗器有异常声响、放电或支持绝缘子严重破损或位移时，应立即远离故障电抗器，并迅速将其退出运行。

4. 检查处理电抗器异常时人身触电

控制措施：

（1）在电抗器停电并做好安全措施前，不得进入电抗器围栏或接触干式电抗器外壳。

（2）电抗器冒烟或着火，应在断开电源后用干粉、二氧化碳等采用绝缘灭火材料的灭火器灭火。

三、接地变压器或消弧线圈异常处理危险点源分析

1. 接地变压器和消弧线圈停电操作中带负荷拉合隔离开关

控制措施：

（1）在进行接地变压器或消弧线圈投、停操作前，需查明电网内确无单相接地，且消弧线圈电流小于 10A 后，方可用隔离开关进行操作。

（2）若接地故障点未查明，或中性点位移电压超过相电压的 15%时，接地信号未消失，不准用隔离开关拉开接地变压器或消弧线圈。

（3）严禁用隔离开关拉、合发生异常的接地变压器或消弧线圈。

2. 将带有消弧线圈的主变压器退出运行后其他主变压器过负荷

控制措施：

（1）一台主变压器停运操作前，先检查负荷情况，联系调度，提前限制负荷。

（2）拉开主变压器低、中压侧断路器后，检查运行主变压器各侧负荷情况，发现过负荷及时处理。

3. 处理过程中发生系统谐振

控制措施：在进行消弧线圈投入和退出电网的操作时，应密切监视电网运行情况，发现谐振立即处理。

【思考与练习】

1. 电容器组发生一台电容器熔断器熔断，需运行人员更换熔断器，请进行处理过程中的危险点源分析。

2. 如何防止接地变压器或消弧线圈异常处理过程中发生带负荷拉隔离开关？

第三十五章　小电流接地系统异常分析及处理

模块1　小电流接地系统异常现象及分析（GYBD00502001）

【模块描述】本模块介绍了小电流接地系统常见异常。通过现象描述、原理讲解，了解小电流接地系统常见异常现象和产生的原因。

【正文】

小电流接地系统中，中性点接地方式有中性点不接地和中性点经消弧线圈接地两种。该系统常见异常主要有单相接地和缺相运行两种。

一、单相接地故障现象及分析

1. 单相接地故障现象

（1）警铃响，同时发出接地光字信号，接地信号继电器掉牌。综合自动化变电站内监控机发出预告音响并有系统接地报文。

（2）如故障点高电阻接地，则接地相电压降低，其他两相对地电压高于相电压；如金属性接地，则接地相电压降到零，其他两相对地电压升高为线电压；若三相电压表的指针不停地摆动，则为间歇性接地。

（3）中性点经消弧线圈接地系统，接地时消弧线圈动作光字牌亮，电流表有读数。装有中性点位移电压表时，可看到有一定指示（不完全接地）或指示为相电压值（完全接地）。消弧线圈的接地告警灯亮。

（4）发生弧光接地时，产生过电压，非故障相电压很高，电压互感器高压熔断器可能熔断，甚至可能烧坏电压互感器。

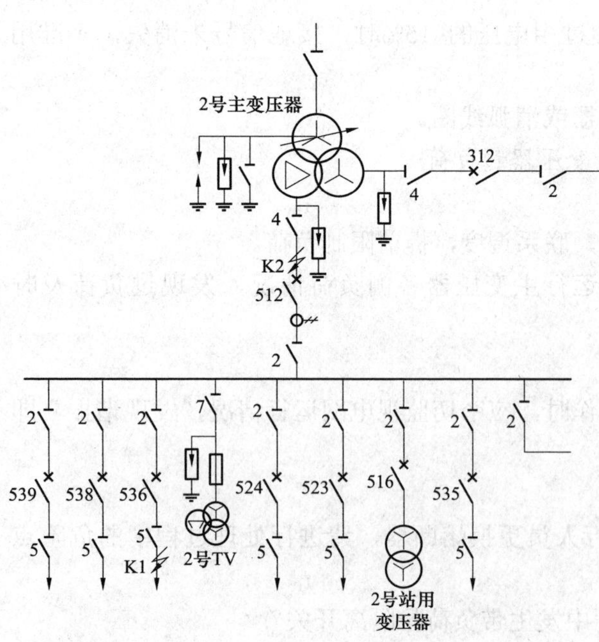

图 GYBD00502001-1　单母线接线单相接地示意图

2. 单相接地故障的危害

（1）由于非故障相对地电压升高（金属性接地时升高至线电压值），系统中的绝缘薄弱点可能击穿，形成短路故障，造成线路、母线或主变压器开关跳闸。

如图 GYBD00502001-1 所示，536 线路 K1 点 A 相接地，在未拉开 536 断路器切除接地点前，10kV 2 号母线及所属设备和所带的线路以及 2 号主变压器低压侧 B、C 相均承受线电压甚至是谐振过电压的作用，若此时另一条线路（如 538 线路）B 相绝缘子击穿接地，则单相接地就变成了两相接地短路，造成 538 和 536 线路过电流保护动作跳闸（如线路过电流保护只接 A、C 相电流，则 536 线路过电流保护跳闸，538 线路保护不动作）；如 10kV 2 号母线设备 B 相或 C 相绝缘击穿，536 线路保护拒动或 536 断路器拒动时，则会造成 2 号主变压器低压侧后备保护动作跳开 512 断路器，造成 10kV 2 号母线全停；如 2 号主变压器低压侧 K2 点发生 B 相或 C 相接地，则会造成 2 号主变压器差动保护动作跳开 2 号主变压器三侧断路器，造成主变压器停运，35kV 2 号母线和 10kV 2 号母线全部停电。

（2）故障点产生电弧，会烧坏设备甚至引起火灾，并可能发展成相间短路故障。

（3）故障点产生间歇性电弧时，在一定条件下，产生串联谐振过电压，其值可达相电压的 2.5～3 倍，对系统绝缘危害很大。

（4）在拉路查找接地及处理接地故障的过程中，中断对用户的供电。

3. 单相接地故障的原因

（1）设备绝缘不良，如老化、受潮、绝缘子破裂、表面脏污等，发生击穿接地。

（2）小动物、鸟类及其他外力破坏。

（3）线路断线后导线触碰金属支架或地面。

（4）恶劣天气影响，如雷雨、大风等。

4. 接地故障的判断

系统发生接地时，可根据信号、电压的变化进行综合判断。但是在某些情况下，系统的绝缘没有损坏，而因其他原因产生某些不对称状态，如电压互感器高压熔断器一相熔断，系统谐振等，也可能报出接地信号，所以，应注意正确区分判断。

（1）接地故障时，故障相电压降低，另两相升高，线电压不变。而高压熔断器一相熔断时，对地电压一相降低，另两相不会升高，与熔断相相关的线电压则会降低。对三相五柱式电压互感器，熔断相绝缘电压降低但不为零，非熔断相绝缘电压正常（见表 GYBD00502001-1）。

表 GYBD00502001-1　　单相接地与电压互感器高压熔断器熔断、铁磁谐振的区别

故障类别 \ 故障现象 \ 项目	相对地电压	主控盘信号
单相接地	接地相电压降低，其他两相电压升高；金属性接地时，接地相电压为 0，其他两相升高为线电压	接地报警
高压熔断器熔断	熔断相降低，其他两相不变	接地报警，电压回路断线
铁磁谐振	三相电压无规律变化，如一相降低、两相升高或两相降低、一相升高或三相同时升高	接地报警

（2）铁磁谐振经常发生的是基波和分频谐振。根据运行经验，当电源对只带有电压互感器的空母线突然合闸时易产生基波谐振。基波谐振的现象是：两相对地电压升高，一相降低，或是两相对地电压降低，一相升高。当发生单相接地时易产生分频谐振。分频谐振的现象是：三相电压同时升高或依次轮流升高，电压表指针在同范围内低频（每秒一次左右）摆动。

（3）用变压器对空载母线充电时断路器三相合闸不同期，三相对地电容不平衡，使中性点位移，三相电压不对称，报出接地信号。这种情况只在操作时发生，只要检查母线及连接设备无异常，即可以判定，投入一条线路或投入一台站用变压器，即可消失。

（4）系统中三相参数不对称，消弧线圈的补偿度调整不当，在倒运行方式时，会报出接地信号。此情况多发生在系统中有倒运行方式操作时，经汇报调度，相互联系，可以先恢复原运行方式，将消弧线圈停电调分接头，然后投入，重新倒运行方式。

二、缺相运行故障现象及分析

小电流接地系统中除了短路、接地故障外，还可能发生一相或两相断线的情况，造成系统缺相运行。

1. 缺相运行的故障现象

（1）线路缺相运行会造成三相负荷不平衡，引起线路三相电流不平衡，断线相电流为零，正常相电流增大。三相电流不平衡也会引起功率表指示和电能表计量电量变化。但是当线路电流表只接一相或两相电流互感器时，如断线发生在未接电流表的相，电流变化不易发现。

（2）由于三相负荷不平衡造成中性点位移，引起相电压发生变化，断线相电压升高，正常相电压降低，接地保护可能发出接地信号。中性点带有消弧线圈时，消弧线圈电压升高，电流增大。

（3）缺相运行会造成系统对地电容不平衡，在系统中产生零序电压，引起主变压器本侧零序过电压发出信号。

（4）母线缺相运行时，断线相电压降低为零，正常相电压基本不变。

2. 造成缺相运行的原因

（1）导线接头锈蚀、发热烧断。

（2）连接设备质量问题，如支持绝缘子损坏等。

（3）导线受外力伤害断线。

（4）恶劣天气影响，如大风、冰雹等造成线路断线。

（5）断路器内部绝缘拉杆断裂，操作时一相未变位。

3. 缺相运行案例

某站在拉开电容器断路器后，主变压器低压侧后备保护发出告警信号，检查发现主变压器低压侧零序电压保护报警动作，并且信号无法复归。经运行人员详细检查，发现拉开的电容器断路器C相有微弱的电流，现场检查断路器位置指示在分闸位置。判断电容器断路器C相由于某种原因未断开。将故障断路器退出运行后，经检修人员检查发现断路器C相绝缘拉杆断裂，造成该相触头未断开。

【思考与练习】

1. 小电流接地系统发生单相接地时有什么现象？
2. 单相接地故障的危害有哪些？
3. 小电流接地系统发生单相接地与铁磁谐振及电压互感器高压熔断器一相熔断有什么区别？
4. 线路缺相运行有哪些异常现象？

模块2 小电流接地系统异常处理（GYBD00502002）

【模块描述】本模块介绍了小电流接地系统常见异常的处理。通过案例介绍，掌握小电流接地系统单相接地、缺相运行等异常的处理方法。

【正文】

一、单相接地故障处理

小电流接地系统发生单相接地故障时，由于线电压的大小和相位不变，且系统的绝缘又是按线电压设计的，所以不需要立即切除故障，仍可继续运行一段时间，但一般不宜超过 2h。中性点经消弧线圈接地的系统，允许带接地故障运行的时间取决于消弧线圈的允许运行条件，制造厂一般规定为2h。

1. 单相接地处理的注意事项

（1）发现设备接地后，应立即汇报调度，查找出接地点并迅速隔离，特别是对于间歇性接地，更应尽快查出接地点并停电隔离，防止由于间歇接地产生谐振过电压造成设备绝缘击穿损坏。

（2）查找接地故障时应穿绝缘靴，接触设备的外壳和架构时应戴绝缘手套。

（3）站内发生接地时，在隔离故障点消除接地前，应加强对站内设备运行状态的监视，尤其是发生接地的母线、避雷器和电压互感器等承受过电压运行的设备，并做好事故处理的准备。

2. 单相接地的查找方法

（1）检查、记录接地现象。站内发出接地信号时，首先应汇报调度，将时间、光字指示、故障报文、表计指示等信息做好记录。

（2）判断接地相别。切换检查相电压表计，根据相电压指示，判断是否为接地故障，如是接地故障则判明故障相别。

（3）检查站内设备有无故障。对接地母线上的一次设备进行外部检查，主要检查各设备瓷质部分有无损坏、有无放电闪络，检查设备上有无落物、小动物及外力破坏现象，检查各引线有无断线接地，检查互感器、避雷器、电缆头等有无击穿损坏。

（4）采用拉路或倒母线的方法查找接地点。

1）分网运行缩小范围。分网包括系统分网运行和站内分网运行。对于变电站，分网是使母线分列运行，分列后对仍有接地信号的一段母线进行查找处理。

如图 GYBD00502002-1 所示，当 1 号、2 号母线通过分段 501 断路器并列运行时，如 534 线路接地，则两段母线均会发出接地信号。处理时应首先拉开分段 501 断路器，将两段母线分开，由于接地线路 534 位于 1 号母线，则断开 501 断路器后 2 号母线接地现象就会消失。这样就缩小了查找范围。

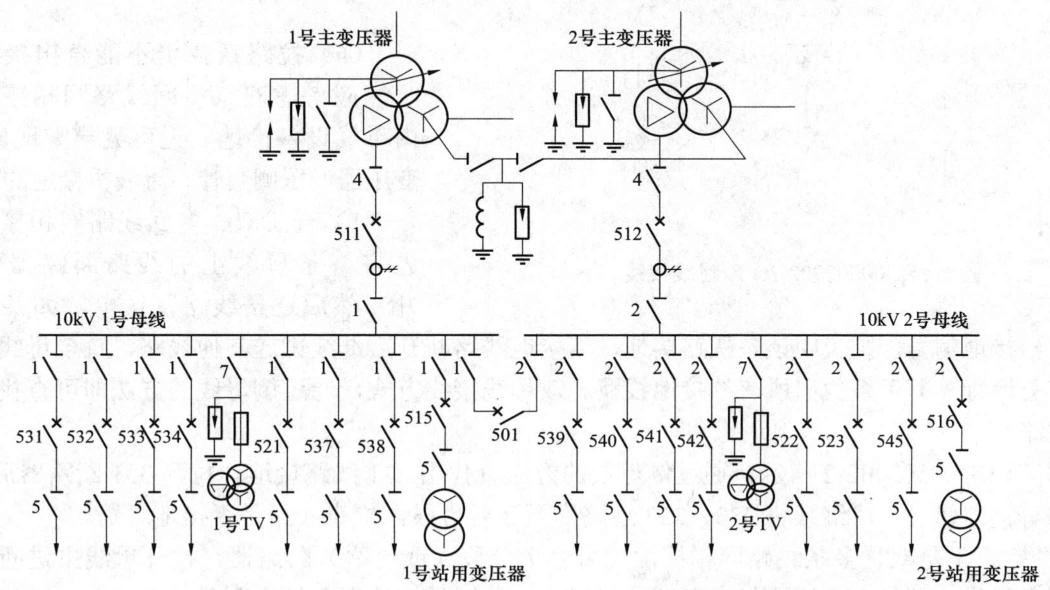

图 GYBD00502002-1　单母线分段接线

2）依次短时断开故障所在母线上各出线断路器，如果断开断路器后接地信号消失，绝缘监察电压表的指示恢复正常，即可证明所停的线路上有接地故障。利用瞬停法查找有接地故障的线路，一般拉路顺序为：

a. 充电备用线路。

b. 双回路用户分别停。

c. 线路长、分支多、负荷小、不太重要用户的线路，或者发生故障几率高的线路。

d. 分支少、线路短、负荷较大、较重要用户的线路。

e. 剩最后一条线路也应试停。

如图 GYBD00502002-1 所示，两段母线出线中，533、542 断路器备用，531、534、537、539 线路为农业和照明负荷；532、538、540、541 线路所带负荷为行政、化工和煤矿重要负荷，其中 532 线路和 540 线路为双回线路，545 线路充电备用。如 2 号母线发生接地，拉路查找顺序为：先拉充电备用线路 545，再检查 532 线路运行后拉开 540 线路，然后拉负荷不重要的线路 539，最后拉重要负荷线路 541。

3）对侧带有备自投的双回线路，应汇报调度，将对侧备自投退出后，再进行拉路查找。否则拉开一条线路后，由于对侧备自投动作，会将接地点转移到另一条线路上，造成误判断。

4）对于双母线接线，可以依次将一条母线上的回路倒至另一母线上，然后断开母联断路器，若发现接地信号也随线路转移到另一条母线上，说明所倒换的线路上有接地故障。

如图 GYBD00502002-2 所示，35kV 1 号母线和 2 号母线通过母联 301 断路器并列运行，35kV 系统接地的查找方法是：接地查找时应先拉开 301 断路器，检查接地在哪条母线上。如拉开 301 断路器后 2 号母线接地信号消失，1 号母线仍然有接地信号，则说明 1 号母线设备接地，可合上 301 断路器，将 331 线路热倒至 2 号母线，然后再拉开 301 断路器，检查接地现象是否也随 331 线路转移到 2 号母线，如 2 号母线发出接地信号则说明 331 线路有接地故障，这时再拉开 331 断路器。如将 331 线路倒至 2 号母线后无接地信号，则继续将 333、337 线路依次倒至 2 号母

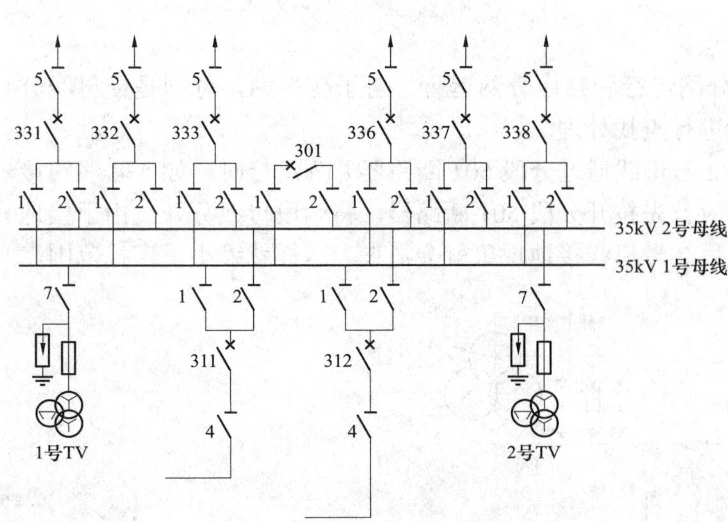

图 GYBD00502002-2 双母线接线

线，检查线路是否接地。

5）如出线装有接地信号装置，故障范围很容易区分。若报出母线接地信号的同时，某一线路也有接地信号，则故障点多在该线路上。若只报出母线接地信号，故障点可能在母线及连接设备上。

（5）拉路查找仍不能查出接地线路时，应考虑双、多回线路同相接地，站内母线设备接地（无可见异常现象），主变压器低压侧套管、母线桥接地的可能。

1）查找双、多回线路同相接地时，先将一条母线上的线路断路器全部拉开，然后逐条线路试送电，如某条线路送电后发出接地信号，则说明该条线路接地，将接地线路断开后继续试送其他线路，直至母线上的线路全部恢复运行，即可查找出所有的接地线路。双母线接线方式，通过倒母线的方法即可查找出所有的接地线路。

如图 GYBD00502002-2 所示，通过倒母线的方法查找出 331 线路接地，拉开 331 断路器后，1 号母线仍然有接地信号，可继续将 333、337 逐路倒至 2 号母线，检查线路是否接地。

2）经检查不是双、多条线路同相接地，可合上分段（或母联）断路器，拉开母线主进断路器。如接地现象消失，即是主变压器低压套管或母线桥接地；如接地现象扩大到另一段（条）母线上，则是母线设备接地。

如图 GYBD00502002-2 所示，将 1 号母线上所有线路全部倒至 2 号母线后，拉开 301 断路器后，1 号母线接地信号仍不消失，这时可合上 301 断路器，拉开 311 断路器，如接地信号消失，说明接地发生在 311 断路器至主变压器低压侧（一般在母线桥上）；如接地现象仍不消失，说明 1 号母线设备接地。

3. 单相接地故障点隔离方法

查找到接地故障点后，应汇报调度，根据调度命令，结合本站设备接线方式，通过倒闸操作将接地点隔离，做好安全措施处理。

（1）对于一般不重要用户的线路，可停电处理。对于重要用户的线路，可以在转移负荷后或等用户做好准备后，将故障线路停电。

（2）站内设备接地的隔离方法。

1）故障点可以用断路器隔离，如线路、电流互感器、出线穿墙套管、出线避雷器、电缆头、隔离开关（线路侧）、耦合电容器等断路器外侧（出线侧）的设备接地。应汇报调度，转移负荷以后，拉开断路器隔离故障，然后把故障设备各侧隔离开关拉开，汇报上级，通知检修人员检修故障设备。

2）故障点不能用断路器隔离，如断路器、母线侧隔离开关、电压互感器、母线避雷器等设备接地。这种情况下必须注意：切记不可用隔离开关拉开接地故障设备和线路负荷电流。

a. 母线设备接地，可将母线停电后，隔离接地点。接地点断开后，母线能够恢复运行的应恢复运行。

如图 GYBD00502002-1 所示，539 断路器接地，需将 10kV 2 号母线转热备用后，拉开 539 断路器两侧隔离开关，隔离接地故障点，恢复 10kV 2 号母线运行。

如图 GYBD00502002-2 所示，332 断路器接地，需将 35kV 2 号母线上 312、336、338 断路器热倒至 1 号母线，用 301 断路器串带 332 断路器，拉开 301 断路器将 2 号母线停电，然后再拉开 332 断路器两侧隔离开关，隔离接地点，再恢复 2 号母线运行。

b. 主变压器低压侧接地，需将主变压器停电转检修。

c. 有旁路母线的，可以将故障点所在线路倒旁路母线运行，转移负荷并转移故障点，用断路器隔离故障点。

如图 GYBD00502002-3 所示，533 断路器接地，可用旁路 502 断路器转代 533 断路器，使 502 断路器与 533 断路器并列运行，断开 502 断路器控制电源，拉开 533 断路器母线侧隔离开关，然后拉开 502 断路器隔离接地故障点。

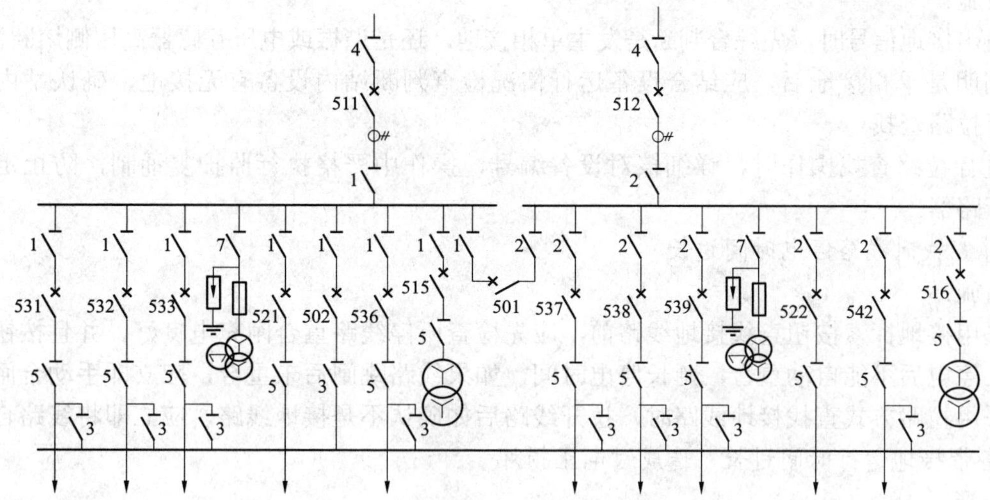

图 GYBD00502002-3　用断路器隔离故障点

d. 不能通过倒运行方式停电隔离接地点，又不允许母线或主变压器停电时，可采取人工转移接地点操作，隔离接地点，恢复设备正常运行。

二、缺相运行的处理

（1）站内有缺相运行的信号或现象时，应进行判断分析。单相断线与单相接地现象相近，应注意区分，单相接地是一相电压降低，两相升高；单相断线是一相电压升高，两相降低。并且线路单相断线还有电流变化、保护发信号等其他异常现象，应收集全部现象进行综合分析。

（2）确认线路或母线缺相运行，应汇报调度后将线路或母线停电处理。

（3）由于断路器绝缘拉杆断裂造成缺相运行，一相合不上时应将断路器拉开；一相不能拉开时，不能用隔离开关拉开，应采用倒闸操作的方法将故障断路器退出运行，操作方法与断路器接地相同。

【思考与练习】

1. 两条线路同相接地如何查找处理？
2. 采用瞬时拉路法查找接地线路时的拉路顺序是什么？
3. 缺相运行如何处理？

模块 3　小电流接地系统异常处理危险点源分析（GYBD00502003）

【模块描述】本模块对小电流接地系统单相接地、缺相运行处理过程中的危险点源进行了分析。通过要点讲解，能够制定相应的预控措施。

【正文】

一、单相接地处理危险点分析

1. 检查站内设备时人身触电

控制措施：发生单相接地时，室内不得接近接地点 4m 以内，室外不得接近接地点 8m 以内，进入上述范围的人员应穿绝缘靴，接触设备的外壳和架构时应戴绝缘手套。

经验介绍：当站用变压器高压侧有外来备用电源时，设备发生单相接地，本站可能没有接地告警，所以巡视该处设备时，如有异常声响，巡视人员应采取防护措施后再靠近检查。

2. 检查、处理时设备爆炸造成人身伤害

控制措施：站内发生接地异常，检查处理过程中不要在避雷器、电压互感器和消弧线圈设备处停留，防止这些设备因接地过电压发生爆炸、喷油。

3. 查找接地线路时误拉、合断路器

控制措施：

（1）发出接地信号时，先综合判断是发生单相接地，还是谐振或电压互感器高压侧熔断器熔断。

（2）判明是单相接地后，应结合设备运行情况检查判断站内设备有无接地，确认站内设备无接地后再进行拉路查找。

（3）进行拉路查找操作时，详细核对设备编号，操作中严格执行监护复诵制，防止走错间隔，误拉、合断路器。

4. 接地查找时线路停电时间过长

控制措施：

（1）采用接地探索按钮查找接地线路前，应先检查所停线路重合闸充电良好，并且按钮时间不能过长，防止停电后不能自动重合，延长停电时间，如果线路跳闸后未重合，应立即手动合闸。

（2）采用拉路方式查找接地线路时，拉开线路后如确认不是接地线路，应立即将线路合闸送电。

5. 设备带接地运行时间过长，造成过电压损坏

控制措施：

（1）发现接地现象后，应尽快查找、断开接地点，查找过程中注意接地运行时间不超过允许时间。

（2）发现站内设备因接地过电压发生异常现象，应将异常设备退出运行。

6. 隔离接地点时带负荷拉隔离开关

控制措施：

（1）严禁用隔离开关拉开接地设备。

（2）采用转代的方法隔离时，拉开接地点电源侧隔离开关前，应断开旁路断路器控制电源。

7. 人工转移接地点操作时带负荷拉隔离开关

控制措施：采用人工转移接地点的方法拉开接地设备的隔离开关前，应确认接地点已和人工接地点并联，并断开人工接地点回路断路器的控制电源。

8. 人工转移接地点操作时造成相间短路

控制措施：

（1）转移接地点操作前，应核实接地相别，装设人工接地线相别应和接地相相同。

（2）装设人工接地线时，应装设单相接地线。

9. 主变压器低压侧母线桥接地处理，一台主变压器停运后，其他主变压器过负荷

控制措施：

（1）主变压器停运操作前，检查负荷情况，联系调度，提前限制负荷。

（2）拉开主变压器低中压侧断路器后，检查运行主变压器各侧负荷情况，发现过负荷及时处理。

10. 接地查找时操作失误造成保护动作跳闸

控制措施：双母线或单母线分段接线，两条母线均发生单相接地，并且接地相别不同时，严禁合上母联或分段断路器，否则在两条母线并列运行后，两条母线上的单相接地转变为两相接地短路，造成线路保护或主变压器保护动作跳闸。

二、缺相运行处理危险点分析

1. 未发现缺相运行故障

控制措施：认真监视设备运行情况，对站内出现的任何异常现象均应查明原因。

2. 判断错误，将缺相运行判断为单相接地

控制措施：收集全部现象进行综合分析判断。

3. 处理断路器不能断开造成的缺相运行时，带负荷拉隔离开关

控制措施：判断为断路器一相或两相未断开时，严禁使用隔离开关将故障断路器隔离，应按照接

模块3
GYBD00502003

线方式的不同，采用倒闸操作的方法，将故障断路器停电后再拉开两侧隔离开关。

【思考与练习】

1. 某站 10kV 母线桥接地，请进行检查处理过程中的危险点源分析。

2. 缺相运行处理过程中有哪些危险点？控制措施是什么？

模块 4　人工转移接地点操作（GYBD00502004）

【模块描述】本模块介绍了小电流接地系统人工转移接地点的方法。通过案例介绍，掌握通过人工转移接地点，消除接地故障的方法。

【正文】

小电流接地系统中发生单相接地，如接地故障点不能通过倒运行方式隔离，又不允许母线停电时，在接地点可用隔离开关断开的情况下，采取人工转移接地点操作，隔离接地点，确保其他设备正常运行。

一、人工转移接地点操作方法

（1）确定接地相别。

（2）选择一条回路，拉开回路断路器和两侧隔离开关，在断路器和线路侧隔离开关之间装设与接地相同相的单相接地线。

（3）合上人工接地回路母线侧隔离开关和断路器，使人工接地点和故障接地点并联。

（4）断开人工接地点断路器控制电源，用隔离开关拉开故障接地点。

（5）投入人工接地点断路器控制电源，拉开断路器和母线侧隔离开关，拆除单相接地线，恢复回路正常运行。

二、人工转移接地点操作举例

如图 GYBD00502004-1 所示，K 点发生 A 相接地故障，不能用 515-1 隔离开关直接隔离故障点，将母线停电处理会中断对用户的供电，因此可采用人工转移接地点的处理方法。

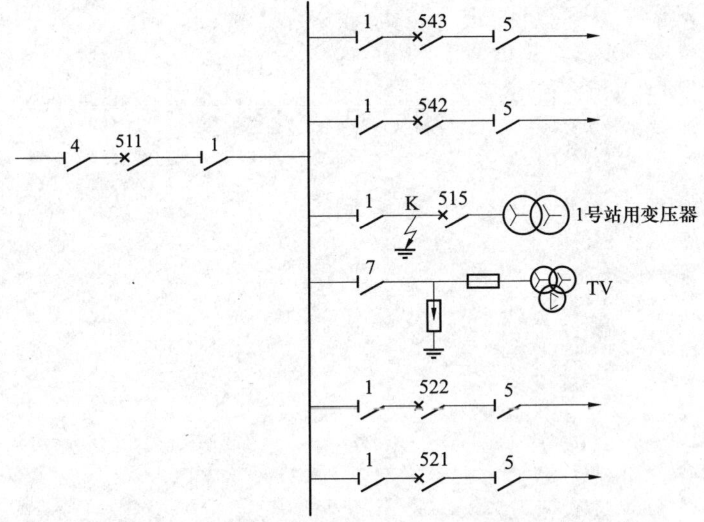

图 GYBD00502004-1　单母线接线

（1）检查母线三相电压，确认是 A 相接地，将 1 号站用变压器所带低压负荷倒出。

（2）拉开 543 断路器和两侧隔离开关。在 543-5 隔离开关断路器侧验明无电后，在 543-5 隔离开关断路器侧 A 相装设单相接地线。

（3）合上 543-1 隔离开关，合上 543 断路器，这时人工接地点与接地点 K 形成并联。

（4）断开 543 断路器控制电源，拉开 515-1 隔离开关，隔离接地故障点。

（5）投入 543 断路器控制电源，拉开 543 断路器和 543-1 隔离开关，拆除人工接地线，恢复 543

线路供电。

（6）待接地点消除后再恢复 1 号站用变压器的运行。

【思考与练习】

1. 什么情况下应采用人工转移接地点的方法消除接地故障？

2. 人工转移接地点的操作顺序是什么？

3. 如图 GYBD00502004-2 所示，10kV 1 号站用变压器 515 断路器接地，采用人工转移接地点的方法如何处理？

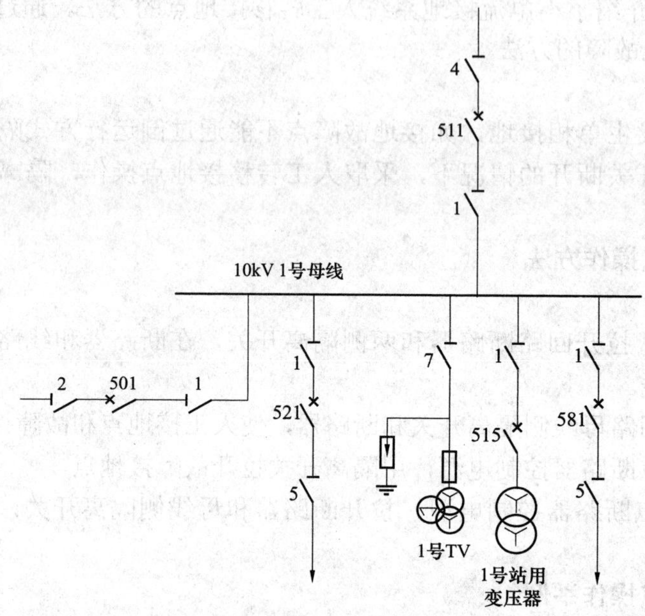

图 GYBD00502004-2 思考与练习题 3 接线图

第七部分

事 故 处 理

第三十六章　事故处理基础知识

模块 1　事故处理基本原则及步骤（GYBD00601001）

【模块描述】本模块介绍事故处理的主要任务、基本原则和有关规定。通过要点讲解，掌握电力系统产生事故的主要原因、事故处理的主要任务、事故处理的一般步骤、基本原则、要求、有关规定和注意事项。

【正文】

电力系统事故是指由于电力系统设备故障或人员工作失误而影响电能供应数量或质量超过规定范围的事件。事故分为人身事故、电网事故和设备事故三大类，其中设备和电网事故又可分为特大事故、重大事故和一般事故。

当电力系统发生事故时，变电站运行人员应根据断路器跳闸情况、保护动作情况、表计指示变化情况、监控后台信息和设备故障等现象，迅速准确地判断事故性质，尽快处理，以控制事故范围，减少损失和危害。

一、引起电力系统事故的原因

引起电力系统事故的原因主要有下面三类：

（1）自然灾害引起的有大风、雷击、污闪、覆冰、树障、山火等。

（2）设备原因引起的有设计、产品制造质量、安装检修工艺、设备缺陷等。

（3）人为因素引起的有设备检修后验收不到位、外力破坏、维护管理不当、运行方式不合理、继电保护定值错误和装置损坏、运行人员误操作、设备事故处理不当等。

二、事故处理的主要任务

（1）尽速限制事故的发展，消除事故的根源，解除对人身和设备的威胁。

（2）用一切可能的方法保持对用户的正常供电，保证站用电源正常。

（3）尽速对已停电的用户恢复供电，对重要用户应优先恢复供电。

（4）及时调整系统的运行方式，使其恢复正常运行。

三、事故处理的一般步骤

（1）系统发生故障时，变电站运行人员初步判断事故性质和停电范围后迅速向调度汇报故障发生时间、跳闸断路器、继电保护和自动装置的动作情况及其故障后的状态、相关设备潮流变化情况、现场天气情况。

（2）根据初步判断检查保护范围内的所有一次设备故障和异常现象及保护、自动装置动作信息，综合分析判断事故性质，作好相关记录，复归保护信号，把详细情况报告调度。如果人身和设备受到威胁，应立即设法解除这种威胁，并在必要时停止设备的运行。

（3）迅速隔离故障点并尽力设法保持或恢复设备的正常运行。根据应急处理预案和现场运行规程的有关规定采取必要的应急措施，如投入备用电源或设备，对允许强送电的设备进行强送电，停用有可能误动的保护，拉开控制电源解除设备自保持等。

（4）进行检查和试验，判明故障的性质、地点及其范围（在绝大多数的情况下，处理事故的快慢决定于判明事故原因或设备是否完整的迅速程度。电气部分发生的事故常常只是由于系统中的某个元件发生了事故，故应力求直接判明事故的原因，使停电部分迅速恢复送电）。如果运行人员自己不能检查出或处理损坏的设备时，应立即通知检修或有关专业人员（如试验、继保等专业人员）前来处理。在检修人员到达之前，运行人员应把工作现场的安全措施做好（如将设备停电、安装接地线、装设围栏和悬挂标示牌等）。

（5）除必要的应急处理以外，事故处理的全过程应在调度的统一指挥下进行。

（6）作好事故全过程的详细记录，事故处理结束后编写现场事故报告。

四、事故处理的组织原则

（1）各级当值调度员是领导事故处理的指挥者，应对事故处理的正确性、及时性负责。变电站当班值长是现场事故、异常处理的负责人，应对汇报信息和事故操作处理的正确性负责。因此，变电站运行人员要和值班调度员密切配合，迅速果断地处理事故。在事故处理和异常中必须严格遵守安全工作规程、事故处理规程、调度规程、运行规程及其他有关规定。

（2）发生事故和异常时，运行人员应坚守岗位，服从调度指挥，正确执行当值调度员和值长的命令。值长要将事故和异常现象准确无误地汇报给当值调度员，并迅速执行调度命令。

（3）运行人员如果认为调度命令有误时，应先指出，并作必要解释。但当值班调度员认为自己的命令正确时，变电站运行人员应该立即执行。如果值班调度员的命令直接威胁人身或设备的安全，则在任何情况下均不得执行。当值值长接到此类命令时，应该把拒绝执行命令的理由报告值班调度员和本单位的总工程师，并记载在值班日志中。

（4）如果在交接班时发生事故，而交接班的签字手续尚未完成，交班人员应留在自己的岗位上，进行事故处理，接班人员可在上值值长的领导下协助处理事故。

（5）事故处理时，除有关领导和相关专业人员以外，其他人员均不得进入主控制室和事故地点，事前已进入的人员均应迅速离开，便于事故处理。发生事故和异常时，运行人员应及时向站长（工区主任）汇报。站长可以临时代理值长工作，指挥事故处理，但应立即报告值班调度员。

（6）发生事故时，如果不能与值班调度员取得联系，则应按调度规程和现场事故处理规程中有关规定处理。这些规定应经本单位的总工程师批准。

五、事故处理的要求和有关规定

（1）变电站事故处理必须严格遵守电力安全工作规程、事故处理规程、调度规程、现场运行规程、反事故措施以及其他有关规定。

（2）事故和异常处理过程中，运行人员应认真监视监控画面和表计、信号指示。事故及处理过程应在值班日志、事故障碍记录及断路器跳闸等记录簿上作好详细记录。

（3）对设备的检查要认真、仔细，正确判断故障的范围及性质，汇报术语准确并简明扼要，所有电话联系均应录音。

（4）事故处理可以不用操作票，但为了提高操作的正确性，可参考典型操作票操作。操作中应严格执行操作监护制并认真核对设备的位置、名称、编号和拉合方向，防止误操作。事故抢修、试验可以不用工作票，但应使用事故抢修单。所有事故抢修、试验均应履行工作许可手续。事故处理后恢复送电的操作应填写倒闸操作票。

（5）下列各项操作现场运行人员可不待调度指令而自行进行：

1）将直接威胁人身或设备安全的设备停电。

2）确知无来电可能性时，将已损坏的设备隔离。

3）当站用电源部分或全部停电时，恢复其电源。

4）交流电压回路断线或交流电流回路断线时，按规定将有关保护或自动装置停用，防止保护和自动装置误动。

5）单电源负荷线路断路器由于误碰跳闸，将跳闸断路器立即合上。

6）当确认电网频率、电压等参数达到自动装置整定动作值而断路器未动作时，立即手动断开应跳的断路器。

7）当母线失压时，将连接该母线上的断路器断开（除调度指定保留的断路器外）。

除自行管辖的站用变压器停电处理以外，以上事故紧急处理以后应立即向调度汇报。

（6）发生事故后应将事故的详细情况及时汇报给本单位生产领导。发生重大事故或者有人员责任的事故，在事故处理结束以后，运行人员应将事故处理的全过程的资料进行汇总，汇总资料应完整、准确、明了。编写出详细的现场事故报告，以便专业人员对事故进行分析。现场事故报告应包括以下内容：

1）发生事故的时间、事故前后的负荷情况等。

2）中央信号、表计指示、断路器跳闸情况和设备告警信息。

3）保护、自动装置动作情况。

4）微机保护的打印报告并对其进行的分析。

5）故障录波器打印报告及测距。

6）现场设备的检查情况。

7）事故的处理过程和时间顺序。

8）人员和设备存在的问题。

9）事故初步分析结论。

六、事故处理的注意事项

1. 准确判断事故的性质和影响范围

（1）运行人员在处理故障时应沉着、冷静、果断、有序地将各种故障现象，如断路器动作情况、潮流变化情况、信号报警情况、保护及自动装置动作情况、设备的异常情况，以及事故的处理过程作好记录，并及时向调度汇报。

（2）运行人员在平时应了解全站保护的相互配合和保护范围，充分利用保护和自动装置提供的信息，便于准确分析和判断事故的范围和性质。

（3）运行人员要全面了解保护和自动装置的动作情况，在检查保护和自动装置动作情况时应依次检查，作好记录，防止漏查、漏记信号影响对事故的判断。

（4）为准确分析事故原因和故障查找，在不影响事故处理和停送电的情况下，应尽可能保留事故现场和故障设备的原状。

2. 限制事故的发展和扩大

（1）故障初步判断后，运行人员应到相应的设备处进行仔细地查找和检查，找出故障点和导致故障发生的直接原因。若出现着火、持续异味等危及设备或人身安全的情况，应迅速进行处理，防止事故的进一步扩大。确认故障点后，运行人员要对故障进行有效地隔离，然后在调度的指令下进行恢复送电操作。

（2）发生越级跳闸事故，要及时拉开保护拒动的断路器和拒分断路器的两侧隔离开关。在操作两侧隔离开关前，一般需要解除五防闭锁，因而应提前作好准备，以便缩短事故停电时间。在拉隔离开关前，必须检查向该回路供电的断路器在断开位置，防止带负荷拉隔离开关。

（3）对于事故紧急处理中的操作，应注意防止系统解列或非同期并列。对于联络线，应经过并列装置合闸，确认线路无电时方可解除同期闭锁合闸。

（4）用控制开关操作合闸，若合闸不成功，不能简单地判断为合闸失灵，应注意在合闸过程中监视表计指示和保护动作信息，防止多次合闸于故障线路或设备，导致事故的扩大。

（5）加强监视故障后线路、变压器的负荷状况，防止因故障致使负荷转移，造成其他设备长期过负荷运行，及时联系调度消除过负荷。

3. 恢复送电时防止误操作

（1）恢复送电时应在调度的统一指挥下进行，运行人员应根据调度命令，考虑运行方式变化时本站自动装置、保护的投退和定值的更改，满足新方式的要求。

（2）恢复送电和调整运行方式时要考虑不同电源系统的操作顺序。

（3）运行人员在恢复送电时要分清故障设备的影响范围，先隔离故障设备，对于经判断无故障的设备，按调度命令恢复送电，防止误操作导致故障的扩大。

4. 事故时应保证站用交、直流系统的正常运行

站用交、直流系统是变电站正常运行、操作、监控、通信的保证。交、直流系统异常会造成失去保护自动装置、操作、通信、变压器冷却系统电源，将使得事故处理更困难，若在短时间内交直流系

统不能恢复，会使事故范围扩大，甚至造成电网事故和大面积停电事故。因而事故处理时，应设法保证交、直流系统正常运行。

【思考与练习】

1. 发生事故时，运行人员应向调度汇报哪些内容？
2. 哪些项目在事故处理时运行人员可以自行操作后再汇报调度？
3. 简述事故处理的一般步骤。
4. 现场事故报告应包括哪些内容？

第三十七章　线路事故处理

模块1　线路事故类型、现象及处理原则（ZY1200501001）

【模块描述】本模块介绍电力线路短路故障的分类、故障跳闸事故类型和现象，以及电力线路故障跳闸处理原则。通过要点归纳和案例说明，掌握线路事故的判断和初步处理方法。

【正文】

由于 500kV 输电线路架设距离长，又多处于环境复杂多变的野外，容易受到各种自然和人为的因素影响，因而在电力系统事故中，输电线路的事故是最常见的事故。掌握输电线路的事故处理是对变电运行人员的基本要求。输电线路事故主要是短路和断线事故。

500kV 输电线路一般设置两套完整、独立的保护，并且两套保护的交流电流、电压回路和直流电源彼此独立。每一套主保护对全线路内发生的各种类型故障均能无时限动作切除故障；当主保护拒动时，后备保护动作，以一定时限切除故障。

一、输电线路短路故障分类

输电线路的故障有短路故障和断线故障，以及由于保护误动或断路器误跳引起的停电等。短路故障又可按短路性质和故障存续时间进行分类。

1. 按短路性质分类

（1）单相接地短路故障。

（2）两相相间短路故障。

（3）两相接地短路故障。

（4）三相短路故障。

2. 按短路故障存续时间分类

（1）瞬时性短路故障。当故障线路断开电源电压后，故障点的绝缘强度能够自行恢复，因而如果重新将线路合闸，线路将能恢复正常运行。

（2）永久性短路故障。当断开电源电压后，故障仍然存在，在故障未排除之前，是不可能恢复正常运行的。

二、输电线路故障跳闸事故类型

输电线路故障跳闸事故的类型主要有：

（1）线路瞬时性故障跳闸，自动重合闸重合成功。

（2）线路永久性故障跳闸，自动重合闸重合不成功。

（3）线路故障跳闸，自动重合闸未动作。含重合闸拒动、未投重合闸或重合闸未投在相应位置（如综合重合闸方式投“单重”时的相间故障跳闸）等因素造成的重合闸未动作。

（4）线路故障跳闸，自动重合闸动作，但断路器拒合。含断路器动力电源故障和断路器机构故障等因素造成的断路器拒合。

三、输电线路故障跳闸现象

1. 瞬时性故障跳闸，重合闸重合成功

主要现象有：

（1）事故警报、警铃鸣响，监控后台机主接线图断路器标志先显示绿闪，继而又转为红闪。

（2）故障线路电流、功率瞬间为零，继而又恢复数值。

由于是瞬时性故障，重合闸动作时间较短，上述故障的中间转换过程运行人员不易看到。

（3）监控后台机出现告警窗口，显示故障线路某种保护动作、重合闸动作、故障录波器动作等信息。故障线路保护屏显示保护及重合闸动作信息（信号灯亮），分相控制的线路则还有某相跳闸或三相跳闸的信息（信号）。

2. 永久性故障跳闸，重合闸重合不成功

主要现象有：

（1）事故警报、警铃鸣响，监控后台机主接线图断路器标志显示绿闪。

（2）故障线路电流、功率指示均为零。

（3）监控后台机出现告警窗口，显示故障线路某种保护动作、重合闸动作、故障录波器动作等信息。故障线路保护屏显示保护及重合闸动作信息（信号灯亮），分相控制的线路则还有某相跳闸及三相跳闸信息（信号）。

3. 线路跳闸，自动重合闸未动作

主要现象有：

（1）事故警报、警铃鸣响，监控后台机主接线图断路器标志显示绿闪。

（2）故障线路电流、功率指示均为零。

（3）监控后台机出现告警窗口，显示故障线路某种保护动作、故障录波器动作等信息。故障线路保护屏显示保护动作信息（信号灯亮），分相控制的线路则还有某相跳闸及三相跳闸信息（信号）。

4. 线路跳闸，自动重合闸动作，断路器拒合

主要现象有：

（1）事故警报、警铃鸣响，监控后台机主接线图断路器标志显示绿闪，测控屏红绿灯可能都不亮（测控屏红绿灯都不亮是因为断路器合闸回路或重合闸出口回路一般设有自保持，当断路器故障跳闸、重合闸动作时，由于断路器拒合，断路器的辅助触点不转换，自保持不能自动解除，而此回路又短接了跳闸位置继电器，所以绿灯不能点亮；而主接线图断路器标志由于没有新的触发信号进入，仍旧停留在跳闸后状态。

（2）故障线路电流、功率指示均为零。

（3）监控后台机出现告警窗口，显示故障线路某种保护动作、重合闸动作、故障录波器动作等信息。故障线路保护屏显示保护及重合闸动作信息（信号灯亮），分相控制的线路综合重合闸方式投“单重”时，还有三相不一致动作跳闸信息（信号）。

5. 重合不成功和重合闸动作、断路器拒合故障

断路器故障跳闸，重合不成功与重合闸动作、断路器拒合这两类故障现象近似，可从以下三方面区分：

（1）测控屏断路器指示灯：重合不成功红灯灭、绿灯亮，而断路器拒重合可能出现红绿灯均不亮的现象。

（2）监控后台机主接线图断路器标志在重合不成功时显示绿闪，在拒合时显示绿色平光。

（3）保护动作信息和故障录波：重合不成功反映切除短路两次短路，而断路器拒重合反映切除短路一次短路。

另外，分相控制的线路综合重合闸方式投“单重”时，断路器拒合还有三相不一致动作跳闸信息。

四、输电线路跳闸事故的处理原则

（1）线路故障跳闸后，一般允许强送一次。运行人员必须对故障跳闸线路的有关回路（包括断路器、隔离开关、TA、TV、耦合电容器、阻波器、继电保护等设备）进行外部检查正常，并根据调度命令进行强送。电缆线路跳闸不进行强送。

（2）线路发生故障保护动作，但其断路器拒跳而越级到上级断路器跳闸时，应立即查明保护动作范围内的站内设备是否正常，立即隔离拒动的断路器，然后报告调度。在调度指令下，试送越级跳闸的断路器和其他线路。

（3）线路断路器跳闸后，若线路有正常运行电压，有同期装置且符合合环条件的，则运行人员可

不必等待调度命令迅速用同期并列方式进行合环。如无法迅速合环时，应立即汇报调度员。

（4）当线路和高抗同时动作跳闸时，应按线路和高抗同时故障来考虑事故处理。未查明高抗保护动作原因和消除故障之前不得进行强送，如系统急需对故障线路送电，在强送前应将高抗退出运行后才能对线路强送，同时必须符合无高抗运行的规定。

（5）发现线路断路器非全相运行造成线路两相运行时，运行人员应自行合上非全相运行断路器迅速恢复全相运行。如无法恢复，则可立即自行拉开该断路器，事后迅速汇报当值调度员。当现场运行人员发现线路的两相断路器跳闸一相断路器运行时，应立即拉开运行的一相断路器，事后迅速报告当值调度员。

（6）如断路器跳闸次数已达到规定限额的仅剩一次时，应向调度员提出要求该断路器不得作为强送断路器及停用重合闸。

（7）如果线路跳闸，重合闸动作重合成功，但无故障波形，且线路对侧的断路器未跳闸，应是本侧保护误动或断路器误跳闸。若有保护动作可判断为保护误动，在保证有一套主保护运行的情况下可申请将误动的保护退出运行，若没有保护动作，则是断路器误跳，查明误跳原因并排除误跳根源，若断路器机构故障，则通知检修人员进行处理。

（8）如继电保护人员在运行线路上工作，该线路断路器跳闸，又无故障录波，且对侧断路器未跳，则应立即终止继电保护人员工作，查明原因，向调度员汇报，采取相应的措施后申请试送（此时可能是保护通道漏退或误碰造成）。

五、事故案例

【例 ZY1200501001-1】220kV 线路 C 相瞬时性故障跳闸，重合成功。

1. 运行方式

某变电站 220kV 侧双母线并列运行，2211 线在 220kV Ⅰ母正常运行。

2. 事故现象

监控后台机显示：2211 线断路器显示红闪，电流和有功、无功都有数值指示，2211 线 RCS–931A 保护动作，PSL603A 保护动作，PSL631C 重合闸动作。

保护屏：RCS–931 显示 C 相故障，测距 3.8km，电流差动动作，距离Ⅰ段动作；PSL603 显示 C 相故障，测距 4.2km，电流差动动作，接地距离Ⅰ段动作，零序Ⅰ段动作，PSL631 显示重合闸出口。

3. 事故处理

现场检查 2211 线断路器工作是否正常，电流互感器至线路出口设备有无故障现象，调阅保护信息和故障录波报告并复归信号，汇报调度。

4. 原因分析

2211 线 C 相发生瞬时性接地故障，跳开 2211 线断路器 C 相，重合闸动作重合成功。

5. 案例引用小结

（1）根据线路保护动作，重合闸动作，开关显示红闪，电流和有功、无功有数值指示来判明故障性质。

（2）即使是线路重合成功，也要检查一次设备，排除站内故障的可能。

【例 ZY1200501001-2】500kV 线路 C 相永久性故障跳闸，重合不成功跳三相。

1. 运行方式

某变电站 500kV 5241 线接线图如图 ZY1200501001-1 所示。

2. 事故现象

站内自动化 CRT 显示：5062 断路器事故分闸，5063 断路器事故分闸，5241 线第一套主保护动作，5241 线第二套主保护动作，5063 断路器重合闸动作。

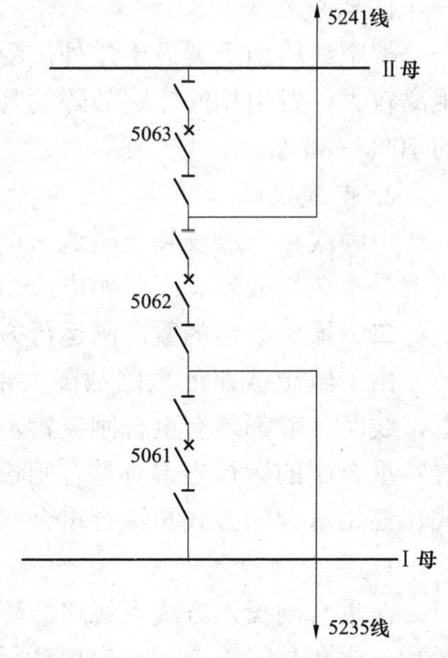

图 ZY1200501001-1　某变电站 500kV 第六串接线图

光字牌显示 5241 线保护动作、5063 断路器重合闸动作信号。线路保护屏显示：故障相为 C 相，故障测距 10km，高频距离主保护动作，距离Ⅰ段保护动作。断路器保护屏上显示 5063 断路器重合闸动作，5063 断路器保护和故障录波显示两次跳闸。

3. 事故处理

现场检查 5062、5063 断路器及电流互感器至线路出口设备有无故障，保护室调阅保护信息，按照调度命令，对线路进行强送。强送不成功，将 5062、5063 断路器转为冷备用，线路改检修。

4. 原因分析

5241 线 C 相发生永久性接地故障，跳开 5062 断路器、5063 断路器。由于线路重合闸有优先回路，5063 断路器重合闸动作不成功，闭锁 5062 断路器重合闸。

5. 案例小结

（1）根据线路保护动作，重合闸动作，断路器显示绿闪，电流和有功、无功均无数值指示，边断路器保护和故障录波显示两次跳闸，可判明故障性质。

（2）线路强送不成功，说明线路短路故障没有消除，一般不再强送。

【思考与练习】

1. 如何区分断路器跳闸、自动重合闸重合不成功和自动重合闸动作、断路器拒合事故？

2. 线路跳闸、自动重合闸重合不成功有何现象？如何处理？

模块 2 线路一般事故处理（ZY1200501002）

【模块描述】本模块介绍不同输电线路短路故障的特点、输电线路的重合闸方式和输电线路故障跳闸事故处理的方法。通过要点归纳和案例说明，掌握线路事故的处理方法。

【正文】

输电线路是电力系统的“动脉”。输电线路故障跳闸，轻者影响电能的传输，重者影响电网的稳定，造成电网解列，甚至大面积停电。

根据输电方式的不同，可将输电线路分为单电源线路、双电源线路和双回线供电线路。对于单电源线路来说，在电源端是负荷线路，在受电端是电源线路。

一、不同输电线路短路故障的特点

输电线路有架空线路和电缆线路两大类。由于架设条件、结构、材质不同，发生短路故障时也呈现出不同的特点。

1. 架空线路

架空线路由于架设于户外，受气候、环境影响很大，外力影响占短路事故的比率很高。由于相间距离较大，发生相间短路故障的几率相对较小，而单相接地短路故障较多，可占到架空输电线路故障的 70%～80%。

2. 电缆线路

电缆线路一般安装于隧道、电缆沟内，或直埋于地下。电缆由于有绝缘保护层，因而发生故障一般就是永久性故障。而三相电缆由于相间距离很小，发生相间短路故障的几率就很大。

二、输电线路的重合闸运行方式

由于输电线路的短路故障大部分是瞬间短路故障，为使线路在发生瞬间短路故障时能够连续供电，线路一般都装有重合闸装置。220kV 及以上线路需要实现分相控制，因而一般装有综合重合闸装置。重合闸的运行方式有重合闸投入方式和重合闸停用方式。综合重合闸的投入方式有单相重合闸方式、三相重合闸方式和综合重合闸方式三种。

1. 重合闸投入方式

在重合闸投入方式下线路故障跳闸，将启动重合闸重合一次。瞬时故障重合成功，线路可以继续运行；永久故障重合后再次启动保护使断路器跳闸。

（1）单相重合闸方式。单相故障单相跳闸单相重合，重合不成功跳三相；多相故障三相跳闸不重合。

（2）三相重合闸方式。任何故障三相跳闸三相重合，重合不成功跳三相。

（3）综合重合闸方式。单相故障单相跳闸单相重合，重合不成功跳三相；多相故障三相跳闸三相重合，重合不成功跳三相。

2. 重合闸停用方式

在重合闸停用方式下，线路无论是瞬时故障还是永久故障跳闸，都跳三相不启动重合闸。

三、输电线路故障跳闸处理

1. 线路跳闸、重合闸动作，重合成功的事故处理

（1）记录跳闸时间、跳闸断路器，检查并记录表计指示、告警信息、继电保护及自动装置动作情况，调取并打印微机保护报告和故障录波报告，复归信号，作出初步事故判断结论，并将跳闸断路器名称、时间、继电保护及自动装置动作情况汇报电网调度。

（2）检查跳闸线路断路器及外侧的所有一次设备有无短路、接地、闪落、断线、瓷件破损等故障，并将检查情况报告调度。

（3）作好断路器故障跳闸登记，核对该断路器故障跳闸次数是否已到规定的临检次数。若到临检次数，应报告上级通知检修单位立即进行临检。将跳闸时间、线路名称、继电保护及自动装置动作情况、汇报情况记入运行记录。

2. 线路跳闸，自动重合闸重合不成功的事故处理

（1）记录跳闸时间、跳闸断路器，并立即汇报调度。

（2）检查并记录表计指示、告警信息、继电保护及自动装置动作情况，调取并打印微机保护报告和故障录波报告，复归信号，复归断路器控制开关把手（清闪），作出初步事故判断结论，并将继电保护及自动装置动作情况汇报电网调度。

（3）检查跳闸断路器及外侧的所有一次设备有无短路、接地、闪落、断线、瓷件破损等故障，并将检查情况报告调度。

（4）线路跳闸，自动重合不成功，说明在该线路上发生了永久性短路故障，原则上应在排除故障后再送电。但考虑到部分永久性短路故障可能在重合闸动作过程中导电物质被电弧所熔化，或者由于绝缘强度恢复时间大于重合闸时间而使重合闸不成功，可强送一次，具体强送操作应根据调度命令执行。

（5）线路永久性短路故障，应根据调度命令将线路停电，并在线路侧装设地线（或合上接地开关），待故障排除后再根据调度命令试送。

3. 线路跳闸，自动重合闸未动作的事故处理

（1）记录跳闸时间、跳闸断路器，并立即汇报调度。

（2）检查并记录表计指示、告警信息、继电保护及自动装置动作情况，调取并打印微机保护报告和故障录波报告，复归信号，复归开关控制断路器把手（清闪），作出初步事故判断结论，并将继电保护及自动装置动作情况汇报调度。

（3）检查跳闸线路断路器及外侧的所有一次设备有无短路、接地、闪落、断线、瓷件破损等故障，并将检查情况报告调度。

（4）对于不执行强送电的线路和强送电不成功的线路，根据调度命令停电，待故障消除后再送电。

（5）根据重合闸运行方式和故障现象判断为重合闸拒动，应停用重合闸，待查明原因后再投入。

4. 线路跳闸，自动重合闸动作，断路器拒合的事故处理

（1）记录跳闸时间、跳闸断路器，并立即汇报调度。

（2）检查并记录表计指示、告警信息、继电保护及自动装置动作情况，调取并打印微机保护报告和故障录波报告，复归信号，复归断路器控制开关把手（清闪），作出初步事故判断结论，并将继电保护及自动装置动作情况汇报调度。

（3）检查拒合断路器及该线路电流互感器以外设备是否正常，断路器应重点检查。作出事故判断

结论，并将检查情况报告调度。

（4）根据调度命令隔离故障断路器，故障线路可经另一断路器或旁路断路器强送或待故障消除后送电。

（5）根据调度命令将故障断路器停电并布置安全措施。

四、断路器误跳引起线路停电的事故处理

1. 引起线路断路器误跳的原因

（1）人为误切线路断路器控制开关、误触分闸回路或分闸机构。

（2）线路断路器分闸回路绝缘击穿或直流接地引起断路器误分。

2. 线路断路器误跳时的现象

（1）人为误切线路断路器控制开关出现与正常操作一样的断路器指示绿闪、线路电流和功率为零、现场断路器分闸的现象。

（2）误触线路断路器分闸回路或分闸机构，以及断路器分闸回路绝缘击穿或直流接地引起断路器误分，会出现事故警报鸣响、线路断路器跳闸或跳闸后重合闸动作重合成功的现象。直流接地还有相应的告警信息。

（3）线路断路器误跳均无保护动作、无故障波形，对侧断路器不跳闸。

3. 线路断路器误跳时的处理

（1）人为因素误切线路断路器控制开关、误触分闸回路或分闸机构造成线路停电，应立即报告电网调度，在调度的指挥下恢复设备原来的运行方式。然后汇报本单位领导。

（2）分闸回路绝缘击穿或直流接地引起断路器误分，在未排除故障以前不能手动合上断路器，因为由于故障点的存在，断路器合上以后还会再次跳开。应排除故障以后再恢复断路器送电，恢复正常运行方式。

（3）在线路未停电的情况下保护有工作，此时如果线路断路器跳闸，又无故障录波，且对侧断路器未跳闸，可能是由于保护漏停或继电人员误触运行设备造成的跳闸。应立即停止继电保护人员工作，查明原因并采取相应的措施后，向调度申请送电。

五、事故案例

【例 ZY1200501002-1】500kV 基建线路放线时磨断退役线路的架空地线，断开地线向上弹起造成 500kV 5101 线跳闸，重合闸成功。

1. 事故前运行方式

500kV 5101 线正常运行，其下方与已退役的 2242 线路垂直交叉，某公司在 2242 线架空地线上放线。

2. 事故经过

某年 7 月 30 日 15 时 12 分，500kV 5101 线二套主保护动作，5022 断路器跳闸重合成功，C 相故障。线路组 15 时 44 分接到调度关于 5101 线带电特巡的通知，立即组织人员对 5101 线路开展故障特巡。17 时 10 分发现故障点，5101 线的 2～3 号塔档距内（近 3 号塔 100m 处），某公司在架设 500kV 基建线路放线时，由于 12～13 号桩的导引钢丝绳磨断了下方垂直交叉 2242 线路（退役）178～179 号右侧架空地线，断线向上弹起造成了 5101 线路 C 相跳闸。经检查 5101 线路 C 相的 1 号和 4 号子导线上有闪络痕迹，导线无断股不影响线路的正常运行，线路组 17 时 16 分将故障情况向调度作了汇报。

3. 事故分析

施工单位在架设基建线路 12～13 号桩导线展放导引钢丝绳时，仅对交叉跨越的 380V 低压线搭设了毛竹脚手架，并未对下方垂直交叉的 2242（退役）线路采取任何保护措施。在施工方案中，架设跨越 2242（退役）线路时，必须将 176～179 号耐张段的架空地线全部拆除，但施工前未能执行。

4. 案例引用小结

500kV 输电线路单相瞬时性故障处理与 220kV 线路瞬时性故障处理一致。线路瞬时性故障的原因多种多样，但运行人员事故处理的原则相同。

可以在这次事故中吸取以下经验教训：

（1）电力施工必须根据施工现场情况制定好完善的安全技术措施。

（2）已制定的安全技术措施必须严格执行。

【例 ZY1200501002-2】500kV 线路倒塔事故。

1. 事故经过

某年 6 月 14 日 21 时 25 分，某变电站 500kV 5238 线两套线路主保护动作，B 相跳闸，重合不成功，三跳，故障测距显示故障点距变电站 56.6km；21 时 29 分，相邻的 5237 线两套线路主保护动作，线路 C 相跳闸，重合成功；21 时 30 分，5237 线 C 相故障再次跳闸，重合不成功，三跳，故障测距显示故障点距变电站 48.12km。同时，整个局域电网断面潮流严重超限。

22 时 6 分，5238 线强送成功，5237 线强送不成功。6 月 15 日 6 时 1 分，5237 线转检修。

故障发生后，调度部门立即通知相关供电公司进行查线。6 月 15 日 3 时 50 分，巡线人员发现 5237 线 402～411 号共 10 基铁塔倒伏，塔基严重损坏。

2. 事故原因

某年 6 月 14 日 19 时～21 时 30 分，该地区遭遇雷雨、大风和冰雹的袭击，造成 500kV 5237 线有 10 基铁塔倒塔，同时引起 5237 线、5238 线，以及系统内两座 220kV 变电站的 220kV Ⅰ 母相继故障跳闸。

3. 案例引用小结

台风、雷暴、沙尘暴、覆冰等恶劣天气是电网安全运行的最大威胁。面对恶劣天气，变电运行人员应预先作好事故预想，发生事故时要正确判断、快速处理，并及时向调度汇报，快速执行调度指令，将事故的损失限制在最小范围内。

500kV 输电线路倒塔事故较少发生，不过近年来有发展的趋势。输电线路倒塔往往影响面较广，故障现象复杂，对变电站运行人员处理事故的能力要求较高。在恶劣天气环境下，如发生多条线路同时故障跳闸或相继跳闸时，运行人员应利用故障录波器等工具进行综合分析，故需要运行人员具有较高的波形分析能力。

【思考与练习】

1. 线路跳闸、自动重合闸重合成功有何现象？如何处理？

2. 线路跳闸、自动重合闸动作、断路器拒合有何现象？如何处理？

模块 3　线路事故处理预案（ZY1200501003）

【模块描述】本模块介绍线路事故处理预案编制方法和要素。通过要点归纳和案例介绍，掌握根据线路事故暴露出的运行或设备缺陷制定事故处理预案的方法。

【正文】

本模块以 500kV 某变电站为例，制订 500kV 和 220kV 线路典型事故跳闸的预案。500kV 某变电站主接线图如图 ZY1200501003-1 所示。

一、线路事故处理预案编制方法和要素

1. 编制方法

根据变电站的一次设备的运行方式、保护及自动装置配置情况、线路各保护的保护范围，线路保护在各类事故时的动作行为，线路保护和断路器重合闸之间的相互配合关系，500kV 中断路器和母线断路器重合闸的动作先后顺序，结合具体的线路设备事故，编制相应的事故现象及事故处理过程，以便当发生与预案同类型的事故时，运行人员能迅速准确地处理事故，同时使运行人员熟悉及掌握事故处理流程。

2. 编制要素

（1）事故现象。事故现象应包括监控后台动作信息、线路遥测量、线路保护及自动装置动作信息（包括信号灯）、一次设备的状态。

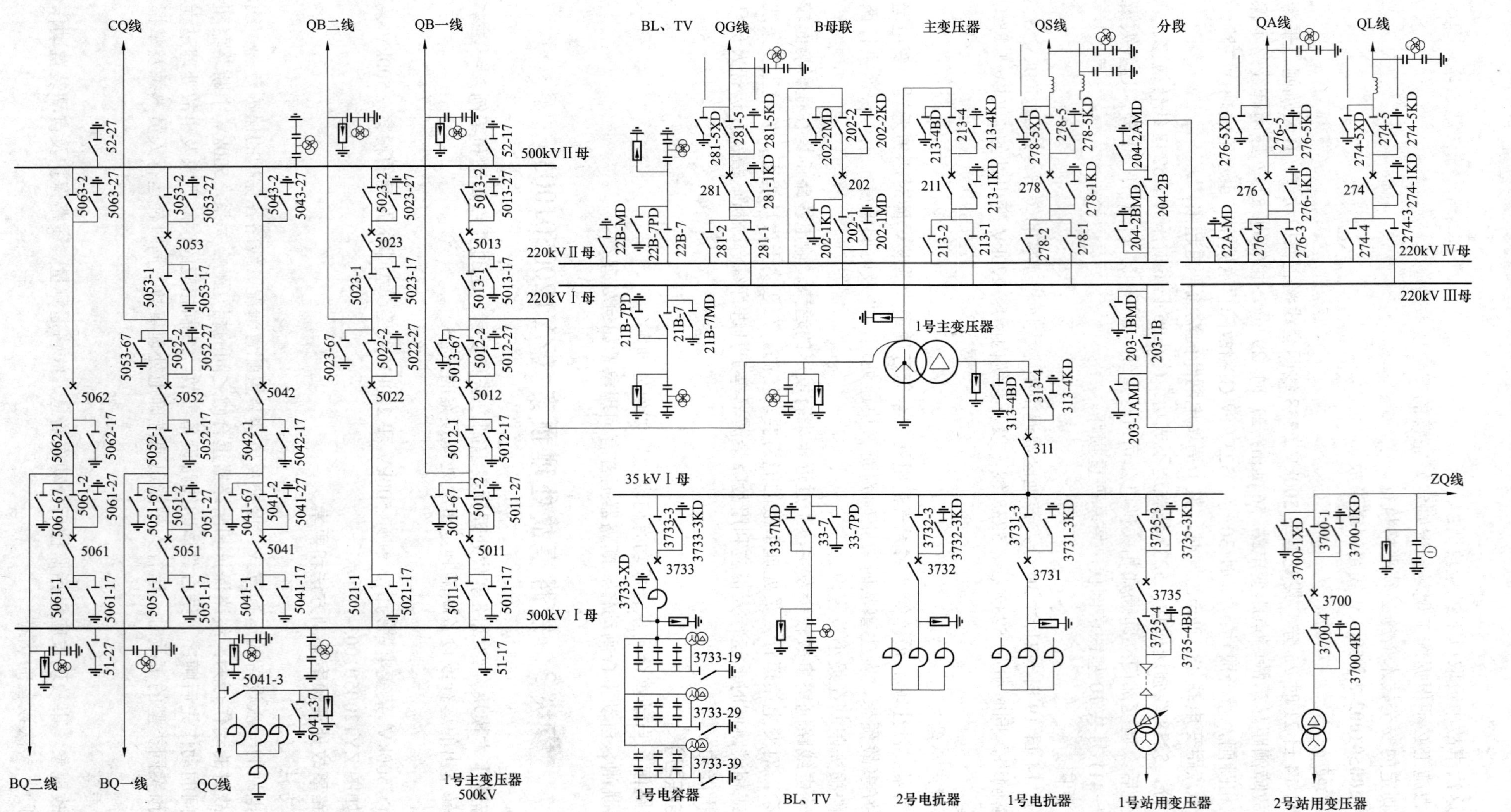

图ZY1200501003-1 500kV某变电站主接线图

（2）事故处理过程。

1）根据监控后台信息，初步判断线路事故性质和停电范围后迅速向调度汇报故障发生时间、跳闸断路器、继电保护和自动装置的动作情况及其故障后的状态，相关设备潮流变化情况，现场天气情况。

2）根据初步判断检查线路保护范围内的站内所有一次设备故障和异常现象及保护、自动装置动作信息，综合分析判断事故性质，作好相关信号记录，复归保护信号，将详细情况报告调度。

3）根据调度指令将相应断路器隔离或线路强送。

4）汇报上级有关部门，并作好相关记录。

二、事故预案

【例 ZY1200501003-1】 500kV 线路单相永久性接地故障跳闸，重合不成功。变电站主接线图如图 ZY1200501003-1 所示。

1. 事故现象

警铃、事故警报鸣响，监控后台机发出“5023 断路器 RCS-921 装置保护跳闸动作、5022 断路器 RCS-921 装置保护跳闸动作、500kV 线路 RCS-931 装置保护动作、5023 断路器 C 相分闸、5022 断路器 C 相分闸、5023 断路器 RCS-921 装置重合闸动作、5023 断路器 C 相合闸、500kV 线路 MCD 装置保护动作、5023 断路器 RCS-921 装置保护跳闸动作、5022 断路器 RCS-921 装置保护跳闸动作、500kV 线路 RCS-931 装置保护动作、5023 断路器 ABC 相分闸、5022 断路器 ABC 相分闸”以及多台故障录波器动作，500、220kV 其他线路保护装置动作告警信息。

监控后台机主接线图 500kV 5023、5022 断路器指示绿闪，线路电流、功率均无指示。

检查线路 RCS-931 保护屏，发现“跳 A”、“跳 B”、“跳 C”信号灯亮、液晶屏显示“C 相电流差动”、“距离加速”先后动作，故障测距 21km；检查 5023 断路器保护屏，发现 RCS-921A 保护“跳 A”、“跳 B”、“跳 C”、“重合闸”信号灯亮，液晶屏先后提示“C 相保护动作”、“重合闸动作”、“ABC 三相保护动作”，操作继电器箱“TA”、“TB”、“TC”、“CH”信号灯亮；检查 5022 断路器保护屏，发现 RCS-921 保护“跳 A”、“跳 B”、“跳 C”信号灯亮，液晶屏先后提示“C 相保护跳闸”、“ABC 三相保护跳闸”，操作继电器箱“TA”、“TB”、“TC”、“CH”信号灯亮。其他保护信号略。

2. 事故处理

（1）记录告警信息、断路器指示和保护动作情况，复归全部保护动作信号，断路器指示清闪。

（2）判断事故性质为：该 500kV 线路在 21km 处发生 C 相永久性接地短路故障，保护动作，C 相跳闸，重合不成功跳三相，将事故现象和事故判断结论报告调度。

（3）检查 5023 断路器及 5022 断路器线路侧电流互感器至线路出口的所有一次设备有无接地短路故障，检查 5023、5022 断路器工作状态是否良好：SF_6 断路器气体压力是否正常，液压机构工作压力是否正常，或弹簧机构储能是否正常。

（4）将一次设备检查情况汇报调度。

（5）根据调度命令强送该线路或将该线路转检修。

（6）作好断路器故障跳闸登记，核对 5023、5022 断路器故障跳闸次数，如已到临检次数，应汇报上级部门安排临检。

（7）汇报上级部门，作好运行记录。

【例 ZY1200501003-2】 220kV 线路单相接地短路故障，重合闸动作，断路器拒合。变电站主接线图如图 ZY1200501003-1 所示。

1. 事故现象

警铃、事故警报鸣响，监控后台机发出“220kV 线路 RCS-901B 保护装置动作、PSL-602 保护装置动作、278 断路器 C 相分闸、RCS-901B 装置重合闸动作、278 断路器三相不一致动作、278 断路器 ABC 相分闸”以及多台故障录波器动作，500、220kV 其他线路保护装置动作告警信息。

监控后台机主接线图 278 断路器指示绿闪，线路电流、功率均无指示。测控屏 278 断路器红绿灯都不亮。

检查线路保护屏，发现 RCS-901 保护“跳 C”、“重合闸”信号灯亮，液晶屏显示“工频突变量阻抗、零序一段、纵联零序、纵联变化量方向、重合闸动作，故障测距 14km”，操作继电器箱“TA”、“TB”、“TC”、“CH”信号灯亮；PSL-620 保护“保护动作”信号指示，液晶屏显示“接地距离一段动作、纵联零序保护动作、纵联保护动作、测距阻抗 9.5”。其他保护信号略。

2. 事故处理

（1）记录告警信息、断路器指示和保护动作情况，在 278 断路器测控屏立即瞬时拉合一下其控制回路熔断器，以解除合闸回路自保持，防止烧毁合闸线圈。复归全部保护动作信号，断路器指示清闪。

（2）判断事故性质为：该 220kV 线路在 14km 处发生 C 相接地短路故障，保护动作，C 相跳闸，重合动作，断路器拒合，三相不一致动作跳三相。将事故现象和事故判断结论报告调度。

（3）检查该线路电流互感器至线路出口的所有一次设备有无接地短路故障，检查 278 断路器工作状态和拒合原因，是否有机构的压力闭锁或储能闭锁等情况。如果故障可以自行排除的，迅速排除故障，汇报调度可以试送线路；如果未发现明显故障或故障无法自行排除的，汇报调度，将断路器停电检修。

（4）作好断路器故障跳闸登记，核对断路器故障跳闸次数，如已到临检次数，应汇报上级部门安排临检。

（5）汇报上级部门，作好运行记录。

【思考与练习】

事故警报、警铃鸣响，监控后台机主接线画面中某 500kV 线路母线侧断路器和中间断路器先指示绿闪，后又先后转为红闪，该线路“纵联方向”、“纵联差动”、“C 相跳闸”、“重合闸动作”信号动作，线路电流、有功、无功都有数值。请判断这是什么故障？应如何处理？变电站主接线图如图 ZY1200501003-1 所示。

第三十八章　变压器事故处理

模块1　变压器事故现象和处理原则（ZY1200502001）

【模块描述】本模块介绍主变压器（高压电抗器）常设的保护类型和保护方法、变压器跳闸事故的现象和处理原则。通过要点归纳和案例说明，掌握变压器（高压电抗器）事故的判断和初步处理的方法。

【正文】

电力变压器发生事故对电网影响巨大，正确、快速地处理事故，防止事故扩大，减小事故损失，显得尤为重要。

由于电力变压器和高压线路并联电抗器（简称高抗）都是箱式油浸结构，主要部件又都是绕组和铁芯，故保护配置、事故现象和处理原则基本相同。

一、主变压器常设的保护

1. 变压器主保护

（1）本体重瓦斯保护。

（2）有载调压重瓦斯保护（采用有载调压机构时配置）。

（3）本体压力释放。

（4）有载调压压力释放（采用有载调压机构时配置）。

（5）差动保护。

（6）零序差动保护或分相差动保护。

2. 变压器后备保护

主变压器后备保护按保护对象可分为两类：一类是作为主变压器及其供电设备的后备保护，动作时变压器各侧断路器同时跳闸；另一类是作为主变压器馈电母线（未装母线保护的）的主保护或馈电母线及其线路的后备保护。

（1）过励磁保护。

（2）阻抗保护。

（3）复合电压闭锁（方向）过电流保护。

（4）方向零序过电流保护。

（5）非全相保护。

（6）中压侧失灵保护。

（7）低压侧限时速断保护。

（8）过负荷保护。

（9）低压侧零序过电压告警。

（10）本体轻瓦斯。

（11）本体油温高。

（12）绕组超温。

（13）本体油位告警。

（14）调压油位告警。

（15）调压轻瓦斯。

（16）冷却器全停。

二、线路并联电抗器常设的保护

线路并联电抗器一般不装设断路器，电抗器保护动作时启动线路两侧断路器跳闸。

1. 电抗器主保护

（1）重瓦斯保护。

（2）压力释放。

（3）分相差动保护。

（4）零序差动保护。

（5）匝间保护。

2. 电抗器后备保护

（1）过流保护。

（2）零序过流保护。

（3）过负荷保护。

（4）轻瓦斯。

（5）油温高。

（6）线圈温度高。

（7）冷却器故障。

（8）冷却器电源消失。

三、主变压器事故跳闸的现象

1. 主保护动作跳闸现象

（1）事故警报、警铃鸣响，监控后台机主接线图主变压器各侧断路器显示绿闪。

（2）主变压器各侧表计指示零，主变压器单电源馈电母线和线路表计均指示零。

（3）主变压器主保护中至少一个动作，故障录波器动作。

（4）气体继电器内可能有气体聚集。主变压器内部严重短路故障时，可有压力释放阀动作。

2. 后备保护动作跳闸的主要现象

（1）事故警报、警铃鸣响，监控后台机主接线图变压器一侧或各侧断路器显示绿闪。

（2）跳闸断路器表计指示零，变压器单电源馈电的母线和线路表计指示零。

（3）变压器相应后备保护动作。

（4）变压器内部故障可有轻瓦斯动作。

四、主变压器跳闸事故的处理原则

主变压器跳闸事故的处理原则是：

（1）主变压器的断路器跳闸时，应根据保护动作情况和一次设备的故障现象，判明故障原因后再进行处理。

（2）检查未跳闸的主变压器有无过负荷。若运行变压器过负荷，应报告调度采取相应的措施。变压器过负荷可采取的措施有：

1）从系统中转移负荷。

2）变压器过负荷运行。此时应启动变压器的全部冷却器，运行中注意监视负荷、油温和设备接点有无过热。按变压器过负荷倍数查出允许过负荷运行的时间。变压器有绝缘缺陷或冷却器有故障的不允许过负荷运行。

3）拉线路限负荷。

（3）变压器主保护（包括重瓦斯、差动保护）同时动作，在未查明原因并消除故障以前不得试送电。

（4）变压器后备保护动作，在判明确系外部故障引起并隔离后，在检查外观无问题后可以试送一次。

（5）变压器跳闸，应根据保护动作情况和现场有无明显的故障现象来判断故障性质。如检查证明变压器断路器跳闸不是由于内部故障引起的，而是由于外部故障或保护误动造成的，可以试送一次。

（6）如因线路故障断路器拒跳或保护拒动引起变压器一侧断路器跳闸，在隔离故障线路以后，可立即送出变压器断路器和其他线路断路器。

（7）发现下列情况之一的，应认为跳闸是由变压器故障引起的：

1）从气体继电器中抽取的气体经分析判断为可燃性气体。

2）变压器有外壳变形、强烈喷油等明显的内部故障特征。

3）变压器套管有明显的闪落痕迹或出现破损、断裂等。

4）主保护中有两套或两套以上动作。

排除故障以后，应经色谱分析、电气试验以及其他针对性的试验以后，方可重新投入运行。

（8）变压器跳闸后加强运行主变压器的负荷监视，增加冷却器的运行数量。

五、线路并联电抗器事故跳闸时的现象

线路并联电抗器事故跳闸时的现象有：

（1）事故警报、警铃鸣响，监控后台机主接线图电抗器所在线路断路器显示绿闪。

（2）跳闸线路表计均指示零。

（3）电抗器保护中至少有一个动作，线路保护可能动作。故障录波器动作。

（4）主电抗器气体继电器内可能有气体聚集。内部严重短路故障时，可有压力释放阀动作。

六、线路并联电抗器跳闸事故的处理原则

线路并联电抗器跳闸事故的处理原则是：

（1）线路断路器跳闸，线路并联电抗器保护动作时，应根据保护动作情况检查线路并联电抗器一次设备有无故障现象。

（2）线路断路器跳闸，线路保护和并联电抗器保护同时动作时，应根据保护动作情况检查线路和线路并联电抗器一次设备有无故障现象。

（3）电抗器的投停必须在线路停电的情况下进行。在拉合线路并联电抗器隔离开关前必须检查线路确无电压，防止带负荷拉合隔离开关。

（4）电抗器设备检修，应拉开电抗器隔离开关，在电抗器与隔离开关间验电、装设短路接地线。

（5）电抗器保护动作，在未查明原因并消除故障以前不得试送电。

（6）线路并联电抗器跳闸，应根据保护动作情况和现场有无明显的故障现象来判断故障性质。如检查证明断路器跳闸不是由于内部故障引起，而是由于外部故障或保护误动造成的，在排除外部故障以后可以试送一次。

（7）发现下列情况之一的，应认为跳闸是由电抗器故障引起的：

1）从气体继电器中抽取的气体经分析判断为可燃性气体。

2）电抗器有外壳变形、强烈喷油等明显的内部故障特征。

3）电抗器套管有明显的闪落痕迹或出现破损、断裂等。

4）主保护中有两套或两套以上同时动作。

排除故障以后，应经色谱分析、电气试验以及其他针对性的试验以后，方可重新投入运行。

七、事故案例

【例 ZY1200502001-1】运行人员漏项操作，造成主变压器差动保护动作，三侧断路器跳闸的误操作事故。

某年 10 月 13 日，220kV 某变电站运行人员在操作“110kV 旁路断路器由 1 号母线对旁母充电改为代 2 号主变压器 110kV 断路器 2 号母线运行，2 号主变压器 110kV 断路器由 2 号母线运行改为断路器检修”的过程中，发生了一起由于漏项操作，造成 2 号主变压器差动保护动作三侧断路器跳闸的误操作事故。某 220kV 变电站主接线图如图 ZY1200502001-1 所示。

1. 事故前运行方式

10 月 13 日，220kV 系统正常方式，1 号主变压器 1 号母线运行，2 号主变压器 2 号母线运行；110kV 旁路断路器由 1 号母线对旁母充电；35kV 侧 1 号主变压器 1 号母线运行，2 号主变压器 2 号母线运行，1、2 号母线分列运行。

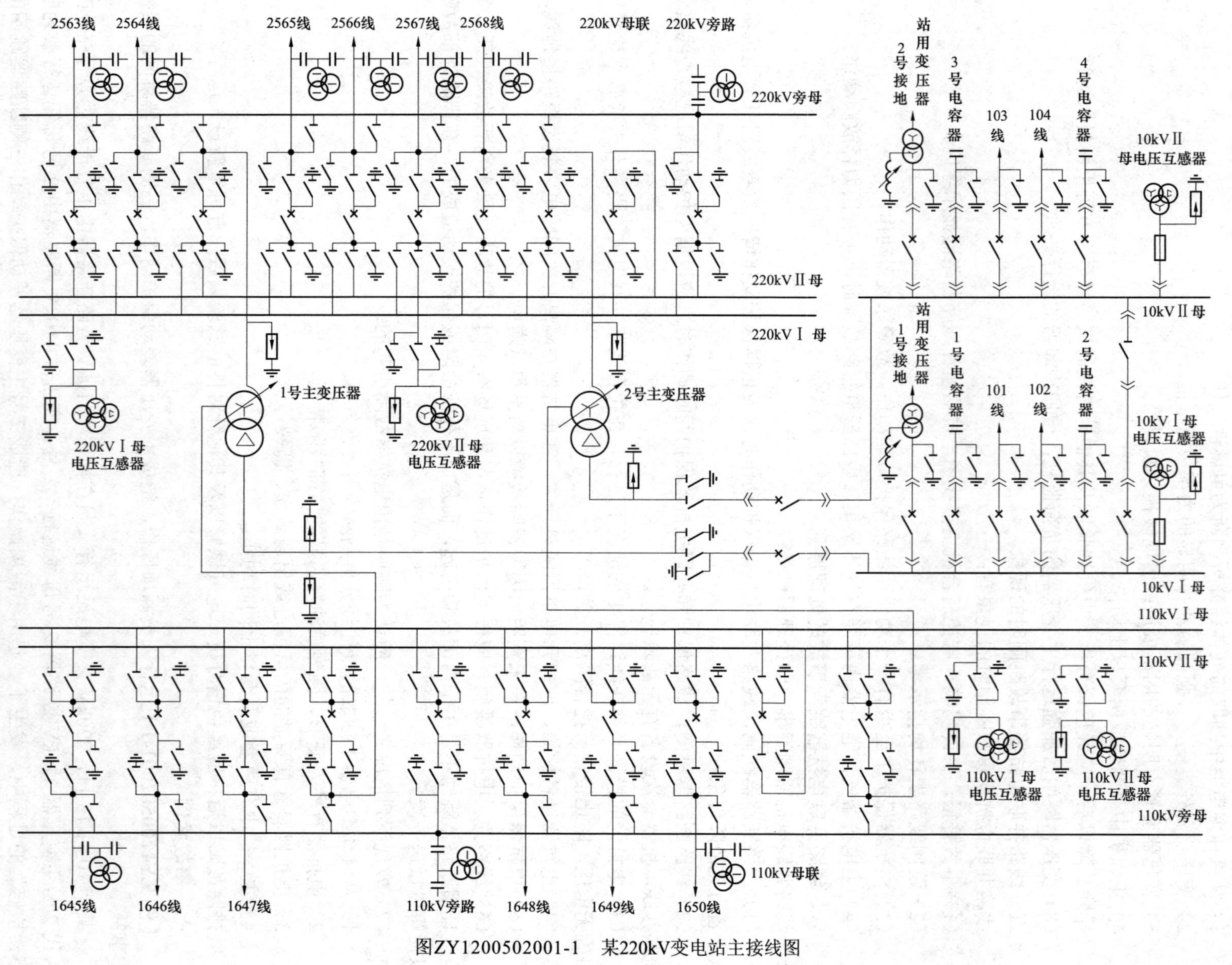

图ZY1200502001-1 某220kV变电站主接线图

2. 事故简要经过

当日上午，为处理 2 号主变压器 110kV 断路器母线侧接地开关合闸不到位缺陷，9 时 29 分地调正令："110kV 旁路断路器由 1 号母线对旁母充电改为代 2 号主变压器 110kV 断路器 2 号母线运行、2 号主变压器 110kV 断路器由 2 号母线运行改为断路器检修"。

9 时 37 分开始操作，当操作第 19 步"放上 2 号主变压器 110kV 纵差 TA 短接片，取下连接片"时，监护人在唱票后操作前即将此步打钩，在操作人操作完第 19 步，监护人核对后，又误将第 20 步"将 110kV 旁路保护屏上纵差 TA 切换片由短接切至代 2 号主变压器"打钩，于是直接跳步操作第 21 步"检查 2 号主变压器差动保护差流显示正常"。在检查时，操作人发现差流为 1.89A，立即提出疑问"差流为什么这么大？是否正常？"但没有引起监护人的注意，两人也没核对保护屏上差流检查提示（要求差流在 0.33A 以下）和保护信号指示灯。

9 时 49 分，当操作第 22 步"放上 2 号主变压器差动保护投入连接片 2XB"时，2 号主变压器差动保护动作，跳开 2 号主变压器 220kV 断路器、35kV 断路器、110kV 旁路断路器，造成 35kV 2 号母线停电。10 时 5 分 2 号主变压器由热备用改为运行，10 时 15 分恢复正常。

3. 事故原因和暴露出的主要问题

（1）当值操作人员安全意识不强，严重违反操作流程，未操作先打钩和打钩时不核对实际操作步骤，导致漏项操作，是造成此次事故的主要原因。

（2）当值操作人员技术素质低下，对主变压器纵差保护的原理、二次电流回路以及差流的概念模糊不清；且工作责任心差，在操作到 21 步"检查 1 号主变压器差动保护差流显示正常"时，发现差流为 1.89A，与保护屏上差流检查提示（要求差流在 0.33A 以下）有很大的差距却没有引起重视，亦没有核对保护信号指示灯和询问站里技术管理人员，带着疑问继续操作，是导致事故发生的重要原因。

4. 案例小结

运行人员在操作旁路带 2 号主变压器的过程中发生 2 号主变压器差动保护动作跳闸，且放上主变压器差动保护投入连接片前已发现主变压器差流过大，运行人员未引起重视。因此，基本可判断差动保护动作是由某侧电流回路未接入引起的。

变电站运行人员应立即将事故现象及跳闸断路器汇报相关调度，并现场检查确认变压器本体无明显故障点，然后根据调度命令将 2 号主变压器恢复运行。

从这次事故中还应吸取以下教训：

（1）倒闸操作必须严格执行操作监护制度和唱票复诵制度，必须按操作流程操作，绝对不应该未操作先打勾和打勾时不核对实际操作步骤，坚决防止因漏项操作而造成事故。

（2）加强对运行人员继电保护知识的培训。

（3）加强运行人员的责任心，操作中有疑问一定要弄清楚再操作。

（4）要认真吸取其他单位的事故教训，防止同样的事故在本单位重演。

【例 ZY1200502001-2】500kV 某变电站 3 号主变压器高压套管炸裂损坏事故。

1. 事故前运行方式

事故前 500kV 某变电站 3 号主变压器运行正常。

2. 事故简况

某年 9 月 14 日，500kV 某变电站 3 号主变压器第一套、第二套差动保护动作，变压器轻、重瓦斯及压力释放器动作，三侧断路器跳闸。主变压器高压侧 B 相套管内部故障炸裂起火，引发 A、C 两相套管炸裂。变压器充氮灭火装置动作信号发出，运行人员手动启动灭火装置，并联系当地消防队在 20min 内将火扑灭。事故限电 6000kW。

3. 事故原因

事故直接原因是 3 号主变压器高压 B 相套管末屏接地小套管导电杆与末屏接触不良，造成低能量局部放电，经长时间向内发展，烧蚀短接了外部部分电容屏，致使剩余电容屏电位分布改变，套管电容屏在工作电压下击穿，高压对地短路，致使 B 相上、下瓷套炸裂着火，A、C 相套管及中性点套管受波及炸裂。

运行单位对该类型套管的末屏接地装置的结构、性能了解不够，对套管末屏接地可靠性未及时研究采取有效的检测手段，变压器搬迁重新投运后未及时开展预试检查，也未采取有效的运行监视措施，运行中未能及时发现设备缺陷。

4. 事故暴露出的问题

事故暴露出制造厂该类型套管末屏接地装置在结构、装配等方面存在缺陷，同时运行单位技术监督和运行管理措施不到位，未及时发现和消除设备安全隐患。

5. 案例引用小结

（1）套管生产厂家套管末屏接地装置存在结构和装配质量缺陷。

（2）运行单位对设备的结构、性能了解应全面，应及时研究采取有效的检测手段，设备搬迁重新投运前应进行预试检查，并采取有效的运行监视措施。

（3）变电站在发生变压器主保护（包括重瓦斯、差动保护）同时动作时，一般变压器本体确实存在故障点，未经查明原因并消除故障前，不得对变压器进行试送。运行中变压器保护动作跳闸时，运行人员应迅速查明故障原因，汇报相关调度，如两台及以上变压器并列运行，则还应密切关注运行变压器的负荷情况，如过负荷，则按过负荷原则处理。

【思考与练习】

1. 变压器有哪些主保护和后备保护？
2. 变压器过负荷可采取哪些措施？
3. 线路并联电抗器拉合隔离开关应注意什么？

模块2 变压器一般事故处理（ZY1200502002）

【模块描述】本模块介绍变压器（高压电抗器）跳闸的主要原因与处理原则和方法，以及火灾事故处理方法。通过要点归纳和案例说明，掌握变压器（高压电抗器）事故现象和处理方法。

【正文】

电力变压器发生事故对电网影响巨大，正确、快速地处理事故，防止事故扩大，减小事故损失，显得尤为重要。

由于电力变压器和高压线路并联电抗器（简称高抗）都是箱式油浸结构，主要部件又都是绕组和铁芯，故保护配置、事故现象和处理原则基本相同。

一、引起变压器跳闸的主要原因

（1）变压器内部故障，包括变压器绕组相间短路、层间短路、匝间短路、接地短路、铁芯烧损以及内部放电等。

（2）变压器外部故障，包括变压器套管引出线至变压器各侧电流互感器间发生相间短路或接地短路等。

（3）变电站线路故障、断路器拒分或保护拒动以及母线故障引起的主变压器跳闸。

（4）由于变电站保护整定失误、定值漂移、保护装置误动，或人员误触造成主变压器误跳闸。

二、主变压器跳闸事故的处理

1. 主保护动作跳闸的处理

（1）主保护动作的原因分析。

1）变压器内部或差动保护区内发生短路故障。

2）主保护定值漂移、整定错误、接线错误、二次回路短路等原因引起的保护误动作。

3）人员误触造成保护误动。

（2）主保护动作跳闸的处理。

1）检查、记录继电保护及自动装置动作情况，调取和打印微机保护及故障录波器报告，复归信号，复归跳闸断路器的控制开关位置（清闪），初步判断故障性质，立即报告电网调度。

2）如果变压器内部故障，应立即停止故障变压器潜油泵的运行，以免扩散故障产生的金属微粒和碳粒。

3）瓦斯保护或压力释放动作跳闸应检查变压器油位、油色、油温是否正常，压力释放阀、呼吸器有无喷油，气体继电器内有无气体，外壳有无鼓起变形，各法兰连接处和导油管有无冒油，气体继电器接线盒内有无进水受潮和短路。若气体继电器内有气体，则应取气，根据气样的颜色、气味和可燃性初步判断故障性质（见表 ZY1200502002-1），将此气样和气体继电器内的油样送试验所作色谱分析。若是差动保护动作跳闸，则还应检查差动保护区内所有设备引线有无断线、短路，套管、瓷套有无闪落、破裂，设备有无接地短路现象，有无异物落在设备上等。

表 ZY1200502002-1　　气体继电器积聚气体的特征判别

气体颜色	特　征	气体产生原因	变压器可否继续运行
无色	不易燃、无臭	空气进入变压器内	可
	易燃、无臭	变压器内部故障	否
黄色	不易燃、有焦烟味	固体绝缘过热分解，木质损坏	否
淡灰色	易燃、有强烈焦臭味	绝缘纸或纸板受热损坏	否
灰黑色	易燃，有焦烟味	油过热分解、电弧放电	否

4）根据检查结果分析判断故障性质，并报告调度、上级领导。

5）若变压器跳闸时没有系统冲击，录波器没有故障波形，外观检查未发现任何内部故障的征象，则应考虑到保护误动的可能性。若重瓦斯保护动作跳闸，但其信号不能复归，则是重瓦斯触点被短路而引起的保护误动作。若变压器充电时正常，带负荷时差动保护动作跳闸，则有差动保护误接线引起保护误动的可能。

应引起注意的是：较轻的短路故障引起的主保护动作跳闸，由于故障产生的气量不是很多，气体从油中析出并聚集于气体继电器中需要一段时间（特别是在变压器内油温较低、油黏度较大的情况下）。因而变压器跳闸当时轻瓦斯没有动作不能作为保护误动的判断依据。

6）主变压器因保护误动跳闸，在查明保护误动以后，可以不经内部检查，在至少保留一种主保护的情况下，停用误动的保护给主变压器送电。

7）变压器两种主保护同时动作跳闸，应认为变压器内部确有故障，在未查明故障性质并消除以前不得试送电。

2. 后备保护动作跳闸的处理

（1）后备保护动作的原因分析。

1）变压器轻微故障主保护不启动。

2）变压器故障主保护拒动。

3）无母线保护的变压器馈电母线短路故障。

4）变压器馈电母线及线路故障，断路器拒分或保护拒动，越级跳闸。

5）后备保护定值漂移、整定错误、接线错误、二次回路短路等原因引起的保护误动作。

（2）后备保护动作跳闸的处理。变压器后备保护动作跳闸时，应根据何种保护动作和在变压器跳闸时有何种外部现象（如外部短路、变压器过负荷等），具体分析变压器跳闸原因，作出相应的处理。原则上变压器跳闸应立即投入备用变压器；越级跳闸的要在隔离故障点以后逐级恢复送电；变压器内部故障或未发现故障点的应对变压器进行检查试验，在未查明故障并消除之前一般不应送电；而明显由人员误触或保护误动造成变压器跳闸的，可立即恢复变压器送电（保护误动的可先停用误动保护）。

1）变压器中、低压侧方向指向系统的相间阻抗保护、接地阻抗保护以及方向过电流保护或零序方向过电流保护动作，三绕组变压器的一侧断路器跳闸，是母线短路故障或线路越级跳闸所引起的。应检查相应母线及线路设备。隔离故障点以后可以逐级恢复送电。

2）变压器中性点间隙过电压、间隙过电流动作跳闸，是由变压器中性点过电压引起的。若两台主变压器同时跳闸，一般是由于母线或线路发生接地短路故障时故障元件的保护拒动或断路器拒分，越级至中性点接地变压器跳闸，而引起中性点不接地变压器中性点过电压而跳闸。应检查相应母线及线路设备，在隔离故障点以后恢复变压器送电。

3）变压器过电流保护或零序过电流（无方向）保护动作，变压器各侧断路器跳闸，应检查变压器及相应母线、线路设备，综合分析故障现象，区分是变压器故障还是母线或线路故障。若变压器轻瓦斯动作、母线及线路无任何故障现象，则为变压器内部故障；若有线路断路器保护动作，变压器无任何内部故障的征象，则为线路故障断路器拒跳越级跳闸；若变压器跳闸同时无其他故障现象，则应检查试验变压器，并排除保护误动的可能。

三、引起线路并联电抗器跳闸的主要原因

（1）电抗器内部故障，包括主电抗器和小电抗器绕组层间短路、匝间短路、接地短路、铁芯烧损以及内部放电等。

（2）电抗器外部故障，包括电抗器套管引出线至隔离开关间及主电抗器与小电抗器间导线发生相间短路或接地短路等。

（3）线路故障跳闸。

（4）由于电抗器保护整定失误、定值漂移、保护装置误动，或人员误碰造成电抗器误跳闸。

四、电抗器跳闸事故的处理

（1）检查、记录继电保护及自动装置动作情况，调取和打印微机保护和故障录波器报告，复归信号，复归跳闸断路器的控制开关位置（清闪），初步判断故障性质，立即报告电网调度。

（2）瓦斯保护或压力释放动作跳闸应检查变压器油位、油色、油温是否正常，压力释放阀（防爆筒）、呼吸器有无喷油，气体继电器内有无气体，外壳有无鼓起变形，各法兰连接处和导油管有无冒油，气体继电器接线盒内有无进水受潮和短路。若气体继电器内有气体，则应取气，根据气样的颜色、气味和可燃性初步判断故障性质，将此气样和气体继电器内的油样送试验所作色谱分析。

（3）根据检查结果分析判断故障性质，并报告调度、上级领导。组织有关单位前来试验、检查。试验项目有气体色谱分析、绕组绝缘电阻、绕组和套管的介质损失角、交流耐压试验、绕组泄漏电流、绝缘油试验等。试验查明电抗器内部故障，应进行吊罩检查。

（4）若电抗器跳闸时没有系统冲击，故障录波器没有动作，外观检查未发现任何内部故障的征象，则应考虑到保护误动的可能性。若重瓦斯保护动作跳闸，但其信号不能复归，则是重瓦斯触点被短路而引起的保护误动作。

应引起注意的是：较轻的短路故障引起的主保护动作跳闸，由于故障产生的气量不是很多，气体从油中析出并聚集于气体继电器中需要一段时间。因而电抗器跳闸时轻瓦斯没有动作不能作为保护误动的判断依据。

（5）电抗器因保护误动跳闸，在查明保护误动以后，可以不经内部检查，在至少保留一种主保护的情况下，停用误动的保护送电。

（6）电抗器两种主保护同时动作跳闸，应认为电抗器内部确有故障，在未查明故障性质并消除以前不得送电。

（7）一般线路并联电抗不装设断路器，电抗器故障时保护动作跳开两侧线路断路器，此时在检查线路无电压后，方可拉开电抗器隔离开关，在隔离开关与电抗器间装设地线后可进行电抗器检查、检修。如果线路仍带有电压，应报告调度通知对侧切断电源。电抗器由检修转运行也要先在线路侧验明确无电压后，方可合上隔离开关。电抗器停送电也要用线路断路器停送电，严禁用隔离开关拉合带电运行的电抗器。

（8）一般情况下，线路不应将并联电抗器退出单独运行。但如果线路并联电抗器故障一时不能排除，而线路又急需送电时，在系统允许的情况下可将电抗器退出，线路恢复送电。为防止充电时线路末端电压过高，可选择从负荷中心侧充电，在大电源侧合环。

五、变压器、线路并联电抗器着火时的处理

若发现变压器或电抗器着火，应立即向消防部门报警，并拉开各侧断路器和隔离开关，停止冷却装置，开启灭火装置进行灭火。没有灭火装置的应使用灭火器进行灭火。如果使用水或泡沫灭火器灭火，要防止水或灭火液喷向其他带电设备。

如果大火无法控制，应切除与变压器或电抗器连接的所有电缆，防止大火蔓延至主控制室。

六、事故案例

【例 ZY1200502002-1】500kV 某变电站因支撑电流互感器二次绕组的其中一根绝缘支柱发生粉碎性炸裂，造成主变压器三侧断路器跳闸事故。

1. 事故前运行方式

事故前 500kV 某变电站 1、2 号主变压器在 500kV 侧和 220kV 侧并列运行，35kV 侧分列运行。变压器运行正常。500kV 系统与 220kV 系统单主变压器联络运行方式界面图如图 ZY1200502002-1 所示。

2. 事故现象

某年 3 月 25 日凌晨，500kV 某变电站 1 号主变压器的两套比率差动保护均动作，三侧断路器跳闸。光字牌及 SCADA 监控显示，1 号主变压器两套比率差动保护均动作出口，现场检查未发现明显的故障点，设备外观也未发现损坏。

3. 事故分析

根据故障录波、保护动作情况及设备检测结果，分析故障范围及原因。

（1）500kV 故障录波及保护动作分析。

1）1 号主变压器的两套比率差动保护均在 25ms 动作出口，故障切除时间约 70ms，说明故障区应在主变压器三侧断路器电流互感器以内。

2）500kV 部分 A、B 相电流略有变化，C 相电流峰值达 6927A，C 相电压降至 0，零序电流与 C 相电流方向一致，峰值达 5993A，说明故障为单相对地短路故障。

3）500kV 线路零序电流滞后零序电压 90°，说明故障在线路保护区外；500kV 母差保护未动作，说明故障在母差保护区外。

4）1 号主变压器高阻差动电流取自主变压器套管电流互感器，其零序电流滞后零序电压 90°，保护未动作，同时非电量保护未动作，说明故障不在主变压器本体，应在主变压器套管电流互感器之外。

（2）其他保护动作情况分析。

1）220kV 部分。220kV 微机保护显示故障相 C 相有 20V 左右的电压，220kV 母差保护未动作，220kV 线路保护未动作，说明对地故障点不在 220kV 部分。

2）35kV 部分。由于 35kV 为三角形接法，若出现单相接地故障，500kV 及 220kV 不可能出现零序电流，说明故障点不在 35kV 侧。

3）从其他变电站和线路保护动作情况分析，故障点在其正方向区外，即本变电站确有故障。

（3）设备检测分析。主变压器油在线气体监测显示正常，取油样进行色谱分析也未发现异常，说明故障点不在主变压器本体。

以上分析说明，主变压器比率差动保护为正确动作，实际故障点应该在 1 号主变压器 500kV 侧 5022、5021 断路器电流互感器与 1 号主变压器 500kV 侧套管电流互感器之间。故障范围内的设备有 5022 电流互感器、5021 电流互感器及 1 号主变压器 500kV 侧套管、电压互感器和避雷器部分，另外还有其间的支柱绝缘子。现场对这些设备逐一进行外观检查，所有设备瓷件外表干净，未找到任何闪络的痕迹，由此推断故障不在设备外部，而在设备内部。

4. 查找设备故障点

为了找出设备故障点，对故障范围内的设备逐个进行了试验。

（1）5022 电流互感器及 5021 电流互感器。测量介损与绝缘电阻，结果正常；对故障相（C 相）加 150kV 工频电压，未击穿；加 $550/\sqrt{3}$ kV 工频电压 1min，未击穿。

模块 2 ZY1200502002

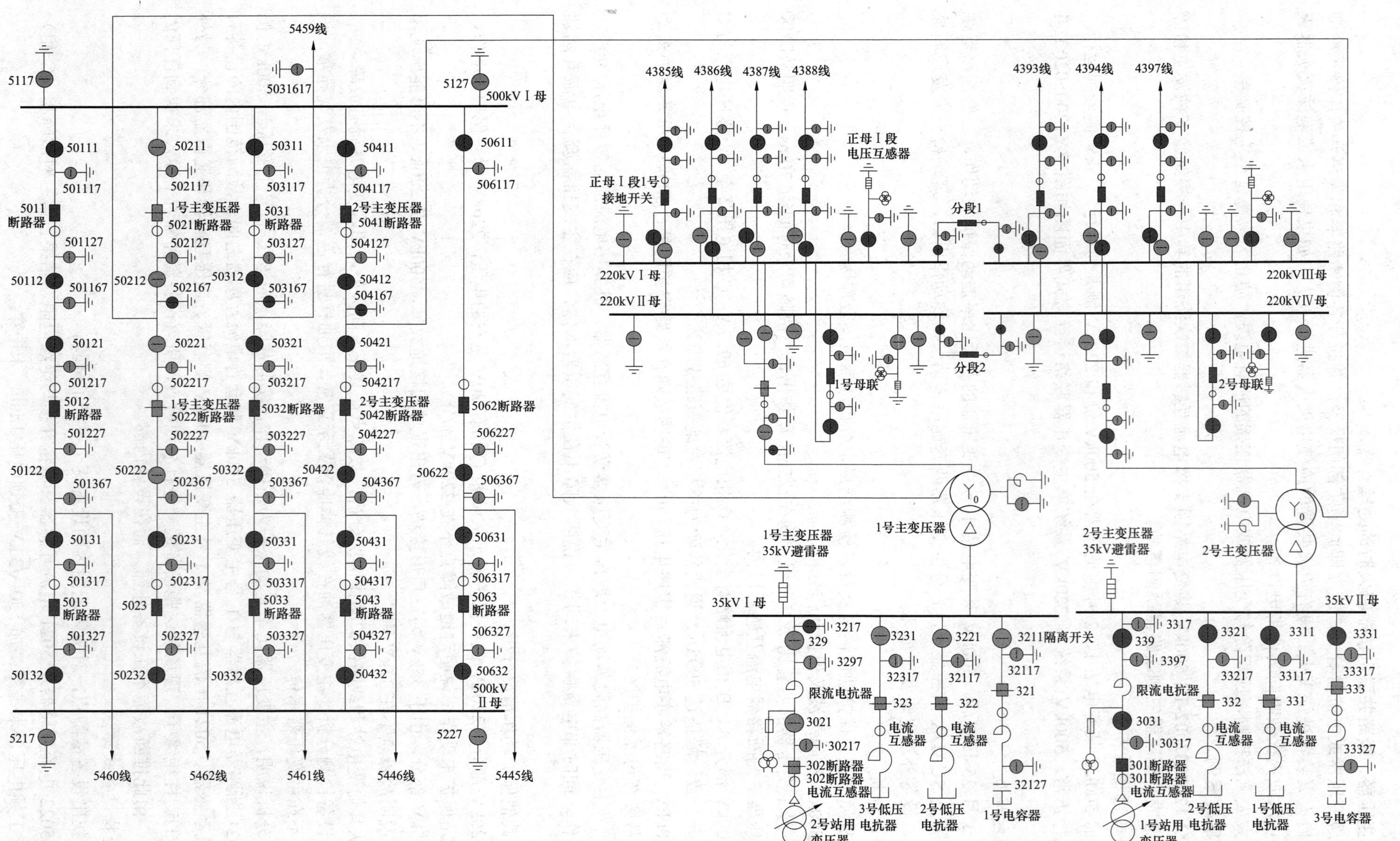

图 ZY1200502002-1 500kV系统与220kV系统单主变压器联络运行方式界面图

⊖—隔离开关（断开）；●—隔离开关（闭合）；■—断路器（闭合）；▣—断路器（断开）；▭—避雷器

（2）主变压器 500kV 侧电压互感器。测量介损及各节电容均正常；对高压侧加 30kV 电压，在二次主线圈测得 6V 左右电压，符合（$500/\sqrt{3}$）/（$100/\sqrt{3}$）的关系，说明电压互感器正常。

（3）主变压器 500kV 侧套管及避雷器。测量绝缘电阻，结果正常。

（4）电流互感器中的 SF_6 气体取样检查。根据 SF_6 气体的化学特性，若电流互感器内部击穿，形成单相对地短路，在电弧的高温作用下，SF_6 气体会分解成硫原子和氟原子，而在高温下，硫原子会与 SF_6 气体所含杂质中的氧气、电极材料释放的氧气和固体绝缘材料分解出的氧气发生作用，生成 SO_2。因此，熄弧后 SF_6 气体中必将含有 SO_2 气体成分。

取样检查结果如下：5021 电流互感器的 C 相 SF_6 气体的 SO_2 气体含量为 0.02%（体积），而 5021 电流互感器的 A 相及 5022 电流互感器的 C 相 SF_6 气体均不含 SO_2 气体，说明故障点在 5021C 相电流互感器的内部。

5. 故障设备解剖分析

故障点找到后，立即将该相电流互感器运回厂内进行解剖。通过解剖发现支撑电流互感器二次绕组的 4 根绝缘支柱（进口件）有 1 根发生粉碎性炸裂，炸裂碎片均被电弧熏黑，绝缘支柱的上下金属嵌件端有电弧熔烧点。

因此导致该变电站主变压器三侧断路器跳闸事故的原因为：由于 5021 电流互感器内部的 1 根绝缘支柱内部缺陷导致在正常电压下，绝缘支柱内部击穿，引起单相对地短路故障。

从故障电流互感器的结构来看，绝缘支柱上下金属嵌件分别固定在电流互感器二次绕组筒及金属外罩法兰盘内侧，而金属外罩与电流互感器的 L2 侧用连片相连为同等高电位，二次绕组筒为低电位。绝缘支柱击穿，类似于电流互感器的 L2 侧对地短路。另外，绝缘支柱炸碎及故障切除后，电流互感器内部的 SF_6 气体恢复了绝缘介质强度，故试验时加 $550/\sqrt{3}$ kV 的工频电压 1min，都无法将其击穿。说明此故障具有一定的隐蔽性，常规试验无法发现。

6. 案例引用小结

（1）设备内部发生瞬时性故障，由于绝缘强度恢复，常规试验可能无法发现，应根据分析作出针对性的试验。

（2）设备内部的绝缘件性能应良好，否则可能埋下事故隐患。

（3）变压器的事故跳闸处理应根据主后备保护动作情况而定。变压器故障往往多由内部故障或隐性缺陷引起，现场运行人员应提高对故障或异常的分析判断能力，正确进行事故处理。

【例 ZY1200502002-2】330kV 某变电站因盗窃破坏导致主变压器跳闸并损坏事故。

1. 事故前运行方式

330kV 某变电站 2 号主变压器和 3 号主变压器 330kV 侧和 110kV 侧并列运行。

2. 事故简况

某年 9 月 13 日，330kV 某变电站发生一起因人为盗窃破坏导致主变压器跳闸并损坏事故。事故造成 4 座 110kV 变电站失压，损失负荷 7.3 万 kW，停电客户 15101 户，两个重要用户停电 34min。受事故短路电流冲击，2 号主变压器 110kV 中压 A 相绕组受损变形，需返厂修复，直接经济损失约 80 万元。

3. 事故原因

事故直接原因是不法分子利用夜间翻越变电站围墙，盗窃运行中的电力设施引发 3 号主变压器 110kV 旁母隔离开关短路接地，造成 2、3 号主变压器跳闸。

事故间接原因是变电站技防措施不到位，未按要求装设防盗监控系统；运行人员巡视存在间隙，变电站存在环境安全隐患，给犯罪分子以可乘之机。

事故扩大的原因是 2 号主变压器本体设计、材料及制造工艺存在缺陷，中压 A 相线圈在短路电流冲击下不能满足动稳定要求而损坏。

4. 事故暴露问题

（1）变电站技防措施不落实。省公司已于 4 月完成该变电站技防设施招标，并要求 7 月 20 日前投入运行，但因该变电站进行全站设备改造，市局并没有安装落实。

（2）变电站安全隐患排查不彻底。该变电站地处城乡接合部，变电站围墙外生长多棵泡桐树，附近村民利用变电站围墙搭建多处房屋，隐患排查治理工作不彻底。

（3）重要用户供电方式考虑不周。火车站及东牵引站的网供电源均来自该站 110kV 母线，一旦该站 110kV 母线失电，火车站及东牵引站将停电。事故暴露出对重要用户供电方式考虑不周、沟通协调不够，火车站缺少自备应急电源等问题。

5. 案例引用小结

（1）由于变电站地理位置多在郊区，运行中应严格落实安保措施要求。

（2）变电站安全隐患排查不全面、治理不彻底，现场环境长期存在安全隐患。

（3）对重要用户供电方式管理不深入，对客户供用电安全隐患没有及时督促整改。

（4）变电站在发生此类事故时，现场运行人员应及时隔离已损坏的设备，如运行中的设备有被损坏的威胁也应将其停电。待现场查明原因后，恢复停电设备的供电。如上述案例，两台变压器同时停电时，应尽快查明事故原因，恢复一台变压器运行。

【思考与练习】

1. 引起变压器跳闸的主要原因有哪些？

2. 变压器重瓦斯保护动作跳闸，其动作信号不能复归，外部检查没有发现任何内部故障的征象，可初步判断为什么故障？

3. 变压器中低压侧过电流保护或零序过电流保护动作，一侧断路器跳闸，应如何检查处理？

模块 3 变压器事故处理预案（ZY1200502003）

【模块描述】本模块介绍变压器（高压电抗器）事故处理预案编制方法和要素。通过要点归纳和案例介绍，掌握根据变压器（高压电抗器）事故暴露出的运行或设备缺陷制定事故处理预案的方法。

【正文】

变电站事故预案应根据当地电网的结构特点、变电站和系统的运行方式、潮流变化特点、当地气候特点（如易发台风、地震、覆冰、雷暴、污闪等）等具体情况编制。编制事故预案应先拟定预案题目、当时的运行方式，列出事故现象，根据事故现象判断事故的性质，详细列出事故处理的方法。

一、主变压器（高抗）事故处理预案编制方法和要素

1. 编制方法

根据变电站的一次设备的运行方式和保护配置情况，主变压器（高抗）各保护保护范围，各保护在各类事故时的动作行为，结合具体的主变压器（高抗）设备事故，编制相应的事故现象及事故处理过程，以便当发生与预案同类型的事故时，运行人员能迅速、准确地处理事故，同时使运行人员熟悉及掌握事故处理流程。

2. 编制要素

（1）事故现象。事故现象应包括监控后台动作信息、主变压器（各侧）线路遥测量、主变压器（高抗）保护及自动装置动作信息（包括信号灯）、一次设备的状态。

（2）事故处理过程。

1）根据监控后台信息，初步判断主变压器（高抗）事故性质和停电范围后迅速向调度汇报：故障发生时间、跳闸断路器、继电保护和自动装置的动作情况及其故障后的状态、相关设备潮流变化情况、现场天气情况。

2）根据初步判断检查主变压器（高抗）保护范围内的所有一次设备故障和异常现象及保护、自动装置动作信息，综合分析判断事故性质和找出故障点，作好相关信号记录，复归保护信号，将详细情况报告调度。

3）根据调度指令将相应主变压器（高抗）隔离，恢复线路送电。

4）汇报上级有关部门，并作好相关记录。

本预案以某变电站具体设备为例，设置具体故障，阐述变压器跳闸事故的现象和具体处理方法。

二、事故预案

【例 ZY1200502003-1】主变压器内部短路故障。

1. 运行方式

500kV 某变电站 1 号主变压器单台主变压器运行，主接线图如图 ZY1200502003-1 所示。

2. 事故现象

警铃、事故警报鸣响，监控后台机发出“1 号主变压器 RCS-978H 差动跳闸动作、1 号主变压器 PST-1200 差动跳闸动作、1 号主变压器本体重瓦斯、1 号主变压器本体轻瓦斯、1 号主变压器分相差动 RCS-978HB 差动跳闸动作、500kV 5013 断路器 ABC 相分闸、500kV 5012 断路器 ABC 相分闸、211 断路器 ABC 相分闸、311 断路器 ABC 相分闸、1 号主变压器工作电源 1 故障、1 号站用变压器二次 471 断路器低电压分闸、站用变压器备用电源自动投入装置动作、3700 断路器 ABC 相合闸、2 号站用变压器二次 401 断路器合闸”以及多台故障录波器动作，500、220kV 线路保护装置动作等告警信息。

监控后台机主接线图 1 号主变压器 500kV 5013、5012 断路器指示绿闪，220kV 211 断路器指示绿闪，35kV 311 断路器指示绿闪，1 号主变压器各侧电流、功率均为零。

检查 1 号主变压器 RCS-978H 保护屏，发现“跳闸”信号灯亮，液晶屏显示“比率差动”，“工频变化量差动”动作；PST-1200 保护屏“保护动作”信号灯亮、液晶屏显示“差动保护”；RCS-974G 保护屏“本体重瓦斯”和“本体轻瓦斯”信号灯亮，液晶屏显示“本体重瓦斯”，RCS-978H 保护屏“跳闸”信号灯亮，液晶屏显示“零序比率差动”动作。其他保护信号略。

3. 事故处理

（1）记录告警信息、断路器指示和保护动作情况，复归全部保护动作信号，提取故障录波器报告，断路器指示清闪。

（2）判断事故性质为：1 号主变压器内部短路故障，差动保护和本体重瓦斯保护同时动作，1 号主变压器三侧断路器全部跳闸。将事故现象和事故判断结论报告调度。

（3）检查 1 号主变压器三侧电流互感器至主变压器所有一次设备有无接地短路故障，检查 5013、5012、211、311 断路器工作状态是否良好。检查重点是 1 号主变压器本体，检查气体继电器内有无气体，检查压力释放阀是否动作（有无喷油），检查油位、油色有无异常，本体有无鼓肚变形等。

（4）气体继电器取气样和油样，气样作点燃试验，初步判断气体性质，并将气样和油样一并送试验所作色谱分析。

（5）将一次设备检查情况汇报调度，并请示将 1 号主变压器转检修。将事故情况汇报领导和生产调度，通知试验、检修、继电人员到现场试验、检修设备。

（6）拉开 1 号主变压器各侧断路器两侧的所有隔离开关，合上 501317、501227、2114KD、3114KD 接地开关（如果合主变压器本体三侧的接地开关则无法试验），在 50132、50121、2111、2112 隔离开关和 311 断路器控制开关把手上挂“禁止合闸、有人工作”牌，将 1 号主变压器工作地点做好围栏，办理工作票并履行开工手续后，主变压器便可以进行检修、试验。

（7）作好断路器故障跳闸登记，核对 5013、5012、211、311 断路器故障跳闸次数，如已到临检次数，应汇报领导安排临检。

（8）作好运行记录和事故报告。

【例 ZY1200502003-2】500kV 某线路并联电抗器重瓦斯保护动作跳闸。

1. 运行方式

500kV 某线路有一组并联电抗器（高抗）接入线路运行中，主接线图如图 ZY1200502003-1 所示。

2. 事故现象

警铃、事故警报鸣响，后台机发出“500kV 线路高抗重瓦斯跳闸动作、500kV 线路高抗轻瓦斯动作、500kV 5041 断路器 ABC 相分闸、500kV 5042 断路器 ABC 相分闸”以及多台故障录波器动作等告警信息。

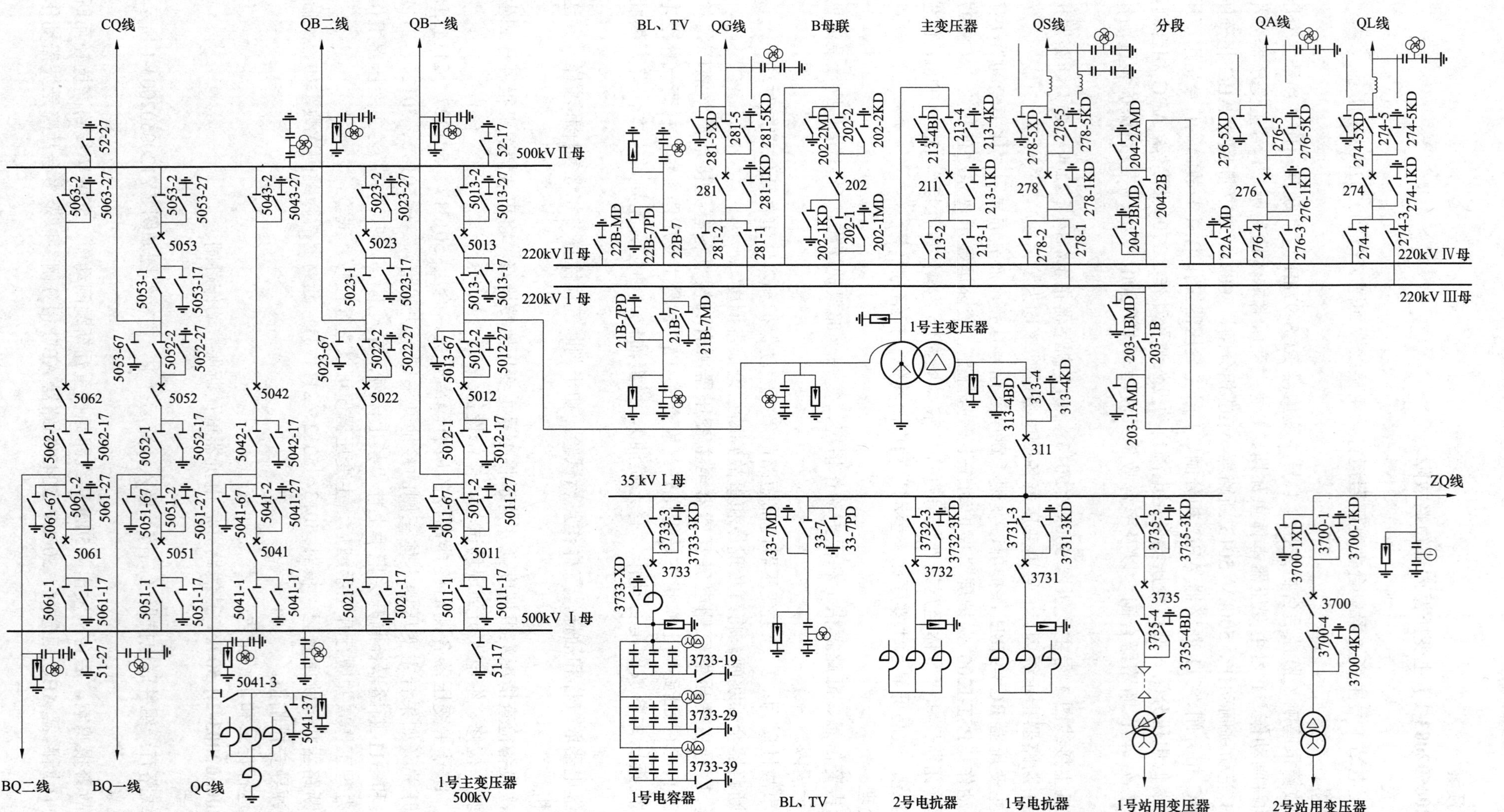

图ZY1200502003-1 500kV某变电站主接线图

监控后台机主接线图 500kV 线路 5041、5042 断路器指示绿闪，500kV 线路电流、功率均为零。检查 500kV 线路高抗保护屏，发现“跳闸”信号灯亮，液晶屏显示“重瓦斯”、“轻瓦斯”动作。

3. 事故处理

（1）记录告警信息、断路器指示和保护动作情况，复归全部保护动作信号，断路器指示清闪。

（2）判断事故性质为：该线路高抗内部短路故障，重瓦斯保护动作，5041、5042 断路器跳闸。将事故现象和事故判断结论报告调度。

（3）检查高抗所有一次设备有无接地短路故障，检查 5041、5042 断路器工作状态是否良好。检查重点是高抗本体，检查气体继电器内有无气体，检查压力释放阀是否动作（有无喷油），检查油位、油色有无异常，本体有无鼓肚变形等。

（4）气体继电器取气样和油样，气样作点燃试验，初步判断气体性质，并将气样和油样一并送试验所作色谱分析。

（5）将一次设备检查情况汇报调度，并请示将线路停电、高抗转检修。将事故情况汇报领导和生产调度，通知试验、检修、继电保护人员到现场试验、检修设备。

（6）拉开 5042、5041 断路器两侧所有隔离开关，联系调度，线路停电后，在线路高抗 50413 隔离开关线路侧验电确无电压，拉开线路高抗 50413 隔离开关。在线路高抗 50413 隔离开关与电抗器间验电确无电压，合上线路高抗 504137 接地开关。在线路高抗 50413 隔离开关操作把手上挂“禁止合闸、有人工作”牌，将高抗工作地点做好围栏，办理工作票并履行开工手续后，高抗便可以进行检修、试验。

（7）作好断路器故障跳闸登记，核对 5041、5042 断路器故障跳闸次数，如已到临检次数，应汇报领导安排临检。

（8）作好运行记录和事故报告。

【思考与练习】

1. 变压器内部短路故障有什么现象？应如何处理？
2. 变压器低压侧套管闪络有什么现象？应如何处理？

第三十九章 站用交、直流系统事故处理

模块1 站用交、直流系统一般事故处理（ZY1200503001）

【模块描述】本模块介绍站用交、直流系统常见事故及处理方法。通过要点归纳和案例说明，掌握站用交、直流系统事故处理的基本方法。

【正文】

变电站站用交流电系统提供电力变压器冷却装置电源、断路器与隔离开关的动力电源、监控系统电源等重要设备的电源。变压器的冷却装置电源故障，将使变压器不能提供正常出力，正常大面积限电；断路器、监控系统等设备电源故障，将使设备不能正常操作和监视，在设备故障情况下可造成越级跳闸等大面积停电事故。

直流系统主要供给操作、保护、信号电源，因此，一旦直流系统断电，将直接造成设备无法操作、保护拒动、信号无法发信，在设备故障情况下也可造成越级跳闸等大面积停电事故，甚至造成全站停电或设备的重大损失。

一、站用交流电压消失事故处理

1. 站用交流电压全部消失的事故处理

（1）站用交流电压全部消失的主要现象。

1）站内交流照明全部消失，事故照明自动投入。

2）“交流电源故障告警”，各主变压器“冷却器全停”、“冷控电源Ⅰ故障”、“冷控电源Ⅱ故障”告警。

3）直流充电装置跳闸。

4）各交流母线电压为零，各站用变压器及其馈线电流为零。

5）主变压器冷却器电源消失，风扇及潜油泵停转。

6）所有站用交流负荷失电。如断路器操动机构交流电源、隔离开关交流操作电源、机构箱加热器回路等分支电源失电。

7）变电站监控系统由不间断电源（UPS）或逆变电源供电。

（2）站用交流电压全部消失时的处理。

1）事故照明应能自动切换，不能切换时应手动投入事故照明。

2）监控系统应能正常运行，监控系统失电时应立即检查UPS或逆变电源是否正常投入。

3）如因站用变压器所接母线全部因故失电，且外电源也失电时，应开启备用发电机或积极处理一次设备事故，恢复对站用电源的供电。若因备用电源自动投入装置拒动或未投，应拉开工作站用变压器二次隔离开关，手动投入备用站用变压器，恢复站用电源供电。若备用电源故障且在短时间内可以排除的，应在处理一次设备事故同时积极排除备用电源故障，恢复站用电源供电。

4）如因各站用交流母线及受电电缆及其隔离开关等设备短路故障导致各站用变压器跳闸失压，应根据故障前各交流母线运行方式和站用变压器跳闸情况分析判断故障范围，并在此范围内查找故障点。

如站用电源故障，当工作站用变压器和备用站用变压器二次空气开关先后跳闸，则是站用交流母线短路故障。先目测站用交流母线有无明显短路故障。如有明显短路故障，应拉开各电源隔离开关，排除故障。运行人员不能自行排除时应通知检修人员尽快处理。

如目测未发现明显短路故障，应拉开站用交流母线各馈电支路空气开关，分段试送站用交流母线。若站用交流母线均试送成功，则是某馈电支路故障，其空气开关拒跳或熔断器熔丝过大未熔断，应检查各支路空气开关及熔断器。若发现某支路空气开关拒跳或熔断器熔丝过大，应在送出各交流馈电支路后，再检查该支路有无短路故障。

若站用交流母线试送不成功，应拉开各电源隔离开关和各馈电支路空气开关，使用 500V（或1000V）绝缘电阻表摇测站用交流母线各相间和对地绝缘，判断故障性质，找出故障设备，再更换故障设备。

5）运行人员短时内无法查找事故原因的，应尽快通知有关专业人员进一步查找。

2. 站用交流电压部分消失的事故处理

（1）站用交流电压部分消失的主要现象。当站用交流母线一段失电或交流母线某一馈电支路或部分馈电支路失电时，出现交流电压部分消失现象。

1）变压器冷却装置失电时，主变压器“冷却器全停”、“冷控电源Ⅰ故障”、“冷控电源Ⅱ故障”告警，主变压器冷却器电源消失，风扇及潜油泵停转。

2）断路器操动机构交流电源失电时，断路器操动机构不能储能。液压机构长时间失电可能出现跳合闸闭锁告警造成断路器拒绝分合闸。

3）隔离开关交流操作电源失电时，隔离开关不能电动操作。

（2）局部交流电压失电时的处理。

1）只有部分设备交流电压失电时，应检查其供电电源的空气开关是否跳闸或熔断器熔丝是否熔断。若空气开关跳闸（熔断器熔丝熔断），可试合空气开关（熔断器熔丝），若空气开关再次跳闸（熔丝再次熔断），应断开负荷，用 500V（1000V）绝缘电阻表摇测电缆各相间及各相对地绝缘。如电缆绝缘良好，再检查负载设备电源。

2）单一设备交流电压失电时，应检查该设备的电源，检查其空气开关是否跳闸（熔断器熔丝是否熔断），试合空气开关（熔断器熔丝），若空气开关再次跳闸（熔丝再次熔断），应断开设备，用500V（1000V）绝缘电阻表摇测电缆各相间及各相对地绝缘。如电缆绝缘良好，再摇测设备绝缘。在摇测三相电机时应断开各相中性点，否则无法摇测各相间绝缘。

二、站用直流电压消失

1. 变电站直流电压消失的危害

变电站直流消失将直接导致控制回路、保护及自动装置等设备不能正常工作，一次设备无法进行正常操作，在系统发生故障时，继电保护和控制回路不能正常动作，引起事故无法有效切除，造成越级跳闸扩大事故范围，并使一次设备受到损害。

2. 直流消失的现象

（1）如出现直流消失伴随有直流电源指示灯灭，发出“直流电源消失”、“控制回路断线”、“保护直流电源消失”或“保护装置异常”等告警信息及熔丝熔断等现象。

（2）直流负载部分或全部失电，保护装置或测控装置部分或全部出现异常并失去功能。

3. 直流消失的查找和处理

（1）直流部分消失，应检查直流消失设备的熔断器熔丝是否熔断，接触是否良好。如果熔丝熔断，则更换容量满足要求的合格熔断器（熔丝）。如更换熔断器后熔丝仍然熔断，应在该熔断器供电范围内查找有无短路、接地和绝缘击穿的情况。查找前应做好防止保护误动和断路器误跳的措施，保护回路检查应汇报调度停用保护装置出口跳闸连接片，断路器跳闸回路禁止引入正电或造成短路。

（2）如果全站直流消失，应首先检查直流母线有无短路、直流馈电支路有无越级跳闸。先目测检查直流母线，母线短路故障一般目测可以发现。

如果母线目测未发现故障，应检查各馈电支路是否有空气开关拒跳或熔断器熔丝过大的情况。如发现直流支路越级跳闸，应拉开该支路空气开关，恢复直流母线和其他直流馈电支路的供电，然后再检查、检修故障支路。如直流支路没有越级跳闸的情况，应拉开直流母线各电源空气开关和负荷开关，用万用表电阻挡检查直流母线正负极之间和正负极对地绝缘电阻，判断绝缘情况。必要时拆开绝缘监察装置分别测量。若电阻较大，可用充电机试送电一次，不成功再用 500V 绝缘电阻表测量。注意：用绝缘电阻表测量时必须把各个支路和绝缘监察装置断开，以免损坏电子设备。

（3）如果直流母线绝缘检查良好，各直流馈电支路没有越级跳闸的情况，蓄电池空气开关没有跳闸（熔丝熔断）而硅整流装置跳闸或失电，应检查蓄电池接线有无断路。应从直流母线到蓄电池室检查有无断路和接触不良情况，对蓄电池要逐个进行检查，如发现蓄电池内部损坏开路时，可临时采用容量满足要求的跨线将断路的蓄电池跨接，即将断路电池相邻两个电池正、负极相连。检查硅整流装置跳闸或失电原因，故障自己能排除的自行排除。查不出原因或故障不能排除的立即通知专业人员检查处理。

三、事故案例

【例 ZY1200503001-1】220kV 变电站在 110kV 旁代操作时发生隔离开关引流线夹断裂，因保护装置失去直流电源，导致事故扩大，造成大规模电网事故。

1. 事故经过

某年 5 月 12 日 9 时 27 分，220kV 甲站在执行 110kV 旁路断路器代朝牵线断路器操作中，在断开朝牵线断路器时，朝牵线旁路隔离开关线路侧 B 相引流线夹断裂、拉弧，造成 A、B 相间弧光短路，同时甲站控制与保护直流电源消失。与该站联络的 8 条 220kV 线路对侧断路器方向保护动作跳闸，甲站全站失压。

2. 事故原因分析

本次事故的发生是由于在隔离开关线夹选型安装、直流回路保险配置等环节出现违规及故障，使得事故逐步叠加扩大。

（1）违反设计要求是发生此次事故的诱因。根据设计要求朝牵线旁路隔离开关线夹应选用 SL-10 型 30° 设备线夹，实际安装的是 0° 的 SL-6 型弯曲成 30° 的线夹，自该站投运以来，线夹长期受力，在风力作用下，引线摆动，引起线夹裂缝增大直至断裂。验收及检修人员对线夹设备型号不熟悉，对隔离开关线夹及引线的检查维护不够到位，长时间未发现线夹选型不当及裂缝问题。

（2）在朝牵线旁路隔离开关发生弧光短路时，甲站直流保险熔断是造成全站失压、事故扩大的主要原因。事故后分析发现甲站直流系统存在以下两大问题：

1）直流熔断器配置不合理。甲站自投运以来，由于电网发展，站内一次设备增加，二次负荷已增加近一倍，但选用的直流熔断器仍按原设计配置。很多熔断器的额定电流与正常运行负荷电流接近，远小于事故时的动态负荷电流，并且上、下级熔断器间配合系数偏小，造成熔断器越级熔断。

2）直流系统运行方式不合理。重要负荷都由一个回路提供，造成一个熔断器熔断，全部保护控制母线失去电源。对此，须加强直流运行管理，完善变电站直流系统接线和直流熔断器配置。对新安装和改造的直流系统，应重新校核回路熔断器的级差配合，根据负荷的重要性，合理布置。建立直流熔断器定期检查和更换制度，并切实执行。

3. 案例引用小结

站内直流系统的故障在特定环境下往往会发展成大面积停电事故。在发生此类事故时，给现场运行人员的判断和处理也带来很大的不便。当发生站内交、直流系统故障时，应及时安排处理，当发生复杂故障时，运行人员也应沉着冷静，逐步分析故障原因，在相关调度的指挥下隔离设备故障。

从本次事故中可以吸取以下教训：

（1）设备线夹应按设计要求采购、安装，防止线夹长时间受力断裂。运行和检修人员要加强巡视和检查。

（2）直流系统熔断器配置要合理，运行方式也要合理。防止一个熔断器熔断，保护控制电源全失。

（3）提高运行人员技术水平是正确处理大电网事故的保障。现场运行人员要及时汇报设备的故障情况，以利于调度员正确处理事故。

（4）要经常进行反事故演习，针对电网和变电站的薄弱点提前准备好反事故预案。

（5）改善电网结构，从根本上摆脱电网抗风险能力低、事故影响大的困境。

【思考与练习】

1. 站用交流电压全部消失有什么现象？应如何处理？

2. 直流全部消失时应如何处理？

模块 2　站用交、直流系统事故分析（ZY1200503002）

【模块描述】本模块介绍站用交、直流系统电压消失的原因，以及发生火灾事故的原因及处理方法。通过要点归纳和案例说明，掌握站用交、直流系统事故的分析方法，以及处理火灾事故的能力。

【正文】

变电站站用交流电系统提供电力变压器冷却装置电源、断路器与隔离开关的动力电源、监控系统电源等重要设备电源。变压器的冷却装置电源故障，将使变压器不能提供正常出力，可能造成大面积限电；断路器、监控系统等设备电源故障，将使设备不能正常操作和监视，在设备故障情况下可造成越级跳闸等大面积停电事故。

直流系统主要供给操作、保护、信号电源，因此，一旦直流系统断电，将直接造成设备无法操作，保护拒动，信号无法发信，在设备故障情况下也可造成越级跳闸等大面积停电事故，甚至造成全站停电或设备的重大损失。

一、站用交流电压消失的原因

1. 站用交流电压全部消失的原因

（1）站用变压器所接母线因故全部失电，且站用电源外接电源故障或失电；或工作站用变压器所接母线因故失电，站用电源备用电源自动投入装置拒动或未投备用电源自动投入装置。

（2）各站用交流母线及受电电缆及其隔离开关等设备短路故障导致各站用变压器跳闸失压。

（3）一台站用变压器供电时的站用变压器故障跳闸。

2. 站用交流电压部分消失的原因

（1）一段交流母线因母线故障跳闸或电源消失而失电，以及母线馈电支路故障空气开关拒分（或熔断器熔丝过大）越级使母线跳闸。

（2）交流母线一条馈电支路或多条馈电支路故障跳闸（空气开关跳闸或熔断器熔丝熔断）或断线。

（3）单一设备电源故障跳闸（空气开关跳闸或熔断器熔丝熔断）或断线。

二、站用直流电压消失的原因

（1）直流回路绝缘击穿、两点接地或短路造成熔断器熔丝熔断导致直流消失。

（2）熔断器接触不良导致直流消失。

（3）熔断器容量小或不匹配，在大负荷冲击下造成熔丝熔断，导致部分回路直流消失。

（4）直流母线短路故障，使蓄电池组和充电装置跳闸，造成一段母线停电，该母线馈出的直流负荷全部失电。

（5）蓄电池组空气开关或熔丝接触不良或由于酸腐蚀、脱焊或烧熔使得蓄电池与直流母线之间断路，当充电装置故障跳闸或因故失电时使一段直流母线停电，造成该母线馈出的直流负荷全部失电。

（6）直流馈电支路短路故障，其空气开关拒跳或熔断器熔丝过大，越级造成蓄电池组和充电装置跳闸，造成一段母线停电，该母线馈出的直流负荷全部失电。

三、站用交、直流系统的火灾处理

站用交、直流系统发生火灾易蔓延扩大，是造成交、直流电源事故的一个重要元凶。处理好火灾事故，防止事故扩大显得尤为重要。

1. 交、直流系统火灾的特点

交、直流系统能引起严重后果的火灾主要有电缆火灾和蓄电池火灾。

（1）电缆着火。电缆多以塑料、橡胶、油、纸为绝缘介质，着火时以纵向蔓延为特点。若在电缆沟内或电缆夹层内，则可波及其他电缆。电缆着火应立即用干粉、气体灭火器或砂、土灭火。带电电缆不可用泡沫灭火器或水灭火，否则将造成短路。室内电缆着火可快速蔓延至主控制室，应尽力堵截火势蔓延。电缆着火可释放有毒气体，应防止人员中毒。

（2）蓄电池着火。蓄电池外壳大多由易燃的有机玻璃制成，如果蓄电池连接端子接触不良打火，易引燃外壳起火，并迅速蔓延至整组蓄电池，从而引起大火。蓄电池着火应立即用干粉或气体灭火器灭火，不可用泡沫灭火器或水灭火，否则将造成短路拉出更大的电弧。蓄电池着火可快速蔓延，应尽力堵截火势蔓延。蓄电池着火也可释放有毒气体，应防止人员中毒。

（3）屏盘着火。屏盘着火应使用气体灭火器灭火，使用干粉灭火器易脏污设备，不易清除；使用泡沫灭火器或水易引起短路，造成更大的设备事故。

2. 引起交、直流系统设备着火的原因

（1）设备绝缘击穿放电或短路点燃绝缘介质（绝缘油、纸、塑料、橡胶等），或使绝缘介质因热分解，产生可燃性气体，遇火花发生燃烧或爆炸。

（2）设备接点接触电阻过大引起局部过热，或严重过载（如外部短路不能及时切除）产生高温引起绝缘介质分解而导致燃烧或爆炸。

（3）蓄电池接头接触不良，过热、打火，引燃电池瓶（有机玻璃），可蔓延至整组蓄电池着火。

（4）低压交、直流电路绝缘损坏、接触不良打火，过载或短路不能及时切除，引起电线（电缆）着火或引燃附近的易燃物。

（5）变电站易燃品管理不当，明火点燃易燃品引起火灾。

3. 交、直流系统着火时的处理

（1）发现交、直流系统初起小火应立即使用合适的灭火器灭火，灭火器不在身边的也可用棉衣、棉被等物品隔绝火源空气。着火不能立即扑灭的应立即拨打火警电话119。

（2）尽力防止火灾蔓延，尤其要防止火灾向主控室蔓延，必要时可切断着火电缆（先停电）。

（3）检查着火设备对一次设备的影响程度，迅速采取对应措施，并立即报告电网调度和领导。

四、事故案例

【例 ZY1200503002-1】 220kV 变电站直流系统假接地故障。

220kV 某变电站在操作 220kV 旁路断路器时，直流系统发 1 组控制母线正极直流接地，2 组控制母线负极直流接地，220kV 旁路断路器 2 组控制回路断线。经保护人员进站检查后发现，此为旁路断路器控制回路错接引起的一起直流系统假接地故障。

1. 故障情况

220kV 旁路断路器初始运行状态为冷备用状态，运行人员按调度命令进行旁路代 201 断路器的操作。合上旁路保护装置电源、控制电源后一切正常，后台信号反映正确，但当操作到合上 220kV 旁路断路器时，后台发 1 组控制母线正极直流接地，2 组控制母线负极直流接地，220kV 旁路断路器 2 组控制回路断线。汇报调度后，运行人员拉开 220kV 旁路断路器，此时直流接地信号消失，1、2 组控制母线电压恢复正常，220kV 旁路断路器 2 组控制回路断线信号复归。

2. 故障原因分析

保护人员接到缺陷通知后立即进站检查，运行人员将 220kV 旁路断路器操作至冷备用状态。在冷备用状态再次合上 220kV 旁路断路器时，故障现象再次发生，保护人员断开 220kV 旁路断路器控制电源空开 1 时，接地信号消失，1、2 组控制母线电压恢复正常，但 220kV 旁路断路器 1、2 组控制回路断线。测量 220kV 旁路断路器控制电源空开 1 上端，正对负电压为 220V，正极对地+110V，负极对地−110V，测量 220kV 旁路断路器控制电源空开 1 下端，正对负电压为 0，正极对地−110V，负极对地−110V；合上 220kV 旁路断路器控制电源空开 1，断开控制电源空开 2，接地信号消失，1、2 组控制母线电压恢复正常，220kV 旁路断路器 2 组控制回路断线。测量控制电源空开 2 上端，正对负电压为 220V，正极对地+110V，负极对地–110V，测量控制电源空开 2 下端，正对负电压为 0，正极对地–110V，负极对地–110V。根据测量情况可知，此为典型的直流系统分列运行假接地的故障。

该 220kV 旁路断路器于当年 1～4 月进行了更换，因原断路器跳闸回路只有一套，而新更换断路器操动机构有 2 套跳闸回路，故在进行断路器更换时，施工单位新增加了第 2 套跳闸回路。但施工过程中将第 2 组至机构的 A 相跳闸电缆线由 4D189 错接至 4D187，如图 ZY1200503002-1 所示。因而造成直流 1 组控制电源正极与 2 组控制电源负极在断路器合闸时通过继电器连接：+KM1→R1KCCc→1KCCc→1KCFc→1KSc→2LTa→–KM2。断路器在分位时，控制回路中机构辅助触点断开，因此不能形成回路，装置一切正常，但当断路器在合闸位置时，1 组控制电源正极与 2 组控制电源负极便形成通路且由于线接错，装置 2KCCa（第 2 组合闸位置继电器）不能动作，造成装置发第 2 组控制回路断线告警信号。

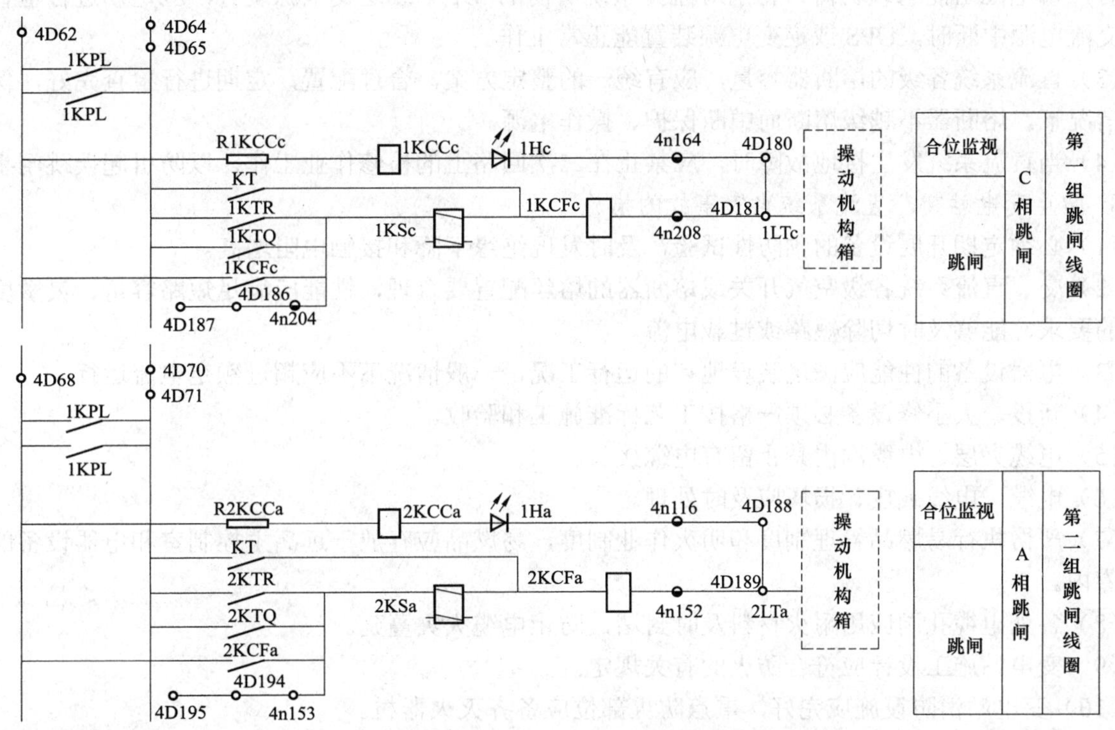

图 ZY1200503002-1　220kV 断路器跳闸回路接线图

3. 案例引用小结

在常规的直流系统接地故障中，检修人员往往会认为接地就是回路中电缆有绝缘能力降低的现象，但通过以上的一起接地故障可以看出，回路接地并不一定是电缆绝缘能力降低引起的。

【思考与练习】

1. 站用交流电压全部消失的原因是什么？
2. 站用直流电压消失的原因是什么？防止直流电压消失的措施有哪些？

模块 3　站用交、直流系统事故预案（ZY1200503003）

【模块描述】本模块介绍站用交、直流系统事故预防措施和事故处理预案编制方法和要素。通过要点归纳和案例说明，掌握站用交、直流系统事故预案编制方法和事故预防措施。

【正文】

站用交、直流系统为变电站一、二次设备的正常工作提供所需电源，如果发生事故容易蔓延扩大，影响变电站甚至电网的安全运行。故做好站用交、直流系统事故预案，对防范事故的发生很有必要。

一、防止站用交、直流事故的措施

1. 防止交流电压消失的措施

（1）站用电源系统各级保护配置应合理，各级熔断器熔丝配置应符合要求。

（2）交流系统基建工程的工程建设质量必须保证。

（3）加强变电站运行维护管理，建立完善的管理制度，对站用电源系统设备定期进行巡视检查，及时发现和消除设备缺陷。

2. 防止直流电压消失的措施

（1）作好蓄电池的维护管理，按时检查调整每个蓄电池的电解液比重，使其处于完好的满充电状态，并定期进行充电，保持合格的比重、电压等。

（2）不停电电源装置（UPS）或逆变电源装置应按要求配置专用蓄电池组，确保在站用系统交流中断时，蓄电池组能承载负荷，特别对监控系统所需的 UPS 或逆变电源装置，应定期进行检查，确保在交流电源中断时，UPS 或逆变电源装置能正常工作。

（3）直流系统各级的熔断器容量，应有统一的整定方案，合理配置，定期进行检查完好，保证在事故情况下，熔断器不越级熔断而中断保护、操作电源。

（4）当直流系统发生接地故障时，应禁止在二次回路上的检修作业工作，以防引起误跳闸事故。

3. 防止变电站交、直流系统火灾事故的措施

（1）必须定期开展设备的预防性试验，及时发现绝缘下降和接触电阻增高。

（2）交、直流系统各级空气开关或熔断器的熔丝配置要合理，性能应满足短路容量、灵敏度和选择性的要求，能够及时切除短路或过载电流。

（3）电器设备的性能应满足装设地点的运行工况，一般情况下不应超过额定电流运行。

（4）新投、大小修设备必须严格按工艺标准施工和验收。

（5）电缆夹层、电缆沟内禁止留有电缆接头。

（6）电缆、电线破皮、损坏应及时处理。

（7）严格执行易燃品管理制度和明火作业制度，易燃品应存放于远离主控制室和电器设备的易燃品仓库内。

（8）各处电缆孔洞应用耐火材料及时封堵，防止电缆火灾蔓延。

（9）变电站施工设计应符合防火的有关规定。

（10）变电站消防设施应完好，重点防火部位应备齐灭火器材。

（11）变电运行人员应认真巡视检查站内设备，发现异常及时处理。

（12）变电站人员应熟悉灭火知识、火警电话 119。

二、站用交、直流系统事故处理预案编制方法和要素

1. 编制方法

根据变电站的交、直流系统运行方式，各类交、直流事故时所表现出来的现象，结合具体的事故，编制相应的事故现象及事故处理过程，以便当发生与预案同类型的事故时，运行人员能迅速、准确地处理事故，同时使运行人员熟悉及掌握事故处理流程。

2. 编制要素

（1）事故现象。事故现象应包括监控后台动作信息、遥测量、保护、测控及自动装置的运行状况，站用交、直流等设备的状态。

（2）事故处理过程。

1）根据反映的信息，迅速向调度汇报，并尽快恢复站用电源及直流系统。站用电源失去时，还应监视主变的运行油温和负荷情况。

2）事故处理后检查现场一次、二次设备交（直）流供电是否正常。

3）汇报上级有关部门，并作好相关记录。

三、事故预案

【例 ZY1200503003-1】1 号站用变压器停电检修时，外接电源 35kV 某线路停电，造成站用交流

全停电。

1. 站用电源运行方式

1 号站用变压器电源接于 35kV 1 号母线；2 号站用变压器接于一条外来电源 35kV 线路。当时 1 号站用变压器停电检修，2 号站用变压器工作，带全站 380V 全部负荷。站用电源系统接线情况如图 ZY1200503003-1 所示。

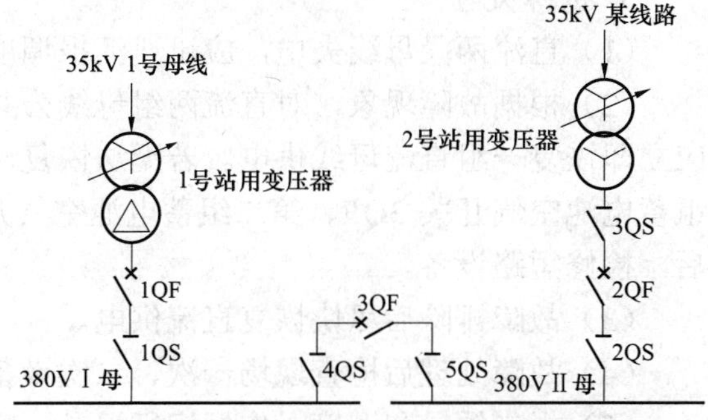

图 ZY1200503003-1 站用电源系统接线图

2. 事故现象

警铃鸣响，监控系统发出“交流电源故障、1 号主变压器工作电源Ⅰ故障、1 号主变压器工作电源Ⅱ故障、1 号主变压器冷却器全停”告警信息；全站交流照明灯全灭，事故照明自动投入，交流屏电流、电压全为零，所有屏盘的交流电压指示均消失；直流充电装置跳闸；1 号主变压器冷却器全停，所有站用交流负荷失电。

3. 事故处理

（1）开启备用发电机，恢复重要负荷供电。

（2）报告调度，要求尽快恢复外电源 35kV 线路的供电。如线路一时不能恢复供电，应尽快结束 1 号站用变压器的检修工作，恢复 1 号站用变压器的运行。

（3）在站用电源恢复供电前要重点监视 1 号主变压器的运行油温和负荷情况，如有可能，应尽量从系统中转移负荷，并根据运行规程掌握主变压器在冷却器全停时允许运行的时间。

（4）故障处理后检查现场一次、二次设备交流供电是否正常。

（5）报告领导，作好运行记录。

【例 ZY1200503003-2】金属线落到直流分段空气开关 5QF 一侧造成短路，弧光引起两段直流母线全部短路，两组蓄电池和充电机跳闸。

1. 直流母线运行方式

重要变电站的直流电源系统接线简图如图 ZY1200503003-2 所示。正常时直流母线分段空气开关 5QF 断开，两段母线分列运行，第一组蓄电池和 1 号充电机投入于 1 号母线运行，第二组蓄电池和 2 号充电机投入于 2 号母线运行，3 号充电机直流输出空气开关 7QF、8QF 断开备用。

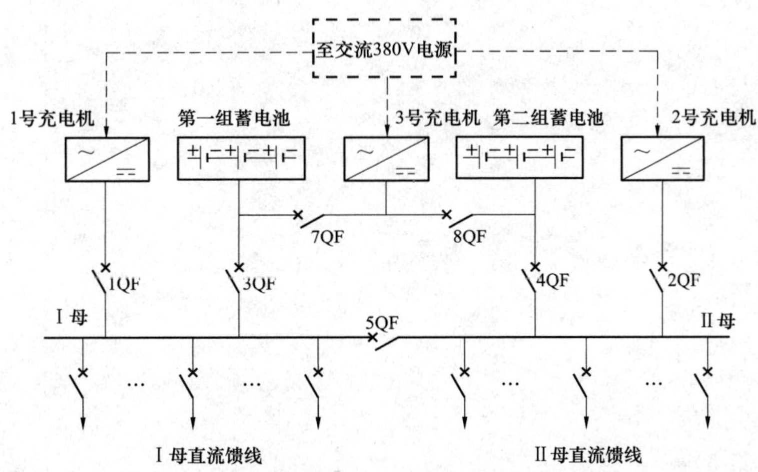

图 ZY1200503003-2 直流电源系统接线简图

2. 故障现象

变电站监控系统、测量系统全部微机不能正常显示监控和测量的内容，全部保护屏、测控屏直流指示灯全灭，液晶屏全黑，全站直流负荷全部失电。两组直流母线全部短路，两组蓄电池和充电机全部跳闸。

3. 故障处理

（1）直流两段母线失电，应迅速汇报调度。

（2）根据故障现象，对直流两组母线公共处检查故障情况，经初步检查处理，若能恢复供电的，应立即恢复一组直流母线供电。若无法恢复，应拉开两组直流母线的各馈电支路空气开关，检查第一组蓄电池空气开关 3QF、第二组蓄电池空气开关 4QF 已分闸。验明直流 1 号母线和 2 号母线无电压后，检修短路设备。

（3）故障排除后尽快恢复直流供电。

（4）故障处理后检查现场一次、二次设备直流供电是否正常。

（5）报告领导和调度，作好运行记录。

【思考与练习】

1. 如何编制站用交流系统事故预案？

2. 防止交、直流系统事故的措施有哪些？

第四十章 母线事故处理

模块 1 母线事故现象和处理原则（ZY1200504001）

【模块描述】本模块介绍母线短路故障的保护分类、母线故障的现象和处理原则。通过要点归纳和案例说明，掌握母线事故的判断和初步处理的方法。

【正文】

母线故障将使接于母线上的所有负荷线路失去电源，造成大面积停电，甚至造成电力系统解列。母线事故处理不当可能扩大事故，造成更大的损失。因而正确地判断事故性质，及时隔离故障设备，尽快恢复正常设备的供电就显得尤为重要。

一、母线短路故障的保护分类

对于母线短路故障的保护一般分为两种类型：

（1）重要母线必须设母线差动保护（简称母差保护），作为母线故障的主保护，其电源变压器和电源线路对侧断路器的后备保护（变压器的过电流保护和零序过电流保护、电源线路的零序二段和距离二段）作为其后备保护。

（2）变电站低压母线一般不设母差保护，由变压器的后备保护（过电流保护）作为其主保护。

二、母线短路事故的现象

母线发生短路故障时，系统出现强烈冲击，发出事故警报音响，母线保护动作跳闸，母线电压为零，故障录波器动作，还可听到短路现场类似爆炸的声响，看到火光、冒烟等。各类母线的断路器跳闸和保护动作情况如下：

（1）装设母差保护装置的母线发生故障时，母差保护动作，故障母线所接的断路器全部跳闸。

（2）未装设母差保护装置的母线发生故障，且母线是变压器负荷侧母线，则这条母线一般为66kV 及以下母线。母线短路故障时变压器过电流保护动作，故障母线侧断路器跳闸。

线路越级跳闸时也会造成母线停电，其现象与母线故障时较为近似，应注意区分，防止误判断。区分要点如下：越级跳闸没有母线短路的爆炸声、火光等现象，母线上没有故障点，母差保护不动作；线路断路器拒分时则还有线路保护动作、失灵保护动作等现象；通过查看故障录波可以判断故障点的远近。

三、母线短路事故的处理原则

（1）根据动作保护的保护范围详细检查一次设备。母差保护动作应检查母线各侧电流互感器以内的所有一次设备有无相间短路和接地短路故障。母线没有母差保护时，主变压器后备保护动作应重点检查主变压器主电流互感器至各线路电流互感器范围内的所有一次设备有无短路故障，如果母线无故障，再检查线路和主变压器有无越级跳闸。

（2）如果故障点在某个元件的母线隔离开关与电流互感器间或母线电压互感器隔离开关的电压互感器侧，应立即拉开故障点两侧隔离开关（电压互感器拉开隔离开关和二次空气开关或熔断器），隔离故障点，然后汇报调度送出母线。母线送出后再处理故障设备。如果这个故障元件是允许强送的线路且有旁路的，应向调度申请用旁路向停电线路试送电一次。所有受故障点影响而停电的设备恢复送电后，再给故障点布置安全措施，检修故障设备。

如果故障点虽可以隔离，但故障点的检修需要将母线停电时，应同时隔离母线或在母线送电后再申请将母线停电。

（3）如果故障点在母线及其引线上，应隔离母线。如果是双母线接线，应将这组母线上的所有元件倒至另一组母线送电。

（4）对于 3/2 断路器接线，如各串均在正常合环运行的状态下，则母线故障跳闸不会影响各元件供电。在中间断路器或另一元件的母线侧断路器断开的情况下，母线故障跳闸将造成一个或两个元件断电，此时原来停电断路器可以恢复送电的应尽快恢复送电；原来停电的断路器不能恢复送电，且母线故障不能很快排除的，应将线路对侧断路器拉开，将线路转为冷备用。

（5）主变压器低压侧母线无母差保护时，母线故障由主变压器后备保护动作跳开主变压器低压侧断路器。

（6）如果母差保护动作跳闸时无故障电流冲击等故障现象，站内检查未发现任何短路故障，另一套母差保护也未动作，则可能是母差保护误动所致。如母差保护动作同时有线路或主变压器保护出口动作，可能是线路或主变压器故障，母差保护电流回路有问题以至误动。母差保护误动，应在隔离区外故障以后，停用误动的母差保护，恢复母线和其他正常设备的运行，汇报上级部门，组织专业人员查找母差保护误动原因。

四、母线失电事故的现象

引起母线电压消失的原因很多，有母线故障、电源故障、越级跳闸等。下面仅分析由电源故障所引起的母线失电事故的现象。

给母线供电的所有电源断电，包括所有电源线路和主变压器断路器跳闸，将造成母线失电。其事故现象如下：

（1）事故警报、警铃鸣响，监控装置发出连接于某母线上的主变压器或电源线路保护动作和断路器跳闸的告警信息。

（2）主变压器保护动作，主变压器一侧或三侧断路器跳闸，母联或分段断路器跳闸。母线电源线路对侧断路器保护动作跳闸或本侧断路器因故跳闸。

（3）失电母线电压为零，连接于该母线上的各线路、母联（分段）、变压器本侧电流和功率为零。

（4）连接于失电母线上的主变压器或电源线路保护动作。

（5）失电母线的母差保护及连接于该母线上的各线路、主变压器的有关保护装置发出“TV 断线”、“装置闭锁”等告警信号。

（6）失电母线母差保护不动作，母线上无故障。

五、母线失电事故的处理原则

首先应根据现象区分是何种原因引起的母线失电，下面以电源故障引起的母线失电事故为例说明处理原则。

（1）双母线分列运行时，其中一组母线失电，应拉开连接于失电母线上的所有断路器，用母联断路器或外部电源线路给失电母线充电，然后送出原失电母线上无故障的线路和主变压器。

（2）一台主变压器热备用、另一台主变压器带两组母线时，两组母线失电，应拉开两组母线上所有断路器，迅速合上备用主变压器断路器给母线充电，然后送出无故障的线路。

（3）双母线并列运行时一组母线失电，应拉开连接于失电母线上的所有断路器，用母联断路器或外部电源线路给母线充电，然后送出无故障的线路和主变压器。

六、事故案例

【例 ZY1200504001-1】接地开关分闸未到位，引发 500kV 母线对地放电，导致母差保护动作跳闸。

1. 事故前运行方式

500kV 某变电站共有 3 个电压等级，电气主接线图如图 ZY1200504001-1 所示。当日 1 号主变压器停电检修。事故发生时，正在进行 1 号主变压器送电复役操作。事故发生前 500kV 运行方式如下：

500kV 1 号母线连接 5011、5041、5051、5061 断路器；

500kV 2 号母线连接 5013、5023、5053 断路器；

5022、5042、5062 断路器在合闸位置；

5011、5012 断路器连接 QB 一线；5022、5023 断路器连接 QB 二线；

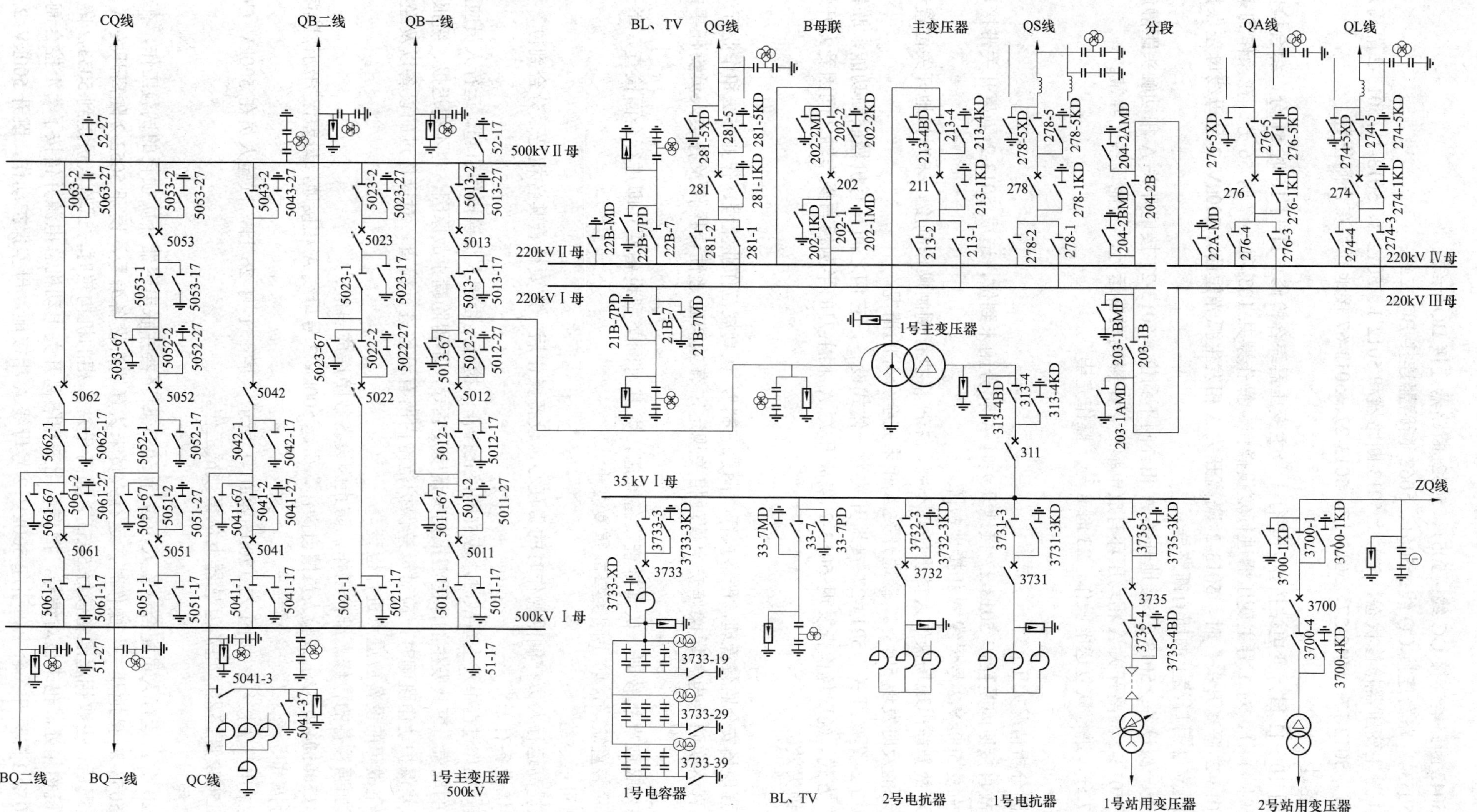

图ZY1200504001-1　500kV某变电站主接线图

5041、5042 断路器连接 QC 线；5051、5052 断路器连接 BQ 一线；

5052、5053 断路器连接 CQ 线；5061、5062 断路器连接 BQ 二线；

500kV 1 号主变压器检修状态，5012、5013 断路器和 5012-1、5012-2、5013-1、5013-2 隔离开关处于断开位置，5012-17、5012-27、5013-17、5013-27、5013-67 接地开关在合闸位置。

2. 事故经过

某年 2 月 10～11 日，变电站按计划进行 1 号主变压器综合检修。11 日 16 时 51 分，综合检修工作结束。17 时 11 分，对 1 号主变压器进行复役操作，操作票共 103 项。17 时 56 分，在操作到第 72 项“合上 5013-2 隔离开关”时，5013-2 隔离开关 A 相发生弧光短路，500kV 2 号母线母差保护动作，跳开 500kV 2 号母线上的所有断路器。

现场检查一次设备：5013-27 接地开关 A 相分闸不到位，5013-27 接地开关 A 相动触头距静触头距离约 1m。5013-2 隔离开关 A 相均压环有放电痕迹，不影响设备运行，其他设备无异常。

20 时 37 分，进行恢复送电操作，23 时 8 分，操作完毕。

3. 原因分析

事故原因分析情况如下：

（1）事故直接原因是操作 5013-27 接地开关时 A 相分闸未到位，造成 5013-2 隔离开关带接地开关合主刀，引发 500kV 2 号母线 A 相接地故障。

（2）该事故暴露出现场操作人员责任心不强，未严格执行倒闸操作制度，未对接地开关位置进行逐相检查，未能及时发现 5013-27 接地开关 A 相未完全分开的情况。

（3）5013-2 隔离开关、5013-27 接地开关为一体式设备，它们之间具有机械联锁功能，联锁为“双半圆板”方式。经现场检查发现 5013-2 隔离开关 A 相主刀的半圆板与操作轴之间因受力开焊，造成机械闭锁失效。

4. 采取措施

（1）加强现场安全监督管理，严格执行“两票三制”，认真规范作业流程、作业方法和作业行为。

（2）认真落实防止电气误操作安全管理相关规定，有效防止恶性误操作及各类人员责任事故的发生。

（3）深刻吸取事故教训，认真排查设备隐患，尤其对同类型设备要立即进行全面检查，举一反三，坚决消除装置缺陷，防止同类事故重复发生。

5. 案例引用小结

（1）应提高运行人员在倒闸操作时的责任心，设备操作后一定要检查其各相是否分合到位，操作前也要检查该设备有无异常。

（2）倒闸操作过程中发生事故时，应立即停止操作，检查是否因人员误操作引起。运行人员应立即将事故发生的现象、事故发生的原因汇报相关调度及领导，不得隐瞒事故原因，也不得迟报、缓报。

（3）母差保护动作跳闸时，应对母差保护范围内所有设备进行检查。对操作过的设备以及经初步判断可能发生故障的设备应重点进行检查。

（4）要加强设备的检修、维护工作，防止因设备故障造成事故。

【例 ZY1200504001-2】试验人员擅自操作，引起 500kV 2 号母线 A 相接地，母差保护动作跳闸。

1. 运行方式

某变电站电气主接线图如图 ZY1200504001-1 所示。某年 1 月 26 日，试验人员在 500kV CQ 线设备 5053、5052 断路器，电流互感器上从事预试工作。

2. 事故经过

12 时 20 分，运行人员配合试验人员进行 5053 断路器并联电容器介质损耗的试验工作，在进行“分相拉开 5053-27 接地开关”操作时，运行人员未认真核对设备编号，误开 5053-2 隔离开关 A 相的机构箱。发现后，去取钥匙准备锁好 5053-2 隔离开关 A 相的机构箱时，试验人员走到 5053-2 隔离开关 A 相的机构箱处，也未核对编号，擅自合上三相隔离开关电动机总电源并错按了“汇控合闸”按钮，使得 5053-2 隔离开关合上，引起 500kV 2 号母线 A 相接地，母差保护动作，跳开 500kV 2 号母线上的所有断路器。

3. 事故处理

此次事故由于母差保护正确动作，未造成减供负荷，对系统稳定运行未造成影响。18 时 55 分，恢复 500kV 2 号母线送电。

4. 案例引用小结

变电站母差保护的动作，多为人为因素引起。如变电站正常运行中发生母差保护动作，则应检查母差保护范围内的故障点；如变电站现场有工作或进行倒闸操作时母差保护动作，则应考虑人为责任事故的可能性。现场应立即停止相关工作或操作，检查事故发生的原因，根据不同的情况进行具体处理。

【思考与练习】

1. 设有母差保护的母线短路故障，母线短路时有什么现象？
2. 如果故障点在某个元件的母线隔离开关与电流互感器间应如何处理？
3. 双母线分列运行时母线失电应如何处理？

模块 2　母线一般事故处理（ZY1200504002）

【模块描述】本模块介绍母线跳闸的主要原因与处理原则和步骤。通过要点归纳和案例说明，掌握母线事故现象和处理方法。

【正文】

母线故障将使接于母线上的所有负荷线路失去电源，造成大面积停电，甚至造成电力系统解列。母线事故处理不当可能扩大事故，造成更大的损失。因而正确地判断事故性质，及时隔离故障设备，尽快恢复正常设备的供电就显得尤为重要。

一、引起母线跳闸的原因

（1）母线设备发生短路故障。由于继电保护的电流回路取自电流互感器，因而从保护角度所界定的母线范围即是母线各侧电流互感器以内的所有一次设备，包括所有母线设备和连接在母线上的各元件断路器、母线侧隔离开关、引线等设备。在此范围内的短路故障均为母线短路故障。

（2）主变压器馈电线路短路故障，由于本线断路器拒分或保护拒动，越级至变压器断路器跳闸，而引起母线停电。

（3）保护及二次回路误接线、误整定、误触所引起的母差保护误动或变压器、母联（分段）断路器跳闸。

二、母线短路故障的处理原则与步骤

（1）检查表计指示和保护动作情况，记录并复归信号，提取故障录波器报告，复归跳闸断路器的控制开关（清闪）。初步判断故障性质，立即报告调度。

（2）立即检查故障母线设备，并设法隔离或排除故障。如故障点在母线隔离开关外侧，可将该回路两侧隔离开关拉开。故障隔离或排除以后，在调度指挥下先恢复母线送电。对双母线或单母分段接线：宜采用有充电保护的断路器对母线充电，充电前先投入充电保护，充电后退出。对于 3/2 断路器接线，应选择一条电源线路对停电母线充电。母线充电成功后再送出其他线路。

（3）若故障点不能立即隔离或排除，对于双母线接线，可将无故障的元件接入运行母线送电。但事先应投入母差保护母差分列连接片，常规母差保护要改为无选择方式。

（4）若找不到明显故障点，则不准将跳闸元件接入运行母线送电，以防止故障扩大至运行母线。应检查保护和二次回路有无误动。若查不出问题，可按调度命令试送母线设备。线路对侧有电源时应由线路对侧电源对故障母线试送电。此时为防止母差保护误动，可先将母差保护切各运行元件的连接片断开，只保留切充电断路器的连接片。

（5）运行人员不能自己排除母线故障时，应立即通知检修单位前来抢修。在检修人员到来前做好停电安全措施。

三、引起母线失电的原因

引起母线电压消失的原因主要有电源故障、越级跳闸等，具体可分为：

（1）连接于该母线上的电源线路对侧断路器跳闸或电源断电以及变压器断路器跳闸或电源断电。

（2）母线馈电线路或主变压器越级跳闸造成该母线失电。

（3）一组母线故障越级跳闸，造成其他母线失电。

（4）母差保护或主变压器后备保护误动作使母线失电。

（5）人为误碰母差保护、主变压器后备保护或误操作造成母线失电。

四、母线失电事故的处理原则与步骤

引起母线失电的原因较多，下面以电源故障引起母线失电为例分析事故处理步骤。

（1）检查表计指示和保护动作情况，记录并复归信号，复归跳闸断路器的控制开关（清闪）。根据现象判明是母线故障、电源故障，还是越级跳闸引起的母线失电，立即报告调度。

（2）双母线分列运行时其中一组母线失电，应拉开连接于失电母线上的所有断路器，用母联断路器或外部电源线路给失电母线充电，然后送出原失电母线上无故障的线路和主变压器。

（3）一台主变压器热备用、另一台主变压器带两组母线时，两组母线失电，应拉开两组母线上的所有断路器，迅速合上备用主变压器断路器给母线充电，然后送出无故障的线路。

（4）双母线并列运行时一组母线失电，应切开连接于该母线上的所有断路器，用无故障的电源给母线充电，然后送出无故障的线路和主变压器。

（5）3/2 断路器接线母线失电，应联系调度用一回电源线路给母线充电，然后与另一母线合环并送出其他线路和主变压器。

（6）如果母线失电时出现系统解列，应在电网调度的指挥下执行同期并列。

（7）尽快检查相应一次设备，如果变压器或其他设备故障跳闸应隔离故障设备。

（8）运行人员不能自己排除故障时，应立即通知检修单位前来抢修。在检修人员到来前做好停电安全措施。

五、事故案例

【例 ZY1200504002-1】500kV 断路器试验时，绝缘棒脱手，致使 500kV 断路器对地闪络，造成 500kV 母差保护动作，母线跳闸。

1. 事故前运行方式

某变电站 500kV 侧 3/2 断路器接线运行，5053 断路器停电试验。

2. 事故经过

某年 1 月 4 日，变电站电试人员根据工作安排进行 5053 断路器试验，工作由 C 相、B 相、A 相按顺序分别进行断路器预试工作。当 A 相试验结束后（南侧并联电容），电试人员将绝缘棒举起，准备取下换接回路电阻试验接线时，由于风大棒重（绝缘棒长约 10m），突然脚下一闪，绝缘棒向东发生倾斜，电试人员顺势往东踉跄几步，到围栏边时，绝缘棒脱手，绝缘棒正好靠近 5063 断路器 C 相，造成 5063 断路器 C 相对地（机构箱）闪络，均压电容损坏掉落，500kV 2 号母线母差保护动作，2 号母线上所有断路器跳开。

3. 暴露问题

（1）电试工作人员在对 5053 断路器 A 相试验时，对工作环境、工具使用等未采取有效的危险点控制措施，没有握紧试验绝缘棒，使之失去控制靠近临近的 5063 断路器 C 相，致使 5063 断路器 C 相均压电容损坏。

（2）电试人员对工作中的危险点未能提出有效的控制措施，对危险性较大的工作没有很好地协助和配合。

4. 采取措施

（1）针对 500kV 设备对系统的影响大，在操作、检修和试验工作中难度大、情况复杂，各单位一定要给予高度关注，采取积极措施，做好防范工作。

（2）对类似试验操作方法，一定要由两人进行。

（3）试验绝缘杆要在间隔相间内侧挂接，或采用升降平台。

（4）对类似试验操作方法进一步研究，采取更安全的试验方法。

（5）进一步完善现场作业危险点预控分析。

5. 案例引用小结

（1）检修、试验工作人员在工作前要对工作环境、工具使用等采取有效的危险点控制措施。

（2）涉及带电设备的检修、试验，一定要由两人进行。

（3）检修、试验要研究更安全的方法。

【例 ZY1200504002-2】变电站操作人员走错间隔，带电误合母线接地开关，造成变电站 220kV 母线全停。

1. 事故前运行方式

事故发生前 500kV 某变电站 220kV 2 号母线运行，1 号母线为冷备用状态。

2. 事故情况

某年 1 月 14 日 11 时 13 分，500kV 某变电站进行检修工作，需要进行“220kV 1 号母线由冷备用改检修”的操作，在操作 220kV 1 号母线接地开关时，操作人员走错间隔，带电误合 220kV 2 号母线接地开关，母差保护动作，造成变电站 220kV 母线全停。

3. 事故原因分析

（1）在倒闸操作过程中，未唱票、复诵，没有核对设备名称、位置和编号就盲目操作，违反了操作的相关规定。

（2）未经验电即合上接地开关，是造成这次事故的直接原因。

（3）为减少操作行程，监护人和操作人在操作中擅自更改操作票顺序，操作中随意解除防误闭锁装置进行操作。

（4）操作中监护人帮助操作人操作，没有严格履行监护职责，致使操作完全失去监护，且客观上还误导了操作人。

4. 暴露的问题

（1）操作人员责任心不强，违章、违纪现象严重。这次误操作就是一系列违章造成的。暴露了管理人员、运行人员责任心不强，不吸取别人的、过去的误操作事故经验教训，现场把关失职，操作马虎了事，违章操作。

（2）危险点分析与预控措施未到位。虽然危险点分析与预控措施的方法、方式符合要求，但其内容、要求及工作程序没有落实。在贯彻执行时，很多方面在走过场。这次事故暴露了在运行操作中，对走错间隔、带电合接地开关及母线接地开关长期解锁操作等关键危险点未进行分析，没有提出针对性控制措施。从 500kV 变电站暴露的问题，反映了变电站运行操作标准化与危险点分析流于形式的现象还相当严重。

（3）现场把关制度流于形式。在本次事故中，在现场把关的管理人员没有履行把关职责，没有起到把关的作用。

5. 案例引用小结

（1）变电站管理人员、运行人员要加强责任心，认真吸取别人的误操作事故经验教训，现场把关要严，不能马虎操作、违章操作。

（2）运行人员在倒闸操作时要认真执行操作监护制、唱票复诵制，监护人要严格履行监护职责，要认真核对设备的位置、名称和编号，在装设接地线或接地开关前必须进行验电，在操作中不能擅自改变操作票顺序，不准随意解除闭锁装置，值班负责人不能随意许可解锁钥匙的使用。

（3）危险点分析与预控措施要到位。要对走错间隔、带电合接地开关等关键危险点进行分析，并提出针对性控制措施。变电站运行操作标准化与危险点分析不能流于形式。

（4）缺陷管理要形成闭环。对防误装置这样重大的缺陷，要及时督促检修单位处理好。

（5）现场把关人员对重大操作的现场把关应到位。

【思考与练习】

1. 引起母线停电的原因有哪些？

2. 如何处理母线短路故障？

3. 双母线并列运行时一条母线失电应如何处理？

模块 3 母线事故处理预案（ZY1200504003）

【模块描述】本模块介绍母线事故处理预案编制方法和要素。通过要点归纳和案例说明，掌握根据母线事故暴露出的运行或设备缺陷制定事故处理预案的方法。

【正文】

本预案以 500kV 某变电站具体主接线和设备为例，阐述各种母线事故的现象和具体处理方法。变电站主接线图如图 ZY1200504003-1 所示。

一、母线事故处理预案编制方法和要素

1. 编制方法

根据变电站的一次设备的运行方式和保护配置情况，母线保护的保护范围，母线事故时母线保护动作行为，结合具体的母线事故，编制相应的事故现象及事故处理过程，以便当发生与预案同类型的事故时，运行人员能迅速准确地处理事故，同时使运行人员熟悉及掌握事故处理流程。

2. 编制要素

（1）事故现象。事故现象应包括监控后台动作信息、母线（线路、主变压器、断路器）遥测量，母线保护及自动装置动作信息（包括信号灯），一次设备的状态。

（2）事故处理过程。

1）根据监控后台信息，初步判断母线事故性质和停电范围后迅速向调度汇报：故障发生时间、跳闸断路器、继电保护和自动装置的动作情况及其故障后的状态、相关设备潮流变化情况、现场天气情况。

2）根据初步判断，检查母线保护范围内的所有一次设备故障和异常现象及保护、自动装置动作信息，综合分析判断事故性质和找出故障点，作好相关信号记录，复归保护信号，将详细情况报告调度。

3）根据调度指令将相应故障设备隔离及恢复非故障设备送电。

4）汇报上级有关部门，并作好相关记录。

二、事故预案

【例 ZY1200504003-1】220kV 2 号母线接地短路故障。

1. 事故现象

警铃、事故警报鸣响，监控后台机发出“220kV 母差 RCS-915AB 母差跳 1 号母线动作、220kV 母差 BP-2B 差动动作、202 断路器 ABC 相分闸、281 断路器 ABC 相分闸、211 断路器 ABC 相分闸、276 断路器 ABC 相分闸（以上断路器接在 220kV 1 号母线上）”以及多台故障录波器动作，500、220kV 线路保护装置动作等告警信息。

监控后台图 202、281、211、276 断路器指示绿闪，220kV 1 号母线电压为零。

检查 220kV 母差 RCS-915AB 保护屏，发现“跳Ⅰ母”信号灯亮、液晶屏显示“母差跳 1 号母线”动作；BP-2B 保护屏“1 号母线差动动作”信号灯亮、液晶屏显示“1 号母线差动保护”。其他保护信号略。

2. 事故处理

（1）记录告警信息、断路器指示和保护动作情况，复归全部保护动作信号，断路器指示清闪。

（2）判断事故性质为：220kV 1 号母线短路故障，使 220kV 母差保护动作，连接于 220kV 1 号母线上的所有断路器跳闸。将事故现象和事故判断结论报告调度。

（3）检查连接于 220kV 1 号母线上所有电流互感器至 220kV 1 号母线所有一次设备有无接地短路或相间短路故障，可以发现 220kV 1 号母线上的短路故障点。并检查各跳闸断路器工作状态是否良好。

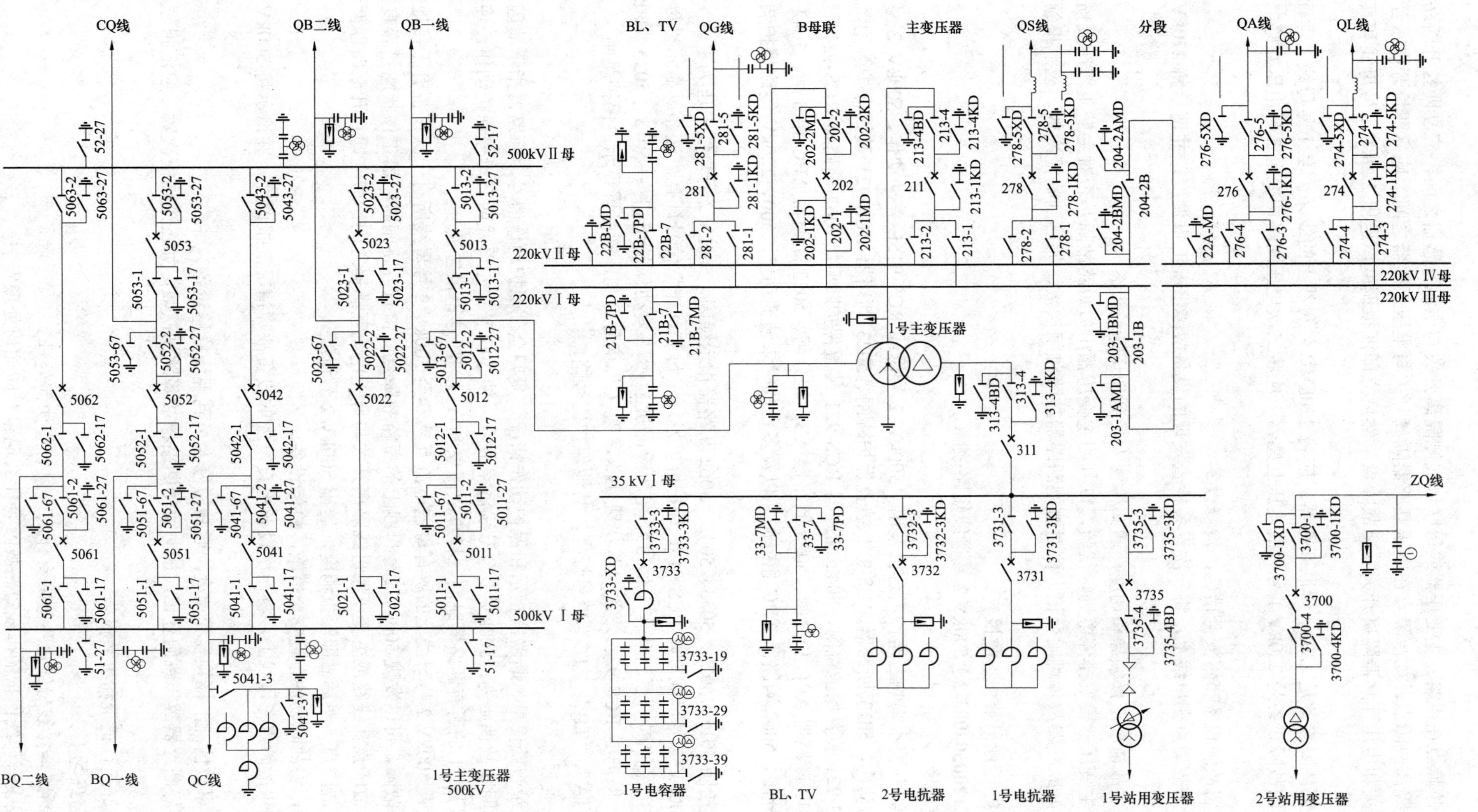

图ZY1200504003-1　500kV某变电站主接线图

（4）如故障点在线路、主变压器或母联母线侧隔离开关与电流互感器之间，应立即拉开断路器两侧隔离开关隔离故障点；如故障点在电压互感器隔离开关与电压互感器之间，应立即拉开电压互感器二次空气开关和电压互感器隔离开关隔离故障点。然后立即汇报调度，送出 220kV 1 号母线和其他正常设备。

如隔离的故障设备是 220kV 母联断路器，应将 220kV 2 号母线上的线路倒至 1 号母线上运行。

如隔离的故障设备是 220kV 1 号母线电压互感器，应将二次电压回路切换至 2 号电压互感器母线供电。

最后，将故障设备布置安全措施，检修设备。

（5）如果故障点在母线上，将一次设备检查发现的设备故障情况汇报调度，并请示将 220kV 1 号母线转检修。

（6）将事故情况汇报领导和调度，通知检修人员到现场检修设备。

（7）对主变压器要安排停电进行试验，以判明主变压器出口短路故障是否对主变压器造成损害。

（8）作好断路器故障跳闸登记，核对跳闸断路器故障跳闸次数，如已到临检次数，应汇报领导安排临检。

（9）作好运行记录和事故报告。

【例 **ZY1200504003-2**】500kV 2 号母线短路故障。

1. 事故现象

警铃、事故警报鸣响，监控后台机发出“500kV 2 号母线 RCS-915E 差动动作、500kV 2 号母线 BP-2B 差动动作、5013 断路器 RCS-921 装置保护跳闸、5023 断路器 RCS-921 装置保护跳闸、5053 断路器 RCS-921 装置保护跳闸、5042 断路器 RCS-921 装置保护跳闸、5062 断路器 RCS-921 装置保护跳闸、5013 断路器 ABC 相分闸、5023 断路器 ABC 相分闸、5053 断路器 ABC 相分闸、5042 断路器 ABC 相分闸、5062 断路器 ABC 相分闸”以及多台故障录波器动作，500、220kV 线路保护装置动作等告警信息。

后台监控图 5013、5023、5053、5042、5062 断路器指示绿闪，500kV 2 号母线电压为零。

检查 500kV 2 号母线母差 RCS-915E 保护屏，发现“母差动作”信号灯亮，液晶屏显示“母差动作”；BP-2B 保护屏“差动动作”信号灯亮，液晶屏显示“差动保护出口”；5013、5023、5053、5042、5062 保护屏 RCS-921：“跳 A”、“跳 B”、“跳 C”信号灯亮，液晶屏显示“保护跳闸”，操作继电器箱“TA”、“TB”、“TC”信号灯亮。其他保护信号略。

2. 事故处理

（1）记录告警信息、断路器指示和保护动作情况，复归全部保护动作信号，断路器指示清闪。

（2）判断事故性质为：500kV 2 号母线短路故障，使 500kV 2 号母线两套母差保护动作，连接于 500kV 2 号母线上的所有断路器跳闸。将事故现象和事故判断结论报告调度。

（3）检查 500kV 2 号母线上的所有母差电流互感器至 500kV 2 号母线所有一次设备有无接地短路或相间短路故障，可以发现 500kV 2 号母线上的短路故障点；检查各跳闸断路器工作状态是否良好。

（4）如故障点在线路或主变压器母线隔离开关与母差电流互感器之间，应立即拉开断路器两侧隔离开关隔离故障点。然后立即汇报调度，送出 500kV 2 号母线。

送电后，将故障设备布置安全措施，检修设备。

（5）如果故障点在母线上，将一次设备检查发现的设备故障情况汇报调度，并请示将 500kV 2 号母线转检修。

（6）将事故情况汇报领导和调度，通知检修人员到现场检修设备。

（7）作好断路器故障跳闸登记，核对跳闸断路器故障跳闸次数，如已到临检次数，应汇报领导安排临检。

（8）作好运行记录和事故报告。

【思考与练习】

1. 3/2 断路器接线母线短路故障有什么现象？应如何处理？

2. 母线设有母线保护的母线短路故障有什么现象？应如何处理？

第四十一章 补偿装置事故分析及处理

模块1 补偿装置简单事故处理（GYBD00602001）

【模块描述】本模块介绍电容器、电抗器故障跳闸事故的一般概念。通过要点讲解和案例分析，熟悉电容器、电抗器事故跳闸的征象，掌握并联电容器跳闸和并联电抗器跳闸事故处理的原则。

【正文】

无功补偿装置多接于变电站低压母线，并联电容器为容性无功设备，用于补偿系统感性无功；而并联电抗器为感性无功设备，用于补偿系统容性无功。电容器、电抗器故障跳闸在变电站比较常见。

一、并联电容器跳闸现象

（1）事故警报、警铃鸣响，监控后台机主接线图，电容器断路器标志显示绿闪。

（2）故障电容器电流、功率指示均为零。

（3）监控后台机出现告警窗口，显示故障电容器某种保护动作信息。故障电容器保护屏显示保护动作信息（信号灯亮）。

（4）电容器设备短路故障，可伴随声光现象。充油电容器内部故障时可有冒烟、鼓肚、喷油现象。

（5）电容器跳闸同时伴有系统或本站其他设备故障，则往往是由母线电压波动引起的电容器跳闸，应根据现象区别处理。

二、并联电容器跳闸处理原则

（1）并联电容器断路器跳闸后，没有查明原因并消除故障前不得送电，以免带故障点送电引起设备的更大损坏和影响系统稳定。

（2）并联电容器电流速断保护、过电流保护或零序电流保护动作跳闸，同时伴有声光现象时，或者密集型并联电容器压力释放阀动作，则说明电容器发生短路故障，应重点检查电容器，并进行相应的试验。如果整组检查查不出故障原因，就需要拆开电容器组，逐台进行试验。若电容器检查未发现异常，应拆开电容器连接电缆头，用2500V绝缘电阻表遥测电缆绝缘（遥测前后电缆都应放电）。若绝缘击穿，应更换电缆。

（3）并联电容器不平衡保护动作跳闸应检查有无熔断器熔断。对于熔断器熔断的电容器应进行外观检查。外观无异常的应对其放电后拆头，进行极间绝缘摇测及极间对外壳绝缘摇测，20℃时绝缘电阻应不低于2000MΩ。若绝缘测量正常，对电容器进行人工放电后更换同规格的熔断器。若绝缘电阻低于规定或外观检查有鼓肚、渗漏油等异常，应将其退出运行。同时要将星形接线的其他两相各拆除一只电容器的熔断器，以保持电容器组的运行平衡。

（4）工作前，在确认并联电容器断路器断开后，应拉开相应隔离开关，然后验电、装设接地线，让电容器充分放电。由于故障电容器可能发生引线接触不良、内部断线或熔断器熔断，装设接地线后有一部分电荷可能未放出来，所以在接触故障电容器前应戴绝缘手套，用短路线将故障电容器的两极短接，方可接触电容器。对双星形接线电容器的中性线及多个电容器的串接线，还应单独放电。

（5）若发现电容器爆炸起火，在确认并联电容器断路器断开并拉开相应隔离开关后，进行灭火。灭火前要对电容器放电（装设接地线），没有放电前人与电容器要保持一定距离，防止人身触电（因电容器停电后仍储存有电量）。若使用水或泡沫灭火器灭火，应设法先将电容器放电，要防止水或灭火液喷向其他带电设备。

（6）并联电容器过电压或低电压保护动作跳闸，一般是由于母线电压过高或系统故障引起母线电压大幅度降低引起的，应对电容器进行一次检查。待系统稳定以后，根据无功负荷和母线电压再投入电容器运行。电容器跳闸后至少要经过 5min 方可再送电。

（7）接有并联电容器的母线失压时，应先拉开该母线上的电容器断路器，待母线送电后根据无功负荷和母线电压再投入电容器运行。拉开电容器断路器是为了防止母线送电时造成母线电压过高、损坏电容器。因为母线送电、空母线运行时，母线电压较高，如果带着电容器送电，电容器在较高的电压下突然充电，有可能造成电容器喷油或鼓肚。同时，因为母线没有负荷，电容器充电后大量无功向系统倒送，致使母线电压升高，超过了电容器允许连续运行的电压值（电容器的长期运行电压不应超过额定电压的 1.05 倍）。另外，变压器空载投入时产生大量的 3 次谐波电流，此时，如果电容器电路和电源的阻抗接近于谐振条件，其电流可达电容器额定电流的 2～5 倍，持续时间 1～30s，可能引起过电流保护动作。

（8）并联电容器过电流保护、零序保护或不平衡保护动作跳闸后，经检查试验未发现故障，应检查保护有无误动可能。

三、并联电抗器跳闸的现象

（1）事故警报、警铃鸣响，监控后台机主接线图，电抗器断路器标志显示绿闪。

（2）故障电抗器电流、功率指示均为零。

（3）监控后台机出现告警窗口，显示故障电抗器某种保护动作信息。故障电抗器保护屏显示保护动作信息（信号灯亮）。

（4）电抗器外部设备短路故障伴随声光现象。充油电抗器内部故障可有冒烟、喷油现象。

四、并联电抗器跳闸处理原则

（1）并联电抗器断路器跳闸，应对电抗器进行检查试验。若发现电抗器爆炸起火，应向消防部门报警，并拉开电抗器隔离开关进行灭火。使用水或泡沫灭火器灭火，要防止水或灭火液喷向其他带电设备。若带电灭火，应使用气体或干粉灭火器灭火，不得使用水或泡沫灭火器灭火。

（2）并联电抗器断路顺跳闸后，没有查明原因不得送电，以免带故障点送电引起设备的更大损坏和影响系统稳定。

（3）故障点不在电抗器内部，可不对电抗器进行试验。排除故障后恢复电抗器送电。

（4）为防止系统电压过高，主变压器可带并联电抗器停送电。并联电抗器断路器跳闸后如引起系统电压升高超过允许运行的电压，应立即汇报调度，由调度决定应对措施。

（5）并联电抗器断路器跳闸后，经检查试验未发现任何故障，应检查保护有无误动可能。

五、案例分析

110kV 甲变电站因并联电容器合闸操作过电压引起三相短路，造成 2 号主变压器 02 断路器、电容器 22 断路器跳闸。

1. 事故前甲变电站运行方式

110kV：551、575 断路器及 501 断路器带 1 号主变压器运行于Ⅰ母，576、578、552 断路器及 502 断路器带 2 号主变压器运行于Ⅲ母，560 断路器合环，579 断路器及 110kV 旁母Ⅵ母冷备用。10kV：1 号主变压器 01 断路器送Ⅰ母，由 03、05、06、07、08、09、10、11 断路器运行，2 号主变压器 02 断路器送Ⅱ母由 13、14、15、16、17、18、20 断路器运行，00 断路器分段热备用，12 断路器及 10kV 旁母冷备用。故障前 02 断路器负荷为 24MVA。

2. 事故现象

某年 8 月 18 日 14 时 18 分，110kV 甲变电站 22 电容器经自动电压控制（AVC）系统控制合闸投电容器，随即 2 号主变压器高压侧复合电压方向过电流 T1 动作跳开 10kV 02 断路器，A、B、C 三相故障，高压侧二次短路电流 10.6A；随后 10kV 22 电容器保护低电压保护动作跳开 22 断路器。运行人员现场检查发现电容器 22 断路器间隔 222 隔离开关断路器侧 A、B 两相动、静触头烧损严重，瓷裙炸裂，电容器侧三相触头完好，222 隔离开关后柜隔离开关支持绝缘子三相瓷裙炸裂，三相对地均有放电痕迹，A、C 相避雷器引线烧断，断路器、电流互感器及铝排完好，无放电痕迹。

3. 事故分析及处理

14 时 40 分，将甲变电站 22 断路器转冷备用。保护班对 22 保护进行了检查，各项保护装置及参数经检查均正确，可以运行。16 时 40 分，甲变电站将 2 号主变压器转检修。修试工区对主变压器进行了绝缘电阻及高低压线圈直阻、油色谱试验及绕组变形试验，无异常。17 时 28 分，将 22 断路器及电容器组转检修。修试工区对 22 断路器进行了特性试验，各项参数合格。22 断路器避雷器试验也合格。22 断路器线路避雷器拆除，22 电容器暂不能运行。15 时 36 分，经 16 线路冲击母线无故障后，合上 00 断路器，恢复 10kVⅡ母运行；23 时 2 号主变压器试验合格。8 月 19 日 0 时 13 分 2 号主变压器转运行，00 断路器转热备用，恢复正常运行方式。

经分析，确定故障起因是由电容器合闸操作过电压引起的三相短路。

4. 事故暴露出的问题

（1）甲变电站 10kV 22 开关柜为 1996 年 XGN-10 开关柜，其外绝缘水平低。22 电容器由分到合时，产生操作过电压，过电压造成 222 隔离开关的后柜支持绝缘子三相绝缘击穿对地放电、瓷裙炸裂。放电电弧从开关柜下部向电源侧蔓延，烧坏前柜 222 隔离开关 A、V 两相动、静触头的压紧弹簧。隔离开关合闸压力下降，造成前柜隔离开关的动、静触头烧坏。放电电弧同时将 222 隔离开关前柜的支持绝缘子烧坏炸裂，并烧断避雷器 A、C 相引线。

（2）甲变电站 22 断路器电流互感器在通过较大短路电流时，存在严重过饱和情况。22 开关柜三相接地短路电流为 13kA，该断路器间隔电流互感器为 300/5、10P15，13kA 的短路电流造成西 22 电流互感器严重过饱和，22 电流互感器二次电流严重负误差，22 断路器电流互感器二次故障电流未达到故障电流定值，导致 2 号主变压器保护动作，02 断路器跳闸故障切除。

5. 小结

从这次事故中可以吸取以下教训：

（1）变电站要选用外绝缘水平高的设备，防止过电压造成绝缘击穿。

（2）要选用误差特性好的电流互感器，防止系统故障时因严重过饱和而不能正确反映故障电流，造成保护拒动、越级跳闸的事故。

【思考与练习】

1. 母线停电时对并联电容器有什么要求？
2. 并联电容器停电工作应注意什么？
3. 并联电抗器跳闸时一般有哪些现象？

模块 2 补偿装置事故处理（GYBD00602002）

【模块描述】本模块介绍电容器、电抗器故障跳闸事故的原因和处理方法。通过原因分析、要点讲解和案例分析，掌握电容器、电抗器事故跳闸原因、处理跳闸事故的方法和步骤。

【正文】

补偿装置发生事故时一般不会影响系统，处理时应注意防止事故的蔓延扩大，故障设备未彻底修复之前不能投入运行。

一、并联电容器跳闸原因分析

（1）母线电压过高或过低，引起电容器保护动作跳闸。

（2）电容器内部因过热而鼓肚，导致喷油着火而引起相间短路；电容器运行电压过高或绝缘下降引起绝缘击穿，导致相间短路。

（3）电容器母线相间短路。

（4）电容器与断路器连接电缆绝缘击穿导致相间短路。

（5）电容器保护误动作。

二、并联电容器跳闸后处理步骤

（1）记录时间、查看表计、告警信息（光字牌）、跳闸断路器清闪（复归控制开关），检查保护动作情况，记录后复归信号，提取故障录波报告。根据保护动作情况分析判断事故性质。

（2）检查电容器组及其电抗器、电流互感器、电力电缆有无爆炸、鼓肚、喷油，接头是否过热或融化，套管有无放电痕迹，电容器的熔断器有无熔断。如果发现设备着火，应确认电容器断路器断开后，拉开电容器隔离开关，电容器装设地线（合接地隔离开关）后灭火。

（3）将事故现象和检查情况报告调度，并执行调度事故处理指令。

（4）如果是过电压或低电压保护动作跳闸，且检查设备没有异常，待系统稳定并经过 5min 放电后，根据无功负荷缺口和母线电压降低情况再投入电容器运行。

（5）如果电容器速断保护、过电流保护、零序保护或不平衡保护动作跳闸，或者密集型并联电容器压力释放阀动作，或者电容器组、电流互感器、电力电缆有爆炸、鼓肚、喷油，接头过热或融化，套管有放电痕迹，电容器的熔断器有熔断现象时，应将电容器停用、上报。

（6）不平衡保护动作跳闸，运行人员应检查电容器的熔断器有无熔断。如有熔断，要将电容器停电、布置安全措施，并用短路线将故障电容器的两极短接后，对熔断器熔断的电容器进行外观检查和绝缘摇测。若外观检查和绝缘测量正常，对电容器进行人工放电后更换同规格的熔断器。若绝缘电阻低于规定或外观检查有鼓肚、渗漏油等异常，应将其退出运行。同时要将星形接线的其他两相各拆除一只电容器的熔断器，以保持电容器组的运行平衡。

（7）故障电容器经试验、检修正常后方可投入系统运行。如果故障点不在电容器内部，可不对电容器进行试验。排除故障后可恢复电容器送电。

三、引起并联电抗器跳闸的原因

（1）电抗器外部引线等设备发生短路引起断路器跳闸。

（2）电抗器绕组相间短路、层间短路、匝间短路、接地短路、铁芯烧损以及内部放电等引起断路器跳闸。

（3）电抗器保护误动。

四、并联电抗器跳闸后的处理步骤

（1）记录时间、查看表计、告警信息（光字牌）、跳闸断路器清闪（复归控制开关），检查保护动作情况，记录后复归信号，提取故障录波报告。根据保护动作情况分析判断事故性质。

（2）检查电抗器外壳有无异常现象，套管有无闪络、放电或爆炸；跳闸断路器有无异常现象，若为油断路器，则检查油断路器的油色、油位是否正常，有无喷油现象；电流互感器、电力电缆有无爆炸、鼓肚、喷油，接头是否过热或融化。油浸式电抗器油温、油位有无异常现象，气体继电器和压力释放阀（防爆筒）有无动作。如果发现设备着火，在确认电抗器断路器断开并拉开相应隔离开关后再进行灭火。

（3）将事故现象和检查情况报告调度，请示将电抗器转检修。

（4）报告上级部门，安排检查、检修设备。

五、线路串联补偿装置跳闸原因

（1）串补所在线路发生事故跳闸，造成串补退出运行。

（2）串补装置内部故障，如平台设备故障、间隙设备异常等。

（3）串补装置保护误动。

六、线路串联补偿装置的事故处理

（1）当带串补运行的线路发生事故跳闸重合不成功时，处理的原则是先保证恢复线路送电。应首先对线路保护动作信号进行分析、检查线路设备是否具备送电条件并及时汇报调度。再对串补保护信号进行分析、检查串补设备。

（2）当串补线路故障跳闸后，应检查工作站显示的火花放电间隙的触发次数并与初始值进行比较，将串补动作信号打印并传真至调度，运行负责人应组织班员分析串补的动作信号是否正确。

（3）当线路无故障而串补保护动作旁路时，应抄录串补保护的动作信号，查看监控系统上的告警信息，同时了解系统其他线路是否有故障，对所收集的资料进行综合分析。如经分析保护动作为非串补装置故障引起的，是否恢复串补设备运行，应听从调度的指令；如经分析认为串补保护动作属误动，则申请将串补设备转为接地状态，由保护人员对保护控制系统进行检查。

（4）当线路无故障而串补保护动作跳线路时，应派人抄录串补保护的动作信号，查看监控系统上的告警信息，打印线路保护的故障录波图，进行综合分析，如判断为本线路确无故障，跳闸是由串补保护引起的，则立即向调度申请将串补平台转为接地状态，听从调度指令恢复线路运行。

（5）串补设备运行时，如出现保护动作将串补永久旁路，在保护动作原因未查明前，不得将串补恢复运行。应立即向调度汇报并申请将串补转为接地状态，同时汇报站领导，以便安排维护人员进行检查处理。

（6）当串补保护误动造成旁路时，异常未处理前不能恢复串补运行。当串补保护误动造成线路跳闸时，应立即申请将串补转为接地状态后恢复线路运行。

（7）旁路断路器发生事故不能利用旁路断路器正常将串补进行旁路操作，必须立即申请调度将相应的线路退出运行，然后申请将串补转接地，恢复线路正常运行，再进一步进行串补的处理工作。

（8）当旁路断路器动作失灵时，断路器失灵保护动作，跳开线路两侧的断路器。如果失灵保护拒动，应和调度联系，迅速拉开该线路的两侧断路器。

（9）平台设备发生事故，如平台上发生电容器爆炸、着火，电流互感器、阻尼回路、火花间隙破坏冒烟等紧急情况，必须立即汇报调度，申请将故障串补隔离并转接地，处理过程中涉及登上平台者，必须在平台接地 15min、电容器全部放电完毕后方能进行登平台工作。在平台隔离接地及灭火完毕后，必须重新核对保护屏柜、控制屏柜、监控系统的信号，进一步详细记录告警信息，认真分析、打印故障录波图，及时将有关信息汇报调度及领导。

（10）当发生危及串补设备安全的事件，而保护控制装置未动作时，立即向调度和站领导汇报，同时将串补紧急退出运行。

（11）如串补运行中开环控制系统发生故障，则应将串补退出运行，故障未处理好之前，不得恢复串补运行。

（12）如串补运行中闭环控制系统发生故障，则可控部分会被旁路，故障未处理好之前，不得恢复串补固定部分运行。

（13）如果主控室的工作站和远动网关系统同时故障，在主控室无法对串补的运行状态进行监视时，必须派一人到串补保护控制室进行值班。如果主控室的工作站、远动网关系统、保护控制室的工作站同时故障，无法对串补的运行状态进行监视时，立即向调度申请将串补退出运行。

（14）为尽快隔离事故设备、尽快排除设备故障、尽快使故障设备恢复并重新投入运行，尽量降低损失，确保串补设备的安全可靠运行，应严格按照现场运行规程有关规定进行处理。

（15）在事故处理过程中，处理人员要认真检查现场设备，准确找出设备故障原因及受损设备，认真作好记录，及时准确地进行汇报。

（16）串联补偿装置保护动作时的处理原则如下：

1）平台故障保护动作。串补装置［晶闸管控制的可控串联补偿装置（TCSC）和常规固定串联补偿装置（FSC）］被永久闭锁，向调度申请将串补装置转为检修状态，采取相应的安全措施后上到平台进行检查，详细察看平台上的各个设备是否有放电闪络的痕迹，检查信号柱、冷却水柱等相关设备是否有闪络痕迹。

2）间隙长期导通保护动作。间隙长期导通保护动作说明间隙装置异常或旁路断路器拒合，向调度申请将串补装置转为检修状态，在做好安全措施后到平台上进行检查。

3）间隙拒绝触发保护动作。间隙拒绝触发保护动作将串补装置永久旁路，应向调度申请将串补装置转为检修状态，采取相应的安全措施后上到平台对间隙和间隙触发装置（GTE）进行检查。

4）间隙延时触发动作。应向调度申请将串补装置转为检修状态，采取相应的安全措施后上到平台对间隙和 GTE 进行检查。

5）间隙自触发动作。

① 如果第一次自触发自动重投成功，需要进行信号的检查，并把保护动作信号汇报调度。

② 如果 600s 重复自触发而永久闭锁，且有来自线路保护的触发命令，说明因现地控制单元（LCU）插件故障或由金属氧化物限压器（MOV）单元到 LCU 单元的接口连接不稳固，LCU 单元未收到触发信号。需要向调度申请将串补装置转为检修状态对保护单元模件进行检查；若无其他保护的

触发命令，说明间隙装置本身自触发，即间隙触发管电压达到 52.3kV，需要向调度申请将串补装置转为检修状态对间隙（如触发管和分压电容等）进行检查。

6）MOV 过温度保护动作。应根据当时负荷情况进行分析保护动作是否正确，如果满足重投条件（4 个重投条件），向调度申请重投串补装置。

7）MOV 温度梯度保护动作。如果自动重投失败，待满足重投条件向调度申请重投串补装置。

8）MOV 高电流保护动作。如果重投成功，按照线路故障处理指导进行处理；如果自动重投不成功，经检查如满足重投条件向调度申请人工重投。

9）MOV 不平衡保护动作。说明 MOV 可能有单元损坏，向调度申请将串补装置转为检修状态对 MOV 进行检修。

10）外部间隙触发命令动作。按照线路故障进行事故处理。

七、案例分析

【例 GYBD00602002-1】35kV 线路接地短路，造成并联电容器损坏。

1. 运行方式

某变电站 35kV 侧单母分段正常运行方式，化工线供当地化工厂重要负荷。

2. 事故现象

某年 3 月 20 日 7 时，某变电站 35kV 系统接地光字牌时亮时熄，35kV 相电压表指针不停地晃动，监控系统发出“35kV 化工线速断保护动作”，大约 50s 后，35kV 系统接地现象消失，同时，35kV 2 号电容器差压保护动作，2 号电容器 319b 断路器跳闸。故障录波器动作，掉牌未复归，光字牌亮。

3. 事故处理过程

向调度汇报后，将 319b 断路器操作把手复归，复归有关信号，打印录波报告。详细检查 2 号电容器间隔，发现 2 号电容器 B 相喷油胀肚。调度发令将电容器改为冷备用，化工线断路器改为冷备用。

4. 事故原因分析

当天早上空气湿度大，化工线是工厂用户，其配电室进线电缆绝缘不良放电，造成 35kV 瞬时单相接地现象，并发展为相间弧光短路，化工线速断保护动作。由于化工线断路器的保护是电磁型的，而弧光短路放电故障消失很快，断路器未跳闸。又由于在短时间内电压波动过快，造成电容器损坏，其差压保护动作，断路器跳闸。

5. 案例引用小结

从事故中可以吸取以下教训：

（1）要选用绝缘性能良好的高压电缆。

（2）配电设备要经常除污清扫，防止污闪。

（3）新建变电站应选用微机型的继电保护，以提高保护灵敏度和可靠性。

【例 GYBD00602002-2】串补保护误动，旁路串补设备。

1. 事故前运行方式

某 500kV 变电站线路 2 串补电容器组正常投入运行。

2. 事故现象

某 500kV 变电站线路 2 线串补第一套保护 C 相 MOV 温度过高故障、MOV 温度梯度动作旁路，5201 断路器永久闭锁。QHⅡ线串补第一套保护 MOV 保护动作。具体信息如下：

监控系统显示：QHⅡ线串补 MOV 过载（保护 1），线路 2 串补 MOV C 相，线路 2 串补三相临时旁路（保护 1），线路 2 串补 5201A、B、C 相断路器合闸。

串补监控显示：MOV 旁路过载、三相暂时旁通、MOV 温度梯度旁路、MOV 支路红色闪亮，C 相显示温度为 200℃；BBR 旁路断路器出现永久闭锁。

串补保护屏上信号：500kV 线路 2 串补第一套保护屏红灯常亮（旁路），－U24 模块 8 号灯（断路器失灵旁路 MOV）亮；－U25 模块 1 号灯（3 相永久闭锁）；BBR 状态继电器－K1、－K2、－K3 亮（断路器旁路），－K4、－K5、－K6 灭；S12 模块 HD2 灯 4 号（旁路）亮；永久闭锁继电器掉牌；500kV 线路 2 串补第二套保护无异常。

现场一次设备情况：500kV 线路 2 串补 5201 断路器 A、B、C 三相在合闸位置，其他一次设备异常。

3. 分析处理

由于现场一次设备无任何异常，500kV 线路 2 串补第一套保护因检测到 MOV 温度高（C 相显示温度为 200℃），MOV 温度梯度动作将 500kV 线路 2 串补旁路；500kV 线路 2 串补第二套保护无任何异常，判断 500kV 线路 2 串补第一套保护动作不正确。汇报调度和有关领导，根据现场检查判断结果将第一套保护停用，恢复串补运行。

事后检修班对 MOV 二次回路进行检查,反复上电、断电检查，发现 C 相 MOV 的 IO3.1 的 H3 指示灯为红色，表示 MOV 的 C 相回路有问题，在串补平台上通 1.5V 电压检查，再次出现串补保护动作时同样信号。在 C 相串补平台第一套保护光纤接线盒处拆开 A21 的 X1～9，X3～20 光纤。20 号光纤透光性就弱，更换为备用 22 号光纤后，H3 指示灯显示正常。判断为由于 C 相 MOV 分支回路（T210）的 20 号光纤衰耗过大引起 500kV 线路 2 串补第一套保护动作不正确。反映出保护设备抗干扰性能太差，使用的光纤质量不稳定。

4. 案例小结

从案例中可以吸取以下经验教训：

（1）运行人员要加强对串补保护运行工况的监视和对保换设备的性能的了解。

（2）继保检修人员应定期对串补保护装置进行定检，提高检修水平，保证设备检修质量，加强对串补保护的采样稳定性和抗干扰性能的科学研究，提高设备的运行稳定性。

【思考与练习】

1. 并联电容器跳闸一般是由哪几种原因引起的？

2. 并联电容器过电流保护动作跳闸应如何处理？

3. 并联电抗器跳闸的原因是什么？

4. 简述并联电抗器跳闸的处理步骤。

模块 3　补偿装置事故处理危险点预控分析（GYBD00602003）

【模块描述】本模块介绍补偿装置事故处理的危险点源分析和预控。通过预案分析和案例介绍，掌握补偿装置事故处理的危险点源分析方法，并能根据补偿装置事故暴露出的运行或设备缺陷提出技改方案，制定相应预控措施和事故预案。

【正文】

一、补偿装置事故处理中的危险点源分析

事故处理中如不认真核对设备的位置、名称和编号，走错设备间隔，易发生误操作事故和人身事故，在补偿装置的事故处理中也是这样。补偿装置危险点预控措施见表 GYBD00602003-1。

表 GYBD00602003-1　　补偿装置危险点预控措施

防范类型	危险点	序号	预控措施
防人身事故	误入带电间隔	1	监护人、操作人应走到设备铭牌前对设备名称编号认真进行核对
		2	在每步操作结束后，应由监护人在原位向操作人提示下一步操作内容
		3	中断操作重新就位开始操作前，应重新核对设备名称、编号
		4	执行一个操作任务的中途严禁换人
		5	电容器未放电不得进入设备间隔
	带电装设接地线	1	挂接地线前必须使用合格的验电器先验明线路确无电压
		2	装设接地线时，应认真核对设备名称，并确认不会触及带电设备

续表

防范类型	危险点	序号	预控措施
防人身事故	带电装设接地线	3	在验电后应立即装设接地线，若验电后因故中止操作，则在返回继续操作前必须重新验电
		4	电容器应在放电后装设地线，否则身体不得触及地线
	安全距离不够造成人员触电	1	验电和装设接地线时，必须保持人与导体端的安全距离，必须戴绝缘手套
		2	验电应使用合格的、相应电压等级的验电器
	灭火不当造成人身伤害	1	停电后再灭火，电容器还要先放电
		2	如果使用泡沫灭火器或水灭火要防止喷向带电设备
		3	尽可能防止吸入有害气体
		4	防止器身爆炸伤人
防误操作	带地刀（线）合闸	1	认真检查送电范围的设备状态
		2	恢复送电前应检查相应的接地线全部收回，检查现场确无遗留接地线
	带电合接地隔离开关或挂接地线	1	确认被检修的设备两侧有明显断开点
		2	操作票中列出的断路器、隔离开关确已拉开
		3	在指定装设接地线的部位验明设备确无电压
	带负荷拉（合）隔离开关	1	确认停送电断路器在分闸位置，唱票复诵
		2	进行解锁操作的，应确认被操作设备、操作步骤正确无误后，方可进行并加强监护
		3	检查相应电流表、红绿灯及后台遥信变位指示
		4	操作高压隔离开关必须戴绝缘手套；操作过程中应穿长袖工作服，并戴好安全帽
	误拉合断路器	1	应正确核对操作断路器名称编号
	擅自解锁	1	在操作过程中遇有锁打不开等问题时，严禁擅自解锁或更改操作票，不得跳项操作或改变操作方式
		2	若确实需要进行解锁操作的，必须履行解锁批准手续
		3	在使用解锁钥匙进行操作前，再次检查“四核对”内容，确认被操作设备、操作步骤正确无误后，方可解锁操作，并加强监护
其他	异常天气	1	雷雨天气不得进行倒闸操作
		2	雷雨天气不得靠近避雷器和避雷针
		3	如遇紧急情况需在异常天气操作隔离开关，要经上级批准，并只能在远方操作，不得就地操作

二、并联电容器事故处理预案

变电站事故预案应根据当地电网的结构特点、变电站和系统的运行方式、潮流变化特点、当地气候特点（如易发台风、地震、覆冰、雷暴、污闪等）等具体情况编制。编制事故预案应先拟定预案题目、当时的运行方式，列出事故现象，根据事故现象判断事故的性质，详细列出事故处理的方法。

本模块以 500kV 甲变电站具体设备为例，制订并联电容器典型事故跳闸的预案，如图 GYBD00602003-1 所示。

预案：35kV 1 号电容器故障跳闸。

1. 运行方式

甲变电站 1 号电容器接于 35kV Ⅰ母正常运行。

2. 事故现象

警铃、事故警报鸣响，后台机发出“35kV 1 号电容器 CSP-215A 保护动作、3733 断路器 ABC 相分闸”告警信息。

主接线图中，1 号电容器 3733 断路器指示绿闪，1 号电容器电流、功率为零。

检查 1 号电容器 CSP-215A 保护屏，发现“保护动作”信号灯亮，液晶屏显示“不平衡保护动作”。其他保护信号略。

3. 事故处理

（1）记录告警信息、断路器指示和保护动作情况，复归全部保护动作信号，断路器指示清闪。

（2）判断事故性质为：1 号电容器组故障，造成三相电流不平衡，使不平衡保护动作，三相跳闸。将事故现象和事故判断结论报告调度。

（3）检查 1 号电容器电流互感器至各电容器所有一次设备有无接地或短路故障，各电容器及充油电缆有无爆炸、鼓肚、喷油和熔断器熔丝熔断现象，检查 3733 断路器工作状态是否良好。如果某个电容器内部故障，可以发现其熔断器熔丝熔断。需要特别注意的是：因电容器跳闸后仍带电，检查电容器时不得触及一次设备。

（4）将一次设备检查情况汇报调度，并请示将 1 号电容器停电检修。

如果电容器及其引线故障，拉开 3733-3 隔离开关后，合上 3733-XD 和 3733-3KD 接地开关，在 3733-3 隔离开关操作把手上挂“禁止合闸、有人工作”牌，使用工作票并履行开工手续后检修电容器；如果电容器引线及母线排上故障，3733-3KD 接地开关可以不合，再合上 3733-19、3733-29、3733-39 接地开关放电，然后才能工作。

如果有电容器的熔断器熔丝熔断，要对熔断器熔断的电容器进行外观检查和绝缘摇测。若外观检查和绝缘测量正常，对电容器进行人工放电后更换同规格的熔断器。若绝缘电阻低于规定或外观检查有鼓肚、渗漏油等异常，应将其退出运行。同时要将星形接线的其他两相各拆除一只电容器的熔断器，以保持电容器组的运行平衡。

（5）1 号电容器检修完毕并试验良好后，拆除安全措施，报告调度试送 1 号电容器。

（6）作好断路器故障跳闸登记，核对 3733 断路器故障跳闸次数，如已到临检次数，应汇报领导安排临检。

（7）汇报生产调度，作好运行记录。

三、并联电抗器事故处理预案

本模块以 500kV 甲变电站具体设备为例，制订并联电抗器典型事故跳闸的预案，如图 GYBD00602003-1 所示。

预案：35kV 2 号电抗器故障跳闸。

1. 运行方式

35kV 2 号电抗器接于甲变电站 35kV Ⅰ 母正常运行。

2. 事故现象

警铃、事故警报鸣响，后台机发出“35kV 2 号电抗器 CSK-406A 保护动作、3732 断路器 ABC 相分闸”告警信息。

主接线图中，2 号电抗器 3732 断路器指示绿闪，其电流、功率为零。

检查 2 号电抗器 CSK-406A 保护屏，发现“保护动作”信号灯亮，液晶屏显示“差动出口”。其他保护信号略。

3. 事故处理

（1）记录告警信息、断路器指示和保护动作情况，复归全部保护动作信号，断路器指示清闪。

（2）判断事故性质为：2 号电抗器差动保护区内故障，造成差动保护动作，2 号电抗器三相跳闸。将事故现象和事故判断结论报告调度。

（3）检查 2 号电抗器电流互感器至电抗器所有一次设备有无短路故障，检查 3732 断路器工作状态是否良好。

（4）将一次设备检查情况汇报调度，并请示将 2 号电抗器停电检修。拉开 2 号电抗器 3732-3 隔离开关后，合上 3732-3KD 接地开关，在 3732-3 隔离开关操作把手上挂“禁止合闸、有人工作”牌，使用工作票并履行开工手续后便可以检修电抗器。

（5）2 号电抗器检修完毕并试验良好后，拆除安全措施，报告调度试送 2 号电抗器。

（6）作好断路器故障跳闸登记，核对 3732 断路器故障跳闸次数，如已到临检次数，应汇报领导安排临检。

（7）汇报生产调度，作好运行记录。

【思考与练习】

1. 补偿装置事故处理过程中发生人身事故的主要危险点有哪些？如何进行预控？

2. 根据该变电站的实际接线图和保护配置，编制并联电容器的事故处理预案。

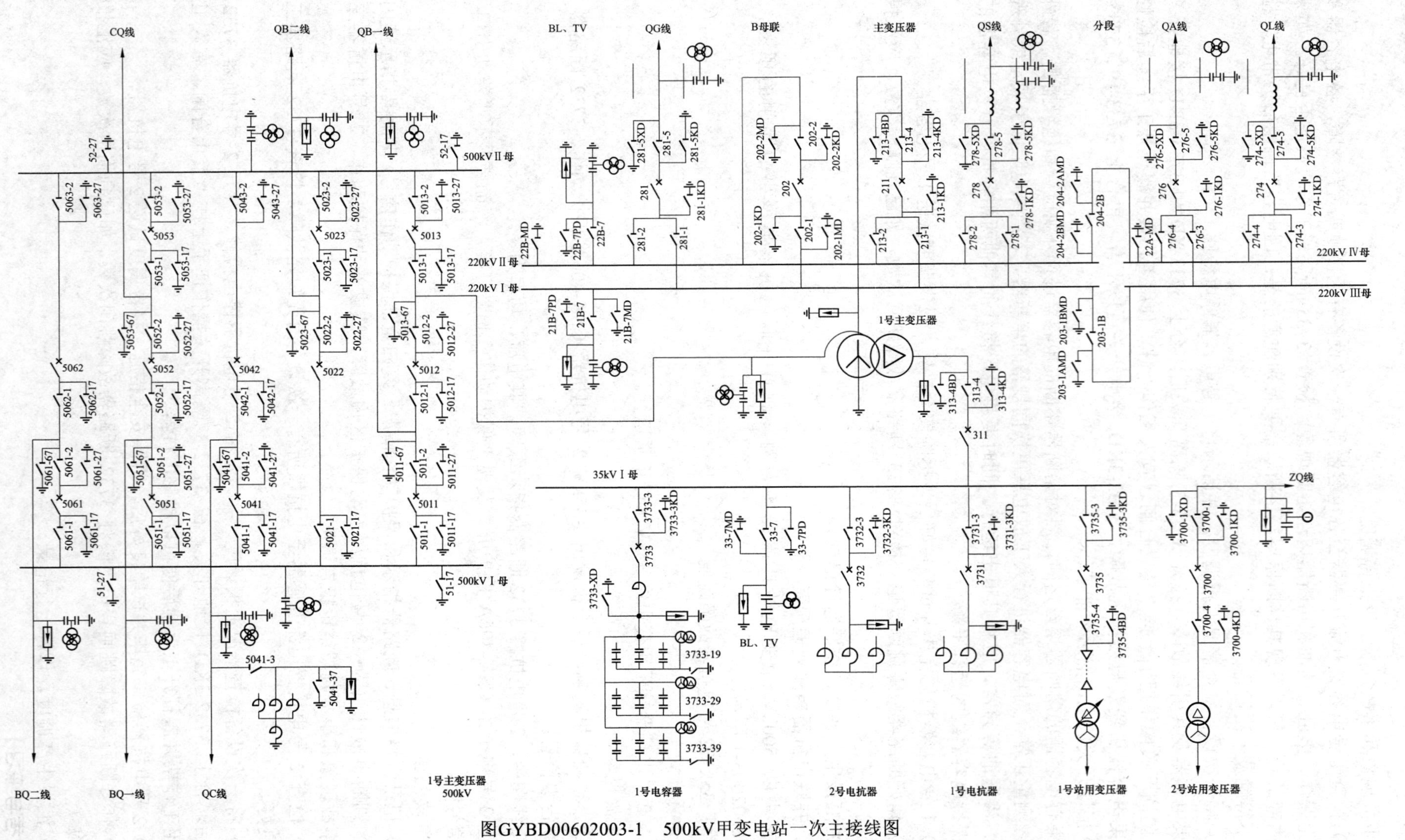

图GYBD00602003-1 500kV甲变电站一次主接线图

第四十二章　二次设备事故处理

模块1　继电保护误动的类型、现象和处理原则（ZY1200505001）

【模块描述】本模块介绍继电保护误动事故的类型、故障现象和处理原则。通过要点归纳和案例说明，掌握继电保护误动事故的判断和初步处理的方法。

【正文】

继电保护误动将造成一次设备误跳闸，从而可能造成巨大的停电损失。变电运行人员对继电保护误动事故要有清晰的判断能力。

一、继电保护误动事故的类型

继电保护误动事故的类型主要有：

（1）线路（电容器、电抗器）保护误动。

（2）主变压器保护误动。

（3）母线保护误动。

二、继电保护误动事故的现象

1. 线路（电容器、电抗器）保护误动现象

（1）线路保护误动时一般重合闸可以启动重合，其现象如下：

1）事故警报、警铃鸣响，后台机监控图断路器标志先显示绿闪，继而又转为红闪。

2）故障线路电流、功率瞬间为零，继而又恢复数值。

重合闸动作成功时间较短，上述现象的中间转换过程运行人员不易看到。

3）后台机出现告警窗口，显示某线路某种保护动作、重合闸动作等信息（常规变电站某线路控制屏出现“重合闸动作”光字牌，中央信号屏出现“信号未复归”等光字牌）。某线路保护屏显示保护及重合闸动作信息（信号灯亮），分相控制的线路则还有某相跳闸或三相跳闸的信息（信号）。

（2）母线并联电容器、电抗器不投重合闸，线路因故未投重合闸或重合闸拒动时保护误动跳闸现象：

1）事故警报、警铃鸣响，后台机监控图断路器标志显示绿闪。

2）故障线路（电容器、电抗器）电流、功率指示均为零。

3）监控后台机出现告警窗口，显示某线路（电容器、电抗器）某种保护动作等信息。某线路（电容器、电抗器）保护屏显示保护动作信息（信号灯亮），分相控制的线路则还有某相跳闸及三相跳闸信息（信号）。

（3）无论重合闸动作与否，故障录波器均可能不动作，微机保护也没有区内故障的故障量波形，站内也没有任何故障设备，线路对侧断路器也不跳闸。这是保护是否正确动作的重要参考判据。

2. 主变压器保护误动现象

（1）事故警报、警铃鸣响，后台机监控图主变压器一侧或各侧断路器显示绿闪。

（2）主变压器一侧或各侧表计指示零，变压器跳闸侧单电源馈电母线和线路表计均指示零。

（3）变压器主保护或后备保护中某一个动作。

（4）故障录波器可能不动作，主变压器微机保护也没有区内故障的故障量波形。主变压器轻瓦斯保护不动作，气体继电器内没有气体聚集，压力释放阀或防爆筒不动作。这是主变压器保护是否正确

动作的重要参考判据。

3. 母线保护误动现象

（1）事故警报、警铃鸣响，母差保护动作，一条母线所接的断路器全部跳闸。

（2）故障录波器可能不动作，母差保护也没有区内故障的故障量波形。听不到现场类似爆炸的声响，看不到火光、冒烟等。检查母差保护区内没有故障点。这是母差保护是否正确动作的重要参考判据。

三、继电保护误动事故的处理原则

继电保护装置误动，应停用误动的保护装置，在生产技术部门的组织下对保护装置进行检查试验。排除故障后方可投入运行。

1. 线路（电容器、电抗器）保护误动事故的处理原则

线路保护误动，可停用误动保护，在保证至少有一套主保护可以使用的情况下可以恢复线路送电。在没有主保护可以使用的情况下不应直接送电，可以采用旁路带送的方法送电。

母线并联电容器、电抗器保护误动跳闸，原则上应在保护装置排除故障后再恢复送电。

2. 主变压器保护误动事故的处理原则

主变压器保护误动，可停用误动保护，在保证至少有一套主保护可以使用的情况下可以恢复主变压器送电。在没有主保护可以使用的情况下不应送电。原则上主变压器的停投应由本单位总工程师决策。

3. 母线保护误动事故的处理原则

（1）母线有双套母差保护，可停用误动的母差保护，恢复母线送电。

（2）母线只有一套母差保护的有以下三种方式可供选择：

1）母线停运，其负荷由系统其他电源转供。

2）系统其他电源可以转供部分负荷的，由系统转供部分负荷。其他负荷由一条电源线路反带母线，再转供其他线路。

3）主变压器有针对母线的可靠后备保护的也可直接从母线送出线路。但在这种情况下母线短路故障不能快速切除，应考虑是否会对主变压器造成损害。

四、事故案例

【例 ZY1200505001-1】500kV 某变电站线路保护误动，线路断路器跳闸，造成省网与主网解列。

1. 事故前运行方式

某省电网与主网通过 500kV 线路一线和线路二线连接，当日运行方式为 500kV 线路一线运行，500kV 线路二线计划检修，变电站内其他设备正常运行方式。

2. 事故经过

某年 5 月 12 日 11 时 50 分，500kV 线路一线跳闸，造成省电网与主网解列。两侧均为 MCD 纵联电流差动保护动作，选 A 相，重合不成功跳三相。

11 时 55 分，变电站报本侧 500kV 线路一线 MCD 纵联电流差动保护的电流互感器端头螺栓滥扣，造成电流互感器二次开路，导致保护动作。11 时 5 分，调度将 500kV 线路一线串补装置转为备用。12 时 7 分，调度命令该站用 5013 断路器对 500kV 线路一线试送电成功。12 时 18 分，调度命令甲电厂用 5052 断路器同期并列成功。13 时 2 分，调度将 500kV 线路一线串补装置转为运行，至此系统恢复正常方式。

3. 事故原因

5 月 10～12 日，该变电站 500kV 线路二线保护做部分检验工作，500kV 线路一线和线路二线的远方跳闸就地判别保护在同一保护盘内，线路一线保护装置电缆接在左侧端子排，线路二线保护装置电缆接在右侧端子排。作为继电保护工作安全技术措施之一，在 5 月 10 日开始进行工作之前，保护人员用红布幔将左侧端子排（线路一线保护）围上。

5 月 12 日 11 时 40 分左右，当所有检验工作结束后，继电保护工作负责人在工作现场同站内运行人员进行验收工作，验收完最后一面保护盘（远方跳闸就地判别保护盘）后，告诉运行人员现场工

作全部完成，保护装置具备投运条件，并将远方跳闸就地判别保护盘左侧的布幔取下。在取布幔过程中，A 相电流互感器二次端子（U423）有打火现象，此时，线路一线纵联电流差动保护动作跳开 5013、5012A 相断路器，重合不成功跳开 5013、5012 三相断路器。

事故发生后现场检查发现，线路一线 A 相电流互感器二次电缆芯线未完全压接在端子排内，对电缆芯线的压痕进行仔细检查，发现只压接了 1/3 部分。

原因分析：因为电流互感器二次电缆芯线与端子排压接不牢靠，工作完后取下布幔时，电流互感器二次端子打火，纵联电流差动保护装置动作造成线路一线跳闸。

4. 案例引用小结

这是一起电流互感器二次端子接触不良，造成工作时二次端子打火，从而使纵联电流差动保护误动的一起继电保护误动事故。

（1）电流互感器二次电缆与端子排压接不牢是保护装置误动的原因，继电保护工作人员应引以为戒。

（2）保护制造厂家应采取可靠措施防止电流互感器二次开路时保护误动。

（3）在发生此类事故时，变电站运行人员应结合现场工作情况，准确地判断事故原因。

【例 ZY1200505001-2】变压器充电引起的母差误动事故。

1. 事故前的运行方式

某年 8 月 12 日，500kV 某变电站进行 1 号联络变压器投运前的充电工作。当时有关系统接线如图 ZY1200505001-1、图 ZY1200505001-2 所示。联络线受电 320MW。

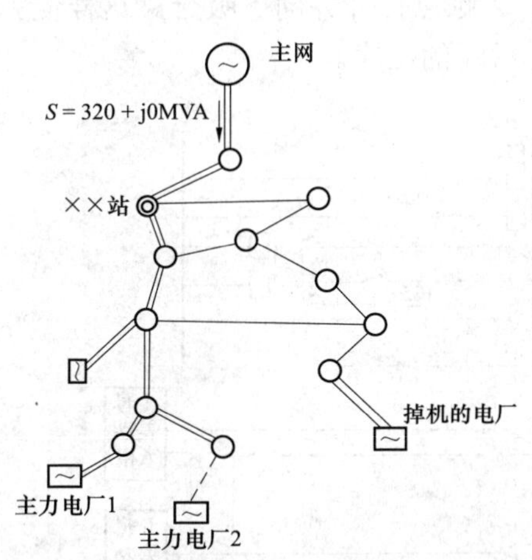

图 ZY1200505001-1 主系统接线图

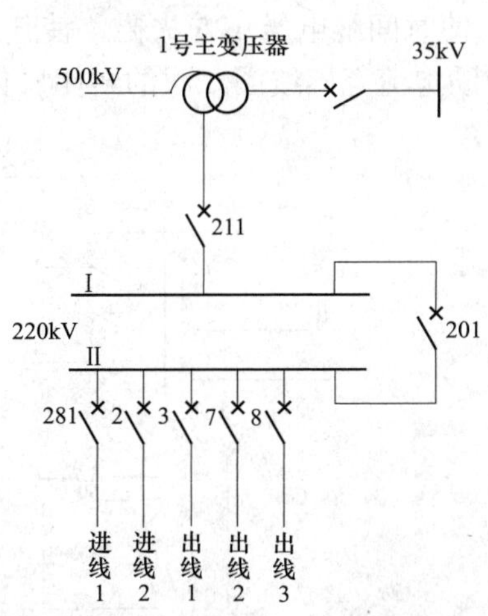

图 ZY1200505001-2 某站系统接线

500kV 1 号变压器为待投运设备，其三侧断路器均在断开状态；其余 220kV 运行设备均倒至 2 号母线运行，母联 201 断路器在合位，计划用 1 号母线带 211 断路器对 1 号空载联络变压器进行 5 次冲击试验。220kV 母差为中阻抗的比率制动型保护，其跳 I 母断路器（211、201）出口连接片因当时联络变压器 211 断路器电流互感线圈二次未接入母差回路而解除，母联 201 断路器专用充电保护投入。

2. 事故经过

在对 1 号联络变压器完成第一次冲击后，未见任何异常。随即于 15 时 16 分再次合 211 断路器进行第二次冲击时，该站 220kV 母差保护出口跳闸，跳开如图 ZY1200505001-2 所示的 5 条 220kV 运行线路，经检查一次设备无故障。省网与主网解列，主网频率从 50.02Hz 升至 50.08Hz，省网频率从 50.02Hz 降至 49.50Hz。省中调立即事故拉路，并令本省两主力电厂调压调频。15 时 25 分，省网内一台 300MW 机组因 DEH 自动系统故障掉闸，省网频率降至 49.3Hz。全网共限负荷 400～500MW。

3. 事故分析

此次事故的主要原因是冲击联络变压器时，母差保护误动跳闸所致。

通过分析现场录波图发现，211 断路器两次合闸冲击时联络变压器均产生了较大励磁涌流，而第二次合闸时断路器有三相不同期现象（B 相比 A、C 相慢合 20ms）。1 号母线上只接有联络变压器

211 断路器和母联 201 断路器，由于 211 断路器的电流互感线圈二次尚未接入母差回路（未作相量检查），故 1 号母线的差动回路中只有母联 201 断路器电流互感线圈二次回路接入，因而在第一次合闸冲击时，1 号母线差动元件即因主变压器励磁涌流作用动作，但因电压闭锁元件的闭锁作用而未出口（实际上，为了避免这种情况下频繁跳开母联断路器已将母差跳 201 断路器连接片解除）。但此时由于装置本身的原因无任何中央信号告警。

第二次冲击时母差动作跳闸是因为比率制动型母差保护在 211 断路器第一次冲击联络变压器后，即因 1 号母线的差动元件动作，而使母联断路器辅助电流互感线圈二次封闭回路动作并一直保持，导致母联断路器电流互感线圈二次不能接入 2 号母线差动回路。当第二次冲击时，由于联络变压器励磁涌流的作用使 2 号母线差动元件动作，又由于断路器不同期使得复合电压闭锁元件开放，最终导致母差保护出口跳闸。

如图 ZY1200505001-3 所示，母联断路器辅助电流互感线圈二次封闭回路动作并一直保持的原因分析如下：比率制动型母差保护由于原理原因出口回路设有自保持（现场整定保持时间 0.5s），即当母联断路器失灵或故障发生在母联断路器与电流互感器之间时，强迫另一条母线差动元件动作，并为了防止母联断路器停运时母联电流互感器二次回路分流，该装置设有母联电流互感器二次自动封闭回路。当 1 号或 2 号母线差动元件动作后（即 ck1 或 ck2 闭合）或母联断路器辅助触点断开后（b1 闭合），启动时间继电器 125，经整定延时（现场整定 300ms）后，125 时间继电器的 1、2 触点向上吸合。同时，双位置继电器 113 向下线圈励磁，使双位置继电器 113 的 3、4、5 触点闭合，2 触点打开。进而使双位置继电器 101 的向下线圈励磁，101 继电器的 2、3、4、5、6 触点打开，1、7 触点闭合。同时，使时间继电器 125 失磁，使其 1 触点打开，2 触点打开并向下吸合。这样便完成了母联断路器 QF 辅助电流互感线圈二次的封闭操作，并有先封后断的次序。

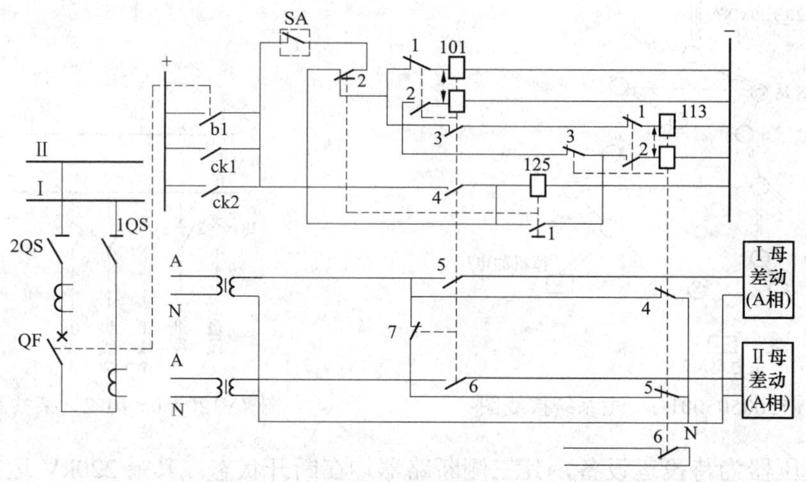

图 ZY1200505001-3 母联电流互感线圈二次自动封闭回路

但若要解除母联断路器辅助电流互感线圈二次封闭回路，只有母联断路器在断开状态下（正常 ck1、ck2 不动作）手合母联断路器才能完成。即正电源通过 b1 触点、SA 触点（手合母联断路器瞬时通）、125 继电器的 2 触点、101 继电器的 1 触点使 101 继电器向上线圈励磁，使 101 继电器的 2、3、4、5、6 触点闭合，1、7 触点打开。进而使 113 继电器的向上线圈励磁，使 113 继电器的 1、3、4、5 触点打开，2、6 触点闭合，从而完成母联断路器辅助电流互感线圈二次解除封闭而接入差动元件的操作。

4. 事故暴露的问题及解决措施

（1）暴露的问题。由于该型母差装置封母联辅助电流互感线圈二次回路不能自行复归，在运行中有以下问题：

使用母联断路器进行自动同期并列时，上述回路不能自行复归。在并列操作时，可能导致母差出口误动。

当图 ZY1200505001-3 中的母联断路器辅助触点 b1 采用三相辅助触点并联时，如果运行中母联断路器有一相偷跳时，可能导致母差出口误动。

在母差装置校验或检修时，如果差动元件动作过，母联辅助电流互感线圈二次回路将被封闭，且无告警信号。在母差投入运行，系统遇有故障时，极易因此而造成母差出口误动。

（2）解决措施。经与设备制造厂家共同研究，对装置回路进行了完善，提出以下解决措施：

增加母联断路器辅助电流互感线圈二次封闭回路动作指示信号。该信号只有在母联断路器处于合位且母联断路器辅助电流互感线圈二次封闭回路解除时才能手动复归。

使用自动同期装置合母联断路器时，用同期装置启动合闸的一副触点去解除母联断路器辅助电流互感线圈二次封闭回路。

对母联断路器辅助触点 b1 使用三相并联的改为三相串联。

为了确保先解除母联断路器辅助电流互感线圈二次封闭回路，后合母联断路器，将 113 双位置继电器的 6 触点，串联接入母联断路器的合闸回路。当母差停运时，用连接片将该触点短接。

5. 经验教训

应用于双母线的比率制动型母差保护装置，虽然对应每条母线有一个差动元件，但交流电流回路、母差出口回路均由隔离开关辅助触点控制，再加上封母联电流互感线圈二次回路，使本装置二次接线较复杂。当母线设备有操作，而母差保护回路处于非正常状态时（如本次事故中 211 断路器电流互感线圈二次未接入母差），母差保护装置宜全部退出运行，不宜部分装置运行而另一部分退出运行。

对引进的新型保护装置，专业人员应认真学习、刻苦钻研。管理部门应组织有关人员进行教育培训，提高专业人员的责任心和设备的应用水平。

厂家的产品说明书中应对可能导致保护不正确动作的内容做出醒目标示，以提醒用户注意，防止因理解不清而造成保护不正确动作及电网负荷不必要的损失。

6. 案例引用小结

（1）设备厂家生产的中阻抗比率制动型母差保护装置的问题是造成保护误动的原因。

（2）当母线设备有操作，而比率制动型母差保护回路处于非正常状态时，母差保护装置宜全部退出运行，不宜部分装置运行而另一部分退出运行。

（3）对引进的新型保护装置，专业人员应认真学习、刻苦钻研。管理部门应组织有关人员进行教育培训，提高专业人员的责任心和设备的应用水平。

（4）厂家的产品说明书中应对可能导致保护不正确动作的内容做出醒目标示，以提醒用户注意，防止因理解不清而造成保护不正确动作及电网负荷不必要的损失。

【思考与练习】

1. 线路保护误动时有什么现象？
2. 母线保护误动时有什么现象？处理原则是什么？

模块 2　继电保护误动事故的处理（ZY1200505002）

【模块描述】本模块介绍继电保护误动事故的原因和处理方法。通过要点归纳和案例说明，掌握继电保护误动事故的分析和处理的方法。

【正文】

继电保护误动造成电气设备误跳闸停电。处理好继电保护误动事故，迅速恢复停电设备的供电，减小事故的损失，是变电站运行人员的职责。

一、继电保护误动的原因

（1）保护误接线。由于保护装置接线错误，在经受负荷电流、不平衡电流、区外故障、系统电压波动、系统振荡时动作跳闸。

（2）保护误整定。由于保护整定错误，定值过小或定值配合不当，造成区外故障时达到定值启动跳闸。

（3）保护定值自动漂移。由于温度的影响、电源的影响，以及元器件老化或损坏，使定值产生重大漂移，而造成保护误动。

（4）保护装置抗干扰性能差。如果保护装置抗干扰性能差，在发生无线电电磁干扰、高频信号干扰等情况下可能出现误动。

（5）人员误触、误操作保护装置。继电或运行人员在保护装置未完全停用的情况下触动保护装置或其内部接线，致使其启动出口跳闸。

（6）误投保护装置。继电或运行人员误投应当停运的保护装置，致使其误动跳闸。

（7）保护回路金属物搭接、绝缘击穿或两点接地。保护出口回路金属物搭接、绝缘击穿或两点接地，使正电源可以通过短路点或接地回路直接接通跳闸出口。

二、继电保护误动事故的处理

继电保护装置误动，应停用保护装置，在生产技术部门的组织下对保护装置进行检查试验。排除故障后方可投入运行。

1. 线路（电容器、电抗器）保护误动事故的处理

（1）检查并记录监控系统告警信息、断路器跳闸情况、线路电流和功率情况、继电保护和自动装置动作情况，查看故障录波器报告（故障录波器可能不动作），根据故障录波报告或故障录波器没有动作判断保护有误动可能，报告调度。

（2）检查跳闸线路电流互感器至线路出口各设备有无接地短路或相间短路故障，检查跳闸断路器工作情况，报告调度，同时向调度询问跳闸线路对侧保护有无动作，断路器有无跳闸。根据对侧保护没有动作，断路器没有跳闸作出保护误动的判断。

（3）根据调度命令，停用误动的线路保护，检查该线路至少还有一套主保护可以正常使用的情况下对线路合闸送电。

如果停用误动保护后该线路没有主保护可以使用，则不应直接送电，可以采用旁路带送或母联串带的方法送电。母联串带降低了变电站母线的供电可靠性，对于双电源线路、双回线、空充线路慎重使用。

（4）及时将事故情况报告有关领导和生产指挥部门。生产指挥部门应立即组织事故检查、调查人员到现场检查保护。

母线并联电容器、电抗器保护误动跳闸，原则上应在保护装置排除故障后再恢复送电。

2. 主变压器保护误动事故的处理

（1）检查并记录监控系统告警信息、断路器跳闸情况、主变压器各侧电流和功率情况、继电保护和自动装置动作情况，查看其他运行主变压器有无过负荷情况、查看故障录波器报告（故障录波器可能不动作），根据故障当时没有系统冲击，根据故障录波报告或故障录波器没有动作判断保护有误动可能，报告调度。

（2）如果其他运行主变压器过负荷，应报告调度转移负荷、限负荷或过负荷运行。变压器过负荷运行应启动全部冷却器，重点监视变压器负荷、油温、各处接点有无过热、变压器运行是否正常。

（3）根据动作保护的保护范围检查各设备有无接地短路或相间短路故障，检查跳闸主变压器瓦斯保护和压力释放阀有无动作，变压器本体有无异常现象，检查跳闸断路器工作情况。根据一次设备检查没有任何事故征象，结合主变压器跳闸当时没有系统冲击，故障录波器没有动作或故障录波器报告没有显示主变压器短路事故，作出保护误动的判断。报告调度和有关领导。

（4）生产指挥部门应立即组织事故检查、调查人员到现场检查保护。如果一时不能确认保护误动，应对跳闸主变压器组织试验。

（5）确认变压器跳闸是由保护误动引起的，根据调度命令，停用误动的主变压器保护，检查该主变压器至少还有一套主保护可以正常使用的情况下对主变压器合闸送电。

在没有主保护可以使用的情况下主变压器不应送电。原则上主变压器的停投应由本单位总工程师决策。

3. 母线保护误动事故的处理

（1）检查并记录监控系统告警信息、断路器跳闸情况、跳闸母线各元件电流和功率情况、变电站潮流变化情况、继电保护和自动装置动作情况，查看故障录波器报告（故障录波器可能不动作），根据故障当时没有系统冲击，以及故障录波报告或故障录波器没有动作判断保护有误动可能，报告调度。

（2）根据母差保护的保护范围，即跳闸母线所连接的各元件电流互感器以内各设备有无接地短路或相间短路故障，检查跳闸断路器工作情况。根据一次设备检查没有任何事故征象，结合母线跳闸当时没有系统冲击、故障录波器没有动作或故障录波器报告没有显示母线短路事故，作出保护误动的判断。报告调度和有关领导。

（3）生产指挥部门应立即组织事故检查、调查人员到现场检查保护。如果一时不能确认保护误动，应对母差保护区内可疑设备组织试验。

（4）确认母线跳闸是由保护误动引起的，应停用误动的母差保护，根据母线保护配置情况作出以下相应处理：

1）母线有双套母差保护，可停用误动的母差保护，恢复母线送电。

2）母线只有一套母差保护的有以下三种方式可供选择：

a. 母线停运，其负荷由系统其他电源转供。

b. 系统其他电源可以转供部分负荷的，由系统转供部分负荷。其他负荷由一条电源线路反带母线，再转供其他线路。

c. 主变压器有针对母线的可靠后备保护的也可直接从母线送出线路。但在这种情况下母线短路故障不能快速切除，应考虑是否会对主变压器造成损害。

三、事故案例

【例 ZY1200505002-1】误投保护连接片引起保护动作，导致 500kV 线路停运，造成省网与主电网解列。

1. 事故前系统运行工况

某换流站 500kV 三江Ⅱ线和江复线同为第五串两回线路，三江Ⅱ线处于检修状态，江复线处于运行状态。某换流站 500kV 第五串接线图如图 ZY1200505002-1 所示。

2. 事故前现场工作基本情况

某年 12 月 8～16 日三江Ⅱ线计划停电检修，继电工作人员在该换流站三江Ⅱ线进线串设备检修，包括线路保护、5052 和 5053 断路器保护检验等工作。

12 月 9 日，工作负责人办理了 5052 和 5053 断路器保护检验第二种工作票后开始保护校验，12 月 12 日 17 时 0 分完成校验工作并终结工作票。

12 月 13 日 9 时 0 分，工作班办理第一种工作票（工作票编号为 12004 号），作 5052 和 5053 断路器保护传动试验。12 月 13 日 13 时 30 分左右开始做 5053 断路器保护传动试验，14 时 18 分完成 5053 断路器保护传动试验工作。

3. 事故发生经过

工作现场完成上述试验后，开始做 5052 断路器失灵保护传动试验。

试验开始前，工作人员在保护盘柜后连接试验线，并确认试验接线位置正确后，在返回到盘柜前的过程中（14 时 21 分），5052 断路器失灵保护已动作，5051 断路器三相跳开，造成江复线跳闸。

4. 事故原因分析

事故后检查保护柜盘面，发现 3XB13 连接片（5052 断路器失灵保护启动 5051 永跳第二线圈连接片）在投入位置。按试验要求应该

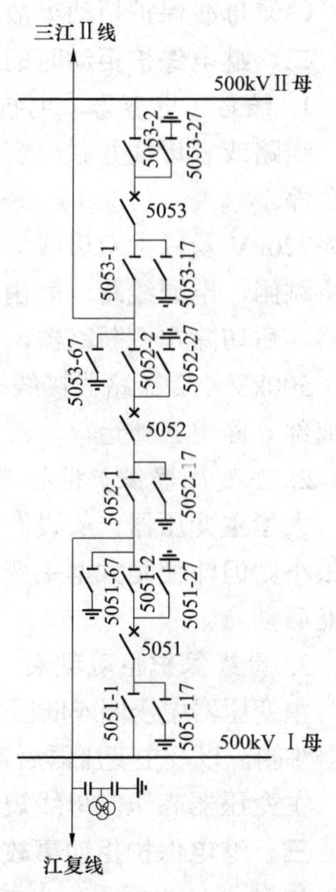

图 ZY1200505002-1　某换流站 500kV 第五串接线图

是 3XB11 连接片（5052 断路器失灵保护启动 5053 断路器永跳第二线圈连接片）投入，连接片投入错误是造成 5051 断路器三相跳闸的直接原因。

5. 案例引用小结

（1）现场工作人员在作 5052 断路器失灵保护传动试验时，错误地将 5052 断路器保护屏柜上的失灵保护跳 5051 断路器连接片当成跳 5053 断路器连接片投入并进行了注流试验，是造成江复线跳闸的直接原因。

（2）这次事故的主要原因是工作人员违反一系列规章制度，致使各道安全关口失去作用，最终酿成误操作事故。

（3）要深刻吸取事故教训，高度重视安全生产工作，强化现场安全管理，强化危险点分析和控制，强化现场标准化作用；切实落实反事故安全技术措施和组织措施。

【思考与练习】

1. 继电保护误动的原因有哪些？
2. 母线保护误动如何处理？

模块 3 继电保护拒动事故的类型和现象（ZY1200505003）

【模块描述】本模块介绍继电保护拒动事故的类型、故障现象和处理原则。通过要点归纳和案例说明，掌握继电保护拒动事故的判断和初步处理的方法。

【正文】

电气设备故障时继电保护拒动，将造成越级跳闸，扩大事故停电的范围。如果处理不当，将造成更大的损失。因此，正确判断事故性质，作好保护拒动时的事故处理是十分重要的。

一、继电保护拒动事故的类型

（1）线路（电容器、电抗器）保护拒动事故。

（2）主变压器保护拒动事故。

（3）母线保护拒动事故。

二、继电保护拒动时的现象

1. 线路（电容器、电抗器）保护拒动现象

线路或者母线并联电容器、电抗器短路故障时保护拒动将造成越级跳闸。跳闸时故障线路所在母线全停。

220kV 及以上双母线运行方式，线路保护全部拒动时，失灵保护不能动作，此时，该母线所有电源将跳闸，电源线路一般由对侧断路器启动跳闸；主变压器由后备保护动作，先切除母联（分段）断路器，后切除本侧断路器，造成一条母线全停电。

500kV 3/2 断路器接线运行方式，线路保护全部拒动时同样要越级至各个电源，造成 500kV 全停电或部分停电。

2. 主变压器保护拒动现象

大型主变压器一般设有双套多重保护，可以弥补单一保护拒动的过失，保护拒动而扩大事故的概率很小。但即使是大型主变压器，如果主变压器短路故障时其保护回路电源全部故障，此时保护全部不能启动。

3. 母线保护拒动现象

主变压器中压侧或低压侧母线发生短路故障时，如果母差保护拒动，将越级至母线电源线路对侧断路器跳闸，以及主变压器后备保护动作，造成母联（分段）和变压器一侧断路器跳闸，故障母线停电。

主变压器高压侧母线短路故障，母差保护拒动将引起该母线所有电源跳闸，甚至造成全站停电。

三、继电保护拒动事故的处理原则

1. 线路（电容器、电抗器）保护拒动事故的处理原则

（1）根据保护异常情况判断是哪条线路保护拒动越级跳闸，拉开其两侧隔离开关，逐级送出母线

和其他线路。

（2）若根据保护现象无法判明是哪条线路越级跳闸，则根据调度命令送出跳闸母线，再逐一试送其他线路。若送至某一线路时又出现越级跳闸，则说明此线路保护拒动。应拉开该断路器后再重送母线和其他线路，然后再拉开保护拒动线路断路器的两侧隔离开关。

（3）必要时保护拒动越级线路可用旁路试送电一次。

2. 主变压器保护拒动事故的处理原则

（1）根据站内其他保护动作情况，综合判断是哪台主变压器越级跳闸，并据此检查相应保护区内设备；若没有保护动作，则应检查所有母线和主变压器；若听到短路时的故障声响，可直接检查发出声响区域的设备。将连接于故障设备的各侧隔离开关拉开，并立即将情况汇报调度。

（2）根据调度命令送出无故障母线、主变压器和线路，并将故障主变压器所带的线路转移至另一条正常母线送电。

3. 母线保护拒动事故的处理原则

（1）若有保护动作，根据保护范围判断是哪条母线越级跳闸，并据此检查相应保护区内设备；若没有保护动作，则应检查所有母线和主变压器；若听到短路时的故障声响，可直接检查发出声响区域的设备，将连接于故障设备的各侧隔离开关拉开，并立即将情况汇报调度。

（2）根据调度命令送出无故障母线、主变压器和线路，并将故障母线所带的线路转移至另一条正常母线送电。

四、事故案例

【例 ZY1200505003-1】17 条馈线低频减载装置拒动，引起电网频率、电压急剧下降，造成省会城市电网全网停电。

1. 事故前运行方式

事故发生前，省电网联网运行，省电网发电总出力 111MW，全网供电负荷 101MW。

2. 事故经过

某年 9 月 9 日 20 时 43 分，110kV 线路一线和线路二线双回线由于雷击故障同时跳闸，双回线输送功率转移至环网线路，引起线路断路器过电流保护跳闸，地区电网与省电网解列，地区电网失去约 53MW 的外部送入功率。电网安全自动装置动作切除 11 条 10kV 馈线，低频减载装置动作切除 20 条 10kV 馈线，共切除负荷 39MW，但全网有 17 条馈线低频减载装置达到启动定值但拒动（负荷 13.7MW）。由于地区电网仍存在 14MW 的功率缺额，功率缺额达 36.84%，引起电网频率、电压急剧下降，造成相继解列，电网全网停电。

事故发生后，调度部门按照事故处理预案进行事故处理和电网恢复。至 21 时 30 分，电网恢复正常运行方式，电网所有用户全部恢复供电。

3. 事故原因分析

（1）110kV 双回输电线路遭雷击发生单相接地故障是造成此次事故的直接原因。

（2）110kV 环网线路试运行不久，继电保护定值处于调试阶段。调度部门在进行定值检验时已发现某回 110kV 线路过电流II段保护定值偏小，曾下令施工单位退出该保护并修改定值，但未得到及时执行，致使双回 110kV 线路雷击跳闸后，传输功率转移至环网线路时，该保护误动跳闸，造成电网解列，出现大功率缺额，最终导致电网全停。

（3）电网安全自动装置不完善和低频减载装置在电网事故情况下未能发挥应有作用，电网缺乏快速切除负荷手段，低频减载装置负荷切除量不够，引起电网频率、电压崩溃，是造成此次事故扩大的重要原因。

4. 事故暴露出的问题

（1）电网结构薄弱，电源分布不合理。电网的受端网络缺乏有力的电源支持，主要用电负荷必须依赖远距离大功率传输。

（2）现场运行人员和调试人员执行调度命令不严格，没有认真、全面、准确、及时地执行调度下达的修改继电保护定值的命令。

（3）电网安全稳定运行的“第三道防线”措施不到位，在藏中电网环网投运之后，在电网安全稳定控制装置不完善的情况下，没有及时解列。

（4）对雷击危害缺乏深入的分析和研究，缺乏有效的防范措施。

5. 防范措施

（1）加强对雷击危害的观测、分析和研究，从工程设计、施工、运行维护等各方面采取措施，提高电网的抗雷害能力。

（2）加强继电保护管理，对继电保护装置进行全面的检查和校验，对全网的继电保护定值进行全面、认真的复核。

（3）深入分析电网现有安全稳定控制策略和安全稳定自动装置中存在的问题，完善安全稳定控制方案和措施，尽快落实与环网运行方式相适应的安全稳定控制和低频减载方案，保证“第三道防线”发挥有效作用。

（4）要吸取事故教训，狠抓设备的预试和消缺，加强事故隐患治理和防范措施落实，组织制定预防大电网事故的处理预案，抓好电网安全稳定运行的工作，对电网安全自动装置、继电保护装置等与电网安全有直接关系的二次系统进行技术校核，保证有关参数满足电网安全稳定要求。

6. 案例引用小结

（1）电网结构薄弱、电源分布不合理，保护误动、部分低频减载装置在事故中拒动，是事故扩大的主要原因。

（2）现场调试人员应认真、及时地执行调度下达的修改继电保护定值的命令。

（3）要加强对雷击危害的观测、分析和研究，提高电网的抗雷害能力。

（4）要加强继电保护管理，对继电保护装置进行全面的检查和校验。

（5）要深入分析电网现有安全稳定控制策略和安全稳定自动装置中存在的问题，完善安全稳定控制方案和措施。

（6）要吸取事故教训，狠抓设备的预试和消缺，加强事故隐患治理和防范措施落实，组织制定预防大电网事故的处理预案，抓好电网安全稳定运行的工作。

【例 ZY1200505003-2】主变压器差动保护拒动，越级至变电站 5 条 220kV 线路对侧的距离二段动作，将 5 条线路切除，造成 3 个 220kV 变电站、11 个 35kV 变电站和一个电厂全部停电。

1. 事故前运行方式

某 220kV 变电站有两台主变压器运行，220kV 侧双母线并列运行，母线上接有 5 条出线。

2. 事故概况

某年 6 月 27 日，由于 1 号主变压器 220kV 侧隔离开关操动机构箱内受潮，使操作回路绝缘下降，引起该隔离开关带负荷自动分闸，造成弧光短路。

事故发生后，1 号主变压器差动保护拒动，越级至变电站 5 条 220kV 线路对侧的距离二段动作，将 5 条线路切除。

事故扩大为 3 个 220kV 变电站、11 个 35kV 变电站和一个电厂全部停电。

3. 检查分析

事后检查，故障点在差动保护区内，故障电流二次值为 116A，但两套微机差动保护均未动作。

试验检查发现，两套差动保护同时拒动的原因是由于在如此巨大的短路电流下，装置的软、硬件不能满足要求。保护设计的最大故障电流为 16 倍额定电流（即 5×16=80A），当超过 80A 时，电流变换装置趋向饱和，同时二次电流也将超过 A/D 模件的上限测量电压，又由于软件处理不当，致使测得的差流很小。

另外，装置中采用的 TA 断线闭锁装置有问题。当故障电流大于 80A 时，TA 断线闭锁装置误判为“电流回路断线”而将两套差动保护闭锁，造成两套差动保护同时拒动。

4. 案例引用小结

从事故中可以吸取的教训是：

（1）在设计变压器保护时，应计算出最大故障电流，并根据最大故障电流选择保护装置的软、硬件。

（2）两套变压器保护最好选用不同厂家的保护，以免保护装置的同一缺陷造成保护装置的同时拒动。

【思考与练习】

1. 继电保护拒动事故有哪些类型？

2. 线路（电容器、电抗器）保护拒动有何现象？

模块 4　继电保护拒动事故的处理（ZY1200505004）

【模块描述】本模块介绍继电保护拒动事故的原因和处理方法。通过要点归纳和案例说明，掌握继电保护拒动事故的分析和处理的方法。

【正文】

继电保护拒动将造成越级跳闸，扩大事故范围，处理好越级跳闸事故，尽量减少事故损失，是变电站运行人员的职责。

一、继电保护拒动的原因

（1）保护误接线。由于保护装置接线错误，设备故障时保护无法启动或启动后无法接通跳闸出口。

（2）保护误整定。由于保护装置整定错误，定值过大或定值配合不当，区内故障时保护不能及时动作而使上级保护启动跳闸。

（3）保护定值自动漂移。由于温度的影响、电源的影响，以及元器件老化或损坏，使定值产生重大漂移，而造成保护拒动。

（4）保护装置元器件损坏。微机保护元器件损坏会使 CPU 自动关机，迫使保护退出，而造成保护拒动。

（5）误停保护装置。继电或运行人员误停保护装置，致使其不能启动出口跳闸。

（6）保护回路绝缘击穿或两点接地。保护回路绝缘击穿或两点接地，使启动元件、判别元件或出口元件被绝缘短路点或接地回路短接而无法接通跳闸出口。

二、继电保护拒动事故的处理

1. 线路（电容器、电抗器）保护拒动事故的处理

（1）查看告警信息、断路器跳闸情况、潮流情况。

（2）检查保护动作情况，记录并复归动作信号，调取故障录波报告，复归跳闸断路器控制开关位置（后台机主接线图清闪），拉开失电母线上的所有断路器。作出事故的初步判断，将事故现象和初步判断结论报告调度。

（3）如果连接于跳闸母线上的某线路保护有明显故障信息，则应该拉开其断路器，申请调度命令，送出母线和其他线路（变压器），然后再隔离故障线路。

（4）如果连接于跳闸母线上的所有线路保护都没有明显故障信息，则无法确定哪条线路保护拒动，此时应按以下程序处理：

1）立即检查跳闸母线及其馈电设备，重点检查母线及各线路（主变压器）有无故障现象。根据站内检查没有事故现象的情况作出线路故障、保护拒动的定性判断，并将检查结果及判断结论汇报调度，并请求试送母线和线路。

2）根据调度命令送出跳闸母线，再逐一试送其他线路。若送至某一线路时又出现越级跳闸，则说明此断路器保护拒动。应拉开该断路器后再重送母线和其他线路，然后拉开保护拒动断路器的两侧隔离开关。

3）电力电缆试送电前应摇测电缆绝缘。0.6/1kV 电缆用 1000V 绝缘电阻表摇测，0.6/1kV 以上电缆用 2500V 绝缘电阻表摇测（6kV 及以上电缆也可用 5000V 绝缘电阻表摇测）。

（5）必要时保护拒动越级跳闸线路可用旁路试送电一次。

（6）将情况及时汇报站长（主任）和公司生产调度，由公司生产技术部门组织对开关保护拒动故障的调查、检查。

2. 主变压器保护拒动事故的处理

（1）查看告警信息、断路器跳闸情况、潮流情况。

（2）检查保护动作情况，记录并复归动作信号，调取故障录波报告，复归跳闸断路器控制开关位置（后台机主接线图清闪），拉开失电母线上的所有断路器。作出事故的初步判断，将事故现象和初步判断结论报告调度。

（3）若有其他设备保护动作或故障主变压器有明显的保护拒动信息，可判断是哪台主变压器越级跳闸，并据此检查跳闸主变压器相应保护区内设备；若全站停电，没有保护动作、没有保护拒动的明显信息，则应检查全站所有一次设备，重点检查母线和主变压器；若听到短路时的故障声响，可直接检查发出声响区域的设备。将连接于故障设备的各侧隔离开关拉开，并立即将情况汇报调度。

（4）隔离故障设备后，根据调度命令送出无故障母线、主变压器和线路，并将故障主变压器所带的线路转移至另一条正常母线送电。

（5）如果一次设备检查未发现明显的故障点，应使用 2500V 或 5000V 绝缘电阻表摇测各主变压器和母线的绝缘，然后根据调度命令逐级送电。

（6）将情况及时汇报站长（主任）和公司生产调度，由公司生产技术部门组织有关人员调查、检查拒动保护，检查和抢修主变压器设备。

（7）在事故调查、检修人员到现场前做好设备的安全措施。

3. 母线保护拒动事故的处理

（1）查看告警信息、断路器跳闸情况、潮流情况。

（2）检查保护动作情况，记录并复归动作信号，调取故障录波报告，复归跳闸断路器控制开关位置（后台机主接线图清闪），拉开失电母线上的所有断路器。作出事故的初步判断，将事故现象和初步判断结论报告调度。

（3）若有其他设备保护动作或故障母线有明显的保护拒动信息，可判断是哪条母线越级跳闸，并据此检查跳闸母线母差保护区内设备；若全站停电，没有保护动作、没有保护拒动的明显信息，则应检查全站所有一次设备，重点检查母线和主变压器；若听到短路时的故障声响，可直接检查发出声响区域的设备。将连接于故障设备的各侧隔离开关拉开，并立即将情况汇报调度。

（4）隔离故障设备后，根据调度命令送出无故障母线、主变压器和线路，并将故障母线所带的线路转移至另一条正常母线送电。

（5）如果一次设备检查未发现明显的故障点，应使用 2500V 或 5000V 绝缘电阻表摇测各主变压器和母线的绝缘，然后根据调度命令逐级送电。

（6）将情况及时汇报站长（主任）和公司生产调度，由公司生产技术部门组织有关人员调查、检查拒动保护，检查和抢修母线设备。

（7）在事故调查、检修人员到现场前做好设备的安全措施。

三、事故案例

【例 ZY1200505004-1】 110kV 线路故障，线路断路器及主变压器后备保护拒动，引起某电厂一期四条 220kV 出线相继跳闸，电厂与系统解列。

1. 事故概况

某年 7 月 25 日，220kV 某变电站 110kV 线路发生线路故障，该线路断路器及 2 号主变压器后备保护拒动，引起甲电厂一期四条 220kV 出线相继跳闸。

2. 事故原因分析

本次事故起因是 110kV 该线路运行老化，地线锈蚀严重，发生架空地线断落，引起导线 B 相接地短路；该线路断路器因分闸线圈存在分闸后顶杆不能完全复位而拒动。事故扩大原因是某变电站 2 号主变压器后备保护因该线路断路器分闸线圈烧损、直流系统异常而拒动，事故由 110kV 越级到 220kV，引起甲电厂一期 220kV 四条线路相继跳闸。

3. 案例引用小结

从本次事故可以看出，某供电公司对输变电设备隐患排查治理不彻底，保护双重化改造工作未完成，是本次事故直接原因。

变电站运行人员在处理此类事故时应沉着果断，准确地判断 220kV 侧越级跳闸的原因是由于断路器拒动引起，还是保护拒动引起。当判断为保护拒动引起时，应及时将事故现象及原因汇报相关调度，并将相关失电断路器拉开，在隔离故障设备后，按调度令逐步恢复正常线路供电。

【思考与练习】

1. 继电保护拒动的原因有哪些？
2. 线路保护拒动如何处理？

模块 5　二次回路故障引起的事故现象及处理原则（ZY1200505005）

【模块描述】本模块介绍二次回路常见故障引起的事故现象及处理原则。通过要点归纳和案例说明，掌握二次回路故障引起的事故判断能力和初步处理的方法。

【正文】

二次回路包括继电保护的交流电压回路、交流电流回路、直流电源回路，断路器的控制回路以及监控系统回路。

继电保护的交流电压回路和交流电流回路故障可引起保护的误动、拒动，直流电源回路故障可引起保护的拒动；断路器控制回路和监控系统故障可引起断路器的误分、误合。

一、交流电压回路断线时的现象

早期生产的电压互感器多使用一个主二次绕组，后期生产的电压互感器多使用两个主二次绕组，甚至三个主二次绕组。两个主二次绕组一个用于电压、功率、电能的测量，一个用于继电保护及自动装置的电压回路。使用一个主二次绕组的则在二次绕组出口将测量和继电保护及自动装置回路分开。

（1）测量、计量交流电压回路断线，则电压、功率无指示或指示降低，电能计量值为零或数值减小（电能表不转或转速缓慢）。

（2）保护交流电压回路断线，则发出“交流电压回路断线”告警信息，微机保护显示“TV 断线”或其他类似告警信号。

（3）单一设备单元出现以上故障现象，则是该单元交流电压回路断线；同一母线多个设备单元出现以上故障现象，则是该母线交流电压回路断线。

二、交流电压回路断线时的处理原则

（1）若单一设备单元出现故障，则应停用该单元有关保护（距离保护、低电压保护、低压闭锁电流保护、方向过电流、零序方向过电流等带方向元件的保护等），然后检查该单元交流电压回路。

（2）若同一母线多个设备单元出现故障，则应停用该母线上各单元的有关保护（距离保护、低电压保护、各种低电压闭锁的保护、各种带方向元件的保护、振荡解列、低频解列、低压解列装置和低频减负荷装置等），然后检查该母线二次电压回路。

三、交流电流回路断线时的现象

电流互感器二次常有多个二次绕组，一般一个绕组用于电能计量、一个绕组用于电流、功率测量（或电能计量和电流、功率测量共用一个绕组），其他绕组分别用于保护和自动装置，一般两套保护分别使用不同的绕组。电流互感器二次绕组断线时，励磁电流剧增，因而互感器本体将发出类似变压器的励磁声。

电流、功率测量绕组一相断线时三相电流指示差别很大，其中一相为零，功率指示降低。电能计量绕组一相断线时，电能计量值为零或数值减小（电能表不转或转速缓慢）。若测量或计量指示时有时无或时大时小，则可能是电流回路接触不良引起的。

保护绕组断线时，监控系统发出“交流电流回路断线”告警信息，电流回路断线的保护显示“TA断线”或其他类似告警信号；系统故障时可能出现保护误动或拒动。电流回路接线端子等处可出现放电打火（此处即为开路点）。

四、交流电流回路断线时的处理原则

（1）发现某回路三相电流一相为零（或单相电流表为零或降低），功率指示降低，电能表不转或转速缓慢，电流互感器出现励磁声，可判断为该互感器表计回路断线。应检查表计回路接线端子和电缆有无开路。

（2）某回路出现“交流电流回路断线”告警信息，保护发出“TA断线”等信号，电流互感器出现励磁声，可判断为该互感器保护回路断线。应注意有的保护电流回路断线时可能没有相应的信号，若电流互感器出现励磁声而所有表计指示正常，应认为保护电流回路断线。保护电流回路断线应先分清是哪一组电流回路开路，对保护有何影响，按规定停用有关保护（一般应停用涉及开路电流回路的各类差动保护、零序电流保护、断相保护、距离保护等，而互感器其他绕组的保护可不必停用），报告电网调度和检修单位，并检查有关保护回路接线端子和电缆有无开路。

五、直流控制回路的误合、误分事故现象

1. 人为因素引起的误合、误分事故现象

人员因手合断路器或误触断路器合闸回路而使断路器误合送电，监控系统发出该断路器合闸信息，监控图断路器指示红闪，线路出现负荷电流和功率。对于分相控制的断路器，人员误触一相合闸回路，可出现断路器一相合闸的现象。

人员因手切断路器或误触断路器分闸回路而使断路器误分停电，监控系统发出该断路器分闸信息，监控图断路器指示绿闪，线路负荷电流和功率为零。误触造成的跳闸还有事故警报音响。如果是人员误触保护而致使断路器跳闸，则还有保护动作信息（信号）。对于分相控制的断路器，人员误触一相分闸回路，可出现断路器一相分闸的现象。

2. 分合闸回路绝缘击穿或直流接地引起的误合、误分事故现象

现象与上述人为因素引起的误合、误分现象类似。直流接地时还有“直流接地”或“绝缘降低”信息（信号）。

六、直流控制回路的误合、误分事故处理原则

1. 人为因素引起的误合、误分事故处理原则

人为因素误合断路器造成设备送电或误分断路器造成设备停电，应立即报告电网调度，在调度的指挥下恢复设备原来的运行方式，然后汇报本单位领导。

2. 分合闸回路绝缘击穿或直流接地引起的误合、误分事故处理原则

合闸回路绝缘击穿或直流接地引起断路器误合，在未排除故障以前不能切开断路器，因为由于故障点的存在，断路器切开以后还会再合上。如果故障不能立即排除，在带负荷的情况下应请示调度用旁路带送、母联串带等方法将断路器停电。断路器停电后再处理故障。

分闸回路绝缘击穿或直流接地引起断路器误分，在未排除故障以前也不能手动合上断路器，因为由于故障点的存在，断路器合上以后也还会再跳开。应排除故障以后再恢复断路器送电。如果故障不能立即排除而又急需送电，应请示调度用旁路带送停电设备，或用母联串带故障断路器并将故障断路器锁死于合闸位置的方法送出停电设备。故障排除以后再恢复正常运行方式。

七、监控系统故障误合误分断路器的事故现象和处理原则

1. 事故现象

（1）无人为操作断路器自动分闸，有监控系统断路器分闸的告警信息，无保护动作的信息和信号指示，故障录波器不动作。在后台机再次合上断路器时，断路器又自动分闸。

（2）无人为操作断路器自动合闸，有监控系统断路器合闸的告警信息，在后台机再次断开断路器时，断路器不再自动合闸（防跳回路起作用）。

2. 处理原则

（1）在发生误分误合故障的断路器测控装置间隔上，将操作转换断路器切至“就地”位置，试合

（试分）断路器（双电源线路的重新投入应有调度命令）。

（2）如果试合（试分）无效，在发生误分误合故障的断路器测控装置间隔上，断开监控系统电源（控制直流电源），再重新投入，再试合（试分）断路器。

（3）如果试合（试分）仍然无效，到断路器现场将操作转换断路器切至“就地”，再试合（试分）断路器。

（4）如果试合（试分）还是无效，应通知专业人员前来查找处理。

八、事故案例

【例 ZY1200505005-1】500kV 某变电站冷却器直流电源消失造成冷却器全停，直流电源恢复后造成冷却器全停跳闸出口动作，变压器跳闸。

1. 变电站主变压器冷却器接线方式

某 500kV 变电站主变压器的生产厂家为国外某公司，采用冷却器冷却方式。该系列变压器冷却器启动共有 5 种方式，即 MANUAL、FIRST、SECOND、THIRD、STAND-BY，其中 FIRST、SECOND、THIRD 为自动控制方式。在自动控制方式下，冷却器的启动受主变压器 500kV 侧断路器辅助动合触点经直流重动继电器控制；冷却器全停告警信号回路、冷却器全停跳闸均经主变压器汇控柜直流重动后转发监控系统及主变压器保护屏。所有的直流重动继电器均安装在主变压器汇控柜中，并接在冷却器直流控制电源上，原理接线如图 ZY1200505005-1 所示。

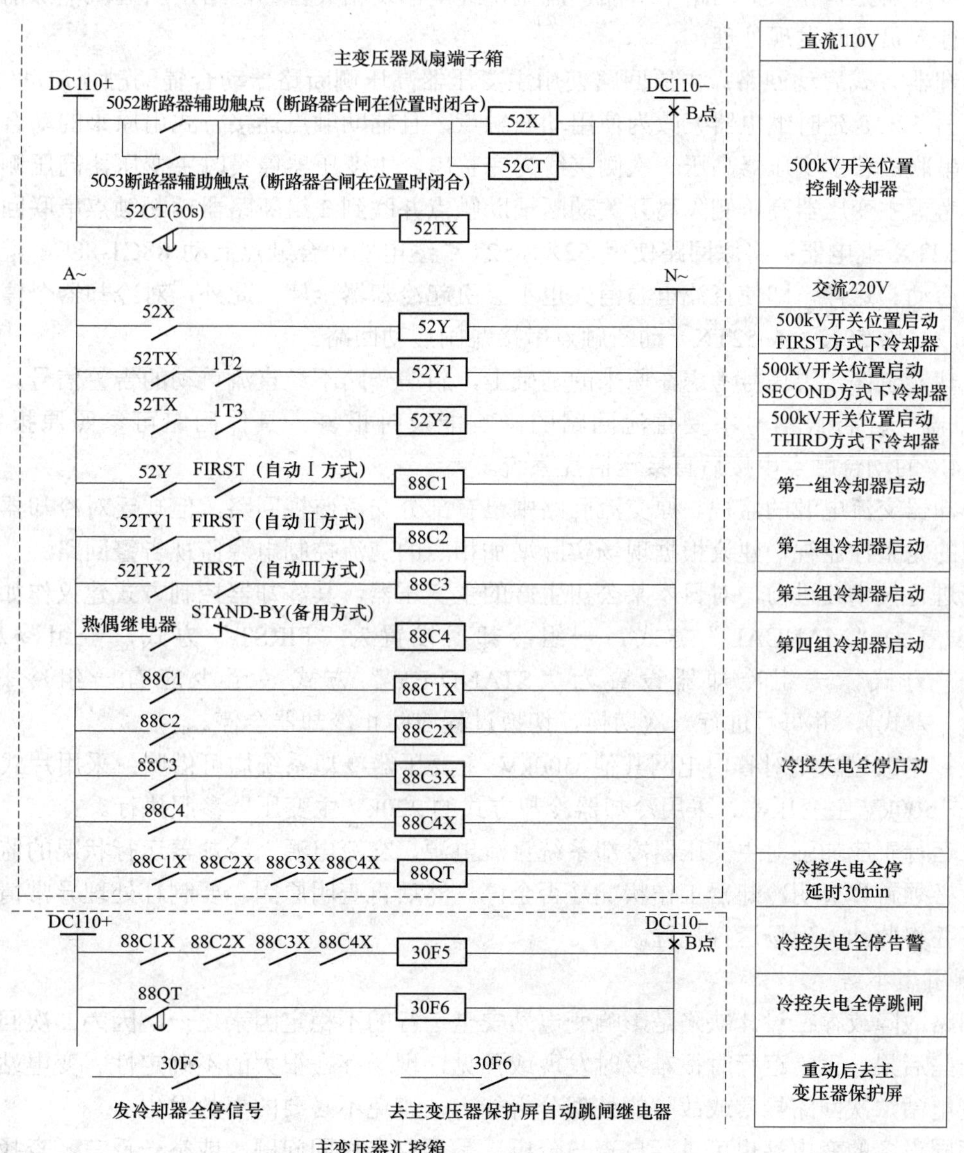

图 ZY1200505005-1　冷却系统接线原理图

2. 事故检查分析

某年6月1日，500kV某变电站发生主变压器跳闸事故。

检查发现，变压器的冷却器控制、信号以及全停保护出口回路均存在问题：当直流电源消失时，冷却器自动启动回路失效，3组自动控制方式的冷却器停止工作，且此时热耦备用（STAND-BY）方式也无法启动，导致主变压器冷却器全停；冷却器全停告警信号因直流消失无法告警；冷却器全停回路启动交流时间继电器，达到整定时间（30min）后由于直流消失无法启动出口跳闸，若此时直流电源恢复，则立即出口跳闸。

3. 技术改进原则与措施

为确保500kV主变压器安全并可靠运行，同时确保二次回路的准确性，根据以上分析，针对日本该厂家变压器冷却器启动、信号、全停保护设计中存在的主要问题，提出了以下技术改进原则：

（1）冷却器控制回路直流电源失去时必须及时告警，且确保告警监视回路的全面性。

（2）冷却器控制回路直流电源失去后不得引起冷却器全停。

（3）冷却器全停后必须可靠告警。

（4）冷却器交流控制电源失去后也应告警。

根据以上原则，提出以下改进措施：

（1）在冷却器控制和保护回路中增加直流监视继电器及相关告警回路，当直流电源消失时，及时报警以便运行人员及时发现处理。

（2）冷却器方式启动回路：由原回路使用主变压器高压侧断路器动合辅助触点启动52X、52TX继电器（取消52CT延时继电器）改为使用动断触点，且辅助触点连接方式由原来的动合触点并联改为动断触点串联；若主变压器高压一次侧接线为完整串，主变压器停役时主变压器高压侧断路器仍需运行，则应考虑主变压器高压侧隔离开关动断辅助触点并联到2组断路器动断触点串联回路上，共同启动52X、52TX继电器；将原回路使用52X、52TX继电器动合触点启动88C1-88C4继电器，改为用动断触点启动。这样，即使直流电源消失也不会引起冷却器全停。此外，对冷却器全停跳闸启动回路作如下修改：将52X（或52TX）动断触点串接跳闸启动回路。

（3）冷却器全停告警信号考虑在原来的基础上，新增一路不经直流重动的告警信号。确保运行过程中，冷却器全停告警信号不受直流回路的影响能及时报警。具体回路可参照原报警回路，将88C1X-88C4X的动合触点串接后直接送监控系统。

（4）冷却器交流电源的监视。原交流回路中已有部分交流监视回路，但缺乏对冷却器方式控制回路交流电源的完整性监视，建议根据现场实际增加相应的交流控制电源监视告警回路。

（5）在进行技术改进前，对日本某公司生产的主变压器，其冷却器控制方式建议作如下调整：一组冷却器设置为"MANUAL"方式，一组冷却器设置为"FIRST"方式，一组冷却器设置为"SECOND"方式，一组冷却器设置为"STAND-BY"方式（至少应有一组冷却器设置为"MANUAL"方式），并每月进行一次切换，切换过程应防止冷却器全停。

（6）该技术改进原则对省内电网其他500kV主变压器冷却系统均可借鉴：采用片式散热器冷却方式的220～500kV主变压器、采用冷却器冷却方式的220kV主变压器参照执行。

（7）在运行中应加强对主变压器冷却系统直流电源、交流电源、冷却器运行状况的监视，信号显示异常的，必须首先查明冷却器工作状况是否全停，然后再查明原因。要制订处理异常情况和缺陷的应对措施，并将此纳入现场运行规程。

4. 案例引用小结

二次回路故障或存在设计缺陷是影响变电站安全运行的不稳定因素之一，因为二次回路故障或故障带来的一些后果，正常运行时很难及时发现或预见，现场存在很大的不确定性。变电站运行人员应重点提高变电站二次回路异常或故障的处理分析能力，避免不必要的事故发生。

采用相同设备的变电站也可进行自查与分析，是否存在相同问题，或举一反三，查找本变电站二次回路设计中的不足之处，并提出改进意见。

【思考与练习】

1. 交流电压回路断线时的现象是什么？处理原则有哪些？

2. 人为因素引起的误合、误分事故现象是什么？

模块 6　二次回路故障引起的事故处理（ZY1200505006）

【模块描述】本模块介绍二次回路故障引起的事故原因和处理方法。通过要点归纳和案例说明，掌握二次回路故障事故的分析和处理的方法。

【正文】

二次回路包括继电保护的交流电压回路、交流电流回路、直流电源回路、断路器的控制回路以及监控系统回路。

继电保护的交流电压回路和交流电流回路故障可引起保护的误动、拒动，直流电源回路故障可引起保护的拒动；断路器控制回路和监控系统故障可引起断路器的误分、误合。

一、引起交流电压回路断线的原因

电压互感器将高电压变为低电压，其二次为交流电压回路，供给继保自动装置和表计使用。电压互感器二次绕组所接的全是电压表、功率表、电能表和各种继电器的电压线圈，这些线圈的阻值都很大。因此，电压互感器基本上工作在空载状态。在运行中二次侧不允许短路，否则将会产生很大的短路电流，将电压互感器烧毁。为了防止短路，在电压互感器二次侧必须装设熔断器或空气开关。66kV 以下电压互感器一次侧一般也装设熔断器。交流电压回路短路时可引起二次熔断器熔断或空气开关跳闸，还有各种开路故障都可造成交流电压回路断线。交流电压回路断线时，将直接影响继电保护及自动装置和表计的运行。继电保护及自动装置可能误动或拒动，表计不能正确指示。引起交流电压回路断线的主要原因有单一元件（线路、主变压器等）的电压回路断线和母线电压回路断线。

1. 单一元件（线路、主变压器）电压回路断线的主要原因

（1）故障元件母线侧隔离开关辅助触点未正常切换。

（2）故障元件电压重动继电器未正确动作。

（3）因电缆断线，接线端子、接点接触不良等原因造成故障元件电压回路开路。

2. 母线电压回路断线的主要原因

（1）母线电压互感器二次空气开关或熔断器因故跳闸（熔断器熔丝熔断）。

（2）母线电压互感器隔离开关辅助触点接触不良。

（3）母线电压互感器二次回路因电缆断线，接线端子、接点接触不良等原因造成回路开路。

二、交流电压回路断线时的处理

（1）若单一设备单元出现故障，则应停用该单元有关保护（距离保护、低电压保护、低压闭锁电流保护、方向过电流、零序方向过电流等带方向元件的保护等），然后检查该单元交流电压回路。检查重动继电器位置是否正常，测量 A630（A640）、B630（B640）、C630（C640）及其各分支的电压是否止常。若重动继电器位置不正常，应检查该单元母线隔离开关辅助触点是否正常切换。一般母线隔离开关辅助触点切换不正常、电压回路接线端子松动和电缆故障的概率较多。查出的故障能处理的自行处理，不能处理的报检修单位处理。

（2）若同一母线多个设备单元出现故障，则应停用该母线上各单元的有关保护（距离保护、低电压保护、各种低电压闭锁的保护、各种带方向元件的保护、振荡解列、低频解列、低压解列装置和低频减负荷装置等），然后检查该母线二次电压回路。测量中央信号屏 A630（A640）、B630（B640）、C630（C640）和电压互感器端子箱 A630（A640）、B630（B640）、C630（C640），A602、B602、C602，A601、B601、C601 各点电压是否正常，可判断出故障的部位。一般电压互感器二次熔断器熔断或二次空气开关跳开的情况较多，可先行检查。其次接线端子松动，以及电压互感器隔离开关的辅助触点和电缆故障的概率也较多。一些简单的故障可自行处理，不能自行处理的故障报检修单位前来处理。

三、电压互感器高压熔断器熔丝熔断

66kV 以下电压互感器一般装设有高压熔断器，作为互感器内部故障的保护。当高压熔断器熔断时也会造成电压回路断线。

1. 电压互感器高压熔断器熔断时的现象

电压互感器高压熔断器熔断时会发出相应的“电压回路断线”光字牌。当电压互感器高压熔断器一相或两相熔断器熔断时，熔断相电压为零，未熔断相电压正常。由于互感器开口三角零序电压为一相电压的数值，约 33V（两相熔断时只感应到一相电压，一相熔断时为两相电压的矢量和），因而将出现此母线接地的信号（接于互感器开口三角用于发出接地信号的电压继电器的定值要小于 33V）。

2. 电压互感器高压熔断器熔断时的处理原则

电压互感器高压熔断器熔断时应停用有关保护，将电压互感器停用处理。

四、引起交流电流回路断线的原因

电流互感器二次回路任意一点开路将造成电流回路断线，包括电缆断线、继电保护或测量回路断线、各处接线端子接触不良等。

电流互感器二次绕组开路可使电流互感器过励磁饱和，使误差大增，将影响其他未开路绕组的正常工作。

五、交流电流回路断线时的处理

（1）发现某回路三相电流一相为零或非正常降低，功率指示降低，电能表不转或转速缓慢，电流互感器出现励磁声，可判断为该互感器测量回路断线。应检查测量回路接线端子和电缆有无开路。

（2）出现某回路“交流电流回路断线”告警信息，保护装置发出“TA 断线”或其他类似信号，电流互感器出现励磁声，可判断为该互感器保护回路断线。保护电流回路断线应按规定停用有关保护（一般应停用各类差动保护、零序电流保护、断相保护、距离保护等），报告电网调度和继电单位，并检查有关保护回路接线端子和电缆有无开路。

（3）检查电流互感器二次回路应穿绝缘靴、戴绝缘手套，防止高压感电。还要尽量减小一次负荷电流，以降低二次回路的电压。应注意使用符合实际的图纸，认准接线位置，用螺丝刀对故障电流回路的端子进行紧固性检查。若开路点间隙较小或搭接时，可出现电火花。对于开路的端子，可以用螺丝刀拧紧的用螺丝刀拧紧（注意安全）；不能用螺丝刀拧紧的，可在开路点上级进线端子用封线封死。要使用截面足够绝缘良好的封线。封线时先固定零线端子（N），再固定相电流端子（A、B、C）。固定要牢固，防止脱落造成二次开路。封好后处理开路点。对于原则上一些简单明显的开路点（如端子排螺钉松动），运行人员可以自己处理，其他应通知继保或仪表（电能表）人员前来处理。

（4）若未发现明显的故障点，可停电检查电流回路；也可在电流互感器所在回路的端子箱处将其电流回路电源侧端子用封线封死，将电流回路断开后检查处理。如果在端子箱将电流回路电源侧封死后，电流互感器仍有励磁声，则是互感器内部或其引出线开路，因而必须将互感器停电处理。

六、直流控制回路的误合、误分事故原因分析

1. 人为因素引起的误合、误分事故

（1）变电站运行人员或其他人员未经调度允许就对设备合闸送电或停电操作。

（2）变电站运行人员或继电人员误触断路器合闸回路或跳闸回路造成设备合闸或跳闸。

2. 分合闸回路绝缘击穿或直流接地引起的误合、误分事故

从断路器控制回路图（见图 ZY1200505006-1）可以看到，只要在合闸继电器触点 KC 与合闸线圈 LC 间任一点加入足够的正电压，合闸线圈就可以动作，使断路器合闸；同样，只要在跳闸继电器触点 KOM 与跳闸线圈 LT 间任一点加入足够的正电压，跳闸线圈就可以动作，使断路器分闸。因而，只要在上述地方发生绝缘对正电击穿或是直流对正极两点接地，都可以使断路器发生误合或者误分。

同样，合闸回路一点接地也能导致合闸线圈动作。

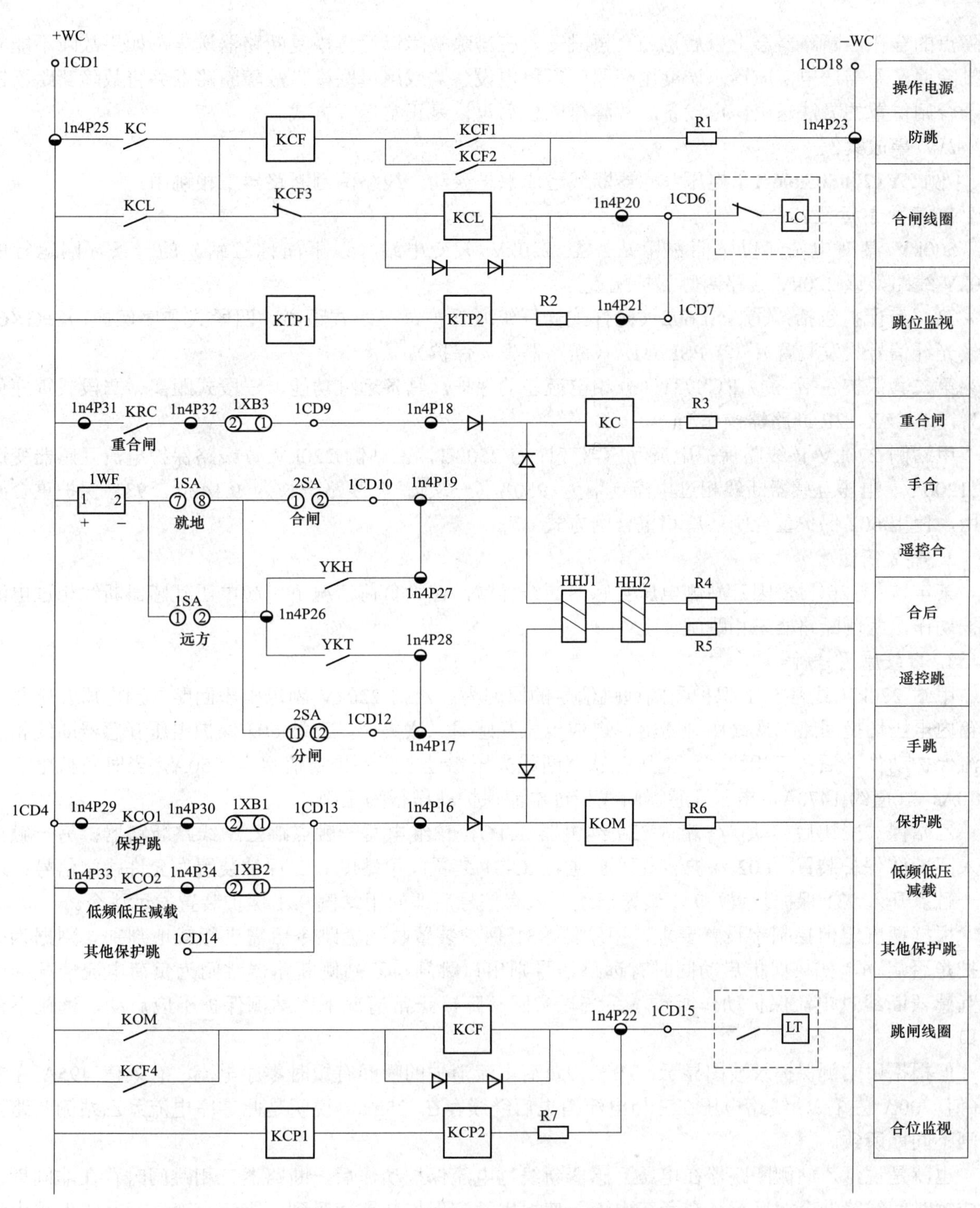

图 ZY1200505006-1　断路器控制回路图

七、直流控制回路的误合、误分事故处理

1. 人为因素引起的误合、误分事故处理

人为因素误合断路器造成设备送电或误分断路器造成设备停电，应立即报告电网调度，在调度的指挥下恢复设备原来的运行方式，然后汇报本单位领导。

2. 分合闸回路绝缘击穿或直流接地引起的误合、误分事故处理

合闸回路绝缘击穿或直流接地引起断路器误合，在未排除故障以前不能切开断路器，因为由于故障点的存在，断路器切开以后还会再合上。如果故障不能立即排除，在带负荷的情况下应请示调度用旁路带送、母联串带等方法将断路器停电。断路器停电后再处理故障。

分闸回路绝缘击穿或直流接地引起断路器误分，在未排除故障以前也不能手动合上断路器，因为

故障点的存在，断路器合上以后也还会再跳开。应排除故障以后再恢复断路器送电。如果故障不能立即排除而又急需送电，应请示调度用旁路带送停电设备，或用母联串带故障断路器并将故障断路器锁死于合闸位置的方法送出停电设备。故障排除以后再恢复正常运行方式。

八、事故案例

【例 ZY1200505006-1】电压互感器断线造成保护误动，线路两侧断路器三相跳闸。

1. 事故前运行方式

500kV 某变电站（以下简称甲站）至 220kV 某变电站（以下简称乙站）的一条环网运行的 220kV 线路，该 220kV 线路两侧保护配置为：

第一套保护包括：① PSL602（允许式光纤纵联保护、三段式距离、四段式零序保护、）+GXC-01（光纤信号收发装置）；② PSL631A（断路器失灵保护）。

第二套保护包括：① RCS931（分相电流差动保护，具备远跳功能、三段式距离、二段式零序保护）；② CZX-12R 断路器操作箱。

甲站侧 220kV 该线路保护电流互感器变比为 2500/1，乙站侧 220kV 该线路保护电流互感器变比为 1200/5，电压互感器断线相过电流定值为 950A（一次值），线路全长为 9.14km。931 保护重合闸停用，使用 602 保护重合闸（单相重合闸方式）。

2. 事故简述

某年 5 月 26 日，因乙站侧电压互感器断线异常，在大负荷情况下引起电压互感器断线相过电流保护动作，两侧断路器三相跳闸。

3. 事故原因分析

甲站 220kV 线路 931 保护收到远跳信号的原因为：乙站 220kV 副母电压回路，因电压互感器端子箱内电压切换回路二次线腐蚀断落，造成电压互感器二次失压，乙站 602 保护电压互感器断线相过电流保护动作，后备三相跳闸。电压互感器断线失压相过电流保护定值整定 950A，当时负荷电流约 1040A，峰值约 1470A，电压互感器断线相过电流保护动作行为正确。

乙站保护三跳后启动操作箱内三跳继电器 KTQ，该继电器一触点跳乙站线路断路器；另一触点开入回 602 保护装置，602 保护装置即通过 GXC-01 装置向甲站侧 602 保护装置发允许跳闸信号；还有一触点开入 931 保护装置，931 装置远跳开入有信号后即向甲站侧 931 保护装置发远跳令。

根据调度定值控制字设置要求，甲站侧 931 保护装置收到远跳令后需进行就地判别。判据为：保护是否启动，如果保护启动同时有远跳信号则出口跳闸。乙站侧断路器跳闸为负荷电流情况的电压互感器断线过电流保护动作所致，系统无实际故障，正常情况下甲站侧保护不应启动，远跳不会出口。

但根据甲站侧保护录波图显示，在三相负荷电流消失的瞬间有短时零序电流，有效值 495A 左右（峰值 700A 左右），线路电压在三相电流消失后继续存在 25ms，说明是此零序电流系乙站侧断路器跳闸不同期所致。

也就是说，乙站侧断路器在电压互感器断线过电流保护动作后，断路器三相跳闸时存在非同期，造成短时间线路非全相运行，在负荷电流下使得甲站侧保护装置感受到了零流突变，而 931 保护电流变化量启动定值为 200A（一次值），零序启动电流定值为 200A，符合保护启动条件，所以甲站侧 931 保护远方跳闸出口，跳开甲站侧三相断路器。

931 保护装置三跳动作同时通过本屏上“至重合闸”连接片向 602 保护发三跳启动信号。602 保护重合闸正常投单重方式，收到外部三跳启动信号后即闭锁重合，同时沟通本保护三跳回路，综合重合闸直接发三相跳闸令即为“综合重合闸沟通三跳”。

甲站侧虽然两套保护都三跳出口，但录波图显示 931 保护先于 602 保护动作 27ms，故虽然两套保护都动作，操作箱上只有 931 第一套保护出口时作用于第一组跳闸线圈的“TA、TB、TC”信号。602 保护再动作时断路器已基本跳开，故操作箱上第二组跳闸线圈无跳闸信号。

由于此次保护动作为非全相引起的零序启动后的远跳，931 保护装置因母线电压没有突变，距离保护未动作，故无测距。

又由于不同保护的软件差异，602 保护装置显示“距离零序保护启动，故障类型 CA 相间接地”。根据故障分析，B 相断线有 CA 相间接地故障性质，可初步判断 B 相为乙站侧断路器分闸不同期所致。测距 401.4km 反应的是 C、A 相负载阻抗测量值。由于此次 602 纵联保护中距离正方向元件只启动而未动作，所以 602 纵联保护虽然在本侧启动前 27ms 就收到允许信号但本侧正方向元件未动作，故 602 纵联保护未出口。

通过上述分析，乙站侧 TV 断线过电流动作只跳乙站侧断路器比较合适，远跳原因为重负荷情况下乙站断路器三相分闸不同期引起。

4. 采取的措施及建议

（1）可考虑远跳回路中就地判别适当增加延时，躲过断路器分闸不同期所导致的保护误启动。

（2）目前，较多 220kV 线路保护中“分相电流差动保护的远跳”和“光纤纵联保护的其他保护允许发信”都由操作箱中的 KTQ 和 KTR（永跳继电器）继电器触点并联后启动。建议改为只有 KTR 启动，以减少断路器在事故中不必要的多动或误动，对事故的判别和处理都是有利的。

（3）应提高对分相断路器的同期性要求。

5. 案例引用小结

（1）乙站断路器跳闸是因为 602 保护电压互感器断线相过电流保护动作，后备三相跳闸。

（2）乙站侧断路器在电压互感器断线过电流保护动作后，断路器三相跳闸时存在非同期，造成短时间线路非全相运行，在负荷电流下使得甲站侧保护装置感受到了零流突变，而 931 保护电流变化量启动定值为 200A（一次值）、零序启动电流定值 200A，符合保护启动条件，所以甲站侧 931 保护远方跳闸出口，跳开甲站侧三相断路器。

（3）可考虑远跳回路中就地判别适当增加延时，躲过断路器分闸不同期所导致的保护误启动。

（4）220kV 线路保护中“分相电流差动保护的远跳”和“光纤纵联保护的其他保护允许发信”建议改为只有 KTR 启动，以减少断路器在事故中不必要的多动或误动，对事故的判别和处理都是有利的。

（5）应提高对分相断路器的同期性要求。

【思考与练习】

1. 引起交流电压回路断线的原因是什么？
2. 引起交流电流回路断线的原因是什么？
3. 直流控制回路误合、误分的事故原因是什么？

模块 7　二次设备事故处理预案（ZY1200505007）

【模块描述】本模块介绍二次设备事故处理预案编制方法和要素。通过要点归纳和案例说明，掌握根据二次设备事故暴露出的运行或设备缺陷制定事故处理预案的方法。

【正文】

二次设备的事故包括继电保护的误动、拒动事故和二次回路故障所引起的断路器误合、误分事故等。本模块介绍一些二次设备的事故案例，并针对 500kV 某变电站具体设备制定二次设备事故预案。

一、二次设备事故处理预案编制方法和要素

1. 编制方法

根据变电站的一次设备的运行方式和保护配置情况、各保护的保护范围、保护之间的相互配合，以及二次设备的事故与正常一次设备事故所表现的现象不同，结合具体的二次设备事故，编制相应的事故现象及事故处理过程，以便当发生与预案同类型的事故时，运行人员能迅速、准确地处理事故，同时使运行人员熟悉及掌握事故处理流程。

2. 编制要素

（1）事故现象。事故现象应包括监控后台动作信息、遥测量，保护及自动装置动作信息（包括信号灯），一次设备的状态。

（2）事故处理过程。

1）根据监控后台信息，初步判断事故性质和停电范围后迅速向调度汇报：故障发生时间、跳闸断路器、继电保护和自动装置的动作情况及其故障后的状态、相关设备潮流变化情况、现场天气情况。

2）根据初步判断检查保护范围内的所有一次设备故障和异常现象及保护、自动装置动作信息，综合分析判断事故性质和找出故障点，作好相关信号记录，复归保护信号，将详细情况报告调度。

3）根据调度令将相应故障设备隔离及恢复非故障设备送电。

4）汇报上级有关部门，并作好相关记录。

二、事故预案

【例 ZY1200505007-1】1 号主变压器重瓦斯保护误动跳闸。

1. 事故现象

警铃、事故警报鸣响，监控后台机发出“1 号主变压器本体重瓦斯、500kV 5013 断路器 ABC 相分闸、500kV 5012 断路器 ABC 相分闸、211 断路器 ABC 相分闸、311 断路器 ABC 相分闸、1 号主变压器工作电源 1 故障、1 号站用变压器低压侧断路器低电压分闸、站用变压器备用电源自动投入装置动作、3700 断路器 ABC 相合闸、2 号站用变压器低压侧断路器合闸”等告警信息。

主接线图如图 ZY1200505007-1 所示。1 号主变压器 500kV 5013、5012 断路器跳闸，220kV 211 断路器跳闸，35kV 311 断路器跳闸，1 号主变压器各侧电流、功率均为零。

检查 1 号主变压器 RCS-974G 保护屏“本体重瓦斯”信号灯亮，液晶屏显示“本体重瓦斯”。

2. 事故处理

（1）记录告警信息、断路器指示和保护动作情况，复归全部保护动作信号（1 号主变压器“本体重瓦斯”动作信号不能复归），断路器指示清闪。

（2）根据变压器跳闸时故障录波器没有动作、单独一套重瓦斯保护动作且信号不能复归等现象初步判断变压器重瓦斯保护有误动可能，将事故现象和事故判断意见报告调度。

（3）检查 1 号主变压器三侧电流互感器至主变压器所有一次设备有无接地短路故障，检查 5013、5012、211、311 断路器工作状态是否良好。检查重点是 1 号主变压器本体，检查气体继电器内有无气体，检查压力释放阀是否动作（有无喷油），检查油位、油色有无异常，本体有无鼓肚变形等。现场检查未发现任何故障迹象。

（4）将一次设备检查情况汇报调度。将事故情况汇报领导和生产调度，生产指挥部门应通知有关事故调查人员和继保、试验人员到现场检查、试验设备。

（5）对动作的重瓦斯保护检查试验后可证实是重瓦斯保护误动。

（6）汇报调度，在调度的指挥下，停用误动的重瓦斯保护，恢复 1 号主变压器送电。

（7）继电人员检修误动的重瓦斯保护。修好并检查能够正确动作后汇报调度投入保护。

（8）作好运行记录和事故报告。

【例 ZY1200505007-2】500kV 2 号母线母差保护误动跳闸。

1. 事故现象

警铃、事故警报鸣响，监控后台机发出“500kV 2 号母线 RCS-915E 母差动作、5013 断路器 RCS-921 装置保护跳闸、5023 断路器 RCS-921 装置保护跳闸、5053 断路器 RCS-921 装置保护跳闸、5042 断路器 RCS-921 装置保护跳闸、5062 断路器 RCS-921 装置保护跳闸、5013 断路器 ABC 相分闸、5023 断路器 ABC 相分闸、5053 断路器 ABC 相分闸、5042 断路器 ABC 相分闸、5062 断路器 ABC 相分闸”等告警信息。

主接线图如图 ZY1200505007-1 所示。5013、5023、5053、5042、5062 断路器指示绿闪，500kV 2 号母线电压为零。

检查 500kV 2 号母线母差 RCS-915E 保护屏“母差”信号灯亮，液晶屏显示“变化量差动”、稳态量差动；5013、5023、5053、5042、5062 保护屏 RCS-921“跳 A”、“跳 B”、“跳 C”信号灯亮，

模块7 ZY1200505007

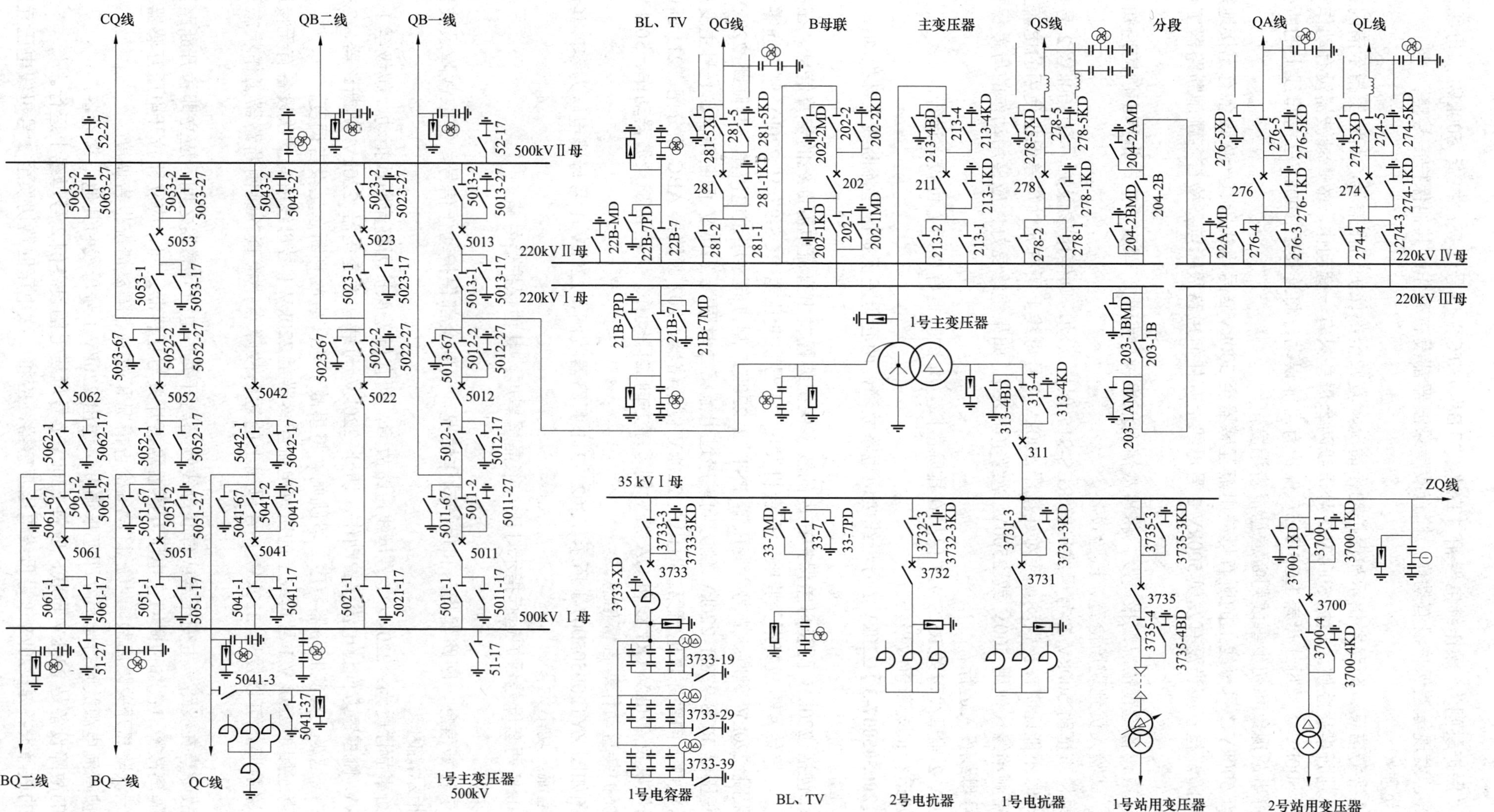

图ZY1200505007-1　500kV某变电站一次主接线图

液晶屏显示“保护跳闸”，操作继电器箱“TA”、“TB”、“TC”信号灯亮；检查 500kV 二母线母差 BP-2B 保护屏，发现母差保护没有动作；检查故障录波器都没有动作；其他保护信号略。

2. 事故处理

（1）记录告警信息、断路器指示和保护动作情况，复归全部保护动作信号，断路器指示清闪。

（2）初步判断事故性质。根据 500kV 2 号母线两套母差只有一套动作，故障录波器没有动作等故障现象，判断 500kV 2 号母线母差 RCS-915E 保护有可能误动，将连接于 500kV 2 号母线上的所有断路器跳闸。将事故现象和初步事故判断意见报告调度。

（3）检查 500kV 2 号母线上的所有母差电流互感器至 500kV 2 号母线所有一次设备有无接地短路或相间短路故障，检查应当没有发现 500kV 2 号母线上有任何短路故障点；检查各跳闸断路器工作状态是否良好。

（4）将一次设备检查情况汇报调度，将事故情况汇报领导和生产调度。生产指挥部门应通知事故调查和继保、试验人员到现场检查、试验设备。

（5）如果检查证明 500kV 2 号母线母差 RCS-915 保护误动，则停用该保护，将 500kV 2 号母线送电。如果一时不能证明保护误动，应对连接于 500kV 2 号母线上所有元件母差保护使用的电流互感器以内设备摇测绝缘（使用 500V 或 2500V 绝缘电阻表）。如果绝缘良好，应停用动作的母差保护，将 500kV 2 号母线投入运行。

（6）500kV 2 号母线母差 RCS-915 保护在排除故障，并试验良好以后方可投入运行。

（7）作好运行记录和事故报告。

【例 ZY1200505007-3】220kV 1 号母线接地短路故障，两套母差保护因直流断线全部拒动。

1. 事故现象

警铃响，包括 220kV 两套母差保护在内的较多保护装置发出直流电源断线的告警信息。在故障还未排除以前，警铃、事故警报又鸣响，后台机发出“1 号主变压器 RCS-978H 220kV 侧方向零序过电流第一时限跳 220kV 母联、1 号主变压器 PST-12 220kV 侧方向零序过电流第一时限跳 220kV 母联、1 号主变压器 RCS-978H 220kV 侧方向零序过电流第二时限跳 220kV 侧断路器、1 号主变压器 PST-12 220kV 侧方向零序过电流第二时限跳 220kV 侧断路器、202 断路器 ABC 相分闸、211 断路器 ABC 相分闸”以及 220kV QG 线和 QA 线对侧零序方向二段动作、多台故障录波器动作、500kV 和 220kV 线路保护装置动作等告警信息。

主接线图如图 ZY1200505007-1 所示。202、211 断路器跳闸，220kV 1 号母线电压为零，其母线上所有元件电流、功率为零。

检查 220kV 两套母差保护运行指示灯灭，液晶屏黑屏。其他保护信号略。

2. 事故处理

（1）记录告警信息、断路器指示和保护动作情况，复归全部保护动作信号，提取故障录波器报告，断路器指示清闪。

（2）判断事故性质为：220kV 1 号母线短路故障，两套母差保护因直流断线拒动，越级至 1 号主变压器 220kV 侧零序方向过电流保护动作，切开 220kV 母联和主变压器 220kV 侧断路器，220kV QG 线和 QA 线越级至对侧断路器零序二段跳闸。将事故现象和事故判断意见报告调度。

（3）检查连接于 220kV 1 号母线上的所有电流互感器至 220kV 1 号母线所有一次设备有无接地短路或相间短路故障，可以发现 220kV 1 号母线上的短路故障点；检查各跳闸断路器工作状态是否良好。

（4）如故障点在线路、主变压器或母联母线侧隔离开关与电流互感器之间，应立即拉开断路器两侧隔离开关隔离故障点；如故障点在电压互感器隔离开关与互感器之间，应立即拉开电压互感器二次空气开关和一次隔离开关隔离故障点。将设备检查情况和故障点隔离情况报告调度。

母差保护直流电源故障排除后立即汇报调度，送出 220kV 1 号母线和其他正常设备。

如隔离的故障设备是 220kV 母联，应将 220kV 1 号母线上的设备倒 2 号母线上运行。

如隔离的故障设备是 220kV 1 号母线电压互感器，应将二次电压回路切换至 2 号母线电压互感器供电。

（5）如果故障点在母线上，将一次设备检查发现的设备故障情况汇报调度，并请示将 220kV 1 号母线转检修。

（6）将事故情况汇报领导和生产调度，生产指挥部门应通知调查、试验、检修人员到现场试验、检修设备。

（7）将故障设备布置安全措施，检修设备。

（8）对 1 号主变压器要安排停电进行试验，以判明主变压器出口短路故障是否对主变压器造成损害。

（9）作好断路器故障跳闸登记，核对跳闸断路器故障跳闸次数，如已到临检次数，应汇报领导安排临检。

（10）作好运行记录和事故报告。

【思考与练习】

1. 如何制订二次设备事故预案？
2. 请制订 220kV 1 号母线故障、母差保护误动事故的预案。
3. 请制订 500kV QB 一线线路故障、继电保护拒动事故的预案。
4. 请制订直流控制回路绝缘击穿造成 311 断路器跳闸事故的预案。

第四十三章 复杂事故处理

模块 1 系统振荡事故现象及处理原则（ZY1200506001）

【模块描述】本模块介绍系统振荡时的事故征象和处理原则。通过要点归纳和案例说明，掌握系统振荡的概念、现象、系统振荡和短路的主要区别，以及判断和初步处理方法。

【正文】

电力系统正常运行时，系统中并联运行的各发电机都有相同的电角度，发电机都处于同步运行状态，在这种状态下，各发电机运行参数接近不变，处于稳定运行状态。当系统受到剧烈扰动后，系统中的发电机失去稳定运行，各发电机之间失去同步，各发电机的电流、电压、功率等运行参数在某一数值来回剧烈摆动，这一现象称为系统振荡。

当电网发生系统振荡时，电网内的发电机间不能维持正常运行，电网的电流、电压和功率将大幅度波动，严重时使电网解列，造成部分发电厂停电及大量负荷停电，从而造成巨大的经济损失。

一、同步振荡、异步振荡和低频振荡

1. 同步振荡和异步振荡的区别

系统振荡有两种，能够保持同步运行的振荡称为同步振荡，失去同步而不能正常运行的振荡称为异步振荡。

当系统发生同步振荡时，电网频率可以保持相同，各电气量的波动范围不大，功角δ随之波动，经过若干次波动后，振荡在有限的时间内衰减，随后重新进入新的平衡运行状态。

当系统发生异步振荡时，电网频率不能保持在同一个频率，功角δ在 0°～360°之间周期性变化，所有电气量和机械量波动明显偏离额定值，发电机、变压器和电网联络线上的电流、电压、功率周期性地大幅度摆动。此时电网振荡中心的电压偏离额定值，摆动幅度最大。发电厂与电网之间、电网与电网之间输送功率、运行频率也摆动，送端频率升高，受端频率降低。

2. 低频振荡

低频振荡就是并列运行的发电机间在小扰动下发生的频率在 0.2～0.5Hz 范围内持续振荡的现象。

低频振荡产生的原因是由于电力系统的阻尼效应，常出现在弱联系、远距离、重负荷的输电线路上，在采取快速、高放大倍数励磁系统的条件下更容易发生。

二、系统振荡的现象

（1）发电机、变压器、联络线、母线的电流、电压、功率指示周期性剧烈来回摆动，每一周期约 0.15～3s。连接失去同步的发电机或系统的连接线上的电流和功率的指示摆动最大。

（2）系统振荡中心的电压摆动最大，并周期性地变化，最低值接近零值，白炽灯一明一暗。随着离振荡中心距离的增加，电压波动逐渐减少。如果连接线的阻抗较大，两侧电压的电容也很大，则线路两端的电压振荡是较小的。

（3）失去同期的两个（及以上）电厂或电网间联络线功率往复摆动，送端频率升高，受端频率下降，一般相差在 1Hz 或以上（振荡周期 $T=1/\Delta f$）。

（4）发电机和变压器发出与表计指示摆动相应的轰鸣声，发电机的强励反复动作。

（5）继电保护的振荡闭锁装置动作。未装闭锁装置的电流保护和阻抗保护可能启动或误动。

（6）高频收发信机频繁收信或发信。

三、电力系统振荡和短路的主要区别

（1）振荡时系统各点电压和电流值均作往复性摆动；而短路时电流、电压值是突变的。振荡时，电流、电压值的变化速度较慢，而短路时，电流、电压值突然变化幅度很大。

（2）振荡时系统任何一点电流与电压之间的相位角都随功角的变化而改变；而短路时电流与电压之间的角度是基本不变的。

（3）振荡时系统三相是对称的，没有负序和零序分量；而短路时系统的对称性破坏，即使发生三相短路，开始时也会出现负序分量。

四、系统振荡的处理原则

（1）电网发生振荡时的一般处理原则是先采取人工调整发电厂功率使系统恢复同步。若不可能同步，则应在适当的地点将电网解列，待振荡消除后，再恢复各电网的并列。

（2）当电网发生振荡时，采取人工调整措施恢复同步的条件是使送、受两端频率相等，以便将各发电机拖入同步。此时，要求网内所有发电厂和变电站运行人员在不等电网调度发布指令前，即立即采取恢复电网正常频率的措施。

（3）争取在3～4min内消除振荡，否则，应在适当地点解列。

（4）当大容量机组因失磁而引起电网振荡时，若系运行人员调整不当使励磁到零，则应立即加起励磁，消除振荡。否则应立即将失磁的机组解列，防止扩大事故。当失磁保护投入时由保护动作解列机组。

（5）凡因投入运行设备操作不当引起振荡，1min内不能拖入同步时，应立即断开该设备。

（6）在系统振荡时，除现场事故规程规定外，现场值班人员不得解列发电机组和调相机。只有在频率或电压严重下降到威胁厂用电的安全时，可按保厂用电措施规定解列部分机组。

（7）振荡已消除或解列后又重新并网，系统拖入同步后，应尽快地将自动跳闸或手动切除的负荷恢复供电。所有保证电网安全稳定运行的自动装置均应按规定投入运行，未经该设备所属调度同意不得擅自停用。

（8）系统已恢复同步的象征是：

1）表计摆动减小、变慢，直至消失。

2）周波差减小，直至相等。

五、事故案例

【例ZY1200506001-1】某区域电网功率振荡。

1. 事故概况

某年7月1日，某区域电网因继电保护误动作、安全稳定控制装置拒动等原因引发一起重大电网事故，导致该区域电网多条500kV线路和220kV线路跳闸，多台发电机组退出运行，电网损失部分负荷，系统发生较大范围、较大幅度的功率振荡。

2. 事故经过

7月1日晚，该区域H省电网的500kV丙变电站，因与其相连的某双回线的第2回线路运行中发生差动保护装置误动作，而导致2台断路器跳闸。随后，此双回线之第一回线路差动保护装置“过负荷保护”动作，又导致该变电站另外2台断路器跳闸，而对侧变电站安全稳定装置拒动。此后不久，H电网多条220kV线路故障跳闸，1座500kV变电站及部分220kV变电站出现满载或过负荷，一些发电厂电压迅速下降。H省电网有2个地区电网的潮流和电压出现周期性波动，电压急剧下降，系统出现振荡。

由于受振荡影响，部分发电机组相继跳闸停运。在事故发生过程和处置过程中，系统功率振荡期间频率最低为49.11Hz。

事故发生后，电力调度处理及时、果断，措施有效。紧急停运部分发电机组，拉限负荷，维持电压水平，控制系统潮流，防止了事故进一步扩大，成功地避免了一次电网大面积停电事故发生。

3. 原因分析

该500kV变电站SS至ZZ第二回线路保护装置误动作，是本次事故的直接原因；500kV SS至ZZ第一回线路应接入“报警”的“过负荷保护”误设置为“跳闸”而动作，是本次事故扩大的原因；500kV SS变电站安全稳定控制装置拒动，是本次事故进一步扩大的原因。

4. 案例小结

通过此案例的分析，变电站运行人员在发现系统振荡时，与调度保持紧密联系，作好投入电容器组、切除联络线和负荷的准备，正确、迅速执行调度命令。

【思考与练习】

1. 同步振荡和异步振荡的区别是什么？

2. 系统振荡时有什么现象？

3. 电力系统振荡和短路的主要区别是什么？

模块2 系统振荡事故处理（ZY1200506002）

【模块描述】本模块介绍产生系统振荡的原因和处理方法。通过要点归纳和案例说明，掌握系统振荡的分析和处理的方法。

【正文】

系统振荡造成电网稳定的破坏，容易引起电网大面积停电事故。变电站运行人员应在电网调度的统一指挥下处理事故。

一、系统发生振荡的主要原因

（1）系统发生短路故障，特别是连续多重短路故障，切除大容量的输电或变电站设备，造成系统稳定破坏。

（2）系统非同期并列等不正常的操作。

（3）故障时，断路器或继电保护及安全自动装置拒动或误动使故障存续时间延长、波及范围扩大。

（4）电网结构及运行方式不合理，自动调节装置失灵。

（5）大容量发电机组跳闸或失磁，使系统联络线负荷增长或使系统电压严重下降，造成联络线稳定极限降低，引起稳定破坏。

（6）电源联络线跳闸，失去大电源或大负荷。

（7）长距离传输功率突增超过极限（如送端发生功率过剩，受端失去电源或双回线失去一回等）。

（8）环状系统（或并列双回路）突然开环，使两部分系统联系阻抗突然增大，引起动稳定破坏。

（9）系统无功电力严重不足引起电压崩溃。

（10）其他偶然因素。

二、系统振荡的处理

（1）电网发生振荡时的一般处理原则是先采取人工调整发电厂功率使系统恢复同步。若不可能同步，则应在适当的地点将电网解列，待振荡消除后，再恢复各电网的并列。

（2）当电网发生振荡时，采取人工调整措施恢复同步的条件是使送、受两端频率相等，以便将各发电机拖入同步。此时，要求网内所有发电厂和变电站运行人员在不等电网调度发布指令前，立即采取恢复电网正常频率的措施。具体包括以下处理措施：

1）不论电网频率是升高或降低，各发电厂及有调压设备的变电站都要尽快利用设备的过载能力，按发电机事故过负荷的规定，最大限度地提高励磁电流和加大无功补偿设备的无功输出，以提高电网电压直到振荡消除或到最高允许值为止。此时，禁止停用发电机强行励磁装置和电压调整装置。

2）发电厂应迅速采取措施恢复正常频率，办法为：送端频率高的发电厂，迅速降低发电功率，直到振荡消除，但频率不得低于 49.5Hz；受端频率低的发电厂应充分利用备用容量和事故过负荷能力提高频率，直接消除振荡或恢复到正常频率为止。

3）振荡时频率降低的电网，除低频率减负荷装置动作切除部分负荷外，必要时也可以按事故停电顺序拉路限电，以迅速恢复电网的同步运行。

（3）对于环状网络，由于设备跳闸开环引起振荡，可以迅速试送跳闸设备消除振荡。时间允许时，应根据调度命令送电。

（4）争取在 3～4min 内消除振荡，否则，应在适当地点解列。电网调度在听取现场主要厂、站汇报后，当电网自动化装置所显示的电网运行状态能迅速判别出电网的振荡中心时，为防止事故的扩大，应尽快将失去同步的部分解列运行。

（5）系统振荡解列点应经过计算后提出并上报总工及相关部门批准。除了预定解列点外，不允许保护装置在系统振荡时误动作跳闸。如果没有本电网的具体数据，除大区系统间的弱联系联络线外，系统最长振荡周期可按 1.5s 考虑。

（6）当大容量机组因失磁而引起电网振荡时，若系运行人员调整不当使励磁到零，则应立即加起励磁，消除振荡。否则应立即将失磁的机组解列，防止扩大事故。当失磁保护投入时，由保护动作解列机组。

（7）凡因投入运行设备操作不当引起振荡，1min 内不能拖入同步时，应立即断开该设备。

（8）为使失去同步的系统能迅速恢复正常运行，并减少系统振荡时的运行操作，在满足下列条件的前提下，允许局部系统短时的非同步运行。

1）通过发电机、调相机等的振荡电流在允许范围内，不致损坏系统重要设备。

2）电网枢纽变电所或重要负荷变电所的母线电压波动最低值在额定值的 75%以上，不致甩掉大量负荷。

3）系统只在两个部分之间失去同步，经各厂、所运行值班人员和值班调度员的处理后，能迅速恢复运行者，但最长时间不超过 3～4min。

若不能满足上述条件，应选择适当的解列点将系统解列，选择解列点的原则如下：

1）解列后的各电网内发电机组应能保持同步运行。

2）各电网内应尽可能保持功率的平衡。

（9）在系统振荡时，除现场事故规程规定外，现场值班人员不得解列发电机组和调相机。只有在频率或电压严重下降到威胁厂用电的安全时，可按保厂用电措施规定解列部分机组。

（10）振荡已消除或解列后又重新并网，系统拖入同步后，应尽快地将自动跳闸或手动切除的负荷恢复供电。所有保证电网安全稳定运行的自动装置均应按规定投入运行，未经该设备所属调度同意不得擅自停用。

（11）系统已恢复同步的现象是：

1）表计摆动减小、变慢，直至消失。

2）周波差减小，直至相等。

三、事故案例

【例 ZY1200506002-1】A 电网功率振荡分析。

某年 10 月 29 日，A 电网发生了较大范围、较大幅度的功率振荡，虽然没有损失用电负荷，但对电网安全稳定运行造成了一定威胁。

1. A 电网功率振荡前运行方式

10 月 29 日振荡发生前，A 电网用电负荷为 3690 万 kW，A 电网与 B 电网解列运行，除一条线路、一台主变压器检修外，A 500kV 电网其余设备正常运行。甲电厂 14 台机组运行，全厂出力 839 万 kW，左一、左二电厂为分列运行方式。

2. A 电网功率振荡基本情况

29 日 22 时 21 分，总调值班调度员发现甲左一、左二电厂发电功率明显偏离发电计划，同时甲电厂、乙、丙、丁站 500kV 母线电压也有明显波动。总调调度员立即向甲电厂运行值班人员核实情况，发现系统出现大幅振荡，随即通知 HZ 网调，并要求各直调厂站加强监控。A 网调、HB、JX 省调值班调度员也发现 500kV 线路和部分机组出现功率摆动，A 网调下达了增加 ED 出力，HB 省调下达了压减 HLT 电厂出力等命令。22 时 23 分，甲电厂开始增加机组无功出力，HLT 电厂开始减出力，振荡逐步衰减。22 时 26 分，振荡平息。振荡频率为 0.77Hz，振荡持续 5min。

振荡期间，共有 19 套故障录波器启动 30 套次，8 个厂站的 PMU 记录了振荡信息。振荡波及 A500kV 主网大部分线路，周围省网 220kV 系统都有不同程度的功率摆动。甲电厂及其外送系统振荡幅度较大，丙-SH 线路振幅为 73 万 kW，甲左二单机振幅为 27 万 kW，左二 500kV 母线电压振幅为 40kV。振荡过程中，丁换流站一台交流滤波器因电压高自动切除，B 电网并网机组和用户感觉到明显振荡，ZS 地区 5 个小水电厂共 4 万 kW 机组被迫解列。

3. 初步原因分析

（1）EXB 电网存在弱阻尼振荡模式。调查表明，振荡发生时，戊电厂 4 台机组及己电厂 2 台机组采用了快速励磁系统，未投入 PSS；B 电网水电大发，外送潮流较重。通过频域仿真计算，在此方式下 B 电网与主网频率差 0.77Hz，接近零阻尼的振荡模式。小的系统扰动可以激发 B 电网低频振荡，且振荡情况与实际录波吻合。

（2）B 电网弱阻尼振荡引发了 A 电网功率振荡。录波分析表明，C 电网机组发生了相对主网的同步振荡。通过仿真计算和理论分析，认为 B 电网弱阻尼振荡引发了甲电厂机组和全系统的振荡。为提高仿真计算结果与实际录波的吻合程度，需要建立更加准确的仿真模型和参数。

（3）甲电厂控制系统特性还需进一步研究。甲电厂调压和调速系统分别采用了无功和有功的闭环控制方式，其对系统的影响目前还有待进一步研究。甲电厂的控制系统都采用了国外产品，各控制系统环节较多，配合复杂，需要进一步研究、掌握控制系统的核心程序。

4. 采取的防范措施

（1）振荡发生后，电网公司立即下达了要求控制 C 电网外送潮流和甲电厂母线电压的临时措施，A 电网公司和省电力公司分别制定了相应的运行规定。

（2）要求戊电厂完成 PSS 的改造和投运，己电厂完成自并励机组 PSS 的改造和投运工作。

（3）部署预防和控制电网功率振荡的专项工作，要求从 8 个方面采取措施：

1）全面核查各级调度机构现行调度规程及厂站现场运行规程，完善有关电网功率振荡的相关运行规定。

2）全面核查系统后备保护定值，避免扩大事故。

3）加强对地区电网的安全分析，防止低压电网影响高压主网的安全运行。

4）加强对并网小机组的入网和运行管理工作。

5）加快电网动态监测系统的建设及应用。

6）加快仿真计算用发电机励磁系统、调速系统参数实测及建模工作。

7）加强二次系统的 GPS 时钟管理工作。

8）加强电网运行数据、故障数据的收集及分析工作。

【思考与练习】

1. 系统发生振荡的主要原因有哪些？

2. 发生系统振荡时如何处理？

模块 3　断路器拒动事故的现象和处理原则（ZY1200506003）

【模块描述】本模块介绍断路器拒合、拒分故障的现象和处理原则。通过要点归纳和案例说明，掌握断路器拒动故障的判断和初步处理的方法。

【正文】

运行中断路器发生的异常和故障，大多数是由于操动机构和断路器控制回路的元件故障引起的。因此，现场运行人员必须熟悉现场断路器的操作和控制回路图以及断路器的有关操动机构，以便在断路器出现故障时能正确地作出判断和处理。

一、变电站断路器的位置信号和分合闸回路的自保持

断路器的指示灯反映其实际工作位置，红灯平光表示断路器在合闸位置，绿灯平光表示断路器在分闸位置。在使用控制屏的常规变电站，断路器指示灯闪光反映控制开关位置与断路器实际位置不对

应；红灯闪光表示断路器在合闸位置，而控制开关在分闸位置；绿灯闪光表示断路器在分闸位置，而控制开关在合闸位置。理论分析手动操作断路器控制开关拒合或断路器事故跳闸重合闸动作拒重合时应出现绿灯闪光现象；手动操作断路器控制开关拒分时应出现红灯闪光现象，事故跳闸断路器拒分时应出现红灯平光现象。但为了使断路器能可靠地分合闸，其断路器的分合闸回路往往设有自保持。当断路器拒动时，其辅助触点不能转换，因而自保持不能自动解除。如不立即设法解除自保持，将烧损合闸线圈或分闸线圈；同时由于自保持回路短接了指示灯，将造成指示灯全不亮的现象，给故障分析带来困难。

综合自动化变电站的跳合闸回路一般均设有自保持回路，断路器控制回路如图 ZY1200506003-1 所示。

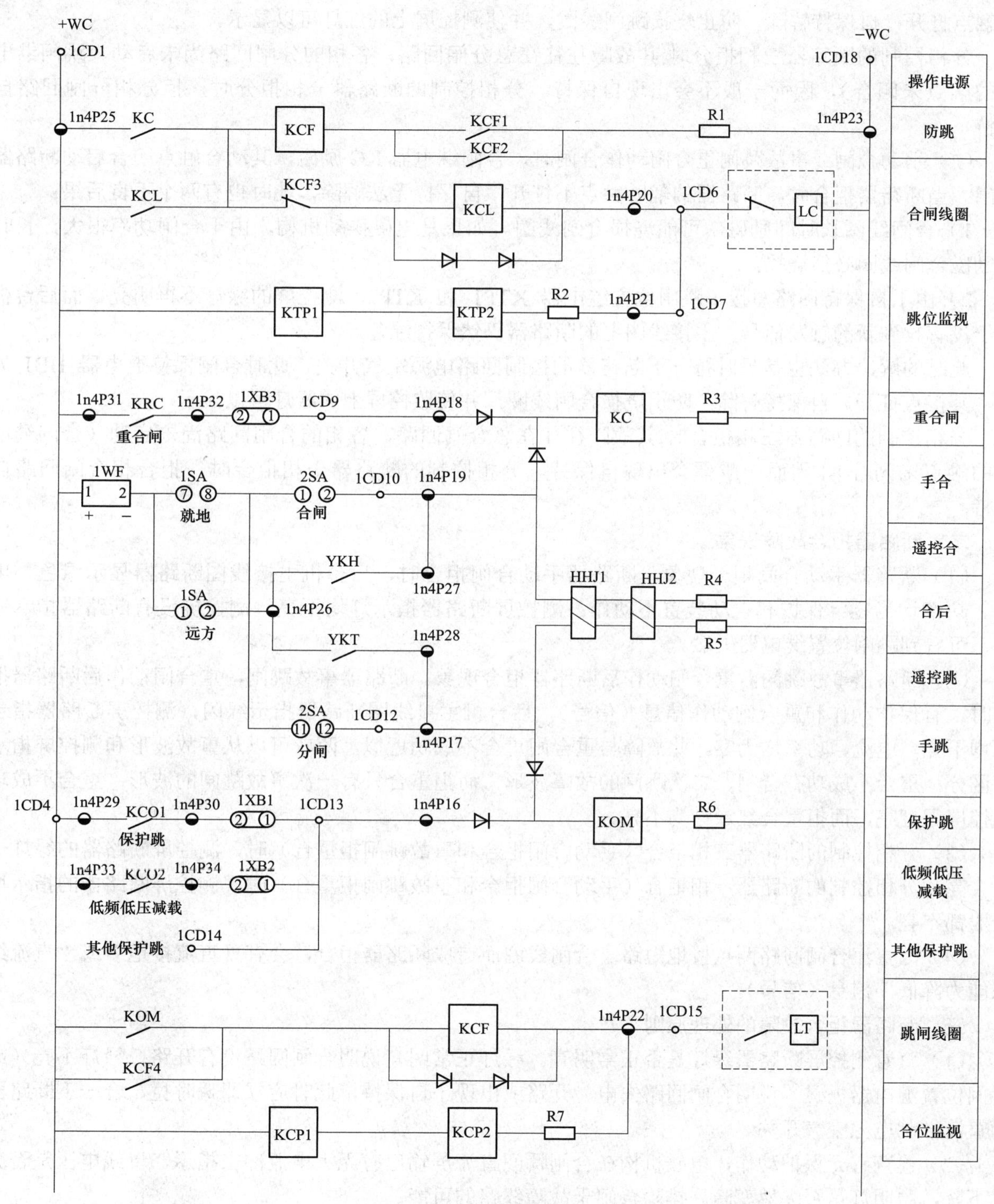

图 ZY1200506003-1　断路器控制回路图

图 ZY1200506003-1 是常用三相控制断路器控制回路图。跳闸回路由防跳继电器的电流线圈动合触点 KCF4 作为回路的自保持，合闸回路由合闸保持继电器的动合触点 KCL 作为回路的自保持。分相控制的断路器每相都有各自的分合闸回路，分别由合闸继电器和跳闸继电器的三对触点启动。

（1）手动跳闸或保护动作跳闸时，跳闸继电器 KOM 励磁，其动合触点闭合启动断路器跳闸。当断路器拒分时，断路器的辅助触点不打开，自保持无法解除，此时有两个不良后果：

1）跳闸线圈长时间励磁，可能烧损跳闸线圈。

2）由于自保持回路短接了合闸位置继电器 KCP1 和 KCP2，测控屏的红灯不再明亮，而后台机由于没有收到新的触发信号，主接线图上的断路器仍然保持红色。

此时的解决办法是：瞬时拉一下断路器的控制回路电源空气开关，防跳继电器的电流线圈失磁，其触点打开，自保持解除，防止烧损跳闸线圈，并使测控屏上的红灯可以显示。

分相控制的断路器三相拒分时,其故障往往在总分闸回路，各相的分闸回路尚未启动（跳闸继电器的触点未闭合），因而一般不会出现自保持。分相控制的断路器一相拒分时，拒分相分闸回路自保持。

（2）手动合闸或事故跳闸重合闸动作合闸时，合闸继电器 KC 励磁，其动合触点闭合启动断路器合闸。当断路器拒合时，断路器的辅助触点不打开，自保持无法解除，此时也有两个不良后果：

1）合闸线圈长时间励磁，可能烧损合闸线圈。如果是电磁操动机构，由于合闸功率很大，长时间励磁合闸线圈必然烧损。

2）由于自保持回路短接了跳闸位置继电器 KTP1 和 KTP2，测控屏的绿灯不再明亮，而后台机由于没有收到新的触发信号，主接线图上的断路器仍然保持绿色。

此时的解决办法也是瞬时拉一下断路器的控制回路电源空气开关，此时合闸保持继电器 HBJ 失磁，其接点打开，自保持解除，防止烧损合闸线圈，并使监控屏上的绿灯可以显示。

分相控制的断路器三相拒合时,其故障往往在总合闸回路，各相的合闸回路尚未启动（合闸继电器的触点未闭合），因而一般不会出现自保持。分相控制的断路器一相拒合时，拒合相合闸回路自保持。

二、断路器拒合故障现象

（1）断路器手动合闸拒合现象。断路器手动合闸拒合时，后台机主接线图断路器显示绿色，电流、功率均为零；保护和自动装置不动作；测控屏断路器指示灯均不亮，测控屏没有断路器指示灯的，可看到跳闸位置继电器失磁。

（2）断路器事故跳闸，重合闸动作后断路器拒合现象。断路器事故跳闸，重合闸动作后断路器拒合时，有保护动作和重合闸动作信息（信号），后台机主接线图断路器指示绿闪，测控屏断路器指示灯均不亮，电流、功率均为零。此故障与重合闸重合不成功近似，两者可以从事故波形和测控屏指示灯区分：重合不成功有合闸、二次跳闸的故障波形，而拒重合只有一次事故跳闸的波形；重合不成功测控屏绿灯亮，而拒重合红绿灯均不亮。

（3）分相控制的断路器三相拒合（手动合闸拒合和事故跳闸拒重合）时，测控屏断路器的绿灯一般会亮。分相控制的断路器一相拒合（手动合闸拒合和事故跳闸拒重合）时，测控屏断路器的指示灯一般都不亮。

（4）因直流合闸回路两点接地短路了合闸线圈而造成断路器拒合，会有“直流接地”或“直流绝缘能力降低”信息（信号）。

三、断路器拒合故障的处理原则

（1）查看测控屏断路器绿灯是否正常明亮。绿灯正常明亮说明合闸回路没有开路；绿灯不亮（或跳闸位置继电器失磁）说明合闸回路失电、开路或出现了自保持，此时应立即瞬时拉、合一下断路器的直流控制电源空气开关。

（2）检查有无保护动作，电磁机构在合闸瞬间直流屏输出有无大电流冲击指示，母线电压是否突然下降，照明灯是否突然变暗。排除合闸于故障线路的可能。

（3）检查断路器操作转换开关与操作场所是否对应，将其置于对应位置。

（4）检查操作时同期选择是否正确。

（5）重新合闸一次，合闸同时要观察断路器合闸时直流屏有无合闸脉冲电流输出，还可以就地观察或听机构的合闸线圈铁芯是否动作。以区分是电气部分故障，还是机械部分故障。

（6）经判断如果是断路器电气回路故障，运行人员应检查断路器合闸回路是否正常。电气回路故障不能自行排除，应通知检修人员前来处理。

（7）经判断如果是机械部分故障，应迅速通知检修人员前来检修。

（8）若故障一时不能排除，必要时可采用倒负荷、旁路带送或母联串带等方法送电。

四、断路器拒分故障现象

1. 断路器手动分闸拒分现象

断路器手动分闸拒分时，后台机主接线图断路器显示红色，电流、功率数值不变；保护和自动装置不动作；测控屏断路器指示灯均不亮，测控屏没有断路器指示灯的可看到合闸位置继电器失磁。

2. 断路器事故跳闸拒分、越级跳闸现象

设备发生事故，本设备断路器拒分时，将越级至上一级电源断路器跳闸。本设备有保护动作信息（信号）；后台机主接线图断路器显示红色，电流、功率均为零；测控屏断路器指示灯均不亮，测控屏没有断路器指示灯的可看到合闸位置继电器失磁。

（1）线路（电容器、电抗器）故障，断路器拒分、越级跳闸时的现象。线路（电容器、电抗器）故障越级跳闸时，故障线路所在母线全停。主变压器低压侧线路越级跳闸一般是由主变压器后备保护动作跳开该侧断路器，双母线运行则先跳开母联（分段）断路器。220kV 及以上母线一般装有失灵保护，线路断路器拒分时启动失灵保护，跳开拒分线路所在母线上的所有断路器（或电源线路断路器）。

（2）母线故障，断路器拒分时的现象。主变压器低压侧母线发生短路故障时，当主变压器断路器拒分时将越级至主变压器高、中侧无方向或方向指向主变压器的后备保护动作，造成主变压器跳闸；也可能存在故障发展至主变压器主保护动作，造成主变压器跳闸。

主变压器中压侧母线发生短路故障，当主变压器断路器拒分时，将越级至主变压器中压侧失灵保护动作，造成主变压器跳闸，或主变压器高、中侧主变压器的后备保护动作，造成主变压器跳闸。

任一母线发生短路故障，当母联（分段）断路器拒分时，将越级至另一条母线跳闸；当线路断路器拒分时，将越级至该线路的对侧断路器跳闸。

3/2 断路器接线母线短路故障时，任一断路器拒分，只越级至一线路或一主变压器元件跳闸。

（3）主变压器故障，断路器拒分时的现象。变电站高压侧和中压侧均设有失灵保护时，主变压器短路故障其高压侧或中压侧断路器拒分会启动失灵保护跳开所有相邻断路器。

（4）分相控制的断路器三相拒分（手动分闸拒分和事故跳闸拒分）时，测控屏断路器的红灯一般会亮，分相控制的断路器一相拒分（手动分闸拒分和事故跳闸拒分）时，测控屏断路器的指示灯一般都不亮。

（5）因直流跳闸回路两点接地短路了跳闸线圈而造成断路器拒分，会有“直流接地”或“直流绝缘能力降低”信息（信号）。

五、断路器拒分事故的处理原则

（1）停电操作时，断路器拒分，可采用旁路带送停电、母联断路器串代停电、切除相邻断路器等方法来使故障断路器停电，然后通知生产技术部门组织检查拒分断路器。

（2）短路故障时断路器拒分造成越级跳闸，应将故障断路器隔离，其他设备逐级送电，然后通知生产技术部门组织查找断路器拒动原因。

六、事故案例

【例 ZY1200506003-1】220kV 变电站断路器拒分事故。

1. 事故概述

某年 8 月 21 日凌晨，某变电站 207 线 144 号杆塔被雷击，三相绝缘子闪络击穿，207 断路器 A、C 相跳开，B 相没有跳开，导致 B 相分闸线圈烧毁，B 相液压系统油压降为零。变电站失灵保护动作，0.2s 跳母联 210 断路器，0.5s 跳开连接在Ⅰ母上的其他两回线路的断路器。“油压低重合闭锁”、“合闸闭锁”、“分闸闭锁”相继报警。

经现场检查：拒分的 207 断路器型号为 LW7-220，操动机构为液压 CY 型。对该变电站现有的 2 台同型号断路器进行外观检查，发现每相断路器操动机构均有不同程度的漏油情况，且泄漏的均为高压油。

2. 事故原因分析

结合现场的情况分析，要造成断路器拒分，且油压很快降到零，有两种可能：

（1）分闸线圈铁芯顶杆动作不到位，分闸一级阀顶杆没有完全封闭分闸泄油孔，一级球阀没有完全打开，造成高压油经分闸泄油孔漏掉。这与现场检修人员用手缓慢压住分闸铁芯，造成高压油泄漏而断路器不分闸的现象吻合。

（2）分闸一级阀动作后，二级阀工作缸进油动作，但二级阀的锥型阀关不严，造成断路器主工作缸的上下油路相通，并很快经分闸回油管泄压。这与现场油压下降较快相吻合。

3. 事故暴露问题

（1）207 断路器液压操动机构存在重大隐患，且厂家无零配件，无法解体检修。现 207 断路器属带隐患运行。

（2）断路器油泵电动机的直流电源两段母线间的联络空气开关容量小，应为 60A，现场只有 10A。这造成多台电动机同时打压时，联络空气开关将要跳闸。

（3）断路器油泵电动机的直流电源两段母线间的联络空气开关跳后，没有报警信号。

（4）207 断路器为单跳闸线圈。

通过此案例的分析可以看出，虽然此次电网事故是由于断路器液压操动机构存在重大隐患引起的，但平时的漏油也应该会有征兆。另外，断路器油泵电动机的直流电源 2 段母线间的联络空气开关容量太小也应该早有跳闸先例，若是早更换直流电源的联络空气开关，并加报警信号，油压太低导致分闸闭锁的概率就会大大下降。

4. 案例引用小结

（1）断路器 B 相拒分是造成变电站失灵保护动作，220kV Ⅰ母线跳闸的原因。

（2）要加强设备的运行维护工作，及早处理设备隐患。

【例 ZY1200506003-2】220kV 断路器跳闸线圈相别接错拒动，引起多机组多条线路跳闸。

1. 事故简述

某大型火力发电厂，一条 220kV 线路发生 B 相接地短路，保护及重合闸动作信号表示正确。但 B 相断路器拒绝跳闸，重合闸使用综合重合闸方式。引起 220kV 双母线 7 台机组保护和 4 条线路对侧保护动作跳闸，造成母线全停事故。断路器失灵保护未投运，这也是扩大停电范围的一个原因。

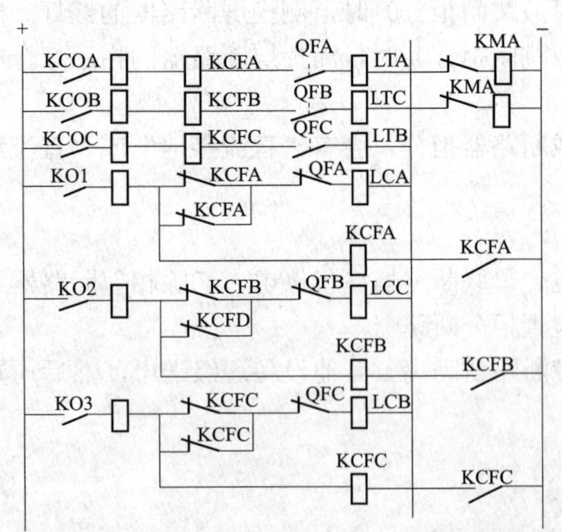

图 ZY1200506003-2 B、C 相跳闸线圈相别接错，断路器拒动回路接线图

2. 事故分析

经过现场调查，在断路器操作箱内，检修人员将 B、C 相跳闸线圈相别接错了，但 B、C 相跳闸的辅助触点相别没有接错，如图 ZY1200506003-2 所示。

断路器大修后，检修人员在恢复操作回路跳、合闸线圈时，未按接线图恢复而留下的隐患。从图 ZY1200506003-2 中可看出，当 B 相出口跳闸继电器 KCOB 动合触点闭合时，且跳了 C 相断路器，B 相故障未消除，引起母线上的其他机组和线路保护动作，切除故障。由于跳开了非故障相，所以重合 C 相也无意义。

3. 采取对策

（1）在二次回路上作业，所拆开的线必须要有记录，恢复时要按记录恢复。

（2）在使用综合重合闸或单相重合闸方式的重合闸，当断路器检修完毕，应联动继电保护装置，作断路器的分相跳、合闸试验，而且要会同检修人员一起，观察断路器跳、合是否正确，如果做了这一条，也不会发生这次事故。

4. 案例引用小结

通过此案例的分析可以看出，虽然此次是由于断路器 B、C 相跳闸线圈相别接错引起的，但是如果当断路器检修完毕，联动继电保护装置作断路器的分相跳、合闸试验，并且会同检修人员一起，观察断路器跳、合是否正确，如果做了这一条，也不会发生这次事故。另外断路器失灵保护未投运，这也是扩大停电范围的一个原因。

【思考与练习】

1. 断路器拒分、拒合有什么现象？处理原则如何？

2. 线路（电容器、电抗器）故障，断路器拒分、越级跳闸时有什么现象？

模块 4　断路器拒动事故的处理（ZY1200506004）

【模块描述】本模块介绍断路器拒动的原因、故障判断和处理原则。通过要点归纳和案例说明，掌握断路器拒合、拒分故障的分析判断和处理的方法。

【正文】

运行中断路器发生的异常和故障大多数是由于操动机构和断路器控制回路的元件故障引起的。因此，值班人员必须熟悉现场断路器的操作和控制回路图以及断路器的有关操动机构，以便在断路器出现故障时能正确地作出判断和处理。

一、断路器手动合闸拒合故障原因分析

断路器手动合闸拒合故障原因为电气回路故障或机构故障两类。但是操作不当也会出现拒合现象，合闸于故障线路时断路器快速跳闸现象与拒合相似。因而在判断断路器拒合故障时应首先排除操作不当和合闸于故障线路的情况。

（1）合闸于故障线路。合闸于故障线路时事故警报响，有保护动作信息。合闸瞬间后台机主接线图线路断路器出现红闪，然后出现绿闪，合闸瞬间线路有大电流指示，母线电压下降，照明灯突然变暗。

（2）操作不当出现的拒合。属于操作不当引起的拒合有以下几种原因：

1）断路器控制电源空气开关未投（熔断器熔丝熔断），断路器动力合闸电源（电磁机构）未投、熔断器接触不良或熔丝熔断。

2）断路器操作转换开关与操作场所不对应。远方操作时，转换开关在“就地”位置；就地操作时，断路器在“远方”位置。

3）断路器用控制开关操作时，控制开关未合到位或返回过快（合闸回路未设自保持时）。

4）同期选择错误。线路充电应选“检无压”；线路合环应选“检同期”；并列操作应选“准同期”。如果选择错误，则断路器就可能合不上。

（3）电气合闸回路故障拒合

1）合闸回路设备故障。断路器控制回路如图 ZY1200506004-1 所示。电气合闸回路有合闸线圈（合闸接触器）LC、断路器辅助触点、合闸保持继电器 KCL 及其动合触点、防跳继电器电压线圈的动断触点 KCF3、合闸继电器及其动合触点。就地合闸时，断路器控制开关 2SA 的① ②触点、操作转换开关 1SA 的⑦ ⑧触点；远方合闸时，远方控制合闸继电器触点 YKH、操作转换开关 1SA 的① ②触点，以及它们之间的连接线、端子排等。此外，SF_6 断路器还有“SF_6 气体压力降低闭锁”触点，断路器采用液压机构的还有“液压机构跳合闸闭锁”触点，断路器采用弹簧机构的还有“储能闭锁”触点。这些设备有问题将引起断路器合闸时出现拒合。

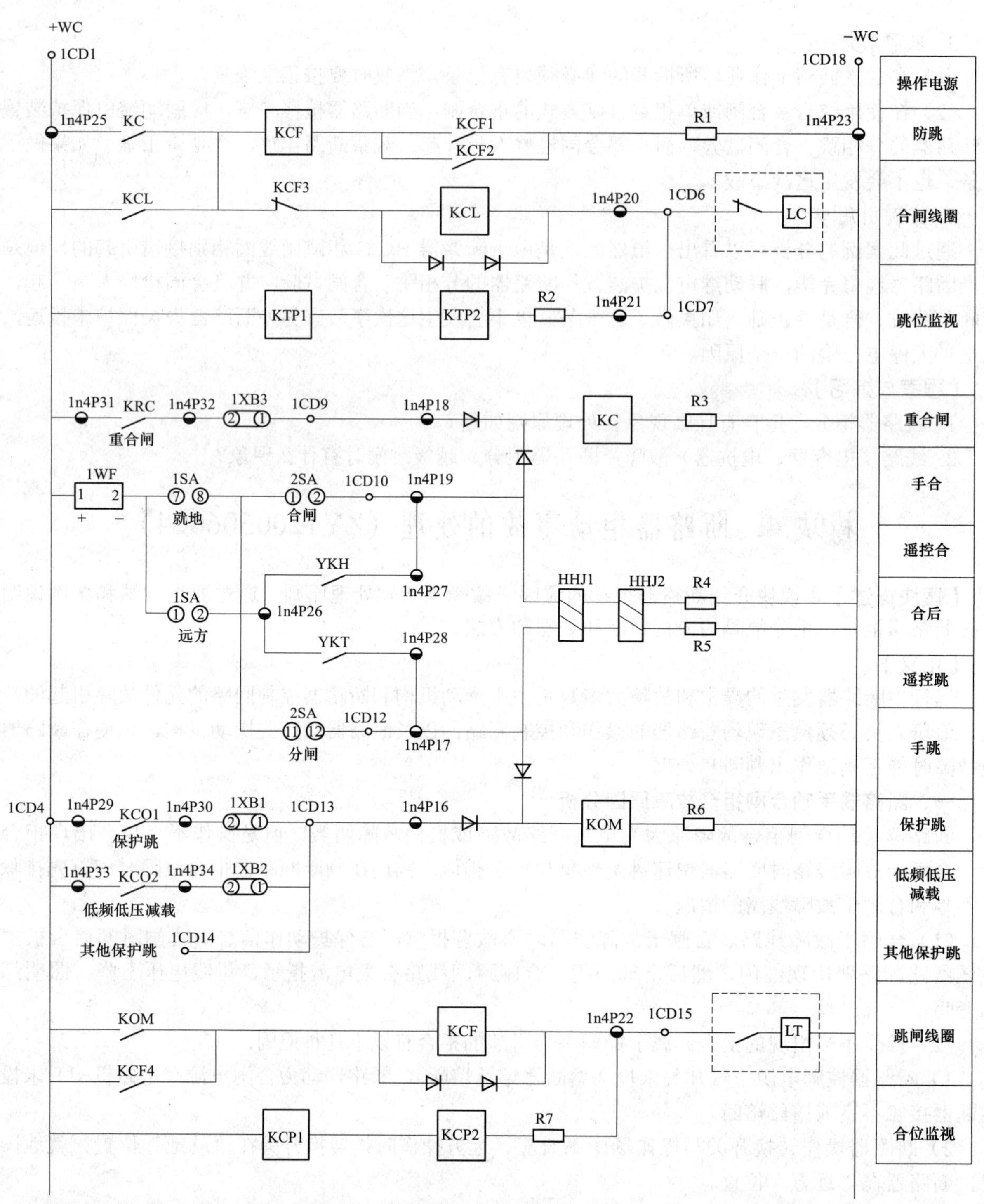

图 ZY1200506004-1 断路器控制回路图

2）合闸回路绝缘击穿或两点接地。如果合闸回路绝缘击穿或两点接地短路了合闸线圈，则断路器合闸时合闸线圈就不能正确励磁，断路器就会拒合。

（4）机构故障拒合。

二、断路器手动合闸拒合故障的处理

（1）测控屏有断路器指示灯时，应查看测控屏断路器指示灯，如果测控屏断路器指示灯都不亮，其原因可能是断路器的合闸回路因拒合而出现自保持，此时应立即拉、合断路器控制回路电源空气开关，及时解除自保持。防止烧毁合闸线圈，并让测控屏断路器的指示信号（绿灯亮）显示出来。如拉合直流电源后出现绿灯亮，说明合闸回路出现了自保持；如绿灯仍然不亮，则是合闸回路失电或开路，应检查控制回路空气开关是否跳开（熔断器是否熔断或接触不良），指示灯泡是否烧坏，断路器有无出现跳合闸闭锁等。跳合闸闭锁是否动作可以查看 SF_6 断路器有无"SF_6 气体压力降低闭锁"信号，采用液压机构的断路器有无"液压机构跳合闸闭锁"信号，采用弹簧机构的断路器有无"储能闭锁"信号。

测控屏没有断路器指示灯时，可以看到跳闸位置继电器失磁，此时也应立即拉合一下断路器的控制回路电源空气开关。拉合后看到跳闸位置继电器励磁，说明出现了跳闸回路自保持。

（2）检查有无保护动作，有无故障波形，母线电压是否突然下降，照明灯是否突然变暗。排除合闸于故障线路的可能。

（3）检查断路器操作转换开关与操作场所是否对应，将其置于对应位置。

（4）检查操作时同期方式选择是否正确。

（5）经判断如果是断路器电气回路故障，值班人员应对控制回路、合闸回路及直流电源进行检查处理，若值班人员现场无法消除时，应汇报调度及上级部门。

（6）经判断如果是机械部分故障，应迅速通知检修人员前来处理。

（7）若故障一时不能排除，必要时可采用倒负荷或旁路带送等方法送电。

三、断路器故障跳闸，重合闸动作后断路器拒合故障的原因分析

断路器故障跳闸，重合闸动作后断路器拒合故障除上述原因外，还有可能是重合闸连接片未投或接触不良，重合闸切换开关投入位置错误。

四、断路器故障跳闸，重合闸动作后断路器拒合故障的处理

（1）断路器合闸回路或重合闸回路一般都设有自保持，断路器拒重合时，由于断路器辅助触点不转换，自保持不能解除，因而应立即拉合一下其控制电源空气开关（熔断器），以解除自保持，防止烧损合闸线圈。

（2）检查重合闸连接片是否投入，接触是否良好；重合闸切换开关位置投入是否正确。

（3）检查控制回路和电源是否正常。

（4）若故障一时不能排除，需要时可采用倒负荷或用旁路试送。

五、断路器拒分故障原因分析

电气设备短路故障时，断路器拒分会引起越级跳闸，使事故扩大，引起大面积停电。由于是依靠上一级电源的后备保护动作跳闸，扩大了停电范围，又延长了切除故障的时间，影响了系统的稳定性，加大了设备的损坏程度。断路器的拒分故障分为手动分闸拒分和事故跳闸拒分两种情况，其原因为电气分闸回路故障或机构故障两类。

电气分闸回路故障拒分如下：

（1）分闸回路设备故障。断路器的控制回路图如图 ZY1200506004-1 所示。从图中可以看到，电气分闸回路有跳闸线圈 LT、断路器辅助触点、防跳继电器电流线圈 KCF 及其动合触点、跳闸继电器 KOM 及其动合触点。就地分闸时，断路器控制开关 2SA 的⑪ ⑫触点、操作转换开关 1SA 的⑦ ⑧触点；远方分闸时，远方控制跳闸继电器触点 YKT、操作转换开关 1SA 的① ②触点，以及二极管和它们之间的连接线、端子排等，保护跳闸则通过保护跳闸继电器触点和连接片。此外，SF_6 断路器还有"SF_6 气体压力降低闭锁"触点，断路器采用液压机构的还有"液压机构跳合闸闭锁"触点，断路器采用弹簧机构的还有"储能闭锁"触点。影响分闸回路正常工作的还有控制回路电源。这些设备有问题将引起断路器分闸时出现拒分。

（2）分闸回路绝缘击穿或直流两点接地。如果分闸回路绝缘击穿或两点接地短路了分闸线圈，则断路器分闸时分闸线圈就不能正确励磁，断路器就会拒分。

六、断路器拒分故障的处理

（1）测控屏有断路器指示灯的，应查看测控屏断路器指示灯，如果出现红绿灯均不亮的现象，其可能原因是断路器的分闸回路因拒分而出现自保持，此时应立即拉、合断路器控制回路电源空气开关（熔断器），及时解除自保持。防止烧毁跳闸线圈，并让断路器的指示信号（红灯亮）显示出来。测控屏没有断路器指示灯时，可以看到合闸位置继电器失磁，此时也应立即拉、合一下断路器的控制回路电源空气开关。拉、合后看到合闸位置继电器励磁，则说明合闸回路出现了自保持。

如果拉、合控制回路熔断器后断路器指示灯仍然不亮，应检查控制回路空气开关是否跳开（熔断器是否熔断或接触不良），指示灯泡是否烧坏，是否出现跳合闸闭锁，断路器辅助接点是否接触不良，跳闸线圈是否断线，电缆是否开路，连接线和端子排是否开路等。

分相控制的断路器三相手动拒分，重点检查操作转换开关位置是否正确，分闸时跳闸继电器 KT 是否励磁，控制开关 2SA⑪⑫触点是否闭合，二极管及其回路连线是否开路等。故障跳闸三相拒分，重点检查保护出口连接片连接是否良好，保护动作时跳闸触点是否闭合，跳闸继电器 KT 是否励磁。

分相控制的断路器单相拒分应检查拒分相跳闸回路，检查该相是否出现跳闸闭锁，跳闸线圈、断路器辅助触点、防跳继电器电流线圈及其触点、二极管及其连线是否正常，分闸时跳闸线圈和跳闸继电器的触点能否正常闭合等。

（2）停电操作时断路器拒分，可采用旁路带送停电、母联断路器串带停电、切除相邻断路器等方法来使故障断路器停电，然后通知检修人员处理。

（3）短路故障时断路器拒分造成越级跳闸，应将故障断路器隔离，其他设备逐级送电。对变电站设有旁路的，可用旁路断路器对负荷线路试送电一次，然后通知生产技术部门组织查找断路器拒动原因。

七、事故案例

【例 **ZY12005004-1**】500kV 断路器一相拒跳造成事故扩大。

1. 事故概述

某年 1 月 17 日 13 时 43 分，500kV 某线路发生 B 相接地故障，云田侧 B 相先跳闸，30ms 后 A 相、C 相跳闸，岗市侧 B 相跳闸，单相重合至永久性故障，保护动作发出三相跳闸命令，岗 5022 断路器三跳，岗 5021 断路器 B 相、C 相跳闸，A 相断路器失灵拒动，该线路 A 相处于充电状态。

13 时 59 分，A 相处于充电状态的该线路发生接地故障，因岗 5021 断路器 A 相断路器失灵，失灵保护动作，造成省网与主网解列。

事故发生后，首先在云田侧对该线路进行强送，强送成功后，在岗市侧同期合环。

2. 事故分析

该线路跳闸分析：该线路发生 B 相接地故障，云田侧 B 相和 A、C 相相继跳闸，岗市侧 B 相重合于永久性故障后，岗 5022 断路器三相跳闸，岗 5021 断路器 B、C 两相跳闸，A 相断路器失灵，未能跳开。此时，云田侧已三相跳开，该线路 A 相经岗 5021 断路器处于充电状态。A 相电流为线路对地电容充电电流与流入线路两侧电抗器（2×120Mvar）电流的矢量和，即 $I=I_C+2I_L$，电抗器额定电流 $I_L=132$A，线路充电电流 I_C 约为 270A，$I=I_C+2I_L=6$A。虽然岗 5021 断路器 A 相失灵，但由于该线路 B 相故障业已切除，保护已经返回，且 A 相电流小于失灵保护电流判别元件定值（$I_\Phi=500$A），因此，失灵保护不能动作出口。

后经检查，岗 5021 断路器 A 相失灵的原因是 2 个跳闸线圈及跳闸回路的电阻均被烧坏。该线路 A 相在由岗市侧充电过程中，两侧电抗器仍挂在线路两端，流过中性点小电抗器的电流超过了其过电流保护的定值（$I=36$A，$T=1.5$s），1594ms 的中性点小电抗器过电流保护动作，分别发远跳信号至对侧，所以该线路 25、26 号载波机两侧远跳通道分别发信远跳对侧，但此前线路两侧断路器均已跳开。

13 时 59 分，A 相处于充电状态的该线路发生接地故障，由于岗 5021 断路器 A 相已经失灵，故障不能切除，只有靠失灵保护动作，跳开相邻断路器，切除故障。但同时由于回路问题，造成对侧 GZB 电厂相关断路器三相跳闸，导致省网与主网解列。

3. 案例引用小结

通过此案例的分析我们可以看出：岗 5021 断路器 A 相跳闸线圈及电阻被烧坏是造成其失灵的直接原因。

【思考与练习】

1. 断路器发生拒合故障的原因有哪些？应如何处理？
2. 电气分闸回路故障拒分的原因有哪些？
3. 断路器发生拒分故障时如何处理？

模块 5　变电站全停电事故的现象和处理原则（ZY1200506005）

【模块描述】本模块介绍变电站全停电事故的现象和处理原则。通过要点归纳和案例说明，掌握变电站全停电事故的判断和初步处理的方法。

【正文】

变电站全停电将造成电力系统大面积停电，给工农业生产和居民生活带来巨大影响。正确、及时处理好全站停电事故，防止事故的进一步扩大，对电力系统安全运行关系重大。

一、变电站全停电时的现象

变电站全停电时，警铃响，监控系统发出各保护“交流电压回路断线”等告警信息，各母线电压、各回路电流、功率等均指示为零，电能计量数值不再变化，运行中的主变压器无励磁声，本站供电的站用交流消失。

由变电站故障引起的全站停电，可有事故警报和断路器跳闸，但纯粹由所有电源线路对侧断路器跳闸引起全站停电时，则无事故警报和断路器跳闸。站内设备发生短路故障，常可听到发出的异常声响，能见到设备冒烟、起火等。

二、变电站全停电时的处理原则

变电站全停电时，首先应检查本站母线和主变压器有无短路故障、保护有无动作。如有保护动作而断路器没有跳闸，则是站内故障，断路器拒分引起越级跳闸；如本站母线和主变压器有明显的短路故障，而保护没有动作，则是保护拒动越级跳闸。

若站内设备故障，应拉开故障设备各侧的隔离开关，拉开拒分或保护拒动断路器两侧的隔离开关，将其隔离。然后报告调度，请求调度将其他设备送电。

检查站内设备没有发生短路故障，则是电源线路停电引起全站停电。此时若有备用电源，应立即拉开故障线路隔离开关，投入备用电源送电。在断路器合闸时要分清是合环还是同期并列。

对于多电源供电的因电源线路失电而造成全站停电的，为防止各电源突然来电造成非同期合闸，运行人员应迅速进行如下处理：

（1）若是双母线或双母线分段接线方式，应首先拉开母联或分段断路器，再拉开出线断路器，在每组母线上保留一台主电源断路器在合位；若是 3/2 断路器接线应拉开各串的中间断路器，在每组母线上只保留一台主电源断路器在合位，拉开其他所有断路器。这样既可防止多电源突然来电造成非同期并列，又便于及早判明是否来电和送出负荷。

（2）负荷送出后再按调度命令进行并列或合环操作。

变电站全停电时，所有电压互感器应保持在投入状态，但发生故障的必须切除。

三、变电站高压侧或中压侧全停电

1. 高压侧或中压侧为双母线接线情况

高压侧或中压侧为双母线接线时，造成该侧全停电的原因有：一组母线短路故障，母联（分段）断路器拒跳，越级至另一组母线跳闸；一组母线短路故障，该母线上的母线保护全部拒动，越级至双母线上的所有电源跳闸和因母线保护误动而使所有母线跳闸；母联断路器与电流互感器之间死区故障，造成两组母线全停。

（1）高压侧或中压侧全停电时的现象。

1）一组母线短路故障，母联（分段）断路器拒跳，越级至另一组母线跳闸时的现象：警铃、事故警报鸣响，监控系统发出母差保护动作、两组母线上的所有线路和主变压器断路器跳闸、多套故障录波器动作等告警信息；后台机主接线图两条母线上的所有线路和主变压器断路器跳闸，母线电压和各元件的电流、功率为零；母差保护和多套故障录波器显示动作信号。

2）一组母线短路故障，该母线上的母线保护全部拒动，越级至双母线上的所有电源跳闸时的现象：警铃、事故警报鸣响，监控系统发出一台或两台主变压器后备保护动作、一台或两台主变压器本侧或三侧断路器跳闸、两母线电源线路对侧断路器跳闸、多套故障录波器动作等告警信息；后台机主接线图一台或两台主变压器本侧或三侧断路器跳闸，两条母线电压和两母线上的各元件的电流、功率为零；多套故障录波器显示动作信号。

3）因母线保护误动而使所有母线上的断路器跳闸时的现象：警铃、事故警报鸣响，监控系统发出母差保护动作、两条母线上的所有线路、主变压器本侧和母联（分段）断路器跳闸等告警信息；后台机主接线图两条母线上的所有线路、主变压器本侧和母联（分段）断路器跳闸，母线电压和各元件的电流、功率为零；母差保护显示动作信号，母线有故障时多套故障录波器动作，母线无故障时故障录波器一般不动作。

（2）高压侧或中压侧全停电时的处理原则。

1）根据现象区分是什么原因造成全停电。

2）一组母线短路故障，母联（分段）断路器拒跳，越级至另一组母线跳闸时，应隔离故障母线和母联（分段）断路器，报告调度将正常母线送电，将故障母线上的无故障元件倒至正常母线送电。

3）一组母线短路故障，该母线上的母线保护全部拒动，越级至双母线上的所有电源跳闸时，应隔离故障母线，报告调度将正常母线送电，将故障母线上的无故障元件倒至正常母线送电。

4）因母线保护误动而使所有母线跳闸时，停用误动的母差保护，报告调度将正常母线送电，将故障母线上的无故障元件倒至正常母线送电。如果是母线无故障、母差保护无选择性误动跳闸，应停用误动保护，报告调度恢复双母线送电。

2. 高压侧或中压侧为3/2断路器接线情况

（1）高压侧或中压侧全停电时的现象。当一组母线故障，该母线上的母差保护全部拒动时，才会越级至所有电源线路和主变压器跳闸，造成该侧全停电。此时的现象为：警铃、事故警报鸣响，监控系统发出两主变压器后备保护动作、两台主变压器本侧或三侧断路器跳闸、本组母线电源线路对侧断路器跳闸、多套故障录波器动作等告警信息；后台机主接线图两台主变压器本侧或三侧断路器跳闸，本组母线电压和本组母线上的各元件的电流、功率为零；多套故障录波器显示动作信号。

（2）高压侧或中压侧全停电时的处理原则。高压侧或中压侧全停电时应隔离故障母线，报告调度将正常母线送电，将跳闸的无故障元件投入于正常母线送电。

四、事故案例

【例 ZY1200506005-1】220kV 母线接地短路，母差保护拒动，5 条 220kV 线路跳闸，造成 220kV DD 变电站全停，损失负荷 90MW。

1. 事故前运行方式

事故前 220kV 某变电站两台主变压器接于 220kV 双母线上并列运行，220kV 母线上共有 5 条线路运行。事故当时站内无操作。

2. 事故概况

某年 11 月 25 日 9 时 34 分，220kV 某变电站由于 1 号主变压器 220kV 侧 A 相Ⅰ母隔离开关至断路器间引线的两只支持绝缘子折断，造成母线接地短路，又因母差保护拒动，连接某站的 5 条 220kV 线路对侧的零序Ⅱ段、距离Ⅱ段保护动作跳闸，造成 220kV DD 变电站全停，损失负荷 90MW。10 时 18 分供电恢复正常。

3. 事故检查分析

检查断裂绝缘子：一只断裂支持绝缘子的断口在下绝缘子上部法兰内，瓷柱断面有水纹旧痕，该绝缘子为国内某厂 1978 年产品；另一断裂支柱绝缘子的断口在上绝缘子下法兰附近，全新断面，该绝缘子为国内某厂 1975 年产品。分析认为是由于支柱绝缘子断口处存在损伤，在自然状况中突然折断，造成 220kV Ⅰ母线单相接地故障。又因母差装置本身的选择元件干簧继电器有问题，保护拒动，母联断路器未跳，使事故扩大，造成 220kV 该变电站全停。

4. 案例引用小结

（1）支持绝缘子断裂是造成 220kV 母线接地短路故障的直接原因。当绝缘子法兰中使用没有弹性的硬质充填材料时，绝缘子根部在冬季因承受法兰巨大的剪切力而出现裂纹，是绝缘子断裂的重要原因。北方地区的变电站应采用在法兰中使用弹性充填材料的绝缘子。

（2）母差保护的选择元件缺陷造成保护拒动，使事故扩大，造成 220kV 该变电站全停。运行单位应及时安排保护的试验，由于母差保护的拒动故障将造成重大的停电事故，因而应特别重视其试验工作。

（3）某供电公司对母线故障的发生抱有侥幸心理，本应 3 月校验的保护，一直未能安排试验，致使事故扩大。

（4）当变电站某段母线或某侧母线突然失电而又没有断路器跳闸或无保护动作信号时，应考虑保护拒动造成越级跳闸的可能性。根据相关调度及现场运行规程的规定，变电站运行人员可自行将失电母线的断路器拉开，并汇报相关调度，同时调阅故录波形进行综合分析。

（5）当变电站发生母差保护拒动事故时，变电站运行人员应立即将站内设备情况及故障点汇报相关调度，将拒动母差保护停用，并将失电母线上的断路器断开，将故障点隔离后逐步恢复停电设备的供电。

【例 ZY1200506005-2】带地线合闸，220kV 母差保护动作，造成全站失压。

1. 事故前运行方式

某年 4 月 6 日，220kV 某变电站 220kV Ⅰ线停电，220kV Ⅰ母线停电，进行Ⅰ线 8312-1 隔离开关大修、机构更换工作。

2. 事故概况

4 月 6 日 11 时 15 分，220kV 该变电站在 220kV Ⅰ线隔离开关大修、机构更换工作现场结束后，就地合闸验收正常，作远方合闸试验，在模拟屏上模拟合 8312-1 隔离开关时，误将 8312-2 隔离开关模拟，即用 8312-2 隔离开关电动合闸按钮（在控制屏上）合闸，造成带地线合闸，220kV 母差保护动作，Ⅱ母线上所有断路器跳闸，全站失压。

3. 事故原因

受微机防误闭锁程序限制，在检修过程中进行的远方设备传动、跳、合闸试验，需使用五防电脑钥匙，而操作 8312-1 隔离开关因两侧装设接地线违背固定的操作规则，模拟时需人为拆除部分模拟安全措施方能继续模拟，进行传动试验。在模拟 220kV Ⅰ线 8312-1 隔离开关进行合闸的过程中，需拆除模拟屏上 8、9 号两组地线，方能进行验收合闸操作，因此在模拟屏上拆除了上述两组模拟地线，结果导致 8312-1 与 8312-2 隔离开关都满足分合闸条件。在紧接着的实际模拟过程中运行人员误将 8312-2 隔离开关认为 8312-1 隔离开关进行了模拟，模拟完后使用电脑钥匙将 8312-2 隔离开关合上，因此造成带地线合闸的恶性误操作事故。

4. 案例引用小结

变电站运行人员没有认真核对设备导致误操作事故的发生，暴露出了有关运行人员操作时马虎，没有认真执行监护制度等问题，应引起运行、管理人员的高度重视。

【思考与练习】

1. 变电站全停电时有什么现象？
2. 变电站全停电时的处理原则是什么？
3. 中压侧为双母线接线，因母差保护误动而造成中压侧全停电时有什么现象？处理原则是什么？

模块 6　变电站全停电事故的处理（ZY1200506006）

【模块描述】本模块介绍引起变电站全停电事故的原因和事故处理原则。通过要点归纳和案例说明，掌握变电站全停电事故的分析和处理的方法。

【正文】

变电站全停电将造成电力系统大面积停电，给工农业生产和居民生活带来巨大影响。正确及时处理好全站停电事故，防止事故的进一步扩大，对电力系统继续安全运行关系重大。

一、引起 500kV 变电站全停电的原因

（1）变电站电源线路全停电。

（2）变电站只有高压侧有电源时，高压侧母线全部故障跳闸或失电。

（3）一定条件下变电站母线或主变压器越级跳闸。

（4）当变电站馈电线路、母线、主变发生短路故障，站内相应保护因故全部拒动时，引起电源线路对侧断路器全部跳闸。

二、变电站全停电时的处理

变电站全停电时，首先应检查本站一次设备有无短路故障、保护有无动作。如有保护动作而断路器没有跳闸，则是站内故障，断路器拒分引起越级跳闸。若拒分断路器不显示红色（指示灯均不亮）应立即瞬时拉合一下其控制回路熔断器，以解除跳闸回路自保持，防止烧毁跳闸线圈。如控制回路电源跳闸（熔断器熔断），应投入控制回路电源（更换熔断器）。若本站母线和主变压器有明显的短路故障，而保护没有动作，则是保护拒动越级跳闸，应检查保护电源，若电源跳闸，应投入电源。

若站内设备故障，应拉开故障设备各侧的隔离开关，拉开拒分或保护拒动断路器的两侧隔离开关，将其隔离。然后报告调度，请求调度将其他设备送电。

检查站内设备没有发生短路故障，则是电源线路全部跳闸引起全站停电。此时若有备用电源，应立即拉开跳闸线路断路器，投入备用电源送电。

对于多电源供电的因电源线路失电而造成全站停电时，为防止各电源突然来电造成非同期合闸，运行人员应迅速进行如下处理：

（1）若是双母线或双母线分段接线方式，应首先拉开母联或分段断路器，再拉开出线断路器，在每组母线上保留一条主电源断路器；若是 3/2 断路器接线应拉开各串的中间断路器，在每组母线上只保留一条主电源断路器在合位，拉开其他所有断路器。这样既可防止多电源突然来电造成非同期并列，又便于及早判明是否来电和送出负荷。

（2）负荷送出后再按调度命令进行并列或合环操作。变电站全停电时，所有电压互感器应保持在投入状态，但发生故障的必须切除。

三、变电站高压侧或中压侧全停电

1. 高压侧或中压侧为双母线接线情况

（1）引起高压侧或中压侧全停电的原因。

1）一条母线短路故障，母联（分段）断路器拒跳，越级至另一条母线跳闸。

2）一条母线短路故障，该母线上的母线保护全部拒动，越级至双母线上的所有电源跳闸。

3）母线保护误动，使所有母线跳闸。包括一条母线故障母差保护失去选择性误动和母线无故障、母差保护无选择性误动。

（2）高压侧或中压侧全停电时的处理。

1）检查表计指示和保护动作情况，记录并复归信号，提取故障录波器报告，复归跳闸断路器的控制开关（后台机主接线图清闪）。初步判断故障性质，立即报告调度。

2）立即检查相应的站内一次设备，站内设备有短路故障时应隔离故障设备。根据一、二次设备的现象判明是什么原因造成变电站一侧全停电。将设备检查情况和事故判断结论报告调度。

3）如果是一条母线短路故障，母联（分段）断路器拒跳，越级至另一条母线跳闸时，隔离故障母线和母联（分段）断路器后应请示调度将正常母线送电，将故障母线上的无故障元件倒至正常母线送电。

4）如果是一条母线短路故障，该母线上的母线保护全部拒动，越级至双母线上的所有电源跳闸时，隔离故障母线后应请示调度将正常母线送电，将故障母线上的无故障元件倒至正常母线送电。

5）如果是母线保护误动而使所有母线跳闸时，应停用误动保护，请示调度恢复双母线送电。

6）报告领导和生产调度。生产指挥部门应组织事故调查人员和检修、继保、试验人员到现场调查事故原因、抢修故障设备。运行人员在事故调查人员和检修人员到达现场之前做好故障设备的安全措施。

2. 高压侧或中压侧为 3/2 断路器接线情况

（1）引起高压侧或中压侧全停电的原因。3/2 断路器接线一般采用 2 串及以上接线，其可靠性较

模块6 ZY1200506006

高，一条母线故障时，单一断路器拒跳不会造成另一条母线全停，除非所有中间断路器拒跳。3/2 断路器接线两条母线分别装设两套母差保护，一套母差保护误动时只会跳开一条母线，不会造成全停电。当一条母线故障，该母线上的母差保护全部拒动时，才会越级至所有电源线路和主变压器跳闸，造成该侧全停电。

（2）高压侧或中压侧全停电时的处理。

1）检查表计指示和保护动作情况，记录并复归信号，提取故障录波器报告，复归跳闸断路器的控制开关（后台机主接线图清闪）。初步判断故障性质，立即报告调度。

2）立即检查相应的站内一次设备，隔离故障母线设备。根据一、二次设备的现象判明是什么原因造成变电站一侧全停电。

3）将设备检查情况和事故判断结论报告调度。请示调度将正常母线送电，将跳闸的无故障元件投入于正常母线送电。

4）报告领导和生产调度。生产指挥部门应组织事故调查人员和检修、继电、试验人员到现场调查事故原因、抢修故障设备。运行人员在事故调查人员和检修人员到达现场以前做好故障设备的安全措施。

四、事故案例

【例 ZY1200506006-1】带空载线路拉隔离开关，引起弧光放电短路故障，造成 220kV 某变电站全站停电。

1. 事故概况

11 月 26 日 20 时 40 分，220kV 某变电站在对 220kV 608 线送电操作，608 断路器因液压操作系统泄压 B 相无法合闸，现场当时判断为合闸回路有故障，决定拉开该断路器两侧隔离开关进行检查处理。运行人员操作拉开 608 断路器后，在未到现场认真核对断路器状态下即使用万能钥匙解除闭锁拉开 608 线路侧隔离开关，由于 608 断路器 A、C 相仍在合闸位置，造成带空载线路拉隔离开关弧光放电短路故障，同时另一回与该变电站连接的 220kV 出线对侧距离Ⅱ段保护动作跳闸，该变电站全站停电。

2. 事故原因

在断路器设备发生故障后，在检查处理过程中严重违章。一是违反两票三制，无票操作，未按顺序操作和核对，未认真核对断路器状态即进行拉隔离开关的操作；二是值长随身携带、随意使用万能钥匙，防误操作装置形同虚设。

3. 案例引用小结

变电站运行人员在检查处理过程中严重违章，是造成误操作事故的原因。变电站的误操作事故，往往是由于人员责任引起的。作为变电站值班员，一定要认真核对设备的现场实际状态，严格按照规范执行。紧急解锁钥匙的使用一定要按相关制度规定执行，使用前需履行相关审批手续，并应有防误专责在现场确认后执行。

【思考与练习】

1. 哪些原因会引起 500kV 变电站全停电？
2. 变电站母线或主变压器越级跳闸时如何处理？
3. 中压侧为双母线接线情况，引起中压侧全停电的原因是什么？如何处理？
4. 高压侧为 3/2 断路器接线情况，引起高压侧全停电的原因是什么？如何处理？

模块 7　复杂事故处理预案（ZY1200506007）

【模块描述】本模块介绍复杂事故处理预案编制方法和要素。通过要点归纳和案例说明，掌握根据事故时的保护动作行为、相关保护信息、设备情况是否正常等情况制定事故处理预案的方法。

【正文】

变电站在发生复杂事故时，运行人员应能准确分析判断事故的性质，正确、迅速地处理事故，防止事故的扩大，减少事故的损失。为此，应做好事故预案，做到有备无患。本模块根据 QY 变电站的具体设备发生复杂事故时做出预案。

一、复杂事故处理预案编制方法和要素

1. 编制方法

根据变电站的一次设备的运行方式和保护配置情况、各保护的保护范围、保护之间的相互配合、保护动作的时序不同，结合具体的复杂事故，编制相应的事故现象及事故处理过程，以便当发生与预案同类型的事故时，运行人员能迅速、准确地处理事故，同时使运行人员熟悉及掌握事故处理流程。

2. 编制要素

（1）事故现象。事故现象应包括监控后台动作信息、遥测量，保护及自动装置动作信息（包括信号灯），一次设备的状态。

（2）事故处理过程。

1）根据监控后台信息，初步判断事故性质和停电范围后迅速向调度汇报：故障发生时间、跳闸断路器、继电保护和自动装置的动作情况及其故障后的状态、相关设备潮流变化情况、现场天气情况。

2）根据初步判断检查保护范围内的所有一次设备故障和异常现象及保护、自动装置动作信息，综合分析判断事故性质和找出故障点，作好相关信号记录，复归保护信号，将详细情况报告调度。

3）根据调度令将相应故障设备隔离及恢复非故障设备送电。

4）汇报上级有关部门，并作好相关记录。

二、事故预案

【例 ZY1200506007-1】220kV 线路 281 接地短路故障，断路器三相拒跳，越级跳闸。

1. 事故现象

警铃、事故警报鸣响，监控后台机发出“220kV 线路 281RCS-931B 保护装置动作、CSL101B-S 保护装置动作、220kV 母差 RCS-915A 失灵跳Ⅰ母、202 断路器 ABC 相分闸、211 断路器 ABC 相分闸、281 断路器 ABC 相分闸、203 断路器 ABC 相分闸”以及多台故障录波器动作，220kV 母差交流断线等告警信息。

主接线图如图 ZY1200506007-1 所示。202、211、203 断路器指示绿闪，220kVⅠ母线电压为零，1 号主变压器 220kV 侧及线路 281 线线路电流、功率均为零。线路 281 测控屏断路器指示灯红灯亮。

检查 281 断路器保护屏，发现 CSL101B-S 保护“A 相跳闸”信号灯亮，液晶屏显示 1ZKJCK、GPI0CK、GPTBCK、GPJLCK 动作；RCS-931 保护“跳 A”信号灯亮，液晶屏显示“工频突变量距离出口、接地距离一段、另序过电流一段、纵联另序差动、纵联差动出口”动作，故障测距 11km。检查 220kV 母差保护屏，发现 RCS-915AB“Ⅰ母失灵”信号灯亮，液晶屏显示“失灵跳Ⅰ母”；BP-2B“失灵动作”，液晶屏显示“失灵跳Ⅰ母”。其他保护信号略。

2. 事故处理

（1）记录告警信息、断路器指示和保护动作情况，复归全部保护动作信号，提取故障录波报告，断路器指示清闪。

（2）判断事故性质为：220kV 线路 281 在 11km 处发生 A 相接地短路故障，保护动作，但线路 2281 断路器拒分。将事故现象和事故判断结论报告调度。

（3）检查线路 281 电流互感器至线路出口的所有一次设备有无接地短路和相间短路故障，简单查看线路 2281 断路器拒分原因，有无压力闭锁和储能闭锁等情况以及 202、211、203 断路器工作状态是否良好。

迅速拉开 281 断路器两侧隔离开关，隔离故障设备。

（4）将一次设备检查情况和故障设备隔离情况汇报调度，请示调度送出 220kVⅠ母线和其他跳闸设备。

先投入 220kV 母联断路器 202 充电保护，用 220kV 母联断路器 202 向Ⅰ母线充电。充电后停用充电保护，分别合上 203、211 断路器。

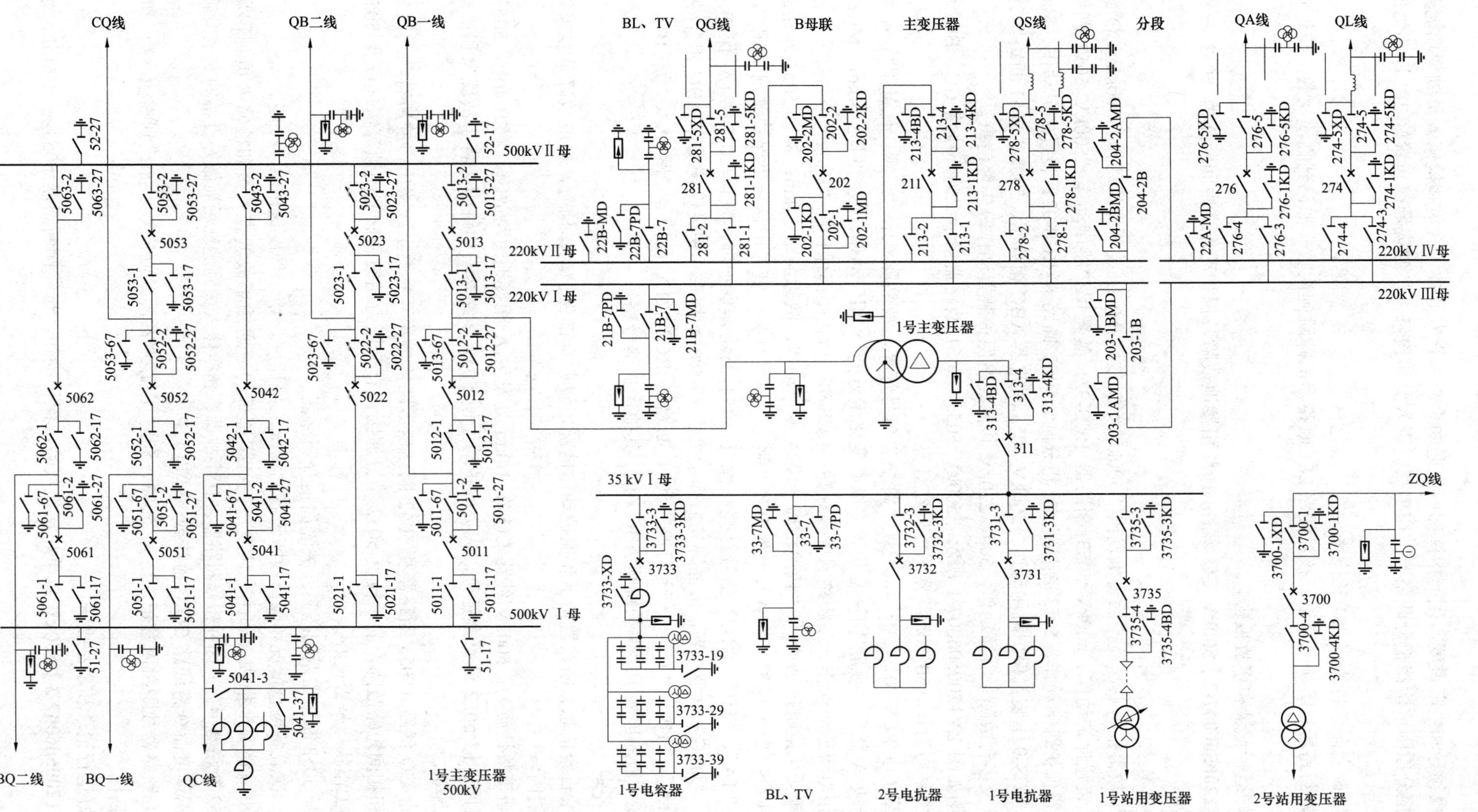

图ZY1200506007-1　500kV某变电站一次主接线图

（5）汇报领导和生产调度，生产指挥部门应通知事故调查专业技术人员和检修人员到现场调查、检查断路器拒分原因，检修拒分断路器。在事故调查人员和检修人员到现场前布置好 281 断路器的安全措施。

（6）根据调度命令将线路 281 转检修。

（7）作好断路器故障跳闸登记，核对线路 281 断路器故障跳闸次数，如已到临检次数，应汇报领导安排临检。

（8）作好运行记录和事故报告。

【例 ZY1200506007-2】500kV CQ 线路 1 单相接地故障，保护动作，中间断路器 5052 三相拒分，越级跳闸。

1. 事故现象

警铃、事故警报鸣响，监控后台机发出“500kV CQ 线路 MCD 装置保护动作、500kV CQ 线路 1RCS-901A 装置保护动作、500kV 5053 断路器 RCS-921 装置保护跳闸动作、500kV 5052 断路器 RCS-921 装置保护跳闸动作、5053 断路器 A 相分闸、5052 断路器 RCS-921 装置失灵动作、500kV 5051 断路器 RCS-921 装置保护跳闸动作、500kV 5053 断路器 ABC 相分闸、500kV 5051 断路器 ABC 相分闸”，以及多台故障录波器动作，500、220kV 其他线路保护装置动作等告警信息。

主接线图如图 ZY1200506007-1 所示。500kV 5053、5051 断路器指示绿闪，线路 CQ、BQ 一线线路电流、功率均为零。5052 断路器测控屏红灯亮。

检查线路 CQ RCS-901 保护屏，发现“跳 A”信号灯亮，液晶屏显示“工频变化量阻抗 A 相”、“接地距离一段 A 相”、“纵联零序 A 相”、“纵联变化量方向 A 相”动作，故障测距 14km；MCD 保护屏显示分相电流差动动作、A 相跳闸信号灯亮；RCS-901 后备距离保护屏“跳 A”信号灯亮，液晶屏显示“工频变化量阻抗 A 相”、“接地距离一段 A 相”动作，故障测距 14km；检查 5053 断路器保护屏，发现 RCS-921A 保护“跳 A”、“跳 B”、“跳 C”信号灯亮，液晶屏显示“保护跳闸 A 相”，操作继电器箱“TA”、“TB”、“TC”信号灯亮；检查 5052 断路器保护屏，发现 RCS-921A 保护“跳 A”、“跳 B”、“跳 C”信号灯亮，液晶屏先后提示“保护跳闸 A 相”、“失灵保护动作 ABC 相”，操作继电器箱“TA”、“TB”、“TC”、信号灯亮；5051 断路器 RCS-921A 保护屏“跳 A”、“跳 B”、“跳 C”信号灯亮，液晶屏显示“保护跳闸 ABC 相”。其他保护信号略。

2. 事故处理

（1）记录告警信息、断路器指示和保护动作情况，复归全部保护动作信号，提取故障录波报告，断路器指示清闪。

（2）判断事故性质为：500kV 线路 CQ 在 14km 处发生 A 相接地短路故障，保护动作，5053 断路器 A 相跳闸，但 5052 断路器拒分，失灵保护动作使 5051 断路器三相跳闸。将事故现象和事故判断结论报告调度。

（3）检查 CQ 线路 15053 断路器及 5052 断路器线路侧电流互感器至线路出口的所有一次设备有无接地短路和相间短路故障，简单检查 5052 拒分原因，有无压力闭锁和储能闭锁等情况以及 5053、5051 断路器工作状态是否良好。

立即拉开 5052 断路器两侧隔离开关隔离拒分断路器。

（4）将一次设备检查情况和隔离故障设备的情况汇报调度，请示调度送出 BQ 一线。

（5）将事故情况汇报领导和生产调度，生产指挥部门应通知事故调查人员和检修人员到现场调查、检查 5052 断路器拒分原因并检修断路器。在事故调查和检修人员到达现场前做好设备的安全措施。

（6）根据调度命令将线路 CQ 转检修或试送电。

（7）作好断路器故障跳闸登记，核对 5053、5051 断路器故障跳闸次数，如已到临检次数，应汇报领导安排临检。

（8）作好运行记录和事故报告。

【例 ZY1200506007-3】500kV 线单相接地故障，保护动作，母线侧断路器 5053 三相拒分，越级跳闸。

1. 事故现象

警铃、事故警报鸣响，监控后台机发出“500kV CQ 线路 MCD 装置保护动作、500kV 线路 1RCS-901A 装置保护动作、500kV 5053 断路器 RCS-921 装置保护跳闸动作、500kV 5052 断路器 RCS-921 装置保护跳闸动作、5052 断路器 A 相分闸、5053 断路器 RCS-921 装置失灵动作、500kV 5013 断路器 RCS-921 装置保护跳闸动作、500kV 5023 断路器 RCS-921 装置保护跳闸动作、500kV 5042 断路器 RCS-921 装置保护跳闸动作、500kV 5062 断路器 RCS-921 装置保护跳闸动作、500kV 5052 断路器 ABC 相分闸、500kV 5013 断路器 ABC 相分闸、500kV 5023 断路器 ABC 相分闸、500kV 5042 断路器 ABC 相分闸、500kV 5062 断路器 ABC 相分闸”，以及多台故障录波器动作，500、220kV 其他线路保护装置动作等告警信息。

主接线图如图 ZY1200506007-1 所示。500kV 5013、5023、5042、5052、5062 断路器指示绿闪，500kV Ⅱ母线电压为零，CQ 线路电流、功率为零，500kV 其他线路和主变压器负荷正常。测控屏 5053 断路器红灯亮。

检查 CQ 线路 RCS-901 保护屏，发现“跳 A”信号灯亮，液晶屏显示“工频变化量阻抗 A 相”、“接地距离一段 A 相”、“纵联零序 A 相”、“纵联变化量方向 A 相”动作，故障测距 8.6km；MCD 保护屏显示分相电流差动动作、A 相跳闸信号灯亮；RCS-901 后备距离保护屏“跳 A”信号灯亮，液晶屏显示“工频变化量阻抗 A 相”、“接地距离一段 A 相”动作，故障测距 8.6km；检查 5053 断路器保护屏，发现 RCS-921A 保护“跳 A”、“跳 B”、“跳 C”信号灯亮，液晶屏显示“保护跳闸 A 相”、“失灵保护 ABC 相”，操作继电器箱“TA”、“TB”、“TC”信号灯亮；检查 5052 断路器保护屏，发现 RCS-921A 保护“跳 A”、“跳 B”、“跳 C”信号灯亮，液晶屏先后提示“保护跳闸 A 相”，操作继电器箱“TA”、“TB”、“TC”、信号灯亮；5013、5023、5042、5062 断路器 RCS-921A 保护屏“跳 A”、“跳 B”、“跳 C”信号灯亮，液晶屏显示“保护跳闸 ABC 相”。其他保护信号略。

2. 事故处理

（1）记录告警信息、断路器指示和保护动作情况，复归全部保护动作信号，提取故障录波报告，断路器指示清闪。

（2）判断事故性质为：500kV 线路 CQ 在 8.6km 处发生 A 相接地短路故障，保护动作，5052 断路器 A 相跳闸，但 5053 断路器拒分，失灵保护动作使 5013、5023、5042、5052、5062 断路器三相跳闸。将事故现象和事故判断结论报告调度。

（3）检查线路 CQ 5053 断路器及 5052 断路器线路侧电流互感器至线路出口的所有一次设备有无接地短路和相间短路故障，简单检查 5053 拒分原因，有无压力闭锁和储能闭锁等情况以及跳闸断路器工作状态是否良好。

立即拉开 5053 断路器两侧隔离开关隔离拒分断路器。

（4）将一次设备检查情况和隔离故障设备的情况汇报调度，请示调度送出 500kV Ⅱ母线。

先后合上 5013、5023、5042、5062 断路器即可完成 500kV Ⅱ母线送电，但送电时要分清是合环还是并列。

（5）将事故情况汇报领导和生产调度，生产指挥部门应通知事故调查人员和检修人员到现场调查、检查 5053 断路器拒分原因并检修断路器。

（6）根据调度命令将 CQ 线路转检修或试送电。

（7）作好断路器故障跳闸登记，核对跳闸断路器故障跳闸次数，如已到临检次数，应汇报领导安排临检。

（8）作好运行记录和事故报告。

【例 ZY1200506007-4】35kV Ⅰ母短路故障，1 号主变压器 35kV 侧断路器 311 拒分，越级跳闸。

1. 事故现象

警铃、事故警报鸣响，监控后台机发出“1 号主变压器 RCS-978H 后备跳闸动作、1 号主变压器 PST-1200 后备跳闸动作、500kV 5013 断路器 RCS-921 装置保护跳闸动作、500kV 5012 断路器 RCS-

921 装置保护跳闸动作、500kV 5013 断路器 ABC 相分闸、500kV 5012 断路器 ABC 相分闸、220kV211 断路器 ABC 相分闸、1 号主变压器工作电源 1 故障、1 号站用变压器二次 471 断路器低电压分闸、站用变压器备用电源自动投入装置动作、3700 断路器 ABC 相合闸、2 号站用变压器二次 401 断路器合闸”，以及 35kV 电容器、电抗器保护装置异常等告警信息。

主接线图如图 ZY1200506007-1 所示。1 号主变压器 500kV 5013、5012 断路器指示绿闪，220kV 211 断路器指示绿闪，2 号站用变压器 3700 断路器指示红闪，1 号主变压器各侧电流、功率为零，35kV Ⅰ段母线电压为零。1 号主变压器测控屏 311 断路器红绿灯都不亮。

检查 1 号主变压器 RCS-978H 保护屏，发现“跳闸”信号灯亮，液晶屏显示“低压侧过电流一段第一时限、低压侧过电流一段第二时限”先后动作；PST-1200 保护屏“保护动作”信号灯亮，液晶屏显示“低压侧复闭过电流第一时限、三次侧复闭过电流第二时限”先后动作。其他保护信号略。检查 35kV 各电抗器、电容器、站用变压器保护没有动作。

2. 事故处理

（1）立即拉、合一下 311 断路器控制回路电源空气开关，解除跳闸回路自保持。防止烧损跳闸线圈，让指示灯显示出来。

（2）记录告警信息、断路器指示和保护动作情况，复归全部保护动作信号，提取故障录波报告，断路器指示清闪。

（3）判断事故性质为：35kV Ⅰ段母线短路故障或电抗器、电容器、站用变压器短路故障保护拒动，使 1 号主变压器两套保护低压侧过电流保护动作，跳 1 号主变压器 35kV 侧断路器，但此时 1 号主变压器低压侧断路器拒跳，使 1 号主变压器低压侧过电流保护第二时限动作，跳开 220kV 侧和 500kV 侧断路器。1 号站用变压器失电，二次空气开关低电压动作跳闸，站用电源备用电源自动投入装置动作，投入 2 号站用变压器。将主要事故现象和事故判断结论报告调度。

（4）检查 1 号主变压器低压侧电流互感器至 35kV 母线、35kV 所有一次设备有无相间短路或相间接地短路故障，重点检查 1 号主变压器 35kV 电流互感器至 35kV 各元件电流互感器间的一次设备，可以发现 35kV Ⅰ段母线上的短路故障点。简单检查 311 断路器拒跳原因，检查跳闸断路器工作状态是否良好。立即拉开 311-4 隔离开关隔离故障设备。

（5）将一次设备检查发现的设备故障情况和设备隔离情况汇报调度，并请示将 1 号主变压器送电，将 35kV Ⅰ段母线转检修。1 号主变压器送电后将事故情况汇报上级部门，应组织事故调查人员和继电、检修、试验人员到现场调查事故，检修、试验设备。

（6）停用站用变压器备用电源自动投入装置，拉开 1 号站用变压器 3735 断路器；拉开 1 号站用变压器高压侧隔离开关，拉开 1、2 号电抗器，1 号电容器隔离开关，拉开 35kVⅠ段母线电压互感器隔离开关和二次空气开关；合上 311-4KD、33-7MD、3733-3KD、3735-3KD 接地开关；在 311-4、33-7、3735-4 隔离开关把手上挂“禁止合闸、有人工作”牌；在故障检修工作地点做好围栏，办理工作票并履行开工手续后，故障设备便可以进行检查、检修。

（7）对主变压器要安排停电进行试验，以判明主变压器出口短路故障是否对主变压器造成损害。

（8）作好断路器故障跳闸登记，核对跳闸断路器故障跳闸次数，如已到临检次数，应汇报领导安排临检。

（9）作好运行记录和事故报告。

【例 ZY1200506007-5】因 1 号蓄电池组着火，大火通过电缆蔓延至两套直流馈电屏，造成两套充电屏和 2 号蓄电池跳闸，直流全停电。此时，500kV 线路故障，全站保护拒动，造成变电站全停电。

1. 事故现象

火灾报警控制器发出报警音响，“火警”灯亮。变电站监控系统失灵，所有位置显示和直流数据不再变化，全部保护屏、测控屏直流指示灯全灭，液晶屏全黑，全站直流负荷全部失电。1 号蓄电池组着火，两套直流馈电屏着火，两套充电屏和 2 号蓄电池跳闸，站内直流负荷全停电。

正在处理故障的时候，突然调度来电话询问：“你站全站停电，为什么不汇报？”同时告知全站停电同时 500kV 线路 1 发生短路故障。

2. 事故处理

（1）立即报火警 119。迅速扑灭直流屏火灾，恢复直流供电。开展 1 号蓄电池组灭火。采取一定的隔断措施，防止火灾进一步扩大。

（2）检查监控系统、测量系统全部电脑主机，是否已恢复对设备的监控和测量。同时检查各保护屏、测控盘直流电源指示正常、装置运行正常。

（3）分析事故情况：在变电站直流全停时，500kV 线路 1 发生短路故障，由于本站直流停电，保护拒动，向上越级至各 500kV 线路对侧断路器跳闸，向下越级至 1 号主变压器，1 号主变压器保护由于失去直流也拒动，越级至各 220kV 电源线路对侧断路器跳闸，而造成变电站全停电。由于监控系统瘫痪，不知道全站停电情况。将事故分析情况报告调度。

（4）切开 500kV 各中间断路器，500kV Ⅰ母和Ⅱ母分别只保留一条电源线路断路器，切开其他断路器。切开 220kV 和 35kV 所有断路器。

（5）报告调度，请示调度用 500kV 线路分别给 500kV Ⅰ母和Ⅱ母送电，送出 500kV 其他线路，并用各中间断路器合环。如果系统已经解列，调度应选择合适的并列点并列。再送出 1 号主变压器及 220kV Ⅰ母、Ⅱ母、各线路，35kV Ⅰ母、站用变压器、电抗器（电容器）。

（6）事故处理后增加现场一次、二次设备和直流设备的特巡。

（7）作好运行记录。召开运行分析会分析事故，写出事故分析报告。

【思考与练习】

1. 请制订 220kV 线路 2281 断路器拒合时的事故处理预案。

2. 请制订 220kV QS 线单相接地短路故障，重合闸动作，但 278 断路器拒合时的事故处理预案。

3. 请制订 500kV QC 线线路单相接地故障，保护动作，中间断路器拒分，越级跳闸时的事故处理预案。

4. 请制订变电站直流全停电时，220kV QA 线线路故障，全站保护拒动，造成变电站全停电时的事故处理预案。

第八部分

变电设备的状态检修

第四十四章　变电设备状态检修的基本知识

模块 1　变电设备的状态检修概述（ZY1400401001）

【模块描述】本模块介绍几类检修方式的定义及发展过程，各类检修方式的优缺点及开展状态检修的难点分析。通过定义讲解、要点归纳，熟悉状态检修与其他检修模式的区别，了解开展状态检修需深入研究和解决的问题。

【正文】

一、主要检修方式的定义

电力系统中，对设备的检修是保证电力设备安全、健康运行的必要手段。它关系着设备的利用率、事故率、使用寿命以及人力、物力、财力的消耗等，对电力企业的整体效益的好坏起着举足轻重的作用。而在电力设备检修历史的发展过程中，主要采取的检修方式有以下几种。

1. 事后检修

事后检修也称故障检修，是最早的检修方式。这种检修方式以设备出现功能性故障为判据，在设备发生故障且无法继续运转时才进行维修。显然，这种应急维修需要付出很大的代价和维修费，不但严重威胁着设备或人身安全，而且维修不足。

2. 预防性检修

预防性检修经过多年发展，根据检修技术条件、目标的不同而出现以下几种检修方式。

（1）定期检修。定期检修在保证设备正常工作中确实起到了直接防止或延迟故障的作用，但这种不根据设备的实际状况，单纯按规定的时间间隔对设备进行相当程度解体的维修方法，不可避免地会产生“过剩维修”，不但造成设备有效利用时间的损失和人力、物力、财力的浪费，甚至会引发维修故障。

（2）以可靠性为中心的检修。该检修方式能比较合理地安排大修间隔，有效预防严重故障的发生，以最低的费用来实现机械设备固有可靠性水平。

（3）状态检修。状态检修也称预知性维修，这种维修方式以设备当前的实际工作状况为依据，通过高科技状态检测手段，识别故障的早期征兆，对故障部位、故障严重程度及发展趋势作出判断，从而确定各机件的最佳维修时机。状态检修是当前耗费最低、技术最先进的维修制度。它为设备安全、稳定、长周期、全性能优质运行提供了可靠的技术和管理保障。

二、检修方式发展的主要阶段

纵观变电设备检修策略发展的历史，检修体制的演变主要经历了三个阶段。

1. 事后检修阶段

20 世纪 50 年代以前，检修方式基本上是事后的，即故障检修方式，在设备发生了事故后才进行检修。因为那时候大部分设备都比较简单，设计裕度也比较大，设备比较可靠而且容易修复，且停机时间对经营活动影响不大，所以只进行简单的日常维护和检修，并没有开展系统的维修。

2. 定期检修阶段

20 世纪 60～70 年代，由于设备的生产效率越来越高，突发故障造成的损失也越来越大，因此，如何避免和减少损失就成为十分突出的问题，于是逐步形成了预防性维修系统。在苏联主要发展了定期计划检修，截至目前，这种检修方式仍在我国电力系统中推广应用。

3. 状态检修阶段

20 世纪 80 年代以来，随着电网的飞速发展，新的设备监测技术得到广泛的应用，人们对故障模式及其影响进行了较深入的分析，企业对设备的可靠性，对检修成本效益比的要求也越来越高，随之产生了尽量掌握设备的状态，在设备发生实质性的故障之前及时进行检修的新方式，这就是状态检修。在这时期，计算机开始广泛应用于设备状态的监控和管理，并随着信息处理技术的发展，出现了各种诊断系统，而且其发展趋势是将几个不同的监测技术的诊断综合到一个系统中，对设备的状态进行综合的分析和判断，同时把诊断和检修管理结合起来，对检修工作进行成本效益分析，在此基础上安排合理的检修方式和检修时机。

三、传统检修方式和状态检修方式的优缺点分析及检修策略的选择

1. 传统检修体制及检修方式的局限性和缺点

（1）事后检修模式存在的弊端。这种在故障发生后才进行修换或管理工作的检修方式存在的弊端如下：

1）事后检修是一种被动工作模式，有很大的不可预见性，会使电力企业干部职工经常处于高度紧张状态。任何一起供电事故的发生都会给正常生产、生活带来不便，甚至造成较大经济损失和不利的社会影响。

2）为了使事故在尽量短的时间内处理完，就必须预先准备较多的原材料和零配件，这必然会造成库存增加和资金利用率下降，从而增加检修费用。

3）事后检修时间紧、任务重。抢修人员为了赶时间，经常会简化操作程序，难免会忙中出错。多年来事后检修中发生的人身伤亡事故和其他各类事故是屡见不鲜的。

4）为了赶时间、抢任务，事后检修常常是头痛医头、脚痛医脚，没有更多的时间分析原因、查找根源，常顾此失彼，不仅造成材料的浪费，而且加大了劳动强度。

（2）定期检修模式存在的弊端。这种以时间为依据，预先设定检修工作内容与周期的计划检修模式存在的弊端如下：

1）经济在发展，设备在剧增，使定期检修必须有大量的人力、物力投入，而某种程度上的盲目性，使定期检修性价比不可能太高。从而相对降低了劳动生产率，不适应以经济效益为中心的现代企业运营方式。

2）计划检修必然导致部分运行状态较好的设备周期性停运，使尚不完善的电网承受更大的压力，部分直供线路的停电导致对用户中断频次的增加和电网可靠性的降低。

3）过度检修造成设备的频繁拆卸，增加了在检修过程中产生了新的设备隐患。

4）频繁的停送电操作，客观上增加了操作的概率，不良现场检修条件和落后的检修工艺导致设备损坏的概率加大。

5）大量设备的定期检修，已不可能使每项作业安排在合适的自然环境期间内，而不良环境对设备的影响，使检修质量下降。

6）计划检修导致一定时间内检修工作量骤增，按照设备检修工艺导则去落实每项要求，将使设备所需停电时间远远大于电网调度所能安排的停电时间，此矛盾造成很多检修内容难以落实，影响检修质量。

2. 状态检修的可行性和优越性

（1）电气设备状态检修的可行性。

1）多年来，国产电气设备积累了大量的运行经验，其运行和维护技术日臻完善，这为实施状态检修工作奠定技术基础。同时，国产设备的质量有了很大提高，为状态检修提供一定的物质基础。

2）新型设备投入运行及新技术的应用监测手段的不断提高，使设备的安全运行有了很好的基础。如红外线成像技术在电力生产中的应用，大型变压器油色谱分析在线系统的研制成功，变压器绕组变形探测技术的发展，电容型带电设备集中在线测试技术的投入使用等，使在运行电压下正确诊断设备状态有了可能。

3）随着传感技术、微电子、计算机软硬件和数字信号处理技术、人工神经网络、专家系统、模糊集理论等综合智能系统在状态监测及故障诊断中应用，使基于设备状态监测和先进诊断技术的状态检修研究得到发展成为电力系统中的一个重要研究领域。

（2）状态检修的优越性。

1）状态检修之前的准备工作——状态管理，不仅减轻了原手工作业的劳动强度，提高了工作效率，更重要的是，能够充分利用已有的状态信息，通过多方位、多角度的分析，最大限度地把握设备的状态，依此制定合理的检修维护策略，为提高设备运行可靠性提供了保障。

2）状态检修可以使检修人员现场定期试验和测量工作量减轻到最小，显然这是一种降低成本的好方法。特别是在对设备的寿命进行正确估计后，提高了设备的最大可用性，可以更有效地储存和安排设备备件，这样可节省大量的备品经费。

3）在实现设备的状态检修后，可以通过适当的维修来避免重要设备故障，同时又避免了不必要的维修作业，降低了由于不必要定期检修引起故障的可能性。

4）通过设备的状态分析，可以发现问题于萌芽状态，限制问题向严重化的方向发展。对于预防类似事故、改进产品质量、提高设备监督管理水平具有重要的指导意义。

5）实现状态检修后，把临时性停电降低到最少，可增加售电收入，提高供电可靠性和用户满意度。

3. 电气设备检修策略的选择

改进现行的检修方式或选择合适的检修策略，不必受哪一种特定的维修体系的约束，不要简单地用某一种方式来完全取代现行的方式，而应分析各种维修方式的具体内容，结合自身的特点和需要，使综合效果最好。

对设备实施状态检修，其对象并不是所有设备，对于那些可以确定寿命周期，或能找出某种类型的故障发生的概率会显著增加的时间点，也就是故障的发生与设备运行时间有比较确定关系的情况下，可以采取定期检修。

对于随机故障，同时设备的状态又是可以监测得到的情况，可以采用状态检修。在实施状态检修中，监测的频度不仅要考虑能发现潜在故障到发生功能性故障的时间间隔，还应考虑故障后果的严重性，如果故障会对安全运行产生严重影响，应考虑加大监测频度。

对于故障既不和时间有比较确定的关系，又不容易用常规手段监测的情况，那只能进行周期性的检查工作。对于比较重要的设备的频发性或后果严重的故障，应采用主动检修的方式，进行重新设计或改造。

如果设备不重要或价值低以至于故障的后果不严重，那就干脆用坏为止，采用故障检修的方式。

对于重要的设备，可同时采用定期检修和状态检修相结合的方式，根据状态监测的结果对故障机理的不断深入了解，调整定期检修的间隔。

总之，合理的检修策略应融故障检修、定期检修、状态检修和主动检修为一体，将各检修方式优化组合，在保证合理的安全可靠性的前提下，降低检修成本。也就是说，推行状态检修，不能局限于状态检修本身，而应有全面的优化检修的思想。

四、开展状态检修的难点分析

1. 开展状态检修的观念更新问题

开展设备的状态检修是一项艰巨而又复杂的系统工程，既要改变传统的思维方式，又要用变化的观念去解决管理和技术的问题。应该认识到在实施状态检修的过程中，不可能找到一种快速的、一次性解决所有问题的方法，这样的系统工程也不可能在短期内迅速完成。对电力设备实施状态检修管理，必须要从系统工程的角度去审视。首先，开展状态检修工作是管理体制的创新，其重点在管理。开展状态检修要建立一套科学、完善、合理的状态检修管理体制，要组织、协调好变电、检修、保自、生技等各专业、各部门、各单位之间的分工、配合、衔接、实施等各项具体工作。因此，在管理上必须有相应的管理制度、实施细则、工作流程、考核办法、责任划分、事故处理等作为开展工作的保障，以使这项工作能顺利地开展。状态检修就要求所有的与生产有关的部门都能有机地联系在一起，各个环节都能各负其责，各尽其能。其次，从技术和设备的角度去考虑实施状态检修，就必须根据设备在系统中的地位和重要程度，确定该设备的优化检修方式，同时又综合考虑经济性、可行性、可靠性、合理性，否则就可能事与愿违。实施以状态为基础的检修，就是要使检修任务和周期更多地建立在反映设备状态的基础上。

2. 开展状态检修需要考虑设备状态监测、监测技术的先进性和成熟性

开展状态检修，除了对运行中的设备加强常规测试，严格执行 Q/GDW 168—2008《输变电设备状态检修试验规程》中规定的试验项目外，还要配合采用先进的在线监测手段，及时掌握设备的技术状态。目前，绝缘油的色谱分析、用远红外测温、局放测试、容性设备绝缘在线监测等、氧化锌避雷器阻性电流监测等技术已经得到了推广和应用，并在实践中取得了一定的效果。

3. 开展状态检修需要信息系统和决策支持系统

在状态检修必须有一套用于状态检修的管理信息系统和决策支持系统，系统必须是以设备资产为核心，以设备安全可靠运行为主线，涵盖变电运行与检修、试验等专业，涉及变电站运行管理、设备缺陷管理、变电设备检修计划与管理等的计算机综合管理信息系统。系统中不仅包含与生产管理相关的运行、检修、试验及铭牌数据，而且还能利用系统所具有的分析和统计功能，为设备的状态检修提供比较高效的信息。比如断路器的切断短路电流的次数、变压器经受短路冲击的次数、设备检修的时间、历史上设备试验结果的发展趋势等。系统最好能根据在线和离线监测诊断数据、设备寿命预测数据、可靠性评价数据、设计参数、检修历史数据、同类设备统计数据等进行综合分析，并利用状态评价准则体系对设备状态变化趋势进行预测，运用决策模型给出检修什么和何时检修的建议，并制定检修计划。

4. 开展状态检修必须提高人员素质

事实证明，实施状态检修成败的关键之一是人员问题。开展状态检修时对于状态分析、故障诊断技术的立足点应首先是高素质的技术人员。变电设备检修及故障诊断是一项跨多个专业的技术，缺少理论基础和丰富经验的积累，都无法很好胜任这项工作。检修人员除了要了解掌握设备的运行方式、运行特点及工况变化对设备产生的影响外，还要掌握设备原理、结构、零件、材料、装配方法和离线监测、状态监测和故障分析手段，还要掌握设备的维修规律，综合评价设备的健康状况，直接参与检修决策和检修工作，优化检修计划内容、检修程序和工艺等。

【思考与练习】

1. 什么是定期检修？
2. 什么是状态检修？
3. 状态检修的优越性是什么？
4. 现阶段开展状态检修的难点有哪些？

模块 2 决策支持系统（DSS）（ZY1400401002）

【模块描述】本模块介绍变电设备状态检修决策支持系统的基本概念和系统总体结构。通过要点归纳、图表举例，了解状态检修决策支持系统的总体结构及有关业务流程要求。

【正文】

一、决策支持系统的基本知识

1. 决策支持的概念

决策支持系统（Decision Support System，DSS）是辅助决策者通过数据、模型和知识，以人机交互方式进行半结构化或非结构化决策的计算机应用系统。它是管理信息系统（MIS）向更高一级发展而产生的先进信息管理系统。它为决策者提供分析问题、建立模型、模拟决策过程和方案的环境，调用各种信息资源和分析工具，帮助决策者提高决策水平和质量。

2. 决策支持系统的组成

决策支持系统基本结构主要由四个部分组成，即数据部分、模型部分、推理部分和人机交互部分。

（1）数据部分是一个数据库系统。

（2）模型部分包括模型库（Model Base，MB）及其管理系统（Model Base Management System，MBMS）。

（3）推理部分由知识库（Knowledge Base，KB）、知识库管理系统（Knowledge Base Management

System，KBMS）和推理机组成。

（4）人机交互部分是决策支持系统的人机交互界面，用以接收和检验用户请求，调用系统内部功能软件为决策服务，使模型运行、数据调用和知识推理达到有机地统一，有效地解决决策问题。

3. 智能决策支持系统

20 世纪 80 年代末 90 年代初，决策支持系统开始与专家系统（Expert System，ES）相结合，形成智能决策支持系统（Intelligent Decision Support System，IDSS）。智能决策支持系统充分发挥了专家系统以知识推理形式解决定性分析问题的特点，又发挥了决策支持系统以模型计算为核心的解决定量分析问题的特点，充分做到了定性分析和定量分析的有机结合，使得解决问题的能力和范围得到了一个大的发展。智能决策支持系统是决策支持系统发展的一个新阶段。

二、状态检修决策支持系统的总体结构及有关业务流程模块

本模块根据国家电网公司《输变电设备状态检修辅助决策系统建设技术原则（试行）》进行介绍。

1. 输变电设备状态检修辅助决策系统的开发原则

状态检修辅助决策系统的开发原则是具有安全性、适应性、开放性、灵活性和可分布性。

（1）安全性。安全性是指系统建设应满足国家电网公司信息安全管理要求，从网络通信、病毒防护、数据存储、角色认证以及评价管理与发布等方面充分考虑系统设计的安全性，并可靠安全地与外部系统互联。

（2）适应性。适应性是指系统建设应能满足国家电网公司系统各单位现有不同管理模式和业务流程要求，具有良好的用户适应能力，并能满足设备管理新技术、新方法和新策略变化发展的要求。

（3）开放性。开放性是指系统作为安全生产管理系统的高级应用，在平台建设中应充分考虑与外界信息系统交换的需求分析，保证既能满足基本功能的需要，又具有与外界系统进行信息交换与处理的能力，可通过二次开发或配置从外部系统获取数据，其分析过程和结果可方便地被其他外部系统调用。

（4）灵活性。灵活性是指系统应遵循组件化设计原则，满足总体布局，分步实施的要求，可通过组件和系统参数的灵活配置满足不同业务层面的功能需求。

（5）可分布性。可分布性是指系统软件应采用分布式数据库和应用服务平台，既可以满足分析中心集中管理模式，也可以根据不同重要等级和管辖范围实施分层分布式管理。

2. 状态检修辅助决策系统的建设框架

状态检修辅助决策系统业务功能框架如图 ZY1400401002-1 所示，国家电网公司输变电设备状态检修分析的业务功能划分为数据获取、数据处理、监测预警、状态评价、状态诊断、预测评估、风险评价和决策建议八个逻辑层。在具体的业务实施过程中，部分功能模块层可作适当调整或分步实施，

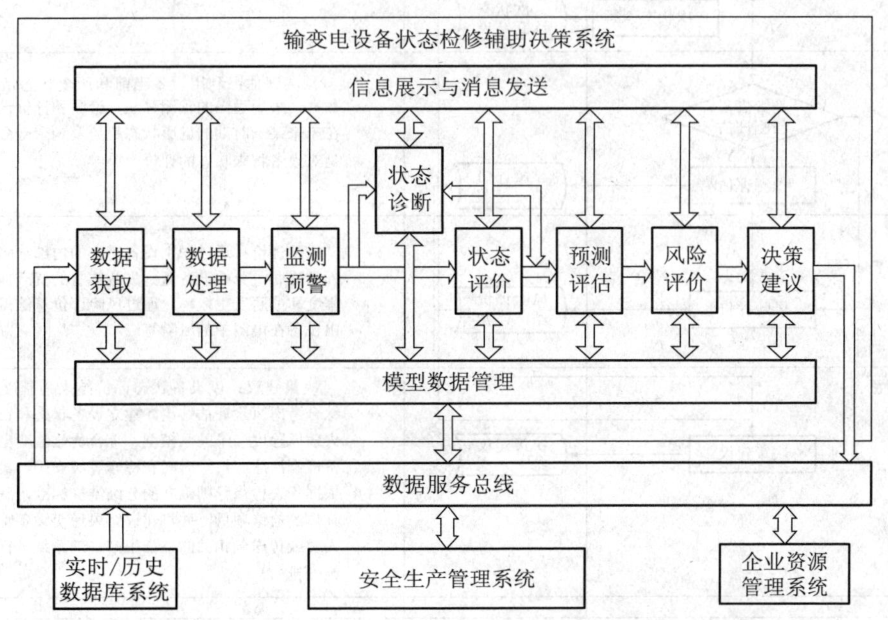

图 ZY1400401002-1　状态检修辅助决策系统业务功能框架

满足不同用户的实际需求。

3. 状态检修辅助决策系统业务流程说明

设备状态检修辅助决策系统的数据获取、分析、处理和决策管理的业务流程如图 ZY1400401002-2 所示。

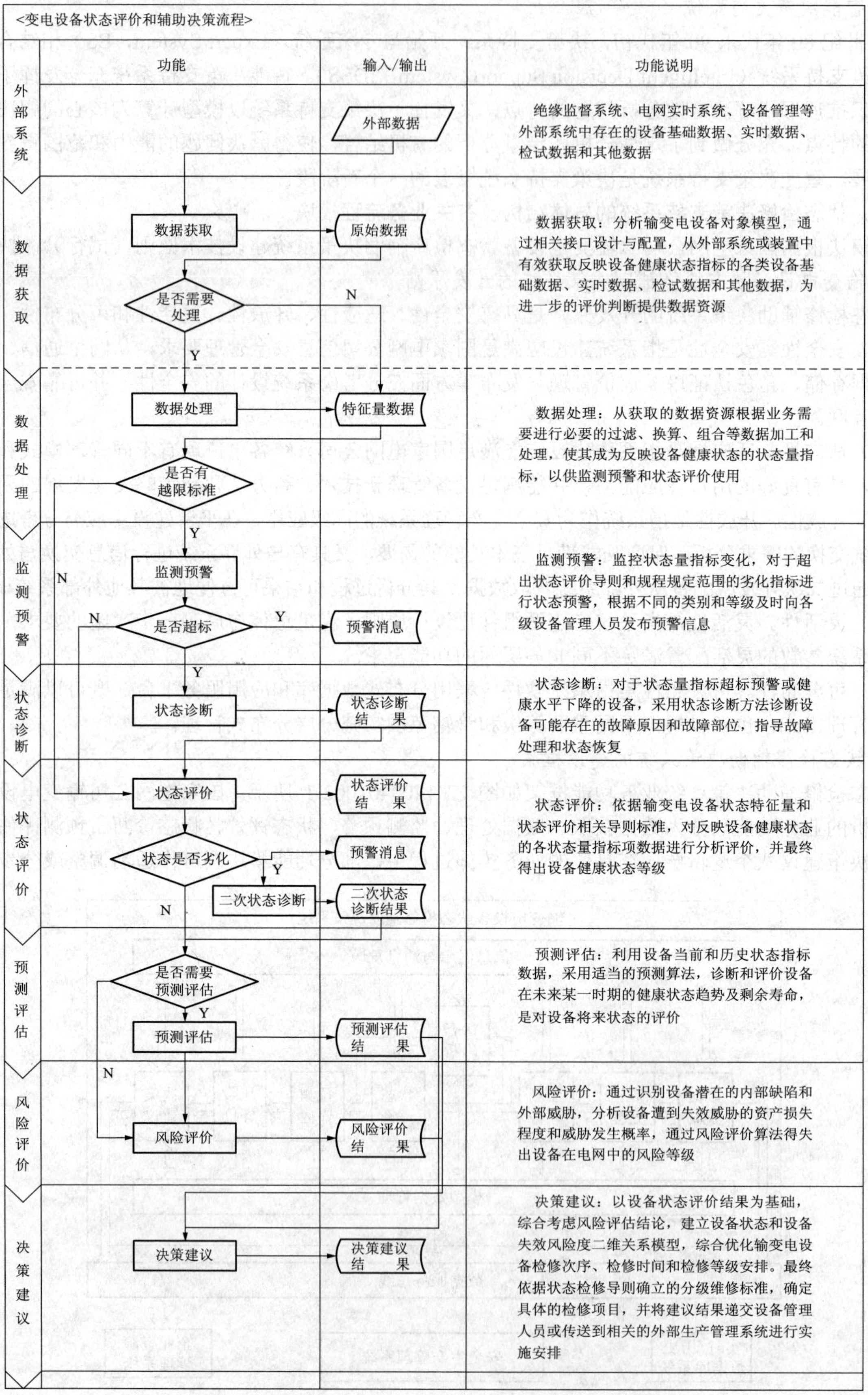

<变电设备状态评价和辅助决策流程>

	功能	输入/输出	功能说明
外部系统		外部数据	绝缘监督系统、电网实时系统、设备管理等外部系统中存在的设备基础数据、实时数据、检试数据和其他数据
数据获取	数据获取 是否需要处理（Y / N）	原始数据	数据获取：分析输变电设备对象模型，通过相关接口设计与配置，从外部系统或装置中有效获取反映设备健康状态指标的各类设备基础数据、实时数据、检试数据和其他数据，为进一步的评价判断提供数据资源
数据处理	数据处理 是否有越限标准（Y / N）	特征量数据	数据处理：从获取的数据资源根据业务需要进行必要的过滤、换算、组合等数据加工和处理，使其成为反映设备健康状态的状态量指标，以供监测预警和状态评价使用
监测预警	监测预警 是否超标（Y / N）	预警消息	监测预警：监控状态量指标变化，对于超出状态评价导则和规程规定范围的劣化指标进行状态预警，根据不同的类别和等级及时向各级设备管理人员发布预警信息
状态诊断	状态诊断	状态诊断结果	状态诊断：对于状态量指标超标预警或健康水平下降的设备，采用状态诊断方法诊断设备可能存在的故障原因和故障部位，指导故障处理和状态恢复
状态评价	状态评价 状态是否劣化（Y / N） 二次状态诊断	状态评价结果 预警消息 二次状态诊断结果	状态评价：依据输变电设备状态特征量和状态评价相关导则标准，对反映设备健康状态的各状态量指标项数据进行分析评价，并最终得出设备健康状态等级
预测评估	是否需要预测评估（Y / N） 预测评估	预测评估结果	预测评估：利用设备当前和历史状态指标数据，采用适当的预测算法，诊断和评价设备在未来某一时期的健康状态趋势及剩余寿命，是对设备将来状态的评价
风险评价	风险评价	风险评价结果	风险评价：通过识别设备潜在的内部缺陷和外部威胁，分析设备遭到失效威胁的资产损失程度和威胁发生概率，通过风险评价算法得出设备在电网中的风险等级
决策建议	决策建议	决策建议结果	决策建议：以设备状态评价结果为基础，综合考虑风险评估结论，建立设备状态和设备失效风险度二维关系模型，综合优化输变电设备检修次序、检修时间和检修等级安排。最终依据状态检修导则确立的分级维修标准，确定具体的检修项目，并将建议结果递交设备管理人员或传送到相关的外部生产管理系统进行实施安排

图 ZY1400401002-2 设备状态检修辅助决策系统业务流程

4. 状态检修辅助决策系统主要业务功能描述

（1）数据获取。数据获取模块为输变电设备状态检修分析系统的输入和外部接口模块，依据国家电网公司相关设备评价导则的要求，建立输变电设备对象模型，主要任务是从外部系统或装置中有效获取反映设备健康状态指标的各类设备基础数据、实时数据、检试数据和其他数据，为数据处理与判断提供完整的信息资源。数据获取模块功能如图 ZY1400401002-3 所示。

（2）数据处理。数据处理是对数据获取层获得的分析对象原始数据，根据评价业务需要进行必要的过滤、换算、组合等数据加工和处理过程，使其成为反映设备健康状态的状态量数据，以供监测预警和状态评价使用。数据处理模块功能如图 ZY1400401002-4 所示。

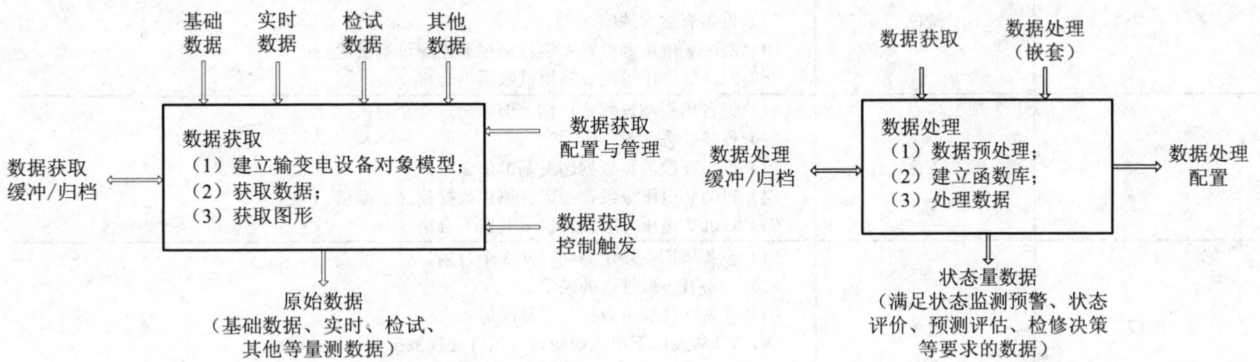

图 ZY1400401002-3　数据获取模块功能简图　　图 ZY1400401002-4　数据处理模块功能简图

对于数据获取层获取的包含完整信息的对象数据包，应根据业务需求进行必要的数据处理，使其成为可使用的状态量。主要表现在：

1）过滤。对于在线监测数据，在其连续采集的过程中由于电磁干扰或装置特性变化，会产生一些噪点，有必要采取合理的数字过滤技术加以处理。如处理相对平稳的信息量可采用傅里叶变换方法，对处理突变量信息可采用小波变换等方法。

2）换算。对某些采集量应经过换算方可使用，如主变压器本体介损需要把实际油温下的介损值换算成 20℃的介损值方可使用。

3）组合。对于某些测量数据需经过组合方可使用，如主变压器绕组直流电阻，其直阻偏差状态量需要组合分析计算三相直阻偏差后方可进行判断。再如绕组绝缘电阻状态量涉及吸收比（极化指数）与绝缘电阻两个采集量，同时需要组合考虑。

由于数据处理算法的不确定性，有必要建立一套完整的函数库，并可不断扩充。既可以满足算法的重用（如通用的函数运算），又可以满足新技术新方法的应用。

（3）监测预警。监测预警模块实时监控状态量指标变化，对于超出国家电网公司相关设备评价导则和规程规定阈值范围的劣化指标，根据不同的类别和等级及时向各级设备管理人员发布预警信息，同时启动设备状态诊断模块，辅助分析具体部位和故障原因。监测预警模块功能如图 ZY1400401002-5 所示。

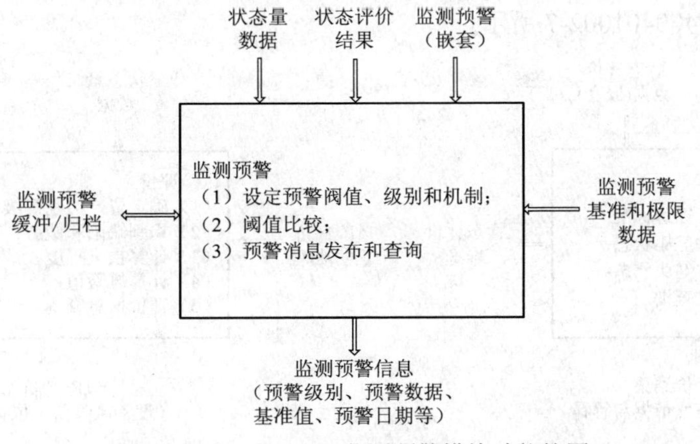

图 ZY1400401002-5　监测预警模块功能简图

监测预警应根据状态量劣化的严重程度可设置不同的等级，其分级见表 ZY1400401002-1。

表 ZY1400401002-1 监测预警级别和判断标准

预警级别	色 标	监测量测/状态量数据
一级	红色	（1）设备周期超过规定周期 6 个月。 （2）设备状态重大异常。 （3）设备有紧急缺陷。 （4）500kV 电压等级设备运行巡视数据超过基准值。 （5）500kV 及以上电压等级设备检试数据不合格
二级	橙色	（1）设备周期超过规定周期 3 个月。 （2）设备状态异常。 （3）设备有重大缺陷。 （4）220kV 电压等级设备运行巡视数据超过基准值。 （5）220kV 电压等级设备检试数据不合格
三级	黄色	（1）设备周期超过规定周期，但未超过 3 个月。 （2）设备状态注意。 （3）设备在线监测数据超过基准值 3 倍。 （4）110kV 电压等级设备运行巡视数据超过基准值。 （5）110kV 电压等级设备检试数据不合格
四级	蓝色	（1）设备周期在规定周期时间 3 个月内。 （2）设备有一般性质的缺陷。 （3）设备在线监测数据超过基准值。 （4）35kV 及以下电压等级设备运行巡视数据超过基准值。 （5）35kV 及以下电压等级设备检试数据不合格。 （6）设备超负荷运行
正常	绿色	（1）设备周期未超期（离周期时间 3 个月外）。 （2）设备状态正常或良好。 （3）设备无缺陷。 （4）设备在线监测数据不超基准值。 （5）设备运行巡视数据不超基准值。 （6）设备检试数据合格。 （7）设备不超负荷运行

其中一级预警实时触发，其他级别预警可以日报、周报、月报的形式汇总，根据设备对象不同及重要程度，配置不同的设备相关责任人，可通过办公自动化、短信平台发布。

（4）状态评价。状态评价依据国家电网公司各种设备评价导则进行。经数据获取和数据处理后进入状态评价，业务功能如图 ZY1400401002-6 所示。

（5）状态诊断。状态诊断模块是对监测预警模块发出预警信息或状态评价结果表明健康状态明显下降（可靠性下降状态、缺陷状态、危急状态）的设备，采用状态诊断方法诊断设备可能存在的故障原因和故障部位。

（6）预测评估。预测评估模块利用设备当前和历史状态指标数据，采用适当的预测算法，诊断和评价设备的今后某一时期健康状态发展趋势，并得出将来状态的评价结果。

（7）风险评价。依据国家电网公司《输变电设备风险评估导则（试行）》进行风险评价，风险评价模块功能简图如图 ZY1400401002-7 所示。

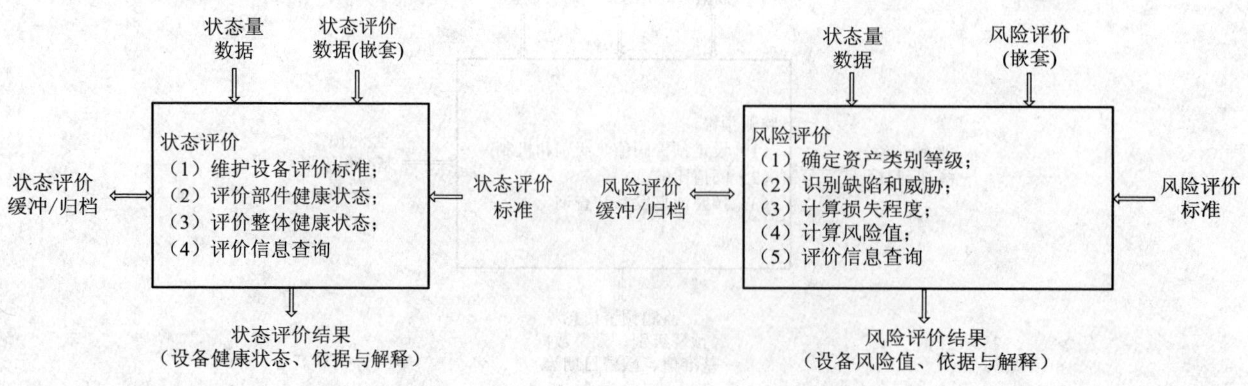

图 ZY1400401002-6 状态评价模块功能简图　　图 ZY1400401002-7 风险评价模块功能简图

国家电网公司《输变电设备风险评估导则（试行）》中以风险值为指标，综合考虑资产、资产损失程度及设备发生故障的概率三者的作用，风险值按下式计算

$$R(t)=A(t)\times F(t)\times P(t) \quad \text{(ZY1400401002-1)}$$

式中 t——某个时刻（Time）；

A——资产（Assets）；

F——资产损失程度（Failure）；

P——设备平均故障率（Probability）；

R——设备风险值（Risk）。

（8）决策建议。决策建议模块以设备状态评价结果为基础，综合考虑风险评估结论，建立设备状态和设备失效风险度二维关系模型，综合优化设备检修次序、检修时间和检修等级安排。并依据国家电网公司各种设备状态检修导则确立的分级维修标准，确定具体的检修项目和检修时间，最终将建议结果递交设备管理人员或传送到相关的外部生产管理系统实施安排。决策建议模块功能如图 ZY1400401002-8 所示。

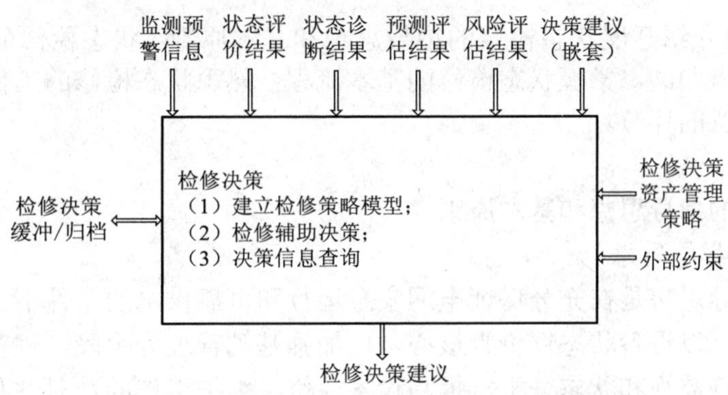

图 ZY1400401002-8 决策建议模块功能简图

可参考的设备状态和设备失效风险度二维（R–H）关系模型如图 ZY1400401002-9 所示。R 轴为设备风险等级值，数据来源风险评价结果，R 值越大说明越重要；H 轴为设备健康状态等级值，数据来源于状态评价结果，H 值越大设备状态越差；O 轴为过原点的参考轴，O 轴与 R 轴间的夹角为 φ。定义 P 为由设备风险值 R 和设备健康状态值 H 在 R–H 图上对应的点到 O 轴的归一化距离（折算到 100 内），表示设备需要进行维修的紧迫程度，P 值越大，设备越需要优先安排检修。φ 为权重因子，改变

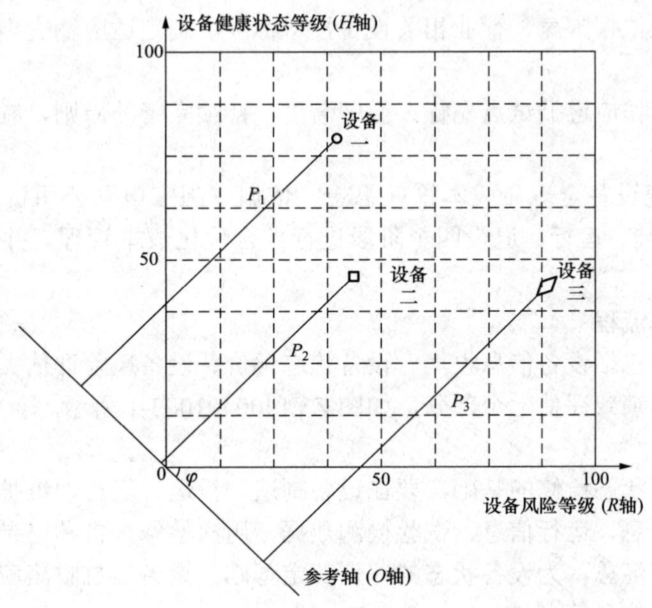

图 ZY1400401002-9 R–H 关系模型

夹角 φ，可以改变设备的重要性 R 和设备的健康状态 H 对确定维修策略的影响权重。夹角 φ 增大，设备的重要性 R 对维修策略的影响增大，同时设备的健康状态 H 对维修策略的影响减小；相反，夹角 φ 减小，设备的重要性 R 对维修策略的影响减小，同时设备的健康状态 H 对维修策略的影响增大。

决策系统的应用，给电力系统开展状态检修工作带来的效益决不仅仅是体现在经济上，更重要的是提高状态检修的决策能力，改善决策效果，提高管理决策水平。

【思考与练习】

1. 什么是决策支持系统？决策支持系统由哪些部分组成？
2. 决策支持系统的开发原则是什么？
3. 画出状态检修辅助决策系统业务功能框架图。
4. 状态检修辅助决策系统应包含哪些必备的功能模块，其作用是什么？

模块 3 状态检修的基本思路和方法（ZY1400401003）

【模块描述】本模块介绍开展状态检修的指导思想和基本原则、状态检修的基本流程和工作体系等。通过定义讲解、要点归纳，掌握状态检修的基本流程；熟悉状态检修的工作体系、各级职责及开展状态检修工作必须注意的环节。

【正文】

一、开展状态检修的指导思想和基本原则

1. 开展状态检修的指导思想

开展状态检修的指导思想是在充分保证电网安全运行和可靠供电的条件下，以制度建设为基础，以安全水平提升为目标，以设备状态评价为核心，以加强基础管理为手段，规范设备管理流程，落实安全责任，强化设备运行监视和状态分析，提高设备检修、维护工作的针对性和有效性，推进状态检修工作规范、有序开展。

2. 开展状态检修的基本原则

（1）开展状态检修工作必须在保证安全的前提下，综合考虑设备状态、运行可靠性、环境影响以及成本等因素。

（2）实施状态检修必须建立相应的管理体系、技术体系和执行体系，明确状态检修工作对设备状态评价、风险评估、检修决策制定、检修工艺控制、检修绩效评估等环节的基本要求，保证设备运行安全和检修质量。

（3）开展状态检修应依据国家、行业相关设备技术标准，制定适应输变电设备状态检修工作的相关技术标准和导则。

（4）开展状态检修工作应遵循试点先行、循序渐进、持续完善的原则，制定工作长远目标和总体规划，分步实施。

（5）状态检修应体现设备全寿命成本管理思想，依据《国家电网公司资产全寿命管理指导性意见》，对设备的选型、安装、运行、退役四个阶段进行综合优化成本管理，并指导设备检修策略的制定。

二、状态检修的基本流程

状态检修的基本流程包括设备信息收集、设备状态评价、设备风险评估、检修策略制定、年度检修计划制定、检修实施及绩效评估七个部分，如图 ZY1400401003-1 所示。

1. 信息收集

设备信息收集是开展状态检修的基础，要在设备制造、投运、运行、维护、检修、试验等全过程中，通过对投运前基础信息、运行信息、试验检测数据、历次检修报告和记录、同类型设备的参考信息等特征参量进行收集、汇总，为设备状态的评价奠定基础。设备信息收集应包括投运前信息、运行中信息和同类型设备参考信息等。

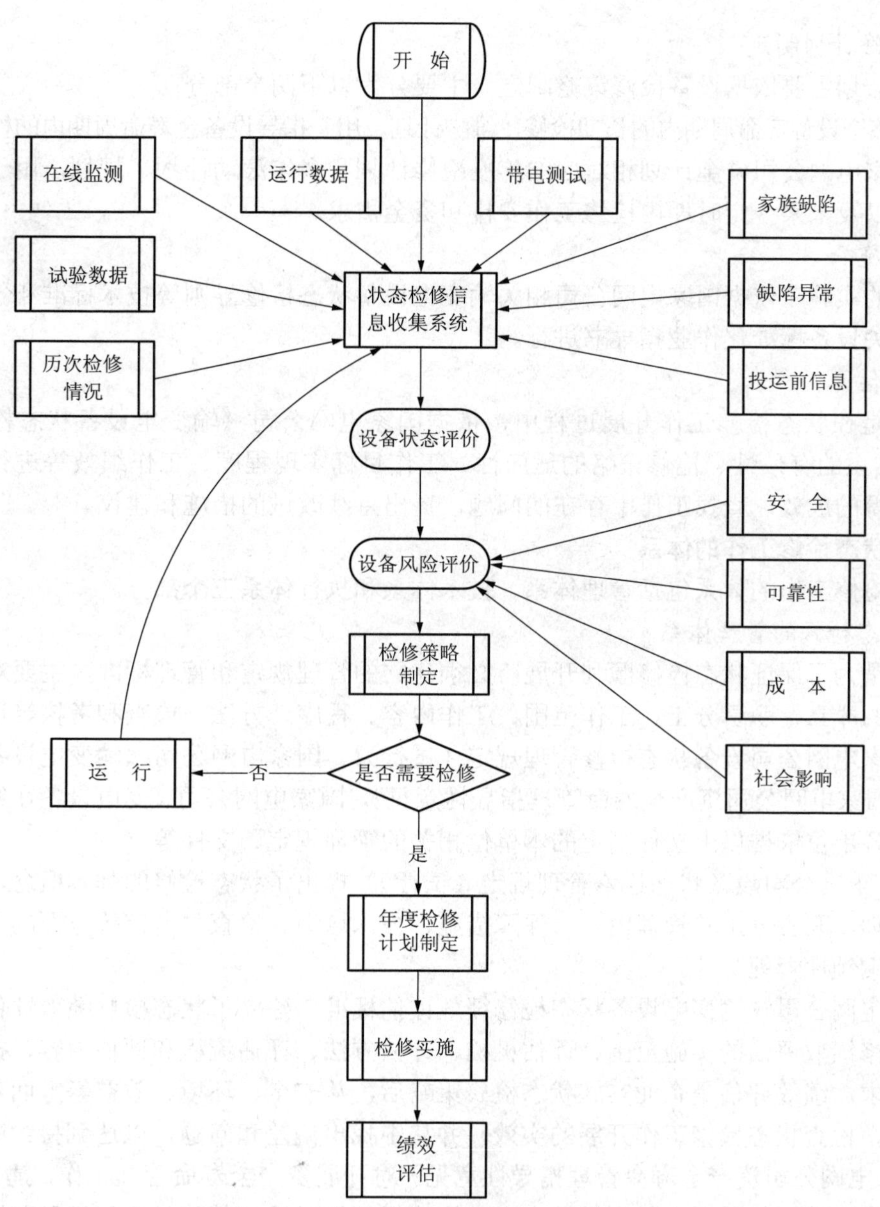

图 ZY1400401003-1　状态检修工作流程图

2. 设备状态评价

设备状态评价是开展状态检修工作的关键，设备状态评价必须通过对设备离线、在线测试数据和运行、检修等基础资料进行持续、规范的特征参量收集、跟踪管理并综合分析、判断，才能够准确掌握设备运行状态、健康水平和发展趋势。设备状态评价应实行动态管理，每年至少一次，设备状态评价必须通过，为开展状态检修下一阶段工作创造条件。

3. 设备风险评估

设备风险评估是开展状态检修工作的重要环节，其目的就是要按照国家电网公司《输变电设备风险评估导则（试行）》的要求，利用设备状态评价结果，综合考虑安全、环境和效益等三个方面的风险，确定设备运行存在的风险程度，为检修策略和应急预案的制定提供依据。设备风险评估每年至少一次。

4. 检修策略制定

以设备状态评价结果为基础，参考风险评估结果，在充分考虑电网发展、技术进步等情况下，对设备检修的必要性和紧迫性进行排序，并依据国家电网公司相关输变电设备状态检修导则等技术标准确定检修方式、内容，并制定具体检修方案。

5. 年度检修计划制定

年度检修计划主要依据设备检修策略制定，主要分为以下两个部分：

（1）覆盖整个设备寿命周期内的长期检修、维护计划，用于指导设备全寿命周期内的检修、维护工作。

（2）与国家电网公司资金计划相对应的年度检修计划和多年滚动计划、规划，用于指导年度检修工作的开展，以及未来一定时期内检修工作安排和资金需求。

6. 检修实施

设备检修的实施应依据国家电网公司相关输变电设备状态检修导则等技术标准和年度检修计划并按照各单位相关设备标准化作业指导书进行。

7. 绩效评估

绩效评估是在状态检修工作开展过程中，依据国家电网公司《输变电设备状态检修绩效评估标准》，对工作体系的有效性、检修策略的适应性、工作目标实现程度、工作绩效等进行评估，确定状态检修工作取得的成效，查找工作中存在的问题，提出持续改进的措施和建议。

三、开展状态检修工作的体系

开展状态检修工作的体系包括管理体系、技术体系和执行体系三个部分。

1. 开展状态检修的管理体系

管理体系是为了保证状态检修顺利开展所必须建立的管理规定和管理标准，主要对各级状态检修工作组织机构的成立、职责分工，工作范围、工作内容、程序、方法、检查和考核等进行规范。主要依据包括《国家电网公司设备状态检修管理规定（试行）》、国家电网公司《输变电设备状态检修绩效评估标准》、《国家电网公司资产全寿命管理指导性意见》、国家电网公司《变电设备在线监测系统管理规范》等以及各单位依据以上文件制定的本单位相关的管理规定、文件等。

（1）《国家电网公司设备状态检修管理规定（试行）》提出了状态检修的基本概念，规定了开展状态检修组织管理、职责分工、管理内容、保障措施、技术培训、检查与考核等方面的工作要求，是状态检修工作的纲领性管理文件。

（2）国家电网公司《输变电设备状态检修绩效评估标准》建立了状态检修绩效评估的指标体系，规定了状态检修绩效评估的实施范围、评估机构、评估方法、评估流程和评估内容，提出了评估报告的规范格式要求。绩效评估是企业实施状态检修策略后，从安全、环境、效益等方面对取得的成绩与效果进行评估，检查状态检修工作开展的实效，并从中找出偏差和问题，以达到持续改进的目的。

（3）《国家电网公司资产全寿命管理指导性意见》对开展资产全寿命管理工作，建立规范的、符合实际的资产全寿命管理体系提出了指导性意见，明确了规划设计、基建、运行维护和退役处置四个寿命周期阶段，确定了技术、经济、社会三个层面递进评估资产管理策略决策方法，提出了由组织机构、信息、流程和战略四个要素组成的资产全寿命管理基本框架，以及由战略、计划、实施、检查和评价五个要素组成的持续改进资产管理过程。

（4）国家电网公司《变电设备在线监测系统管理规范》规定了输变电设备在线监测系统的全过程管理，包括在线监测系统的管理职责、设备选型和使用、安装和验收、运行、维护、培训和技术文件的管理要求。

2. 开展状态检修的技术体系

技术体系是指支撑状态检修工作的一系列技术标准和导则，是开展状态检修的技术保证。主要包括 Q/GDW 168—2008《输变电设备状态检修试验规程》、国家电网公司《输变电设备风险评估导则（试行）》、国家电网公司《输变电设备状态检修辅助决策系统建设技术原则（试行）》、国家电网公司《变电设备在线监测系统技术导则》以及各类设备状态检修导则、状态评价导则检修工艺和作业指导书等。

（1）Q/GDW 168—2008《输变电设备状态检修试验规程》规定了 110～750kV 变压器、开关、线路等各类高压电气设备巡检、检查和试验的项目、周期和技术要求，以巡检、例行试验、诊断性试验替代了原有定期试验，明确了基于设备状态的试验周期和项目双向调整方法，提出了警示值和不良工况、家族缺陷等新概念以及显著性差异和纵横比分析的新方法。该规程内容涵盖巡检、例行试验、诊断性试验、在线监测、带电检测、家族缺陷、不良工况等状态信息，吸收了最新的现场试验项目和分析方法，充分考虑了各单位设备状态、地域环境、电网结构等特点，是状态检修工作的基础性技术文件。

（2）国家电网公司各种设备评价导则规定了对输变电设备状态进行量化评价的方法，内容主要包括状态参量的选取、权重的定义、评分标准、设备分部件的划分以及根据状态参量评价设备状态的方法等。

（3）国家电网公司相关输变电设备状态检修导则明确了根据设备状态评价确定具体检修等级、内容并制定针对性检修方案的过程和方法。

（4）国家电网公司《输变电设备风险评估导则（试行）》明确了开展风险评估工作的基本方法，包括评价的数学模型及影响风险值的资产、损失程度、设备平均故障率等要素的评价方法，给出了不同风险值设备的处理原则。

（5）国家电网公司《输变电设备状态检修辅助决策系统建设技术原则（试行）》是指导和规范输变电设备状态评价系统建设的主要技术依据，规定了输变电设备状态检修辅助系统应具备的统一业务功能模型、接口规范、系统平台、软件设计等技术要求。

（6）国家电网公司《变电设备在线监测系统技术导则》规定了输变电设备在线监测参数的选取、监测系统的选型、试验和检验、现场交接验收、包装、运输和储存等方面的技术要求，强调监测系统的有效性和实用性。

（7）各类设备检修工艺导则和作业指导书。各类检修工艺导则和作业指导书用以具体指导设备检修工作，确定相应的检修程序和基本工艺标准。

3. 开展状态检修的执行体系

执行体系是包括组织机构在内的状态检修流程中各环节的具体实施，它包括设备信息收集、设备评价和风险分析、制定检修策略并实施、检修后评价和人员培训等。

在执行体系中，把握设备的状态是关键：① 要控制设备的初始状态，要通过对设计、选型、制造、建设、交接等各环节的技术监督，对设备初始状态有清晰、准确的了解和掌握；② 要通过加强运行监视、认真开展设备检测、试验等工作，及时收集、归纳、处理设备运行信息，确切掌握设备运行状态；③ 要采取有针对性的设备维护、检修措施，及时处理设备缺陷和隐患，恢复设备健康水平，保持设备具有良好的运行状态。

执行体系的重点是落实人员责任制，状态检修工作比设备定期检修更依赖人的责任心和主人公意识。在加强对各级设备管理人员进行教育培训的同时，要明确各级人员责任，落实责任制，强化考核力度，坚决杜绝放任自流、主观臆断等现象的发生。

执行体系中另一个重要环节是加强对各级生产人员的培训和检测、试验装备的配备。通过培训，使设备管理人员准确掌握设备的原理、性能、重要指标等参数，提高设备管理人员对设备状态进行有效监视和分析的综合技能。

四、开展状态检修工作的组织层次划分及其职责

各单位开展状态检修工作应先建立相应的组织机构，并在国家电网公司统一管理规定、技术标准指导下制定本单位实施细则，各级生产管理部门是状态检修工作归口管理部门。各单位应成立以单位主管领导牵头的组织领导机构，全面负责状态检修的组织、实施、检查、考核等工作，开展状态检修管理层次应分为以下三层。

1. 决策层

决策层一般由局（公司）级领导（生产局长总工）、技术专家（副总工）及有关部门负责人组成。其职责主要有：确定本单位开展状态检修的具体目标；审批本单位设备状态检修工作计划、实施方案以及有关的规章、规程、制度、工作流程、作业手册或作业指导书等；建立本单位设备状态检修组织机构，配备专业层称职人员并明确职责；协调解决状态检修工作中的问题；审批专业层提出的状态检修有关报告及方案；审批（或审查）重要设备周期调整方案并报上级备案（或审批）；检查设备状态检修工作进度和质量，并进行状态检修工作效果评估；组织领导状态检修的宣传和培训以及技术交流。

2. 专业层

专业层一般由生技部、农电部、基建部、安监部的专业技术管理人员组成。其主要职责有：起草本企业设备状态检修工作计划和实施方案；制定实施设备状态检修相关的规章制度和工作流程、作业手册或作业指导书等；编制设备状态检修工作方案、状态检测方案；审查设备状态评估报告及依据状态提出的检修建议及方案；评估状态检修效果，不断改进和完善状态检修方法；负责状态检修工作总结；组织状态检修技能培训和经验交流。

3. 执行层

执行层具体负责设备管理（含全过程管理）的基层单位，一般由修试安装单位、运行单位、设计单位等组成。主要职责有：按规定完成设备的巡视、检查、检测、状态信息的采集、设备状态及其趋势综合分析等工作；一般由修试单位负责起草设备状态检修工作方案、状态检测方案，待批准后组织实施，负责整理分析设备状态信息，提供设备状态一览情况表、重点设备的状态评估报告、根据设备状态提出的检修建议及其检修方案，具体实施设备的检修及其管理工作；运行单位主要负责设备的运行维护、档案资料管理、缺陷管理、运行信息的收集、分析和整理积累，对运行设备的状态进行综合评价并提出状态检修工作的建议；设计单位负责对设备正确合理的设计选型，禁止选用落后、淘汰、可靠性不高的设备，尤其要注重设备的免维性能和运行后的经济性能。

五、开展状态检修工作必须注意的环节

1. 编制本单位状态检修实施细则及有关标准、导则、规范

国家电网公司颁布的各类关于状态检修的管理规定和技术标准，是各单位开展状态检修工作的指导性文件，各地区可根据当地的实际情况，并结合运行实际，制定实施细则和有关技术标准。

2. 确保设备良好的初始状态

初始状态是指包括设备招标、制造、装配以及交接试验等环节在内的前期管理工作，初始状态“健康”与否，对日后的安全运行状况、检修工作量以及设备运行寿命等产生重要的甚至决定性的影响。因此，必须把好设备选型关、出厂验收关、交接试验关。

3. 制定本地区停电预防性试验的周期和项目

根据运行设备总体水平和特殊性，根据试验项目的有效性、实用性（工作量大小，是否停电）合理制定预防性试验的周期和项目。

4. 以设备状态为主线制定检修计划

状态检修管理应掌握所管辖设备的档案、安装、调试、改造等历史情况，并动态掌握运行现状、缺陷、检修、试验及消缺等情况，并按设备状态评价和检修导则在对设备评价、审视的基础上，评定所管辖每件设备状态属于四类的哪一类。针对设备的具体状态，选择、制定A、B、C、D类合理的检修策略。评价设备状态及制定停电工作计划时要充分考虑第一线专业室及检修班组的意见，因为他们直接接触设备，对设备的评价及处理最有发言权。

制定检修计划还要考虑到与周期性的预防性试验停电相结合，避免重复停电。

5. 加强各环节人员的状态检修管理培训和专业技术培训

对收集、管理、处理大量的设备状态信息的有关负责人、专责人员进行必要的管理及考核方面的培训；对第一线的检修人员和运行人员应强调进行设备结构、维护、使用以及缺陷形成规律和消除办法方面的技术培训；对试验人员强调进行设备诊断方面的技术培训。

【思考与练习】

1. 开展状态检修的指导原则是什么？
2. 状态检修的基本流程由哪些主要部分组成？
3. 开展状态检修必须建立和完善的体系有哪些？
4. 开展状态检修工作必须注意的环节是什么？

第四十五章　变电设备的状态评估和检修

模块 1　变压器的状态检修（ZY1400402001）

【模块描述】本模块介绍变压器状态检修各个流程的有关内容，在线监测和检测技术在变压器状态检修中的应用。通过定义讲解、要点归纳、图表示例，熟悉变压器的在线监测和检测技术，掌握开展变压器状态检修各个流程的主要工作及变压器实施状态检修应注意的几个问题。

【正文】

一、在线监测和检测技术在变压器状态检修中的应用

变压器状态评估的关键是状态信息的收集，变压器的运行工况状态信息可通过巡视检查和定期试验项目获得。但是，日常巡视和常规测量技术无法满足及时获取变压器状态信息的需要，开展变压器状态检修应积极应用一些先进的在线监测技术，及时掌握和跟踪变压器状态参量的变化。目前，变压器红外测温故障诊断、油中溶解气体、局部放电、铁芯电流、套管介损、器身振动等一些成熟的在线监测技术得到了较为广泛的发展和应用。

1. 变压器红外监测

目前，设备事故在全部事故中占的比率最高，而在众多的停电事故中，因设备局部过热引起的停电检修时有发生。传统监测温度的老办法是“接触式”的，工作量大，浪费时间且不经济，且测温范围狭窄，结果不准确，操作不方便、不安全。基于以上所述，电力设备的温度监测必须改变测温的接触方式，寻找新途径，开展遥感遥测技术，在不接触运行设备的前提下，进行不停电、不停机的测温。目前的非接触红外测温技术，恰好满足了电力系统的要求。

通过对变压器红外测温，可以直观、明了地发现诸如接头发热、本体局部过热、冷却系统堵塞，油枕、套管虚假油位、油路堵塞、套管受潮介损增大等缺陷，对变压器状态评价起着不可估量的作用。

2. 色谱在线监测

在变压器故障诊断中，变压器油色谱分析是最灵敏和有效的方法。变压器油中气体离线色谱分析的基本做法是在现场从变压器中提取试油样，将试油样送到化学分析实验室，由专家进行分析和评价，试验环节较多，操作手续较烦琐，检测周期较长，而且难以即时发现类似匝间绝缘缺陷等突发性故障。因而国内外都致力于在线监测装置的研制，以实现连续检测，及时发现故障。目前国内一些厂家和院校已经研制并开发出在线分离和分别检测变压器油中 H_2、CO、CH_4、C_2H_2、C_2H_4、C_2H_6 六种溶解气体的在线监测装置并在电力系统中得到广泛的应用。

3. 变压器局部放电监测

变压器油纸绝缘中如含有气隙，由于气体介质的介电常数小而击穿场强比油、纸都低，因而在外施交流高压下气隙将是最薄弱环节。但刚放电时，一般放电量较小，如不超过几百皮库；当外施高压下油中也出现局部放电时，放电量可能有几千到几十万皮库。强烈的局部放电（如 106pC 以上），即使时间很短（如几秒钟），就会引起纸层损坏。而持续时间较短强度不大的局部放电，并不会马上损伤纸层；但如果局部放电在工作电压下不断发展，会加速油质老化、气泡扩大、形成高分子量的蜡状物等，更促使局部放电的加剧。

目前，取得较好应用效果的局部放电在线监测方法主要有脉冲电流法、超声法和超高频法等三种方法。

4. 变压器器身振动在线监测

运行中变压器器身的振动是由于变压器本体（铁芯、绕组等的统称）的振动及冷却装置的振动产

生的，国内外的研究表明，变压器本体振动的根源在于：① 硅钢片的磁致伸缩引起的铁芯振动；② 硅钢片接缝处和叠片之间存在着因漏磁而产生的电磁吸引力，从而引起铁芯的振动；③ 当绕组中有负载电流通过时，负载电流产生的漏磁引起绕组的振动。

由于变压器在制造过程中已采取了必要的措施来减小冷却装置的振动，冷却装置的振动引起的变压器器身振动可忽略不计，可以看出变压器器身表面的振动与变压器绕组及铁芯的压紧状况、绕组的位移及变形密切相关。因此，利用振动在线监测电力变压器夹件、绕组、铁芯等松动故障是可能的。

5. 变压器的其他在线监测技术

目前国内变压器开展的在线监测技术还有套管绝缘参数、铁芯对地电流的监测，对于套管绝缘参数的监测，其监测的参数和方法与电容性电流互感器一样，同属于容性设备的绝缘监测内容。对于铁芯电流的监测，方法相对简单，即在铁芯入地回路中安装一穿芯电流互感器即可实现。

二、变压器状态信息的收集与管理

设备信息收集与管理是开展状态检修评估的基础，要在设备制造、投运、运行、维护、检修、试验等全过程中，通过对投运前基础信息、运行信息、试验检测数据、历次检修报告和记录、同类型设备的参考信息等特征参量进行收集、汇总，为设备状态的评价奠定基础。

1. 变压器状态信息的必备的资料

变压器的状态信息源包括设备的静态信息、动态信息和环境信息三大类。静态信息是指运行前的原始资料信息，可作为判断设备状态所提供的原始“指纹”信息，也是状态检修的基础信息；动态信息来源于设备运行和检修等各环节的信息，该信息是判断设备状态和检修决策的直接依据；环境信息是判断设备状态的重要基础参考信息。静态信息与动态信息组合分析，可以描述设备的变化趋势，对状态判断与检修决策具有重要意义。而通过环境信息的收集和积累，逐步找出其影响设备健康状况的内在规律，可以更加科学地指导状态检修的开展。

依据 Q/GDW 169—2008《油浸式变压器（电抗器）状态评价导则》，变压器状态信息的资料主要如下：

（1）原始资料。原始资料包括铭牌参数、型式试验报告、订货技术协议、设备监造报告、出厂试验报告、运输安装记录、交接验收报告等。

（2）运行资料。运行资料包括运行工况记录信息、历年缺陷及异常记录、巡检情况、不停电检测记录等。

（3）检修资料。检修资料包括检修报告、例行试验报告、诊断性试验报告、有关反措执行情况、部件更换情况、检修人员对设备的巡检记录等。

（4）其他资料。其他资料包括同型（同类）设备的运行、修试、缺陷和故障的情况、相关反措执行情况、其他影响变压器安全稳定运行的因素等。

2. 变压器状态信息的管理

设备状态信息的管理应做到准确、完整、及时，由于反映设备状态的信息量庞大并且处在动态的变化、更新过程中，涉及选型、订货、安装、调试、运行、检修、维护的全过程，因此，设备状态信息只有在计算机网络管理下才能充分高效地发挥作用，开展设备状态检修应及时建立相应的计算机管理信息系统，应不断推进设备状态信息与生产管理信息系统（MIS）的关联性，不断提高设备信息的共享程度。只有这样才能大力降低一线检修运行人员收集、整理、分析设备状态信息的工作量和提高工作效率，确保信息收集的及时性、完整性和准确性，为变压器状态评价打下坚实的基础。

三、变压器状态的划分、评价及状态量

1. 变压器状态的划分

正确划分变压器的运行状态是选择检修策略的基础，变压器的状态分为正常状态、注意状态、异常状态和严重状态。

（1）正常状态。正常状态表示变压器各状态量处于稳定且在相关规程规定的警示值、注意值（或称标准限值）以内，可以正常运行。

（2）注意状态。注意状态表示单项（或多项）状态量变化趋势朝接近标准限值方向发展，但未超

过标准限值，仍可以继续运行，应加强运行中的监视。

（3）异常状态。异常状态表示单项重要状态量变化较大，已接近或略微超过标准限值，应监视运行，并适时安排停电检修。

（4）严重状态。严重状态表示单项重要状态量严重超过标准限值，需要尽快安排停电检修。

2. 变压器状态评价

变压器状态评价分为部件状态评价和整体状态评价两部分。

（1）变压器部件状态评价。变压器有许多功能相对独立的单元或部件，它们能否正常运行直接影响变压器的健康运行水平。变压器部件可分为本体、套管、分接开关、冷却系统以及非电量保护（包括轻重瓦斯、压力释放阀以及油温油位等）五个部件。所以对变压器的状态量的评价可按部件划分分别确定评价标准。变压器各部件的范围划分见表 ZY1400402001-1。

表 ZY1400402001-1　　变压器各部件的范围划分

部　件	评　价　范　围
本体	油枕密封元件（胶囊、隔膜、金属膨胀器）、压力释放阀、气体继电器、呼吸器、其他
套管	瓷套、接线板、其他
冷却系统	冷却装置控制系统、液压泵及电动机、风扇及电动机、油流指示器、其他
有载分接开关	呼吸器、机构、控制回路、电动机、位置指示器、其他
非电量保护装置	温度计、油位指示计、压力释放阀、气体继电器、其他

（2）变压器整体状态评价。变压器的整体评价应综合其部件的评价结果，当所有部件评价为正常状态时，整体评价为正常状态；当任一部件状态为注意状态、异常状态或严重状态时，整体评价应为其中最严重的状态。

（3）变压器状态量评价周期。

1）设备的状态评价分为定期评价和动态评价，定期评价在编制年度检修计划之前进行一次，一般在 8 月进行。动态评价在设备状态量（巡检、红外检测、高压试验、油化验等数据）及运行工况（系统短路冲击和过电压）发生异常时，对具体设备有针对性地进行。

2）新设备投运后（即经过投运前的全项目高压试验、各部位检查和投运后的巡检及红外检测）第 40 天进行一次初始评价。

3）停运 6 个月以上的备用设备重新投运后，并经巡检及红外检测，第 10 天进行一次评价。

4）对列入当年检修计划的设备，在检修前 30 天及检修完成后 10 天内各评价一次。

（4）变压器部件的状态评价方法。变压器（电抗器）部件的评价应同时考虑单项状态量的扣分和部件合计扣分情况，变压器各部件状态评价标准见表 ZY1400402001-2。

表 ZY1400402001-2　　变压器各部件状态评价标准

评价标准 / 部件	正常状态		注意状态		异常状态	严重状态
	合计扣分	单项扣分	合计扣分	单项扣分	单项扣分	单项扣分
本体	≤30	≤10	＞30	12～20	＞20～24	＞30
套管	≤20	≤10	＞20	12～20	＞20～24	＞30
冷却系统	≤12	≤10	＞20	12～20	＞20～24	＞30
分接开关	≤12	≤10	＞20	12～20	＞20～24	＞30
非电量保护	≤12	≤10	＞20	12～20	＞20～24	＞30

当任一状态量单项扣分和部件合计扣分同时达到表ZY1400402001-2规定时，视为正常状态。

当任一状态量单项扣分或部件所有状态量合计扣分达到表ZY1400402001-2规定时，视为注意状态。

当任一状态量单项扣分达到表ZY1400402001-2规定时，视为异常状态或严重状态。

3. 变压器状态量

（1）状态量权重。设备的状态量是直接或间接表征设备状态的各类信息，如数据、声音、图像、现象等。状态量分为一般状态量和重要状态量，一般状态量是对设备的性能和安全运行影响相对较小的状态量。重要状态量是对设备的性能和安全运行有较大影响的状态量。变压器运行的状态量视状态量对变压器安全运行的影响的重要程度，从轻到重分为四个等级，对应的权重分别为权重 1、权重 2、权重 3、权重 4，其系数为 1、2、3、4。权重 1、权重 2 与一般状态量对应，权重 3、权重 4 与重要状态量对应。

（2）状态量劣化程度。视状态量的劣化程度从轻到重分为Ⅰ、Ⅱ、Ⅲ和Ⅳ级，其对应的基本扣分值为 2、4、8、10 分。

（3）状态量扣分值。状态量应扣分值由状态量劣化程度和权重共同决定，即状态量应扣分值等于该状态量的基本扣分值乘以权重系数，状态量正常时不扣分。状态量的权重、劣化程度及对应扣分值见表 ZY1400402001-3。

表 ZY1400402001-3　　变压器状态量的权重、劣化程度及对应扣分值表

状态量劣化程度 \ 基本扣分值 \ 权重系数		1	2	3	4
Ⅰ	2	2	4	6	8
Ⅱ	4	4	8	12	16
Ⅲ	8	8	16	24	32
Ⅳ	10	10	20	30	40

四、变压器的风险评估

风险评估在设备状态评价之后进行，通过风险评估，确定变压器面临的和可能导致的风险，为状态检修决策提供依据。风险评估所需要的初始信息有：

（1）设备状态评价结果（设备状态评价分值）。

（2）设备故障案例（设备故障、损失程度及可能性）。

（3）设备相关信息，包括设备台账、电网结构及供电用户信息。

设备风险评估应按照国家电网公司《输变电设备风险评估导则（试行）》，利用设备状态评价结果，综合考虑安全性、经济性和社会影响等三个方面的风险，确定设备风险程度。设备风险评估每年至少一次。

五、变压器状态检修策略的选择

检修策略以设备状态评价结果为基础，参考风险评估结果，在充分考虑电网发展、技术进步等情况下，对设备检修的必要性和紧迫性进行排序，并依据国家电网公司相关输变电设备状态检修导则等技术标准确定检修方式、内容，并制定具体检修方案。

（1）变压器检修工作分为 A 类检修、B 类检修、C 类检修、D 类检修四类。各地区应根据检修工作实际情况，对照分类原则确定检修类别。

1）A 类检修。A 类检修指吊罩、吊芯检查，本体油箱及内部部件的检查、改造、更换、维修，返厂检修，相关试验。

2）B 类检修。① B1（油箱外部主要部件更换）：套管或升高座、油枕、调压开关、冷却系统、非电量保护装置和绝缘油。② B2（主要部件处理）：套管或升高座、油枕、调压开关、冷却系统、绝缘油。③ 其他：现场干燥处理，停电时的其他部件或局部缺陷检查、处理、更换工作，相关试验。

3）C 类检修。① C1：按 Q/GDW 168—2008《输变电设备状态检修试验规程》规定进行试验。② C2：清扫、检查、维修。

4）D 类检修。① D1：带电测试（在线和离线）。② D2：维修、保养。③ D3：带电水冲洗。④ D4：检修人员专业检查巡视。⑤ D5：冷却系统部件更换（可带电进行时）。⑥ D6：其他不停电的部件更换处理工作。

（2）变压器状态检修策略包括缺陷处理、试验、不停电的维修和检查等。检修策略应根据设备状态评价的结果动态调整。

（3）对于设备缺陷，根据缺陷性质，按照缺陷管理有关规定处理。同一设备存在多种缺陷，也应尽量安排在一次检修中处理，必要时，可调整检修类别。

（4）凡需检修人员进入变压器本体内部的检修工作，一般应确定为A类检修。根据评价结果进行的缺陷处理，处理时检修人员无需进入变压器本体的检修工作为B类检修。例行的设备维护工作为C类检修。不停电进行的设备部件更换、检查等检修工作，一般定为D类检修。

（5）根据设备评价结果，制定相应的检修策略。

1）正常状态检修策略。被评价为正常状态的变压器（电抗器），执行 C 类检修。根据设备实际状况，C 类检修可按照正常周期或延长一年执行。在 C 类检修之前，可以根据实际需要适当安排 D 类检修。

2）注意状态检修策略。被评价为注意状态的变压器（电抗器），执行 C 类检修。如果单项状态量扣分导致评价结果为注意状态时，应根据实际情况提前安排 C 类检修。如果仅由多项状态量合计扣分导致评价结果为注意状态时，可按正常周期执行，并根据设备的实际状况，增加必要的检修或试验内容。

注意状态的设备应适当加强D类检修。

3）异常状态检修策略。被评价为异常状态的变压器（电抗器），根据评价结果确定检修类型，并适时安排检修。实施停电检修前应加强 D 类检修。

4）严重状态的检修策略。被评价为严重状态的变压器（电抗器），根据评价结果确定检修类型，并尽快安排检修。实施停电检修前应加强 D 类检修。

（6）新投运设备的状态检修。根据运行经验，新设备投运后在投运初期（一般为 1～3 年）较易发生制造及质量问题，在条件许可时变压器投运后 1 年内安排一次试验及日常维护，且此次试验项目可不局限于例行试验项目，以便收集较多的状态量信息，并根据状态量信息对设备进行一次状态评价。

（7）老旧设备的状态检修。老旧设备是指接近其运行寿命的设备或运行表明存在较多缺陷的设备。经验表明电力设备的缺陷发生一般遵循浴盆曲线，即在设备投运的初期和寿命终了期是缺陷发生概率较高的时期，这也比较符合运行经验。因此，对于接近其运行寿命的变压器，制定检修策略时应偏保守，一般推荐的做法是，即使该类设备评价为正常状态，其检修周期在正常周期的基础上也不宜延长，而评价为注意状态的设备，其检修周期应缩短。

（8）在确定检修类别时，应根据实际情况，在确保安全和检修质量的前提下，选择恰当的检修方式。如是否带电进行部件更换、是否需要检修人员进入设备本体进行工作等，各地区的习惯做法可能有所不同。

（9）分接开关检修列为 B 类检修，该检修内容主要针对有载分接开关的切换开关，当检修涉及无励磁分接开关或有载分接开关时，由于需进入变压器内部，应确定为A类检修。

（10）检修策略的制定应从设备及电网可靠性考虑，做好各相关设备的统一协调工作，避免重复安排检修。

（11）设备在开展相应类别的检修时，不应仅限于处理状态评价所暴露的问题，对其他可能进行的检查、检修工作也应尽量安排，避免因考虑不周造成缺陷处理不彻底而重复检修。

六、变压器状态检修计划的编制

（1）要根据运行设备总体水平和特殊性，根据试验项目的有效性、实用性合理制定预防性试验的周期和项目。

（2）对于通过停电检测、不停电检测或运行状况反映有任何不正常（可疑）迹象的设备，不受正常设备检修周期的约束，应加强不停电检测、停电检测、巡视检查的频度和力度，直至转为正常状态。

（3）状态检测周期年限的确定还须顾及同间隔的二次系统设备，即继电保护及其自动化设备、测试仪表设备、综合自动化设备的定检周期，应解决好各专业定期检验时相互制约的问题，应尽量使它们同步到期检测和试验，以减少系统重复停电。

（4）以设备状态为主线制定检修计划。

（5）制定检修计划还要考虑到与周期性的预防性试验停电相结合，避免重复停电。

七、变压器状态检修的实施

（1）按照批准的检修计划及状态评价结果所确定的检修内容和项目，根据有关状态检修导则、检修工艺规程及标准化作业指导书的要求，组织检修工作。

（2）提前做好施工所需的材料、备品备件、工器具准备。

（3）对于大型、复杂作业必须在年初编制出施工方案及相应的安全技术组织措施，并报相关部门进行审批。

八、变压器状态检修绩效评估

（1）绩效评估是在状态检修工作开展过程中依据国家电网公司《输变电设备状态检修绩效评估标准》对执行体系的有效性、检修策略的适应性、工作目标实现程度、工作绩效等进行评估，确定状态检修工作取得的成效，查找工作中存在的问题，提出持续改进的措施和建议。

（2）绩效评估工作由绩效评估小组每年组织一次。

（3）状态检修绩效评估采用自评、检查、互查、审核相结合的方式。

（4）状态检修绩效自评估主要采用分项和综合评分的方法，每年对变压器状态评价的有效性、检修策略的正确性、计划实施、检修效果、检修效益进行分项评估。

九、变压器实施状态检修应注意的几个问题

1. 编制实施细则

Q/GDW 169—2008《油浸式变压器（电抗器）状态评价导则》与Q/GDW 170—2008《油浸式变压器（电抗器）状态检修导则》是各单位开展状态评价和检修的指导性文件，状态量的选择、状态量的权重、状态量的劣化程度分级等仅为推荐，各地区可根据当地的实际情况，并结合运行实际，制定实施细则，适当加以调整。可根据需要增加或减少部分状态量，或调整状态量的权重。也可针对不同电压等级或不同型式的设备设置不同的状态量表，以更好地适应当地电网的实际需要。

2. 状态评价周期

建立应用广泛的设备信息系统，实现各有关部门的状态检修信息登录共享并根据评价标准自动评价，根据国家电网公司《输变电设备状态检修辅助决策系统建设技术原则（试行）》编制相应的计算机辅助决策系统。

开展状态检修的不同目的决定了开展设备评价的周期要求，从提高设备可靠性角度出发，一旦开展了设备维护工作，就应根据工作结果对设备进行评价，尤其当发现问题后，评价工作更应及时进行。从制定年度检修计划角度出发，每年在制定检修计划前，对设备进行一次全面评价，可较好地满足制定年度检修计划的需要。

3. 状态评价应实行动态评价与定期评价相结合

从现行的设备维护经验看，日常开展的设备运行维护及测试工作应根据所得到的状态量信息进行初步判断，如无异常按现有管理规定处理，不必将每次状态量录入状态检修评价中。

日常设备维护工作中，一旦发现异常，根据评价标准判断问题的严重程度，如属注意状态，可将缺陷情况（单项或部分项）录入留存，一旦异常根据评价标准判断可能为异常或严重状态时，则应立即启动全面评价。

最后，年终或年度检修计划制定前，对所有设备进行一次定期评价，根据评价结果制定检修计划。

4. 停电检修计划安排

在安排检修计划时，应根据设备评价结果和设备缺陷管理情况，协调相关变电设备的检修周期，尽量统一安排，避免重复停电。

同一间隔多个（类）设备存在缺陷，或一个设备存在多种缺陷时，应尽量安排在一次检修中处理，必要时，可调整检修类别，适当延长一次停电时间，减少停电次数。

制定检修计划时，还应兼顾协调其他专业以及基建、技改工作，以尽量减少停电。

【思考与练习】

1. 在线监测技术在变压器状态检修中有哪些应用？

2. 依据 Q/GDW 169—2008《油浸式变压器（电抗器）状态评价导则》，变压器状态信息的资料主要有哪些？

3. 如何对变压器的状态进行评价？

4. 变压器检修工作分为哪四类？各包含的内容是什么？

5. 变压器实施状态检修应注意哪些问题？

模块 2　互感器的状态检修（ZY1400402002）

【模块描述】本模块介绍互感器开展状态检修知识。通过要点讲解、图表归纳，熟悉互感器开展状态检修的信息收集与管理、状态的划分与评价标准、检修策略的制定原则等相关知识。

【正文】

互感器运行状况的好坏、可靠性的高低，主要取决于产品的内在质量，或者说完全取决于厂家的工艺水平和质量控制，在互感器寿命期内，一般不需要用户解体检修。开展互感器状态检修主要的工作是对互感器进行监视、维护、测试以及状态评估和有限的维修和更新，只要不发生二次短路（或开路）、不发生超过标准的内外过电压，不发生接头过热，设备就可放心大胆地运行。

由于国家电网公司还没有发布相应的关于互感器的状态评价和状态检修的导则，在开展互感器的状态检修时，可参考 Q/GDW 169—2008《油浸式变压器（电抗器）状态评价导则》与 Q/GDW 170—2008《油浸式变压器（电抗器）状态检修导则》关于变压器状态评价和检修的程序和方法，并结合本地实际情况实施。

一、在线监测技术在互感器状态检修中的应用

电力系统中运行着大量的电容性互感器，而电容量和介质损耗角正切值 $\tan\delta$ 是反映该型设备最重要的电气参数，也是试验规程中规定的必试项目。同时，在运行电压下如何获得真实、准确的电容性互感器介质损耗角正切值 $\tan\delta$ 一直是电力系统和国内外有关专家关注的焦点。

在运行电压下测量电容性互感器介质损耗角正切值 $\tan\delta$ 有电桥法、过零检测法和数字波形法等方法，目前应用最广泛的是数字波形法。

二、互感器状态信息的收集

设备信息收集与管理是开展状态检修评估的基础，要在设备制造、投运、运行、维护、检修、试验等全过程中，通过对投运前基础信息、运行信息、试验检测数据、历次检修报告及记录、同类型设备的参考信息等特征参量进行收集、汇总，为设备状态的评价奠定基础。互感器状态信息必备的资料如下：

1. 原始资料

原始资料包括铭牌参数、订货技术协议、设备监造报告、出厂试验报告、运输安装记录、交接验收报告等。

2. 运行资料

运行资料包括运行工况记录信息、历年缺陷及异常记录、巡检情况、不停电检测记录等。

3. 检修资料

检修资料包括检修报告、例行试验报告、诊断性试验报告、有关反措执行情况、部件更换情况、检修人员对设备的巡检记录等。

4. 其他资料

其他资料包括同型（同类）设备的运行、修试、缺陷和故障的情况、相关反措执行情况、其他影响互感器安全稳定运行的因素等。

三、互感器状态的划分、评价及状态量

1. 互感器状态的划分

（1）正常状态。正常状态表示互感器状态量处于稳定且在相关规程规定的警示值、注意值（或称

标准限值）以内可以正常运行。

1）各种试验数据正常、运行正常。预试未超周期或超周期在一年以内。

2）铭牌或资料齐全。

3）无任何缺陷。

（2）注意状态。注意状态表示设备的一个主状态量接近标准限值或超过标准限值，或几个辅助状态量不符合标准，但不影响设备运行。

1）油浸式互感器渗油，油位偏低，但未见滴流；SF_6电流互感器气体压力降低，但未到报警状态。

2）互感器（含末屏）介损、绝缘电阻、电容量等电气参数测试结果有增长趋势，但未超过相关规程注意值。

3）色谱分析气体含量有增长趋势，未超过规程注意值，但不含乙炔。

4）外部引线接头发热，但低于80℃，或顶部铁罩发热，但温度低于60℃。

（3）异常状态。设备的几个主状态量超过标准限值，或一个主状态量超过标准限值并几个辅助状态量明显异常，已影响设备的性能指标或可能发展成重大异常状态，设备仍能继续运行。

1）互感器（含末屏）介损、绝缘电阻、电容量等电气参数测试结果有增长趋势，已接近或略微超过规程注意值或标准值。

2）色谱分析气体含量有增长趋势，已接近或略微超过规程注意值或标准值，但不含乙炔。

（4）严重状态。设备的一个或几个状态量严重超出标准或严重异常，设备只能短期运行或立即停役。

1）金属膨胀器明显变形。

2）声音或气味异常。

3）油浸式互感器漏油且油位低于视窗以下，SF_6互感器漏气且报警。

4）电容式电压互感器的电容元件漏油。

5）金属膨胀器变形或喷油。

6）电压互感器二次电压不稳定或三相严重不平衡，且经证实不是外部原因。

2. 互感器状态评价

本模块以电流互感器状态评价为例，依据Q/GDW 446—2010《电流互感器状态评价导则》，电流互感器的状态评价分为部件状态评价和整体状态评价两部分。

（1）电流互感器部件状态评价。电流互感器部件分为本体、绝缘介质、引线三个部件。所以对电流互感器的状态量的评价可按部件划分分别确定评价标准。电流互感器各部件的范围划分见表ZY1400402002-1。

表 ZY1400402002-1 电流互感器各部件的范围划分

部件	评价范围	部件	评价范围
本体	绕组、电容屏、瓷套、膨胀器、底座、二次接线盒	引线	连接端子、引流线、接地引下线
绝缘介质	绝缘油、SF_6气体		

（2）电流互感器整体状态评价。电流互感器的整体评价应综合其部件的评价结果。当所有部件评价为正常状态时，整体评价为正常状态；当任一部件状态为注意状态、异常状态或严重状态时，整体评价应为其中最严重的状态。

（3）电流互感器状态量评价周期。

1）设备的状态评价分为定期评价和动态评价，定期评价在编制年度检修计划之前进行一次，一般在8月进行；动态评价在设备状态量（巡检、红外检测、高压试验、油化验等数据）及运行工况（系统短路冲击和过电压）发生异常时对具体设备有针对性地进行。

2）新投运设备投运后（即经过投运前的全项目高压试验、各部位检查和投运后的巡检及红外检测）第40天进行一次初始评价。

3）停运6个月以上的备用设备重新投运后，并经巡检及红外检测，第10天进行一次评价。

4）对列入当年检修计划的设备，在检修前30天及检修完成后10天内各评价一次。

（4）电流互感器部件的状态评价方法。电流互感器部件的评价应同时考虑单项状态量的扣分和部件合计扣分情况，各部件状态评价标准见表ZY1400402002-2。

表 ZY1400402002-2　　电流互感器各部件状态评价标准

部件＼评价标准	正常状态		注意状态		异常状态	严重状态
	合计扣分	单项扣分	合计扣分	单项扣分	单项扣分	单项扣分
本体	≤30	≤10	＞30	12～16	20～24	≥30
绝缘介质	＜20	≤10	＞20	12～16	20～24	≥30
引线	≤12	≤10	＞20	12～16	20～24	≥30

当任一状态量单项扣分和部件合计扣分同时达到表ZY1400402002-2正常状态规定分值时，视为正常状态。

当任一状态量单项扣分或部件所有状态量合计扣分达到表ZY1400402002-2注意状态规定分值时，视为注意状态。

当任一状态量单项扣分达到表ZY1400402002-2异常状态和严重状态规定分值时，视为异常状态或严重状态。

3. 互感器状态量

（1）状态量权重。视状态量对电流互感器安全运行的影响程度，从轻到重分为四个等级，对应的权重分别为权重 1、权重 2、权重 3、权重 4，其系数为 1、2、3、4。权重 1、权重 2 与一般状态量对应，权重 3、权重 4 与重要状态量对应。

（2）状态量劣化程度。视状态量的劣化程度从轻到重分为Ⅰ、Ⅱ、Ⅲ和Ⅳ级，其对应的基本扣分值为 2、4、8、10 分。

（3）状态量扣分值。状态量应扣分值由状态量劣化程度和权重共同决定，即状态量应扣分值等于该状态量的基本扣分值乘以权重系数，状态量正常时不扣分。状态量的权重、劣化程度及对应扣分值见表 ZY1400402002-3。

表 ZY1400402002-3　　互感器状态量的权重、劣化程度及对应扣分值表

状态量劣化程度＼基本扣分值＼权重系数		1	2	3	4
Ⅰ	2	2	4	6	8
Ⅱ	4	4	8	12	16
Ⅲ	8	8	16	24	32
Ⅳ	10	10	20	30	40

四、互感器状态检修策略的选择

检修策略以设备状态评价结果为基础，参考风险评估结果，在充分考虑电网发展、技术进步等情况下，对设备检修的必要性和紧迫性进行排序，并依据 Q/GDW 445—2010《电流互感器状态检修导则》等技术标准确定检修方式、内容，并制定具体检修方案。

（1）电流互感器检修工作分为 A 类检修、B 类检修、C 类检修、D 类检修四类。各地区应根据检修工作实际情况，对照分类原则确定检修类别。

1）A 类检修。A 类检修是指电流互感器整体性检查、维修、更换。

2）B 类检修。B 类检修是指电流互感器局部性检修，部件的解体检查、维修、更换。

3）C 类检修。C 类检修是对常规性检查、维护和试验。

4）D 类检修。D 类检修是对电流互感器在不停电状态下进行的带电测试、外观检查和维修。

（2）状态检修策略既包括年度检修计划的制定，也包括试验、不停电的维护等。检修策略应根据设备状态评价的结果动态调整。

（3）年度检修计划每年至少修订一次。根据最近一次设备状态评价结果，考虑设备风险评估因素，并参考厂家的要求，确定下一次停电检修时间和检修类别。在安排检修计划时，应协调相关设备检修周期，尽量统一安排，避免重复停电。

（4）对于设备缺陷，应根据缺陷的性质，按照有关缺陷管理规定处理。同一设备存在多种缺陷，也应尽量安排在一次检修中处理，必要时，可调整检修类别。C 类检修正常周期宜与试验周期一致。不停电的维护和试验根据实际情况安排。

（5）根据设备评价结果，制定相应的检修策略。

1）正常状态检修策略。被评价为正常状态的电流互感器，执行 C 类检修。根据设备实际状况，C 类检修可按照基准周期或延长一年执行。在 C 类检修之前，可以根据实际需要适当安排 D 类检修。

2）注意状态检修策略。被评价为注意状态的电流互感器，执行 C 类检修。如果单项状态量扣分导致评价结果为注意状态时，应根据实际情况提前安排 C 类检修。如果仅由多项状态量合计扣分导致评价结果为注意状态时，可按不大于基准周期执行，并根据设备的实际状况，增加必要的检修或试验内容。

注意状态的设备应适当加强 D 类检修。

3）异常状态检修策略。被评价为异常状态的电流互感器，根据评价结果确定检修类型，并适时安排检修。实施停电检修前应加强 D 类检修。

4）严重状态的检修策略。被评价为严重状态的电流互感器，根据评价结果确定检修类型，并尽快安排检修。实施停电检修前应加强 D 类检修。

（6）新投运设备状态检修。新设备投运初期按 Q/GDW 168—2008《输变电设备状态检修试验规程》及其实施细则规定（66～110kV 的新设备投运后 1～2 年，220kV 及以上的新设备投运后 1 年），应安排例行试验，同时还应对设备及其附件（包括电气回路）进行全面检查，收集各种状态量，并进行一次状态评价。

（7）老旧设备的状态检修。对于运行 20 年以上的设备，宜根据设备运行及评价结果，对检修计划及内容进行调整。

（8）目前，检修运行单位主要是对互感器进行监视、维护、测试、有限的维修和更新，互感器一般不进行现场解体大修，因此对于达到注意状态和异常状态的，应适当缩短监视、测试周期，以加强监视和跟踪测试为主，一旦设备状态有突变的迹象，应立即安排停电处理或检修。达到异常状态的，应视情况轻重缓急尽快安排停电检修或更换。

互感器部分故障出现后的检修策略如下：

1）电容式电压互感器电容元件渗油。外观检查可看出，应尽快退出运行。

2）电容式电压互感器电容元件与中间变压器产生谐振。表现为电磁声音大，电压不符合规律，从该二次回路的电压故障录波可看出波形畸变。应重新检查调整阻尼电阻。

3）电容式电压互感器内部元件局部放电，串联电容开路或短路。一般在周期性停电检测电容量及介损时发现，也有的在出现异常响声后和线路跳闸后检测发现此类问题。电容量超标时，立即退出运行并更换。

4）油浸式电磁互感器顶部密封垫渗漏油。停电、少量放油、更换或调整密封垫，应测试绕组介损和作油耐压试验。

5）油浸式电磁电流互感器二次端子板密封垫渗漏油。停电或不停电拆紧螺帽，或全部放油更换密封垫。

6）油浸式电磁电流互感器内部一次接头局部过热和电压互感器内部间歇放电。色谱分析乙炔、乙烯、氢气增长显著，必须停电查明进行相应处理，必要时予以更换。

7）油浸式电磁电流互感器末屏或二次绕组受潮。通过末屏介损试验或末屏绝缘测出此类问题。停电，处理端子板外表面；或放出全部油，处理末屏；或加热二次绕组、抽真空、滤油。

8）SF_6 互感器微水超标，可回收气体，干燥并重新充气至额定压力并经试验合格。

9）SF_6 互感器漏气，可查找露点，回收气体，处理沙眼或更换密封垫，重新补气至额定压力并经试验合格。

【思考与练习】

1. 互感器状态信息资料有哪些？

2. 互感器状态是如何划分的？

3. 如何对互感器状态进行评价？

4. 互感器状态检修策略是什么？

模块 3　断路器的状态检修（ZY1400402003）

【模块描述】本模块介绍断路器开展状态检修知识。通过定义讲解、要点归纳，熟悉断路器状态检测技术在状态检修中的应用，以及断路器开展状态检修的信息收集与管理、状态的划分与评价标准、检修策略的制定原则等相关知识。

【正文】

由于目前油断路器基本上已经淘汰，结合国家电网公司颁布的有关断路器状态检修的有关规程和导则，所以本模块主要针对 66kV 及以上 SF_6 断路器进行阐述。

一、断路器的状态监测技术在状态检修中的应用

断路器状态检修的关键在于如何及时、正确判断其性能和状态，利用在线监测技术，可以实时监测和预知断路器的运行状态，可以为断路器的状态检修提供最真实可靠的依据，这样就可以实现预警式检修，减少停电、操作和检修次数，降低检修和维护费用，彻底摆脱因无检测手段所呈现的不该修也修，该修不修和出事以后再修的盲目被动局面，将断路器的隐患控制在萌芽之中，保证断路器始终处于完好状态。目前，断路器在线监测的项目和内容主要如下：

（1）灭弧室电寿命的监测与诊断动作次数，记录合分次数，过限报警。

（2）断路器机械故障的监测与诊断。

1）合分线圈电流波形监测，非正常报警。

2）合分线圈回路断线路监测。

3）监测行程，过限报警。

4）监测合分速度，过限报警。

5）机械振动，非正常报警。

6）液压机构打压次数、打压时间、压力。

7）弹簧机构弹簧压缩状态，电动机工作时间。

8）关键部分的机械振动信号。

9）合、分闸线圈电流和电压波形的测检。线圈电流波形中包含着许多操作系统的信息，如线圈是否接通、铁芯是否卡涩，脱扣是否有障碍等。

10）合、分闸机械特性，即速度、过冲、弹跳、撞击等，这些信息也可从振动波形中有所反映。

11）控制回路通断状态监测。这对因辅助开关不到位或接触不良造成的拒分、拒合故障有很好的监视作用。

12）操动机构储能完成状况。

（3）绝缘状态的监测。绝缘状态的监测内容包括气体断路器气体压力、过限报警、闭锁、局部放电。

（4）载流导体及接触部位温度的监测。

（5）SF_6 其他成分的监测。主要通过测量 SF_6 分解物判断内部的放电情况。

二、断路器状态信息的收集

重视断路器运行、检修、试验数据的积累和分析，建立一套包括交接验收资料、运行情况资料、检修试验资料等在内完整的断路器档案，并最好实行设备档案的动态电脑化管理，是开展断路器状态检修工作的基础和首要任务。依据 Q/GDW 171—2008《SF_6 高压断路器状态评价导则》和 Q/GDW 172—2008《SF_6 高压断路器状态检修导则》，SF_6 高压断路器状态信息必备的资料如下：

1. 原始资料

原始资料主要包括铭牌参数、型式试验报告、订货技术协议、设备监造报告、出厂试验报告、运输安装记录、交接验收报告等。

2. 运行资料

运行资料主要包括运行工况记录信息、历年缺陷及异常记录、巡检情况、不停电检测记录等。

3. 检修资料

检修资料主要包括检修报告、例行试验报告、诊断性试验报告、有关反措执行情况、部件更换情况、检修人员对设备的巡检记录等。

4. 其他资料

其他资料主要包括同型（同类）设备的运行、修试、缺陷和故障的情况、相关反措执行情况、其他影响断路器安全稳定运行的因素等。

三、断路器状态的划分、评价及状态量

1. 断路器状态的划分

正确判断断路器的状态是选择断路器检修策略的依据。断路器及其部件的状态分为正常状态、注意状态、异常状态和严重状态四种。

（1）正常状态。正常状态表示各状态量均处于稳定且良好的范围内，设备可以正常运行。

（2）注意状态。注意状态表示单项（或多项）状态量变化趋势朝接近标准限值方向发展，但未超过标准限值，或部分一般状态量超过标准值，仍可以继续运行，但应加强运行中的监视。

（3）异常状态。异常状态表示单项重要状态量变化较大，已接近或略微超过标准限值，在运行中应重点监视，并适时安排停电检修。

（4）严重状态。严重状态表示单项重要状态量严重超过标准限值，需要尽快安排停电检修。

2. 断路器状态的评价

断路器状态的评价分为部件状态评价和整体状态评价两部分。

（1）断路器部件状态评价。断路器有许多功能相对独立的单元或部件，它们能否正常运行直接影响断路器的健康运行水平。根据 SF_6 高压断路器各部件的独立性，将断路器分为本体、操动机构（液压机构、弹簧机构、液压弹簧机构、气动机构等）、并联电容、合闸电阻四个部件。所以对断路器的状态量的评价可按部件划分分别确定评价标准。断路器各部件范围划分见表 ZY1400402003-1。

表 ZY1400402003-1 断路器各部件的范围划分

部　件	评价范围
本　体	高压引线及端子板连接、接地连接、基础及支架、瓷套、均压环、相间连杆、SF_6压力表及密度继电器、密封件
操动机构	液压机构：分合闸线圈、储能电动机、机构箱、二次元件、端子排及二次电缆、油压力表、液压泵、阀、压力开关、工作缸、储压器、其他
	弹簧机构：分合闸线圈、储能电动机、机构箱、二次元件、端子排及二次电缆、合闸弹簧、分闸弹簧、弹簧机构操作、缓冲器、其他
	液压弹簧机构：动力模块、工作模块、储能模块、监视模块和控制模块、机构箱、二次元件、端子排及二次电缆、油压力表、其他
	气动机构：分合闸线圈、储能电动机、机构箱、二次元件、端子排及二次电缆、压力表、压力继电器、其他
并联电容	瓷套、电容器本体
合闸电阻	瓷套、合闸电阻本体

（2）断路器整体状态评价。断路器整体评价应综合其部件的评价结果。当所有部件评价为正常状态时，整体评价为正常状态；当任一部件状态为注意状态、异常状态或严重状态时，整体评价应为其中最严重的状态。

（3）断路器的状态评价周期。

1）设备的状态评价分为定期评价和动态评价，定期评价在编制年度检修计划之前进行一次，动态

评价在设备状态量及运行工况发生异常时对具体设备有针对性地进行。

2）新设备投运后（即经过投运前的全项目高压试验、各部位检查和投运后的巡检及红外检测）第40天进行一次初始评价。

3）停运6个月以上的备用设备重新投运后，并经巡检及红外检测，第10天进行一次评价。

4）对列入当年检修计划的设备，在检修前30天及检修完成后10天内各评价一次。

（4）SF_6高压断路器部件的状态评价方法。SF_6高压断路器部件的评价应同时考虑单项状态量的扣分和该部件所有状态量的合计扣分情况，各部件状态评价标准见表ZY1400402003-2。

表ZY1400402003-2　　SF_6高压断路器各部件状态评价标准

评价标准 / 部件	正常状态	注意状态		异常状态	严重状态
	合计扣分	合计扣分	单项扣分	单项扣分	单项扣分
断路器本体	＜30	≥30	12～16	20～24	≥30
操动机构	＜20	≥20	12～16	20～24	≥30
并联电容器	＜12	≥12	12～16	20～24	≥30
合闸电阻	＜12	≥12	12～16	20～24	≥30

当任一状态量单项扣分和部件合计扣分同时符合表ZY1400402003-2中正常状态扣分规定时，视为正常状态。

当任一状态量单项扣分或部件所有状态量合计扣分达到表ZY1400402003-2中注意状态扣分规定时，视为注意状态。

当任一状态量单项扣分符合表ZY1400402003-2中异常状态或严重状态扣分规定时，视为异常状态或严重状态。

3. 断路器的状态量

（1）状态量权重。视状态量对SF_6高压断路器安全运行的影响程度，从轻到重分为四个等级，对应的权重分别为权重1、权重2、权重3、权重4，其系数为1、2、3、4。权重1、权重2与一般状态量对应，权重3、权重4与重要状态量对应。

（2）状态量劣化程度。根据状态量的劣化程度从轻到重分为Ⅰ、Ⅱ、Ⅲ和Ⅳ级，其对应的基本扣分值为2、4、8、10分。

（3）状态量扣分值。状态量应扣分值由状态量劣化程度和权重共同决定，即状态量应扣分值等于该状态量的基本扣分值乘以权重系数，状态量正常时不扣分。状态量的权重、劣化程度及对应扣分值见表ZY1400402003-3。

表ZY1400402003-3　　断路器状态量的权重、劣化程度及对应扣分值表

状态量劣化程度	基本扣分值 \ 权重系数	1	2	3	4
Ⅰ	2	2	4	6	8
Ⅱ	4	4	8	12	16
Ⅲ	8	8	16	24	32
Ⅳ	10	10	20	30	40

四、断路器状态检修策略的选择

（1）SF_6高压断路器检修工作分为A类检修、B类检修、C类检修、D类检修四类。其中A、B、C类是停电检修，D类是不停电检修。

1）A类检修。A类检修指SF_6高压断路器的整体解体性检查、维修、更换和试验。主要包括现场全面解体检修、返厂检修。

2）B 类检修。B 类检修指 SF_6 高压断路器局部性的检修，部件的解体检查、维修、更换和试验。主要包括本体部件更换、本体主要部件处理、操动机构部件更换等。

3）C 类检修。C 类检修指对 SF_6 高压断路器常规性检查、维护和试验。主要包括预防性试验、清扫、维护、检查、修理、检查等。

4）D 类检修。D 类检修指对 SF_6 高压断路器在不停电状态下进行的带电测试、外观检查和维修。主要包括绝缘子外观目测检查、对有自封阀门的充气口进行带电补气工作、对有自封阀门的密度继电器/压力表进行更换或校验工作、防锈补漆工作（带电距离够的情况下）、更换部分二次元器件。

（2）状态检修策略既包括年度检修计划的制定，也包括试验、不停电的维护等。检修策略应根据设备状态评价的结果动态调整。

（3）年度检修计划的制定。年度检修计划每年至少修订一次。根据最近一次设备状态评价结果，考虑设备风险评估因素，并参考厂家的要求，确定下一次停电检修时间和检修类别。在安排检修计划时，应协调相关设备检修周期，尽量统一安排，避免重复停电。

（4）对于设备缺陷，应根据缺陷的性质，按照有关缺陷管理规定处理。同一设备存在多种缺陷，也应尽量安排在一次检修中处理，必要时，可调整检修类别。C 类检修正常周期宜与试验周期一致，不停电的维护和试验根据实际情况安排。

（5）根据设备评价结果，制定相应的检修策略。

1）正常状态的检修策略。被评价为正常状态的 SF_6 高压断路器，执行 C 类检修。C 类检修可按照正常周期或延长一年并结合例行试验安排，在 C 类检修之前可以根据实际需要适当安排 D 类检修。

2）注意状态的检修策略。被评价为注意状态的 SF_6 高压断路器，执行 C 类检修。如果单项状态量扣分导致评价结果为注意状态时，应根据实际情况提前安排 C 类检修。如果仅由多项状态量合计扣分导致评价结果为注意状态时，可按正常周期执行，并根据设备的实际状况，增加必要的检修或试验内容。在 C 类检修之前可以根据实际需要适当加强 D 类检修。

3）异常状态的检修策略。被评价为异常状态的 SF_6 高压断路器，根据评价结果确定检修类型，并适时安排检修。实施停电检修前应加强 D 类检修。

4）严重状态的检修策略。被评价为严重状态的 SF_6 高压断路器，根据评价结果确定检修类型，并尽快安排检修。实施停电检修前应加强 D 类检修。

（6）新投运设备状态检修。新设备投运初期按 Q/GDW 168—2008《输变电设备状态检修试验规程》规定（110kV 的新设备投运后 1～2 年，220kV 及以上的新设备投运后 1 年）安排例行试验，同时还应对设备及其附件（包括电气回路及机械部分）进行全面检查，收集各种状态量，并进行一次状态评价。

（7）老旧设备的状态检修实施原则。对于运行 20 年以上的设备，宜根据设备运行及评价结果，对检修计划及内容进行调整。

（8）断路器状态检修策略选择的注意事项。

1）装配和安装不当是造成断路器运行故障的因素。因此，断路器状态监测应从产品监造、施工监理及验收等环节抓起，重视工频耐压等出厂、交接试验，确保投入运行的断路器处于良好状态。

2）SF_6 气体含水量超标，应更换吸附剂、换气及干燥处理。必要时检查气室密封情况。

3）SF_6 气体异常泄漏时，应确定泄漏部位，视漏气严重程度作相应处理。

4）断路器等效开断次数或累计开断的电流值达到标准极限值时应进行解体检修，必要应更换本体。

5）当断路器等效开断次数或累计开断电流值达到极限值时，应进行预防性试验项目检查，在有条件的情况下，可采用新的测试方法检查触头磨损量，如动态电阻测试等以确定是否需要检修。

6）当断路器、隔离开关导电回路电阻值超标时，应结合负荷电流、故障电流大小及开断情况综合分析，以确定开关的检修方案。

7）当断路器操动机构机械特性不符合要求，或机构变形、卡涩、拒分、拒合、泄漏、压力异常及其他缺陷时，应检查、检修机构。

8）断路器投运一年后，宜进行机械特性的测试和机构的维护、检查，开关本体大修时，应同时进行机构的检修，机构的全面检查一般不宜超过 5 年，或按制造厂要求进行。

【思考与练习】

1. 断路器在线监测的项目和内容有哪些？
2. 断路器状态是如何划分的？
3. 如何对断路器的状态进行评价？
4. SF_6 断路器检修工作分为哪四类？各包含的内容是什么？
5. 断路器状态检修策略是什么？

模块 4 隔离开关的状态检修（ZY1400402004）

【模块描述】本模块介绍隔离开关开展状态检修知识。通过定义讲解、要点归纳，熟悉隔离开关开展状态检修的信息收集与管理、状态的划分与评价标准、检修策略的制定原则等相关知识。

【正文】

一、隔离开关状态信息的收集

隔离开关状态信息的收集应包括：

1. 原始资料

原始资料包括铭牌参数、订货技术协议、设备监造报告、出厂试验报告、交接验收报告等。

2. 运行资料

运行资料包括运行工况记录信息、历年缺陷及异常记录、巡检情况、不停电检测记录等。

3. 检修资料

检修资料包括检修报告、有关反措执行情况、部件更换情况、检修人员对设备的检修记录等。

4. 其他资料

其他资料包括同型（同类）设备的运行、修试、缺陷和故障的情况、相关反措执行情况、其他影响隔离开关安全稳定运行的因素等。

二、隔离开关状态的划分、评价及状态量

1. 隔离开关状态划分

隔离开关及其部件的状态分为正常状态、注意状态、异常状态和严重状态。

（1）正常状态。正常状态指各状态量均处于稳定且良好的范围内，设备可以正常运行。

1）铭牌完整、标志清晰，技术档案齐全。

2）运行正常，上次合或分闸操作无异常。

3）外观无严重锈蚀。

4）红外测温情况正常。

5）上次预试停电期间进行了检查维护且无遗留缺陷。

（2）注意状态。注意状态单项（或多项）状态量变化趋势朝接近标准限值方向发展，但未超过标准限值，仍可以继续运行，应加强运行中的监视。

1）红外测温触头或引线接头发热但低于 85℃。

2）回路直流电阻接近标准值。

3）虽然当前合闸位置无问题，但合闸时曾多次合闸不能到位或合分明显不同期。

4）同批次其他隔离开关相当多存在弹簧锈蚀或失去弹力或折断脱落情况。

（3）异常状态。异常状态指单项重要状态量变化较大，已接近或略微超过标准限值，应监视运行，并适时安排停电检修。

1）卡涩严重，合分闸特别费力。

2）经常操作失灵，回路有接触问题或元器件有软故障，未得到彻底处理。

3）应当实现的闭锁功能不能实现。

4）分闸不能完全到位，其隔离空间的距离不符合要求。

5）隔离开关操作不同期超过标准，但勉强可操作。

6）接地开关损坏，无法操作。

7）外观严重锈蚀。

（4）严重状态。严重状态指单项重要状态量严重超过标准限值，需要尽快安排停电检修。

1）在故障不能执行分合闸操作。如连杆或万向节断裂、电气回路元件故障等。

2）完全合闸到位，暂时勉强运行。

3）运行年限在15年以上，同批次隔离开关曾发生绝缘子断裂，且未经超声波探伤鉴定属良好状态。

4）绝缘子裂纹或严重破损。

5）温度超过85℃、直流电阻超标50%。

2. 隔离开关状态评价

隔离开关的状态评价分为部件状态评价和整体状态评价两部分。

（1）隔离开关部件状态评价。根据隔离开关各部件的独立性，将隔离开关分为导电回路、操动系统（电动、手动）、绝缘子、辅助部件四个部件，对隔离开关的状态量的评价可按部件划分分别确定评价标准。各部件的范围划分见表ZY1400402004-1。

表 ZY1400402004-1　隔离开关各部件的范围划分

部　件	评 价 范 围
导电回路	进出线端子、软连接、出线座、导电臂、触头
操动系统	操动机构（电动、手动），传动部件（连杆、轴承、销、拐臂），机械闭锁
绝 缘 子	支柱绝缘子、旋转绝缘子
辅助部件	底座、支架、基础、电气闭锁装置

（2）隔离开关整体状态评价。隔离开关的整体评价应综合其部件的评价结果。当所有部件评价为正常状态时，整体评价为正常状态；当任一部件状态为注意状态、异常状态或严重状态时，整体评价应为其中最严重的状态。

（3）隔离开关状态量评价周期。

1）设备的状态评价分为定期评价和动态评价。定期评价在编制年度检修计划之前进行一次，一般在8月进行。动态评价在设备状态量（巡检、红外检测、高压试验等数据）及运行工况（系统短路冲击和过电压）发生异常时，对具体设备有针对性地进行。

2）新设备投运后（即经过投运前的全项目高压试验、各部位检查和投运后的巡检及红外检测）第40天进行一次初始评价。

3）停运6个月以上的备用设备重新投运后，并经巡检及红外检测，第10天进行一次评价。

4）对列入当年检修计划的设备，在检修前30天及检修完成后10天内各评价一次。

（4）隔离开关部件的状态评价方法。隔离开关部件的评价应同时考虑单项状态量的扣分和部件合计扣分情况，各部件状态评价标准见表ZY1400402004-2。

表 ZY1400402004-2　隔离开关各部件状态评价标准

评价标准／部件	正常状态		注意状态		异常状态	严重状态
	合计扣分	单项扣分	合计扣分	单项扣分	单项扣分	单项扣分
导电回路	<30	≤10	≥30	12～16	20～24	≥30
操动系统	<20	≤10	≥20	12～16	20～24	≥30
绝 缘 子	<12	≤10	≥20	12～16	20～24	≥30
辅助部件	<12	≤10	≥20	12～16	20～24	≥30

当任一状态量单项扣分和部件合计扣分同时达到表ZY1400402004-2正常状态规定分值时，视为正常状态。

当任一状态量单项扣分或部件所有状态量合计扣分达到表ZY1400402004-2注意状态规定分值时，视为注意状态。

当任一状态量单项扣分达到表 ZY1400402004-2 异常状态和严重状态规定分值时，视为异常状态或严重状态。

3. 隔离开关状态量

（1）状态量权重。视状态量对隔离开关安全运行的影响程度，从轻到重分为四个等级，对应的权重分别为权重 1、权重 2、权重 3、权重 4，其系数为 1、2、3、4。权重 1、权重 2 与一般状态量对应，权重 3、权重 4 与重要状态量对应。

（2）状态量劣化程度。视状态量的劣化程度从轻到重分为四级，分别为Ⅰ、Ⅱ、Ⅲ、Ⅳ级。其对应的基本扣分值为 2、4、8、10 分。

（3）状态量扣分值。状态量应扣分值由状态量劣化程度和权重共同决定，即状态量应扣分值等于该状态量的基本扣分值乘以权重系数，状态量正常时不扣分。状态量的权重、劣化程度及对应扣分值见表 ZY1400402004-3。

表 ZY1400402004-3　　隔离开关状态量的权重、劣化程度及对应扣分值表

状态量劣化程度 \ 基本扣分值 \ 权重系数		1	2	3	4
Ⅰ	2	2	4	6	8
Ⅱ	4	4	8	12	16
Ⅲ	8	8	16	24	32
Ⅳ	10	10	20	30	40

三、隔离开关的检修策略

（1）隔离开关检修工作分为 A 类检修、B 类检修、C 类检修、D 类检修四类。其中 A、B、C 类是停电检修，D 类是不停电检修。

1）A 类检修。A 类检修是指隔离开关的整体解体性检查、维修、更换和试验。主要包括现场全面解体检修。

2）B 类检修。B 类检修是指隔离开关局部性的检修，部件的解体检查、维修、更换和试验。主要包括本体部件更换、本体主要部件处理、操动机构部件更换等。

3）C 类检修。C 类检修指对隔离开关常规性检查、维护和试验。主要包括预防性试验、清扫、维护、检查、修理、检查等。

4）D 类检修。D 类检修指对隔离开关在不停电状态下进行的带电测试、外观检查和维修。主要包括绝缘子外观目测检查、红外测试、防锈补漆工作（带电距离够的情况下）、更换部分二次元器件，检修人员专业巡视、带电检测项目。

（2）由于隔离开关的停电检修可能直接造成对外供电损失，因此在选择隔离开关的检修策略时，应综合设备状态及供电可靠性进行综合评估，选择最佳检修策略。当然在隔离开关的选型订货初期，加大投资力度，选择合资或维护工作量少的产品，不失为保证隔离开关安全可靠稳定运行的一种更好的决策。

（3）年度检修计划的制定。年度检修计划每年至少修订一次，根据最近一次设备状态评价结果，考虑设备风险评估因素，并参考厂家的要求，确定下一次停电检修时间和检修类别。在安排检修计划时，应协调相关设备检修周期，尽量统一安排，避免重复停电。

（4）缺陷处理。对于设备缺陷，应根据缺陷的性质，按照有关缺陷管理规定处理。同一设备存在多种缺陷，也应尽量安排在一次检修中处理，必要时可调整检修类别。C 类检修正常周期宜与试验周期一致，不停电的维护和试验根据实际情况安排。

（5）根据设备评价结果，制定相应检修策略。

1）正常状态检修策略。被评价为正常状态的隔离开关执行 C 类检修。C 类检修可按照正常周期或延长一年并结合例行试验安排，在 C 类检修之前可以根据实际需要适当安排 D 类检修。

2）注意状态检修策略。被评价为注意状态的设备，若用 D 类检修可将设备恢复到正常状态可适时安排 D 类检修，否则应执行 C 类检修。

如果单项状态量扣分导致评价结果为注意状态时，应根据实际情况提前安排 C 类检修。

如果仅由多项状态量合计扣分或总体评价导致评价结果为注意状态时，可按正常周期执行，并根据线路的实际状况，增加必要的检修或试验内容。

3）异常状态检修策略。被评价为异常状态的设备，根据评价结果确定检修类型，并适时安排检修。

4）严重状态检修策略。被评价为严重状态的设备，根据评价结果确定检修类型，并尽快安排检修。

（6）新投运设备状态检修。新设备投运初期按 Q/GDW 168—2008《输变电设备状态检修试验规程》及其实施细则规定，新设备投运后 1～2 年应安排例行试验，同时还应对设备及其附件（包括电气回路及机械部分）进行全面检查，收集各种状态量，并进行一次状态评价。

（7）老旧设备的状态检修。对于运行20年以上的设备，宜根据设备运行及评价结果，对检修计划及内容进行调整。

【思考与练习】

1. 隔离开关状态是如何划分的？
2. 如何对隔离开关的状态进行评价？
3. 隔离开关检修工作分为哪四类？各包含的内容是什么？
4. 隔离开关状态检修的策略是什么？

模块 5 避雷器的状态检修（ZY1400402005）

【模块描述】本模块介绍避雷器开展状态检修知识。通过要点讲解、图表归纳，熟悉避雷器状态检测技术在状态检修中的应用，以及避雷器开展状态检修的信息收集与管理、状态的划分与评价标准、检修策略的制定原则等相关知识。

【正文】

避雷器状态检修实际上是指对避雷器进行状态监测，其状态（性能）在变坏期间以及出现事故之前能被及时检测出来，及时地进行更换，防止出现避雷器性能变坏后的爆炸事故是避雷器状态监测乃至绝缘监督的最终目标。本模块主要介绍无间隙氧化锌避雷器的状态检修。

一、在线监测技术在避雷器状态检修中的应用

氧化锌避雷器的监测主要是测量它在运行电压下的泄漏电流，阀片的老化以及因避雷器结构不良引起的内部受潮，都反映为泄漏电流的增加，最后会因功耗增大、发热而导致破坏和事故。

1. 氧化锌避雷器在线监测的项目

（1）监测总泄漏电流。由于氧化锌避雷器的泄漏电流的容性分量基本不变，因此可以简单地认为其总泄漏电流 I_x 的增加能在一定程度上反映其阻性分量电流的增长情况。利用测量总泄漏电流来了解避雷器性能的劣化情况，虽然其灵敏度较低，但不失为一种简便的监测方法。

测量总泄漏电流，可以在避雷器放电记录器两端并接低内阻的交流微安表。目前，避雷器出厂时，厂家配套提供的放电计数器已全部带有监测避雷器泄漏电流的微安表，因此，避雷器安装投运后，可实时监测总泄漏电流。

（2）监测阻性电流分量。用补偿法测量阻性电流，氧化锌避雷器阀片的劣化反映为阻性电流增大，因此，直接测量阻性电流，反映氧化锌避雷器的劣化最为灵敏。

2. 测试数据的判别

当全电流或阻性电流、有功损耗与出厂值和初始值有明显差别时应安排停电测试。

二、氧化锌避雷器状态信息的收集

1. 原始资料

原始资料包括铭牌参数、订货技术协议、出厂试、验报告、交接验收报告等。

2. 运行资料

运行资料包括运行工况记录信息、历年缺陷及异常记录、巡检情况、不停电检测记录等。

三、氧化锌避雷器状态的划分、评价及状态量

1. 氧化锌避雷器状态的划分

（1）正常状态。正常状态指设备运行数据稳定，所有状态量符合标准要求。

（2）注意状态。注意状态指设备的一个主状态量接近标准限值或超过注意值，或几个辅助状态量不符合标准，但不影响设备运行。

（3）异常状态。异常状态指设备的几个主状态量超过标准限值，或一个主状态量超过标准限值，并且几个辅助状态量明显异常，已影响设备的性能指标或可能发展成重大异常状态。异常状态时设备仍能继续运行。

（4）严重状态。严重状态指设备的一个或几个状态量严重超出标准或严重异常，设备只能短期运行或立即停役。

2. 氧化锌避雷器的状态评价

金属氧化物避雷器的状态评价分为部件状态评价和整体状态评价两部分。

（1）氧化锌避雷器部件状态评价。氧化锌避雷器部件分为本体、均压环和接地连接以及在线检测装置（包括动作指示、泄漏电流指示表及绝缘底座）三个部件。各部件的范围划分见表 ZY1400402005-1。

表 ZY1400402005-1　　氧化锌避雷器各部件范围划分

部　件	评 价 范 围
本体	阀片、并联电容、瓷套、法兰
附件	底座、在线监测泄漏电流表、放电计数器
引线	均压环、高压引线、接地引下线

（2）氧化锌避雷器整体状态评价。氧化锌避雷器的整体评价应结合其部件的评价结果，当所有部件评价为正常状态时，整体评价为正常状态；当任一部件状态为注意状态、异常状态或严重状态时，整体评价应为其中最严重的状态。

（3）氧化锌避雷器状态量评价周期。

1）设备的状态评价分为定期评价和动态评价，定期评价在编制年度检修计划之前进行一次，一般在 8 月进行。动态评价在设备状态量（巡检、红外检测、高压试验等数据）及运行工况（系统短路冲击和过电压）发生异常时对具体设备有针对性地进行。

2）新设备投运后（即经过投运前的全项目高压试验、各部位检查和投运后的巡检及红外检测）第 40 天进行一次初始评价。

3）停运 6 个月以上的备用设备重新投运后，并经巡检及红外检测，第 10 天进行一次评价。

4）对列入当年检修计划的设备，在检修前 30 天及检修完成后 10 天内各评价一次。

（4）氧化锌避雷器部件的状态评价方法。氧化锌避雷器部件的评价应同时考虑单项状态量的扣分和部件合计扣分情况，各部件状态评价标准见表 ZY1400402005-2。

表 ZY1400402005-2　　氧化锌避雷器各部件状态评价标准

评价标准 / 部件	正常状态		注意状态		异常状态	严重状态
	合计扣分	单项扣分	合计扣分	单项扣分	单项扣分	单项扣分
本体	≤30	≤10	＞30	12～20	24～30	＞30
均压环和接地连接	≤20	≤10	＞20	12～20	24～30	＞30
在线检测装置	≤12	≤10	＞20	12～20	24～30	＞30

当任一状态量单项扣分和部件合计扣分同时达到表ZY1400402005-2规定时，视为正常状态。

当任一状态量单项扣分或部件所有状态量合计扣分达到表ZY1400402005-2规定时，视为注意状态。

当任一状态量单项扣分达到表ZY1400402005-2规定时，视为异常状态或严重状态。

3. 氧化锌避雷器状态量

（1）状态量权重。视状态量对氧化锌避雷器安全运行的影响程度，从轻到重分为四个等级，对应的权重分别为权重 1、权重 2、权重 3、权重 4，其系数为 1、2、3、4。权重 1、权重 2 与一般状态量对应，权重 3、权重 4 与重要状态量对应。

（2）状态量劣化程度。视状态量的劣化程度从轻到重分为Ⅰ、Ⅱ、Ⅲ、Ⅳ级，其对应的基本扣分值为 2、4、8、10 分。

（3）状态量扣分值。状态量应扣分值由状态量劣化程度和权重共同决定，即状态量应扣分值等于该状态量的基本扣分值乘以权重系数，状态量正常时不扣分。状态量的权重、劣化程度及对应扣分值见表 ZY1400402005-3。

表 ZY1400402005-3　　氧化锌避雷器状态量的权重、劣化程度及对应扣分值表

状态量劣化程度	基本扣分值＼权重系数	1	2	3	4
Ⅰ	2	2	4	6	8
Ⅱ	4	4	8	12	16
Ⅲ	8	8	16	24	32
Ⅳ	10	10	20	30	40

四、氧化锌避雷器的检修策略

氧化锌避雷器状态检修策略既包括年度检修计划的制定，也包括缺陷处理、试验、不停电的维修和检查等。检修策略应根据设备状态评价的结果动态调整。

（1）氧化锌避雷器检修工作分为 A 类检修、B 类检修、C 类检修、D 类检修四类。其中 A、B、C 类是停电检修，D 类是不停电检修。

1）A 类检修。A 类检修指氧化锌避雷器的整体更换和试验。

2）B 类检修。B 类检修指氧化锌避雷器的检修，如部件维修、更换和试验。包括均压环、计数器更换等 。

3）C 类检修。C 类检修指对氧化锌避雷器常规性检查、维护和试验。包括预防性试验、清扫、维护、检查、修理、检查项目。

4）D 类检修。D 类检修指对氧化锌避雷器在不停电状态下进行的带电测试、外观检查和维修。包括绝缘子外观目测检查、红外测试、防锈补漆工作，检修人员专业巡视、带电检测等。

（2）年度检修计划每年至少修订一次，根据最近一次设备状态评价结果，考虑设备风险评估因素，并参考厂家的要求，确定下一次停电检修时间和检修类别。在安排检修计划时，应协调相关设备检修周期，尽量统一安排，避免重复停电。

（3）对于设备缺陷，应根据缺陷的性质，按照有关缺陷管理规定处理，同一设备存在多种缺陷，也应尽量安排在一次检修中处理，必要时，可调整检修类别。

（4）C 类检修正常周期宜与试验周期一致，不停电的维护和试验根据实际情况安排。

（5）根据设备评价结果，制定相应的检修策略。

1）正常状态检修策略。被评价为正常状态的隔离开关，执行 C 类检修。C 类检修可按照正常周期或延长一年并结合例行试验安排。在 C 类检修之前，可以根据实际需要适当安排 D 类检修。

2）注意状态检修策略。被评价为注意状态的设备，若用 D 类检修可将设备恢复到正常状态，则可适时安排 D 类检修，否则应执行 C 类检修。如果单项状态量扣分导致评价结果为注意状态时，应根据实际情况提前安排 C 类检修。如果仅由多项状态量合计扣分或总体评价导致评价结果为注意状态时，可按正常周期执行，并根据线路的实际状况，增加必要的检修或试验内容。

3）异常状态检修策略。被评价为异常状态的设备，根据评价结果确定检修类型，并适时安排检修。

4）严重状态检修策略。被评价为严重状态的设备，根据评价结果确定检修类型，并尽快安排检修。

（6）新投运设备的状态检修。新设备投运初期按 Q/GDW 168—2008《输变电设备状态检修试验规程》及其实施细则规定，新设备投运后 1～2 年应安排例行试验，同时还应对设备及其附件（包括电气回路）进行全面检查，收集各种状态量，并进行一次状态评价。

（7）老旧设备的状态检修。对于运行20年以上的设备，宜根据设备运行及评价结果，对检修计划及内容进行调整。

【思考与练习】

1. 在线监测技术在避雷器状态检修中有哪些应用？
2. 氧化锌避雷器状态是如何划分的？
3. 如何对氧化锌避雷器的状态进行评价？
4. 氧化锌避雷器检修工作分为哪四类？各包含的内容是什么？
5. 氧化锌避雷器状态检修策略是什么？

模块 6　电力电缆的状态检修（ZY1400402006）

【模块描述】本模块介绍电力电缆开展状态检修知识。通过要点讲解、图表归纳，熟悉电力电缆开展状态检修的信息收集与管理、状态的划分与评价标准、检修策略的制定原则等相关知识。

【正文】

电缆的状态检修工作主要是收集运行中信息、巡视检查（设施、电缆头、外观）及带电测试（温度）的信息，以及分析定期试验数据。

一、在线监测技术在电力电缆状态检修中的应用

电力电缆在线监测的主要项目包括绝缘监测和温度监测，绝缘监测的内容主要有绝缘电阻、介质损耗、局部放电；温度监测主要是利用红外热像仪或温度传感器监测本体、附件在运行状态下的温度，因此相比绝缘监测更容易和方便。通过开展电缆的在线监测可以实时掌握电缆的绝缘受潮、老化、内部放电、过热等故障信息，为准确判断电缆的运行状态和选择检修策略提供依据。

二、电力电缆状态信息的收集

电力电缆状态信息的收集应包括：

1. 原始资料

原始资料包括设计图、竣工图、铭牌参数、订货技术协议、设备监造报告、出厂试验报告、交接验收报告等。

2. 运行资料

运行资料包括运行工况记录信息、历年缺陷及异常记录、巡检情况、不停电检测记录等。

3. 检修资料

检修资料包括例行试验报告、诊断性试验报告、有关反措执行情况、附件更换情况、运行检修人员对设备的巡检记录等。

4. 其他资料

其他资料包括同型（同类）设备的运行、修试、缺陷和故障的情况、相关反措执行情况、其他影响电缆线路安全稳定运行的因素如通道、环境等信息因素等。

三、电力电缆状态的划分、评价及状态量

1. 电力电缆状态的划分

（1）正常状态。正常状态表示设备运行数据稳定，所有状态量符合标准要求。

（2）注意状态。注意状态表示设备的一个主状态量接近标准限值或超过标准限值，或几个辅助状态量不符合标准，但不影响设备运行。

（3）异常状态。异常状态表示设备的几个主状态量超过标准限值，或一个主状态量超过标准限值并几个辅助状态量明显异常，已影响设备的性能指标或可能发展成重大异常状态。异常状态时设备仍能继续运行。

（4）严重状态。严重状态表示设备的一个或几个状态量严重超出标准或严重异常，设备只能短期运行或立即停役。

2. 电力电缆状态的评价

电力电缆状态的评价分为部件状态评价和整体状态评价两部分。

（1）电力电缆部件状态评价。根据电力电缆各部件的独立性，将电力电缆分为电缆本体、电缆终端、电缆中间接头、辅助设施、电缆通道、接地系统六个部件。所以对电力电缆的状态量的评价可按部件划分分别确定评价标准，各部件的范围划分见表 ZY1400402006-1。

表 ZY1400402006-1 电力电缆各部件的范围划分

部件	评价范围
电缆本体	外护套绝缘、主绝缘
电缆终端	终端套管、设备线夹、支撑绝缘子、法兰盘
电缆中间接头	中间接头温度
辅助设施	终端支架、电缆抱箍、防火措施
电缆通道	电缆中间接头井、操作工井、电缆沟体、电缆隧道、电缆桥架、电缆线路保护区
接地系统	接地电缆、接地线、接地电流、接地体、接地电缆固定装置

（2）电力电缆整体状态评价。电力电缆整体评价应综合其部件的评价结果，当所有部件评价为正常状态时，整体评价为正常状态；当任一部件状态为注意状态、严重状态或危急状态时，整体评价应为其中最严重的状态。

（3）电力电缆状态量评价周期。

1）设备的状态评价分为定期评价和动态评价，定期评价在编制年度检修计划之前进行一次，一般在 8 月进行。动态评价在设备状态量（巡检、红外检测、高压试验、油化验等数据）及运行工况（系统短路冲击和过电压）发生异常时对具体设备有针对性地进行。

2）新设备投运后（即经过投运前的全项目高压试验、各部位检查和投运后的巡检及红外检测）第 40 天进行一次初始评价。

3）停运 6 个月以上的备用设备重新投运后，并经巡检及红外检测，第 10 天进行一次评价。

4）对列入当年检修计划的设备，在检修前30天及检修完成后10天内各评价一次。

（4）电力电缆部件的状态评价方法。电力电缆评价应同时考虑单项状态量的扣分和部件合计扣分情况，各部件状态评价标准见表 ZY1400402006-2。

表 ZY1400402006-2 电力电缆各部件状态评价标准

评价标准 / 部件	正常状态		注意状态		异常状态	严重状态
	合计扣分	单项扣分	合计扣分	单项扣分	单项扣分	单项扣分
电缆本体	≤30	≤10	>30	12～16	20～24	≥30
电缆终端	≤30	≤10	>30	12～16	20～24	≥30
电缆中间接头	≤30	≤10	>30	12～16	20～24	≥30
辅助设施	≤12	≤10	>20	12～16	20～24	≥30
电缆通道	≤12	≤10	>20	12～16	20～24	≥30
接地系统	≤12	≤10	>20	12～16	20～24	≥30

当任一状态量单项扣分和部件合计扣分同时达到表 ZY1400402006-2 规定时，视为正常状态。

当任一状态量单项扣分或部件所有状态量合计扣分达到表 ZY1400402006-2 规定时，视为注意状态。

当任一状态量单项扣分达到表 ZY1400402006-2 规定时，视为异常状态或严重状态。

3. 电力电缆状态量

（1）状态量权重。视状态量对高压电力电缆安全运行的影响程度，从轻到重分为四个等级，对应的权重分别为权重 1、权重 2、权重 3、权重 4，其系数为 1、2、3、4。权重 1、权重 2 与一般状态量对应，权重 3、权重 4 与重要状态量对应。

（2）状态量劣化程度。视状态量的劣化程度从轻到重分为Ⅰ、Ⅱ、Ⅲ、Ⅳ级，其对应的基本扣分值为 2、4、8、10 分。

（3）状态量扣分值。状态量应扣分值由状态量劣化程度和权重共同决定，即状态量应扣分值等于该状态量的基本扣分值乘以权重系数，状态量正常时不扣分。状态量的权重、劣化程度及对应扣分值见表 ZY1400402006-3。

表 ZY1400402006-3　　电力电缆状态量的权重、劣化程度及对应扣分值表

状态量劣化程度	基本扣分值	权重系数 1	2	3	4
Ⅰ	2	2	4	6	8
Ⅱ	4	4	8	12	16
Ⅲ	8	8	16	24	32
Ⅳ	10	10	20	30	40

四、电力电缆的检修分类及检修策略

（1）电力电缆检修工作分为 A 类检修、B 类检修、C 类检修、D 类检修四类。其中 A、B、C 类是停电检修，D 类是不停电检修。

1）A 类检修。A 类检修指电力电缆的整体更换和试验。

2）B 类检修。B 类检修指电力电缆的附件检修，如部件维修、更换和试验。主要包括电缆头、接地箱更换等。

3）C 类检修。C 类检修指对电力电缆常规性检查、维护和试验。主要包括预防性试验、清扫、维护，电缆附件、避雷器的检查，金具、接头紧固修理等。

4）D 类检修。D 类检修指对电力电缆在不停电状态下进行的带电测试、外观检查和维修。主要包括外观目测检查、红外测试、检修人员专业巡视、带电检测等。

（2）年度检修计划每年至少修订一次，根据最近一次设备状态评价结果，考虑设备风险评估因素，并参考厂家的要求，确定下一次停电检修时间和检修类别。在安排检修计划时，应协调相关设备检修周期，尽量统一安排，避免重复停电。

（3）对于设备缺陷，应根据缺陷的性质，按照有关缺陷管理规定处理。同一设备存在多种缺陷，也应尽量安排在一次检修中处理，必要时，可调整检修类别。

（4）C 类检修正常周期宜与试验周期一致，不停电的维护和试验根据实际情况安排。

（5）根据电力电缆评价结果，制定相应的检修策略。

1）正常状态检修策略。被评价为正常状态的电缆，执行 C 类检修，C 类检修可按照正常周期或延长一年并结合例行试验安排。在 C 类检修之前，可以根据实际需要适当安排 D 类检修。

2）注意状态检修策略。被评价为注意状态的电缆，若用 D 类检修可将设备恢复到正常状态，则可适时安排 D 类检修，否则应执行 C 类检修。如果单项状态量扣分导致评价结果为注意状态时，应根据实际情况提前安排 C 类检修。如果仅由多项状态量合计扣分或总体评价导致评价结果为注意状态时，可按正常周期执行，并根据线路的实际状况，增加必要的检修或试验内容。

3）异常状态检修策略。被评价为异常状态的设备，根据评价结果确定检修类型，并适时安排检修。

4）严重状态检修策略。被评价为严重状态的设备，根据评价结果确定检修类型，并尽快安排检修。

【思考与练习】

1. 在线监测技术在电力电缆状态检修中有哪些应用？
2. 电力电缆状态是如何划分的？
3. 如何对电力电缆的状态进行评价？
4. 电力电缆检修工作分为哪四类？各包含的内容是什么？
5. 电力电缆状态检修的策略是什么？

附录 A 《变电运行（500kV）》培训模块教材各等级引用关系表

部分名称	章	模块名称（模块编码）	模块描述	等级 I	等级 II	等级 III
专业知识	变电运行相关规程及制度	电力系统调度规程（ZY2700601001）	本模块介绍典型调度规程的编写意义、约束对象、主要内容和调度规程实例。通过条文解释和案例学习，掌握《电力系统调度规程》内容，并能认真执行调度规程	√		
	数字化变电站的概念与应用	数字化变电站介绍（GYBD00101001）	本模块主要介绍了数字化变电站的情况。通过要点归纳介绍，掌握数字化变电站发展的基本背景、基本概念和特征，了解数字变电站的主要优势	√		
		数字化变电站的系统架构及技术特征（GYBD00101002）	本模块主要介绍了数字化变电站的基本结构和主要技术特征。通过对比讲解、图例展示，掌握数字化变电站的系统构成和主要技术特征	√		
		数字化变电站的基本应用（GYBD00101003）	本模块介绍数字化变电站的技术实现基础和常规设备接入方案。通过归纳讲解、方案介绍，了解建设数字变电站应注意的问题和常规设备的接入方式	√		
	数字化变电站的组成与实现	IEC 61850 标准综述（GYBD00102001）	本模块介绍 IEC 61850 标准的产生背景、标准的组成、主要术语及主要特点等内容。通过背景介绍、标准阐述、要点讲解，了解标准的概况，掌握标准的组成和特点		√	
		数字化变电站的通信网络（GYBD00102002）	本模块介绍了数字化变电站内数据流及其特点、采用的主要网络技术以及组网方案。通过要点分析、图例说明、方案介绍，了解数字化变电站系统核心通信的概况		√	
		电子式互感器基本原理及技术（GYBD00102003）	本模块介绍电子式互感器的基本原理、特点及构成等内容。通过结构分析、原理讲解、图片示意、应用举例，了解数字化变电站系统中一次设备的变化		√	
		智能化电气设备（GYBD00102004）	本模块主要介绍开关智能化的基本内容，智能化开关基本结构、特点、设备的应用模式以及和二次系统的连接。通过概念讲解、图片示意、实例介绍，了解智能化开关系统，掌握智能化开关控制的内容		√	
		数字化变电站的实现（GYBD00102005）	本模块介绍数字化变电站的信息应用模式，实现数字变电站的几个关键因素、几种技术方案等内容。通过要点归纳讲解、图片示意、图片示意、方案介绍，掌握数字化变电站的实现方式和信息应用		√	
电气试验	电气设备试验周期、标准及方法	电气试验标准（GYBD00701001）	本模块介绍电气设备交接试验和状态检修的意义和标准。通过概念解释、要点讲解和流程介绍，了解开展电气设备交接试验和状态检修重要性，熟悉电气设备交接试验的标准，状态检修的概念，开展状态检修的原则、指导思想，掌握进行状态检修的基本流程	√		
		常规电气试验（GYBD00701002）	本模块介绍变电主要设备常规电气的试验项目。通过要点讲解，了解绝缘电阻、泄漏电流、介质损耗、工频耐压和绝缘放电等常规项目的试验目的、内容和方法		√	
		特殊电气试验（GYBD00701003）	本模块介绍设备特殊电气的试验的项目及其目的。通过要点讲解，了解电力变压器特殊性试验、电流互感器特殊性试验、电容式电压互感器特殊性试验、氧化锌避雷器特殊性试验、六氟化硫断路器特殊性试验的试验项目内容和试验目的要求			√
	数据采集及分析	电气设备在线监测（GYBD00702001）	本模块介绍电气设备常用在线监测的原理和结构。通过要点讲解、分析，了解变压器油的在线监测、变压器局部放电在线监测、电力设备温度实时在线监测的内容、方法和装置原理，熟悉电气设备在线监测与预防性试验的关系			√

续表

部分名称	章	模块名称 （模块编码）	模 块 描 述	等 级		
				I	II	III
电气试验	数据采集及分析	相关电气试验数据分析 （GYBD00702002）	本模块介绍电气试验和在线监测运行数据综合分析。通过要点讲解、综合分析和应用示例，熟悉试验数据的分析方法、掌握试验结论和处置原则及设备状态评价方法	√		
基本技能	常用仪器、仪表、安全工器具的使用及维护	常用仪器、仪表使用 （GYBD00201001）	本模块介绍万用表、绝缘电阻表、接地电阻仪、钳形电流表、直流电桥的使用方法。通过使用方法介绍和注意事项讲解，掌握常用仪器和仪表的使用	√		
		安全工器具使用与维护 （GYBD00201002）	本模块介绍电气安全用具分类、绝缘安全用具、一般防护用具、安全标识、安全用具等内容。通过结构描述、使用方法介绍和注意事项讲解，达到能正确使用电气安全工器具	√		
		红外热成像的测试与分析 （ZY1800303001）	本模块介绍红外热成像的测试与分析。通过测试工作流程的介绍，掌握红外热成像的原理、测试前的准备工作和相关安全、技术措施、测试方法、技术要求及测试数据分析判断		√	
	500kV 变电站一次部分	500kV 变电站电气主接线和一次设备 （ZY1200101001）	本模块介绍 500kV 变电站一次设备电气主接线的概述，通过图例说明和要点介绍，掌握 500kV 变电站电气主接线的形式和一次设备的结构、命名规则及典型布置方式	√		
		500kV 变电站电气主接线的特点 （ZY1200101002）	本模块介绍 500kV 变电站电气主接线的特点，通过要点介绍和分析，掌握 3/2 断路器接线、双母线分段接线、单母线接线的特点及设备运行工况		√	
		500kV 变电站运行方式 （ZY1200101003）	本模块介绍 500kV 变电站运行方式的基本知识，通过要点介绍，掌握 500kV 变电站正常运行和特殊运行两种方式下的运行特点	√		
		500kV 变电站电气运行方式转换 （ZY1200101004）	本模块介绍 500kV 变电站电气运行方式转换方法。通过注意事项介绍，掌握 3/2 断路器接线（或称 3/2 接线）电气运行方式转换和双母线分段接线电气运行方式转换的方法		√	
		500kV 变电站特殊运行方式 （ZY1200101005）	本模块介绍 500kV 变电站各种特殊运行方式的特点。通过图例介绍和案例分析，掌握各种特殊运行方式的优缺点，以及各种特殊运行方式的应急预案			√
	500kV 变电站二次部分	500kV 变电站继电保护配置及二次设备 （ZY1200102001）	本模块介绍 500kV 变电站继电保护配置及二次设备。通过要点归纳和分析，掌握 500kV 变电站继电保护的配置、保护功能、保护范围和自动装置的功能	√		
		500kV 变电站继电保护动作分析 （ZY1200102002）	本模块介绍 500kV 变电站不同接线方式的继电保护动作分析。通过案例介绍和要点归纳，掌握变压器保护、母线保护、线路保护等各种继电保护和自动装置动作情况，以及进行故障分析判断的方法		√	
	500kV 变电站的通信和生产管理及信息系统	变电站通信设备使用 （ZY1200103001）	本模块介绍变电站通信设备的配置与使用说明。通过要点归纳和列表说明，掌握变电站电话机、对讲机、录音机等通信设备的使用方法	√		
		500kV 变电站生产管理及信息系统使用 （ZY1200103002）	本模块介绍 500kV 变电站生产管理及信息系统的概述，通过案例介绍和图例说明，掌握 500kV 变电站生产管理及信息系统使用方法并能录入各类生产运行数据	√		
		500kV 变电站生产管理及信息系统的报表审核 （ZY1200103003）	本模块介绍 500kV 变电站生产管理及信息系统的信息处理。通过要点归纳和图例说明，掌握 500kV 变电站生产管理方式、信息系统中各类信息处理方式，以及各种报表数据信息的审核流程		√	
		500kV 变电站生产管理及信息系统的分析完善 （ZY1200103004）	本模块介绍 500kV 变电站生产管理及信息系统的应用分析。通过要点归纳和流程说明，掌握 500kV 变电站生产管理及信息系统的内容和结构，并提出改进意见			√

续表

部分名称	章	模块名称 （模块编码）	模 块 描 述	等级		
				Ⅰ	Ⅱ	Ⅲ
基本技能	工作票、操作票执行	工作票接收与操作票的执行 （ZY1200104001）	本模块介绍工作票的接收、操作票的执行方法与要求。通过要点归纳和举例说明，掌握正确审核接收工作票和规范地执行倒闸操作票的方法和流程	√		
		工作票的许可、终结 （ZY1200104002）	本模块介绍工作票许可、工作票终结的有关规定和要求。通过要点归纳，掌握工作票的许可及工作票终结的要求和规范执行工作票的过程	√		
		事故应急抢修单的执行 （ZY1000104002）	本模块包含事故应急抢修单的填写和执行。通过要点和流程讲解，以及典型案例分析，能够正确执行事故应急抢修单		√	
		带电作业工作票的执行 （ZY1000104006）	本模块包含带电作业工作票的填写和执行。通过条文解释，注意事项介绍，以及应用举例，能够正确执行带电作业工作票		√	
监视、巡视与维护	运行监视	运行工况监视 （ZY1200201001）	本模块介绍运行工况监视内容与方法。通过要点归纳，掌握电压、电流、频率、有功、无功等运行工况的监视内容及要求	√		
		运行工况分析 （ZY1200201002）	本模块介绍运行工况中对电压、电流、频率、有功、无功及电能计量装置分析判断内容与方法。通过要点归纳，掌握通过分析判断发现设备或相关回路异常和缺陷的方法		√	
		运行工况异常处理 （ZY1200201003）	本模块介绍运行工况异常处理的方法。通过要点归纳和案例介绍，掌握电流、电压、无功、有功、电能计量装置等产生异常的原因和处理方法，并能提出改进措施			√
	一次设备巡视	一次设备正常巡视 （ZY1200202001）	本模块介绍一次设备巡视一般要求及规定、各类电气设备巡视内容及要求。通过要点归纳和图表列举说明，掌握变压器、高压断路器、隔离开关、互感器、防雷设备、补偿装置、母线、高频通道设备、线路等设备的巡视内容、要求、项目和方法	√		
		一次设备定性 （ZY1200202002）	本模块介绍一次设备缺陷的分类原则、一次设备缺陷的分析与定性。通过列表说明、要点归纳和案例介绍，掌握一次设备缺陷的分类与定性方法		√	
		一次设备运行分析 （ZY1200202003）	本模块介绍一次设备运行中巡视与分析。通过案例介绍和要点归纳，掌握一次设备运行情况并能进行分析判断，发现隐蔽缺陷并能及时进行处理			√
	二次设备巡视	二次设备正常巡视 （ZY1200203001）	本模块介绍二次设备巡视要求与巡视项目。通过要点归纳，掌握保护及自动装置、监控系统等设备的巡视内容、要求、项目和方法，能通过巡视发现一般缺陷，并能规范填报	√		
		二次设备定性 （ZY1200203002）	本模块介绍二次设备缺陷的分类与定性。通过要点归纳，掌握二次设备缺陷的类别与缺陷等级		√	
		二次设备运行分析 （ZY1200203003）	本模块介绍二次设备运行中巡视与分析。通过案例介绍和要点归纳，掌握通过二次设备运行情况进行分析判断，发现隐蔽缺陷并能及时处理的能力			√
	站用电源系统巡视	站用交、直流系统巡视与维护 （ZY1200204001）	本模块介绍站用交、直流系统巡视与维护项目。通过要点归纳，掌握柴油发电机、直流系统、蓄电池、充电机等设备的巡视内容、要求、项目和方法	√		
		站用交、直流系统定性 （ZY1200204002）	本模块介绍站用交、直流系统的巡视分析与缺陷定性，通过案例介绍和要点归纳，掌握站用交、直流系统缺陷定性方法和处理原则，并能准确定性缺陷类别		√	

续表

部分名称	章	模块名称 （模块编码）	模块描述	等级		
				I	II	III
监视、巡视与维护	站用电源系统巡视	站用交、直流系统运行分析 （ZY1200204003）	本模块介绍站用交、直流系统运行中巡视与分析。通过案例介绍和要点归纳，掌握通过站用交、直流系统运行情况进行分析判断，发现隐蔽缺陷并能及时处理的能力			√
	辅助设施的巡视与维护	辅助设施的正常监视与维护 （ZY1200205001）	本模块介绍辅助设施系统监视与维护内容。通过要点归纳，掌握建筑物、设备构支架、电缆沟（隧）道、给排水设施、采暖与制冷设备、通风设备等设备的巡视内容、要求、项目和方法	√		
		辅助设施定性 （ZY1200205002）	本模块介绍辅助设施的缺陷定性方法。通过要点归纳，掌握辅助设施缺陷的现象		√	
		辅助设施的运行分析 （ZY1200205003）	本模块介绍辅助设施巡视与分析。通过要点归纳，掌握通过辅助设施运行情况进行分析判断，发现隐蔽缺陷并能及时处理的能力			√
	防误装置巡视	电气防误装置运行监视与维护 （ZY1200206001）	本模块介绍电气防误装置的基本原理、管理和技术原则、巡视与运行要求、日常维护的内容与方法。通过要点归纳，掌握电气防误装置设备的巡视内容、要求、项目和方法	√		
		电气防误装置定性 （ZY1200206002）	本模块介绍电气防误装置逻辑原理与缺陷的定性方法。通过案例介绍和要点归纳，掌握电气防误装置防误的逻辑原理、缺陷定性方法和处理原则并能准确定性缺陷类别，能对防误装置提出改进意见		√	
		电气防误装置评价 （ZY1200206003）	本模块介绍防误装置异常的原因，异常状况下的防误操作措施，防误装置的使用统计、汇总、评价方法。通过要点归纳和案例介绍，掌握提高电气防误装置性能的能力			√
	变电站设备的定期试验与轮换	变电站设备的定期试验与轮换 （GYBD00301001）	本模块介绍变电站设备的定期试验与轮换制度的要求及内容等。通过要点归纳讲解、试验方法详细介绍，掌握变电站设备的定期试验与轮换的要求及内容	√		
		变电站设备的定期试验与轮换分析 （GYBD00301002）	本模块介绍变电站设备的定期试验与轮换的程序和方法。通过要点讲解、试验方法介绍，掌握变电站设备的定期试验与轮换及注意事项		√	
倒闸操作	倒闸操作基础知识	倒闸操作基本概念及操作原则 （GYBD00401001）	本模块介绍倒闸操作的基本概念、操作原则和注意事项。通过归纳讲解一般典型操作程序，掌握倒闸操作的基本方法	√		
	高压开关类设备、线路停送电	高压开关类设备、线路一般停送电 （ZY1200301001）	本模块介绍高压开关类设备、线路一般停送电的操作原则及注意事项，以及发现异常的处理原则和相关规定等内容。通过要点归纳和案例介绍，掌握高压断路器、组合电器、隔离开关、线路停送电操作及要求，能对操作中发现异常进行简单处理	√		
		高压开关类设备、线路停送电操作危险点源分析 （ZY1200301002）	本模块介绍高压开关类设备、线路停送电操作危险点源。通过要点归纳和列表说明，掌握高压开关设备、线路停送电操作可能出现的危险点源，并能制定危险点源预控措施		√	
	变压器停送电	变压器一般停送电 （ZY1200302001）	本模块介绍变压器（高压电抗器）一般停送电的操作原则和注意事项，以及调度规程中对变压器（高压电抗器）操作的相关规定。通过要点归纳和案例介绍，掌握变压器（高压电抗器）一般停送电的操作及要求，能对操作中发现异常进行简单处理	√		
		变压器操作危险点源分析 （ZY1200302002）	本模块介绍变压器（高压电抗器）操作中危险点源。通过要点归纳和列表说明，掌握变压器（高压电抗器）操作中可能出现的危险点源，并能制定危险点源预控措施		√	

续表

部分名称	章	模块名称 （模块编码）	模 块 描 述	等 级		
				I	II	III
倒闸操作	母线停送电	母线一般停送电 （ZY1200303001）	本模块介绍倒母线操作、母线一般停送电操作、母线充电操作原则及注意事项。通过要点归纳和案例介绍，掌握母线停送电的操作及要求，能对操作中发现异常进行简单处理	√		
		母线操作危险点源分析 （ZY1200303002）	本模块介绍母线操作危险点源。通过要点归纳和列表说明，掌握母线操作可能出现的危险点源，能制定危险点源预控措施		√	
	电压互感器停送电	电压互感器一般停送电 （ZY1200304001）	本模块介绍电压互感器的一般停送电操作原则及注意事项、发现异常的处理原则、调度规程对电压互感器停电的相关规定等内容。通过要点归纳和案例说明，掌握电压互感器停送电的操作及要求，能对操作中发现异常进行简单处理	√		
		电压互感器操作危险点源分析 （ZY1200304002）	本模块介绍电压互感器停送电操作危险点源。通过要点归纳和列表说明，掌握电压互感器停送电操作可能出现的危险点源，能制定危险点源预控措施		√	
	站用交、直流系统停送电	站用交、直流系统一般停送电 （ZY1200305001）	本模块介绍站用交流系统停送电、站用直流系统停送电操作原则及注意事项。通过要点归纳和案例说明，掌握站用交、直流系统的操作及要求，能对操作中发现的异常进行简单处理	√		
		站用交、直流系统操作危险点源分析 （ZY1200305002）	本模块包含站用交、直流系统停送电操作危险点源。通过要点归纳和列表说明，掌握站用交、直流系统停送电操作可能出现的危险点源，能制定危险点源预控措施		√	
	补偿装置停送电	电容器、电抗器一般停送电 （GYBD00402001）	本模块介绍电容器、电抗器的一般停送电的操作原则和注意事项，电容器和电抗器一般停送电操作中的异常，调度规程中对电容器和电抗器操作的相关规定。通过要点讲解和案例介绍，掌握电容器、电抗器一般停送电的操作规定和操作方法，能发现操作中的异常	√		
		电容器、电抗器操作异常分析处理及危险点源分析 （GYBD00402002）	本模块介绍电容器、并联电抗器操作中的异常处理，操作中的危险点源分析与控制。通过要点讲解和列表对照分析，能正确处理和判断异常，掌握补偿装置停送电的危险点源分析控制方法		√	
	二次设备操作	二次设备一般操作 （ZY1200306001）	本模块介绍二次设备操作的一般原则及注意事项。通过要点归纳和案例介绍，掌握二次系统的操作及有关要求，能对操作中发现异常进行简单处理	√		
		二次设备操作危险点源分析 （ZY1200306002）	本模块介绍二次操作危险点源。通过要点归纳和列表说明，掌握二次操作可能出现的危险点源，能制定危险点源预控措施		√	
	大型复杂操作	大型复杂综合操作 （ZY1200307001）	本模块介绍大型倒母线操作、新投变压器的操作、新投线路操作的步骤和注意事项。通过要点归纳和案例说明，掌握大型复杂操作有关要求和注意事项，能对操作中发现异常进行简单处理	√		
		大型复杂操作危险点源分析 （ZY1200307002）	本模块介绍大型复杂操作及新变电站启动操作危险点源。通过要点归纳和列表说明，掌握大型复杂操作及新变电站启动操作危险点源，能制定危险点源预控措施		√	
		大型复杂操作优化 （ZY1200307003）	本模块介绍大型复杂操作优化原则和优化方法。通过案例比较说明，掌握大型复杂操作方案编制方法及优化原则			√
	设备运行验收与投运	设备验收项目及要求 （GYBD00403001）	本模块包含变电站设备验收项目及要求。通过变电站设备验收项目及要求的介绍，掌握变电站设备验收项目，能参与设备验收			

续表

部分名称	章	模块名称 （模块编码）	模 块 描 述	等	级	
				I	II	III
倒闸操作	设备运行验收与投运	新设备投运与操作 （GYBD00403002）	本模块介绍新设备投运必须具备的条件和调度操作规定与注意事项。通过对新设备投运条件和操作注意事项的介绍，能熟练组织、监护、指挥新设备改、扩、建设备投运启动操作		√	
		新设备投运方案编制与投运操作危险点源分析控制 （GYBD00403003）	本模块介绍新设备投运方案的编制与投运操作危险点源控制。通过对新设备投运方案编制原则和投运操作危险点源控制的介绍，熟悉新设备投运方案的编制原则，掌握新设备投运操作危险点源控制方法，能制订相应的控制措施			√
异常处理	高压开关类设备异常处理	高压开关类设备异常 （ZY1200401001）	本模块介绍隔离开关、断路器、组合电器常见异常情况。通过要点归纳，掌握典型高压开关设备的常见异常现象和产生异常的原因	√		
		高压开关类设备异常分析处理 （ZY1200401002）	本模块介绍典型隔离开关、断路器、组合电器异常处理有关规定，以及异常情况下的危险点预控。通过要点归纳、列表说明和案例介绍，掌握典型高压开关设备异常现象和处理原则		√	
		高压开关类设备异常处理的优化处理方案 （ZY1200401003）	本模块介绍高压开关设备异常处理的原则与方法，以及优化处理方案编制流程和要求。通过要点归纳和案例说明，掌握针对高压开关设备异常进行深入分析的方法和编制优化处理方案的流程			√
	变压器异常处理	变压器一般异常 （ZY1200402001）	本模块介绍变压器（高压电抗器）常见异常情况。通过要点归纳，掌握变压器（高压电抗器）设备常见异常现象以及造成设备异常的原因	√		
		变压器异常分析处理 （ZY1200402002）	本模块介绍变压器（高压电抗器）异常的原因及处理办法，以及异常处理有关规定。通过要点归纳和案例说明，掌握变压器（高压电抗器）的典型设备异常现象和处理原则，以及设备异常的危险点源		√	
		变压器异常处理的优化处理方案 （ZY1200402003）	本模块介绍变压器（高压电抗器）异常处理的原则与方法，以及优化处理方案编制流程和要求。通过要点归纳和案例说明，掌握针对变压器（高压电抗器）异常进行深入分析的方法和编制优化处理方案的流程			√
	母线异常处理	母线一般异常 （ZY1200403001）	本模块介绍母线设备常见异常情况。通过要点归纳，掌握母线的常见异常现象以及造成设备异常的原因	√		
		母线异常分析处理 （ZY1200403002）	本模块介绍母线异常的原因及处理办法，以及异常处理有关规定。通过要点归纳和案例说明，掌握母线异常现象和处理原则，以及设备异常的危险点源		√	
		母线设备异常处理的优化处理方案 （ZY1200403003）	本模块介绍母线异常处理的原则与方法，以及优化处理方案编制流程和要求。通过要点归纳和案例说明，掌握针对母线异常进行深入分析的方法和编制优化处理方案的流程			√
	互感器异常处理	互感器一般异常 （ZY1200404001）	本模块介绍互感器常见异常情况。通过要点归纳，掌握互感器的常见异常现象以及造成设备异常的原因	√		
		互感器异常分析处理 （ZY1200404002）	本模块介绍互感器异常的原因及处理办法，以及异常处理有关规定。通过要点归纳和案例说明，掌握互感器异常现象和处理原则，以及设备异常的危险点源		√	
		互感器设备异常处理的优化处理方案 （ZY1200404003）	本模块介绍互感器异常处理的原则与方法，以及优化处理方案编制流程和要求。通过要点归纳和案例说明，掌握针对互感器异常进行深入分析的方法和编制优化处理方案的流程			√
	防雷设备异常处理	防雷设备一般异常 （ZY1200405001）	本模块介绍防雷设备常见异常情况。通过要点归纳，掌握避雷器、避雷针、接地装置等设备的常见异常现象以及造成设备异常的原因	√		

续表

部分名称	章	模块名称（模块编码）	模块描述	等级		
				I	II	III
异常处理	防雷设备异常处理	防雷设备异常分析处理（ZY1200405002）	本模块介绍防雷设备异常的原因及处理办法，以及异常处理有关规定。通过要点归纳和案例说明，掌握防雷设备异常现象和处理原则，以及设备异常的危险点源		√	
		防雷设备异常处理的优化处理方案（ZY1200405003）	本模块介绍防雷设备异常处理的原则与方法，以及优化处理方案编制流程和要求。通过要点归纳和案例说明，掌握针对防雷设备异常进行深入分析的方法和编制优化处理方案的流程			√
	站用交、直流系统和二次设备异常处理	站用交、直流系统异常分析（ZY1200406001）	本模块介绍简单的站用交、直流系统的系统配置、典型运行方式和运行注意事项。通过要点归纳和图例说明，掌握交、直流系统异常现象	√		
		站用交、直流系统异常处理（ZY1200406002）	本模块介绍站用交、直流系统发生异常原因及处理办法，以及异常处理有关规定。通过要点归纳和图例说明，掌握站用交、直流系统异常现象和处理原则，以及设备异常的危险点源		√	
		站用交、直流系统异常的优化处理方案（ZY1200406003）	本模块介绍站用交、直流系统发生异常时编制优化处理方案的方法。通过要点归纳和案例说明，掌握优化复杂处理方案的办法			√
		二次回路异常及缺陷分析（ZY1200406004）	本模块介绍简单的二次回路发生异常及缺陷时的现象。通过要点归纳，掌握二次回路、通信系统和自动化设备常见异常及缺陷的现象	√		
		二次回路异常处理（ZY1200406005）	本模块介绍二次设备异常原因和处理方法，以及二次设备异常处理时的危险点源。通过要点归纳，掌握二次回路异常处理的方法		√	
		二次回路异常的优化处理方案（ZY1200406006）	本模块介绍二次设备异常处理方案的优化方法。通过案例介绍，掌握优化复杂二次回路异常处理方案的方法			√
	补偿装置异常及缺陷处理	补偿装置异常现象及分析（GYBD00501001）	本模块介绍了补偿装置的常见异常。通过原理讲解、要点归纳，了解电容器、电抗器常见异常现象和产生的原因	√		
		补偿装置异常处理（GYBD00501002）	本模块介绍了补偿装置常见异常的处理。通过案例介绍，掌握电容器、电抗器异常的处理方法		√	
		补偿装置异常处理危险点源分析（GYBD00501003）	本模块对补偿装置异常处理中的危险点源进行了分析。通过要点讲解，能够制定相应的预控措施		√	
	小电流接地系统异常分析及处理	小电流接地系统异常现象及分析（GYBD00502001）	本模块介绍了小电流接地系统常见异常。通过现象描述、原理讲解，了解小电流接地系统常见异常现象和产生的原因	√		
		小电流接地系统异常处理（GYBD00502002）	本模块介绍了小电流接地系统常见异常的处理。通过案例介绍，掌握小电流接地系统单相接地、缺相运行等异常的处理的方法	√		
		小电流接地系统异常处理危险点源分析（GYBD00502003）	本模块对小电流接地系统单相接地、缺相运行处理过程中的危险点源进行了分析。通过要点讲解，能够制定相应的预控措施		√	
		人工转移接地点操作（GYBD00502004）	本模块介绍了小电流接地系统人工转移接地点的方法。通过案例介绍，掌握通过人工转移接地点，消除接地故障的方法			√
事故处理	事故处理基础知识	事故处理基本原则及步骤（GYBD00601001）	本模块介绍事故处理的主要任务、基本原则和有关规定。通过要点讲解，掌握电力系统产生事故的主要原因、事故处理的主要任务、事故处理的一般步骤、基本原则、要求、有关规定和注意事项	√		
	线路事故处理	线路事故类型、现象及处理原则（ZY1200501001）	本模块介绍电力线路短路故障的分类、故障跳闸事故类型和现象，以及电力线路故障跳闸处理原则。通过要点归纳和案例说明，掌握线路事故的判断和初步处理方法	√		

续表

部分名称	章	模块名称 （模块编码）	模 块 描 述	等 级		
				Ⅰ	Ⅱ	Ⅲ
事故处理	线路事故处理	线路一般事故处理 （ZY1200501002）	本模块介绍不同输电线路短路故障的特点、输电线路的重合闸方式和输电线路故障跳闸事故处理的方法。通过要点归纳和案例说明，掌握线路事故的处理方法		√	
		线路事故处理预案 （ZY1200501003）	本模块介绍线路事故处理预案编制方法和要素。通过要点归纳和案例介绍，掌握根据线路事故暴露出的运行或设备缺陷制定事故处理预案的方法			√
	变压器事故处理	变压器事故现象和处理原则 （ZY1200502001）	本模块介绍主变压器（高压电抗器）常设的保护类型和保护方法、变压器跳闸事故的现象和处理原则。通过要点归纳和案例说明，掌握变压器（高压电抗器）事故的判断和初步处理的方法	√		
		变压器一般事故处理 （ZY1200502002）	本模块介绍变压器（高压电抗器）跳闸的主要原因与处理原则和方法，以及火灾事故处理方法。通过要点归纳和案例说明，掌握变压器（高压电抗器）事故现象和处理方法		√	
		变压器事故处理预案 （ZY1200502003）	本模块介绍变压器（高压电抗器）事故处理预案编制方法和要素。通过要点归纳和案例介绍，掌握根据变压器（高压电抗器）事故暴露出的运行或设备缺陷制定事故处理预案的方法			√
	站用交、直流系统事故处理	站用交、直流系统一般事故处理 （ZY1200503001）	本模块介绍站用交、直流系统常见事故及处理方法。通过要点归纳和案例说明，掌握站用交、直流系统事故处理的基本方法	√		
		站用交、直流系统事故分析 （ZY1200503002）	本模块介绍站用交、直流系统电压消失的原因，以及发生火灾事故的原因及处理方法。通过要点归纳和案例说明，掌握站用交、直流系统事故的分析方法，以及处理火灾事故的能力		√	
		站用交、直流系统事故预案 （ZY1200503003）	本模块介绍站用交、直流系统事故预防措施和事故处理预案编制方法和要素。通过要点归纳和案例说明，掌握站用交、直流系统事故预案编制方法和事故预防措施			√
	母线事故处理	母线事故现象和处理原则 （ZY1200504001）	本模块介绍母线短路故障的保护分类、母线故障的现象和处理原则。通过要点归纳和案例说明，掌握母线事故的判断和初步处理的方法	√		
		母线一般事故处理 （ZY1200504002）	本模块介绍母线跳闸的主要原因与处理原则和步骤。通过要点归纳和案例说明，掌握母线事故现象和处理方法		√	
		母线事故处理预案 （ZY1200504003）	本模块介绍母线事故处理预案编制方法和要素。通过要点归纳和案例说明，掌握根据母线事故暴露出的运行或设备缺陷制定事故处理预案的方法			√
	补偿装置事故分析及处理	补偿装置简单事故处理 （GYBD00602001）	本模块介绍电容器、电抗器故障跳闸事故的一般概念。通过要点讲解和案例分析，熟悉电容器、电抗器事故跳闸的征象，掌握并联电容器跳闸和并联电抗器跳闸事故处理的原则	√		
		补偿装置事故处理 （GYBD00602002）	本模块介绍电容器、电抗器故障跳闸事故的原因和处理方法。通过原因分析、要点讲解和案例分析，掌握电容器、电抗器事故跳闸原因、处理跳闸事故的方法和步骤		√	
		补偿装置事故处理危险点预控分析 （GYBD00602003）	本模块介绍补偿装置事故处理的危险点源分析和预控。通过预案分析和案例介绍，掌握补偿装置事故处理的危险点源分析方法，并能根据补偿装置事故暴露出的运行或设备缺陷提出技改方案、制定相应预控措施和事故预案			√
	二次设备事故处理	继电保护误动的类型、现象和处理原则 （ZY1200505001）	本模块介绍继电保护误动事故的类型、故障现象和处理原则。通过要点归纳和案例说明，掌握继电保护误动事故的判断和初步处理的方法	√		

续表

部分名称	章	模块名称 （模块编码）	模块描述	等级		
				I	II	III
事故处理	二次设备事故处理	继电保护误动事故的处理 （ZY1200505002）	本模块介绍继电保护误动事故的原因和处理方法。通过要点归纳和案例说明，掌握继电保护误动事故的分析和处理的方法		√	
		继电保护拒动事故的类型和现象 （ZY1200505003）	本模块介绍继电保护拒动事故的类型、故障现象和处理原则。通过要点归纳和案例说明，掌握继电保护拒动事故的判断和初步处理的方法	√		
		继电保护拒动事故的处理 （ZY1200505004）	本模块介绍继电保护拒动事故的原因和处理方法。通过要点归纳和案例说明，掌握继电保护拒动事故的分析和处理的方法		√	
		二次回路故障引起的事故现象及处理原则 （ZY1200505005）	本模块介绍二次回路常见故障引起的事故现象及处理原则。通过要点归纳和案例说明，掌握二次回路故障引起的事故判断能力和初步处理的方法	√		
		二次回路故障引起的事故处理 （ZY1200505006）	本模块介绍二次回路故障引起的事故原因和处理方法。通过要点归纳和案例说明，掌握二次回路故障事故的分析和处理的方法		√	
		二次设备事故处理预案 （ZY1200505007）	本模块介绍二次设备事故处理预案编制方法和要素。通过要点归纳和案例说明，掌握根据二次设备事故暴露出的运行或设备缺陷制定事故处理预案的方法			√
	复杂事故处理	系统振荡事故现象及处理原则 （ZY1200506001）	本模块介绍系统振荡时的事故征象和处理原则。通过要点归纳和案例说明，掌握系统振荡的概念、现象、系统振荡和短路的主要区别，以及判断和初步处理方法	√		
		系统振荡事故处理 （ZY1200506002）	本模块介绍产生系统振荡的原因和处理方法。通过要点归纳和案例说明，掌握系统振荡的分析和处理的方法		√	
		断路器拒动事故的现象和处理原则 （ZY1200506003）	本模块介绍断路器拒合、拒分故障的现象和处理原则。通过要点归纳和案例说明，掌握断路器拒动故障的判断和初步处理的方法	√		
		断路器拒动事故的处理 （ZY1200506004）	本模块介绍断路器拒动的原因、故障判断和处理原则。通过要点归纳和案例说明，掌握断路器拒合、拒分故障的分析判断和处理的方法		√	
		变电站全停电事故的现象和处理原则 （ZY1200506005）	本模块介绍变电站全停电事故的现象和处理原则。通过要点归纳和案例说明，掌握变电站全停电事故的判断和初步处理的方法	√		
		变电站全停电事故的处理 （ZY1200506006）	本模块介绍引起变电站全停电事故的原因和事故处理原则。通过要点归纳和案例说明，掌握变电站全停电事故的分析和处理的方法		√	
		复杂事故处理预案 （ZY1200506007）	本模块介绍复杂事故处理预案编制方法和要素。通过要点归纳和案例说明，掌握根据事故时的保护动作行为、相关保护信息、设备情况是否正常等情况制定事故处理预案的方法			√
变电设备的状态检修	变电设备状态检修的基本知识	变电设备的状态检修概述 （ZY1400401001）	本模块介绍几类检修方式的定义及发展过程，各类检修方式的优缺点及开展状态检修的难点分析。通过定义讲解、要点归纳，熟悉状态检修与其他检修模式的区别，了解开展状态检修需深入研究和解决的问题			√
		决策支持系统（DSS） （ZY1400401002）	本模块介绍变电设备状态检修决策支持系统的基本概念和系统总体结构。通过要点归纳、图表举例，了解状态检修决策支持系统的总体结构及有关业务流程要求			√
		状态检修的基本思路和方法 （ZY1400401003）	本模块介绍开展状态检修的指导思想和基本原则、状态检修的基本流程和工作体系等。通过定义讲解、要点归纳，掌握状态检修的基本流程；熟悉状态检修的工作体系、各级职责及开展状态检修工作必须注意的环节			√

续表

部分名称	章	模块名称 （模块编码）	模块描述	等级		
				Ⅰ	Ⅱ	Ⅲ
变电设备的状态检修	变电设备的状态评估及检修	变压器的状态检修 （ZY1400402001）	本模块介绍变压器状态检修各个流程的有关内容，在线监测和检测技术在变压器状态检修中的应用。通过定义讲解、要点归纳、图表示例，熟悉变压器的在线监测和检测技术，掌握开展变压器状态检修各个流程的主要工作及变压器实施状态检修应注意的几个问题			√
		互感器的状态检修 （ZY1400402002）	本模块介绍互感器开展状态检修知识。通过要点讲解、图表归纳，熟悉互感器开展状态检修的信息收集与管理、状态的划分与评价标准、检修策略的制定原则等相关知识			√
		断路器的状态检修 （ZY1400402003）	本模块介绍断路器开展状态检修知识。通过定义讲解、要点归纳，熟悉断路器状态检测技术在状态检修中的应用，以及断路器开展状态检修的信息收集与管理、状态的划分与评价标准、检修策略的制定原则等相关知识			√
		隔离开关的状态检修 （ZY1400402004）	本模块介绍隔离开关开展状态检修知识。通过定义讲解、要点归纳，熟悉隔离开关开展状态检修的信息收集与管理、状态的划分与评价标准、检修策略的制定原则等相关知识			√
		避雷器的状态检修 （ZY1400402005）	本模块介绍避雷器开展状态检修知识。通过要点讲解、图表归纳，熟悉避雷器状态检测技术在状态检修中的应用，以及避雷器开展状态检修的信息收集与管理、状态的划分与评价标准、检修策略的制定原则等相关知识			√
		电力电缆的状态检修 （ZY1400402006）	本模块介绍电力电缆开展状态检修知识。通过要点讲解、图表归纳，熟悉电力电缆开展状态检修的信息收集与管理、状态的划分与评价标准、检修策略的制定原则等相关知识			√

参 考 文 献

[1] 国家电力调度通信中心. 电力系统继电保护典型故障分析. 北京：中国电力出版社，2001.
[2] 上海超高压输变电公司. 超高压输变电操作技能培训教材. 北京：中国电力出版社，2005.
[3] 全国电力工人技术教育供电委员会. 变电运行岗位技能培训教材. 北京：中国电力出版社，2000.
[4] 王晴. 变电站值班员与运行管理. 北京：中国电力出版社，2006.
[5] 天津市电力公司. 变电运行现场操作技术. 北京：中国电力出版社，2005.
[6] 上海超高压输变电公司. 变电运行. 北京：中国电力出版社，2005.
[7] 吉林省电力有限公司. 供电企业工作危险点及其控制措施. 北京：中国电力出版社，2004.
[8] 杜宗轩 等. 火力发电工人实用技术问答丛书：电气设备运行技术问答. 北京：中国电力出版社，2004.
[9] 张全元. 变电运行现场技术问答. 北京：中国电力出版社，2003.
[10] 王世阁. 国产 500kV 输变电设备运行及事故分析. 北京：中国电力出版社，2006.
[11] 王晴. 变电设备事故及异常处理. 北京：中国电力出版社，2008.
[12] 陈家斌. 怎样处理电气设备运行中的异常. 北京：中国电力出版社，2005.
[13] 廖自强，余正海. 变电运行事故分析及处理. 北京：中国电力出版社，2007.
[14] 董其国. 电力变压器故障与诊断. 北京：中国电力出版社，2005.
[15] 张全元. 变电站现场事故处理及典型案例分析. 北京：中国电力出版社，2008.
[16] 河南电力技师学院. 变电站值班员. 北京：中国电力出版社，2007.
[17] 中国电机工程学会城市供电专业委员会. 变电运行. 北京：中国电力出版社，2006.
[18] 孙成宝，王心田，魏朝钰. 供用电工人技师培训教材：变电站值班. 北京：中国电力出版社，2003.
[19] 全国电力工人技术教育供电委员会. 变电运行岗位技能培训教材（500kV）. 北京：中国电力出版社，1997.
[20] 苏文博，李鹏博，张高峰. 继电保护事故处理技术与实例. 北京：中国电力出版社，2002.